丛书编委会

丛书主编：廖桂生

丛书副主编：吴启晖　张钦宇

丛书编委：沈　渊　张小飞　万　群　刘聪锋

　　　　　郭福成　王　鼎　王建辉　尹洁昕

“十三五”国家重点出版物出版规划项目

通信高精度定位理论与技术丛书

基于加权多维标度的无线信号定位理论与方法

王鼎 主编

王建辉 王成 郑娜娥 副主编

電子工業出版社

Publishing House of Electronics Industry

北京·BEIJING

内 容 简 介

本书系统阐述了基于加权多维标度的无线信号定位理论与方法，全书包含 3 大部分 14 章内容。第 1 部分为基础知识篇（第 1～3 章），包括绪论、数学预备知识及无线信号定位统计性能分析。第 2 部分为基本定位方法篇（第 4～8 章），包括基于 TOA 观测信息的加权多维标度定位方法、基于 TDOA 观测信息的加权多维标度定位方法、基于 RSS 观测信息的加权多维标度定位方法、基于 TOA/FOA 观测信息的加权多维标度定位方法及基于 TDOA/FDOA 观测信息的加权多维标度定位方法。第 3 部分为拓展定位方法篇（第 9～14 章），包括传感器位置误差存在条件下基于 TOA 观测信息的加权多维标度定位方法、传感器位置误差存在条件下基于 TDOA 观测信息的加权多维标度定位方法、基于 TOA/FOA 观测信息的多不相关源加权多维标度定位方法、校正源存在条件下基于 TDOA 观测信息的加权多维标度定位方法、面向无线传感网节点定位的加权多维标度 TOA 定位方法及面向无线传感网节点定位的加权多维标度 RSS 定位方法。

本书可作为高等院校信号与信息处理、通信与信息系统、控制科学与工程、应用数学等专业的专题阅读材料或研究生选修教材，也可作为通信、雷达、电子、导航测绘、航天航空等领域的科学工作者和工程技术人员自学或研究的参考书。

图书在版编目（CIP）数据

基于加权多维标度的无线信号定位理论与方法/王鼎主编. —北京：电子工业出版社，2020.12
（通信高精度定位理论与技术丛书）
ISBN 978-7-121-40189-3

Ⅰ. ①基…　Ⅱ. ①王…　Ⅲ. ①无线电定位　Ⅳ.①TN95

中国版本图书馆 CIP 数据核字（2020）第 245079 号

策划编辑：张　楠
责任编辑：刘真平
印　　刷：天津千鹤文化传播有限公司
装　　订：天津千鹤文化传播有限公司
出版发行：电子工业出版社
　　　　　北京市海淀区万寿路 173 信箱　邮编：100036
开　　本：720×1 000　1/16　印张：28.75　字数：717.6 千字
版　　次：2020 年 12 月第 1 版
印　　次：2020 年 12 月第 1 次印刷
定　　价：128.00 元

凡所购买电子工业出版社图书有缺损问题，请向购买书店调换。若书店售缺，请与本社发行部联系，联系及邮购电话：（010）88254888，88258888。

质量投诉请发邮件至 zlts@phei.com.cn，盗版侵权举报请发邮件至 dbqq@phei.com.cn。

本书咨询联系方式：（010）88254579。

丛书序

无线信号定位技术已广泛应用于通信、雷达、目标监测、导航遥测、地震勘测、射电天文、紧急救助、安全管理等领域，其在工业生产和国防事业中都发挥着重要作用。鉴于无线信号定位领域涉及的理论与技术十分丰富，知识覆盖面广，且新理论与新方法不断涌现，因此需要一套精品丛书来系统阐述其中的知识体系，以便适应该领域的发展需求。在此背景下，本丛书编委会发起《通信高精度定位理论与技术丛书》编写计划，并集聚国内该领域的优秀作者，力求真实、科学、系统地反映无线定位技术的知识体系、先进理论方法和工程应用等，从而打造出一套精品专著系列丛书。

本丛书定位为系列专著，其内容兼具系统性、基础性和前沿性，其中很多内容是作者多年研究成果的提炼与升华。本丛书的读者群包括通信与信息系统、信号与信息处理、雷达信号处理、控制科学与工程、应用数学等专业领域的研究人员、学者及工程技术人员。

我相信本丛书的出版必然会积极促进无线信号定位领域的进一步发展，并在实际工程应用中发挥重要作用。

廖桂生

前 言

无线信号定位作为无线技术的一项重要应用，近年来发展迅猛，已被广泛应用于无线监测、导航遥测、地震勘测、射电天文、应急救援、安全保障等诸多工业与国防领域。无线信号定位的过程通常包含两个步骤：第 1 步是从无线电波中提取用于定位的空域、时域、频域、能量域参数（或称定位观测量）；第 2 步则是从这些参数中进一步获取辐射源位置信息（有时也包括速度信息）。依据关键技术进行划分，无线信号定位可以分为两个主要研究方向：第 1 个方向是研究如何从无线信号中提取用于定位的空域、时域、频域、能量域参数；第 2 个方向则是基于这些参量估计辐射源位置信息。本书主要针对后者展开讨论和研究。

无线信号定位本质上属于参数估计问题，因此可将其归于统计信号处理领域的范畴。现有的定位方法大都是基于数学理论提出的，其中主要包括基于最小二乘估计的定位方法、基于凸优化的定位方法、基于贝叶斯估计的定位方法、基于重要性采样的定位方法、基于神经计算的定位方法、基于机器学习的定位方法、基于多维标度原理的定位方法等。每一类定位方法都有其特定的优势，都能够在一些场景下取得很好的定位效果。本书主要讨论和研究基于多维标度原理的定位方法。

多维标度是一种将多维空间的研究对象（如样本或变量）简化到低维空间进行定位、分析和归类，同时又保留对象间原始关系的数据分析方法。经过多年的发展，多维标度已成为物理学、地理学、心理学、分子生物学及行为科学中分析实验数据的常用技术。近 10 多年来，国内外学者提出了一系列基于多维标度原理的定位方法。多维标度定位方法主要具有两大优势：第 1 个优势是其通常可以给出辐射源位置信息的闭式解，从而避免迭代运算和局部收敛等问题；第 2 个优势是相比一些传统的定位方法（如最小二乘估计类方法），其对大观测误差具有更强的鲁棒性和稳健性。需要指出的是，早期提出的多维标度定位方法的性能与克拉美罗界（即最优性能界）还有一定的差距，但是随后提出的加权多维标度定位方法的性能则可以逼近克拉美罗界，并且具有较高的噪声门限值（或称噪声阈值）。因此，本书将主要针对加权多维标度定位方法展开讨论和研究。书中将基于现有的研究成果，进一步系统凝练和完善加权多维标度定位理论与方法，对该类方法的理论性能给出更为严谨的数学分析，并且将其拓展至更多复杂的定位场景中。

全书分为3大部分，第1部分是基础知识篇，第2部分是基本定位方法篇，第3部分是拓展定位方法篇。

第1部分由第1～3章构成。第1章对无线信号定位技术进行了简述，并对基于多维标度原理的无线信号定位技术的研究现状进行了概述。第2章介绍了全书涉及的数学预备知识，其中包括矩阵理论、拉格朗日乘子法、矩阵扰动分析及估计器误差分析中的若干预备知识，可作为全书的数学基础。第3章给出了衡量无线信号定位统计性能的若干指标，并给出相应的理论计算公式，从而为本书各章定位方法的性能提供理论依据。

第2部分由第4～8章构成，针对不同的定位观测量，描述了基本的加权多维标度定位方法，分别包括基于TOA观测信息的加权多维标度定位方法、基于TDOA观测信息的加权多维标度定位方法、基于RSS观测信息的加权多维标度定位方法、基于TOA/FOA观测信息的加权多维标度定位方法及基于TDOA/FDOA观测信息的加权多维标度定位方法。

第3部分由第9～14章构成，将本书第2部分给出的定位方法进行了拓展，分别包括传感器位置误差存在条件下基于TOA观测信息的加权多维标度定位方法、传感器位置误差存在条件下基于TDOA观测信息的加权多维标度定位方法、基于TOA/FOA观测信息的多不相关源加权多维标度定位方法、校正源存在条件下基于TDOA观测信息的加权多维标度定位方法、面向无线传感网节点定位的加权多维标度TOA定位方法及面向无线传感网节点定位的加权多维标度RSS定位方法。

本书由战略支援部队信息工程大学王鼎、王建辉、王成及郑娜娥共同执笔完成，并最终由王鼎对全书进行统一校对和修改。在本书编写过程中参考了一些文献，在此向这些文献的作者表示最诚挚的谢意。

本书得到了“国家十三五重点图书规划项目”、“国家自然科学基金项目（编号：61201381和61772548）”及“河南省科技攻关项目（编号：192102210092）”的资助。此外，本书的出版还得到了各级领导和电子工业出版社的支持，在此一并表示感谢。

限于作者水平，书中难免有疏漏和不妥之处，恳请读者批评指正，以便于今后纠正。如果读者对书中的内容有所疑问，可以通过电子邮箱（wang_ding814@aliyun.com）与作者联系，望不吝赐教。

编　者

2020年3月于战略支援部队信息工程大学

目录

第1部分　基础知识篇

第 2 部分 基本定位方法篇

第 3 部分 拓展定位方法篇

第1部分　基础知识篇

第1章 绪　论

本章首先对无线信号定位技术进行简述，然后总结基于多维标度原理的无线信号定位技术的研究现状，最后给出本书的内容结构安排。

1.1　无线信号定位技术简述

无线信号定位作为无线技术的一项重要应用，近年来发展迅猛，已被广泛应用于无线监测、导航遥测、地震勘测、射电天文、应急救援、安全保障等诸多工业与国防领域。无线信号定位通常是指传感器从接收到的无线电波中估计信号参数（也称定位观测量），然后再利用这些参数获得无线信号（或辐射源[①]）的位置信息（有时也包括速度信息）。就现有的无线定位系统而言，定位观测量主要包括空域、时域、频域及能量域共 4 大类参量，其中空域观测量包括方位角、仰角等参量；时域观测量包括到达时间（Time of Arrival，TOA）、到达时间差（Time Difference of Arrival，TDOA）等参量；频域观测量包括到达频率（Frequency of Arrival，FOA）、到达频率差（Frequency Difference of Arrival，FDOA）等参量；能量域观测量包括接收信号强度（Received Signal Strength，RSS）、到达信号能量增益比（Gain Ratio of Arrival，GROA）等参量。利用上述定位观测量可以建立辐射源位置参数和传感器位置参数之间的非线性代数方程，通过求解该观测方程就能够获得辐射源的位置信息。为了提高估计精度，

① 有时也是散射源，即待定位目标自身并不主动辐射信号，而是被动地将其他信号散射至传感器。

无线定位系统还可以联合多域观测量进行融合定位。

依据关键技术进行划分，无线信号定位可以分为两个主要研究方向：第1个方向是研究如何从无线信号中提取用于辐射源定位的空域、时域、频域、能量域观测量，这些观测量可以建模成与辐射源位置参数有关的非线性函数；第2个方向则是研究如何基于上述观测量进行定位，即辐射源位置估计与解算。本书主要针对后者展开讨论和研究。

众所周知，定位精度是衡量无线定位系统性能的关键指标，影响定位精度的因素主要包含两个方面：第1个方面是定位观测量的估计误差（如TDOA观测误差等），该误差通常与无线信号的发射功率、电波传播环境、信号参数估计方法等有关；第2个方面是模型误差，也就是在建立定位观测模型时所产生的误差，如传感器位置误差、信号传播路径误差、同步误差等。针对第1种误差，可以通过提高信号信噪比和优化信号参数估计方法来加以克服。针对第2种误差，可以设计鲁棒的定位方法，用于提高对模型误差的鲁棒性。此外，抑制模型误差的另一种有效方法是利用校正源观测量。所谓校正源，就是在定位区域内出现的位置信息精确已知的信号源，它既可以是人为主动放置的，也可以是一些信息公开的信号源。由于校正源和辐射源往往受到相同或相近模型误差的影响，因此利用校正源观测量可以有效抑制模型误差对于辐射源定位精度的影响。

在一些定位场景中，有时需要对区域内出现的多个辐射源进行定位。在这种情形下，可以通过对多个辐射源进行协同定位的方式来提高整体定位精度。所谓多辐射源协同定位，就是将全部辐射源的位置向量合并成1个具有更高维度的位置向量加以估计。多辐射源协同定位能够在3种情形下提高对各辐射源的定位精度。第1种情形是在信号参数（定位观测量）估计环节对多个辐射源进行联合估计，这会使得各个辐射源对应的定位观测误差之间存在相关性，此时协同定位的目的是利用这种相关性来提高定位精度。第2种情形是存在模型误差，并且每个辐射源受到相同或相近模型误差的影响，此时通过协同定位可以减小模型误差对定位精度的影响。第3种情形是在无线传感网节点定位场景中，多个待定位源节点之间会相互通信，从而获得一些可用于定位的观测量，此时协同定位的目的是利用这部分观测量提高源节点的定位精度。

近年来，国内外大量学者对无线信号定位技术进行了深入研究，并且提出了很多性能优越的定位方法。无线信号定位本质上属于参数估计问题，因此可将其归于统计信号处理领域的范畴。现有的定位方法大都是基于数学理论提出的，其中主要包括基于最小二乘估计的定位方法[1-5]、基于凸优化的定位方法[6-9]、基于贝叶斯估计的定位方法[10, 11]、基于重要性采样的定位方法[12-14]、基于神经计算的定位方法[15-17]、基于机器学习的定位方法[18-20]、基于多维标度原理的定位方法[21-49]等。需要指出的是，每一类定位方法都有其特定的优势，都能够在一些场景下取得很好的定位效果。本书主要讨论和研究基于多维标度原理的定位方法。多维标度最早是一种实验数据分析方法，近年来国内外诸多学者将该技术应用于无线信号定位领域，有效解决了一些定位问题，取得了较好的效果，因而受到学者们的青睐。

1.2 基于多维标度原理的无线信号定位技术研究现状概述

多维标度（Multidimensional Scaling Analysis，MDS）是一种将多维空间的研究对象（如样本或变量）简化到低维空间进行定位、分析和归类，同时又保留对象间原始关系的数据分析方法[21-24]。经过多年的发展，多维标度已成为物理学、地理学、心理学、分子生物学及行为科学中分析实验数据的常用技术。经典多维标度方法出现在心理学科，其基本思想是假设对象间的差异是距离，并通过寻找坐标来解释它们。因此，当在欧氏空间中获得一些节点间的距离信息时，就可以利用多维标度方法确定这些节点的坐标。近 10 多年来，国内外学者提出了一系列基于多维标度原理的定位方法，下面将总结一些具有代表性意义的研究成果。

文献[25]最早指出了经典多维标度方法应用于无线信号定位时需要位置先验信息，针对此缺点，该文献提出了基于修正多维标度的 TOA 定位方法。文献[26]在多维标度原理的基础上提出了基于噪声子空间的 TOA 定位方法，该方法计算简便，但仅适用于 3 个传感器存在的场景中。文献[27]则在文献[26]方法的基础上，提出了基于广义子空间的 TOA 定位方法，该方法放宽了对传感器个数的限制，具有更强的普适性。需要指出的是，文献[25-27]中定位方法的性能均难以达到克拉美罗界（Cramér-Rao Bound，CRB），为了进一步提高定位精度，文献[28]提出了基于加权多维标度的 TOA 定位方法，该方法无须矩阵分解，通过加权处理就可使定位精度逼近克拉美罗界。此外，文献[29]提出了多维标度定位方法的统一理论框架，从中可以发现，文献[25-28]中的定位方法都是该理论框架下的某个特例。

文献[30]和文献[31]首次将拉格朗日乘子技术与多维标度原理相结合，提出了相应的 TOA 定位方法，该方法计算简便，无须矩阵分解，并且定位精度可以逼近克拉美罗界。文献[32]和文献[33]提出了在复数域框架下的多维标度 TOA 定位方法，相比于实数域方法，它能够在大观测误差条件下提高定位精度。文献[34]和文献[35]首次将粒子群优化技术与多维标度原理相结合，提出了针对运动辐射源的 TOA 定位跟踪方法，并且利用多项式拟合技术对定位跟踪结果进行补偿校正，提升了定位鲁棒性和自适应性。需要指出的是，上面介绍的 TOA 定位方法均未考虑传感器位置误差的影响，文献[36]提出了传感器位置误差存在条件下的加权多维标度 TOA 定位方法，该方法通过加权处理有效抑制了传感器位置误差的影响，其定位精度可以逼近相应的克拉美罗界。

在无线传感网节点定位问题中，多维标度定位方法同样可以取得令人满意的效果。文献[37]和文献[38]首次提出了基于分布式加权多维标度的 TOA 节点定位方法，该类方法能够自适应选取相邻节点参与定位运算，可以有效避免大观测误差在网络节点内部的扩散，对网络节点具有较高的定位精度。文献[39]针对大规模无线传感网络，提出了基于移动信标的多维标度 TOA 节点定位方法，它显著提升了对大规模网络节点的定位精度。文献[40]提出了基于加权多维标度的多节点协同定位方法，该方法通过利用源节点之间的 TOA 观测量，实现了对多个源节点的协同定位，其定位精度可以逼近克拉美罗界。

值得一提的是，上面介绍的各种多维标度定位方法仅仅利用了 TOA 信息，事实上该类定位方法还可适用于其他定位观测量。文献[41]首次提出了基于 TDOA 信息的加权多维标度定位方法，该方法的定位精度可以逼近克拉美罗界。文献[42]提出了基于辅助线的多维标度 TDOA 定位方法，该方法可以在传感器位置几何分布呈现“病态”的条件下显著提升辐射源定位精度。文献[43-45]在传感器位置误差存在的条件下提出了加权多维标度 TDOA 定位方法，该类方法通过加权处理有效抑制了传感器位置误差的影响，其定位精度可以逼近相应的克拉美罗界。文献[46]提出了基于 RSS 信息的加权多维标度定位方法，该方法的定位精度可以逼近克拉美罗界。针对无线传感网节点定位问题，文献[37]不仅提出了基于 TOA 信息的节点定位方法，还提出了基于分布式加权多维标度的 RSS 节点定位方法。此外，文献[47]提出了基于加权多维标度的多节点协同定位方法，该方法通过利用源节点之间的 RSS 观测量，实现了对多个源节点的协同定位，其定位精度可以逼近克拉美罗界。最后，文献[48]首次提出了联合 TDOA/FDOA 信息的加权多维标度定位方法，文献[49]则将该方法推广至传感器位置误差存在的场景中，两种方法的定位精度均可以逼近相应的克拉美罗界。

从现有的研究成果中不难发现，多维标度定位方法主要具有两大优势：一是其通常可以给出辐射源位置信息（有时也包括速度信息）的闭式解，从而避免迭代运算和局部收敛等缺点；二是相比一些传统的定位方法（如最小二乘估计类方法），其对大观测误差具有更强的鲁棒性和稳健性。这是因为多维标度定位方法能够充分利用标量积矩阵的维度和特征结构信息。需要指出的是，早期提出的多维标度定位方法的性能与克拉美罗界还有一定的差距，但是随后提出的加权多维标度定位方法的性能则可以逼近克拉美罗界，并且具有较高的噪声门限值（或称噪声阈值）。因此，本书将主要针对加权多维标度定位方法展开讨论和研究。书中将基于现有的研究成果，进一步系统凝练和完善加权多维标度定位理论与方法，对该类方法的理论性能给出更为严谨的数学分析，并且将其拓展至更多复杂的定位场景中。

1.3 本书的内容结构安排

全书分为 3 大部分，第 1 部分是基础知识篇，第 2 部分是基本定位方法篇，第 3 部分是拓展定位方法篇。

第 1 部分由第 1～3 章构成。第 1 章对无线信号定位技术进行了简述，并对基于多维标度原理的无线信号定位技术的研究现状进行了概述。第 2 章介绍了全书涉及的数学预备知识，其中包括矩阵理论、拉格朗日乘子法、矩阵扰动分析及估计器误差分析中的若干预备知识，可作为全书的数学基础。第 3 章给出了衡量无线信号定位统计性能的若干指标，并给出相应的理论计算公式，从而为本书各章定位方法的性能提供理论依据。全书第 1 部分的结构示意图如图 1.1 所示。

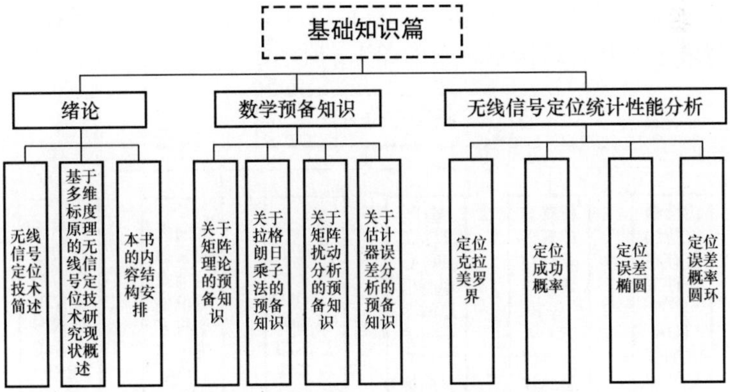

图 1.1 全书第 1 部分的结构示意图

第 2 部分由第 4～8 章构成，针对不同的定位观测量，描述了基本的加权多维标度定位方法，分别包括基于 TOA 观测信息的加权多维标度定位方法、基于 TDOA 观测信息的加权多维标度定位方法、基于 RSS 观测信息的加权多维标度定位方法、基于 TOA/FOA 观测信息的加权多维标度定位方法及基于 TDOA/FDOA 观测信息的加权多维标度定位方法。全书第 2 部分的结构示意图如图 1.2 所示。

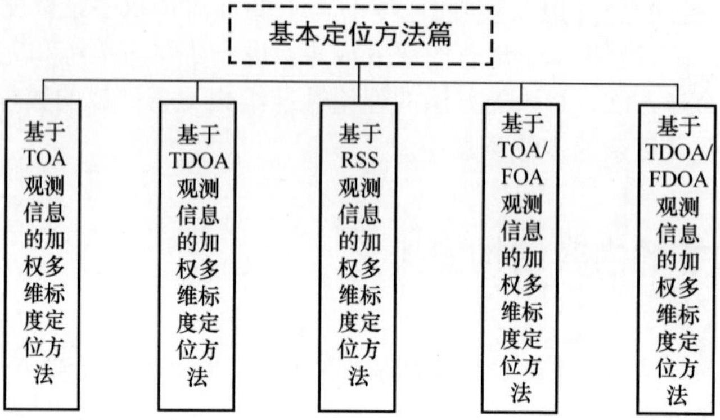

图 1.2　全书第 2 部分的结构示意图

第 3 部分由第 9～14 章构成，将第 2 部分给出的定位方法进行了拓展，分别包括传感器位置误差存在条件下基于 TOA 观测信息的加权多维标度定位方法、传感器位置误差存在条件下基于 TDOA 观测信息的加权多维标度定位方法、基于 TOA/FOA 观测信息的多不相关源加权多维标度定位方法（多辐射源协同定位）、校正源存在条件下基于 TDOA 观测信息的加权多维标度定位方法、面向无线传感网节点定位的加权多维标度 TOA 定位方法（多源节点协同定位）及面向无线传感网节点定位的加权多维标度 RSS 定位方法（多源节点协同定位）。全书第 3 部分的结构示意图如图 1.3 所示。

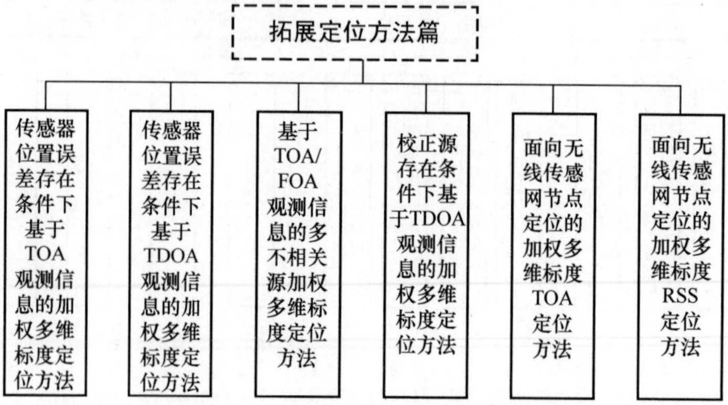

图 1.3　全书第 3 部分的结构示意图

第 2 章 数学预备知识

本章将介绍全书中涉及的若干数学预备知识，其中包括数学符号表、矩阵理论[50-52]、拉格朗日乘子法[52-54]、矩阵扰动分析[50-52]及估计器误差分析[55]。本章的内容可作为全书后续章节的理论基础。

2.1 数学符号表

$\boldsymbol{A}^{\mathrm{T}}$	矩阵 $\boldsymbol{A}$ 的转置
$\boldsymbol{A}^{-1}$	矩阵 $\boldsymbol{A}$ 的逆
$\boldsymbol{A}^{\dagger}$	矩阵 $\boldsymbol{A}$ 的 Moore-Penrose 逆
$\mathrm{rank}[\boldsymbol{A}]$	矩阵 $\boldsymbol{A}$ 的秩
$\det[\boldsymbol{A}]$	矩阵 $\boldsymbol{A}$ 的行列式
$\mathrm{range}\{\boldsymbol{A}\}$	矩阵 $\boldsymbol{A}$ 的列空间
$(\mathrm{range}\{\boldsymbol{A}\})^{\perp}$	矩阵 $\boldsymbol{A}$ 的列补空间
$\mathrm{null}\{\boldsymbol{A}\}$	矩阵 $\boldsymbol{A}$ 的零空间
$\mathrm{trace}(\boldsymbol{A})$	矩阵 $\boldsymbol{A}$ 的迹
$\boldsymbol{\Pi}[\boldsymbol{A}]$	矩阵 $\boldsymbol{A}$ 的列空间的正交投影矩阵
$\boldsymbol{\Pi}^{\perp}[\boldsymbol{A}]$	矩阵 $\boldsymbol{A}$ 的列补空间的正交投影矩阵
$\Vert\boldsymbol{a}\Vert_2$	向量 $\boldsymbol{a}$ 的 2-范数
$<\boldsymbol{a}>_k$	向量 $\boldsymbol{a}$ 中的第 k 个元素
$<\boldsymbol{A}>_{ks}$	向量 $\boldsymbol{A}$ 中位于坐标 (k,s) 处的元素
$\boldsymbol{A}\otimes\boldsymbol{B}$	矩阵 $\boldsymbol{A}$ 和 $\boldsymbol{B}$ 的 Kronecker 积
$\boldsymbol{A}\odot\boldsymbol{B}$	矩阵 $\boldsymbol{A}$ 和 $\boldsymbol{B}$ 的点积
$\boldsymbol{A}\leqslant\boldsymbol{B}$	表示 $\boldsymbol{B}-\boldsymbol{A}$ 为半正定矩阵
$\boldsymbol{A}<\boldsymbol{B}$	表示 $\boldsymbol{B}-\boldsymbol{A}$ 为正定矩阵
$\boldsymbol{A}\geqslant\boldsymbol{B}$	表示 $\boldsymbol{A}-\boldsymbol{B}$ 为半正定矩阵

$\boldsymbol{A}>\boldsymbol{B}$	表示 $\boldsymbol{A}-\boldsymbol{B}$ 为正定矩阵
$\boldsymbol{A}\geqslant\boldsymbol{O}$	表示 $\boldsymbol{A}$ 为半正定矩阵
$\boldsymbol{A}>\boldsymbol{O}$	表示 $\boldsymbol{A}$ 为正定矩阵
$\boldsymbol{a}\otimes\boldsymbol{b}$	向量 $\boldsymbol{a}$ 和 $\boldsymbol{b}$ 的 Kronecker 积
$\boldsymbol{a}\odot\boldsymbol{b}$	向量 $\boldsymbol{a}$ 和 $\boldsymbol{b}$ 的点积
$\mathrm{diag}[\cdot]$	由向量元素构成的对角矩阵
$\mathrm{blkdiag}\{\cdot\}$	由矩阵或向量作为对角元素构成的块状对角矩阵
$\mathrm{Im}\{\cdot\}$	表示取虚部
$\boldsymbol{O}_{n\times m}$	$n\times m$ 阶全零矩阵
$\boldsymbol{1}_{n\times m}$	$n\times m$ 阶全 1 矩阵
$\boldsymbol{I}_n$	$n\times n$ 阶单位矩阵
$\boldsymbol{i}_n^{(k)}$	单位矩阵 $\boldsymbol{I}_n$ 中的第 k 列向量
$\mathrm{E}[\hat{\boldsymbol{x}}]$	估计向量 $\hat{\boldsymbol{x}}$ 的数学期望
$\mathbf{MSE}(\hat{\boldsymbol{x}})$	估计向量 $\hat{\boldsymbol{x}}$ 的均方误差矩阵
$\mathbf{cov}(\hat{\boldsymbol{x}})$	估计向量 $\hat{\boldsymbol{x}}$ 的协方差矩阵
$\mathbf{cov}(\boldsymbol{e})$	误差向量 $\boldsymbol{e}$ 的协方差矩阵
$\dfrac{\partial\boldsymbol{f}(\boldsymbol{x})}{\partial\boldsymbol{x}^{\mathrm{T}}}$	向量函数 $\boldsymbol{f}(\boldsymbol{x})$ 的 Jacobian 矩阵
$\Pr\{\mathbf{A}\}$	事件 $\mathbf{A}$ 发生的概率

2.2 关于矩阵理论的预备知识

本节将介绍关于矩阵理论的预备知识，其中涉及矩阵求逆计算公式、Moore-Penrose 广义逆矩阵和正交投影矩阵、矩阵 Kronecker 积和矩阵向量化运算、矩阵奇异值分解、一个重要的矩阵等式，以及标量函数的梯度向量和向量函数的 Jacobian 矩阵。

2.2.1 矩阵求逆计算公式

下面将介绍几个重要的矩阵求逆公式。

1. 矩阵和求逆公式

【命题 2.1】 设矩阵 $\boldsymbol{A}\in\mathbf{R}^{m\times m}$、$\boldsymbol{B}\in\mathbf{R}^{m\times n}$、$\boldsymbol{C}\in\mathbf{R}^{n\times n}$ 及 $\boldsymbol{D}\in\mathbf{R}^{n\times m}$，并且矩阵 $\boldsymbol{A}$、$\boldsymbol{C}$ 及 $\boldsymbol{C}^{-1}+\boldsymbol{D}\boldsymbol{A}^{-1}\boldsymbol{B}$ 均可逆，则有如下等式：

$$(\boldsymbol{A}+\boldsymbol{B}\boldsymbol{C}\boldsymbol{D})^{-1}=\boldsymbol{A}^{-1}-\boldsymbol{A}^{-1}\boldsymbol{B}(\boldsymbol{C}^{-1}+\boldsymbol{D}\boldsymbol{A}^{-1}\boldsymbol{B})^{-1}\boldsymbol{D}\boldsymbol{A}^{-1} \tag{2.1}$$

【证明】根据矩阵乘法运算法则可知

$$
\begin{aligned}
&\left[A^{-1}-A^{-1}B(C^{-1}+DA^{-1}B)^{-1}DA^{-1}\right](A+BCD)\\
&=I_m+A^{-1}BCD-A^{-1}B(C^{-1}+DA^{-1}B)^{-1}D-A^{-1}B(C^{-1}+DA^{-1}B)^{-1}DA^{-1}BCD
\end{aligned} \tag{2.2}
$$

将矩阵 $(C^{-1}+DA^{-1}B)^{-1}$ 表示为

$$
(C^{-1}+DA^{-1}B)^{-1}=\left[(I_n+DA^{-1}BC)C^{-1}\right]^{-1}=C(I_n+DA^{-1}BC)^{-1} \tag{2.3}
$$

将式（2.3）代入式（2.2）中可得

$$
\begin{aligned}
&\left[A^{-1}-A^{-1}B(C^{-1}+DA^{-1}B)^{-1}DA^{-1}\right](A+BCD)\\
&=I_m+A^{-1}BCD-A^{-1}BC(I_n+DA^{-1}BC)^{-1}D-A^{-1}BC(I_n+DA^{-1}BC)^{-1}DA^{-1}BCD\\
&=I_m+A^{-1}BCD-A^{-1}BC\left[(I_n+DA^{-1}BC)^{-1}+(I_n+DA^{-1}BC)^{-1}DA^{-1}BC\right]D\\
&=I_m+A^{-1}BCD-A^{-1}BCD=I_m
\end{aligned} \tag{2.4}
$$

由式（2.4）可知式（2.1）成立。证毕。

【命题 2.2】 设矩阵 $A\in\mathbf{R}^{m\times m}$、$B\in\mathbf{R}^{m\times n}$、$C\in\mathbf{R}^{n\times n}$ 及 $D\in\mathbf{R}^{n\times m}$，并且矩阵 A、C 及 $C^{-1}-DA^{-1}B$ 均可逆，则有如下等式：

$$
(A-BCD)^{-1}=A^{-1}+A^{-1}B(C^{-1}-DA^{-1}B)^{-1}DA^{-1} \tag{2.5}
$$

【证明】 将式（2.1）中的矩阵 C 替换为 $-C$ 即可知式（2.5）成立。证明过程略。

2．分块对称矩阵求逆公式

【命题 2.3】 设有如下分块对称可逆矩阵：

$$
U=\begin{bmatrix}\underbrace{A}_{m\times m} & \underbrace{B}_{m\times n}\\ \underbrace{B^{\mathrm{T}}}_{n\times m} & \underbrace{C}_{n\times n}\end{bmatrix} \tag{2.6}
$$

其中，$A=A^{\mathrm{T}}$ 和 $C=C^{\mathrm{T}}$，并且矩阵 A、C、$A-BC^{-1}B^{\mathrm{T}}$ 及 $C-B^{\mathrm{T}}A^{-1}B$ 均可逆，则有如下等式：

$$
V=U^{-1}=\left[\begin{array}{c:c}\underbrace{(A-BC^{-1}B^{\mathrm{T}})^{-1}}_{m\times m} & \underbrace{-(A-BC^{-1}B^{\mathrm{T}})^{-1}BC^{-1}}_{m\times n}\\ \hdashline \underbrace{-C^{-1}B^{\mathrm{T}}(A-BC^{-1}B^{\mathrm{T}})^{-1}}_{n\times m} & \underbrace{(C-B^{\mathrm{T}}A^{-1}B)^{-1}}_{n\times n}\end{array}\right] \tag{2.7}
$$

【证明】 首先将矩阵 V 表示成如下分块形式：

$$
V=U^{-1}=\begin{bmatrix}\underbrace{X}_{m\times m} & \underbrace{Y}_{m\times n}\\ \underbrace{Y^{\mathrm{T}}}_{n\times m} & \underbrace{Z}_{n\times n}\end{bmatrix} \tag{2.8}
$$

根据逆矩阵的定义可得

$$\boldsymbol{VU}=\begin{bmatrix}\boldsymbol{X} & \boldsymbol{Y}\\ \boldsymbol{Y}^{\mathrm{T}} & \boldsymbol{Z}\end{bmatrix}\begin{bmatrix}\boldsymbol{A} & \boldsymbol{B}\\ \boldsymbol{B}^{\mathrm{T}} & \boldsymbol{C}\end{bmatrix}=\begin{bmatrix}\boldsymbol{I}_m & \boldsymbol{O}_{m\times n}\\ \boldsymbol{O}_{n\times m} & \boldsymbol{I}_n\end{bmatrix}=\boldsymbol{I}_{m+n} \tag{2.9}$$

基于式（2.9）可以得到如下 3 个等式：

$$\begin{cases}\boldsymbol{XA}+\boldsymbol{YB}^{\mathrm{T}}=\boldsymbol{I}_m\\ \boldsymbol{XB}+\boldsymbol{YC}=\boldsymbol{O}_{m\times n}\\ \boldsymbol{Y}^{\mathrm{T}}\boldsymbol{B}+\boldsymbol{ZC}=\boldsymbol{I}_n\end{cases} \tag{2.10}$$

利用式（2.10）中的第 2 式可知 $\boldsymbol{Y}=-\boldsymbol{XBC}^{-1}$，将其代入式（2.10）中的第 1 式可得

$$\boldsymbol{XA}-\boldsymbol{XBC}^{-1}\boldsymbol{B}^{\mathrm{T}}=\boldsymbol{I}_m\Rightarrow\boldsymbol{X}=(\boldsymbol{A}-\boldsymbol{BC}^{-1}\boldsymbol{B}^{\mathrm{T}})^{-1} \tag{2.11}$$

由式（2.11）可知

$$\boldsymbol{Y}=-(\boldsymbol{A}-\boldsymbol{BC}^{-1}\boldsymbol{B}^{\mathrm{T}})^{-1}\boldsymbol{BC}^{-1} \tag{2.12}$$

结合式（2.10）中的第 3 式和式（2.12）可得

$$\boldsymbol{Z}=(\boldsymbol{I}_n-\boldsymbol{Y}^{\mathrm{T}}\boldsymbol{B})\boldsymbol{C}^{-1}=\boldsymbol{C}^{-1}+\boldsymbol{C}^{-1}\boldsymbol{B}^{\mathrm{T}}(\boldsymbol{A}-\boldsymbol{BC}^{-1}\boldsymbol{B}^{\mathrm{T}})^{-1}\boldsymbol{BC}^{-1}=(\boldsymbol{C}-\boldsymbol{B}^{\mathrm{T}}\boldsymbol{A}^{-1}\boldsymbol{B})^{-1} \tag{2.13}$$

式中，第 3 个等号处的运算利用了命题 2.2。结合式（2.11）～式（2.13）可知式（2.7）成立。证毕。

2.2.2 Moore-Penrose 广义逆矩阵和正交投影矩阵

下面将介绍关于 Moore-Penrose 广义逆矩阵和正交投影矩阵的若干重要结论。

1. Moore-Penrose 广义逆矩阵

Moore-Penrose 广义逆矩阵是一种十分重要的广义逆矩阵，利用该逆矩阵可以构造任意矩阵的列空间或是其列补空间上的正交投影矩阵，其基本定义如下。

【定义 2.1】 设矩阵 $\boldsymbol{A}\in\mathbf{R}^{m\times n}$，若矩阵 $\boldsymbol{X}\in\mathbf{R}^{n\times m}$ 满足以下 4 个矩阵方程：

$$\boldsymbol{AXA}=\boldsymbol{A}\ ,\ \boldsymbol{XAX}=\boldsymbol{X},\ (\boldsymbol{AX})^{\mathrm{T}}=\boldsymbol{AX},\ (\boldsymbol{XA})^{\mathrm{T}}=\boldsymbol{XA} \tag{2.14}$$

则称 $\boldsymbol{X}$ 是矩阵 $\boldsymbol{A}$ 的 Moore-Penrose 广义逆矩阵，并将其记为 $\boldsymbol{X}=\boldsymbol{A}^{\dagger}$。

根据定义 2.1 可知，若 $\boldsymbol{A}$ 是可逆方阵，则有 $\boldsymbol{A}^{\dagger}=\boldsymbol{A}^{-1}$。满足式（2.14）的 Moore-Penrose 逆矩阵存在并且唯一，它可以通过矩阵 $\boldsymbol{A}$ 的奇异值分解来获得[50, 51]。对于列满秩矩阵或行满秩矩阵而言，Moore-Penrose 逆矩阵存在闭式表达式，具体可见如下两个命题。

【命题 2.4】 设矩阵 $\boldsymbol{A}\in\mathbf{R}^{m\times n}$，若为列满秩矩阵，则有 $\boldsymbol{A}^{\dagger}=(\boldsymbol{A}^{\mathrm{T}}\boldsymbol{A})^{-1}\boldsymbol{A}^{\mathrm{T}}$。

【证明】 若 $\boldsymbol{A}$ 为列满秩矩阵，则 $\boldsymbol{A}^{\mathrm{T}}\boldsymbol{A}$ 是可逆矩阵，现将 $\boldsymbol{X}=(\boldsymbol{A}^{\mathrm{T}}\boldsymbol{A})^{-1}\boldsymbol{A}^{\mathrm{T}}$ 代入式（2.14）中可得

$$\begin{cases}\boldsymbol{AXA}=\boldsymbol{A}(\boldsymbol{A}^{\mathrm{T}}\boldsymbol{A})^{-1}\boldsymbol{A}^{\mathrm{T}}\boldsymbol{A}=\boldsymbol{A}\\ \boldsymbol{XAX}=(\boldsymbol{A}^{\mathrm{T}}\boldsymbol{A})^{-1}\boldsymbol{A}^{\mathrm{T}}\boldsymbol{A}(\boldsymbol{A}^{\mathrm{T}}\boldsymbol{A})^{-1}\boldsymbol{A}^{\mathrm{T}}=(\boldsymbol{A}^{\mathrm{T}}\boldsymbol{A})^{-1}\boldsymbol{A}^{\mathrm{T}}=\boldsymbol{X}\\ (\boldsymbol{AX})^{\mathrm{T}}=\left[\boldsymbol{A}(\boldsymbol{A}^{\mathrm{T}}\boldsymbol{A})^{-1}\boldsymbol{A}^{\mathrm{T}}\right]^{\mathrm{T}}=\boldsymbol{A}(\boldsymbol{A}^{\mathrm{T}}\boldsymbol{A})^{-1}\boldsymbol{A}^{\mathrm{T}}=\boldsymbol{AX}\\ (\boldsymbol{XA})^{\mathrm{T}}=\left[(\boldsymbol{A}^{\mathrm{T}}\boldsymbol{A})^{-1}\boldsymbol{A}^{\mathrm{T}}\boldsymbol{A}\right]^{\mathrm{T}}=\boldsymbol{I}_n^{\mathrm{T}}=\boldsymbol{I}_n=\boldsymbol{XA}\end{cases} \tag{2.15}$$

由式（2.15）可知，矩阵 $\boldsymbol{X}=(\boldsymbol{A}^{\mathrm{T}}\boldsymbol{A})^{-1}\boldsymbol{A}^{\mathrm{T}}$ 满足 Moore-Penrose 广义逆定义中的 4 个矩阵方程。证毕。

【命题 2.5】 设矩阵 $\boldsymbol{A}\in\mathbf{R}^{m\times n}$，若 $\boldsymbol{A}$ 为行满秩矩阵，则有 $\boldsymbol{A}^{\dagger}=\boldsymbol{A}^{\mathrm{T}}(\boldsymbol{AA}^{\mathrm{T}})^{-1}$。

【证明】 若 $\boldsymbol{A}$ 为行满秩矩阵，则 $\boldsymbol{AA}^{\mathrm{T}}$ 是可逆矩阵，现将 $\boldsymbol{X}=\boldsymbol{A}^{\mathrm{T}}(\boldsymbol{AA}^{\mathrm{T}})^{-1}$ 代入式（2.14）中可得

$$\begin{cases}\boldsymbol{AXA}=\boldsymbol{AA}^{\mathrm{T}}(\boldsymbol{AA}^{\mathrm{T}})^{-1}\boldsymbol{A}=\boldsymbol{A}\\ \boldsymbol{XAX}=\boldsymbol{A}^{\mathrm{T}}(\boldsymbol{AA}^{\mathrm{T}})^{-1}\boldsymbol{AA}^{\mathrm{T}}(\boldsymbol{AA}^{\mathrm{T}})^{-1}=\boldsymbol{A}^{\mathrm{T}}(\boldsymbol{AA}^{\mathrm{T}})^{-1}=\boldsymbol{X}\\ (\boldsymbol{AX})^{\mathrm{T}}=\left[\boldsymbol{AA}^{\mathrm{T}}(\boldsymbol{AA}^{\mathrm{T}})^{-1}\right]^{\mathrm{T}}=\boldsymbol{I}_m^{\mathrm{T}}=\boldsymbol{I}_m=\boldsymbol{AX}\\ (\boldsymbol{XA})^{\mathrm{T}}=\left[\boldsymbol{A}^{\mathrm{T}}(\boldsymbol{AA}^{\mathrm{T}})^{-1}\boldsymbol{A}\right]^{\mathrm{T}}=\boldsymbol{A}^{\mathrm{T}}(\boldsymbol{AA}^{\mathrm{T}})^{-1}\boldsymbol{A}=\boldsymbol{XA}\end{cases} \tag{2.16}$$

由式（2.16）可知，矩阵 $\boldsymbol{X}=\boldsymbol{A}^{\mathrm{T}}(\boldsymbol{AA}^{\mathrm{T}})^{-1}$ 满足 Moore-Penrose 广义逆定义中的 4 个矩阵方程。证毕。

2．正交投影矩阵

正交投影矩阵在矩阵理论中具有十分重要的作用，其基本定义如下。

【定义 2.2】 设 S 是 m 维欧氏空间 $\mathbf{R}^m$ 中的一个线性子空间，$\mathrm{S}^{\perp}$ 是其正交补空间，对于任意向量 $\boldsymbol{x}\in\mathbf{R}^{m\times 1}$，若存在 $m\times m$ 阶矩阵 $\boldsymbol{P}$ 满足

$$\boldsymbol{x}=\boldsymbol{x}_1+\boldsymbol{x}_2=\boldsymbol{Px}+(\boldsymbol{I}_m-\boldsymbol{P})\boldsymbol{x} \tag{2.17}$$

式中，$\boldsymbol{x}_1=\boldsymbol{Px}\in\mathrm{S}$ 和 $\boldsymbol{x}_2=(\boldsymbol{I}_m-\boldsymbol{P})\boldsymbol{x}\in\mathrm{S}^{\perp}$，则称 $\boldsymbol{P}$ 是线性子空间 S 上的正交投影矩阵，$\boldsymbol{I}_m-\boldsymbol{P}$ 是 S 的正交补空间 $\mathrm{S}^{\perp}$ 上的正交投影矩阵。若 S 表示矩阵 $\boldsymbol{A}$ 的列空间（即 $\mathrm{S}=\mathrm{range}\{\boldsymbol{A}\}$），则将矩阵 $\boldsymbol{P}$ 记为 $\boldsymbol{\Pi}[\boldsymbol{A}]$，将矩阵 $\boldsymbol{I}_m-\boldsymbol{P}$ 记为 $\boldsymbol{\Pi}^{\perp}[\boldsymbol{A}]$。

根据正交投影矩阵的定义可知，若矩阵 $\boldsymbol{A}$ 和 $\boldsymbol{B}$ 的列空间满足 $\mathrm{range}\{\boldsymbol{A}\}=(\mathrm{range}\{\boldsymbol{B}\})^{\perp}$，则有 $\boldsymbol{\Pi}[\boldsymbol{A}]=\boldsymbol{\Pi}^{\perp}[\boldsymbol{B}]$ 或 $\boldsymbol{\Pi}^{\perp}[\boldsymbol{A}]=\boldsymbol{\Pi}[\boldsymbol{B}]$。根据正交投影矩阵的定义还可以得到如下重要结论。

【命题 2.6】 设 S 是 m 维欧氏空间 $\mathbf{R}^m$ 中的一个线性子空间，则该子空间上的正交投影矩阵 $\boldsymbol{P}$ 是唯一的，并且它是对称幂等矩阵，即满足 $\boldsymbol{P}^{\mathrm{T}}=\boldsymbol{P}$ 和 $\boldsymbol{P}^2=\boldsymbol{P}$。

【证明】对于任意向量 $\boldsymbol{x},\boldsymbol{y}\in\mathbf{R}^{m\times 1}$，根据正交投影矩阵的定义可知

$$0=(\boldsymbol{P}\boldsymbol{x})^{\mathrm{T}}(\boldsymbol{I}_m-\boldsymbol{P})\boldsymbol{y}=\boldsymbol{x}^{\mathrm{T}}(\boldsymbol{P}^{\mathrm{T}}-\boldsymbol{P}^{\mathrm{T}}\boldsymbol{P})\boldsymbol{y} \tag{2.18}$$

利用向量 $\boldsymbol{x}$ 和 $\boldsymbol{y}$ 的任意性可得

$$\boldsymbol{P}^{\mathrm{T}}-\boldsymbol{P}^{\mathrm{T}}\boldsymbol{P}=\boldsymbol{O}_{m\times m}\Rightarrow\boldsymbol{P}^{\mathrm{T}}=\boldsymbol{P}^{\mathrm{T}}\boldsymbol{P}\Rightarrow\boldsymbol{P}=\boldsymbol{P}^{\mathrm{T}}=\boldsymbol{P}^2 \tag{2.19}$$

由式（2.19）可知，矩阵 $\boldsymbol{P}$ 满足对称幂等性。

接着证明唯一性，假设存在子空间 $\mathbf{S}$ 上的另一个正交投影矩阵 $\boldsymbol{Q}$，它也是对称幂等矩阵，则对于任意向量 $\boldsymbol{x}\in\mathbf{R}^{m\times 1}$，满足

$$\|(\boldsymbol{P}-\boldsymbol{Q})\boldsymbol{x}\|_2^2=\boldsymbol{x}^{\mathrm{T}}(\boldsymbol{P}-\boldsymbol{Q})(\boldsymbol{P}-\boldsymbol{Q})\boldsymbol{x}=(\boldsymbol{P}\boldsymbol{x})^{\mathrm{T}}(\boldsymbol{I}_m-\boldsymbol{Q})\boldsymbol{x}+(\boldsymbol{Q}\boldsymbol{x})^{\mathrm{T}}(\boldsymbol{I}_m-\boldsymbol{P})\boldsymbol{x}=0 \tag{2.20}$$

由向量 $\boldsymbol{x}$ 的任意性可知 $\boldsymbol{P}=\boldsymbol{Q}$，由此证得唯一性。证毕。

【命题 2.7】 任意正交投影矩阵都是半正定矩阵。

【证明】 由命题 2.6 可知，任意正交投影矩阵 $\boldsymbol{P}$ 都满足 $\boldsymbol{P}=\boldsymbol{P}^2=\boldsymbol{P}\boldsymbol{P}^{\mathrm{T}}\geqslant\boldsymbol{O}$。证毕。

一个重要的事实是，正交投影矩阵可以利用 Moore-Penrose 逆矩阵来表示，具体可见如下命题。

【命题 2.8】 设矩阵 $\boldsymbol{A}\in\mathbf{R}^{m\times n}$，则其列空间和列补空间上的正交投影矩阵可以分别表示为

$$\boldsymbol{\Pi}[\boldsymbol{A}]=\boldsymbol{A}\boldsymbol{A}^{\dagger}\ ,\ \boldsymbol{\Pi}^{\perp}[\boldsymbol{A}]=\boldsymbol{I}_m-\boldsymbol{A}\boldsymbol{A}^{\dagger} \tag{2.21}$$

若 $\boldsymbol{A}\in\mathbf{R}^{m\times n}$ 是列满秩矩阵，则其列空间和列补空间上的正交投影矩阵还可以分别表示为

$$\boldsymbol{\Pi}[\boldsymbol{A}]=\boldsymbol{A}(\boldsymbol{A}^{\mathrm{T}}\boldsymbol{A})^{-1}\boldsymbol{A}^{\mathrm{T}}\ ,\ \boldsymbol{\Pi}^{\perp}[\boldsymbol{A}]=\boldsymbol{I}_m-\boldsymbol{A}(\boldsymbol{A}^{\mathrm{T}}\boldsymbol{A})^{-1}\boldsymbol{A}^{\mathrm{T}} \tag{2.22}$$

【证明】 任意向量 $\boldsymbol{x}\in\mathbf{R}^{m\times 1}$ 都可以进行如下分解：

$$\boldsymbol{x}=\boldsymbol{x}_1+\boldsymbol{x}_2=\boldsymbol{A}\boldsymbol{A}^{\dagger}\boldsymbol{x}+(\boldsymbol{I}_m-\boldsymbol{A}\boldsymbol{A}^{\dagger})\boldsymbol{x} \tag{2.23}$$

式中，$\boldsymbol{x}_1=\boldsymbol{A}\boldsymbol{A}^{\dagger}\boldsymbol{x}$ 和 $\boldsymbol{x}_2=(\boldsymbol{I}_m-\boldsymbol{A}\boldsymbol{A}^{\dagger})\boldsymbol{x}$，下面仅需要证明 $\boldsymbol{x}_1\in\mathrm{range}\{\boldsymbol{A}\}$ 和 $\boldsymbol{x}_2\in(\mathrm{range}\{\boldsymbol{A}\})^{\perp}$ 即可。首先有

$$\boldsymbol{x}_1=\boldsymbol{A}(\boldsymbol{A}^{\dagger}\boldsymbol{x})=\boldsymbol{A}\boldsymbol{y}\in\mathrm{range}\{\boldsymbol{A}\} \tag{2.24}$$

式中，$\boldsymbol{y}=\boldsymbol{A}^{\dagger}\boldsymbol{x}$。另一方面，利用 Moore-Penrose 逆矩阵的性质可知

$$\boldsymbol{x}_2^{\mathrm{T}}\boldsymbol{A}=\boldsymbol{x}^{\mathrm{T}}(\boldsymbol{I}_m-\boldsymbol{A}\boldsymbol{A}^{\dagger})^{\mathrm{T}}\boldsymbol{A}=\boldsymbol{x}^{\mathrm{T}}(\boldsymbol{A}-\boldsymbol{A}\boldsymbol{A}^{\dagger}\boldsymbol{A})=\boldsymbol{O}_{1\times n}\Rightarrow\boldsymbol{x}_2\in(\mathrm{range}\{\boldsymbol{A}\})^{\perp} \tag{2.25}$$

最后，若 $\boldsymbol{A}\in\mathbf{R}^{m\times n}$ 是列满秩矩阵，利用命题 2.4 可得 $\boldsymbol{A}^{\dagger}=(\boldsymbol{A}^{\mathrm{T}}\boldsymbol{A})^{-1}\boldsymbol{A}^{\mathrm{T}}$，将该式代入式（2.21）中可知式（2.22）成立。证毕。

2.2.3 矩阵 Kronecker 积和矩阵向量化运算

下面将介绍矩阵 Kronecker 积和矩阵向量化运算的若干重要结论。

1．矩阵 Kronecker 积

矩阵 Kronecker 积也称为直积。设矩阵 $\boldsymbol{A}\in\mathbf{R}^{m\times n}$ 和 $\boldsymbol{B}\in\mathbf{R}^{r\times s}$，则它们的 Kronecker 积可以表示为

$$\boldsymbol{A}\otimes\boldsymbol{B}=\begin{bmatrix} <\boldsymbol{A}>_{11}\boldsymbol{B} & <\boldsymbol{A}>_{12}\boldsymbol{B} & \cdots & <\boldsymbol{A}>_{1n}\boldsymbol{B} \\ <\boldsymbol{A}>_{21}\boldsymbol{B} & <\boldsymbol{A}>_{22}\boldsymbol{B} & \cdots & <\boldsymbol{A}>_{2n}\boldsymbol{B} \\ \vdots & \vdots & \ddots & \vdots \\ <\boldsymbol{A}>_{m1}\boldsymbol{B} & <\boldsymbol{A}>_{m2}\boldsymbol{B} & \cdots & <\boldsymbol{A}>_{mn}\boldsymbol{B} \end{bmatrix}\in\mathbf{C}^{mr\times ns} \tag{2.26}$$

由式（2.26）不难看出，Kronecker 积并没有交换律（即 $\boldsymbol{A}\otimes\boldsymbol{B}\neq\boldsymbol{B}\otimes\boldsymbol{A}$）。关于 Kronecker 积有如下重要结论。

【命题 2.9】 设矩阵 $\boldsymbol{A}\in\mathbf{R}^{m\times n}$、$\boldsymbol{B}\in\mathbf{R}^{p\times q}$、$\boldsymbol{C}\in\mathbf{R}^{n\times r}$ 及 $\boldsymbol{D}\in\mathbf{R}^{q\times s}$，则有如下等式

$$(\boldsymbol{A}\otimes\boldsymbol{B})(\boldsymbol{C}\otimes\boldsymbol{D})=(\boldsymbol{AC})\otimes(\boldsymbol{BD}) \tag{2.27}$$

【证明】 将矩阵 $\boldsymbol{A}$ 位于坐标 (k_1,k_2) 处的元素记为 $a_{k_1k_2}=<\boldsymbol{A}>_{k_1k_2}$，将矩阵 $\boldsymbol{C}$ 位于坐标 (k_2,k_3) 处的元素记为 $c_{k_2k_3}=<\boldsymbol{C}>_{k_2k_3}$，于是矩阵 $\boldsymbol{A}\otimes\boldsymbol{B}$ 中第 (k_1,k_2) 个阶数为 $p\times q$ 的子矩阵为 $a_{k_1k_2}\boldsymbol{B}$，矩阵 $\boldsymbol{C}\otimes\boldsymbol{D}$ 中第 (k_2,k_3) 个阶数为 $q\times s$ 的子矩阵为 $c_{k_2k_3}\boldsymbol{D}$。因此，矩阵 $(\boldsymbol{A}\otimes\boldsymbol{B})(\boldsymbol{C}\otimes\boldsymbol{D})$ 中第 (k_1,k_3) 个阶数为 $p\times s$ 的子矩阵为

$$\sum_{k_2=1}^{n}a_{k_1k_2}\boldsymbol{B}c_{k_2k_3}\boldsymbol{D}=\left(\sum_{k_2=1}^{n}a_{k_1k_2}c_{k_2k_3}\right)\boldsymbol{BD}=<\boldsymbol{AC}>_{k_1k_3}\boldsymbol{BD} \tag{2.28}$$

显然，式（2.28）右边恰好等于矩阵 $(\boldsymbol{AC})\otimes(\boldsymbol{BD})$ 中第 (k_1,k_3) 个阶数为 $p\times s$ 的子矩阵，由此可知式（2.27）成立。证毕。

2．矩阵向量化运算

矩阵向量化（记为 $\mathrm{vec}(\cdot)$）的概念具有广泛的应用，它可以简化数学表述，基本定义如下。

【定义 2.3】 设矩阵 $\boldsymbol{A}=[a_{ij}]_{m\times n}$，则该矩阵的向量化运算可定义为

$$\mathrm{vec}(\boldsymbol{A})=[a_{11}\ a_{21}\ \cdots\ a_{m1}\ \vdots\ a_{12}\ a_{22}\ \cdots\ a_{m2}\ \vdots\ \cdots\cdots\ \vdots\ a_{1n}\ a_{2n}\ \cdots\ a_{mn}]^{\mathrm{T}}\in\mathbf{R}^{mn\times 1} \tag{2.29}$$

由式（2.29）可知，矩阵向量化是将矩阵按照字典顺序排成列向量。利用矩阵向量化运算可以得到关于 Kronecker 积的重要等式，具体可见如下命题。

【命题 2.10】 设矩阵 $\boldsymbol{A}\in\mathbf{R}^{m\times r}$、$\boldsymbol{B}\in\mathbf{R}^{r\times s}$ 及 $\boldsymbol{C}\in\mathbf{R}^{s\times n}$，则有 $\mathrm{vec}(\boldsymbol{ABC})=(\boldsymbol{C}^{\mathrm{T}}\otimes\boldsymbol{A})\mathrm{vec}(\boldsymbol{B})$。

【证明】 首先将矩阵 $\boldsymbol{B}$ 按列分块表示为 $\boldsymbol{B}=[\boldsymbol{b}_1\ \boldsymbol{b}_2\ \cdots\ \boldsymbol{b}_s]$，由此可以将矩阵 $\boldsymbol{B}$ 进一步表示为

$$\boldsymbol{B}=\sum_{k=1}^{s}\boldsymbol{b}_k\boldsymbol{i}_s^{(k)\mathrm{T}} \tag{2.30}$$

基于式（2.30）可得

$$\begin{aligned}\mathrm{vec}(\boldsymbol{ABC})&=\mathrm{vec}\left(\sum_{k=1}^{s}\boldsymbol{Ab}_k\boldsymbol{i}_s^{(k)\mathrm{T}}\boldsymbol{C}\right)=\sum_{k=1}^{s}\mathrm{vec}\left[(\boldsymbol{Ab}_k)(\boldsymbol{C}^{\mathrm{T}}\boldsymbol{i}_s^{(k)})^{\mathrm{T}}\right]=\sum_{k=1}^{s}(\boldsymbol{C}^{\mathrm{T}}\boldsymbol{i}_s^{(k)})\otimes(\boldsymbol{Ab}_k)\\&=(\boldsymbol{C}^{\mathrm{T}}\otimes\boldsymbol{A})\left(\sum_{k=1}^{s}\boldsymbol{i}_s^{(k)}\otimes\boldsymbol{b}_k\right)=(\boldsymbol{C}^{\mathrm{T}}\otimes\boldsymbol{A})\mathrm{vec}\left(\sum_{k=1}^{s}\boldsymbol{b}_k\boldsymbol{i}_s^{(k)\mathrm{T}}\right)=(\boldsymbol{C}^{\mathrm{T}}\otimes\boldsymbol{A})\mathrm{vec}(\boldsymbol{B})\end{aligned} \tag{2.31}$$

式中，第 4 个等号处的运算利用了命题 2.9。证毕。

2.2.4 矩阵奇异值分解

下面将介绍矩阵奇异值分解的基本概念。奇异值分解是一种非常重要的矩阵分解，通过此分解可以获得矩阵的列空间和零空间，并且还可以确定矩阵的秩。任意矩阵都存在奇异值分解，具体可见如下命题。

【命题 2.11】 设矩阵 $\boldsymbol{A}\in\mathbf{R}^{m\times n}$，并且其秩为 $\mathrm{rank}[\boldsymbol{A}]=r$，则存在两个正交矩阵 $\boldsymbol{U}\in\mathbf{R}^{m\times m}$ 和 $\boldsymbol{V}\in\mathbf{R}^{n\times n}$ 满足

$$\boldsymbol{U}^{\mathrm{T}}\boldsymbol{AV}=\begin{bmatrix}\boldsymbol{\Sigma} & \boldsymbol{O}_{r\times(n-r)}\\ \boldsymbol{O}_{(m-r)\times r} & \boldsymbol{O}_{(m-r)\times(n-r)}\end{bmatrix} \tag{2.32}$$

式中，$\boldsymbol{\Sigma}=\mathrm{diag}[\sigma_1\ \ \sigma_2\ \ \cdots\ \ \sigma_r]$，其中 $\{\sigma_j\}_{1\leqslant j\leqslant r}$ 称为奇异值，矩阵 $\boldsymbol{U}$ 和 $\boldsymbol{V}$ 中的列向量分别称为左和右奇异向量。

【证明】 由于 $\boldsymbol{A}^{\mathrm{T}}\boldsymbol{A}$ 是半正定矩阵，并且其秩为 $\mathrm{rank}[\boldsymbol{A}^{\mathrm{T}}\boldsymbol{A}]=\mathrm{rank}[\boldsymbol{A}]=r$，因此矩阵 $\boldsymbol{A}^{\mathrm{T}}\boldsymbol{A}$ 的特征值中会包含 r 个正值和 $n-r$ 个零值，于是可以将矩阵 $\boldsymbol{A}^{\mathrm{T}}\boldsymbol{A}$ 的全部特征值设为

$$\lambda_1\geqslant\lambda_2\geqslant\cdots\geqslant\lambda_r>\lambda_{r+1}=\lambda_{r+2}=\cdots=\lambda_n=0 \tag{2.33}$$

并记 $\boldsymbol{\Sigma}=\mathrm{diag}[\sigma_1\ \ \sigma_2\ \ \cdots\ \ \sigma_r]$，其中 $\sigma_k=\sqrt{\lambda_k}\ (1\leqslant k\leqslant r)$。根据对称矩阵的特征分解定理[50, 51]可知，存在正交矩阵 $\boldsymbol{V}\in\mathbf{R}^{n\times n}$ 满足

$$\boldsymbol{V}^{\mathrm{T}}\boldsymbol{A}^{\mathrm{T}}\boldsymbol{AV}=\begin{bmatrix}\boldsymbol{\Sigma}^2 & \boldsymbol{O}_{r\times(n-r)}\\ \boldsymbol{O}_{(n-r)\times r} & \boldsymbol{O}_{(n-r)\times(n-r)}\end{bmatrix} \tag{2.34}$$

由式（2.34）可以进一步推得

$$\boldsymbol{A}^{\mathrm{T}}\boldsymbol{AV}=\boldsymbol{V}\begin{bmatrix}\boldsymbol{\Sigma}^2 & \boldsymbol{O}_{r\times(n-r)}\\ \boldsymbol{O}_{(n-r)\times r} & \boldsymbol{O}_{(n-r)\times(n-r)}\end{bmatrix} \tag{2.35}$$

将矩阵 $\boldsymbol{V}$ 按列分块表示为 $\boldsymbol{V}=\begin{bmatrix}\underbrace{\boldsymbol{V}_1}_{n\times r} & \underbrace{\boldsymbol{V}_2}_{n\times(n-r)}\end{bmatrix}$，结合式（2.35）可知

$$\boldsymbol{A}^{\mathrm{T}}\boldsymbol{A}\boldsymbol{V}_1=\boldsymbol{V}_1\boldsymbol{\Sigma}^2\ ,\ \boldsymbol{A}^{\mathrm{T}}\boldsymbol{A}\boldsymbol{V}_2=\boldsymbol{O}_{n\times(n-r)} \tag{2.36}$$

进一步可得

$$\boldsymbol{V}_1^{\mathrm{T}}\boldsymbol{A}^{\mathrm{T}}\boldsymbol{A}\boldsymbol{V}_1=\boldsymbol{\Sigma}^2\ ,\ \boldsymbol{V}_2^{\mathrm{T}}\boldsymbol{A}^{\mathrm{T}}\boldsymbol{A}\boldsymbol{V}_2=\boldsymbol{O}_{(n-r)\times(n-r)} \tag{2.37}$$

于是有

$$(\boldsymbol{A}\boldsymbol{V}_1\boldsymbol{\Sigma}^{-1})^{\mathrm{T}}(\boldsymbol{A}\boldsymbol{V}_1\boldsymbol{\Sigma}^{-1})=\boldsymbol{I}_r\ ,\ \boldsymbol{A}\boldsymbol{V}_2=\boldsymbol{O}_{m\times(n-r)} \tag{2.38}$$

若令 $\boldsymbol{U}_1=\boldsymbol{A}\boldsymbol{V}_1\boldsymbol{\Sigma}^{-1}$（等价于 $\boldsymbol{U}_1\boldsymbol{\Sigma}=\boldsymbol{A}\boldsymbol{V}_1$），利用式（2.38）中的第 1 个等式可知，矩阵 $\boldsymbol{U}_1$ 中的列向量是相互正交的单位向量，将其按列分块表示为 $\boldsymbol{U}_1=[\boldsymbol{u}_1\ \ \boldsymbol{u}_2\ \ \cdots\ \ \boldsymbol{u}_r]$，然后再扩充 $m-r$ 个列向量 $\boldsymbol{u}_{r+1},\boldsymbol{u}_{r+2},\cdots,\boldsymbol{u}_m$ 构造矩阵 $\boldsymbol{U}_2=[\boldsymbol{u}_{r+1}\ \ \boldsymbol{u}_{r+2}\ \ \cdots\ \ \boldsymbol{u}_m]$，以使得 $\boldsymbol{U}=[\boldsymbol{U}_1\ \ \boldsymbol{U}_2]$ 为正交矩阵。于是有

$$\boldsymbol{U}^{\mathrm{T}}\boldsymbol{A}\boldsymbol{V}=\begin{bmatrix}\boldsymbol{U}_1^{\mathrm{T}}\\ \boldsymbol{U}_2^{\mathrm{T}}\end{bmatrix}[\boldsymbol{A}\boldsymbol{V}_1\ \ \boldsymbol{A}\boldsymbol{V}_2]=\begin{bmatrix}\boldsymbol{U}_1^{\mathrm{T}}\boldsymbol{U}_1\boldsymbol{\Sigma} & \boldsymbol{O}_{r\times(n-r)}\\ \boldsymbol{U}_2^{\mathrm{T}}\boldsymbol{U}_1\boldsymbol{\Sigma} & \boldsymbol{O}_{(m-r)\times(n-r)}\end{bmatrix}=\begin{bmatrix}\boldsymbol{\Sigma} & \boldsymbol{O}_{r\times(n-r)}\\ \boldsymbol{O}_{(m-r)\times r} & \boldsymbol{O}_{(m-r)\times(n-r)}\end{bmatrix} \tag{2.39}$$

证毕。

根据命题 2.11 可知，任意矩阵 $\boldsymbol{A}\in\mathbf{R}^{m\times n}$ 都可以分解为如下形式：

$$\boldsymbol{A}=\boldsymbol{U}\begin{bmatrix}\boldsymbol{\Sigma} & \boldsymbol{O}_{r\times(n-r)}\\ \boldsymbol{O}_{(m-r)\times r} & \boldsymbol{O}_{(m-r)\times(n-r)}\end{bmatrix}\boldsymbol{V}^{\mathrm{T}} \tag{2.40}$$

式中，矩阵 $\boldsymbol{U}$、$\boldsymbol{V}$ 及 $\boldsymbol{\Sigma}$ 的定义见命题 2.11。式（2.40）即为矩阵奇异值分解。需要指出的是，命题 2.11 中矩阵 $\boldsymbol{U}_1$ 的列空间 $\mathrm{range}\{\boldsymbol{U}_1\}$ 也为矩阵 $\boldsymbol{A}$ 的列空间 $\mathrm{range}\{\boldsymbol{A}\}$，矩阵 $\boldsymbol{V}_2$ 的列空间 $\mathrm{range}\{\boldsymbol{V}_2\}$ 也为矩阵 $\boldsymbol{A}$ 的零空间 $\mathrm{null}\{\boldsymbol{A}\}$，非零的奇异值个数 r 也为矩阵 $\boldsymbol{A}$ 的秩 $\mathrm{rank}[\boldsymbol{A}]$。

2.2.5 一个重要的矩阵等式

下面将证明一个重要的矩阵等式，它对于本书中的加权多维标度定位方法非常重要。

【命题 2.12】 设向量组为 $\{\boldsymbol{a}_m\}_{1\leqslant m\leqslant M}$，其中 $\boldsymbol{a}_m\in\mathbf{R}^{n\times1}$ $(1\leqslant m\leqslant M)$，若令 $\overline{\boldsymbol{a}}=\frac{1}{M}\sum_{m=1}^{M}\boldsymbol{a}_m$，并定义如下两个矩阵：

$$\boldsymbol{A}=\begin{bmatrix}(\boldsymbol{a}_1-\overline{\boldsymbol{a}})^{\mathrm{T}}\\ (\boldsymbol{a}_2-\overline{\boldsymbol{a}})^{\mathrm{T}}\\ \vdots\\ (\boldsymbol{a}_M-\overline{\boldsymbol{a}})^{\mathrm{T}}\end{bmatrix}\begin{bmatrix}(\boldsymbol{a}_1-\overline{\boldsymbol{a}})^{\mathrm{T}}\\ (\boldsymbol{a}_2-\overline{\boldsymbol{a}})^{\mathrm{T}}\\ \vdots\\ (\boldsymbol{a}_M-\overline{\boldsymbol{a}})^{\mathrm{T}}\end{bmatrix}^{\mathrm{T}}$$

$$\boldsymbol{B}=-\frac{1}{2}\boldsymbol{J}_M\begin{bmatrix}\|\boldsymbol{a}_1-\boldsymbol{a}_1\|_2^2 & \|\boldsymbol{a}_1-\boldsymbol{a}_2\|_2^2 & \cdots & \|\boldsymbol{a}_1-\boldsymbol{a}_M\|_2^2\\ \|\boldsymbol{a}_1-\boldsymbol{a}_2\|_2^2 & \|\boldsymbol{a}_2-\boldsymbol{a}_2\|_2^2 & \cdots & \|\boldsymbol{a}_2-\boldsymbol{a}_M\|_2^2\\ \vdots & \vdots & \ddots & \vdots\\ \|\boldsymbol{a}_1-\boldsymbol{a}_M\|_2^2 & \|\boldsymbol{a}_2-\boldsymbol{a}_M\|_2^2 & \cdots & \|\boldsymbol{a}_M-\boldsymbol{a}_M\|_2^2\end{bmatrix}\boldsymbol{J}_M \tag{2.41}$$

式中，$\boldsymbol{J}_M=\boldsymbol{I}_M-\frac{1}{M}\boldsymbol{1}_{M\times M}$，则有 $\boldsymbol{A}=\boldsymbol{B}$。

【证明】 矩阵 $\boldsymbol{A}$ 中的第 i 行、第 j 列元素为

$$\begin{aligned}\langle\boldsymbol{A}\rangle_{ij}&=(\boldsymbol{a}_i-\bar{\boldsymbol{a}})^{\mathrm{T}}(\boldsymbol{a}_j-\bar{\boldsymbol{a}})=\boldsymbol{a}_i^{\mathrm{T}}\boldsymbol{a}_j-\boldsymbol{a}_i^{\mathrm{T}}\bar{\boldsymbol{a}}-\bar{\boldsymbol{a}}^{\mathrm{T}}\boldsymbol{a}_j+\bar{\boldsymbol{a}}^{\mathrm{T}}\bar{\boldsymbol{a}}\\&=\boldsymbol{a}_i^{\mathrm{T}}\boldsymbol{a}_j-\frac{1}{M}\sum_{m=1}^{M}\boldsymbol{a}_i^{\mathrm{T}}\boldsymbol{a}_m-\frac{1}{M}\sum_{m=1}^{M}\boldsymbol{a}_m^{\mathrm{T}}\boldsymbol{a}_j+\frac{1}{M^2}\sum_{m_1=1}^{M}\sum_{m_2=1}^{M}\boldsymbol{a}_{m_1}^{\mathrm{T}}\boldsymbol{a}_{m_2}\quad(1\leqslant i,\ j\leqslant M)\end{aligned} \tag{2.42}$$

矩阵 $\boldsymbol{B}$ 中的第 i 行、第 j 列元素为

$$\begin{aligned}\langle\boldsymbol{B}\rangle_{ij}=&-\frac{1}{2}\|\boldsymbol{a}_i-\boldsymbol{a}_j\|_2^2+\frac{1}{2M}\sum_{m=1}^{M}\|\boldsymbol{a}_m-\boldsymbol{a}_j\|_2^2+\frac{1}{2M}\sum_{m=1}^{M}\|\boldsymbol{a}_i-\boldsymbol{a}_m\|_2^2\\&-\frac{1}{2M^2}\sum_{m_1=1}^{M}\sum_{m_2=1}^{M}\|\boldsymbol{a}_{m_1}-\boldsymbol{a}_{m_2}\|_2^2\quad(1\leqslant i,\ j\leqslant M)\end{aligned} \tag{2.43}$$

将式（2.43）中的2-范数进一步展开可得

$$\begin{aligned}\langle\boldsymbol{B}\rangle_{ij}=&-\frac{1}{2}\|\boldsymbol{a}_i\|_2^2-\frac{1}{2}\|\boldsymbol{a}_j\|_2^2+\boldsymbol{a}_i^{\mathrm{T}}\boldsymbol{a}_j+\frac{1}{2M}\sum_{m=1}^{M}(\|\boldsymbol{a}_m\|_2^2+\|\boldsymbol{a}_j\|_2^2-2\boldsymbol{a}_m^{\mathrm{T}}\boldsymbol{a}_j)\\&+\frac{1}{2M}\sum_{m=1}^{M}(\|\boldsymbol{a}_m\|_2^2+\|\boldsymbol{a}_i\|_2^2-2\boldsymbol{a}_i^{\mathrm{T}}\boldsymbol{a}_m)-\frac{1}{2M^2}\sum_{m_1=1}^{M}\sum_{m_2=1}^{M}(\|\boldsymbol{a}_{m_1}\|_2^2+\|\boldsymbol{a}_{m_2}\|_2^2-2\boldsymbol{a}_{m_1}^{\mathrm{T}}\boldsymbol{a}_{m_2})\\=&-\frac{1}{2}\|\boldsymbol{a}_i\|_2^2-\frac{1}{2}\|\boldsymbol{a}_j\|_2^2+\boldsymbol{a}_i^{\mathrm{T}}\boldsymbol{a}_j+\frac{1}{2M}\sum_{m=1}^{M}\|\boldsymbol{a}_m\|_2^2+\frac{1}{2}\|\boldsymbol{a}_j\|_2^2-\frac{1}{M}\sum_{m=1}^{M}\boldsymbol{a}_m^{\mathrm{T}}\boldsymbol{a}_j+\frac{1}{2M}\sum_{m=1}^{M}\|\boldsymbol{a}_m\|_2^2\\&+\frac{1}{2}\|\boldsymbol{a}_i\|_2^2-\frac{1}{M}\sum_{m=1}^{M}\boldsymbol{a}_i^{\mathrm{T}}\boldsymbol{a}_m-\frac{1}{2M}\sum_{m=1}^{M}\|\boldsymbol{a}_m\|_2^2-\frac{1}{2M}\sum_{m=1}^{M}\|\boldsymbol{a}_m\|_2^2+\frac{1}{M^2}\sum_{m_1=1}^{M}\sum_{m_2=1}^{M}\boldsymbol{a}_{m_1}^{\mathrm{T}}\boldsymbol{a}_{m_2}\\=&\ \boldsymbol{a}_i^{\mathrm{T}}\boldsymbol{a}_j-\frac{1}{M}\sum_{m=1}^{M}\boldsymbol{a}_i^{\mathrm{T}}\boldsymbol{a}_m-\frac{1}{M}\sum_{m=1}^{M}\boldsymbol{a}_m^{\mathrm{T}}\boldsymbol{a}_j+\frac{1}{M^2}\sum_{m_1=1}^{M}\sum_{m_2=1}^{M}\boldsymbol{a}_{m_1}^{\mathrm{T}}\boldsymbol{a}_{m_2}\end{aligned} \tag{2.44}$$

比较式（2.43）和式（2.44）可知 $\langle\boldsymbol{A}\rangle_{ij}=\langle\boldsymbol{B}\rangle_{ij}$，由此可得 $\boldsymbol{A}=\boldsymbol{B}$。证毕。

2.2.6 标量函数的梯度向量和向量函数的 Jacobian 矩阵

下面将介绍标量函数的梯度向量和向量函数的 Jacobian 矩阵的基本概念。

1. 标量函数的梯度向量

【定义 2.4】 设 $f(\boldsymbol{x})$ 是关于 n 维实向量 $\boldsymbol{x}=[x_1\ \ x_2\ \ \cdots\ \ x_n]^{\mathrm{T}}$ 的连续且一阶可导

的标量函数，则其梯度向量定义为

$$\boldsymbol{h}(\boldsymbol{x})=\frac{\partial f(\boldsymbol{x})}{\partial \boldsymbol{x}}=\left[\frac{\partial f(\boldsymbol{x})}{\partial x_1}\ \frac{\partial f(\boldsymbol{x})}{\partial x_2}\ \cdots\ \frac{\partial f(\boldsymbol{x})}{\partial x_n}\right]^{\mathrm{T}}\in\mathbf{R}^{n\times 1} \tag{2.45}$$

利用梯度向量的定义，下面将给出一个重要结论，具体可见如下命题。

【命题 2.13】 设列满秩矩阵 $\boldsymbol{A}\in\mathbf{R}^{m\times n}$、正定矩阵 $\boldsymbol{C}\in\mathbf{R}^{m\times m}$ 及向量 $\boldsymbol{b}\in\mathbf{R}^{m\times 1}$，则无约束优化问题

$$\min_{\boldsymbol{x}\in\mathbf{R}^{n\times 1}} f(\boldsymbol{x})=\min_{\boldsymbol{x}\in\mathbf{R}^{n\times 1}}\{(\boldsymbol{A}\boldsymbol{x}+\boldsymbol{b})^{\mathrm{T}}\boldsymbol{C}^{-1}(\boldsymbol{A}\boldsymbol{x}+\boldsymbol{b})\} \tag{2.46}$$

的唯一最优解为

$$\boldsymbol{x}_{\mathrm{opt}}=-(\boldsymbol{A}^{\mathrm{T}}\boldsymbol{C}^{-1}\boldsymbol{A})^{-1}\boldsymbol{A}^{\mathrm{T}}\boldsymbol{C}^{-1}\boldsymbol{b} \tag{2.47}$$

【证明】 首先获得标量函数 $f(\boldsymbol{x})$ 的梯度向量，如下式所示：

$$\boldsymbol{h}(\boldsymbol{x})=\frac{\partial f(\boldsymbol{x})}{\partial \boldsymbol{x}}=2\boldsymbol{A}^{\mathrm{T}}\boldsymbol{C}^{-1}\boldsymbol{A}\boldsymbol{x}+2\boldsymbol{A}^{\mathrm{T}}\boldsymbol{C}^{-1}\boldsymbol{b} \tag{2.48}$$

由于最优解 $\boldsymbol{x}_{\mathrm{opt}}$ 应使得梯度为零向量，于是有

$$\boldsymbol{O}_{n\times 1}=\boldsymbol{h}(\boldsymbol{x}_{\mathrm{opt}})=2\boldsymbol{A}^{\mathrm{T}}\boldsymbol{C}^{-1}\boldsymbol{A}\boldsymbol{x}_{\mathrm{opt}}+2\boldsymbol{A}^{\mathrm{T}}\boldsymbol{C}^{-1}\boldsymbol{b}\Rightarrow\boldsymbol{x}_{\mathrm{opt}}=-(\boldsymbol{A}^{\mathrm{T}}\boldsymbol{C}^{-1}\boldsymbol{A})^{-1}\boldsymbol{A}^{\mathrm{T}}\boldsymbol{C}^{-1}\boldsymbol{b} \tag{2.49}$$

该最优解的唯一性是由于 $\boldsymbol{A}$ 是列满秩矩阵。证毕。

2. 向量函数的 Jacobian 矩阵

【定义 2.5】 设由 m 个标量函数构成的向量函数 $\boldsymbol{f}(\boldsymbol{x})=[f_1(\boldsymbol{x})\ f_2(\boldsymbol{x})\cdots f_m(\boldsymbol{x})]^{\mathrm{T}}$，其中每个标量函数 $\{f_k(\boldsymbol{x})\}_{1\leqslant k\leqslant m}$ 都是关于 n 维实向量 $\boldsymbol{x}=[x_1\ x_2\ \cdots\ x_n]^{\mathrm{T}}$ 的连续且一阶可导函数，则其 Jacobian 矩阵定义为

$$\boldsymbol{F}(\boldsymbol{x})=\frac{\partial \boldsymbol{f}(\boldsymbol{x})}{\partial \boldsymbol{x}^{\mathrm{T}}}=\begin{bmatrix}\frac{\partial f_1(\boldsymbol{x})}{\partial x_1} & \frac{\partial f_1(\boldsymbol{x})}{\partial x_2} & \cdots & \frac{\partial f_1(\boldsymbol{x})}{\partial x_n}\\ \frac{\partial f_2(\boldsymbol{x})}{\partial x_1} & \frac{\partial f_2(\boldsymbol{x})}{\partial x_2} & \cdots & \frac{\partial f_2(\boldsymbol{x})}{\partial x_n}\\ \vdots & \vdots & \ddots & \vdots\\ \frac{\partial f_m(\boldsymbol{x})}{\partial x_1} & \frac{\partial f_m(\boldsymbol{x})}{\partial x_2} & \cdots & \frac{\partial f_m(\boldsymbol{x})}{\partial x_n}\end{bmatrix}\in\mathbf{R}^{m\times n} \tag{2.50}$$

比较式（2.45）和式（2.50）可知，Jacobian 矩阵 $\boldsymbol{F}(\boldsymbol{x})$ 中的第 k 行向量是标量函数 $f_k(\boldsymbol{x})$ 的梯度向量的转置。

2.3 关于拉格朗日乘子法的预备知识

本节将介绍关于拉格朗日乘子法的预备知识，拉格朗日乘子法可用于求解

含等式约束的优化问题。

1. 基本原理

含等式约束优化问题的数学模型为

$$\begin{cases} \min\limits_{x\in\mathbf{R}^{n\times1}} f(\boldsymbol{x}) \\ \text{s.t. } \boldsymbol{g}(\boldsymbol{x})=[g_1(\boldsymbol{x})\ \ g_2(\boldsymbol{x})\ \ \cdots\ \ g_m(\boldsymbol{x})]^{\mathrm{T}}=\boldsymbol{O}_{m\times1}\quad (m<n) \end{cases} \tag{2.51}$$

式（2.51）的求解方法可见如下命题。

【命题 2.14】设 $f(\boldsymbol{x})$ 和 $\{g_k(\boldsymbol{x})\}_{1\leqslant k\leqslant m}$ 均为连续一阶可导函数，记向量 $\boldsymbol{x}_{\text{opt}}$ 是式（2.51）的局部最优解，$\boldsymbol{h}(\boldsymbol{x})$ 是 $f(\boldsymbol{x})$ 的梯度向量（即有 $\boldsymbol{h}(\boldsymbol{x})=\dfrac{\partial f(\boldsymbol{x})}{\partial \boldsymbol{x}}$），$\boldsymbol{G}(\boldsymbol{x})$ 是函数 $\boldsymbol{g}(\boldsymbol{x})$ 的 Jacobian 矩阵（即有 $\boldsymbol{G}(\boldsymbol{x})=\dfrac{\partial \boldsymbol{g}(\boldsymbol{x})}{\partial \boldsymbol{x}^{\mathrm{T}}}\in\mathbf{R}^{m\times n}$），并且 $\boldsymbol{G}(\boldsymbol{x}_{\text{opt}})$ 是行满秩矩阵，则存在 m 维列向量 $\boldsymbol{\lambda}_{\text{opt}}$ 满足

$$\boldsymbol{h}(\boldsymbol{x}_{\text{opt}})+(\boldsymbol{G}(\boldsymbol{x}_{\text{opt}}))^{\mathrm{T}}\boldsymbol{\lambda}_{\text{opt}}=\boldsymbol{O}_{n\times1} \tag{2.52}$$

【证明】由于向量 $\boldsymbol{x}_{\text{opt}}$ 是式（2.51）的局部最优解，它一定也是可行解，于是满足 $\boldsymbol{g}(\boldsymbol{x}_{\text{opt}})=\boldsymbol{O}_{m\times1}$。另一方面，由于 $\boldsymbol{G}(\boldsymbol{x}_{\text{opt}})$ 是 $m\times n$ 阶行满秩矩阵，其中必然存在 m 阶子矩阵是可逆的，不失一般性，假设其中前 m 列构成的子矩阵可逆，则根据隐函数定理可知，在 $\boldsymbol{x}_{\text{opt}}$ 的某个 ε-领域内，基于方程组 $\boldsymbol{g}(\boldsymbol{x})=\boldsymbol{O}_{m\times1}$ 可以确定将 $\boldsymbol{x}$ 的前 m 个变量 $\boldsymbol{x}_1$ 表示成关于其后 $n-m$ 个变量 $\boldsymbol{x}_2$ 的闭式函数，不妨将该函数记为 $\boldsymbol{x}_1=\boldsymbol{\varphi}(\boldsymbol{x}_2)$，于是下面仅需要考虑对向量 $\boldsymbol{x}_2$ 进行优化即可。

现将矩阵 $\boldsymbol{G}(\boldsymbol{x}_{\text{opt}})$ 按列分块表示为 $\boldsymbol{G}(\boldsymbol{x}_{\text{opt}})=[\boldsymbol{G}_1(\boldsymbol{x}_{\text{opt}})\ \ \boldsymbol{G}_2(\boldsymbol{x}_{\text{opt}})]$，其中 $\boldsymbol{G}_1(\boldsymbol{x}_{\text{opt}})$ 为 $\boldsymbol{G}(\boldsymbol{x}_{\text{opt}})$ 的前 m 列构成的子矩阵（可逆），$\boldsymbol{G}_2(\boldsymbol{x}_{\text{opt}})$ 为 $\boldsymbol{G}(\boldsymbol{x}_{\text{opt}})$ 的后 $n-m$ 列构成的子矩阵，则在向量 $\boldsymbol{x}_{\text{opt}}$ 处通过对恒等式 $\boldsymbol{g}\left(\begin{bmatrix}\boldsymbol{\varphi}(\boldsymbol{x}_2)\\ \boldsymbol{x}_2\end{bmatrix}\right)=\boldsymbol{O}_{m\times1}$ 求一阶导数可以建立如下等式：

$$\boldsymbol{G}_1(\boldsymbol{x}_{\text{opt}})\left.\frac{\partial\boldsymbol{\varphi}(\boldsymbol{x}_2)}{\partial\boldsymbol{x}_2^{\mathrm{T}}}\right|_{\boldsymbol{x}=\boldsymbol{x}_{\text{opt}}}+\boldsymbol{G}_2(\boldsymbol{x}_{\text{opt}})=\boldsymbol{O}_{m\times(n-m)}\Rightarrow\left.\frac{\partial\boldsymbol{\varphi}(\boldsymbol{x}_2)}{\partial\boldsymbol{x}_2^{\mathrm{T}}}\right|_{\boldsymbol{x}=\boldsymbol{x}_{\text{opt}}}=-(\boldsymbol{G}_1(\boldsymbol{x}_{\text{opt}}))^{-1}\boldsymbol{G}_2(\boldsymbol{x}_{\text{opt}}) \tag{2.53}$$

接着将向量 $\boldsymbol{h}(\boldsymbol{x}_{\text{opt}})$ 按行分块表示为 $\boldsymbol{h}(\boldsymbol{x}_{\text{opt}})=[(\boldsymbol{h}_1(\boldsymbol{x}_{\text{opt}}))^{\mathrm{T}}\ \ (\boldsymbol{h}_2(\boldsymbol{x}_{\text{opt}}))^{\mathrm{T}}]^{\mathrm{T}}$。其中，$\boldsymbol{h}_1(\boldsymbol{x}_{\text{opt}})$ 为 $\boldsymbol{h}(\boldsymbol{x}_{\text{opt}})$ 的前 m 个分量构成的子向量，$\boldsymbol{h}_2(\boldsymbol{x}_{\text{opt}})$ 为 $\boldsymbol{h}(\boldsymbol{x}_{\text{opt}})$ 的后 $n-m$ 个分量构成的子向量。由于向量 $\boldsymbol{x}_{\text{opt}}$ 是式（2.51）的局部最优解，于是有

$$\left.\frac{\partial f(\boldsymbol{x})}{\partial \boldsymbol{x}_2}\right|_{\boldsymbol{x}=\boldsymbol{x}_{\text{opt}}}=\left(\left.\frac{\partial \boldsymbol{\varphi}(\boldsymbol{x}_2)}{\partial \boldsymbol{x}_2^{\text{T}}}\right|_{\boldsymbol{x}=\boldsymbol{x}_{\text{opt}}}\right)^{\text{T}}\boldsymbol{h}_1(\boldsymbol{x}_{\text{opt}})+\boldsymbol{h}_2(\boldsymbol{x}_{\text{opt}})=\boldsymbol{O}_{(n-m)\times 1}\Rightarrow \boldsymbol{h}_2(\boldsymbol{x}_{\text{opt}})$$
$$=-\left(\left.\frac{\partial \boldsymbol{\varphi}(\boldsymbol{x}_2)}{\partial \boldsymbol{x}_2^{\text{T}}}\right|_{\boldsymbol{x}=\boldsymbol{x}_{\text{opt}}}\right)^{\text{T}}\boldsymbol{h}_1(\boldsymbol{x}_{\text{opt}}) \tag{2.54}$$

将式（2.53）代入式（2.54）中可得

$$\boldsymbol{h}_2(\boldsymbol{x}_{\text{opt}})=(\boldsymbol{G}_2(\boldsymbol{x}_{\text{opt}}))^{\text{T}}(\boldsymbol{G}_1(\boldsymbol{x}_{\text{opt}}))^{-\text{T}}\boldsymbol{h}_1(\boldsymbol{x}_{\text{opt}}) \tag{2.55}$$

若令 $\boldsymbol{\lambda}_{\text{opt}}=-(\boldsymbol{G}_1(\boldsymbol{x}_{\text{opt}}))^{-\text{T}}\boldsymbol{h}_1(\boldsymbol{x}_{\text{opt}})$，则有

$$\boldsymbol{h}_1(\boldsymbol{x}_{\text{opt}})+(\boldsymbol{G}_1(\boldsymbol{x}_{\text{opt}}))^{\text{T}}\boldsymbol{\lambda}_{\text{opt}}=\boldsymbol{O}_{m\times 1}\ ,\ \boldsymbol{h}_2(\boldsymbol{x}_{\text{opt}})+(\boldsymbol{G}_2(\boldsymbol{x}_{\text{opt}}))^{\text{T}}\boldsymbol{\lambda}_{\text{opt}}=\boldsymbol{O}_{(n-m)\times 1} \tag{2.56}$$

将式（2.56）中的两个等式合并可得

$$\begin{bmatrix}\boldsymbol{h}_1(\boldsymbol{x}_{\text{opt}})\\ \boldsymbol{h}_2(\boldsymbol{x}_{\text{opt}})\end{bmatrix}+\begin{bmatrix}(\boldsymbol{G}_1(\boldsymbol{x}_{\text{opt}}))^{\text{T}}\\ (\boldsymbol{G}_2(\boldsymbol{x}_{\text{opt}}))^{\text{T}}\end{bmatrix}\boldsymbol{\lambda}_{\text{opt}}=\boldsymbol{O}_{n\times 1}\Leftrightarrow \boldsymbol{h}(\boldsymbol{x}_{\text{opt}})+(\boldsymbol{G}(\boldsymbol{x}_{\text{opt}}))^{\text{T}}\boldsymbol{\lambda}_{\text{opt}}=\boldsymbol{O}_{n\times 1} \tag{2.57}$$

证毕。

命题 2.14 间接给出了求解式（2.51）的方法，即拉格朗日乘子法。为了求解式（2.51）可以构造如下拉格朗日函数：

$$L(\boldsymbol{x},\lambda_1,\lambda_2,\cdots,\lambda_m)=f(\boldsymbol{x})+\sum_{k=1}^{m}\lambda_k g_k(\boldsymbol{x})\ \text{或}\ L(\boldsymbol{x},\boldsymbol{\lambda})=f(\boldsymbol{x})+\boldsymbol{\lambda}^{\text{T}}\boldsymbol{g}(\boldsymbol{x}) \tag{2.58}$$

式中，$\boldsymbol{\lambda}=[\lambda_1\ \ \lambda_2\ \ \cdots\ \ \lambda_m]^{\text{T}}$ 称为拉格朗日乘子。式（2.51）的最优解 $\boldsymbol{x}_{\text{opt}}$ 和 $\boldsymbol{\lambda}_{\text{opt}}$ 需要满足如下等式：

$$\begin{cases}\left.\dfrac{\partial L(\boldsymbol{x},\lambda_1,\lambda_2,\cdots,\lambda_m)}{\partial \boldsymbol{x}}\right|_{\substack{\boldsymbol{x}=\boldsymbol{x}_{\text{opt}}\\ \boldsymbol{\lambda}=\boldsymbol{\lambda}_{\text{opt}}}}=\left.\dfrac{\partial f(\boldsymbol{x})}{\partial \boldsymbol{x}}\right|_{\substack{\boldsymbol{x}=\boldsymbol{x}_{\text{opt}}\\ \boldsymbol{\lambda}=\boldsymbol{\lambda}_{\text{opt}}}}+\displaystyle\sum_{k=1}^{m}\lambda_k\left.\dfrac{\partial g_k(\boldsymbol{x})}{\partial \boldsymbol{x}}\right|_{\substack{\boldsymbol{x}=\boldsymbol{x}_{\text{opt}}\\ \boldsymbol{\lambda}=\boldsymbol{\lambda}_{\text{opt}}}}\\ \qquad=\left.\dfrac{\partial f(\boldsymbol{x})}{\partial \boldsymbol{x}}\right|_{\substack{\boldsymbol{x}=\boldsymbol{x}_{\text{opt}}\\ \boldsymbol{\lambda}=\boldsymbol{\lambda}_{\text{opt}}}}+(\boldsymbol{G}(\boldsymbol{x}))^{\text{T}}\boldsymbol{\lambda}=\boldsymbol{O}_{n\times 1}\\ \left.\dfrac{\partial L(\boldsymbol{x},\lambda_1,\lambda_2,\cdots,\lambda_m)}{\partial \lambda_k}\right|_{\substack{\boldsymbol{x}=\boldsymbol{x}_{\text{opt}}\\ \boldsymbol{\lambda}=\boldsymbol{\lambda}_{\text{opt}}}}=g_k(\boldsymbol{x}_{\text{opt}})=0\quad(1\leqslant k\leqslant m)\Leftrightarrow\dfrac{\partial L(\boldsymbol{x},\boldsymbol{\lambda})}{\partial \boldsymbol{\lambda}}=\boldsymbol{g}(\boldsymbol{x})=\boldsymbol{O}_{m\times 1}\end{cases} \tag{2.59}$$

可以将式（2.59）看成关于 $\boldsymbol{x}_{\text{opt}}$ 和 $\boldsymbol{\lambda}_{\text{opt}}$ 的方程组，其中的方程个数为 $n+m$，未知参数个数也为 $n+m$。在一些特殊情况下，该方程组存在闭式解，但是在绝大多数情况下，该方程组并不存在闭式解，需要通过数值技术来进行求解。

2. 两种数学优化模型

下面将讨论本书涉及的两种数学优化模型，第 1 种模型存在最优闭式解，第 2 种模型则不存在最优闭式解。

首先考虑第 1 种模型。设列满秩矩阵 $\boldsymbol{A}\in\mathbf{R}^{m\times n}$、正定矩阵 $\boldsymbol{C}\in\mathbf{R}^{m\times m}$、向量 $\boldsymbol{b}\in\mathbf{R}^{m\times 1}$ 及向量组 $\boldsymbol{d}_k\in\mathbf{R}^{n\times 1}$ $(1\leqslant k\leqslant m)$，相应的数学优化模型为

$$\begin{cases}\min\limits_{\boldsymbol{x}\in\mathbf{R}^{n\times 1}} f(\boldsymbol{x})=\min\limits_{\boldsymbol{x}\in\mathbf{R}^{n\times 1}}\{(\boldsymbol{A}\boldsymbol{x}+\boldsymbol{b})^{\mathrm{T}}\boldsymbol{C}^{-1}(\boldsymbol{A}\boldsymbol{x}+\boldsymbol{b})\}\\ \text{s.t.}\ \ \boldsymbol{x}^{\mathrm{T}}\boldsymbol{d}_k=0\quad(1\leqslant k\leqslant m)\end{cases}\tag{2.60}$$

式（2.60）对应的拉格朗日函数为

$$L(\boldsymbol{x},\boldsymbol{\lambda})=(\boldsymbol{A}\boldsymbol{x}+\boldsymbol{b})^{\mathrm{T}}\boldsymbol{C}^{-1}(\boldsymbol{A}\boldsymbol{x}+\boldsymbol{b})+\boldsymbol{\lambda}^{\mathrm{T}}\boldsymbol{D}^{\mathrm{T}}\boldsymbol{x}\tag{2.61}$$

式中，$\boldsymbol{D}=[\boldsymbol{d}_1\ \ \boldsymbol{d}_2\ \ \cdots\ \ \boldsymbol{d}_m]\in\mathbf{R}^{n\times m}$，假设其为列满秩矩阵。根据式（2.59）可知，式（2.60）的最优解 $\boldsymbol{x}_{\mathrm{opt}}$ 和 $\boldsymbol{\lambda}_{\mathrm{opt}}$ 应满足如下等式：

$$\begin{cases}\left.\dfrac{\partial L(\boldsymbol{x},\boldsymbol{\lambda})}{\partial\boldsymbol{x}}\right|_{\substack{\boldsymbol{x}=\boldsymbol{x}_{\mathrm{opt}}\\ \boldsymbol{\lambda}=\boldsymbol{\lambda}_{\mathrm{opt}}}}=2\boldsymbol{A}^{\mathrm{T}}\boldsymbol{C}^{-1}\boldsymbol{A}\boldsymbol{x}_{\mathrm{opt}}+2\boldsymbol{A}^{\mathrm{T}}\boldsymbol{C}^{-1}\boldsymbol{b}+\boldsymbol{D}\boldsymbol{\lambda}_{\mathrm{opt}}=\boldsymbol{O}_{n\times 1}\\ \left.\dfrac{\partial L(\boldsymbol{x},\boldsymbol{\lambda})}{\partial\boldsymbol{\lambda}}\right|_{\substack{\boldsymbol{x}=\boldsymbol{x}_{\mathrm{opt}}\\ \boldsymbol{\lambda}=\boldsymbol{\lambda}_{\mathrm{opt}}}}=\boldsymbol{D}^{\mathrm{T}}\boldsymbol{x}_{\mathrm{opt}}=\boldsymbol{O}_{m\times 1}\end{cases}\tag{2.62}$$

由式（2.62）中的第 1 式可得

$$\boldsymbol{x}_{\mathrm{opt}}=-(\boldsymbol{A}^{\mathrm{T}}\boldsymbol{C}^{-1}\boldsymbol{A})^{-1}\left(\boldsymbol{A}^{\mathrm{T}}\boldsymbol{C}^{-1}\boldsymbol{b}+\frac{1}{2}\boldsymbol{D}\boldsymbol{\lambda}_{\mathrm{opt}}\right)\tag{2.63}$$

将式（2.63）代入式（2.62）中的第 2 式可得

$$\boldsymbol{\lambda}_{\mathrm{opt}}=-2(\boldsymbol{D}^{\mathrm{T}}(\boldsymbol{A}^{\mathrm{T}}\boldsymbol{C}^{-1}\boldsymbol{A})^{-1}\boldsymbol{D})^{-1}\boldsymbol{D}^{\mathrm{T}}(\boldsymbol{A}^{\mathrm{T}}\boldsymbol{C}^{-1}\boldsymbol{A})^{-1}\boldsymbol{A}^{\mathrm{T}}\boldsymbol{C}^{-1}\boldsymbol{b}\tag{2.64}$$

最后将式（2.64）代入式（2.63）中可得

$$\boldsymbol{x}_{\mathrm{opt}}=-(\boldsymbol{I}_n-(\boldsymbol{A}^{\mathrm{T}}\boldsymbol{C}^{-1}\boldsymbol{A})^{-1}\boldsymbol{D}(\boldsymbol{D}^{\mathrm{T}}(\boldsymbol{A}^{\mathrm{T}}\boldsymbol{C}^{-1}\boldsymbol{A})^{-1}\boldsymbol{D})^{-1}\boldsymbol{D}^{\mathrm{T}})(\boldsymbol{A}^{\mathrm{T}}\boldsymbol{C}^{-1}\boldsymbol{A})^{-1}\boldsymbol{A}^{\mathrm{T}}\boldsymbol{C}^{-1}\boldsymbol{b}\tag{2.65}$$

从上述推导中不难发现，优化模型式（2.60）的最优闭式解存在，这是因为其中的等式约束为线性约束。

接着考虑第 2 种模型。设列满秩矩阵 $\boldsymbol{A}\in\mathbf{R}^{m\times n}$、正定矩阵 $\boldsymbol{C}\in\mathbf{R}^{m\times m}$、向量 $\boldsymbol{b}\in\mathbf{R}^{m\times 1}$、向量组 $\boldsymbol{d}_k\in\mathbf{R}^{n\times 1}$ $(1\leqslant k\leqslant m)$、对称矩阵组 $\boldsymbol{E}_k\in\mathbf{R}^{n\times n}$ $(1\leqslant k\leqslant m)$ 及标量组 $e_k\in\mathbf{R}$ $(1\leqslant k\leqslant m)$，相应的数学优化模型为

$$\begin{cases}\min\limits_{\boldsymbol{x}\in\mathbf{R}^{n\times 1}} f(\boldsymbol{x})=\min\limits_{\boldsymbol{x}\in\mathbf{R}^{n\times 1}}\{(\boldsymbol{A}\boldsymbol{x}+\boldsymbol{b})^{\mathrm{T}}\boldsymbol{C}^{-1}(\boldsymbol{A}\boldsymbol{x}+\boldsymbol{b})\}\\ \text{s.t.}\ \ \boldsymbol{x}^{\mathrm{T}}\boldsymbol{E}_k\boldsymbol{x}+\boldsymbol{d}_k^{\mathrm{T}}\boldsymbol{x}+e_k=0\quad(1\leqslant k\leqslant m)\end{cases}\tag{2.66}$$

式（2.66）对应的拉格朗日函数为

$$L(\boldsymbol{x},\lambda_1,\lambda_2,\cdots,\lambda_m)=(\boldsymbol{A}\boldsymbol{x}+\boldsymbol{b})^{\mathrm{T}}\boldsymbol{C}^{-1}(\boldsymbol{A}\boldsymbol{x}+\boldsymbol{b})+\sum_{k=1}^{m}\lambda_k(\boldsymbol{x}^{\mathrm{T}}\boldsymbol{E}_k\boldsymbol{x}+\boldsymbol{d}_k^{\mathrm{T}}\boldsymbol{x}+e_k) \tag{2.67}$$

根据式（2.59）可知，式（2.66）的最优解 $\boldsymbol{x}_{\mathrm{opt}}$ 和 $\boldsymbol{\lambda}_{\mathrm{opt}}$ 应满足如下等式：

$$\begin{cases}\left.\dfrac{\partial L(\boldsymbol{x},\lambda_1,\lambda_2,\cdots,\lambda_m)}{\partial \boldsymbol{x}}\right|_{\substack{\boldsymbol{x}=\boldsymbol{x}_{\mathrm{opt}}\\ \boldsymbol{\lambda}=\boldsymbol{\lambda}_{\mathrm{opt}}}}=2\left(\boldsymbol{A}^{\mathrm{T}}\boldsymbol{C}^{-1}\boldsymbol{A}+\displaystyle\sum_{k=1}^{m}<\boldsymbol{\lambda}_{\mathrm{opt}}>_k\boldsymbol{E}_k\right)\boldsymbol{x}_{\mathrm{opt}}+2\boldsymbol{A}^{\mathrm{T}}\boldsymbol{C}^{-1}\boldsymbol{b}\\ \qquad\qquad+\displaystyle\sum_{k=1}^{m}\boldsymbol{d}_k<\boldsymbol{\lambda}_{\mathrm{opt}}>_k=\boldsymbol{O}_{n\times 1}\\ \left.\dfrac{\partial L(\boldsymbol{x},\lambda_1,\lambda_2,\cdots,\lambda_m)}{\partial \lambda_k}\right|_{\substack{\boldsymbol{x}=\boldsymbol{x}_{\mathrm{opt}}\\ \boldsymbol{\lambda}=\boldsymbol{\lambda}_{\mathrm{opt}}}}=\boldsymbol{x}^{\mathrm{T}}\boldsymbol{E}_k\boldsymbol{x}+\boldsymbol{d}_k^{\mathrm{T}}\boldsymbol{x}+e_k=0\quad(1\leqslant k\leqslant m)\end{cases} \tag{2.68}$$

由式（2.68）中的第 1 式可得

$$\boldsymbol{x}_{\mathrm{opt}}=-\left(\boldsymbol{A}^{\mathrm{T}}\boldsymbol{C}^{-1}\boldsymbol{A}+\sum_{k=1}^{m}<\boldsymbol{\lambda}_{\mathrm{opt}}>_k\boldsymbol{E}_k\right)^{-1}\left(\boldsymbol{A}^{\mathrm{T}}\boldsymbol{C}^{-1}\boldsymbol{b}+\frac{1}{2}\sum_{k=1}^{m}\boldsymbol{d}_k<\boldsymbol{\lambda}_{\mathrm{opt}}>_k\right) \tag{2.69}$$

将式（2.69）代入式（2.68）中的第 2 式可得

$$\begin{aligned}&\left(\boldsymbol{A}^{\mathrm{T}}\boldsymbol{C}^{-1}\boldsymbol{b}+\frac{1}{2}\sum_{k=1}^{m}\boldsymbol{d}_k<\boldsymbol{\lambda}_{\mathrm{opt}}>_k\right)^{\mathrm{T}}\left(\boldsymbol{A}^{\mathrm{T}}\boldsymbol{C}^{-1}\boldsymbol{A}+\sum_{k=1}^{m}<\boldsymbol{\lambda}_{\mathrm{opt}}>_k\boldsymbol{E}_k\right)^{-1}\\&\times\boldsymbol{E}_k\left(\boldsymbol{A}^{\mathrm{T}}\boldsymbol{C}^{-1}\boldsymbol{A}+\sum_{k=1}^{m}<\boldsymbol{\lambda}_{\mathrm{opt}}>_k\boldsymbol{E}_k\right)^{-1}\left(\boldsymbol{A}^{\mathrm{T}}\boldsymbol{C}^{-1}\boldsymbol{b}+\frac{1}{2}\sum_{k=1}^{m}\boldsymbol{d}_k<\boldsymbol{\lambda}_{\mathrm{opt}}>_k\right)\\&-\boldsymbol{d}_k^{\mathrm{T}}\left(\boldsymbol{A}^{\mathrm{T}}\boldsymbol{C}^{-1}\boldsymbol{A}+\sum_{k=1}^{m}<\boldsymbol{\lambda}_{\mathrm{opt}}>_k\boldsymbol{E}_k\right)^{-1}\left(\boldsymbol{A}^{\mathrm{T}}\boldsymbol{C}^{-1}\boldsymbol{b}+\frac{1}{2}\sum_{k=1}^{m}\boldsymbol{d}_k<\boldsymbol{\lambda}_{\mathrm{opt}}>_k\right)\\&+e_k=0\quad(1\leqslant k\leqslant m)\end{aligned} \tag{2.70}$$

不难发现，式（2.70）是关于 $\boldsymbol{\lambda}_{\mathrm{opt}}$ 的非线性方程，需要通过迭代或多项式求根的方式进行数值求解，将 $\boldsymbol{\lambda}_{\mathrm{opt}}$ 的数值解代入式（2.69）中即可得到最优解 $\boldsymbol{x}_{\mathrm{opt}}$。从上述推导中不难发现，由于 $\boldsymbol{\lambda}_{\mathrm{opt}}$ 的最优闭式解并不存在，因此优化模型式（2.66）的最优闭式解无法获得，需要利用数值技术进行求解，这是因为其中的等式约束为非线性约束（事实上为二次约束）。

2.4 关于矩阵扰动分析的预备知识

本节将介绍关于矩阵扰动分析的预备知识。所谓矩阵扰动分析，就是将一个受到误差扰动的矩阵表示成关于误差项的闭式形式（通常是多项式形式），在误差不是很大的情况下，通常保留误差的一阶项即可，该方法可称为一阶扰动分析，这也是本书中主要采取的方法。

首先给出一个关于逆矩阵求导的结论，具体可见如下命题。

【命题 2.15】 设矩阵 $\boldsymbol{A}(x) \in \mathbf{R}^{m \times m}$ 是关于标量 x 的连续可导函数，并且 $\boldsymbol{A}(x)$ 可逆，则有如下导数关系式：

$$\frac{\mathrm{d}(\boldsymbol{A}(x))^{-1}}{\mathrm{d}x} = -(\boldsymbol{A}(x))^{-1} \frac{\mathrm{d}\boldsymbol{A}(x)}{\mathrm{d}x} (\boldsymbol{A}(x))^{-1} \tag{2.71}$$

【证明】 首先根据逆矩阵的定义可知 $\boldsymbol{A}(x)(\boldsymbol{A}(x))^{-1} = \boldsymbol{I}_m$，将该等式两边对 x 求导可得

$$\frac{\mathrm{d}\boldsymbol{A}(x)}{\mathrm{d}x}(\boldsymbol{A}(x))^{-1} + \boldsymbol{A}(x)\frac{\mathrm{d}(\boldsymbol{A}(x))^{-1}}{\mathrm{d}x} = \boldsymbol{O}_{m \times m} \Rightarrow \frac{\mathrm{d}(\boldsymbol{A}(x))^{-1}}{\mathrm{d}x} = -(\boldsymbol{A}(x))^{-1}\frac{\mathrm{d}\boldsymbol{A}(x)}{\mathrm{d}x}(\boldsymbol{A}(x))^{-1} \tag{2.72}$$

证毕。

基于命题 2.15 可以得到如下结论。

【命题 2.16】 设可逆矩阵 $\boldsymbol{A} \in \mathbf{R}^{m \times m}$，该矩阵受到误差矩阵 $\boldsymbol{E} \in \mathbf{R}^{m \times m}$ 的扰动变为 $\hat{\boldsymbol{A}} = \boldsymbol{A} + \boldsymbol{E}$，并假设 $\hat{\boldsymbol{A}}$ 仍然为可逆矩阵，则有如下关系式：

$$\hat{\boldsymbol{A}}^{-1} \approx \boldsymbol{A}^{-1} - \boldsymbol{A}^{-1}\boldsymbol{E}\boldsymbol{A}^{-1} \tag{2.73}$$

式中省略的项为误差矩阵 $\boldsymbol{E}$ 的二阶及其以上各阶项。

【证明】 首先可以将矩阵 $\boldsymbol{E}$ 表示为

$$\boldsymbol{E} = \sum_{k_1=1}^{m}\sum_{k_2=1}^{m} <\boldsymbol{E}>_{k_1 k_2} \boldsymbol{i}_m^{(k_1)} \boldsymbol{i}_m^{(k_2)\mathrm{T}} \tag{2.74}$$

然后结合一阶泰勒级数展开和式（2.71）可得

$$\begin{aligned} \hat{\boldsymbol{A}}^{-1} &= \boldsymbol{A}^{-1} - \sum_{k_1=1}^{m}\sum_{k_2=1}^{m} <\boldsymbol{E}>_{k_1 k_2} \boldsymbol{A}^{-1} \frac{\partial \boldsymbol{A}}{\partial <\boldsymbol{A}>_{k_1 k_2}} \boldsymbol{A}^{-1} + o(\boldsymbol{E}) \\ &= \boldsymbol{A}^{-1} - \boldsymbol{A}^{-1}\left(\sum_{k_1=1}^{m}\sum_{k_2=1}^{m} <\boldsymbol{E}>_{k_1 k_2} \boldsymbol{i}_m^{(k_1)} \boldsymbol{i}_m^{(k_2)\mathrm{T}}\right)\boldsymbol{A}^{-1} + o(\boldsymbol{E}) \end{aligned} \tag{2.75}$$

式中，$o(\boldsymbol{E})$ 表示误差矩阵 $\boldsymbol{E}$ 的二阶及其以上各阶项。将式(2.74)代入式(2.75)，可知式（2.73）成立。证毕。

当有多个受到误差扰动的矩阵相乘时，一阶扰动分析方法可以忽略各个误差矩阵之间的交叉项，下面总结一些主要结论。

设矩阵 $\hat{\boldsymbol{A}}_1 = \boldsymbol{A}_1 + \boldsymbol{E}_1$，$\hat{\boldsymbol{A}}_2 = \boldsymbol{A}_2 + \boldsymbol{E}_2$，$\hat{\boldsymbol{A}}_3 = \boldsymbol{A}_3 + \boldsymbol{E}_3$，其中 $\boldsymbol{E}_1$、$\boldsymbol{E}_2$ 及 $\boldsymbol{E}_3$ 均为误差矩阵，$\hat{\boldsymbol{A}}_2$ 和 $\boldsymbol{A}_2$ 均为可逆矩阵。在一阶扰动分析框架下可以得到如下一系列关系式：

$$\hat{A}_1\hat{A}_2=(A_1+E_1)(A_2+E_2)\approx A_1A_2+E_1A_2+A_1E_2 \tag{2.76}$$

$$\hat{A}_1\hat{A}_2^{-1}\approx(A_1+E_1)(A_2^{-1}-A_2^{-1}E_2A_2^{-1})\approx A_1A_2^{-1}+E_1A_2^{-1}-A_1A_2^{-1}E_2A_2^{-1} \tag{2.77}$$

$$\begin{aligned}\hat{A}_1\hat{A}_2^{-1}\hat{A}_3&\approx(A_1+E_1)(A_2^{-1}-A_2^{-1}E_2A_2^{-1})(A_3+E_3)\approx A_1A_2^{-1}A_3+E_1A_2^{-1}A_3\\&\quad-A_1A_2^{-1}E_2A_2^{-1}A_3+A_1A_2^{-1}E_3\end{aligned} \tag{2.78}$$

式（2.76）～式（2.78）将在本书中多次使用。

2.5 关于估计器误差分析的预备知识

本节将介绍关于估计器误差分析的预备知识。如果观测误差存在，估计器的估计结果通常会偏离真实值，从而产生估计误差。当研究一种估计器的估计误差时，通常使用一阶误差分析方法，因为该方法可以将估计误差表示成关于观测误差的线性函数，从而能够进一步获得该估计器的均方误差。下面将分别针对无等式约束和含有等式约束两种情形下的一阶误差分析进行讨论。

2.5.1 无等式约束情形下的一阶误差分析

考虑下面两种估计器：

$$\min_{\boldsymbol{x}\in\mathbf{R}^{n\times1}} f(\boldsymbol{x},\boldsymbol{O}_{k\times1}) \tag{2.79}$$

$$\min_{\boldsymbol{x}\in\mathbf{R}^{n\times1}} f(\boldsymbol{x},\boldsymbol{\varepsilon}) \tag{2.80}$$

式（2.79）表示无观测误差条件（即理想条件）下的估计器，假设其最优解为 $\boldsymbol{x}_{\text{nc}}$，由于其中没有观测误差，因此该最优解等于未知参量的真实值；式（2.80）表示观测误差存在条件下的估计器，其中 $\boldsymbol{\varepsilon}\in\mathbf{R}^{k\times1}$ 为观测误差，该误差的存在必然使式（2.80）的最优解不再为真实值 $\boldsymbol{x}_{\text{nc}}$，不妨令其最优解为 $\hat{\boldsymbol{x}}_{\text{nc}}$，并将其估计误差记为 $\Delta\boldsymbol{x}_{\text{nc}}=\hat{\boldsymbol{x}}_{\text{nc}}-\boldsymbol{x}_{\text{nc}}$。实际应用中使用的估计器通常是式（2.80），因为观测误差 $\boldsymbol{\varepsilon}$ 的存在不可避免。

为了获得估计值 $\hat{\boldsymbol{x}}_{\text{nc}}$ 的统计特性，需要推导估计误差 $\Delta\boldsymbol{x}_{\text{nc}}$ 与观测误差 $\boldsymbol{\varepsilon}$ 之间的闭式关系。然而，当目标函数是非线性函数时，精确的闭式关系将难以获得，只能得到其近似关系。一阶误差分析的目的是要给出 $\Delta\boldsymbol{x}_{\text{nc}}$ 与 $\boldsymbol{\varepsilon}$ 之间的线性关系，该方法在小观测误差情形下可以获得较好的性能预测精度。

通过两种方法可以得到 $\Delta\boldsymbol{x}_{\text{nc}}$ 和 $\boldsymbol{\varepsilon}$ 之间的线性关系，并且它们的分析结果是一致的，下面将分别加以讨论。

首先介绍第 1 种方法，结合式（2.79）、式（2.80）及极值原理可得

$$\boldsymbol{h}_1(\boldsymbol{x}_{\mathrm{nc}},\boldsymbol{O}_{k\times1})=\left.\frac{\partial f(\boldsymbol{x},\boldsymbol{\varepsilon})}{\partial \boldsymbol{x}}\right|_{\substack{\boldsymbol{x}=\boldsymbol{x}_{\mathrm{nc}}\\ \boldsymbol{\varepsilon}=\boldsymbol{O}_{k\times1}}}=\boldsymbol{O}_{n\times1} \tag{2.81}$$

$$\boldsymbol{h}_1(\hat{\boldsymbol{x}}_{\mathrm{nc}},\boldsymbol{\varepsilon})=\left.\frac{\partial f(\boldsymbol{x},\boldsymbol{\varepsilon})}{\partial \boldsymbol{x}}\right|_{\boldsymbol{x}=\hat{\boldsymbol{x}}_{\mathrm{nc}}}=\boldsymbol{O}_{n\times1} \tag{2.82}$$

将 $\boldsymbol{h}_1(\hat{\boldsymbol{x}}_{\mathrm{nc}},\boldsymbol{\varepsilon})$ 在点 $(\boldsymbol{x}_{\mathrm{nc}},\boldsymbol{O}_{k\times1})$ 处进行一阶泰勒级数展开可知

$$\begin{aligned}\boldsymbol{O}_{n\times1}&=\boldsymbol{h}_1(\hat{\boldsymbol{x}}_{\mathrm{nc}},\boldsymbol{\varepsilon})\approx\boldsymbol{h}_1(\boldsymbol{x}_{\mathrm{nc}},\boldsymbol{O}_{k\times1})+\boldsymbol{H}_{11}(\boldsymbol{x}_{\mathrm{nc}},\boldsymbol{O}_{k\times1})\Delta\boldsymbol{x}_{\mathrm{nc}}+\boldsymbol{H}_{12}(\boldsymbol{x}_{\mathrm{nc}},\boldsymbol{O}_{k\times1})\boldsymbol{\varepsilon}\\&=\boldsymbol{H}_{11}(\boldsymbol{x}_{\mathrm{nc}},\boldsymbol{O}_{k\times1})\Delta\boldsymbol{x}_{\mathrm{nc}}+\boldsymbol{H}_{12}(\boldsymbol{x}_{\mathrm{nc}},\boldsymbol{O}_{k\times1})\boldsymbol{\varepsilon}\end{aligned} \tag{2.83}$$

式中，$\boldsymbol{H}_{11}(\boldsymbol{x}_{\mathrm{nc}},\boldsymbol{O}_{k\times1})=\left.\frac{\partial^2 f(\boldsymbol{x},\boldsymbol{\varepsilon})}{\partial \boldsymbol{x}\partial \boldsymbol{x}^{\mathrm{T}}}\right|_{\substack{\boldsymbol{x}=\boldsymbol{x}_{\mathrm{nc}}\\ \boldsymbol{\varepsilon}=\boldsymbol{O}_{k\times1}}}$，$\boldsymbol{H}_{12}(\boldsymbol{x}_{\mathrm{nc}},\boldsymbol{O}_{k\times1})=\left.\frac{\partial^2 f(\boldsymbol{x},\boldsymbol{\varepsilon})}{\partial \boldsymbol{x}\partial \boldsymbol{\varepsilon}^{\mathrm{T}}}\right|_{\substack{\boldsymbol{x}=\boldsymbol{x}_{\mathrm{nc}}\\ \boldsymbol{\varepsilon}=\boldsymbol{O}_{k\times1}}}$。式（2.83）中第 3 个等号处的运算利用了式（2.81），基于式（2.83）可以进一步推得

$$\Delta\boldsymbol{x}_{\mathrm{nc}}\approx-(\boldsymbol{H}_{11}(\boldsymbol{x}_{\mathrm{nc}},\boldsymbol{O}_{k\times1}))^{-1}\boldsymbol{H}_{12}(\boldsymbol{x}_{\mathrm{nc}},\boldsymbol{O}_{k\times1})\boldsymbol{\varepsilon} \tag{2.84}$$

式（2.84）刻画了 $\Delta\boldsymbol{x}_{\mathrm{nc}}$ 和 $\boldsymbol{\varepsilon}$ 之间的线性关系。若误差向量 $\boldsymbol{\varepsilon}$ 服从零均值的高斯分布，并且其协方差矩阵为 $\mathbf{cov}(\boldsymbol{\varepsilon})$，那么估计误差 $\Delta\boldsymbol{x}_{\mathrm{nc}}$ 也近似服从零均值的高斯分布，并且其协方差矩阵为

$$\begin{aligned}\mathbf{cov}(\Delta\boldsymbol{x}_{\mathrm{nc}})&=\mathrm{E}[\Delta\boldsymbol{x}_{\mathrm{nc}}(\Delta\boldsymbol{x}_{\mathrm{nc}})^{\mathrm{T}}]=(\boldsymbol{H}_{11}(\boldsymbol{x}_{\mathrm{nc}},\boldsymbol{O}_{k\times1}))^{-1}\boldsymbol{H}_{12}(\boldsymbol{x}_{\mathrm{nc}},\boldsymbol{O}_{k\times1})\mathbf{cov}(\boldsymbol{\varepsilon})\\&\quad\times(\boldsymbol{H}_{12}(\boldsymbol{x}_{\mathrm{nc}},\boldsymbol{O}_{k\times1}))^{\mathrm{T}}(\boldsymbol{H}_{11}(\boldsymbol{x}_{\mathrm{nc}},\boldsymbol{O}_{k\times1}))^{-\mathrm{T}}\end{aligned} \tag{2.85}$$

接着介绍第 2 种方法，该方法需要将 $f(\hat{\boldsymbol{x}}_{\mathrm{nc}},\boldsymbol{\varepsilon})$ 在点 $(\boldsymbol{x}_{\mathrm{nc}},\boldsymbol{O}_{k\times1})$ 处进行二阶泰勒级数展开，如下式所示：

$$\begin{aligned}f(\hat{\boldsymbol{x}}_{\mathrm{nc}},\boldsymbol{\varepsilon})&\approx f(\boldsymbol{x}_{\mathrm{nc}},\boldsymbol{O}_{k\times1})+(\Delta\boldsymbol{x}_{\mathrm{nc}})^{\mathrm{T}}\boldsymbol{h}_1(\boldsymbol{x}_{\mathrm{nc}},\boldsymbol{O}_{k\times1})+\boldsymbol{\varepsilon}^{\mathrm{T}}\boldsymbol{h}_2(\boldsymbol{x}_{\mathrm{nc}},\boldsymbol{O}_{k\times1})\\&\quad+\frac{1}{2}(\Delta\boldsymbol{x}_{\mathrm{nc}})^{\mathrm{T}}\boldsymbol{H}_{11}(\boldsymbol{x}_{\mathrm{nc}},\boldsymbol{O}_{k\times1})\Delta\boldsymbol{x}_{\mathrm{nc}}+\frac{1}{2}\boldsymbol{\varepsilon}^{\mathrm{T}}\boldsymbol{H}_{22}(\boldsymbol{x}_{\mathrm{nc}},\boldsymbol{O}_{k\times1})\boldsymbol{\varepsilon}+(\Delta\boldsymbol{x}_{\mathrm{nc}})^{\mathrm{T}}\boldsymbol{H}_{12}(\boldsymbol{x}_{\mathrm{nc}},\boldsymbol{O}_{k\times1})\boldsymbol{\varepsilon}\\&=f(\boldsymbol{x}_{\mathrm{nc}},\boldsymbol{O}_{k\times1})+\boldsymbol{\varepsilon}^{\mathrm{T}}\boldsymbol{h}_2(\boldsymbol{x}_{\mathrm{nc}},\boldsymbol{O}_{k\times1})+\frac{1}{2}(\Delta\boldsymbol{x}_{\mathrm{nc}})^{\mathrm{T}}\boldsymbol{H}_{11}(\boldsymbol{x}_{\mathrm{nc}},\boldsymbol{O}_{k\times1})\Delta\boldsymbol{x}_{\mathrm{nc}}\\&\quad+\frac{1}{2}\boldsymbol{\varepsilon}^{\mathrm{T}}\boldsymbol{H}_{22}(\boldsymbol{x}_{\mathrm{nc}},\boldsymbol{O}_{k\times1})\boldsymbol{\varepsilon}+(\Delta\boldsymbol{x}_{\mathrm{nc}})^{\mathrm{T}}\boldsymbol{H}_{12}(\boldsymbol{x}_{\mathrm{nc}},\boldsymbol{O}_{k\times1})\boldsymbol{\varepsilon}\end{aligned} \tag{2.86}$$

式中，$\boldsymbol{h}_2(\boldsymbol{x}_{\mathrm{nc}},\boldsymbol{O}_{k\times1})=\left.\frac{\partial f(\boldsymbol{x},\boldsymbol{\varepsilon})}{\partial \boldsymbol{\varepsilon}}\right|_{\substack{\boldsymbol{x}=\boldsymbol{x}_{\mathrm{nc}}\\ \boldsymbol{\varepsilon}=\boldsymbol{O}_{k\times1}}}$，$\boldsymbol{H}_{22}(\boldsymbol{x}_{\mathrm{nc}},\boldsymbol{O}_{k\times1})=\left.\frac{\partial^2 f(\boldsymbol{x},\boldsymbol{\varepsilon})}{\partial \boldsymbol{\varepsilon}\partial \boldsymbol{\varepsilon}^{\mathrm{T}}}\right|_{\substack{\boldsymbol{x}=\boldsymbol{x}_{\mathrm{nc}}\\ \boldsymbol{\varepsilon}=\boldsymbol{O}_{k\times1}}}$。式（2.86）中第 2 个等号处的运算利用了式(2.81)。由式(2.80)可知 $\hat{\boldsymbol{x}}_{\mathrm{nc}}=\arg\min\limits_{\boldsymbol{x}\in\mathbf{R}^{n\times1}}f(\boldsymbol{x},\boldsymbol{\varepsilon})$，再结合式（2.86）可得

$$
\begin{aligned}
\Delta \boldsymbol{x}_{\mathrm{nc}} &\approx \arg\min_{\boldsymbol{z}\in\mathbf{R}^{n\times 1}} \left\{ f(\boldsymbol{x}_{\mathrm{nc}},\boldsymbol{O}_{k\times 1}) + \boldsymbol{\varepsilon}^{\mathrm{T}}\boldsymbol{h}_2(\boldsymbol{x}_{\mathrm{nc}},\boldsymbol{O}_{k\times 1}) + \frac{1}{2}\boldsymbol{z}^{\mathrm{T}}\boldsymbol{H}_{11}(\boldsymbol{x}_{\mathrm{nc}},\boldsymbol{O}_{k\times 1})\boldsymbol{z} \right. \\
&\quad \left. + \frac{1}{2}\boldsymbol{\varepsilon}^{\mathrm{T}}\boldsymbol{H}_{22}(\boldsymbol{x}_{\mathrm{nc}},\boldsymbol{O}_{k\times 1})\boldsymbol{\varepsilon} + \boldsymbol{z}^{\mathrm{T}}\boldsymbol{H}_{12}(\boldsymbol{x}_{\mathrm{nc}},\boldsymbol{O}_{k\times 1})\boldsymbol{\varepsilon} \right\} \\
&= \arg\min_{\boldsymbol{z}\in\mathbf{R}^{n\times 1}} \left\{ \frac{1}{2}\boldsymbol{z}^{\mathrm{T}}\boldsymbol{H}_{11}(\boldsymbol{x}_{\mathrm{nc}},\boldsymbol{O}_{k\times 1})\boldsymbol{z} + \boldsymbol{z}^{\mathrm{T}}\boldsymbol{H}_{12}(\boldsymbol{x}_{\mathrm{nc}},\boldsymbol{O}_{k\times 1})\boldsymbol{\varepsilon} \right\} \\
&= -(\boldsymbol{H}_{11}(\boldsymbol{x}_{\mathrm{nc}},\boldsymbol{O}_{k\times 1}))^{-1}\boldsymbol{H}_{12}(\boldsymbol{x}_{\mathrm{nc}},\boldsymbol{O}_{k\times 1})\boldsymbol{\varepsilon}
\end{aligned}
\tag{2.87}
$$

式（2.84）和式（2.87）给出了相同的表达式，因此上面两种方法得到的估计误差的统计特性是一致的。

2.5.2 含有等式约束情形下的一阶误差分析

下面讨论另一类更为复杂的估计器，其中的未知参量需要服从等式约束。考虑下面两种估计器：

$$
\begin{cases}
\min\limits_{\boldsymbol{x}\in\mathbf{R}^{n\times 1}} f(\boldsymbol{x},\boldsymbol{O}_{k\times 1}) \\
\text{s.t. } \boldsymbol{g}(\boldsymbol{x}) = \boldsymbol{O}_{m\times 1}
\end{cases}
\tag{2.88}
$$

$$
\begin{cases}
\min\limits_{\boldsymbol{x}\in\mathbf{R}^{n\times 1}} f(\boldsymbol{x},\boldsymbol{\varepsilon}) \\
\text{s.t. } \boldsymbol{g}(\boldsymbol{x}) = \boldsymbol{O}_{m\times 1}
\end{cases}
\tag{2.89}
$$

式（2.88）表示无观测误差条件（即理想条件）下的估计器，假设其最优解为 $\boldsymbol{x}_{\mathrm{c}}$ ，由于其中没有观测误差，因此该最优解等于未知参量的真实值；式（2.89）表示观测误差存在条件下的估计器，观测误差的存在必然使得式（2.89）的最优解不再为真实值 $\boldsymbol{x}_{\mathrm{c}}$ ，不妨令其最优解为 $\hat{\boldsymbol{x}}_{\mathrm{c}}$ ，并将其估计误差记为 $\Delta\boldsymbol{x}_{\mathrm{c}} = \hat{\boldsymbol{x}}_{\mathrm{c}} - \boldsymbol{x}_{\mathrm{c}}$ 。由于 $\boldsymbol{g}(\hat{\boldsymbol{x}}_{\mathrm{c}}) = \boldsymbol{g}(\boldsymbol{x}_{\mathrm{c}}) = \boldsymbol{O}_{m\times 1}$ ，由此可以推得估计误差 $\Delta\boldsymbol{x}_{\mathrm{c}}$ 近似满足

$$
\boldsymbol{G}(\boldsymbol{x}_{\mathrm{c}})\Delta\boldsymbol{x}_{\mathrm{c}} \approx \boldsymbol{O}_{m\times 1}
\tag{2.90}
$$

式中， $\boldsymbol{G}(\boldsymbol{x}_{\mathrm{c}}) = \left.\dfrac{\partial \boldsymbol{g}(\boldsymbol{x})}{\partial \boldsymbol{x}^{\mathrm{T}}}\right|_{\boldsymbol{x}=\boldsymbol{x}_{\mathrm{c}}}$ 表示向量函数 $\boldsymbol{g}(\boldsymbol{x})$ 的 Jacobian 矩阵在 $\boldsymbol{x}_{\mathrm{c}}$ 处的取值，假设该矩阵是行满秩的。结合式（2.87）和式（2.90）可知，在一阶误差分析框架下，估计误差 $\Delta\boldsymbol{x}_{\mathrm{c}}$ 应是如下约束优化问题的最优解：

$$
\begin{cases}
\min\limits_{\boldsymbol{z}\in\mathbf{R}^{n\times 1}} \left\{ \dfrac{1}{2}\boldsymbol{z}^{\mathrm{T}}\boldsymbol{H}_{11}(\boldsymbol{x}_{\mathrm{c}},\boldsymbol{O}_{k\times 1})\boldsymbol{z} + \boldsymbol{z}^{\mathrm{T}}\boldsymbol{H}_{12}(\boldsymbol{x}_{\mathrm{c}},\boldsymbol{O}_{k\times 1})\boldsymbol{\varepsilon} \right\} \\
\text{s.t. } \boldsymbol{G}(\boldsymbol{x}_{\mathrm{c}})\boldsymbol{z} = \boldsymbol{O}_{m\times 1}
\end{cases}
\tag{2.91}
$$

根据 2.2 节中的讨论可知，式（2.91）可以利用拉格朗日乘子法进行求解，相应的拉格朗日函数为

$$L(\boldsymbol{z},\boldsymbol{\lambda})=\left(\frac{1}{2}\boldsymbol{z}^{\mathrm{T}}\boldsymbol{H}_{11}(\boldsymbol{x}_{\mathrm{c}},\boldsymbol{O}_{k\times 1})\boldsymbol{z}+\boldsymbol{z}^{\mathrm{T}}\boldsymbol{H}_{12}(\boldsymbol{x}_{\mathrm{c}},\boldsymbol{O}_{k\times 1})\boldsymbol{\varepsilon}\right)+\boldsymbol{\lambda}^{\mathrm{T}}\boldsymbol{G}(\boldsymbol{x}_{\mathrm{c}})\boldsymbol{z} \tag{2.92}$$

根据式（2.59）可知，最优解 $\Delta\boldsymbol{x}_{\mathrm{c}}$ 和 $\boldsymbol{\lambda}_{\mathrm{c}}$ 应满足如下等式：

$$\begin{cases}\left.\dfrac{\partial L(\boldsymbol{z},\boldsymbol{\lambda})}{\partial \boldsymbol{z}}\right|_{\substack{\boldsymbol{z}=\Delta\boldsymbol{x}_{\mathrm{c}}\\ \boldsymbol{\lambda}=\boldsymbol{\lambda}_{\mathrm{c}}}}=\boldsymbol{H}_{11}(\boldsymbol{x}_{\mathrm{c}},\boldsymbol{O}_{k\times 1})\Delta\boldsymbol{x}_{\mathrm{c}}+\boldsymbol{H}_{12}(\boldsymbol{x}_{\mathrm{c}},\boldsymbol{O}_{k\times 1})\boldsymbol{\varepsilon}+(\boldsymbol{G}(\boldsymbol{x}_{\mathrm{c}}))^{\mathrm{T}}\boldsymbol{\lambda}_{\mathrm{c}}=\boldsymbol{O}_{n\times 1}\\ \left.\dfrac{\partial L(\boldsymbol{z},\boldsymbol{\lambda})}{\partial \boldsymbol{\lambda}}\right|_{\substack{\boldsymbol{z}=\Delta\boldsymbol{x}_{\mathrm{c}}\\ \boldsymbol{\lambda}=\boldsymbol{\lambda}_{\mathrm{c}}}}=\boldsymbol{G}(\boldsymbol{x}_{\mathrm{c}})\Delta\boldsymbol{x}_{\mathrm{c}}=\boldsymbol{O}_{m\times 1}\end{cases} \tag{2.93}$$

由式（2.93）中的第 1 式可得

$$\Delta\boldsymbol{x}_{\mathrm{c}}=-(\boldsymbol{H}_{11}(\boldsymbol{x}_{\mathrm{c}},\boldsymbol{O}_{k\times 1}))^{-1}(\boldsymbol{H}_{12}(\boldsymbol{x}_{\mathrm{c}},\boldsymbol{O}_{k\times 1})\boldsymbol{\varepsilon}+(\boldsymbol{G}(\boldsymbol{x}_{\mathrm{c}}))^{\mathrm{T}}\boldsymbol{\lambda}_{\mathrm{c}}) \tag{2.94}$$

将式（2.94）代入式（2.93）中的第 2 式可得

$$\boldsymbol{\lambda}_{\mathrm{c}}=-(\boldsymbol{G}(\boldsymbol{x}_{\mathrm{c}})(\boldsymbol{H}_{11}(\boldsymbol{x}_{\mathrm{c}},\boldsymbol{O}_{k\times 1}))^{-1}(\boldsymbol{G}(\boldsymbol{x}_{\mathrm{c}}))^{\mathrm{T}})^{-1}\boldsymbol{G}(\boldsymbol{x}_{\mathrm{c}})(\boldsymbol{H}_{11}(\boldsymbol{x}_{\mathrm{c}},\boldsymbol{O}_{k\times 1}))^{-1}\boldsymbol{H}_{12}(\boldsymbol{x}_{\mathrm{c}},\boldsymbol{O}_{k\times 1})\boldsymbol{\varepsilon} \tag{2.95}$$

最后将式（2.95）代入式（2.94）中可得

$$\begin{aligned}\Delta\boldsymbol{x}_{\mathrm{c}}=&-(\boldsymbol{I}_n-(\boldsymbol{H}_{11}(\boldsymbol{x}_{\mathrm{c}},\boldsymbol{O}_{k\times 1}))^{-1}(\boldsymbol{G}(\boldsymbol{x}_{\mathrm{c}}))^{\mathrm{T}}(\boldsymbol{G}(\boldsymbol{x}_{\mathrm{c}})(\boldsymbol{H}_{11}(\boldsymbol{x}_{\mathrm{c}},\boldsymbol{O}_{k\times 1}))^{-1}(\boldsymbol{G}(\boldsymbol{x}_{\mathrm{c}}))^{\mathrm{T}})^{-1}\boldsymbol{G}(\boldsymbol{x}_{\mathrm{c}}))\\ &\times(\boldsymbol{H}_{11}(\boldsymbol{x}_{\mathrm{c}},\boldsymbol{O}_{k\times 1}))^{-1}\boldsymbol{H}_{12}(\boldsymbol{x}_{\mathrm{c}},\boldsymbol{O}_{k\times 1})\boldsymbol{\varepsilon}\end{aligned} \tag{2.96}$$

式（2.96）刻画了 $\Delta\boldsymbol{x}_{\mathrm{c}}$ 与 $\boldsymbol{\varepsilon}$ 之间的线性关系。若误差向量 $\boldsymbol{\varepsilon}$ 服从零均值的高斯分布，并且其协方差矩阵为 $\mathbf{cov}(\boldsymbol{\varepsilon})$，那么估计误差 $\Delta\boldsymbol{x}_{\mathrm{c}}$ 也近似服从零均值的高斯分布，其协方差矩阵为

$$\begin{aligned}&\mathbf{cov}(\Delta\boldsymbol{x}_{\mathrm{c}})\\ &=\mathrm{E}[\Delta\boldsymbol{x}_{\mathrm{c}}(\Delta\boldsymbol{x}_{\mathrm{c}})^{\mathrm{T}}]\\ &=(\boldsymbol{I}_n-(\boldsymbol{H}_{11}(\boldsymbol{x}_{\mathrm{c}},\boldsymbol{O}_{k\times 1}))^{-1}(\boldsymbol{G}(\boldsymbol{x}_{\mathrm{c}}))^{\mathrm{T}}(\boldsymbol{G}(\boldsymbol{x}_{\mathrm{c}})(\boldsymbol{H}_{11}(\boldsymbol{x}_{\mathrm{c}},\boldsymbol{O}_{k\times 1}))^{-1}(\boldsymbol{G}(\boldsymbol{x}_{\mathrm{c}}))^{\mathrm{T}})^{-1}\boldsymbol{G}(\boldsymbol{x}_{\mathrm{c}}))\\ &\quad\times(\boldsymbol{H}_{11}(\boldsymbol{x}_{\mathrm{c}},\boldsymbol{O}_{k\times 1}))^{-1}\boldsymbol{H}_{12}(\boldsymbol{x}_{\mathrm{c}},\boldsymbol{O}_{k\times 1})\mathbf{cov}(\boldsymbol{\varepsilon})(\boldsymbol{H}_{12}(\boldsymbol{x}_{\mathrm{c}},\boldsymbol{O}_{k\times 1}))^{\mathrm{T}}(\boldsymbol{H}_{11}(\boldsymbol{x}_{\mathrm{c}},\boldsymbol{O}_{k\times 1}))^{-\mathrm{T}}\\ &\quad\times(\boldsymbol{I}_n-(\boldsymbol{G}(\boldsymbol{x}_{\mathrm{c}}))^{\mathrm{T}}(\boldsymbol{G}(\boldsymbol{x}_{\mathrm{c}})(\boldsymbol{H}_{11}(\boldsymbol{x}_{\mathrm{c}},\boldsymbol{O}_{k\times 1}))^{-1}(\boldsymbol{G}(\boldsymbol{x}_{\mathrm{c}}))^{\mathrm{T}})^{-1}\boldsymbol{G}(\boldsymbol{x}_{\mathrm{c}})(\boldsymbol{H}_{11}(\boldsymbol{x}_{\mathrm{c}},\boldsymbol{O}_{k\times 1}))^{-\mathrm{T}})\end{aligned} \tag{2.97}$$

需要指出的是，在本书讨论的问题中，$\mathbf{cov}(\Delta\boldsymbol{x}_{\mathrm{c}})$ 的表达式能够得到进一步简化。

第 3 章 无线信号定位统计性能分析

本章将介绍衡量无线信号定位统计性能的若干指标，并给出相应的理论计算公式，从而为本书各章定位方法的性能分析提供理论依据。

3.1 定位克拉美罗界

克拉美罗界给出了任意无偏估计器的估计均方误差的理论下界[56]。由于无线信号定位问题本质上属于参数估计问题，因此定位方法的理论下界可以通过克拉美罗界来获得。本节将在多种场景下给出定位问题克拉美罗界的理论表达式，从而为后续章节中各种定位方法的理论性能提供参考。表 3.1 罗列了不同定位场景下的克拉美罗界数学符号，以便于读者区分。

表 3.1 不同定位场景下的克拉美罗界数学符号

数学符号	定位场景
$\mathbf{CRB}_{\mathrm{p}}$	传感器位置精确已知条件下的单个辐射源定位
$\mathbf{CRB}_{\mathrm{q}}$	传感器位置误差存在条件下的单个辐射源定位
$\mathbf{CRB}_{\mathrm{c}}$	传感器位置误差存在条件下的多辐射源协同定位
$\mathbf{CRB}_{\mathrm{c\text{-}p}}$	传感器位置精确已知条件下的多辐射源协同定位
$\mathbf{CRB}_{\mathrm{ca}}$	校正源和传感器位置误差存在条件下的单个辐射源定位
$\mathbf{CRB}_{\mathrm{cao}}$	校正源和传感器位置误差存在条件下的传感器位置向量估计（未利用辐射源观测量）

3.1.1 传感器位置精确已知条件下的单个辐射源定位

假设有 M 个传感器利用一种或多种观测量对单个辐射源进行定位，其中第 m 个传感器的位置向量为 $\boldsymbol{s}_m$ $(1 \leqslant m \leqslant M)$，它们均精确已知；辐射源的位置向量为 $\boldsymbol{u}$，它是未知量。用于辐射源定位的观测模型可以统一表示为

$$\hat{\boldsymbol{z}} = \boldsymbol{z} + \boldsymbol{\varepsilon}_{\mathrm{t}} = \boldsymbol{f}(\boldsymbol{u}, \boldsymbol{s}) + \boldsymbol{\varepsilon}_{\mathrm{t}} \tag{3.1}$$

式中，$\boldsymbol{s} = [\boldsymbol{s}_1^{\mathrm{T}} \ \ \boldsymbol{s}_2^{\mathrm{T}} \ \ \cdots \ \ \boldsymbol{s}_M^{\mathrm{T}}]^{\mathrm{T}}$ 表示由全部传感器位置构成的向量；$\hat{\boldsymbol{z}}$ 表示含有观测

误差的定位观测量；$\boldsymbol{z}=\boldsymbol{f}(\boldsymbol{u},\boldsymbol{s})$ 表示没有观测误差的精确定位观测量，其中 $\boldsymbol{f}(\boldsymbol{u},\boldsymbol{s})$ 表示关于向量 $\boldsymbol{u}$ 和 $\boldsymbol{s}$ 的连续可导函数，其具体的代数形式取决于所采用的定位观测量；$\boldsymbol{\varepsilon}_{\mathrm{t}}$ 表示观测误差，假设其服从零均值的高斯分布，并且协方差矩阵为 $\boldsymbol{E}_{\mathrm{t}}=\mathrm{E}[\boldsymbol{\varepsilon}_{\mathrm{t}}\boldsymbol{\varepsilon}_{\mathrm{t}}^{\mathrm{T}}]$。

基于观测模型式（3.1）可以得到传感器位置向量 $\boldsymbol{s}$ 精确已知条件下，估计辐射源位置向量 $\boldsymbol{u}$ 的克拉美罗界，具体可见如下命题。

【命题 3.1】 基于观测模型式（3.1），辐射源位置向量 $\boldsymbol{u}$ 的估计均方误差的克拉美罗界矩阵可以表示为

$$\mathbf{CRB}_{\mathrm{p}}(\boldsymbol{u})=\left[\left(\frac{\partial\boldsymbol{f}(\boldsymbol{u},\boldsymbol{s})}{\partial\boldsymbol{u}^{\mathrm{T}}}\right)^{\mathrm{T}}\boldsymbol{E}_{\mathrm{t}}^{-1}\frac{\partial\boldsymbol{f}(\boldsymbol{u},\boldsymbol{s})}{\partial\boldsymbol{u}^{\mathrm{T}}}\right]^{-1} \tag{3.2}$$

式中，$\dfrac{\partial\boldsymbol{f}(\boldsymbol{u},\boldsymbol{s})}{\partial\boldsymbol{u}^{\mathrm{T}}}$ 为 Jacobian 矩阵。

命题 3.1 的证明见文献[57, 58]。

【注记 3.1】 由式（3.2）可知，克拉美罗界 $\mathbf{CRB}_{\mathrm{p}}(\boldsymbol{u})$ 若要存在，Jacobian 矩阵 $\dfrac{\partial\boldsymbol{f}(\boldsymbol{u},\boldsymbol{s})}{\partial\boldsymbol{u}^{\mathrm{T}}}$ 必须是列满秩的，否则该定位问题不可解。

【注记 3.2】 由式（3.2）可知，Jacobian 矩阵 $\dfrac{\partial\boldsymbol{f}(\boldsymbol{u},\boldsymbol{s})}{\partial\boldsymbol{u}^{\mathrm{T}}}$ 的数值越大，克拉美罗界 $\mathbf{CRB}_{\mathrm{p}}(\boldsymbol{u})$ 就越小，此时的定位精度就越高。

3.1.2 传感器位置误差存在条件下的单个辐射源定位

假设在实际定位中传感器位置并不能精确已知，也就是说传感器位置观测值与其真实值之间存在观测误差，相应的观测模型可以表示为

$$\hat{\boldsymbol{s}}=\boldsymbol{s}+\boldsymbol{\varepsilon}_{\mathrm{s}} \tag{3.3}$$

式中，$\hat{\boldsymbol{s}}$ 表示传感器位置向量的观测值；$\boldsymbol{\varepsilon}_{\mathrm{s}}$ 表示观测误差，假设其服从零均值的高斯分布，并且协方差矩阵为 $\boldsymbol{E}_{\mathrm{s}}=\mathrm{E}[\boldsymbol{\varepsilon}_{\mathrm{s}}\boldsymbol{\varepsilon}_{\mathrm{s}}^{\mathrm{T}}]$，此外，误差向量 $\boldsymbol{\varepsilon}_{\mathrm{s}}$ 与 $\boldsymbol{\varepsilon}_{\mathrm{t}}$ 之间相互统计独立。

结合式（3.1）和式（3.3）可知，在传感器位置误差存在条件下，用于辐射源定位的观测模型可以联立表示为

$$\begin{cases}\hat{\boldsymbol{z}}=\boldsymbol{f}(\boldsymbol{u},\boldsymbol{s})+\boldsymbol{\varepsilon}_{\mathrm{t}}\\ \hat{\boldsymbol{s}}=\boldsymbol{s}+\boldsymbol{\varepsilon}_{\mathrm{s}}\end{cases} \tag{3.4}$$

观测模型式（3.4）中的未知参数同时包含 $\boldsymbol{u}$ 和 $\boldsymbol{s}$，其联合估计的克拉美罗界可见如下命题。

【**命题 3.2**】基于观测模型式（3.4），未知参数 $\boldsymbol{u}$ 和 $\boldsymbol{s}$ 的联合估计均方误差的克拉美罗界矩阵可以表示为

$$\mathbf{CRB}_{\mathrm{q}}\left(\begin{bmatrix}\boldsymbol{u}\\ \boldsymbol{s}\end{bmatrix}\right)=\left[\begin{array}{c|c}\left(\dfrac{\partial \boldsymbol{f}(\boldsymbol{u},\boldsymbol{s})}{\partial \boldsymbol{u}^{\mathrm{T}}}\right)^{\mathrm{T}}\boldsymbol{E}_{\mathrm{t}}^{-1}\dfrac{\partial \boldsymbol{f}(\boldsymbol{u},\boldsymbol{s})}{\partial \boldsymbol{u}^{\mathrm{T}}} & \left(\dfrac{\partial \boldsymbol{f}(\boldsymbol{u},\boldsymbol{s})}{\partial \boldsymbol{u}^{\mathrm{T}}}\right)^{\mathrm{T}}\boldsymbol{E}_{\mathrm{t}}^{-1}\dfrac{\partial \boldsymbol{f}(\boldsymbol{u},\boldsymbol{s})}{\partial \boldsymbol{s}^{\mathrm{T}}}\\ \hline \left(\dfrac{\partial \boldsymbol{f}(\boldsymbol{u},\boldsymbol{s})}{\partial \boldsymbol{s}^{\mathrm{T}}}\right)^{\mathrm{T}}\boldsymbol{E}_{\mathrm{t}}^{-1}\dfrac{\partial \boldsymbol{f}(\boldsymbol{u},\boldsymbol{s})}{\partial \boldsymbol{u}^{\mathrm{T}}} & \left(\dfrac{\partial \boldsymbol{f}(\boldsymbol{u},\boldsymbol{s})}{\partial \boldsymbol{s}^{\mathrm{T}}}\right)^{\mathrm{T}}\boldsymbol{E}_{\mathrm{t}}^{-1}\dfrac{\partial \boldsymbol{f}(\boldsymbol{u},\boldsymbol{s})}{\partial \boldsymbol{s}^{\mathrm{T}}}+\boldsymbol{E}_{\mathrm{s}}^{-1}\end{array}\right]^{-1} \tag{3.5}$$

式中，$\dfrac{\partial \boldsymbol{f}(\boldsymbol{u},\boldsymbol{s})}{\partial \boldsymbol{s}^{\mathrm{T}}}$ 为 Jacobian 矩阵。

命题 3.2 的证明见文献[57, 58]。利用式（3.5）还可以进一步推得辐射源位置向量 $\boldsymbol{u}$ 的估计均方误差的克拉美罗界矩阵，下面给出其两种表达式。

$$\begin{aligned}\mathbf{CRB}_{\mathrm{q}}(\boldsymbol{u})=&\,\mathbf{CRB}_{\mathrm{p}}(\boldsymbol{u})+\mathbf{CRB}_{\mathrm{p}}(\boldsymbol{u})\left(\frac{\partial \boldsymbol{f}(\boldsymbol{u},\boldsymbol{s})}{\partial \boldsymbol{u}^{\mathrm{T}}}\right)^{\mathrm{T}}\boldsymbol{E}_{\mathrm{t}}^{-1}\frac{\partial \boldsymbol{f}(\boldsymbol{u},\boldsymbol{s})}{\partial \boldsymbol{s}^{\mathrm{T}}}\\ &\times\left[\boldsymbol{E}_{\mathrm{s}}^{-1}+\left(\frac{\partial \boldsymbol{f}(\boldsymbol{u},\boldsymbol{s})}{\partial \boldsymbol{s}^{\mathrm{T}}}\right)^{\mathrm{T}}\boldsymbol{E}_{\mathrm{t}}^{-1/2}\boldsymbol{\Pi}^{\perp}\left(\boldsymbol{E}_{\mathrm{t}}^{-1/2}\frac{\partial \boldsymbol{f}(\boldsymbol{u},\boldsymbol{s})}{\partial \boldsymbol{u}^{\mathrm{T}}}\right)\boldsymbol{E}_{\mathrm{t}}^{-1/2}\frac{\partial \boldsymbol{f}(\boldsymbol{u},\boldsymbol{s})}{\partial \boldsymbol{s}^{\mathrm{T}}}\right]^{-1}\\ &\times\left(\frac{\partial \boldsymbol{f}(\boldsymbol{u},\boldsymbol{s})}{\partial \boldsymbol{s}^{\mathrm{T}}}\right)^{\mathrm{T}}\boldsymbol{E}_{\mathrm{t}}^{-1}\frac{\partial \boldsymbol{f}(\boldsymbol{u},\boldsymbol{s})}{\partial \boldsymbol{u}^{\mathrm{T}}}\mathbf{CRB}_{\mathrm{p}}(\boldsymbol{u})\end{aligned} \tag{3.6}$$

$$\mathbf{CRB}_{\mathrm{q}}(\boldsymbol{u})=\left\{\left(\frac{\partial \boldsymbol{f}(\boldsymbol{u},\boldsymbol{s})}{\partial \boldsymbol{u}^{\mathrm{T}}}\right)^{\mathrm{T}}\left[\boldsymbol{E}_{\mathrm{t}}+\frac{\partial \boldsymbol{f}(\boldsymbol{u},\boldsymbol{s})}{\partial \boldsymbol{s}^{\mathrm{T}}}\boldsymbol{E}_{\mathrm{s}}\left(\frac{\partial \boldsymbol{f}(\boldsymbol{u},\boldsymbol{s})}{\partial \boldsymbol{s}^{\mathrm{T}}}\right)^{\mathrm{T}}\right]^{-1}\frac{\partial \boldsymbol{f}(\boldsymbol{u},\boldsymbol{s})}{\partial \boldsymbol{u}^{\mathrm{T}}}\right\}^{-1} \tag{3.7}$$

式（3.6）和式（3.7）的证明见文献[57, 58]。

【**注记 3.3**】对比式（3.2）和式（3.7）可知，传感器位置误差 $\boldsymbol{\varepsilon}_{\mathrm{s}}$ 的影响可以等效为增加了观测向量 $\hat{\boldsymbol{z}}$ 中的观测误差，并且是将观测误差的协方差矩阵由原先的 $\boldsymbol{E}_{\mathrm{t}}$ 增加至 $\boldsymbol{E}_{\mathrm{t}}+\dfrac{\partial \boldsymbol{f}(\boldsymbol{u},\boldsymbol{s})}{\partial \boldsymbol{s}^{\mathrm{T}}}\boldsymbol{E}_{\mathrm{s}}\left(\dfrac{\partial \boldsymbol{f}(\boldsymbol{u},\boldsymbol{s})}{\partial \boldsymbol{s}^{\mathrm{T}}}\right)^{\mathrm{T}}$，由此可以得到关系式 $\mathbf{CRB}_{\mathrm{p}}(\boldsymbol{u})\leqslant\mathbf{CRB}_{\mathrm{q}}(\boldsymbol{u})$。当然，该关系式也可以直接通过式（3.6）获得。

3.1.3　传感器位置误差存在条件下的多辐射源协同定位

假设需要对区域内的 $N\,(N>1)$ 个辐射源进行定位，其中第 n 个辐射源的位置向量为 $\boldsymbol{u}_n$，它是未知量。类似于式（3.1），针对第 n 个辐射源的观测模型可以统一表示为

$$\hat{\boldsymbol{z}}_n=\boldsymbol{z}_n+\boldsymbol{\varepsilon}_{\mathrm{t}n}=\boldsymbol{f}(\boldsymbol{u}_n,\boldsymbol{s})+\boldsymbol{\varepsilon}_{\mathrm{t}n}\quad(1\leqslant n\leqslant N) \tag{3.8}$$

式中，$\hat{\boldsymbol{z}}_n$ 表示含有观测误差的定位观测量；$\boldsymbol{z}_n=\boldsymbol{f}(\boldsymbol{u}_n,\boldsymbol{s})$ 表示没有观测误差的

精确定位观测量；$\boldsymbol{\varepsilon}_{\mathrm{t}n}$ 表示观测误差，假设其服从零均值的高斯分布，并且协方差矩阵为 $\boldsymbol{E}_{\mathrm{t}n}=\mathrm{E}[\boldsymbol{\varepsilon}_{\mathrm{t}n}\boldsymbol{\varepsilon}_{\mathrm{t}n}^{\mathrm{T}}]$，此外，误差向量组 $\{\boldsymbol{\varepsilon}_{\mathrm{t}n}\}_{1\leqslant n\leqslant N}$ 相互间统计独立，也就是考虑对多个不相关源进行定位。

在实际定位中，不同的辐射源对应相同的传感器位置误差，此时应该对 N 个辐射源进行协同定位，以获得协同增益。为了给出多辐射源协同定位情形下的克拉美罗界，需要首先将式（3.8）中的 N 个等式进行合并，如下式所示：

$$\hat{\boldsymbol{z}}_{\mathrm{c}}=\boldsymbol{z}_{\mathrm{c}}+\boldsymbol{\varepsilon}_{\text{t-c}}=\boldsymbol{f}_{\mathrm{c}}(\boldsymbol{u}_{\mathrm{c}},\boldsymbol{s})+\boldsymbol{\varepsilon}_{\text{t-c}} \tag{3.9}$$

式中

$$\begin{cases}\hat{\boldsymbol{z}}_{\mathrm{c}}=[\hat{\boldsymbol{z}}_1^{\mathrm{T}}\ \ \hat{\boldsymbol{z}}_2^{\mathrm{T}}\ \ \cdots\ \ \hat{\boldsymbol{z}}_N^{\mathrm{T}}]^{\mathrm{T}}\ ,\ \boldsymbol{z}_{\mathrm{c}}=[\boldsymbol{z}_1^{\mathrm{T}}\ \ \boldsymbol{z}_2^{\mathrm{T}}\ \ \cdots\ \ \boldsymbol{z}_N^{\mathrm{T}}]^{\mathrm{T}}\ ,\ \boldsymbol{\varepsilon}_{\text{t-c}}=[\boldsymbol{\varepsilon}_{\mathrm{t}1}^{\mathrm{T}}\ \ \boldsymbol{\varepsilon}_{\mathrm{t}2}^{\mathrm{T}}\ \ \cdots\ \ \boldsymbol{\varepsilon}_{\mathrm{t}N}^{\mathrm{T}}]^{\mathrm{T}} \\ \boldsymbol{u}_{\mathrm{c}}=[\boldsymbol{u}_1^{\mathrm{T}}\ \ \boldsymbol{u}_2^{\mathrm{T}}\ \ \cdots\ \ \boldsymbol{u}_N^{\mathrm{T}}]^{\mathrm{T}}\ ,\ \boldsymbol{f}_{\mathrm{c}}(\boldsymbol{u}_{\mathrm{c}},\boldsymbol{s})=[(\boldsymbol{f}(\boldsymbol{u}_1,\boldsymbol{s}))^{\mathrm{T}}\ \ (\boldsymbol{f}(\boldsymbol{u}_2,\boldsymbol{s}))^{\mathrm{T}}\ \ \cdots\ \ (\boldsymbol{f}(\boldsymbol{u}_N,\boldsymbol{s}))^{\mathrm{T}}]^{\mathrm{T}}\end{cases} \tag{3.10}$$

假设观测误差向量 $\boldsymbol{\varepsilon}_{\text{t-c}}$ 服从零均值的高斯分布，并且其协方差矩阵为 $\boldsymbol{E}_{\text{t-c}}=\mathrm{E}[\boldsymbol{\varepsilon}_{\text{t-c}}\boldsymbol{\varepsilon}_{\text{t-c}}^{\mathrm{T}}]$。对于不相关源而言，满足 $\boldsymbol{E}_{\text{t-c}}=\mathrm{blkdiag}\{\boldsymbol{E}_{\mathrm{t}1},\boldsymbol{E}_{\mathrm{t}2},\cdots,\boldsymbol{E}_{\mathrm{t}N}\}$。另一方面，这里将 $\boldsymbol{u}_{\mathrm{c}}$ 称为多辐射源位置向量。所谓多辐射源协同定位就是直接估计向量 $\boldsymbol{u}_{\mathrm{c}}$，而不是独立地估计每个辐射源位置向量 $\{\boldsymbol{u}_n\}_{1\leqslant n\leqslant N}$。

结合式（3.3）和式（3.9）可知，在传感器位置误差存在条件下，用于多辐射源协同定位的观测模型可以联立表示为

$$\begin{cases}\hat{\boldsymbol{z}}_{\mathrm{c}}=\boldsymbol{f}_{\mathrm{c}}(\boldsymbol{u}_{\mathrm{c}},\boldsymbol{s})+\boldsymbol{\varepsilon}_{\text{t-c}} \\ \hat{\boldsymbol{s}}=\boldsymbol{s}+\boldsymbol{\varepsilon}_{\mathrm{s}}\end{cases} \tag{3.11}$$

观测模型式（3.11）中的未知参数同时包含 $\boldsymbol{u}_{\mathrm{c}}$ 和 $\boldsymbol{s}$，其联合估计的克拉美罗界可见如下命题。

【命题 3.3】 基于观测模型式（3.11），未知参数 $\boldsymbol{u}_{\mathrm{c}}$ 和 $\boldsymbol{s}$ 的联合估计均方误差的克拉美罗界矩阵可以表示为

$$\mathbf{CRB}_{\mathrm{c}}\left(\begin{bmatrix}\boldsymbol{u}_{\mathrm{c}}\\ \boldsymbol{s}\end{bmatrix}\right)=\left[\begin{array}{c:c}\left(\dfrac{\partial\boldsymbol{f}_{\mathrm{c}}(\boldsymbol{u}_{\mathrm{c}},\boldsymbol{s})}{\partial\boldsymbol{u}_{\mathrm{c}}^{\mathrm{T}}}\right)^{\mathrm{T}}\boldsymbol{E}_{\text{t-c}}^{-1}\dfrac{\partial\boldsymbol{f}_{\mathrm{c}}(\boldsymbol{u}_{\mathrm{c}},\boldsymbol{s})}{\partial\boldsymbol{u}_{\mathrm{c}}^{\mathrm{T}}} & \left(\dfrac{\partial\boldsymbol{f}_{\mathrm{c}}(\boldsymbol{u}_{\mathrm{c}},\boldsymbol{s})}{\partial\boldsymbol{u}_{\mathrm{c}}^{\mathrm{T}}}\right)^{\mathrm{T}}\boldsymbol{E}_{\text{t-c}}^{-1}\dfrac{\partial\boldsymbol{f}_{\mathrm{c}}(\boldsymbol{u}_{\mathrm{c}},\boldsymbol{s})}{\partial\boldsymbol{s}^{\mathrm{T}}} \\ \hdashline \left(\dfrac{\partial\boldsymbol{f}_{\mathrm{c}}(\boldsymbol{u}_{\mathrm{c}},\boldsymbol{s})}{\partial\boldsymbol{s}^{\mathrm{T}}}\right)^{\mathrm{T}}\boldsymbol{E}_{\text{t-c}}^{-1}\dfrac{\partial\boldsymbol{f}_{\mathrm{c}}(\boldsymbol{u}_{\mathrm{c}},\boldsymbol{s})}{\partial\boldsymbol{u}_{\mathrm{c}}^{\mathrm{T}}} & \left(\dfrac{\partial\boldsymbol{f}_{\mathrm{c}}(\boldsymbol{u}_{\mathrm{c}},\boldsymbol{s})}{\partial\boldsymbol{s}^{\mathrm{T}}}\right)^{\mathrm{T}}\boldsymbol{E}_{\text{t-c}}^{-1}\dfrac{\partial\boldsymbol{f}_{\mathrm{c}}(\boldsymbol{u}_{\mathrm{c}},\boldsymbol{s})}{\partial\boldsymbol{s}^{\mathrm{T}}}+\boldsymbol{E}_{\mathrm{s}}^{-1}\end{array}\right]^{-1} \tag{3.12}$$

式中

$$\frac{\partial\boldsymbol{f}_{\mathrm{c}}(\boldsymbol{u}_{\mathrm{c}},\boldsymbol{s})}{\partial\boldsymbol{u}_{\mathrm{c}}^{\mathrm{T}}}=\mathrm{blkdiag}\left\{\frac{\partial\boldsymbol{f}(\boldsymbol{u}_1,\boldsymbol{s})}{\partial\boldsymbol{u}_1^{\mathrm{T}}},\frac{\partial\boldsymbol{f}(\boldsymbol{u}_2,\boldsymbol{s})}{\partial\boldsymbol{u}_2^{\mathrm{T}}},\cdots,\frac{\partial\boldsymbol{f}(\boldsymbol{u}_N,\boldsymbol{s})}{\partial\boldsymbol{u}_N^{\mathrm{T}}}\right\} \tag{3.13}$$

$$\frac{\partial \boldsymbol{f}_{\mathrm{c}}(\boldsymbol{u}_{\mathrm{c}},\boldsymbol{s})}{\partial \boldsymbol{s}^{\mathrm{T}}}=\left[\left(\frac{\partial \boldsymbol{f}(\boldsymbol{u}_1,\boldsymbol{s})}{\partial \boldsymbol{s}^{\mathrm{T}}}\right)^{\mathrm{T}}\ \left(\frac{\partial \boldsymbol{f}(\boldsymbol{u}_2,\boldsymbol{s})}{\partial \boldsymbol{s}^{\mathrm{T}}}\right)^{\mathrm{T}}\ \cdots\ \left(\frac{\partial \boldsymbol{f}(\boldsymbol{u}_N,\boldsymbol{s})}{\partial \boldsymbol{s}^{\mathrm{T}}}\right)^{\mathrm{T}}\right]^{\mathrm{T}} \tag{3.14}$$

命题 3.3 的证明与命题 3.2 的证明类似。利用式（3.12）还可以进一步推得多辐射源位置向量 $\boldsymbol{u}_{\mathrm{c}}$ 的估计均方误差的克拉美罗界矩阵，下面给出其两种表达式。

$$\begin{aligned}\mathbf{CRB}_{\mathrm{c}}(\boldsymbol{u}_{\mathrm{c}})=&\ \mathbf{CRB}_{\text{c-p}}(\boldsymbol{u}_{\mathrm{c}})+\mathbf{CRB}_{\text{c-p}}(\boldsymbol{u}_{\mathrm{c}})\left(\frac{\partial \boldsymbol{f}_{\mathrm{c}}(\boldsymbol{u}_{\mathrm{c}},\boldsymbol{s})}{\partial \boldsymbol{u}_{\mathrm{c}}^{\mathrm{T}}}\right)^{\mathrm{T}}\boldsymbol{E}_{\text{t-c}}^{-1}\frac{\partial \boldsymbol{f}_{\mathrm{c}}(\boldsymbol{u}_{\mathrm{c}},\boldsymbol{s})}{\partial \boldsymbol{s}^{\mathrm{T}}}\\&\times\left[\boldsymbol{E}_{\mathrm{s}}^{-1}+\left(\frac{\partial \boldsymbol{f}_{\mathrm{c}}(\boldsymbol{u}_{\mathrm{c}},\boldsymbol{s})}{\partial \boldsymbol{s}^{\mathrm{T}}}\right)^{\mathrm{T}}\boldsymbol{E}_{\text{t-c}}^{-1/2}\boldsymbol{\Pi}^{\perp}\left(\boldsymbol{E}_{\text{t-c}}^{-1/2}\frac{\partial \boldsymbol{f}_{\mathrm{c}}(\boldsymbol{u}_{\mathrm{c}},\boldsymbol{s})}{\partial \boldsymbol{u}_{\mathrm{c}}^{\mathrm{T}}}\right)\boldsymbol{E}_{\text{t-c}}^{-1/2}\frac{\partial \boldsymbol{f}_{\mathrm{c}}(\boldsymbol{u}_{\mathrm{c}},\boldsymbol{s})}{\partial \boldsymbol{s}^{\mathrm{T}}}\right]^{-1}\\&\times\left(\frac{\partial \boldsymbol{f}_{\mathrm{c}}(\boldsymbol{u}_{\mathrm{c}},\boldsymbol{s})}{\partial \boldsymbol{s}^{\mathrm{T}}}\right)^{\mathrm{T}}\boldsymbol{E}_{\text{t-c}}^{-1}\frac{\partial \boldsymbol{f}_{\mathrm{c}}(\boldsymbol{u}_{\mathrm{c}},\boldsymbol{s})}{\partial \boldsymbol{u}_{\mathrm{c}}^{\mathrm{T}}}\mathbf{CRB}_{\text{c-p}}(\boldsymbol{u}_{\mathrm{c}})\end{aligned} \tag{3.15}$$

$$\mathbf{CRB}_{\mathrm{c}}(\boldsymbol{u}_{\mathrm{c}})=\left\{\left(\frac{\partial \boldsymbol{f}_{\mathrm{c}}(\boldsymbol{u}_{\mathrm{c}},\boldsymbol{s})}{\partial \boldsymbol{u}_{\mathrm{c}}^{\mathrm{T}}}\right)^{\mathrm{T}}\left[\boldsymbol{E}_{\text{t-c}}+\frac{\partial \boldsymbol{f}_{\mathrm{c}}(\boldsymbol{u}_{\mathrm{c}},\boldsymbol{s})}{\partial \boldsymbol{s}^{\mathrm{T}}}\boldsymbol{E}_{\mathrm{s}}\left(\frac{\partial \boldsymbol{f}_{\mathrm{c}}(\boldsymbol{u}_{\mathrm{c}},\boldsymbol{s})}{\partial \boldsymbol{s}^{\mathrm{T}}}\right)^{\mathrm{T}}\right]^{-1}\frac{\partial \boldsymbol{f}_{\mathrm{c}}(\boldsymbol{u}_{\mathrm{c}},\boldsymbol{s})}{\partial \boldsymbol{u}_{\mathrm{c}}^{\mathrm{T}}}\right\}^{-1} \tag{3.16}$$

式中

$$\mathbf{CRB}_{\text{c-p}}(\boldsymbol{u}_{\mathrm{c}})=\left[\left(\frac{\partial \boldsymbol{f}_{\mathrm{c}}(\boldsymbol{u}_{\mathrm{c}},\boldsymbol{s})}{\partial \boldsymbol{u}_{\mathrm{c}}^{\mathrm{T}}}\right)^{\mathrm{T}}\boldsymbol{E}_{\text{t-c}}^{-1}\frac{\partial \boldsymbol{f}_{\mathrm{c}}(\boldsymbol{u}_{\mathrm{c}},\boldsymbol{s})}{\partial \boldsymbol{u}_{\mathrm{c}}^{\mathrm{T}}}\right]^{-1} \tag{3.17}$$

式（3.15）和式（3.16）的证明分别与式（3.6）和式（3.7）的证明类似，具体证明见文献[57, 58]。

【注记 3.4】 $\mathbf{CRB}_{\text{c-p}}(\boldsymbol{u}_{\mathrm{c}})$ 可看作在传感器位置精确已知条件下，多辐射源协同定位的克拉美罗界矩阵。

前面曾指出，在传感器位置误差存在条件下，多辐射源协同定位有助于提高对每个辐射源的定位精度，可以通过定量比较两种克拉美罗界来说明此结论。

在多辐射源协同定位情形下，将第 n 个辐射源位置向量 $\boldsymbol{u}_n$ 的估计均方误差的克拉美罗界矩阵记为 $\boldsymbol{X}_n$，于是基于式（3.16）可知

$$\begin{aligned}\boldsymbol{X}_n=&\ (\boldsymbol{i}_N^{(n)\mathrm{T}}\otimes\boldsymbol{I}_3)\mathbf{CRB}_{\mathrm{c}}(\boldsymbol{u}_{\mathrm{c}})(\boldsymbol{i}_N^{(n)}\otimes\boldsymbol{I}_3)\\=&\ (\boldsymbol{i}_N^{(n)\mathrm{T}}\otimes\boldsymbol{I}_3)\left\{\left(\frac{\partial \boldsymbol{f}_{\mathrm{c}}(\boldsymbol{u}_{\mathrm{c}},\boldsymbol{s})}{\partial \boldsymbol{u}_{\mathrm{c}}^{\mathrm{T}}}\right)^{\mathrm{T}}\left[\boldsymbol{E}_{\text{t-c}}+\frac{\partial \boldsymbol{f}_{\mathrm{c}}(\boldsymbol{u}_{\mathrm{c}},\boldsymbol{s})}{\partial \boldsymbol{s}^{\mathrm{T}}}\boldsymbol{E}_{\mathrm{s}}\left(\frac{\partial \boldsymbol{f}_{\mathrm{c}}(\boldsymbol{u}_{\mathrm{c}},\boldsymbol{s})}{\partial \boldsymbol{s}^{\mathrm{T}}}\right)^{\mathrm{T}}\right]^{-1}\frac{\partial \boldsymbol{f}_{\mathrm{c}}(\boldsymbol{u}_{\mathrm{c}},\boldsymbol{s})}{\partial \boldsymbol{u}_{\mathrm{c}}^{\mathrm{T}}}\right\}^{-1}\\&\times(\boldsymbol{i}_N^{(n)}\otimes\boldsymbol{I}_3)\quad(1\leqslant n\leqslant N)\end{aligned} \tag{3.18}$$

若独立地对 N 个辐射源进行定位，将第 n 个辐射源位置向量 $\boldsymbol{u}_n$ 的估计均方误差的克拉美罗界矩阵记为 $\boldsymbol{Y}_n$，则由式（3.7）可得

$$\boldsymbol{Y}_n=\left\{\left(\frac{\partial \boldsymbol{f}(\boldsymbol{u}_n,\boldsymbol{s})}{\partial \boldsymbol{u}_n^{\mathrm{T}}}\right)^{\mathrm{T}}\left[\boldsymbol{E}_{\mathrm{t}n}+\frac{\partial \boldsymbol{f}(\boldsymbol{u}_n,\boldsymbol{s})}{\partial \boldsymbol{s}^{\mathrm{T}}}\boldsymbol{E}_{\mathrm{s}}\left(\frac{\partial \boldsymbol{f}(\boldsymbol{u}_n,\boldsymbol{s})}{\partial \boldsymbol{s}^{\mathrm{T}}}\right)^{\mathrm{T}}\right]^{-1}\frac{\partial \boldsymbol{f}(\boldsymbol{u}_n,\boldsymbol{s})}{\partial \boldsymbol{u}_n^{\mathrm{T}}}\right\}^{-1}\quad(1\leqslant n\leqslant N) \tag{3.19}$$

比较式（3.18）和式（3.19）可以得到如下命题。

【命题 3.4】 $\boldsymbol{X}_n\leqslant\boldsymbol{Y}_n\ (1\leqslant n\leqslant N)$，当且仅当 $\boldsymbol{E}_{\text{t-c}}=\text{blkdiag}\{\boldsymbol{E}_{\mathrm{t}1},\boldsymbol{E}_{\mathrm{t}2},\cdots,\boldsymbol{E}_{\mathrm{t}N}\}$ 和 $\boldsymbol{E}_{\mathrm{s}}=\boldsymbol{O}$ 时，$\boldsymbol{X}_n=\boldsymbol{Y}_n\ (1\leqslant n\leqslant N)$。

命题 3.4 的证明见文献[55, 57]。

3.1.4 校正源和传感器位置误差存在条件下的单个辐射源定位

假设在定位区域内存在某个校正源，它既可以是人为主动放置的，也可以是一些信息公开的信号源，因此校正源的位置向量是精确已知的，利用该校正源的位置信息可以有效抑制传感器位置误差对辐射源定位精度的影响。

将校正源的位置向量记为 $\boldsymbol{u}_{\mathrm{d}}$，针对校正源的观测模型可以统一表示为

$$\hat{\boldsymbol{z}}_{\mathrm{d}}=\boldsymbol{z}_{\mathrm{d}}+\boldsymbol{\varepsilon}_{\mathrm{d}}=\boldsymbol{f}_{\mathrm{d}}(\boldsymbol{s})+\boldsymbol{\varepsilon}_{\mathrm{d}} \tag{3.20}$$

式中，$\hat{\boldsymbol{z}}_{\mathrm{d}}$ 表示含有观测误差的观测量；$\boldsymbol{z}_{\mathrm{d}}=\boldsymbol{f}_{\mathrm{d}}(\boldsymbol{s})$ 表示没有观测误差的精确观测量，其中 $\boldsymbol{f}_{\mathrm{d}}(\boldsymbol{s})$ 表示关于向量 $\boldsymbol{s}$ 的连续可导函数，其具体的代数形式取决于所采用的观测量①；$\boldsymbol{\varepsilon}_{\mathrm{d}}$ 表示观测误差，假设其服从零均值的高斯分布，并且协方差矩阵为 $\boldsymbol{E}_{\mathrm{d}}=\mathrm{E}[\boldsymbol{\varepsilon}_{\mathrm{d}}\boldsymbol{\varepsilon}_{\mathrm{d}}^{\mathrm{T}}]$，此外，误差向量 $\boldsymbol{\varepsilon}_{\mathrm{d}}$、$\boldsymbol{\varepsilon}_{\mathrm{s}}$ 及 $\boldsymbol{\varepsilon}_{\mathrm{t}}$ 之间相互统计独立。

结合式（3.1）、式（3.3）及式（3.20）可知，在校正源和传感器位置误差存在条件下，用于辐射源定位的观测模型可以联立表示为

$$\begin{cases}\hat{\boldsymbol{z}}=\boldsymbol{f}(\boldsymbol{u},\boldsymbol{s})+\boldsymbol{\varepsilon}_{\mathrm{t}}\\ \hat{\boldsymbol{z}}_{\mathrm{d}}=\boldsymbol{f}_{\mathrm{d}}(\boldsymbol{s})+\boldsymbol{\varepsilon}_{\mathrm{d}}\\ \hat{\boldsymbol{s}}=\boldsymbol{s}+\boldsymbol{\varepsilon}_{\mathrm{s}}\end{cases} \tag{3.21}$$

观测模型式（3.21）中的未知参数同时包含 $\boldsymbol{u}$ 和 $\boldsymbol{s}$，其联合估计的克拉美罗界可见如下命题。

【命题 3.5】 基于观测模型式（3.21），未知参数 $\boldsymbol{u}$ 和 $\boldsymbol{s}$ 的联合估计均方误差的克拉美罗界矩阵可以表示为

① $\boldsymbol{f}_{\mathrm{d}}(\boldsymbol{s})$ 也应是校正源位置向量 $\boldsymbol{u}_{\mathrm{d}}$ 的函数，但由于 $\boldsymbol{u}_{\mathrm{d}}$ 精确已知，所以无须将其作为变量来看待。

$$\mathbf{CRB}_{\mathrm{ca}}\left(\begin{bmatrix}\boldsymbol{u}\\\boldsymbol{s}\end{bmatrix}\right)$$

$$=\left[\begin{array}{c:c}\left(\frac{\partial\boldsymbol{f}(\boldsymbol{u},\boldsymbol{s})}{\partial\boldsymbol{u}^{\mathrm{T}}}\right)^{\mathrm{T}}\boldsymbol{E}_{\mathrm{t}}^{-1}\frac{\partial\boldsymbol{f}(\boldsymbol{u},\boldsymbol{s})}{\partial\boldsymbol{u}^{\mathrm{T}}} & \left(\frac{\partial\boldsymbol{f}(\boldsymbol{u},\boldsymbol{s})}{\partial\boldsymbol{u}^{\mathrm{T}}}\right)^{\mathrm{T}}\boldsymbol{E}_{\mathrm{t}}^{-1}\frac{\partial\boldsymbol{f}(\boldsymbol{u},\boldsymbol{s})}{\partial\boldsymbol{s}^{\mathrm{T}}}\\ \hdashline \left(\frac{\partial\boldsymbol{f}(\boldsymbol{u},\boldsymbol{s})}{\partial\boldsymbol{s}^{\mathrm{T}}}\right)^{\mathrm{T}}\boldsymbol{E}_{\mathrm{t}}^{-1}\frac{\partial\boldsymbol{f}(\boldsymbol{u},\boldsymbol{s})}{\partial\boldsymbol{u}^{\mathrm{T}}} & \left(\frac{\partial\boldsymbol{f}(\boldsymbol{u},\boldsymbol{s})}{\partial\boldsymbol{s}^{\mathrm{T}}}\right)^{\mathrm{T}}\boldsymbol{E}_{\mathrm{t}}^{-1}\frac{\partial\boldsymbol{f}(\boldsymbol{u},\boldsymbol{s})}{\partial\boldsymbol{s}^{\mathrm{T}}}+\left(\frac{\partial\boldsymbol{f}_{\mathrm{d}}(\boldsymbol{s})}{\partial\boldsymbol{s}^{\mathrm{T}}}\right)^{\mathrm{T}}\boldsymbol{E}_{\mathrm{d}}^{-1}\frac{\partial\boldsymbol{f}_{\mathrm{d}}(\boldsymbol{s})}{\partial\boldsymbol{s}^{\mathrm{T}}}+\boldsymbol{E}_{\mathrm{s}}^{-1}\end{array}\right]^{-1} \tag{3.22}$$

式中，$\frac{\partial\boldsymbol{f}_{\mathrm{d}}(\boldsymbol{s})}{\partial\boldsymbol{s}^{\mathrm{T}}}$为 Jacobian 矩阵。

命题 3.5 的证明见文献[57, 58]。利用式（3.22）可以进一步推得辐射源位置向量$\boldsymbol{u}$的估计均方误差的克拉美罗界矩阵，如下式所示：

$$\mathbf{CRB}_{\mathrm{ca}}(\boldsymbol{u})$$

$$=\left\{\left(\frac{\partial\boldsymbol{f}(\boldsymbol{u},\boldsymbol{s})}{\partial\boldsymbol{u}^{\mathrm{T}}}\right)^{\mathrm{T}}\left[\boldsymbol{E}_{\mathrm{t}}+\frac{\partial\boldsymbol{f}(\boldsymbol{u},\boldsymbol{s})}{\partial\boldsymbol{s}^{\mathrm{T}}}\left(\boldsymbol{E}_{\mathrm{s}}^{-1}+\left(\frac{\partial\boldsymbol{f}_{\mathrm{d}}(\boldsymbol{s})}{\partial\boldsymbol{s}^{\mathrm{T}}}\right)^{\mathrm{T}}\boldsymbol{E}_{\mathrm{d}}^{-1}\frac{\partial\boldsymbol{f}_{\mathrm{d}}(\boldsymbol{s})}{\partial\boldsymbol{s}^{\mathrm{T}}}\right)^{-1}\left(\frac{\partial\boldsymbol{f}(\boldsymbol{u},\boldsymbol{s})}{\partial\boldsymbol{s}^{\mathrm{T}}}\right)^{\mathrm{T}}\right]^{-1}\frac{\partial\boldsymbol{f}(\boldsymbol{u},\boldsymbol{s})}{\partial\boldsymbol{u}^{\mathrm{T}}}\right\}^{-1} \tag{3.23}$$

式（3.23）的证明见文献[57, 58]。

【注记 3.5】 对比式（3.7）和式（3.23）可知，相比于没有校正源的情形，校正源观测量$\hat{\boldsymbol{z}}_{\mathrm{d}}$有助于减小传感器位置误差的影响，其作用可以等效为将传感器位置误差的协方差矩阵由原先的$\boldsymbol{E}_{\mathrm{s}}$降低至$\left[\boldsymbol{E}_{\mathrm{s}}^{-1}+\left(\frac{\partial\boldsymbol{f}_{\mathrm{d}}(\boldsymbol{s})}{\partial\boldsymbol{s}^{\mathrm{T}}}\right)^{\mathrm{T}}\boldsymbol{E}_{\mathrm{d}}^{-1}\frac{\partial\boldsymbol{f}_{\mathrm{d}}(\boldsymbol{s})}{\partial\boldsymbol{s}^{\mathrm{T}}}\right]^{-1}$，于是有$\mathbf{CRB}_{\mathrm{ca}}(\boldsymbol{u})\leqslant\mathbf{CRB}_{\mathrm{q}}(\boldsymbol{u})$。

【注记 3.6】 对比式（3.2）和式（3.23）可知，$\mathbf{CRB}_{\mathrm{p}}(\boldsymbol{u})\leqslant\mathbf{CRB}_{\mathrm{ca}}(\boldsymbol{u})$。若 Jacobian 矩阵$\frac{\partial\boldsymbol{f}(\boldsymbol{u},\boldsymbol{s})}{\partial\boldsymbol{s}^{\mathrm{T}}}$是行满秩的，则有$\mathbf{CRB}_{\mathrm{p}}(\boldsymbol{u})<\mathbf{CRB}_{\mathrm{ca}}(\boldsymbol{u})$，这意味着虽然利用校正源观测量可以提高辐射源的定位精度，但无法将精度提升至传感器位置精确已知情形下的定位精度。

利用式（3.22）还可以进一步推得传感器位置向量$\boldsymbol{s}$的估计均方误差的克拉美罗界矩阵，如下式所示：

$$\mathbf{CRB}_{\mathrm{ca}}(\boldsymbol{s})$$

$$=\left[\begin{array}{l}\boldsymbol{E}_{\mathrm{s}}^{-1}+\left(\frac{\partial\boldsymbol{f}_{\mathrm{d}}(\boldsymbol{s})}{\partial\boldsymbol{s}^{\mathrm{T}}}\right)^{\mathrm{T}}\boldsymbol{E}_{\mathrm{d}}^{-1}\frac{\partial\boldsymbol{f}_{\mathrm{d}}(\boldsymbol{s})}{\partial\boldsymbol{s}^{\mathrm{T}}}+\left(\frac{\partial\boldsymbol{f}(\boldsymbol{u},\boldsymbol{s})}{\partial\boldsymbol{s}^{\mathrm{T}}}\right)^{\mathrm{T}}\boldsymbol{E}_{\mathrm{t}}^{-1}\frac{\partial\boldsymbol{f}(\boldsymbol{u},\boldsymbol{s})}{\partial\boldsymbol{s}^{\mathrm{T}}}-\left(\frac{\partial\boldsymbol{f}(\boldsymbol{u},\boldsymbol{s})}{\partial\boldsymbol{s}^{\mathrm{T}}}\right)^{\mathrm{T}}\boldsymbol{E}_{\mathrm{t}}^{-1}\frac{\partial\boldsymbol{f}(\boldsymbol{u},\boldsymbol{s})}{\partial\boldsymbol{u}^{\mathrm{T}}}\\ \times\left(\left(\frac{\partial\boldsymbol{f}(\boldsymbol{u},\boldsymbol{s})}{\partial\boldsymbol{u}^{\mathrm{T}}}\right)^{\mathrm{T}}\boldsymbol{E}_{\mathrm{t}}^{-1}\frac{\partial\boldsymbol{f}(\boldsymbol{u},\boldsymbol{s})}{\partial\boldsymbol{u}^{\mathrm{T}}}\right)^{-1}\left(\frac{\partial\boldsymbol{f}(\boldsymbol{u},\boldsymbol{s})}{\partial\boldsymbol{u}^{\mathrm{T}}}\right)^{\mathrm{T}}\boldsymbol{E}_{\mathrm{t}}^{-1}\frac{\partial\boldsymbol{f}(\boldsymbol{u},\boldsymbol{s})}{\partial\boldsymbol{s}^{\mathrm{T}}}\end{array}\right]^{-1}$$

$$=\left[\boldsymbol{E}_{\mathrm{s}}^{-1}+\left(\frac{\partial \boldsymbol{f}_{\mathrm{d}}(\boldsymbol{s})}{\partial \boldsymbol{s}^{\mathrm{T}}}\right)^{\mathrm{T}}\boldsymbol{E}_{\mathrm{d}}^{-1}\frac{\partial \boldsymbol{f}_{\mathrm{d}}(\boldsymbol{s})}{\partial \boldsymbol{s}^{\mathrm{T}}}+\left(\frac{\partial \boldsymbol{f}(\boldsymbol{u},\boldsymbol{s})}{\partial \boldsymbol{s}^{\mathrm{T}}}\right)^{\mathrm{T}}\boldsymbol{E}_{\mathrm{t}}^{-1/2}\boldsymbol{\Pi}^{\perp}\left(\boldsymbol{E}_{\mathrm{t}}^{-1/2}\frac{\partial \boldsymbol{f}(\boldsymbol{u},\boldsymbol{s})}{\partial \boldsymbol{u}^{\mathrm{T}}}\right)\boldsymbol{E}_{\mathrm{t}}^{-1/2}\frac{\partial \boldsymbol{f}(\boldsymbol{u},\boldsymbol{s})}{\partial \boldsymbol{s}^{\mathrm{T}}}\right]^{-1} \tag{3.24}$$

下面给出在仅有校正源观测量的条件下，传感器位置向量 $\boldsymbol{s}$ 的估计均方误差的克拉美罗界矩阵。结合式（3.3）和式（3.20）可得观测模型为

$$\begin{cases}\hat{\boldsymbol{z}}_{\mathrm{d}}=\boldsymbol{f}_{\mathrm{d}}(\boldsymbol{s})+\boldsymbol{\varepsilon}_{\mathrm{d}}\\ \hat{\boldsymbol{s}}=\boldsymbol{s}+\boldsymbol{\varepsilon}_{\mathrm{s}}\end{cases} \tag{3.25}$$

观测模型式（3.25）中的未知参数仅包括 $\boldsymbol{s}$，其估计的克拉美罗界可见如下命题。

【命题 3.6】 基于观测模型式（3.25），未知参数 $\boldsymbol{s}$ 的估计均方误差的克拉美罗界矩阵可以表示为

$$\mathbf{CRB}_{\mathrm{cao}}(\boldsymbol{s})=\left[\boldsymbol{E}_{\mathrm{s}}^{-1}+\left(\frac{\partial \boldsymbol{f}_{\mathrm{d}}(\boldsymbol{s})}{\partial \boldsymbol{s}^{\mathrm{T}}}\right)^{\mathrm{T}}\boldsymbol{E}_{\mathrm{d}}^{-1}\frac{\partial \boldsymbol{f}_{\mathrm{d}}(\boldsymbol{s})}{\partial \boldsymbol{s}^{\mathrm{T}}}\right]^{-1} \tag{3.26}$$

命题 3.6 的证明见文献[58]。

【注记 3.7】 由式（3.26）可知，$\mathbf{CRB}_{\mathrm{cao}}(\boldsymbol{s})\leqslant \boldsymbol{E}_{\mathrm{s}}$，这意味着利用校正源观测量可以提高传感器位置向量 $\boldsymbol{s}$ 的估计精度（相比于其先验观测量 $\hat{\boldsymbol{s}}$ 而言）。

【注记 3.8】 对比式（3.24）和式（3.26）可知，$\mathbf{CRB}_{\mathrm{ca}}(\boldsymbol{s})\leqslant \mathbf{CRB}_{\mathrm{cao}}(\boldsymbol{s})$，这意味着利用辐射源观测量同样有助于提高传感器位置向量 $\boldsymbol{s}$ 的估计精度。

3.2 定位成功概率

本节将给出定位成功概率的定义及其理论计算公式。假设辐射源位置向量 $\boldsymbol{u}$ 的某个无偏估计值为 $\hat{\boldsymbol{u}}_{\mathrm{o}}$，其均方误差矩阵为 $\mathbf{MSE}(\hat{\boldsymbol{u}}_{\mathrm{o}})$，于是有

$$\mathrm{E}[\hat{\boldsymbol{u}}_{\mathrm{o}}]=\boldsymbol{u}\ ,\ \mathbf{MSE}(\hat{\boldsymbol{u}}_{\mathrm{o}})=\mathrm{E}[(\hat{\boldsymbol{u}}_{\mathrm{o}}-\boldsymbol{u})(\hat{\boldsymbol{u}}_{\mathrm{o}}-\boldsymbol{u})^{\mathrm{T}}]=\mathrm{E}[\Delta\boldsymbol{u}_{\mathrm{o}}(\Delta\boldsymbol{u}_{\mathrm{o}})^{\mathrm{T}}] \tag{3.27}$$

式中，$\Delta\boldsymbol{u}_{\mathrm{o}}=\hat{\boldsymbol{u}}_{\mathrm{o}}-\boldsymbol{u}$ 表示估计误差，假设其服从高斯分布，并且其均值为零，协方差矩阵为 $\mathbf{MSE}(\hat{\boldsymbol{u}}_{\mathrm{o}})$。

下面给出两类定位成功概率的定义，并且分别推导它们的理论表达式。

【定义 3.1】 若定位误差满足 $\max\limits_{1\leqslant k\leqslant n}\{|<\Delta\boldsymbol{u}_{\mathrm{o}}>_k|\}\leqslant\delta$（其中 n 表示误差向量 $\Delta\boldsymbol{u}_{\mathrm{o}}$ 的维数），则认为是第 1 类定位成功。

由于误差向量 $\Delta\boldsymbol{u}_{\mathrm{o}}$ 的概率密度函数为

$$p_{\Delta\boldsymbol{u}_{\mathrm{o}}}(\boldsymbol{\xi})=\frac{1}{(2\pi)^{n/2}(\det[\mathbf{MSE}(\hat{\boldsymbol{u}}_{\mathrm{o}})])^{1/2}}\exp\left\{-\frac{1}{2}\boldsymbol{\xi}^{\mathrm{T}}[\mathbf{MSE}(\hat{\boldsymbol{u}}_{\mathrm{o}})]^{-1}\boldsymbol{\xi}\right\} \tag{3.28}$$

于是第 1 类定位成功概率的计算公式为

$$\begin{aligned}&\Pr\{\max_{1\leqslant k\leqslant n}\{|<\Delta\boldsymbol{u}_{\mathrm{o}}>_k|\}\leqslant\delta\}\\&=\int_{-\delta}^{\delta}\int_{-\delta}^{\delta}\cdots\int_{-\delta}^{\delta}\frac{1}{(2\pi)^{n/2}(\det[\mathbf{MSE}(\hat{\boldsymbol{u}}_{\mathrm{o}})])^{1/2}}\exp\left\{-\frac{1}{2}\boldsymbol{\xi}^{\mathrm{T}}[\mathbf{MSE}(\hat{\boldsymbol{u}}_{\mathrm{o}})]^{-1}\boldsymbol{\xi}\right\}\mathrm{d}\xi_1\mathrm{d}\xi_2\cdots\mathrm{d}\xi_n\end{aligned}\tag{3.29}$$

显然，式（3.29）是正方体上的高维积分，可以通过数值运算获得其数值解。

【定义 3.2】 若定位误差满足 $\sqrt{\frac{1}{n}\sum_{k=1}^{n}(<\Delta\boldsymbol{u}_{\mathrm{o}}>_k)^2}\leqslant\delta$，则认为是第 2 类定位成功。

第 2 类定位成功所满足的条件等价为 $\|\Delta\boldsymbol{u}_{\mathrm{o}}\|_2^2\leqslant n\delta^2$，于是第 2 类定位成功概率可以表示为 $\Pr\{\|\Delta\boldsymbol{u}_{\mathrm{o}}\|_2^2\leqslant n\delta^2\}$。利用文献[59]中的结论可以得到如下关系式：

$$\Pr\{\|\Delta\boldsymbol{u}_{\mathrm{o}}\|_2^2\leqslant n\delta^2\}=\frac{1}{2}-\frac{1}{\pi}\int_0^{+\infty}\frac{1}{t}\mathrm{Im}\{\exp(-\mathrm{j}n\delta^2t)\phi_{\|\Delta\boldsymbol{u}_{\mathrm{o}}\|_2^2}(t)\}\mathrm{d}t\tag{3.30}$$

式中，j 表示虚数单位，满足 $\mathrm{j}^2=-1$；$\phi_{\|\Delta\boldsymbol{u}_{\mathrm{o}}\|_2^2}(t)$ 表示随机变量 $\|\Delta\boldsymbol{u}_{\mathrm{o}}\|_2^2$ 的特征函数。下面需要确定函数 $\phi_{\|\Delta\boldsymbol{u}_{\mathrm{o}}\|_2^2}(t)$ 的表达式，具体可见如下命题。

【命题 3.7】 若均方误差矩阵 $\mathbf{MSE}(\hat{\boldsymbol{u}}_{\mathrm{o}})$ 的 n 个特征值为 $\gamma_1,\gamma_2,\cdots,\gamma_n$，则随机变量 $\|\Delta\boldsymbol{u}_{\mathrm{o}}\|_2^2$ 的特征函数可以表示为

$$\phi_{\|\Delta\boldsymbol{u}_{\mathrm{o}}\|_2^2}(t)=\prod_{k=1}^{n}\frac{1}{(1-2\mathrm{j}\gamma_k t)^{1/2}}=\prod_{k=1}^{n}\frac{1}{(1+4\gamma_k^2t^2)^{1/4}}\exp\left\{\mathrm{j}\frac{1}{2}\arctan(2\gamma_k t)\right\}\tag{3.31}$$

【证明】 令随机向量 $\boldsymbol{e}$ 服从均值为零、协方差矩阵为 $\boldsymbol{I}_n$ 的高斯分布，则有

$$\Delta\boldsymbol{u}_{\mathrm{o}}\overset{\mathrm{d}}{=}[\mathbf{MSE}(\hat{\boldsymbol{u}}_{\mathrm{o}})]^{1/2}\boldsymbol{e}\Rightarrow\|\Delta\boldsymbol{u}_{\mathrm{o}}\|_2^2\overset{\mathrm{d}}{=}\boldsymbol{e}^{\mathrm{T}}\mathbf{MSE}(\hat{\boldsymbol{u}}_{\mathrm{o}})\boldsymbol{e}\tag{3.32}$$

式中，$\overset{\mathrm{d}}{=}$ 表示两边的随机变量服从相同的概率分布。对矩阵 $\mathbf{MSE}(\hat{\boldsymbol{u}}_{\mathrm{o}})$ 进行特征值分解可得

$$\mathbf{MSE}(\hat{\boldsymbol{u}}_{\mathrm{o}})=\sum_{k=1}^{n}\gamma_k\boldsymbol{\alpha}_k\boldsymbol{\alpha}_k^{\mathrm{T}}\tag{3.33}$$

式中，$\boldsymbol{\alpha}_1,\boldsymbol{\alpha}_2,\cdots,\boldsymbol{\alpha}_n$ 表示对应于特征值 $\gamma_1,\gamma_2,\cdots,\gamma_n$ 的单位特征向量。将式（3.33）代入式（3.32）中可得

$$\|\Delta\boldsymbol{u}_{\mathrm{o}}\|_2^2\overset{\mathrm{d}}{=}\sum_{k=1}^{n}\gamma_k\boldsymbol{e}^{\mathrm{T}}\boldsymbol{\alpha}_k\boldsymbol{\alpha}_k^{\mathrm{T}}\boldsymbol{e}=\sum_{k=1}^{n}\gamma_k(\boldsymbol{e}^{\mathrm{T}}\boldsymbol{\alpha}_k)^2=\sum_{k=1}^{n}\gamma_k\kappa_k\tag{3.34}$$

式中，$\kappa_k=(\boldsymbol{e}^{\mathrm{T}}\boldsymbol{\alpha}_k)^2\ (1\leqslant k\leqslant n)$。由于 $\boldsymbol{e}^{\mathrm{T}}\boldsymbol{\alpha}_k$ 是服从均值为零、方差为 1 的高斯随机变量，于是随机变量 κ_k 的特征函数为 $\phi_{\kappa_k}(t)=(1-2\mathrm{j}t)^{-1/2}$，而随机变量 $\gamma_k\kappa_k$

的特征函数为$\phi_{\gamma_k\kappa_k}(t)=(1-2\mathrm{j}\gamma_k t)^{-1/2}$。另一方面，利用对称矩阵特征向量之间的正交性可知，$\boldsymbol{e}^{\mathrm{T}}\boldsymbol{\alpha}_{k_1}$与$\boldsymbol{e}^{\mathrm{T}}\boldsymbol{\alpha}_{k_2}$（$k_1\neq k_2$）之间相互统计独立，于是$\gamma_{k_1}\kappa_{k_1}$与$\gamma_{k_2}\kappa_{k_2}$（$k_1\neq k_2$）之间也相互统计独立，由此可得

$$\begin{aligned}\phi_{\|\Delta\boldsymbol{u}_{\mathrm{o}}\|_2^2}(t)&=\prod_{k=1}^{n}\frac{1}{(1-2\mathrm{j}\gamma_k t)^{1/2}}=\prod_{k=1}^{n}\frac{(1+2\mathrm{j}\gamma_k t)^{1/2}}{(1+4\gamma_k^2t^2)^{1/2}}\\&=\prod_{k=1}^{n}\frac{1}{(1+4\gamma_k^2t^2)^{1/4}}\exp\left\{\mathrm{j}\frac{1}{2}\arctan(2\gamma_k t)\right\}\end{aligned}\tag{3.35}$$

证毕。

将式（3.31）代入式（3.30）中可得

$$\Pr\{\|\Delta\boldsymbol{u}_{\mathrm{o}}\|_2^2\leqslant n\delta^2\}=\frac{1}{2}-\frac{1}{\pi}\int_0^{+\infty}\frac{1}{t}\frac{\sin(g_1(t))}{g_2(t)}\mathrm{d}t\tag{3.36}$$

式中

$$g_1(t)=\frac{1}{2}\sum_{k=1}^{n}\arctan(2\gamma_k t)-n\delta^2 t\ ,\ g_2(t)=\prod_{k=1}^{n}(1+4\gamma_k^2t^2)^{1/4}\tag{3.37}$$

由式（3.36）可知，第2类定位成功概率可以通过一维数值积分来获得，并且其积分区间为$[0,+\infty)$，为此需要分析被积分函数在$t\to0$和$t\to+\infty$时的取值。首先根据洛必达法则可得

$$\lim_{t\to0}\frac{1}{t}\frac{\sin(g_1(t))}{g_2(t)}=\lim_{t\to0}\frac{\cos(g_1(t))\dot{g}_1(t)}{g_2(t)+t\dot{g}_2(t)}=\dot{g}_1(0)=\sum_{k=1}^{n}\gamma_k-n\delta^2\tag{3.38}$$

并且不难验证

$$\lim_{t\to+\infty}\frac{1}{t}\frac{\sin(g_1(t))}{g_2(t)}=0\tag{3.39}$$

由于当$t\to+\infty$时被积分函数趋于零，因此式（3.36）中的积分上限可以选取一个充分大的正数来逼近。

【注记3.9】不难证明，第1类定位成功概率总是小于第2类定位成功概率，这是因为第1类定位成功概率是在正方体内进行积分的，而第2类定位成功概率是在该正方体的外接球内进行积分的，显然第2类积分区域要大于第1类积分区域。

【注记3.10】根据定义3.1和定义3.2可知，两类定位成功概率均随着δ的增加而增加，当$\delta\to+\infty$时，无论采用何种定位方法，两类定位成功概率都将趋于1；当$\delta\to0$时，无论采用何种定位方法，两类定位成功概率都将趋于0。因此，参数δ应根据具体的定位场景和需求来选取。

3.3　定位误差椭圆

本节将介绍定位误差椭圆的相关概念。假设辐射源位置向量 $\boldsymbol{u}$ 的某个无偏估计值为 $\hat{\boldsymbol{u}}_\text{o}$，服从高斯分布，并且均方误差矩阵为 $\mathbf{MSE}(\hat{\boldsymbol{u}}_\text{o})$，则估计向量 $\hat{\boldsymbol{u}}_\text{o}$ 的概率密度函数为

$$p_{\hat{\boldsymbol{u}}_\text{o}}(\boldsymbol{\xi})=\frac{1}{(2\pi)^{n/2}(\det[\mathbf{MSE}(\hat{\boldsymbol{u}}_\text{o})])^{1/2}}\exp\left\{-\frac{1}{2}(\boldsymbol{\xi}-\boldsymbol{u})^\text{T}\left[\mathbf{MSE}(\hat{\boldsymbol{u}}_\text{o})\right]^{-1}(\boldsymbol{\xi}-\boldsymbol{u})\right\} \tag{3.40}$$

该概率密度函数的等值曲线可以表示为

$$(\boldsymbol{\xi}-\boldsymbol{u})^\text{T}\left[\mathbf{MSE}(\hat{\boldsymbol{u}}_\text{o})\right]^{-1}(\boldsymbol{\xi}-\boldsymbol{u})=C \tag{3.41}$$

式中，C 为任意正常数，由它可以确定曲线表面所包围的 n 维区域大小。当 $n=2$ 时，其表面为椭圆；当 $n=3$ 时，其表面为椭圆体；当 $n>3$ 时，其表面为超椭圆体。需要指出的是，若 $\mathbf{MSE}(\hat{\boldsymbol{u}}_\text{o})$ 不为对角矩阵，则超椭圆体的主轴就不会与坐标轴平行。

估计向量 $\hat{\boldsymbol{u}}_\text{o}$ 位于式（3.41）定义的超椭圆体内部的概率为

$$P_C=\iint\limits_{\boldsymbol{\Omega}}\cdots\int p_{\hat{\boldsymbol{u}}_\text{o}}(\boldsymbol{\xi})\text{d}\xi_1\text{d}\xi_2\cdots\text{d}\xi_n \tag{3.42}$$

式中，积分区域 $\boldsymbol{\Omega}$ 为

$$\boldsymbol{\Omega}=\{\boldsymbol{\xi}\,|\,(\boldsymbol{\xi}-\boldsymbol{u})^\text{T}\left[\mathbf{MSE}(\hat{\boldsymbol{u}}_\text{o})\right]^{-1}(\boldsymbol{\xi}-\boldsymbol{u})\leqslant C\} \tag{3.43}$$

下面将式（3.42）中的多重积分转化为单重积分。

首先引入变量 $\boldsymbol{\eta}=\boldsymbol{\xi}-\boldsymbol{u}$，此时可以将式（3.42）转化为

$$P_C=\beta\iint\limits_{\boldsymbol{\Omega}_1}\cdots\int\exp\left\{-\frac{1}{2}\boldsymbol{\eta}^\text{T}\left[\mathbf{MSE}(\hat{\boldsymbol{u}}_\text{o})\right]^{-1}\boldsymbol{\eta}\right\}\text{d}\eta_1\text{d}\eta_2\cdots\text{d}\eta_n \tag{3.44}$$

式中，$\beta=\dfrac{1}{(2\pi)^{n/2}(\det[\mathbf{MSE}(\hat{\boldsymbol{u}}_\text{o})])^{1/2}}$，其中的积分区域 $\boldsymbol{\Omega}_1$ 为

$$\boldsymbol{\Omega}_1=\{\boldsymbol{\eta}\,|\,\boldsymbol{\eta}^\text{T}\left[\mathbf{MSE}(\hat{\boldsymbol{u}}_\text{o})\right]^{-1}\boldsymbol{\eta}\leqslant C\} \tag{3.45}$$

下面简化式（3.44），通过旋转坐标轴以使其与超椭圆体主轴平行。由于 $\left[\mathbf{MSE}(\hat{\boldsymbol{u}}_\text{o})\right]^{-1}$ 是对称正定矩阵，则一定存在正交矩阵 $\boldsymbol{H}$ 满足

$$\boldsymbol{H}^\text{T}\left[\mathbf{MSE}(\hat{\boldsymbol{u}}_\text{o})\right]^{-1}\boldsymbol{H}=\text{diag}\left[\frac{1}{\gamma_1}\ \frac{1}{\gamma_2}\ \cdots\ \frac{1}{\gamma_n}\right]=\boldsymbol{\Sigma}^{-1}\Leftrightarrow\left[\mathbf{MSE}(\hat{\boldsymbol{u}}_\text{o})\right]^{-1}=\boldsymbol{H}\boldsymbol{\Sigma}^{-1}\boldsymbol{H}^\text{T} \tag{3.46}$$

式中，$\gamma_1, \gamma_2, \cdots, \gamma_n$ 表示矩阵 $\mathbf{MSE}(\hat{\boldsymbol{u}}_{\mathrm{o}})$ 的 n 个特征值。若令 $\boldsymbol{\mu} = \boldsymbol{H}^{\mathrm{T}}\boldsymbol{\eta}$，则可以将式（3.44）转化为

$$\begin{aligned} P_C &= \beta \underset{\boldsymbol{\Omega}_2}{\iint\cdots\int} \exp\left\{-\frac{1}{2}\boldsymbol{\mu}^{\mathrm{T}}\boldsymbol{\Sigma}^{-1}\boldsymbol{\mu}\right\}\mathrm{d}\mu_1\mathrm{d}\mu_2\cdots\mathrm{d}\mu_n \\ &= \beta \underset{\boldsymbol{\Omega}_2}{\iint\cdots\int} \exp\left\{-\frac{1}{2}\sum_{k=1}^{n}\frac{\mu_k^2}{\gamma_k}\right\}\mathrm{d}\mu_1\mathrm{d}\mu_2\cdots\mathrm{d}\mu_n \end{aligned} \tag{3.47}$$

式中

$$\boldsymbol{\Omega}_2 = \left\{\boldsymbol{\mu} \,\middle|\, \sum_{k=1}^{n}\frac{\mu_k^2}{\gamma_k} \leqslant C\right\} \tag{3.48}$$

若再令 $\boldsymbol{\rho} = \boldsymbol{\Sigma}^{-1/2}\boldsymbol{\mu}$，则还可以将式（3.47）进一步简化为

$$\begin{aligned} P_C &= \beta(\det[\boldsymbol{\Sigma}])^{1/2} \underset{\boldsymbol{\Omega}_3}{\iint\cdots\int} \exp\left\{-\frac{1}{2}\sum_{k=1}^{n}\rho_k^2\right\}\mathrm{d}\rho_1\mathrm{d}\rho_2\cdots\mathrm{d}\rho_n \\ &= \frac{1}{(2\pi)^{n/2}} \underset{\boldsymbol{\Omega}_3}{\iint\cdots\int} \exp\left\{-\frac{1}{2}\sum_{k=1}^{n}\rho_k^2\right\}\mathrm{d}\rho_1\mathrm{d}\rho_2\cdots\mathrm{d}\rho_n \end{aligned} \tag{3.49}$$

式中

$$\boldsymbol{\Omega}_3 = \left\{\boldsymbol{\rho} \,\middle|\, \sum_{k=1}^{n}\rho_k^2 \leqslant C\right\} \tag{3.50}$$

式（3.49）中第 2 个等号处的运算利用了等式 $\det[\mathbf{MSE}(\hat{\boldsymbol{u}}_{\mathrm{o}})] = \det[\boldsymbol{\Sigma}]$。根据文献[60]可知，对于半径为 r 的超球体 $\mathbf{S}_n = \left\{\boldsymbol{\rho} \,\middle|\, \sqrt{\sum_{k=1}^{n}\rho_k^2} \leqslant r\right\}$，其体积为

$$V_n(r) = \frac{\pi^{n/2}r^n}{\Gamma(n/2+1)} \tag{3.51}$$

式中，$\Gamma(\cdot)$ 为伽马函数。由式（3.51）可知，超球体的体积微分与半径微分之间满足

$$\mathrm{d}V_n(r) = \frac{n\pi^{n/2}r^{n-1}}{\Gamma(n/2+1)}\mathrm{d}r \tag{3.52}$$

于是可以将式（3.49）最终简化为

$$P_C = \frac{n}{2^{n/2}\Gamma(n/2+1)}\int_0^{\sqrt{C}} r^{n-1}\exp\left\{-\frac{1}{2}r^2\right\}\mathrm{d}r \tag{3.53}$$

不难证明，当 $n = 1,2,3$ 时，式（3.53）中的积分式可以分别表示为如下更为简化的形式：

$$\begin{cases} P_C = \mathrm{erf}\left(\sqrt{\frac{1}{2}C}\right) & (n=1) \\ P_C = 1-\exp\left\{-\frac{1}{2}C\right\} & (n=2) \\ P_C = \mathrm{erf}\left(\sqrt{\frac{1}{2}C}\right)-\sqrt{\frac{2C}{\pi}}\exp\left\{-\frac{1}{2}C\right\} & (n=3) \end{cases} \tag{3.54}$$

式中，$\mathrm{erf}(\cdot)$ 表示误差函数，其表达式为 $\mathrm{erf}(x)=\frac{2}{\sqrt{\pi}}\int_0^x \exp\{-t^2\}\mathrm{d}t$ 。

【注记 3.11】 概率 P_C 随着参数 C 的增大而单调递增，如图 3.1 所示。

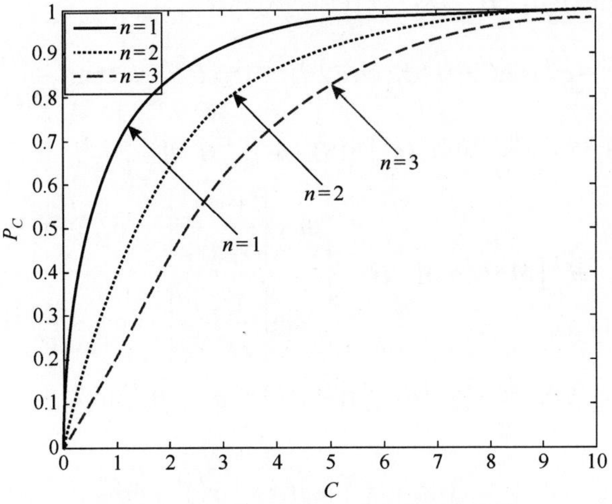

图 3.1　概率 P_C 随着参数 C 的变化曲线

定位误差椭圆面积能够体现出定位精度的高低。下面将参数 C 固定为 C_0，将概率 P_C 固定为 P_{C_0}，然后以 $n=2$ 为例，推导定位误差椭圆 $\mathbf{T}=\{\boldsymbol{\eta}\,|\,\boldsymbol{\eta}^{\mathrm{T}}[\mathbf{MSE}(\hat{\boldsymbol{u}}_{\mathrm{o}})]^{-1}\boldsymbol{\eta}\leqslant C_0\}$ 的面积。对于固定概率 P_{C_0} 而言，定位误差椭圆面积越小，定位精度越高。

首先将二维均方误差矩阵 $\mathbf{MSE}(\hat{\boldsymbol{u}}_{\mathrm{o}})$ 表示为

$$\mathbf{MSE}(\hat{\boldsymbol{u}}_{\mathrm{o}})=\begin{bmatrix}\sigma_1^2 & \sigma_{12} \\ \sigma_{12} & \sigma_2^2\end{bmatrix} \Leftrightarrow [\mathbf{MSE}(\hat{\boldsymbol{u}}_{\mathrm{o}})]^{-1}=\frac{1}{\sigma_1^2\sigma_2^2-\sigma_{12}^2}\begin{bmatrix}\sigma_2^2 & -\sigma_{12} \\ -\sigma_{12} & \sigma_1^2\end{bmatrix} \tag{3.55}$$

为了推导椭圆 $\mathbf{T}$ 的面积，需要进行坐标轴旋转，以使得坐标轴方向与椭圆主轴方向一致。针对二维坐标系，其旋转矩阵可以表示为

$$\boldsymbol{H}=\begin{bmatrix}\cos(\theta) & -\sin(\theta) \\ \sin(\theta) & \cos(\theta)\end{bmatrix} \tag{3.56}$$

式中，旋转角度θ的选取应能使$\boldsymbol{H}^{\mathrm{T}}\left[\mathbf{MSE}(\hat{\boldsymbol{u}}_{\mathrm{o}})\right]^{-1}\boldsymbol{H}$为对角矩阵。结合式（3.55）和式（3.56）可得

$$\begin{aligned}&\boldsymbol{H}^{\mathrm{T}}\left[\mathbf{MSE}(\hat{\boldsymbol{u}}_{\mathrm{o}})\right]^{-1}\boldsymbol{H}\\&=\frac{1}{\sigma_1^2\sigma_2^2-\sigma_{12}^2}\begin{bmatrix}\cos(\theta) & \sin(\theta)\\ -\sin(\theta) & \cos(\theta)\end{bmatrix}\begin{bmatrix}\sigma_2^2 & -\sigma_{12}\\ -\sigma_{12} & \sigma_1^2\end{bmatrix}\begin{bmatrix}\cos(\theta) & -\sin(\theta)\\ \sin(\theta) & \cos(\theta)\end{bmatrix}\\&=\frac{1}{\sigma_1^2\sigma_2^2-\sigma_{12}^2}\left[\begin{array}{c:c}(\sigma_1\sin(\theta))^2+(\sigma_2\cos(\theta))^2-\sigma_{12}\sin(2\theta) & \frac{1}{2}(\sigma_1^2-\sigma_2^2)\sin(2\theta)-\sigma_{12}\cos(2\theta)\\ \hdashline \frac{1}{2}(\sigma_1^2-\sigma_2^2)\sin(2\theta)-\sigma_{12}\cos(2\theta) & (\sigma_1\cos(\theta))^2+(\sigma_2\sin(\theta))^2+\sigma_{12}\sin(2\theta)\end{array}\right]\end{aligned} \tag{3.57}$$

为了使$\boldsymbol{H}^{\mathrm{T}}\left[\mathbf{MSE}(\hat{\boldsymbol{u}}_{\mathrm{o}})\right]^{-1}\boldsymbol{H}$为对角矩阵，需要满足

$$\frac{1}{2}(\sigma_1^2-\sigma_2^2)\sin(2\theta)-\sigma_{12}\cos(2\theta)=0\Rightarrow\theta=\frac{1}{2}\arctan\left(\frac{2\sigma_{12}}{\sigma_1^2-\sigma_2^2}\right) \tag{3.58}$$

当θ满足式（3.58）时，矩阵$\boldsymbol{H}^{\mathrm{T}}\left[\mathbf{MSE}(\hat{\boldsymbol{u}}_{\mathrm{o}})\right]^{-1}\boldsymbol{H}$可以写为

$$\boldsymbol{H}^{\mathrm{T}}\left[\mathbf{MSE}(\hat{\boldsymbol{u}}_{\mathrm{o}})\right]^{-1}\boldsymbol{H}=\begin{cases}\mathrm{diag}\left[\dfrac{1}{\gamma_1}\ \ \dfrac{1}{\gamma_2}\right] & (\sigma_1^2\geqslant\sigma_2^2)\\ \mathrm{diag}\left[\dfrac{1}{\gamma_2}\ \ \dfrac{1}{\gamma_1}\right] & (\sigma_2^2\geqslant\sigma_1^2)\end{cases} \tag{3.59}$$

式中，γ_1和γ_2表示矩阵$\mathbf{MSE}(\hat{\boldsymbol{u}}_{\mathrm{o}})$的两个特征值，并且满足$\gamma_1\geqslant\gamma_2$，它们的表达式分别为

$$\begin{cases}\gamma_1=\dfrac{(\sigma_1^2+\sigma_2^2)+\sqrt{(\sigma_1^2-\sigma_2^2)^2+4\sigma_{12}^2}}{2}\\ \gamma_2=\dfrac{(\sigma_1^2+\sigma_2^2)-\sqrt{(\sigma_1^2-\sigma_2^2)^2+4\sigma_{12}^2}}{2}\end{cases} \tag{3.60}$$

若令$\boldsymbol{\mu}=\boldsymbol{H}^{\mathrm{T}}\boldsymbol{\eta}$，则旧坐标系中由$\boldsymbol{\eta}^{\mathrm{T}}\left[\mathbf{MSE}(\hat{\boldsymbol{u}}_{\mathrm{o}})\right]^{-1}\boldsymbol{\eta}$定义的椭圆在新坐标系中将由$\mu_1^2/\gamma_1+\mu_2^2/\gamma_2\leqslant C_0$或$\mu_1^2/\gamma_2+\mu_2^2/\gamma_1\leqslant C_0$来描述，该椭圆的主轴和副轴的长度分别为$2\sqrt{C_0\gamma_1}$和$2\sqrt{C_0\gamma_2}$，于是椭圆$\mathbf{T}$的面积为

$$S=\pi\sqrt{C_0\gamma_1}\sqrt{C_0\gamma_2}=\pi C_0\sqrt{\gamma_1\gamma_2}=\pi C_0\sqrt{\det\left[\mathbf{MSE}(\hat{\boldsymbol{u}}_{\mathrm{o}})\right]}=-2\pi\ln(1-P_{C_0})\sqrt{\sigma_1^2\sigma_2^2-\sigma_{12}^2} \tag{3.61}$$

式中，第4个等号处的运算利用了关系式$C_0=-2\ln(1-P_{C_0})$。

需要指出的是，定位误差椭圆面积和形状不仅与定位观测量的精度有关，还与辐射源与传感器之间的相对位置有关。图3.2给出了在5站时差定位场景

下，辐射源处于不同位置时的定位结果散布图，其中给出了 2000 次蒙特卡洛独立实验的结果，定位方法采用文献[58]中的泰勒级数迭代法，距离差（可等价为时间差）观测误差的协方差矩阵设为 $\boldsymbol{E}_\mathrm{t}=(\boldsymbol{I}_4+\boldsymbol{I}_{4\times4})/2$。从图中不难看出，定位结果散布图呈椭圆形分布，并且定位误差椭圆面积和形状与辐射源位置有关，椭圆面积越小，定位精度越高。图 3.3 给出了时差定位误差椭圆面积随着概率 P_C 的变化曲线，其中选取了 4 个不同的位置坐标。从图中可以看出，定位误差椭圆面积随着概率 P_C 的增加而增大。图 3.4 和图 3.5 分别将辐射源坐标（220m, 90m）和（10m, 30m）对应的定位结果散布图进行了显示放大，图中还给出了 3 个概率值（分别为 0.5、0.7 及 0.9）对应的定位误差椭圆曲线。

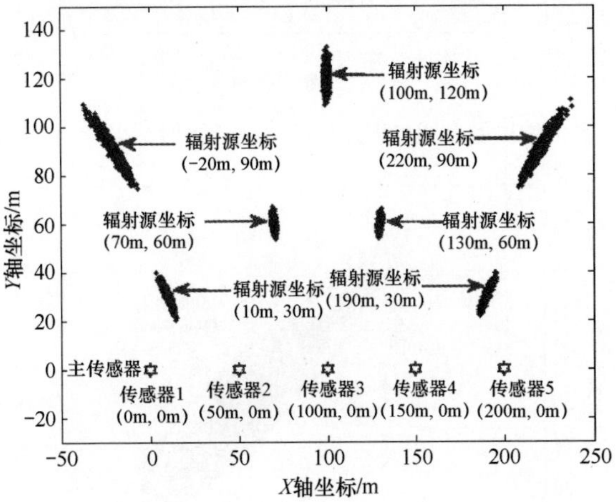

图 3.2　传感器位置分布与时差定位结果散布图

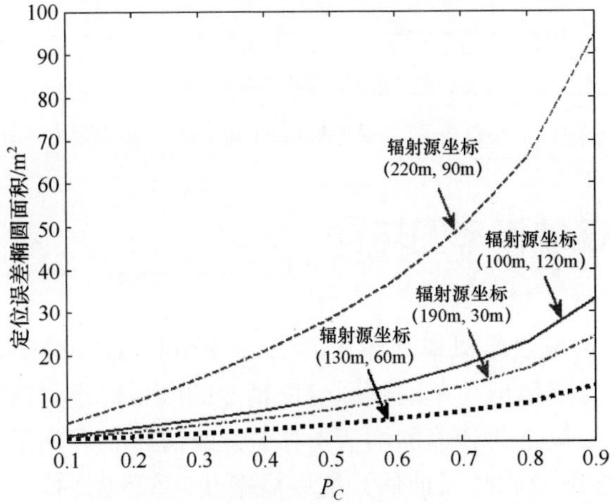

图 3.3　时差定位误差椭圆面积随着概率 P_C 的变化曲线

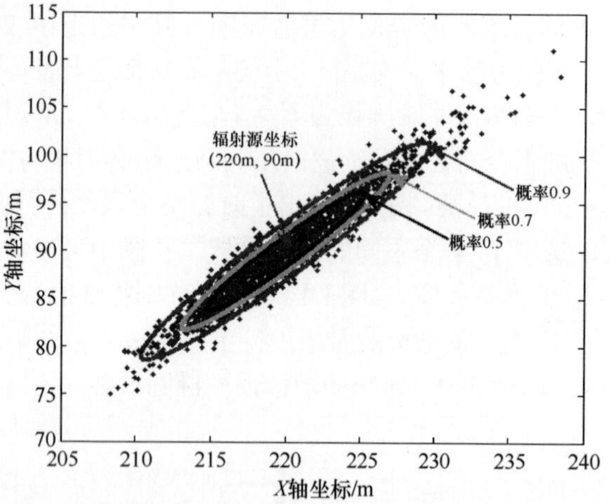

图 3.4　时差定位结果散布图与误差椭圆曲线（辐射源坐标为（220m, 90m））

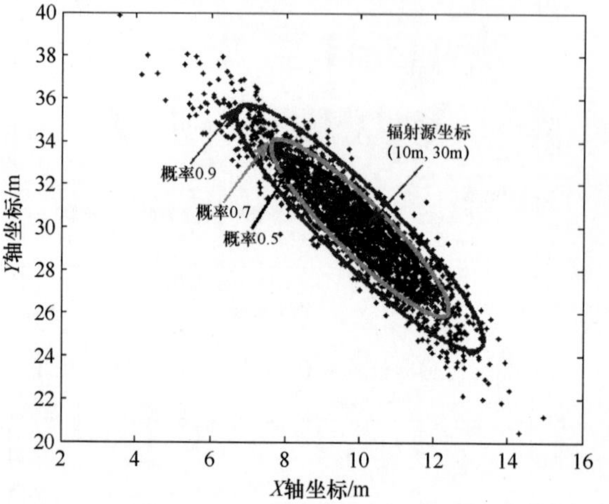

图 3.5　时差定位结果散布图与误差椭圆曲线（辐射源坐标为（10m, 30m））

3.4　定位误差概率圆环

本节将介绍定位误差概率圆环（Circular Error Probable，CEP）的基本概念，这是一种相对粗糙但简单的刻画定位精度的度量标准。误差概率圆环定义了一个圆，其圆心位于估计值的均值（对于无偏估计而言就是辐射源的真实位置），圆半径的选取原则是保证估计值以概率 0.5 落入圆内。

为了简化数学分析，下面以 $n=2$ 为例进行讨论。根据上述定义可知，若

将误差概率圆环半径（CEP 半径）记为 r_{CEP}，则有

$$\frac{1}{2}=\iint\limits_{\boldsymbol{\Gamma}} p_{\hat{\boldsymbol{u}}_{\text{o}}}(\boldsymbol{\xi})\text{d}\xi_1\text{d}\xi_2 \tag{3.62}$$

式中

$$\boldsymbol{\Gamma}=\{\boldsymbol{\xi}\,|\,\|\boldsymbol{\xi}-\boldsymbol{u}\|_2\leqslant r_{\text{CEP}}\} \tag{3.63}$$

下面将基于式（3.62）推导半径 r_{CEP} 的表达式。

首先类似于式（3.47）可知

$$\frac{1}{2}=\frac{1}{2\pi\sqrt{\gamma_1\gamma_2}}\iint\limits_{\mathbf{C}_1}\exp\left\{-\frac{1}{2}\sum_{k=1}^{2}\frac{\xi_k^2}{\gamma_k}\right\}\text{d}\xi_1\text{d}\xi_2 \tag{3.64}$$

式中

$$\mathbf{C}_1=\{\boldsymbol{\xi}\,|\,\|\boldsymbol{\xi}\|_2\leqslant r_{\text{CEP}}\} \tag{3.65}$$

利用变量替换 $\xi_1=r\cos(\theta)$ 和 $\xi_2=r\sin(\theta)$ 可以将式（3.64）转化为

$$\pi\sqrt{\gamma_1\gamma_2}=\int_0^{2\pi}\int_0^{r_{\text{CEP}}} r\exp\left\{-\frac{r^2}{2}\left[\frac{(\cos(\theta))^2}{\gamma_1}+\frac{(\sin(\theta))^2}{\gamma_2}\right]\right\}\text{d}r\text{d}\theta \tag{3.66}$$

为了简化式（3.66），需要引入第 1 类零阶修正贝塞尔函数

$$I_0(x)=\frac{1}{2\pi}\int_0^{2\pi}\exp\{x\cos(\theta)\}\text{d}\theta \tag{3.67}$$

式中的积分具有周期性，对于任意正整数 k 都满足

$$I_0(x)=\frac{1}{2\pi}\int_{2k\pi}^{2(k+1)\pi}\exp\{x\cos(\theta)\}\text{d}\theta \tag{3.68}$$

由式（3.68）可以推得

$$mI_0(x)=\frac{1}{2\pi}\int_0^{2m\pi}\exp\{x\cos(\theta)\}\text{d}\theta\quad(m=1,2,3\cdots) \tag{3.69}$$

若令 $\theta=m\varphi$，并进行坐标变换可得

$$I_0(x)=\frac{1}{2\pi}\int_0^{2\pi}\exp\{x\cos(m\varphi)\}\text{d}\varphi\quad(m=1,2,3\cdots) \tag{3.70}$$

利用三角恒等式可得

$$\frac{(\cos(\theta))^2}{\gamma_1}+\frac{(\sin(\theta))^2}{\gamma_2}=\frac{1}{2\gamma_1}+\frac{1}{2\gamma_2}+\left(\frac{1}{2\gamma_1}-\frac{1}{2\gamma_2}\right)\cos(2\theta) \tag{3.71}$$

将式（3.71）代入式（3.66）中可得

$$\frac{\sqrt{\gamma_1\gamma_2}}{2}=\int_0^{r_{\text{CEP}}} r\exp\left\{-\left(\frac{1}{4\gamma_1}+\frac{1}{4\gamma_2}\right)r^2\right\}I_0\left[\left(\frac{1}{4\gamma_2}-\frac{1}{4\gamma_1}\right)r^2\right]\text{d}r \tag{3.72}$$

通过坐标变换可以最终得到等式

$$\frac{1+\tau^2}{4\tau^2}=\int_0^{\frac{(1+\tau^2)r_{\mathrm{CEP}}^2}{4\gamma_2}}\exp\{-x\}I_0\left(\frac{1-\tau^2}{1+\tau^2}x\right)\mathrm{d}x \tag{3.73}$$

式中，$\tau^2=\gamma_2/\gamma_1$。

从式（3.73）中不难看出，半径 r_{CEP} 的表达式应为 $r_{\mathrm{CEP}}=\sqrt{\gamma_2}w(\tau)$，其中 $w(\cdot)$ 是某个确定但未知的函数。如果式（3.55）中的 $\sigma_{12}=0$ 及 $\sigma_1=\sigma_2=\sigma$，则有 $\gamma_1=\gamma_2=\sigma^2$，此时由式（3.73）可以解得 $r_{\mathrm{CEP}}=1.177\sigma$。然而，绝大多数情况下 $\gamma_1\neq\gamma_2$，此时需要利用数值积分获得 r_{CEP} 的数值解。值得一提的是，文献[60]中给出了计算 r_{CEP} 的简单公式，如下式所示：

$$r_{\mathrm{CEP}}\approx 0.563\sqrt{\gamma_1}+0.614\sqrt{\gamma_2} \tag{3.74}$$

式（3.74）的误差取决于 τ 的数值。

另一方面，利用式(3.30)还可以获得另一种计算 r_{CEP} 的方法。根据式(3.30)和式（3.36）可知

$$\begin{aligned}\frac{1}{2}&=\Pr\{\|\Delta\boldsymbol{u}_{\mathrm{o}}\|_2^2\leqslant r_{\mathrm{CEP}}^2\}=\frac{1}{2}-\frac{1}{\pi}\int_0^{+\infty}\frac{1}{t}\mathrm{Im}\{\exp(-\mathrm{j}r_{\mathrm{CEP}}^2t)\phi_{\|\Delta\boldsymbol{u}_{\mathrm{o}}\|_2^2}(t)\}\mathrm{d}t\\&=\frac{1}{2}-\frac{1}{\pi}\int_0^{+\infty}\frac{1}{t}\frac{\sin(q_1(t))}{q_2(t)}\mathrm{d}t\end{aligned} \tag{3.75}$$

式中

$$q_1(t)=\frac{1}{2}\sum_{k=1}^{2}\arctan(2\gamma_kt)-r_{\mathrm{CEP}}^2t\ ,\ q_2(t)=\prod_{k=1}^{2}(1+4\gamma_k^2t^2)^{1/4} \tag{3.76}$$

将式（3.76）代入式（3.75）中可得

$$\int_0^{+\infty}\frac{1}{t}\frac{\sin\left[\frac{1}{2}\sum_{k=1}^{2}\arctan(2\gamma_kt)-r_{\mathrm{CEP}}^2t\right]}{\prod_{k=1}^{2}(1+4\gamma_k^2t^2)^{1/4}}\mathrm{d}t=0 \tag{3.77}$$

由式（3.77）可知，半径 r_{CEP} 可以看作一维优化问题

$$\min_{x}\left(\int_0^{+\infty}\frac{1}{t}\frac{\sin\left[\frac{1}{2}\sum_{k=1}^{2}\arctan(2\gamma_kt)-x^2t\right]}{\prod_{k=1}^{2}(1+4\gamma_k^2t^2)^{1/4}}\mathrm{d}t\right)^2 \tag{3.78}$$

的最优解。通过优化求解式（3.78）即可获得半径 r_{CEP} 的数值解。

基于图 3.2 描述的定位场景，图 3.6 和图 3.7 分别给出了辐射源坐标（220m, 90m）和（10m, 30m）对应的误差概率圆环曲线，图中的两个圆环半径分别是

基于式（3.74）和式（3.78）计算所得的。从图中不难看出，两种方法计算出的误差概率圆环半径是比较接近的。

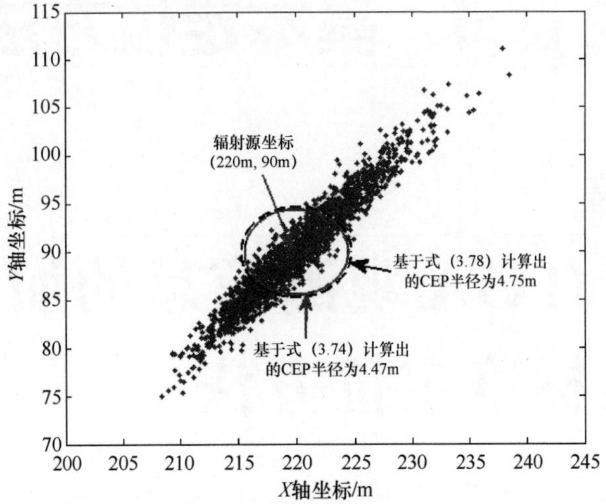

图 3.6 时差定位结果散布图与误差概率圆环曲线（辐射源坐标为（220m, 90m））

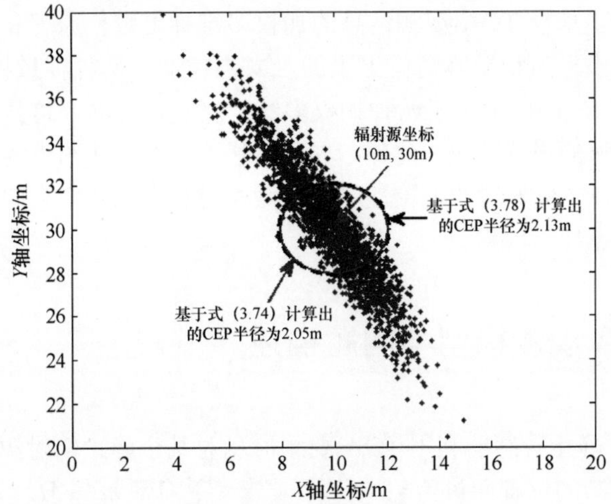

图 3.7 时差定位结果散布图与误差概率圆环曲线（辐射源坐标为（10m, 30m））

第 2 部分　基本定位方法篇

第 4 章 基于 TOA 观测信息的加权多维标度定位方法

本章将描述基于 TOA 观测信息的加权多维标度定位原理和方法。多维标度定位方法是由标量积矩阵衍生出来的，文中构造了两种标量积矩阵（Scalar Product Matrix），因而给出了两种加权多维标度定位方法，这两种方法的定位结果都以闭式解的形式给出。此外，本章还基于不含等式约束的一阶误差分析方法，对这两种定位方法的理论性能进行数学分析，并证明它们的定位精度均能逼近相应的克拉美罗界。

4.1　TOA 观测模型与问题描述

现有 M 个静止传感器利用 TOA 观测信息对某个静止辐射源进行定位，其中第 m 个传感器的位置向量为 $\boldsymbol{s}_m=[x_m^{(\mathrm{s})}\ \ y_m^{(\mathrm{s})}\ \ z_m^{(\mathrm{s})}]^{\mathrm{T}}$ $(1\leqslant m\leqslant M)$，它们均为已知量；辐射源的位置向量为 $\boldsymbol{u}=[x^{(\mathrm{u})}\ \ y^{(\mathrm{u})}\ \ z^{(\mathrm{u})}]^{\mathrm{T}}$，它是未知量。由于 TOA 信息可以等价为距离信息①，为了方便起见，下面直接利用距离观测量进行建模和分析。

将辐射源与第 m 个传感器的距离记为 r_m，则有

$$r_m=\|\boldsymbol{u}-\boldsymbol{s}_m\|_2\quad(1\leqslant m\leqslant M)\tag{4.1}$$

① 若信号传播速度已知，则距离与到达时间是可以相互转化的。

实际中获得的距离观测量是含有误差的，可以表示为

$$\hat{r}_m = r_m + \varepsilon_{\mathrm{t}m} = \| \boldsymbol{u} - \boldsymbol{s}_m \|_2 + \varepsilon_{\mathrm{t}m} \quad (1 \leqslant m \leqslant M) \tag{4.2}$$

式中，$\varepsilon_{\mathrm{t}m}$ 表示观测误差。将式（4.2）写成向量形式可得

$$\hat{\boldsymbol{r}} = \boldsymbol{r} + \boldsymbol{\varepsilon}_{\mathrm{t}} = \begin{bmatrix} \| \boldsymbol{u} - \boldsymbol{s}_1 \|_2 \\ \| \boldsymbol{u} - \boldsymbol{s}_2 \|_2 \\ \vdots \\ \| \boldsymbol{u} - \boldsymbol{s}_M \|_2 \end{bmatrix} + \begin{bmatrix} \varepsilon_{\mathrm{t}1} \\ \varepsilon_{\mathrm{t}2} \\ \vdots \\ \varepsilon_{\mathrm{t}M} \end{bmatrix} = \boldsymbol{f}_{\mathrm{toa}}(\boldsymbol{u}) + \boldsymbol{\varepsilon}_{\mathrm{t}} \tag{4.3}$$

式中[①]

$$\begin{cases} \boldsymbol{r} = \boldsymbol{f}_{\mathrm{toa}}(\boldsymbol{u}) = [\| \boldsymbol{u} - \boldsymbol{s}_1 \|_2 \ \ \| \boldsymbol{u} - \boldsymbol{s}_2 \|_2 \ \ \cdots \ \ \| \boldsymbol{u} - \boldsymbol{s}_M \|_2]^{\mathrm{T}} \\ \hat{\boldsymbol{r}} = [\hat{r}_1 \ \ \hat{r}_2 \ \ \cdots \ \ \hat{r}_M]^{\mathrm{T}} \ , \ \boldsymbol{r} = [r_1 \ \ r_2 \ \ \cdots \ \ r_M]^{\mathrm{T}} \ , \ \boldsymbol{\varepsilon}_{\mathrm{t}} = [\varepsilon_{\mathrm{t}1} \ \ \varepsilon_{\mathrm{t}2} \ \ \cdots \ \ \varepsilon_{\mathrm{t}M}]^{\mathrm{T}} \end{cases} \tag{4.4}$$

这里假设观测误差向量 $\boldsymbol{\varepsilon}_{\mathrm{t}}$ 服从零均值的高斯分布，并且其协方差矩阵为 $\boldsymbol{E}_{\mathrm{t}} = \mathrm{E}[\boldsymbol{\varepsilon}_{\mathrm{t}} \boldsymbol{\varepsilon}_{\mathrm{t}}^{\mathrm{T}}]$。

下面的问题在于：如何利用 TOA 观测向量 $\hat{\boldsymbol{r}}$，尽可能准确地估计辐射源位置向量 $\boldsymbol{u}$。本章采用的定位方法是基于多维标度原理的，其中将给出两种定位方法，4.2 节描述第 1 种定位方法，4.3 节给出第 2 种定位方法，它们的主要区别在于标量积矩阵的构造方式不同。

4.2　基于加权多维标度的定位方法 1

4.2.1　标量积矩阵的构造

在多维标度分析中，需要构造标量积矩阵。首先利用传感器和辐射源的位置向量定义如下坐标矩阵：

$$\boldsymbol{S}_{\boldsymbol{u}}^{(1)} = \begin{bmatrix} (\boldsymbol{s}_1 - \boldsymbol{u})^{\mathrm{T}} \\ (\boldsymbol{s}_2 - \boldsymbol{u})^{\mathrm{T}} \\ \vdots \\ (\boldsymbol{s}_M - \boldsymbol{u})^{\mathrm{T}} \end{bmatrix} = \boldsymbol{S}^{(1)} - \boldsymbol{I}_{M \times 1} \boldsymbol{u}^{\mathrm{T}} \in \mathbf{R}^{M \times 3} \tag{4.5}$$

式中，$\boldsymbol{S}^{(1)} = [\boldsymbol{s}_1 \ \ \boldsymbol{s}_2 \ \ \cdots \ \ \boldsymbol{s}_M]^{\mathrm{T}}$[②]。假设 $\boldsymbol{S}_{\boldsymbol{u}}^{(1)}$ 为列满秩矩阵，即有 $\mathrm{rank}[\boldsymbol{S}_{\boldsymbol{u}}^{(1)}] = 3$。然

① 这里使用下角标“toa”来表征所采用的定位观测量。

② 本节中的数学符号大多使用上角标“(1)”，这是为了突出其对应于第 1 种定位方法。

后构造如下标量积矩阵：

$$\begin{aligned}\boldsymbol{W}^{(1)}&=\boldsymbol{S}_{\boldsymbol{u}}^{(1)}\boldsymbol{S}_{\boldsymbol{u}}^{(1)\mathrm{T}}\\&=\begin{bmatrix}\|\boldsymbol{s}_1-\boldsymbol{u}\|_2^2 & (\boldsymbol{s}_1-\boldsymbol{u})^{\mathrm{T}}(\boldsymbol{s}_2-\boldsymbol{u}) & \cdots & (\boldsymbol{s}_1-\boldsymbol{u})^{\mathrm{T}}(\boldsymbol{s}_M-\boldsymbol{u})\\(\boldsymbol{s}_1-\boldsymbol{u})^{\mathrm{T}}(\boldsymbol{s}_2-\boldsymbol{u}) & \|\boldsymbol{s}_2-\boldsymbol{u}\|_2^2 & \cdots & (\boldsymbol{s}_2-\boldsymbol{u})^{\mathrm{T}}(\boldsymbol{s}_M-\boldsymbol{u})\\\vdots & \vdots & \ddots & \vdots\\(\boldsymbol{s}_1-\boldsymbol{u})^{\mathrm{T}}(\boldsymbol{s}_M-\boldsymbol{u}) & (\boldsymbol{s}_2-\boldsymbol{u})^{\mathrm{T}}(\boldsymbol{s}_M-\boldsymbol{u}) & \cdots & \|\boldsymbol{s}_M-\boldsymbol{u}\|_2^2\end{bmatrix}\in\mathbf{R}^{M\times M}\end{aligned}\tag{4.6}$$

容易验证，该矩阵中的第 m_1 行、第 m_2 列元素为

$$\begin{aligned}w_{m_1m_2}^{(1)}&=<\boldsymbol{W}^{(1)}>_{m_1m_2}=(\boldsymbol{s}_{m_1}-\boldsymbol{u})^{\mathrm{T}}(\boldsymbol{s}_{m_2}-\boldsymbol{u})=\boldsymbol{s}_{m_1}^{\mathrm{T}}\boldsymbol{s}_{m_2}-\boldsymbol{s}_{m_1}^{\mathrm{T}}\boldsymbol{u}-\boldsymbol{s}_{m_2}^{\mathrm{T}}\boldsymbol{u}+\|\boldsymbol{u}\|_2^2\\&=\frac{1}{2}(\|\boldsymbol{u}-\boldsymbol{s}_{m_1}\|_2^2+\|\boldsymbol{u}-\boldsymbol{s}_{m_2}\|_2^2-\|\boldsymbol{s}_{m_1}-\boldsymbol{s}_{m_2}\|_2^2)=\frac{1}{2}(r_{m_1}^2+r_{m_2}^2-d_{m_1m_2}^2)\end{aligned}\tag{4.7}$$

式中，$d_{m_1m_2}=\|\boldsymbol{s}_{m_1}-\boldsymbol{s}_{m_2}\|_2$。式（4.7）实际上提供了构造矩阵 $\boldsymbol{W}^{(1)}$ 的计算公式，如下式所示：

$$\boldsymbol{W}^{(1)}=\frac{1}{2}\begin{bmatrix}r_1^2+r_1^2-d_{11}^2 & r_1^2+r_2^2-d_{12}^2 & \cdots & r_1^2+r_M^2-d_{1M}^2\\r_1^2+r_2^2-d_{12}^2 & r_2^2+r_2^2-d_{22}^2 & \cdots & r_2^2+r_M^2-d_{2M}^2\\\vdots & \vdots & \ddots & \vdots\\r_1^2+r_M^2-d_{1M}^2 & r_2^2+r_M^2-d_{2M}^2 & \cdots & r_M^2+r_M^2-d_{MM}^2\end{bmatrix}\tag{4.8}$$

现对矩阵 $\boldsymbol{W}^{(1)}$ 进行特征值分解，可得

$$\boldsymbol{W}^{(1)}=\boldsymbol{Q}^{(1)}\boldsymbol{\Lambda}^{(1)}\boldsymbol{Q}^{(1)\mathrm{T}}\tag{4.9}$$

式中，$\boldsymbol{Q}^{(1)}=[\boldsymbol{q}_1^{(1)}\ \ \boldsymbol{q}_2^{(1)}\ \ \cdots\ \ \boldsymbol{q}_M^{(1)}]$ 为特征向量构成的矩阵；$\boldsymbol{\Lambda}^{(1)}=\mathrm{diag}[\lambda_1^{(1)}\ \ \lambda_2^{(1)}\ \ \cdots\ \ \lambda_M^{(1)}]$ 为特征值构成的对角矩阵，并且假设 $\lambda_1^{(1)}\geqslant\lambda_2^{(1)}\geqslant\cdots\geqslant\lambda_M^{(1)}$。由于 $\mathrm{rank}[\boldsymbol{W}^{(1)}]=\mathrm{rank}[\boldsymbol{S}_{\boldsymbol{u}}^{(1)}]=3$，则有 $\lambda_4^{(1)}=\lambda_5^{(1)}=\cdots=\lambda_M^{(1)}=0$。若令 $\boldsymbol{Q}_{\mathrm{sg}}^{(1)}=[\boldsymbol{q}_1^{(1)}\ \ \boldsymbol{q}_2^{(1)}\ \ \boldsymbol{q}_3^{(1)}]$、$\boldsymbol{Q}_{\mathrm{no}}^{(1)}=[\boldsymbol{q}_4^{(1)}\ \ \boldsymbol{q}_5^{(1)}\ \ \cdots\ \ \boldsymbol{q}_M^{(1)}]$ 及 $\boldsymbol{\Lambda}_{\mathrm{sg}}^{(1)}=\mathrm{diag}[\lambda_1^{(1)}\ \ \lambda_2^{(1)}\ \ \lambda_3^{(1)}]$，则可以将矩阵 $\boldsymbol{W}^{(1)}$ 表示为

$$\boldsymbol{W}^{(1)}=\boldsymbol{Q}_{\mathrm{sg}}^{(1)}\boldsymbol{\Lambda}_{\mathrm{sg}}^{(1)}\boldsymbol{Q}_{\mathrm{sg}}^{(1)\mathrm{T}}\tag{4.10}$$

再利用特征向量之间的正交性可得

$$\boldsymbol{Q}_{\mathrm{no}}^{(1)\mathrm{T}}\boldsymbol{W}^{(1)}\boldsymbol{Q}_{\mathrm{no}}^{(1)}=\boldsymbol{O}_{(M-3)\times(M-3)}\tag{4.11}$$

【注记 4.1】 本章将矩阵 $\boldsymbol{Q}_{\mathrm{sg}}^{(1)}$ 的列空间称为信号子空间（$\boldsymbol{Q}_{\mathrm{sg}}^{(1)}$ 也称为信号子空间矩阵），将矩阵 $\boldsymbol{Q}_{\mathrm{no}}^{(1)}$ 的列空间称为噪声子空间（$\boldsymbol{Q}_{\mathrm{no}}^{(1)}$ 也称为噪声子空间矩阵）。

4.2.2　一个重要的关系式

下面将给出一个重要的关系式，它对于确定辐射源位置至关重要。首先将式（4.6）代入式（4.11）中可得

$$\boldsymbol{Q}_{\mathrm{no}}^{(1)\mathrm{T}}\boldsymbol{S}_{\boldsymbol{u}}^{(1)}\boldsymbol{S}_{\boldsymbol{u}}^{(1)\mathrm{T}}\boldsymbol{Q}_{\mathrm{no}}^{(1)}=\boldsymbol{O}_{(M-3)\times(M-3)} \tag{4.12}$$

由式（4.12）可知

$$\boldsymbol{S}_{\boldsymbol{u}}^{(1)\mathrm{T}}\boldsymbol{Q}_{\mathrm{no}}^{(1)}=\boldsymbol{O}_{3\times(M-3)} \tag{4.13}$$

接着将式（4.5）代入式（4.13）中可得

$$\boldsymbol{S}^{(1)\mathrm{T}}\boldsymbol{Q}_{\mathrm{no}}^{(1)}=\boldsymbol{u}\boldsymbol{1}_{M\times1}^{\mathrm{T}}\boldsymbol{Q}_{\mathrm{no}}^{(1)} \tag{4.14}$$

式（4.14）是关于辐射源位置向量 $\boldsymbol{u}$ 的子空间等式，但其中仅包含噪声子空间矩阵 $\boldsymbol{Q}_{\mathrm{no}}^{(1)}$。根据式（4.10）可知，标量积矩阵 $\boldsymbol{W}^{(1)}$ 是由信号子空间矩阵 $\boldsymbol{Q}_{\mathrm{sg}}^{(1)}$ 表示的，因此下面还需要获得向量 $\boldsymbol{u}$ 与矩阵 $\boldsymbol{Q}_{\mathrm{sg}}^{(1)}$ 之间的关系式，具体可见如下命题[28]。

【命题 4.1】 假设 $\begin{bmatrix}\boldsymbol{1}_{M\times1}^{\mathrm{T}}\\ \boldsymbol{S}^{(1)\mathrm{T}}\end{bmatrix}$ 是行满秩矩阵，则有

$$\boldsymbol{Q}_{\mathrm{sg}}^{(1)\mathrm{T}}\begin{bmatrix}\boldsymbol{1}_{M\times1}^{\mathrm{T}}\\ \boldsymbol{S}^{(1)\mathrm{T}}\end{bmatrix}^{\dagger}\begin{bmatrix}1\\ \boldsymbol{u}\end{bmatrix}=\boldsymbol{Q}_{\mathrm{sg}}^{(1)\mathrm{T}}[\boldsymbol{1}_{M\times1}\ \ \boldsymbol{S}^{(1)}]\begin{bmatrix}M & \boldsymbol{1}_{M\times1}^{\mathrm{T}}\boldsymbol{S}^{(1)}\\ \boldsymbol{S}^{(1)\mathrm{T}}\boldsymbol{1}_{M\times1} & \boldsymbol{S}^{(1)\mathrm{T}}\boldsymbol{S}^{(1)}\end{bmatrix}^{-1}\begin{bmatrix}1\\ \boldsymbol{u}\end{bmatrix}=\boldsymbol{O}_{3\times1} \tag{4.15}$$

【证明】 首先利用式（4.14）可得

$$\begin{bmatrix}\boldsymbol{1}_{M\times1}^{\mathrm{T}}\\ \boldsymbol{S}^{(1)\mathrm{T}}\end{bmatrix}\boldsymbol{Q}_{\mathrm{no}}^{(1)}=\begin{bmatrix}1\\ \boldsymbol{u}\end{bmatrix}\boldsymbol{1}_{M\times1}^{\mathrm{T}}\boldsymbol{Q}_{\mathrm{no}}^{(1)} \tag{4.16}$$

将式（4.16）两边右乘以 $\boldsymbol{Q}_{\mathrm{no}}^{(1)\mathrm{T}}\boldsymbol{1}_{M\times1}$，然后两边再同时除以 $\boldsymbol{1}_{M\times1}^{\mathrm{T}}\boldsymbol{Q}_{\mathrm{no}}^{(1)}\boldsymbol{Q}_{\mathrm{no}}^{(1)\mathrm{T}}\boldsymbol{1}_{M\times1}$ 可得

$$\begin{bmatrix}\boldsymbol{1}_{M\times1}^{\mathrm{T}}\\ \boldsymbol{S}^{(1)\mathrm{T}}\end{bmatrix}\frac{\boldsymbol{Q}_{\mathrm{no}}^{(1)}\boldsymbol{Q}_{\mathrm{no}}^{(1)\mathrm{T}}\boldsymbol{1}_{M\times1}}{\boldsymbol{1}_{M\times1}^{\mathrm{T}}\boldsymbol{Q}_{\mathrm{no}}^{(1)}\boldsymbol{Q}_{\mathrm{no}}^{(1)\mathrm{T}}\boldsymbol{1}_{M\times1}}=\begin{bmatrix}1\\ \boldsymbol{u}\end{bmatrix} \tag{4.17}$$

由于 $\begin{bmatrix}\boldsymbol{1}_{M\times1}^{\mathrm{T}}\\ \boldsymbol{S}^{(1)\mathrm{T}}\end{bmatrix}$ 是行满秩矩阵，结合第 2 章命题 2.5 和式（4.17）可得

$$\frac{\boldsymbol{Q}_{\mathrm{no}}^{(1)}\boldsymbol{Q}_{\mathrm{no}}^{(1)\mathrm{T}}\boldsymbol{1}_{M\times1}}{\boldsymbol{1}_{M\times1}^{\mathrm{T}}\boldsymbol{Q}_{\mathrm{no}}^{(1)}\boldsymbol{Q}_{\mathrm{no}}^{(1)\mathrm{T}}\boldsymbol{1}_{M\times1}}=\begin{bmatrix}\boldsymbol{1}_{M\times1}^{\mathrm{T}}\\ \boldsymbol{S}^{(1)\mathrm{T}}\end{bmatrix}^{\dagger}\begin{bmatrix}1\\ \boldsymbol{u}\end{bmatrix}=[\boldsymbol{1}_{M\times1}\ \ \boldsymbol{S}^{(1)}]\begin{bmatrix}M & \boldsymbol{1}_{M\times1}^{\mathrm{T}}\boldsymbol{S}^{(1)}\\ \boldsymbol{S}^{(1)\mathrm{T}}\boldsymbol{1}_{M\times1} & \boldsymbol{S}^{(1)\mathrm{T}}\boldsymbol{S}^{(1)}\end{bmatrix}^{-1}\begin{bmatrix}1\\ \boldsymbol{u}\end{bmatrix} \tag{4.18}$$

根据对称矩阵特征向量之间的正交性可知 $\boldsymbol{Q}_{\mathrm{sg}}^{(1)\mathrm{T}}\boldsymbol{Q}_{\mathrm{no}}^{(1)}=\boldsymbol{O}_{3\times(M-3)}$，最后将该式与式（4.18）相结合可得

$$\begin{aligned}\boldsymbol{O}_{3\times1}=\frac{\boldsymbol{Q}_{\text{sg}}^{(1)\text{T}}\boldsymbol{Q}_{\text{no}}^{(1)}\boldsymbol{Q}_{\text{no}}^{(1)\text{T}}\boldsymbol{1}_{M\times1}}{\boldsymbol{1}_{M\times1}^{\text{T}}\boldsymbol{Q}_{\text{no}}^{(1)}\boldsymbol{Q}_{\text{no}}^{(1)\text{T}}\boldsymbol{1}_{M\times1}}&=\boldsymbol{Q}_{\text{sg}}^{(1)\text{T}}\begin{bmatrix}\boldsymbol{1}_{M\times1}^{\text{T}}\\\boldsymbol{S}^{(1)\text{T}}\end{bmatrix}^{\dagger}\begin{bmatrix}1\\\boldsymbol{u}\end{bmatrix}\\&=\boldsymbol{Q}_{\text{sg}}^{(1)\text{T}}[\boldsymbol{1}_{M\times1}\ \ \boldsymbol{S}^{(1)}]\begin{bmatrix}M&\boldsymbol{1}_{M\times1}^{\text{T}}\boldsymbol{S}^{(1)}\\\boldsymbol{S}^{(1)\text{T}}\boldsymbol{1}_{M\times1}&\boldsymbol{S}^{(1)\text{T}}\boldsymbol{S}^{(1)}\end{bmatrix}^{-1}\begin{bmatrix}1\\\boldsymbol{u}\end{bmatrix}\end{aligned}\tag{4.19}$$

证毕。

式（4.15）给出的关系式至关重要，命题 4.1 是根据子空间正交性原理对其进行证明的，附录 A.1 中还基于矩阵求逆定理给出了另一种证明方法。

需要指出的是，式（4.15）并不是最终的关系式，为了得到用于定位的关系式，还需要将式（4.15）两边左乘以 $\boldsymbol{Q}_{\text{sg}}^{(1)}\boldsymbol{\Lambda}_{\text{sg}}^{(1)}$，可得

$$\begin{aligned}\boldsymbol{O}_{M\times1}&=\boldsymbol{Q}_{\text{sg}}^{(1)}\boldsymbol{\Lambda}_{\text{sg}}^{(1)}\boldsymbol{Q}_{\text{sg}}^{(1)\text{T}}[\boldsymbol{1}_{M\times1}\ \ \boldsymbol{S}^{(1)}]\begin{bmatrix}M&\boldsymbol{1}_{M\times1}^{\text{T}}\boldsymbol{S}^{(1)}\\\boldsymbol{S}^{(1)\text{T}}\boldsymbol{1}_{M\times1}&\boldsymbol{S}^{(1)\text{T}}\boldsymbol{S}^{(1)}\end{bmatrix}^{-1}\begin{bmatrix}1\\\boldsymbol{u}\end{bmatrix}\\&=\boldsymbol{W}^{(1)}[\boldsymbol{1}_{M\times1}\ \ \boldsymbol{S}^{(1)}]\begin{bmatrix}M&\boldsymbol{1}_{M\times1}^{\text{T}}\boldsymbol{S}^{(1)}\\\boldsymbol{S}^{(1)\text{T}}\boldsymbol{1}_{M\times1}&\boldsymbol{S}^{(1)\text{T}}\boldsymbol{S}^{(1)}\end{bmatrix}^{-1}\begin{bmatrix}1\\\boldsymbol{u}\end{bmatrix}\end{aligned}\tag{4.20}$$

式中，第 2 个等号处的运算利用了式（4.10）。式（4.20）即为最终确定的关系式，它建立了关于辐射源位置向量 $\boldsymbol{u}$ 的伪线性等式，其中一共包含 M 个等式，而 TOA 观测量也为 M 个，因此观测信息并无损失。

【注记 4.2】 虽然在上面的推导过程中利用了信号子空间矩阵 $\boldsymbol{Q}_{\text{sg}}^{(1)}$ 和噪声子空间矩阵 $\boldsymbol{Q}_{\text{no}}^{(1)}$，但是在最终得到的关系式（4.20）中并未出现这两个矩阵，这意味着无须进行矩阵特征值分解即可完成辐射源定位。

4.2.3 定位原理与方法

下面将基于式（4.20）构建确定辐射源位置向量 $\boldsymbol{u}$ 的估计准则，并且推导其最优解。为了简化数学表述，首先定义如下矩阵和向量：

$$\boldsymbol{T}^{(1)}=[\boldsymbol{1}_{M\times1}\ \ \boldsymbol{S}^{(1)}]\begin{bmatrix}M&\boldsymbol{1}_{M\times1}^{\text{T}}\boldsymbol{S}^{(1)}\\\boldsymbol{S}^{(1)\text{T}}\boldsymbol{1}_{M\times1}&\boldsymbol{S}^{(1)\text{T}}\boldsymbol{S}^{(1)}\end{bmatrix}^{-1}\in\mathbf{R}^{M\times4}\ ,\ \boldsymbol{\beta}^{(1)}(\boldsymbol{u})=\boldsymbol{T}^{(1)}\begin{bmatrix}1\\\boldsymbol{u}\end{bmatrix}\in\mathbf{R}^{M\times1}\tag{4.21}$$

结合式（4.20）和式（4.21）可得

$$\boldsymbol{W}^{(1)}\boldsymbol{\beta}^{(1)}(\boldsymbol{u})=\boldsymbol{W}^{(1)}\boldsymbol{T}^{(1)}\begin{bmatrix}1\\\boldsymbol{u}\end{bmatrix}=\boldsymbol{O}_{M\times1}\tag{4.22}$$

1. 一阶误差扰动分析

在实际定位过程中，标量积矩阵 $\boldsymbol{W}^{(1)}$ 的真实值是未知的，因为其中的真实距离 $\{r_m\}_{1\leqslant m\leqslant M}$ 仅能用其观测值 $\{\hat{r}_m\}_{1\leqslant m\leqslant M}$ 来代替，这必然会引入观测误差。不

妨将含有观测误差的标量积矩阵 $\boldsymbol{W}^{(1)}$ 记为 $\hat{\boldsymbol{W}}^{(1)}$，于是根据式（4.7）可知，矩阵 $\hat{\boldsymbol{W}}^{(1)}$ 中的第 m_1 行、第 m_2 列元素为

$$\hat{w}_{m_1m_2}^{(1)} = <\hat{\boldsymbol{W}}^{(1)}>_{m_1m_2} = \frac{1}{2}(\hat{r}_{m_1}^2 + \hat{r}_{m_2}^2 - d_{m_1m_2}^2) \tag{4.23}$$

进一步可得

$$\hat{\boldsymbol{W}}^{(1)} = \frac{1}{2}\begin{bmatrix} \hat{r}_1^2 + \hat{r}_1^2 - d_{11}^2 & \hat{r}_1^2 + \hat{r}_2^2 - d_{12}^2 & \cdots & \hat{r}_1^2 + \hat{r}_M^2 - d_{1M}^2 \\ \hat{r}_1^2 + \hat{r}_2^2 - d_{12}^2 & \hat{r}_2^2 + \hat{r}_2^2 - d_{22}^2 & \cdots & \hat{r}_2^2 + \hat{r}_M^2 - d_{2M}^2 \\ \vdots & \vdots & \ddots & \vdots \\ \hat{r}_1^2 + \hat{r}_M^2 - d_{1M}^2 & \hat{r}_2^2 + \hat{r}_M^2 - d_{2M}^2 & \cdots & \hat{r}_M^2 + \hat{r}_M^2 - d_{MM}^2 \end{bmatrix} \tag{4.24}$$

由于 $\boldsymbol{W}^{(1)}\boldsymbol{\beta}^{(1)}(\boldsymbol{u}) = \boldsymbol{O}_{M\times 1}$，于是可以定义如下误差向量：

$$\boldsymbol{\delta}_{\mathrm{t}}^{(1)} = \hat{\boldsymbol{W}}^{(1)}\boldsymbol{\beta}^{(1)}(\boldsymbol{u}) = (\boldsymbol{W}^{(1)} + \Delta\boldsymbol{W}_{\mathrm{t}}^{(1)})\boldsymbol{\beta}^{(1)}(\boldsymbol{u}) = \Delta\boldsymbol{W}_{\mathrm{t}}^{(1)}\boldsymbol{\beta}^{(1)}(\boldsymbol{u}) \tag{4.25}$$

式中，$\Delta\boldsymbol{W}_{\mathrm{t}}^{(1)}$ 表示 $\hat{\boldsymbol{W}}^{(1)}$ 中的误差矩阵，即有 $\Delta\boldsymbol{W}_{\mathrm{t}}^{(1)} = \hat{\boldsymbol{W}} - \boldsymbol{W}$。若忽略观测误差 $\boldsymbol{\varepsilon}_{\mathrm{t}}$ 的二阶及其以上各阶项，则根据式（4.24）可以将误差矩阵 $\Delta\boldsymbol{W}_{\mathrm{t}}^{(1)}$ 近似表示为

$$\Delta\boldsymbol{W}_{\mathrm{t}}^{(1)} \approx \begin{bmatrix} r_1\varepsilon_{\mathrm{t}1} + r_1\varepsilon_{\mathrm{t}1} & r_1\varepsilon_{\mathrm{t}1} + r_2\varepsilon_{\mathrm{t}2} & \cdots & r_1\varepsilon_{\mathrm{t}1} + r_M\varepsilon_{\mathrm{t}M} \\ r_1\varepsilon_{\mathrm{t}1} + r_2\varepsilon_{\mathrm{t}2} & r_2\varepsilon_{\mathrm{t}2} + r_2\varepsilon_{\mathrm{t}2} & \cdots & r_2\varepsilon_{\mathrm{t}2} + r_M\varepsilon_{\mathrm{t}M} \\ \vdots & \vdots & \ddots & \vdots \\ r_1\varepsilon_{\mathrm{t}1} + r_M\varepsilon_{\mathrm{t}M} & r_2\varepsilon_{\mathrm{t}2} + r_M\varepsilon_{\mathrm{t}M} & \cdots & r_M\varepsilon_{\mathrm{t}M} + r_M\varepsilon_{\mathrm{t}M} \end{bmatrix} \tag{4.26}$$

将式（4.26）代入式（4.25）中可以将误差向量 $\boldsymbol{\delta}_{\mathrm{t}}^{(1)}$ 近似表示为关于观测误差 $\boldsymbol{\varepsilon}_{\mathrm{t}}$ 的线性函数，如下式所示：

$$\boldsymbol{\delta}_{\mathrm{t}}^{(1)} = \Delta\boldsymbol{W}_{\mathrm{t}}^{(1)}\boldsymbol{\beta}^{(1)}(\boldsymbol{u}) \approx \boldsymbol{B}_{\mathrm{t}}^{(1)}(\boldsymbol{u})\boldsymbol{\varepsilon}_{\mathrm{t}} \tag{4.27}$$

式中

$$\boldsymbol{B}_{\mathrm{t}}^{(1)}(\boldsymbol{u}) = [(\boldsymbol{\beta}^{(1)}(\boldsymbol{u}))^{\mathrm{T}}\boldsymbol{1}_{M\times 1}]\mathrm{diag}[\boldsymbol{r}] + \boldsymbol{1}_{M\times 1}(\boldsymbol{\beta}^{(1)}(\boldsymbol{u}) \odot \boldsymbol{r})^{\mathrm{T}} \in \mathbf{R}^{M\times M} \tag{4.28}$$

式（4.27）的推导见附录 A.2。由式（4.27）可知，误差向量 $\boldsymbol{\delta}_{\mathrm{t}}^{(1)}$ 渐近服从零均值的高斯分布，并且其协方差矩阵为

$$\begin{aligned}\boldsymbol{\Omega}_{\mathrm{t}}^{(1)} &= \mathbf{cov}(\boldsymbol{\delta}_{\mathrm{t}}^{(1)}) = \mathrm{E}[\boldsymbol{\delta}_{\mathrm{t}}^{(1)}\boldsymbol{\delta}_{\mathrm{t}}^{(1)\mathrm{T}}] \approx \boldsymbol{B}_{\mathrm{t}}^{(1)}(\boldsymbol{u}) \cdot \mathrm{E}[\boldsymbol{\varepsilon}_{\mathrm{t}}\boldsymbol{\varepsilon}_{\mathrm{t}}^{\mathrm{T}}] \cdot (\boldsymbol{B}_{\mathrm{t}}^{(1)}(\boldsymbol{u}))^{\mathrm{T}} \\ &= \boldsymbol{B}_{\mathrm{t}}^{(1)}(\boldsymbol{u})\boldsymbol{E}_{\mathrm{t}}(\boldsymbol{B}_{\mathrm{t}}^{(1)}(\boldsymbol{u}))^{\mathrm{T}} \in \mathbf{R}^{M\times M}\end{aligned} \tag{4.29}$$

2．定位优化模型及其求解方法

基于式（4.25）和式（4.29）可以构建估计辐射源位置向量 $\boldsymbol{u}$ 的优化准则，如下式所示：

$$\min_{\boldsymbol{u}}\{(\boldsymbol{\beta}^{(1)}(\boldsymbol{u}))^{\mathrm{T}}\hat{\boldsymbol{W}}^{(1)\mathrm{T}}(\boldsymbol{\Omega}_{\mathrm{t}}^{(1)})^{-1}\hat{\boldsymbol{W}}^{(1)}\boldsymbol{\beta}^{(1)}(\boldsymbol{u})\} = \min_{\boldsymbol{u}}\left\{\begin{bmatrix}1\\ \boldsymbol{u}\end{bmatrix}^{\mathrm{T}}\boldsymbol{T}^{(1)\mathrm{T}}\hat{\boldsymbol{W}}^{(1)\mathrm{T}}(\boldsymbol{\Omega}_{\mathrm{t}}^{(1)})^{-1}\hat{\boldsymbol{W}}^{(1)}\boldsymbol{T}^{(1)}\begin{bmatrix}1\\ \boldsymbol{u}\end{bmatrix}\right\} \tag{4.30}$$

式中，$(\boldsymbol{\Omega}_{\mathrm{t}}^{(1)})^{-1}$ 可以看作加权矩阵，其作用在于抑制观测误差 $\boldsymbol{\varepsilon}_{\mathrm{t}}$ 的影响。不妨将矩阵 $\boldsymbol{T}^{(1)}$ 分块表示为

$$\boldsymbol{T}^{(1)}=\Big[\underbrace{\boldsymbol{t}_1^{(1)}}_{M\times 1}\quad \underbrace{\boldsymbol{T}_2^{(1)}}_{M\times 3}\Big] \tag{4.31}$$

于是可以将式（4.30）重新写为

$$\min_{\boldsymbol{u}}\{(\hat{\boldsymbol{W}}^{(1)}\boldsymbol{T}_2^{(1)}\boldsymbol{u}+\hat{\boldsymbol{W}}^{(1)}\boldsymbol{t}_1^{(1)})^{\mathrm{T}}(\boldsymbol{\Omega}_{\mathrm{t}}^{(1)})^{-1}(\hat{\boldsymbol{W}}^{(1)}\boldsymbol{T}_2^{(1)}\boldsymbol{u}+\hat{\boldsymbol{W}}^{(1)}\boldsymbol{t}_1^{(1)})\} \tag{4.32}$$

根据命题 2.13 可知，式（4.32）的最优解为①

$$\hat{\boldsymbol{u}}_{\mathrm{p}}^{(1)}=-\left[\boldsymbol{T}_2^{(1)\mathrm{T}}\hat{\boldsymbol{W}}^{(1)\mathrm{T}}(\boldsymbol{\Omega}_{\mathrm{t}}^{(1)})^{-1}\hat{\boldsymbol{W}}^{(1)}\boldsymbol{T}_2^{(1)}\right]^{-1}\boldsymbol{T}_2^{(1)\mathrm{T}}\hat{\boldsymbol{W}}^{(1)\mathrm{T}}(\boldsymbol{\Omega}_{\mathrm{t}}^{(1)})^{-1}\hat{\boldsymbol{W}}^{(1)}\boldsymbol{t}_1^{(1)} \tag{4.33}$$

【注记 4.3】由式（4.29）可知，加权矩阵$(\boldsymbol{\Omega}_{\mathrm{t}}^{(1)})^{-1}$与辐射源位置向量 $\boldsymbol{u}$ 有关，因此严格来说，式（4.32）中的目标函数并不是关于向量 $\boldsymbol{u}$ 的二次函数。庆幸的是，该问题并不难以解决，可以先将$(\boldsymbol{\Omega}_{\mathrm{t}}^{(1)})^{-1}$设为单位矩阵，从而获得关于向量 $\boldsymbol{u}$ 的初始值，然后再重新计算加权矩阵$(\boldsymbol{\Omega}_{\mathrm{t}}^{(1)})^{-1}$，并再次得到向量 $\boldsymbol{u}$ 的估计值，重复此过程 3～5 次即可获得预期的估计精度。理论分析表明，在一阶误差分析理论框架下，加权矩阵$(\boldsymbol{\Omega}_{\mathrm{t}}^{(1)})^{-1}$中的扰动误差并不会实质影响估计值 $\hat{\boldsymbol{u}}_{\mathrm{p}}^{(1)}$ 的统计性能。

图 4.1 给出了本章第 1 种加权多维标度定位方法的流程图。

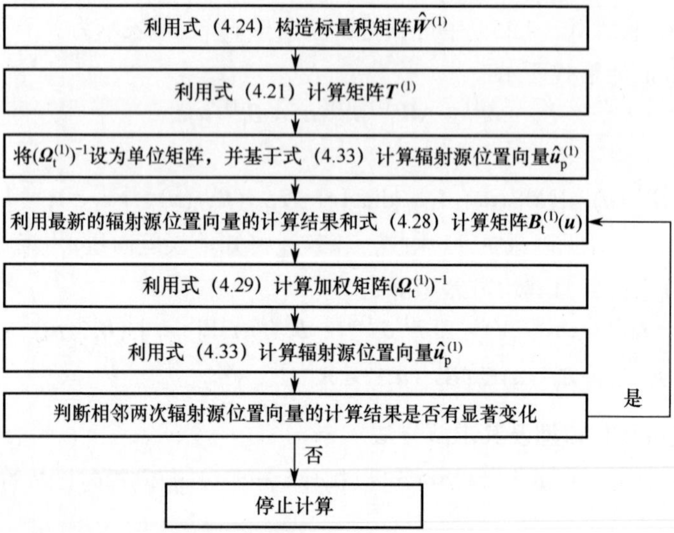

图 4.1　本章第 1 种加权多维标度定位方法的流程图

① 这里使用下角标“p”表示在传感器位置精确已知条件下的估计值。

4.2.4　理论性能分析

下面将推导估计值 $\hat{\boldsymbol{u}}_{\text{p}}^{(1)}$ 的理论性能，主要是推导估计均方误差矩阵，并将其与相应的克拉美罗界进行比较，从而证明其渐近最优性。这里采用的性能分析方法是一阶误差分析方法，即忽略观测误差 $\boldsymbol{\varepsilon}_{\text{t}}$ 的二阶及其以上各阶项。

首先将最优解 $\hat{\boldsymbol{u}}_{\text{p}}^{(1)}$ 中的估计误差记为 $\Delta\boldsymbol{u}_{\text{p}}^{(1)} = \hat{\boldsymbol{u}}_{\text{p}}^{(1)} - \boldsymbol{u}$ 。基于式（4.33）和注记 4.3 中的讨论可知

$$\boldsymbol{T}_2^{(1)\text{T}}\hat{\boldsymbol{W}}^{(1)\text{T}}(\hat{\boldsymbol{\Omega}}_{\text{t}}^{(1)})^{-1}\hat{\boldsymbol{W}}^{(1)}\boldsymbol{T}_2^{(1)}(\boldsymbol{u}+\Delta\boldsymbol{u}_{\text{p}}^{(1)}) = -\boldsymbol{T}_2^{(1)\text{T}}\hat{\boldsymbol{W}}^{(1)\text{T}}(\hat{\boldsymbol{\Omega}}_{\text{t}}^{(1)})^{-1}\hat{\boldsymbol{W}}^{(1)}\boldsymbol{t}_1^{(1)} \tag{4.34}$$

式中，$\hat{\boldsymbol{\Omega}}_{\text{t}}^{(1)}$ 表示 $\boldsymbol{\Omega}_{\text{t}}^{(1)}$ 的估计值。在一阶误差分析框架下，基于式（4.34）可以进一步推得

$$\begin{aligned}
&\boldsymbol{T}_2^{(1)\text{T}}(\Delta\boldsymbol{W}_{\text{t}}^{(1)})^{\text{T}}(\boldsymbol{\Omega}_{\text{t}}^{(1)})^{-1}\boldsymbol{W}^{(1)}\boldsymbol{T}_2^{(1)}\boldsymbol{u}+\boldsymbol{T}_2^{(1)\text{T}}\boldsymbol{W}^{(1)\text{T}}(\boldsymbol{\Omega}_{\text{t}}^{(1)})^{-1}\Delta\boldsymbol{W}_{\text{t}}^{(1)}\boldsymbol{T}_2^{(1)}\boldsymbol{u}\\
&\quad+\boldsymbol{T}_2^{(1)\text{T}}\boldsymbol{W}^{(1)\text{T}}\Delta\boldsymbol{\Xi}_{\text{t}}^{(1)}\boldsymbol{W}^{(1)}\boldsymbol{T}_2^{(1)}\boldsymbol{u}+\boldsymbol{T}_2^{(1)\text{T}}\boldsymbol{W}^{(1)\text{T}}(\boldsymbol{\Omega}_{\text{t}}^{(1)})^{-1}\boldsymbol{W}^{(1)}\boldsymbol{T}_2^{(1)}\Delta\boldsymbol{u}_{\text{p}}^{(1)}\\
&\approx-\boldsymbol{T}_2^{(1)\text{T}}(\Delta\boldsymbol{W}_{\text{t}}^{(1)})^{\text{T}}(\boldsymbol{\Omega}_{\text{t}}^{(1)})^{-1}\boldsymbol{W}^{(1)}\boldsymbol{t}_1^{(1)}-\boldsymbol{T}_2^{(1)\text{T}}\boldsymbol{W}^{(1)\text{T}}(\boldsymbol{\Omega}_{\text{t}}^{(1)})^{-1}\Delta\boldsymbol{W}_{\text{t}}^{(1)}\boldsymbol{t}_1^{(1)}-\boldsymbol{T}_2^{(1)\text{T}}\boldsymbol{W}^{(1)\text{T}}\Delta\boldsymbol{\Xi}_{\text{t}}^{(1)}\boldsymbol{W}^{(1)}\boldsymbol{t}_1^{(1)}\\
&\Rightarrow\Delta\boldsymbol{u}_{\text{p}}^{(1)}\approx-[\boldsymbol{T}_2^{(1)\text{T}}\boldsymbol{W}^{(1)\text{T}}(\boldsymbol{\Omega}_{\text{t}}^{(1)})^{-1}\boldsymbol{W}^{(1)}\boldsymbol{T}_2^{(1)}]^{-1}\boldsymbol{T}_2^{(1)\text{T}}\boldsymbol{W}^{(1)\text{T}}(\boldsymbol{\Omega}_{\text{t}}^{(1)})^{-1}\Delta\boldsymbol{W}_{\text{t}}^{(1)}(\boldsymbol{T}_2^{(1)}\boldsymbol{u}+\boldsymbol{t}_1^{(1)})\\
&\qquad=-[\boldsymbol{T}_2^{(1)\text{T}}\boldsymbol{W}^{(1)\text{T}}(\boldsymbol{\Omega}_{\text{t}}^{(1)})^{-1}\boldsymbol{W}^{(1)}\boldsymbol{T}_2^{(1)}]^{-1}\boldsymbol{T}_2^{(1)\text{T}}\boldsymbol{W}^{(1)\text{T}}(\boldsymbol{\Omega}_{\text{t}}^{(1)})^{-1}\Delta\boldsymbol{W}_{\text{t}}^{(1)}\boldsymbol{\beta}^{(1)}(\boldsymbol{u})\\
&\qquad=-[\boldsymbol{T}_2^{(1)\text{T}}\boldsymbol{W}^{(1)\text{T}}(\boldsymbol{\Omega}_{\text{t}}^{(1)})^{-1}\boldsymbol{W}^{(1)}\boldsymbol{T}_2^{(1)}]^{-1}\boldsymbol{T}_2^{(1)\text{T}}\boldsymbol{W}^{(1)\text{T}}(\boldsymbol{\Omega}_{\text{t}}^{(1)})^{-1}\boldsymbol{\delta}_{\text{t}}^{(1)}
\end{aligned} \tag{4.35}$$

式中，$\Delta\boldsymbol{\Xi}_{\text{t}}^{(1)} = (\hat{\boldsymbol{\Omega}}_{\text{t}}^{(1)})^{-1} - (\boldsymbol{\Omega}_{\text{t}}^{(1)})^{-1}$ 表示矩阵 $(\hat{\boldsymbol{\Omega}}_{\text{t}}^{(1)})^{-1}$ 中的扰动误差。由式（4.35）可知，估计误差 $\Delta\boldsymbol{u}_{\text{p}}^{(1)}$ 渐近服从零均值的高斯分布，因此估计值 $\hat{\boldsymbol{u}}_{\text{p}}^{(1)}$ 是渐近无偏估计，并且其均方误差矩阵为

$$\begin{aligned}
&\mathbf{MSE}(\hat{\boldsymbol{u}}_{\text{p}}^{(1)})\\
&=\text{E}[(\hat{\boldsymbol{u}}_{\text{p}}^{(1)}-\boldsymbol{u})(\hat{\boldsymbol{u}}_{\text{p}}^{(1)}-\boldsymbol{u})^{\text{T}}]=\text{E}[\Delta\boldsymbol{u}_{\text{p}}^{(1)}(\Delta\boldsymbol{u}_{\text{p}}^{(1)})^{\text{T}}]\\
&=\left[\boldsymbol{T}_2^{(1)\text{T}}\boldsymbol{W}^{(1)\text{T}}(\boldsymbol{\Omega}_{\text{t}}^{(1)})^{-1}\boldsymbol{W}^{(1)}\boldsymbol{T}_2^{(1)}\right]^{-1}\boldsymbol{T}_2^{(1)\text{T}}\boldsymbol{W}^{(1)\text{T}}(\boldsymbol{\Omega}_{\text{t}}^{(1)})^{-1}\cdot\text{E}[\boldsymbol{\delta}_{\text{t}}^{(1)}\boldsymbol{\delta}_{\text{t}}^{(1)\text{T}}]\cdot(\boldsymbol{\Omega}_{\text{t}}^{(1)})^{-1}\boldsymbol{W}^{(1)}\boldsymbol{T}_2^{(1)}\\
&\quad\times\left[\boldsymbol{T}_2^{(1)\text{T}}\boldsymbol{W}^{(1)\text{T}}(\boldsymbol{\Omega}_{\text{t}}^{(1)})^{-1}\boldsymbol{W}^{(1)}\boldsymbol{T}_2^{(1)}\right]^{-1}\\
&=\left[\boldsymbol{T}_2^{(1)\text{T}}\boldsymbol{W}^{(1)\text{T}}(\boldsymbol{\Omega}_{\text{t}}^{(1)})^{-1}\boldsymbol{W}^{(1)}\boldsymbol{T}_2^{(1)}\right]^{-1}
\end{aligned} \tag{4.36}$$

【注记 4.4】式（4.35）表明，在一阶误差分析理论框架下，矩阵 $(\hat{\boldsymbol{\Omega}}_{\text{t}}^{(1)})^{-1}$ 中的扰动误差 $\Delta\boldsymbol{\Xi}_{\text{t}}^{(1)}$ 并不会实质影响估计值 $\hat{\boldsymbol{u}}_{\text{p}}^{(1)}$ 的统计性能。

下面证明估计值 $\hat{\boldsymbol{u}}_{\text{p}}^{(1)}$ 具有渐近最优性，也就是证明其估计均方误差矩阵可

以渐近逼近相应的克拉美罗界，具体可见如下命题。

【命题 4.2】在一阶误差分析理论框架下，$\mathbf{MSE}(\hat{\boldsymbol{u}}_{\mathrm{p}}^{(1)})=\mathbf{CRB}_{\mathrm{toa\text{-}p}}(\boldsymbol{u})$①。

【证明】首先根据命题 3.1 可知

$$\mathbf{CRB}_{\mathrm{toa\text{-}p}}(\boldsymbol{u})=\left[\left(\frac{\partial\boldsymbol{f}_{\mathrm{toa}}(\boldsymbol{u})}{\partial\boldsymbol{u}^{\mathrm{T}}}\right)^{\mathrm{T}}\boldsymbol{E}_{\mathrm{t}}^{-1}\frac{\partial\boldsymbol{f}_{\mathrm{toa}}(\boldsymbol{u})}{\partial\boldsymbol{u}^{\mathrm{T}}}\right]^{-1} \tag{4.37}$$

式中

$$\frac{\partial\boldsymbol{f}_{\mathrm{toa}}(\boldsymbol{u})}{\partial\boldsymbol{u}^{\mathrm{T}}}=\left[\frac{\boldsymbol{u}-\boldsymbol{s}_1}{\|\boldsymbol{u}-\boldsymbol{s}_1\|_2}\quad\frac{\boldsymbol{u}-\boldsymbol{s}_2}{\|\boldsymbol{u}-\boldsymbol{s}_2\|_2}\quad\cdots\quad\frac{\boldsymbol{u}-\boldsymbol{s}_M}{\|\boldsymbol{u}-\boldsymbol{s}_M\|_2}\right]^{\mathrm{T}}\in\mathbf{R}^{M\times 3} \tag{4.38}$$

然后将式（4.29）代入式（4.36）中可得

$$\begin{aligned}\mathbf{MSE}(\hat{\boldsymbol{u}}_{\mathrm{p}}^{(1)})&=\left[\boldsymbol{T}_2^{(1)\mathrm{T}}\boldsymbol{W}^{(1)\mathrm{T}}(\boldsymbol{B}_{\mathrm{t}}^{(1)}(\boldsymbol{u})\boldsymbol{E}_{\mathrm{t}}(\boldsymbol{B}_{\mathrm{t}}^{(1)}(\boldsymbol{u}))^{\mathrm{T}})^{-1}\boldsymbol{W}^{(1)}\boldsymbol{T}_2^{(1)}\right]^{-1}\\&=\left[\boldsymbol{T}_2^{(1)\mathrm{T}}\boldsymbol{W}^{(1)\mathrm{T}}(\boldsymbol{B}_{\mathrm{t}}^{(1)}(\boldsymbol{u}))^{-\mathrm{T}}\boldsymbol{E}_{\mathrm{t}}^{-1}(\boldsymbol{B}_{\mathrm{t}}^{(1)}(\boldsymbol{u}))^{-1}\boldsymbol{W}^{(1)}\boldsymbol{T}_2^{(1)}\right]^{-1}\end{aligned} \tag{4.39}$$

对比式（4.37）和式（4.39）可知，下面仅需要证明

$$\frac{\partial\boldsymbol{f}_{\mathrm{toa}}(\boldsymbol{u})}{\partial\boldsymbol{u}^{\mathrm{T}}}=-(\boldsymbol{B}_{\mathrm{t}}^{(1)}(\boldsymbol{u}))^{-1}\boldsymbol{W}^{(1)}\boldsymbol{T}_2^{(1)} \tag{4.40}$$

考虑等式$\boldsymbol{W}^{(1)}\boldsymbol{\beta}^{(1)}(\boldsymbol{u})=\boldsymbol{W}^{(1)}\boldsymbol{T}^{(1)}\begin{bmatrix}1\\\boldsymbol{u}\end{bmatrix}=\boldsymbol{O}_{M\times 1}$，将该等式两边对向量$\boldsymbol{u}$求导可得

$$\begin{aligned}&\boldsymbol{W}^{(1)}\boldsymbol{T}^{(1)}\frac{\partial}{\partial\boldsymbol{u}^{\mathrm{T}}}\left(\begin{bmatrix}1\\\boldsymbol{u}\end{bmatrix}\right)+\frac{\partial(\boldsymbol{W}^{(1)}\boldsymbol{\beta}^{(1)}(\boldsymbol{u}))}{\partial\boldsymbol{r}^{\mathrm{T}}}\frac{\partial\boldsymbol{r}}{\partial\boldsymbol{u}^{\mathrm{T}}}\\&=\boldsymbol{W}^{(1)}\boldsymbol{T}^{(1)}\begin{bmatrix}\boldsymbol{O}_{1\times 3}\\\boldsymbol{I}_3\end{bmatrix}+\boldsymbol{B}_{\mathrm{t}}^{(1)}(\boldsymbol{u})\frac{\partial\boldsymbol{f}_{\mathrm{toa}}(\boldsymbol{u})}{\partial\boldsymbol{u}^{\mathrm{T}}}\\&=\boldsymbol{W}^{(1)}\boldsymbol{T}_2^{(1)}+\boldsymbol{B}_{\mathrm{t}}^{(1)}(\boldsymbol{u})\frac{\partial\boldsymbol{f}_{\mathrm{toa}}(\boldsymbol{u})}{\partial\boldsymbol{u}^{\mathrm{T}}}=\boldsymbol{O}_{M\times 3}\end{aligned} \tag{4.41}$$

由式（4.41）可知式（4.40）成立。证毕。

4.2.5 仿真实验

假设利用 5 个传感器获得的 TOA 信息（也即距离信息）对辐射源进行定位，传感器三维位置坐标如表 4.1 所示，距离观测误差$\boldsymbol{\varepsilon}_{\mathrm{t}}$服从均值为零、协方差矩阵为$\boldsymbol{E}_{\mathrm{t}}=\sigma_{\mathrm{t}}^2\boldsymbol{I}_M$的高斯分布。

① 这里使用下角标“toa”来表征此克拉美罗界是基于 TOA 观测信息推导出来的。

表 4.1　传感器三维位置坐标　　　　（单位：m）

传感器序号	1	2	3	4	5
$x_m^{(\mathrm{s})}$	1100	−2100	1700	1600	−1600
$y_m^{(\mathrm{s})}$	1700	1500	−1900	1500	−1200
$z_m^{(\mathrm{s})}$	1400	1800	2200	−1800	−1700

首先将辐射源位置向量设为 $\boldsymbol{u}=[4500\ \ 5200\ \ 2500]^{\mathrm{T}}$ (m)，将标准差设为 $\sigma_{\mathrm{t}}=1$，图 4.2 给出了定位结果散布图与定位误差椭圆曲线；图 4.3 给出了定位结果散布图与误差概率圆环曲线。

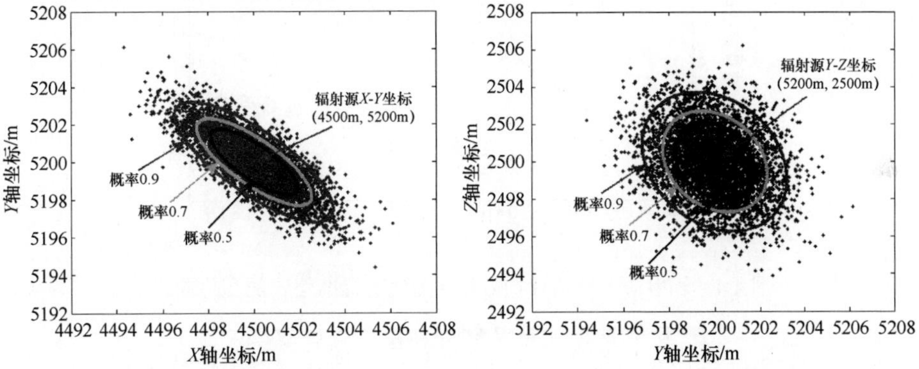

(a)　X-Y坐标平面　　　　(b)　Y-Z坐标平面

图 4.2　定位结果散布图与定位误差椭圆曲线

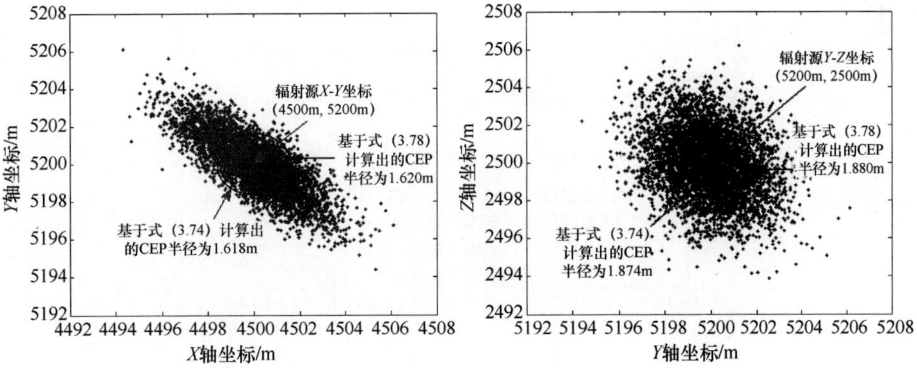

(a)　X-Y坐标平面　　　　(b)　Y-Z坐标平面

图 4.3　定位结果散布图与误差概率圆环曲线

然后将辐射源坐标设为两种情形：第 1 种是近场源，其位置向量为 $\boldsymbol{u}=[1500\ 2000\ 2500]^{\mathrm{T}}$ (m)；第 2 种是远场源，其位置向量为 $\boldsymbol{u}=[7500\ 8500\ 9500]^{\mathrm{T}}$ (m)。

改变标准差 σ_t 的数值，图 4.4 给出了辐射源位置估计均方根误差随着标准差 σ_t 的变化曲线；图 4.5 给出了辐射源定位成功概率随着标准差 σ_t 的变化曲线（图中的理论值是根据式（3.29）和式（3.36）计算得出的，其中 $\delta = 3\,\mathrm{m}$）。

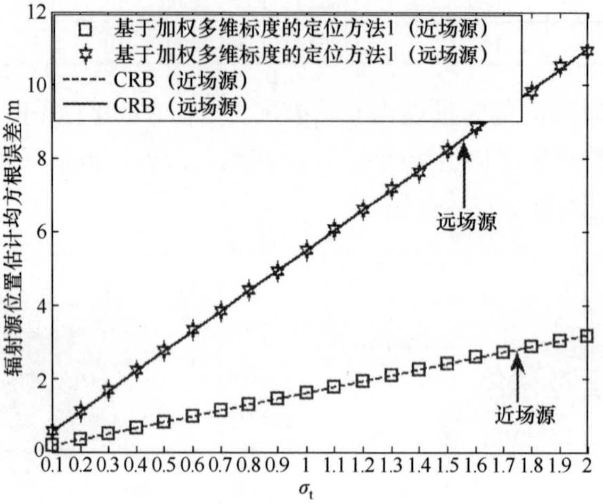

图 4.4　辐射源位置估计均方根误差随着标准差 σ_t 的变化曲线

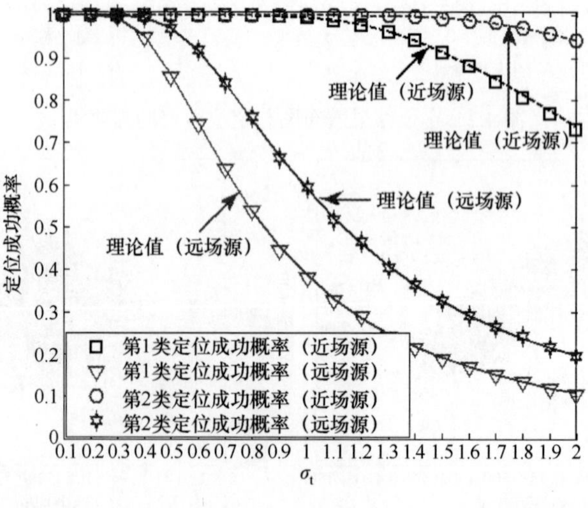

图 4.5　辐射源定位成功概率随着标准差 σ_t 的变化曲线

最后将标准差 σ_t 设为两种情形：第 1 种是 $\sigma_t = 1$；第 2 种是 $\sigma_t = 2$，将辐射源位置向量设为 $\boldsymbol{u} = [2000\ \ 2000\ \ 2000]^{\mathrm{T}} + [200\ \ 200\ \ 200]^{\mathrm{T}} k$（m）①。改变参

① 参数 k 越大，辐射源与传感器之间的距离越远。

数 k 的数值，图 4.6 给出了辐射源位置估计均方根误差随着参数 k 的变化曲线；图 4.7 给出了辐射源定位成功概率随着参数 k 的变化曲线（图中的理论值是根据式（3.29）和式（3.36）计算得出的，其中 $\delta = 3\,\text{m}$）。

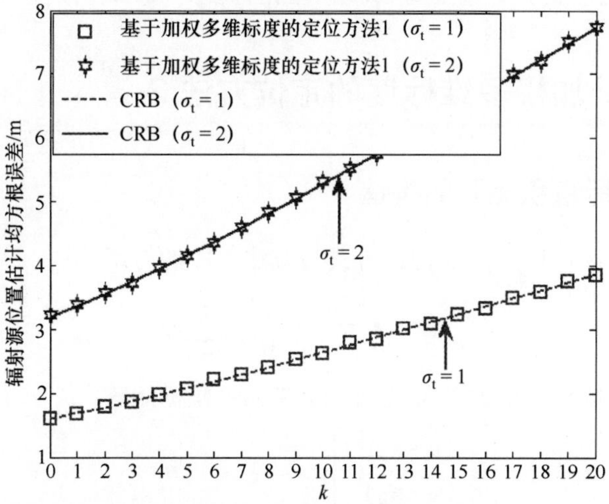

图 4.6　辐射源位置估计均方根误差随着参数 k 的变化曲线

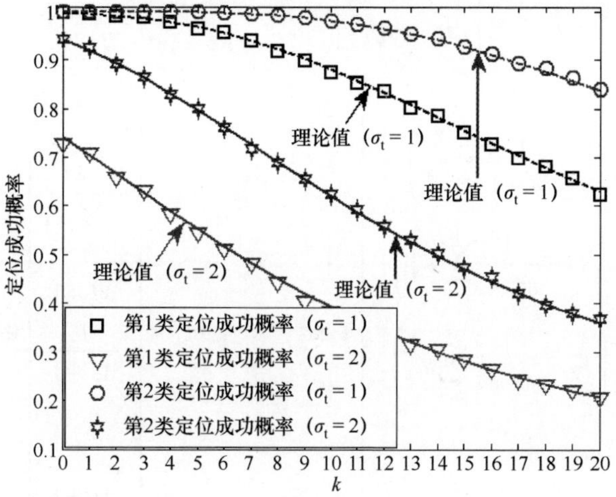

图 4.7　辐射源定位成功概率随着参数 k 的变化曲线

从图 4.4～图 4.7 可以看出：（1）基于加权多维标度定位方法 1 的辐射源位置估计均方根误差可以达到克拉美罗界（见图 4.4 和图 4.6），这验证了 4.2.4 节理论性能分析的有效性；（2）随着辐射源与传感器距离的增加，其定位精度会逐渐降低（见图 4.6 和图 4.7），其对近场源的定位精度要高于对远场源的定位精度（见图 4.4 和图 4.5）；（3）两类定位成功概率的理论值和仿真值相互吻合，并且在相同条件下第 2 类定位成功概率高于第 1 类定位成功概率（见图 4.5 和图 4.7），这验证了 3.2 节理论性能分析的有效性。

4.3 基于加权多维标度的定位方法 2

4.3.1 标量积矩阵的构造

方法 2 中标量积矩阵的构造方式与方法 1 中的有所不同。首先令

$$\boldsymbol{s}_{\boldsymbol{u}} = \frac{1}{M+1}\boldsymbol{u} + \frac{1}{M+1}\sum_{m=1}^{M}\boldsymbol{s}_m \tag{4.42}$$

利用传感器和辐射源的位置向量定义如下坐标矩阵[①]：

$$\boldsymbol{S}_{\boldsymbol{u}}^{(2)} = \begin{bmatrix} (\boldsymbol{u}-\boldsymbol{s}_{\boldsymbol{u}})^{\mathrm{T}} \\ (\boldsymbol{s}_1-\boldsymbol{s}_{\boldsymbol{u}})^{\mathrm{T}} \\ (\boldsymbol{s}_2-\boldsymbol{s}_{\boldsymbol{u}})^{\mathrm{T}} \\ \vdots \\ (\boldsymbol{s}_M-\boldsymbol{s}_{\boldsymbol{u}})^{\mathrm{T}} \end{bmatrix} = \boldsymbol{S}^{(2)} - \boldsymbol{n}_M\boldsymbol{u}^{\mathrm{T}} \in \mathbf{R}^{(M+1)\times 3} \tag{4.43}$$

式中

$$\boldsymbol{S}^{(2)} = \begin{bmatrix} \left(-\dfrac{1}{M+1}\sum_{m=1}^{M}\boldsymbol{s}_m\right)^{\mathrm{T}} \\ \left(\boldsymbol{s}_1-\dfrac{1}{M+1}\sum_{m=1}^{M}\boldsymbol{s}_m\right)^{\mathrm{T}} \\ \left(\boldsymbol{s}_2-\dfrac{1}{M+1}\sum_{m=1}^{M}\boldsymbol{s}_m\right)^{\mathrm{T}} \\ \vdots \\ \left(\boldsymbol{s}_M-\dfrac{1}{M+1}\sum_{m=1}^{M}\boldsymbol{s}_m\right)^{\mathrm{T}} \end{bmatrix} \in \mathbf{R}^{(M+1)\times 3}\ ,\ \boldsymbol{n}_M = \begin{bmatrix} -\dfrac{M}{M+1} \\ \dfrac{1}{M+1} \\ \dfrac{1}{M+1} \\ \vdots \\ \dfrac{1}{M+1} \end{bmatrix} \in \mathbf{R}^{(M+1)\times 1} \tag{4.44}$$

假设 $\boldsymbol{S}_{\boldsymbol{u}}^{(2)}$ 为列满秩矩阵，即有 $\mathrm{rank}[\boldsymbol{S}_{\boldsymbol{u}}^{(2)}]=3$。然后构造如下标量积矩阵：

① 本节中的数学符号大多使用上角标“(2)”，这是为了突出其是对应于第 2 种定位方法。

$$
\begin{aligned}
\boldsymbol{W}^{(2)} &= \boldsymbol{S}_{\boldsymbol{u}}^{(2)}\boldsymbol{S}_{\boldsymbol{u}}^{(2)\mathrm{T}} \\
&= \begin{bmatrix}
\|\boldsymbol{u}-\boldsymbol{s}_{\boldsymbol{u}}\|_2^2 & (\boldsymbol{u}-\boldsymbol{s}_{\boldsymbol{u}})^{\mathrm{T}}(\boldsymbol{s}_1-\boldsymbol{s}_{\boldsymbol{u}}) & (\boldsymbol{u}-\boldsymbol{s}_{\boldsymbol{u}})^{\mathrm{T}}(\boldsymbol{s}_2-\boldsymbol{s}_{\boldsymbol{u}}) & \cdots & (\boldsymbol{u}-\boldsymbol{s}_{\boldsymbol{u}})^{\mathrm{T}}(\boldsymbol{s}_M-\boldsymbol{s}_{\boldsymbol{u}}) \\
(\boldsymbol{u}-\boldsymbol{s}_{\boldsymbol{u}})^{\mathrm{T}}(\boldsymbol{s}_1-\boldsymbol{s}_{\boldsymbol{u}}) & \|\boldsymbol{s}_1-\boldsymbol{s}_{\boldsymbol{u}}\|_2^2 & (\boldsymbol{s}_1-\boldsymbol{s}_{\boldsymbol{u}})^{\mathrm{T}}(\boldsymbol{s}_2-\boldsymbol{s}_{\boldsymbol{u}}) & \cdots & (\boldsymbol{s}_1-\boldsymbol{s}_{\boldsymbol{u}})^{\mathrm{T}}(\boldsymbol{s}_M-\boldsymbol{s}_{\boldsymbol{u}}) \\
(\boldsymbol{u}-\boldsymbol{s}_{\boldsymbol{u}})^{\mathrm{T}}(\boldsymbol{s}_2-\boldsymbol{s}_{\boldsymbol{u}}) & (\boldsymbol{s}_1-\boldsymbol{s}_{\boldsymbol{u}})^{\mathrm{T}}(\boldsymbol{s}_2-\boldsymbol{s}_{\boldsymbol{u}}) & \|\boldsymbol{s}_2-\boldsymbol{s}_{\boldsymbol{u}}\|_2^2 & \cdots & (\boldsymbol{s}_2-\boldsymbol{s}_{\boldsymbol{u}})^{\mathrm{T}}(\boldsymbol{s}_M-\boldsymbol{s}_{\boldsymbol{u}}) \\
\vdots & \vdots & \vdots & \ddots & \vdots \\
(\boldsymbol{u}-\boldsymbol{s}_{\boldsymbol{u}})^{\mathrm{T}}(\boldsymbol{s}_M-\boldsymbol{s}_{\boldsymbol{u}}) & (\boldsymbol{s}_1-\boldsymbol{s}_{\boldsymbol{u}})^{\mathrm{T}}(\boldsymbol{s}_M-\boldsymbol{s}_{\boldsymbol{u}}) & (\boldsymbol{s}_2-\boldsymbol{s}_{\boldsymbol{u}})^{\mathrm{T}}(\boldsymbol{s}_M-\boldsymbol{s}_{\boldsymbol{u}}) & \cdots & \|\boldsymbol{s}_M-\boldsymbol{s}_{\boldsymbol{u}}\|_2^2
\end{bmatrix} \\
&\in \mathbf{R}^{(M+1)\times(M+1)}
\end{aligned}
\tag{4.45}
$$

根据命题2.12可知，矩阵$\boldsymbol{W}^{(2)}$可以表示为

$$
\boldsymbol{W}^{(2)} = -\frac{1}{2}\boldsymbol{L}_M\boldsymbol{D}_M\boldsymbol{L}_M \tag{4.46}
$$

式中

$$
\begin{cases}
\boldsymbol{D}_M = \begin{bmatrix}
0 & r_1^2 & r_2^2 & \cdots & r_M^2 \\
r_1^2 & d_{11}^2 & d_{12}^2 & \cdots & d_{1M}^2 \\
r_2^2 & d_{12}^2 & d_{22}^2 & \cdots & d_{2M}^2 \\
\vdots & \vdots & \vdots & \ddots & \vdots \\
r_M^2 & d_{1M}^2 & d_{2M}^2 & \cdots & d_{MM}^2
\end{bmatrix} \in \mathbf{R}^{(M+1)\times(M+1)} \\
\boldsymbol{L}_M = \boldsymbol{I}_{M+1} - \dfrac{1}{M+1}\boldsymbol{1}_{(M+1)\times(M+1)} \in \mathbf{R}^{(M+1)\times(M+1)}
\end{cases}
\tag{4.47}
$$

式（4.46）和式（4.47）提供了构造矩阵$\boldsymbol{W}^{(2)}$的计算公式，相比于方法1中的标量积矩阵$\boldsymbol{W}^{(1)}$，方法2中的标量积矩阵$\boldsymbol{W}^{(2)}$的阶数增加了1维。现对矩阵$\boldsymbol{W}^{(2)}$进行特征值分解可得

$$
\boldsymbol{W}^{(2)} = \boldsymbol{Q}^{(2)}\boldsymbol{\Lambda}^{(2)}\boldsymbol{Q}^{(2)\mathrm{T}} \tag{4.48}
$$

式中，$\boldsymbol{Q}^{(2)} = [\boldsymbol{q}_1^{(2)}\ \ \boldsymbol{q}_2^{(2)}\ \ \cdots\ \ \boldsymbol{q}_{M+1}^{(2)}]$为特征向量构成的矩阵；$\boldsymbol{\Lambda}^{(2)} = \mathrm{diag}[\lambda_1^{(2)}\ \ \lambda_2^{(2)}\ \ \cdots\ \ \lambda_{M+1}^{(2)}]$为特征值构成的对角矩阵，并且假设$\lambda_1^{(2)} \geqslant \lambda_2^{(2)} \geqslant \cdots \geqslant \lambda_{M+1}^{(2)}$。由于$\mathrm{rank}[\boldsymbol{W}^{(2)}] = \mathrm{rank}[\boldsymbol{S}_{\boldsymbol{u}}^{(2)}] = 3$，则有$\lambda_4^{(2)} = \lambda_5^{(2)} = \cdots = \lambda_{M+1}^{(2)} = 0$。若令$\boldsymbol{Q}_{\mathrm{sg}}^{(2)} = [\boldsymbol{q}_1^{(2)}\ \ \boldsymbol{q}_2^{(2)}\ \ \boldsymbol{q}_3^{(2)}]$、$\boldsymbol{Q}_{\mathrm{no}}^{(2)} = [\boldsymbol{q}_4^{(2)}\ \ \boldsymbol{q}_5^{(2)}\ \ \cdots\ \ \boldsymbol{q}_{M+1}^{(2)}]$及$\boldsymbol{\Lambda}_{\mathrm{sg}}^{(2)} = \mathrm{diag}\,[\lambda_1^{(2)}\ \ \lambda_2^{(2)}\ \ \lambda_3^{(2)}]$，则可以将矩阵$\boldsymbol{W}^{(2)}$表示为

$$
\boldsymbol{W}^{(2)} = \boldsymbol{Q}_{\mathrm{sg}}^{(2)}\boldsymbol{\Lambda}_{\mathrm{sg}}^{(2)}\boldsymbol{Q}_{\mathrm{sg}}^{(2)\mathrm{T}} \tag{4.49}
$$

再利用特征向量之间的正交性可得

$$
\boldsymbol{Q}_{\mathrm{no}}^{(2)\mathrm{T}}\boldsymbol{W}^{(2)}\boldsymbol{Q}_{\mathrm{no}}^{(2)} = \boldsymbol{O}_{(M-2)\times(M-2)} \tag{4.50}
$$

【注记4.5】本章将矩阵$\boldsymbol{Q}_{\mathrm{sg}}^{(2)}$的列空间称为信号子空间（$\boldsymbol{Q}_{\mathrm{sg}}^{(2)}$也称为信号子空

间矩阵），将矩阵$\boldsymbol{Q}_{\text{no}}^{(2)}$的列空间称为噪声子空间（$\boldsymbol{Q}_{\text{no}}^{(2)}$也称为噪声子空间矩阵）。

4.3.2 一个重要的关系式

类似于命题 4.1，这里可以得到如下结论。

【命题 4.3】 假设$\begin{bmatrix} \boldsymbol{n}_M^{\text{T}} \\ \boldsymbol{S}^{(2)\text{T}} \end{bmatrix}$是行满秩矩阵，则有

$$\boldsymbol{Q}_{\text{sg}}^{(2)\text{T}} \begin{bmatrix} \boldsymbol{n}_M^{\text{T}} \\ \boldsymbol{S}^{(2)\text{T}} \end{bmatrix}^{\dagger} \begin{bmatrix} 1 \\ \boldsymbol{u} \end{bmatrix} = \boldsymbol{Q}_{\text{sg}}^{(2)\text{T}} [\boldsymbol{n}_M \ \ \boldsymbol{S}^{(2)}] \begin{bmatrix} \boldsymbol{n}_M^{\text{T}}\boldsymbol{n}_M & \boldsymbol{n}_M^{\text{T}}\boldsymbol{S}^{(2)} \\ \boldsymbol{S}^{(2)\text{T}}\boldsymbol{n}_M & \boldsymbol{S}^{(2)\text{T}}\boldsymbol{S}^{(2)} \end{bmatrix}^{-1} \begin{bmatrix} 1 \\ \boldsymbol{u} \end{bmatrix} = \boldsymbol{O}_{3\times 1} \tag{4.51}$$

命题 4.3 的证明与命题 4.1 的证明类似，限于篇幅这里不再重复阐述。式（4.51）给出的关系式至关重要，但并不是最终的关系式。将式（4.51）两边左乘以$\boldsymbol{Q}_{\text{sg}}^{(2)}\boldsymbol{\varLambda}_{\text{sg}}^{(2)}$可得

$$\begin{aligned} \boldsymbol{O}_{(M+1)\times 1} &= \boldsymbol{Q}_{\text{sg}}^{(2)}\boldsymbol{\varLambda}_{\text{sg}}^{(2)}\boldsymbol{Q}_{\text{sg}}^{(2)\text{T}} [\boldsymbol{n}_M \ \ \boldsymbol{S}^{(2)}] \begin{bmatrix} \boldsymbol{n}_M^{\text{T}}\boldsymbol{n}_M & \boldsymbol{n}_M^{\text{T}}\boldsymbol{S}^{(2)} \\ \boldsymbol{S}^{(2)\text{T}}\boldsymbol{n}_M & \boldsymbol{S}^{(2)\text{T}}\boldsymbol{S}^{(2)} \end{bmatrix}^{-1} \begin{bmatrix} 1 \\ \boldsymbol{u} \end{bmatrix} \\ &= \boldsymbol{W}^{(2)} [\boldsymbol{n}_M \ \ \boldsymbol{S}^{(2)}] \begin{bmatrix} \boldsymbol{n}_M^{\text{T}}\boldsymbol{n}_M & \boldsymbol{n}_M^{\text{T}}\boldsymbol{S}^{(2)} \\ \boldsymbol{S}^{(2)\text{T}}\boldsymbol{n}_M & \boldsymbol{S}^{(2)\text{T}}\boldsymbol{S}^{(2)} \end{bmatrix}^{-1} \begin{bmatrix} 1 \\ \boldsymbol{u} \end{bmatrix} \end{aligned} \tag{4.52}$$

式中，第 2 个等号处的运算利用了式（4.49）。式（4.52）即为最终确定的关系式，它建立了关于辐射源位置向量$\boldsymbol{u}$的伪线性等式，其中一共包含$M+1$个等式，而 TOA 观测量仅为M个，这意味着该关系式是存在冗余的。

4.3.3 定位原理与方法

下面将基于式（4.52）构建确定辐射源位置向量$\boldsymbol{u}$的估计准则，并且推导其最优解。为了简化数学表述，首先定义如下矩阵和向量：

$$\boldsymbol{T}^{(2)} = [\boldsymbol{n}_M \ \ \boldsymbol{S}^{(2)}] \begin{bmatrix} \boldsymbol{n}_M^{\text{T}}\boldsymbol{n}_M & \boldsymbol{n}_M^{\text{T}}\boldsymbol{S}^{(2)} \\ \boldsymbol{S}^{(2)\text{T}}\boldsymbol{n}_M & \boldsymbol{S}^{(2)\text{T}}\boldsymbol{S}^{(2)} \end{bmatrix}^{-1} \in \mathbf{R}^{(M+1)\times 4} \ , \ \boldsymbol{\beta}^{(2)}(\boldsymbol{u}) = \boldsymbol{T}^{(2)} \begin{bmatrix} 1 \\ \boldsymbol{u} \end{bmatrix} \in \mathbf{R}^{(M+1)\times 1} \tag{4.53}$$

结合式（4.52）和式（4.53）可得

$$\boldsymbol{W}^{(2)}\boldsymbol{\beta}^{(2)}(\boldsymbol{u}) = \boldsymbol{W}^{(2)}\boldsymbol{T}^{(2)} \begin{bmatrix} 1 \\ \boldsymbol{u} \end{bmatrix} = \boldsymbol{O}_{(M+1)\times 1} \tag{4.54}$$

1. 一阶误差扰动分析

在实际定位过程中，标量积矩阵$\boldsymbol{W}^{(2)}$的真实值是未知的，因为其中的真实距离$\{r_m\}_{1\leqslant m\leqslant M}$仅能用其观测值$\{\hat{r}_m\}_{1\leqslant m\leqslant M}$来代替，这必然会引入观测误差。不

妨将含有观测误差的标量积矩阵$\boldsymbol{W}^{(2)}$记为$\hat{\boldsymbol{W}}^{(2)}$，于是利用式（4.46）和式（4.47）可知，矩阵$\hat{\boldsymbol{W}}^{(2)}$可以表示为

$$\hat{\boldsymbol{W}}^{(2)}=-\frac{1}{2}\boldsymbol{L}_M\begin{bmatrix}0 & \hat{r}_1^2 & \hat{r}_2^2 & \cdots & \hat{r}_M^2\\ \hat{r}_1^2 & d_{11}^2 & d_{12}^2 & \cdots & d_{1M}^2\\ \hat{r}_2^2 & d_{12}^2 & d_{22}^2 & \cdots & d_{2M}^2\\ \vdots & \vdots & \vdots & \ddots & \vdots\\ \hat{r}_M^2 & d_{1M}^2 & d_{2M}^2 & \cdots & d_{MM}^2\end{bmatrix}\boldsymbol{L}_M \tag{4.55}$$

由于$\boldsymbol{W}^{(2)}\boldsymbol{\beta}^{(2)}(\boldsymbol{u})=\boldsymbol{O}_{(M+1)\times 1}$，于是可以定义如下误差向量：

$$\boldsymbol{\delta}_{\mathrm{t}}^{(2)}=\hat{\boldsymbol{W}}^{(2)}\boldsymbol{\beta}^{(2)}(\boldsymbol{u})=(\boldsymbol{W}^{(2)}+\Delta\boldsymbol{W}_{\mathrm{t}}^{(2)})\boldsymbol{\beta}^{(2)}(\boldsymbol{u})=\Delta\boldsymbol{W}_{\mathrm{t}}^{(2)}\boldsymbol{\beta}^{(2)}(\boldsymbol{u}) \tag{4.56}$$

式中，$\Delta\boldsymbol{W}_{\mathrm{t}}^{(2)}$表示$\hat{\boldsymbol{W}}^{(2)}$中的误差矩阵，即有$\Delta\boldsymbol{W}_{\mathrm{t}}^{(2)}=\hat{\boldsymbol{W}}^{(2)}-\boldsymbol{W}$。若忽略观测误差$\boldsymbol{\varepsilon}_{\mathrm{t}}$的二阶及其以上各阶项，根据式（4.55）可以将误差矩阵$\Delta\boldsymbol{W}_{\mathrm{t}}^{(2)}$近似表示为

$$\Delta\boldsymbol{W}_{\mathrm{t}}^{(2)}\approx-\boldsymbol{L}_M\begin{bmatrix}0 & r_1\varepsilon_{\mathrm{t}1} & r_2\varepsilon_{\mathrm{t}2} & \cdots & r_M\varepsilon_{\mathrm{t}M}\\ r_1\varepsilon_{\mathrm{t}1} & 0 & 0 & \cdots & 0\\ r_2\varepsilon_{\mathrm{t}2} & 0 & 0 & \cdots & 0\\ \vdots & \vdots & \vdots & \ddots & \vdots\\ r_M\varepsilon_{\mathrm{t}M} & 0 & 0 & \cdots & 0\end{bmatrix}\boldsymbol{L}_M \tag{4.57}$$

将式（4.57）代入式（4.56）中可以将误差向量$\boldsymbol{\delta}_{\mathrm{t}}^{(2)}$近似表示为关于观测误差$\boldsymbol{\varepsilon}_{\mathrm{t}}$的线性函数，如下式所示：

$$\boldsymbol{\delta}_{\mathrm{t}}^{(2)}=\Delta\boldsymbol{W}_{\mathrm{t}}^{(2)}\boldsymbol{\beta}^{(2)}(\boldsymbol{u})\approx\boldsymbol{B}_{\mathrm{t}}^{(2)}(\boldsymbol{u})\boldsymbol{\varepsilon}_{\mathrm{t}} \tag{4.58}$$

式中

$$\boldsymbol{B}_{\mathrm{t}}^{(2)}(\boldsymbol{u})=-\left[(\boldsymbol{L}_M\boldsymbol{\beta}^{(2)}(\boldsymbol{u}))^{\mathrm{T}}\otimes\boldsymbol{L}_M\right]\begin{bmatrix}\boldsymbol{O}_{1\times M}\\ \mathrm{diag}[\boldsymbol{r}]\\ \mathrm{diag}[\boldsymbol{r}]\otimes\boldsymbol{i}_{M+1}^{(1)}\end{bmatrix}\in\mathbf{R}^{(M+1)\times M} \tag{4.59}$$

式（4.58）的推导见附录A.3。由式（4.58）可知，误差向量$\boldsymbol{\delta}_{\mathrm{t}}^{(2)}$渐近服从零均值的高斯分布，并且其协方差矩阵为

$$\begin{aligned}\boldsymbol{\Omega}_{\mathrm{t}}^{(2)}&=\mathbf{cov}(\boldsymbol{\delta}_{\mathrm{t}}^{(2)})=\mathrm{E}[\boldsymbol{\delta}_{\mathrm{t}}^{(2)}\boldsymbol{\delta}_{\mathrm{t}}^{(2)\mathrm{T}}]\approx\boldsymbol{B}_{\mathrm{t}}^{(2)}(\boldsymbol{u})\cdot\mathrm{E}[\boldsymbol{\varepsilon}_{\mathrm{t}}\boldsymbol{\varepsilon}_{\mathrm{t}}^{\mathrm{T}}]\cdot(\boldsymbol{B}_{\mathrm{t}}^{(2)}(\boldsymbol{u}))^{\mathrm{T}}\\&=\boldsymbol{B}_{\mathrm{t}}^{(2)}(\boldsymbol{u})\boldsymbol{E}_{\mathrm{t}}(\boldsymbol{B}_{\mathrm{t}}^{(2)}(\boldsymbol{u}))^{\mathrm{T}}\in\mathbf{R}^{(M+1)\times(M+1)}\end{aligned} \tag{4.60}$$

2．定位优化模型及其求解方法

一般而言，矩阵$\boldsymbol{B}_{\mathrm{t}}^{(2)}(\boldsymbol{u})$是列满秩的，即有$\mathrm{rank}[\boldsymbol{B}_{\mathrm{t}}^{(2)}(\boldsymbol{u})]=M$。由此可知，协方差矩阵$\boldsymbol{\Omega}_{\mathrm{t}}^{(2)}$的秩也为$M$，但由于$\boldsymbol{\Omega}_{\mathrm{t}}^{(2)}$是$(M+1)\times(M+1)$阶方阵，这意味着它是秩亏损矩阵，所以无法直接利用该矩阵的逆构建估计准则。下面利用矩

阵奇异值分解重新构造误差向量，以使其协方差矩阵具备满秩性。

首先对矩阵 $\boldsymbol{B}_{\mathrm{t}}^{(2)}(\boldsymbol{u})$ 进行奇异值分解，如下式所示：

$$\boldsymbol{B}_{\mathrm{t}}^{(2)}(\boldsymbol{u})=\boldsymbol{H}\boldsymbol{\Sigma}\boldsymbol{V}^{\mathrm{T}}=\left[\underbrace{\boldsymbol{H}_1}_{(M+1)\times M}\quad\underbrace{\boldsymbol{h}_2}_{(M+1)\times 1}\right]\begin{bmatrix}\underbrace{\boldsymbol{\Sigma}_1}_{M\times M}\\ \boldsymbol{O}_{1\times M}\end{bmatrix}\boldsymbol{V}^{\mathrm{T}}=\boldsymbol{H}_1\boldsymbol{\Sigma}_1\boldsymbol{V}^{\mathrm{T}} \tag{4.61}$$

式中，$\boldsymbol{H}=[\boldsymbol{H}_1\ \ \boldsymbol{h}_2]$ 为 $(M+1)\times(M+1)$ 阶正交矩阵；$\boldsymbol{V}$ 为 $M\times M$ 阶正交矩阵；$\boldsymbol{\Sigma}_1$ 为 $M\times M$ 阶对角矩阵，其中的对角元素为矩阵 $\boldsymbol{B}_{\mathrm{t}}^{(2)}(\boldsymbol{u})$ 的奇异值。为了得到协方差矩阵为满秩的误差向量，可以将矩阵 $\boldsymbol{H}_1^{\mathrm{T}}$ 左乘以误差向量 $\boldsymbol{\delta}_{\mathrm{t}}^{(2)}$，并结合式（4.56）和式（4.58）可得

$$\bar{\boldsymbol{\delta}}_{\mathrm{t}}^{(2)}=\boldsymbol{H}_1^{\mathrm{T}}\boldsymbol{\delta}_{\mathrm{t}}^{(2)}=\boldsymbol{H}_1^{\mathrm{T}}\hat{\boldsymbol{W}}^{(2)}\boldsymbol{\beta}^{(2)}(\boldsymbol{u})=\boldsymbol{H}_1^{\mathrm{T}}\Delta\boldsymbol{W}_{\mathrm{t}}^{(2)}\boldsymbol{\beta}^{(2)}(\boldsymbol{u})\approx\boldsymbol{H}_1^{\mathrm{T}}\boldsymbol{B}_{\mathrm{t}}^{(2)}(\boldsymbol{u})\boldsymbol{\varepsilon}_{\mathrm{t}} \tag{4.62}$$

由式（4.61）可得 $\boldsymbol{H}_1^{\mathrm{T}}\boldsymbol{B}_{\mathrm{t}}^{(2)}(\boldsymbol{u})=\boldsymbol{\Sigma}_1\boldsymbol{V}^{\mathrm{T}}$，将该式代入式（4.62）中可知，误差向量 $\bar{\boldsymbol{\delta}}_{\mathrm{t}}^{(2)}$ 的协方差矩阵为

$$\begin{aligned}\bar{\boldsymbol{\Omega}}_{\mathrm{t}}^{(2)}&=\mathbf{cov}(\bar{\boldsymbol{\delta}}_{\mathrm{t}}^{(2)})=\mathrm{E}[\bar{\boldsymbol{\delta}}_{\mathrm{t}}^{(2)}\bar{\boldsymbol{\delta}}_{\mathrm{t}}^{(2)\mathrm{T}}]=\boldsymbol{H}_1^{\mathrm{T}}\boldsymbol{\Omega}_{\mathrm{t}}^{(2)}\boldsymbol{H}_1\approx\boldsymbol{\Sigma}_1\boldsymbol{V}^{\mathrm{T}}\cdot\mathrm{E}[\boldsymbol{\varepsilon}_{\mathrm{t}}\boldsymbol{\varepsilon}_{\mathrm{t}}^{\mathrm{T}}]\cdot\boldsymbol{V}\boldsymbol{\Sigma}_1^{\mathrm{T}}\\&=\boldsymbol{\Sigma}_1\boldsymbol{V}^{\mathrm{T}}\boldsymbol{E}_{\mathrm{t}}\boldsymbol{V}\boldsymbol{\Sigma}_1^{\mathrm{T}}\in\mathbf{R}^{M\times M}\end{aligned} \tag{4.63}$$

容易验证 $\bar{\boldsymbol{\Omega}}_{\mathrm{t}}^{(2)}$ 为满秩矩阵，并且误差向量 $\bar{\boldsymbol{\delta}}_{\mathrm{t}}^{(2)}$ 的维数为 M，其与 TOA 观测量个数相等，此时可以将估计辐射源位置向量 $\boldsymbol{u}$ 的优化准则表示为

$$\begin{aligned}&\min_{\boldsymbol{u}}\{(\boldsymbol{\beta}^{(2)}(\boldsymbol{u}))^{\mathrm{T}}\hat{\boldsymbol{W}}^{(2)\mathrm{T}}\boldsymbol{H}_1(\bar{\boldsymbol{\Omega}}_{\mathrm{t}}^{(2)})^{-1}\boldsymbol{H}_1^{\mathrm{T}}\hat{\boldsymbol{W}}^{(2)}\boldsymbol{\beta}^{(2)}(\boldsymbol{u})\}\\&=\min_{\boldsymbol{u}}\left\{\begin{bmatrix}1\\ \boldsymbol{u}\end{bmatrix}^{\mathrm{T}}\boldsymbol{T}^{(2)\mathrm{T}}\hat{\boldsymbol{W}}^{(2)\mathrm{T}}\boldsymbol{H}_1(\bar{\boldsymbol{\Omega}}_{\mathrm{t}}^{(2)})^{-1}\boldsymbol{H}_1^{\mathrm{T}}\hat{\boldsymbol{W}}^{(2)}\boldsymbol{T}^{(2)}\begin{bmatrix}1\\ \boldsymbol{u}\end{bmatrix}\right\}\end{aligned} \tag{4.64}$$

式中，$(\bar{\boldsymbol{\Omega}}_{\mathrm{t}}^{(2)})^{-1}$ 可以看作加权矩阵，其作用在于抑制观测误差 $\boldsymbol{\varepsilon}_{\mathrm{t}}$ 的影响。不妨将矩阵 $\boldsymbol{T}^{(2)}$ 分块表示为

$$\boldsymbol{T}^{(2)}=\left[\underbrace{\boldsymbol{t}_1^{(2)}}_{(M+1)\times 1}\quad\underbrace{\boldsymbol{T}_2^{(2)}}_{(M+1)\times 3}\right] \tag{4.65}$$

则可以将式（4.64）重新写为

$$\min_{\boldsymbol{u}}\{(\hat{\boldsymbol{W}}^{(2)}\boldsymbol{T}_2^{(2)}\boldsymbol{u}+\hat{\boldsymbol{W}}^{(2)}\boldsymbol{t}_1^{(2)})^{\mathrm{T}}\boldsymbol{H}_1(\bar{\boldsymbol{\Omega}}_{\mathrm{t}}^{(2)})^{-1}\boldsymbol{H}_1^{\mathrm{T}}(\hat{\boldsymbol{W}}^{(2)}\boldsymbol{T}_2^{(2)}\boldsymbol{u}+\hat{\boldsymbol{W}}^{(2)}\boldsymbol{t}_1^{(2)})\} \tag{4.66}$$

根据命题 2.13 可知，式（4.66）的最优解为

$$\hat{\boldsymbol{u}}_{\mathrm{p}}^{(2)}=-\left[\boldsymbol{T}_2^{(2)\mathrm{T}}\hat{\boldsymbol{W}}^{(2)\mathrm{T}}\boldsymbol{H}_1(\bar{\boldsymbol{\Omega}}_{\mathrm{t}}^{(2)})^{-1}\boldsymbol{H}_1^{\mathrm{T}}\hat{\boldsymbol{W}}^{(2)}\boldsymbol{T}_2^{(2)}\right]^{-1}\boldsymbol{T}_2^{(2)\mathrm{T}}\hat{\boldsymbol{W}}^{(2)\mathrm{T}}\boldsymbol{H}_1(\bar{\boldsymbol{\Omega}}_{\mathrm{t}}^{(2)})^{-1}\boldsymbol{H}_1^{\mathrm{T}}\hat{\boldsymbol{W}}^{(2)}\boldsymbol{t}_1^{(2)} \tag{4.67}$$

【注记 4.6】 由式（4.60）、式（4.61）及式（4.63）可知，加权矩阵 $(\bar{\boldsymbol{\Omega}}_{\mathrm{t}}^{(2)})^{-1}$

与辐射源位置向量 $\boldsymbol{u}$ 有关。因此，严格来说，式（4.66）中的目标函数并不是关于向量 $\boldsymbol{u}$ 的二次函数，针对该问题，可以采用注记 4.1 中描述的方法进行处理。理论分析表明，在一阶误差分析理论框架下，加权矩阵 $(\bar{\boldsymbol{\Omega}}_{\mathrm{t}}^{(2)})^{-1}$ 中的扰动误差并不会实质影响估计值 $\hat{\boldsymbol{u}}_{\mathrm{p}}^{(2)}$ 的统计性能。

图 4.8 给出了本章第 2 种加权多维标度定位方法的流程图。

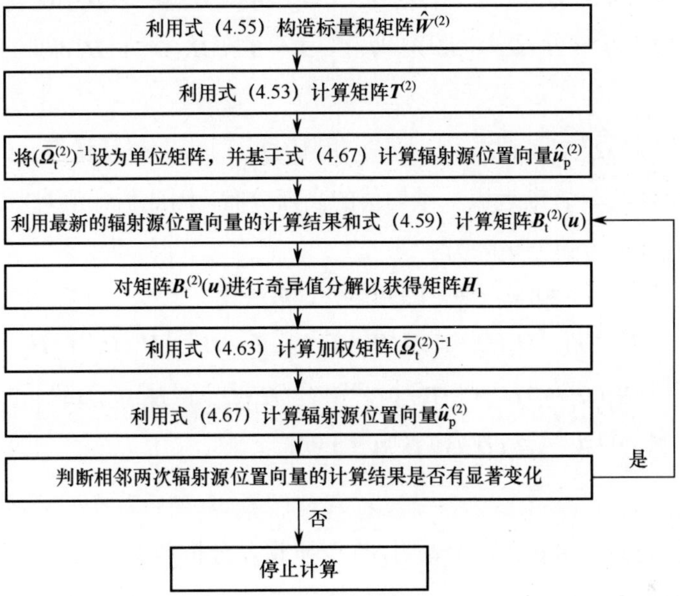

图 4.8　本章第 2 种加权多维标度定位方法的流程图

4.3.4　理论性能分析

下面将推导估计值 $\hat{\boldsymbol{u}}_{\mathrm{p}}^{(2)}$ 的理论性能，主要是推导估计均方误差矩阵，并将其与相应的克拉美罗界进行比较，从而证明其渐近最优性。这里采用的性能分析方法是一阶误差分析方法，即忽略观测误差 $\boldsymbol{\varepsilon}_{\mathrm{t}}$ 的二阶及其以上各阶项。

首先将最优解 $\hat{\boldsymbol{u}}_{\mathrm{p}}^{(2)}$ 中的估计误差记为 $\Delta\boldsymbol{u}_{\mathrm{p}}^{(2)}=\hat{\boldsymbol{u}}_{\mathrm{p}}^{(2)}-\boldsymbol{u}$。基于式（4.67）和注记 4.6 中的讨论可知

$$\boldsymbol{T}_2^{(2)\mathrm{T}}\hat{\boldsymbol{W}}^{(2)\mathrm{T}}\boldsymbol{H}_1(\hat{\bar{\boldsymbol{\Omega}}}_{\mathrm{t}}^{(2)})^{-1}\boldsymbol{H}_1^{\mathrm{T}}\hat{\boldsymbol{W}}^{(2)}\boldsymbol{T}_2^{(2)}(\boldsymbol{u}+\Delta\boldsymbol{u}_{\mathrm{p}}^{(2)})=-\boldsymbol{T}_2^{(2)\mathrm{T}}\hat{\boldsymbol{W}}^{(2)\mathrm{T}}\boldsymbol{H}_1(\hat{\bar{\boldsymbol{\Omega}}}_{\mathrm{t}}^{(2)})^{-1}\boldsymbol{H}_1^{\mathrm{T}}\hat{\boldsymbol{W}}^{(2)}\boldsymbol{t}_1^{(2)} \tag{4.68}$$

式中，$\hat{\bar{\boldsymbol{\Omega}}}_{\mathrm{t}}^{(2)}$ 表示 $\bar{\boldsymbol{\Omega}}_{\mathrm{t}}^{(2)}$ 的估计值。在一阶误差分析框架下，基于式（4.68）可以进一步推得

$$
\begin{aligned}
& \boldsymbol{T}_2^{(2)\mathrm{T}}(\Delta \boldsymbol{W}_{\mathrm{t}}^{(2)})^{\mathrm{T}} \boldsymbol{H}_1(\bar{\boldsymbol{\Omega}}_{\mathrm{t}}^{(2)})^{-1} \boldsymbol{H}_1^{\mathrm{T}} \boldsymbol{W}^{(2)} \boldsymbol{T}_2^{(2)} \boldsymbol{u} + \boldsymbol{T}_2^{(2)\mathrm{T}} \boldsymbol{W}^{(2)\mathrm{T}} \boldsymbol{H}_1(\bar{\boldsymbol{\Omega}}_{\mathrm{t}}^{(2)})^{-1} \boldsymbol{H}_1^{\mathrm{T}} \Delta \boldsymbol{W}_{\mathrm{t}}^{(2)} \boldsymbol{T}_2^{(2)} \boldsymbol{u} \\
& + \boldsymbol{T}_2^{(2)\mathrm{T}} \boldsymbol{W}^{(2)\mathrm{T}} \boldsymbol{H}_1 \Delta \boldsymbol{\Xi}_{\mathrm{t}}^{(2)} \boldsymbol{H}_1^{\mathrm{T}} \boldsymbol{W}^{(2)} \boldsymbol{T}_2^{(2)} \boldsymbol{u} + \boldsymbol{T}_2^{(2)\mathrm{T}} \boldsymbol{W}^{(2)\mathrm{T}} \boldsymbol{H}_1(\bar{\boldsymbol{\Omega}}_{\mathrm{t}}^{(2)})^{-1} \boldsymbol{H}_1^{\mathrm{T}} \boldsymbol{W}^{(2)} \boldsymbol{T}_2^{(2)} \Delta \boldsymbol{u}_{\mathrm{p}}^{(2)} \\
\approx & -\boldsymbol{T}_2^{(2)\mathrm{T}}(\Delta \boldsymbol{W}_{\mathrm{t}}^{(2)})^{\mathrm{T}} \boldsymbol{H}_1(\bar{\boldsymbol{\Omega}}_{\mathrm{t}}^{(2)})^{-1} \boldsymbol{H}_1^{\mathrm{T}} \boldsymbol{W}^{(2)} \boldsymbol{t}_1^{(2)} - \boldsymbol{T}_2^{(2)\mathrm{T}} \boldsymbol{W}^{(2)\mathrm{T}} \boldsymbol{H}_1(\bar{\boldsymbol{\Omega}}_{\mathrm{t}}^{(2)})^{-1} \boldsymbol{H}_1^{\mathrm{T}} \Delta \boldsymbol{W}_{\mathrm{t}}^{(2)} \boldsymbol{t}_1^{(2)} \\
& - \boldsymbol{T}_2^{(2)\mathrm{T}} \boldsymbol{W}^{(2)\mathrm{T}} \boldsymbol{H}_1 \Delta \boldsymbol{\Xi}_{\mathrm{t}}^{(2)} \boldsymbol{H}_1^{\mathrm{T}} \boldsymbol{W}^{(2)} \boldsymbol{t}_1^{(2)} \\
\Rightarrow \Delta \boldsymbol{u}_{\mathrm{p}}^{(2)} & \approx -\left[\boldsymbol{T}_2^{(2)\mathrm{T}} \boldsymbol{W}^{(2)\mathrm{T}} \boldsymbol{H}_1(\bar{\boldsymbol{\Omega}}_{\mathrm{t}}^{(2)})^{-1} \boldsymbol{H}_1^{\mathrm{T}} \boldsymbol{W}^{(2)} \boldsymbol{T}_2^{(2)}\right]^{-1} \boldsymbol{T}_2^{(2)\mathrm{T}} \boldsymbol{W}^{(2)\mathrm{T}} \boldsymbol{H}_1(\bar{\boldsymbol{\Omega}}_{\mathrm{t}}^{(2)})^{-1} \boldsymbol{H}_1^{\mathrm{T}} \Delta \boldsymbol{W}_{\mathrm{t}}^{(2)}(\boldsymbol{T}_2^{(2)} \boldsymbol{u} + \boldsymbol{t}_1^{(2)}) \\
& = -\left[\boldsymbol{T}_2^{(2)\mathrm{T}} \boldsymbol{W}^{(2)\mathrm{T}} \boldsymbol{H}_1(\bar{\boldsymbol{\Omega}}_{\mathrm{t}}^{(2)})^{-1} \boldsymbol{H}_1^{\mathrm{T}} \boldsymbol{W}^{(2)} \boldsymbol{T}_2^{(2)}\right]^{-1} \boldsymbol{T}_2^{(2)\mathrm{T}} \boldsymbol{W}^{(2)\mathrm{T}} \boldsymbol{H}_1(\bar{\boldsymbol{\Omega}}_{\mathrm{t}}^{(2)})^{-1} \boldsymbol{H}_1^{\mathrm{T}} \Delta \boldsymbol{W}_{\mathrm{t}}^{(2)} \boldsymbol{\beta}^{(2)}(\boldsymbol{u}) \\
& = -\left[\boldsymbol{T}_2^{(2)\mathrm{T}} \boldsymbol{W}^{(2)\mathrm{T}} \boldsymbol{H}_1(\bar{\boldsymbol{\Omega}}_{\mathrm{t}}^{(2)})^{-1} \boldsymbol{H}_1^{\mathrm{T}} \boldsymbol{W}^{(2)} \boldsymbol{T}_2^{(2)}\right]^{-1} \boldsymbol{T}_2^{(2)\mathrm{T}} \boldsymbol{W}^{(2)\mathrm{T}} \boldsymbol{H}_1(\bar{\boldsymbol{\Omega}}_{\mathrm{t}}^{(2)})^{-1} \boldsymbol{H}_1^{\mathrm{T}} \boldsymbol{\delta}_{\mathrm{t}}^{(2)}
\end{aligned}
\tag{4.69}
$$

式中，$\Delta\boldsymbol{\Xi}_{\mathrm{t}}^{(2)}=(\hat{\bar{\boldsymbol{\Omega}}}_{\mathrm{t}}^{(2)})^{-1}-(\bar{\boldsymbol{\Omega}}_{\mathrm{t}}^{(2)})^{-1}$，表示矩阵$(\hat{\bar{\boldsymbol{\Omega}}}_{\mathrm{t}}^{(2)})^{-1}$中的扰动误差。由式（4.69）可知，估计误差$\Delta\boldsymbol{u}_{\mathrm{p}}^{(2)}$渐近服从零均值的高斯分布，因此估计值$\hat{\boldsymbol{u}}_{\mathrm{p}}^{(2)}$是渐近无偏估计，并且其均方误差矩阵为

$$
\begin{aligned}
\mathbf{MSE}(\hat{\boldsymbol{u}}_{\mathrm{p}}^{(2)}) &= \mathrm{E}[(\hat{\boldsymbol{u}}_{\mathrm{p}}^{(2)}-\boldsymbol{u})(\hat{\boldsymbol{u}}_{\mathrm{p}}^{(2)}-\boldsymbol{u})^{\mathrm{T}}] = \mathrm{E}[\Delta\boldsymbol{u}_{\mathrm{p}}^{(2)}(\Delta\boldsymbol{u}_{\mathrm{p}}^{(2)})^{\mathrm{T}}] \\
&= \left[\boldsymbol{T}_2^{(2)\mathrm{T}} \boldsymbol{W}^{(2)\mathrm{T}} \boldsymbol{H}_1(\bar{\boldsymbol{\Omega}}_{\mathrm{t}}^{(2)})^{-1} \boldsymbol{H}_1^{\mathrm{T}} \boldsymbol{W}^{(2)} \boldsymbol{T}_2^{(2)}\right]^{-1} \boldsymbol{T}_2^{(2)\mathrm{T}} \boldsymbol{W}^{(2)\mathrm{T}} \boldsymbol{H}_1(\bar{\boldsymbol{\Omega}}_{\mathrm{t}}^{(2)})^{-1} \boldsymbol{H}_1^{\mathrm{T}} \cdot \mathrm{E}[\boldsymbol{\delta}_{\mathrm{t}}^{(2)}\boldsymbol{\delta}_{\mathrm{t}}^{(2)\mathrm{T}}] \\
&\quad \times \boldsymbol{H}_1(\bar{\boldsymbol{\Omega}}_{\mathrm{t}}^{(2)})^{-1} \boldsymbol{H}_1^{\mathrm{T}} \boldsymbol{W}^{(2)} \boldsymbol{T}_2^{(2)} \left[\boldsymbol{T}_2^{(2)\mathrm{T}} \boldsymbol{W}^{(2)\mathrm{T}} \boldsymbol{H}_1(\bar{\boldsymbol{\Omega}}_{\mathrm{t}}^{(2)})^{-1} \boldsymbol{H}_1^{\mathrm{T}} \boldsymbol{W}^{(2)} \boldsymbol{T}_2^{(2)}\right]^{-1} \\
&= \left[\boldsymbol{T}_2^{(2)\mathrm{T}} \boldsymbol{W}^{(2)\mathrm{T}} \boldsymbol{H}_1(\bar{\boldsymbol{\Omega}}_{\mathrm{t}}^{(2)})^{-1} \boldsymbol{H}_1^{\mathrm{T}} \boldsymbol{W}^{(2)} \boldsymbol{T}_2^{(2)}\right]^{-1}
\end{aligned}
\tag{4.70}
$$

【注记 4.7】式（4.69）再次表明，在一阶误差分析理论框架下，矩阵$(\hat{\bar{\boldsymbol{\Omega}}}_{\mathrm{t}}^{(2)})^{-1}$中的扰动误差$\Delta\boldsymbol{\Xi}_{\mathrm{t}}^{(2)}$并不会实质影响估计值$\hat{\boldsymbol{u}}_{\mathrm{p}}^{(2)}$的统计性能。

下面证明估计值$\hat{\boldsymbol{u}}_{\mathrm{p}}^{(2)}$具有渐近最优性，也就是证明其估计均方误差矩阵可以渐近逼近相应的克拉美罗界，具体可见如下命题。

【命题 4.4】在一阶误差分析理论框架下，$\mathbf{MSE}(\hat{\boldsymbol{u}}_{\mathrm{p}}^{(2)})=\mathbf{CRB}_{\mathrm{toa\text{-}p}}(\boldsymbol{u})$。

【证明】首先将式（4.63）代入式（4.70）中可得

$$
\begin{aligned}
\mathbf{MSE}(\hat{\boldsymbol{u}}_{\mathrm{p}}^{(2)}) &= \left[\boldsymbol{T}_2^{(2)\mathrm{T}} \boldsymbol{W}^{(2)\mathrm{T}} \boldsymbol{H}_1(\boldsymbol{\Sigma}_1 \boldsymbol{V}^{\mathrm{T}} \boldsymbol{E}_{\mathrm{t}} \boldsymbol{V} \boldsymbol{\Sigma}_1^{\mathrm{T}})^{-1} \boldsymbol{H}_1^{\mathrm{T}} \boldsymbol{W}^{(2)} \boldsymbol{T}_2^{(2)}\right]^{-1} \\
&= (\boldsymbol{T}_2^{(2)\mathrm{T}} \boldsymbol{W}^{(2)\mathrm{T}} \boldsymbol{H}_1 \boldsymbol{\Sigma}_1^{-\mathrm{T}} \boldsymbol{V}^{-1} \boldsymbol{E}_{\mathrm{t}}^{-1} \boldsymbol{V}^{-\mathrm{T}} \boldsymbol{\Sigma}_1^{-1} \boldsymbol{H}_1^{\mathrm{T}} \boldsymbol{W}^{(2)} \boldsymbol{T}_2^{(2)})^{-1}
\end{aligned}
\tag{4.71}
$$

对比式（4.37）和式（4.71）可知，下面仅需要证明

$$
\frac{\partial \boldsymbol{f}_{\mathrm{toa}}(\boldsymbol{u})}{\partial \boldsymbol{u}^{\mathrm{T}}} = -\boldsymbol{V}^{-\mathrm{T}} \boldsymbol{\Sigma}_1^{-1} \boldsymbol{H}_1^{\mathrm{T}} \boldsymbol{W}^{(2)} \boldsymbol{T}_2^{(2)}
\tag{4.72}
$$

考虑等式$\boldsymbol{W}^{(2)}\boldsymbol{\beta}^{(2)}(\boldsymbol{u})=\boldsymbol{W}^{(2)}\boldsymbol{T}^{(2)}\begin{bmatrix}1\\ \boldsymbol{u}\end{bmatrix}=\boldsymbol{O}_{(M+1)\times 1}$，将该等式两边对向量$\boldsymbol{u}$求导可知

$$\begin{aligned}&\boldsymbol{W}^{(2)}\boldsymbol{T}^{(2)}\frac{\partial}{\partial\boldsymbol{u}^{\mathrm{T}}}\left(\begin{bmatrix}1\\\boldsymbol{u}\end{bmatrix}\right)+\frac{\partial(\boldsymbol{W}^{(2)}\boldsymbol{\beta}^{(2)}(\boldsymbol{u}))}{\partial\boldsymbol{r}^{\mathrm{T}}}\frac{\partial\boldsymbol{r}}{\partial\boldsymbol{u}^{\mathrm{T}}}\\&=\boldsymbol{W}^{(2)}\boldsymbol{T}^{(2)}\begin{bmatrix}\boldsymbol{O}_{1\times3}\\\boldsymbol{I}_3\end{bmatrix}+\boldsymbol{B}_{\mathrm{t}}^{(2)}(\boldsymbol{u})\frac{\partial\boldsymbol{f}_{\mathrm{toa}}(\boldsymbol{u})}{\partial\boldsymbol{u}^{\mathrm{T}}}\\&=\boldsymbol{W}^{(2)}\boldsymbol{T}_2^{(2)}+\boldsymbol{B}_{\mathrm{t}}^{(2)}(\boldsymbol{u})\frac{\partial\boldsymbol{f}_{\mathrm{toa}}(\boldsymbol{u})}{\partial\boldsymbol{u}^{\mathrm{T}}}=\boldsymbol{O}_{(M+1)\times3}\end{aligned}\tag{4.73}$$

再用矩阵 $\boldsymbol{H}_1^{\mathrm{T}}$ 左乘以式（4.73）两边可得

$$\boldsymbol{H}_1^{\mathrm{T}}\boldsymbol{W}^{(2)}\boldsymbol{T}_2^{(2)}+\boldsymbol{H}_1^{\mathrm{T}}\boldsymbol{B}_{\mathrm{t}}^{(2)}(\boldsymbol{u})\frac{\partial\boldsymbol{f}_{\mathrm{toa}}(\boldsymbol{u})}{\partial\boldsymbol{u}^{\mathrm{T}}}=\boldsymbol{H}_1^{\mathrm{T}}\boldsymbol{W}^{(2)}\boldsymbol{T}_2^{(2)}+\boldsymbol{\Sigma}_1\boldsymbol{V}^{\mathrm{T}}\frac{\partial\boldsymbol{f}_{\mathrm{toa}}(\boldsymbol{u})}{\partial\boldsymbol{u}^{\mathrm{T}}}=\boldsymbol{O}_{M\times3}\tag{4.74}$$

由式（4.74）可知式（4.72）成立。证毕。

4.3.5　仿真实验

假设利用 6 个传感器获得的 TOA 信息（也即距离信息）对辐射源进行定位，传感器三维位置坐标如表 4.2 所示，距离观测误差 $\boldsymbol{\varepsilon}_{\mathrm{t}}$ 服从均值为零、协方差矩阵为 $\boldsymbol{E}_{\mathrm{t}}=\sigma_{\mathrm{t}}^2\boldsymbol{I}_M$ 的高斯分布。

表 4.2　传感器三维位置坐标　　（单位：m）

传感器序号	1	2	3	4	5	6
$x_m^{(\mathrm{s})}$	1500	−1100	1900	−1800	−1900	1400
$y_m^{(\mathrm{s})}$	1200	−1700	−1600	1700	−1400	−1700
$z_m^{(\mathrm{s})}$	1100	1400	−1800	−1300	−1300	−1800

首先将辐射源位置向量设为 $\boldsymbol{u}=[-4600\ \ 3800\ \ -5200]^{\mathrm{T}}\,(\mathrm{m})$，将标准差设为 $\sigma_{\mathrm{t}}=1$，图 4.9 给出了定位结果散布图与定位误差椭圆曲线；图 4.10 给出了定位结果散布图与误差概率圆环曲线。

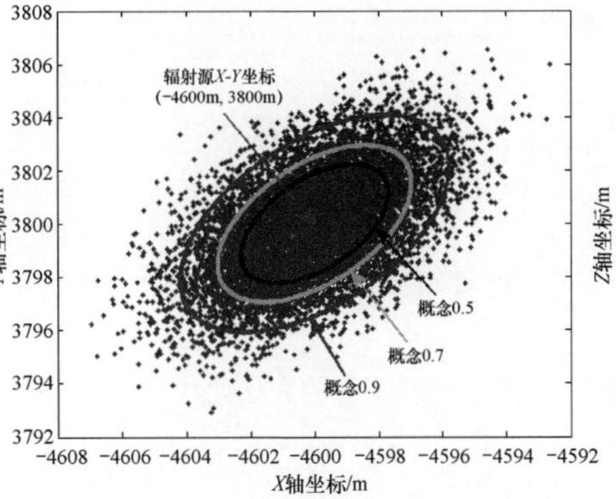

(a) X-Y坐标平面

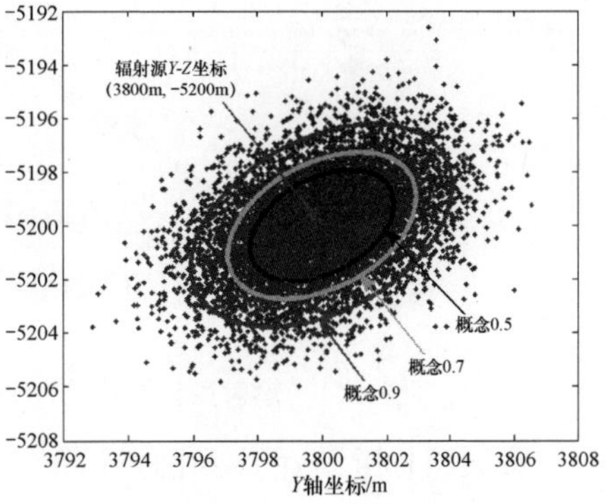

(b) Y-Z坐标平面

图 4.9　定位结果散布图与定位误差椭圆曲线

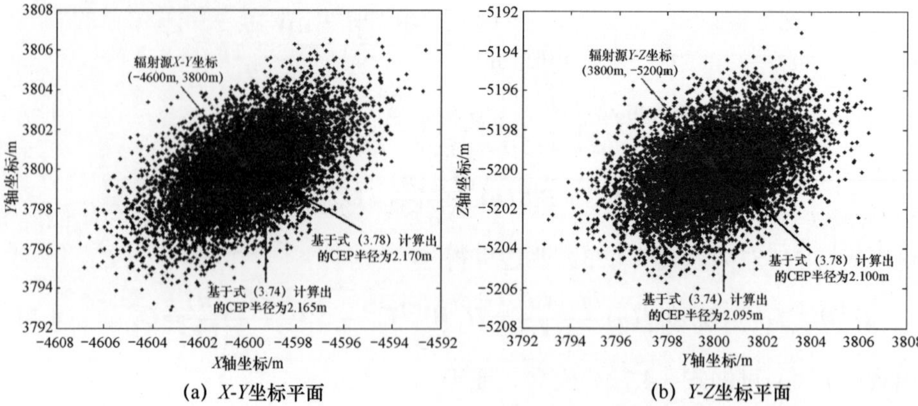

图 4.10　定位结果散布图与误差概率圆环曲线

然后将辐射源坐标设为两种情形：第 1 种是近场源，其位置向量为 $\boldsymbol{u}=[-2400\ \ -2500\ \ -2200]^{\mathrm{T}}$ (m)；第 2 种是远场源，其位置向量为 $\boldsymbol{u}=[-9500\ \ -8900\ \ -9200]^{\mathrm{T}}$ (m)。改变标准差 σ_{t} 的数值，图 4.11 给出了辐射源位置估计均方根误差随着标准差 σ_{t} 的变化曲线；图 4.12 给出了辐射源定位成功概率随着标准差 σ_{t} 的变化曲线（图中的理论值是根据式（3.29）和式（3.36）计算得出的，其中 $\delta=3\,\mathrm{m}$）。

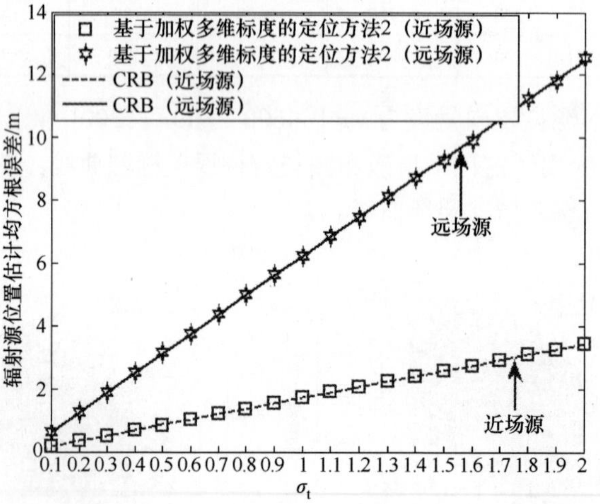

图 4.11　辐射源位置估计均方根误差随着标准差 σ_{t} 的变化曲线

最后将标准差 σ_{t} 设为两种情形：第 1 种是 $\sigma_{\mathrm{t}}=1$；第 2 种是 $\sigma_{\mathrm{t}}=2$，将辐射源位置向量设为 $\boldsymbol{u}=[-1850\ \ -1850\ \ -1850]^{\mathrm{T}}-[250\ \ 250\ \ 250]^{\mathrm{T}}k$ (m)。改变参数 k 的数值，图 4.13 给出了辐射源位置估计均方根误差随着参数 k 的变化曲线；

图 4.14 给出了辐射源定位成功概率随着参数 k 的变化曲线（图中的理论值是根据式（3.29）和式（3.36）计算得出的，其中 $\delta = 3\,\mathrm{m}$）。

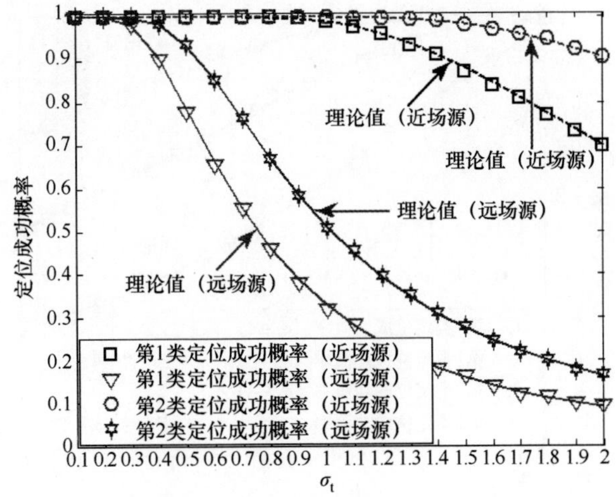

图 4.12　辐射源定位成功概率随着标准差 σ_t 的变化曲线

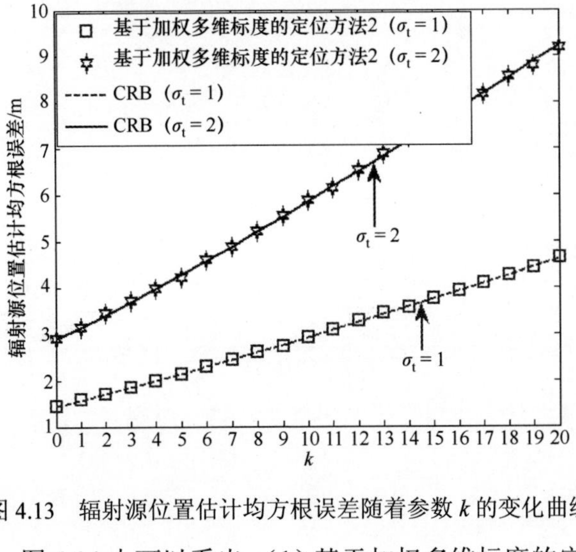

图 4.13　辐射源位置估计均方根误差随着参数 k 的变化曲线

从图 4.11～图 4.14 中可以看出：（1）基于加权多维标度的定位方法 2 的辐射源位置估计均方根误差同样可以达到克拉美罗界（见图 4.11 和图 4.13），这验证了 4.3.4 节理论性能分析的有效性；（2）随着辐射源与传感器距离的增加，其定位精度会逐渐降低（见图 4.13 和图 4.14），其对近场源的定位精度要高于对远场源的定位精度（见图 4.11 和图 4.12）；（3）两类定位成功概率的理论值和仿真值相互吻合，并且在相同条件下第 2 类定位成功概率高于第 1 类定位成功概率（见图 4.12 和图 4.14），这验证了 3.2 节理论性能分析的有效性。

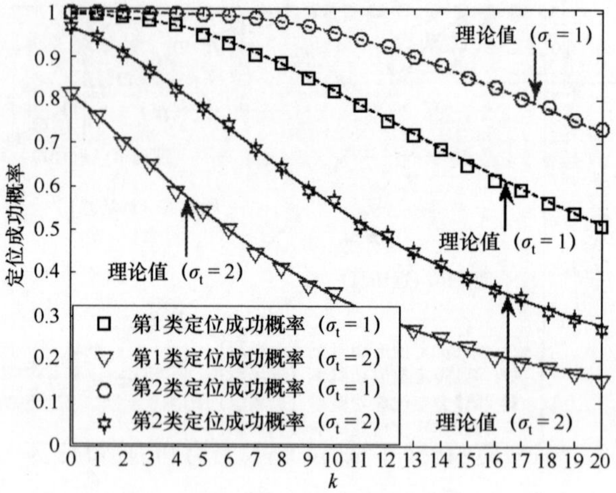

图 4.14　辐射源定位成功概率随着参数 k 的变化曲线

第 5 章 基于 TDOA 观测信息的加权多维标度定位方法

本章将描述基于 TDOA 观测信息的加权多维标度定位原理和方法。通过构造两种不同的标量积矩阵，文中给出了两种加权多维标度定位方法。这两种方法都需要利用拉格朗日乘子技术，并且定位结果都是通过多项式求根的方式给出的。此外，本章还基于含等式约束的一阶误差分析方法，对这两种定位方法的理论性能进行数学分析，并证明它们的定位精度均能逼近相应的克拉美罗界。

5.1 TDOA 观测模型与问题描述

现有 M 个静止传感器利用 TDOA 观测信息对某个静止辐射源进行定位，其中第 m 个传感器的位置向量为 $\boldsymbol{s}_m = [x_m^{(\mathrm{s})} \quad y_m^{(\mathrm{s})} \quad z_m^{(\mathrm{s})}]^{\mathrm{T}}$ $(1 \leqslant m \leqslant M)$，它们均为已知量；辐射源的位置向量为 $\boldsymbol{u} = [x^{(\mathrm{u})} \quad y^{(\mathrm{u})} \quad z^{(\mathrm{u})}]^{\mathrm{T}}$，它是未知量。由于 TDOA 信息可以等价为距离差信息①，为了方便起见，下面直接利用距离差观测量进行建模和分析。

不失一般性，将第 1 个传感器设为参考，并且将辐射源与第 m 个传感器的距离记为 $r_m = \|\boldsymbol{u} - \boldsymbol{s}_m\|_2$，于是辐射源与传感器之间的距离差可以表示为

$$\rho_m = r_m - r_1 = \|\boldsymbol{u} - \boldsymbol{s}_m\|_2 - \|\boldsymbol{u} - \boldsymbol{s}_1\|_2 \quad (2 \leqslant m \leqslant M) \tag{5.1}$$

实际中获得的距离差观测量是含有误差的，可以表示为

$$\hat{\rho}_m = \rho_m + \varepsilon_{\mathrm{t}m} = \|\boldsymbol{u} - \boldsymbol{s}_m\|_2 - \|\boldsymbol{u} - \boldsymbol{s}_1\|_2 + \varepsilon_{\mathrm{t}m} \quad (2 \leqslant m \leqslant M) \tag{5.2}$$

式中，$\varepsilon_{\mathrm{t}m}$ 表示观测误差。将式（5.2）写成向量形式可得

---

① 若信号传播速度已知，则距离差与到达时间差是可以相互转化的。

$$\hat{\boldsymbol{\rho}}=\boldsymbol{\rho}+\boldsymbol{\varepsilon}_{\mathrm{t}}=\begin{bmatrix}\|\boldsymbol{u}-\boldsymbol{s}_2\|_2-\|\boldsymbol{u}-\boldsymbol{s}_1\|_2\\ \|\boldsymbol{u}-\boldsymbol{s}_3\|_2-\|\boldsymbol{u}-\boldsymbol{s}_1\|_2\\ \vdots\\ \|\boldsymbol{u}-\boldsymbol{s}_M\|_2-\|\boldsymbol{u}-\boldsymbol{s}_1\|_2\end{bmatrix}+\begin{bmatrix}\varepsilon_{\mathrm{t}2}\\ \varepsilon_{\mathrm{t}3}\\ \vdots\\ \varepsilon_{\mathrm{t}M}\end{bmatrix}=\boldsymbol{f}_{\mathrm{tdoa}}(\boldsymbol{u})+\boldsymbol{\varepsilon}_{\mathrm{t}} \tag{5.3}$$

式中①

$$\begin{cases}\boldsymbol{\rho}=\boldsymbol{f}_{\mathrm{tdoa}}(\boldsymbol{u})=[\|\boldsymbol{u}-\boldsymbol{s}_2\|_2-\|\boldsymbol{u}-\boldsymbol{s}_1\|_2 \mid \|\boldsymbol{u}-\boldsymbol{s}_3\|_2-\|\boldsymbol{u}-\boldsymbol{s}_1\|_2 \mid \cdots \mid \|\boldsymbol{u}-\boldsymbol{s}_M\|_2-\|\boldsymbol{u}-\boldsymbol{s}_1\|_2]^{\mathrm{T}}\\ \hat{\boldsymbol{\rho}}=[\hat{\rho}_2\ \ \hat{\rho}_3\ \ \cdots\ \ \hat{\rho}_M]^{\mathrm{T}}\ ,\ \boldsymbol{\rho}=[\rho_2\ \ \rho_3\ \ \cdots\ \ \rho_M]^{\mathrm{T}}\ ,\ \boldsymbol{\varepsilon}_{\mathrm{t}}=[\varepsilon_{\mathrm{t}2}\ \ \varepsilon_{\mathrm{t}3}\ \ \cdots\ \ \varepsilon_{\mathrm{t}M}]^{\mathrm{T}}\end{cases} \tag{5.4}$$

这里假设观测误差向量 $\boldsymbol{\varepsilon}_{\mathrm{t}}$ 服从零均值的高斯分布，并且其协方差矩阵为 $\boldsymbol{E}_{\mathrm{t}}=\mathrm{E}[\boldsymbol{\varepsilon}_{\mathrm{t}}\boldsymbol{\varepsilon}_{\mathrm{t}}^{\mathrm{T}}]$。

下面的问题在于：如何利用 TDOA 观测向量 $\hat{\boldsymbol{\rho}}$，尽可能准确地估计辐射源位置向量 $\boldsymbol{u}$。本章采用的定位方法是基于多维标度原理的，其中将给出两种定位方法，5.2 节描述第 1 种定位方法，5.3 节给出第 2 种定位方法，它们的主要区别在于标量积矩阵的构造方式不同。

5.2 基于加权多维标度的定位方法 1

5.2.1 标量积矩阵的构造

在多维标度分析中，需要构造标量积矩阵，为此首先定义如下 4 维复坐标向量：

$$\bar{\boldsymbol{u}}=\begin{bmatrix}x^{(\mathrm{u})}\\ y^{(\mathrm{u})}\\ z^{(\mathrm{u})}\\ -\mathrm{j}r_1\end{bmatrix}\ ,\ \bar{\boldsymbol{s}}_1=\begin{bmatrix}x_1^{(\mathrm{s})}\\ y_1^{(\mathrm{s})}\\ z_1^{(\mathrm{s})}\\ \mathrm{j}\rho_1\end{bmatrix}=\begin{bmatrix}x_1^{(\mathrm{s})}\\ y_1^{(\mathrm{s})}\\ z_1^{(\mathrm{s})}\\ \mathrm{j}0\end{bmatrix}\ ,\ \bar{\boldsymbol{s}}_m=\begin{bmatrix}x_m^{(\mathrm{s})}\\ y_m^{(\mathrm{s})}\\ z_m^{(\mathrm{s})}\\ \mathrm{j}\rho_m\end{bmatrix}\quad (2\leqslant m\leqslant M) \tag{5.5}$$

式中，j 表示虚数单位，满足 $\mathrm{j}^2=-1$；$\rho_1=r_1-r_1=0$。基于上述坐标向量可以定义如下复坐标矩阵：

$$\bar{\boldsymbol{S}}_{\boldsymbol{u}}^{(1)}=\begin{bmatrix}(\bar{\boldsymbol{s}}_1-\bar{\boldsymbol{u}})^{\mathrm{T}}\\ (\bar{\boldsymbol{s}}_2-\bar{\boldsymbol{u}})^{\mathrm{T}}\\ \vdots\\ (\bar{\boldsymbol{s}}_M-\bar{\boldsymbol{u}})^{\mathrm{T}}\end{bmatrix}=\bar{\boldsymbol{S}}^{(1)}-\boldsymbol{1}_{M\times 1}\bar{\boldsymbol{u}}^{\mathrm{T}}\in\mathbf{R}^{M\times 4} \tag{5.6}$$

① 这里使用下角标“tdoa”来表征所采用的定位观测量。

式中，$\bar{\boldsymbol{S}}^{(1)}=[\bar{\boldsymbol{s}}_1\ \ \bar{\boldsymbol{s}}_2\ \ \cdots\ \ \bar{\boldsymbol{s}}_M]^{\mathrm{T}}$ ①。假设$\bar{\boldsymbol{S}}_{\boldsymbol{u}}^{(1)}$为列满秩矩阵，即有$\mathrm{rank}[\bar{\boldsymbol{S}}_{\boldsymbol{u}}^{(1)}]=4$。然后构造如下标量积矩阵：

$$\boldsymbol{W}^{(1)}=\bar{\boldsymbol{S}}_{\boldsymbol{u}}^{(1)}\bar{\boldsymbol{S}}_{\boldsymbol{u}}^{(1)\mathrm{T}}$$
$$=\begin{bmatrix} \|\bar{\boldsymbol{s}}_1-\bar{\boldsymbol{u}}\|_2^2 & (\bar{\boldsymbol{s}}_1-\bar{\boldsymbol{u}})^{\mathrm{T}}(\bar{\boldsymbol{s}}_2-\bar{\boldsymbol{u}}) & \cdots & (\bar{\boldsymbol{s}}_1-\bar{\boldsymbol{u}})^{\mathrm{T}}(\bar{\boldsymbol{s}}_M-\bar{\boldsymbol{u}}) \\ (\bar{\boldsymbol{s}}_1-\bar{\boldsymbol{u}})^{\mathrm{T}}(\bar{\boldsymbol{s}}_2-\bar{\boldsymbol{u}}) & \|\bar{\boldsymbol{s}}_2-\bar{\boldsymbol{u}}\|_2^2 & \cdots & (\bar{\boldsymbol{s}}_2-\bar{\boldsymbol{u}})^{\mathrm{T}}(\bar{\boldsymbol{s}}_M-\bar{\boldsymbol{u}}) \\ \vdots & \vdots & \ddots & \vdots \\ (\bar{\boldsymbol{s}}_1-\bar{\boldsymbol{u}})^{\mathrm{T}}(\bar{\boldsymbol{s}}_M-\bar{\boldsymbol{u}}) & (\bar{\boldsymbol{s}}_2-\bar{\boldsymbol{u}})^{\mathrm{T}}(\bar{\boldsymbol{s}}_M-\bar{\boldsymbol{u}}) & \cdots & \|\bar{\boldsymbol{s}}_M-\bar{\boldsymbol{u}}\|_2^2 \end{bmatrix}\in\mathbf{R}^{M\times M} \tag{5.7}$$

容易验证，该矩阵中的第m_1行、第m_2列元素为

$$\begin{aligned} w_{m_1m_2}^{(1)}&=<\boldsymbol{W}^{(1)}>_{m_1m_2}=(\bar{\boldsymbol{s}}_{m_1}-\bar{\boldsymbol{u}})^{\mathrm{T}}(\bar{\boldsymbol{s}}_{m_2}-\bar{\boldsymbol{u}})=(\boldsymbol{s}_{m_1}-\boldsymbol{u})^{\mathrm{T}}(\boldsymbol{s}_{m_2}-\boldsymbol{u})-(\rho_{m_1}+r_1)(\rho_{m_2}+r_1) \\ &=\boldsymbol{s}_{m_1}^{\mathrm{T}}\boldsymbol{s}_{m_2}-\boldsymbol{s}_{m_1}^{\mathrm{T}}\boldsymbol{u}-\boldsymbol{s}_{m_2}^{\mathrm{T}}\boldsymbol{u}+\|\boldsymbol{u}\|_2^2-r_{m_1}r_{m_2}=\frac{1}{2}(\|\boldsymbol{u}-\boldsymbol{s}_{m_1}\|_2^2+\|\boldsymbol{u}-\boldsymbol{s}_{m_2}\|_2^2-\|\boldsymbol{s}_{m_1}-\boldsymbol{s}_{m_2}\|_2^2)-r_{m_1}r_{m_2} \\ &=\frac{1}{2}(r_{m_1}^2+r_{m_2}^2-d_{m_1m_2}^2)-r_{m_1}r_{m_2}=\frac{1}{2}\left[(r_{m_1}-r_{m_2})^2-d_{m_1m_2}^2\right]=\frac{1}{2}\left[(\rho_{m_1}-\rho_{m_2})^2-d_{m_1m_2}^2\right] \end{aligned} \tag{5.8}$$

式中，$d_{m_1m_2}=\|\boldsymbol{s}_{m_1}-\boldsymbol{s}_{m_2}\|_2$。式（5.8）实际上提供了构造矩阵$\boldsymbol{W}^{(1)}$的计算公式，如下式所示：

$$\boldsymbol{W}^{(1)}=\frac{1}{2}\begin{bmatrix} (\rho_1-\rho_1)^2-d_{11}^2 & (\rho_1-\rho_2)^2-d_{12}^2 & \cdots & (\rho_1-\rho_M)^2-d_{1M}^2 \\ (\rho_1-\rho_2)^2-d_{12}^2 & (\rho_2-\rho_2)^2-d_{22}^2 & \cdots & (\rho_2-\rho_M)^2-d_{2M}^2 \\ \vdots & \vdots & \ddots & \vdots \\ (\rho_1-\rho_M)^2-d_{1M}^2 & (\rho_2-\rho_M)^2-d_{2M}^2 & \cdots & (\rho_M-\rho_M)^2-d_{MM}^2 \end{bmatrix} \tag{5.9}$$

现对矩阵$\boldsymbol{W}^{(1)}$进行特征值分解，可得

$$\boldsymbol{W}^{(1)}=\boldsymbol{Q}^{(1)}\boldsymbol{\Lambda}^{(1)}\boldsymbol{Q}^{(1)\mathrm{T}} \tag{5.10}$$

式中，$\boldsymbol{Q}^{(1)}=[\boldsymbol{q}_1^{(1)}\ \ \boldsymbol{q}_2^{(1)}\ \ \cdots\ \ \boldsymbol{q}_M^{(1)}]$为特征向量构成的矩阵；$\boldsymbol{\Lambda}^{(1)}=\mathrm{diag}[\lambda_1^{(1)}\ \ \lambda_2^{(1)}\ \ \cdots\ \ \lambda_M^{(1)}]$为特征值构成的对角矩阵，并且假设$\lambda_1^{(1)}\geqslant\lambda_2^{(1)}\geqslant\cdots\geqslant\lambda_M^{(1)}$。由于$\mathrm{rank}[\boldsymbol{W}^{(1)}]=\mathrm{rank}[\bar{\boldsymbol{S}}_{\boldsymbol{u}}^{(1)}]=4$，则有$\lambda_5^{(1)}=\lambda_6^{(1)}=\cdots=\lambda_M^{(1)}=0$。若令$\boldsymbol{Q}_{\mathrm{sg}}^{(1)}=[\boldsymbol{q}_1^{(1)}\ \ \boldsymbol{q}_2^{(1)}\ \ \boldsymbol{q}_3^{(1)}\ \ \boldsymbol{q}_4^{(1)}]$、$\boldsymbol{Q}_{\mathrm{no}}^{(1)}=[\boldsymbol{q}_5^{(1)}\ \ \boldsymbol{q}_6^{(1)}\ \ \cdots\ \ \boldsymbol{q}_M^{(1)}]$及$\boldsymbol{\Lambda}_{\mathrm{sg}}^{(1)}=\mathrm{diag}\ [\lambda_1^{(1)}\ \ \lambda_2^{(1)}\ \ \lambda_3^{(1)}\ \ \lambda_4^{(1)}]$，则可以将矩阵$\boldsymbol{W}^{(1)}$表示为

$$\boldsymbol{W}^{(1)}=\boldsymbol{Q}_{\mathrm{sg}}^{(1)}\boldsymbol{\Lambda}_{\mathrm{sg}}^{(1)}\boldsymbol{Q}_{\mathrm{sg}}^{(1)\mathrm{T}} \tag{5.11}$$

再利用特征向量之间的正交性可得

① 本节中的数学符号大多使用上角标“(1)”，这是为了突出其对应于第1种定位方法。

$$\boldsymbol{Q}_{\text{no}}^{(1)\text{T}}\boldsymbol{W}^{(1)}\boldsymbol{Q}_{\text{no}}^{(1)}=\boldsymbol{O}_{(M-4)\times(M-4)} \tag{5.12}$$

【注记 5.1】 本章将矩阵 $\boldsymbol{Q}_{\text{sg}}^{(1)}$ 的列空间称为信号子空间（$\boldsymbol{Q}_{\text{sg}}^{(1)}$ 也称为信号子空间矩阵），将矩阵 $\boldsymbol{Q}_{\text{no}}^{(1)}$ 的列空间称为噪声子空间（$\boldsymbol{Q}_{\text{no}}^{(1)}$ 也称为噪声子空间矩阵）。

【注记 5.2】 从式（5.9）中可以看出，矩阵 $\boldsymbol{W}^{(1)}$ 的对角元素均等于零，即有 $w_{mm}^{(1)}=\langle\boldsymbol{W}^{(1)}\rangle_{mm}=0\,(1\leqslant m\leqslant M)$。

5.2.2 一个重要的关系式

下面将给出一个重要的关系式，它对于确定辐射源位置至关重要。首先将式（5.7）代入式（5.12）中可得

$$\boldsymbol{Q}_{\text{no}}^{(1)\text{T}}\bar{\boldsymbol{S}}_{\boldsymbol{u}}^{(1)}\bar{\boldsymbol{S}}_{\boldsymbol{u}}^{(1)\text{T}}\boldsymbol{Q}_{\text{no}}^{(1)}=\boldsymbol{O}_{(M-4)\times(M-4)} \tag{5.13}$$

由式（5.13）可知

$$\bar{\boldsymbol{S}}_{\boldsymbol{u}}^{(1)\text{T}}\boldsymbol{Q}_{\text{no}}^{(1)}=\boldsymbol{O}_{4\times(M-4)} \tag{5.14}$$

接着将式（5.6）代入式（5.14）中可得

$$\bar{\boldsymbol{S}}^{(1)\text{T}}\boldsymbol{Q}_{\text{no}}^{(1)}=\bar{\boldsymbol{u}}\boldsymbol{1}_{M\times1}^{\text{T}}\boldsymbol{Q}_{\text{no}}^{(1)} \tag{5.15}$$

然后将式（5.5）代入式（5.15）中，并且同时消除等式两边的虚数单位 j 可得

$$\begin{bmatrix} x_1^{(\text{s})} & y_1^{(\text{s})} & z_1^{(\text{s})} & \rho_1 \\ x_2^{(\text{s})} & y_2^{(\text{s})} & z_2^{(\text{s})} & \rho_2 \\ \vdots & \vdots & \vdots & \vdots \\ x_M^{(\text{s})} & y_M^{(\text{s})} & z_M^{(\text{s})} & \rho_M \end{bmatrix}^{\text{T}}\boldsymbol{Q}_{\text{no}}^{(1)}=\boldsymbol{G}^{(1)\text{T}}\boldsymbol{Q}_{\text{no}}^{(1)}=\begin{bmatrix} x^{(\text{u})} \\ y^{(\text{u})} \\ z^{(\text{u})} \\ -r_1 \end{bmatrix}\boldsymbol{1}_{M\times1}^{\text{T}}\boldsymbol{Q}_{\text{no}}^{(1)}=\boldsymbol{g}\boldsymbol{1}_{M\times1}^{\text{T}}\boldsymbol{Q}_{\text{no}}^{(1)} \tag{5.16}$$

式中

$$\boldsymbol{G}^{(1)}=\begin{bmatrix} x_1^{(\text{s})} & y_1^{(\text{s})} & z_1^{(\text{s})} & \rho_1 \\ x_2^{(\text{s})} & y_2^{(\text{s})} & z_2^{(\text{s})} & \rho_2 \\ \vdots & \vdots & \vdots & \vdots \\ x_M^{(\text{s})} & y_M^{(\text{s})} & z_M^{(\text{s})} & \rho_M \end{bmatrix}\in\mathbf{R}^{M\times4}\ ,\ \boldsymbol{g}=\begin{bmatrix} x^{(\text{u})} \\ y^{(\text{u})} \\ z^{(\text{u})} \\ -r_1 \end{bmatrix}=\begin{bmatrix} \boldsymbol{u} \\ -r_1 \end{bmatrix}\in\mathbf{R}^{4\times1} \tag{5.17}$$

显然，向量 $\boldsymbol{g}$ 中包含了辐射源位置坐标，一旦得到了向量 $\boldsymbol{g}$ 的估计值，就可以对辐射源进行定位。式（5.16）是关于向量 $\boldsymbol{g}$ 的子空间等式，但其中仅包含噪声子空间矩阵 $\boldsymbol{Q}_{\text{no}}^{(1)}$。根据式（5.11）可知，标量积矩阵 $\boldsymbol{W}^{(1)}$ 是由信号子空间矩阵 $\boldsymbol{Q}_{\text{sg}}^{(1)}$ 表示的，因此下面还需要获得向量 $\boldsymbol{g}$ 与矩阵 $\boldsymbol{Q}_{\text{sg}}^{(1)}$ 之间的关系式，具体可见如下命题[41]。

【命题 5.1】 假设 $\begin{bmatrix} \boldsymbol{1}_{M\times1}^{\text{T}} \\ \boldsymbol{G}^{(1)\text{T}} \end{bmatrix}$ 是行满秩矩阵，则有

$$\boldsymbol{Q}_{\text{sg}}^{(1)\text{T}}\begin{bmatrix}\boldsymbol{1}_{M\times 1}^{\text{T}}\\ \boldsymbol{G}^{(1)\text{T}}\end{bmatrix}^{\dagger}\begin{bmatrix}1\\ \boldsymbol{g}\end{bmatrix}=\boldsymbol{Q}_{\text{sg}}^{(1)\text{T}}[\boldsymbol{1}_{M\times 1}\ \ \boldsymbol{G}^{(1)}]\begin{bmatrix}M & \boldsymbol{1}_{M\times 1}^{\text{T}}\boldsymbol{G}^{(1)}\\ \boldsymbol{G}^{(1)\text{T}}\boldsymbol{1}_{M\times 1} & \boldsymbol{G}^{(1)\text{T}}\boldsymbol{G}^{(1)}\end{bmatrix}^{-1}\begin{bmatrix}1\\ \boldsymbol{g}\end{bmatrix}=\boldsymbol{O}_{4\times 1} \tag{5.18}$$

【证明】首先利用式（5.16）可得

$$\begin{bmatrix}\boldsymbol{1}_{M\times 1}^{\text{T}}\\ \boldsymbol{G}^{(1)\text{T}}\end{bmatrix}\boldsymbol{Q}_{\text{no}}^{(1)}=\begin{bmatrix}1\\ \boldsymbol{g}\end{bmatrix}\boldsymbol{1}_{M\times 1}^{\text{T}}\boldsymbol{Q}_{\text{no}}^{(1)} \tag{5.19}$$

将式（5.19）两边右乘以$\boldsymbol{Q}_{\text{no}}^{(1)\text{T}}\boldsymbol{1}_{M\times 1}$，然后两边再同时除以$\boldsymbol{1}_{M\times 1}^{\text{T}}\boldsymbol{Q}_{\text{no}}^{(1)}\boldsymbol{Q}_{\text{no}}^{(1)\text{T}}\boldsymbol{1}_{M\times 1}$可得

$$\begin{bmatrix}\boldsymbol{1}_{M\times 1}^{\text{T}}\\ \boldsymbol{G}^{(1)\text{T}}\end{bmatrix}\frac{\boldsymbol{Q}_{\text{no}}^{(1)}\boldsymbol{Q}_{\text{no}}^{(1)\text{T}}\boldsymbol{1}_{M\times 1}}{\boldsymbol{1}_{M\times 1}^{\text{T}}\boldsymbol{Q}_{\text{no}}^{(1)}\boldsymbol{Q}_{\text{no}}^{(1)\text{T}}\boldsymbol{1}_{M\times 1}}=\begin{bmatrix}1\\ \boldsymbol{g}\end{bmatrix} \tag{5.20}$$

由于$\begin{bmatrix}\boldsymbol{1}_{M\times 1}^{\text{T}}\\ \boldsymbol{G}^{(1)\text{T}}\end{bmatrix}$是行满秩矩阵，结合命题2.5和式（5.20）可得

$$\frac{\boldsymbol{Q}_{\text{no}}^{(1)}\boldsymbol{Q}_{\text{no}}^{(1)\text{T}}\boldsymbol{1}_{M\times 1}}{\boldsymbol{1}_{M\times 1}^{\text{T}}\boldsymbol{Q}_{\text{no}}^{(1)}\boldsymbol{Q}_{\text{no}}^{(1)\text{T}}\boldsymbol{1}_{M\times 1}}=\begin{bmatrix}\boldsymbol{1}_{M\times 1}^{\text{T}}\\ \boldsymbol{G}^{(1)\text{T}}\end{bmatrix}^{\dagger}\begin{bmatrix}1\\ \boldsymbol{g}\end{bmatrix}=[\boldsymbol{1}_{M\times 1}\ \ \boldsymbol{G}^{(1)}]\begin{bmatrix}M & \boldsymbol{1}_{M\times 1}^{\text{T}}\boldsymbol{G}^{(1)}\\ \boldsymbol{G}^{(1)\text{T}}\boldsymbol{1}_{M\times 1} & \boldsymbol{G}^{(1)\text{T}}\boldsymbol{G}^{(1)}\end{bmatrix}^{-1}\begin{bmatrix}1\\ \boldsymbol{g}\end{bmatrix} \tag{5.21}$$

根据对称矩阵特征向量之间的正交性可知$\boldsymbol{Q}_{\text{sg}}^{(1)\text{T}}\boldsymbol{Q}_{\text{no}}^{(1)}=\boldsymbol{O}_{4\times(M-4)}$，最后将该式与式（5.21）相结合可得

$$\begin{aligned}\boldsymbol{O}_{4\times 1}&=\frac{\boldsymbol{Q}_{\text{sg}}^{(1)\text{T}}\boldsymbol{Q}_{\text{no}}^{(1)}\boldsymbol{Q}_{\text{no}}^{(1)\text{T}}\boldsymbol{1}_{M\times 1}}{\boldsymbol{1}_{M\times 1}^{\text{T}}\boldsymbol{Q}_{\text{no}}^{(1)}\boldsymbol{Q}_{\text{no}}^{(1)\text{T}}\boldsymbol{1}_{M\times 1}}=\boldsymbol{Q}_{\text{sg}}^{(1)\text{T}}\begin{bmatrix}\boldsymbol{1}_{M\times 1}^{\text{T}}\\ \boldsymbol{G}^{(1)\text{T}}\end{bmatrix}^{\dagger}\begin{bmatrix}1\\ \boldsymbol{g}\end{bmatrix}\\&=\boldsymbol{Q}_{\text{sg}}^{(1)\text{T}}[\boldsymbol{1}_{M\times 1}\ \ \boldsymbol{G}^{(1)}]\begin{bmatrix}M & \boldsymbol{1}_{M\times 1}^{\text{T}}\boldsymbol{G}^{(1)}\\ \boldsymbol{G}^{(1)\text{T}}\boldsymbol{1}_{M\times 1} & \boldsymbol{G}^{(1)\text{T}}\boldsymbol{G}^{(1)}\end{bmatrix}^{-1}\begin{bmatrix}1\\ \boldsymbol{g}\end{bmatrix}\end{aligned} \tag{5.22}$$

证毕。

式（5.18）给出的关系式至关重要，命题5.1是根据子空间正交性原理对其进行证明的，利用附录A.1中的方法同样可以证明该等式，限于篇幅这里不再赘述。

需要指出的是，式（5.18）并不是最终的关系式，为了得到用于定位的关系式，还需要将式（5.18）两边左乘以$\boldsymbol{Q}_{\text{sg}}^{(1)}\boldsymbol{\Lambda}_{\text{sg}}^{(1)}$，可得

$$\begin{aligned}\boldsymbol{O}_{M\times 1}&=\boldsymbol{Q}_{\text{sg}}^{(1)}\boldsymbol{\Lambda}_{\text{sg}}^{(1)}\boldsymbol{Q}_{\text{sg}}^{(1)\text{T}}[\boldsymbol{1}_{M\times 1}\ \ \boldsymbol{G}^{(1)}]\begin{bmatrix}M & \boldsymbol{1}_{M\times 1}^{\text{T}}\boldsymbol{G}^{(1)}\\ \boldsymbol{G}^{(1)\text{T}}\boldsymbol{1}_{M\times 1} & \boldsymbol{G}^{(1)\text{T}}\boldsymbol{G}^{(1)}\end{bmatrix}^{-1}\begin{bmatrix}1\\ \boldsymbol{g}\end{bmatrix}\\&=\boldsymbol{W}^{(1)}[\boldsymbol{1}_{M\times 1}\ \ \boldsymbol{G}^{(1)}]\begin{bmatrix}M & \boldsymbol{1}_{M\times 1}^{\text{T}}\boldsymbol{G}^{(1)}\\ \boldsymbol{G}^{(1)\text{T}}\boldsymbol{1}_{M\times 1} & \boldsymbol{G}^{(1)\text{T}}\boldsymbol{G}^{(1)}\end{bmatrix}^{-1}\begin{bmatrix}1\\ \boldsymbol{g}\end{bmatrix}\end{aligned} \tag{5.23}$$

式中，第 2 个等号处的运算利用了式（5.11）。式（5.23）即为最终确定的关系式，它建立了关于向量 $\boldsymbol{g}$ 的伪线性等式，其中一共包含 M 个等式，而 TDOA 观测量仅为 $M-1$个，这意味着该关系式是存在冗余的。

【注记 5.3】 虽然在上面的推导过程中利用了信号子空间矩阵 $\boldsymbol{Q}_{\text{sg}}^{(1)}$ 和噪声子空间矩阵 $\boldsymbol{Q}_{\text{no}}^{(1)}$，但是在最终得到的关系式（5.23）中并未出现这两个矩阵，这意味着无须进行矩阵特征值分解即可完成辐射源定位。

5.2.3 定位原理与方法

下面将基于式（5.23）构建确定向量 $\boldsymbol{g}$ 的估计准则，并给出求解方法，然后由此获得辐射源位置向量 $\boldsymbol{u}$ 的估计值。为了简化数学表述，首先定义如下矩阵和向量：

$$\boldsymbol{T}^{(1)}=[\boldsymbol{1}_{M\times1}\ \ \boldsymbol{G}^{(1)}]\begin{bmatrix} M & \boldsymbol{1}_{M\times1}^{\mathrm{T}}\boldsymbol{G}^{(1)} \\ \boldsymbol{G}^{(1)\mathrm{T}}\boldsymbol{1}_{M\times1} & \boldsymbol{G}^{(1)\mathrm{T}}\boldsymbol{G}^{(1)} \end{bmatrix}^{-1}\in\mathbf{R}^{M\times5}\ \ ,\ \boldsymbol{\beta}^{(1)}(\boldsymbol{g})=\boldsymbol{T}^{(1)}\begin{bmatrix}1\\ \boldsymbol{g}\end{bmatrix}\in\mathbf{R}^{M\times1} \tag{5.24}$$

结合式（5.23）和式（5.24）可得

$$\boldsymbol{W}^{(1)}\boldsymbol{\beta}^{(1)}(\boldsymbol{g})=\boldsymbol{W}^{(1)}\boldsymbol{T}^{(1)}\begin{bmatrix}1\\ \boldsymbol{g}\end{bmatrix}=\boldsymbol{O}_{M\times1} \tag{5.25}$$

1. 一阶误差扰动分析

在实际定位过程中，标量积矩阵 $\boldsymbol{W}^{(1)}$ 和矩阵 $\boldsymbol{T}^{(1)}$ 的真实值都是未知的，因为其中的真实距离差 $\{\rho_m\}_{2\leqslant m\leqslant M}$ 仅能用其观测值 $\{\hat{\rho}_m\}_{2\leqslant m\leqslant M}$ 来代替，这必然会引入观测误差。不妨将含有观测误差的标量积矩阵 $\boldsymbol{W}^{(1)}$ 记为 $\hat{\boldsymbol{W}}^{(1)}$，于是根据式（5.8）可知，矩阵 $\hat{\boldsymbol{W}}^{(1)}$ 中的第 m_1 行、第 m_2 列元素为

$$\hat{w}_{m_1m_2}^{(1)}=<\hat{\boldsymbol{W}}^{(1)}>_{m_1m_2}=\frac{1}{2}\left[(\hat{\rho}_{m_1}-\hat{\rho}_{m_2})^2-d_{m_1m_2}^2\right] \tag{5.26}$$

令 $\hat{\rho}_1=0$，进一步可得

$$\hat{\boldsymbol{W}}^{(1)}=\frac{1}{2}\begin{bmatrix} (\hat{\rho}_1-\hat{\rho}_1)^2-d_{11}^2 & (\hat{\rho}_1-\hat{\rho}_2)^2-d_{12}^2 & \cdots & (\hat{\rho}_1-\hat{\rho}_M)^2-d_{1M}^2 \\ (\hat{\rho}_1-\hat{\rho}_2)^2-d_{12}^2 & (\hat{\rho}_2-\hat{\rho}_2)^2-d_{22}^2 & \cdots & (\hat{\rho}_2-\hat{\rho}_M)^2-d_{2M}^2 \\ \vdots & \vdots & \ddots & \vdots \\ (\hat{\rho}_1-\hat{\rho}_M)^2-d_{1M}^2 & (\hat{\rho}_2-\hat{\rho}_M)^2-d_{2M}^2 & \cdots & (\hat{\rho}_M-\hat{\rho}_M)^2-d_{MM}^2 \end{bmatrix} \tag{5.27}$$

不妨将含有观测误差的矩阵 $\boldsymbol{T}^{(1)}$ 记为 $\hat{\boldsymbol{T}}^{(1)}$，则根据式（5.17）中的第 1 式和式（5.24）中的第 1 式可知

$$\hat{\boldsymbol{T}}^{(1)} = [\boldsymbol{1}_{M\times1}\ \ \hat{\boldsymbol{G}}^{(1)}]\begin{bmatrix} M & \boldsymbol{1}_{M\times1}^{\mathrm{T}}\hat{\boldsymbol{G}}^{(1)} \\ \hat{\boldsymbol{G}}^{(1)\mathrm{T}}\boldsymbol{1}_{M\times1} & \hat{\boldsymbol{G}}^{(1)\mathrm{T}}\hat{\boldsymbol{G}}^{(1)} \end{bmatrix}^{-1} \tag{5.28}$$

式中

$$\hat{\boldsymbol{G}}^{(1)} = \begin{bmatrix} x_1^{(\mathrm{s})} & y_1^{(\mathrm{s})} & z_1^{(\mathrm{s})} & \hat{\rho}_1 \\ x_2^{(\mathrm{s})} & y_2^{(\mathrm{s})} & z_2^{(\mathrm{s})} & \hat{\rho}_2 \\ \vdots & \vdots & \vdots & \vdots \\ x_M^{(\mathrm{s})} & y_M^{(\mathrm{s})} & z_M^{(\mathrm{s})} & \hat{\rho}_M \end{bmatrix} \tag{5.29}$$

由于$\boldsymbol{W}^{(1)}\boldsymbol{T}^{(1)}\begin{bmatrix}1\\ \boldsymbol{g}\end{bmatrix} = \boldsymbol{O}_{M\times1}$，于是可以定义误差向量$\boldsymbol{\delta}_{\mathrm{t}}^{(1)} = \hat{\boldsymbol{W}}^{(1)}\hat{\boldsymbol{T}}^{(1)}\begin{bmatrix}1\\ \boldsymbol{g}\end{bmatrix}$，忽略误差二阶项可得

$$\begin{aligned}\boldsymbol{\delta}_{\mathrm{t}}^{(1)} &= (\boldsymbol{W}^{(1)} + \Delta\boldsymbol{W}_{\mathrm{t}}^{(1)})(\boldsymbol{T}^{(1)} + \Delta\boldsymbol{T}_{\mathrm{t}}^{(1)})\begin{bmatrix}1\\ \boldsymbol{g}\end{bmatrix} \approx \Delta\boldsymbol{W}_{\mathrm{t}}^{(1)}\boldsymbol{T}^{(1)}\begin{bmatrix}1\\ \boldsymbol{g}\end{bmatrix} + \boldsymbol{W}^{(1)}\Delta\boldsymbol{T}_{\mathrm{t}}^{(1)}\begin{bmatrix}1\\ \boldsymbol{g}\end{bmatrix} \\ &= \Delta\boldsymbol{W}_{\mathrm{t}}^{(1)}\boldsymbol{\beta}^{(1)}(\boldsymbol{g}) + \boldsymbol{W}^{(1)}\Delta\boldsymbol{T}_{\mathrm{t}}^{(1)}\begin{bmatrix}1\\ \boldsymbol{g}\end{bmatrix}\end{aligned} \tag{5.30}$$

式中，$\Delta\boldsymbol{W}_{\mathrm{t}}^{(1)}$和$\Delta\boldsymbol{T}_{\mathrm{t}}^{(1)}$分别表示$\hat{\boldsymbol{W}}^{(1)}$和$\hat{\boldsymbol{T}}^{(1)}$中的误差矩阵，即有$\Delta\boldsymbol{W}_{\mathrm{t}}^{(1)} = \hat{\boldsymbol{W}}^{(1)} - \boldsymbol{W}^{(1)}$和$\Delta\boldsymbol{T}_{\mathrm{t}}^{(1)} = \hat{\boldsymbol{T}}^{(1)} - \boldsymbol{T}^{(1)}$。下面需要推导它们的一阶表达式（即忽略观测误差$\boldsymbol{\varepsilon}_{\mathrm{t}}$的二阶及其以上各阶项），并由此获得误差向量$\boldsymbol{\delta}_{\mathrm{t}}^{(1)}$关于观测误差$\boldsymbol{\varepsilon}_{\mathrm{t}}$的线性函数。

首先基于式（5.27）可以将误差矩阵$\Delta\boldsymbol{W}_{\mathrm{t}}^{(1)}$近似表示为

$$\Delta\boldsymbol{W}_{\mathrm{t}}^{(1)} \approx \begin{bmatrix} (\rho_1-\rho_1)(\varepsilon_{\mathrm{t}1}-\varepsilon_{\mathrm{t}1}) & (\rho_1-\rho_2)(\varepsilon_{\mathrm{t}1}-\varepsilon_{\mathrm{t}2}) & \cdots & (\rho_1-\rho_M)(\varepsilon_{\mathrm{t}1}-\varepsilon_{\mathrm{t}M}) \\ (\rho_1-\rho_2)(\varepsilon_{\mathrm{t}1}-\varepsilon_{\mathrm{t}2}) & (\rho_2-\rho_2)(\varepsilon_{\mathrm{t}2}-\varepsilon_{\mathrm{t}2}) & \cdots & (\rho_2-\rho_M)(\varepsilon_{\mathrm{t}2}-\varepsilon_{\mathrm{t}M}) \\ \vdots & \vdots & \ddots & \vdots \\ (\rho_1-\rho_M)(\varepsilon_{\mathrm{t}1}-\varepsilon_{\mathrm{t}M}) & (\rho_2-\rho_M)(\varepsilon_{\mathrm{t}2}-\varepsilon_{\mathrm{t}M}) & \cdots & (\rho_M-\rho_M)(\varepsilon_{\mathrm{t}M}-\varepsilon_{\mathrm{t}M}) \end{bmatrix} \tag{5.31}$$

式中，$\varepsilon_{\mathrm{t}1} = 0$。由式（5.31）可以将$\Delta\boldsymbol{W}_{\mathrm{t}}^{(1)}\boldsymbol{\beta}^{(1)}(\boldsymbol{g})$近似表示为关于观测误差$\boldsymbol{\varepsilon}_{\mathrm{t}}$的线性函数，如下式所示：

$$\Delta\boldsymbol{W}_{\mathrm{t}}^{(1)}\boldsymbol{\beta}^{(1)}(\boldsymbol{g}) \approx \boldsymbol{B}_{\mathrm{t}1}^{(1)}(\boldsymbol{g})\boldsymbol{\varepsilon}_{\mathrm{t}} \tag{5.32}$$

式中

$$\begin{aligned}\boldsymbol{B}_{\mathrm{t}1}^{(1)}(\boldsymbol{g}) = [&\boldsymbol{1}_{M\times1}(\boldsymbol{\beta}^{(1)}(\boldsymbol{g}) \odot \bar{\boldsymbol{\rho}})^{\mathrm{T}} + ((\boldsymbol{\beta}^{(1)}(\boldsymbol{g}))^{\mathrm{T}}\boldsymbol{1}_{M\times1})\mathrm{diag}[\bar{\boldsymbol{\rho}}] - \bar{\boldsymbol{\rho}}(\boldsymbol{\beta}^{(1)}(\boldsymbol{g}))^{\mathrm{T}} \\ &- ((\boldsymbol{\beta}^{(1)}(\boldsymbol{g}))^{\mathrm{T}}\bar{\boldsymbol{\rho}})\boldsymbol{I}_M]\bar{\boldsymbol{I}}_{M-1} \in \mathbf{R}^{M\times(M-1)}\end{aligned} \tag{5.33}$$

其中

$$\bar{\boldsymbol{\rho}}=\begin{bmatrix}\rho_1\\ \rho_2\\ \vdots\\ \rho_M\end{bmatrix}=\begin{bmatrix}\rho_1\\ \boldsymbol{\rho}\end{bmatrix}=\begin{bmatrix}0\\ \boldsymbol{\rho}\end{bmatrix}\text{，}\ \bar{\boldsymbol{I}}_{M-1}=\begin{bmatrix}\boldsymbol{O}_{1\times(M-1)}\\ \boldsymbol{I}_{M-1}\end{bmatrix} \tag{5.34}$$

式（5.32）的推导见附录 B.1。接着利用式（5.28）和矩阵扰动理论（见 2.3 节）可以将误差矩阵 $\Delta\boldsymbol{T}_{\mathrm{t}}^{(1)}$ 近似表示为

$$\begin{aligned}\Delta\boldsymbol{T}_{\mathrm{t}}^{(1)}\approx&[\boldsymbol{O}_{M\times1}\ \ \Delta\boldsymbol{G}_{\mathrm{t}}^{(1)}]\begin{bmatrix}M & \boldsymbol{1}_{M\times1}^{\mathrm{T}}\boldsymbol{G}^{(1)}\\ \boldsymbol{G}^{(1)\mathrm{T}}\boldsymbol{1}_{M\times1} & \boldsymbol{G}^{(1)\mathrm{T}}\boldsymbol{G}^{(1)}\end{bmatrix}^{-1}\\ &-\boldsymbol{T}^{(1)}\begin{bmatrix}0 & \boldsymbol{1}_{M\times1}^{\mathrm{T}}\Delta\boldsymbol{G}_{\mathrm{t}}^{(1)}\\ (\Delta\boldsymbol{G}_{\mathrm{t}}^{(1)})^{\mathrm{T}}\boldsymbol{1}_{M\times1} & \boldsymbol{G}^{(1)\mathrm{T}}\Delta\boldsymbol{G}_{\mathrm{t}}^{(1)}+(\Delta\boldsymbol{G}_{\mathrm{t}}^{(1)})^{\mathrm{T}}\boldsymbol{G}^{(1)}\end{bmatrix}\begin{bmatrix}M & \boldsymbol{1}_{M\times1}^{\mathrm{T}}\boldsymbol{G}^{(1)}\\ \boldsymbol{G}^{(1)\mathrm{T}}\boldsymbol{1}_{M\times1} & \boldsymbol{G}^{(1)\mathrm{T}}\boldsymbol{G}^{(1)}\end{bmatrix}^{-1}\end{aligned} \tag{5.35}$$

式中

$$\Delta\boldsymbol{G}_{\mathrm{t}}^{(1)}=\begin{bmatrix}0 & 0 & 0 & \varepsilon_{\mathrm{t}1}\\ 0 & 0 & 0 & \varepsilon_{\mathrm{t}2}\\ \vdots & \vdots & \vdots & \vdots\\ 0 & 0 & 0 & \varepsilon_{\mathrm{t}M}\end{bmatrix} \tag{5.36}$$

结合式（5.35）和式（5.36）可以将 $\boldsymbol{W}^{(1)}\Delta\boldsymbol{T}_{\mathrm{t}}^{(1)}\begin{bmatrix}1\\ \boldsymbol{g}\end{bmatrix}$ 近似表示为关于观测误差 $\boldsymbol{\varepsilon}_{\mathrm{t}}$ 的线性函数，如下式所示：

$$\boldsymbol{W}^{(1)}\Delta\boldsymbol{T}_{\mathrm{t}}^{(1)}\begin{bmatrix}1\\ \boldsymbol{g}\end{bmatrix}\approx\boldsymbol{B}_{\mathrm{t}2}^{(1)}(\boldsymbol{g})\boldsymbol{\varepsilon}_{\mathrm{t}} \tag{5.37}$$

式中

$$\boldsymbol{B}_{\mathrm{t}2}^{(1)}(\boldsymbol{g})=\boldsymbol{W}^{(1)}\left(\boldsymbol{J}_{\mathrm{t}1}^{(1)}(\boldsymbol{g})-\boldsymbol{T}^{(1)}\begin{bmatrix}\boldsymbol{1}_{M\times1}^{\mathrm{T}}\boldsymbol{J}_{\mathrm{t}1}^{(1)}(\boldsymbol{g})\\ \boldsymbol{G}^{(1)\mathrm{T}}\boldsymbol{J}_{\mathrm{t}1}^{(1)}(\boldsymbol{g})+\boldsymbol{J}_{\mathrm{t}2}^{(1)}(\boldsymbol{g})\end{bmatrix}\right)\in\mathbf{R}^{M\times(M-1)} \tag{5.38}$$

其中

$$\boldsymbol{J}_{\mathrm{t}1}^{(1)}(\boldsymbol{g})=<\boldsymbol{\alpha}_2^{(1)}(\boldsymbol{g})>_4\bar{\boldsymbol{I}}_{M-1}\text{，}\ \boldsymbol{J}_{\mathrm{t}2}^{(1)}(\boldsymbol{g})=\begin{bmatrix}\boldsymbol{O}_{3\times M}\\ ([\boldsymbol{1}_{M\times1}\ \ \boldsymbol{G}^{(1)}]\boldsymbol{\alpha}^{(1)}(\boldsymbol{g}))^{\mathrm{T}}\end{bmatrix}\bar{\boldsymbol{I}}_{M-1} \tag{5.39}$$

$$\boldsymbol{\alpha}^{(1)}(\boldsymbol{g})=\begin{bmatrix}M & \boldsymbol{1}_{M\times1}^{\mathrm{T}}\boldsymbol{G}^{(1)}\\ \boldsymbol{G}^{(1)\mathrm{T}}\boldsymbol{1}_{M\times1} & \boldsymbol{G}^{(1)\mathrm{T}}\boldsymbol{G}^{(1)}\end{bmatrix}^{-1}\begin{bmatrix}1\\ \boldsymbol{g}\end{bmatrix}=\begin{bmatrix}\underbrace{\alpha_1^{(1)}(\boldsymbol{g})}_{1\times1}\\ \underbrace{\boldsymbol{\alpha}_2^{(1)}(\boldsymbol{g})}_{4\times1}\end{bmatrix} \tag{5.40}$$

式（5.37）的推导见附录 B.2。

将式（5.32）和式（5.37）代入式（5.30）中可得

$$\boldsymbol{\delta}_{\mathrm{t}}^{(1)} \approx \boldsymbol{B}_{\mathrm{t}1}^{(1)}(\boldsymbol{g})\boldsymbol{\varepsilon}_{\mathrm{t}} + \boldsymbol{B}_{\mathrm{t}2}^{(1)}(\boldsymbol{g})\boldsymbol{\varepsilon}_{\mathrm{t}} = \boldsymbol{B}_{\mathrm{t}}^{(1)}(\boldsymbol{g})\boldsymbol{\varepsilon}_{\mathrm{t}} \tag{5.41}$$

式中，$\boldsymbol{B}_{\mathrm{t}}^{(1)}(\boldsymbol{g}) = \boldsymbol{B}_{\mathrm{t}1}^{(1)}(\boldsymbol{g}) + \boldsymbol{B}_{\mathrm{t}2}^{(1)}(\boldsymbol{g}) \in \mathbf{R}^{M\times(M-1)}$。由式（5.41）可知，误差向量$\boldsymbol{\delta}_{\mathrm{t}}^{(1)}$渐近服从零均值的高斯分布，并且其协方差矩阵为

$$\begin{aligned}\boldsymbol{\Omega}_{\mathrm{t}}^{(1)} &= \mathbf{cov}(\boldsymbol{\delta}_{\mathrm{t}}^{(1)}) = \mathrm{E}[\boldsymbol{\delta}_{\mathrm{t}}^{(1)}\boldsymbol{\delta}_{\mathrm{t}}^{(1)\mathrm{T}}] \approx \boldsymbol{B}_{\mathrm{t}}^{(1)}(\boldsymbol{g})\cdot \mathrm{E}[\boldsymbol{\varepsilon}_{\mathrm{t}}\boldsymbol{\varepsilon}_{\mathrm{t}}^{\mathrm{T}}]\cdot(\boldsymbol{B}_{\mathrm{t}}^{(1)}(\boldsymbol{g}))^{\mathrm{T}} \\ &= \boldsymbol{B}_{\mathrm{t}}^{(1)}(\boldsymbol{g})\boldsymbol{E}_{\mathrm{t}}(\boldsymbol{B}_{\mathrm{t}}^{(1)}(\boldsymbol{g}))^{\mathrm{T}} \in \mathbf{R}^{M\times M}\end{aligned} \tag{5.42}$$

2. 定位优化模型

一般而言，矩阵$\boldsymbol{B}_{\mathrm{t}}^{(1)}(\boldsymbol{g})$是列满秩的，即有$\mathrm{rank}[\boldsymbol{B}_{\mathrm{t}}^{(1)}(\boldsymbol{g})] = M-1$。由此可知，协方差矩阵$\boldsymbol{\Omega}_{\mathrm{t}}^{(1)}$的秩也为$M-1$，但由于$\boldsymbol{\Omega}_{\mathrm{t}}^{(1)}$是$M\times M$阶方阵，这意味着其是秩亏损矩阵，所以无法直接利用该矩阵的逆构建估计准则。下面利用矩阵奇异值分解重新构造误差向量，以使其协方差矩阵具备满秩性。

首先对矩阵$\boldsymbol{B}_{\mathrm{t}}^{(1)}(\boldsymbol{g})$进行奇异值分解，如下式所示：

$$\boldsymbol{B}_{\mathrm{t}}^{(1)}(\boldsymbol{g}) = \boldsymbol{H}^{(1)}\boldsymbol{\Sigma}^{(1)}\boldsymbol{V}^{(1)\mathrm{T}} = \begin{bmatrix}\underbrace{\boldsymbol{H}_1^{(1)}}_{M\times(M-1)} & \underbrace{\boldsymbol{h}_2^{(1)}}_{M\times 1}\end{bmatrix}\begin{bmatrix}\underbrace{\boldsymbol{\Sigma}_1^{(1)}}_{(M-1)\times(M-1)} \\ \boldsymbol{O}_{1\times(M-1)}\end{bmatrix}\boldsymbol{V}^{(1)\mathrm{T}} = \boldsymbol{H}_1^{(1)}\boldsymbol{\Sigma}_1^{(1)}\boldsymbol{V}^{(1)\mathrm{T}} \tag{5.43}$$

式中，$\boldsymbol{H}^{(1)} = [\boldsymbol{H}_1^{(1)}\ \ \boldsymbol{h}_2^{(1)}]$为$M\times M$阶正交矩阵；$\boldsymbol{V}^{(1)}$为$(M-1)\times(M-1)$阶正交矩阵；$\boldsymbol{\Sigma}_1^{(1)}$为$(M-1)\times(M-1)$阶对角矩阵，其中的对角元素为矩阵$\boldsymbol{B}_{\mathrm{t}}^{(1)}(\boldsymbol{g})$的奇异值。为了得到协方差矩阵为满秩的误差向量，可以将矩阵$\boldsymbol{H}_1^{(1)\mathrm{T}}$左乘以误差向量$\boldsymbol{\delta}_{\mathrm{t}}^{(1)}$，并结合式（5.30）和式（5.41）可得

$$\begin{aligned}\bar{\boldsymbol{\delta}}_{\mathrm{t}}^{(1)} &= \boldsymbol{H}_1^{(1)\mathrm{T}}\boldsymbol{\delta}_{\mathrm{t}}^{(1)} = \boldsymbol{H}_1^{(1)\mathrm{T}}\hat{\boldsymbol{W}}^{(1)}\hat{\boldsymbol{T}}^{(1)}\begin{bmatrix}1\\ \boldsymbol{g}\end{bmatrix} \approx \boldsymbol{H}_1^{(1)\mathrm{T}}\left(\Delta\boldsymbol{W}_{\mathrm{t}}^{(1)}\boldsymbol{\beta}^{(1)}(\boldsymbol{g}) + \boldsymbol{W}^{(1)}\Delta\boldsymbol{T}_{\mathrm{t}}^{(1)}\begin{bmatrix}1\\ \boldsymbol{g}\end{bmatrix}\right) \\ &\approx \boldsymbol{H}_1^{(1)\mathrm{T}}\boldsymbol{B}_{\mathrm{t}}^{(1)}(\boldsymbol{g})\boldsymbol{\varepsilon}_{\mathrm{t}}\end{aligned} \tag{5.44}$$

由式（5.43）可知$\boldsymbol{H}_1^{(1)\mathrm{T}}\boldsymbol{B}_{\mathrm{t}}^{(1)}(\boldsymbol{g}) = \boldsymbol{\Sigma}_1^{(1)}\boldsymbol{V}^{(1)\mathrm{T}}$，将该式代入式（5.44）中可知，误差向量$\bar{\boldsymbol{\delta}}_{\mathrm{t}}^{(1)}$的协方差矩阵为

$$\begin{aligned}\bar{\boldsymbol{\Omega}}_{\mathrm{t}}^{(1)} &= \mathbf{cov}(\bar{\boldsymbol{\delta}}_{\mathrm{t}}^{(1)}) = \mathrm{E}[\bar{\boldsymbol{\delta}}_{\mathrm{t}}^{(1)}\bar{\boldsymbol{\delta}}_{\mathrm{t}}^{(1)\mathrm{T}}] = \boldsymbol{H}_1^{(1)\mathrm{T}}\boldsymbol{\Omega}_{\mathrm{t}}^{(1)}\boldsymbol{H}_1^{(1)} \approx \boldsymbol{\Sigma}_1^{(1)}\boldsymbol{V}^{(1)\mathrm{T}}\cdot\mathrm{E}[\boldsymbol{\varepsilon}_{\mathrm{t}}\boldsymbol{\varepsilon}_{\mathrm{t}}^{\mathrm{T}}]\cdot\boldsymbol{V}^{(1)}\boldsymbol{\Sigma}_1^{(1)\mathrm{T}} \\ &= \boldsymbol{\Sigma}_1^{(1)}\boldsymbol{V}^{(1)\mathrm{T}}\boldsymbol{E}_{\mathrm{t}}\boldsymbol{V}^{(1)}\boldsymbol{\Sigma}_1^{(1)\mathrm{T}} \in \mathbf{R}^{(M-1)\times(M-1)}\end{aligned} \tag{5.45}$$

容易验证$\bar{\boldsymbol{\Omega}}_{\mathrm{t}}^{(1)}$为满秩矩阵，并且误差向量$\bar{\boldsymbol{\delta}}_{\mathrm{t}}^{(1)}$的维数为$M-1$，其与TDOA观测量个数相等，此时可以将估计向量$\boldsymbol{g}$的优化准则表示为

$$\min_{\boldsymbol{g}}\left\{\begin{bmatrix}1\\ \boldsymbol{g}\end{bmatrix}^{\mathrm{T}}\hat{\boldsymbol{T}}^{(1)\mathrm{T}}\hat{\boldsymbol{W}}^{(1)\mathrm{T}}\boldsymbol{H}_1^{(1)}(\bar{\boldsymbol{\Omega}}_{\mathrm{t}}^{(1)})^{-1}\boldsymbol{H}_1^{(1)\mathrm{T}}\hat{\boldsymbol{W}}^{(1)}\hat{\boldsymbol{T}}^{(1)}\begin{bmatrix}1\\ \boldsymbol{g}\end{bmatrix}\right\} \tag{5.46}$$

式中，$(\bar{\boldsymbol{\Omega}}_{\mathrm{t}}^{(1)})^{-1}$可以看作加权矩阵，其作用在于抑制观测误差$\boldsymbol{\varepsilon}_{\mathrm{t}}$的影响。不妨

将矩阵 $\hat{\boldsymbol{T}}^{(1)}$ 分块表示为

$$\hat{\boldsymbol{T}}^{(1)}=\Big[\underbrace{\hat{\boldsymbol{t}}_1^{(1)}}_{M\times 1}\quad \underbrace{\hat{\boldsymbol{T}}_2^{(1)}}_{M\times 4}\Big] \tag{5.47}$$

则可以将式（5.46）重新写为

$$\min_{\boldsymbol{g}}\{(\hat{\boldsymbol{W}}^{(1)}\hat{\boldsymbol{T}}_2^{(1)}\boldsymbol{g}+\hat{\boldsymbol{W}}^{(1)}\hat{\boldsymbol{t}}_1^{(1)})^{\mathrm{T}}\boldsymbol{H}_1^{(1)}(\bar{\boldsymbol{\Omega}}_{\mathrm{t}}^{(1)})^{-1}\boldsymbol{H}_1^{(1)\mathrm{T}}(\hat{\boldsymbol{W}}^{(1)}\hat{\boldsymbol{T}}_2^{(1)}\boldsymbol{g}+\hat{\boldsymbol{W}}^{(1)}\hat{\boldsymbol{t}}_1^{(1)})\} \tag{5.48}$$

需要指出的是，向量 $\boldsymbol{g}$ 中的第 4 个元素（$-r_1$）与其中前 3 个元素（$x^{(\mathrm{u})}$、$y^{(\mathrm{u})}$ 及 $z^{(\mathrm{u})}$）之间存在约束关系，这使得向量 $\boldsymbol{g}$ 满足如下二次关系式：

$$\boldsymbol{g}^{\mathrm{T}}\boldsymbol{\Lambda}\boldsymbol{g}+\boldsymbol{\kappa}^{\mathrm{T}}\boldsymbol{g}+\|\boldsymbol{s}_1\|_2^2=0 \tag{5.49}$$

式中

$$\boldsymbol{\Lambda}=\mathrm{blkdiag}\{\boldsymbol{I}_3\ ,-1\}\ ,\ \boldsymbol{\kappa}=-2\begin{bmatrix}\boldsymbol{s}_1\\ 0\end{bmatrix} \tag{5.50}$$

结合式（5.48）和式（5.49）可以构建估计向量 $\boldsymbol{g}$ 的优化模型，如下式所示：

$$\begin{cases}\min\limits_{\boldsymbol{g}}\{(\hat{\boldsymbol{W}}^{(1)}\hat{\boldsymbol{T}}_2^{(1)}\boldsymbol{g}+\hat{\boldsymbol{W}}^{(1)}\hat{\boldsymbol{t}}_1^{(1)})^{\mathrm{T}}\boldsymbol{H}_1^{(1)}(\bar{\boldsymbol{\Omega}}_{\mathrm{t}}^{(1)})^{-1}\boldsymbol{H}_1^{(1)\mathrm{T}}(\hat{\boldsymbol{W}}^{(1)}\hat{\boldsymbol{T}}_2^{(1)}\boldsymbol{g}+\hat{\boldsymbol{W}}^{(1)}\hat{\boldsymbol{t}}_1^{(1)})\}\\ \text{s.t.}\ \ \boldsymbol{g}^{\mathrm{T}}\boldsymbol{\Lambda}\boldsymbol{g}+\boldsymbol{\kappa}^{\mathrm{T}}\boldsymbol{g}+\|\boldsymbol{s}_1\|_2^2=0\end{cases} \tag{5.51}$$

根据 2.2 节中的讨论可知，式（5.51）可以利用拉格朗日乘子法进行求解，下面将描述其求解过程。

3. 求解方法

为了利用拉格朗日乘子法求解式（5.51），需要首先构造拉格朗日函数，如下式所示：

$$\begin{aligned}L^{(1)}(\boldsymbol{g},\lambda)=&(\hat{\boldsymbol{W}}^{(1)}\hat{\boldsymbol{T}}_2^{(1)}\boldsymbol{g}+\hat{\boldsymbol{W}}^{(1)}\hat{\boldsymbol{t}}_1^{(1)})^{\mathrm{T}}\boldsymbol{H}_1^{(1)}(\bar{\boldsymbol{\Omega}}_{\mathrm{t}}^{(1)})^{-1}\boldsymbol{H}_1^{(1)\mathrm{T}}(\hat{\boldsymbol{W}}^{(1)}\hat{\boldsymbol{T}}_2^{(1)}\boldsymbol{g}+\hat{\boldsymbol{W}}^{(1)}\hat{\boldsymbol{t}}_1^{(1)})\\&+\lambda(\boldsymbol{g}^{\mathrm{T}}\boldsymbol{\Lambda}\boldsymbol{g}+\boldsymbol{\kappa}^{\mathrm{T}}\boldsymbol{g}+\|\boldsymbol{s}_1\|_2^2)\end{aligned} \tag{5.52}$$

不妨将向量 $\boldsymbol{g}$ 与标量 λ 的最优解分别记为 $\hat{\boldsymbol{g}}_{\mathrm{p}}^{(1)}$ 和 $\hat{\lambda}_{\mathrm{p}}^{(1)}$，下面将函数 $L^{(1)}(\boldsymbol{g},\lambda)$ 分别对 $\boldsymbol{g}$ 和 λ 求导，并令它们等于零，可得

$$\begin{cases}\left.\dfrac{\partial L^{(1)}(\boldsymbol{g},\lambda)}{\partial\boldsymbol{g}}\right|_{\substack{\boldsymbol{g}=\hat{\boldsymbol{g}}_{\mathrm{p}}^{(1)}\\ \lambda=\hat{\lambda}_{\mathrm{p}}^{(1)}}}=2\Big[\hat{\boldsymbol{T}}_2^{(1)\mathrm{T}}\hat{\boldsymbol{W}}^{(1)\mathrm{T}}\boldsymbol{H}_1^{(1)}(\bar{\boldsymbol{\Omega}}_{\mathrm{t}}^{(1)})^{-1}\boldsymbol{H}_1^{(1)\mathrm{T}}\hat{\boldsymbol{W}}^{(1)}\hat{\boldsymbol{T}}_2^{(1)}+\hat{\lambda}_{\mathrm{p}}^{(1)}\boldsymbol{\Lambda}\Big]\hat{\boldsymbol{g}}_{\mathrm{p}}^{(1)}\\ \qquad\qquad+2\hat{\boldsymbol{T}}_2^{(1)\mathrm{T}}\hat{\boldsymbol{W}}^{(1)\mathrm{T}}\boldsymbol{H}_1^{(1)}(\bar{\boldsymbol{\Omega}}_{\mathrm{t}}^{(1)})^{-1}\boldsymbol{H}_1^{(1)\mathrm{T}}\hat{\boldsymbol{W}}^{(1)}\hat{\boldsymbol{t}}_1^{(1)}+\boldsymbol{\kappa}\hat{\lambda}_{\mathrm{p}}^{(1)}=\boldsymbol{O}_{4\times 1}\\ \left.\dfrac{\partial L^{(1)}(\boldsymbol{g},\lambda)}{\partial\lambda}\right|_{\substack{\boldsymbol{g}=\hat{\boldsymbol{g}}_{\mathrm{p}}^{(1)}\\ \lambda=\hat{\lambda}_{\mathrm{p}}^{(1)}}}=\hat{\boldsymbol{g}}_{\mathrm{p}}^{(1)\mathrm{T}}\boldsymbol{\Lambda}\hat{\boldsymbol{g}}_{\mathrm{p}}^{(1)}+\boldsymbol{\kappa}^{\mathrm{T}}\hat{\boldsymbol{g}}_{\mathrm{p}}^{(1)}+\|\boldsymbol{s}_1\|_2^2=0\end{cases} \tag{5.53}$$

由式（5.53）中的第1式可得

$$\hat{\boldsymbol{g}}_{\mathrm{p}}^{(1)}=-\left[\hat{\boldsymbol{T}}_2^{(1)\mathrm{T}}\hat{\boldsymbol{W}}^{(1)\mathrm{T}}\boldsymbol{H}_1^{(1)}(\bar{\boldsymbol{\Omega}}_{\mathrm{t}}^{(1)})^{-1}\boldsymbol{H}_1^{(1)\mathrm{T}}\hat{\boldsymbol{W}}^{(1)}\hat{\boldsymbol{T}}_2^{(1)}+\hat{\lambda}_{\mathrm{p}}^{(1)}\boldsymbol{\Lambda}\right]^{-1} \times\left[\hat{\boldsymbol{T}}_2^{(1)\mathrm{T}}\hat{\boldsymbol{W}}^{(1)\mathrm{T}}\boldsymbol{H}_1^{(1)}(\bar{\boldsymbol{\Omega}}_{\mathrm{t}}^{(1)})^{-1}\boldsymbol{H}_1^{(1)\mathrm{T}}\hat{\boldsymbol{W}}^{(1)}\hat{\boldsymbol{t}}_1^{(1)}+\frac{1}{2}\boldsymbol{\kappa}\hat{\lambda}_{\mathrm{p}}^{(1)}\right] \tag{5.54}$$

为了简化数学表述，不妨记

$$\begin{cases}\hat{\boldsymbol{\Phi}}_{\mathrm{t}}^{(1)}=\hat{\boldsymbol{T}}_2^{(1)\mathrm{T}}\hat{\boldsymbol{W}}^{(1)\mathrm{T}}\boldsymbol{H}_1^{(1)}(\bar{\boldsymbol{\Omega}}_{\mathrm{t}}^{(1)})^{-1}\boldsymbol{H}_1^{(1)\mathrm{T}}\hat{\boldsymbol{W}}^{(1)}\hat{\boldsymbol{T}}_2^{(1)}\in\mathbf{R}^{4\times 4}\\ \hat{\boldsymbol{\varphi}}_{\mathrm{t}}^{(1)}=\hat{\boldsymbol{T}}_2^{(1)\mathrm{T}}\hat{\boldsymbol{W}}^{(1)\mathrm{T}}\boldsymbol{H}_1^{(1)}(\bar{\boldsymbol{\Omega}}_{\mathrm{t}}^{(1)})^{-1}\boldsymbol{H}_1^{(1)\mathrm{T}}\hat{\boldsymbol{W}}^{(1)}\hat{\boldsymbol{t}}_1^{(1)}\in\mathbf{R}^{4\times 1}\end{cases} \tag{5.55}$$

将式（5.55）代入式（5.54）中可得

$$\hat{\boldsymbol{g}}_{\mathrm{p}}^{(1)}=-(\hat{\boldsymbol{\Phi}}_{\mathrm{t}}^{(1)}+\hat{\lambda}_{\mathrm{p}}^{(1)}\boldsymbol{\Lambda})^{-1}\left(\hat{\boldsymbol{\varphi}}_{\mathrm{t}}^{(1)}+\frac{1}{2}\boldsymbol{\kappa}\hat{\lambda}_{\mathrm{p}}^{(1)}\right) \tag{5.56}$$

接着再将式（5.56）代入式（5.53）中的第2式可得

$$\left(\hat{\boldsymbol{\varphi}}_{\mathrm{t}}^{(1)}+\frac{1}{2}\boldsymbol{\kappa}\hat{\lambda}_{\mathrm{p}}^{(1)}\right)^{\mathrm{T}}(\hat{\boldsymbol{\Phi}}_{\mathrm{t}}^{(1)}+\hat{\lambda}_{\mathrm{p}}^{(1)}\boldsymbol{\Lambda})^{-1}\boldsymbol{\Lambda}(\hat{\boldsymbol{\Phi}}_{\mathrm{t}}^{(1)}+\hat{\lambda}_{\mathrm{p}}^{(1)}\boldsymbol{\Lambda})^{-1}\left(\hat{\boldsymbol{\varphi}}_{\mathrm{t}}^{(1)}+\frac{1}{2}\boldsymbol{\kappa}\hat{\lambda}_{\mathrm{p}}^{(1)}\right) -\boldsymbol{\kappa}^{\mathrm{T}}(\hat{\boldsymbol{\Phi}}_{\mathrm{t}}^{(1)}+\hat{\lambda}_{\mathrm{p}}^{(1)}\boldsymbol{\Lambda})^{-1}\left(\hat{\boldsymbol{\varphi}}_{\mathrm{t}}^{(1)}+\frac{1}{2}\boldsymbol{\kappa}\hat{\lambda}_{\mathrm{p}}^{(1)}\right)+\|\boldsymbol{s}_1\|_2^2=0 \tag{5.57}$$

式（5.57）是关于λ的一元方程，下面将该式转化为关于λ的一元多项式形式。

首先对矩阵$(\hat{\boldsymbol{\Phi}}_{\mathrm{t}}^{(1)})^{-1}\boldsymbol{\Lambda}\in\mathbf{R}^{4\times 4}$进行特征值分解可得

$$(\hat{\boldsymbol{\Phi}}_{\mathrm{t}}^{(1)})^{-1}\boldsymbol{\Lambda}=\boldsymbol{P}^{(1)}\boldsymbol{\Gamma}^{(1)}(\boldsymbol{P}^{(1)})^{-1} \tag{5.58}$$

式中，$\boldsymbol{P}^{(1)}$是由特征向量构成的矩阵；$\boldsymbol{\Gamma}^{(1)}=\mathrm{diag}[\tau_1^{(1)}\ \ \tau_2^{(1)}\ \ \tau_3^{(1)}\ \ \tau_4^{(1)}]$，其中$\{\tau_k^{(1)}\}_{1\leqslant k\leqslant 4}$表示矩阵$(\hat{\boldsymbol{\Phi}}_{\mathrm{t}}^{(1)})^{-1}\boldsymbol{\Lambda}$的4个特征值。基于式（5.58）可得

$$\begin{aligned}(\hat{\boldsymbol{\Phi}}_{\mathrm{t}}^{(1)}+\hat{\lambda}_{\mathrm{p}}^{(1)}\boldsymbol{\Lambda})^{-1}&=[\hat{\boldsymbol{\Phi}}_{\mathrm{t}}^{(1)}(\boldsymbol{I}_4+\hat{\lambda}_{\mathrm{p}}^{(1)}(\hat{\boldsymbol{\Phi}}_{\mathrm{t}}^{(1)})^{-1}\boldsymbol{\Lambda})]^{-1}=[\boldsymbol{I}_4+\hat{\lambda}_{\mathrm{p}}^{(1)}(\hat{\boldsymbol{\Phi}}_{\mathrm{t}}^{(1)})^{-1}\boldsymbol{\Lambda}]^{-1}(\hat{\boldsymbol{\Phi}}_{\mathrm{t}}^{(1)})^{-1}\\&=[\boldsymbol{P}^{(1)}(\boldsymbol{P}^{(1)})^{-1}+\hat{\lambda}_{\mathrm{p}}^{(1)}\boldsymbol{P}^{(1)}\boldsymbol{\Gamma}^{(1)}(\boldsymbol{P}^{(1)})^{-1}]^{-1}(\hat{\boldsymbol{\Phi}}_{\mathrm{t}}^{(1)})^{-1}\\&=\boldsymbol{P}^{(1)}(\boldsymbol{I}_4+\hat{\lambda}_{\mathrm{p}}^{(1)}\boldsymbol{\Gamma}^{(1)})^{-1}(\boldsymbol{P}^{(1)})^{-1}(\hat{\boldsymbol{\Phi}}_{\mathrm{t}}^{(1)})^{-1}\end{aligned} \tag{5.59}$$

结合式（5.58）和式（5.59）可以进一步推得

$$\begin{aligned}&(\hat{\boldsymbol{\Phi}}_{\mathrm{t}}^{(1)}+\hat{\lambda}_{\mathrm{p}}^{(1)}\boldsymbol{\Lambda})^{-1}\boldsymbol{\Lambda}(\hat{\boldsymbol{\Phi}}_{\mathrm{t}}^{(1)}+\hat{\lambda}_{\mathrm{p}}^{(1)}\boldsymbol{\Lambda})^{-1}\\&=\boldsymbol{P}^{(1)}(\boldsymbol{I}_4+\hat{\lambda}_{\mathrm{p}}^{(1)}\boldsymbol{\Gamma}^{(1)})^{-1}(\boldsymbol{P}^{(1)})^{-1}(\hat{\boldsymbol{\Phi}}_{\mathrm{t}}^{(1)})^{-1}\boldsymbol{\Lambda}\boldsymbol{P}^{(1)}(\boldsymbol{I}_4+\hat{\lambda}_{\mathrm{p}}^{(1)}\boldsymbol{\Gamma}^{(1)})^{-1}(\boldsymbol{P}^{(1)})^{-1}(\hat{\boldsymbol{\Phi}}_{\mathrm{t}}^{(1)})^{-1}\\&=\boldsymbol{P}^{(1)}(\boldsymbol{I}_4+\hat{\lambda}_{\mathrm{p}}^{(1)}\boldsymbol{\Gamma}^{(1)})^{-1}\boldsymbol{\Gamma}^{(1)}(\boldsymbol{I}_4+\hat{\lambda}_{\mathrm{p}}^{(1)}\boldsymbol{\Gamma}^{(1)})^{-1}(\boldsymbol{P}^{(1)})^{-1}(\hat{\boldsymbol{\Phi}}_{\mathrm{t}}^{(1)})^{-1}\end{aligned} \tag{5.60}$$

将式（5.59）和式（5.60）代入式（5.57）中可得

$$\begin{aligned}
&\hat{\boldsymbol{\varphi}}_{\mathrm{t}}^{(1)\mathrm{T}}\boldsymbol{P}^{(1)}(\boldsymbol{I}_4+\hat{\lambda}_{\mathrm{p}}^{(1)}\boldsymbol{\Gamma}^{(1)})^{-1}\boldsymbol{\Gamma}^{(1)}(\boldsymbol{I}_4+\hat{\lambda}_{\mathrm{p}}^{(1)}\boldsymbol{\Gamma}^{(1)})^{-1}(\boldsymbol{P}^{(1)})^{-1}(\hat{\boldsymbol{\Phi}}_{\mathrm{t}}^{(1)})^{-1}\hat{\boldsymbol{\varphi}}_{\mathrm{t}}^{(1)}\\
&+\frac{\hat{\lambda}_{\mathrm{p}}^{(1)}}{2}\hat{\boldsymbol{\varphi}}_{\mathrm{t}}^{(1)\mathrm{T}}\boldsymbol{P}^{(1)}(\boldsymbol{I}_4+\hat{\lambda}_{\mathrm{p}}^{(1)}\boldsymbol{\Gamma}^{(1)})^{-1}\boldsymbol{\Gamma}^{(1)}(\boldsymbol{I}_4+\hat{\lambda}_{\mathrm{p}}^{(1)}\boldsymbol{\Gamma}^{(1)})^{-1}(\boldsymbol{P}^{(1)})^{-1}(\hat{\boldsymbol{\Phi}}_{\mathrm{t}}^{(1)})^{-1}\boldsymbol{\kappa}\\
&+\frac{\hat{\lambda}_{\mathrm{p}}^{(1)}}{2}\boldsymbol{\kappa}^{\mathrm{T}}\boldsymbol{P}^{(1)}(\boldsymbol{I}_4+\hat{\lambda}_{\mathrm{p}}^{(1)}\boldsymbol{\Gamma}^{(1)})^{-1}\boldsymbol{\Gamma}^{(1)}(\boldsymbol{I}_4+\hat{\lambda}_{\mathrm{p}}^{(1)}\boldsymbol{\Gamma}^{(1)})^{-1}(\boldsymbol{P}^{(1)})^{-1}(\hat{\boldsymbol{\Phi}}_{\mathrm{t}}^{(1)})^{-1}\hat{\boldsymbol{\varphi}}_{\mathrm{t}}^{(1)}\\
&+\frac{(\hat{\lambda}_{\mathrm{p}}^{(1)})^2}{4}\boldsymbol{\kappa}^{\mathrm{T}}\boldsymbol{P}^{(1)}(\boldsymbol{I}_4+\hat{\lambda}_{\mathrm{p}}^{(1)}\boldsymbol{\Gamma}^{(1)})^{-1}\boldsymbol{\Gamma}^{(1)}(\boldsymbol{I}_4+\hat{\lambda}_{\mathrm{p}}^{(1)}\boldsymbol{\Gamma}^{(1)})^{-1}(\boldsymbol{P}^{(1)})^{-1}(\hat{\boldsymbol{\Phi}}_{\mathrm{t}}^{(1)})^{-1}\boldsymbol{\kappa}\\
&-\boldsymbol{\kappa}^{\mathrm{T}}\boldsymbol{P}^{(1)}(\boldsymbol{I}_4+\hat{\lambda}_{\mathrm{p}}^{(1)}\boldsymbol{\Gamma}^{(1)})^{-1}(\boldsymbol{P}^{(1)})^{-1}(\hat{\boldsymbol{\Phi}}_{\mathrm{t}}^{(1)})^{-1}\hat{\boldsymbol{\varphi}}_{\mathrm{t}}^{(1)}-\frac{\hat{\lambda}_{\mathrm{p}}^{(1)}}{2}\boldsymbol{\kappa}^{\mathrm{T}}\boldsymbol{P}^{(1)}(\boldsymbol{I}_4+\hat{\lambda}_{\mathrm{p}}^{(1)}\boldsymbol{\Gamma}^{(1)})^{-1}\\
&\times(\boldsymbol{P}^{(1)})^{-1}(\hat{\boldsymbol{\Phi}}_{\mathrm{t}}^{(1)})^{-1}\boldsymbol{\kappa}+\|\boldsymbol{s}_1\|_2^2=0\\
&\Rightarrow\boldsymbol{\gamma}_2^{(1)\mathrm{T}}(\boldsymbol{I}_4+\hat{\lambda}_{\mathrm{p}}^{(1)}\boldsymbol{\Gamma}^{(1)})^{-1}\boldsymbol{\Gamma}^{(1)}(\boldsymbol{I}_4+\hat{\lambda}_{\mathrm{p}}^{(1)}\boldsymbol{\Gamma}^{(1)})^{-1}\boldsymbol{\gamma}_1^{(1)}+\frac{\hat{\lambda}_{\mathrm{p}}^{(1)}}{2}\boldsymbol{\gamma}_4^{(1)\mathrm{T}}(\boldsymbol{I}_4+\hat{\lambda}_{\mathrm{p}}^{(1)}\boldsymbol{\Gamma}^{(1)})^{-1}\boldsymbol{\Gamma}^{(1)}\\
&\quad\times(\boldsymbol{I}_4+\hat{\lambda}_{\mathrm{p}}^{(1)}\boldsymbol{\Gamma}^{(1)})^{-1}\boldsymbol{\gamma}_1^{(1)}+\frac{\hat{\lambda}_{\mathrm{p}}^{(1)}}{2}\boldsymbol{\gamma}_2^{(1)\mathrm{T}}(\boldsymbol{I}_4+\hat{\lambda}_{\mathrm{p}}^{(1)}\boldsymbol{\Gamma}^{(1)})^{-1}\boldsymbol{\Gamma}^{(1)}(\boldsymbol{I}_4+\hat{\lambda}_{\mathrm{p}}^{(1)}\boldsymbol{\Gamma}^{(1)})^{-1}\boldsymbol{\gamma}_3^{(1)}\\
&\quad+\frac{(\hat{\lambda}_{\mathrm{p}}^{(1)})^2}{4}\boldsymbol{\gamma}_4^{(1)\mathrm{T}}(\boldsymbol{I}_4+\hat{\lambda}_{\mathrm{p}}^{(1)}\boldsymbol{\Gamma}^{(1)})^{-1}\boldsymbol{\Gamma}^{(1)}(\boldsymbol{I}_4+\hat{\lambda}_{\mathrm{p}}^{(1)}\boldsymbol{\Gamma}^{(1)})^{-1}\boldsymbol{\gamma}_3^{(1)}\\
&\quad-\boldsymbol{\gamma}_4^{(1)\mathrm{T}}(\boldsymbol{I}_4+\hat{\lambda}_{\mathrm{p}}^{(1)}\boldsymbol{\Gamma}^{(1)})^{-1}\boldsymbol{\gamma}_1^{(1)}-\frac{\hat{\lambda}_{\mathrm{p}}^{(1)}}{2}\boldsymbol{\gamma}_4^{(1)\mathrm{T}}(\boldsymbol{I}_4+\hat{\lambda}_{\mathrm{p}}^{(1)}\boldsymbol{\Gamma}^{(1)})^{-1}\boldsymbol{\gamma}_3^{(1)}+\|\boldsymbol{s}_1\|_2^2=0
\end{aligned}\tag{5.61}$$

式中

$$\boldsymbol{\gamma}_1^{(1)}=(\boldsymbol{P}^{(1)})^{-1}(\hat{\boldsymbol{\Phi}}_{\mathrm{t}}^{(1)})^{-1}\hat{\boldsymbol{\varphi}}_{\mathrm{t}}^{(1)}\ ,\ \boldsymbol{\gamma}_2^{(1)}=\boldsymbol{P}^{(1)\mathrm{T}}\hat{\boldsymbol{\varphi}}_{\mathrm{t}}^{(1)}\ ,\ \boldsymbol{\gamma}_3^{(1)}=(\boldsymbol{P}^{(1)})^{-1}(\hat{\boldsymbol{\Phi}}_{\mathrm{t}}^{(1)})^{-1}\boldsymbol{\kappa}\ ,\ \boldsymbol{\gamma}_4^{(1)}=\boldsymbol{P}^{(1)\mathrm{T}}\boldsymbol{\kappa}\tag{5.62}$$

将式（5.61）展开可得

$$\begin{aligned}
&\sum_{k=1}^{4}\frac{\tau_k^{(1)}<\boldsymbol{\gamma}_1^{(1)}>_k<\boldsymbol{\gamma}_2^{(1)}>_k}{(1+\hat{\lambda}_{\mathrm{p}}^{(1)}\tau_k^{(1)})^2}+\frac{\hat{\lambda}_{\mathrm{p}}^{(1)}}{2}\sum_{k=1}^{4}\frac{\tau_k^{(1)}<\boldsymbol{\gamma}_1^{(1)}>_k<\boldsymbol{\gamma}_4^{(1)}>_k}{(1+\hat{\lambda}_{\mathrm{p}}^{(1)}\tau_k^{(1)})^2}+\frac{\hat{\lambda}_{\mathrm{p}}^{(1)}}{2}\sum_{k=1}^{4}\frac{\tau_k^{(1)}<\boldsymbol{\gamma}_2^{(1)}>_k<\boldsymbol{\gamma}_3^{(1)}>_k}{(1+\hat{\lambda}_{\mathrm{p}}^{(1)}\tau_k^{(1)})^2}\\
&+\frac{(\hat{\lambda}_{\mathrm{p}}^{(1)})^2}{4}\sum_{k=1}^{4}\frac{\tau_k^{(1)}<\boldsymbol{\gamma}_3^{(1)}>_k<\boldsymbol{\gamma}_4^{(1)}>_k}{(1+\hat{\lambda}_{\mathrm{p}}^{(1)}\tau_k^{(1)})^2}-\sum_{k=1}^{4}\frac{<\boldsymbol{\gamma}_1^{(1)}>_k<\boldsymbol{\gamma}_4^{(1)}>_k}{1+\hat{\lambda}_{\mathrm{p}}^{(1)}\tau_k^{(1)}}\\
&-\frac{\hat{\lambda}_{\mathrm{p}}^{(1)}}{2}\sum_{k=1}^{4}\frac{<\boldsymbol{\gamma}_3^{(1)}>_k<\boldsymbol{\gamma}_4^{(1)}>_k}{1+\hat{\lambda}_{\mathrm{p}}^{(1)}\tau_k^{(1)}}+\|\boldsymbol{s}_1\|_2^2=0
\end{aligned}\tag{5.63}$$

对式（5.63）进行化简合并可得

$$\sum_{k=1}^{4}\frac{\mu_{k2}^{(1)}(\hat{\lambda}_{\mathrm{p}}^{(1)})^2+\mu_{k1}^{(1)}\hat{\lambda}_{\mathrm{p}}^{(1)}+\mu_{k0}^{(1)}}{(1+\hat{\lambda}_{\mathrm{p}}^{(1)}\tau_k^{(1)})^2}+\|\boldsymbol{s}_1\|_2^2=0 \tag{5.64}$$

式中

$$\begin{cases}\mu_{k0}^{(1)}=\tau_k^{(1)}<\gamma_1^{(1)}>_k<\gamma_2^{(1)}>_k-<\gamma_1^{(1)}>_k<\gamma_4^{(1)}>_k\\ \mu_{k1}^{(1)}=\dfrac{1}{2}\tau_k^{(1)}<\gamma_2^{(1)}>_k<\gamma_3^{(1)}>_k-\dfrac{1}{2}\tau_k^{(1)}<\gamma_1^{(1)}>_k<\gamma_4^{(1)}>_k-\dfrac{1}{2}<\gamma_3^{(1)}>_k<\gamma_4^{(1)}>_k\\ \mu_{k2}^{(1)}=-\dfrac{1}{4}\tau_k^{(1)}<\gamma_3^{(1)}>_k<\gamma_4^{(1)}>_k\end{cases}\quad(1\leqslant k\leqslant 4) \tag{5.65}$$

将式（5.64）两边同时乘以$\prod_{k=1}^{4}(1+\hat{\lambda}_{\mathrm{p}}^{(1)}\tau_k^{(1)})^2$可得

$$\begin{aligned}&\sum_{k_1=1}^{4}\Big[\mu_{k_1 2}^{(1)}(\hat{\lambda}_{\mathrm{p}}^{(1)})^2+\mu_{k_1 1}^{(1)}\hat{\lambda}_{\mathrm{p}}^{(1)}+\mu_{k_1 0}^{(1)}\Big]\left[\prod_{\substack{k_2=1\\k_2\neq k_1}}^{4}(1+\hat{\lambda}_{\mathrm{p}}^{(1)}\tau_{k_2}^{(1)})^2\right]+\|\boldsymbol{s}_1\|_2^2\left[\prod_{k=1}^{4}(1+\hat{\lambda}_{\mathrm{p}}^{(1)}\tau_k^{(1)})^2\right]\\&=\sum_{k_1=1}^{4}\Big[\bar{\mu}_{k_1 2}^{(1)}(\hat{\lambda}_{\mathrm{p}}^{(1)})^2+\bar{\mu}_{k_1 1}^{(1)}\hat{\lambda}_{\mathrm{p}}^{(1)}+\bar{\mu}_{k_1 0}^{(1)}\Big]\left[\prod_{\substack{k_2=1\\k_2\neq k_1}}^{4}(1+\hat{\lambda}_{\mathrm{p}}^{(1)}\tau_{k_2}^{(1)})^2\right]=0\end{aligned} \tag{5.66}$$

式中

$$\bar{\mu}_{k0}^{(1)}=\mu_{k0}^{(1)}+\frac{\|\boldsymbol{s}_1\|_2^2}{4}\ ,\ \bar{\mu}_{k1}^{(1)}=\mu_{k1}^{(1)}+\frac{\|\boldsymbol{s}_1\|_2^2}{2}\tau_k^{(1)}\ ,\ \bar{\mu}_{k2}^{(1)}=\mu_{k2}^{(1)}+\frac{\|\boldsymbol{s}_1\|_2^2}{4}(\tau_k^{(1)})^2\quad(1\leqslant k\leqslant 4) \tag{5.67}$$

将式（5.66）展开，可以进一步表示为关于$\hat{\lambda}_{\mathrm{p}}^{(1)}$的标准多项式形式，如下式所示：

$$\begin{aligned}&\eta_8^{(1)}(\hat{\lambda}_{\mathrm{p}}^{(1)})^8+\eta_7^{(1)}(\hat{\lambda}_{\mathrm{p}}^{(1)})^7+\eta_6^{(1)}(\hat{\lambda}_{\mathrm{p}}^{(1)})^6+\eta_5^{(1)}(\hat{\lambda}_{\mathrm{p}}^{(1)})^5+\eta_4^{(1)}(\hat{\lambda}_{\mathrm{p}}^{(1)})^4+\eta_3^{(1)}(\hat{\lambda}_{\mathrm{p}}^{(1)})^3\\&+\eta_2^{(1)}(\hat{\lambda}_{\mathrm{p}}^{(1)})^2+\eta_1^{(1)}\hat{\lambda}_{\mathrm{p}}^{(1)}+\eta_0^{(1)}=0\end{aligned} \tag{5.68}$$

式中，$\{\eta_k^{(1)}\}_{0\leqslant k\leqslant 8}$均为多项式系数，它们的表达式为

$$\begin{cases}\eta_0^{(1)}=\sum\limits_{k=1}^{4}\bar{\mu}_{k0}^{(1)}\ ,\ \eta_1^{(1)}=\sum\limits_{k_1=1}^{4}\bar{\mu}_{k_1 0}^{(1)}\left(2\sum\limits_{\substack{k_2=1\\k_2\neq k_1}}^{4}\tau_{k_2}^{(1)}\right)+\sum\limits_{k=1}^{4}\bar{\mu}_{k1}^{(1)}\\ \eta_2^{(1)}=\sum\limits_{k_1=1}^{4}\bar{\mu}_{k_1 0}^{(1)}\left[\sum\limits_{\substack{k_2=1\\k_2\neq k_1}}^{4}(\tau_{k_2}^{(1)})^2+4\sum\limits_{\substack{k_2=1\\k_2\neq k_1}}^{4}\left(\prod\limits_{\substack{k_3=1\\k_3\neq k_1,k_2}}^{4}\tau_{k_3}^{(1)}\right)\right]+\sum\limits_{k_1=1}^{4}\bar{\mu}_{k_1 1}^{(1)}\left(2\sum\limits_{\substack{k_2=1\\k_2\neq k_1}}^{4}\tau_{k_2}^{(1)}\right)+\sum\limits_{k=1}^{4}\bar{\mu}_{k2}^{(1)}\end{cases}$$

$$
\left\{
\begin{aligned}
\eta_3^{(1)} &= \sum_{k_1=1}^{4} \overline{\mu}_{k_1 0}^{(1)} \left[2 \sum_{\substack{k_2=1 \\ k_2 \neq k_1}}^{4} \tau_{k_2}^{(1)} \left(\sum_{\substack{k_3=1 \\ k_3 \neq k_1, k_2}}^{4} (\tau_{k_3}^{(1)})^2 \right) + 8 \prod_{\substack{k_2=1 \\ k_2 \neq k_1}}^{4} \tau_{k_2}^{(1)} \right] \\
&\quad + \sum_{k_1=1}^{4} \overline{\mu}_{k_1 1}^{(1)} \left[\sum_{\substack{k_2=1 \\ k_2 \neq k_1}}^{4} (\tau_{k_2}^{(1)})^2 + 4 \sum_{\substack{k_2=1 \\ k_2 \neq k_1}}^{4} \left(\prod_{\substack{k_3=1 \\ k_3 \neq k_1, k_2}}^{4} \tau_{k_3}^{(1)} \right) \right] + \sum_{k_1=1}^{4} \overline{\mu}_{k_1 2}^{(1)} \left(2 \sum_{\substack{k_2=1 \\ k_2 \neq k_1}}^{4} \tau_{k_2}^{(1)} \right) \\
\eta_4^{(1)} &= \sum_{k_1=1}^{4} \overline{\mu}_{k_1 0}^{(1)} \left[4 \sum_{\substack{k_2=1 \\ k_2 \neq k_1}}^{4} (\tau_{k_2}^{(1)})^2 \left(\prod_{\substack{k_3=1 \\ k_3 \neq k_1, k_2}}^{4} \tau_{k_3}^{(1)} \right) + \sum_{\substack{k_2=1 \\ k_2 \neq k_1}}^{4} \left(\prod_{\substack{k_3=1 \\ k_3 \neq k_1, k_2}}^{4} (\tau_{k_3}^{(1)})^2 \right) \right] \\
&\quad + \sum_{k_1=1}^{4} \overline{\mu}_{k_1 1}^{(1)} \left[2 \sum_{\substack{k_2=1 \\ k_2 \neq k_1}}^{4} \tau_{k_2}^{(1)} \left(\sum_{\substack{k_3=1 \\ k_3 \neq k_1, k_2}}^{4} (\tau_{k_3}^{(1)})^2 \right) + 8 \prod_{\substack{k_2=1 \\ k_2 \neq k_1}}^{4} \tau_{k_2}^{(1)} \right] \\
&\quad + \sum_{k_1=1}^{4} \overline{\mu}_{k_1 2}^{(1)} \left[\sum_{\substack{k_2=1 \\ k_2 \neq k_1}}^{4} (\tau_{k_2}^{(1)})^2 + 4 \sum_{\substack{k_2=1 \\ k_2 \neq k_1}}^{4} \left(\prod_{\substack{k_3=1 \\ k_3 \neq k_1, k_2}}^{4} \tau_{k_3}^{(1)} \right) \right] \\
\eta_5^{(1)} &= \sum_{k_1=1}^{4} \overline{\mu}_{k_1 0}^{(1)} \left[2 \sum_{\substack{k_2=1 \\ k_2 \neq k_1}}^{4} \tau_{k_2}^{(1)} \left(\prod_{\substack{k_3=1 \\ k_3 \neq k_1, k_2}}^{4} (\tau_{k_3}^{(1)})^2 \right) \right] \\
&\quad + \sum_{k_1=1}^{4} \overline{\mu}_{k_1 1}^{(1)} \left[4 \sum_{\substack{k_2=1 \\ k_2 \neq k_1}}^{4} (\tau_{k_2}^{(1)})^2 \left(\prod_{\substack{k_3=1 \\ k_3 \neq k_1, k_2}}^{4} \tau_{k_3}^{(1)} \right) + \sum_{\substack{k_2=1 \\ k_2 \neq k_1}}^{4} \left(\prod_{\substack{k_3=1 \\ k_3 \neq k_1, k_2}}^{4} (\tau_{k_3}^{(1)})^2 \right) \right] \\
&\quad + \sum_{k_1=1}^{4} \overline{\mu}_{k_1 2}^{(1)} \left[2 \sum_{\substack{k_2=1 \\ k_2 \neq k_1}}^{4} \tau_{k_2}^{(1)} \left(\sum_{\substack{k_3=1 \\ k_3 \neq k_1, k_2}}^{4} (\tau_{k_3}^{(1)})^2 \right) + 8 \prod_{\substack{k_2=1 \\ k_2 \neq k_1}}^{4} \tau_{k_2}^{(1)} \right] \\
\eta_6^{(1)} &= \sum_{k_1=1}^{4} \overline{\mu}_{k_1 0}^{(1)} \left(\prod_{\substack{k_2=1 \\ k_2 \neq k_1}}^{4} (\tau_{k_2}^{(1)})^2 \right) + \sum_{k_1=1}^{4} \overline{\mu}_{k_1 1}^{(1)} \left[2 \sum_{\substack{k_2=1 \\ k_2 \neq k_1}}^{4} \tau_{k_2}^{(1)} \left(\prod_{\substack{k_3=1 \\ k_3 \neq k_1, k_2}}^{4} (\tau_{k_3}^{(1)})^2 \right) \right] \\
&\quad + \sum_{k_1=1}^{4} \overline{\mu}_{k_1 2}^{(1)} \left[4 \sum_{\substack{k_2=1 \\ k_2 \neq k_1}}^{4} (\tau_{k_2}^{(1)})^2 \left(\prod_{\substack{k_3=1 \\ k_3 \neq k_1, k_2}}^{4} \tau_{k_3}^{(1)} \right) + \sum_{\substack{k_2=1 \\ k_2 \neq k_1}}^{4} \left(\prod_{\substack{k_3=1 \\ k_3 \neq k_1, k_2}}^{4} (\tau_{k_3}^{(1)})^2 \right) \right]
\end{aligned}
\right.
$$

$$
\begin{cases}
\eta_7^{(1)} = \sum_{k_1=1}^{4} \bar{\mu}_{k_1 1}^{(1)} \left(\prod_{\substack{k_2=1 \\ k_2 \neq k_1}}^{4} (\tau_{k_2}^{(1)})^2 \right) + \sum_{k_1=1}^{4} \bar{\mu}_{k_1 2}^{(1)} \left[2 \sum_{\substack{k_2=1 \\ k_2 \neq k_1}}^{4} \tau_{k_2}^{(1)} \left(\prod_{\substack{k_3=1 \\ k_3 \neq k_1, k_2}}^{4} (\tau_{k_3}^{(1)})^2 \right) \right] \\
\eta_8^{(1)} = \sum_{k_1=1}^{4} \bar{\mu}_{k_1 2}^{(1)} \left(\prod_{\substack{k_2=1 \\ k_2 \neq k_1}}^{4} (\tau_{k_2}^{(1)})^2 \right)
\end{cases}
\tag{5.69}
$$

通过求解一元多项方程式（5.68）的根，并将其代入式（5.56）中，即可得到向量$\boldsymbol{g}$的估计值$\hat{\boldsymbol{g}}_{\mathrm{p}}^{(1)}$。由式（5.17）中的第2式可知，利用向量$\hat{\boldsymbol{g}}_{\mathrm{p}}^{(1)}$中的前面3个分量就可以获得辐射源位置向量$\boldsymbol{u}$的估计值$\hat{\boldsymbol{u}}_{\mathrm{p}}^{(1)}$（即有$\hat{\boldsymbol{u}}_{\mathrm{p}}^{(1)} = [\boldsymbol{I}_3 \ \ \boldsymbol{O}_{3\times 1}] \hat{\boldsymbol{g}}_{\mathrm{p}}^{(1)}$）。

【注记5.4】由式（5.42）、式（5.43）及式（5.45）可知，加权矩阵$(\bar{\boldsymbol{\Omega}}_{\mathrm{t}}^{(1)})^{-1}$与未知向量$\boldsymbol{g}$有关。因此，严格来说，式（5.51）中的目标函数并不是关于向量$\boldsymbol{g}$的二次函数，针对该问题，可以采用注记4.1中描述的方法进行处理。理论分析表明，在一阶误差分析理论框架下，加权矩阵$(\bar{\boldsymbol{\Omega}}_{\mathrm{t}}^{(1)})^{-1}$中的扰动误差并不会实质影响估计值$\hat{\boldsymbol{g}}_{\mathrm{p}}^{(1)}$的统计性能①。

【注记5.5】理论上来说，一元多项方程式（5.68）共包含8个根，这就需要排除虚假根。判断虚假根的方法有很多，例如，可以直接排除复数根，或者根据向量$\boldsymbol{g}$中的第4个分量的符号来进行判断②，还可以利用下式来选取正确的根：

$$
\min_{1 \leqslant k \leqslant K} \left\{ \left[\boldsymbol{f}_{\mathrm{tdoa}}(\hat{\boldsymbol{u}}_{\mathrm{p}}^{(1)}(\lambda_k)) - \hat{\boldsymbol{\rho}} \right]^{\mathrm{T}} \boldsymbol{E}_{\mathrm{t}}^{-1} \left[\boldsymbol{f}_{\mathrm{tdoa}}(\hat{\boldsymbol{u}}_{\mathrm{p}}^{(1)}(\lambda_k)) - \hat{\boldsymbol{\rho}} \right] \right\} \tag{5.70}
$$

式中，$\hat{\boldsymbol{u}}_{\mathrm{p}}^{(1)}(\lambda_k)$表示利用根$\lambda_k$获得的辐射源位置向量$\boldsymbol{u}$的估计值；$K$表示未被排除的根的个数。

图5.1给出了本章第1种加权多维标度定位方法的流程图。

---

① 也不会实质影响估计值$\hat{\boldsymbol{u}}_{\mathrm{p}}^{(1)}$的统计性能。

② 由式（5.17）中的第2式可知，向量$\boldsymbol{g}$中的第4个分量一定是负数。

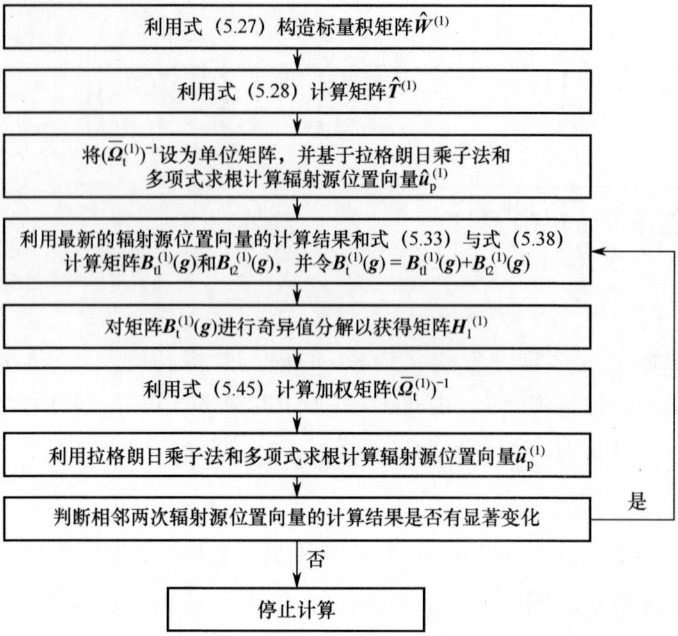

图 5.1　本章第 1 种加权多维标度定位方法的流程图

5.2.4　理论性能分析

下面将推导估计值$\hat{\boldsymbol{u}}_{\mathrm{p}}^{(1)}$的理论性能，主要是推导估计均方误差矩阵，并将其与克拉美罗界进行比较，从而证明其渐近最优性。这里采用的性能分析方法是一阶误差分析方法，即忽略观测误差$\boldsymbol{\varepsilon}_{\mathrm{t}}$的二阶及其以上各阶项。

由于估计值$\hat{\boldsymbol{u}}_{\mathrm{p}}^{(1)}$是从估计值$\hat{\boldsymbol{g}}_{\mathrm{p}}^{(1)}$中获得的，下面首先推导向量$\hat{\boldsymbol{g}}_{\mathrm{p}}^{(1)}$的估计均方误差矩阵，并将其估计误差记为$\Delta\boldsymbol{g}_{\mathrm{p}}^{(1)}=\hat{\boldsymbol{g}}_{\mathrm{p}}^{(1)}-\boldsymbol{g}$。基于式（5.51）及 2.4.2 节中的讨论可知，在一阶误差分析框架下，误差向量$\Delta\boldsymbol{g}_{\mathrm{p}}^{(1)}$近似为如下约束优化问题的最优解：

$$\begin{cases}\min\limits_{\Delta\boldsymbol{g}}\{(\boldsymbol{W}^{(1)}\boldsymbol{T}_2^{(1)}\Delta\boldsymbol{g}+\boldsymbol{B}_{\mathrm{t}}^{(1)}(\boldsymbol{g})\boldsymbol{\varepsilon}_{\mathrm{t}})^{\mathrm{T}}\boldsymbol{H}_1^{(1)}(\bar{\boldsymbol{\Omega}}_{\mathrm{t}}^{(1)})^{-1}\boldsymbol{H}_1^{(1)\mathrm{T}}(\boldsymbol{W}^{(1)}\boldsymbol{T}_2^{(1)}\Delta\boldsymbol{g}+\boldsymbol{B}_{\mathrm{t}}^{(1)}(\boldsymbol{g})\boldsymbol{\varepsilon}_{\mathrm{t}})\} \\ \text{s.t. } (\Delta\boldsymbol{g})^{\mathrm{T}}(2\boldsymbol{\Lambda}\boldsymbol{g}+\boldsymbol{\kappa})=0\end{cases} \tag{5.71}$$

式中，$\boldsymbol{T}_2^{(1)}=\hat{\boldsymbol{T}}_2^{(1)}|_{\boldsymbol{\varepsilon}_{\mathrm{t}}=\boldsymbol{O}_{(M-1)\times 1}}$。式（5.71）的推导见附录 B.3。根据式（2.65）可知，误差向量$\Delta\boldsymbol{g}_{\mathrm{p}}^{(1)}$的一阶近似表达式为

$$\Delta \boldsymbol{g}_{\mathrm{p}}^{(1)} \approx -\left[\boldsymbol{I}_4 - \frac{(\boldsymbol{T}_2^{(1)\mathrm{T}}\boldsymbol{W}^{(1)\mathrm{T}}\boldsymbol{H}_1^{(1)}(\bar{\boldsymbol{\Omega}}_{\mathrm{t}}^{(1)})^{-1}\boldsymbol{H}_1^{(1)\mathrm{T}}\boldsymbol{W}^{(1)}\boldsymbol{T}_2^{(1)})^{-1}(2\boldsymbol{\Lambda}\boldsymbol{g}+\boldsymbol{\kappa})(2\boldsymbol{\Lambda}\boldsymbol{g}+\boldsymbol{\kappa})^{\mathrm{T}}}{(2\boldsymbol{\Lambda}\boldsymbol{g}+\boldsymbol{\kappa})^{\mathrm{T}}(\boldsymbol{T}_2^{(1)\mathrm{T}}\boldsymbol{W}^{(1)\mathrm{T}}\boldsymbol{H}_1^{(1)}(\bar{\boldsymbol{\Omega}}_{\mathrm{t}}^{(1)})^{-1}\boldsymbol{H}_1^{(1)\mathrm{T}}\boldsymbol{W}^{(1)}\boldsymbol{T}_2^{(1)})^{-1}(2\boldsymbol{\Lambda}\boldsymbol{g}+\boldsymbol{\kappa})}\right]$$
$$\times(\boldsymbol{T}_2^{(1)\mathrm{T}}\boldsymbol{W}^{(1)\mathrm{T}}\boldsymbol{H}_1^{(1)}(\bar{\boldsymbol{\Omega}}_{\mathrm{t}}^{(1)})^{-1}\boldsymbol{H}_1^{(1)\mathrm{T}}\boldsymbol{W}^{(1)}\boldsymbol{T}_2^{(1)})^{-1}\boldsymbol{T}_2^{(1)\mathrm{T}}\boldsymbol{W}^{(1)\mathrm{T}}\boldsymbol{H}_1^{(1)}(\bar{\boldsymbol{\Omega}}_{\mathrm{t}}^{(1)})^{-1}\boldsymbol{H}_1^{(1)\mathrm{T}}\boldsymbol{B}_{\mathrm{t}}^{(1)}(\boldsymbol{g})\boldsymbol{\varepsilon}_{\mathrm{t}} \tag{5.72}$$

由式（5.72）可知，估计误差 $\Delta \boldsymbol{g}_{\mathrm{p}}^{(1)}$ 渐近服从零均值的高斯分布，因此估计值 $\hat{\boldsymbol{g}}_{\mathrm{p}}^{(1)}$ 是渐近无偏估计，并且其均方误差矩阵为

$$\begin{aligned}\mathbf{MSE}(\hat{\boldsymbol{g}}_{\mathrm{p}}^{(1)}) &= \mathrm{E}[(\hat{\boldsymbol{g}}_{\mathrm{p}}^{(1)}-\boldsymbol{g})(\hat{\boldsymbol{g}}_{\mathrm{p}}^{(1)}-\boldsymbol{g})^{\mathrm{T}}] = \mathrm{E}[\Delta\boldsymbol{g}_{\mathrm{p}}^{(1)}(\Delta\boldsymbol{g}_{\mathrm{p}}^{(1)})^{\mathrm{T}}]\\
&= \left[\boldsymbol{I}_4 - \frac{(\boldsymbol{T}_2^{(1)\mathrm{T}}\boldsymbol{W}^{(1)\mathrm{T}}\boldsymbol{H}_1^{(1)}(\bar{\boldsymbol{\Omega}}_{\mathrm{t}}^{(1)})^{-1}\boldsymbol{H}_1^{(1)\mathrm{T}}\boldsymbol{W}^{(1)}\boldsymbol{T}_2^{(1)})^{-1}(2\boldsymbol{\Lambda}\boldsymbol{g}+\boldsymbol{\kappa})(2\boldsymbol{\Lambda}\boldsymbol{g}+\boldsymbol{\kappa})^{\mathrm{T}}}{(2\boldsymbol{\Lambda}\boldsymbol{g}+\boldsymbol{\kappa})^{\mathrm{T}}(\boldsymbol{T}_2^{(1)\mathrm{T}}\boldsymbol{W}^{(1)\mathrm{T}}\boldsymbol{H}_1^{(1)}(\bar{\boldsymbol{\Omega}}_{\mathrm{t}}^{(1)})^{-1}\boldsymbol{H}_1^{(1)\mathrm{T}}\boldsymbol{W}^{(1)}\boldsymbol{T}_2^{(1)})^{-1}(2\boldsymbol{\Lambda}\boldsymbol{g}+\boldsymbol{\kappa})}\right]\\
&\quad\times(\boldsymbol{T}_2^{(1)\mathrm{T}}\boldsymbol{W}^{(1)\mathrm{T}}\boldsymbol{H}_1^{(1)}(\bar{\boldsymbol{\Omega}}_{\mathrm{t}}^{(1)})^{-1}\boldsymbol{H}_1^{(1)\mathrm{T}}\boldsymbol{W}^{(1)}\boldsymbol{T}_2^{(1)})^{-1}\\
&\quad\times\left[\boldsymbol{I}_4 - \frac{(2\boldsymbol{\Lambda}\boldsymbol{g}+\boldsymbol{\kappa})(2\boldsymbol{\Lambda}\boldsymbol{g}+\boldsymbol{\kappa})^{\mathrm{T}}(\boldsymbol{T}_2^{(1)\mathrm{T}}\boldsymbol{W}^{(1)\mathrm{T}}\boldsymbol{H}_1^{(1)}(\bar{\boldsymbol{\Omega}}_{\mathrm{t}}^{(1)})^{-1}\boldsymbol{H}_1^{(1)\mathrm{T}}\boldsymbol{W}^{(1)}\boldsymbol{T}_2^{(1)})^{-1}}{(2\boldsymbol{\Lambda}\boldsymbol{g}+\boldsymbol{\kappa})^{\mathrm{T}}(\boldsymbol{T}_2^{(1)\mathrm{T}}\boldsymbol{W}^{(1)\mathrm{T}}\boldsymbol{H}_1^{(1)}(\bar{\boldsymbol{\Omega}}_{\mathrm{t}}^{(1)})^{-1}\boldsymbol{H}_1^{(1)\mathrm{T}}\boldsymbol{W}^{(1)}\boldsymbol{T}_2^{(1)})^{-1}(2\boldsymbol{\Lambda}\boldsymbol{g}+\boldsymbol{\kappa})}\right]\\
&= \left[\boldsymbol{I}_4 - \frac{(\boldsymbol{T}_2^{(1)\mathrm{T}}\boldsymbol{W}^{(1)\mathrm{T}}\boldsymbol{H}_1^{(1)}(\bar{\boldsymbol{\Omega}}_{\mathrm{t}}^{(1)})^{-1}\boldsymbol{H}_1^{(1)\mathrm{T}}\boldsymbol{W}^{(1)}\boldsymbol{T}_2^{(1)})^{-1}(2\boldsymbol{\Lambda}\boldsymbol{g}+\boldsymbol{\kappa})(2\boldsymbol{\Lambda}\boldsymbol{g}+\boldsymbol{\kappa})^{\mathrm{T}}}{(2\boldsymbol{\Lambda}\boldsymbol{g}+\boldsymbol{\kappa})^{\mathrm{T}}(\boldsymbol{T}_2^{(1)\mathrm{T}}\boldsymbol{W}^{(1)\mathrm{T}}\boldsymbol{H}_1^{(1)}(\bar{\boldsymbol{\Omega}}_{\mathrm{t}}^{(1)})^{-1}\boldsymbol{H}_1^{(1)\mathrm{T}}\boldsymbol{W}^{(1)}\boldsymbol{T}_2^{(1)})^{-1}(2\boldsymbol{\Lambda}\boldsymbol{g}+\boldsymbol{\kappa})}\right]\\
&\quad\times(\boldsymbol{T}_2^{(1)\mathrm{T}}\boldsymbol{W}^{(1)\mathrm{T}}\boldsymbol{H}_1^{(1)}(\bar{\boldsymbol{\Omega}}_{\mathrm{t}}^{(1)})^{-1}\boldsymbol{H}_1^{(1)\mathrm{T}}\boldsymbol{W}^{(1)}\boldsymbol{T}_2^{(1)})^{-1}\end{aligned} \tag{5.73}$$

根据式（5.73），可以证明均方误差矩阵 $\mathbf{MSE}(\hat{\boldsymbol{g}}_{\mathrm{p}}^{(1)})$ 满足如下等式：

$$\mathbf{MSE}(\hat{\boldsymbol{g}}_{\mathrm{p}}^{(1)})(2\boldsymbol{\Lambda}\boldsymbol{g}+\boldsymbol{\kappa}) = \boldsymbol{O}_{4\times1} \tag{5.74}$$

式（5.74）的成立是由于误差向量 $\Delta \boldsymbol{g}_{\mathrm{p}}^{(1)}$ 需要服从式（5.71）中的等式约束，由此可知 $\mathbf{MSE}(\hat{\boldsymbol{g}}_{\mathrm{p}}^{(1)})$ 并不是满秩矩阵。另一方面，将由估计值 $\hat{\boldsymbol{g}}_{\mathrm{p}}^{(1)}$ 获得的辐射源位置解记为 $\hat{\boldsymbol{u}}_{\mathrm{p}}^{(1)}$，相应的估计误差记为 $\Delta \boldsymbol{u}_{\mathrm{p}}^{(1)}$，则有

$$\hat{\boldsymbol{u}}_{\mathrm{p}}^{(1)} = [\boldsymbol{I}_3\ \ \boldsymbol{O}_{3\times1}]\hat{\boldsymbol{g}}_{\mathrm{p}}^{(1)}\ ,\ \Delta\boldsymbol{u}_{\mathrm{p}}^{(1)} = [\boldsymbol{I}_3\ \ \boldsymbol{O}_{3\times1}]\Delta\boldsymbol{g}_{\mathrm{p}}^{(1)} \tag{5.75}$$

结合式（5.73）和式（5.75）可知，估计值 $\hat{\boldsymbol{u}}_{\mathrm{p}}^{(1)}$ 的均方误差矩阵为

$$\begin{aligned}\mathbf{MSE}(\hat{\boldsymbol{u}}_{\mathrm{p}}^{(1)}) &= [\boldsymbol{I}_3\ \ \boldsymbol{O}_{3\times1}]\mathbf{MSE}(\hat{\boldsymbol{g}}_{\mathrm{p}}^{(1)})\begin{bmatrix}\boldsymbol{I}_3\\ \boldsymbol{O}_{1\times3}\end{bmatrix}\\
&= [\boldsymbol{I}_3\ \ \boldsymbol{O}_{3\times1}]\left(\boldsymbol{I}_4 - \frac{(\boldsymbol{T}_2^{(1)\mathrm{T}}\boldsymbol{W}^{(1)\mathrm{T}}\boldsymbol{H}_1^{(1)}(\bar{\boldsymbol{\Omega}}_{\mathrm{t}}^{(1)})^{-1}\boldsymbol{H}_1^{(1)\mathrm{T}}\boldsymbol{W}^{(1)}\boldsymbol{T}_2^{(1)})^{-1}(2\boldsymbol{\Lambda}\boldsymbol{g}+\boldsymbol{\kappa})(2\boldsymbol{\Lambda}\boldsymbol{g}+\boldsymbol{\kappa})^{\mathrm{T}}}{(2\boldsymbol{\Lambda}\boldsymbol{g}+\boldsymbol{\kappa})^{\mathrm{T}}(\boldsymbol{T}_2^{(1)\mathrm{T}}\boldsymbol{W}^{(1)\mathrm{T}}\boldsymbol{H}_1^{(1)}(\bar{\boldsymbol{\Omega}}_{\mathrm{t}}^{(1)})^{-1}\boldsymbol{H}_1^{(1)\mathrm{T}}\boldsymbol{W}^{(1)}\boldsymbol{T}_2^{(1)})^{-1}(2\boldsymbol{\Lambda}\boldsymbol{g}+\boldsymbol{\kappa})}\right)\\
&\quad\times(\boldsymbol{T}_2^{(1)\mathrm{T}}\boldsymbol{W}^{(1)\mathrm{T}}\boldsymbol{H}_1^{(1)}(\bar{\boldsymbol{\Omega}}_{\mathrm{t}}^{(1)})^{-1}\boldsymbol{H}_1^{(1)\mathrm{T}}\boldsymbol{W}^{(1)}\boldsymbol{T}_2^{(1)})^{-1}\begin{bmatrix}\boldsymbol{I}_3\\ \boldsymbol{O}_{1\times3}\end{bmatrix}\end{aligned} \tag{5.76}$$

下面证明估计值 $\hat{\boldsymbol{u}}_{\mathrm{p}}^{(1)}$ 具有渐近最优性，也就是证明其估计均方误差矩阵可

以渐近逼近相应的克拉美罗界，具体可见如下命题。

【命题 5.2】 在一阶误差分析理论框架下，$\mathbf{MSE}(\hat{\boldsymbol{u}}_{\mathrm{p}}^{(1)})=\mathbf{CRB}_{\mathrm{tdoa\text{-}p}}(\boldsymbol{u})$ ①。

【证明】 首先根据命题 3.1 可知

$$\mathbf{CRB}_{\mathrm{tdoa\text{-}p}}(\boldsymbol{u})=\left[\left(\frac{\partial \boldsymbol{f}_{\mathrm{tdoa}}(\boldsymbol{u})}{\partial \boldsymbol{u}^{\mathrm{T}}}\right)^{\mathrm{T}}\boldsymbol{E}_{\mathrm{t}}^{-1}\frac{\partial \boldsymbol{f}_{\mathrm{tdoa}}(\boldsymbol{u})}{\partial \boldsymbol{u}^{\mathrm{T}}}\right]^{-1} \tag{5.77}$$

式中

$$\frac{\partial \boldsymbol{f}_{\mathrm{tdoa}}(\boldsymbol{u})}{\partial \boldsymbol{u}^{\mathrm{T}}}=\left[\frac{\boldsymbol{u}-\boldsymbol{s}_2}{\|\boldsymbol{u}-\boldsymbol{s}_2\|_2}-\frac{\boldsymbol{u}-\boldsymbol{s}_1}{\|\boldsymbol{u}-\boldsymbol{s}_1\|_2}\;\middle|\;\frac{\boldsymbol{u}-\boldsymbol{s}_3}{\|\boldsymbol{u}-\boldsymbol{s}_3\|_2}-\frac{\boldsymbol{u}-\boldsymbol{s}_1}{\|\boldsymbol{u}-\boldsymbol{s}_1\|_2}\;\middle|\;\cdots\;\middle|\;\frac{\boldsymbol{u}-\boldsymbol{s}_M}{\|\boldsymbol{u}-\boldsymbol{s}_M\|_2}-\frac{\boldsymbol{u}-\boldsymbol{s}_1}{\|\boldsymbol{u}-\boldsymbol{s}_1\|_2}\right]^{\mathrm{T}}\in\mathbf{R}^{(M-1)\times 3} \tag{5.78}$$

另一方面，定义如下对称矩阵②：

$$\boldsymbol{\Phi}_{\mathrm{t}}^{(1)}=\boldsymbol{T}_2^{(1)\mathrm{T}}\boldsymbol{W}^{(1)\mathrm{T}}\boldsymbol{H}_1^{(1)}(\bar{\boldsymbol{\Omega}}_{\mathrm{t}}^{(1)})^{-1}\boldsymbol{H}_1^{(1)\mathrm{T}}\boldsymbol{W}^{(1)}\boldsymbol{T}_2^{(1)}\in\mathbf{R}^{4\times 4} \tag{5.79}$$

则由式（5.73）和命题 2.8 可得

$$\begin{aligned}\mathbf{MSE}(\hat{\boldsymbol{g}}_{\mathrm{p}}^{(1)})&=(\boldsymbol{\Phi}_{\mathrm{t}}^{(1)})^{-1}-\frac{(\boldsymbol{\Phi}_{\mathrm{t}}^{(1)})^{-1}(2\boldsymbol{\Lambda g}+\boldsymbol{\kappa})(2\boldsymbol{\Lambda g}+\boldsymbol{\kappa})^{\mathrm{T}}(\boldsymbol{\Phi}_{\mathrm{t}}^{(1)})^{-1}}{(2\boldsymbol{\Lambda g}+\boldsymbol{\kappa})^{\mathrm{T}}(\boldsymbol{\Phi}_{\mathrm{t}}^{(1)})^{-1}(2\boldsymbol{\Lambda g}+\boldsymbol{\kappa})}\\&=(\boldsymbol{\Phi}_{\mathrm{t}}^{(1)})^{-1/2}\boldsymbol{\Pi}^{\perp}[(\boldsymbol{\Phi}_{\mathrm{t}}^{(1)})^{-1/2}(2\boldsymbol{\Lambda g}+\boldsymbol{\kappa})](\boldsymbol{\Phi}_{\mathrm{t}}^{(1)})^{-1/2}\end{aligned} \tag{5.80}$$

将式（5.80）代入式（5.76）中可得

$$\mathbf{MSE}(\hat{\boldsymbol{u}}_{\mathrm{p}}^{(1)})=[\boldsymbol{I}_3\;\;\boldsymbol{O}_{3\times 1}](\boldsymbol{\Phi}_{\mathrm{t}}^{(1)})^{-1/2}\boldsymbol{\Pi}^{\perp}[(\boldsymbol{\Phi}_{\mathrm{t}}^{(1)})^{-1/2}(2\boldsymbol{\Lambda g}+\boldsymbol{\kappa})](\boldsymbol{\Phi}_{\mathrm{t}}^{(1)})^{-1/2}\begin{bmatrix}\boldsymbol{I}_3\\ \boldsymbol{O}_{1\times 3}\end{bmatrix} \tag{5.81}$$

将式（5.49）两边对向量 $\boldsymbol{u}$ 求导可得

$$\begin{aligned}2\left(\frac{\partial \boldsymbol{g}}{\partial \boldsymbol{u}^{\mathrm{T}}}\right)^{\mathrm{T}}\boldsymbol{\Lambda g}+\left(\frac{\partial \boldsymbol{g}}{\partial \boldsymbol{u}^{\mathrm{T}}}\right)^{\mathrm{T}}\boldsymbol{\kappa}&=\left(\frac{\partial \boldsymbol{g}}{\partial \boldsymbol{u}^{\mathrm{T}}}\right)^{\mathrm{T}}(2\boldsymbol{\Lambda g}+\boldsymbol{\kappa})\\&=\left((\boldsymbol{\Phi}_{\mathrm{t}}^{(1)})^{1/2}\frac{\partial \boldsymbol{g}}{\partial \boldsymbol{u}^{\mathrm{T}}}\right)^{\mathrm{T}}(\boldsymbol{\Phi}_{\mathrm{t}}^{(1)})^{-1/2}(2\boldsymbol{\Lambda g}+\boldsymbol{\kappa})=\boldsymbol{O}_{3\times 1}\end{aligned} \tag{5.82}$$

式中

① 这里使用下角标“tdoa”来表征此克拉美罗界是基于 TDOA 观测量推导出来的。

② $\boldsymbol{\Phi}_{\mathrm{t}}^{(1)}=\hat{\boldsymbol{\Phi}}_{\mathrm{t}}^{(1)}|_{\boldsymbol{\varepsilon}_{\mathrm{t}}=\boldsymbol{O}_{(M-1)\times 1}}$。

$$\frac{\partial \boldsymbol{g}}{\partial \boldsymbol{u}^{\mathrm{T}}}=\begin{bmatrix}\boldsymbol{I}_3\\ \dfrac{(\boldsymbol{s}_1-\boldsymbol{u})^{\mathrm{T}}}{\|\boldsymbol{u}-\boldsymbol{s}_1\|_2}\end{bmatrix}\in\mathbf{R}^{4\times 3} \tag{5.83}$$

基于式（5.83）不难证明

$$\begin{cases}\mathrm{rank}\left[(\boldsymbol{\Phi}_{\mathrm{t}}^{(1)})^{1/2}\dfrac{\partial \boldsymbol{g}}{\partial \boldsymbol{u}^{\mathrm{T}}}\right]=\mathrm{rank}\left[\dfrac{\partial \boldsymbol{g}}{\partial \boldsymbol{u}^{\mathrm{T}}}\right]=3\\ \mathrm{rank}[(\boldsymbol{\Phi}_{\mathrm{t}}^{(1)})^{-1/2}(2\boldsymbol{\Lambda}\boldsymbol{g}+\boldsymbol{\kappa})]=\mathrm{rank}[2\boldsymbol{\Lambda}\boldsymbol{g}+\boldsymbol{\kappa}]=1\end{cases} \tag{5.84}$$

结合式（5.82）和式（5.84）可得

$$\mathrm{range}\left\{(\boldsymbol{\Phi}_{\mathrm{t}}^{(1)})^{1/2}\frac{\partial \boldsymbol{g}}{\partial \boldsymbol{u}^{\mathrm{T}}}\right\}=(\mathrm{range}\{(\boldsymbol{\Phi}_{\mathrm{t}}^{(1)})^{-1/2}(2\boldsymbol{\Lambda}\boldsymbol{g}+\boldsymbol{\kappa})\})^{\perp} \tag{5.85}$$

于是根据正交投影矩阵的定义和命题 2.8 可得

$$\begin{aligned}\boldsymbol{\Pi}^{\perp}[(\boldsymbol{\Phi}_{\mathrm{t}}^{(1)})^{-1/2}(2\boldsymbol{\Lambda}\boldsymbol{g}+\boldsymbol{\kappa})]&=\boldsymbol{\Pi}\left[(\boldsymbol{\Phi}_{\mathrm{t}}^{(1)})^{1/2}\frac{\partial \boldsymbol{g}}{\partial \boldsymbol{u}^{\mathrm{T}}}\right]\\&=(\boldsymbol{\Phi}_{\mathrm{t}}^{(1)})^{1/2}\frac{\partial \boldsymbol{g}}{\partial \boldsymbol{u}^{\mathrm{T}}}\left[\left(\frac{\partial \boldsymbol{g}}{\partial \boldsymbol{u}^{\mathrm{T}}}\right)^{\mathrm{T}}\boldsymbol{\Phi}_{\mathrm{t}}^{(1)}\frac{\partial \boldsymbol{g}}{\partial \boldsymbol{u}^{\mathrm{T}}}\right]^{-1}\left(\frac{\partial \boldsymbol{g}}{\partial \boldsymbol{u}^{\mathrm{T}}}\right)^{\mathrm{T}}(\boldsymbol{\Phi}_{\mathrm{t}}^{(1)})^{1/2}\end{aligned} \tag{5.86}$$

将式（5.86）代入式（5.81）中可得

$$\mathbf{MSE}(\hat{\boldsymbol{u}}_{\mathrm{p}}^{(1)})=[\boldsymbol{I}_3\ \ \boldsymbol{O}_{3\times 1}]\frac{\partial \boldsymbol{g}}{\partial \boldsymbol{u}^{\mathrm{T}}}\left[\left(\frac{\partial \boldsymbol{g}}{\partial \boldsymbol{u}^{\mathrm{T}}}\right)^{\mathrm{T}}\boldsymbol{\Phi}_{\mathrm{t}}^{(1)}\frac{\partial \boldsymbol{g}}{\partial \boldsymbol{u}^{\mathrm{T}}}\right]^{-1}\left(\frac{\partial \boldsymbol{g}}{\partial \boldsymbol{u}^{\mathrm{T}}}\right)^{\mathrm{T}}\begin{bmatrix}\boldsymbol{I}_3\\ \boldsymbol{O}_{1\times 3}\end{bmatrix} \tag{5.87}$$

由式（5.83）可得

$$\left(\frac{\partial \boldsymbol{g}}{\partial \boldsymbol{u}^{\mathrm{T}}}\right)^{\mathrm{T}}\begin{bmatrix}\boldsymbol{I}_3\\ \boldsymbol{O}_{1\times 3}\end{bmatrix}=\boldsymbol{I}_3 \tag{5.88}$$

将式（5.79）和式（5.88）代入式（5.87）中可得

$$\begin{aligned}\mathbf{MSE}(\hat{\boldsymbol{u}}_{\mathrm{p}}^{(1)})&=\left[\left(\frac{\partial \boldsymbol{g}}{\partial \boldsymbol{u}^{\mathrm{T}}}\right)^{\mathrm{T}}\boldsymbol{\Phi}_{\mathrm{t}}^{(1)}\frac{\partial \boldsymbol{g}}{\partial \boldsymbol{u}^{\mathrm{T}}}\right]^{-1}\\&=\left[\left(\frac{\partial \boldsymbol{g}}{\partial \boldsymbol{u}^{\mathrm{T}}}\right)^{\mathrm{T}}\boldsymbol{T}_2^{(1)\mathrm{T}}\boldsymbol{W}^{(1)\mathrm{T}}\boldsymbol{H}_1^{(1)}(\bar{\boldsymbol{\Omega}}_{\mathrm{t}}^{(1)})^{-1}\boldsymbol{H}_1^{(1)\mathrm{T}}\boldsymbol{W}^{(1)}\boldsymbol{T}_2^{(1)}\frac{\partial \boldsymbol{g}}{\partial \boldsymbol{u}^{\mathrm{T}}}\right]^{-1}\end{aligned} \tag{5.89}$$

再将式（5.45）代入式（5.89）中可得

$$\mathbf{MSE}(\hat{\boldsymbol{u}}_{\mathrm{p}}^{(1)})$$

$$=\left[\left(\frac{\partial \boldsymbol{g}}{\partial \boldsymbol{u}^{\mathrm{T}}}\right)^{\mathrm{T}} \boldsymbol{T}_2^{(1)\mathrm{T}} \boldsymbol{W}^{(1)\mathrm{T}} \boldsymbol{H}_1^{(1)} (\boldsymbol{\Sigma}_1^{(1)})^{-\mathrm{T}} (\boldsymbol{V}^{(1)})^{-1} \boldsymbol{E}_{\mathrm{t}}^{-1} (\boldsymbol{V}^{(1)})^{-\mathrm{T}} (\boldsymbol{\Sigma}_1^{(1)})^{-1} \boldsymbol{H}_1^{(1)\mathrm{T}} \boldsymbol{W}^{(1)} \boldsymbol{T}_2^{(1)} \frac{\partial \boldsymbol{g}}{\partial \boldsymbol{u}^{\mathrm{T}}}\right]^{-1} \tag{5.90}$$

对比式（5.77）和式（5.90）可知，下面仅需要证明

$$\frac{\partial \boldsymbol{f}_{\mathrm{tdoa}}(\boldsymbol{u})}{\partial \boldsymbol{u}^{\mathrm{T}}} = -(\boldsymbol{V}^{(1)})^{-\mathrm{T}} (\boldsymbol{\Sigma}_1^{(1)})^{-1} \boldsymbol{H}_1^{(1)\mathrm{T}} \boldsymbol{W}^{(1)} \boldsymbol{T}_2^{(1)} \frac{\partial \boldsymbol{g}}{\partial \boldsymbol{u}^{\mathrm{T}}} \tag{5.91}$$

考虑等式$\boldsymbol{W}^{(1)}\boldsymbol{T}^{(1)}\begin{bmatrix}1\\ \boldsymbol{g}\end{bmatrix} = \boldsymbol{W}^{(1)}\boldsymbol{\beta}^{(1)}(\boldsymbol{g}) = \boldsymbol{O}_{M\times 1}$，将该等式两边对向量$\boldsymbol{u}$求导可得

$$\begin{aligned}
&\boldsymbol{W}^{(1)}\boldsymbol{T}^{(1)}\left(\frac{\partial}{\partial \boldsymbol{g}^{\mathrm{T}}}\left(\begin{bmatrix}1\\ \boldsymbol{g}\end{bmatrix}\right)\right)\frac{\partial \boldsymbol{g}}{\partial \boldsymbol{u}^{\mathrm{T}}} + \frac{\partial(\boldsymbol{W}^{(1)}\boldsymbol{\beta}^{(1)}(\boldsymbol{g}))}{\partial \boldsymbol{\rho}^{\mathrm{T}}}\frac{\partial \boldsymbol{\rho}}{\partial \boldsymbol{u}^{\mathrm{T}}} \\
&= \boldsymbol{W}^{(1)}\boldsymbol{T}^{(1)}\begin{bmatrix}\boldsymbol{O}_{1\times 4}\\ \boldsymbol{I}_4\end{bmatrix}\frac{\partial \boldsymbol{g}}{\partial \boldsymbol{u}^{\mathrm{T}}} + \boldsymbol{B}_{\mathrm{t}}^{(1)}(\boldsymbol{g})\frac{\partial \boldsymbol{f}_{\mathrm{tdoa}}(\boldsymbol{u})}{\partial \boldsymbol{u}^{\mathrm{T}}} \\
&= \boldsymbol{W}^{(1)}\boldsymbol{T}_2^{(1)}\frac{\partial \boldsymbol{g}}{\partial \boldsymbol{u}^{\mathrm{T}}} + \boldsymbol{B}_{\mathrm{t}}^{(1)}(\boldsymbol{g})\frac{\partial \boldsymbol{f}_{\mathrm{tdoa}}(\boldsymbol{u})}{\partial \boldsymbol{u}^{\mathrm{T}}} = \boldsymbol{O}_{M\times 3}
\end{aligned} \tag{5.92}$$

再用矩阵$\boldsymbol{H}_1^{(1)\mathrm{T}}$左乘以式（5.92）两边，并且结合等式$\boldsymbol{H}_1^{(1)\mathrm{T}}\boldsymbol{B}_{\mathrm{t}}^{(1)}(\boldsymbol{g}) = \boldsymbol{\Sigma}_1^{(1)}\boldsymbol{V}^{(1)\mathrm{T}}$可得

$$\begin{aligned}
&\boldsymbol{H}_1^{(1)\mathrm{T}}\boldsymbol{W}^{(1)}\boldsymbol{T}_2^{(1)}\frac{\partial \boldsymbol{g}}{\partial \boldsymbol{u}^{\mathrm{T}}} + \boldsymbol{H}_1^{(1)\mathrm{T}}\boldsymbol{B}_{\mathrm{t}}^{(1)}(\boldsymbol{g})\frac{\partial \boldsymbol{f}_{\mathrm{tdoa}}(\boldsymbol{u})}{\partial \boldsymbol{u}^{\mathrm{T}}} \\
&= \boldsymbol{H}_1^{(1)\mathrm{T}}\boldsymbol{W}^{(1)}\boldsymbol{T}_2^{(1)}\frac{\partial \boldsymbol{g}}{\partial \boldsymbol{u}^{\mathrm{T}}} + \boldsymbol{\Sigma}_1^{(1)}\boldsymbol{V}^{(1)\mathrm{T}}\frac{\partial \boldsymbol{f}_{\mathrm{tdoa}}(\boldsymbol{u})}{\partial \boldsymbol{u}^{\mathrm{T}}} = \boldsymbol{O}_{(M-1)\times 3}
\end{aligned} \tag{5.93}$$

由式（5.93）可知式（5.91）成立。证毕。

5.2.5 仿真实验

假设利用 7 个传感器获得的 TDOA 信息（也即距离差信息）对辐射源进行定位，传感器三维位置坐标如表 5.1 所示，距离差观测误差向量$\boldsymbol{\varepsilon}_{\mathrm{t}}$服从均值为零、协方差矩阵为$\boldsymbol{E}_{\mathrm{t}} = \sigma_{\mathrm{t}}^2(\boldsymbol{I}_{M-1} + \boldsymbol{1}_{(M-1)\times(M-1)})/2$的高斯分布。

表 5.1 传感器三维位置坐标 （单位：m）

传感器序号	1	2	3	4	5	6	7
$x_m^{(\mathrm{s})}$	1200	−2000	2100	1700	−1600	1500	−1700
$y_m^{(\mathrm{s})}$	1500	1700	−1500	1700	−1200	−1900	−1800
$z_m^{(\mathrm{s})}$	1300	1900	1800	−2000	1800	−2100	−2000

首先将辐射源位置向量设为 $\boldsymbol{u}=[-4400\ \ -5500\ \ 3100]^{\mathrm{T}}$ (m)，将标准差设为 $\sigma_{\mathrm{t}}=1$，图 5.2 给出了定位结果散布图与定位误差椭圆曲线；图 5.3 给出了定位结果散布图与误差概率圆环曲线。

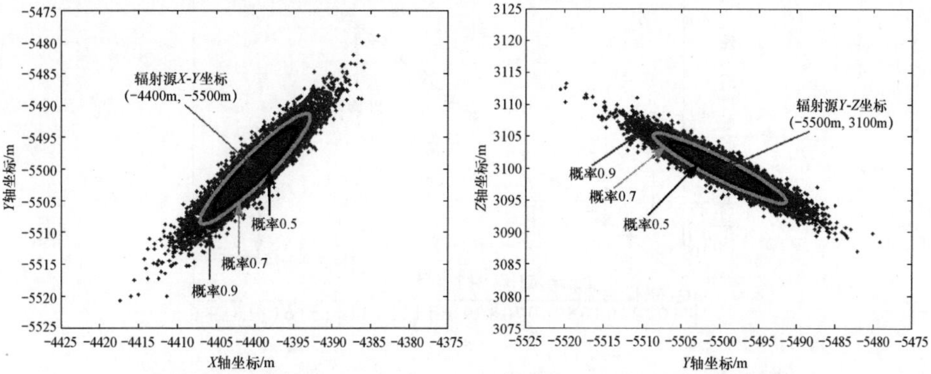

(a) X-Y坐标平面　　(b) Y-Z坐标平面

图 5.2 定位结果散布图与定位误差椭圆曲线

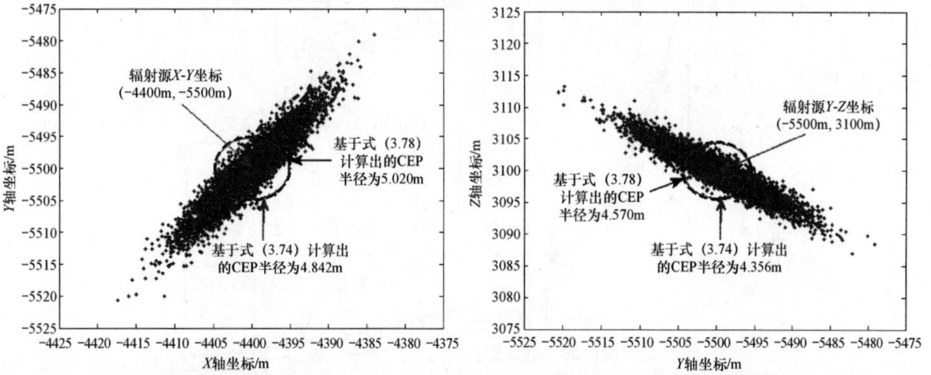

(a) X-Y坐标平面　　(b) Y-Z坐标平面

图 5.3 定位结果散布图与误差概率圆环曲线

然后将辐射源坐标设为两种情形：第 1 种是近场源，其位置向量为 $\boldsymbol{u}=[-2400\ \ 2200\ \ 2800]^{\mathrm{T}}$ (m)；第 2 种是远场源，其位置向量为 $\boldsymbol{u}=[-8200\ \ 9700\ \ 9300]^{\mathrm{T}}$ (m)。改变标准差 σ_{t} 的数值，图 5.4 给出了辐射源位置估计均方根误差随着标准差 σ_{t} 的变化曲线；图 5.5 给出了辐射源定位成功概率随着标准差 σ_{t} 的变化曲线（图中的理论值是根据式（3.29）和式（3.36）计算得出的，其中 $\delta=6\,\mathrm{m}$）。

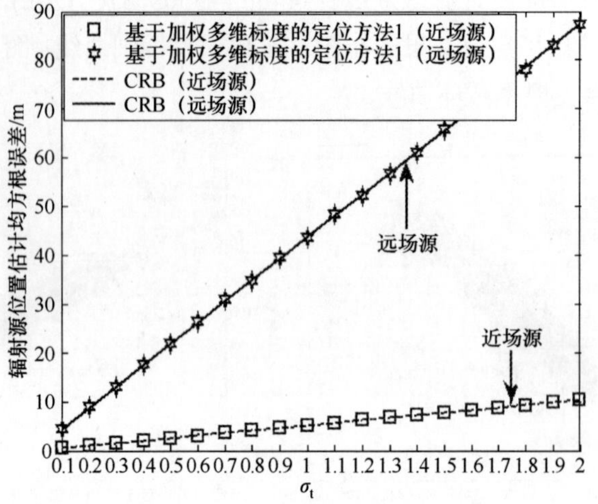

图 5.4　辐射源位置估计均方根误差随着标准差 σ_t 的变化曲线

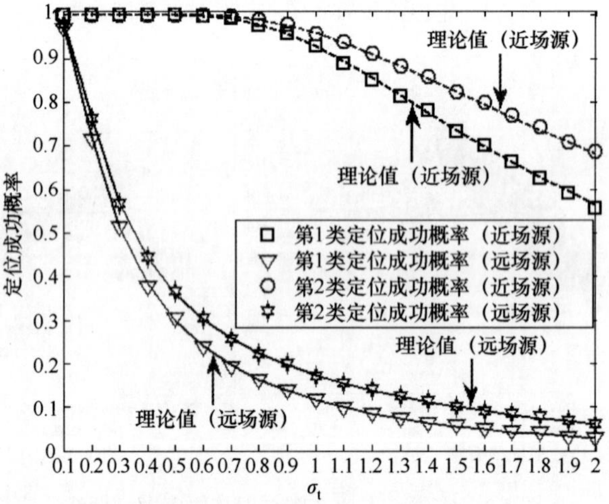

图 5.5　辐射源定位成功概率随着标准差 σ_t 的变化曲线

接着将标准差 σ_t 设为两种情形：第 1 种是 $\sigma_t=1$；第 2 种是 $\sigma_t=2$，将辐射源位置向量设为 $\boldsymbol{u}=[1800\ \ -2200\ \ 2500]^{\mathrm{T}}+[300\ \ -300\ \ 300]^{\mathrm{T}}k\ (\mathrm{m})$[①]。改变参数 k 的数值，图 5.6 给出了辐射源位置估计均方根误差随着参数 k 的变化曲线；图 5.7 给出了辐射源定位成功概率随着参数 k 的变化曲线（图中的理论值是根据式（3.29）和式（3.36）计算得出的，其中 $\delta=6\ \mathrm{m}$）。

① 参数 k 越大，辐射源与传感器之间的距离越远。

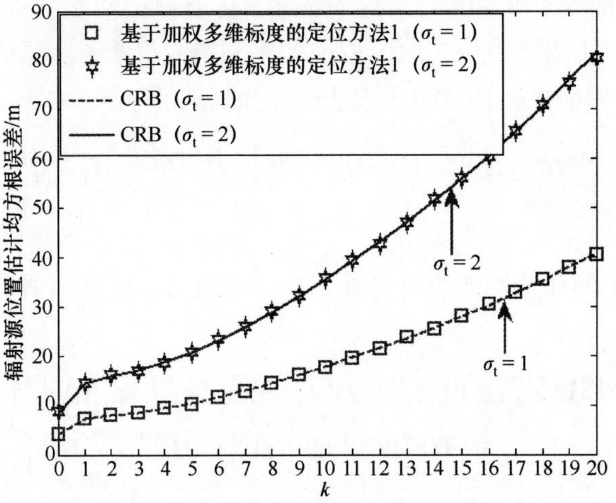

图 5.6 辐射源位置估计均方根误差随着参数 k 的变化曲线

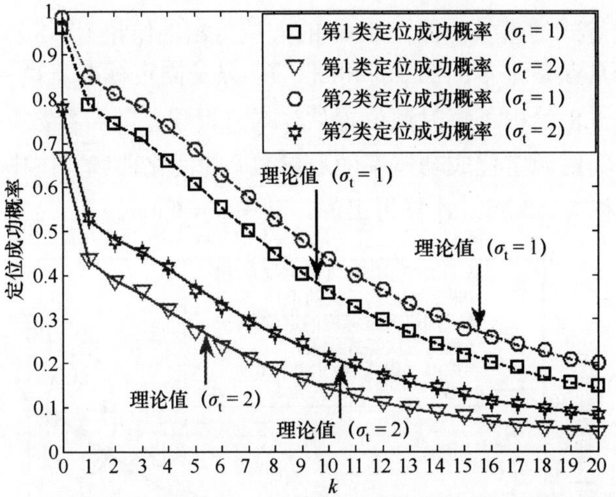

图 5.7 辐射源定位成功概率随着参数 k 的变化曲线

从图 5.4～图 5.7 中可以看出：（1）基于加权多维标度的定位方法 1 的辐射源位置估计均方根误差可以达到克拉美罗界（见图 5.4 和图 5.6），这验证了 5.2.4 节理论性能分析的有效性；（2）随着辐射源与传感器距离的增加，其定位精度会逐渐降低（见图 5.6 和图 5.7），其对近场源的定位精度要高于对远场源的定位精度（见图 5.4 和图 5.5）；（3）两类定位成功概率的理论值和仿真值相互吻合，并且在相同条件下第 2 类定位成功概率高于第 1 类定位成功概率（见图 5.5 和图 5.7），这验证了 3.2 节理论性能分析的有效性。

下面回到优化模型式（5.51）中，若不利用向量$\boldsymbol{g}$所满足的二次等式约束式（5.49），则其最优解具有闭式表达式，如下式所示：

$$\hat{\boldsymbol{g}}_{\text{uc}}^{(1)} = -\left[\hat{\boldsymbol{T}}_2^{(1)\text{T}}\hat{\boldsymbol{W}}^{(1)\text{T}}\boldsymbol{H}_1^{(1)}(\bar{\boldsymbol{\Omega}}_{\text{t}}^{(1)})^{-1}\boldsymbol{H}_1^{(1)\text{T}}\hat{\boldsymbol{W}}^{(1)}\hat{\boldsymbol{T}}_2^{(1)}\right]^{-1}\hat{\boldsymbol{T}}_2^{(1)\text{T}}\hat{\boldsymbol{W}}^{(1)\text{T}}\boldsymbol{H}_1^{(1)}(\bar{\boldsymbol{\Omega}}_{\text{t}}^{(1)})^{-1}\boldsymbol{H}_1^{(1)\text{T}}\hat{\boldsymbol{W}}^{(1)}\hat{\boldsymbol{t}}_1^{(1)} \tag{5.94}$$

仿照 4.2.4 节中的理论性能分析可知，该估计值是渐近无偏估计值，并且其均方误差矩阵为

$$\begin{aligned}\mathbf{MSE}(\hat{\boldsymbol{g}}_{\text{uc}}^{(1)}) &= \text{E}[(\hat{\boldsymbol{g}}_{\text{uc}}^{(1)} - \boldsymbol{g})(\hat{\boldsymbol{g}}_{\text{uc}}^{(1)} - \boldsymbol{g})^{\text{T}}] = \text{E}[\Delta\boldsymbol{g}_{\text{uc}}^{(1)}(\Delta\boldsymbol{g}_{\text{uc}}^{(1)})^{\text{T}}] \\ &= \left[\boldsymbol{T}_2^{(1)\text{T}}\boldsymbol{W}^{(1)\text{T}}\boldsymbol{H}_1^{(1)}(\bar{\boldsymbol{\Omega}}_{\text{t}}^{(1)})^{-1}\boldsymbol{H}_1^{(1)\text{T}}\boldsymbol{W}^{(1)}\boldsymbol{T}_2^{(1)}\right]^{-1}\end{aligned} \tag{5.95}$$

需要指出的是，若不利用向量$\boldsymbol{g}$所满足的二次等式约束，可能会影响最终的定位精度。下面不妨比较“未利用二次等式约束（由式（5.94）给出的结果）”和“利用二次等式约束（由图 5.1 中的方法给出的结果）”这两种处理方式的定位精度。仿真参数基本同图 5.6 和图 5.7，只是固定标准差$\sigma_{\text{t}}=1$，改变参数k的数值，图 5.8 给出了辐射源位置估计均方根误差随着参数k的变化曲线；图 5.9 给出了辐射源定位成功概率随着参数k的变化曲线（图中的理论值是根据式（3.29）和式（3.36）计算得出的，其中$\delta=6\,\text{m}$）。

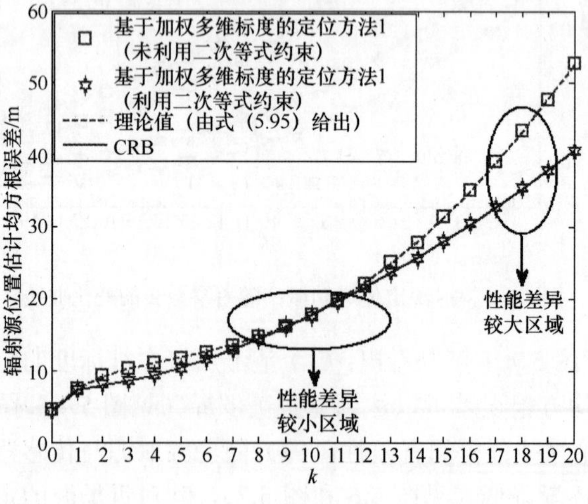

图 5.8　辐射源位置估计均方根误差随着参数k的变化曲线

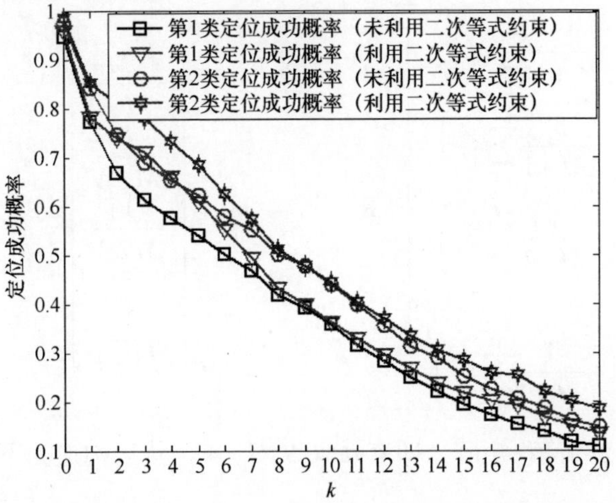

图 5.9　辐射源定位成功概率随着参数 k 的变化曲线

从图 5.8 和图 5.9 中可以看出，若未利用向量 $\boldsymbol{g}$ 所满足的二次等式约束，则最终的定位误差确实会有所增加，而且其对定位精度的影响与辐射源和传感器之间的相对位置有关。

5.3　基于加权多维标度的定位方法 2

5.3.1　标量积矩阵的构造

方法 2 中标量积矩阵的构造方式与方法 1 中有所不同。首先令

$$\bar{\boldsymbol{s}}_{\boldsymbol{u}}=\frac{1}{M+1}\bar{\boldsymbol{u}}+\frac{1}{M+1}\sum_{m=1}^{M}\bar{\boldsymbol{s}}_m \tag{5.96}$$

利用传感器和辐射源的位置向量定义如下复坐标矩阵①：

$$\bar{\boldsymbol{S}}_{\boldsymbol{u}}^{(2)}=\begin{bmatrix}(\bar{\boldsymbol{u}}-\bar{\boldsymbol{s}}_{\boldsymbol{u}})^{\mathrm{T}}\\(\bar{\boldsymbol{s}}_1-\bar{\boldsymbol{s}}_{\boldsymbol{u}})^{\mathrm{T}}\\(\bar{\boldsymbol{s}}_2-\bar{\boldsymbol{s}}_{\boldsymbol{u}})^{\mathrm{T}}\\\vdots\\(\bar{\boldsymbol{s}}_M-\bar{\boldsymbol{s}}_{\boldsymbol{u}})^{\mathrm{T}}\end{bmatrix}=\bar{\boldsymbol{S}}^{(2)}-\boldsymbol{n}_M\bar{\boldsymbol{u}}^{\mathrm{T}}\in\mathbf{R}^{(M+1)\times 4} \tag{5.97}$$

式中

① 本节中的数学符号大多使用上角标“(2)”，这是为了突出其是对应于第 2 种定位方法。

$$\bar{\boldsymbol{S}}^{(2)}=\begin{bmatrix}\left(-\dfrac{1}{M+1}\sum_{m=1}^{M}\bar{\boldsymbol{s}}_m\right)^{\mathrm{T}}\\\left(\bar{\boldsymbol{s}}_1-\dfrac{1}{M+1}\sum_{m=1}^{M}\bar{\boldsymbol{s}}_m\right)^{\mathrm{T}}\\\left(\bar{\boldsymbol{s}}_2-\dfrac{1}{M+1}\sum_{m=1}^{M}\bar{\boldsymbol{s}}_m\right)^{\mathrm{T}}\\\vdots\\\left(\bar{\boldsymbol{s}}_M-\dfrac{1}{M+1}\sum_{m=1}^{M}\bar{\boldsymbol{s}}_m\right)^{\mathrm{T}}\end{bmatrix}\in\mathbf{R}^{(M+1)\times 4}\ ,\ \boldsymbol{n}_M=\begin{bmatrix}-\dfrac{M}{M+1}\\\dfrac{1}{M+1}\\\dfrac{1}{M+1}\\\vdots\\\dfrac{1}{M+1}\end{bmatrix}\in\mathbf{R}^{(M+1)\times 1}\tag{5.98}$$

假设$\bar{\boldsymbol{S}}_{\boldsymbol{u}}^{(2)}$为列满秩矩阵，即有$\mathrm{rank}[\bar{\boldsymbol{S}}_{\boldsymbol{u}}^{(2)}]=4$。然后构造如下标量积矩阵：

$$\begin{aligned}\boldsymbol{W}^{(2)}&=\bar{\boldsymbol{S}}_{\boldsymbol{u}}^{(2)}\bar{\boldsymbol{S}}_{\boldsymbol{u}}^{(2)\mathrm{T}}\\&=\begin{bmatrix}\|\bar{\boldsymbol{u}}-\bar{\boldsymbol{s}}_{\boldsymbol{u}}\|_2^2 & (\bar{\boldsymbol{u}}-\bar{\boldsymbol{s}}_{\boldsymbol{u}})^{\mathrm{T}}(\bar{\boldsymbol{s}}_1-\bar{\boldsymbol{s}}_{\boldsymbol{u}}) & (\bar{\boldsymbol{u}}-\bar{\boldsymbol{s}}_{\boldsymbol{u}})^{\mathrm{T}}(\bar{\boldsymbol{s}}_2-\bar{\boldsymbol{s}}_{\boldsymbol{u}}) & \cdots & (\bar{\boldsymbol{u}}-\bar{\boldsymbol{s}}_{\boldsymbol{u}})^{\mathrm{T}}(\bar{\boldsymbol{s}}_M-\bar{\boldsymbol{s}}_{\boldsymbol{u}})\\(\bar{\boldsymbol{u}}-\bar{\boldsymbol{s}}_{\boldsymbol{u}})^{\mathrm{T}}(\bar{\boldsymbol{s}}_1-\bar{\boldsymbol{s}}_{\boldsymbol{u}}) & \|\bar{\boldsymbol{s}}_1-\bar{\boldsymbol{s}}_{\boldsymbol{u}}\|_2^2 & (\bar{\boldsymbol{s}}_1-\bar{\boldsymbol{s}}_{\boldsymbol{u}})^{\mathrm{T}}(\bar{\boldsymbol{s}}_2-\bar{\boldsymbol{s}}_{\boldsymbol{u}}) & \cdots & (\bar{\boldsymbol{s}}_1-\bar{\boldsymbol{s}}_{\boldsymbol{u}})^{\mathrm{T}}(\bar{\boldsymbol{s}}_M-\bar{\boldsymbol{s}}_{\boldsymbol{u}})\\(\bar{\boldsymbol{u}}-\bar{\boldsymbol{s}}_{\boldsymbol{u}})^{\mathrm{T}}(\bar{\boldsymbol{s}}_2-\bar{\boldsymbol{s}}_{\boldsymbol{u}}) & (\bar{\boldsymbol{s}}_1-\bar{\boldsymbol{s}}_{\boldsymbol{u}})^{\mathrm{T}}(\bar{\boldsymbol{s}}_2-\bar{\boldsymbol{s}}_{\boldsymbol{u}}) & \|\bar{\boldsymbol{s}}_2-\bar{\boldsymbol{s}}_{\boldsymbol{u}}\|_2^2 & \cdots & (\bar{\boldsymbol{s}}_2-\bar{\boldsymbol{s}}_{\boldsymbol{u}})^{\mathrm{T}}(\bar{\boldsymbol{s}}_M-\bar{\boldsymbol{s}}_{\boldsymbol{u}})\\\vdots & \vdots & \vdots & \ddots & \vdots\\(\bar{\boldsymbol{u}}-\bar{\boldsymbol{s}}_{\boldsymbol{u}})^{\mathrm{T}}(\bar{\boldsymbol{s}}_M-\bar{\boldsymbol{s}}_{\boldsymbol{u}}) & (\bar{\boldsymbol{s}}_1-\bar{\boldsymbol{s}}_{\boldsymbol{u}})^{\mathrm{T}}(\bar{\boldsymbol{s}}_M-\bar{\boldsymbol{s}}_{\boldsymbol{u}}) & (\bar{\boldsymbol{s}}_2-\bar{\boldsymbol{s}}_{\boldsymbol{u}})^{\mathrm{T}}(\bar{\boldsymbol{s}}_M-\bar{\boldsymbol{s}}_{\boldsymbol{u}}) & \cdots & \|\bar{\boldsymbol{s}}_M-\bar{\boldsymbol{s}}_{\boldsymbol{u}}\|_2^2\end{bmatrix}\\&\in\mathbf{R}^{(M+1)\times(M+1)}\end{aligned}\tag{5.99}$$

根据命题 2.12 可知，矩阵$\boldsymbol{W}^{(2)}$可以表示为

$$\boldsymbol{W}^{(2)}=-\frac{1}{2}\boldsymbol{L}_M\boldsymbol{D}_M\boldsymbol{L}_M\tag{5.100}$$

式中

$$\begin{cases}\boldsymbol{D}_M=\begin{bmatrix}0 & 0 & 0 & \cdots & 0\\0 & d_{11}^2-(\rho_1-\rho_1)^2 & d_{12}^2-(\rho_1-\rho_2)^2 & \cdots & d_{1M}^2-(\rho_1-\rho_M)^2\\0 & d_{12}^2-(\rho_1-\rho_2)^2 & d_{22}^2-(\rho_2-\rho_2)^2 & \cdots & d_{2M}^2-(\rho_2-\rho_M)^2\\\vdots & \vdots & \vdots & \ddots & \vdots\\0 & d_{1M}^2-(\rho_1-\rho_M)^2 & d_{2M}^2-(\rho_2-\rho_M)^2 & \cdots & d_{MM}^2-(\rho_M-\rho_M)^2\end{bmatrix}\in\mathbf{R}^{(M+1)\times(M+1)}\\\boldsymbol{L}_M=\boldsymbol{I}_{M+1}-\dfrac{1}{M+1}\boldsymbol{1}_{(M+1)\times(M+1)}\in\mathbf{R}^{(M+1)\times(M+1)}\end{cases}\tag{5.101}$$

式（5.100）和式（5.101）提供了构造矩阵$\boldsymbol{W}^{(2)}$的计算公式，相比于方法 1 中的标量积矩阵$\boldsymbol{W}^{(1)}$，方法 2 中的标量积矩阵$\boldsymbol{W}^{(2)}$的阶数增加了 1 维。现对矩阵$\boldsymbol{W}^{(2)}$进行特征值分解，可得

$$\boldsymbol{W}^{(2)}=\boldsymbol{Q}^{(2)}\boldsymbol{\Lambda}^{(2)}\boldsymbol{Q}^{(2)\mathrm{T}}\tag{5.102}$$

式中，$\boldsymbol{Q}^{(2)}=[\boldsymbol{q}_1^{(2)}\ \ \boldsymbol{q}_2^{(2)}\ \ \cdots\ \ \boldsymbol{q}_{M+1}^{(2)}]$，为特征向量构成的矩阵；$\boldsymbol{\varLambda}^{(2)}=\mathrm{diag}[\lambda_1^{(2)}\ \ \lambda_2^{(2)}\ \ \cdots\ \ \lambda_{M+1}^{(2)}]$，为特征值构成的对角矩阵，并且假设$\lambda_1^{(2)}\geqslant\lambda_2^{(2)}\geqslant\cdots\geqslant\lambda_{M+1}^{(2)}$。由于$\mathrm{rank}[\boldsymbol{W}^{(2)}]=\mathrm{rank}[\bar{\boldsymbol{S}}_{\boldsymbol{u}}^{(2)}]=4$，则有$\lambda_5^{(2)}=\lambda_6^{(2)}=\cdots=\lambda_{M+1}^{(2)}=0$。若令$\boldsymbol{Q}_{\mathrm{sg}}^{(2)}=[\boldsymbol{q}_1^{(2)}\ \ \boldsymbol{q}_2^{(2)}\ \ \boldsymbol{q}_3^{(2)}\ \ \boldsymbol{q}_4^{(2)}]$、$\boldsymbol{Q}_{\mathrm{no}}^{(2)}=[\boldsymbol{q}_5^{(2)}\ \ \boldsymbol{q}_6^{(2)}\ \ \cdots\ \ \boldsymbol{q}_{M+1}^{(2)}]$及$\boldsymbol{\varLambda}_{\mathrm{sg}}^{(2)}=\mathrm{diag}[\lambda_1^{(2)}\ \ \lambda_2^{(2)}\ \ \lambda_3^{(2)}\ \ \lambda_4^{(2)}]$，则可以将矩阵$\boldsymbol{W}^{(2)}$表示为

$$\boldsymbol{W}^{(2)}=\boldsymbol{Q}_{\mathrm{sg}}^{(2)}\boldsymbol{\varLambda}_{\mathrm{sg}}^{(2)}\boldsymbol{Q}_{\mathrm{sg}}^{(2)\mathrm{T}}\tag{5.103}$$

再利用特征向量之间的正交性可得

$$\boldsymbol{Q}_{\mathrm{no}}^{(2)\mathrm{T}}\boldsymbol{W}^{(2)}\boldsymbol{Q}_{\mathrm{no}}^{(2)}=\boldsymbol{O}_{(M-3)\times(M-3)}\tag{5.104}$$

【注记 5.6】本章将矩阵$\boldsymbol{Q}_{\mathrm{sg}}^{(2)}$的列空间称为信号子空间（$\boldsymbol{Q}_{\mathrm{sg}}^{(2)}$也称为信号子空间矩阵），将矩阵$\boldsymbol{Q}_{\mathrm{no}}^{(2)}$的列空间称为噪声子空间（$\boldsymbol{Q}_{\mathrm{no}}^{(2)}$也称为噪声子空间矩阵）。

5.3.2　一个重要的关系式

下面将推导一个重要的关系式，它对于确定辐射源位置至关重要。首先将式（5.99）代入式（5.104）中可得

$$\boldsymbol{Q}_{\mathrm{no}}^{(2)\mathrm{T}}\bar{\boldsymbol{S}}_{\boldsymbol{u}}^{(2)}\bar{\boldsymbol{S}}_{\boldsymbol{u}}^{(2)\mathrm{T}}\boldsymbol{Q}_{\mathrm{no}}^{(2)}=\boldsymbol{O}_{(M-3)\times(M-3)}\tag{5.105}$$

由式（5.105）可得

$$\bar{\boldsymbol{S}}_{\boldsymbol{u}}^{(2)\mathrm{T}}\boldsymbol{Q}_{\mathrm{no}}^{(2)}=\boldsymbol{O}_{4\times(M-3)}\tag{5.106}$$

接着将式（5.97）代入式（5.106）中可得

$$\bar{\boldsymbol{S}}^{(2)\mathrm{T}}\boldsymbol{Q}_{\mathrm{no}}^{(2)}=\bar{\boldsymbol{u}}\boldsymbol{n}_M^{\mathrm{T}}\boldsymbol{Q}_{\mathrm{no}}^{(2)}\tag{5.107}$$

然后将式（5.5）和式（5.98）代入式（5.107）中，并且同时消除等式两边的虚数单位j可得

$$\begin{aligned}&\left(\begin{bmatrix}0&0&0&0\\x_1^{(\mathrm{s})}&y_1^{(\mathrm{s})}&z_1^{(\mathrm{s})}&\rho_1\\x_2^{(\mathrm{s})}&y_2^{(\mathrm{s})}&z_2^{(\mathrm{s})}&\rho_2\\\vdots&\vdots&\vdots&\vdots\\x_M^{(\mathrm{s})}&y_M^{(\mathrm{s})}&z_M^{(\mathrm{s})}&\rho_M\end{bmatrix}-\frac{1}{M+1}\sum_{m=1}^{M}\boldsymbol{I}_{(M+1)\times1}[x_m^{(\mathrm{s})}\ \ y_m^{(\mathrm{s})}\ \ z_m^{(\mathrm{s})}\ \ \rho_m]\right)^{\mathrm{T}}\boldsymbol{Q}_{\mathrm{no}}^{(2)}\\&=\boldsymbol{G}^{(2)\mathrm{T}}\boldsymbol{Q}_{\mathrm{no}}^{(2)}=\begin{bmatrix}x^{(\mathrm{u})}\\y^{(\mathrm{u})}\\z^{(\mathrm{u})}\\-r_1\end{bmatrix}\boldsymbol{n}_M^{\mathrm{T}}\boldsymbol{Q}_{\mathrm{no}}^{(2)}=\boldsymbol{g}\boldsymbol{n}_M^{\mathrm{T}}\boldsymbol{Q}_{\mathrm{no}}^{(2)}\end{aligned}\tag{5.108}$$

式中

$$\boldsymbol{G}^{(2)}=\begin{bmatrix}0 & 0 & 0 & 0\\ x_1^{(\mathrm{s})} & y_1^{(\mathrm{s})} & z_1^{(\mathrm{s})} & \rho_1\\ x_2^{(\mathrm{s})} & y_2^{(\mathrm{s})} & z_2^{(\mathrm{s})} & \rho_2\\ \vdots & \vdots & \vdots & \vdots\\ x_M^{(\mathrm{s})} & y_M^{(\mathrm{s})} & z_M^{(\mathrm{s})} & \rho_M\end{bmatrix}-\frac{1}{M+1}\sum_{m=1}^{M}\boldsymbol{I}_{(M+1)\times 1}[x_m^{(\mathrm{s})}\ \ y_m^{(\mathrm{s})}\ \ z_m^{(\mathrm{s})}\ \ \rho_m]\in\mathbf{R}^{(M+1)\times 4} \tag{5.109}$$

显然，向量$\boldsymbol{g}$中包含了辐射源位置坐标，一旦得到了向量$\boldsymbol{g}$的估计值，就可以对辐射源进行定位。式（5.108）是关于向量$\boldsymbol{g}$的子空间等式，但其中仅包含噪声子空间矩阵$\boldsymbol{Q}_{\mathrm{no}}^{(2)}$。根据式（5.103）可知，标量积矩阵$\boldsymbol{W}^{(2)}$是由信号子空间矩阵$\boldsymbol{Q}_{\mathrm{sg}}^{(2)}$表示的，因此下面还需要获得向量$\boldsymbol{g}$与矩阵$\boldsymbol{Q}_{\mathrm{sg}}^{(2)}$之间的关系式，具体可见如下命题。

【命题 5.3】 假设$\begin{bmatrix}\boldsymbol{n}_M^{\mathrm{T}}\\ \boldsymbol{G}^{(2)\mathrm{T}}\end{bmatrix}$是行满秩矩阵，则有

$$\boldsymbol{Q}_{\mathrm{sg}}^{(2)\mathrm{T}}\begin{bmatrix}\boldsymbol{n}_M^{\mathrm{T}}\\ \boldsymbol{G}^{(2)\mathrm{T}}\end{bmatrix}^{\dagger}\begin{bmatrix}1\\ \boldsymbol{g}\end{bmatrix}=\boldsymbol{Q}_{\mathrm{sg}}^{(2)\mathrm{T}}[\boldsymbol{n}_M\ \ \boldsymbol{G}^{(2)}]\begin{bmatrix}\boldsymbol{n}_M^{\mathrm{T}}\boldsymbol{n}_M & \boldsymbol{n}_M^{\mathrm{T}}\boldsymbol{G}^{(2)}\\ \boldsymbol{G}^{(2)\mathrm{T}}\boldsymbol{n}_M & \boldsymbol{G}^{(2)\mathrm{T}}\boldsymbol{G}^{(2)}\end{bmatrix}^{-1}\begin{bmatrix}1\\ \boldsymbol{g}\end{bmatrix}=\boldsymbol{O}_{4\times 1} \tag{5.110}$$

命题 5.3 的证明与命题 5.1 的证明类似，限于篇幅这里不再赘述。式(5.110)给出的关系式至关重要，但并不是最终的关系式。将式（5.110）两边左乘以$\boldsymbol{Q}_{\mathrm{sg}}^{(2)}\boldsymbol{\Lambda}_{\mathrm{sg}}^{(2)}$可得

$$\begin{aligned}\boldsymbol{O}_{(M+1)\times 1}&=\boldsymbol{Q}_{\mathrm{sg}}^{(2)}\boldsymbol{\Lambda}_{\mathrm{sg}}^{(2)}\boldsymbol{Q}_{\mathrm{sg}}^{(2)\mathrm{T}}[\boldsymbol{n}_M\ \ \boldsymbol{G}^{(2)}]\begin{bmatrix}\boldsymbol{n}_M^{\mathrm{T}}\boldsymbol{n}_M & \boldsymbol{n}_M^{\mathrm{T}}\boldsymbol{G}^{(2)}\\ \boldsymbol{G}^{(2)\mathrm{T}}\boldsymbol{n}_M & \boldsymbol{G}^{(2)\mathrm{T}}\boldsymbol{G}^{(2)}\end{bmatrix}^{-1}\begin{bmatrix}1\\ \boldsymbol{g}\end{bmatrix}\\ &=\boldsymbol{W}^{(2)}[\boldsymbol{n}_M\ \ \boldsymbol{G}^{(2)}]\begin{bmatrix}\boldsymbol{n}_M^{\mathrm{T}}\boldsymbol{n}_M & \boldsymbol{n}_M^{\mathrm{T}}\boldsymbol{G}^{(2)}\\ \boldsymbol{G}^{(2)\mathrm{T}}\boldsymbol{n}_M & \boldsymbol{G}^{(2)\mathrm{T}}\boldsymbol{G}^{(2)}\end{bmatrix}^{-1}\begin{bmatrix}1\\ \boldsymbol{g}\end{bmatrix}\end{aligned} \tag{5.111}$$

式中，第 2 个等号处的运算利用了式（5.103）。式（5.111）即为最终确定的关系式，它建立了关于向量$\boldsymbol{g}$的伪线性等式，其中一共包含$M+1$个等式，而 TDOA 观测量仅为$M-1$个，这意味着该关系式是存在冗余的。

5.3.3 定位原理与方法

下面将基于式（5.111）构建确定向量$\boldsymbol{g}$的估计准则，并给出其求解方法，然后由此获得辐射源位置向量$\boldsymbol{u}$的估计值。为了简化数学表述，首先定义如下矩阵和向量：

$$\boldsymbol{T}^{(2)}=[\boldsymbol{n}_M\ \ \boldsymbol{G}^{(2)}]\begin{bmatrix}\boldsymbol{n}_M^{\mathrm{T}}\boldsymbol{n}_M & \boldsymbol{n}_M^{\mathrm{T}}\boldsymbol{G}^{(2)}\\ \boldsymbol{G}^{(2)\mathrm{T}}\boldsymbol{n}_M & \boldsymbol{G}^{(2)\mathrm{T}}\boldsymbol{G}^{(2)}\end{bmatrix}^{-1}\in\mathbf{R}^{(M+1)\times 5}\ ,\ \boldsymbol{\beta}^{(2)}(\boldsymbol{g})=\boldsymbol{T}^{(2)}\begin{bmatrix}1\\ \boldsymbol{g}\end{bmatrix}\in\mathbf{R}^{(M+1)\times 1} \tag{5.112}$$

结合式（5.111）和式（5.112）可得

$$\boldsymbol{W}^{(2)}\boldsymbol{T}^{(2)}\begin{bmatrix}1\\ \boldsymbol{g}\end{bmatrix}=\boldsymbol{W}^{(2)}\boldsymbol{\beta}^{(2)}(\boldsymbol{g})=\boldsymbol{O}_{(M+1)\times 1} \tag{5.113}$$

1. 一阶误差扰动分析

在实际定位过程中，标量积矩阵$\boldsymbol{W}^{(2)}$和矩阵$\boldsymbol{T}^{(2)}$的真实值都是未知的，因为其中的真实距离差$\{\rho_m\}_{2\leqslant m\leqslant M}$仅能用其观测值$\{\hat{\rho}_m\}_{2\leqslant m\leqslant M}$来代替，这必然会引入观测误差。不妨将含有观测误差的标量积矩阵$\boldsymbol{W}^{(2)}$记为$\hat{\boldsymbol{W}}^{(2)}$，于是根据式（5.100）和式（5.101）可知，矩阵$\hat{\boldsymbol{W}}^{(2)}$可以表示为

$$\hat{\boldsymbol{W}}^{(2)}=-\frac{1}{2}\boldsymbol{L}_M\begin{bmatrix}0 & 0 & 0 & \cdots & 0\\ 0 & d_{11}^2-(\hat{\rho}_1-\hat{\rho}_1)^2 & d_{12}^2-(\hat{\rho}_1-\hat{\rho}_2)^2 & \cdots & d_{1M}^2-(\hat{\rho}_1-\hat{\rho}_M)^2\\ 0 & d_{12}^2-(\hat{\rho}_1-\hat{\rho}_2)^2 & d_{22}^2-(\hat{\rho}_2-\hat{\rho}_2)^2 & \cdots & d_{2M}^2-(\hat{\rho}_2-\hat{\rho}_M)^2\\ \vdots & \vdots & \vdots & \ddots & \vdots\\ 0 & d_{1M}^2-(\hat{\rho}_1-\hat{\rho}_M)^2 & d_{2M}^2-(\hat{\rho}_2-\hat{\rho}_M)^2 & \cdots & d_{MM}^2-(\hat{\rho}_M-\hat{\rho}_M)^2\end{bmatrix}\boldsymbol{L}_M \tag{5.114}$$

不妨将含有观测误差的矩阵$\boldsymbol{T}^{(2)}$记为$\hat{\boldsymbol{T}}^{(2)}$，则根据式（5.109）和式（5.112）中的第1式可知

$$\hat{\boldsymbol{T}}^{(2)}=[\boldsymbol{n}_M\ \ \hat{\boldsymbol{G}}^{(2)}]\begin{bmatrix}\boldsymbol{n}_M^{\mathrm{T}}\boldsymbol{n}_M & \boldsymbol{n}_M^{\mathrm{T}}\hat{\boldsymbol{G}}^{(2)}\\ \hat{\boldsymbol{G}}^{(2)\mathrm{T}}\boldsymbol{n}_M & \hat{\boldsymbol{G}}^{(2)\mathrm{T}}\hat{\boldsymbol{G}}^{(2)}\end{bmatrix}^{-1} \tag{5.115}$$

式中

$$\hat{\boldsymbol{G}}^{(2)}=\begin{bmatrix}0 & 0 & 0 & 0\\ x_1^{(\mathrm{s})} & y_1^{(\mathrm{s})} & z_1^{(\mathrm{s})} & \hat{\rho}_1\\ x_2^{(\mathrm{s})} & y_2^{(\mathrm{s})} & z_2^{(\mathrm{s})} & \hat{\rho}_2\\ \vdots & \vdots & \vdots & \vdots\\ x_M^{(\mathrm{s})} & y_M^{(\mathrm{s})} & z_M^{(\mathrm{s})} & \hat{\rho}_M\end{bmatrix}-\frac{1}{M+1}\sum_{m=1}^{M}\boldsymbol{I}_{(M+1)\times 1}[x_m^{(\mathrm{s})}\ \ y_m^{(\mathrm{s})}\ \ z_m^{(\mathrm{s})}\ \ \hat{\rho}_m] \tag{5.116}$$

由于$\boldsymbol{W}^{(2)}\boldsymbol{T}^{(2)}\begin{bmatrix}1\\ \boldsymbol{g}\end{bmatrix}=\boldsymbol{O}_{(M+1)\times 1}$，于是可以定义误差向量$\boldsymbol{\delta}_{\mathrm{t}}^{(2)}=\hat{\boldsymbol{W}}^{(2)}\hat{\boldsymbol{T}}^{(2)}\begin{bmatrix}1\\ \boldsymbol{g}\end{bmatrix}$，忽略误差二阶项可得

$$\begin{aligned}\boldsymbol{\delta}_{\mathrm{t}}^{(2)}&=(\boldsymbol{W}^{(2)}+\Delta\boldsymbol{W}_{\mathrm{t}}^{(2)})(\boldsymbol{T}^{(2)}+\Delta\boldsymbol{T}_{\mathrm{t}}^{(2)})\begin{bmatrix}1\\ \boldsymbol{g}\end{bmatrix}\approx\Delta\boldsymbol{W}_{\mathrm{t}}^{(2)}\boldsymbol{T}^{(2)}\begin{bmatrix}1\\ \boldsymbol{g}\end{bmatrix}+\boldsymbol{W}^{(2)}\Delta\boldsymbol{T}_{\mathrm{t}}^{(2)}\begin{bmatrix}1\\ \boldsymbol{g}\end{bmatrix}\\ &=\Delta\boldsymbol{W}_{\mathrm{t}}^{(2)}\boldsymbol{\beta}^{(2)}(\boldsymbol{g})+\boldsymbol{W}^{(2)}\Delta\boldsymbol{T}_{\mathrm{t}}^{(2)}\begin{bmatrix}1\\ \boldsymbol{g}\end{bmatrix}\end{aligned} \tag{5.117}$$

式中，$\Delta\boldsymbol{W}_{\mathrm{t}}^{(2)}$ 和 $\Delta\boldsymbol{T}_{\mathrm{t}}^{(2)}$ 分别表示 $\hat{\boldsymbol{W}}^{(2)}$ 和 $\hat{\boldsymbol{T}}^{(2)}$ 中的误差矩阵，即有 $\Delta\boldsymbol{W}_{\mathrm{t}}^{(2)}=\hat{\boldsymbol{W}}^{(2)}-\boldsymbol{W}^{(2)}$ 和 $\Delta\boldsymbol{T}_{\mathrm{t}}^{(2)}=\hat{\boldsymbol{T}}^{(2)}-\boldsymbol{T}^{(2)}$。下面需要推导它们的一阶表达式（即忽略观测误差 $\boldsymbol{\varepsilon}_{\mathrm{t}}$ 的二阶及其以上各阶项)，并由此获得误差向量 $\boldsymbol{\delta}_{\mathrm{t}}^{(2)}$ 关于观测误差 $\boldsymbol{\varepsilon}_{\mathrm{t}}$ 的线性函数。

首先根据式（5.114）可以将误差矩阵 $\Delta\boldsymbol{W}_{\mathrm{t}}^{(2)}$ 近似表示为

$$\Delta\boldsymbol{W}_{\mathrm{t}}^{(2)}\approx\boldsymbol{L}_M\begin{bmatrix}0 & 0 & 0 & \cdots & 0\\ 0 & (\rho_1-\rho_1)(\varepsilon_{\mathrm{t}1}-\varepsilon_{\mathrm{t}1}) & (\rho_1-\rho_2)(\varepsilon_{\mathrm{t}1}-\varepsilon_{\mathrm{t}2}) & \cdots & (\rho_1-\rho_M)(\varepsilon_{\mathrm{t}1}-\varepsilon_{\mathrm{t}M})\\ 0 & (\rho_1-\rho_2)(\varepsilon_{\mathrm{t}1}-\varepsilon_{\mathrm{t}2}) & (\rho_2-\rho_2)(\varepsilon_{\mathrm{t}2}-\varepsilon_{\mathrm{t}2}) & \cdots & (\rho_2-\rho_M)(\varepsilon_{\mathrm{t}2}-\varepsilon_{\mathrm{t}M})\\ \vdots & \vdots & \vdots & \ddots & \vdots\\ 0 & (\rho_1-\rho_M)(\varepsilon_{\mathrm{t}1}-\varepsilon_{\mathrm{t}M}) & (\rho_2-\rho_M)(\varepsilon_{\mathrm{t}2}-\varepsilon_{\mathrm{t}M}) & \cdots & (\rho_M-\rho_M)(\varepsilon_{\mathrm{t}M}-\varepsilon_{\mathrm{t}M})\end{bmatrix}\boldsymbol{L}_M \tag{5.118}$$

利用式（5.118）可以将 $\Delta\boldsymbol{W}_{\mathrm{t}}^{(2)}\boldsymbol{\beta}^{(2)}(\boldsymbol{g})$ 近似表示为关于观测误差 $\boldsymbol{\varepsilon}_{\mathrm{t}}$ 的线性函数，如下式所示：

$$\Delta\boldsymbol{W}_{\mathrm{t}}^{(2)}\boldsymbol{\beta}^{(2)}(\boldsymbol{g})\approx\boldsymbol{B}_{\mathrm{t}1}^{(2)}(\boldsymbol{g})\boldsymbol{\varepsilon}_{\mathrm{t}} \tag{5.119}$$

式中

$$\boldsymbol{B}_{\mathrm{t}1}^{(2)}(\boldsymbol{g})=\left[(\boldsymbol{L}_M\boldsymbol{\beta}^{(2)}(\boldsymbol{g}))^{\mathrm{T}}\otimes\boldsymbol{L}_M\right]\begin{bmatrix}\boldsymbol{O}_{(M+1)\times M}\\ \mathrm{diag}[\bar{\boldsymbol{\rho}}]\otimes\bar{\boldsymbol{I}}_{M\times1}+\boldsymbol{1}_{M\times1}\otimes(\bar{\boldsymbol{I}}_M\mathrm{diag}[\bar{\boldsymbol{\rho}}])-\boldsymbol{I}_M\otimes(\bar{\boldsymbol{I}}_M\bar{\boldsymbol{\rho}})-\bar{\boldsymbol{\rho}}\otimes\bar{\boldsymbol{I}}_M\end{bmatrix}\bar{\boldsymbol{I}}_{M-1}\in\mathbf{R}^{(M+1)\times(M-1)} \tag{5.120}$$

其中

$$\bar{\boldsymbol{I}}_{M\times1}=\begin{bmatrix}0\\ \boldsymbol{1}_{M\times1}\end{bmatrix},\ \bar{\boldsymbol{I}}_M=\begin{bmatrix}\boldsymbol{O}_{1\times M}\\ \boldsymbol{I}_M\end{bmatrix} \tag{5.121}$$

式（5.119）的推导见附录 B.4。接着利用式（5.115）和矩阵扰动理论（见 2.3 节）可以将误差矩阵 $\Delta\boldsymbol{T}_{\mathrm{t}}^{(2)}$ 近似表示为

$$\begin{aligned}\Delta\boldsymbol{T}_{\mathrm{t}}^{(2)}\approx{}&[\boldsymbol{O}_{(M+1)\times1}\ \ \Delta\boldsymbol{G}_{\mathrm{t}}^{(2)}]\begin{bmatrix}\boldsymbol{n}_M^{\mathrm{T}}\boldsymbol{n}_M & \boldsymbol{n}_M^{\mathrm{T}}\boldsymbol{G}^{(2)}\\ \boldsymbol{G}^{(2)\mathrm{T}}\boldsymbol{n}_M & \boldsymbol{G}^{(2)\mathrm{T}}\boldsymbol{G}^{(2)}\end{bmatrix}^{-1}\\ &-\boldsymbol{T}^{(2)}\begin{bmatrix}0 & \boldsymbol{n}_M^{\mathrm{T}}\Delta\boldsymbol{G}_{\mathrm{t}}^{(2)}\\ (\Delta\boldsymbol{G}_{\mathrm{t}}^{(2)})^{\mathrm{T}}\boldsymbol{n}_M & \boldsymbol{G}^{(2)\mathrm{T}}\Delta\boldsymbol{G}_{\mathrm{t}}^{(2)}+(\Delta\boldsymbol{G}_{\mathrm{t}}^{(2)})^{\mathrm{T}}\boldsymbol{G}^{(2)}\end{bmatrix}\begin{bmatrix}\boldsymbol{n}_M^{\mathrm{T}}\boldsymbol{n}_M & \boldsymbol{n}_M^{\mathrm{T}}\boldsymbol{G}^{(2)}\\ \boldsymbol{G}^{(2)\mathrm{T}}\boldsymbol{n}_M & \boldsymbol{G}^{(2)\mathrm{T}}\boldsymbol{G}^{(2)}\end{bmatrix}^{-1}\end{aligned} \tag{5.122}$$

式中

$$\Delta \boldsymbol{G}_{\mathrm{t}}^{(2)}=\begin{bmatrix}0 & 0 & 0 & 0\\ 0 & 0 & 0 & \varepsilon_{\mathrm{t}1}\\ 0 & 0 & 0 & \varepsilon_{\mathrm{t}2}\\ \vdots & \vdots & \vdots & \vdots\\ 0 & 0 & 0 & \varepsilon_{\mathrm{t}M}\end{bmatrix}-\frac{1}{M+1}\sum_{m=1}^{M}\boldsymbol{1}_{(M+1)\times 1}[0\ \ 0\ \ 0\ \ \varepsilon_{\mathrm{t}m}] \tag{5.123}$$

结合式（5.122）和式（5.123），可以将$\boldsymbol{W}^{(2)}\Delta\boldsymbol{T}_{\mathrm{t}}^{(2)}\begin{bmatrix}1\\ \boldsymbol{g}\end{bmatrix}$近似表示为关于观测误差$\boldsymbol{\varepsilon}_{\mathrm{t}}$的线性函数，如下式所示：

$$\boldsymbol{W}^{(2)}\Delta\boldsymbol{T}_{\mathrm{t}}^{(2)}\begin{bmatrix}1\\ \boldsymbol{g}\end{bmatrix}\approx \boldsymbol{B}_{\mathrm{t2}}^{(2)}(\boldsymbol{g})\boldsymbol{\varepsilon}_{\mathrm{t}} \tag{5.124}$$

式中

$$\boldsymbol{B}_{\mathrm{t2}}^{(2)}(\boldsymbol{g})=\boldsymbol{W}^{(2)}\left(\boldsymbol{J}_{\mathrm{t1}}^{(2)}(\boldsymbol{g})-\boldsymbol{T}^{(2)}\begin{bmatrix}\boldsymbol{n}_M^{\mathrm{T}}\boldsymbol{J}_{\mathrm{t1}}^{(2)}(\boldsymbol{g})\\ \boldsymbol{G}^{(2)\mathrm{T}}\boldsymbol{J}_{\mathrm{t1}}^{(2)}(\boldsymbol{g})+\boldsymbol{J}_{\mathrm{t2}}^{(2)}(\boldsymbol{g})\end{bmatrix}\right)\in\mathbf{R}^{(M+1)\times(M-1)} \tag{5.125}$$

其中

$$\boldsymbol{J}_{\mathrm{t1}}^{(2)}(\boldsymbol{g})=<\boldsymbol{\alpha}_2^{(2)}(\boldsymbol{g})>_4\left(\boldsymbol{I}_{M+1}-\frac{1}{M+1}\boldsymbol{1}_{(M+1)\times(M+1)}\right)\tilde{\boldsymbol{I}}_{M-1} \tag{5.126}$$

$$\boldsymbol{J}_{\mathrm{t2}}^{(2)}(\boldsymbol{g})=\begin{bmatrix}\boldsymbol{O}_{3\times(M+1)}\\ ([\boldsymbol{n}_M\ \ \boldsymbol{G}^{(2)}]\boldsymbol{\alpha}^{(2)}(\boldsymbol{g}))^{\mathrm{T}}\left(\boldsymbol{I}_{M+1}-\frac{1}{M+1}\boldsymbol{1}_{(M+1)\times(M+1)}\right)\end{bmatrix}\tilde{\boldsymbol{I}}_{M-1} \tag{5.127}$$

$$\boldsymbol{\alpha}^{(2)}(\boldsymbol{g})=\begin{bmatrix}\boldsymbol{n}_M^{\mathrm{T}}\boldsymbol{n}_M & \boldsymbol{n}_M^{\mathrm{T}}\boldsymbol{G}^{(2)}\\ \boldsymbol{G}^{(2)\mathrm{T}}\boldsymbol{n}_M & \boldsymbol{G}^{(2)\mathrm{T}}\boldsymbol{G}^{(2)}\end{bmatrix}^{-1}\begin{bmatrix}1\\ \boldsymbol{g}\end{bmatrix}=\begin{bmatrix}\underbrace{\alpha_1^{(2)}(\boldsymbol{g})}_{1\times 1}\\ \underbrace{\boldsymbol{\alpha}_2^{(2)}(\boldsymbol{g})}_{4\times 1}\end{bmatrix} \tag{5.128}$$

式中，$\tilde{\boldsymbol{I}}_{M-1}=\begin{bmatrix}\boldsymbol{O}_{2\times(M-1)}\\ \boldsymbol{I}_{M-1}\end{bmatrix}$。式（5.124）的推导见附录B.5。

将式（5.119）和式（5.124）代入式（5.117）中可得

$$\boldsymbol{\delta}_{\mathrm{t}}^{(2)}\approx \boldsymbol{B}_{\mathrm{t1}}^{(2)}(\boldsymbol{g})\boldsymbol{\varepsilon}_{\mathrm{t}}+\boldsymbol{B}_{\mathrm{t2}}^{(2)}(\boldsymbol{g})\boldsymbol{\varepsilon}_{\mathrm{t}}=\boldsymbol{B}_{\mathrm{t}}^{(2)}(\boldsymbol{g})\boldsymbol{\varepsilon}_{\mathrm{t}} \tag{5.129}$$

式中，$\boldsymbol{B}_{\mathrm{t}}^{(2)}(\boldsymbol{g})=\boldsymbol{B}_{\mathrm{t1}}^{(2)}(\boldsymbol{g})+\boldsymbol{B}_{\mathrm{t2}}^{(2)}(\boldsymbol{g})\in\mathbf{R}^{(M+1)\times(M-1)}$。由式（5.129）可知，误差向量$\boldsymbol{\delta}_{\mathrm{t}}^{(2)}$渐近服从零均值的高斯分布，并且其协方差矩阵为

$$\begin{aligned}\boldsymbol{\Omega}_{\mathrm{t}}^{(2)}&=\mathbf{cov}(\boldsymbol{\delta}_{\mathrm{t}}^{(2)})=\mathrm{E}[\boldsymbol{\delta}_{\mathrm{t}}^{(2)}\boldsymbol{\delta}_{\mathrm{t}}^{(2)\mathrm{T}}]\approx \boldsymbol{B}_{\mathrm{t}}^{(2)}(\boldsymbol{g})\cdot\mathrm{E}[\boldsymbol{\varepsilon}_{\mathrm{t}}\boldsymbol{\varepsilon}_{\mathrm{t}}^{\mathrm{T}}]\cdot(\boldsymbol{B}_{\mathrm{t}}^{(2)}(\boldsymbol{g}))^{\mathrm{T}}\\ &=\boldsymbol{B}_{\mathrm{t}}^{(2)}(\boldsymbol{g})\boldsymbol{E}_{\mathrm{t}}(\boldsymbol{B}_{\mathrm{t}}^{(2)}(\boldsymbol{g}))^{\mathrm{T}}\in\mathbf{R}^{(M+1)\times(M+1)}\end{aligned} \tag{5.130}$$

2．定位优化模型及其求解方法

一般而言，矩阵$\boldsymbol{B}_{\mathrm{t}}^{(2)}(\boldsymbol{g})$是列满秩的，即有$\mathrm{rank}[\boldsymbol{B}_{\mathrm{t}}^{(2)}(\boldsymbol{g})]=M-1$。由此可

知，协方差矩阵 $\boldsymbol{\Omega}_{\mathrm{t}}^{(2)}$ 的秩也为 $M-1$，但由于 $\boldsymbol{\Omega}_{\mathrm{t}}^{(2)}$ 是 $(M+1)\times(M+1)$ 阶方阵，这意味着它是秩亏损矩阵，所以无法直接利用该矩阵的逆构建估计准则。下面利用矩阵奇异值分解重新构造误差向量，以使其协方差矩阵具备满秩性。

首先对矩阵 $\boldsymbol{B}_{\mathrm{t}}^{(2)}(\boldsymbol{g})$ 进行奇异值分解，如下式所示：

$$\boldsymbol{B}_{\mathrm{t}}^{(2)}(\boldsymbol{g})=\boldsymbol{H}^{(2)}\boldsymbol{\Sigma}^{(2)}\boldsymbol{V}^{(2)\mathrm{T}}=\left[\underbrace{\boldsymbol{H}_1^{(2)}}_{(M+1)\times(M-1)}\quad\underbrace{\boldsymbol{H}_2^{(2)}}_{(M+1)\times 2}\right]\begin{bmatrix}\overbrace{\boldsymbol{\Sigma}_1^{(2)}}^{(M-1)\times(M-1)}\\ \boldsymbol{O}_{2\times(M-1)}\end{bmatrix}\boldsymbol{V}^{(2)\mathrm{T}}=\boldsymbol{H}_1^{(2)}\boldsymbol{\Sigma}_1^{(2)}\boldsymbol{V}^{(2)\mathrm{T}} \tag{5.131}$$

式中，$\boldsymbol{H}^{(2)}=[\boldsymbol{H}_1^{(2)}\ \ \boldsymbol{H}_2^{(2)}]$，为 $(M+1)\times(M+1)$ 阶正交矩阵；$\boldsymbol{V}^{(2)}$ 为 $(M-1)\times(M-1)$ 阶正交矩阵；$\boldsymbol{\Sigma}_1^{(2)}$ 为 $(M-1)\times(M-1)$ 阶对角矩阵，其中的对角元素为矩阵 $\boldsymbol{B}_{\mathrm{t}}^{(2)}(\boldsymbol{g})$ 的奇异值。为了得到协方差矩阵为满秩的误差向量，可以将矩阵 $\boldsymbol{H}_1^{(2)\mathrm{T}}$ 左乘以误差向量 $\boldsymbol{\delta}_{\mathrm{t}}^{(2)}$，并结合式（5.117）和式（5.129）可得

$$\begin{aligned}\bar{\boldsymbol{\delta}}_{\mathrm{t}}^{(2)}&=\boldsymbol{H}_1^{(2)\mathrm{T}}\boldsymbol{\delta}_{\mathrm{t}}^{(2)}=\boldsymbol{H}_1^{(2)\mathrm{T}}\hat{\boldsymbol{W}}^{(2)}\hat{\boldsymbol{T}}^{(2)}\begin{bmatrix}1\\ \boldsymbol{g}\end{bmatrix}\approx\boldsymbol{H}_1^{(2)\mathrm{T}}\left(\Delta\boldsymbol{W}_{\mathrm{t}}^{(2)}\boldsymbol{\beta}^{(2)}(\boldsymbol{g})+\boldsymbol{W}^{(2)}\Delta\boldsymbol{T}_{\mathrm{t}}^{(2)}\begin{bmatrix}1\\ \boldsymbol{g}\end{bmatrix}\right)\\ &\approx\boldsymbol{H}_1^{(2)\mathrm{T}}\boldsymbol{B}_{\mathrm{t}}^{(2)}(\boldsymbol{g})\boldsymbol{\varepsilon}_{\mathrm{t}}\end{aligned} \tag{5.132}$$

由式（5.131）可得 $\boldsymbol{H}_1^{(2)\mathrm{T}}\boldsymbol{B}_{\mathrm{t}}^{(2)}(\boldsymbol{g})=\boldsymbol{\Sigma}_1^{(2)}\boldsymbol{V}^{(2)\mathrm{T}}$，将该式代入式（5.132）中可知，误差向量 $\bar{\boldsymbol{\delta}}_{\mathrm{t}}^{(2)}$ 的协方差矩阵为

$$\begin{aligned}\bar{\boldsymbol{\Omega}}_{\mathrm{t}}^{(2)}&=\mathbf{cov}(\bar{\boldsymbol{\delta}}_{\mathrm{t}}^{(2)})=\mathrm{E}[\bar{\boldsymbol{\delta}}_{\mathrm{t}}^{(2)}\bar{\boldsymbol{\delta}}_{\mathrm{t}}^{(2)\mathrm{T}}]=\boldsymbol{H}_1^{(2)\mathrm{T}}\boldsymbol{\Omega}_{\mathrm{t}}^{(2)}\boldsymbol{H}_1^{(2)}\approx\boldsymbol{\Sigma}_1^{(2)}\boldsymbol{V}^{(2)\mathrm{T}}\cdot\mathrm{E}[\boldsymbol{\varepsilon}_{\mathrm{t}}\boldsymbol{\varepsilon}_{\mathrm{t}}^{\mathrm{T}}]\cdot\boldsymbol{V}^{(2)}\boldsymbol{\Sigma}_1^{(2)\mathrm{T}}\\ &=\boldsymbol{\Sigma}_1^{(2)}\boldsymbol{V}^{(2)\mathrm{T}}\boldsymbol{E}_{\mathrm{t}}\boldsymbol{V}^{(2)}\boldsymbol{\Sigma}_1^{(2)\mathrm{T}}\in\mathbf{R}^{(M-1)\times(M-1)}\end{aligned} \tag{5.133}$$

容易验证 $\bar{\boldsymbol{\Omega}}_{\mathrm{t}}^{(2)}$ 为满秩矩阵，并且误差向量 $\bar{\boldsymbol{\delta}}_{\mathrm{t}}^{(2)}$ 的维数为 $M-1$，其与 TDOA 观测量个数相等，此时可以将估计向量 $\boldsymbol{g}$ 的优化准则表示为

$$\min_{\boldsymbol{g}}\left\{\begin{bmatrix}1\\ \boldsymbol{g}\end{bmatrix}^{\mathrm{T}}\hat{\boldsymbol{T}}^{(2)\mathrm{T}}\hat{\boldsymbol{W}}^{(2)\mathrm{T}}\boldsymbol{H}_1^{(2)}(\bar{\boldsymbol{\Omega}}_{\mathrm{t}}^{(2)})^{-1}\boldsymbol{H}_1^{(2)\mathrm{T}}\hat{\boldsymbol{W}}^{(2)}\hat{\boldsymbol{T}}^{(2)}\begin{bmatrix}1\\ \boldsymbol{g}\end{bmatrix}\right\} \tag{5.134}$$

式中，$(\bar{\boldsymbol{\Omega}}_{\mathrm{t}}^{(2)})^{-1}$ 可以看作加权矩阵，其作用在于抑制观测误差 $\boldsymbol{\varepsilon}_{\mathrm{t}}$ 的影响。不妨将矩阵 $\hat{\boldsymbol{T}}^{(2)}$ 分块表示为

$$\hat{\boldsymbol{T}}^{(2)}=\left[\underbrace{\hat{\boldsymbol{t}}_1^{(2)}}_{(M+1)\times 1}\quad\underbrace{\hat{\boldsymbol{T}}_2^{(2)}}_{(M+1)\times 4}\right] \tag{5.135}$$

于是可以将式（5.134）重新写为

$$\min_{\boldsymbol{g}}\{(\hat{\boldsymbol{W}}^{(2)}\hat{\boldsymbol{T}}_2^{(2)}\boldsymbol{g}+\hat{\boldsymbol{W}}^{(2)}\hat{\boldsymbol{t}}_1^{(2)})^{\mathrm{T}}\boldsymbol{H}_1^{(2)}(\bar{\boldsymbol{\Omega}}_{\mathrm{t}}^{(2)})^{-1}\boldsymbol{H}_1^{(2)\mathrm{T}}(\hat{\boldsymbol{W}}^{(2)}\hat{\boldsymbol{T}}_2^{(2)}\boldsymbol{g}+\hat{\boldsymbol{W}}^{(2)}\hat{\boldsymbol{t}}_1^{(2)})\} \tag{5.136}$$

再结合二次等式约束式（5.49）可以建立估计向量 $\boldsymbol{g}$ 的优化模型，如下式所示：

$$\begin{cases}\min\limits_{\boldsymbol{g}}\{(\hat{\boldsymbol{W}}^{(2)}\hat{\boldsymbol{T}}_2^{(2)}\boldsymbol{g}+\hat{\boldsymbol{W}}^{(2)}\hat{\boldsymbol{t}}_1^{(2)})^{\mathrm{T}}\boldsymbol{H}_1^{(2)}(\bar{\boldsymbol{\Omega}}_{\mathrm{t}}^{(2)})^{-1}\boldsymbol{H}_1^{(2)\mathrm{T}}(\hat{\boldsymbol{W}}^{(2)}\hat{\boldsymbol{T}}_2^{(2)}\boldsymbol{g}+\hat{\boldsymbol{W}}^{(2)}\hat{\boldsymbol{t}}_1^{(2)})\} \\ \text{s.t. } \boldsymbol{g}^{\mathrm{T}}\boldsymbol{\Lambda}\boldsymbol{g}+\boldsymbol{\kappa}^{\mathrm{T}}\boldsymbol{g}+\|\boldsymbol{s}_1\|_2^2=0\end{cases} \tag{5.137}$$

显然，式（5.137）的求解方法与式（5.51）的求解方法完全相同，因此5.2.3节中描述的求解方法可以直接应用于此，限于篇幅这里不再赘述。类似地，将向量 $\boldsymbol{g}$ 的估计值记为 $\hat{\boldsymbol{g}}_{\mathrm{p}}^{(2)}$，根据式（5.17）中的第2式可知，利用向量 $\hat{\boldsymbol{g}}_{\mathrm{p}}^{(2)}$ 中的前面3个分量就可以获得辐射源位置向量 $\boldsymbol{u}$ 的估计值 $\hat{\boldsymbol{u}}_{\mathrm{p}}^{(2)}$（即有 $\hat{\boldsymbol{u}}_{\mathrm{p}}^{(2)}=[\boldsymbol{I}_3\ \ \boldsymbol{O}_{3\times1}]\hat{\boldsymbol{g}}_{\mathrm{p}}^{(2)}$）。

【注记5.7】 由式（5.130）、式（5.131）及式（5.133）可知，加权矩阵 $(\bar{\boldsymbol{\Omega}}_{\mathrm{t}}^{(2)})^{-1}$ 与未知向量 $\boldsymbol{g}$ 有关。因此，严格来说，式（5.137）中的目标函数并不是关于向量 $\boldsymbol{g}$ 的二次函数，针对该问题，可以采用注记4.1中描述的方法进行处理。理论分析表明，在一阶误差分析理论框架下，加权矩阵 $(\bar{\boldsymbol{\Omega}}_{\mathrm{t}}^{(2)})^{-1}$ 中的扰动误差并不会实质影响估计值 $\hat{\boldsymbol{g}}_{\mathrm{p}}^{(2)}$ 的统计性能①。

图5.10给出了本章第2种加权多维标度定位方法的流程图。

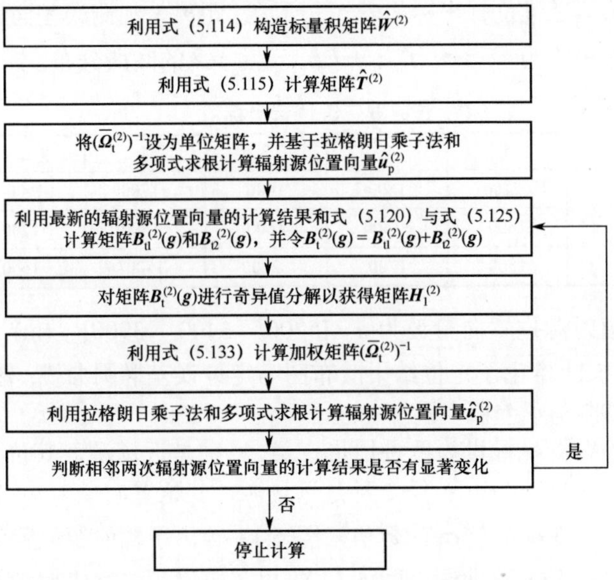

图5.10　本章第2种加权多维标度定位方法的流程图

① 加权矩阵 $(\bar{\boldsymbol{\Omega}}_{\mathrm{t}}^{(2)})^{-1}$ 中的扰动误差也不会实质影响估计值 $\hat{\boldsymbol{u}}_{\mathrm{p}}^{(2)}$ 的统计性能。

5.3.4 理论性能分析

下面将给出估计值 $\hat{\boldsymbol{u}}_{\mathrm{p}}^{(2)}$ 的理论性能。需要指出的是，5.2.4 节中的性能推导方法可以直接搬移至此，所以这里仅直接给出最终结论。

首先可以获得估计值 $\hat{\boldsymbol{u}}_{\mathrm{p}}^{(2)}$ 的均方误差矩阵，如下式所示：

$$\mathbf{MSE}(\hat{\boldsymbol{u}}_{\mathrm{p}}^{(2)})=[\boldsymbol{I}_3\ \ \boldsymbol{O}_{3\times1}]\left[\boldsymbol{I}_4-\frac{(\boldsymbol{T}_2^{(2)\mathrm{T}}\boldsymbol{W}^{(2)\mathrm{T}}\boldsymbol{H}_1^{(2)}(\bar{\boldsymbol{\Omega}}_{\mathrm{t}}^{(2)})^{-1}\boldsymbol{H}_1^{(2)\mathrm{T}}\boldsymbol{W}^{(2)}\boldsymbol{T}_2^{(2)})^{-1}(2\boldsymbol{\Lambda g}+\boldsymbol{\kappa})(2\boldsymbol{\Lambda g}+\boldsymbol{\kappa})^{\mathrm{T}}}{(2\boldsymbol{\Lambda g}+\boldsymbol{\kappa})^{\mathrm{T}}(\boldsymbol{T}_2^{(2)\mathrm{T}}\boldsymbol{W}^{(2)\mathrm{T}}\boldsymbol{H}_1^{(2)}(\bar{\boldsymbol{\Omega}}_{\mathrm{t}}^{(2)})^{-1}\boldsymbol{H}_1^{(2)\mathrm{T}}\boldsymbol{W}^{(2)}\boldsymbol{T}_2^{(2)})^{-1}(2\boldsymbol{\Lambda g}+\boldsymbol{\kappa})}\right]$$
$$\times\left[\boldsymbol{T}_2^{(2)\mathrm{T}}\boldsymbol{W}^{(2)\mathrm{T}}\boldsymbol{H}_1^{(2)}(\bar{\boldsymbol{\Omega}}_{\mathrm{t}}^{(2)})^{-1}\boldsymbol{H}_1^{(2)\mathrm{T}}\boldsymbol{W}^{(2)}\boldsymbol{T}_2^{(2)}\right]^{-1}\begin{bmatrix}\boldsymbol{I}_3\\ \boldsymbol{O}_{1\times3}\end{bmatrix} \tag{5.138}$$

与估计值 $\hat{\boldsymbol{u}}_{\mathrm{p}}^{(1)}$ 类似，估计值 $\hat{\boldsymbol{u}}_{\mathrm{p}}^{(2)}$ 也具有渐近最优性，也就是其估计均方误差矩阵可以渐近逼近相应的克拉美罗界，具体可见如下命题。

【命题 5.4】 在一阶误差分析理论框架下，$\mathbf{MSE}(\hat{\boldsymbol{u}}_{\mathrm{p}}^{(2)})=\mathbf{CRB}_{\mathrm{tdoa\text{-}p}}(\boldsymbol{u})$。

命题 5.4 的证明与命题 5.2 的证明类似，限于篇幅这里不再赘述。

5.3.5 仿真实验

假设利用 6 个传感器获得的 TDOA 信息（也即距离差信息）对辐射源进行定位，传感器三维位置坐标如表 5.2 所示，距离差观测误差向量 $\boldsymbol{\varepsilon}_{\mathrm{t}}$ 服从均值为零、协方差矩阵为 $\boldsymbol{E}_{\mathrm{t}}=\sigma_{\mathrm{t}}^2(\boldsymbol{I}_{M-1}+\boldsymbol{I}_{(M-1)\times(M-1)})/2$ 的高斯分布。

表 5.2　传感器三维位置坐标　（单位：m）

传感器序号	1	2	3	4	5	6
$x_m^{(\mathrm{s})}$	−2100	1800	1400	−1700	1600	−1200
$y_m^{(\mathrm{s})}$	1600	−1400	1600	−1300	−1700	−1500
$z_m^{(\mathrm{s})}$	1500	1700	−2200	1500	−1600	−1900

首先将辐射源位置向量设为 $\boldsymbol{u}=[5200\ \ -3400\ \ -3900]^{\mathrm{T}}$ (m)，将标准差设为 $\sigma_{\mathrm{t}}=1$，图 5.11 给出了定位结果散布图与定位误差椭圆曲线；图 5.12 给出了定位结果散布图与误差概率圆环曲线。

然后将辐射源坐标设为两种情形：第 1 种是近场源，其位置向量为 $\boldsymbol{u}=[2300\ \ -2700\ \ -2500]^{\mathrm{T}}$ (m)；第 2 种是远场源，其位置向量为 $\boldsymbol{u}=[9100\ \ -8800\ \ -9600]^{\mathrm{T}}$ (m)。改变标准差 σ_{t} 的数值，图 5.13 给出了辐射源位置估计均方根误差随着标准差 σ_{t} 的变化曲线；图 5.14 给出了辐射源定位成功概率随着标准差 σ_{t} 的变化曲线（图中的理论值是根据式（3.29）和式（3.36）计算得出的，其中 $\delta=6$ m）。

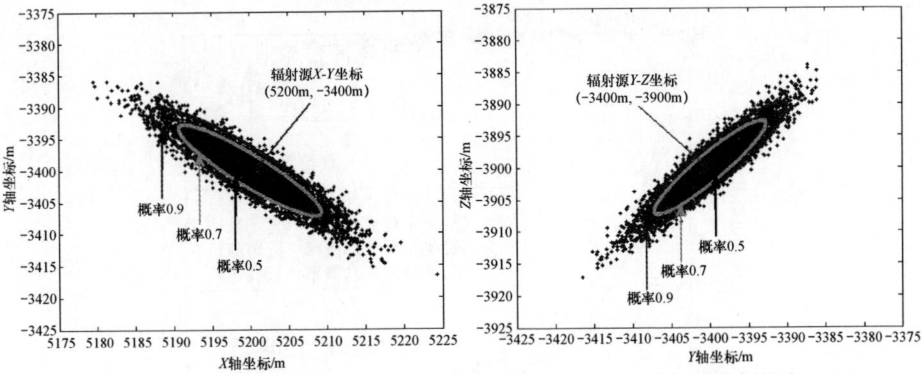

(a) X-Y坐标平面　　　(b) Y-Z坐标平面

图 5.11　定位结果散布图与定位误差椭圆曲线

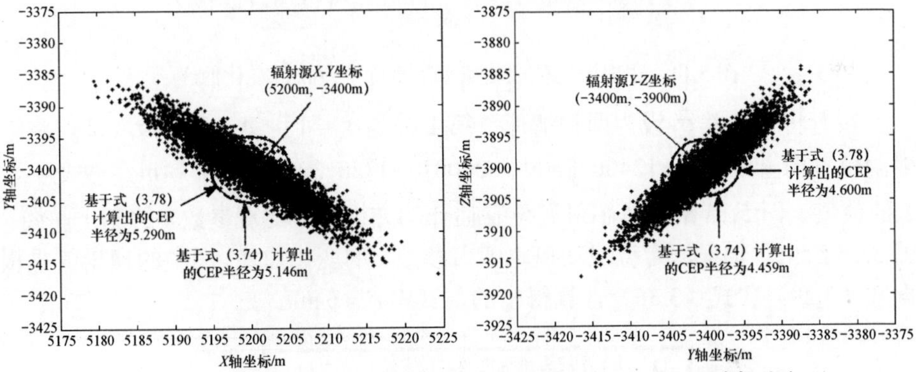

(a) X-Y坐标平面　　　(b) Y-Z坐标平面

图 5.12　定位结果散布图与误差概率圆环曲线

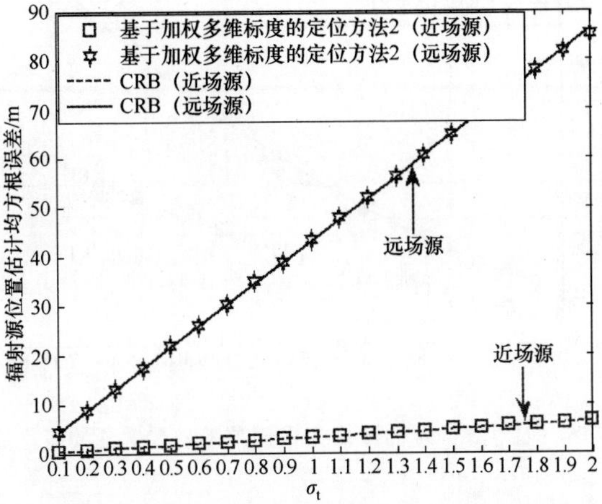

图 5.13　辐射源位置估计均方根误差随着标准差 σ_t 的变化曲线

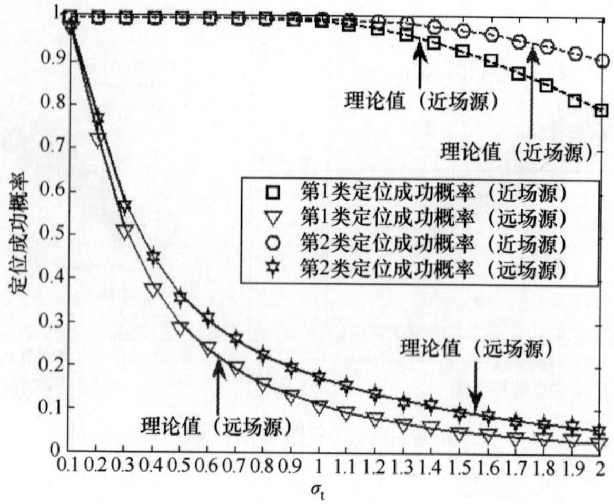

图 5.14　辐射源定位成功概率随着标准差 σ_t 的变化曲线

接着将标准差 σ_t 设为两种情形：第 1 种是 $\sigma_t=1$；第 2 种是 $\sigma_t=2$，将辐射源位置向量设为 $\boldsymbol{u}=[2400\ \ 2500\ \ -2600]^{\mathrm{T}}+[320\ \ 320\ \ -320]^{\mathrm{T}}k$ (m)。改变参数 k 的数值，图 5.15 给出了辐射源位置估计均方根误差随着参数 k 的变化曲线；图 5.16 给出了辐射源定位成功概率随着参数 k 的变化曲线（图中的理论值是根据式（3.29）和式（3.36）计算得出的，其中 $\delta=6$ m）。

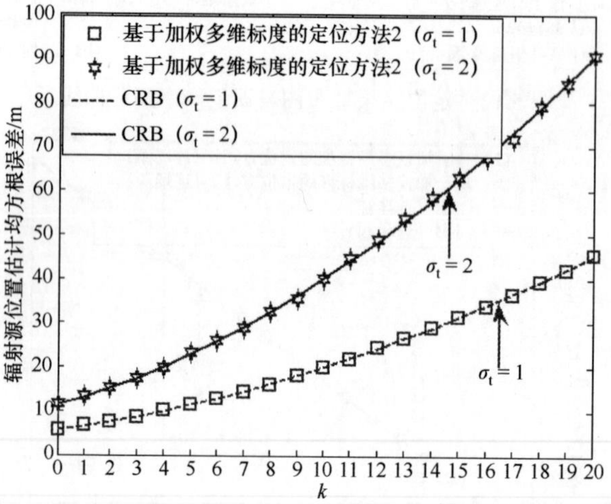

图 5.15　辐射源位置估计均方根误差随着参数 k 的变化曲线

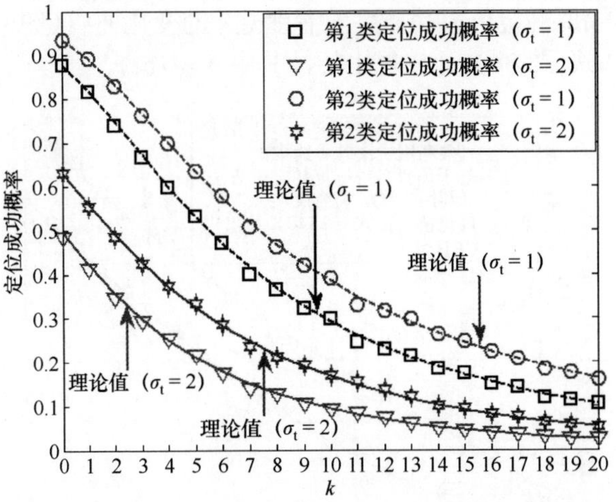

图 5.16 辐射源定位成功概率随着参数 k 的变化曲线

从图 5.13～图 5.16 中可以看出：（1）基于加权多维标度的定位方法 2 的辐射源位置估计均方根误差同样可以达到克拉美罗界（见图 5.13 和图 5.15），这验证了 5.3.4 节理论性能分析的有效性；（2）随着辐射源与传感器距离的增加，其定位精度会逐渐降低（见图 5.15 和图 5.16），其对近场源的定位精度要高于对远场源的定位精度（见图 5.13 和图 5.14）；（3）两类定位成功概率的理论值和仿真值相互吻合，并且在相同条件下第 2 类定位成功概率高于第 1 类定位成功概率（见图 5.14 和图 5.16），这验证了 3.2 节理论性能分析的有效性。

下面回到优化模型式（5.137）中，若不利用向量 $\boldsymbol{g}$ 所满足的二次等式约束式（5.49），则其最优解具有闭式表达式，如下式所示：

$$\hat{\boldsymbol{g}}_{\text{uc}}^{(2)}=-\left[\hat{\boldsymbol{T}}_2^{(2)\text{T}}\hat{\boldsymbol{W}}^{(2)\text{T}}\boldsymbol{H}_1^{(2)}(\bar{\boldsymbol{\Omega}}_{\text{t}}^{(2)})^{-1}\boldsymbol{H}_1^{(2)\text{T}}\hat{\boldsymbol{W}}^{(2)}\hat{\boldsymbol{T}}_2^{(2)}\right]^{-1}\hat{\boldsymbol{T}}_2^{(2)\text{T}}\hat{\boldsymbol{W}}^{(2)\text{T}}\boldsymbol{H}_1^{(2)}(\bar{\boldsymbol{\Omega}}_{\text{t}}^{(2)})^{-1}\boldsymbol{H}_1^{(2)\text{T}}\hat{\boldsymbol{W}}^{(2)}\hat{\boldsymbol{t}}_1^{(2)} \tag{5.139}$$

仿照 4.3.4 节中的理论性能分析可知，该估计值是渐近无偏估计值，并且其均方误差矩阵为

$$\begin{aligned}\textbf{MSE}(\hat{\boldsymbol{g}}_{\text{uc}}^{(2)})&=\text{E}[(\hat{\boldsymbol{g}}_{\text{uc}}^{(2)}-\boldsymbol{g})(\hat{\boldsymbol{g}}_{\text{uc}}^{(2)}-\boldsymbol{g})^{\text{T}}]=\text{E}[\Delta\boldsymbol{g}_{\text{uc}}^{(2)}(\Delta\boldsymbol{g}_{\text{uc}}^{(2)})^{\text{T}}]\\&=[\boldsymbol{T}_2^{(2)\text{T}}\boldsymbol{W}^{(2)\text{T}}\boldsymbol{H}_1^{(2)}(\bar{\boldsymbol{\Omega}}_{\text{t}}^{(2)})^{-1}\boldsymbol{H}_1^{(2)\text{T}}\boldsymbol{W}^{(2)}\boldsymbol{T}_2^{(2)}]^{-1}\end{aligned} \tag{5.140}$$

需要指出的是，若不利用向量 $\boldsymbol{g}$ 所满足的二次等式约束，则可能会影响最终的定位精度。下面不妨比较“未利用二次等式约束（由式（5.139）给出的结果）”和“利用二次等式约束（由图 5.10 中的方法给出的结果）”这两种处理方式的定位精度。仿真参数基本同图 5.15 和图 5.16，只是固定标准差 $\sigma_{\text{t}}=1$，改变参数 k 的数值，图 5.17 给出了辐射源位置估计均方根误差随着参数 k 的变化曲线；

图 5.18 给出了辐射源定位成功概率随着参数 k 的变化曲线（图中的理论值是根据式（3.29）和式（3.36）计算得出的，其中 $\delta = 6\ \text{m}$）。

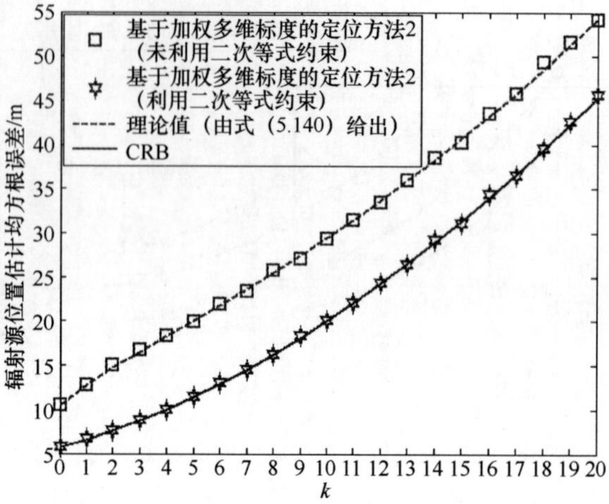

图 5.17　辐射源位置估计均方根误差随着参数 k 的变化曲线

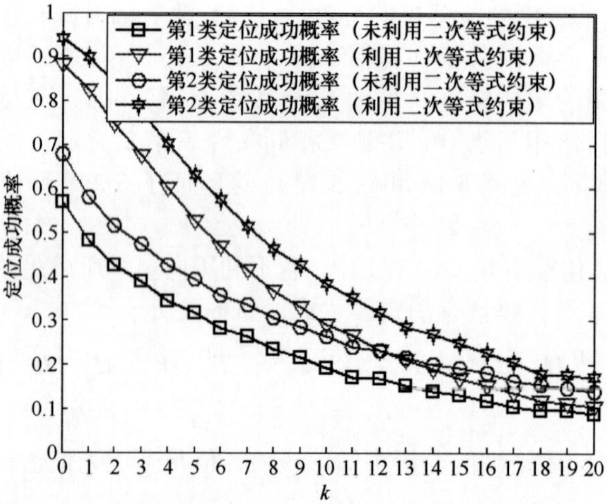

图 5.18　辐射源定位成功概率随着参数 k 的变化曲线

从图 5.17 和图 5.18 中可以看出，若未利用向量 $\boldsymbol{g}$ 所满足的二次等式约束，则最终的定位误差确实会有所增加。

第 6 章 基于 RSS 观测信息的加权多维标度定位方法

本章将描述基于 RSS 观测信息的加权多维标度定位原理和方法。通过构造两种不同的标量积矩阵，文中给出了两种加权多维标度定位方法，它们都可以给出辐射源位置参数的闭式解。由于 RSS 观测量可以转化为距离平方观测量，因此本章标量积矩阵的构造方式与第 4 章类似，只是加权矩阵的表达式有所差异。此外，本章还基于不含等式约束的一阶误差分析方法，对这两种定位方法的理论性能进行数学分析，并证明它们的定位精度均能逼近相应的克拉美罗界。

6.1 RSS 观测模型与问题描述

现有 M 个静止传感器利用 RSS 观测信息对某静止辐射源进行定位，其中第 m 个传感器的位置向量为 $\boldsymbol{s}_m=[x_m^{(\mathrm{s})}\ \ y_m^{(\mathrm{s})}]^{\mathrm{T}}$ $(1\leqslant m\leqslant M)$，它们均为已知量；辐射源的位置向量为 $\boldsymbol{u}=[x^{(\mathrm{u})}\ \ y^{(\mathrm{u})}]^{\mathrm{T}}$，它是未知量。

辐射源信号到达第 m 个传感器的 RSS 可以表示为[①]

$$P_m=P_0-10\alpha\log_{10}\left(\frac{r_m}{r_0}\right)+\varepsilon_{\mathrm{t}m}\quad(1\leqslant m\leqslant M)\tag{6.1}$$

式中，$r_m=\|\boldsymbol{u}-\boldsymbol{s}_m\|_2$，表示辐射源与第 m 个传感器之间的距离；P_0 表示辐射源信号在参考距离 r_0 处的功率；α 表示路径损耗因子，其数值随着环境而改变，取值通常在 1～5 之间；$\varepsilon_{\mathrm{t}m}$ 表示阴影衰落，它服从相互独立的零均值高斯分布，并且方差为 σ_m^2。不失一般性，可以将参考距离设为 $r_0=1\mathrm{m}$，此时式（6.1）可以简化为

① 这里的 P_m 和 P_0 的单位均为 dBm。

$$P_m = P_0 - 10\alpha \log_{10}(r_m) + \varepsilon_{\mathrm{t}m} \quad (1 \leqslant m \leqslant M) \tag{6.2}$$

这里假设参考功率 P_0 和路径损耗因子 α 均为已知量。将式（6.2）写成向量形式可得

$$\boldsymbol{P} = \boldsymbol{1}_{M\times 1} P_0 - \begin{bmatrix} \log_{10}(r_1) \\ \log_{10}(r_2) \\ \vdots \\ \log_{10}(r_M) \end{bmatrix} 10\alpha + \begin{bmatrix} \varepsilon_{\mathrm{t}1} \\ \varepsilon_{\mathrm{t}2} \\ \vdots \\ \varepsilon_{\mathrm{t}M} \end{bmatrix} = \boldsymbol{f}_{\mathrm{rss}}(\boldsymbol{u}) + \boldsymbol{\varepsilon}_{\mathrm{t}} \tag{6.3}$$

式中[①]

$$\begin{cases} \boldsymbol{f}_{\mathrm{rss}}(\boldsymbol{u}) = \boldsymbol{1}_{M\times 1} P_0 - [\log_{10}(r_1) \ \ \log_{10}(r_2) \ \ \cdots \ \ \log_{10}(r_M)]^{\mathrm{T}} 10\alpha \\ \boldsymbol{P} = [P_1 \ \ P_2 \ \ \cdots \ \ P_M]^{\mathrm{T}} \ , \ \boldsymbol{\varepsilon}_{\mathrm{t}} = [\varepsilon_{\mathrm{t}1} \ \ \varepsilon_{\mathrm{t}2} \ \ \cdots \ \ \varepsilon_{\mathrm{t}M}]^{\mathrm{T}} \end{cases} \tag{6.4}$$

假设阴影衰落 $\boldsymbol{\varepsilon}_{\mathrm{t}}$ 服从零均值的高斯分布，并且其协方差矩阵为 $\boldsymbol{E}_{\mathrm{t}} = \mathrm{E}[\boldsymbol{\varepsilon}_{\mathrm{t}}\boldsymbol{\varepsilon}_{\mathrm{t}}^{\mathrm{T}}] = \mathrm{diag}[\sigma_{\mathrm{t}1}^2 \ \ \sigma_{\mathrm{t}2}^2 \ \ \cdots \ \ \sigma_{\mathrm{t}M}^2]$。

下面的问题在于：如何利用 RSS 观测向量 $\boldsymbol{P}$，尽可能准确地估计辐射源位置向量 $\boldsymbol{u}$。本章首先利用观测向量 $\boldsymbol{P}$ 获得关于距离平方的无偏估计值，然后基于多维标度原理给出两种定位方法，6.3 节描述第 1 种定位方法，6.4 节给出第 2 种定位方法，它们的主要区别在于标量积矩阵的构造方式不同。

6.2 距离平方的无偏估计值

由于标量积矩阵的构造需要距离平方值，因此本节将利用式（6.2）获得距离平方的无偏估计值。利用对数换底公式可知 $\log_{10}(r_m) = \dfrac{\ln(r_m)}{\ln(10)}$，将该式代入式（6.2）中，并且经过简单的代数推演可得

$$\begin{aligned} & P_m = P_0 - 10\alpha \frac{\ln(r_m)}{\ln(10)} + \varepsilon_{\mathrm{t}m} \Rightarrow \ln(10) P_m = \ln(10) P_0 - 10\alpha \ln(r_m) + \ln(10)\varepsilon_{\mathrm{t}m} \\ & \Rightarrow \overline{P}_{m0} = 0.1\ln(10)(P_m - P_0) = -\alpha \ln(r_m) + 0.1\ln(10)\varepsilon_{\mathrm{t}m} \quad (1 \leqslant m \leqslant M) \end{aligned} \tag{6.5}$$

由式（6.5）可以首先得到如下结论。

【命题 6.1】 距离平方 r_m^2 的无偏估计值为

$$\hat{r}_m^2 = \exp\left\{ -\frac{2\overline{P}_{m0}}{\alpha} - \frac{2\lambda_m^2}{\alpha^2} \right\} \quad (1 \leqslant m \leqslant M) \tag{6.6}$$

① 这里使用下角标“rss”来表征所采用的定位观测量。

式中，$\lambda_m^2=(0.1\ln(10))^2\sigma_m^2$。

【证明】 将式（6.5）中的最后一个等式代入式（6.6）中可得

$$\hat{r}_m^2=\exp\left\{\frac{2\alpha\ln(r_m)}{\alpha}-\frac{0.2\ln(10)\varepsilon_{\mathrm{t}m}}{\alpha}-\frac{2\lambda_m^2}{\alpha^2}\right\}=r_m^2\exp\left\{-\frac{2\lambda_m^2}{\alpha^2}\right\}\exp\left\{-\frac{0.2\ln(10)\varepsilon_{\mathrm{t}m}}{\alpha}\right\} \tag{6.7}$$

对式（6.7）右侧第 3 项求数学期望可得

$$\begin{aligned}
&\mathrm{E}\left[\exp\left\{-\frac{0.2\ln(10)\varepsilon_{\mathrm{t}m}}{\alpha}\right\}\right]\\
&=\int_{-\infty}^{+\infty}\frac{1}{\sqrt{2\pi}\sigma_m}\exp\left\{-\frac{0.2\ln(10)\varepsilon_{\mathrm{t}m}}{\alpha}\right\}\exp\left\{-\frac{\varepsilon_{\mathrm{t}m}^2}{2\sigma_m^2}\right\}\mathrm{d}\varepsilon_{\mathrm{t}m}\\
&=\int_{-\infty}^{+\infty}\frac{1}{\sqrt{2\pi}\sigma_m}\exp\left\{-\frac{1}{2\sigma_m^2}\left(\varepsilon_{\mathrm{t}m}^2+\frac{0.4\ln(10)\sigma_m^2\varepsilon_{\mathrm{t}m}}{\alpha}\right)\right\}\mathrm{d}\varepsilon_{\mathrm{t}m}\\
&=\int_{-\infty}^{+\infty}\frac{1}{\sqrt{2\pi}\sigma_m}\exp\left\{-\frac{1}{2\sigma_m^2}\left(\varepsilon_{\mathrm{t}m}+\frac{0.2\ln(10)\sigma_m^2}{\alpha}\right)^2+\frac{2(0.1\ln(10))^2\sigma_m^2}{\alpha^2}\right\}\mathrm{d}\varepsilon_{\mathrm{t}m}\\
&=\exp\left\{\frac{2(0.1\ln(10))^2\sigma_m^2}{\alpha^2}\right\}\int_{-\infty}^{+\infty}\frac{1}{\sqrt{2\pi}\sigma_m}\exp\left\{-\frac{1}{2\sigma_m^2}\left(\varepsilon_{\mathrm{t}m}+\frac{0.2\ln(10)\sigma_m^2}{\alpha}\right)^2\right\}\mathrm{d}\varepsilon_{\mathrm{t}m}\\
&=\exp\left\{\frac{2\lambda_m^2}{\alpha^2}\right\}
\end{aligned} \tag{6.8}$$

结合式（6.7）和式（6.8）可得

$$\begin{aligned}
\mathrm{E}[\hat{r}_m^2]&=r_m^2\exp\left\{-\frac{2\lambda_m^2}{\alpha^2}\right\}\cdot\mathrm{E}\left[\exp\left\{-\frac{0.2\ln(10)\varepsilon_{\mathrm{t}m}}{\alpha}\right\}\right]=r_m^2\exp\left\{-\frac{2\lambda_m^2}{\alpha^2}\right\}\exp\left\{\frac{2\lambda_m^2}{\alpha^2}\right\}\\
&=r_m^2\quad(1\leqslant m\leqslant M)
\end{aligned} \tag{6.9}$$

由式（6.9）可知，$\hat{r}_m^2$ 是关于距离平方 r_m^2 的无偏估计值。证毕。

【命题 6.2】 将距离平方 r_m^2 的无偏估计值 $\hat{r}_m^2$ 中的估计误差记为 $\Delta\tau_m=\hat{r}_m^2-r_m^2$，其均值为零，方差为

$$\mathrm{var}(\Delta\tau_m)=\mathrm{E}[(\Delta\tau_m)^2]=r_m^4\left(\exp\left\{\frac{4\lambda_m^2}{\alpha^2}\right\}-1\right) \tag{6.10}$$

【证明】 由于 $\hat{r}_m^2$ 是关于 r_m^2 的无偏估计，因此估计误差 $\Delta\tau_m=\hat{r}_m^2-r_m^2$ 的均值

为零。$\Delta\tau_m$ 的方差为

$$\mathrm{var}(\Delta\tau_m)=\mathrm{E}[(\Delta\tau_m)^2]=\mathrm{E}[\hat{r}_m^4-2r_m^2\hat{r}_m^2+r_m^4]=\mathrm{E}[\hat{r}_m^4]-2r_m^2\cdot\mathrm{E}[\hat{r}_m^2]+r_m^4=\mathrm{E}[\hat{r}_m^4]-r_m^4 \tag{6.11}$$

根据式（6.7）可得

$$\begin{aligned}\hat{r}_m^4&=\exp\left\{\frac{4\alpha\ln(r_m)}{\alpha}-\frac{0.4\ln(10)\varepsilon_{\mathrm{t}m}}{\alpha}-\frac{4\lambda_m^2}{\alpha^2}\right\}\\&=r_m^4\exp\left\{-\frac{4\lambda_m^2}{\alpha^2}\right\}\exp\left\{-\frac{0.4\ln(10)\varepsilon_{\mathrm{t}m}}{\alpha}\right\}\quad(1\leqslant m\leqslant M)\end{aligned} \tag{6.12}$$

对式（6.12）右侧第 3 项求数学期望可得

$$\begin{aligned}&\mathrm{E}\left[\exp\left\{-\frac{0.4\ln(10)\varepsilon_{\mathrm{t}m}}{\alpha}\right\}\right]\\&=\int_{-\infty}^{+\infty}\frac{1}{\sqrt{2\pi}\sigma_m}\exp\left\{-\frac{0.4\ln(10)\varepsilon_{\mathrm{t}m}}{\alpha}\right\}\exp\left\{-\frac{\varepsilon_{\mathrm{t}m}^2}{2\sigma_m^2}\right\}\mathrm{d}\varepsilon_{\mathrm{t}m}\\&=\int_{-\infty}^{+\infty}\frac{1}{\sqrt{2\pi}\sigma_m}\exp\left\{-\frac{1}{2\sigma_m^2}\left(\varepsilon_{\mathrm{t}m}^2+\frac{0.8\ln(10)\sigma_m^2\varepsilon_{\mathrm{t}m}}{\alpha}\right)\right\}\mathrm{d}\varepsilon_{\mathrm{t}m}\\&=\int_{-\infty}^{+\infty}\frac{1}{\sqrt{2\pi}\sigma_m}\exp\left\{-\frac{1}{2\sigma_m^2}\left(\varepsilon_{\mathrm{t}m}+\frac{0.4\ln(10)\sigma_m^2}{\alpha}\right)^2+\frac{8(0.1\ln(10))^2\sigma_m^2}{\alpha^2}\right\}\mathrm{d}\varepsilon_{\mathrm{t}m}\\&=\exp\left\{\frac{8(0.1\ln(10))^2\sigma_m^2}{\alpha^2}\right\}\int_{-\infty}^{+\infty}\frac{1}{\sqrt{2\pi}\sigma_m}\exp\left\{-\frac{1}{2\sigma_m^2}\left(\varepsilon_{\mathrm{t}m}+\frac{0.4\ln(10)\sigma_m^2}{\alpha}\right)^2\right\}\mathrm{d}\varepsilon_{\mathrm{t}m}\\&=\exp\left\{\frac{8\lambda_m^2}{\alpha^2}\right\}\end{aligned} \tag{6.13}$$

结合式（6.12）和式（6.13）可得

$$\begin{aligned}\mathrm{E}[\hat{r}_m^4]&=r_m^4\exp\left\{-\frac{4\lambda_m^2}{\alpha^2}\right\}\cdot\mathrm{E}\left[\exp\left\{-\frac{0.4\ln(10)\varepsilon_{\mathrm{t}m}}{\alpha}\right\}\right]\\&=r_m^4\exp\left\{-\frac{4\lambda_m^2}{\alpha^2}\right\}\exp\left\{\frac{8\lambda_m^2}{\alpha^2}\right\}=r_m^4\exp\left\{\frac{4\lambda_m^2}{\alpha^2}\right\}\end{aligned} \tag{6.14}$$

最后将式（6.14）代入式（6.11）中可知式（6.10）成立。证毕。

【注记 6.1】由于 $\{\varepsilon_{\mathrm{t}m}\}_{1\leqslant m\leqslant M}$ 相互间统计独立，因此估计误差 $\{\Delta\tau_m\}_{1\leqslant m\leqslant M}$ 也相互间统计独立。若令 $\Delta\boldsymbol{\tau}=[\Delta\tau_1\ \ \Delta\tau_2\ \ \cdots\ \ \Delta\tau_M]^{\mathrm{T}}$，则误差向量 $\Delta\boldsymbol{\tau}$ 的均值为零，

协方差矩阵为

$$\begin{aligned}\mathbf{cov}(\Delta\boldsymbol{\tau}) &= \mathrm{E}[\Delta\boldsymbol{\tau}(\Delta\boldsymbol{\tau})^{\mathrm{T}}] \\ &= \mathrm{diag}\left[r_1^4\left(\exp\left(\frac{4\lambda_1^2}{\alpha^2}\right)-1\right) \quad r_2^4\left(\exp\left(\frac{4\lambda_2^2}{\alpha^2}\right)-1\right) \quad \cdots \quad r_M^4\left(\exp\left(\frac{4\lambda_M^2}{\alpha^2}\right)-1\right)\right]\end{aligned} \tag{6.15}$$

6.3 基于加权多维标度的定位方法 1

6.3.1 标量积矩阵的构造

这里的标量积矩阵与 4.2.1 节中的标量积矩阵相同，其表达式为

$$\begin{aligned}\boldsymbol{W}^{(1)} &= \boldsymbol{S}_{\boldsymbol{u}}^{(1)}\boldsymbol{S}_{\boldsymbol{u}}^{(1)\mathrm{T}} \\ &= \begin{bmatrix} \|\boldsymbol{s}_1-\boldsymbol{u}\|_2^2 & (\boldsymbol{s}_1-\boldsymbol{u})^{\mathrm{T}}(\boldsymbol{s}_2-\boldsymbol{u}) & \cdots & (\boldsymbol{s}_1-\boldsymbol{u})^{\mathrm{T}}(\boldsymbol{s}_M-\boldsymbol{u}) \\ (\boldsymbol{s}_1-\boldsymbol{u})^{\mathrm{T}}(\boldsymbol{s}_2-\boldsymbol{u}) & \|\boldsymbol{s}_2-\boldsymbol{u}\|_2^2 & \cdots & (\boldsymbol{s}_2-\boldsymbol{u})^{\mathrm{T}}(\boldsymbol{s}_M-\boldsymbol{u}) \\ \vdots & \vdots & \ddots & \vdots \\ (\boldsymbol{s}_1-\boldsymbol{u})^{\mathrm{T}}(\boldsymbol{s}_M-\boldsymbol{u}) & (\boldsymbol{s}_2-\boldsymbol{u})^{\mathrm{T}}(\boldsymbol{s}_M-\boldsymbol{u}) & \cdots & \|\boldsymbol{s}_M-\boldsymbol{u}\|_2^2 \end{bmatrix} \in \mathbf{R}^{M\times M}\end{aligned} \tag{6.16}$$

式中，$\boldsymbol{S}_{\boldsymbol{u}}^{(1)}$ 为坐标矩阵，它由传感器和辐射源的位置向量构成，如下式所示：

$$\boldsymbol{S}_{\boldsymbol{u}}^{(1)} = \begin{bmatrix} (\boldsymbol{s}_1-\boldsymbol{u})^{\mathrm{T}} \\ (\boldsymbol{s}_2-\boldsymbol{u})^{\mathrm{T}} \\ \vdots \\ (\boldsymbol{s}_M-\boldsymbol{u})^{\mathrm{T}} \end{bmatrix} = \boldsymbol{S}^{(1)} - \boldsymbol{I}_{M\times 1}\boldsymbol{u}^{\mathrm{T}} \in \mathbf{R}^{M\times 2} \tag{6.17}$$

式中，$\boldsymbol{S}^{(1)} = [\boldsymbol{s}_1 \;\; \boldsymbol{s}_2 \;\; \cdots \;\; \boldsymbol{s}_M]^{\mathrm{T}}$ ①。

根据 4.2.1 节中的讨论可知，矩阵 $\boldsymbol{W}^{(1)}$ 可以表示为

$$\boldsymbol{W}^{(1)} = \frac{1}{2}\begin{bmatrix} r_1^2+r_1^2-d_{11}^2 & r_1^2+r_2^2-d_{12}^2 & \cdots & r_1^2+r_M^2-d_{1M}^2 \\ r_1^2+r_2^2-d_{12}^2 & r_2^2+r_2^2-d_{22}^2 & \cdots & r_2^2+r_M^2-d_{2M}^2 \\ \vdots & \vdots & \ddots & \vdots \\ r_1^2+r_M^2-d_{1M}^2 & r_2^2+r_M^2-d_{2M}^2 & \cdots & r_M^2+r_M^2-d_{MM}^2 \end{bmatrix} \tag{6.18}$$

式中，$d_{m_1m_2} = \|\boldsymbol{s}_{m_1} - \boldsymbol{s}_{m_2}\|_2$ 。

① 本节中的数学符号大多使用上角标“(1)”，这是为了突出其对应于第 1 种定位方法。

6.3.2 一个重要的关系式

利用式（4.20）可以直接得到如下关系式：

$$\boldsymbol{O}_{M\times 1}=\boldsymbol{W}^{(1)}[\boldsymbol{I}_{M\times 1}\quad \boldsymbol{S}^{(1)}]\begin{bmatrix} M & \boldsymbol{I}_{M\times 1}^{\mathrm{T}}\boldsymbol{S}^{(1)} \\ \boldsymbol{S}^{(1)\mathrm{T}}\boldsymbol{I}_{M\times 1} & \boldsymbol{S}^{(1)\mathrm{T}}\boldsymbol{S}^{(1)} \end{bmatrix}^{-1}\begin{bmatrix} 1 \\ \boldsymbol{u} \end{bmatrix}=\boldsymbol{W}^{(1)}\boldsymbol{T}^{(1)}\begin{bmatrix} 1 \\ \boldsymbol{u} \end{bmatrix}=\boldsymbol{W}^{(1)}\boldsymbol{\beta}^{(1)}(\boldsymbol{u}) \tag{6.19}$$

式中

$$\boldsymbol{T}^{(1)}=[\boldsymbol{I}_{M\times 1}\quad \boldsymbol{S}^{(1)}]\begin{bmatrix} M & \boldsymbol{I}_{M\times 1}^{\mathrm{T}}\boldsymbol{S}^{(1)} \\ \boldsymbol{S}^{(1)\mathrm{T}}\boldsymbol{I}_{M\times 1} & \boldsymbol{S}^{(1)\mathrm{T}}\boldsymbol{S}^{(1)} \end{bmatrix}^{-1}\in\mathbf{R}^{M\times 3}\ ,\ \boldsymbol{\beta}^{(1)}(\boldsymbol{u})=\boldsymbol{T}^{(1)}\begin{bmatrix} 1 \\ \boldsymbol{u} \end{bmatrix}\in\mathbf{R}^{M\times 1} \tag{6.20}$$

式（6.19）建立了关于辐射源位置向量 $\boldsymbol{u}$ 的伪线性等式，其中一共包含 M 个等式，而 RSS 观测量也为 M 个，因此观测信息并无损失。下面可以基于式（6.19）构建针对辐射源定位的估计准则。

6.3.3 定位原理与方法

1. 一阶误差扰动分析

在实际定位过程中，标量积矩阵 $\boldsymbol{W}^{(1)}$ 的真实值是未知的，因为其中的真实距离平方 $\{r_m^2\}_{1\leqslant m\leqslant M}$ 应由其无偏估计值 $\{\hat{r}_m^2\}_{1\leqslant m\leqslant M}$ 来代替，这必然会引入误差。不妨将含有误差的标量积矩阵 $\boldsymbol{W}^{(1)}$ 记为 $\hat{\boldsymbol{W}}^{(1)}$，于是根据式（6.16）可以将该矩阵表示为

$$\hat{\boldsymbol{W}}^{(1)}=\frac{1}{2}\begin{bmatrix} \hat{r}_1^2+\hat{r}_1^2-d_{11}^2 & \hat{r}_1^2+\hat{r}_2^2-d_{12}^2 & \cdots & \hat{r}_1^2+\hat{r}_M^2-d_{1M}^2 \\ \hat{r}_1^2+\hat{r}_2^2-d_{12}^2 & \hat{r}_2^2+\hat{r}_2^2-d_{22}^2 & \cdots & \hat{r}_2^2+\hat{r}_M^2-d_{2M}^2 \\ \vdots & \vdots & \ddots & \vdots \\ \hat{r}_1^2+\hat{r}_M^2-d_{1M}^2 & \hat{r}_2^2+\hat{r}_M^2-d_{2M}^2 & \cdots & \hat{r}_M^2+\hat{r}_M^2-d_{MM}^2 \end{bmatrix} \tag{6.21}$$

由于 $\boldsymbol{W}^{(1)}\boldsymbol{\beta}^{(1)}(\boldsymbol{u})=\boldsymbol{O}_{M\times 1}$，于是可以定义如下误差向量：

$$\boldsymbol{\delta}_{\mathrm{t}}^{(1)}=\hat{\boldsymbol{W}}^{(1)}\boldsymbol{\beta}^{(1)}(\boldsymbol{u})=(\boldsymbol{W}^{(1)}+\Delta\boldsymbol{W}_{\mathrm{t}}^{(1)})\boldsymbol{\beta}^{(1)}(\boldsymbol{u})=\Delta\boldsymbol{W}_{\mathrm{t}}^{(1)}\boldsymbol{\beta}^{(1)}(\boldsymbol{u}) \tag{6.22}$$

式中，$\Delta\boldsymbol{W}_{\mathrm{t}}^{(1)}$ 表示 $\hat{\boldsymbol{W}}^{(1)}$ 中的误差矩阵，即有 $\Delta\boldsymbol{W}_{\mathrm{t}}^{(1)}=\hat{\boldsymbol{W}}^{(1)}-\boldsymbol{W}^{(1)}$，它可以表示为

$$\Delta\boldsymbol{W}_{\mathrm{t}}^{(1)}=\frac{1}{2}\begin{bmatrix} \Delta\tau_1+\Delta\tau_1 & \Delta\tau_1+\Delta\tau_2 & \cdots & \Delta\tau_1+\Delta\tau_M \\ \Delta\tau_1+\Delta\tau_2 & \Delta\tau_2+\Delta\tau_2 & \cdots & \Delta\tau_2+\Delta\tau_M \\ \vdots & \vdots & \ddots & \vdots \\ \Delta\tau_1+\Delta\tau_M & \Delta\tau_2+\Delta\tau_M & \cdots & \Delta\tau_M+\Delta\tau_M \end{bmatrix} \tag{6.23}$$

将式（6.23）代入式（6.22）中可以将误差向量 $\boldsymbol{\delta}_{\mathrm{t}}^{(1)}$ 表示为关于误差 $\Delta\boldsymbol{\tau}$ 的线性函数，如下式所示：

$$\boldsymbol{\delta}_{\mathrm{t}}^{(1)} = \Delta\boldsymbol{W}_{\mathrm{t}}^{(1)}\boldsymbol{\beta}^{(1)}(\boldsymbol{u}) = \boldsymbol{B}_{\mathrm{t}}^{(1)}(\boldsymbol{u})\Delta\boldsymbol{\tau} \tag{6.24}$$

式中

$$\boldsymbol{B}_{\mathrm{t}}^{(1)}(\boldsymbol{u}) = \frac{1}{2}[((\boldsymbol{\beta}^{(1)}(\boldsymbol{u}))^{\mathrm{T}}\boldsymbol{1}_{M\times 1})\boldsymbol{I}_M + \boldsymbol{1}_{M\times 1}(\boldsymbol{\beta}^{(1)}(\boldsymbol{u}))^{\mathrm{T}}] \in \mathbf{R}^{M\times M} \tag{6.25}$$

式（6.24）的推导见附录 C.1。由式（6.24）可知，误差向量 $\boldsymbol{\delta}_{\mathrm{t}}^{(1)}$ 的均值为零，协方差矩阵为

$$\begin{aligned}\boldsymbol{\Omega}_{\mathrm{t}}^{(1)} &= \mathbf{cov}(\boldsymbol{\delta}_{\mathrm{t}}^{(1)}) = \mathrm{E}[\boldsymbol{\delta}_{\mathrm{t}}^{(1)}\boldsymbol{\delta}_{\mathrm{t}}^{(1)\mathrm{T}}] = \boldsymbol{B}_{\mathrm{t}}^{(1)}(\boldsymbol{u})\cdot\mathrm{E}[\Delta\boldsymbol{\tau}(\Delta\boldsymbol{\tau})^{\mathrm{T}}]\cdot(\boldsymbol{B}_{\mathrm{t}}^{(1)}(\boldsymbol{u}))^{\mathrm{T}} \\ &= \boldsymbol{B}_{\mathrm{t}}^{(1)}(\boldsymbol{u})\mathrm{diag}\left[r_1^4\left(\exp\left(\frac{4\lambda_1^2}{\alpha^2}\right)-1\right)\ r_2^4\left(\exp\left(\frac{4\lambda_2^2}{\alpha^2}\right)-1\right)\ \cdots\ r_M^4\left(\exp\left(\frac{4\lambda_M^2}{\alpha^2}\right)-1\right)\right] \\ &\quad\times(\boldsymbol{B}_{\mathrm{t}}^{(1)}(\boldsymbol{u}))^{\mathrm{T}} \in \mathbf{R}^{M\times M}\end{aligned} \tag{6.26}$$

2．定位优化模型及其求解方法

基于式（6.22）和式（6.26）可以构建估计辐射源位置向量 $\boldsymbol{u}$ 的优化准则，如下式所示：

$$\min_{\boldsymbol{u}}\{(\boldsymbol{\beta}^{(1)}(\boldsymbol{u}))^{\mathrm{T}}\hat{\boldsymbol{W}}^{(1)\mathrm{T}}(\boldsymbol{\Omega}_{\mathrm{t}}^{(1)})^{-1}\hat{\boldsymbol{W}}^{(1)}\boldsymbol{\beta}^{(1)}(\boldsymbol{u})\} = \min_{\boldsymbol{u}}\left\{\begin{bmatrix}1\\ \boldsymbol{u}\end{bmatrix}^{\mathrm{T}}\boldsymbol{T}^{(1)\mathrm{T}}\hat{\boldsymbol{W}}^{(1)\mathrm{T}}(\boldsymbol{\Omega}_{\mathrm{t}}^{(1)})^{-1}\hat{\boldsymbol{W}}^{(1)}\boldsymbol{T}^{(1)}\begin{bmatrix}1\\ \boldsymbol{u}\end{bmatrix}\right\} \tag{6.27}$$

式中，$(\boldsymbol{\Omega}_{\mathrm{t}}^{(1)})^{-1}$ 可以看作加权矩阵，其作用在于抑制误差 $\Delta\boldsymbol{\tau}$ 的影响。不妨将矩阵 $\boldsymbol{T}^{(1)}$ 分块为

$$\boldsymbol{T}^{(1)} = \begin{bmatrix}\underbrace{\boldsymbol{t}_1^{(1)}}_{M\times 1} & \underbrace{\boldsymbol{T}_2^{(1)}}_{M\times 2}\end{bmatrix} \tag{6.28}$$

于是可以将式（6.27）重新表示为

$$\min_{\boldsymbol{u}}\{(\hat{\boldsymbol{W}}^{(1)}\boldsymbol{T}_2^{(1)}\boldsymbol{u}+\hat{\boldsymbol{W}}^{(1)}\boldsymbol{t}_1^{(1)})^{\mathrm{T}}(\boldsymbol{\Omega}_{\mathrm{t}}^{(1)})^{-1}(\hat{\boldsymbol{W}}^{(1)}\boldsymbol{T}_2^{(1)}\boldsymbol{u}+\hat{\boldsymbol{W}}^{(1)}\boldsymbol{t}_1^{(1)})\} \tag{6.29}$$

根据命题 2.13 可知，式（6.29）的最优解为

$$\hat{\boldsymbol{u}}_{\mathrm{p}}^{(1)} = -\left[\boldsymbol{T}_2^{(1)\mathrm{T}}\hat{\boldsymbol{W}}^{(1)\mathrm{T}}(\boldsymbol{\Omega}_{\mathrm{t}}^{(1)})^{-1}\hat{\boldsymbol{W}}^{(1)}\boldsymbol{T}_2^{(1)}\right]^{-1}\boldsymbol{T}_2^{(1)\mathrm{T}}\hat{\boldsymbol{W}}^{(1)\mathrm{T}}(\boldsymbol{\Omega}_{\mathrm{t}}^{(1)})^{-1}\hat{\boldsymbol{W}}^{(1)}\boldsymbol{t}_1^{(1)} \tag{6.30}$$

【注记 6.2】由式（6.26）可知，加权矩阵 $(\boldsymbol{\Omega}_{\mathrm{t}}^{(1)})^{-1}$ 与辐射源位置向量 $\boldsymbol{u}$ 有关。因此，严格来说，式（6.27）中的目标函数并不是关于向量 $\boldsymbol{u}$ 的二次函数，针对该问题，可以采用注记 4.1 中描述的方法进行处理。理论分析表明，在一阶

误差分析理论框架下，加权矩阵 $(\boldsymbol{\Omega}_{\mathrm{t}}^{(1)})^{-1}$ 中的扰动误差并不会实质影响估计值 $\hat{\boldsymbol{u}}_{\mathrm{p}}^{(1)}$ 的统计性能。

图 6.1 给出了本章第 1 种加权多维标度定位方法的流程图。

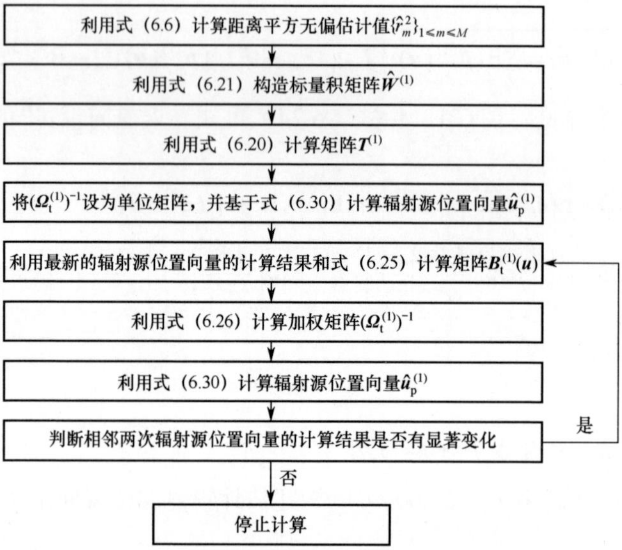

图 6.1　本章第 1 种加权多维标度定位方法的流程图

6.3.4　理论性能分析

下面将利用 4.2.4 节中的结论直接给出估计值 $\hat{\boldsymbol{u}}_{\mathrm{p}}^{(1)}$ 的均方误差矩阵，并将其与克拉美罗界进行比较，从而证明其渐近最优性。

首先将最优解 $\hat{\boldsymbol{u}}_{\mathrm{p}}^{(1)}$ 的估计误差记为 $\Delta\boldsymbol{u}_{\mathrm{p}}^{(1)}=\hat{\boldsymbol{u}}_{\mathrm{p}}^{(1)}-\boldsymbol{u}$，仿照 4.2.4 节中的理论性能分析可知，最优解 $\hat{\boldsymbol{u}}_{\mathrm{p}}^{(1)}$ 是关于向量 $\boldsymbol{u}$ 的渐近无偏估计值，并且其均方误差矩阵为

$$\begin{aligned}\mathbf{MSE}(\hat{\boldsymbol{u}}_{\mathrm{p}}^{(1)})&=\mathrm{E}[(\hat{\boldsymbol{u}}_{\mathrm{p}}^{(1)}-\boldsymbol{u})(\hat{\boldsymbol{u}}_{\mathrm{p}}^{(1)}-\boldsymbol{u})^{\mathrm{T}}]=\mathrm{E}[\Delta\boldsymbol{u}_{\mathrm{p}}^{(1)}(\Delta\boldsymbol{u}_{\mathrm{p}}^{(1)})^{\mathrm{T}}]\\&=\left[\boldsymbol{T}_2^{(1)\mathrm{T}}\boldsymbol{W}^{(1)\mathrm{T}}(\boldsymbol{\Omega}_{\mathrm{t}}^{(1)})^{-1}\boldsymbol{W}^{(1)}\boldsymbol{T}_2^{(1)}\right]^{-1}\end{aligned}\tag{6.31}$$

下面证明估计值 $\hat{\boldsymbol{u}}_{\mathrm{p}}^{(1)}$ 具有渐近最优性，也就是证明其估计均方误差矩阵可以渐近逼近相应的克拉美罗界，具体可见如下命题。

【命题 6.3】 如果满足 $4\lambda_m^2/\alpha^2<<1(1\leqslant m\leqslant M)$，则有 $\mathbf{MSE}(\hat{\boldsymbol{u}}_{\mathrm{p}}^{(1)})\approx\mathbf{CRB}_{\text{rss-p}}(\boldsymbol{u})$①。

① 这里使用下角标“rss”来表征此克拉美罗界是基于 RSS 观测信息推导出来的。

【证明】首先根据命题 3.1 可知

$$\mathbf{CRB}_{\text{rss-p}}(\boldsymbol{u})=\left[\left(\frac{\partial \boldsymbol{f}_{\text{rss}}(\boldsymbol{u})}{\partial \boldsymbol{u}^{\text{T}}}\right)^{\text{T}}\boldsymbol{E}_{\text{t}}^{-1}\frac{\partial \boldsymbol{f}_{\text{rss}}(\boldsymbol{u})}{\partial \boldsymbol{u}^{\text{T}}}\right]^{-1} \tag{6.32}$$

式中

$$\frac{\partial \boldsymbol{f}_{\text{rss}}(\boldsymbol{u})}{\partial \boldsymbol{u}^{\text{T}}}=-\frac{\alpha}{0.1\ln(10)}\left[\frac{\boldsymbol{u}-\boldsymbol{s}_1}{r_1^2}\quad \frac{\boldsymbol{u}-\boldsymbol{s}_2}{r_2^2}\quad \cdots\quad \frac{\boldsymbol{u}-\boldsymbol{s}_M}{r_M^2}\right]^{\text{T}}\in \mathbf{R}^{M\times 2} \tag{6.33}$$

将式（6.33）代入式（6.32）中可得

$$\mathbf{CRB}_{\text{rss-p}}(\boldsymbol{u})=\left[\sum_{m=1}^{M}\frac{\alpha^2(\boldsymbol{u}-\boldsymbol{s}_m)(\boldsymbol{u}-\boldsymbol{s}_m)^{\text{T}}}{\lambda_m^2 r_m^4}\right]^{-1} \tag{6.34}$$

另一方面，当 $4\lambda_m^2/\alpha^2<<1(1\leqslant m\leqslant M)$ 时，满足 $\exp\{4\lambda_m^2/\alpha^2\}\approx 1+4\lambda_m^2/\alpha^2$，将该近似等式代入式（6.26）中可得

$$\boldsymbol{\Omega}_{\text{t}}^{(1)}\approx \boldsymbol{B}_{\text{t}}^{(1)}(\boldsymbol{u})\text{diag}\left[\frac{4\lambda_1^2 r_1^4}{\alpha^2}\quad \frac{4\lambda_2^2 r_2^4}{\alpha^2}\quad \cdots\quad \frac{4\lambda_M^2 r_M^4}{\alpha^2}\right](\boldsymbol{B}_{\text{t}}^{(1)}(\boldsymbol{u}))^{\text{T}} \tag{6.35}$$

再将式（6.35）代入式（6.31）中可得

$$\begin{aligned}&\mathbf{MSE}(\hat{\boldsymbol{u}}_{\text{p}}^{(1)})\\ &\approx\left[\boldsymbol{T}_2^{(1)\text{T}}\boldsymbol{W}^{(1)\text{T}}(\boldsymbol{B}_{\text{t}}^{(1)}(\boldsymbol{u}))^{-\text{T}}\text{diag}\left[\frac{\alpha^2}{4\lambda_1^2 r_1^4}\quad \frac{\alpha^2}{4\lambda_2^2 r_2^4}\quad \cdots\quad \frac{\alpha^2}{4\lambda_M^2 r_M^4}\right](\boldsymbol{B}_{\text{t}}^{(1)}(\boldsymbol{u}))^{-1}\boldsymbol{W}^{(1)}\boldsymbol{T}_2^{(1)}\right]^{-1}\end{aligned} \tag{6.36}$$

考虑等式 $\boldsymbol{W}^{(1)}\boldsymbol{\beta}^{(1)}(\boldsymbol{u})=\boldsymbol{W}^{(1)}\boldsymbol{T}^{(1)}\begin{bmatrix}1\\ \boldsymbol{u}\end{bmatrix}=\boldsymbol{O}_{M\times 1}$，将该等式两边对向量 $\boldsymbol{u}$ 求导可得

$$\begin{aligned}\boldsymbol{W}^{(1)}\boldsymbol{T}^{(1)}\frac{\partial}{\partial \boldsymbol{u}^{\text{T}}}\left(\begin{bmatrix}1\\ \boldsymbol{u}\end{bmatrix}\right)+\frac{\partial(\boldsymbol{W}^{(1)}\boldsymbol{\beta}^{(1)}(\boldsymbol{u}))}{\partial \boldsymbol{\tau}^{\text{T}}}\frac{\partial \boldsymbol{\tau}}{\partial \boldsymbol{u}^{\text{T}}}&=\boldsymbol{W}^{(1)}\boldsymbol{T}^{(1)}\begin{bmatrix}\boldsymbol{O}_{1\times 2}\\ \boldsymbol{I}_2\end{bmatrix}+\boldsymbol{B}_{\text{t}}^{(1)}(\boldsymbol{u})\frac{\partial \boldsymbol{\tau}}{\partial \boldsymbol{u}^{\text{T}}}\\ &=\boldsymbol{W}^{(1)}\boldsymbol{T}_2^{(1)}+\boldsymbol{B}_{\text{t}}^{(1)}(\boldsymbol{u})\frac{\partial \boldsymbol{\tau}}{\partial \boldsymbol{u}^{\text{T}}}=\boldsymbol{O}_{M\times 2}\end{aligned} \tag{6.37}$$

式中

$$\frac{\partial \boldsymbol{\tau}}{\partial \boldsymbol{u}^{\text{T}}}=2[\boldsymbol{u}-\boldsymbol{s}_1\quad \boldsymbol{u}-\boldsymbol{s}_2\quad \cdots\quad \boldsymbol{u}-\boldsymbol{s}_M]^{\text{T}} \tag{6.38}$$

结合式（6.37）和式（6.38）可得

$$(\boldsymbol{B}_{\text{t}}^{(1)}(\boldsymbol{u}))^{-1}\boldsymbol{W}^{(1)}\boldsymbol{T}_2^{(1)}=-\frac{\partial \boldsymbol{\tau}}{\partial \boldsymbol{u}^{\text{T}}}=-2[\boldsymbol{u}-\boldsymbol{s}_1\quad \boldsymbol{u}-\boldsymbol{s}_2\quad \cdots\quad \boldsymbol{u}-\boldsymbol{s}_M]^{\text{T}} \tag{6.39}$$

最后将式（6.39）代入式（6.36）中可得

$$\begin{aligned}\mathbf{MSE}(\hat{\boldsymbol{u}}_{\mathrm{p}}^{(1)}) &\approx \left[\left(\frac{\partial \boldsymbol{\tau}}{\partial \boldsymbol{u}^{\mathrm{T}}}\right)^{\mathrm{T}} \mathrm{diag}\left[\frac{\alpha^2}{4\lambda_1^2 r_1^4} \quad \frac{\alpha^2}{4\lambda_2^2 r_2^4} \quad \cdots \quad \frac{\alpha^2}{4\lambda_M^2 r_M^4}\right]\frac{\partial \boldsymbol{\tau}}{\partial \boldsymbol{u}^{\mathrm{T}}}\right]^{-1} \\ &= \left[\sum_{m=1}^{M}\frac{\alpha^2(\boldsymbol{u}-\boldsymbol{s}_m)(\boldsymbol{u}-\boldsymbol{s}_m)^{\mathrm{T}}}{\lambda_m^2 r_m^4}\right]^{-1} = \mathbf{CRB}_{\text{rss-p}}(\boldsymbol{u})\end{aligned} \tag{6.40}$$

证毕。

6.3.5 仿真实验

假设利用 9 个传感器获得的 RSS 信息对辐射源进行定位，传感器二维位置坐标如表 6.1 所示，阴影衰落 $\boldsymbol{\varepsilon}_{\mathrm{t}}$ 服从均值为零、协方差矩阵为 $\boldsymbol{E}_{\mathrm{t}}=\sigma_{\mathrm{t}}^2\boldsymbol{I}_M$ 的高斯分布。

表 6.1 传感器二维位置坐标 （单位：m）

传感器序号	1	2	3	4	5	6	7	8	9
$x_m^{(s)}$	1800	320	510	−2100	−330	1700	260	−1700	−450
$y_m^{(s)}$	400	1960	630	280	1870	−190	−1500	−320	−1900

首先将辐射源位置向量设为 $\boldsymbol{u}=[5200\ \ -4500]^{\mathrm{T}}$ (m)，将标准差设为 $\sigma_{\mathrm{t}}=0.1$，将路径损耗因子 α 设为 $\alpha=3$，图 6.2 给出了定位结果散布图与定位误差椭圆曲线；图 6.3 给出了定位结果散布图与误差概率圆环曲线。

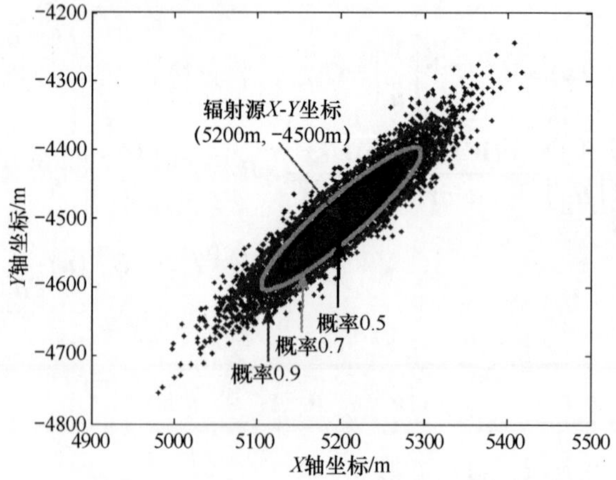

图 6.2 定位结果散布图与定位误差椭圆曲线

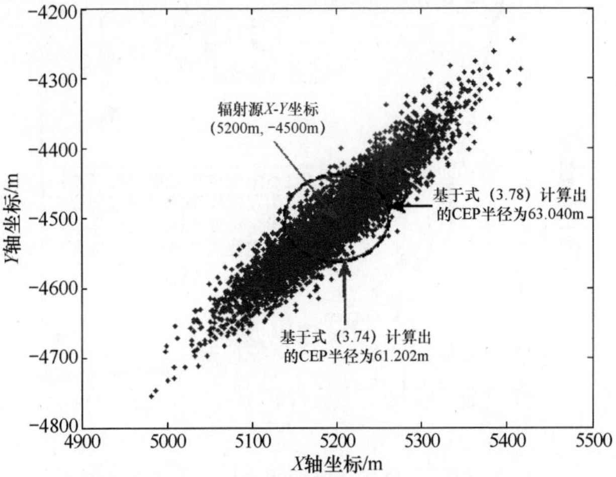

图 6.3　定位结果散布图与误差概率圆环曲线

然后将辐射源坐标设为两种情形：第 1 种是近场源，其位置向量为 $\boldsymbol{u}=[-2600\ \ 2200]^{\mathrm{T}}$ (m)；第 2 种是远场源，其位置向量为 $\boldsymbol{u}=[-7400\ \ 7200]^{\mathrm{T}}$ (m)，将路径损耗因子 α 设为 $\alpha=3$。改变标准差 σ_{t} 的数值，图 6.4 给出了辐射源位置估计均方根误差随着标准差 σ_{t} 的变化曲线；图 6.5 给出了辐射源定位成功概率随着标准差 σ_{t} 的变化曲线（图中的理论值是根据式（3.29）和式（3.36）计算得出的，其中 $\delta=30\,\mathrm{m}$）。

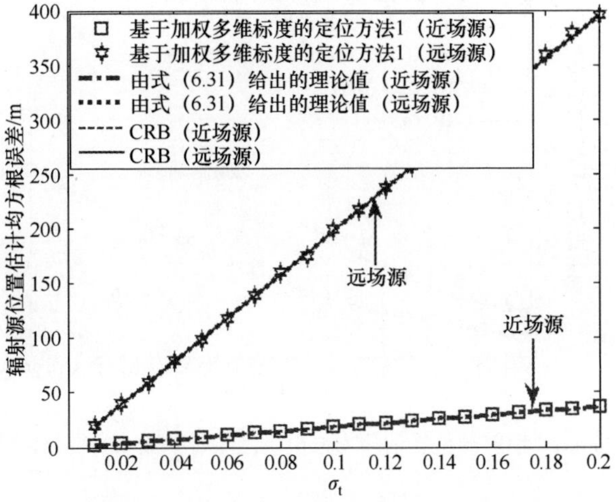

图 6.4　辐射源位置估计均方根误差随着标准差 σ_{t} 的变化曲线

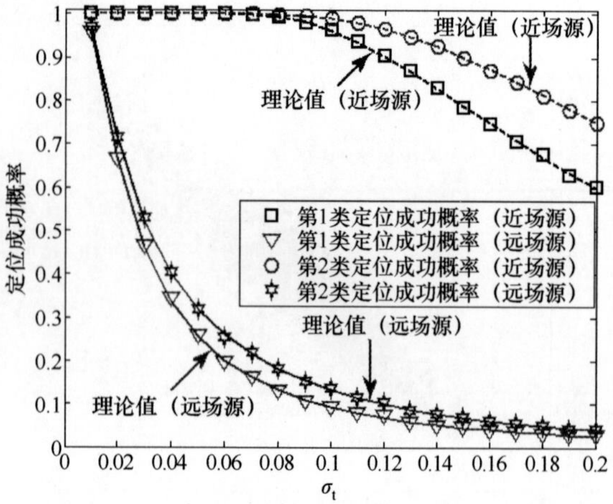

图 6.5 辐射源定位成功概率随着标准差 σ_t 的变化曲线

接着将标准差 σ_t 设为两种情形：第 1 种是 $\sigma_t = 0.05$；第 2 种是 $\sigma_t = 0.1$，将路径损耗因子 α 设为 $\alpha = 3$，将辐射源位置向量设为 $\boldsymbol{u} = [1400\ 1400]^{\mathrm{T}} + [150\ 150]^{\mathrm{T}} k\ (\mathrm{m})$[①]。改变参数 k 的数值，图 6.6 给出了辐射源位置估计均方根误差随着参数 k 的变化曲线；图 6.7 给出了辐射源定位成功概率随着参数 k 的变化曲线（图中的理论值是根据式（3.29）和式（3.36）计算得出的，其中 $\delta = 30\,\mathrm{m}$）。

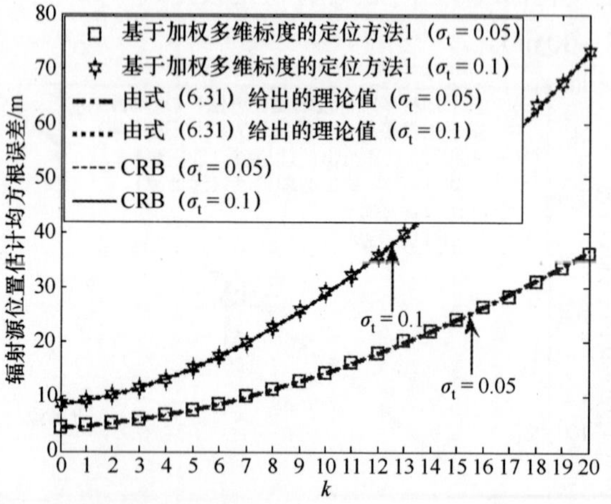

图 6.6 辐射源位置估计均方根误差随着参数 k 的变化曲线

① 参数 k 越大，辐射源与传感器之间的距离越远。

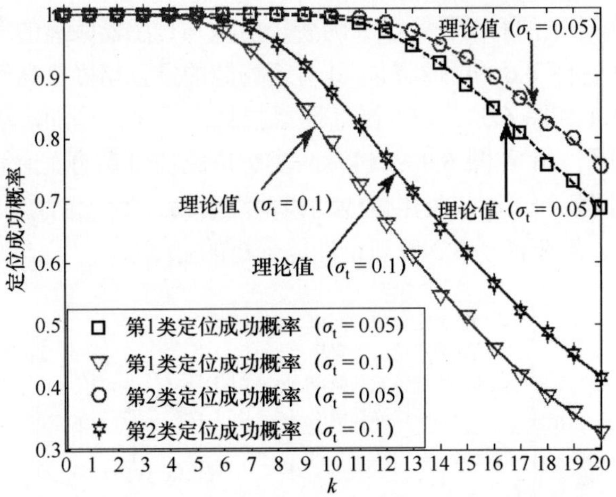

图 6.7 辐射源定位成功概率随着参数 k 的变化曲线

最后将标准差 σ_t 设为两种情形：第 1 种是 $\sigma_t=0.05$；第 2 种是 $\sigma_t=0.1$，将辐射源位置向量设为 $\boldsymbol{u}=[4500\ \ 5000]^{\mathrm{T}}$ (m)。改变路径损耗因子 α 的数值，图 6.8 给出了辐射源位置估计均方根误差随着路径损耗因子 α 的变化曲线；图 6.9 给出了辐射源定位成功概率随着路径损耗因子 α 的变化曲线（图中的理论值是根据式（3.29）和式（3.36）计算得出的，其中 $\delta=30$ m）。

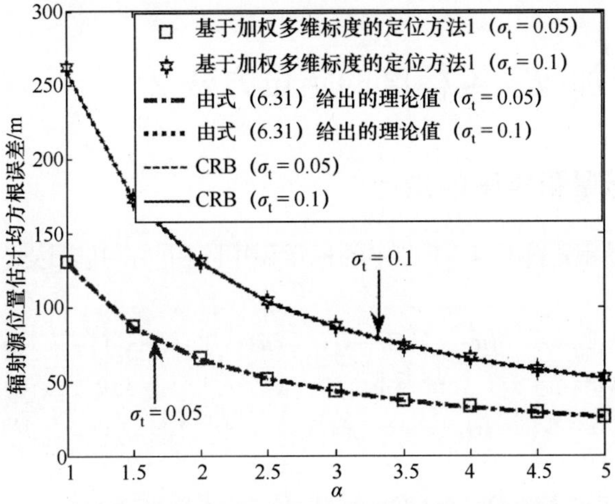

图 6.8 辐射源位置估计均方根误差随着路径损耗因子 α 的变化曲线

从图 6.4～图 6.9 中可以看出：（1）基于加权多维标度的定位方法 1 的辐射源位置估计均方根误差可以达到克拉美罗界（见图 6.4、图 6.6 及图 6.8），这验证了

6.3.4 节理论性能分析的有效性；（2）随着辐射源与传感器距离的增加，其定位精度会逐渐降低（见图 6.6 和图 6.7），其对近场源的定位精度要高于对远场源的定位精度（见图 6.4 和图 6.5）；（3）随着路径损耗因子α 的增加，辐射源定位精度会逐渐提高（见图 6.8 和图 6.9）；（4）两类定位成功概率的理论值和仿真值相互吻合，并且在相同条件下第 2 类定位成功概率高于第 1 类定位成功概率（见图 6.5、图 6.7 及图 6.9），这验证了 3.2 节理论性能分析的有效性。

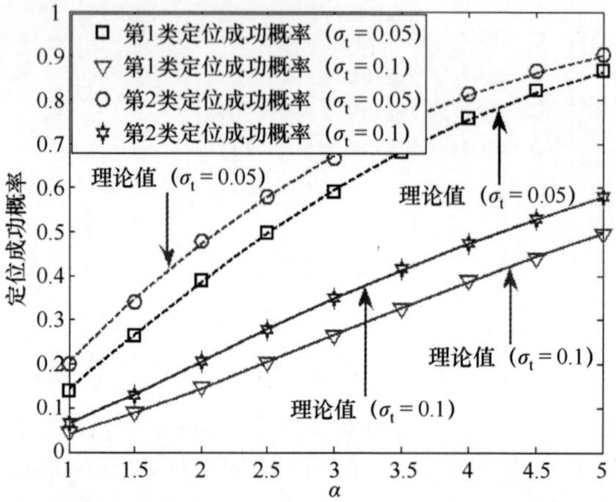

图 6.9　辐射源定位成功概率随着路径损耗因子 α 的变化曲线

6.4　基于加权多维标度的定位方法 2

6.4.1　标量积矩阵的构造

这里的标量积矩阵与 4.3.1 节中的标量积矩阵相同，其表达式为

$$\boldsymbol{W}^{(2)}=\boldsymbol{S}_{\boldsymbol{u}}^{(2)}\boldsymbol{S}_{\boldsymbol{u}}^{(2)\mathrm{T}}$$
$$=\begin{bmatrix} \|\boldsymbol{u}-\boldsymbol{s}_{\boldsymbol{u}}\|_2^2 & (\boldsymbol{u}-\boldsymbol{s}_{\boldsymbol{u}})^{\mathrm{T}}(\boldsymbol{s}_1-\boldsymbol{s}_{\boldsymbol{u}}) & (\boldsymbol{u}-\boldsymbol{s}_{\boldsymbol{u}})^{\mathrm{T}}(\boldsymbol{s}_2-\boldsymbol{s}_{\boldsymbol{u}}) & \cdots & (\boldsymbol{u}-\boldsymbol{s}_{\boldsymbol{u}})^{\mathrm{T}}(\boldsymbol{s}_M-\boldsymbol{s}_{\boldsymbol{u}}) \\ (\boldsymbol{u}-\boldsymbol{s}_{\boldsymbol{u}})^{\mathrm{T}}(\boldsymbol{s}_1-\boldsymbol{s}_{\boldsymbol{u}}) & \|\boldsymbol{s}_1-\boldsymbol{s}_{\boldsymbol{u}}\|_2^2 & (\boldsymbol{s}_1-\boldsymbol{s}_{\boldsymbol{u}})^{\mathrm{T}}(\boldsymbol{s}_2-\boldsymbol{s}_{\boldsymbol{u}}) & \cdots & (\boldsymbol{s}_1-\boldsymbol{s}_{\boldsymbol{u}})^{\mathrm{T}}(\boldsymbol{s}_M-\boldsymbol{s}_{\boldsymbol{u}}) \\ (\boldsymbol{u}-\boldsymbol{s}_{\boldsymbol{u}})^{\mathrm{T}}(\boldsymbol{s}_2-\boldsymbol{s}_{\boldsymbol{u}}) & (\boldsymbol{s}_1-\boldsymbol{s}_{\boldsymbol{u}})^{\mathrm{T}}(\boldsymbol{s}_2-\boldsymbol{s}_{\boldsymbol{u}}) & \|\boldsymbol{s}_2-\boldsymbol{s}_{\boldsymbol{u}}\|_2^2 & \cdots & (\boldsymbol{s}_2-\boldsymbol{s}_{\boldsymbol{u}})^{\mathrm{T}}(\boldsymbol{s}_M-\boldsymbol{s}_{\boldsymbol{u}}) \\ \vdots & \vdots & \vdots & \ddots & \vdots \\ (\boldsymbol{u}-\boldsymbol{s}_{\boldsymbol{u}})^{\mathrm{T}}(\boldsymbol{s}_M-\boldsymbol{s}_{\boldsymbol{u}}) & (\boldsymbol{s}_1-\boldsymbol{s}_{\boldsymbol{u}})^{\mathrm{T}}(\boldsymbol{s}_M-\boldsymbol{s}_{\boldsymbol{u}}) & (\boldsymbol{s}_2-\boldsymbol{s}_{\boldsymbol{u}})^{\mathrm{T}}(\boldsymbol{s}_M-\boldsymbol{s}_{\boldsymbol{u}}) & \cdots & \|\boldsymbol{s}_M-\boldsymbol{s}_{\boldsymbol{u}}\|_2^2 \end{bmatrix}$$
$$\in\mathbf{R}^{(M+1)\times(M+1)} \tag{6.41}$$

式中，$\boldsymbol{S}_{\boldsymbol{u}}^{(2)}$ 为坐标矩阵，它由传感器和辐射源的位置向量构成，如下式

所示[1]：

$$\boldsymbol{S}_{\boldsymbol{u}}^{(2)}=\begin{bmatrix}(\boldsymbol{u}-\boldsymbol{s}_{\boldsymbol{u}})^{\mathrm{T}}\\(\boldsymbol{s}_1-\boldsymbol{s}_{\boldsymbol{u}})^{\mathrm{T}}\\(\boldsymbol{s}_2-\boldsymbol{s}_{\boldsymbol{u}})^{\mathrm{T}}\\\vdots\\(\boldsymbol{s}_M-\boldsymbol{s}_{\boldsymbol{u}})^{\mathrm{T}}\end{bmatrix}=\boldsymbol{S}^{(2)}-\boldsymbol{n}_M\boldsymbol{u}^{\mathrm{T}}\in\mathbf{R}^{(M+1)\times 2} \tag{6.42}$$

式中

$$\boldsymbol{S}^{(2)}=\begin{bmatrix}\left(-\dfrac{1}{M+1}\sum\limits_{m=1}^{M}\boldsymbol{s}_m\right)^{\mathrm{T}}\\\left(\boldsymbol{s}_1-\dfrac{1}{M+1}\sum\limits_{m=1}^{M}\boldsymbol{s}_m\right)^{\mathrm{T}}\\\left(\boldsymbol{s}_2-\dfrac{1}{M+1}\sum\limits_{m=1}^{M}\boldsymbol{s}_m\right)^{\mathrm{T}}\\\vdots\\\left(\boldsymbol{s}_M-\dfrac{1}{M+1}\sum\limits_{m=1}^{M}\boldsymbol{s}_m\right)^{\mathrm{T}}\end{bmatrix}\in\mathbf{R}^{(M+1)\times 2}\text{ ，}\boldsymbol{n}_M=\begin{bmatrix}-\dfrac{M}{M+1}\\\dfrac{1}{M+1}\\\dfrac{1}{M+1}\\\vdots\\\dfrac{1}{M+1}\end{bmatrix}\in\mathbf{R}^{(M+1)\times 1}\text{ ，}$$

$$\boldsymbol{s}_{\boldsymbol{u}}=\frac{1}{M+1}\boldsymbol{u}+\frac{1}{M+1}\sum_{m=1}^{M}\boldsymbol{s}_m \tag{6.43}$$

根据命题 2.12 可知，矩阵 $\boldsymbol{W}^{(2)}$ 可以表示为

$$\boldsymbol{W}^{(2)}=-\frac{1}{2}\boldsymbol{L}_M\boldsymbol{D}_M\boldsymbol{L}_M \tag{6.44}$$

式中

$$\boldsymbol{D}_M=\begin{bmatrix}0 & r_1^2 & r_2^2 & \cdots & r_M^2\\ r_1^2 & d_{11}^2 & d_{12}^2 & \cdots & d_{1M}^2\\ r_2^2 & d_{12}^2 & d_{22}^2 & \cdots & d_{2M}^2\\ \vdots & \vdots & \vdots & \ddots & \vdots\\ r_M^2 & d_{1M}^2 & d_{2M}^2 & \cdots & d_{MM}^2\end{bmatrix}\in\mathbf{R}^{(M+1)\times(M+1)}$$

$$\boldsymbol{L}_M=\boldsymbol{I}_{M+1}-\frac{1}{M+1}\boldsymbol{1}_{(M+1)\times(M+1)}\in\mathbf{R}^{(M+1)\times(M+1)} \tag{6.45}$$

① 本节中的数学符号大多使用上角标“(2)”，这是为了突出其对应于第 2 种定位方法。

6.4.2 一个重要的关系式

利用式（4.52）可以直接得到如下关系式：

$$\boldsymbol{O}_{(M+1)\times 1}=\boldsymbol{W}^{(2)}[\boldsymbol{n}_M\quad \boldsymbol{S}^{(2)}]\begin{bmatrix}\boldsymbol{n}_M^{\mathrm{T}}\boldsymbol{n}_M & \boldsymbol{n}_M^{\mathrm{T}}\boldsymbol{S}^{(2)}\\ \boldsymbol{S}^{(2)\mathrm{T}}\boldsymbol{n}_M & \boldsymbol{S}^{(2)\mathrm{T}}\boldsymbol{S}^{(2)}\end{bmatrix}^{-1}\begin{bmatrix}1\\ \boldsymbol{u}\end{bmatrix}=\boldsymbol{W}^{(2)}\boldsymbol{T}^{(2)}\begin{bmatrix}1\\ \boldsymbol{u}\end{bmatrix}=\boldsymbol{W}^{(2)}\boldsymbol{\beta}^{(2)}(\boldsymbol{u}) \tag{6.46}$$

式中

$$\boldsymbol{T}^{(2)}=[\boldsymbol{n}_M\quad \boldsymbol{S}^{(2)}]\begin{bmatrix}\boldsymbol{n}_M^{\mathrm{T}}\boldsymbol{n}_M & \boldsymbol{n}_M^{\mathrm{T}}\boldsymbol{S}^{(2)}\\ \boldsymbol{S}^{(2)\mathrm{T}}\boldsymbol{n}_M & \boldsymbol{S}^{(2)\mathrm{T}}\boldsymbol{S}^{(2)}\end{bmatrix}^{-1}\in\mathbf{R}^{(M+1)\times 3}\ ,\ \boldsymbol{\beta}^{(2)}(\boldsymbol{u})=\boldsymbol{T}^{(2)}\begin{bmatrix}1\\ \boldsymbol{u}\end{bmatrix}\in\mathbf{R}^{(M+1)\times 1} \tag{6.47}$$

式（6.46）建立了关于辐射源位置向量 $\boldsymbol{u}$ 的伪线性等式，其中一共包含 $M+1$ 个等式，而 RSS 观测量仅为 M 个，这意味着该关系式是存在冗余的。下面可以基于式（6.46）构建针对辐射源定位的估计准则。

6.4.3 定位原理与方法

1．一阶误差扰动分析

在实际定位过程中，标量积矩阵 $\boldsymbol{W}^{(2)}$ 的真实值是未知的，因为其中的真实距离平方 $\{r_m^2\}_{1\leqslant m\leqslant M}$ 应由其无偏估计值 $\{\hat{r}_m^2\}_{1\leqslant m\leqslant M}$ 来代替，这必然会引入误差。不妨将含有误差的标量积矩阵 $\boldsymbol{W}^{(2)}$ 记为 $\hat{\boldsymbol{W}}^{(2)}$，于是根据式（6.44）和式（6.45）可以将该矩阵表示为

$$\hat{\boldsymbol{W}}^{(2)}=-\frac{1}{2}\boldsymbol{L}_M\begin{bmatrix}0 & \hat{r}_1^2 & \hat{r}_2^2 & \cdots & \hat{r}_M^2\\ \hat{r}_1^2 & d_{11}^2 & d_{12}^2 & \cdots & d_{1M}^2\\ \hat{r}_2^2 & d_{12}^2 & d_{22}^2 & \cdots & d_{2M}^2\\ \vdots & \vdots & \vdots & \ddots & \vdots\\ \hat{r}_M^2 & d_{1M}^2 & d_{2M}^2 & \cdots & d_{MM}^2\end{bmatrix}\boldsymbol{L}_M \tag{6.48}$$

由于 $\boldsymbol{W}^{(2)}\boldsymbol{\beta}^{(2)}(\boldsymbol{u})=\boldsymbol{O}_{(M+1)\times 1}$，于是可以定义如下误差向量：

$$\boldsymbol{\delta}_{\mathrm{t}}^{(2)}=\hat{\boldsymbol{W}}^{(2)}\boldsymbol{\beta}^{(2)}(\boldsymbol{u})=(\boldsymbol{W}^{(2)}+\Delta\boldsymbol{W}_{\mathrm{t}}^{(2)})\boldsymbol{\beta}^{(2)}(\boldsymbol{u})=\Delta\boldsymbol{W}_{\mathrm{t}}^{(2)}\boldsymbol{\beta}^{(2)}(\boldsymbol{u}) \tag{6.49}$$

式中，$\Delta\boldsymbol{W}_{\mathrm{t}}^{(2)}$ 表示 $\hat{\boldsymbol{W}}^{(2)}$ 中的误差矩阵，即有 $\Delta\boldsymbol{W}_{\mathrm{t}}^{(2)}=\hat{\boldsymbol{W}}^{(2)}-\boldsymbol{W}^{(2)}$，它可以表示为

$$\Delta\boldsymbol{W}_{\mathrm{t}}^{(2)}=-\frac{1}{2}\boldsymbol{L}_M\begin{bmatrix}0 & \Delta\tau_1 & \Delta\tau_2 & \cdots & \Delta\tau_M\\ \Delta\tau_1 & 0 & 0 & \cdots & 0\\ \Delta\tau_2 & 0 & 0 & \cdots & 0\\ \vdots & \vdots & \vdots & \ddots & \vdots\\ \Delta\tau_M & 0 & 0 & \cdots & 0\end{bmatrix}\boldsymbol{L}_M \tag{6.50}$$

将式（6.50）代入式（6.49）中，可以将误差向量 $\boldsymbol{\delta}_{\mathrm{t}}^{(2)}$ 表示为关于误差 $\Delta\boldsymbol{\tau}$ 的线性函数，如下式所示：

$$\boldsymbol{\delta}_{\mathrm{t}}^{(2)}=\Delta\boldsymbol{W}_{\mathrm{t}}^{(2)}\boldsymbol{\beta}^{(2)}(\boldsymbol{u})=\boldsymbol{B}_{\mathrm{t}}^{(2)}(\boldsymbol{u})\Delta\boldsymbol{\tau} \tag{6.51}$$

式中

$$\boldsymbol{B}_{\mathrm{t}}^{(2)}(\boldsymbol{u})=-\frac{1}{2}[(\boldsymbol{L}_M\boldsymbol{\beta}^{(2)}(\boldsymbol{u}))^{\mathrm{T}}\otimes\boldsymbol{L}_M]\begin{bmatrix}\boldsymbol{O}_{1\times M}\\ \boldsymbol{I}_M\\ \boldsymbol{I}_M\otimes\boldsymbol{i}_{M+1}^{(1)}\end{bmatrix}\in\mathbf{R}^{(M+1)\times M} \tag{6.52}$$

式（6.51）的推导见附录 C.2。由式（6.51）可知，误差向量 $\boldsymbol{\delta}_{\mathrm{t}}^{(2)}$ 的均值为零，协方差矩阵为

$$\begin{aligned}\boldsymbol{\Omega}_{\mathrm{t}}^{(2)}&=\mathbf{cov}(\boldsymbol{\delta}_{\mathrm{t}}^{(2)})=\mathrm{E}[\boldsymbol{\delta}_{\mathrm{t}}^{(2)}\boldsymbol{\delta}_{\mathrm{t}}^{(2)\mathrm{T}}]=\boldsymbol{B}_{\mathrm{t}}^{(2)}(\boldsymbol{u})\cdot\mathrm{E}[\Delta\boldsymbol{\tau}(\Delta\boldsymbol{\tau})^{\mathrm{T}}]\cdot(\boldsymbol{B}_{\mathrm{t}}^{(2)}(\boldsymbol{u}))^{\mathrm{T}}\\&=\boldsymbol{B}_{\mathrm{t}}^{(2)}(\boldsymbol{u})\mathrm{diag}\left[r_1^4\left(\exp\left(\frac{4\lambda_1^2}{\alpha^2}\right)-1\right)\ \ r_2^4\left(\exp\left(\frac{4\lambda_2^2}{\alpha^2}\right)-1\right)\ \ \cdots\ \ r_M^4\left(\exp\left(\frac{4\lambda_M^2}{\alpha^2}\right)-1\right)\right]\\&\quad\times(\boldsymbol{B}_{\mathrm{t}}^{(2)}(\boldsymbol{u}))^{\mathrm{T}}\in\mathbf{R}^{(M+1)\times(M+1)}\end{aligned} \tag{6.53}$$

2. 定位优化模型及其求解方法

一般而言，矩阵 $\boldsymbol{B}_{\mathrm{t}}^{(2)}(\boldsymbol{u})$ 是列满秩的，即有 $\mathrm{rank}[\boldsymbol{B}_{\mathrm{t}}^{(2)}(\boldsymbol{u})]=M$ 。由此可知，协方差矩阵 $\boldsymbol{\Omega}_{\mathrm{t}}^{(2)}$ 的秩也为 M ，但由于 $\boldsymbol{\Omega}_{\mathrm{t}}^{(2)}$ 是 $(M+1)\times(M+1)$ 阶方阵，这意味着它是秩亏损矩阵，所以无法直接利用该矩阵的逆构建估计准则。下面利用矩阵奇异值分解重新构造误差向量，以使其协方差矩阵具备满秩性。

首先对矩阵 $\boldsymbol{B}_{\mathrm{t}}^{(2)}(\boldsymbol{u})$ 进行奇异值分解，如下式所示：

$$\boldsymbol{B}_{\mathrm{t}}^{(2)}(\boldsymbol{u})=\boldsymbol{H}\boldsymbol{\Sigma}\boldsymbol{V}^{\mathrm{T}}=\begin{bmatrix}\underbrace{\boldsymbol{H}_1}_{(M+1)\times M} & \underbrace{\boldsymbol{h}_2}_{(M+1)\times 1}\end{bmatrix}\begin{bmatrix}\underbrace{\boldsymbol{\Sigma}_1}_{M\times M}\\ \boldsymbol{O}_{1\times M}\end{bmatrix}\boldsymbol{V}^{\mathrm{T}}=\boldsymbol{H}_1\boldsymbol{\Sigma}_1\boldsymbol{V}^{\mathrm{T}} \tag{6.54}$$

式中，$\boldsymbol{H}=[\boldsymbol{H}_1\ \ \boldsymbol{h}_2]$，为 $(M+1)\times(M+1)$ 阶正交矩阵；$\boldsymbol{V}$ 为 $M\times M$ 阶正交矩阵；$\boldsymbol{\Sigma}_1$ 为 $M\times M$ 阶对角矩阵，其中的对角元素为矩阵 $\boldsymbol{B}_{\mathrm{t}}^{(2)}(\boldsymbol{u})$ 的奇异值。为了得到协方差矩阵为满秩的误差向量，可以用矩阵 $\boldsymbol{H}_1^{\mathrm{T}}$ 左乘以误差向量 $\boldsymbol{\delta}_{\mathrm{t}}^{(2)}$，并结合式（6.49）和式（6.51）可得

$$\bar{\boldsymbol{\delta}}_{\mathrm{t}}^{(2)}=\boldsymbol{H}_1^{\mathrm{T}}\boldsymbol{\delta}_{\mathrm{t}}^{(2)}=\boldsymbol{H}_1^{\mathrm{T}}\hat{\boldsymbol{W}}^{(2)}\boldsymbol{\beta}^{(2)}(\boldsymbol{u})=\boldsymbol{H}_1^{\mathrm{T}}\Delta\boldsymbol{W}_{\mathrm{t}}^{(2)}\boldsymbol{\beta}^{(2)}(\boldsymbol{u})=\boldsymbol{H}_1^{\mathrm{T}}\boldsymbol{B}_{\mathrm{t}}^{(2)}(\boldsymbol{u})\Delta\boldsymbol{\tau} \tag{6.55}$$

由式（6.54）可得 $\boldsymbol{H}_1^{\mathrm{T}}\boldsymbol{B}_{\mathrm{t}}^{(2)}(\boldsymbol{u})=\boldsymbol{\Sigma}_1\boldsymbol{V}^{\mathrm{T}}$，将该式代入式（6.55）中可知，误差向量

$\bar{\boldsymbol{\delta}}_{\mathrm{t}}^{(2)}$ 的协方差矩阵为

$$\begin{aligned}\bar{\boldsymbol{\Omega}}_{\mathrm{t}}^{(2)} &= \mathbf{cov}(\bar{\boldsymbol{\delta}}_{\mathrm{t}}^{(2)}) = \mathrm{E}[\bar{\boldsymbol{\delta}}_{\mathrm{t}}^{(2)}\bar{\boldsymbol{\delta}}_{\mathrm{t}}^{(2)\mathrm{T}}] = \boldsymbol{H}_1^{\mathrm{T}}\boldsymbol{\Omega}_{\mathrm{t}}^{(2)}\boldsymbol{H}_1 \\ &= \boldsymbol{\Sigma}_1\boldsymbol{V}^{\mathrm{T}}\mathrm{diag}\left[r_1^4\left(\exp\left(\frac{4\lambda_1^2}{\alpha^2}\right)-1\right) \quad r_2^4\left(\exp\left(\frac{4\lambda_2^2}{\alpha^2}\right)-1\right) \quad \cdots \quad r_M^4\left(\exp\left(\frac{4\lambda_M^2}{\alpha^2}\right)-1\right)\right] \\ &\quad \times \boldsymbol{V}\boldsymbol{\Sigma}_1^{\mathrm{T}} \in \mathbf{R}^{M\times M}\end{aligned} \tag{6.56}$$

容易验证 $\bar{\boldsymbol{\Omega}}_{\mathrm{t}}^{(2)}$ 为满秩矩阵，并且误差向量 $\bar{\boldsymbol{\delta}}_{\mathrm{t}}^{(2)}$ 的维数为 M，其与 RSS 观测量个数相等，此时可以将估计辐射源位置向量 $\boldsymbol{u}$ 的优化准则表示为

$$\begin{aligned}&\min_{\boldsymbol{u}}\{(\boldsymbol{\beta}^{(2)}(\boldsymbol{u}))^{\mathrm{T}}\hat{\boldsymbol{W}}^{(2)\mathrm{T}}\boldsymbol{H}_1(\bar{\boldsymbol{\Omega}}_{\mathrm{t}}^{(2)})^{-1}\boldsymbol{H}_1^{\mathrm{T}}\hat{\boldsymbol{W}}^{(2)}\boldsymbol{\beta}^{(2)}(\boldsymbol{u})\} \\ &= \min_{\boldsymbol{u}}\left\{\begin{bmatrix}1\\ \boldsymbol{u}\end{bmatrix}^{\mathrm{T}}\boldsymbol{T}^{(2)\mathrm{T}}\hat{\boldsymbol{W}}^{(2)\mathrm{T}}\boldsymbol{H}_1(\bar{\boldsymbol{\Omega}}_{\mathrm{t}}^{(2)})^{-1}\boldsymbol{H}_1^{\mathrm{T}}\hat{\boldsymbol{W}}^{(2)}\boldsymbol{T}^{(2)}\begin{bmatrix}1\\ \boldsymbol{u}\end{bmatrix}\right\}\end{aligned} \tag{6.57}$$

式中，$(\bar{\boldsymbol{\Omega}}_{\mathrm{t}}^{(2)})^{-1}$ 可以看作加权矩阵，其作用在于抑制估计误差 $\Delta\boldsymbol{\tau}$ 的影响。不妨将矩阵 $\boldsymbol{T}^{(2)}$ 分块表示为

$$\boldsymbol{T}^{(2)} = \Big[\underbrace{\boldsymbol{t}_1^{(2)}}_{(M+1)\times 1} \quad \underbrace{\boldsymbol{T}_2^{(2)}}_{(M+1)\times 2}\Big] \tag{6.58}$$

于是可以将式（6.57）重新写为

$$\min_{\boldsymbol{u}}\{(\hat{\boldsymbol{W}}^{(2)}\boldsymbol{T}_2^{(2)}\boldsymbol{u}+\hat{\boldsymbol{W}}^{(2)}\boldsymbol{t}_1^{(2)})^{\mathrm{T}}\boldsymbol{H}_1(\bar{\boldsymbol{\Omega}}_{\mathrm{t}}^{(2)})^{-1}\boldsymbol{H}_1^{\mathrm{T}}(\hat{\boldsymbol{W}}^{(2)}\boldsymbol{T}_2^{(2)}\boldsymbol{u}+\hat{\boldsymbol{W}}^{(2)}\boldsymbol{t}_1^{(2)})\} \tag{6.59}$$

根据命题 2.13 可知，式（6.59）的最优解为

$$\hat{\boldsymbol{u}}_{\mathrm{p}}^{(2)} = -[\boldsymbol{T}_2^{(2)\mathrm{T}}\hat{\boldsymbol{W}}^{(2)\mathrm{T}}\boldsymbol{H}_1(\bar{\boldsymbol{\Omega}}_{\mathrm{t}}^{(2)})^{-1}\boldsymbol{H}_1^{\mathrm{T}}\hat{\boldsymbol{W}}^{(2)}\boldsymbol{T}_2^{(2)}]^{-1}\boldsymbol{T}_2^{(2)\mathrm{T}}\hat{\boldsymbol{W}}^{(2)\mathrm{T}}\boldsymbol{H}_1(\bar{\boldsymbol{\Omega}}_{\mathrm{t}}^{(2)})^{-1}\boldsymbol{H}_1^{\mathrm{T}}\hat{\boldsymbol{W}}^{(2)}\boldsymbol{t}_1^{(2)} \tag{6.60}$$

【注记 6.3】由式（6.53）、式（6.54）及式（6.56）可知，加权矩阵 $(\bar{\boldsymbol{\Omega}}_{\mathrm{t}}^{(2)})^{-1}$ 与辐射源位置向量 $\boldsymbol{u}$ 有关。因此，严格来说，式（6.59）中的目标函数并不是关于向量 $\boldsymbol{u}$ 的二次函数，针对该问题，可以采用注记 4.1 中描述的方法进行处理。理论分析表明，在一阶误差分析理论框架下，加权矩阵 $(\bar{\boldsymbol{\Omega}}_{\mathrm{t}}^{(2)})^{-1}$ 中的扰动误差并不会实质影响估计值 $\hat{\boldsymbol{u}}_{\mathrm{p}}^{(2)}$ 的统计性能。

图 6.10 给出了本章第 2 种加权多维标度定位方法的流程图。

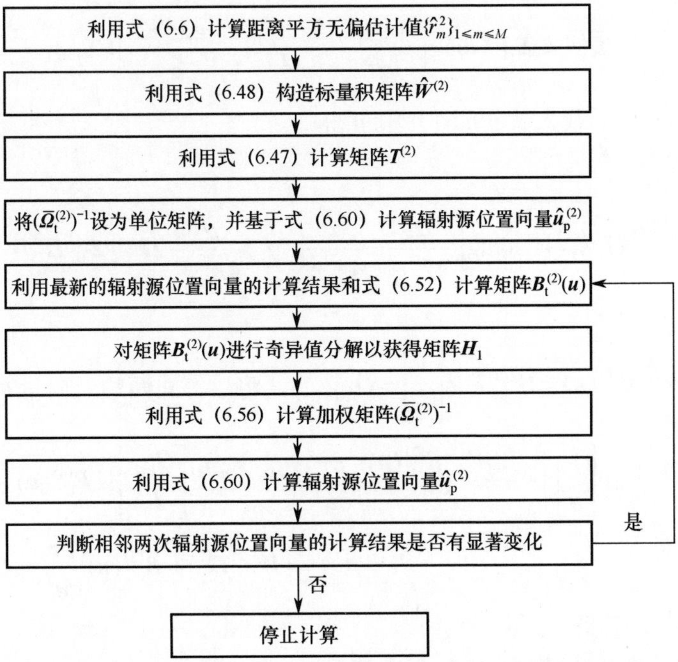

图 6.10　本章第 2 种加权多维标度定位方法的流程图

6.4.4　理论性能分析

下面将利用 4.3.4 节中的结论直接给出估计值 $\hat{\boldsymbol{u}}_{\mathrm{p}}^{(2)}$ 的均方误差矩阵，并将其与克拉美罗界进行比较，从而证明其渐近最优性。

首先将最优解 $\hat{\boldsymbol{u}}_{\mathrm{p}}^{(2)}$ 的估计误差记为 $\Delta\boldsymbol{u}_{\mathrm{p}}^{(2)}=\hat{\boldsymbol{u}}_{\mathrm{p}}^{(2)}-\boldsymbol{u}$，仿照 4.3.4 节中的理论性能分析可知，最优解 $\hat{\boldsymbol{u}}_{\mathrm{p}}^{(2)}$ 是关于向量 $\boldsymbol{u}$ 的渐近无偏估计值，并且其均方误差矩阵为

$$\begin{aligned}\mathbf{MSE}(\hat{\boldsymbol{u}}_{\mathrm{p}}^{(2)})&=\mathrm{E}[(\hat{\boldsymbol{u}}_{\mathrm{p}}^{(2)}-\boldsymbol{u})(\hat{\boldsymbol{u}}_{\mathrm{p}}^{(2)}-\boldsymbol{u})^{\mathrm{T}}]=\mathrm{E}[\Delta\boldsymbol{u}_{\mathrm{p}}^{(2)}(\Delta\boldsymbol{u}_{\mathrm{p}}^{(2)})^{\mathrm{T}}]\\&=[\boldsymbol{T}_2^{(2)\mathrm{T}}\boldsymbol{W}^{(2)\mathrm{T}}\boldsymbol{H}_1(\bar{\boldsymbol{\Omega}}_{\mathrm{t}}^{(2)})^{-1}\boldsymbol{H}_1^{\mathrm{T}}\boldsymbol{W}^{(2)}\boldsymbol{T}_2^{(2)}]^{-1}\end{aligned}\tag{6.61}$$

下面证明估计值 $\hat{\boldsymbol{u}}_{\mathrm{p}}^{(2)}$ 具有渐近最优性，也就是证明其估计均方误差矩阵可以渐近逼近相应的克拉美罗界，具体可见如下命题。

【命题 6.4】 如果满足 $4\lambda_m^2/\alpha^2<<1(1\leqslant m\leqslant M)$，则有 $\mathbf{MSE}(\hat{\boldsymbol{u}}_{\mathrm{p}}^{(2)})\approx\mathbf{CRB}_{\text{rss-p}}(\boldsymbol{u})$。

【证明】 当 $4\lambda_m^2/\alpha^2<<1(1\leqslant m\leqslant M)$ 时，满足 $\exp\{4\lambda_m^2/\alpha^2\}\approx1+4\lambda_m^2/\alpha^2$，将该近似等式代入式（6.56）中可得

$$\bar{\boldsymbol{\Omega}}_{\mathrm{t}}^{(2)} \approx \boldsymbol{\Sigma}_1 \boldsymbol{V}^{\mathrm{T}} \mathrm{diag}\left[\frac{4\lambda_1^2 r_1^4}{\alpha^2} \ \frac{4\lambda_2^2 r_2^4}{\alpha^2} \ \cdots \ \frac{4\lambda_M^2 r_M^4}{\alpha^2}\right] \boldsymbol{V} \boldsymbol{\Sigma}_1^{\mathrm{T}} \tag{6.62}$$

接着将式（6.62）代入式（6.61）中可得

$$\mathbf{MSE}(\hat{\boldsymbol{u}}_{\mathrm{p}}^{(2)}) \approx \left[\boldsymbol{T}_2^{(2)\mathrm{T}} \boldsymbol{W}^{(2)\mathrm{T}} \boldsymbol{H}_1 \boldsymbol{\Sigma}_1^{-\mathrm{T}} \boldsymbol{V}^{-1} \mathrm{diag}\left[\frac{\alpha^2}{4\lambda_1^2 r_1^4} \ \frac{\alpha^2}{4\lambda_2^2 r_2^4} \ \cdots \ \frac{\alpha^2}{4\lambda_M^2 r_M^4}\right] \boldsymbol{V}^{-\mathrm{T}} \boldsymbol{\Sigma}_1^{-1} \boldsymbol{H}_1^{\mathrm{T}} \boldsymbol{W}^{(2)} \boldsymbol{T}_2^{(2)}\right]^{-1} \tag{6.63}$$

考虑等式$\boldsymbol{W}^{(2)}\boldsymbol{\beta}^{(2)}(\boldsymbol{u}) = \boldsymbol{W}^{(2)}\boldsymbol{T}^{(2)}\begin{bmatrix}1\\ \boldsymbol{u}\end{bmatrix} = \boldsymbol{O}_{(M+1)\times 1}$，将该等式两边对向量$\boldsymbol{u}$求导可得

$$\begin{aligned} \boldsymbol{W}^{(2)}\boldsymbol{T}^{(2)} \frac{\partial}{\partial \boldsymbol{u}^{\mathrm{T}}}\left(\begin{bmatrix}1\\ \boldsymbol{u}\end{bmatrix}\right) + \frac{\partial(\boldsymbol{W}^{(2)}\boldsymbol{\beta}^{(2)}(\boldsymbol{u}))}{\partial \boldsymbol{\tau}^{\mathrm{T}}} \frac{\partial \boldsymbol{\tau}}{\partial \boldsymbol{u}^{\mathrm{T}}} &= \boldsymbol{W}^{(2)}\boldsymbol{T}^{(2)}\begin{bmatrix}\boldsymbol{O}_{1\times 2}\\ \boldsymbol{I}_2\end{bmatrix} + \boldsymbol{B}_{\mathrm{t}}^{(2)}(\boldsymbol{u}) \frac{\partial \boldsymbol{\tau}}{\partial \boldsymbol{u}^{\mathrm{T}}} \\ &= \boldsymbol{W}^{(2)}\boldsymbol{T}_2^{(2)} + \boldsymbol{B}_{\mathrm{t}}^{(2)}(\boldsymbol{u}) \frac{\partial \boldsymbol{\tau}}{\partial \boldsymbol{u}^{\mathrm{T}}} = \boldsymbol{O}_{(M+1)\times 2} \end{aligned} \tag{6.64}$$

再用矩阵$\boldsymbol{H}_1^{\mathrm{T}}$左乘以式（6.64）两边可得

$$\boldsymbol{H}_1^{\mathrm{T}}\boldsymbol{W}^{(2)}\boldsymbol{T}_2^{(2)} + \boldsymbol{H}_1^{\mathrm{T}}\boldsymbol{B}_{\mathrm{t}}^{(2)}(\boldsymbol{u}) \frac{\partial \boldsymbol{\tau}}{\partial \boldsymbol{u}^{\mathrm{T}}} = \boldsymbol{H}_1^{\mathrm{T}}\boldsymbol{W}^{(2)}\boldsymbol{T}_2^{(2)} + \boldsymbol{\Sigma}_1 \boldsymbol{V}^{\mathrm{T}} \frac{\partial \boldsymbol{\tau}}{\partial \boldsymbol{u}^{\mathrm{T}}} = \boldsymbol{O}_{M\times 2} \tag{6.65}$$

结合式（6.38）和式（6.65）可得

$$\boldsymbol{V}^{-\mathrm{T}}\boldsymbol{\Sigma}_1^{-1}\boldsymbol{H}_1^{\mathrm{T}}\boldsymbol{W}^{(2)}\boldsymbol{T}_2^{(2)} = -\frac{\partial \boldsymbol{\tau}}{\partial \boldsymbol{u}^{\mathrm{T}}} = -2[\boldsymbol{u}-\boldsymbol{s}_1 \ \ \boldsymbol{u}-\boldsymbol{s}_2 \ \cdots \ \boldsymbol{u}-\boldsymbol{s}_M]^{\mathrm{T}} \tag{6.66}$$

最后将式（6.66）代入式（6.63）中可得

$$\begin{aligned} \mathbf{MSE}(\hat{\boldsymbol{u}}_{\mathrm{p}}^{(2)}) &\approx \left[\left(\frac{\partial \boldsymbol{\tau}}{\partial \boldsymbol{u}^{\mathrm{T}}}\right)^{\mathrm{T}} \mathrm{diag}\left[\frac{\alpha^2}{4\lambda_1^2 r_1^4} \ \frac{\alpha^2}{4\lambda_2^2 r_2^4} \ \cdots \ \frac{\alpha^2}{4\lambda_M^2 r_M^4}\right] \frac{\partial \boldsymbol{\tau}}{\partial \boldsymbol{u}^{\mathrm{T}}}\right]^{-1} \\ &= \left[\sum_{m=1}^{M} \frac{\alpha^2(\boldsymbol{u}-\boldsymbol{s}_m)(\boldsymbol{u}-\boldsymbol{s}_m)^{\mathrm{T}}}{\lambda_m^2 r_m^4}\right]^{-1} = \mathbf{CRB}_{\text{rss-p}}(\boldsymbol{u}) \end{aligned} \tag{6.67}$$

证毕。

6.4.5 仿真实验

假设利用 8 个传感器获得的 RSS 信息对辐射源进行定位，传感器二维位置坐标如表 6.2 所示，阴影衰落$\boldsymbol{\varepsilon}_{\mathrm{t}}$服从均值为零、协方差矩阵为$\boldsymbol{E}_{\mathrm{t}} = \sigma_{\mathrm{t}}^2 \boldsymbol{I}_M$的高斯分布。

表 6.2　传感器二维位置坐标　（单位：m）

传感器序号	1	2	3	4	5	6	7	8
$x_m^{(\mathrm{s})}$	1500	340	410	−1900	−290	1600	340	−1620
$y_m^{(\mathrm{s})}$	520	1880	520	320	1680	−220	−1580	−1820

首先将辐射源位置向量设为 $\boldsymbol{u}=[-4800\ \ -5100]^{\mathrm{T}}$ (m)，将标准差设为 $\sigma_{\mathrm{t}}=0.1$，将路径损耗因子 α 设为 $\alpha=4$，图 6.11 给出了定位结果散布图与定位误差椭圆曲线；图 6.12 给出了定位结果散布图与误差概率圆环曲线。

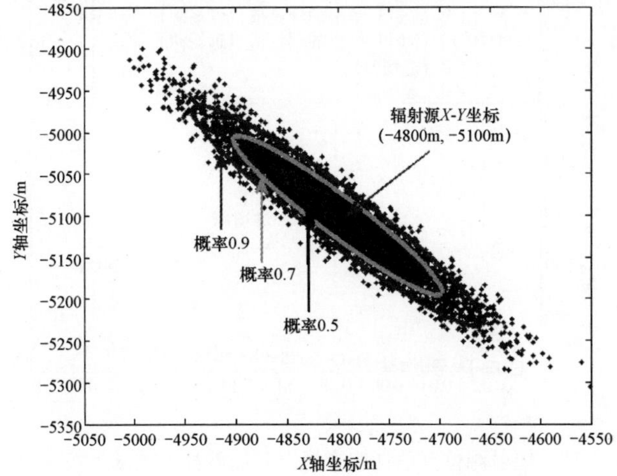

图 6.11　定位结果散布图与定位误差椭圆曲线

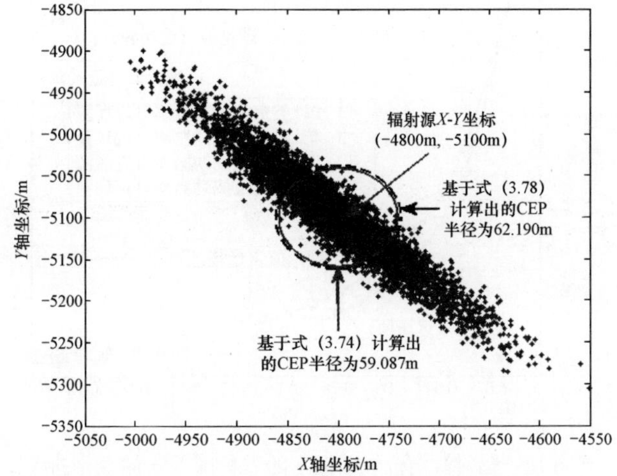

图 6.12　定位结果散布图与误差概率圆环曲线

然后将辐射源坐标设为两种情形：第 1 种是近场源，其位置向量为 $\boldsymbol{u}=[-2200\ \ 2100]^{\mathrm{T}}$ (m)；第 2 种是远场源，其位置向量为 $\boldsymbol{u}=[-7700\ \ 8200]^{\mathrm{T}}$ (m)，将路径损耗因子 α 设为 $\alpha=4$。改变标准差 σ_{t} 的数值，图 6.13 给出了辐射源位置估计均方根误差随着标准差 σ_{t} 的变化曲线；图 6.14 给出了辐射源定位成功概率随着标准差 σ_{t} 的变化曲线（图中的理论值是根据式（3.29）和式（3.36）计算得出的，其中 $\delta=30\,\mathrm{m}$）。

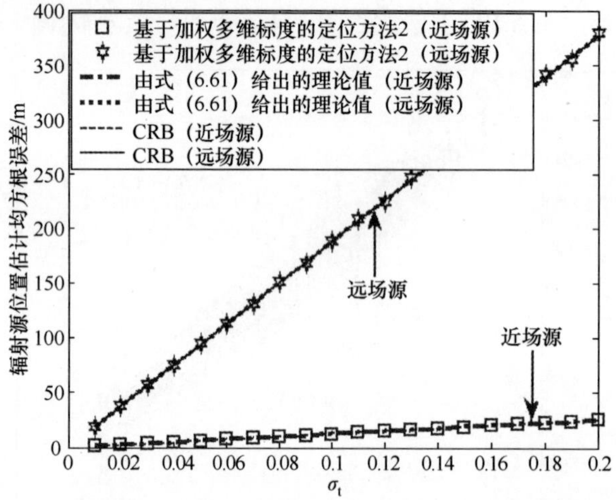

图 6.13　辐射源位置估计均方根误差随着标准差 σ_{t} 的变化曲线

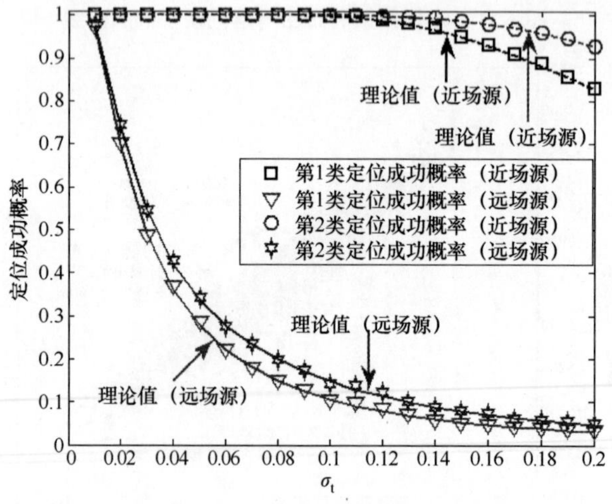

图 6.14　辐射源定位成功概率随着标准差 σ_{t} 的变化曲线

接着将标准差 σ_{t} 设为两种情形：第 1 种是 $\sigma_{\mathrm{t}}=0.05$；第 2 种是 $\sigma_{\mathrm{t}}=0.1$，

将路径损耗因子 α 设为 $\alpha=4$，将辐射源位置向量设为 $\boldsymbol{u}=[-2200\ \ 1900]^{\mathrm{T}}+[-180\ \ 180]^{\mathrm{T}}k$ (m)。改变参数 k 的数值，图 6.15 给出了辐射源位置估计均方根误差随着参数 k 的变化曲线；图 6.16 给出了辐射源定位成功概率随着参数 k 的变化曲线（图中的理论值是根据式（3.29）和式（3.36）计算得出的，其中 $\delta=30\,\mathrm{m}$）。

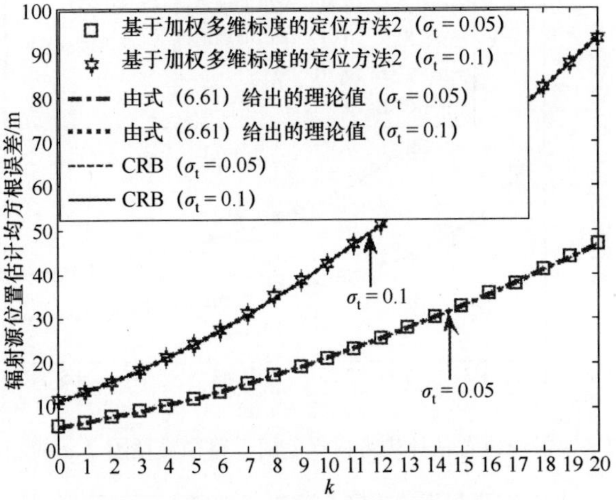

图 6.15　辐射源位置估计均方根误差随着参数 k 的变化曲线

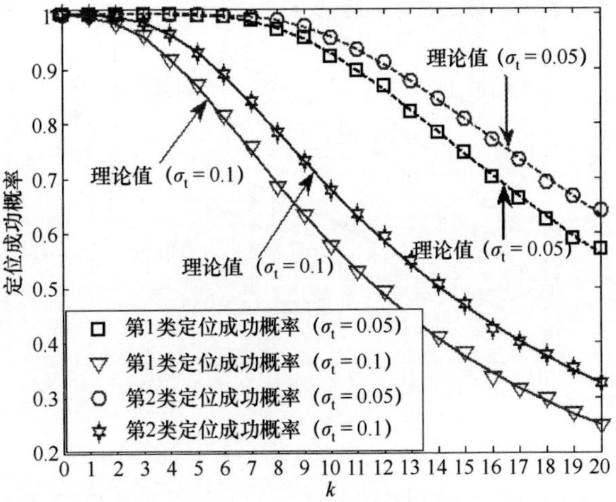

图 6.16　辐射源定位成功概率随着参数 k 的变化曲线

最后将标准差 σ_t 设为两种情形：第 1 种是 $\sigma_t=0.05$；第 2 种是 $\sigma_t=0.1$，将辐射源位置向量设为 $\boldsymbol{u}=[3800\ \ -4900]^{\mathrm{T}}$ (m)。改变路径损耗因子 α 的数值，

图 6.17 给出了辐射源位置估计均方根误差随着路径损耗因子α的变化曲线；图 6.18 给出了辐射源定位成功概率随着路径损耗因子α的变化曲线（图中的理论值是根据式（3.29）和式（3.36）计算得出的，其中$\delta = 30\,\mathrm{m}$）。

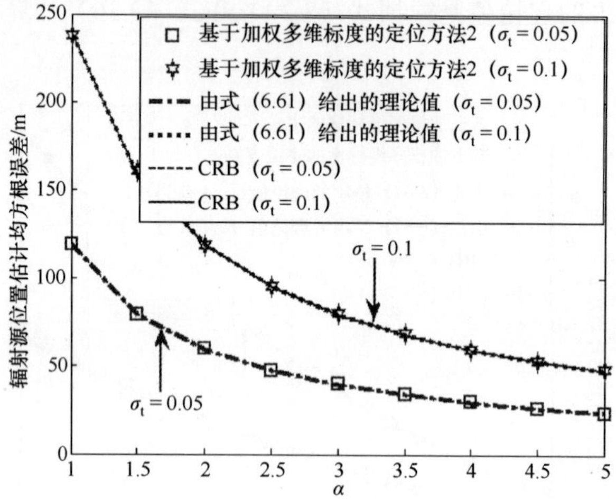

图 6.17 辐射源位置估计均方根误差随着路径损耗因子α的变化曲线

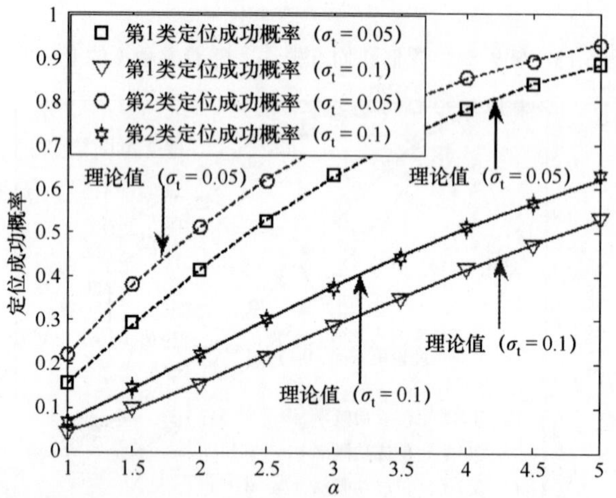

图 6.18 辐射源定位成功概率随着路径损耗因子α的变化曲线

从图 6.13～图 6.18 中可以看出：（1）基于加权多维标度的定位方法 2 的辐射源位置估计均方根误差同样可以达到克拉美罗界（见图 6.13、图 6.15 及图 6.17），这验证了 6.4.4 节理论性能分析的有效性；（2）随着辐射源与传感器距离的增加，其定位精度会逐渐降低（见图 6.15 和图 6.16），其对近场源的定位精度要高于对远场源的定位精度（见图 6.13 和图 6.14）；（3）随着路径损耗因子α的增加，辐射源定位精度会逐渐提高（见图 6.17 和图 6.18）；（4）两类定位成功概率的理论值和仿真值相互吻合，并且在相同条件下第 2 类定位成功概率高于第 1 类定位成功概率（见图 6.14、图 6.16 及图 6.18），这验证了 3.2 节理论性能分析的有效性。

第 7 章 基于 TOA/FOA 观测信息的加权多维标度定位方法

本章将描述基于 TOA/FOA 观测信息的加权多维标度定位原理和方法。文中构造了两类不同的标量积矩阵，每一类包含两个矩阵，并给出了两种加权多维标度定位方法，它们都可以给出辐射源位置参数和速度参数的闭式解。此外，本章还基于不含等式约束的一阶误差分析方法，对这两种定位方法的理论性能进行数学分析，并证明它们的定位精度均能逼近相应的克拉美罗界。

7.1 TOA/FOA 观测模型与问题描述

现有 M 个运动传感器利用 TOA/FOA 观测信息对某个运动辐射源进行定位，其中第 m 个传感器的位置向量和速度向量分别为 $\boldsymbol{s}_m=[x_m^{(\mathrm{s})}\ \ y_m^{(\mathrm{s})}\ \ z_m^{(\mathrm{s})}]^{\mathrm{T}}$ 和 $\dot{\boldsymbol{s}}_m=[\dot{x}_m^{(\mathrm{s})}\ \ \dot{y}_m^{(\mathrm{s})}\ \ \dot{z}_m^{(\mathrm{s})}]^{\mathrm{T}}$（$1\leqslant m\leqslant M$），它们均为已知量；辐射源的位置向量和速度向量分别为 $\boldsymbol{u}=[x^{(\mathrm{u})}\ \ y^{(\mathrm{u})}\ \ z^{(\mathrm{u})}]^{\mathrm{T}}$ 和 $\dot{\boldsymbol{u}}=[\dot{x}^{(\mathrm{u})}\ \ \dot{y}^{(\mathrm{u})}\ \ \dot{z}^{(\mathrm{u})}]^{\mathrm{T}}$，为了简化数学表述，这里令 $\boldsymbol{u}_{\mathrm{v}}=[\boldsymbol{u}^{\mathrm{T}}\ \ \dot{\boldsymbol{u}}^{\mathrm{T}}]^{\mathrm{T}}$，它是未知量，并将其称为辐射源位置-速度向量。由于 TOA/FOA 信息可以分别等价为距离和距离变化率信息①，为了方便起见，下面直接利用距离观测量和距离变化率观测量进行建模和分析。

将辐射源与第 m 个传感器的距离和距离变化率分别记为 r_m 和 $\dot{r}_m$，则有

$$\begin{cases} r_m=\|\boldsymbol{u}-\boldsymbol{s}_m\|_2 \\ \dot{r}_m=\dfrac{(\dot{\boldsymbol{u}}-\dot{\boldsymbol{s}}_m)^{\mathrm{T}}(\boldsymbol{u}-\boldsymbol{s}_m)}{\|\boldsymbol{u}-\boldsymbol{s}_m\|_2} \end{cases} \quad (1\leqslant m\leqslant M) \tag{7.1}$$

实际中获得的距离观测量和距离变化率观测量均是含有误差的，它们可以

① 若信号传播速度和频率已知，则距离与到达时间可以相互转化，距离变化率与到达频率也可以相互转化。

分别表示为

$$\begin{cases}\hat{r}_m = r_m + \varepsilon_{\mathrm{t}m1} = \|\boldsymbol{u}-\boldsymbol{s}_m\|_2 + \varepsilon_{\mathrm{t}m1} \\ \hat{\dot{r}}_m = \dot{r}_m + \varepsilon_{\mathrm{t}m2} = \dfrac{(\dot{\boldsymbol{u}}-\dot{\boldsymbol{s}}_m)^{\mathrm{T}}(\boldsymbol{u}-\boldsymbol{s}_m)}{\|\boldsymbol{u}-\boldsymbol{s}_m\|_2} + \varepsilon_{\mathrm{t}m2}\end{cases} \quad (1 \leqslant m \leqslant M) \tag{7.2}$$

式中，$\varepsilon_{\mathrm{t}m1}$ 和 $\varepsilon_{\mathrm{t}m2}$ 分别表示距离观测误差和距离变化率观测误差。分别将式（7.2）中的两组等式写成向量形式可得

$$\hat{\boldsymbol{r}} = \boldsymbol{r} + \boldsymbol{\varepsilon}_{\mathrm{t}1} = \begin{bmatrix}\|\boldsymbol{u}-\boldsymbol{s}_1\|_2 \\ \|\boldsymbol{u}-\boldsymbol{s}_2\|_2 \\ \vdots \\ \|\boldsymbol{u}-\boldsymbol{s}_M\|_2\end{bmatrix} + \begin{bmatrix}\varepsilon_{\mathrm{t}11} \\ \varepsilon_{\mathrm{t}21} \\ \vdots \\ \varepsilon_{\mathrm{t}M1}\end{bmatrix} = \boldsymbol{f}_{\mathrm{toa}}(\boldsymbol{u}_{\mathrm{v}}) + \boldsymbol{\varepsilon}_{\mathrm{t}1} \tag{7.3}$$

$$\hat{\dot{\boldsymbol{r}}} = \dot{\boldsymbol{r}} + \boldsymbol{\varepsilon}_{\mathrm{t}2} = \begin{bmatrix}\dfrac{(\dot{\boldsymbol{u}}-\dot{\boldsymbol{s}}_1)^{\mathrm{T}}(\boldsymbol{u}-\boldsymbol{s}_1)}{\|\boldsymbol{u}-\boldsymbol{s}_1\|_2} \\ \dfrac{(\dot{\boldsymbol{u}}-\dot{\boldsymbol{s}}_2)^{\mathrm{T}}(\boldsymbol{u}-\boldsymbol{s}_2)}{\|\boldsymbol{u}-\boldsymbol{s}_2\|_2} \\ \vdots \\ \dfrac{(\dot{\boldsymbol{u}}-\dot{\boldsymbol{s}}_M)^{\mathrm{T}}(\boldsymbol{u}-\boldsymbol{s}_M)}{\|\boldsymbol{u}-\boldsymbol{s}_M\|_2}\end{bmatrix} + \begin{bmatrix}\varepsilon_{\mathrm{t}12} \\ \varepsilon_{\mathrm{t}22} \\ \vdots \\ \varepsilon_{\mathrm{t}M2}\end{bmatrix} = \boldsymbol{f}_{\mathrm{foa}}(\boldsymbol{u}_{\mathrm{v}}) + \boldsymbol{\varepsilon}_{\mathrm{t}2} \tag{7.4}$$

式中[①]

$$\begin{cases}\boldsymbol{r} = \boldsymbol{f}_{\mathrm{toa}}(\boldsymbol{u}_{\mathrm{v}}) = [\|\boldsymbol{u}-\boldsymbol{s}_1\|_2 \;\; \|\boldsymbol{u}-\boldsymbol{s}_2\|_2 \;\; \cdots \;\; \|\boldsymbol{u}-\boldsymbol{s}_M\|_2]^{\mathrm{T}} \\ \dot{\boldsymbol{r}} = \boldsymbol{f}_{\mathrm{foa}}(\boldsymbol{u}_{\mathrm{v}}) = \left[\dfrac{(\dot{\boldsymbol{u}}-\dot{\boldsymbol{s}}_1)^{\mathrm{T}}(\boldsymbol{u}-\boldsymbol{s}_1)}{\|\boldsymbol{u}-\boldsymbol{s}_1\|_2} \;\middle|\; \dfrac{(\dot{\boldsymbol{u}}-\dot{\boldsymbol{s}}_2)^{\mathrm{T}}(\boldsymbol{u}-\boldsymbol{s}_2)}{\|\boldsymbol{u}-\boldsymbol{s}_2\|_2} \;\middle|\; \cdots \;\middle|\; \dfrac{(\dot{\boldsymbol{u}}-\dot{\boldsymbol{s}}_M)^{\mathrm{T}}(\boldsymbol{u}-\boldsymbol{s}_M)}{\|\boldsymbol{u}-\boldsymbol{s}_M\|_2}\right]^{\mathrm{T}} \\ \hat{\boldsymbol{r}} = [\hat{r}_1 \;\; \hat{r}_2 \;\; \cdots \;\; \hat{r}_M]^{\mathrm{T}} \;,\; \boldsymbol{r} = [r_1 \;\; r_2 \;\; \cdots \;\; r_M]^{\mathrm{T}} \;,\; \boldsymbol{\varepsilon}_{\mathrm{t}1} = [\varepsilon_{\mathrm{t}11} \;\; \varepsilon_{\mathrm{t}21} \;\; \cdots \;\; \varepsilon_{\mathrm{t}M1}]^{\mathrm{T}} \\ \hat{\dot{\boldsymbol{r}}} = [\hat{\dot{r}}_1 \;\; \hat{\dot{r}}_2 \;\; \cdots \;\; \hat{\dot{r}}_M]^{\mathrm{T}} \;,\; \dot{\boldsymbol{r}} = [\dot{r}_1 \;\; \dot{r}_2 \;\; \cdots \;\; \dot{r}_M]^{\mathrm{T}} \;,\; \boldsymbol{\varepsilon}_{\mathrm{t}2} = [\varepsilon_{\mathrm{t}12} \;\; \varepsilon_{\mathrm{t}22} \;\; \cdots \;\; \varepsilon_{\mathrm{t}M2}]^{\mathrm{T}}\end{cases} \tag{7.5}$$

将式（7.3）和式（7.4）合并成更高维度的向量形式可得

$$\hat{\boldsymbol{r}}_{\mathrm{v}} = \begin{bmatrix}\hat{\boldsymbol{r}} \\ \hat{\dot{\boldsymbol{r}}}\end{bmatrix} = \begin{bmatrix}\boldsymbol{r} \\ \dot{\boldsymbol{r}}\end{bmatrix} + \begin{bmatrix}\boldsymbol{\varepsilon}_{\mathrm{t}1} \\ \boldsymbol{\varepsilon}_{\mathrm{t}2}\end{bmatrix} = \boldsymbol{r}_{\mathrm{v}} + \boldsymbol{\varepsilon}_{\mathrm{t}} = \begin{bmatrix}\boldsymbol{f}_{\mathrm{toa}}(\boldsymbol{u}_{\mathrm{v}}) \\ \boldsymbol{f}_{\mathrm{foa}}(\boldsymbol{u}_{\mathrm{v}})\end{bmatrix} + \boldsymbol{\varepsilon}_{\mathrm{t}} = \boldsymbol{f}_{\mathrm{tfoa}}(\boldsymbol{u}_{\mathrm{v}}) + \boldsymbol{\varepsilon}_{\mathrm{t}} \tag{7.6}$$

式中[②]

$$\boldsymbol{r}_{\mathrm{v}} = [\boldsymbol{r}^{\mathrm{T}} \;\; \dot{\boldsymbol{r}}^{\mathrm{T}}]^{\mathrm{T}} = [(\boldsymbol{f}_{\mathrm{toa}}(\boldsymbol{u}_{\mathrm{v}}))^{\mathrm{T}} \;\; (\boldsymbol{f}_{\mathrm{foa}}(\boldsymbol{u}_{\mathrm{v}}))^{\mathrm{T}}]^{\mathrm{T}} = \boldsymbol{f}_{\mathrm{tfoa}}(\boldsymbol{u}_{\mathrm{v}}) \;,\; \boldsymbol{\varepsilon}_{\mathrm{t}} = [\boldsymbol{\varepsilon}_{\mathrm{t}1}^{\mathrm{T}} \;\; \boldsymbol{\varepsilon}_{\mathrm{t}2}^{\mathrm{T}}]^{\mathrm{T}} \tag{7.7}$$

---

① 这里使用下角标“toa”和“foa”来分别表征所采用的到达时间和到达频率观测量。

② 这里使用下角标“tfoa”来表征到达时间和到达频率观测量的联合。

这里假设观测误差向量 $\boldsymbol{\varepsilon}_{\mathrm{t}}$ 服从零均值的高斯分布，并且其协方差矩阵为 $\boldsymbol{E}_{\mathrm{t}}=\mathrm{E}[\boldsymbol{\varepsilon}_{\mathrm{t}}\boldsymbol{\varepsilon}_{\mathrm{t}}^{\mathrm{T}}]$。

下面的问题在于：如何利用 TOA/FOA 观测向量 $\hat{\boldsymbol{r}}_{\mathrm{v}}$，尽可能准确地估计辐射源位置-速度向量 $\boldsymbol{u}_{\mathrm{v}}$。本章采用的定位方法是基于多维标度原理的，其中将给出两种定位方法，7.2 节描述第 1 种定位方法，7.3 节给出第 2 种定位方法，它们的主要区别在于标量积矩阵的构造方式不同。

7.2 基于加权多维标度的定位方法 1

7.2.1 标量积矩阵的构造

在多维标度分析中，需要构造标量积矩阵。首先利用传感器和辐射源的位置向量和速度向量定义如下坐标矩阵和速度矩阵：

$$
\begin{aligned}
\boldsymbol{S}_{\boldsymbol{u}}^{(1)}&=\begin{bmatrix}(\boldsymbol{s}_1-\boldsymbol{u})^{\mathrm{T}}\\(\boldsymbol{s}_2-\boldsymbol{u})^{\mathrm{T}}\\\vdots\\(\boldsymbol{s}_M-\boldsymbol{u})^{\mathrm{T}}\end{bmatrix}=\boldsymbol{S}^{(1)}-\boldsymbol{I}_{M\times 1}\boldsymbol{u}^{\mathrm{T}}\in\mathbf{R}^{M\times 3}\\
\dot{\boldsymbol{S}}_{\boldsymbol{u}}^{(1)}&=\begin{bmatrix}(\dot{\boldsymbol{s}}_1-\dot{\boldsymbol{u}})^{\mathrm{T}}\\(\dot{\boldsymbol{s}}_2-\dot{\boldsymbol{u}})^{\mathrm{T}}\\\vdots\\(\dot{\boldsymbol{s}}_M-\dot{\boldsymbol{u}})^{\mathrm{T}}\end{bmatrix}=\dot{\boldsymbol{S}}^{(1)}-\boldsymbol{I}_{M\times 1}\dot{\boldsymbol{u}}^{\mathrm{T}}\in\mathbf{R}^{M\times 3}
\end{aligned}
\tag{7.8}
$$

式中，$\boldsymbol{S}^{(1)}=[\boldsymbol{s}_1\ \ \boldsymbol{s}_2\ \ \cdots\ \ \boldsymbol{s}_M]^{\mathrm{T}}$，$\dot{\boldsymbol{S}}^{(1)}=[\dot{\boldsymbol{s}}_1\ \ \dot{\boldsymbol{s}}_2\ \ \cdots\ \ \dot{\boldsymbol{s}}_M]^{\mathrm{T}}$ ①。显然，矩阵 $\dot{\boldsymbol{S}}_{\boldsymbol{u}}^{(1)}$ 是矩阵 $\boldsymbol{S}_{\boldsymbol{u}}^{(1)}$ 对时间求导的结果。然后构造第 1 个标量积矩阵，如下式所示：

$$
\begin{aligned}
\boldsymbol{W}^{(1)}=\boldsymbol{S}_{\boldsymbol{u}}^{(1)}\boldsymbol{S}_{\boldsymbol{u}}^{(1)\mathrm{T}}&=\begin{bmatrix}\|\boldsymbol{s}_1-\boldsymbol{u}\|_2^2 & (\boldsymbol{s}_1-\boldsymbol{u})^{\mathrm{T}}(\boldsymbol{s}_2-\boldsymbol{u}) & \cdots & (\boldsymbol{s}_1-\boldsymbol{u})^{\mathrm{T}}(\boldsymbol{s}_M-\boldsymbol{u})\\(\boldsymbol{s}_1-\boldsymbol{u})^{\mathrm{T}}(\boldsymbol{s}_2-\boldsymbol{u}) & \|\boldsymbol{s}_2-\boldsymbol{u}\|_2^2 & \cdots & (\boldsymbol{s}_2-\boldsymbol{u})^{\mathrm{T}}(\boldsymbol{s}_M-\boldsymbol{u})\\\vdots & \vdots & \ddots & \vdots\\(\boldsymbol{s}_1-\boldsymbol{u})^{\mathrm{T}}(\boldsymbol{s}_M-\boldsymbol{u}) & (\boldsymbol{s}_2-\boldsymbol{u})^{\mathrm{T}}(\boldsymbol{s}_M-\boldsymbol{u}) & \cdots & \|\boldsymbol{s}_M-\boldsymbol{u}\|_2^2\end{bmatrix}\\
&\in\mathbf{R}^{M\times M}
\end{aligned}
\tag{7.9}
$$

将式（7.9）两边对时间求导可以得到第 2 个标量积矩阵，如下式所示：

① 本节中的数学符号大多使用上角标“(1)”，这是为了突出其对应于第 1 种定位方法。

$$
\begin{aligned}
\dot{\boldsymbol{W}}^{(1)} &= \dot{\boldsymbol{S}}_{\boldsymbol{u}}^{(1)}\boldsymbol{S}_{\boldsymbol{u}}^{(1)\mathrm{T}} + \boldsymbol{S}_{\boldsymbol{u}}^{(1)}\dot{\boldsymbol{S}}_{\boldsymbol{u}}^{(1)\mathrm{T}} \\
&= \begin{bmatrix} (\dot{\boldsymbol{s}}_1-\dot{\boldsymbol{u}})^{\mathrm{T}}(\boldsymbol{s}_1-\boldsymbol{u}) & (\dot{\boldsymbol{s}}_1-\dot{\boldsymbol{u}})^{\mathrm{T}}(\boldsymbol{s}_2-\boldsymbol{u}) & \cdots & (\dot{\boldsymbol{s}}_1-\dot{\boldsymbol{u}})^{\mathrm{T}}(\boldsymbol{s}_M-\boldsymbol{u}) \\ (\dot{\boldsymbol{s}}_1-\dot{\boldsymbol{u}})^{\mathrm{T}}(\boldsymbol{s}_2-\boldsymbol{u}) & (\dot{\boldsymbol{s}}_2-\dot{\boldsymbol{u}})^{\mathrm{T}}(\boldsymbol{s}_2-\boldsymbol{u}) & \cdots & (\dot{\boldsymbol{s}}_2-\dot{\boldsymbol{u}})^{\mathrm{T}}(\boldsymbol{s}_M-\boldsymbol{u}) \\ \vdots & \vdots & \ddots & \vdots \\ (\dot{\boldsymbol{s}}_1-\dot{\boldsymbol{u}})^{\mathrm{T}}(\boldsymbol{s}_M-\boldsymbol{u}) & (\dot{\boldsymbol{s}}_2-\dot{\boldsymbol{u}})^{\mathrm{T}}(\boldsymbol{s}_M-\boldsymbol{u}) & \cdots & (\dot{\boldsymbol{s}}_M-\dot{\boldsymbol{u}})^{\mathrm{T}}(\boldsymbol{s}_M-\boldsymbol{u}) \end{bmatrix} \\
&\quad + \begin{bmatrix} (\boldsymbol{s}_1-\boldsymbol{u})^{\mathrm{T}}(\dot{\boldsymbol{s}}_1-\dot{\boldsymbol{u}}) & (\boldsymbol{s}_1-\boldsymbol{u})^{\mathrm{T}}(\dot{\boldsymbol{s}}_2-\dot{\boldsymbol{u}}) & \cdots & (\boldsymbol{s}_1-\boldsymbol{u})^{\mathrm{T}}(\dot{\boldsymbol{s}}_M-\dot{\boldsymbol{u}}) \\ (\boldsymbol{s}_1-\boldsymbol{u})^{\mathrm{T}}(\dot{\boldsymbol{s}}_2-\dot{\boldsymbol{u}}) & (\boldsymbol{s}_2-\boldsymbol{u})^{\mathrm{T}}(\dot{\boldsymbol{s}}_2-\dot{\boldsymbol{u}}) & \cdots & (\boldsymbol{s}_2-\boldsymbol{u})^{\mathrm{T}}(\dot{\boldsymbol{s}}_M-\dot{\boldsymbol{u}}) \\ \vdots & \vdots & \ddots & \vdots \\ (\boldsymbol{s}_1-\boldsymbol{u})^{\mathrm{T}}(\dot{\boldsymbol{s}}_M-\dot{\boldsymbol{u}}) & (\boldsymbol{s}_2-\boldsymbol{u})^{\mathrm{T}}(\dot{\boldsymbol{s}}_M-\dot{\boldsymbol{u}}) & \cdots & (\boldsymbol{s}_M-\boldsymbol{u})^{\mathrm{T}}(\dot{\boldsymbol{s}}_M-\dot{\boldsymbol{u}}) \end{bmatrix} \\
&\in \mathbf{R}^{M\times M}
\end{aligned}
\tag{7.10}
$$

容易验证，矩阵 $\boldsymbol{W}^{(1)}$ 中的第 m_1 行、第 m_2 列元素为

$$
\begin{aligned}
w_{m_1m_2}^{(1)} &= \langle \boldsymbol{W}^{(1)} \rangle_{m_1m_2} = (\boldsymbol{s}_{m_1}-\boldsymbol{u})^{\mathrm{T}}(\boldsymbol{s}_{m_2}-\boldsymbol{u}) = \boldsymbol{s}_{m_1}^{\mathrm{T}}\boldsymbol{s}_{m_2} - \boldsymbol{s}_{m_1}^{\mathrm{T}}\boldsymbol{u} - \boldsymbol{s}_{m_2}^{\mathrm{T}}\boldsymbol{u} + \|\boldsymbol{u}\|_2^2 \\
&= \frac{1}{2}(\|\boldsymbol{u}-\boldsymbol{s}_{m_1}\|_2^2 + \|\boldsymbol{u}-\boldsymbol{s}_{m_2}\|_2^2 - \|\boldsymbol{s}_{m_1}-\boldsymbol{s}_{m_2}\|_2^2) = \frac{1}{2}(r_{m_1}^2 + r_{m_2}^2 - d_{m_1m_2}^2)
\end{aligned}
\tag{7.11}
$$

式中，$d_{m_1m_2} = \|\boldsymbol{s}_{m_1}-\boldsymbol{s}_{m_2}\|_2$。矩阵 $\dot{\boldsymbol{W}}^{(1)}$ 中的第 m_1 行、第 m_2 列元素为

$$
\dot{w}_{m_1m_2}^{(1)} = \langle \dot{\boldsymbol{W}}^{(1)} \rangle_{m_1m_2} = r_{m_1}\dot{r}_{m_1} + r_{m_2}\dot{r}_{m_2} - (\dot{\boldsymbol{s}}_{m_1}-\dot{\boldsymbol{s}}_{m_2})^{\mathrm{T}}(\boldsymbol{s}_{m_1}-\boldsymbol{s}_{m_2}) = r_{m_1}\dot{r}_{m_1} + r_{m_2}\dot{r}_{m_2} - \theta_{m_1m_2}
\tag{7.12}
$$

式中，$\theta_{m_1m_2} = (\dot{\boldsymbol{s}}_{m_1}-\dot{\boldsymbol{s}}_{m_2})^{\mathrm{T}}(\boldsymbol{s}_{m_1}-\boldsymbol{s}_{m_2})$。式（7.11）和式（7.12）实际上提供了构造矩阵 $\boldsymbol{W}^{(1)}$ 和 $\dot{\boldsymbol{W}}^{(1)}$ 的计算公式，如下式所示：

$$
\boldsymbol{W}^{(1)} = \frac{1}{2}\begin{bmatrix} r_1^2+r_1^2-d_{11}^2 & r_1^2+r_2^2-d_{12}^2 & \cdots & r_1^2+r_M^2-d_{1M}^2 \\ r_1^2+r_2^2-d_{12}^2 & r_2^2+r_2^2-d_{22}^2 & \cdots & r_2^2+r_M^2-d_{2M}^2 \\ \vdots & \vdots & \ddots & \vdots \\ r_1^2+r_M^2-d_{1M}^2 & r_2^2+r_M^2-d_{2M}^2 & \cdots & r_M^2+r_M^2-d_{MM}^2 \end{bmatrix}
\tag{7.13}
$$

$$
\dot{\boldsymbol{W}}^{(1)} = \begin{bmatrix} r_1\dot{r}_1+r_1\dot{r}_1-\theta_{11} & r_1\dot{r}_1+r_2\dot{r}_2-\theta_{12} & \cdots & r_1\dot{r}_1+r_M\dot{r}_M-\theta_{1M} \\ r_1\dot{r}_1+r_2\dot{r}_2-\theta_{12} & r_2\dot{r}_2+r_2\dot{r}_2-\theta_{22} & \cdots & r_2\dot{r}_2+r_M\dot{r}_M-\theta_{2M} \\ \vdots & \vdots & \ddots & \vdots \\ r_1\dot{r}_1+r_M\dot{r}_M-\theta_{1M} & r_2\dot{r}_2+r_M\dot{r}_M-\theta_{2M} & \cdots & r_M\dot{r}_M+r_M\dot{r}_M-\theta_{MM} \end{bmatrix}
\tag{7.14}
$$

7.2.2　两个重要的关系式

下面将给出两个重要的关系式，这对于确定辐射源位置和速度至关重要。首先根据式（4.20）可以得到第 1 个关系式，如下式所示：

$$\boldsymbol{O}_{M\times 1}=\boldsymbol{W}^{(1)}[\boldsymbol{I}_{M\times 1}\ \ \boldsymbol{S}^{(1)}]\begin{bmatrix} M & \boldsymbol{I}_{M\times 1}^{\mathrm{T}}\boldsymbol{S}^{(1)} \\ \boldsymbol{S}^{(1)\mathrm{T}}\boldsymbol{I}_{M\times 1} & \boldsymbol{S}^{(1)\mathrm{T}}\boldsymbol{S}^{(1)} \end{bmatrix}^{-1}\begin{bmatrix} 1 \\ \boldsymbol{u} \end{bmatrix}=\boldsymbol{W}^{(1)}\boldsymbol{T}^{(1)}\begin{bmatrix} 1 \\ \boldsymbol{u} \end{bmatrix} \tag{7.15}$$

式中

$$\boldsymbol{T}^{(1)}=[\boldsymbol{I}_{M\times 1}\ \ \boldsymbol{S}^{(1)}]\begin{bmatrix} M & \boldsymbol{I}_{M\times 1}^{\mathrm{T}}\boldsymbol{S}^{(1)} \\ \boldsymbol{S}^{(1)\mathrm{T}}\boldsymbol{I}_{M\times 1} & \boldsymbol{S}^{(1)\mathrm{T}}\boldsymbol{S}^{(1)} \end{bmatrix}^{-1}\in \mathbf{R}^{M\times 4} \tag{7.16}$$

将式（7.15）两边对时间求导可以得到第 2 个关系式，如下式所示：

$$\boldsymbol{O}_{M\times 1}=(\dot{\boldsymbol{W}}^{(1)}\boldsymbol{T}^{(1)}+\boldsymbol{W}^{(1)}\dot{\boldsymbol{T}}^{(1)})\begin{bmatrix} 1 \\ \boldsymbol{u} \end{bmatrix}+\boldsymbol{W}^{(1)}\boldsymbol{T}^{(1)}\begin{bmatrix} 0 \\ \dot{\boldsymbol{u}} \end{bmatrix} \tag{7.17}$$

式中

$$\begin{aligned}\dot{\boldsymbol{T}}^{(1)}=&[\boldsymbol{O}_{M\times 1}\ \ \dot{\boldsymbol{S}}^{(1)}]\begin{bmatrix} M & \boldsymbol{I}_{M\times 1}^{\mathrm{T}}\boldsymbol{S}^{(1)} \\ \boldsymbol{S}^{(1)\mathrm{T}}\boldsymbol{I}_{M\times 1} & \boldsymbol{S}^{(1)\mathrm{T}}\boldsymbol{S}^{(1)} \end{bmatrix}^{-1} \\ &-\boldsymbol{T}^{(1)}\begin{bmatrix} 0 & \boldsymbol{I}_{M\times 1}^{\mathrm{T}}\dot{\boldsymbol{S}}^{(1)} \\ \dot{\boldsymbol{S}}^{(1)\mathrm{T}}\boldsymbol{I}_{M\times 1} & \dot{\boldsymbol{S}}^{(1)\mathrm{T}}\boldsymbol{S}^{(1)}+\boldsymbol{S}^{(1)\mathrm{T}}\dot{\boldsymbol{S}}^{(1)} \end{bmatrix}\begin{bmatrix} M & \boldsymbol{I}_{M\times 1}^{\mathrm{T}}\boldsymbol{S}^{(1)} \\ \boldsymbol{S}^{(1)\mathrm{T}}\boldsymbol{I}_{M\times 1} & \boldsymbol{S}^{(1)\mathrm{T}}\boldsymbol{S}^{(1)} \end{bmatrix}^{-1}\in \mathbf{R}^{M\times 4}\end{aligned} \tag{7.18}$$

式（7.15）和式（7.17）建立了关于辐射源位置向量 $\boldsymbol{u}$ 和速度向量 $\dot{\boldsymbol{u}}$ 的伪线性等式，其中一共包含 $2M$ 个等式，而 TOA/FOA 观测量也为 $2M$ 个，因此观测信息并无损失。

7.2.3 定位原理与方法

下面将基于式（7.15）和式（7.17）构建确定辐射源位置向量 $\boldsymbol{u}$ 和速度向量 $\dot{\boldsymbol{u}}$ 的估计准则，并且推导其最优解。首先需要将式（7.15）和式（7.17）进行合并，从而得到如下更高维度的伪线性等式：

$$\begin{aligned}\boldsymbol{O}_{2M\times 1}&=\begin{bmatrix} \boldsymbol{W}^{(1)}\boldsymbol{T}^{(1)} & \boldsymbol{O}_{M\times 3} \\ \dot{\boldsymbol{W}}^{(1)}\boldsymbol{T}^{(1)}+\boldsymbol{W}^{(1)}\dot{\boldsymbol{T}}^{(1)} & \boldsymbol{W}^{(1)}\boldsymbol{T}^{(1)}\bar{\boldsymbol{I}}_3 \end{bmatrix}\begin{bmatrix} 1 \\ \boldsymbol{u} \\ \dot{\boldsymbol{u}} \end{bmatrix} \\ &=\begin{bmatrix} \boldsymbol{W}^{(1)}\boldsymbol{T}^{(1)} & \boldsymbol{O}_{M\times 3} \\ \dot{\boldsymbol{W}}^{(1)}\boldsymbol{T}^{(1)}+\boldsymbol{W}^{(1)}\dot{\boldsymbol{T}}^{(1)} & \boldsymbol{W}^{(1)}\boldsymbol{T}^{(1)}\bar{\boldsymbol{I}}_3 \end{bmatrix}\begin{bmatrix} 1 \\ \boldsymbol{u}_{\mathrm{v}} \end{bmatrix}\end{aligned} \tag{7.19}$$

式中，$\bar{\boldsymbol{I}}_3=\begin{bmatrix} \boldsymbol{O}_{1\times 3} \\ \boldsymbol{I}_3 \end{bmatrix}$。

1. 一阶误差扰动分析

在实际定位过程中，标量积矩阵 $\boldsymbol{W}^{(1)}$ 和 $\dot{\boldsymbol{W}}^{(1)}$ 的真实值都是未知的，因为其中的真实距离 $\{r_m\}_{1\leqslant m\leqslant M}$ 和真实距离变化率 $\{\dot{r}_m\}_{1\leqslant m\leqslant M}$ 仅能分别用它们的观测

值 $\{\hat{r}_m\}_{1\le m\le M}$ 和 $\{\hat{\dot{r}}_m\}_{1\le m\le M}$ 来代替，这必然会引入观测误差。不妨将含有观测误差的标量积矩阵 $\boldsymbol{W}^{(1)}$ 和 $\dot{\boldsymbol{W}}^{(1)}$ 分别记为 $\hat{\boldsymbol{W}}^{(1)}$ 和 $\hat{\dot{\boldsymbol{W}}}^{(1)}$，于是根据式（7.11）和式（7.12）可知，矩阵 $\hat{\boldsymbol{W}}^{(1)}$ 和 $\hat{\dot{\boldsymbol{W}}}^{(1)}$ 中的第 m_1 行、第 m_2 列元素分别为

$$\hat{w}_{m_1m_2}^{(1)}=<\hat{\boldsymbol{W}}^{(1)}>_{m_1m_2}=\frac{1}{2}(\hat{r}_{m_1}^2+\hat{r}_{m_2}^2-d_{m_1m_2}^2) \tag{7.20}$$

$$\hat{\dot{w}}_{m_1m_2}^{(1)}=<\hat{\dot{\boldsymbol{W}}}^{(1)}>_{m_1m_2}=\hat{r}_{m_1}\hat{\dot{r}}_{m_1}+\hat{r}_{m_2}\hat{\dot{r}}_{m_2}-\theta_{m_1m_2} \tag{7.21}$$

进一步可得

$$\hat{\boldsymbol{W}}^{(1)}=\frac{1}{2}\begin{bmatrix}\hat{r}_1^2+\hat{r}_1^2-d_{11}^2 & \hat{r}_1^2+\hat{r}_2^2-d_{12}^2 & \cdots & \hat{r}_1^2+\hat{r}_M^2-d_{1M}^2\\ \hat{r}_1^2+\hat{r}_2^2-d_{12}^2 & \hat{r}_2^2+\hat{r}_2^2-d_{22}^2 & \cdots & \hat{r}_2^2+\hat{r}_M^2-d_{2M}^2\\ \vdots & \vdots & \ddots & \vdots\\ \hat{r}_1^2+\hat{r}_M^2-d_{1M}^2 & \hat{r}_2^2+\hat{r}_M^2-d_{2M}^2 & \cdots & \hat{r}_M^2+\hat{r}_M^2-d_{MM}^2\end{bmatrix} \tag{7.22}$$

$$\hat{\dot{\boldsymbol{W}}}^{(1)}=\begin{bmatrix}\hat{r}_1\hat{\dot{r}}_1+\hat{r}_1\hat{\dot{r}}_1-\theta_{11} & \hat{r}_1\hat{\dot{r}}_1+\hat{r}_2\hat{\dot{r}}_2-\theta_{12} & \cdots & \hat{r}_1\hat{\dot{r}}_1+\hat{r}_M\hat{\dot{r}}_M-\theta_{1M}\\ \hat{r}_1\hat{\dot{r}}_1+\hat{r}_2\hat{\dot{r}}_2-\theta_{12} & \hat{r}_2\hat{\dot{r}}_2+\hat{r}_2\hat{\dot{r}}_2-\theta_{22} & \cdots & \hat{r}_2\hat{\dot{r}}_2+\hat{r}_M\hat{\dot{r}}_M-\theta_{2M}\\ \vdots & \vdots & \ddots & \vdots\\ \hat{r}_1\hat{\dot{r}}_1+\hat{r}_M\hat{\dot{r}}_M-\theta_{1M} & \hat{r}_2\hat{\dot{r}}_2+\hat{r}_M\hat{\dot{r}}_M-\theta_{2M} & \cdots & \hat{r}_M\hat{\dot{r}}_M+\hat{r}_M\hat{\dot{r}}_M-\theta_{MM}\end{bmatrix} \tag{7.23}$$

基于式（7.19）可以定义如下误差向量：

$$\boldsymbol{\delta}_{\mathrm{t}}^{(1)}=\begin{bmatrix}\hat{\boldsymbol{W}}^{(1)}\boldsymbol{T}^{(1)} & \boldsymbol{O}_{M\times 3}\\ \hat{\dot{\boldsymbol{W}}}^{(1)}\boldsymbol{T}^{(1)}+\hat{\boldsymbol{W}}^{(1)}\dot{\boldsymbol{T}}^{(1)} & \hat{\boldsymbol{W}}^{(1)}\boldsymbol{T}^{(1)}\bar{\boldsymbol{I}}_3\end{bmatrix}\begin{bmatrix}1\\ \boldsymbol{u}_{\mathrm{v}}\end{bmatrix} \tag{7.24}$$

并由式（7.19）可得

$$\begin{aligned}\boldsymbol{\delta}_{\mathrm{t}}^{(1)}&=\left[\begin{array}{c|c}(\boldsymbol{W}^{(1)}+\Delta\boldsymbol{W}_{\mathrm{t}}^{(1)})\boldsymbol{T}^{(1)} & \boldsymbol{O}_{M\times 3}\\ \hline (\dot{\boldsymbol{W}}^{(1)}+\Delta\dot{\boldsymbol{W}}_{\mathrm{t}}^{(1)})\boldsymbol{T}^{(1)}+(\boldsymbol{W}^{(1)}+\Delta\boldsymbol{W}_{\mathrm{t}}^{(1)})\dot{\boldsymbol{T}}^{(1)} & (\boldsymbol{W}^{(1)}+\Delta\boldsymbol{W}_{\mathrm{t}}^{(1)})\boldsymbol{T}^{(1)}\bar{\boldsymbol{I}}_3\end{array}\right]\begin{bmatrix}1\\ \boldsymbol{u}_{\mathrm{v}}\end{bmatrix}\\ &=\left[\begin{array}{c|c}\Delta\boldsymbol{W}_{\mathrm{t}}^{(1)}\boldsymbol{T}^{(1)} & \boldsymbol{O}_{M\times 3}\\ \hline \Delta\boldsymbol{W}_{\mathrm{t}}^{(1)}\dot{\boldsymbol{T}}^{(1)} & \Delta\boldsymbol{W}_{\mathrm{t}}^{(1)}\boldsymbol{T}^{(1)}\bar{\boldsymbol{I}}_3\end{array}\right]\begin{bmatrix}1\\ \boldsymbol{u}_{\mathrm{v}}\end{bmatrix}+\left[\begin{array}{c|c}\boldsymbol{O}_{M\times 4} & \boldsymbol{O}_{M\times 3}\\ \hline \Delta\dot{\boldsymbol{W}}_{\mathrm{t}}^{(1)}\boldsymbol{T}^{(1)} & \boldsymbol{O}_{M\times 3}\end{array}\right]\begin{bmatrix}1\\ \boldsymbol{u}_{\mathrm{v}}\end{bmatrix}\end{aligned} \tag{7.25}$$

式中，$\Delta\boldsymbol{W}_{\mathrm{t}}^{(1)}$ 和 $\Delta\dot{\boldsymbol{W}}_{\mathrm{t}}^{(1)}$ 分别表示 $\hat{\boldsymbol{W}}^{(1)}$ 和 $\hat{\dot{\boldsymbol{W}}}^{(1)}$ 中的误差矩阵，即有 $\Delta\boldsymbol{W}_{\mathrm{t}}^{(1)}=\hat{\boldsymbol{W}}^{(1)}-\boldsymbol{W}^{(1)}$ 和 $\Delta\dot{\boldsymbol{W}}_{\mathrm{t}}^{(1)}=\hat{\dot{\boldsymbol{W}}}^{(1)}-\dot{\boldsymbol{W}}^{(1)}$。下面需要推导它们的一阶表达式（即忽略观测误差 $\boldsymbol{\varepsilon}_{\mathrm{t}}$ 的二阶及其以上各阶项），并由此获得误差向量 $\boldsymbol{\delta}_{\mathrm{t}}^{(1)}$ 关于观测误差 $\boldsymbol{\varepsilon}_{\mathrm{t}}$ 的线性函数。

首先基于式（7.22）可以将误差矩阵 $\Delta\boldsymbol{W}_{\mathrm{t}}^{(1)}$ 近似表示为

$$\Delta \boldsymbol{W}_{\mathrm{t}}^{(1)} \approx \begin{bmatrix} r_1\varepsilon_{\mathrm{t}11}+r_1\varepsilon_{\mathrm{t}11} & r_1\varepsilon_{\mathrm{t}11}+r_2\varepsilon_{\mathrm{t}21} & \cdots & r_1\varepsilon_{\mathrm{t}11}+r_M\varepsilon_{\mathrm{t}M1} \\ r_1\varepsilon_{\mathrm{t}11}+r_2\varepsilon_{\mathrm{t}21} & r_2\varepsilon_{\mathrm{t}21}+r_2\varepsilon_{\mathrm{t}21} & \cdots & r_2\varepsilon_{\mathrm{t}21}+r_M\varepsilon_{\mathrm{t}M1} \\ \vdots & \vdots & \ddots & \vdots \\ r_1\varepsilon_{\mathrm{t}11}+r_M\varepsilon_{\mathrm{t}M1} & r_2\varepsilon_{\mathrm{t}21}+r_M\varepsilon_{\mathrm{t}M1} & \cdots & r_M\varepsilon_{\mathrm{t}M1}+r_M\varepsilon_{\mathrm{t}M1} \end{bmatrix} \tag{7.26}$$

由式（7.26）可以将式（7.25）右边第 1 式近似表示为关于观测误差 $\boldsymbol{\varepsilon}_{\mathrm{t}}$ 的线性函数，如下式所示：

$$\left[\begin{array}{c:c} \Delta \boldsymbol{W}_{\mathrm{t}}^{(1)}\boldsymbol{T}^{(1)} & \boldsymbol{O}_{M\times 3} \\ \hdashline \Delta \boldsymbol{W}_{\mathrm{t}}^{(1)}\dot{\boldsymbol{T}}^{(1)} & \Delta \boldsymbol{W}_{\mathrm{t}}^{(1)}\boldsymbol{T}^{(1)}\bar{\boldsymbol{I}}_3 \end{array}\right] \begin{bmatrix} 1 \\ \boldsymbol{u}_{\mathrm{v}} \end{bmatrix} \approx \boldsymbol{B}_{\mathrm{t}1}^{(1)}(\boldsymbol{u}_{\mathrm{v}})\boldsymbol{\varepsilon}_{\mathrm{t}} \tag{7.27}$$

式中

$$\begin{aligned} &\boldsymbol{B}_{\mathrm{t}1}^{(1)}(\boldsymbol{u}_{\mathrm{v}}) \\ &= \left[\begin{array}{c:c} ([1\ \ \boldsymbol{u}^{\mathrm{T}}]\boldsymbol{T}^{(1)\mathrm{T}}\boldsymbol{I}_{M\times 1})\mathrm{diag}[\boldsymbol{r}]+\boldsymbol{I}_{M\times 1}\left[\left(\boldsymbol{T}^{(1)}\begin{bmatrix}1\\ \boldsymbol{u}\end{bmatrix}\right)\odot \boldsymbol{r}\right]^{\mathrm{T}} & \boldsymbol{O}_{M\times M} \\ \hdashline [([1\ \ \boldsymbol{u}^{\mathrm{T}}]\dot{\boldsymbol{T}}^{(1)\mathrm{T}}+[0\ \ \dot{\boldsymbol{u}}^{\mathrm{T}}]\boldsymbol{T}^{(1)\mathrm{T}})\boldsymbol{I}_{M\times 1}]\mathrm{diag}[\boldsymbol{r}]+\boldsymbol{I}_{M\times 1}\left[\left(\dot{\boldsymbol{T}}^{(1)}\begin{bmatrix}1\\ \boldsymbol{u}\end{bmatrix}+\boldsymbol{T}^{(1)}\begin{bmatrix}0\\ \dot{\boldsymbol{u}}\end{bmatrix}\right)\odot \boldsymbol{r}\right]^{\mathrm{T}} & \boldsymbol{O}_{M\times M} \end{array}\right] \\ &\in \mathbf{R}^{2M\times 2M} \end{aligned} \tag{7.28}$$

式（7.27）的推导见附录 D.1。接着根据式（7.23）可以将误差矩阵 $\Delta \dot{\boldsymbol{W}}_{\mathrm{t}}^{(1)}$ 近似表示为

$$\begin{aligned} &\Delta \dot{\boldsymbol{W}}_{\mathrm{t}}^{(1)} \\ &\approx \begin{bmatrix} r_1\varepsilon_{\mathrm{t}12}+\dot{r}_1\varepsilon_{\mathrm{t}11}+r_1\varepsilon_{\mathrm{t}12}+\dot{r}_1\varepsilon_{\mathrm{t}11} & r_1\varepsilon_{\mathrm{t}12}+\dot{r}_1\varepsilon_{\mathrm{t}11}+r_2\varepsilon_{\mathrm{t}22}+\dot{r}_2\varepsilon_{\mathrm{t}21} & \cdots & r_1\varepsilon_{\mathrm{t}12}+\dot{r}_1\varepsilon_{\mathrm{t}11}+r_M\varepsilon_{\mathrm{t}M2}+\dot{r}_M\varepsilon_{\mathrm{t}M1} \\ r_1\varepsilon_{\mathrm{t}12}+\dot{r}_1\varepsilon_{\mathrm{t}11}+r_2\varepsilon_{\mathrm{t}22}+\dot{r}_2\varepsilon_{\mathrm{t}21} & r_2\varepsilon_{\mathrm{t}22}+\dot{r}_2\varepsilon_{\mathrm{t}21}+r_2\varepsilon_{\mathrm{t}22}+\dot{r}_2\varepsilon_{\mathrm{t}21} & \cdots & r_2\varepsilon_{\mathrm{t}22}+\dot{r}_2\varepsilon_{\mathrm{t}21}+r_M\varepsilon_{\mathrm{t}M2}+\dot{r}_M\varepsilon_{\mathrm{t}M1} \\ \vdots & \vdots & \ddots & \vdots \\ r_1\varepsilon_{\mathrm{t}12}+\dot{r}_1\varepsilon_{\mathrm{t}11}+r_M\varepsilon_{\mathrm{t}M2}+\dot{r}_M\varepsilon_{\mathrm{t}M1} & r_2\varepsilon_{\mathrm{t}22}+\dot{r}_2\varepsilon_{\mathrm{t}21}+r_M\varepsilon_{\mathrm{t}M2}+\dot{r}_M\varepsilon_{\mathrm{t}M1} & \cdots & r_M\varepsilon_{\mathrm{t}M2}+\dot{r}_M\varepsilon_{\mathrm{t}M1}+r_M\varepsilon_{\mathrm{t}M2}+\dot{r}_M\varepsilon_{\mathrm{t}M1} \end{bmatrix} \end{aligned} \tag{7.29}$$

由式（7.29）可以将式（7.25）右边第 2 式近似表示为关于观测误差 $\boldsymbol{\varepsilon}_{\mathrm{t}}$ 的线性函数，如下式所示：

$$\left[\begin{array}{c:c} \boldsymbol{O}_{M\times 4} & \boldsymbol{O}_{M\times 3} \\ \hdashline \Delta \dot{\boldsymbol{W}}_{\mathrm{t}}^{(1)}\boldsymbol{T}^{(1)} & \boldsymbol{O}_{M\times 3} \end{array}\right] \begin{bmatrix} 1 \\ \boldsymbol{u}_{\mathrm{v}} \end{bmatrix} \approx \boldsymbol{B}_{\mathrm{t}2}^{(1)}(\boldsymbol{u}_{\mathrm{v}})\boldsymbol{\varepsilon}_{\mathrm{t}} \tag{7.30}$$

式中

$$\begin{aligned} &\boldsymbol{B}_{\mathrm{t}2}^{(1)}(\boldsymbol{u}_{\mathrm{v}}) \\ &= \left[\begin{array}{c:c} \boldsymbol{O}_{M\times M} & \boldsymbol{O}_{M\times M} \\ \hdashline ([1\ \ \boldsymbol{u}^{\mathrm{T}}]\boldsymbol{T}^{(1)\mathrm{T}}\boldsymbol{I}_{M\times 1})\mathrm{diag}[\dot{\boldsymbol{r}}]+\boldsymbol{I}_{M\times 1}\left[\left(\boldsymbol{T}^{(1)}\begin{bmatrix}1\\ \boldsymbol{u}\end{bmatrix}\right)\odot \dot{\boldsymbol{r}}\right]^{\mathrm{T}} & ([1\ \ \boldsymbol{u}^{\mathrm{T}}]\boldsymbol{T}^{(1)\mathrm{T}}\boldsymbol{I}_{M\times 1})\mathrm{diag}[\boldsymbol{r}]+\boldsymbol{I}_{M\times 1}\left[\left(\boldsymbol{T}^{(1)}\begin{bmatrix}1\\ \boldsymbol{u}\end{bmatrix}\right)\odot \boldsymbol{r}\right]^{\mathrm{T}} \end{array}\right] \\ &\in \mathbf{R}^{2M\times 2M} \end{aligned} \tag{7.31}$$

式（7.30）的推导见附录 D.2。

将式（7.27）和式（7.30）代入式（7.25）中可得

$$\boldsymbol{\delta}_{\mathrm{t}}^{(1)} \approx \boldsymbol{B}_{\mathrm{t1}}^{(1)}(\boldsymbol{u}_{\mathrm{v}})\boldsymbol{\varepsilon}_{\mathrm{t}} + \boldsymbol{B}_{\mathrm{t2}}^{(1)}(\boldsymbol{u}_{\mathrm{v}})\boldsymbol{\varepsilon}_{\mathrm{t}} = \boldsymbol{B}_{\mathrm{t}}^{(1)}(\boldsymbol{u}_{\mathrm{v}})\boldsymbol{\varepsilon}_{\mathrm{t}} \tag{7.32}$$

式中，$\boldsymbol{B}_{\mathrm{t}}^{(1)}(\boldsymbol{u}_{\mathrm{v}}) = \boldsymbol{B}_{\mathrm{t1}}^{(1)}(\boldsymbol{u}_{\mathrm{v}}) + \boldsymbol{B}_{\mathrm{t2}}^{(1)}(\boldsymbol{u}_{\mathrm{v}}) \in \mathbf{R}^{2M\times 2M}$。由式（7.32）可知，误差向量 $\boldsymbol{\delta}_{\mathrm{t}}^{(1)}$ 渐近服从零均值的高斯分布，并且其协方差矩阵为

$$\begin{aligned}\boldsymbol{\Omega}_{\mathrm{t}}^{(1)} &= \mathbf{cov}(\boldsymbol{\delta}_{\mathrm{t}}^{(1)}) = \mathrm{E}[\boldsymbol{\delta}_{\mathrm{t}}^{(1)}\boldsymbol{\delta}_{\mathrm{t}}^{(1)\mathrm{T}}] \approx \boldsymbol{B}_{\mathrm{t}}^{(1)}(\boldsymbol{u}_{\mathrm{v}})\cdot \mathrm{E}[\boldsymbol{\varepsilon}_{\mathrm{t}}\boldsymbol{\varepsilon}_{\mathrm{t}}^{\mathrm{T}}]\cdot(\boldsymbol{B}_{\mathrm{t}}^{(1)}(\boldsymbol{u}_{\mathrm{v}}))^{\mathrm{T}} \\ &= \boldsymbol{B}_{\mathrm{t}}^{(1)}(\boldsymbol{u}_{\mathrm{v}})\boldsymbol{E}_{\mathrm{t}}(\boldsymbol{B}_{\mathrm{t}}^{(1)}(\boldsymbol{u}_{\mathrm{v}}))^{\mathrm{T}} \in \mathbf{R}^{2M\times 2M}\end{aligned} \tag{7.33}$$

2. 定位优化模型及其求解方法

基于式（7.24）和式（7.33）可以构建估计辐射源位置−速度向量 $\boldsymbol{u}_{\mathrm{v}}$ 的优化准则，如下式所示：

$$\min_{\boldsymbol{u}_{\mathrm{v}}}\left\{\begin{bmatrix}1\\ \boldsymbol{u}_{\mathrm{v}}\end{bmatrix}^{\mathrm{T}}\begin{bmatrix}\hat{\boldsymbol{W}}^{(1)}\boldsymbol{T}^{(1)} & \boldsymbol{O}_{M\times 3}\\ \dot{\hat{\boldsymbol{W}}}^{(1)}\boldsymbol{T}^{(1)}+\hat{\boldsymbol{W}}^{(1)}\dot{\boldsymbol{T}}^{(1)} & \hat{\boldsymbol{W}}^{(1)}\boldsymbol{T}^{(1)}\bar{\boldsymbol{I}}_3\end{bmatrix}^{\mathrm{T}}(\boldsymbol{\Omega}_{\mathrm{t}}^{(1)})^{-1}\begin{bmatrix}\hat{\boldsymbol{W}}^{(1)}\boldsymbol{T}^{(1)} & \boldsymbol{O}_{M\times 3}\\ \dot{\hat{\boldsymbol{W}}}^{(1)}\boldsymbol{T}^{(1)}+\hat{\boldsymbol{W}}^{(1)}\dot{\boldsymbol{T}}^{(1)} & \hat{\boldsymbol{W}}^{(1)}\boldsymbol{T}^{(1)}\bar{\boldsymbol{I}}_3\end{bmatrix}\begin{bmatrix}1\\ \boldsymbol{u}_{\mathrm{v}}\end{bmatrix}\right\} \tag{7.34}$$

式中，$(\boldsymbol{\Omega}_{\mathrm{t}}^{(1)})^{-1}$ 可以看作加权矩阵，其作用在于抑制观测误差 $\boldsymbol{\varepsilon}_{\mathrm{t}}$ 的影响。不妨将矩阵 $\boldsymbol{T}^{(1)}$ 和 $\dot{\boldsymbol{T}}^{(1)}$ 分块为

$$\boldsymbol{T}^{(1)} = \Big[\underbrace{\boldsymbol{t}_1^{(1)}}_{M\times 1}\ \ \underbrace{\boldsymbol{T}_2^{(1)}}_{M\times 3}\Big]，\ \dot{\boldsymbol{T}}^{(1)} = \Big[\underbrace{\dot{\boldsymbol{t}}_1^{(1)}}_{M\times 1}\ \ \underbrace{\dot{\boldsymbol{T}}_2^{(1)}}_{M\times 3}\Big] \tag{7.35}$$

于是可以将式（7.34）重新写为

$$\min_{\boldsymbol{u}_{\mathrm{v}}}\left\{\begin{aligned}&\left(\begin{bmatrix}\hat{\boldsymbol{W}}^{(1)}\boldsymbol{T}_2^{(1)} & \boldsymbol{O}_{M\times 3}\\ \dot{\hat{\boldsymbol{W}}}^{(1)}\boldsymbol{T}_2^{(1)}+\hat{\boldsymbol{W}}^{(1)}\dot{\boldsymbol{T}}_2^{(1)} & \hat{\boldsymbol{W}}^{(1)}\boldsymbol{T}_2^{(1)}\end{bmatrix}\boldsymbol{u}_{\mathrm{v}}+\begin{bmatrix}\hat{\boldsymbol{W}}^{(1)}\boldsymbol{t}_1^{(1)}\\ \dot{\hat{\boldsymbol{W}}}^{(1)}\boldsymbol{t}_1^{(1)}+\hat{\boldsymbol{W}}^{(1)}\dot{\boldsymbol{t}}_1^{(1)}\end{bmatrix}\right)^{\mathrm{T}}(\boldsymbol{\Omega}_{\mathrm{t}}^{(1)})^{-1}\\ &\times\left(\begin{bmatrix}\hat{\boldsymbol{W}}^{(1)}\boldsymbol{T}_2^{(1)} & \boldsymbol{O}_{M\times 3}\\ \dot{\hat{\boldsymbol{W}}}^{(1)}\boldsymbol{T}_2^{(1)}+\hat{\boldsymbol{W}}^{(1)}\dot{\boldsymbol{T}}_2^{(1)} & \hat{\boldsymbol{W}}^{(1)}\boldsymbol{T}_2^{(1)}\end{bmatrix}\boldsymbol{u}_{\mathrm{v}}+\begin{bmatrix}\hat{\boldsymbol{W}}^{(1)}\boldsymbol{t}_1^{(1)}\\ \dot{\hat{\boldsymbol{W}}}^{(1)}\boldsymbol{t}_1^{(1)}+\hat{\boldsymbol{W}}^{(1)}\dot{\boldsymbol{t}}_1^{(1)}\end{bmatrix}\right)\end{aligned}\right\} \tag{7.36}$$

根据命题 2.13 可知，式（7.36）的最优解为

$$\begin{aligned}\hat{\boldsymbol{u}}_{\mathrm{v\text{-}p}}^{(1)} = &-\left(\begin{bmatrix}\boldsymbol{T}_2^{(1)\mathrm{T}}\hat{\boldsymbol{W}}^{(1)\mathrm{T}} & \boldsymbol{T}_2^{(1)\mathrm{T}}\dot{\hat{\boldsymbol{W}}}^{(1)\mathrm{T}}+\dot{\boldsymbol{T}}_2^{(1)\mathrm{T}}\hat{\boldsymbol{W}}^{(1)\mathrm{T}}\\ \boldsymbol{O}_{3\times M} & \boldsymbol{T}_2^{(1)\mathrm{T}}\hat{\boldsymbol{W}}^{(1)\mathrm{T}}\end{bmatrix}(\boldsymbol{\Omega}_{\mathrm{t}}^{(1)})^{-1}\begin{bmatrix}\hat{\boldsymbol{W}}^{(1)}\boldsymbol{T}_2^{(1)} & \boldsymbol{O}_{M\times 3}\\ \dot{\hat{\boldsymbol{W}}}^{(1)}\boldsymbol{T}_2^{(1)}+\hat{\boldsymbol{W}}^{(1)}\dot{\boldsymbol{T}}_2^{(1)} & \hat{\boldsymbol{W}}^{(1)}\boldsymbol{T}_2^{(1)}\end{bmatrix}\right)^{-1}\\ &\times\begin{bmatrix}\boldsymbol{T}_2^{(1)\mathrm{T}}\hat{\boldsymbol{W}}^{(1)\mathrm{T}} & \boldsymbol{T}_2^{(1)\mathrm{T}}\dot{\hat{\boldsymbol{W}}}^{(1)\mathrm{T}}+\dot{\boldsymbol{T}}_2^{(1)\mathrm{T}}\hat{\boldsymbol{W}}^{(1)\mathrm{T}}\\ \boldsymbol{O}_{3\times M} & \boldsymbol{T}_2^{(1)\mathrm{T}}\hat{\boldsymbol{W}}^{(1)\mathrm{T}}\end{bmatrix}(\boldsymbol{\Omega}_{\mathrm{t}}^{(1)})^{-1}\begin{bmatrix}\hat{\boldsymbol{W}}^{(1)}\boldsymbol{t}_1^{(1)}\\ \dot{\hat{\boldsymbol{W}}}^{(1)}\boldsymbol{t}_1^{(1)}+\hat{\boldsymbol{W}}^{(1)}\dot{\boldsymbol{t}}_1^{(1)}\end{bmatrix}\end{aligned} \tag{7.37}$$

【注记 7.1】 由式（7.33）可知，加权矩阵 $(\boldsymbol{\Omega}_{\mathrm{t}}^{(1)})^{-1}$ 与辐射源位置−速度向量 $\boldsymbol{u}_{\mathrm{v}}$

有关。因此，严格来说，式（7.36）中的目标函数并不是关于向量 $\boldsymbol{u}_{\mathrm{v}}$ 的二次函数，针对该问题，可以采用注记 4.1 中描述的方法进行处理。理论分析表明，在一阶误差分析理论框架下，加权矩阵 $(\boldsymbol{\Omega}_{\mathrm{t}}^{(1)})^{-1}$ 中的扰动误差并不会实质影响估计值 $\hat{\boldsymbol{u}}_{\text{v-p}}^{(1)}$ 的统计性能。

图 7.1 给出了本章第 1 种加权多维标度定位方法的流程图。

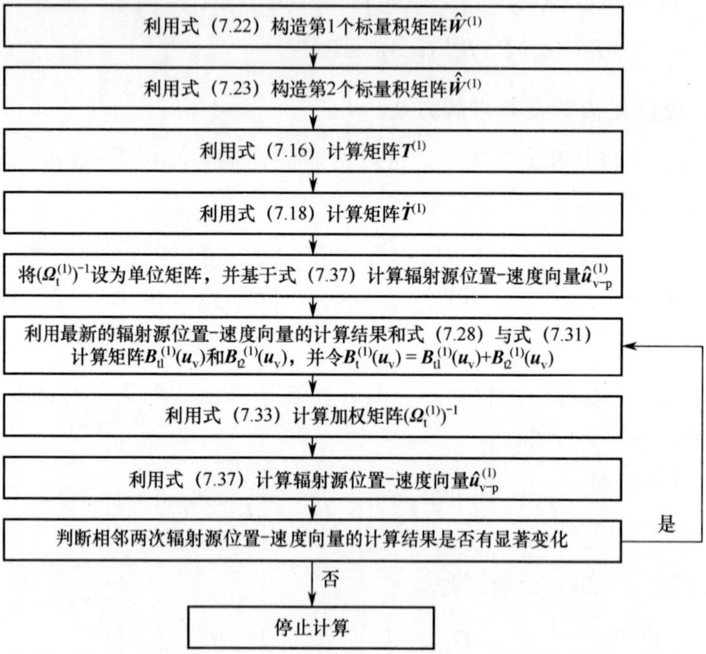

图 7.1　本章第 1 种加权多维标度定位方法的流程图

7.2.4　理论性能分析

下面将利用 4.2.4 节中的结论直接给出估计值 $\hat{\boldsymbol{u}}_{\text{v-p}}^{(1)}$ 的均方误差矩阵，并将其与克拉美罗界进行比较，从而证明其渐近最优性。

首先将最优解 $\hat{\boldsymbol{u}}_{\text{v-p}}^{(1)}$ 的估计误差记为 $\Delta\boldsymbol{u}_{\text{v-p}}^{(1)}=\hat{\boldsymbol{u}}_{\text{v-p}}^{(1)}-\boldsymbol{u}_{\mathrm{v}}$，仿照 4.2.4 节中的理论性能分析可知，最优解 $\hat{\boldsymbol{u}}_{\text{v-p}}^{(1)}$ 是关于向量 $\boldsymbol{u}_{\mathrm{v}}$ 的渐近无偏估计值，并且其均方误差矩阵为

$$\begin{aligned}\mathbf{MSE}(\hat{\boldsymbol{u}}_{\text{v-p}}^{(1)})&=\mathrm{E}[(\hat{\boldsymbol{u}}_{\text{v-p}}^{(1)}-\boldsymbol{u}_{\mathrm{v}})(\hat{\boldsymbol{u}}_{\text{v-p}}^{(1)}-\boldsymbol{u}_{\mathrm{v}})^{\mathrm{T}}]=\mathrm{E}[\Delta\boldsymbol{u}_{\text{v-p}}^{(1)}(\Delta\boldsymbol{u}_{\text{v-p}}^{(1)})^{\mathrm{T}}]\\&=\left(\begin{bmatrix}\boldsymbol{T}_2^{(1)\mathrm{T}}\boldsymbol{W}^{(1)\mathrm{T}} & \boldsymbol{T}_2^{(1)\mathrm{T}}\dot{\boldsymbol{W}}^{(1)\mathrm{T}}+\dot{\boldsymbol{T}}_2^{(1)\mathrm{T}}\boldsymbol{W}^{(1)\mathrm{T}}\\ \boldsymbol{O}_{3\times M} & \boldsymbol{T}_2^{(1)\mathrm{T}}\boldsymbol{W}^{(1)\mathrm{T}}\end{bmatrix}(\boldsymbol{\Omega}_{\mathrm{t}}^{(1)})^{-1}\begin{bmatrix}\boldsymbol{W}^{(1)}\boldsymbol{T}_2^{(1)} & \boldsymbol{O}_{M\times 3}\\ \dot{\boldsymbol{W}}^{(1)}\boldsymbol{T}_2^{(1)}+\boldsymbol{W}^{(1)}\dot{\boldsymbol{T}}_2^{(1)} & \boldsymbol{W}^{(1)}\boldsymbol{T}_2^{(1)}\end{bmatrix}\right)^{-1}\end{aligned}\tag{7.38}$$

下面证明估计值 $\hat{\boldsymbol{u}}_{\text{v-p}}^{(1)}$ 具有渐近最优性，也就是证明其估计均方误差矩阵可以渐近逼近相应的克拉美罗界，具体可见如下命题。

【命题 7.1】 在一阶误差分析理论框架下，$\mathbf{MSE}(\hat{\boldsymbol{u}}_{\text{v-p}}^{(1)})=\mathbf{CRB}_{\text{tfoa-p}}(\boldsymbol{u}_{\text{v}})$①。

【证明】 首先根据命题 3.1 可知

$$\mathbf{CRB}_{\text{tfoa-p}}(\boldsymbol{u}_{\text{v}})=\left[\left(\frac{\partial \boldsymbol{f}_{\text{tfoa}}(\boldsymbol{u}_{\text{v}})}{\partial \boldsymbol{u}_{\text{v}}^{\text{T}}}\right)^{\text{T}}\boldsymbol{E}_{\text{t}}^{-1}\frac{\partial \boldsymbol{f}_{\text{tfoa}}(\boldsymbol{u}_{\text{v}})}{\partial \boldsymbol{u}_{\text{v}}^{\text{T}}}\right]^{-1} \tag{7.39}$$

式中

$$\frac{\partial \boldsymbol{f}_{\text{tfoa}}(\boldsymbol{u}_{\text{v}})}{\partial \boldsymbol{u}_{\text{v}}^{\text{T}}}=\begin{bmatrix}\dfrac{\partial \boldsymbol{f}_{\text{toa}}(\boldsymbol{u}_{\text{v}})}{\partial \boldsymbol{u}^{\text{T}}} & \boldsymbol{O}_{M\times 3}\\ \dfrac{\partial \boldsymbol{f}_{\text{foa}}(\boldsymbol{u}_{\text{v}})}{\partial \boldsymbol{u}^{\text{T}}} & \dfrac{\partial \boldsymbol{f}_{\text{foa}}(\boldsymbol{u}_{\text{v}})}{\partial \dot{\boldsymbol{u}}^{\text{T}}}\end{bmatrix}\in\mathbf{R}^{2M\times 6} \tag{7.40}$$

其中

$$\frac{\partial \boldsymbol{f}_{\text{toa}}(\boldsymbol{u}_{\text{v}})}{\partial \boldsymbol{u}^{\text{T}}}=\left[\frac{\boldsymbol{u}-\boldsymbol{s}_1}{\|\boldsymbol{u}-\boldsymbol{s}_1\|_2}\quad \frac{\boldsymbol{u}-\boldsymbol{s}_2}{\|\boldsymbol{u}-\boldsymbol{s}_2\|_2}\quad \cdots\quad \frac{\boldsymbol{u}-\boldsymbol{s}_M}{\|\boldsymbol{u}-\boldsymbol{s}_M\|_2}\right]^{\text{T}}\in\mathbf{R}^{M\times 3} \tag{7.41}$$

$$\begin{aligned}&\frac{\partial \boldsymbol{f}_{\text{foa}}(\boldsymbol{u}_{\text{v}})}{\partial \boldsymbol{u}^{\text{T}}}\\&=\left[\boldsymbol{\Pi}^{\perp}[\boldsymbol{u}-\boldsymbol{s}_1]\frac{\dot{\boldsymbol{u}}-\dot{\boldsymbol{s}}_1}{\|\boldsymbol{u}-\boldsymbol{s}_1\|_2}\;\middle|\;\boldsymbol{\Pi}^{\perp}[\boldsymbol{u}-\boldsymbol{s}_2]\frac{\dot{\boldsymbol{u}}-\dot{\boldsymbol{s}}_2}{\|\boldsymbol{u}-\boldsymbol{s}_2\|_2}\;\middle|\;\cdots\;\middle|\;\boldsymbol{\Pi}^{\perp}[\boldsymbol{u}-\boldsymbol{s}_M]\frac{\dot{\boldsymbol{u}}-\dot{\boldsymbol{s}}_M}{\|\boldsymbol{u}-\boldsymbol{s}_M\|_2}\right]^{\text{T}}\in\mathbf{R}^{M\times 3}\end{aligned} \tag{7.42}$$

$$\frac{\partial \boldsymbol{f}_{\text{foa}}(\boldsymbol{u}_{\text{v}})}{\partial \dot{\boldsymbol{u}}^{\text{T}}}=\left[\frac{\boldsymbol{u}-\boldsymbol{s}_1}{\|\boldsymbol{u}-\boldsymbol{s}_1\|_2}\quad \frac{\boldsymbol{u}-\boldsymbol{s}_2}{\|\boldsymbol{u}-\boldsymbol{s}_2\|_2}\quad \cdots\quad \frac{\boldsymbol{u}-\boldsymbol{s}_M}{\|\boldsymbol{u}-\boldsymbol{s}_M\|_2}\right]^{\text{T}}=\frac{\partial \boldsymbol{f}_{\text{toa}}(\boldsymbol{u}_{\text{v}})}{\partial \boldsymbol{u}^{\text{T}}}\in\mathbf{R}^{M\times 3} \tag{7.43}$$

然后将式（7.33）代入式（7.38）中可得

$$\begin{aligned}\mathbf{MSE}(\hat{\boldsymbol{u}}_{\text{v-p}}^{(1)})&=\left(\begin{bmatrix}\boldsymbol{T}_2^{(1)\text{T}}\boldsymbol{W}^{(1)\text{T}} & \boldsymbol{T}_2^{(1)\text{T}}\dot{\boldsymbol{W}}^{(1)\text{T}}+\dot{\boldsymbol{T}}_2^{(1)\text{T}}\boldsymbol{W}^{(1)\text{T}}\\ \boldsymbol{O}_{3\times M} & \boldsymbol{T}_2^{(1)\text{T}}\boldsymbol{W}^{(1)\text{T}}\end{bmatrix}(\boldsymbol{B}_{\text{t}}^{(1)}(\boldsymbol{u}_{\text{v}})\boldsymbol{E}_{\text{t}}(\boldsymbol{B}_{\text{t}}^{(1)}(\boldsymbol{u}_{\text{v}}))^{\text{T}})^{-1}\right.\\&\quad\left.\times\begin{bmatrix}\boldsymbol{W}^{(1)}\boldsymbol{T}_2^{(1)} & \boldsymbol{O}_{M\times 3}\\ \dot{\boldsymbol{W}}^{(1)}\boldsymbol{T}_2^{(1)}+\boldsymbol{W}^{(1)}\dot{\boldsymbol{T}}_2^{(1)} & \boldsymbol{W}^{(1)}\boldsymbol{T}_2^{(1)}\end{bmatrix}\right)^{-1}\\&=\left(\begin{bmatrix}\boldsymbol{T}_2^{(1)\text{T}}\boldsymbol{W}^{(1)\text{T}} & \boldsymbol{T}_2^{(1)\text{T}}\dot{\boldsymbol{W}}^{(1)\text{T}}+\dot{\boldsymbol{T}}_2^{(1)\text{T}}\boldsymbol{W}^{(1)\text{T}}\\ \boldsymbol{O}_{3\times M} & \boldsymbol{T}_2^{(1)\text{T}}\boldsymbol{W}^{(1)\text{T}}\end{bmatrix}(\boldsymbol{B}_{\text{t}}^{(1)}(\boldsymbol{u}_{\text{v}}))^{-\text{T}}\boldsymbol{E}_{\text{t}}^{-1}(\boldsymbol{B}_{\text{t}}^{(1)}(\boldsymbol{u}_{\text{v}}))^{-1}\right.\\&\quad\left.\times\begin{bmatrix}\boldsymbol{W}^{(1)}\boldsymbol{T}_2^{(1)} & \boldsymbol{O}_{M\times 3}\\ \dot{\boldsymbol{W}}^{(1)}\boldsymbol{T}_2^{(1)}+\boldsymbol{W}^{(1)}\dot{\boldsymbol{T}}_2^{(1)} & \boldsymbol{W}^{(1)}\boldsymbol{T}_2^{(1)}\end{bmatrix}\right)^{-1}\end{aligned} \tag{7.44}$$

① 这里使用下角标“tfoa”来表征此克拉美罗界是基于 TOA/FOA 观测信息推导出来的。

对比式（7.39）和式（7.44）可知，下面仅需要证明

$$\frac{\partial \boldsymbol{f}_{\text{tfoa}}(\boldsymbol{u}_{\text{v}})}{\partial \boldsymbol{u}_{\text{v}}^{\text{T}}} = -(\boldsymbol{B}_{\text{t}}^{(1)}(\boldsymbol{u}_{\text{v}}))^{-1}\begin{bmatrix} \boldsymbol{W}^{(1)}\boldsymbol{T}_2^{(1)} & \boldsymbol{O}_{M\times 3} \\ \dot{\boldsymbol{W}}^{(1)}\boldsymbol{T}_2^{(1)} + \boldsymbol{W}^{(1)}\dot{\boldsymbol{T}}_2^{(1)} & \boldsymbol{W}^{(1)}\boldsymbol{T}_2^{(1)} \end{bmatrix} \tag{7.45}$$

考虑等式

$$\begin{aligned}&\begin{bmatrix} \boldsymbol{W}^{(1)}\boldsymbol{T}^{(1)} & \boldsymbol{O}_{M\times 3} \\ \dot{\boldsymbol{W}}^{(1)}\boldsymbol{T}^{(1)} + \boldsymbol{W}^{(1)}\dot{\boldsymbol{T}}^{(1)} & \boldsymbol{W}^{(1)}\boldsymbol{T}_2^{(1)} \end{bmatrix}\begin{bmatrix} 1 \\ \boldsymbol{u}_{\text{v}} \end{bmatrix} \\ &= \begin{bmatrix} \boldsymbol{W}^{(1)}\boldsymbol{t}_1^{(1)} \\ \dot{\boldsymbol{W}}^{(1)}\boldsymbol{t}_1^{(1)} + \boldsymbol{W}^{(1)}\dot{\boldsymbol{t}}_1^{(1)} \end{bmatrix} + \begin{bmatrix} \boldsymbol{W}^{(1)}\boldsymbol{T}_2^{(1)} & \boldsymbol{O}_{M\times 3} \\ \dot{\boldsymbol{W}}^{(1)}\boldsymbol{T}_2^{(1)} + \boldsymbol{W}^{(1)}\dot{\boldsymbol{T}}_2^{(1)} & \boldsymbol{W}^{(1)}\boldsymbol{T}_2^{(1)} \end{bmatrix}\boldsymbol{u}_{\text{v}} = \boldsymbol{O}_{2M\times 1}\end{aligned} \tag{7.46}$$

将式（7.46）两边对向量 $\boldsymbol{u}_{\text{v}}$ 求导可得

$$\begin{aligned}&\begin{bmatrix} \boldsymbol{W}^{(1)}\boldsymbol{T}_2^{(1)} & \boldsymbol{O}_{M\times 3} \\ \dot{\boldsymbol{W}}^{(1)}\boldsymbol{T}_2^{(1)} + \boldsymbol{W}^{(1)}\dot{\boldsymbol{T}}_2^{(1)} & \boldsymbol{W}^{(1)}\boldsymbol{T}_2^{(1)} \end{bmatrix} + \left[\frac{\partial}{\partial \boldsymbol{r}_{\text{v}}^{\text{T}}}\left(\begin{bmatrix} \boldsymbol{W}^{(1)}\boldsymbol{T}^{(1)} & \boldsymbol{O}_{M\times 3} \\ \dot{\boldsymbol{W}}^{(1)}\boldsymbol{T}^{(1)} + \boldsymbol{W}^{(1)}\dot{\boldsymbol{T}}^{(1)} & \boldsymbol{W}^{(1)}\boldsymbol{T}_2^{(1)} \end{bmatrix}\begin{bmatrix} 1 \\ \boldsymbol{u}_{\text{v}} \end{bmatrix}\right)\right]\frac{\partial \boldsymbol{r}_{\text{v}}}{\partial \boldsymbol{u}_{\text{v}}^{\text{T}}} \\ &= \begin{bmatrix} \boldsymbol{W}^{(1)}\boldsymbol{T}_2^{(1)} & \boldsymbol{O}_{M\times 3} \\ \dot{\boldsymbol{W}}^{(1)}\boldsymbol{T}_2^{(1)} + \boldsymbol{W}^{(1)}\dot{\boldsymbol{T}}_2^{(1)} & \boldsymbol{W}^{(1)}\boldsymbol{T}_2^{(1)} \end{bmatrix} + \boldsymbol{B}_{\text{t}}^{(1)}(\boldsymbol{u}_{\text{v}})\frac{\partial \boldsymbol{f}_{\text{tfoa}}(\boldsymbol{u}_{\text{v}})}{\partial \boldsymbol{u}_{\text{v}}^{\text{T}}} = \boldsymbol{O}_{2M\times 6}\end{aligned} \tag{7.47}$$

由式（7.47）可知式（7.45）成立。证毕。

7.2.5 仿真实验

假设利用 5 个运动传感器获得的 TOA/FOA 信息（也即距离/距离变化率信息）对运动辐射源进行定位，传感器三维位置坐标和速度如表 7.1 所示，距离/距离变化率观测误差向量 $\boldsymbol{\varepsilon}_{\text{t}}$ 服从均值为零、协方差矩阵为 $\boldsymbol{E}_{\text{t}} = \sigma_{\text{t}}^2 \text{blkdiag}\{\boldsymbol{I}_M, 0.01\boldsymbol{I}_M\}$ 的高斯分布。

表 7.1 传感器三维位置坐标和速度 （单位：m 和 m/s）

传感器序号	1	2	3	4	5
$x_m^{(\text{s})}$	1400	−2500	1700	−1500	−1700
$y_m^{(\text{s})}$	1600	−1300	−1400	2300	−2200
$z_m^{(\text{s})}$	1800	1100	−2400	−1200	−1600
$\dot{x}_m^{(\text{s})}$	12	13	−12	−14	17
$\dot{y}_m^{(\text{s})}$	−11	−12	11	−16	−10
$\dot{z}_m^{(\text{s})}$	15	10	−13	−10	−15

首先将辐射源位置向量和速度向量分别设为 $\boldsymbol{u} = [-4500 \;\; 6200 \;\; -3500]^{\text{T}}$ (m)

和 $\dot{\boldsymbol{u}}=[15\ \ -14\ \ -16]^{\mathrm{T}}$ (m/s)，将标准差设为 $\sigma_{\mathrm{t}}=1$，图 7.2 给出了定位结果散布图与定位误差椭圆曲线；图 7.3 给出了定位结果散布图与误差概率圆环曲线。

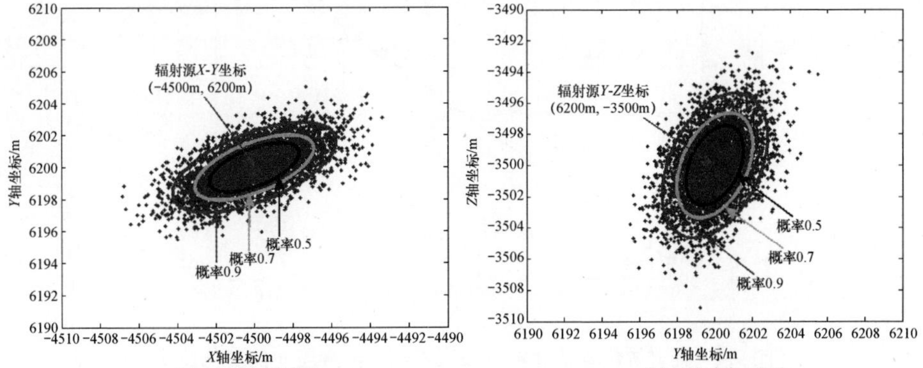

(a)　X-Y坐标平面　　(b)　Y-Z坐标平面

图 7.2　定位结果散布图与定位误差椭圆曲线

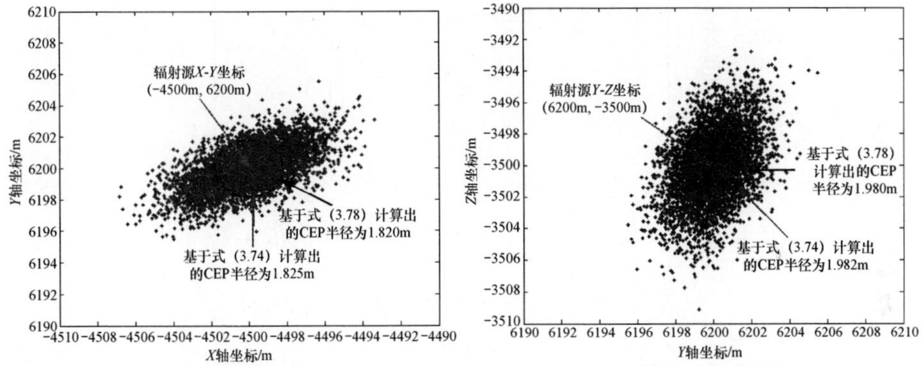

(a)　X-Y坐标平面　　(b)　Y-Z坐标平面

图 7.3　定位结果散布图与误差概率圆环曲线

然后将辐射源坐标设为两种情形：第 1 种是近场源，其位置向量和速度向量分别为 $\boldsymbol{u}=[2000\ \ 2500\ \ 2800]^{\mathrm{T}}$ (m)和 $\dot{\boldsymbol{u}}=[-12\ \ 16\ \ -18]^{\mathrm{T}}$ (m/s)；第 2 种是远场源，其位置向量和速度向量分别为 $\boldsymbol{u}=[8400\ \ 8500\ \ 8100]^{\mathrm{T}}$ (m) 和 $\dot{\boldsymbol{u}}=[-12\ \ 16\ \ -18]^{\mathrm{T}}$ (m/s)。改变标准差 σ_{t} 的数值，图 7.4 给出了辐射源位置估计均方根误差随着标准差 σ_{t} 的变化曲线；图 7.5 给出了辐射源速度估计均方根误差随着标准差 σ_{t} 的变化曲线；图 7.6 给出了辐射源定位成功概率随着标准差 σ_{t} 的变化曲线（图中的理论值是根据式（3.29）和式（3.36）计算得出的，其中 $\delta=5\mathrm{m}$）。

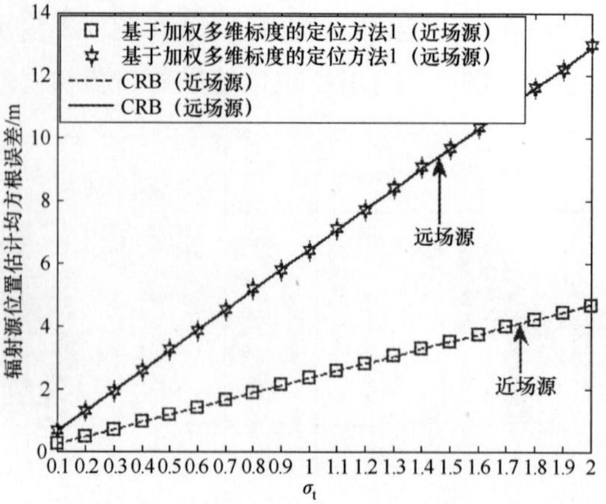

图 7.4　辐射源位置估计均方根误差随着标准差 σ_t 的变化曲线

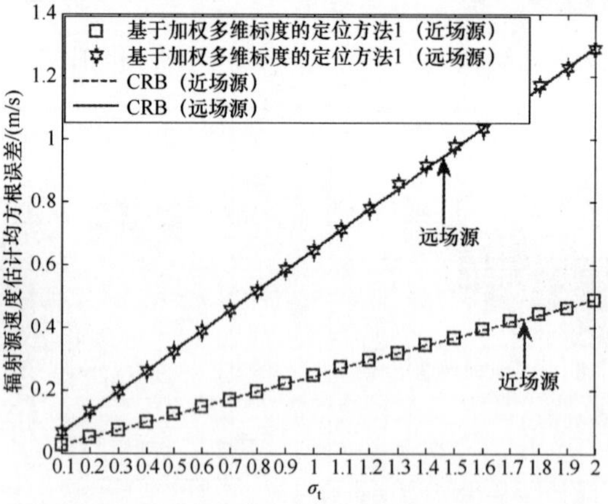

图 7.5　辐射源速度估计均方根误差随着标准差 σ_t 的变化曲线

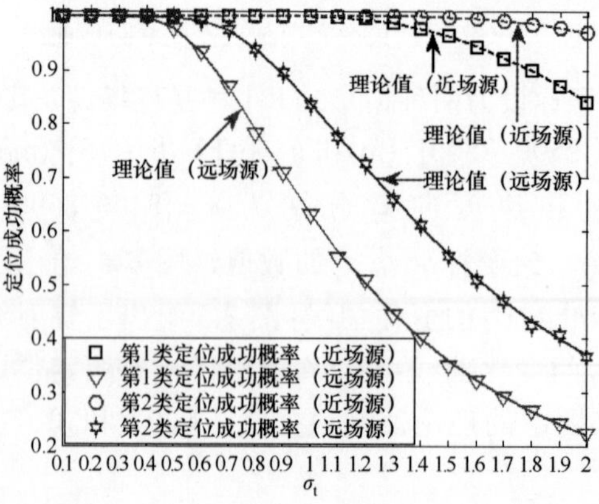

图 7.6　辐射源定位成功概率随着标准差 σ_t 的变化曲线

最后将标准差 σ_{t} 设为两种情形：第 1 种是 $\sigma_{\mathrm{t}}=1$；第 2 种是 $\sigma_{\mathrm{t}}=2$，将辐射源位置向量和速度向量分别设为 $\boldsymbol{u}=[-4200\ \ -3700\ \ -3500]^{\mathrm{T}}-[200\ \ 200\ \ 200]^{\mathrm{T}}k$ (m)[①]和 $\dot{\boldsymbol{u}}=[-10\ \ -10\ \ -10]^{\mathrm{T}}$ (m/s)。改变参数 k 的数值，图 7.7 给出了辐射源位置估计均方根误差随着参数 k 的变化曲线；图 7.8 给出了辐射源速度估计均方根误差随着参数 k 的变化曲线；图 7.9 给出了辐射源定位成功概率随着参数 k 的变化曲线（图中的理论值是根据式（3.29）和式（3.36）计算得出的，其中 $\delta=5\,\mathrm{m}$）。

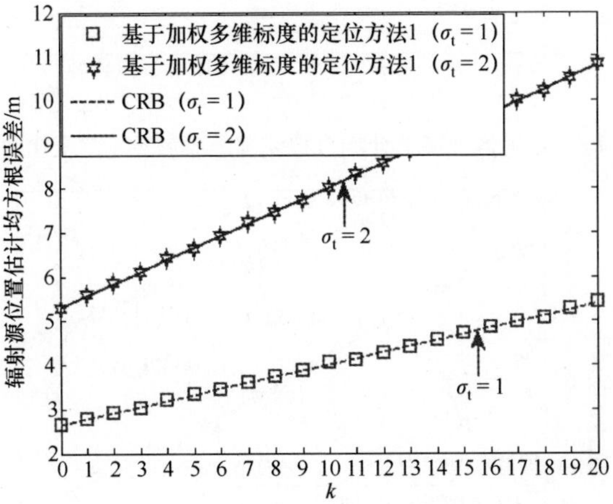

图 7.7　辐射源位置估计均方根误差随着参数 k 的变化曲线

从图 7.4～图 7.9 中可以看出：（1）基于加权多维标度的定位方法 1 的辐射源位置和速度估计均方根误差均可以达到克拉美罗界（见图 7.4 和图 7.5 及图 7.7 和图 7.8），这验证了 7.2.4 节理论性能分析的有效性；（2）随着辐射源与传感器距离的增加，其对辐射源的位置和速度估计精度会逐渐降低（见图 7.7～图 7.9），对近场源的定位精度要高于对远场源的定位精度（见图 7.4 和图 7.6），对近场源的速度估计精度要高于对远场源的速度估计精度（见图 7.5）；（3）两类定位成功概率的理论值和仿真值相互吻合，并且在相同条件下第 2 类定位成功概率高于第 1 类定位成功概率（见图 7.6 和图 7.9），这验证了 3.2 节理论性能分析的有效性。

---

① 参数 k 越大，辐射源与传感器之间的距离越远。

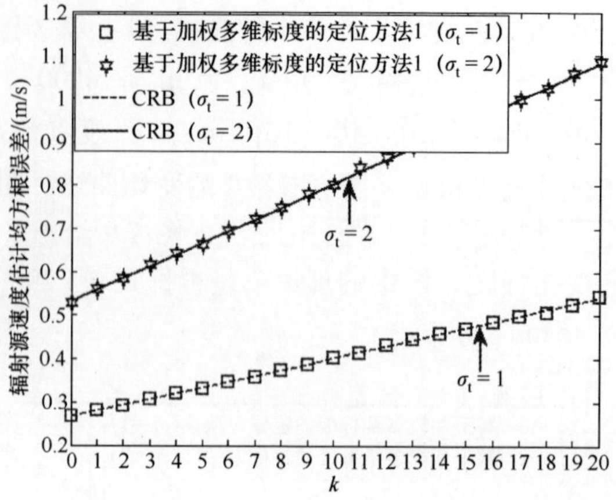

图 7.8　辐射源速度估计均方根误差随着参数 k 的变化曲线

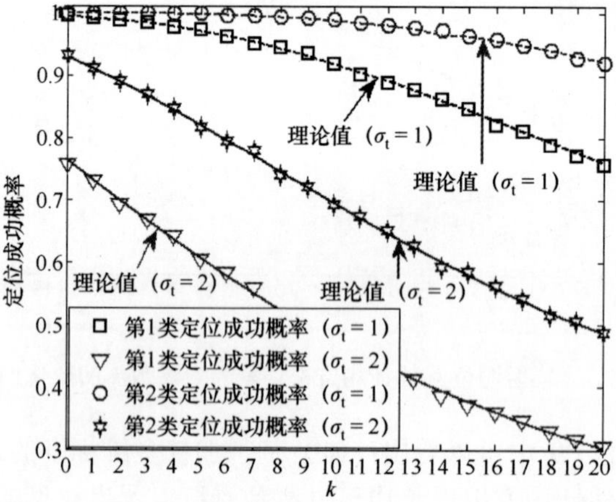

图 7.9　辐射源定位成功概率随着参数 k 的变化曲线

7.3　基于加权多维标度的定位方法 2

7.3.1　标量积矩阵的构造

方法 2 中标量积矩阵的构造方式与方法 1 中有所不同。首先令

$$\boldsymbol{s}_{\boldsymbol{u}}=\frac{1}{M+1}\boldsymbol{u}+\frac{1}{M+1}\sum_{m=1}^{M}\boldsymbol{s}_m \tag{7.48}$$

$$\dot{\boldsymbol{s}}_{\boldsymbol{u}}=\frac{1}{M+1}\dot{\boldsymbol{u}}+\frac{1}{M+1}\sum_{m=1}^{M}\dot{\boldsymbol{s}}_m \tag{7.49}$$

利用传感器和辐射源的位置向量和速度向量定义如下坐标矩阵和速度矩阵[①]：

$$\boldsymbol{S}_{\boldsymbol{u}}^{(2)}=\begin{bmatrix}(\boldsymbol{u}-\boldsymbol{s}_{\boldsymbol{u}})^{\mathrm{T}}\\(\boldsymbol{s}_1-\boldsymbol{s}_{\boldsymbol{u}})^{\mathrm{T}}\\(\boldsymbol{s}_2-\boldsymbol{s}_{\boldsymbol{u}})^{\mathrm{T}}\\\vdots\\(\boldsymbol{s}_M-\boldsymbol{s}_{\boldsymbol{u}})^{\mathrm{T}}\end{bmatrix}=\boldsymbol{S}^{(2)}-\boldsymbol{n}_M\boldsymbol{u}^{\mathrm{T}}\in\mathbf{R}^{(M+1)\times 3}$$

$$\dot{\boldsymbol{S}}_{\boldsymbol{u}}^{(2)}=\begin{bmatrix}(\dot{\boldsymbol{u}}-\dot{\boldsymbol{s}}_{\boldsymbol{u}})^{\mathrm{T}}\\(\dot{\boldsymbol{s}}_1-\dot{\boldsymbol{s}}_{\boldsymbol{u}})^{\mathrm{T}}\\(\dot{\boldsymbol{s}}_2-\dot{\boldsymbol{s}}_{\boldsymbol{u}})^{\mathrm{T}}\\\vdots\\(\dot{\boldsymbol{s}}_M-\dot{\boldsymbol{s}}_{\boldsymbol{u}})^{\mathrm{T}}\end{bmatrix}=\dot{\boldsymbol{S}}^{(2)}-\boldsymbol{n}_M\dot{\boldsymbol{u}}^{\mathrm{T}}\in\mathbf{R}^{(M+1)\times 3} \tag{7.50}$$

式中

$$\boldsymbol{S}^{(2)}=\begin{bmatrix}\left(-\dfrac{1}{M+1}\sum_{m=1}^{M}\boldsymbol{s}_m\right)^{\mathrm{T}}\\\left(\boldsymbol{s}_1-\dfrac{1}{M+1}\sum_{m=1}^{M}\boldsymbol{s}_m\right)^{\mathrm{T}}\\\left(\boldsymbol{s}_2-\dfrac{1}{M+1}\sum_{m=1}^{M}\boldsymbol{s}_m\right)^{\mathrm{T}}\\\vdots\\\left(\boldsymbol{s}_M-\dfrac{1}{M+1}\sum_{m=1}^{M}\boldsymbol{s}_m\right)^{\mathrm{T}}\end{bmatrix}\in\mathbf{R}^{(M+1)\times 3},$$

$$\dot{\boldsymbol{S}}^{(2)}=\begin{bmatrix}\left(-\dfrac{1}{M+1}\sum_{m=1}^{M}\dot{\boldsymbol{s}}_m\right)^{\mathrm{T}}\\\left(\dot{\boldsymbol{s}}_1-\dfrac{1}{M+1}\sum_{m=1}^{M}\dot{\boldsymbol{s}}_m\right)^{\mathrm{T}}\\\left(\dot{\boldsymbol{s}}_2-\dfrac{1}{M+1}\sum_{m=1}^{M}\dot{\boldsymbol{s}}_m\right)^{\mathrm{T}}\\\vdots\\\left(\dot{\boldsymbol{s}}_M-\dfrac{1}{M+1}\sum_{m=1}^{M}\dot{\boldsymbol{s}}_m\right)^{\mathrm{T}}\end{bmatrix}\in\mathbf{R}^{(M+1)\times 3}\ ,\ \boldsymbol{n}_M=\begin{bmatrix}-\dfrac{M}{M+1}\\\dfrac{1}{M+1}\\\dfrac{1}{M+1}\\\vdots\\\dfrac{1}{M+1}\end{bmatrix}\in\mathbf{R}^{(M+1)\times 1} \tag{7.51}$$

① 本节中的数学符号大多使用上角标“(2)”，这是为了突出其对应于第 2 种定位方法。

显然，矩阵 $\dot{\boldsymbol{S}}_u^{(2)}$ 是矩阵 $\boldsymbol{S}_u^{(2)}$ 对时间求导的结果。然后构造第 1 个标量积矩阵，如下式所示：

$$\begin{aligned}\boldsymbol{W}^{(2)}&=\boldsymbol{S}_u^{(2)}\boldsymbol{S}_u^{(2)\mathrm{T}}\\&=\begin{bmatrix}\|\boldsymbol{u}-\boldsymbol{s}_u\|_2^2 & (\boldsymbol{u}-\boldsymbol{s}_u)^{\mathrm{T}}(\boldsymbol{s}_1-\boldsymbol{s}_u) & (\boldsymbol{u}-\boldsymbol{s}_u)^{\mathrm{T}}(\boldsymbol{s}_2-\boldsymbol{s}_u) & \cdots & (\boldsymbol{u}-\boldsymbol{s}_u)^{\mathrm{T}}(\boldsymbol{s}_M-\boldsymbol{s}_u)\\ (\boldsymbol{u}-\boldsymbol{s}_u)^{\mathrm{T}}(\boldsymbol{s}_1-\boldsymbol{s}_u) & \|\boldsymbol{s}_1-\boldsymbol{s}_u\|_2^2 & (\boldsymbol{s}_1-\boldsymbol{s}_u)^{\mathrm{T}}(\boldsymbol{s}_2-\boldsymbol{s}_u) & \cdots & (\boldsymbol{s}_1-\boldsymbol{s}_u)^{\mathrm{T}}(\boldsymbol{s}_M-\boldsymbol{s}_u)\\ (\boldsymbol{u}-\boldsymbol{s}_u)^{\mathrm{T}}(\boldsymbol{s}_2-\boldsymbol{s}_u) & (\boldsymbol{s}_1-\boldsymbol{s}_u)^{\mathrm{T}}(\boldsymbol{s}_2-\boldsymbol{s}_u) & \|\boldsymbol{s}_2-\boldsymbol{s}_u\|_2^2 & \cdots & (\boldsymbol{s}_2-\boldsymbol{s}_u)^{\mathrm{T}}(\boldsymbol{s}_M-\boldsymbol{s}_u)\\ \vdots & \vdots & \vdots & \ddots & \vdots\\ (\boldsymbol{u}-\boldsymbol{s}_u)^{\mathrm{T}}(\boldsymbol{s}_M-\boldsymbol{s}_u) & (\boldsymbol{s}_1-\boldsymbol{s}_u)^{\mathrm{T}}(\boldsymbol{s}_M-\boldsymbol{s}_u) & (\boldsymbol{s}_2-\boldsymbol{s}_u)^{\mathrm{T}}(\boldsymbol{s}_M-\boldsymbol{s}_u) & \cdots & \|\boldsymbol{s}_M-\boldsymbol{s}_u\|_2^2\end{bmatrix}\\&\in\mathbf{R}^{(M+1)\times(M+1)}\end{aligned}\tag{7.52}$$

将式（7.52）两边对时间求导可以得到第 2 个标量积矩阵，如下式所示：

$$\begin{aligned}\dot{\boldsymbol{W}}^{(2)}&=\dot{\boldsymbol{S}}_u^{(2)}\boldsymbol{S}_u^{(2)\mathrm{T}}+\boldsymbol{S}_u^{(2)}\dot{\boldsymbol{S}}_u^{(2)\mathrm{T}}\\&=\begin{bmatrix}(\dot{\boldsymbol{u}}-\dot{\boldsymbol{s}}_u)^{\mathrm{T}}(\boldsymbol{u}-\boldsymbol{s}_u) & (\dot{\boldsymbol{u}}-\dot{\boldsymbol{s}}_u)^{\mathrm{T}}(\boldsymbol{s}_1-\boldsymbol{s}_u) & (\dot{\boldsymbol{u}}-\dot{\boldsymbol{s}}_u)^{\mathrm{T}}(\boldsymbol{s}_2-\boldsymbol{s}_u) & \cdots & (\dot{\boldsymbol{u}}-\dot{\boldsymbol{s}}_u)^{\mathrm{T}}(\boldsymbol{s}_M-\boldsymbol{s}_u)\\ (\dot{\boldsymbol{u}}-\dot{\boldsymbol{s}}_u)^{\mathrm{T}}(\boldsymbol{s}_1-\boldsymbol{s}_u) & (\dot{\boldsymbol{s}}_1-\dot{\boldsymbol{s}}_u)^{\mathrm{T}}(\boldsymbol{s}_1-\boldsymbol{s}_u) & (\dot{\boldsymbol{s}}_1-\dot{\boldsymbol{s}}_u)^{\mathrm{T}}(\boldsymbol{s}_2-\boldsymbol{s}_u) & \cdots & (\dot{\boldsymbol{s}}_1-\dot{\boldsymbol{s}}_u)^{\mathrm{T}}(\boldsymbol{s}_M-\boldsymbol{s}_u)\\ (\dot{\boldsymbol{u}}-\dot{\boldsymbol{s}}_u)^{\mathrm{T}}(\boldsymbol{s}_2-\boldsymbol{s}_u) & (\dot{\boldsymbol{s}}_1-\dot{\boldsymbol{s}}_u)^{\mathrm{T}}(\boldsymbol{s}_2-\boldsymbol{s}_u) & (\dot{\boldsymbol{s}}_2-\dot{\boldsymbol{s}}_u)^{\mathrm{T}}(\boldsymbol{s}_2-\boldsymbol{s}_u) & \cdots & (\dot{\boldsymbol{s}}_2-\dot{\boldsymbol{s}}_u)^{\mathrm{T}}(\boldsymbol{s}_M-\boldsymbol{s}_u)\\ \vdots & \vdots & \vdots & \ddots & \vdots\\ (\dot{\boldsymbol{u}}-\dot{\boldsymbol{s}}_u)^{\mathrm{T}}(\boldsymbol{s}_M-\boldsymbol{s}_u) & (\dot{\boldsymbol{s}}_1-\dot{\boldsymbol{s}}_u)^{\mathrm{T}}(\boldsymbol{s}_M-\boldsymbol{s}_u) & (\dot{\boldsymbol{s}}_2-\dot{\boldsymbol{s}}_u)^{\mathrm{T}}(\boldsymbol{s}_M-\boldsymbol{s}_u) & \cdots & (\dot{\boldsymbol{s}}_M-\dot{\boldsymbol{s}}_u)^{\mathrm{T}}(\boldsymbol{s}_M-\boldsymbol{s}_u)\end{bmatrix}\\&\quad+\begin{bmatrix}(\boldsymbol{u}-\boldsymbol{s}_u)^{\mathrm{T}}(\dot{\boldsymbol{u}}-\dot{\boldsymbol{s}}_u) & (\boldsymbol{u}-\boldsymbol{s}_u)^{\mathrm{T}}(\dot{\boldsymbol{s}}_1-\dot{\boldsymbol{s}}_u) & (\boldsymbol{u}-\boldsymbol{s}_u)^{\mathrm{T}}(\dot{\boldsymbol{s}}_2-\dot{\boldsymbol{s}}_u) & \cdots & (\boldsymbol{u}-\boldsymbol{s}_u)^{\mathrm{T}}(\dot{\boldsymbol{s}}_M-\dot{\boldsymbol{s}}_u)\\ (\boldsymbol{u}-\boldsymbol{s}_u)^{\mathrm{T}}(\dot{\boldsymbol{s}}_1-\dot{\boldsymbol{s}}_u) & (\boldsymbol{s}_1-\boldsymbol{s}_u)^{\mathrm{T}}(\dot{\boldsymbol{s}}_1-\dot{\boldsymbol{s}}_u) & (\boldsymbol{s}_1-\boldsymbol{s}_u)^{\mathrm{T}}(\dot{\boldsymbol{s}}_2-\dot{\boldsymbol{s}}_u) & \cdots & (\boldsymbol{s}_1-\boldsymbol{s}_u)^{\mathrm{T}}(\dot{\boldsymbol{s}}_M-\dot{\boldsymbol{s}}_u)\\ (\boldsymbol{u}-\boldsymbol{s}_u)^{\mathrm{T}}(\dot{\boldsymbol{s}}_2-\dot{\boldsymbol{s}}_u) & (\boldsymbol{s}_1-\boldsymbol{s}_u)^{\mathrm{T}}(\dot{\boldsymbol{s}}_2-\dot{\boldsymbol{s}}_u) & (\boldsymbol{s}_2-\boldsymbol{s}_u)^{\mathrm{T}}(\dot{\boldsymbol{s}}_2-\dot{\boldsymbol{s}}_u) & \cdots & (\boldsymbol{s}_2-\boldsymbol{s}_u)^{\mathrm{T}}(\dot{\boldsymbol{s}}_M-\dot{\boldsymbol{s}}_u)\\ \vdots & \vdots & \vdots & \ddots & \vdots\\ (\boldsymbol{u}-\boldsymbol{s}_u)^{\mathrm{T}}(\dot{\boldsymbol{s}}_M-\dot{\boldsymbol{s}}_u) & (\boldsymbol{s}_1-\boldsymbol{s}_u)^{\mathrm{T}}(\dot{\boldsymbol{s}}_M-\dot{\boldsymbol{s}}_u) & (\boldsymbol{s}_2-\boldsymbol{s}_u)^{\mathrm{T}}(\dot{\boldsymbol{s}}_M-\dot{\boldsymbol{s}}_u) & \cdots & (\boldsymbol{s}_M-\boldsymbol{s}_u)^{\mathrm{T}}(\dot{\boldsymbol{s}}_M-\dot{\boldsymbol{s}}_u)\end{bmatrix}\\&\in\mathbf{R}^{(M+1)\times(M+1)}\end{aligned}\tag{7.53}$$

根据命题 2.12 可知，矩阵 $\boldsymbol{W}^{(2)}$ 可以表示为

$$\boldsymbol{W}^{(2)}=-\frac{1}{2}\boldsymbol{L}_M\boldsymbol{D}_M\boldsymbol{L}_M\tag{7.54}$$

式中

$$\begin{cases}\boldsymbol{D}_M=\begin{bmatrix}0 & r_1^2 & r_2^2 & \cdots & r_M^2\\ r_1^2 & d_{11}^2 & d_{12}^2 & \cdots & d_{1M}^2\\ r_2^2 & d_{12}^2 & d_{22}^2 & \cdots & d_{2M}^2\\ \vdots & \vdots & \vdots & \ddots & \vdots\\ r_M^2 & d_{1M}^2 & d_{2M}^2 & \cdots & d_{MM}^2\end{bmatrix}\in\mathbf{R}^{(M+1)\times(M+1)}\\ \boldsymbol{L}_M=\boldsymbol{I}_{M+1}-\dfrac{1}{M+1}\boldsymbol{1}_{(M+1)\times(M+1)}\in\mathbf{R}^{(M+1)\times(M+1)}\end{cases}\tag{7.55}$$

将式（7.54）两边对时间求导，矩阵 $\dot{\boldsymbol{W}}^{(2)}$ 可以表示为

$$\dot{\boldsymbol{W}}^{(2)} = -\frac{1}{2}\boldsymbol{L}_M \dot{\boldsymbol{D}}_M \boldsymbol{L}_M \tag{7.56}$$

式中

$$\dot{\boldsymbol{D}}_M = 2\begin{bmatrix} 0 & r_1\dot{r}_1 & r_2\dot{r}_2 & \cdots & r_M\dot{r}_M \\ r_1\dot{r}_1 & \theta_{11} & \theta_{12} & \cdots & \theta_{1M} \\ r_2\dot{r}_2 & \theta_{12} & \theta_{22} & \cdots & \theta_{2M} \\ \vdots & \vdots & \vdots & \ddots & \vdots \\ r_M\dot{r}_M & \theta_{1M} & \theta_{2M} & \cdots & \theta_{MM} \end{bmatrix} \in \mathbf{R}^{(M+1)\times(M+1)} \tag{7.57}$$

式（7.54）和式（7.56）分别提供了构造矩阵 $\boldsymbol{W}^{(2)}$ 和 $\dot{\boldsymbol{W}}^{(2)}$ 的计算公式，相比于方法 1 中的标量积矩阵 $\boldsymbol{W}^{(1)}$ 和 $\dot{\boldsymbol{W}}^{(1)}$，方法 2 中的标量积矩阵 $\boldsymbol{W}^{(2)}$ 和 $\dot{\boldsymbol{W}}^{(2)}$ 的阶数增加了 1 维。

7.3.2　两个重要的关系式

下面将给出两个重要的关系式，这对于确定辐射源位置和速度至关重要。首先根据式（4.52）可以得到第 1 个关系式，如下式所示：

$$\boldsymbol{O}_{(M+1)\times 1} = \boldsymbol{W}^{(2)}[\boldsymbol{n}_M \quad \boldsymbol{S}^{(2)}]\begin{bmatrix} \boldsymbol{n}_M^{\mathrm{T}}\boldsymbol{n}_M & \boldsymbol{n}_M^{\mathrm{T}}\boldsymbol{S}^{(2)} \\ \boldsymbol{S}^{(2)\mathrm{T}}\boldsymbol{n}_M & \boldsymbol{S}^{(2)\mathrm{T}}\boldsymbol{S}^{(2)} \end{bmatrix}^{-1}\begin{bmatrix} 1 \\ \boldsymbol{u} \end{bmatrix} = \boldsymbol{W}^{(2)}\boldsymbol{T}^{(2)}\begin{bmatrix} 1 \\ \boldsymbol{u} \end{bmatrix} \tag{7.58}$$

式中

$$\boldsymbol{T}^{(2)} = [\boldsymbol{n}_M \quad \boldsymbol{S}^{(2)}]\begin{bmatrix} \boldsymbol{n}_M^{\mathrm{T}}\boldsymbol{n}_M & \boldsymbol{n}_M^{\mathrm{T}}\boldsymbol{S}^{(2)} \\ \boldsymbol{S}^{(2)\mathrm{T}}\boldsymbol{n}_M & \boldsymbol{S}^{(2)\mathrm{T}}\boldsymbol{S}^{(2)} \end{bmatrix}^{-1} \in \mathbf{R}^{(M+1)\times 4} \tag{7.59}$$

将式（7.58）两边对时间求导可以得到第 2 个关系式，如下式所示：

$$\boldsymbol{O}_{(M+1)\times 1} = (\dot{\boldsymbol{W}}^{(2)}\boldsymbol{T}^{(2)} + \boldsymbol{W}^{(2)}\dot{\boldsymbol{T}}^{(2)})\begin{bmatrix} 1 \\ \boldsymbol{u} \end{bmatrix} + \boldsymbol{W}^{(2)}\boldsymbol{T}^{(2)}\begin{bmatrix} 0 \\ \dot{\boldsymbol{u}} \end{bmatrix} \tag{7.60}$$

式中

$$\begin{aligned}\dot{\boldsymbol{T}}^{(2)} = &[\boldsymbol{O}_{(M+1)\times 1} \quad \dot{\boldsymbol{S}}^{(2)}]\begin{bmatrix} \boldsymbol{n}_M^{\mathrm{T}}\boldsymbol{n}_M & \boldsymbol{n}_M^{\mathrm{T}}\boldsymbol{S}^{(2)} \\ \boldsymbol{S}^{(2)\mathrm{T}}\boldsymbol{n}_M & \boldsymbol{S}^{(2)\mathrm{T}}\boldsymbol{S}^{(2)} \end{bmatrix}^{-1} \\ &-\boldsymbol{T}^{(2)}\begin{bmatrix} 0 & \boldsymbol{n}_M^{\mathrm{T}}\dot{\boldsymbol{S}}^{(2)} \\ \dot{\boldsymbol{S}}^{(2)\mathrm{T}}\boldsymbol{n}_M & \dot{\boldsymbol{S}}^{(2)\mathrm{T}}\boldsymbol{S}^{(2)} + \boldsymbol{S}^{(2)\mathrm{T}}\dot{\boldsymbol{S}}^{(2)} \end{bmatrix}\begin{bmatrix} \boldsymbol{n}_M^{\mathrm{T}}\boldsymbol{n}_M & \boldsymbol{n}_M^{\mathrm{T}}\boldsymbol{S}^{(2)} \\ \boldsymbol{S}^{(2)\mathrm{T}}\boldsymbol{n}_M & \boldsymbol{S}^{(2)\mathrm{T}}\boldsymbol{S}^{(2)} \end{bmatrix}^{-1} \in \mathbf{R}^{(M+1)\times 4}\end{aligned} \tag{7.61}$$

式（7.58）和式（7.60）建立了关于辐射源位置向量 $\boldsymbol{u}$ 和速度向量 $\dot{\boldsymbol{u}}$ 的伪线性等式，其中一共包含 $2(M+1)$ 个等式，而 TOA/FOA 观测量仅为 $2M$ 个，这意味着该关系式是存在冗余的。

7.3.3 定位原理与方法

下面将基于式（7.58）和式（7.60）构建确定辐射源位置向量 $\boldsymbol{u}$ 和速度向量 $\dot{\boldsymbol{u}}$ 的估计准则，并且推导其最优解。首先需要将式（7.58）和式（7.60）进行合并，从而得到如下更高维度的伪线性等式：

$$
\begin{aligned}
\boldsymbol{O}_{2(M+1)\times 1} &= \begin{bmatrix} \boldsymbol{W}^{(2)}\boldsymbol{T}^{(2)} & \boldsymbol{O}_{(M+1)\times 3} \\ \dot{\boldsymbol{W}}^{(2)}\boldsymbol{T}^{(2)}+\boldsymbol{W}^{(2)}\dot{\boldsymbol{T}}^{(2)} & \boldsymbol{W}^{(2)}\boldsymbol{T}^{(2)}\bar{\boldsymbol{I}}_3 \end{bmatrix}\begin{bmatrix} 1 \\ \boldsymbol{u} \\ \dot{\boldsymbol{u}} \end{bmatrix} \\
&= \begin{bmatrix} \boldsymbol{W}^{(2)}\boldsymbol{T}^{(2)} & \boldsymbol{O}_{(M+1)\times 3} \\ \dot{\boldsymbol{W}}^{(2)}\boldsymbol{T}^{(2)}+\boldsymbol{W}^{(2)}\dot{\boldsymbol{T}}^{(2)} & \boldsymbol{W}^{(2)}\boldsymbol{T}^{(2)}\bar{\boldsymbol{I}}_3 \end{bmatrix}\begin{bmatrix} 1 \\ \boldsymbol{u}_{\mathrm{v}} \end{bmatrix}
\end{aligned} \tag{7.62}
$$

1. 一阶误差扰动分析

在实际定位过程中，标量积矩阵 $\boldsymbol{W}^{(2)}$ 和 $\dot{\boldsymbol{W}}^{(2)}$ 的真实值都是未知的，因为其中的真实距离 $\{r_m\}_{1\leqslant m\leqslant M}$ 和真实距离变化率 $\{\dot{r}_m\}_{1\leqslant m\leqslant M}$ 仅能分别用它们的观测值 $\{\hat{r}_m\}_{1\leqslant m\leqslant M}$ 和 $\{\hat{\dot{r}}_m\}_{1\leqslant m\leqslant M}$ 来代替，这必然会引入观测误差。不妨将含有观测误差的标量积矩阵 $\boldsymbol{W}^{(2)}$ 和 $\dot{\boldsymbol{W}}^{(2)}$ 分别记为 $\hat{\boldsymbol{W}}^{(2)}$ 和 $\hat{\dot{\boldsymbol{W}}}^{(2)}$，于是根据式（7.54）～式（7.57）可知，矩阵 $\hat{\boldsymbol{W}}^{(2)}$ 和 $\hat{\dot{\boldsymbol{W}}}^{(2)}$ 可以分别表示为

$$
\hat{\boldsymbol{W}}^{(2)} = -\frac{1}{2}\boldsymbol{L}_M \begin{bmatrix} 0 & \hat{r}_1^2 & \hat{r}_2^2 & \cdots & \hat{r}_M^2 \\ \hat{r}_1^2 & d_{11}^2 & d_{12}^2 & \cdots & d_{1M}^2 \\ \hat{r}_2^2 & d_{12}^2 & d_{22}^2 & \cdots & d_{2M}^2 \\ \vdots & \vdots & \vdots & \ddots & \vdots \\ \hat{r}_M^2 & d_{1M}^2 & d_{2M}^2 & \cdots & d_{MM}^2 \end{bmatrix} \boldsymbol{L}_M \tag{7.63}
$$

$$
\hat{\dot{\boldsymbol{W}}}^{(2)} = -\boldsymbol{L}_M \begin{bmatrix} 0 & \hat{r}_1\hat{\dot{r}}_1 & \hat{r}_2\hat{\dot{r}}_2 & \cdots & \hat{r}_M\hat{\dot{r}}_M \\ \hat{r}_1\hat{\dot{r}}_1 & \theta_{11} & \theta_{12} & \cdots & \theta_{1M} \\ \hat{r}_2\hat{\dot{r}}_2 & \theta_{12} & \theta_{22} & \cdots & \theta_{2M} \\ \vdots & \vdots & \vdots & \ddots & \vdots \\ \hat{r}_M\hat{\dot{r}}_M & \theta_{1M} & \theta_{2M} & \cdots & \theta_{MM} \end{bmatrix} \boldsymbol{L}_M \tag{7.64}
$$

基于式（7.62）可以定义如下误差向量：

$$
\boldsymbol{\delta}_{\mathrm{t}}^{(2)} = \begin{bmatrix} \hat{\boldsymbol{W}}^{(2)}\boldsymbol{T}^{(2)} & \boldsymbol{O}_{(M+1)\times 3} \\ \hat{\dot{\boldsymbol{W}}}^{(2)}\boldsymbol{T}^{(2)}+\hat{\boldsymbol{W}}^{(2)}\dot{\boldsymbol{T}}^{(2)} & \hat{\boldsymbol{W}}^{(2)}\boldsymbol{T}^{(2)}\bar{\boldsymbol{I}}_3 \end{bmatrix}\begin{bmatrix} 1 \\ \boldsymbol{u}_{\mathrm{v}} \end{bmatrix} \tag{7.65}
$$

并由式（7.62）可得

$$\boldsymbol{\delta}_{\mathrm{t}}^{(2)}=\left[\begin{array}{c:c}(\boldsymbol{W}^{(2)}+\Delta\boldsymbol{W}_{\mathrm{t}}^{(2)})\boldsymbol{T}^{(2)} & \boldsymbol{O}_{(M+1)\times 3} \\ \hdashline (\dot{\boldsymbol{W}}^{(2)}+\Delta\dot{\boldsymbol{W}}_{\mathrm{t}}^{(2)})\boldsymbol{T}^{(2)}+(\boldsymbol{W}^{(2)}+\Delta\boldsymbol{W}_{\mathrm{t}}^{(2)})\dot{\boldsymbol{T}}^{(2)} & (\boldsymbol{W}^{(2)}+\Delta\boldsymbol{W}_{\mathrm{t}}^{(2)})\boldsymbol{T}^{(2)}\bar{\boldsymbol{I}}_3\end{array}\right]\begin{bmatrix}1\\ \boldsymbol{u}_{\mathrm{v}}\end{bmatrix}$$
$$=\left[\begin{array}{c:c}\Delta\boldsymbol{W}_{\mathrm{t}}^{(2)}\boldsymbol{T}^{(2)} & \boldsymbol{O}_{(M+1)\times 3} \\ \hdashline \Delta\boldsymbol{W}_{\mathrm{t}}^{(2)}\dot{\boldsymbol{T}}^{(2)} & \Delta\boldsymbol{W}_{\mathrm{t}}^{(2)}\boldsymbol{T}^{(2)}\bar{\boldsymbol{I}}_3\end{array}\right]\begin{bmatrix}1\\ \boldsymbol{u}_{\mathrm{v}}\end{bmatrix}+\left[\begin{array}{c:c}\boldsymbol{O}_{(M+1)\times 4} & \boldsymbol{O}_{(M+1)\times 3} \\ \hdashline \Delta\dot{\boldsymbol{W}}_{\mathrm{t}}^{(2)}\boldsymbol{T}^{(2)} & \boldsymbol{O}_{(M+1)\times 3}\end{array}\right]\begin{bmatrix}1\\ \boldsymbol{u}_{\mathrm{v}}\end{bmatrix} \tag{7.66}$$

式中，$\Delta\boldsymbol{W}_{\mathrm{t}}^{(2)}$ 和 $\Delta\dot{\boldsymbol{W}}_{\mathrm{t}}^{(2)}$ 分别表示 $\hat{\boldsymbol{W}}^{(2)}$ 和 $\hat{\dot{\boldsymbol{W}}}^{(2)}$ 中的误差矩阵，即有 $\Delta\boldsymbol{W}_{\mathrm{t}}^{(2)}=\hat{\boldsymbol{W}}^{(2)}-\boldsymbol{W}^{(2)}$ 和 $\Delta\dot{\boldsymbol{W}}_{\mathrm{t}}^{(2)}=\hat{\dot{\boldsymbol{W}}}^{(2)}-\dot{\boldsymbol{W}}^{(2)}$。下面需要推导它们的一阶表达式（即忽略观测误差 $\boldsymbol{\varepsilon}_{\mathrm{t}}$ 的二阶及其以上各阶项），并由此获得误差向量 $\boldsymbol{\delta}_{\mathrm{t}}^{(2)}$ 关于观测误差 $\boldsymbol{\varepsilon}_{\mathrm{t}}$ 的线性函数。

首先基于式（7.63）可以将误差矩阵 $\Delta\boldsymbol{W}_{\mathrm{t}}^{(2)}$ 近似表示为

$$\Delta\boldsymbol{W}_{\mathrm{t}}^{(2)}\approx-\boldsymbol{L}_M\begin{bmatrix}0 & r_1\varepsilon_{\mathrm{t}11} & r_2\varepsilon_{\mathrm{t}21} & \cdots & r_M\varepsilon_{\mathrm{t}M1}\\ r_1\varepsilon_{\mathrm{t}11} & 0 & 0 & \cdots & 0\\ r_2\varepsilon_{\mathrm{t}21} & 0 & 0 & \cdots & 0\\ \vdots & \vdots & \vdots & \ddots & \vdots\\ r_M\varepsilon_{\mathrm{t}M1} & 0 & 0 & \cdots & 0\end{bmatrix}\boldsymbol{L}_M \tag{7.67}$$

由式（7.67）可以将式（7.66）右边第 1 式近似表示为关于观测误差 $\boldsymbol{\varepsilon}_{\mathrm{t}}$ 的线性函数，如下式所示：

$$\left[\begin{array}{c:c}\Delta\boldsymbol{W}_{\mathrm{t}}^{(2)}\boldsymbol{T}^{(2)} & \boldsymbol{O}_{(M+1)\times 3} \\ \hdashline \Delta\boldsymbol{W}_{\mathrm{t}}^{(2)}\dot{\boldsymbol{T}}^{(2)} & \Delta\boldsymbol{W}_{\mathrm{t}}^{(2)}\boldsymbol{T}^{(2)}\bar{\boldsymbol{I}}_3\end{array}\right]\begin{bmatrix}1\\ \boldsymbol{u}_{\mathrm{v}}\end{bmatrix}\approx\boldsymbol{B}_{\mathrm{t}1}^{(2)}(\boldsymbol{u}_{\mathrm{v}})\boldsymbol{\varepsilon}_{\mathrm{t}} \tag{7.68}$$

式中

$$\boldsymbol{B}_{\mathrm{t}1}^{(2)}(\boldsymbol{u}_{\mathrm{v}})=-\begin{bmatrix}([1\ \ \boldsymbol{u}^{\mathrm{T}}]\boldsymbol{T}^{(2)\mathrm{T}}\boldsymbol{L}_M)\otimes\boldsymbol{L}_M\\ [([1\ \ \boldsymbol{u}^{\mathrm{T}}]\dot{\boldsymbol{T}}^{(2)\mathrm{T}}+[0\ \ \dot{\boldsymbol{u}}^{\mathrm{T}}]\boldsymbol{T}^{(2)\mathrm{T}})\boldsymbol{L}_M]\otimes\boldsymbol{L}_M\end{bmatrix}\times\begin{bmatrix}\boldsymbol{O}_{1\times M} & \boldsymbol{O}_{1\times M}\\ \mathrm{diag}[\boldsymbol{r}] & \boldsymbol{O}_{M\times M}\\ \mathrm{diag}[\boldsymbol{r}]\otimes\boldsymbol{i}_{M+1}^{(1)} & \boldsymbol{O}_{M(M+1)\times M}\end{bmatrix}\in\mathbf{R}^{2(M+1)\times 2M} \tag{7.69}$$

式（7.68）的推导见附录 D.3。接着根据式（7.64）可以将误差矩阵 $\Delta\dot{\boldsymbol{W}}_{\mathrm{t}}^{(2)}$ 近似表示为

$$\Delta\dot{\boldsymbol{W}}_{\mathrm{t}}^{(2)} \approx -\boldsymbol{L}_M\begin{bmatrix} 0 & r_1\varepsilon_{\mathrm{t}12}+\dot{r}_1\varepsilon_{\mathrm{t}11} & r_2\varepsilon_{\mathrm{t}22}+\dot{r}_2\varepsilon_{\mathrm{t}21} & \cdots & r_M\varepsilon_{\mathrm{t}M2}+\dot{r}_M\varepsilon_{\mathrm{t}M1} \\ r_1\varepsilon_{\mathrm{t}12}+\dot{r}_1\varepsilon_{\mathrm{t}11} & 0 & 0 & \cdots & 0 \\ r_2\varepsilon_{\mathrm{t}22}+\dot{r}_2\varepsilon_{\mathrm{t}21} & 0 & 0 & \cdots & 0 \\ \vdots & \vdots & \vdots & \ddots & \vdots \\ r_M\varepsilon_{\mathrm{t}M2}+\dot{r}_M\varepsilon_{\mathrm{t}M1} & 0 & 0 & \cdots & 0 \end{bmatrix}\boldsymbol{L}_M \tag{7.70}$$

由式（7.70）可以将式（7.66）右边第 2 式近似表示为关于观测误差 $\boldsymbol{\varepsilon}_{\mathrm{t}}$ 的线性函数，如下式所示：

$$\left[\begin{array}{c|c} \boldsymbol{O}_{(M+1)\times 4} & \boldsymbol{O}_{(M+1)\times 3} \\ \hline \Delta\dot{\boldsymbol{W}}_{\mathrm{t}}^{(2)}\boldsymbol{T}^{(2)} & \boldsymbol{O}_{(M+1)\times 3} \end{array}\right]\begin{bmatrix} 1 \\ \boldsymbol{u}_{\mathrm{v}} \end{bmatrix} \approx \boldsymbol{B}_{\mathrm{t2}}^{(2)}(\boldsymbol{u}_{\mathrm{v}})\boldsymbol{\varepsilon}_{\mathrm{t}} \tag{7.71}$$

式中

$$\boldsymbol{B}_{\mathrm{t2}}^{(2)}(\boldsymbol{u}_{\mathrm{v}}) = -\begin{bmatrix} \boldsymbol{O}_{(M+1)\times(M+1)^2} \\ ([1\ \ \boldsymbol{u}^{\mathrm{T}}]\boldsymbol{T}^{(2)\mathrm{T}}\boldsymbol{L}_M)\otimes\boldsymbol{L}_M \end{bmatrix}\begin{bmatrix} \boldsymbol{O}_{1\times M} & \boldsymbol{O}_{1\times M} \\ \mathrm{diag}[\dot{\boldsymbol{r}}] & \mathrm{diag}[\boldsymbol{r}] \\ \mathrm{diag}[\dot{\boldsymbol{r}}]\otimes\boldsymbol{i}_{M+1}^{(1)} & \mathrm{diag}[\boldsymbol{r}]\otimes\boldsymbol{i}_{M+1}^{(1)} \end{bmatrix} \in \mathbf{R}^{2(M+1)\times 2M} \tag{7.72}$$

式（7.71）的推导见附录 D.4。

将式（7.68）和式（7.71）代入式（7.66）中可得

$$\boldsymbol{\delta}_{\mathrm{t}}^{(2)} \approx \boldsymbol{B}_{\mathrm{t1}}^{(2)}(\boldsymbol{u}_{\mathrm{v}})\boldsymbol{\varepsilon}_{\mathrm{t}} + \boldsymbol{B}_{\mathrm{t2}}^{(2)}(\boldsymbol{u}_{\mathrm{v}})\boldsymbol{\varepsilon}_{\mathrm{t}} = \boldsymbol{B}_{\mathrm{t}}^{(2)}(\boldsymbol{u}_{\mathrm{v}})\boldsymbol{\varepsilon}_{\mathrm{t}} \tag{7.73}$$

式中，$\boldsymbol{B}_{\mathrm{t}}^{(2)}(\boldsymbol{u}_{\mathrm{v}}) = \boldsymbol{B}_{\mathrm{t1}}^{(2)}(\boldsymbol{u}_{\mathrm{v}}) + \boldsymbol{B}_{\mathrm{t2}}^{(2)}(\boldsymbol{u}_{\mathrm{v}}) \in \mathbf{R}^{2(M+1)\times 2M}$。由式（7.73）可知，误差向量 $\boldsymbol{\delta}_{\mathrm{t}}^{(2)}$ 渐近服从零均值的高斯分布，并且其协方差矩阵为

$$\begin{aligned} \boldsymbol{\Omega}_{\mathrm{t}}^{(2)} &= \mathbf{cov}(\boldsymbol{\delta}_{\mathrm{t}}^{(2)}) = \mathrm{E}[\boldsymbol{\delta}_{\mathrm{t}}^{(2)}\boldsymbol{\delta}_{\mathrm{t}}^{(2)\mathrm{T}}] \approx \boldsymbol{B}_{\mathrm{t}}^{(2)}(\boldsymbol{u}_{\mathrm{v}})\cdot\mathrm{E}[\boldsymbol{\varepsilon}_{\mathrm{t}}\boldsymbol{\varepsilon}_{\mathrm{t}}^{\mathrm{T}}]\cdot(\boldsymbol{B}_{\mathrm{t}}^{(2)}(\boldsymbol{u}_{\mathrm{v}}))^{\mathrm{T}} \\ &= \boldsymbol{B}_{\mathrm{t}}^{(2)}(\boldsymbol{u}_{\mathrm{v}})\boldsymbol{E}_{\mathrm{t}}(\boldsymbol{B}_{\mathrm{t}}^{(2)}(\boldsymbol{u}_{\mathrm{v}}))^{\mathrm{T}} \in \mathbf{R}^{2(M+1)\times 2(M+1)} \end{aligned} \tag{7.74}$$

2. 定位优化模型及其求解方法

一般而言，矩阵 $\boldsymbol{B}_{\mathrm{t}}^{(2)}(\boldsymbol{u}_{\mathrm{v}})$ 是列满秩的，即有 $\mathrm{rank}[\boldsymbol{B}_{\mathrm{t}}^{(2)}(\boldsymbol{u}_{\mathrm{v}})] = 2M$。由此可知，协方差矩阵 $\boldsymbol{\Omega}_{\mathrm{t}}^{(2)}$ 的秩也为 $2M$，但由于 $\boldsymbol{\Omega}_{\mathrm{t}}^{(2)}$ 是 $2(M+1)\times 2(M+1)$ 阶方阵，这意味着它是秩亏损矩阵，所以无法直接利用该矩阵的逆构建估计准则。下面利用矩阵奇异值分解重新构造误差向量，以使其协方差矩阵具备满秩性。

首先对矩阵 $\boldsymbol{B}_{\mathrm{t}}^{(2)}(\boldsymbol{u}_{\mathrm{v}})$ 进行奇异值分解，如下式所示：

$$\boldsymbol{B}_{\mathrm{t}}^{(2)}(\boldsymbol{u}_{\mathrm{v}}) = \boldsymbol{H\Sigma V}^{\mathrm{T}} = \Bigg[\underbrace{\boldsymbol{H}_1}_{2(M+1)\times 2M}\ \ \underbrace{\boldsymbol{H}_2}_{2(M+1)\times 2}\Bigg]\begin{bmatrix} \underbrace{\boldsymbol{\Sigma}_1}_{2M\times 2M} \\ \boldsymbol{O}_{2\times 2M} \end{bmatrix}\boldsymbol{V}^{\mathrm{T}} = \boldsymbol{H}_1\boldsymbol{\Sigma}_1\boldsymbol{V}^{\mathrm{T}} \tag{7.75}$$

式中，$\boldsymbol{H} = [\boldsymbol{H}_1\ \ \boldsymbol{H}_2]$，为 $2(M+1)\times 2(M+1)$ 阶正交矩阵；$\boldsymbol{V}$ 为 $2M\times 2M$ 阶正交

矩阵；$\boldsymbol{\Sigma}_1$ 为 $2M\times 2M$ 阶对角矩阵，其中的对角元素为矩阵 $\boldsymbol{B}_{\mathrm{t}}^{(2)}(\boldsymbol{u}_{\mathrm{v}})$ 的奇异值。为了得到协方差矩阵为满秩的误差向量，可以用矩阵 $\boldsymbol{H}_1^{\mathrm{T}}$ 左乘以误差向量 $\boldsymbol{\delta}_{\mathrm{t}}^{(2)}$，并结合式（7.65）和式（7.73）可得

$$\overline{\boldsymbol{\delta}}_{\mathrm{t}}^{(2)}=\boldsymbol{H}_1^{\mathrm{T}}\boldsymbol{\delta}_{\mathrm{t}}^{(2)}=\boldsymbol{H}_1^{\mathrm{T}}\begin{bmatrix}\hat{\boldsymbol{W}}^{(2)}\boldsymbol{T}^{(2)} & \boldsymbol{O}_{(M+1)\times 3}\\ \dot{\hat{\boldsymbol{W}}}^{(2)}\boldsymbol{T}^{(2)}+\hat{\boldsymbol{W}}^{(2)}\dot{\boldsymbol{T}}^{(2)} & \hat{\boldsymbol{W}}^{(2)}\boldsymbol{T}^{(2)}\overline{\boldsymbol{I}}_3\end{bmatrix}\begin{bmatrix}1\\ \boldsymbol{u}_{\mathrm{v}}\end{bmatrix}\approx\boldsymbol{H}_1^{\mathrm{T}}\boldsymbol{B}_{\mathrm{t}}^{(2)}(\boldsymbol{u}_{\mathrm{v}})\boldsymbol{\varepsilon}_{\mathrm{t}}\quad(7.76)$$

由式（7.75）可得 $\boldsymbol{H}_1^{\mathrm{T}}\boldsymbol{B}_{\mathrm{t}}^{(2)}(\boldsymbol{u}_{\mathrm{v}})=\boldsymbol{\Sigma}_1\boldsymbol{V}^{\mathrm{T}}$，将该式代入式（7.76）中可知，误差向量 $\overline{\boldsymbol{\delta}}_{\mathrm{t}}^{(2)}$ 的协方差矩阵为

$$\begin{aligned}\overline{\boldsymbol{\varOmega}}_{\mathrm{t}}^{(2)}&=\mathbf{cov}(\overline{\boldsymbol{\delta}}_{\mathrm{t}}^{(2)})=\mathrm{E}[\overline{\boldsymbol{\delta}}_{\mathrm{t}}^{(2)}\overline{\boldsymbol{\delta}}_{\mathrm{t}}^{(2)\mathrm{T}}]=\boldsymbol{H}_1^{\mathrm{T}}\boldsymbol{\varOmega}_{\mathrm{t}}^{(2)}\boldsymbol{H}_1\approx\boldsymbol{\Sigma}_1\boldsymbol{V}^{\mathrm{T}}\cdot\mathrm{E}[\boldsymbol{\varepsilon}_{\mathrm{t}}\boldsymbol{\varepsilon}_{\mathrm{t}}^{\mathrm{T}}]\cdot\boldsymbol{V}\boldsymbol{\Sigma}_1^{\mathrm{T}}\\&=\boldsymbol{\Sigma}_1\boldsymbol{V}^{\mathrm{T}}\boldsymbol{E}_{\mathrm{t}}\boldsymbol{V}\boldsymbol{\Sigma}_1^{\mathrm{T}}\in\mathbf{R}^{2M\times 2M}\end{aligned}\quad(7.77)$$

容易验证 $\overline{\boldsymbol{\varOmega}}_{\mathrm{t}}^{(2)}$ 为满秩矩阵，并且误差向量 $\overline{\boldsymbol{\delta}}_{\mathrm{t}}^{(2)}$ 的维数为 $2M$，其与 TOA/FOA 观测量个数相等，此时可以将估计辐射源位置−速度向量 $\boldsymbol{u}_{\mathrm{v}}$ 的优化准则表示为

$$\min_{\boldsymbol{u}_{\mathrm{v}}}\left\{\begin{bmatrix}1\\ \boldsymbol{u}_{\mathrm{v}}\end{bmatrix}^{\mathrm{T}}\begin{bmatrix}\hat{\boldsymbol{W}}^{(2)}\boldsymbol{T}^{(2)} & \boldsymbol{O}_{(M+1)\times 3}\\ \dot{\hat{\boldsymbol{W}}}^{(2)}\boldsymbol{T}^{(2)}+\hat{\boldsymbol{W}}^{(2)}\dot{\boldsymbol{T}}^{(2)} & \hat{\boldsymbol{W}}^{(2)}\boldsymbol{T}^{(2)}\overline{\boldsymbol{I}}_3\end{bmatrix}^{\mathrm{T}}\boldsymbol{H}_1(\overline{\boldsymbol{\varOmega}}_{\mathrm{t}}^{(2)})^{-1}\boldsymbol{H}_1^{\mathrm{T}}\begin{bmatrix}\hat{\boldsymbol{W}}^{(2)}\boldsymbol{T}^{(2)} & \boldsymbol{O}_{(M+1)\times 3}\\ \dot{\hat{\boldsymbol{W}}}^{(2)}\boldsymbol{T}^{(2)}+\hat{\boldsymbol{W}}^{(2)}\dot{\boldsymbol{T}}^{(2)} & \hat{\boldsymbol{W}}^{(2)}\boldsymbol{T}^{(2)}\overline{\boldsymbol{I}}_3\end{bmatrix}\begin{bmatrix}1\\ \boldsymbol{u}_{\mathrm{v}}\end{bmatrix}\right\}$$

（7.78）

式中，$(\overline{\boldsymbol{\varOmega}}_{\mathrm{t}}^{(2)})^{-1}$ 可以看作加权矩阵，其作用在于抑制观测误差 $\boldsymbol{\varepsilon}_{\mathrm{t}}$ 的影响。不妨将矩阵 $\boldsymbol{T}^{(2)}$ 和 $\dot{\boldsymbol{T}}^{(2)}$ 分块表示为

$$\boldsymbol{T}^{(2)}=\Big[\underbrace{\boldsymbol{t}_1^{(2)}}_{(M+1)\times 1}\quad\underbrace{\boldsymbol{T}_2^{(2)}}_{(M+1)\times 3}\Big]，\ \dot{\boldsymbol{T}}^{(2)}=\Big[\underbrace{\dot{\boldsymbol{t}}_1^{(2)}}_{(M+1)\times 1}\quad\underbrace{\dot{\boldsymbol{T}}_2^{(2)}}_{(M+1)\times 3}\Big]\quad(7.79)$$

于是可以将式（7.78）重新写为

$$\min_{\boldsymbol{u}_{\mathrm{v}}}\left\{\begin{aligned}&\left(\begin{bmatrix}\hat{\boldsymbol{W}}^{(2)}\boldsymbol{T}_2^{(2)} & \boldsymbol{O}_{(M+1)\times 3}\\ \dot{\hat{\boldsymbol{W}}}^{(2)}\boldsymbol{T}_2^{(2)}+\hat{\boldsymbol{W}}^{(2)}\dot{\boldsymbol{T}}_2^{(2)} & \hat{\boldsymbol{W}}^{(2)}\boldsymbol{T}_2^{(2)}\end{bmatrix}\boldsymbol{u}_{\mathrm{v}}+\begin{bmatrix}\hat{\boldsymbol{W}}^{(2)}\boldsymbol{t}_1^{(2)}\\ \dot{\hat{\boldsymbol{W}}}^{(2)}\boldsymbol{t}_1^{(2)}+\hat{\boldsymbol{W}}^{(2)}\dot{\boldsymbol{t}}_1^{(2)}\end{bmatrix}\right)^{\mathrm{T}}\boldsymbol{H}_1(\overline{\boldsymbol{\varOmega}}_{\mathrm{t}}^{(2)})^{-1}\boldsymbol{H}_1^{\mathrm{T}}\\&\times\left(\begin{bmatrix}\hat{\boldsymbol{W}}^{(2)}\boldsymbol{T}_2^{(2)} & \boldsymbol{O}_{(M+1)\times 3}\\ \dot{\hat{\boldsymbol{W}}}^{(2)}\boldsymbol{T}_2^{(2)}+\hat{\boldsymbol{W}}^{(2)}\dot{\boldsymbol{T}}_2^{(2)} & \hat{\boldsymbol{W}}^{(2)}\boldsymbol{T}_2^{(2)}\end{bmatrix}\boldsymbol{u}_{\mathrm{v}}+\begin{bmatrix}\hat{\boldsymbol{W}}^{(2)}\boldsymbol{t}_1^{(2)}\\ \dot{\hat{\boldsymbol{W}}}^{(2)}\boldsymbol{t}_1^{(2)}+\hat{\boldsymbol{W}}^{(2)}\dot{\boldsymbol{t}}_1^{(2)}\end{bmatrix}\right)\end{aligned}\right\}$$

（7.80）

根据命题 2.13 可知，式（7.80）的最优解为

$$\begin{aligned}\hat{\boldsymbol{u}}_{\text{v-p}}^{(2)}=&-\left(\begin{bmatrix}\boldsymbol{T}_2^{(2)\mathrm{T}}\hat{\boldsymbol{W}}^{(2)\mathrm{T}} & \boldsymbol{T}_2^{(2)\mathrm{T}}\dot{\hat{\boldsymbol{W}}}^{(2)\mathrm{T}}+\dot{\boldsymbol{T}}_2^{(2)\mathrm{T}}\hat{\boldsymbol{W}}^{(2)\mathrm{T}}\\ \boldsymbol{O}_{3\times(M+1)} & \boldsymbol{T}_2^{(2)\mathrm{T}}\hat{\boldsymbol{W}}^{(2)\mathrm{T}}\end{bmatrix}\boldsymbol{H}_1(\overline{\boldsymbol{\varOmega}}_{\mathrm{t}}^{(2)})^{-1}\boldsymbol{H}_1^{\mathrm{T}}\begin{bmatrix}\hat{\boldsymbol{W}}^{(2)}\boldsymbol{T}_2^{(2)} & \boldsymbol{O}_{(M+1)\times 3}\\ \dot{\hat{\boldsymbol{W}}}^{(2)}\boldsymbol{T}_2^{(2)}+\hat{\boldsymbol{W}}^{(2)}\dot{\boldsymbol{T}}_2^{(2)} & \hat{\boldsymbol{W}}^{(2)}\boldsymbol{T}_2^{(2)}\end{bmatrix}\right)^{-1}\\&\times\begin{bmatrix}\boldsymbol{T}_2^{(2)\mathrm{T}}\hat{\boldsymbol{W}}^{(2)\mathrm{T}} & \boldsymbol{T}_2^{(2)\mathrm{T}}\dot{\hat{\boldsymbol{W}}}^{(2)\mathrm{T}}+\dot{\boldsymbol{T}}_2^{(2)\mathrm{T}}\hat{\boldsymbol{W}}^{(2)\mathrm{T}}\\ \boldsymbol{O}_{3\times(M+1)} & \boldsymbol{T}_2^{(2)\mathrm{T}}\hat{\boldsymbol{W}}^{(2)\mathrm{T}}\end{bmatrix}\boldsymbol{H}_1(\overline{\boldsymbol{\varOmega}}_{\mathrm{t}}^{(2)})^{-1}\boldsymbol{H}_1^{\mathrm{T}}\begin{bmatrix}\hat{\boldsymbol{W}}^{(2)}\boldsymbol{t}_1^{(2)}\\ \dot{\hat{\boldsymbol{W}}}^{(2)}\boldsymbol{t}_1^{(2)}+\hat{\boldsymbol{W}}^{(2)}\dot{\boldsymbol{t}}_1^{(2)}\end{bmatrix}\end{aligned}$$

（7.81）

【注记 7.2】 由式（7.74）、式（7.75）及式（7.77）可知，加权矩阵 $(\bar{\boldsymbol{\Omega}}_{\mathrm{t}}^{(2)})^{-1}$ 与辐射源位置-速度向量 $\boldsymbol{u}_{\mathrm{v}}$ 有关。因此，严格来说，式（7.80）中的目标函数并不是关于向量 $\boldsymbol{u}_{\mathrm{v}}$ 的二次函数，针对该问题，可以采用注记 4.1 中描述的方法进行处理。理论分析表明，在一阶误差分析理论框架下，加权矩阵 $(\bar{\boldsymbol{\Omega}}_{\mathrm{t}}^{(2)})^{-1}$ 中的扰动误差并不会实质影响估计值 $\hat{\boldsymbol{u}}_{\mathrm{v\text{-}p}}^{(2)}$ 的统计性能。

图 7.10 给出了本章第 2 种加权多维标度定位方法的流程图。

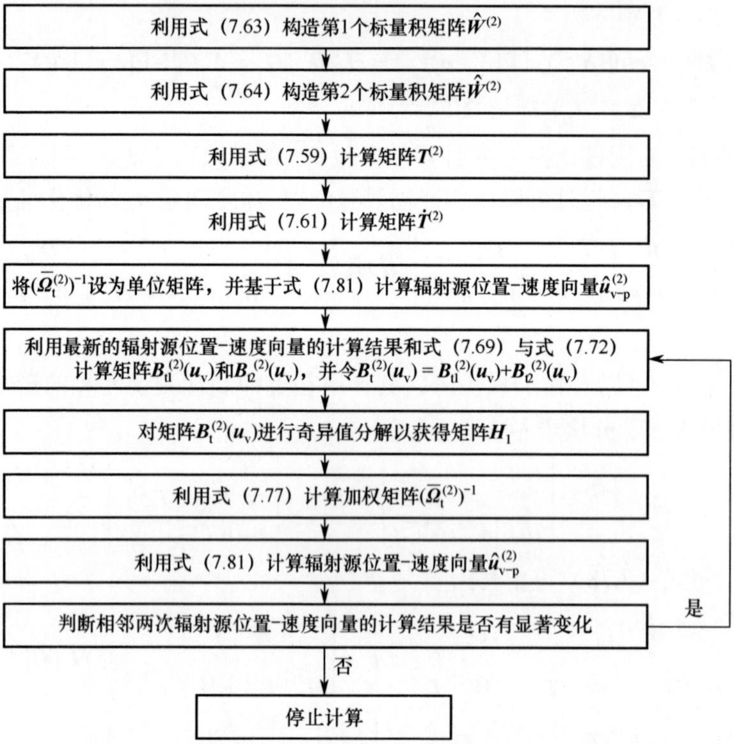

图 7.10　本章第 2 种加权多维标度定位方法的流程图

7.3.4　理论性能分析

下面将利用 4.3.4 节中的结论直接给出估计值 $\hat{\boldsymbol{u}}_{\mathrm{v\text{-}p}}^{(2)}$ 的均方误差矩阵，并将其与克拉美罗界进行比较，从而证明其渐近最优性。

首先将最优解 $\hat{\boldsymbol{u}}_{\mathrm{v\text{-}p}}^{(2)}$ 的估计误差记为 $\Delta\boldsymbol{u}_{\mathrm{v\text{-}p}}^{(2)}=\hat{\boldsymbol{u}}_{\mathrm{v\text{-}p}}^{(2)}-\boldsymbol{u}_{\mathrm{v}}$，仿照 4.3.4 节中的理论性能分析可知，最优解 $\hat{\boldsymbol{u}}_{\mathrm{v\text{-}p}}^{(2)}$ 是关于向量 $\boldsymbol{u}_{\mathrm{v}}$ 的渐近无偏估计值，并且其均方误差矩阵为

$$
\begin{aligned}
&\mathbf{MSE}(\hat{\boldsymbol{u}}_{\text{v-p}}^{(2)})\\
&=\mathrm{E}[(\hat{\boldsymbol{u}}_{\text{v-p}}^{(2)}-\boldsymbol{u}_{\text{v}})(\hat{\boldsymbol{u}}_{\text{v-p}}^{(2)}-\boldsymbol{u}_{\text{v}})^{\mathrm{T}}]=\mathrm{E}[\Delta\boldsymbol{u}_{\text{v-p}}^{(2)}(\Delta\boldsymbol{u}_{\text{v-p}}^{(2)})^{\mathrm{T}}]\\
&=\left(\begin{bmatrix}\boldsymbol{T}_2^{(2)\mathrm{T}}\boldsymbol{W}^{(2)\mathrm{T}} & \boldsymbol{T}_2^{(2)\mathrm{T}}\dot{\boldsymbol{W}}^{(2)\mathrm{T}}+\dot{\boldsymbol{T}}_2^{(2)\mathrm{T}}\boldsymbol{W}^{(2)\mathrm{T}}\\ \boldsymbol{O}_{3\times(M+1)} & \boldsymbol{T}_2^{(2)\mathrm{T}}\boldsymbol{W}^{(2)\mathrm{T}}\end{bmatrix}\boldsymbol{H}_1(\bar{\boldsymbol{\Omega}}_{\text{t}}^{(2)})^{-1}\boldsymbol{H}_1^{\mathrm{T}}\begin{bmatrix}\boldsymbol{W}^{(2)}\boldsymbol{T}_2^{(2)} & \boldsymbol{O}_{(M+1)\times3}\\ \dot{\boldsymbol{W}}^{(2)}\boldsymbol{T}_2^{(2)}+\boldsymbol{W}^{(2)}\dot{\boldsymbol{T}}_2^{(2)} & \boldsymbol{W}^{(2)}\boldsymbol{T}_2^{(2)}\end{bmatrix}\right)^{-1}
\end{aligned}\tag{7.82}
$$

下面证明估计值 $\hat{\boldsymbol{u}}_{\text{v-p}}^{(2)}$ 具有渐近最优性，也就是证明其估计均方误差矩阵可以渐近逼近相应的克拉美罗界，具体可见如下命题。

【命题 7.2】在一阶误差分析理论框架下，$\mathbf{MSE}(\hat{\boldsymbol{u}}_{\text{v-p}}^{(2)})=\mathbf{CRB}_{\text{tfoa-p}}(\boldsymbol{u}_{\text{v}})$。

【证明】首先将式（7.77）代入式（7.82）中可得

$$
\begin{aligned}
\mathbf{MSE}(\hat{\boldsymbol{u}}_{\text{v-p}}^{(2)})&=\left(\begin{bmatrix}\boldsymbol{T}_2^{(2)\mathrm{T}}\boldsymbol{W}^{(2)\mathrm{T}} & \boldsymbol{T}_2^{(2)\mathrm{T}}\dot{\boldsymbol{W}}^{(2)\mathrm{T}}+\dot{\boldsymbol{T}}_2^{(2)\mathrm{T}}\boldsymbol{W}^{(2)\mathrm{T}}\\ \boldsymbol{O}_{3\times(M+1)} & \boldsymbol{T}_2^{(2)\mathrm{T}}\boldsymbol{W}^{(2)\mathrm{T}}\end{bmatrix}\right.\\
&\quad\left.\times\boldsymbol{H}_1(\boldsymbol{\Sigma}_1\boldsymbol{V}^{\mathrm{T}}\boldsymbol{E}_{\text{t}}\boldsymbol{V}\boldsymbol{\Sigma}_1^{\mathrm{T}})^{-1}\boldsymbol{H}_1^{\mathrm{T}}\begin{bmatrix}\boldsymbol{W}^{(2)}\boldsymbol{T}_2^{(2)} & \boldsymbol{O}_{(M+1)\times3}\\ \dot{\boldsymbol{W}}^{(2)}\boldsymbol{T}_2^{(2)}+\boldsymbol{W}^{(2)}\dot{\boldsymbol{T}}_2^{(2)} & \boldsymbol{W}^{(2)}\boldsymbol{T}_2^{(2)}\end{bmatrix}\right)^{-1}\\
&=\left(\begin{bmatrix}\boldsymbol{T}_2^{(2)\mathrm{T}}\boldsymbol{W}^{(2)\mathrm{T}} & \boldsymbol{T}_2^{(2)\mathrm{T}}\dot{\boldsymbol{W}}^{(2)\mathrm{T}}+\dot{\boldsymbol{T}}_2^{(2)\mathrm{T}}\boldsymbol{W}^{(2)\mathrm{T}}\\ \boldsymbol{O}_{3\times(M+1)} & \boldsymbol{T}_2^{(2)\mathrm{T}}\boldsymbol{W}^{(2)\mathrm{T}}\end{bmatrix}\right.\\
&\quad\left.\times\boldsymbol{H}_1\boldsymbol{\Sigma}_1^{-\mathrm{T}}\boldsymbol{V}^{-1}\boldsymbol{E}_{\text{t}}^{-1}\boldsymbol{V}^{-\mathrm{T}}\boldsymbol{\Sigma}_1^{-1}\boldsymbol{H}_1^{\mathrm{T}}\begin{bmatrix}\boldsymbol{W}^{(2)}\boldsymbol{T}_2^{(2)} & \boldsymbol{O}_{(M+1)\times3}\\ \dot{\boldsymbol{W}}^{(2)}\boldsymbol{T}_2^{(2)}+\boldsymbol{W}^{(2)}\dot{\boldsymbol{T}}_2^{(2)} & \boldsymbol{W}^{(2)}\boldsymbol{T}_2^{(2)}\end{bmatrix}\right)^{-1}
\end{aligned}\tag{7.83}
$$

对比式（7.39）和式（7.83）可知，下面仅需要证明

$$
\frac{\partial\boldsymbol{f}_{\text{tfoa}}(\boldsymbol{u}_{\text{v}})}{\partial\boldsymbol{u}_{\text{v}}^{\mathrm{T}}}=-\boldsymbol{V}^{-\mathrm{T}}\boldsymbol{\Sigma}_1^{-1}\boldsymbol{H}_1^{\mathrm{T}}\begin{bmatrix}\boldsymbol{W}^{(2)}\boldsymbol{T}_2^{(2)} & \boldsymbol{O}_{(M+1)\times3}\\ \dot{\boldsymbol{W}}^{(2)}\boldsymbol{T}_2^{(2)}+\boldsymbol{W}^{(2)}\dot{\boldsymbol{T}}_2^{(2)} & \boldsymbol{W}^{(2)}\boldsymbol{T}_2^{(2)}\end{bmatrix}\tag{7.84}
$$

考虑等式

$$
\begin{aligned}
&\begin{bmatrix}\boldsymbol{W}^{(2)}\boldsymbol{T}^{(2)} & \boldsymbol{O}_{(M+1)\times3}\\ \dot{\boldsymbol{W}}^{(2)}\boldsymbol{T}^{(2)}+\boldsymbol{W}^{(2)}\dot{\boldsymbol{T}}^{(2)} & \boldsymbol{W}^{(2)}\boldsymbol{T}_2^{(2)}\end{bmatrix}\begin{bmatrix}1\\ \boldsymbol{u}_{\text{v}}\end{bmatrix}\\
&=\begin{bmatrix}\boldsymbol{W}^{(2)}\boldsymbol{t}_1^{(2)}\\ \dot{\boldsymbol{W}}^{(2)}\boldsymbol{t}_1^{(2)}+\boldsymbol{W}^{(2)}\dot{\boldsymbol{t}}_1^{(2)}\end{bmatrix}+\begin{bmatrix}\boldsymbol{W}^{(2)}\boldsymbol{T}_2^{(2)} & \boldsymbol{O}_{(M+1)\times3}\\ \dot{\boldsymbol{W}}^{(2)}\boldsymbol{T}_2^{(2)}+\boldsymbol{W}^{(2)}\dot{\boldsymbol{T}}_2^{(2)} & \boldsymbol{W}^{(2)}\boldsymbol{T}_2^{(2)}\end{bmatrix}\boldsymbol{u}_{\text{v}}=\boldsymbol{O}_{2(M+1)\times1}
\end{aligned}\tag{7.85}
$$

将式（7.85）两边对向量 $\boldsymbol{u}_{\text{v}}$ 求导可得

$$
\begin{aligned}
&\begin{bmatrix}\boldsymbol{W}^{(2)}\boldsymbol{T}_2^{(2)} & \boldsymbol{O}_{(M+1)\times3}\\ \dot{\boldsymbol{W}}^{(2)}\boldsymbol{T}_2^{(2)}+\boldsymbol{W}^{(2)}\dot{\boldsymbol{T}}_2^{(2)} & \boldsymbol{W}^{(2)}\boldsymbol{T}_2^{(2)}\end{bmatrix}+\left(\frac{\partial}{\partial\boldsymbol{r}_{\text{v}}^{\mathrm{T}}}\left(\begin{bmatrix}\boldsymbol{W}^{(2)}\boldsymbol{T}^{(2)} & \boldsymbol{O}_{(M+1)\times3}\\ \dot{\boldsymbol{W}}^{(2)}\boldsymbol{T}^{(2)}+\boldsymbol{W}^{(2)}\dot{\boldsymbol{T}}^{(2)} & \boldsymbol{W}^{(2)}\boldsymbol{T}_2^{(2)}\end{bmatrix}\begin{bmatrix}1\\ \boldsymbol{u}_{\text{v}}\end{bmatrix}\right)\right)\frac{\partial\boldsymbol{r}_{\text{v}}}{\partial\boldsymbol{u}_{\text{v}}^{\mathrm{T}}}\\
&=\begin{bmatrix}\boldsymbol{W}^{(2)}\boldsymbol{T}_2^{(2)} & \boldsymbol{O}_{(M+1)\times3}\\ \dot{\boldsymbol{W}}^{(2)}\boldsymbol{T}_2^{(2)}+\boldsymbol{W}^{(2)}\dot{\boldsymbol{T}}_2^{(2)} & \boldsymbol{W}^{(2)}\boldsymbol{T}_2^{(2)}\end{bmatrix}+\boldsymbol{B}_{\text{t}}^{(2)}(\boldsymbol{u}_{\text{v}})\frac{\partial\boldsymbol{f}_{\text{tfoa}}(\boldsymbol{u}_{\text{v}})}{\partial\boldsymbol{u}_{\text{v}}^{\mathrm{T}}}=\boldsymbol{O}_{2(M+1)\times6}
\end{aligned}\tag{7.86}
$$

再用矩阵 $\boldsymbol{H}_1^{\mathrm{T}}$ 左乘以式（7.86）两边可得

$$\begin{aligned}&\boldsymbol{H}_1^{\mathrm{T}}\begin{bmatrix}\boldsymbol{W}^{(2)}\boldsymbol{T}_2^{(2)} & \boldsymbol{O}_{(M+1)\times 3}\\ \dot{\boldsymbol{W}}^{(2)}\boldsymbol{T}_2^{(2)}+\boldsymbol{W}^{(2)}\dot{\boldsymbol{T}}_2^{(2)} & \boldsymbol{W}^{(2)}\boldsymbol{T}_2^{(2)}\end{bmatrix}+\boldsymbol{H}_1^{\mathrm{T}}\boldsymbol{B}_{\mathrm{t}}^{(2)}(\boldsymbol{u}_{\mathrm{v}})\frac{\partial \boldsymbol{f}_{\mathrm{tfoa}}(\boldsymbol{u}_{\mathrm{v}})}{\partial \boldsymbol{u}_{\mathrm{v}}^{\mathrm{T}}}\\&=\boldsymbol{H}_1^{\mathrm{T}}\begin{bmatrix}\boldsymbol{W}^{(2)}\boldsymbol{T}_2^{(2)} & \boldsymbol{O}_{(M+1)\times 3}\\ \dot{\boldsymbol{W}}^{(2)}\boldsymbol{T}_2^{(2)}+\boldsymbol{W}^{(2)}\dot{\boldsymbol{T}}_2^{(2)} & \boldsymbol{W}^{(2)}\boldsymbol{T}_2^{(2)}\end{bmatrix}+\boldsymbol{\Sigma}_1\boldsymbol{V}^{\mathrm{T}}\frac{\partial \boldsymbol{f}_{\mathrm{tfoa}}(\boldsymbol{u}_{\mathrm{v}})}{\partial \boldsymbol{u}_{\mathrm{v}}^{\mathrm{T}}}=\boldsymbol{O}_{2M\times 6}\end{aligned} \tag{7.87}$$

由式（7.87）可知式（7.84）成立。证毕。

7.3.5 仿真实验

假设利用 6 个运动传感器获得的 TOA/FOA 信息（也即距离/距离变化率信息）对运动辐射源进行定位，传感器三维位置坐标和速度如表 7.2 所示，距离/距离变化率观测误差向量 $\boldsymbol{\varepsilon}_{\mathrm{t}}$ 服从均值为零、协方差矩阵为 $\boldsymbol{E}_{\mathrm{t}}=\sigma_{\mathrm{t}}^2\mathrm{blkdiag}\{\boldsymbol{I}_M,0.01\boldsymbol{I}_M\}$ 的高斯分布。

表 7.2 传感器三维位置坐标和速度 （单位：m 和 m/s）

传感器序号	1	2	3	4	5	6
$x_m^{(\mathrm{s})}$	1500	−2200	1300	1900	−1700	1800
$y_m^{(\mathrm{s})}$	1700	1600	−1400	1800	−1800	−1400
$z_m^{(\mathrm{s})}$	2100	1400	2300	−1500	2200	−2000
$\dot{x}_m^{(\mathrm{s})}$	−10	−16	12	−11	−15	10
$\dot{y}_m^{(\mathrm{s})}$	−13	−11	13	15	10	−12
$\dot{z}_m^{(\mathrm{s})}$	17	−12	−14	−12	−16	13

首先将辐射源位置向量和速度向量分别设为 $\boldsymbol{u}=[3300\ \ -4500\ \ 5200]^{\mathrm{T}}$ (m) 和 $\dot{\boldsymbol{u}}=[-12\ \ -10\ \ 14]^{\mathrm{T}}$ (m/s)，将标准差设为 $\sigma_{\mathrm{t}}=1$，图 7.11 给出了定位结果散布图与定位误差椭圆曲线；图 7.12 给出了定位结果散布图与误差概率圆环曲线。

然后将辐射源坐标设为两种情形：第 1 种是近场源，其位置向量和速度向量分别为 $\boldsymbol{u}=[-2500\ \ -2700\ \ -2900]^{\mathrm{T}}$ (m)和 $\dot{\boldsymbol{u}}=[10\ \ -14\ \ -16]^{\mathrm{T}}$ (m/s)；第 2 种是远场源，其位置向量和速度向量分别为 $\boldsymbol{u}=[-8200\ \ -8600\ \ -7800]^{\mathrm{T}}$ (m) 和 $\dot{\boldsymbol{u}}=[10\ \ -14\ \ -16]^{\mathrm{T}}$ (m/s)。改变标准差 σ_{t} 的数值，图 7.13 给出了辐射源位置估计均方根误差随着标准差 σ_{t} 的变化曲线；图 7.14 给出了辐射源速度估计均方根误差随着标准差 σ_{t} 的变化曲线；图 7.15 给出了辐射源定位成功概率随着标准差 σ_{t} 的变化曲线（图中的理论值是根据式（3.29）和式（3.36）计算得出的，其中 $\delta=5\,\mathrm{m}$）。

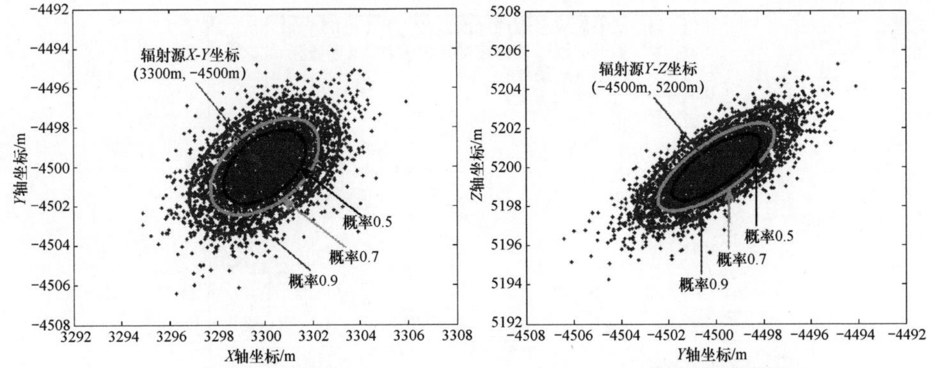

(a) X-Y坐标平面 (b) Y-Z坐标平面

图 7.11 定位结果散布图与定位误差椭圆曲线

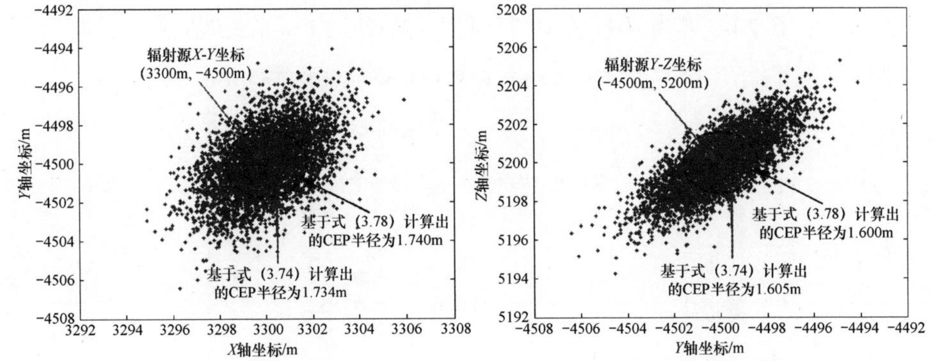

(a) X-Y坐标平面 (b) Y-Z坐标平面

图 7.12 定位结果散布图与误差概率圆环曲线

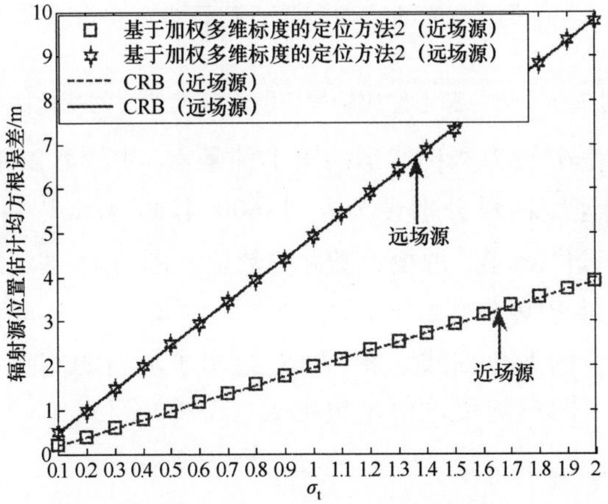

图 7.13 辐射源位置估计均方根误差随着标准差 σ_t 的变化曲线

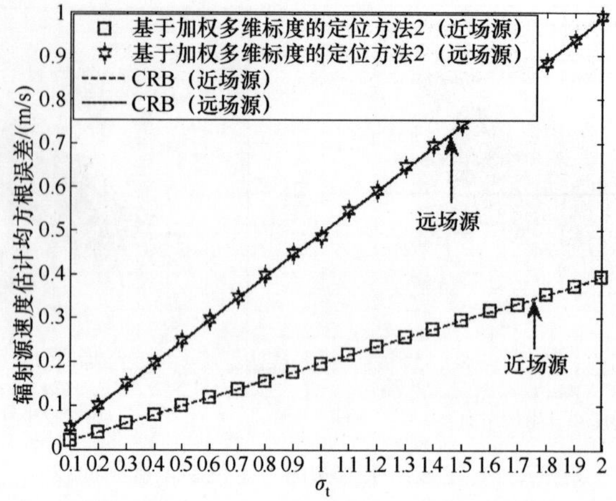

图 7.14　辐射源速度估计均方根误差随着标准差 σ_t 的变化曲线

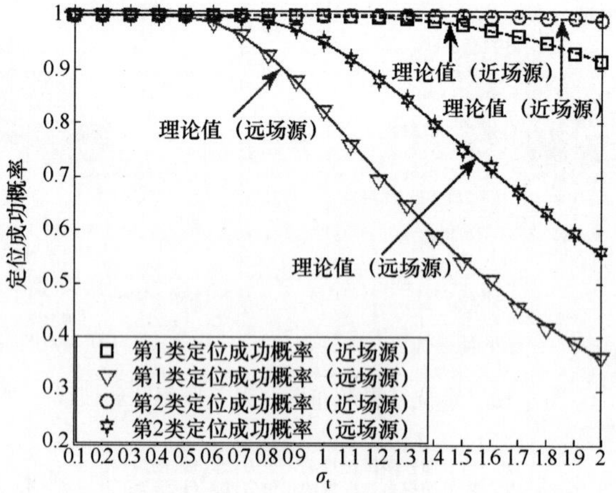

图 7.15　辐射源定位成功概率随着标准差 σ_t 的变化曲线

最后将标准差 σ_t 设为两种情形：第 1 种是 $\sigma_t = 1$；第 2 种是 $\sigma_t = 2$，将辐射源位置向量和速度向量分别设为 $\boldsymbol{u} = [3600\ \ 4500\ \ 4200]^{\mathrm{T}} + [250\ \ 250\ \ 250]^{\mathrm{T}} k$ (m)和 $\dot{\boldsymbol{u}} = [12\ \ 12\ \ 12]^{\mathrm{T}}$ (m/s)。改变参数 k 的数值，图 7.16 给出了辐射源位置估计均方根误差随着参数 k 的变化曲线；图 7.17 给出了辐射源速度估计均方根误差随着参数 k 的变化曲线；图 7.18 给出了辐射源定位成功概率随着参数 k 的变化曲线（图中的理论值是根据式（3.29）和式（3.36）计算得出的，其中 $\delta = 5\,\mathrm{m}$）。

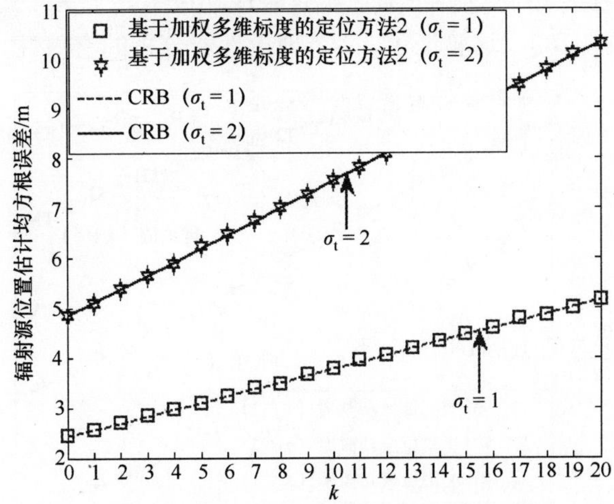

图 7.16　辐射源位置估计均方根误差随着参数 k 的变化曲线

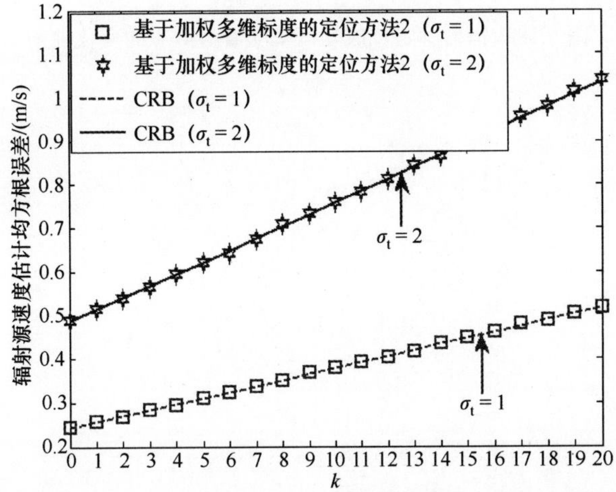

图 7.17　辐射源速度估计均方根误差随着参数 k 的变化曲线

从图 7.13～图 7.18 中可以看出：（1）基于加权多维标度的定位方法 2 的辐射源位置和速度估计均方根误差同样可以达到克拉美罗界（见图 7.13 和图 7.14 及图 7.16 和图 7.17），这验证了 7.3.4 节理论性能分析的有效性；（2）随着辐射源与传感器距离的增加，其对辐射源的位置和速度估计精度会逐渐降低（见图 7.16～图 7.18），对近场源的定位精度要高于对远场源的定位精度（见图 7.13 和图 7.15），对近场源的速度估计精度要高于对远场源的速度估计精度（见图 7.14）；（3）两类定位成功概率的理论值和仿真值相互吻合，并且在相同条件下第 2 类定位成功概率高于第 1 类定位成功概率（见图 7.15 和图 7.18），这验证了 3.2 节理论性能分析的有效性。

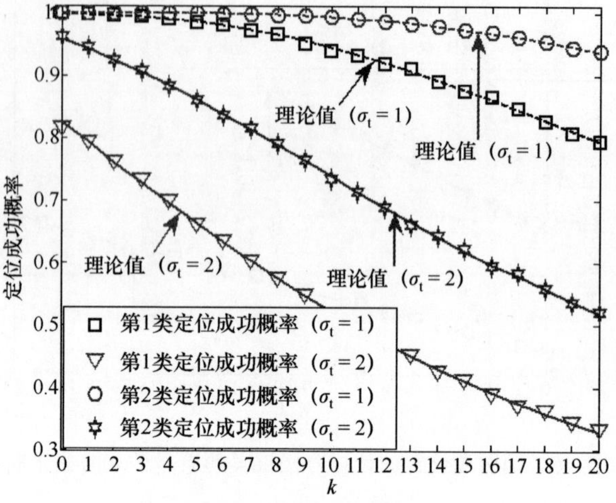

图 7.18　辐射源定位成功概率随着参数 k 的变化曲线

第 8 章 基于 TDOA/FDOA 观测信息的加权多维标度定位方法

本章将描述基于 TDOA/FDOA 观测信息的加权多维标度定位原理和方法。文中构造了两类不同的标量积矩阵，每一类包含两个矩阵，并给出了两种加权多维标度定位方法。这两种方法都利用了拉格朗日乘子技术，并通过 Newton 迭代的方式给出了辐射源位置参数和速度参数的数值解。此外，本章还基于含等式约束的一阶误差分析方法，对这两种定位方法的理论性能进行数学分析，并证明它们的定位精度均能逼近相应的克拉美罗界。

8.1 TDOA/FDOA 观测模型与问题描述

现有 M 个运动传感器利用 TDOA/FDOA 观测信息对某个运动辐射源进行定位，其中第 m 个传感器的位置向量和速度向量分别为 $\boldsymbol{s}_m=[x_m^{(\mathrm{s})}\ \ y_m^{(\mathrm{s})}\ \ z_m^{(\mathrm{s})}]^{\mathrm{T}}$ 和 $\dot{\boldsymbol{s}}_m=[\dot{x}_m^{(\mathrm{s})}\ \ \dot{y}_m^{(\mathrm{s})}\ \ \dot{z}_m^{(\mathrm{s})}]^{\mathrm{T}}$ ($1\leqslant m\leqslant M$)，它们均为已知量；辐射源的位置向量和速度向量分别为 $\boldsymbol{u}=[x^{(\mathrm{u})}\ \ y^{(\mathrm{u})}\ \ z^{(\mathrm{u})}]^{\mathrm{T}}$ 和 $\dot{\boldsymbol{u}}=[\dot{x}^{(\mathrm{u})}\ \ \dot{y}^{(\mathrm{u})}\ \ \dot{z}^{(\mathrm{u})}]^{\mathrm{T}}$，为了简化数学表述，这里令 $\boldsymbol{u}_{\mathrm{v}}=[\boldsymbol{u}^{\mathrm{T}}\ \ \dot{\boldsymbol{u}}^{\mathrm{T}}]^{\mathrm{T}}$，它是未知量，并将其称为辐射源位置-速度向量。由于 TDOA/FDOA 信息可以分别等价为距离差和距离差变化率信息①，为了方便起见，下面直接利用距离差观测量和距离差变化率观测量进行建模和分析。

不失一般性，将第 1 个传感器作为参考，并且将辐射源与第 m 个传感器的距离和距离变化率分别记为 $r_m=\|\boldsymbol{u}-\boldsymbol{s}_m\|_2$ 和 $\dot{r}_m=(\dot{\boldsymbol{u}}-\dot{\boldsymbol{s}}_m)^{\mathrm{T}}(\boldsymbol{u}-\boldsymbol{s}_m)/\|\boldsymbol{u}-\boldsymbol{s}_m\|_2$，于是辐射源与传感器之间的距离差和距离差变化率可以分别表示为

① 若信号传播速度和频率已知，则距离差与到达时间差可以相互转化，距离差变化率与到达频率差可以相互转化。

$$\begin{cases}\rho_m = r_m - r_1 = \|\boldsymbol{u}-\boldsymbol{s}_m\|_2 - \|\boldsymbol{u}-\boldsymbol{s}_1\|_2 \\ \dot{\rho}_m = \dot{r}_m - \dot{r}_1 = \dfrac{(\dot{\boldsymbol{u}}-\dot{\boldsymbol{s}}_m)^{\mathrm{T}}(\boldsymbol{u}-\boldsymbol{s}_m)}{\|\boldsymbol{u}-\boldsymbol{s}_m\|_2} - \dfrac{(\dot{\boldsymbol{u}}-\dot{\boldsymbol{s}}_1)^{\mathrm{T}}(\boldsymbol{u}-\boldsymbol{s}_1)}{\|\boldsymbol{u}-\boldsymbol{s}_1\|_2}\end{cases} \quad (2 \leqslant m \leqslant M) \tag{8.1}$$

实际中获得的距离差观测量和距离差变化率观测量均是含有误差的，它们可以分别表示为

$$\begin{cases}\hat{\rho}_m = \rho_m + \varepsilon_{\mathrm{t}m1} = \|\boldsymbol{u}-\boldsymbol{s}_m\|_2 - \|\boldsymbol{u}-\boldsymbol{s}_1\|_2 + \varepsilon_{\mathrm{t}m1} \\ \hat{\dot{\rho}}_m = \dot{\rho}_m + \varepsilon_{\mathrm{t}m2} = \dfrac{(\dot{\boldsymbol{u}}-\dot{\boldsymbol{s}}_m)^{\mathrm{T}}(\boldsymbol{u}-\boldsymbol{s}_m)}{\|\boldsymbol{u}-\boldsymbol{s}_m\|_2} - \dfrac{(\dot{\boldsymbol{u}}-\dot{\boldsymbol{s}}_1)^{\mathrm{T}}(\boldsymbol{u}-\boldsymbol{s}_1)}{\|\boldsymbol{u}-\boldsymbol{s}_1\|_2} + \varepsilon_{\mathrm{t}m2}\end{cases} \quad (2 \leqslant m \leqslant M) \tag{8.2}$$

式中，$\varepsilon_{\mathrm{t}m1}$ 和 $\varepsilon_{\mathrm{t}m2}$ 分别表示距离差观测误差和距离差变化率观测误差。将式（8.2）中的两组等式写成向量形式可得

$$\hat{\boldsymbol{\rho}} = \boldsymbol{\rho} + \boldsymbol{\varepsilon}_{\mathrm{t1}} = \begin{bmatrix}\|\boldsymbol{u}-\boldsymbol{s}_2\|_2 - \|\boldsymbol{u}-\boldsymbol{s}_1\|_2 \\ \|\boldsymbol{u}-\boldsymbol{s}_3\|_2 - \|\boldsymbol{u}-\boldsymbol{s}_1\|_2 \\ \vdots \\ \|\boldsymbol{u}-\boldsymbol{s}_M\|_2 - \|\boldsymbol{u}-\boldsymbol{s}_1\|_2\end{bmatrix} + \begin{bmatrix}\varepsilon_{\mathrm{t21}} \\ \varepsilon_{\mathrm{t31}} \\ \vdots \\ \varepsilon_{\mathrm{t}M1}\end{bmatrix} = \boldsymbol{f}_{\mathrm{tdoa}}(\boldsymbol{u}_{\mathrm{v}}) + \boldsymbol{\varepsilon}_{\mathrm{t1}} \tag{8.3}$$

$$\hat{\dot{\boldsymbol{\rho}}} = \dot{\boldsymbol{\rho}} + \boldsymbol{\varepsilon}_{\mathrm{t2}} = \begin{bmatrix}\dfrac{(\dot{\boldsymbol{u}}-\dot{\boldsymbol{s}}_2)^{\mathrm{T}}(\boldsymbol{u}-\boldsymbol{s}_2)}{\|\boldsymbol{u}-\boldsymbol{s}_2\|_2} - \dfrac{(\dot{\boldsymbol{u}}-\dot{\boldsymbol{s}}_1)^{\mathrm{T}}(\boldsymbol{u}-\boldsymbol{s}_1)}{\|\boldsymbol{u}-\boldsymbol{s}_1\|_2} \\ \dfrac{(\dot{\boldsymbol{u}}-\dot{\boldsymbol{s}}_3)^{\mathrm{T}}(\boldsymbol{u}-\boldsymbol{s}_3)}{\|\boldsymbol{u}-\boldsymbol{s}_3\|_2} - \dfrac{(\dot{\boldsymbol{u}}-\dot{\boldsymbol{s}}_1)^{\mathrm{T}}(\boldsymbol{u}-\boldsymbol{s}_1)}{\|\boldsymbol{u}-\boldsymbol{s}_1\|_2} \\ \vdots \\ \dfrac{(\dot{\boldsymbol{u}}-\dot{\boldsymbol{s}}_M)^{\mathrm{T}}(\boldsymbol{u}-\boldsymbol{s}_M)}{\|\boldsymbol{u}-\boldsymbol{s}_M\|_2} - \dfrac{(\dot{\boldsymbol{u}}-\dot{\boldsymbol{s}}_1)^{\mathrm{T}}(\boldsymbol{u}-\boldsymbol{s}_1)}{\|\boldsymbol{u}-\boldsymbol{s}_1\|_2}\end{bmatrix} + \begin{bmatrix}\varepsilon_{\mathrm{t22}} \\ \varepsilon_{\mathrm{t32}} \\ \vdots \\ \varepsilon_{\mathrm{t}M2}\end{bmatrix} = \boldsymbol{f}_{\mathrm{fdoa}}(\boldsymbol{u}_{\mathrm{v}}) + \boldsymbol{\varepsilon}_{\mathrm{t2}} \tag{8.4}$$

式中[①]

$$\begin{cases}\boldsymbol{\rho} = \boldsymbol{f}_{\mathrm{tdoa}}(\boldsymbol{u}_{\mathrm{v}}) = [\|\boldsymbol{u}-\boldsymbol{s}_2\|_2 - \|\boldsymbol{u}-\boldsymbol{s}_1\|_2 \;\vdots\; \|\boldsymbol{u}-\boldsymbol{s}_3\|_2 - \|\boldsymbol{u}-\boldsymbol{s}_1\|_2 \;\vdots\; \cdots \;\vdots\; \|\boldsymbol{u}-\boldsymbol{s}_M\|_2 - \|\boldsymbol{u}-\boldsymbol{s}_1\|_2]^{\mathrm{T}} \\ \dot{\boldsymbol{\rho}} = \boldsymbol{f}_{\mathrm{fdoa}}(\boldsymbol{u}_{\mathrm{v}}) = \left[\begin{array}{c:c:c:c}\dfrac{(\dot{\boldsymbol{u}}-\dot{\boldsymbol{s}}_2)^{\mathrm{T}}(\boldsymbol{u}-\boldsymbol{s}_2)}{\|\boldsymbol{u}-\boldsymbol{s}_2\|_2} & \dfrac{(\dot{\boldsymbol{u}}-\dot{\boldsymbol{s}}_3)^{\mathrm{T}}(\boldsymbol{u}-\boldsymbol{s}_3)}{\|\boldsymbol{u}-\boldsymbol{s}_3\|_2} & & \dfrac{(\dot{\boldsymbol{u}}-\dot{\boldsymbol{s}}_M)^{\mathrm{T}}(\boldsymbol{u}-\boldsymbol{s}_M)}{\|\boldsymbol{u}-\boldsymbol{s}_M\|_2} \\ -\dfrac{(\dot{\boldsymbol{u}}-\dot{\boldsymbol{s}}_1)^{\mathrm{T}}(\boldsymbol{u}-\boldsymbol{s}_1)}{\|\boldsymbol{u}-\boldsymbol{s}_1\|_2} & -\dfrac{(\dot{\boldsymbol{u}}-\dot{\boldsymbol{s}}_1)^{\mathrm{T}}(\boldsymbol{u}-\boldsymbol{s}_1)}{\|\boldsymbol{u}-\boldsymbol{s}_1\|_2} & \cdots & -\dfrac{(\dot{\boldsymbol{u}}-\dot{\boldsymbol{s}}_1)^{\mathrm{T}}(\boldsymbol{u}-\boldsymbol{s}_1)}{\|\boldsymbol{u}-\boldsymbol{s}_1\|_2}\end{array}\right]^{\mathrm{T}} \\ \hat{\boldsymbol{\rho}} = [\hat{\rho}_2 \;\; \hat{\rho}_3 \;\; \cdots \;\; \hat{\rho}_M]^{\mathrm{T}}, \; \boldsymbol{\rho} = [\rho_2 \;\; \rho_3 \;\; \cdots \;\; \rho_M]^{\mathrm{T}}, \; \boldsymbol{\varepsilon}_{\mathrm{t1}} = [\varepsilon_{\mathrm{t21}} \;\; \varepsilon_{\mathrm{t31}} \;\; \cdots \;\; \varepsilon_{\mathrm{t}M1}]^{\mathrm{T}} \\ \hat{\dot{\boldsymbol{\rho}}} = [\hat{\dot{\rho}}_2 \;\; \hat{\dot{\rho}}_3 \;\; \cdots \;\; \hat{\dot{\rho}}_M]^{\mathrm{T}}, \; \dot{\boldsymbol{\rho}} = [\dot{\rho}_2 \;\; \dot{\rho}_3 \;\; \cdots \;\; \dot{\rho}_M]^{\mathrm{T}}, \; \boldsymbol{\varepsilon}_{\mathrm{t2}} = [\varepsilon_{\mathrm{t22}} \;\; \varepsilon_{\mathrm{t32}} \;\; \cdots \;\; \varepsilon_{\mathrm{t}M2}]^{\mathrm{T}}\end{cases} \tag{8.5}$$

① 这里使用下角标“tdoa”和“fdoa”来分别表征所采用的时间差和频率差观测量。

将式（8.3）和式（8.4）合并成更高维度的向量形式可得

$$\hat{\boldsymbol{\rho}}_{\mathrm{v}}=\begin{bmatrix}\hat{\boldsymbol{\rho}}\\ \hat{\dot{\boldsymbol{\rho}}}\end{bmatrix}=\begin{bmatrix}\boldsymbol{\rho}\\ \dot{\boldsymbol{\rho}}\end{bmatrix}+\begin{bmatrix}\boldsymbol{\varepsilon}_{\mathrm{t1}}\\ \boldsymbol{\varepsilon}_{\mathrm{t2}}\end{bmatrix}=\boldsymbol{\rho}_{\mathrm{v}}+\boldsymbol{\varepsilon}_{\mathrm{t}}=\begin{bmatrix}\boldsymbol{f}_{\mathrm{tdoa}}(\boldsymbol{u}_{\mathrm{v}})\\ \boldsymbol{f}_{\mathrm{fdoa}}(\boldsymbol{u}_{\mathrm{v}})\end{bmatrix}+\boldsymbol{\varepsilon}_{\mathrm{t}}=\boldsymbol{f}_{\mathrm{tfdoa}}(\boldsymbol{u}_{\mathrm{v}})+\boldsymbol{\varepsilon}_{\mathrm{t}} \tag{8.6}$$

式中[①]

$$\boldsymbol{\rho}_{\mathrm{v}}=[\boldsymbol{\rho}^{\mathrm{T}}\ \ \dot{\boldsymbol{\rho}}^{\mathrm{T}}]^{\mathrm{T}}=[(\boldsymbol{f}_{\mathrm{tdoa}}(\boldsymbol{u}_{\mathrm{v}}))^{\mathrm{T}}\ \ (\boldsymbol{f}_{\mathrm{fdoa}}(\boldsymbol{u}_{\mathrm{v}}))^{\mathrm{T}}]^{\mathrm{T}}=\boldsymbol{f}_{\mathrm{tfdoa}}(\boldsymbol{u}_{\mathrm{v}})\ ,\ \boldsymbol{\varepsilon}_{\mathrm{t}}=[\boldsymbol{\varepsilon}_{\mathrm{t1}}^{\mathrm{T}}\ \ \boldsymbol{\varepsilon}_{\mathrm{t2}}^{\mathrm{T}}]^{\mathrm{T}} \tag{8.7}$$

这里假设观测误差向量 $\boldsymbol{\varepsilon}_{\mathrm{t}}$ 服从零均值的高斯分布，并且其协方差矩阵为 $\boldsymbol{E}_{\mathrm{t}}=\mathrm{E}[\boldsymbol{\varepsilon}_{\mathrm{t}}\boldsymbol{\varepsilon}_{\mathrm{t}}^{\mathrm{T}}]$。

下面的问题在于：如何利用 TDOA/FDOA 观测向量 $\hat{\boldsymbol{\rho}}_{\mathrm{v}}$，尽可能准确地估计辐射源位置–速度向量 $\boldsymbol{u}_{\mathrm{v}}$。本章采用的定位方法是基于多维标度原理的，其中将给出两种定位方法，8.2 节描述第 1 种定位方法，8.3 节给出第 2 种定位方法，它们的主要区别在于标量积矩阵的构造方式不同。

8.2 基于加权多维标度的定位方法 1

8.2.1 标量积矩阵的构造

在多维标度分析中，需要构造标量积矩阵，为此首先定义如下 4 维坐标向量和速度向量：

$$\bar{\boldsymbol{u}}=\begin{bmatrix}x^{(\mathrm{u})}\\ y^{(\mathrm{u})}\\ z^{(\mathrm{u})}\\ -\mathrm{j}r_1\end{bmatrix},\ \bar{\boldsymbol{s}}_1=\begin{bmatrix}x_1^{(\mathrm{s})}\\ y_1^{(\mathrm{s})}\\ z_1^{(\mathrm{s})}\\ \mathrm{j}\rho_1\end{bmatrix}=\begin{bmatrix}x_1^{(\mathrm{s})}\\ y_1^{(\mathrm{s})}\\ z_1^{(\mathrm{s})}\\ \mathrm{j}0\end{bmatrix},\ \bar{\boldsymbol{s}}_m=\begin{bmatrix}x_m^{(\mathrm{s})}\\ y_m^{(\mathrm{s})}\\ z_m^{(\mathrm{s})}\\ \mathrm{j}\rho_m\end{bmatrix}\quad(2\leqslant m\leqslant M) \tag{8.8}$$

$$\dot{\bar{\boldsymbol{u}}}=\begin{bmatrix}\dot{x}^{(\mathrm{u})}\\ \dot{y}^{(\mathrm{u})}\\ \dot{z}^{(\mathrm{u})}\\ -\mathrm{j}\dot{r}_1\end{bmatrix},\ \dot{\bar{\boldsymbol{s}}}_1=\begin{bmatrix}\dot{x}_1^{(\mathrm{s})}\\ \dot{y}_1^{(\mathrm{s})}\\ \dot{z}_1^{(\mathrm{s})}\\ \mathrm{j}\dot{\rho}_1\end{bmatrix}=\begin{bmatrix}\dot{x}_1^{(\mathrm{s})}\\ \dot{y}_1^{(\mathrm{s})}\\ \dot{z}_1^{(\mathrm{s})}\\ \mathrm{j}0\end{bmatrix},\ \dot{\bar{\boldsymbol{s}}}_m=\begin{bmatrix}\dot{x}_m^{(\mathrm{s})}\\ \dot{y}_m^{(\mathrm{s})}\\ \dot{z}_m^{(\mathrm{s})}\\ \mathrm{j}\dot{\rho}_m\end{bmatrix}\quad(2\leqslant m\leqslant M) \tag{8.9}$$

式中，j 表示虚数单位，满足 $\mathrm{j}^2=-1$；$\rho_1=r_1-r_1=0$ 和 $\dot{\rho}_1=\dot{r}_1-\dot{r}_1=0$。基于上述坐标向量和速度向量可以分别定义如下坐标矩阵和速度矩阵：

---

① 这里使用下角标“tfdoa”来表征时间差和频率差观测量的联合。

$$\begin{aligned}\bar{\boldsymbol{S}}_{\boldsymbol{u}}^{(1)}&=\begin{bmatrix}(\bar{\boldsymbol{s}}_1-\bar{\boldsymbol{u}})^{\mathrm{T}}\\(\bar{\boldsymbol{s}}_2-\bar{\boldsymbol{u}})^{\mathrm{T}}\\\vdots\\(\bar{\boldsymbol{s}}_M-\bar{\boldsymbol{u}})^{\mathrm{T}}\end{bmatrix}=\bar{\boldsymbol{S}}^{(1)}-\boldsymbol{1}_{M\times1}\bar{\boldsymbol{u}}^{\mathrm{T}}\in\mathbf{R}^{M\times4}\\\dot{\bar{\boldsymbol{S}}}_{\boldsymbol{u}}^{(1)}&=\begin{bmatrix}(\dot{\bar{\boldsymbol{s}}}_1-\dot{\bar{\boldsymbol{u}}})^{\mathrm{T}}\\(\dot{\bar{\boldsymbol{s}}}_2-\dot{\bar{\boldsymbol{u}}})^{\mathrm{T}}\\\vdots\\(\dot{\bar{\boldsymbol{s}}}_M-\dot{\bar{\boldsymbol{u}}})^{\mathrm{T}}\end{bmatrix}=\dot{\bar{\boldsymbol{S}}}^{(1)}-\boldsymbol{1}_{M\times1}\dot{\bar{\boldsymbol{u}}}^{\mathrm{T}}\in\mathbf{R}^{M\times4}\end{aligned}\tag{8.10}$$

式中，$\bar{\boldsymbol{S}}^{(1)}=[\bar{\boldsymbol{s}}_1\ \ \bar{\boldsymbol{s}}_2\ \ \cdots\ \ \bar{\boldsymbol{s}}_M]^{\mathrm{T}}$ 和 $\dot{\bar{\boldsymbol{S}}}^{(1)}=[\dot{\bar{\boldsymbol{s}}}_1\ \ \dot{\bar{\boldsymbol{s}}}_2\ \ \cdots\ \ \dot{\bar{\boldsymbol{s}}}_M]^{\mathrm{T}}$ ①。显然，矩阵 $\dot{\bar{\boldsymbol{S}}}_{\boldsymbol{u}}^{(1)}$ 是矩阵 $\bar{\boldsymbol{S}}_{\boldsymbol{u}}^{(1)}$ 对时间求导的结果。然后构造第 1 个标量积矩阵，如下式所示：

$$\begin{aligned}\boldsymbol{W}^{(1)}&=\bar{\boldsymbol{S}}_{\boldsymbol{u}}^{(1)}\bar{\boldsymbol{S}}_{\boldsymbol{u}}^{(1)\mathrm{T}}\\&=\begin{bmatrix}\|\bar{\boldsymbol{s}}_1-\bar{\boldsymbol{u}}\|_2^2&(\bar{\boldsymbol{s}}_1-\bar{\boldsymbol{u}})^{\mathrm{T}}(\bar{\boldsymbol{s}}_2-\bar{\boldsymbol{u}})&\cdots&(\bar{\boldsymbol{s}}_1-\bar{\boldsymbol{u}})^{\mathrm{T}}(\bar{\boldsymbol{s}}_M-\bar{\boldsymbol{u}})\\(\bar{\boldsymbol{s}}_1-\bar{\boldsymbol{u}})^{\mathrm{T}}(\bar{\boldsymbol{s}}_2-\bar{\boldsymbol{u}})&\|\bar{\boldsymbol{s}}_2-\bar{\boldsymbol{u}}\|_2^2&\cdots&(\bar{\boldsymbol{s}}_2-\bar{\boldsymbol{u}})^{\mathrm{T}}(\bar{\boldsymbol{s}}_M-\bar{\boldsymbol{u}})\\\vdots&\vdots&\ddots&\vdots\\(\bar{\boldsymbol{s}}_1-\bar{\boldsymbol{u}})^{\mathrm{T}}(\bar{\boldsymbol{s}}_M-\bar{\boldsymbol{u}})&(\bar{\boldsymbol{s}}_2-\bar{\boldsymbol{u}})^{\mathrm{T}}(\bar{\boldsymbol{s}}_M-\bar{\boldsymbol{u}})&\cdots&\|\bar{\boldsymbol{s}}_M-\bar{\boldsymbol{u}}\|_2^2\end{bmatrix}\in\mathbf{R}^{M\times M}\end{aligned}\tag{8.11}$$

将式（8.11）两边对时间求导可以得到第 2 个标量积矩阵，如下式所示：

$$\begin{aligned}\dot{\boldsymbol{W}}^{(1)}&=\dot{\bar{\boldsymbol{S}}}_{\boldsymbol{u}}^{(1)}\bar{\boldsymbol{S}}_{\boldsymbol{u}}^{(1)\mathrm{T}}+\bar{\boldsymbol{S}}_{\boldsymbol{u}}^{(1)}\dot{\bar{\boldsymbol{S}}}_{\boldsymbol{u}}^{(1)\mathrm{T}}\\&=\begin{bmatrix}(\dot{\bar{\boldsymbol{s}}}_1-\dot{\bar{\boldsymbol{u}}})^{\mathrm{T}}(\bar{\boldsymbol{s}}_1-\bar{\boldsymbol{u}})&(\dot{\bar{\boldsymbol{s}}}_1-\dot{\bar{\boldsymbol{u}}})^{\mathrm{T}}(\bar{\boldsymbol{s}}_2-\bar{\boldsymbol{u}})&\cdots&(\dot{\bar{\boldsymbol{s}}}_1-\dot{\bar{\boldsymbol{u}}})^{\mathrm{T}}(\bar{\boldsymbol{s}}_M-\bar{\boldsymbol{u}})\\(\dot{\bar{\boldsymbol{s}}}_1-\dot{\bar{\boldsymbol{u}}})^{\mathrm{T}}(\bar{\boldsymbol{s}}_2-\bar{\boldsymbol{u}})&(\dot{\bar{\boldsymbol{s}}}_2-\dot{\bar{\boldsymbol{u}}})^{\mathrm{T}}(\bar{\boldsymbol{s}}_2-\bar{\boldsymbol{u}})&\cdots&(\dot{\bar{\boldsymbol{s}}}_2-\dot{\bar{\boldsymbol{u}}})^{\mathrm{T}}(\bar{\boldsymbol{s}}_M-\bar{\boldsymbol{u}})\\\vdots&\vdots&\ddots&\vdots\\(\dot{\bar{\boldsymbol{s}}}_1-\dot{\bar{\boldsymbol{u}}})^{\mathrm{T}}(\bar{\boldsymbol{s}}_M-\bar{\boldsymbol{u}})&(\dot{\bar{\boldsymbol{s}}}_2-\dot{\bar{\boldsymbol{u}}})^{\mathrm{T}}(\bar{\boldsymbol{s}}_M-\bar{\boldsymbol{u}})&\cdots&(\dot{\bar{\boldsymbol{s}}}_M-\dot{\bar{\boldsymbol{u}}})^{\mathrm{T}}(\bar{\boldsymbol{s}}_M-\bar{\boldsymbol{u}})\end{bmatrix}\\&\quad+\begin{bmatrix}(\bar{\boldsymbol{s}}_1-\bar{\boldsymbol{u}})^{\mathrm{T}}(\dot{\bar{\boldsymbol{s}}}_1-\dot{\bar{\boldsymbol{u}}})&(\bar{\boldsymbol{s}}_1-\bar{\boldsymbol{u}})^{\mathrm{T}}(\dot{\bar{\boldsymbol{s}}}_2-\dot{\bar{\boldsymbol{u}}})&\cdots&(\bar{\boldsymbol{s}}_1-\bar{\boldsymbol{u}})^{\mathrm{T}}(\dot{\bar{\boldsymbol{s}}}_M-\dot{\bar{\boldsymbol{u}}})\\(\bar{\boldsymbol{s}}_1-\bar{\boldsymbol{u}})^{\mathrm{T}}(\dot{\bar{\boldsymbol{s}}}_2-\dot{\bar{\boldsymbol{u}}})&(\bar{\boldsymbol{s}}_2-\bar{\boldsymbol{u}})^{\mathrm{T}}(\dot{\bar{\boldsymbol{s}}}_2-\dot{\bar{\boldsymbol{u}}})&\cdots&(\bar{\boldsymbol{s}}_2-\bar{\boldsymbol{u}})^{\mathrm{T}}(\dot{\bar{\boldsymbol{s}}}_M-\dot{\bar{\boldsymbol{u}}})\\\vdots&\vdots&\ddots&\vdots\\(\bar{\boldsymbol{s}}_1-\bar{\boldsymbol{u}})^{\mathrm{T}}(\dot{\bar{\boldsymbol{s}}}_M-\dot{\bar{\boldsymbol{u}}})&(\bar{\boldsymbol{s}}_2-\bar{\boldsymbol{u}})^{\mathrm{T}}(\dot{\bar{\boldsymbol{s}}}_M-\dot{\bar{\boldsymbol{u}}})&\cdots&(\bar{\boldsymbol{s}}_M-\bar{\boldsymbol{u}})^{\mathrm{T}}(\dot{\bar{\boldsymbol{s}}}_M-\dot{\bar{\boldsymbol{u}}})\end{bmatrix}\\&\in\mathbf{R}^{M\times M}\end{aligned}\tag{8.12}$$

容易验证，矩阵 $\boldsymbol{W}^{(1)}$ 中的第 m_1 行、第 m_2 列元素为

① 本节中的数学符号大多使用上角标“(1)”，这是为了突出其对应于第 1 种定位方法。

$$
\begin{aligned}
w_{m_1m_2}^{(1)} &= <\boldsymbol{W}^{(1)}>_{m_1m_2} = (\bar{\boldsymbol{s}}_{m_1} - \bar{\boldsymbol{u}})^{\mathrm{T}}(\bar{\boldsymbol{s}}_{m_2} - \bar{\boldsymbol{u}}) = (\boldsymbol{s}_{m_1} - \boldsymbol{u})^{\mathrm{T}}(\boldsymbol{s}_{m_2} - \boldsymbol{u}) - (\rho_{m_1} + r_1)(\rho_{m_2} + r_1) \\
&= \boldsymbol{s}_{m_1}^{\mathrm{T}}\boldsymbol{s}_{m_2} - \boldsymbol{s}_{m_1}^{\mathrm{T}}\boldsymbol{u} - \boldsymbol{s}_{m_2}^{\mathrm{T}}\boldsymbol{u} + \|\boldsymbol{u}\|_2^2 - r_{m_1}r_{m_2} = \frac{1}{2}(\|\boldsymbol{u} - \boldsymbol{s}_{m_1}\|_2^2 + \|\boldsymbol{u} - \boldsymbol{s}_{m_2}\|_2^2 - \|\boldsymbol{s}_{m_1} - \boldsymbol{s}_{m_2}\|_2^2) - r_{m_1}r_{m_2} \\
&= \frac{1}{2}(r_{m_1}^2 + r_{m_2}^2 - d_{m_1m_2}^2) - r_{m_1}r_{m_2} = \frac{1}{2}[(r_{m_1} - r_{m_2})^2 - d_{m_1m_2}^2] = \frac{1}{2}[(\rho_{m_1} - \rho_{m_2})^2 - d_{m_1m_2}^2]
\end{aligned}
\tag{8.13}
$$

式中，$d_{m_1m_2} = \|\boldsymbol{s}_{m_1} - \boldsymbol{s}_{m_2}\|_2$。矩阵 $\dot{\boldsymbol{W}}^{(1)}$ 中的第 m_1 行、第 m_2 列元素为

$$
\begin{aligned}
\dot{w}_{m_1m_2}^{(1)} &= <\dot{\boldsymbol{W}}^{(1)}>_{m_1m_2} = (\rho_{m_1} - \rho_{m_2})(\dot{\rho}_{m_1} - \dot{\rho}_{m_2}) - (\dot{\boldsymbol{s}}_{m_1} - \dot{\boldsymbol{s}}_{m_2})^{\mathrm{T}}(\boldsymbol{s}_{m_1} - \boldsymbol{s}_{m_2}) \\
&= (\rho_{m_1} - \rho_{m_2})(\dot{\rho}_{m_1} - \dot{\rho}_{m_2}) - \theta_{m_1m_2}
\end{aligned}
\tag{8.14}
$$

式中，$\theta_{m_1m_2} = (\dot{\boldsymbol{s}}_{m_1} - \dot{\boldsymbol{s}}_{m_2})^{\mathrm{T}}(\boldsymbol{s}_{m_1} - \boldsymbol{s}_{m_2})$。式（8.13）和式（8.14）实际上提供了构造矩阵 $\boldsymbol{W}^{(1)}$ 和 $\dot{\boldsymbol{W}}^{(1)}$ 的计算公式，如下式所示：

$$
\boldsymbol{W}^{(1)} = \frac{1}{2}\begin{bmatrix}
(\rho_1 - \rho_1)^2 - d_{11}^2 & (\rho_1 - \rho_2)^2 - d_{12}^2 & \cdots & (\rho_1 - \rho_M)^2 - d_{1M}^2 \\
(\rho_1 - \rho_2)^2 - d_{12}^2 & (\rho_2 - \rho_2)^2 - d_{22}^2 & \cdots & (\rho_2 - \rho_M)^2 - d_{2M}^2 \\
\vdots & \vdots & \ddots & \vdots \\
(\rho_1 - \rho_M)^2 - d_{1M}^2 & (\rho_2 - \rho_M)^2 - d_{2M}^2 & \cdots & (\rho_M - \rho_M)^2 - d_{MM}^2
\end{bmatrix}
\tag{8.15}
$$

$$
\begin{aligned}
&\dot{\boldsymbol{W}}^{(1)} \\
&= \begin{bmatrix}
(\rho_1 - \rho_1)(\dot{\rho}_1 - \dot{\rho}_1) - \theta_{11} & (\rho_1 - \rho_2)(\dot{\rho}_1 - \dot{\rho}_2) - \theta_{12} & \cdots & (\rho_1 - \rho_M)(\dot{\rho}_1 - \dot{\rho}_M) - \theta_{1M} \\
(\rho_1 - \rho_2)(\dot{\rho}_1 - \dot{\rho}_2) - \theta_{12} & (\rho_2 - \rho_2)(\dot{\rho}_2 - \dot{\rho}_2) - \theta_{22} & \cdots & (\rho_2 - \rho_M)(\dot{\rho}_2 - \dot{\rho}_M) - \theta_{2M} \\
\vdots & \vdots & \ddots & \vdots \\
(\rho_1 - \rho_M)(\dot{\rho}_1 - \dot{\rho}_M) - \theta_{1M} & (\rho_2 - \rho_M)(\dot{\rho}_2 - \dot{\rho}_M) - \theta_{2M} & \cdots & (\rho_M - \rho_M)(\dot{\rho}_M - \dot{\rho}_M) - \theta_{MM}
\end{bmatrix}
\end{aligned}
\tag{8.16}
$$

8.2.2　两个重要的关系式

下面将给出两个重要的关系式，这对于确定辐射源位置和速度至关重要。首先根据式（5.23）可以得到第 1 个关系式，如下式所示：

$$
\boldsymbol{O}_{M\times 1} = \boldsymbol{W}^{(1)}[\boldsymbol{I}_{M\times 1} \;\; \boldsymbol{G}^{(1)}]\begin{bmatrix} M & \boldsymbol{I}_{M\times 1}^{\mathrm{T}}\boldsymbol{G}^{(1)} \\ \boldsymbol{G}^{(1)\mathrm{T}}\boldsymbol{I}_{M\times 1} & \boldsymbol{G}^{(1)\mathrm{T}}\boldsymbol{G}^{(1)} \end{bmatrix}^{-1}\begin{bmatrix} 1 \\ \boldsymbol{g} \end{bmatrix} = \boldsymbol{W}^{(1)}\boldsymbol{T}^{(1)}\begin{bmatrix} 1 \\ \boldsymbol{g} \end{bmatrix}
\tag{8.17}
$$

式中

$$
\boldsymbol{T}^{(1)} = [\boldsymbol{I}_{M\times 1} \;\; \boldsymbol{G}^{(1)}]\begin{bmatrix} M & \boldsymbol{I}_{M\times 1}^{\mathrm{T}}\boldsymbol{G}^{(1)} \\ \boldsymbol{G}^{(1)\mathrm{T}}\boldsymbol{I}_{M\times 1} & \boldsymbol{G}^{(1)\mathrm{T}}\boldsymbol{G}^{(1)} \end{bmatrix}^{-1} \in \mathbf{R}^{M\times 5}
\tag{8.18}
$$

$$
\boldsymbol{G}^{(1)} = \begin{bmatrix}
x_1^{(\mathrm{s})} & y_1^{(\mathrm{s})} & z_1^{(\mathrm{s})} & \rho_1 \\
x_2^{(\mathrm{s})} & y_2^{(\mathrm{s})} & z_2^{(\mathrm{s})} & \rho_2 \\
\vdots & \vdots & \vdots & \vdots \\
x_M^{(\mathrm{s})} & y_M^{(\mathrm{s})} & z_M^{(\mathrm{s})} & \rho_M
\end{bmatrix} \in \mathbf{R}^{M\times 4}, \quad
\boldsymbol{g} = \begin{bmatrix} x^{(\mathrm{u})} \\ y^{(\mathrm{u})} \\ z^{(\mathrm{u})} \\ -r_1 \end{bmatrix} = \begin{bmatrix} \boldsymbol{u} \\ -r_1 \end{bmatrix} \in \mathbf{R}^{4\times 1}
\tag{8.19}
$$

将式（8.17）两边对时间求导可以得到第 2 个关系式，如下式所示：

$$\boldsymbol{O}_{M\times 1}=(\dot{\boldsymbol{W}}^{(1)}\boldsymbol{T}^{(1)}+\boldsymbol{W}^{(1)}\dot{\boldsymbol{T}}^{(1)})\begin{bmatrix}1\\ \boldsymbol{g}\end{bmatrix}+\boldsymbol{W}^{(1)}\boldsymbol{T}^{(1)}\begin{bmatrix}0\\ \dot{\boldsymbol{g}}\end{bmatrix} \tag{8.20}$$

式中

$$\begin{aligned}\dot{\boldsymbol{T}}^{(1)}=&[\boldsymbol{O}_{M\times 1}\ \ \dot{\boldsymbol{G}}^{(1)}]\begin{bmatrix}M & \boldsymbol{1}_{M\times 1}^{\mathrm{T}}\boldsymbol{G}^{(1)}\\ \boldsymbol{G}^{(1)\mathrm{T}}\boldsymbol{1}_{M\times 1} & \boldsymbol{G}^{(1)\mathrm{T}}\boldsymbol{G}^{(1)}\end{bmatrix}^{-1}\\ &-\boldsymbol{T}^{(1)}\begin{bmatrix}0 & \boldsymbol{1}_{M\times 1}^{\mathrm{T}}\dot{\boldsymbol{G}}^{(1)}\\ \dot{\boldsymbol{G}}^{(1)\mathrm{T}}\boldsymbol{1}_{M\times 1} & \dot{\boldsymbol{G}}^{(1)\mathrm{T}}\boldsymbol{G}^{(1)}+\boldsymbol{G}^{(1)\mathrm{T}}\dot{\boldsymbol{G}}^{(1)}\end{bmatrix}\begin{bmatrix}M & \boldsymbol{1}_{M\times 1}^{\mathrm{T}}\boldsymbol{G}^{(1)}\\ \boldsymbol{G}^{(1)\mathrm{T}}\boldsymbol{1}_{M\times 1} & \boldsymbol{G}^{(1)\mathrm{T}}\boldsymbol{G}^{(1)}\end{bmatrix}^{-1}\in\mathbf{R}^{M\times 5}\end{aligned} \tag{8.21}$$

$$\dot{\boldsymbol{G}}^{(1)}=\begin{bmatrix}\dot{x}_1^{(\mathrm{s})} & \dot{y}_1^{(\mathrm{s})} & \dot{z}_1^{(\mathrm{s})} & \dot{\rho}_1\\ \dot{x}_2^{(\mathrm{s})} & \dot{y}_2^{(\mathrm{s})} & \dot{z}_2^{(\mathrm{s})} & \dot{\rho}_2\\ \vdots & \vdots & \vdots & \vdots\\ \dot{x}_M^{(\mathrm{s})} & \dot{y}_M^{(\mathrm{s})} & \dot{z}_M^{(\mathrm{s})} & \dot{\rho}_M\end{bmatrix}\in\mathbf{R}^{M\times 4},\ \ \dot{\boldsymbol{g}}=\begin{bmatrix}\dot{x}^{(\mathrm{u})}\\ \dot{y}^{(\mathrm{u})}\\ \dot{z}^{(\mathrm{u})}\\ -\dot{r}_1\end{bmatrix}=\begin{bmatrix}\dot{\boldsymbol{u}}\\ -\dot{r}_1\end{bmatrix}\in\mathbf{R}^{4\times 1} \tag{8.22}$$

式(8.17)和式(8.20)建立了关于向量$\boldsymbol{g}$和$\dot{\boldsymbol{g}}$的伪线性等式，其中一共包含$2M$个等式，而 TDOA/FDOA 观测量仅为$2(M-1)$个，这意味着该关系式是存在冗余的。

8.2.3 定位原理与方法

下面将基于式（8.17）和式（8.20）构建确定向量$\boldsymbol{g}$和$\dot{\boldsymbol{g}}$的估计准则，并且推导其最优解，然后由此获得辐射源位置向量$\boldsymbol{u}$和速度向量$\dot{\boldsymbol{u}}$的估计值。首先需要将式（8.17）和式（8.20）进行合并，从而得到如下更高维度的伪线性等式：

$$\begin{aligned}\boldsymbol{O}_{2M\times 1}&=\begin{bmatrix}\boldsymbol{W}^{(1)}\boldsymbol{T}^{(1)} & \boldsymbol{O}_{M\times 4}\\ \dot{\boldsymbol{W}}^{(1)}\boldsymbol{T}^{(1)}+\boldsymbol{W}^{(1)}\dot{\boldsymbol{T}}^{(1)} & \boldsymbol{W}^{(1)}\boldsymbol{T}^{(1)}\bar{\boldsymbol{I}}_4\end{bmatrix}\begin{bmatrix}1\\ \boldsymbol{g}\\ \dot{\boldsymbol{g}}\end{bmatrix}\\ &=\begin{bmatrix}\boldsymbol{W}^{(1)}\boldsymbol{T}^{(1)} & \boldsymbol{O}_{M\times 4}\\ \dot{\boldsymbol{W}}^{(1)}\boldsymbol{T}^{(1)}+\boldsymbol{W}^{(1)}\dot{\boldsymbol{T}}^{(1)} & \boldsymbol{W}^{(1)}\boldsymbol{T}^{(1)}\bar{\boldsymbol{I}}_4\end{bmatrix}\begin{bmatrix}1\\ \boldsymbol{g}_{\mathrm{v}}\end{bmatrix}\end{aligned} \tag{8.23}$$

式中，$\bar{\boldsymbol{I}}_4=\begin{bmatrix}\boldsymbol{O}_{1\times 4}\\ \boldsymbol{I}_4\end{bmatrix}$和$\boldsymbol{g}_{\mathrm{v}}=\begin{bmatrix}\boldsymbol{g}\\ \dot{\boldsymbol{g}}\end{bmatrix}$。

1. 一阶误差扰动分析

在实际定位过程中，标量积矩阵$\boldsymbol{W}^{(1)}$和$\dot{\boldsymbol{W}}^{(1)}$及矩阵$\boldsymbol{T}^{(1)}$和$\dot{\boldsymbol{T}}^{(1)}$的真实值都是未知的，因为其中的真实距离差$\{\rho_m\}_{2\leqslant m\leqslant M}$和真实距离差变化率$\{\dot{\rho}_m\}_{2\leqslant m\leqslant M}$仅能分别用它们的观测值$\{\hat{\rho}_m\}_{2\leqslant m\leqslant M}$和$\{\hat{\dot{\rho}}_m\}_{2\leqslant m\leqslant M}$来代替，这必然会引入观测

误差。不妨将含有观测误差的标量积矩阵$\boldsymbol{W}^{(1)}$和$\dot{\boldsymbol{W}}^{(1)}$分别记为$\hat{\boldsymbol{W}}^{(1)}$和$\hat{\dot{\boldsymbol{W}}}^{(1)}$，于是根据式（8.13）和式（8.14）可知，矩阵$\hat{\boldsymbol{W}}^{(1)}$和$\hat{\dot{\boldsymbol{W}}}^{(1)}$中的第$m_1$行、第$m_2$列元素分别为

$$\hat{w}_{m_1m_2}^{(1)} = <\hat{\boldsymbol{W}}^{(1)}>_{m_1m_2} = \frac{1}{2}\left[(\hat{\rho}_{m_1} - \hat{\rho}_{m_2})^2 - d_{m_1m_2}^2\right] \tag{8.24}$$

$$\hat{\dot{w}}_{m_1m_2}^{(1)} = <\hat{\dot{\boldsymbol{W}}}^{(1)}>_{m_1m_2} = (\hat{\rho}_{m_1} - \hat{\rho}_{m_2})(\hat{\dot{\rho}}_{m_1} - \hat{\dot{\rho}}_{m_2}) - \theta_{m_1m_2} \tag{8.25}$$

式中，$\hat{\rho}_1 = 0$和$\hat{\dot{\rho}}_1 = 0$，进一步可得

$$\hat{\boldsymbol{W}}^{(1)} = \frac{1}{2}\begin{bmatrix} (\hat{\rho}_1 - \hat{\rho}_1)^2 - d_{11}^2 & (\hat{\rho}_1 - \hat{\rho}_2)^2 - d_{12}^2 & \cdots & (\hat{\rho}_1 - \hat{\rho}_M)^2 - d_{1M}^2 \\ (\hat{\rho}_1 - \hat{\rho}_2)^2 - d_{12}^2 & (\hat{\rho}_2 - \hat{\rho}_2)^2 - d_{22}^2 & \cdots & (\hat{\rho}_2 - \hat{\rho}_M)^2 - d_{2M}^2 \\ \vdots & \vdots & \ddots & \vdots \\ (\hat{\rho}_1 - \hat{\rho}_M)^2 - d_{1M}^2 & (\hat{\rho}_2 - \hat{\rho}_M)^2 - d_{2M}^2 & \cdots & (\hat{\rho}_M - \hat{\rho}_M)^2 - d_{MM}^2 \end{bmatrix} \tag{8.26}$$

$$\begin{aligned} &\hat{\dot{\boldsymbol{W}}}^{(1)} \\ &= \begin{bmatrix} (\hat{\rho}_1 - \hat{\rho}_1)(\hat{\dot{\rho}}_1 - \hat{\dot{\rho}}_1) - \theta_{11} & (\hat{\rho}_1 - \hat{\rho}_2)(\hat{\dot{\rho}}_1 - \hat{\dot{\rho}}_2) - \theta_{12} & \cdots & (\hat{\rho}_1 - \hat{\rho}_M)(\hat{\dot{\rho}}_1 - \hat{\dot{\rho}}_M) - \theta_{1M} \\ (\hat{\rho}_1 - \hat{\rho}_2)(\hat{\dot{\rho}}_1 - \hat{\dot{\rho}}_2) - \theta_{12} & (\hat{\rho}_2 - \hat{\rho}_2)(\hat{\dot{\rho}}_2 - \hat{\dot{\rho}}_2) - \theta_{22} & \cdots & (\hat{\rho}_2 - \hat{\rho}_M)(\hat{\dot{\rho}}_2 - \hat{\dot{\rho}}_M) - \theta_{2M} \\ \vdots & \vdots & \ddots & \vdots \\ (\hat{\rho}_1 - \hat{\rho}_M)(\hat{\dot{\rho}}_1 - \hat{\dot{\rho}}_M) - \theta_{1M} & (\hat{\rho}_2 - \hat{\rho}_M)(\hat{\dot{\rho}}_2 - \hat{\dot{\rho}}_M) - \theta_{2M} & \cdots & (\hat{\rho}_M - \hat{\rho}_M)(\hat{\dot{\rho}}_M - \hat{\dot{\rho}}_M) - \theta_{MM} \end{bmatrix} \end{aligned} \tag{8.27}$$

不妨将含有观测误差的矩阵$\boldsymbol{T}^{(1)}$和$\dot{\boldsymbol{T}}^{(1)}$分别记为$\hat{\boldsymbol{T}}^{(1)}$和$\hat{\dot{\boldsymbol{T}}}^{(1)}$，则根据式（8.18）和式（8.21）可得

$$\hat{\boldsymbol{T}}^{(1)} = [\boldsymbol{1}_{M\times 1} \ \ \hat{\boldsymbol{G}}^{(1)}]\begin{bmatrix} M & \boldsymbol{1}_{M\times 1}^{\mathrm{T}}\hat{\boldsymbol{G}}^{(1)} \\ \hat{\boldsymbol{G}}^{(1)\mathrm{T}}\boldsymbol{1}_{M\times 1} & \hat{\boldsymbol{G}}^{(1)\mathrm{T}}\hat{\boldsymbol{G}}^{(1)} \end{bmatrix}^{-1} \tag{8.28}$$

$$\begin{aligned} \hat{\dot{\boldsymbol{T}}}^{(1)} &= [\boldsymbol{O}_{M\times 1} \ \ \hat{\dot{\boldsymbol{G}}}^{(1)}]\begin{bmatrix} M & \boldsymbol{1}_{M\times 1}^{\mathrm{T}}\hat{\boldsymbol{G}}^{(1)} \\ \hat{\boldsymbol{G}}^{(1)\mathrm{T}}\boldsymbol{1}_{M\times 1} & \hat{\boldsymbol{G}}^{(1)\mathrm{T}}\hat{\boldsymbol{G}}^{(1)} \end{bmatrix}^{-1} \\ &\quad - \hat{\boldsymbol{T}}^{(1)}\begin{bmatrix} 0 & \boldsymbol{1}_{M\times 1}^{\mathrm{T}}\hat{\dot{\boldsymbol{G}}}^{(1)} \\ \hat{\dot{\boldsymbol{G}}}^{(1)\mathrm{T}}\boldsymbol{1}_{M\times 1} & \hat{\dot{\boldsymbol{G}}}^{(1)\mathrm{T}}\hat{\boldsymbol{G}}^{(1)} + \hat{\boldsymbol{G}}^{(1)\mathrm{T}}\hat{\dot{\boldsymbol{G}}}^{(1)} \end{bmatrix}\begin{bmatrix} M & \boldsymbol{1}_{M\times 1}^{\mathrm{T}}\hat{\boldsymbol{G}}^{(1)} \\ \hat{\boldsymbol{G}}^{(1)\mathrm{T}}\boldsymbol{1}_{M\times 1} & \hat{\boldsymbol{G}}^{(1)\mathrm{T}}\hat{\boldsymbol{G}}^{(1)} \end{bmatrix}^{-1} \end{aligned} \tag{8.29}$$

式中

$$\hat{\boldsymbol{G}}^{(1)} = \begin{bmatrix} x_1^{(\mathrm{s})} & y_1^{(\mathrm{s})} & z_1^{(\mathrm{s})} & \hat{\rho}_1 \\ x_2^{(\mathrm{s})} & y_2^{(\mathrm{s})} & z_2^{(\mathrm{s})} & \hat{\rho}_2 \\ \vdots & \vdots & \vdots & \vdots \\ x_M^{(\mathrm{s})} & y_M^{(\mathrm{s})} & z_M^{(\mathrm{s})} & \hat{\rho}_M \end{bmatrix}, \quad \hat{\dot{\boldsymbol{G}}}^{(1)} = \begin{bmatrix} \dot{x}_1^{(\mathrm{s})} & \dot{y}_1^{(\mathrm{s})} & \dot{z}_1^{(\mathrm{s})} & \hat{\dot{\rho}}_1 \\ \dot{x}_2^{(\mathrm{s})} & \dot{y}_2^{(\mathrm{s})} & \dot{z}_2^{(\mathrm{s})} & \hat{\dot{\rho}}_2 \\ \vdots & \vdots & \vdots & \vdots \\ \dot{x}_M^{(\mathrm{s})} & \dot{y}_M^{(\mathrm{s})} & \dot{z}_M^{(\mathrm{s})} & \hat{\dot{\rho}}_M \end{bmatrix} \tag{8.30}$$

基于式（8.23）可以定义如下误差向量：

$$\boldsymbol{\delta}_{\mathrm{t}}^{(1)}=\begin{bmatrix}\hat{\boldsymbol{W}}^{(1)}\hat{\boldsymbol{T}}^{(1)} & \boldsymbol{O}_{M\times 4}\\ \hat{\dot{\boldsymbol{W}}}^{(1)}\hat{\boldsymbol{T}}^{(1)}+\hat{\boldsymbol{W}}^{(1)}\hat{\dot{\boldsymbol{T}}}^{(1)} & \hat{\boldsymbol{W}}^{(1)}\hat{\boldsymbol{T}}^{(1)}\bar{\boldsymbol{I}}_4\end{bmatrix}\begin{bmatrix}1\\ \boldsymbol{g}_{\mathrm{v}}\end{bmatrix} \tag{8.31}$$

若忽略误差二阶项，则由式（8.23）可得

$$\begin{aligned}\boldsymbol{\delta}_{\mathrm{t}}^{(1)}&=\left[\begin{array}{c|c}(\boldsymbol{W}^{(1)}+\Delta\boldsymbol{W}_{\mathrm{t}}^{(1)})(\boldsymbol{T}^{(1)}+\Delta\boldsymbol{T}_{\mathrm{t}}^{(1)}) & \boldsymbol{O}_{M\times 4}\\ \hline (\dot{\boldsymbol{W}}^{(1)}+\Delta\dot{\boldsymbol{W}}_{\mathrm{t}}^{(1)})(\boldsymbol{T}^{(1)}+\Delta\boldsymbol{T}_{\mathrm{t}}^{(1)})+(\boldsymbol{W}^{(1)}+\Delta\boldsymbol{W}_{\mathrm{t}}^{(1)})(\dot{\boldsymbol{T}}^{(1)}+\Delta\dot{\boldsymbol{T}}_{\mathrm{t}}^{(1)}) & (\boldsymbol{W}^{(1)}+\Delta\boldsymbol{W}_{\mathrm{t}}^{(1)})(\boldsymbol{T}^{(1)}+\Delta\boldsymbol{T}_{\mathrm{t}}^{(1)})\bar{\boldsymbol{I}}_4\end{array}\right]\begin{bmatrix}1\\ \boldsymbol{g}_{\mathrm{v}}\end{bmatrix}\\
&\approx\left[\begin{array}{c|c}\Delta\boldsymbol{W}_{\mathrm{t}}^{(1)}\boldsymbol{T}^{(1)} & \boldsymbol{O}_{M\times 4}\\ \hline \Delta\boldsymbol{W}_{\mathrm{t}}^{(1)}\dot{\boldsymbol{T}}^{(1)} & \Delta\boldsymbol{W}_{\mathrm{t}}^{(1)}\boldsymbol{T}^{(1)}\bar{\boldsymbol{I}}_4\end{array}\right]\begin{bmatrix}1\\ \boldsymbol{g}_{\mathrm{v}}\end{bmatrix}+\left[\begin{array}{c|c}\boldsymbol{O}_{M\times 5} & \boldsymbol{O}_{M\times 4}\\ \hline \Delta\dot{\boldsymbol{W}}_{\mathrm{t}}^{(1)}\boldsymbol{T}^{(1)} & \boldsymbol{O}_{M\times 4}\end{array}\right]\begin{bmatrix}1\\ \boldsymbol{g}_{\mathrm{v}}\end{bmatrix}+\left[\begin{array}{c|c}\boldsymbol{W}^{(1)}\Delta\boldsymbol{T}_{\mathrm{t}}^{(1)} & \boldsymbol{O}_{M\times 4}\\ \hline \dot{\boldsymbol{W}}^{(1)}\Delta\boldsymbol{T}_{\mathrm{t}}^{(1)} & \boldsymbol{W}^{(1)}\Delta\boldsymbol{T}_{\mathrm{t}}^{(1)}\bar{\boldsymbol{I}}_4\end{array}\right]\begin{bmatrix}1\\ \boldsymbol{g}_{\mathrm{v}}\end{bmatrix}\\
&\quad+\left[\begin{array}{c|c}\boldsymbol{O}_{M\times 5} & \boldsymbol{O}_{M\times 4}\\ \hline \boldsymbol{W}^{(1)}\Delta\dot{\boldsymbol{T}}_{\mathrm{t}}^{(1)} & \boldsymbol{O}_{M\times 4}\end{array}\right]\begin{bmatrix}1\\ \boldsymbol{g}_{\mathrm{v}}\end{bmatrix}\end{aligned} \tag{8.32}$$

式中，$\Delta\boldsymbol{W}_{\mathrm{t}}^{(1)}$、$\Delta\dot{\boldsymbol{W}}_{\mathrm{t}}^{(1)}$、$\Delta\boldsymbol{T}_{\mathrm{t}}^{(1)}$及$\Delta\dot{\boldsymbol{T}}_{\mathrm{t}}^{(1)}$分别表示$\hat{\boldsymbol{W}}^{(1)}$、$\hat{\dot{\boldsymbol{W}}}^{(1)}$、$\hat{\boldsymbol{T}}^{(1)}$及$\hat{\dot{\boldsymbol{T}}}^{(1)}$中的误差矩阵，即有$\Delta\boldsymbol{W}_{\mathrm{t}}^{(1)}=\hat{\boldsymbol{W}}^{(1)}-\boldsymbol{W}^{(1)}$、$\Delta\dot{\boldsymbol{W}}_{\mathrm{t}}^{(1)}=\hat{\dot{\boldsymbol{W}}}^{(1)}-\dot{\boldsymbol{W}}^{(1)}$、$\Delta\boldsymbol{T}_{\mathrm{t}}^{(1)}=\hat{\boldsymbol{T}}^{(1)}-\boldsymbol{T}^{(1)}$及$\Delta\dot{\boldsymbol{T}}_{\mathrm{t}}^{(1)}=\hat{\dot{\boldsymbol{T}}}^{(1)}-\dot{\boldsymbol{T}}^{(1)}$。下面需要推导它们的一阶表达式（即忽略观测误差$\boldsymbol{\varepsilon}_{\mathrm{t}}$的二阶及其以上各阶项），并由此获得误差向量$\boldsymbol{\delta}_{\mathrm{t}}^{(1)}$关于观测误差$\boldsymbol{\varepsilon}_{\mathrm{t}}$的线性函数。

首先基于式（8.26）可以将误差矩阵$\Delta\boldsymbol{W}_{\mathrm{t}}^{(1)}$近似表示为

$$\Delta\boldsymbol{W}_{\mathrm{t}}^{(1)}\approx\begin{bmatrix}(\rho_1-\rho_1)(\varepsilon_{\mathrm{t}11}-\varepsilon_{\mathrm{t}11}) & (\rho_1-\rho_2)(\varepsilon_{\mathrm{t}11}-\varepsilon_{\mathrm{t}21}) & \cdots & (\rho_1-\rho_M)(\varepsilon_{\mathrm{t}11}-\varepsilon_{\mathrm{t}M1})\\ (\rho_1-\rho_2)(\varepsilon_{\mathrm{t}11}-\varepsilon_{\mathrm{t}21}) & (\rho_2-\rho_2)(\varepsilon_{\mathrm{t}21}-\varepsilon_{\mathrm{t}21}) & \cdots & (\rho_2-\rho_M)(\varepsilon_{\mathrm{t}21}-\varepsilon_{\mathrm{t}M1})\\ \vdots & \vdots & \ddots & \vdots\\ (\rho_1-\rho_M)(\varepsilon_{\mathrm{t}11}-\varepsilon_{\mathrm{t}M1}) & (\rho_2-\rho_M)(\varepsilon_{\mathrm{t}21}-\varepsilon_{\mathrm{t}M1}) & \cdots & (\rho_M-\rho_M)(\varepsilon_{\mathrm{t}M1}-\varepsilon_{\mathrm{t}M1})\end{bmatrix} \tag{8.33}$$

式中，$\varepsilon_{\mathrm{t}11}=0$。由式（8.33）可以将式（8.32）右边第 1 式近似表示为关于观测误差$\boldsymbol{\varepsilon}_{\mathrm{t}}$的线性函数，如下式所示：

$$\left[\begin{array}{c|c}\Delta\boldsymbol{W}_{\mathrm{t}}^{(1)}\boldsymbol{T}^{(1)} & \boldsymbol{O}_{M\times 4}\\ \hline \Delta\boldsymbol{W}_{\mathrm{t}}^{(1)}\dot{\boldsymbol{T}}^{(1)} & \Delta\boldsymbol{W}_{\mathrm{t}}^{(1)}\boldsymbol{T}^{(1)}\bar{\boldsymbol{I}}_4\end{array}\right]\begin{bmatrix}1\\ \boldsymbol{g}_{\mathrm{v}}\end{bmatrix}\approx\boldsymbol{B}_{\mathrm{t}1}^{(1)}(\boldsymbol{g}_{\mathrm{v}})\boldsymbol{\varepsilon}_{\mathrm{t}} \tag{8.34}$$

式中

$$\begin{aligned}&\boldsymbol{B}_{\mathrm{t}1}^{(1)}(\boldsymbol{g}_{\mathrm{v}})\\
&=\left[\begin{array}{c|c}\boldsymbol{1}_{M\times 1}\left[\left(\boldsymbol{T}^{(1)}\begin{bmatrix}1\\ \boldsymbol{g}\end{bmatrix}\right)\odot\bar{\boldsymbol{\rho}}\right]^{\mathrm{T}}+([1\ \ \boldsymbol{g}^{\mathrm{T}}]\boldsymbol{T}^{(1)\mathrm{T}}\boldsymbol{1}_{M\times 1})\mathrm{diag}[\bar{\boldsymbol{\rho}}]-\bar{\boldsymbol{\rho}}[1\ \ \boldsymbol{g}^{\mathrm{T}}]\boldsymbol{T}^{(1)\mathrm{T}}-([1\ \ \boldsymbol{g}^{\mathrm{T}}]\boldsymbol{T}^{(1)\mathrm{T}}\bar{\boldsymbol{\rho}})\boldsymbol{I}_M & \boldsymbol{O}_{M\times M}\\ \hline \boldsymbol{1}_{M\times 1}\left[\left(\dot{\boldsymbol{T}}^{(1)}\begin{bmatrix}1\\ \boldsymbol{g}\end{bmatrix}+\boldsymbol{T}^{(1)}\begin{bmatrix}0\\ \dot{\boldsymbol{g}}\end{bmatrix}\right)\odot\bar{\boldsymbol{\rho}}\right]^{\mathrm{T}}+\left[([1\ \ \boldsymbol{g}^{\mathrm{T}}]\dot{\boldsymbol{T}}^{(1)\mathrm{T}}+[0\ \ \dot{\boldsymbol{g}}^{\mathrm{T}}]\boldsymbol{T}^{(1)\mathrm{T}})\boldsymbol{1}_{M\times 1}\right]\mathrm{diag}[\bar{\boldsymbol{\rho}}] & \\ -\bar{\boldsymbol{\rho}}([1\ \ \boldsymbol{g}^{\mathrm{T}}]\dot{\boldsymbol{T}}^{(1)\mathrm{T}}+[0\ \ \dot{\boldsymbol{g}}^{\mathrm{T}}]\boldsymbol{T}^{(1)\mathrm{T}})-\left[([1\ \ \boldsymbol{g}^{\mathrm{T}}]\dot{\boldsymbol{T}}^{(1)\mathrm{T}}+[0\ \ \dot{\boldsymbol{g}}^{\mathrm{T}}]\boldsymbol{T}^{(1)\mathrm{T}})\bar{\boldsymbol{\rho}}\right]\boldsymbol{I}_M & \boldsymbol{O}_{M\times M}\end{array}\right]\\
&\times\mathrm{blkdiag}\{\bar{\boldsymbol{I}}_{M-1},\bar{\boldsymbol{I}}_{M-1}\}\in\mathbf{R}^{2M\times 2(M-1)}\end{aligned} \tag{8.35}$$

其中

$$\bar{\boldsymbol{\rho}}=\begin{bmatrix}\rho_1\\ \rho_2\\ \vdots\\ \rho_M\end{bmatrix}=\begin{bmatrix}\rho_1\\ \boldsymbol{\rho}\end{bmatrix}=\begin{bmatrix}0\\ \boldsymbol{\rho}\end{bmatrix}，\ \bar{\boldsymbol{I}}_{M-1}=\begin{bmatrix}\boldsymbol{O}_{1\times(M-1)}\\ \boldsymbol{I}_{M-1}\end{bmatrix}\tag{8.36}$$

式（8.34）的推导见附录 E.1。然后根据式（8.27）可以将误差矩阵 $\Delta\dot{\boldsymbol{W}}_{\mathrm{t}}^{(1)}$ 近似表示为

$$\begin{aligned}&\Delta\dot{\boldsymbol{W}}_{\mathrm{t}}^{(1)}\\&=\begin{bmatrix}\begin{pmatrix}(\dot{\rho}_1-\dot{\rho}_1)(\varepsilon_{\mathrm{t}11}-\varepsilon_{\mathrm{t}11})\\+(\rho_1-\rho_1)(\varepsilon_{\mathrm{t}12}-\varepsilon_{\mathrm{t}12})\end{pmatrix} & \begin{pmatrix}(\dot{\rho}_1-\dot{\rho}_2)(\varepsilon_{\mathrm{t}11}-\varepsilon_{\mathrm{t}21})\\+(\rho_1-\rho_2)(\varepsilon_{\mathrm{t}12}-\varepsilon_{\mathrm{t}22})\end{pmatrix} & \cdots & \begin{pmatrix}(\dot{\rho}_1-\dot{\rho}_M)(\varepsilon_{\mathrm{t}11}-\varepsilon_{\mathrm{t}M1})\\+(\rho_1-\rho_M)(\varepsilon_{\mathrm{t}12}-\varepsilon_{\mathrm{t}M2})\end{pmatrix}\\ \begin{pmatrix}(\dot{\rho}_1-\dot{\rho}_2)(\varepsilon_{\mathrm{t}11}-\varepsilon_{\mathrm{t}21})\\+(\rho_1-\rho_2)(\varepsilon_{\mathrm{t}12}-\varepsilon_{\mathrm{t}22})\end{pmatrix} & \begin{pmatrix}(\dot{\rho}_2-\dot{\rho}_2)(\varepsilon_{\mathrm{t}21}-\varepsilon_{\mathrm{t}21})\\+(\rho_2-\rho_2)(\varepsilon_{\mathrm{t}22}-\varepsilon_{\mathrm{t}22})\end{pmatrix} & \cdots & \begin{pmatrix}(\dot{\rho}_2-\dot{\rho}_M)(\varepsilon_{\mathrm{t}21}-\varepsilon_{\mathrm{t}M1})\\+(\rho_2-\rho_M)(\varepsilon_{\mathrm{t}22}-\varepsilon_{\mathrm{t}M2})\end{pmatrix}\\ \vdots & \vdots & \ddots & \vdots\\ \begin{pmatrix}(\dot{\rho}_1-\dot{\rho}_M)(\varepsilon_{\mathrm{t}11}-\varepsilon_{\mathrm{t}M1})\\+(\rho_1-\rho_M)(\varepsilon_{\mathrm{t}12}-\varepsilon_{\mathrm{t}M2})\end{pmatrix} & \begin{pmatrix}(\dot{\rho}_2-\dot{\rho}_M)(\varepsilon_{\mathrm{t}21}-\varepsilon_{\mathrm{t}M1})\\+(\rho_2-\rho_M)(\varepsilon_{\mathrm{t}22}-\varepsilon_{\mathrm{t}M2})\end{pmatrix} & \cdots & \begin{pmatrix}(\dot{\rho}_M-\dot{\rho}_M)(\varepsilon_{\mathrm{t}M1}-\varepsilon_{\mathrm{t}M1})\\+(\rho_M-\rho_M)(\varepsilon_{\mathrm{t}M2}-\varepsilon_{\mathrm{t}M2})\end{pmatrix}\end{bmatrix}\end{aligned}\tag{8.37}$$

式中，$\varepsilon_{\mathrm{t}12}=0$。由式（8.37）可以将式（8.32）右边第 2 式近似表示为关于观测误差 $\boldsymbol{\varepsilon}_{\mathrm{t}}$ 的线性函数，如下式所示：

$$\left[\begin{array}{c|c}\boldsymbol{O}_{M\times 5} & \boldsymbol{O}_{M\times 4}\\ \hline \Delta\dot{\boldsymbol{W}}_{\mathrm{t}}^{(1)}\boldsymbol{T}^{(1)} & \boldsymbol{O}_{M\times 4}\end{array}\right]\begin{bmatrix}1\\ \boldsymbol{g}_{\mathrm{v}}\end{bmatrix}\approx\boldsymbol{B}_{\mathrm{t}2}^{(1)}(\boldsymbol{g}_{\mathrm{v}})\boldsymbol{\varepsilon}_{\mathrm{t}}\tag{8.38}$$

式中

$$\begin{aligned}&\boldsymbol{B}_{\mathrm{t}2}^{(1)}(\boldsymbol{g}_{\mathrm{v}})\\&=\left[\begin{array}{c|c}\boldsymbol{O}_{M\times M} & \boldsymbol{O}_{M\times M}\\ \hline \begin{array}{l}\boldsymbol{I}_{M\times 1}\left[\left(\boldsymbol{T}^{(1)}\begin{bmatrix}1\\ \boldsymbol{g}\end{bmatrix}\right)\odot\dot{\bar{\boldsymbol{\rho}}}\right]^{\mathrm{T}}+([1\ \ \boldsymbol{g}^{\mathrm{T}}]\boldsymbol{T}^{(1)\mathrm{T}}\boldsymbol{I}_{M\times 1})\mathrm{diag}[\dot{\bar{\boldsymbol{\rho}}}]\\ -\dot{\bar{\boldsymbol{\rho}}}[1\ \ \boldsymbol{g}^{\mathrm{T}}]\boldsymbol{T}^{(1)\mathrm{T}}-([1\ \ \boldsymbol{g}^{\mathrm{T}}]\boldsymbol{T}^{(1)\mathrm{T}}\dot{\bar{\boldsymbol{\rho}}})\boldsymbol{I}_M\end{array} & \begin{array}{l}\boldsymbol{I}_{M\times 1}\left[\left(\boldsymbol{T}^{(1)}\begin{bmatrix}1\\ \boldsymbol{g}\end{bmatrix}\right)\odot\bar{\boldsymbol{\rho}}\right]^{\mathrm{T}}+([1\ \ \boldsymbol{g}^{\mathrm{T}}]\boldsymbol{T}^{(1)\mathrm{T}}\boldsymbol{I}_{M\times 1})\mathrm{diag}[\bar{\boldsymbol{\rho}}]\\ -\bar{\boldsymbol{\rho}}[1\ \ \boldsymbol{g}^{\mathrm{T}}]\boldsymbol{T}^{(1)\mathrm{T}}-([1\ \ \boldsymbol{g}^{\mathrm{T}}]\boldsymbol{T}^{(1)\mathrm{T}}\bar{\boldsymbol{\rho}})\boldsymbol{I}_M\end{array}\end{array}\right]\\&\times\mathrm{blkdiag}\{\bar{\boldsymbol{I}}_{M-1},\bar{\boldsymbol{I}}_{M-1}\}\in\mathbf{R}^{2M\times 2(M-1)}\end{aligned}\tag{8.39}$$

其中

$$\dot{\bar{\boldsymbol{\rho}}}=\begin{bmatrix}\dot{\rho}_1\\ \dot{\rho}_2\\ \vdots\\ \dot{\rho}_M\end{bmatrix}=\begin{bmatrix}\dot{\rho}_1\\ \dot{\boldsymbol{\rho}}\end{bmatrix}=\begin{bmatrix}0\\ \dot{\boldsymbol{\rho}}\end{bmatrix}\tag{8.40}$$

式（8.38）的推导见附录 E.2。接着基于式（8.28）可以将误差矩阵 $\Delta\boldsymbol{T}_{\mathrm{t}}^{(1)}$ 近似表示为

$$\Delta\boldsymbol{T}_{\mathrm{t}}^{(1)} \approx [\boldsymbol{O}_{M\times1} \quad \Delta\boldsymbol{G}_{\mathrm{t}}^{(1)}]\boldsymbol{X}_{\mathrm{t1}}^{(1)} - \boldsymbol{X}_{\mathrm{t2}}^{(1)}\begin{bmatrix} 0 & \boldsymbol{1}_{M\times1}^{\mathrm{T}}\Delta\boldsymbol{G}_{\mathrm{t}}^{(1)} \\ (\Delta\boldsymbol{G}_{\mathrm{t}}^{(1)})^{\mathrm{T}}\boldsymbol{1}_{M\times1} & \boldsymbol{G}^{(1)\mathrm{T}}\Delta\boldsymbol{G}_{\mathrm{t}}^{(1)} + (\Delta\boldsymbol{G}_{\mathrm{t}}^{(1)})^{\mathrm{T}}\boldsymbol{G}^{(1)} \end{bmatrix}\boldsymbol{X}_{\mathrm{t1}}^{(1)} \tag{8.41}$$

式中

$$\boldsymbol{X}_{\mathrm{t1}}^{(1)} = \begin{bmatrix} M & \boldsymbol{1}_{M\times1}^{\mathrm{T}}\boldsymbol{G}^{(1)} \\ \boldsymbol{G}^{(1)\mathrm{T}}\boldsymbol{1}_{M\times1} & \boldsymbol{G}^{(1)\mathrm{T}}\boldsymbol{G}^{(1)} \end{bmatrix}^{-1}, \quad \boldsymbol{X}_{\mathrm{t2}}^{(1)} = [\boldsymbol{1}_{M\times1} \quad \boldsymbol{G}^{(1)}]\boldsymbol{X}_{\mathrm{t1}}^{(1)}, \quad \Delta\boldsymbol{G}_{\mathrm{t}}^{(1)} = \begin{bmatrix} 0 & 0 & 0 & \varepsilon_{\mathrm{t11}} \\ 0 & 0 & 0 & \varepsilon_{\mathrm{t21}} \\ \vdots & \vdots & \vdots & \vdots \\ 0 & 0 & 0 & \varepsilon_{\mathrm{t}M1} \end{bmatrix} \tag{8.42}$$

由式（8.41）可以将式（8.32）右边第 3 式近似表示为关于观测误差 $\boldsymbol{\varepsilon}_{\mathrm{t}}$ 的线性函数，如下式所示：

$$\left[\begin{array}{c:c} \boldsymbol{W}^{(1)}\Delta\boldsymbol{T}_{\mathrm{t}}^{(1)} & \boldsymbol{O}_{M\times4} \\ \hdashline \dot{\boldsymbol{W}}^{(1)}\Delta\boldsymbol{T}_{\mathrm{t}}^{(1)} & \boldsymbol{W}^{(1)}\Delta\boldsymbol{T}_{\mathrm{t}}^{(1)}\bar{\boldsymbol{I}}_4 \end{array}\right]\begin{bmatrix} 1 \\ \boldsymbol{g}_{\mathrm{v}} \end{bmatrix} \approx \boldsymbol{B}_{\mathrm{t3}}^{(1)}(\boldsymbol{g}_{\mathrm{v}})\boldsymbol{\varepsilon}_{\mathrm{t}} \tag{8.43}$$

式中

$$\begin{aligned}\boldsymbol{B}_{\mathrm{t3}}^{(1)}(\boldsymbol{g}_{\mathrm{v}}) = &\begin{bmatrix} ([1 \ \ \boldsymbol{g}^{\mathrm{T}}]\boldsymbol{X}_{\mathrm{t1}}^{(1)\mathrm{T}}) \otimes \boldsymbol{W}^{(1)} \\ ([1 \ \ \boldsymbol{g}^{\mathrm{T}}]\boldsymbol{X}_{\mathrm{t1}}^{(1)\mathrm{T}}) \otimes \dot{\boldsymbol{W}}^{(1)} + ([0 \ \ \dot{\boldsymbol{g}}^{\mathrm{T}}]\boldsymbol{X}_{\mathrm{t1}}^{(1)\mathrm{T}}) \otimes \boldsymbol{W}^{(1)} \end{bmatrix}\boldsymbol{J}_{\mathrm{t0}}^{(1)}[\boldsymbol{I}_{M-1} \quad \boldsymbol{O}_{(M-1)\times(M-1)}] \\ &-\begin{bmatrix} ([1 \ \ \boldsymbol{g}^{\mathrm{T}}]\boldsymbol{X}_{\mathrm{t1}}^{(1)\mathrm{T}}) \otimes (\boldsymbol{W}^{(1)}\boldsymbol{X}_{\mathrm{t2}}^{(1)}) \\ ([1 \ \ \boldsymbol{g}^{\mathrm{T}}]\boldsymbol{X}_{\mathrm{t1}}^{(1)\mathrm{T}}) \otimes (\dot{\boldsymbol{W}}^{(1)}\boldsymbol{X}_{\mathrm{t2}}^{(1)}) + ([0 \ \ \dot{\boldsymbol{g}}^{\mathrm{T}}]\boldsymbol{X}_{\mathrm{t1}}^{(1)\mathrm{T}}) \otimes (\boldsymbol{W}^{(1)}\boldsymbol{X}_{\mathrm{t2}}^{(1)}) \end{bmatrix}\boldsymbol{J}_{\mathrm{t1}}^{(1)}[\boldsymbol{I}_{M-1} \quad \boldsymbol{O}_{(M-1)\times(M-1)}] \\ &\in \mathbf{R}^{2M\times2(M-1)} \end{aligned} \tag{8.44}$$

其中

$$\begin{cases} \boldsymbol{J}_{\mathrm{t0}}^{(1)} = \begin{bmatrix} \boldsymbol{O}_{(4M+1)\times(M-1)} \\ \boldsymbol{I}_{M-1} \end{bmatrix} \\ \boldsymbol{J}_{\mathrm{t1}}^{(1)} = [\boldsymbol{O}_{(M-1)\times4} \quad \boldsymbol{1}_{(M-1)\times1} \quad \boldsymbol{O}_{(M-1)\times4} \quad \boldsymbol{x}' \quad \boldsymbol{O}_{(M-1)\times4} \quad \boldsymbol{y}' \quad \boldsymbol{O}_{(M-1)\times4} \quad \boldsymbol{z}' \quad \boldsymbol{1}_{(M-1)\times1} \quad \boldsymbol{x}' \quad \boldsymbol{y}' \quad \boldsymbol{z}' \quad 2\boldsymbol{\rho}]^{\mathrm{T}} \\ \qquad \in \mathbf{R}^{25\times(M-1)} \\ \boldsymbol{x}' = [x_2^{(\mathrm{s})} \quad x_3^{(\mathrm{s})} \quad \cdots \quad x_M^{(\mathrm{s})}]^{\mathrm{T}}, \ \boldsymbol{y}' = [y_2^{(\mathrm{s})} \quad y_3^{(\mathrm{s})} \quad \cdots \quad y_M^{(\mathrm{s})}]^{\mathrm{T}}, \ \boldsymbol{z}' = [z_2^{(\mathrm{s})} \quad z_3^{(\mathrm{s})} \quad \cdots \quad z_M^{(\mathrm{s})}]^{\mathrm{T}} \end{cases} \tag{8.45}$$

式（8.43）的推导见附录 E.3。最后根据式（8.29）可以将误差矩阵 $\Delta\dot{\boldsymbol{T}}_{\mathrm{t}}^{(1)}$ 近似表示为

$$
\begin{aligned}
\Delta\dot{\boldsymbol{T}}_{\mathrm{t}}^{(1)} \approx & [\boldsymbol{O}_{M\times 1}\ \ \Delta\dot{\boldsymbol{G}}_{\mathrm{t}}^{(1)}]\boldsymbol{X}_{\mathrm{t1}}^{(1)} - \boldsymbol{X}_{\mathrm{t3}}^{(1)}\begin{bmatrix} 0 & \boldsymbol{1}_{M\times 1}^{\mathrm{T}}\Delta\boldsymbol{G}_{\mathrm{t}}^{(1)} \\ (\Delta\boldsymbol{G}_{\mathrm{t}}^{(1)})^{\mathrm{T}}\boldsymbol{1}_{M\times 1} & \boldsymbol{G}^{(1)\mathrm{T}}\Delta\boldsymbol{G}_{\mathrm{t}}^{(1)} + (\Delta\boldsymbol{G}_{\mathrm{t}}^{(1)})^{\mathrm{T}}\boldsymbol{G}^{(1)} \end{bmatrix}\boldsymbol{X}_{\mathrm{t1}}^{(1)} \\
& - [\boldsymbol{O}_{M\times 1}\ \ \Delta\boldsymbol{G}_{\mathrm{t}}^{(1)}]\boldsymbol{X}_{\mathrm{t4}}^{(1)} + \boldsymbol{X}_{\mathrm{t2}}^{(1)}\begin{bmatrix} 0 & \boldsymbol{1}_{M\times 1}^{\mathrm{T}}\Delta\boldsymbol{G}_{\mathrm{t}}^{(1)} \\ (\Delta\boldsymbol{G}_{\mathrm{t}}^{(1)})^{\mathrm{T}}\boldsymbol{1}_{M\times 1} & \boldsymbol{G}^{(1)\mathrm{T}}\Delta\boldsymbol{G}_{\mathrm{t}}^{(1)} + (\Delta\boldsymbol{G}_{\mathrm{t}}^{(1)})^{\mathrm{T}}\boldsymbol{G}^{(1)} \end{bmatrix}\boldsymbol{X}_{\mathrm{t4}}^{(1)} \\
& - \boldsymbol{X}_{\mathrm{t2}}^{(1)}\left[\begin{array}{c:c} 0 & \boldsymbol{1}_{M\times 1}^{\mathrm{T}}\Delta\dot{\boldsymbol{G}}_{\mathrm{t}}^{(1)} \\ \hdashline (\Delta\dot{\boldsymbol{G}}_{\mathrm{t}}^{(1)})^{\mathrm{T}}\boldsymbol{1}_{M\times 1} & \begin{matrix}(\Delta\dot{\boldsymbol{G}}_{\mathrm{t}}^{(1)})^{\mathrm{T}}\boldsymbol{G}^{(1)} + \dot{\boldsymbol{G}}^{(1)\mathrm{T}}\Delta\boldsymbol{G}_{\mathrm{t}}^{(1)} \\ +(\Delta\boldsymbol{G}_{\mathrm{t}}^{(1)})^{\mathrm{T}}\dot{\boldsymbol{G}}^{(1)} + \boldsymbol{G}^{(1)\mathrm{T}}\Delta\dot{\boldsymbol{G}}_{\mathrm{t}}^{(1)}\end{matrix} \end{array}\right]\boldsymbol{X}_{\mathrm{t1}}^{(1)} \\
& + \boldsymbol{X}_{\mathrm{t5}}^{(1)}\begin{bmatrix} 0 & \boldsymbol{1}_{M\times 1}^{\mathrm{T}}\Delta\boldsymbol{G}_{\mathrm{t}}^{(1)} \\ (\Delta\boldsymbol{G}_{\mathrm{t}}^{(1)})^{\mathrm{T}}\boldsymbol{1}_{M\times 1} & \boldsymbol{G}^{(1)\mathrm{T}}\Delta\boldsymbol{G}_{\mathrm{t}}^{(1)} + (\Delta\boldsymbol{G}_{\mathrm{t}}^{(1)})^{\mathrm{T}}\boldsymbol{G}^{(1)} \end{bmatrix}\boldsymbol{X}_{\mathrm{t1}}^{(1)}
\end{aligned} \tag{8.46}
$$

式中

$$
\begin{cases}
\boldsymbol{X}_{\mathrm{t3}}^{(1)} = [\boldsymbol{O}_{M\times 1}\ \ \dot{\boldsymbol{G}}^{(1)}]\boldsymbol{X}_{\mathrm{t1}}^{(1)}\ ,\ \boldsymbol{X}_{\mathrm{t4}}^{(1)} = \boldsymbol{X}_{\mathrm{t1}}^{(1)}\begin{bmatrix} 0 & \boldsymbol{1}_{M\times 1}^{\mathrm{T}}\dot{\boldsymbol{G}}^{(1)} \\ \dot{\boldsymbol{G}}^{(1)\mathrm{T}}\boldsymbol{1}_{M\times 1} & \dot{\boldsymbol{G}}^{(1)\mathrm{T}}\boldsymbol{G}^{(1)} + \boldsymbol{G}^{(1)\mathrm{T}}\dot{\boldsymbol{G}}^{(1)} \end{bmatrix}\boldsymbol{X}_{\mathrm{t1}}^{(1)} \\
\boldsymbol{X}_{\mathrm{t5}}^{(1)} = \boldsymbol{X}_{\mathrm{t2}}^{(1)}\begin{bmatrix} 0 & \boldsymbol{1}_{M\times 1}^{\mathrm{T}}\dot{\boldsymbol{G}}^{(1)} \\ \dot{\boldsymbol{G}}^{(1)\mathrm{T}}\boldsymbol{1}_{M\times 1} & \dot{\boldsymbol{G}}^{(1)\mathrm{T}}\boldsymbol{G}^{(1)} + \boldsymbol{G}^{(1)\mathrm{T}}\dot{\boldsymbol{G}}^{(1)} \end{bmatrix}\boldsymbol{X}_{\mathrm{t1}}^{(1)}\ ,\ \Delta\dot{\boldsymbol{G}}_{\mathrm{t}}^{(1)} = \begin{bmatrix} 0 & 0 & 0 & \varepsilon_{\mathrm{t12}} \\ 0 & 0 & 0 & \varepsilon_{\mathrm{t22}} \\ \vdots & \vdots & \vdots & \vdots \\ 0 & 0 & 0 & \varepsilon_{\mathrm{t}M2} \end{bmatrix}
\end{cases} \tag{8.47}
$$

由式（8.46）可以将式（8.32）右边第 4 式近似表示为关于观测误差 $\boldsymbol{\varepsilon}_{\mathrm{t}}$ 的线性函数，如下式所示：

$$
\left[\begin{array}{c:c} \boldsymbol{O}_{M\times 5} & \boldsymbol{O}_{M\times 4} \\ \hdashline \boldsymbol{W}^{(1)}\Delta\dot{\boldsymbol{T}}_{\mathrm{t}}^{(1)} & \boldsymbol{O}_{M\times 4} \end{array}\right]\begin{bmatrix} 1 \\ \boldsymbol{g}_{\mathrm{v}} \end{bmatrix} \approx \boldsymbol{B}_{\mathrm{t4}}^{(1)}(\boldsymbol{g}_{\mathrm{v}})\boldsymbol{\varepsilon}_{\mathrm{t}} \tag{8.48}
$$

式中

$$
\begin{aligned}
& \boldsymbol{B}_{\mathrm{t4}}^{(1)}(\boldsymbol{g}_{\mathrm{v}}) \\
& = \left[\begin{array}{c:c} \boldsymbol{O}_{M\times(M-1)} & \boldsymbol{O}_{M\times(M-1)} \\ \hdashline \begin{bmatrix} ([1\ \ \boldsymbol{g}^{\mathrm{T}}]\boldsymbol{X}_{\mathrm{t1}}^{(1)\mathrm{T}})\otimes(\boldsymbol{W}^{(1)}\boldsymbol{X}_{\mathrm{t5}}^{(1)}) \\ +([1\ \ \boldsymbol{g}^{\mathrm{T}}]\boldsymbol{X}_{\mathrm{t4}}^{(1)\mathrm{T}})\otimes(\boldsymbol{W}^{(1)}\boldsymbol{X}_{\mathrm{t2}}^{(1)}) \\ -([1\ \ \boldsymbol{g}^{\mathrm{T}}]\boldsymbol{X}_{\mathrm{t1}}^{(1)\mathrm{T}})\otimes(\boldsymbol{W}^{(1)}\boldsymbol{X}_{\mathrm{t3}}^{(1)}) \end{bmatrix}\boldsymbol{J}_{\mathrm{t1}}^{(1)} & \\ -[([1\ \ \boldsymbol{g}^{\mathrm{T}}]\boldsymbol{X}_{\mathrm{t1}}^{(1)\mathrm{T}})\otimes(\boldsymbol{W}^{(1)}\boldsymbol{X}_{\mathrm{t2}}^{(1)})]\boldsymbol{J}_{\mathrm{t2}}^{(1)} & [([1\ \ \boldsymbol{g}^{\mathrm{T}}]\boldsymbol{X}_{\mathrm{t1}}^{(1)\mathrm{T}})\otimes\boldsymbol{W}^{(1)}]\boldsymbol{J}_{\mathrm{t0}}^{(1)} \\ -[([1\ \ \boldsymbol{g}^{\mathrm{T}}]\boldsymbol{X}_{\mathrm{t4}}^{(1)\mathrm{T}})\otimes\boldsymbol{W}^{(1)}]\boldsymbol{J}_{\mathrm{t0}}^{(1)} & -[([1\ \ \boldsymbol{g}^{\mathrm{T}}]\boldsymbol{X}_{\mathrm{t1}}^{(1)\mathrm{T}})\otimes(\boldsymbol{W}^{(1)}\boldsymbol{X}_{\mathrm{t2}}^{(1)})]\boldsymbol{J}_{\mathrm{t1}}^{(1)} \end{array}\right] \\
& \in \mathbf{R}^{2M\times 2(M-1)}
\end{aligned} \tag{8.49}
$$

其中

$$\begin{cases} \boldsymbol{J}_{\mathrm{t2}}^{(1)} = [\boldsymbol{O}_{(M-1)\times 9} \;\; \dot{\boldsymbol{x}}' \;\; \boldsymbol{O}_{(M-1)\times 4} \;\; \dot{\boldsymbol{y}}' \;\; \boldsymbol{O}_{(M-1)\times 4} \;\; \dot{\boldsymbol{z}}' \;\; \boldsymbol{O}_{(M-1)\times 1} \;\; \dot{\boldsymbol{x}}' \;\; \dot{\boldsymbol{y}}' \;\; \dot{\boldsymbol{z}}' \;\; 2\dot{\boldsymbol{\rho}}]^{\mathrm{T}} \in \mathbf{R}^{25\times(M-1)} \\ \dot{\boldsymbol{x}}' = [\dot{x}_2^{(\mathrm{s})} \;\; \dot{x}_3^{(\mathrm{s})} \;\; \cdots \;\; \dot{x}_M^{(\mathrm{s})}]^{\mathrm{T}} \;\;,\;\; \dot{\boldsymbol{y}}' = [\dot{y}_2^{(\mathrm{s})} \;\; \dot{y}_3^{(\mathrm{s})} \;\; \cdots \;\; \dot{y}_M^{(\mathrm{s})}]^{\mathrm{T}} \;\;,\;\; \dot{\boldsymbol{z}}' = [\dot{z}_2^{(\mathrm{s})} \;\; \dot{z}_3^{(\mathrm{s})} \;\; \cdots \;\; \dot{z}_M^{(\mathrm{s})}]^{\mathrm{T}} \end{cases} \tag{8.50}$$

式（8.48）的推导见附录 E.4。

将式（8.34）、式（8.38）、式（8.43）及式（8.48）代入式（8.32）中可得

$$\boldsymbol{\delta}_{\mathrm{t}}^{(1)} \approx \boldsymbol{B}_{\mathrm{t1}}^{(1)}(\boldsymbol{g}_{\mathrm{v}})\boldsymbol{\varepsilon}_{\mathrm{t}} + \boldsymbol{B}_{\mathrm{t2}}^{(1)}(\boldsymbol{g}_{\mathrm{v}})\boldsymbol{\varepsilon}_{\mathrm{t}} + \boldsymbol{B}_{\mathrm{t3}}^{(1)}(\boldsymbol{g}_{\mathrm{v}})\boldsymbol{\varepsilon}_{\mathrm{t}} + \boldsymbol{B}_{\mathrm{t4}}^{(1)}(\boldsymbol{g}_{\mathrm{v}})\boldsymbol{\varepsilon}_{\mathrm{t}} = \boldsymbol{B}_{\mathrm{t}}^{(1)}(\boldsymbol{g}_{\mathrm{v}})\boldsymbol{\varepsilon}_{\mathrm{t}} \tag{8.51}$$

式中，$\boldsymbol{B}_{\mathrm{t}}^{(1)}(\boldsymbol{g}_{\mathrm{v}}) = \boldsymbol{B}_{\mathrm{t1}}^{(1)}(\boldsymbol{g}_{\mathrm{v}}) + \boldsymbol{B}_{\mathrm{t2}}^{(1)}(\boldsymbol{g}_{\mathrm{v}}) + \boldsymbol{B}_{\mathrm{t3}}^{(1)}(\boldsymbol{g}_{\mathrm{v}}) + \boldsymbol{B}_{\mathrm{t4}}^{(1)}(\boldsymbol{g}_{\mathrm{v}}) \in \mathbf{R}^{2M\times 2(M-1)}$。由式（8.51）可知，误差向量$\boldsymbol{\delta}_{\mathrm{t}}^{(1)}$渐近服从零均值的高斯分布，并且其协方差矩阵为

$$\begin{aligned} \boldsymbol{\Omega}_{\mathrm{t}}^{(1)} &= \mathbf{cov}(\boldsymbol{\delta}_{\mathrm{t}}^{(1)}) = \mathrm{E}[\boldsymbol{\delta}_{\mathrm{t}}^{(1)}\boldsymbol{\delta}_{\mathrm{t}}^{(1)\mathrm{T}}] \approx \boldsymbol{B}_{\mathrm{t}}^{(1)}(\boldsymbol{g}_{\mathrm{v}}) \cdot \mathrm{E}[\boldsymbol{\varepsilon}_{\mathrm{t}}\boldsymbol{\varepsilon}_{\mathrm{t}}^{\mathrm{T}}] \cdot (\boldsymbol{B}_{\mathrm{t}}^{(1)}(\boldsymbol{g}_{\mathrm{v}}))^{\mathrm{T}} \\ &= \boldsymbol{B}_{\mathrm{t}}^{(1)}(\boldsymbol{g}_{\mathrm{v}})\boldsymbol{E}_{\mathrm{t}}(\boldsymbol{B}_{\mathrm{t}}^{(1)}(\boldsymbol{g}_{\mathrm{v}}))^{\mathrm{T}} \in \mathbf{R}^{2M\times 2M} \end{aligned} \tag{8.52}$$

2. 定位优化模型

一般而言，矩阵$\boldsymbol{B}_{\mathrm{t}}^{(1)}(\boldsymbol{g}_{\mathrm{v}})$是列满秩的，即有$\mathrm{rank}[\boldsymbol{B}_{\mathrm{t}}^{(1)}(\boldsymbol{g}_{\mathrm{v}})] = 2(M-1)$。由此可知，协方差矩阵$\boldsymbol{\Omega}_{\mathrm{t}}^{(1)}$的秩也为$2(M-1)$，但由于$\boldsymbol{\Omega}_{\mathrm{t}}^{(1)}$是$2M\times 2M$阶方阵，这意味着它是秩亏损矩阵，所以无法直接利用该矩阵的逆构建估计准则。下面利用矩阵奇异值分解重新构造误差向量，以使其协方差矩阵具备满秩性。

首先对矩阵$\boldsymbol{B}_{\mathrm{t}}^{(1)}(\boldsymbol{g}_{\mathrm{v}})$进行奇异值分解，如下式所示：

$$\boldsymbol{B}_{\mathrm{t}}^{(1)}(\boldsymbol{g}_{\mathrm{v}}) = \boldsymbol{H}^{(1)}\boldsymbol{\Sigma}^{(1)}\boldsymbol{V}^{(1)\mathrm{T}} = \begin{bmatrix} \underbrace{\boldsymbol{H}_1^{(1)}}_{2M\times 2(M-1)} & \underbrace{\boldsymbol{H}_2^{(1)}}_{2M\times 2} \end{bmatrix} \begin{bmatrix} \overbrace{\boldsymbol{\Sigma}_1^{(1)}}^{2(M-1)\times 2(M-1)} \\ \boldsymbol{O}_{2\times 2(M-1)} \end{bmatrix} \boldsymbol{V}^{(1)\mathrm{T}} = \boldsymbol{H}_1^{(1)}\boldsymbol{\Sigma}_1^{(1)}\boldsymbol{V}^{(1)\mathrm{T}} \tag{8.53}$$

式中，$\boldsymbol{H}^{(1)} = [\boldsymbol{H}_1^{(1)} \;\; \boldsymbol{H}_2^{(1)}]$，为$2M\times 2M$阶正交矩阵；$\boldsymbol{V}^{(1)}$为$2(M-1)\times 2(M-1)$阶正交矩阵；$\boldsymbol{\Sigma}_1^{(1)}$为$2(M-1)\times 2(M-1)$阶对角矩阵，其中的对角元素为矩阵$\boldsymbol{B}_{\mathrm{t}}^{(1)}(\boldsymbol{g}_{\mathrm{v}})$的奇异值。为了得到协方差矩阵为满秩的误差向量，可以将矩阵$\boldsymbol{H}_1^{(1)\mathrm{T}}$左乘以误差向量$\boldsymbol{\delta}_{\mathrm{t}}^{(1)}$，并结合式（8.31）和式（8.51）可得

$$\begin{aligned} \bar{\boldsymbol{\delta}}_{\mathrm{t}}^{(1)} &= \boldsymbol{H}_1^{(1)\mathrm{T}}\boldsymbol{\delta}_{\mathrm{t}}^{(1)} = \boldsymbol{H}_1^{(1)\mathrm{T}} \begin{bmatrix} \hat{\boldsymbol{W}}^{(1)}\hat{\boldsymbol{T}}^{(1)} & \boldsymbol{O}_{M\times 4} \\ \hat{\dot{\boldsymbol{W}}}^{(1)}\hat{\boldsymbol{T}}^{(1)} + \hat{\boldsymbol{W}}^{(1)}\hat{\dot{\boldsymbol{T}}}^{(1)} & \hat{\boldsymbol{W}}^{(1)}\hat{\boldsymbol{T}}^{(1)}\bar{\boldsymbol{I}}_4 \end{bmatrix} \begin{bmatrix} 1 \\ \boldsymbol{g}_{\mathrm{v}} \end{bmatrix} \\ &\approx \boldsymbol{H}_1^{(1)\mathrm{T}}\boldsymbol{B}_{\mathrm{t}}^{(1)}(\boldsymbol{g}_{\mathrm{v}})\boldsymbol{\varepsilon}_{\mathrm{t}} \end{aligned} \tag{8.54}$$

由式（8.53）可得$\boldsymbol{H}_1^{(1)\mathrm{T}}\boldsymbol{B}_{\mathrm{t}}^{(1)}(\boldsymbol{g}_{\mathrm{v}}) = \boldsymbol{\Sigma}_1^{(1)}\boldsymbol{V}^{(1)\mathrm{T}}$，将该式代入式（8.54）中可知，误差向量$\bar{\boldsymbol{\delta}}_{\mathrm{t}}^{(1)}$的协方差矩阵为

$$\begin{aligned}\bar{\boldsymbol{\Omega}}_{\rm t}^{(1)}&=\mathbf{cov}(\bar{\boldsymbol{\delta}}_{\rm t}^{(1)})={\rm E}[\bar{\boldsymbol{\delta}}_{\rm t}^{(1)}\bar{\boldsymbol{\delta}}_{\rm t}^{(1){\rm T}}]=\boldsymbol{H}_1^{(1){\rm T}}\boldsymbol{\Omega}_{\rm t}^{(1)}\boldsymbol{H}_1^{(1)}\approx\boldsymbol{\Sigma}_1^{(1)}\boldsymbol{V}^{(1){\rm T}}\cdot{\rm E}[\boldsymbol{\varepsilon}_{\rm t}\boldsymbol{\varepsilon}_{\rm t}^{\rm T}]\cdot\boldsymbol{V}^{(1)}\boldsymbol{\Sigma}_1^{(1){\rm T}}\\&=\boldsymbol{\Sigma}_1^{(1)}\boldsymbol{V}^{(1){\rm T}}\boldsymbol{E}_{\rm t}\boldsymbol{V}^{(1)}\boldsymbol{\Sigma}_1^{(1){\rm T}}\in\mathbf{R}^{2(M-1)\times2(M-1)}\end{aligned}\tag{8.55}$$

容易验证 $\bar{\boldsymbol{\Omega}}_{\rm t}^{(1)}$ 为满秩矩阵，并且误差向量 $\bar{\boldsymbol{\delta}}_{\rm t}^{(1)}$ 的维数为 $2(M-1)$，其与 TDOA/FDOA 观测量个数相等，此时可以将估计向量 $\boldsymbol{g}_{\rm v}$ 的优化准则表示为

$$\begin{aligned}\min_{\boldsymbol{g}_{\rm v}}\Bigg\{&\begin{bmatrix}1\\\boldsymbol{g}_{\rm v}\end{bmatrix}^{\rm T}\begin{bmatrix}\hat{\boldsymbol{W}}^{(1)}\hat{\boldsymbol{T}}^{(1)}&\boldsymbol{O}_{M\times4}\\\hat{\dot{\boldsymbol{W}}}^{(1)}\hat{\boldsymbol{T}}^{(1)}+\hat{\boldsymbol{W}}^{(1)}\hat{\dot{\boldsymbol{T}}}^{(1)}&\hat{\boldsymbol{W}}^{(1)}\hat{\boldsymbol{T}}^{(1)}\bar{\boldsymbol{I}}_4\end{bmatrix}^{\rm T}\boldsymbol{H}_1^{(1)}(\bar{\boldsymbol{\Omega}}_{\rm t}^{(1)})^{-1}\boldsymbol{H}_1^{(1){\rm T}}\\&\times\begin{bmatrix}\hat{\boldsymbol{W}}^{(1)}\hat{\boldsymbol{T}}^{(1)}&\boldsymbol{O}_{M\times4}\\\hat{\dot{\boldsymbol{W}}}^{(1)}\hat{\boldsymbol{T}}^{(1)}+\hat{\boldsymbol{W}}^{(1)}\hat{\dot{\boldsymbol{T}}}^{(1)}&\hat{\boldsymbol{W}}^{(1)}\hat{\boldsymbol{T}}^{(1)}\bar{\boldsymbol{I}}_4\end{bmatrix}\begin{bmatrix}1\\\boldsymbol{g}_{\rm v}\end{bmatrix}\Bigg\}\end{aligned}\tag{8.56}$$

式中，$(\bar{\boldsymbol{\Omega}}_{\rm t}^{(1)})^{-1}$ 可以看作加权矩阵，其作用在于抑制观测误差 $\boldsymbol{\varepsilon}_{\rm t}$ 的影响。不妨将矩阵 $\hat{\boldsymbol{T}}^{(1)}$ 和 $\hat{\dot{\boldsymbol{T}}}^{(1)}$ 分块表示为

$$\hat{\boldsymbol{T}}^{(1)}=\Big[\underbrace{\hat{\boldsymbol{t}}_1^{(1)}}_{M\times1}\ \ \underbrace{\hat{\boldsymbol{T}}_2^{(1)}}_{M\times4}\Big]\ ,\ \hat{\dot{\boldsymbol{T}}}^{(1)}=\Big[\underbrace{\hat{\dot{\boldsymbol{t}}}_1^{(1)}}_{M\times1}\ \ \underbrace{\hat{\dot{\boldsymbol{T}}}_2^{(1)}}_{M\times4}\Big]\tag{8.57}$$

于是可以将式（8.56）重新写为

$$\min_{\boldsymbol{g}_{\rm v}}\left\{\begin{aligned}&\left(\begin{bmatrix}\hat{\boldsymbol{W}}^{(1)}\hat{\boldsymbol{T}}_2^{(1)}&\boldsymbol{O}_{M\times4}\\\hat{\dot{\boldsymbol{W}}}^{(1)}\hat{\boldsymbol{T}}_2^{(1)}+\hat{\boldsymbol{W}}^{(1)}\hat{\dot{\boldsymbol{T}}}_2^{(1)}&\hat{\boldsymbol{W}}^{(1)}\hat{\boldsymbol{T}}_2^{(1)}\end{bmatrix}\boldsymbol{g}_{\rm v}+\begin{bmatrix}\hat{\boldsymbol{W}}^{(1)}\hat{\boldsymbol{t}}_1^{(1)}\\\hat{\dot{\boldsymbol{W}}}^{(1)}\hat{\boldsymbol{t}}_1^{(1)}+\hat{\boldsymbol{W}}^{(1)}\hat{\dot{\boldsymbol{t}}}_1^{(1)}\end{bmatrix}\right)^{\rm T}\boldsymbol{H}_1^{(1)}(\bar{\boldsymbol{\Omega}}_{\rm t}^{(1)})^{-1}\boldsymbol{H}_1^{(1){\rm T}}\\&\times\left(\begin{bmatrix}\hat{\boldsymbol{W}}^{(1)}\hat{\boldsymbol{T}}_2^{(1)}&\boldsymbol{O}_{M\times4}\\\hat{\dot{\boldsymbol{W}}}^{(1)}\hat{\boldsymbol{T}}_2^{(1)}+\hat{\boldsymbol{W}}^{(1)}\hat{\dot{\boldsymbol{T}}}_2^{(1)}&\hat{\boldsymbol{W}}^{(1)}\hat{\boldsymbol{T}}_2^{(1)}\end{bmatrix}\boldsymbol{g}_{\rm v}+\begin{bmatrix}\hat{\boldsymbol{W}}^{(1)}\hat{\boldsymbol{t}}_1^{(1)}\\\hat{\dot{\boldsymbol{W}}}^{(1)}\hat{\boldsymbol{t}}_1^{(1)}+\hat{\boldsymbol{W}}^{(1)}\hat{\dot{\boldsymbol{t}}}_1^{(1)}\end{bmatrix}\right)\end{aligned}\right\}\tag{8.58}$$

需要指出的是，向量 $\boldsymbol{g}_{\rm v}$ 中的第 4 个元素（$-r_1$）和第 8 个元素（$-\dot{r}_1$）与其他元素之间存在约束关系，这使得向量 $\boldsymbol{g}_{\rm v}$ 满足如下两个二次关系式：

$$\begin{cases}\boldsymbol{g}_{\rm v}^{\rm T}\boldsymbol{\Lambda}_{\rm v1}\boldsymbol{g}_{\rm v}+\boldsymbol{\kappa}_{\rm v1}^{\rm T}\boldsymbol{g}_{\rm v}+\|\boldsymbol{s}_1\|_2^2=0\\\boldsymbol{g}_{\rm v}^{\rm T}\boldsymbol{\Lambda}_{\rm v2}\boldsymbol{g}_{\rm v}+\boldsymbol{\kappa}_{\rm v2}^{\rm T}\boldsymbol{g}_{\rm v}+2\boldsymbol{s}_1^{\rm T}\dot{\boldsymbol{s}}_1=0\end{cases}\tag{8.59}$$

式中

$$\boldsymbol{\Lambda}_{\rm v1}=\begin{bmatrix}\boldsymbol{I}_3&\boldsymbol{O}_{3\times1}&\boldsymbol{O}_{3\times4}\\\boldsymbol{O}_{1\times3}&-1&\boldsymbol{O}_{1\times4}\\\boldsymbol{O}_{4\times3}&\boldsymbol{O}_{4\times1}&\boldsymbol{O}_{4\times4}\end{bmatrix}\ ,\ \boldsymbol{\kappa}_{\rm v1}=-2\begin{bmatrix}\boldsymbol{s}_1\\\boldsymbol{O}_{5\times1}\end{bmatrix}\tag{8.60}$$

$$\boldsymbol{\Lambda}_{\rm v2}=\begin{bmatrix}\boldsymbol{O}_{3\times3}&\boldsymbol{O}_{3\times1}&\boldsymbol{I}_3&\boldsymbol{O}_{3\times1}\\\boldsymbol{O}_{1\times3}&0&\boldsymbol{O}_{1\times3}&-1\\\boldsymbol{I}_3&\boldsymbol{O}_{3\times1}&\boldsymbol{O}_{3\times3}&\boldsymbol{O}_{3\times1}\\\boldsymbol{O}_{1\times3}&-1&\boldsymbol{O}_{1\times3}&0\end{bmatrix}\ ,\ \boldsymbol{\kappa}_{\rm v2}=-2\begin{bmatrix}\dot{\boldsymbol{s}}_1\\0\\\boldsymbol{s}_1\\0\end{bmatrix}\tag{8.61}$$

结合式（8.58）和式（8.59）可以构建估计向量 $\boldsymbol{g}_{\rm v}$ 的优化模型，如下式所示：

$$\begin{cases}\min\limits_{\boldsymbol{g}_{\mathrm{v}}}\{(\hat{\boldsymbol{Z}}^{(1)}\boldsymbol{g}_{\mathrm{v}}+\hat{\boldsymbol{z}}^{(1)})^{\mathrm{T}}\boldsymbol{H}_1^{(1)}(\bar{\boldsymbol{\Omega}}_{\mathrm{t}}^{(1)})^{-1}\boldsymbol{H}_1^{(1)\mathrm{T}}(\hat{\boldsymbol{Z}}^{(1)}\boldsymbol{g}_{\mathrm{v}}+\hat{\boldsymbol{z}}^{(1)})\}\\ \text{s.t. } \boldsymbol{g}_{\mathrm{v}}^{\mathrm{T}}\boldsymbol{\Lambda}_{\mathrm{v}1}\boldsymbol{g}_{\mathrm{v}}+\boldsymbol{\kappa}_{\mathrm{v}1}^{\mathrm{T}}\boldsymbol{g}_{\mathrm{v}}+\|\boldsymbol{s}_1\|_2^2=0\\ \quad\ \ \boldsymbol{g}_{\mathrm{v}}^{\mathrm{T}}\boldsymbol{\Lambda}_{\mathrm{v}2}\boldsymbol{g}_{\mathrm{v}}+\boldsymbol{\kappa}_{\mathrm{v}2}^{\mathrm{T}}\boldsymbol{g}_{\mathrm{v}}+2\boldsymbol{s}_1^{\mathrm{T}}\dot{\boldsymbol{s}}_1=0\end{cases} \tag{8.62}$$

式中

$$\hat{\boldsymbol{z}}^{(1)}=\begin{bmatrix}\hat{\boldsymbol{W}}^{(1)}\hat{\boldsymbol{t}}_1^{(1)}\\ \hat{\dot{\boldsymbol{W}}}^{(1)}\hat{\boldsymbol{t}}_1^{(1)}+\hat{\boldsymbol{W}}^{(1)}\hat{\dot{\boldsymbol{t}}}_1^{(1)}\end{bmatrix},\ \hat{\boldsymbol{Z}}^{(1)}=\begin{bmatrix}\hat{\boldsymbol{W}}^{(1)}\hat{\boldsymbol{T}}_2^{(1)} & \boldsymbol{O}_{M\times 4}\\ \hat{\dot{\boldsymbol{W}}}^{(1)}\hat{\boldsymbol{T}}_2^{(1)}+\hat{\boldsymbol{W}}^{(1)}\hat{\dot{\boldsymbol{T}}}_2^{(1)} & \hat{\boldsymbol{W}}^{(1)}\hat{\boldsymbol{T}}_2^{(1)}\end{bmatrix} \tag{8.63}$$

根据 2.2 节中的讨论可知，式（8.62）可以利用拉格朗日乘子法进行求解，下面将描述其求解过程。

3．求解方法

为了利用拉格朗日乘子法求解式（8.62），需要首先构造拉格朗日函数，如下式所示：

$$\begin{aligned}L^{(1)}(\boldsymbol{g}_{\mathrm{v}},\lambda_1,\lambda_2)=&(\hat{\boldsymbol{Z}}^{(1)}\boldsymbol{g}_{\mathrm{v}}+\hat{\boldsymbol{z}}^{(1)})^{\mathrm{T}}\boldsymbol{H}_1^{(1)}(\bar{\boldsymbol{\Omega}}_{\mathrm{t}}^{(1)})^{-1}\boldsymbol{H}_1^{(1)\mathrm{T}}(\hat{\boldsymbol{Z}}^{(1)}\boldsymbol{g}_{\mathrm{v}}+\hat{\boldsymbol{z}}^{(1)})\\&+\lambda_1(\boldsymbol{g}_{\mathrm{v}}^{\mathrm{T}}\boldsymbol{\Lambda}_{\mathrm{v}1}\boldsymbol{g}_{\mathrm{v}}+\boldsymbol{\kappa}_{\mathrm{v}1}^{\mathrm{T}}\boldsymbol{g}_{\mathrm{v}}+\|\boldsymbol{s}_1\|_2^2)+\lambda_2(\boldsymbol{g}_{\mathrm{v}}^{\mathrm{T}}\boldsymbol{\Lambda}_{\mathrm{v}2}\boldsymbol{g}_{\mathrm{v}}+\boldsymbol{\kappa}_{\mathrm{v}2}^{\mathrm{T}}\boldsymbol{g}_{\mathrm{v}}+2\boldsymbol{s}_1^{\mathrm{T}}\dot{\boldsymbol{s}}_1)\end{aligned} \tag{8.64}$$

不妨将向量 $\boldsymbol{g}_{\mathrm{v}}$ 与标量 λ_1 和 λ_2 的最优解分别记为 $\hat{\boldsymbol{g}}_{\mathrm{v\text{-}p}}^{(1)}$、$\hat{\lambda}_{1\text{-p}}^{(1)}$ 及 $\hat{\lambda}_{2\text{-p}}^{(1)}$。下面将函数 $L^{(1)}(\boldsymbol{g}_{\mathrm{v}},\lambda_1,\lambda_2)$ 分别对 $\boldsymbol{g}_{\mathrm{v}}$、$\lambda_1$ 及 λ_2 求导，并令它们等于零可得

$$\begin{cases}\left.\dfrac{\partial L^{(1)}(\boldsymbol{g}_{\mathrm{v}},\lambda_1,\lambda_2)}{\partial \boldsymbol{g}_{\mathrm{v}}}\right|_{\substack{\boldsymbol{g}_{\mathrm{v}}=\hat{\boldsymbol{g}}_{\mathrm{v\text{-}p}}^{(1)}\\ \lambda_1=\hat{\lambda}_{1\text{-p}}^{(1)}\\ \lambda_2=\hat{\lambda}_{2\text{-p}}^{(1)}}}=2\left[\hat{\boldsymbol{Z}}^{(1)\mathrm{T}}\boldsymbol{H}_1^{(1)}(\bar{\boldsymbol{\Omega}}_{\mathrm{t}}^{(1)})^{-1}\boldsymbol{H}_1^{(1)\mathrm{T}}\hat{\boldsymbol{Z}}^{(1)}+\hat{\lambda}_{1\text{-p}}^{(1)}\boldsymbol{\Lambda}_{\mathrm{v}1}+\hat{\lambda}_{2\text{-p}}^{(1)}\boldsymbol{\Lambda}_{\mathrm{v}2}\right]\hat{\boldsymbol{g}}_{\mathrm{v\text{-}p}}^{(1)}\\ \qquad\qquad +2\hat{\boldsymbol{Z}}^{(1)\mathrm{T}}\boldsymbol{H}_1^{(1)}(\bar{\boldsymbol{\Omega}}_{\mathrm{t}}^{(1)})^{-1}\boldsymbol{H}_1^{(1)\mathrm{T}}\hat{\boldsymbol{z}}^{(1)}+\boldsymbol{\kappa}_{\mathrm{v}1}\hat{\lambda}_{1\text{-p}}^{(1)}+\boldsymbol{\kappa}_{\mathrm{v}2}\hat{\lambda}_{2\text{-p}}^{(1)}=\boldsymbol{O}_{8\times 1}\\ \left.\dfrac{\partial L^{(1)}(\boldsymbol{g}_{\mathrm{v}},\lambda_1,\lambda_2)}{\partial \lambda_1}\right|_{\substack{\boldsymbol{g}_{\mathrm{v}}=\hat{\boldsymbol{g}}_{\mathrm{v\text{-}p}}^{(1)}\\ \lambda_1=\hat{\lambda}_{1\text{-p}}^{(1)}\\ \lambda_2=\hat{\lambda}_{2\text{-p}}^{(1)}}}=\hat{\boldsymbol{g}}_{\mathrm{v\text{-}p}}^{(1)\mathrm{T}}\boldsymbol{\Lambda}_{\mathrm{v}1}\hat{\boldsymbol{g}}_{\mathrm{v\text{-}p}}^{(1)}+\boldsymbol{\kappa}_{\mathrm{v}1}^{\mathrm{T}}\hat{\boldsymbol{g}}_{\mathrm{v\text{-}p}}^{(1)}+\|\boldsymbol{s}_1\|_2^2=0\\ \left.\dfrac{\partial L^{(1)}(\boldsymbol{g}_{\mathrm{v}},\lambda_1,\lambda_2)}{\partial \lambda_2}\right|_{\substack{\boldsymbol{g}_{\mathrm{v}}=\hat{\boldsymbol{g}}_{\mathrm{v\text{-}p}}^{(1)}\\ \lambda_1=\hat{\lambda}_{1\text{-p}}^{(1)}\\ \lambda_2=\hat{\lambda}_{2\text{-p}}^{(1)}}}=\hat{\boldsymbol{g}}_{\mathrm{v\text{-}p}}^{(1)\mathrm{T}}\boldsymbol{\Lambda}_{\mathrm{v}2}\hat{\boldsymbol{g}}_{\mathrm{v\text{-}p}}^{(1)}+\boldsymbol{\kappa}_{\mathrm{v}2}^{\mathrm{T}}\hat{\boldsymbol{g}}_{\mathrm{v\text{-}p}}^{(1)}+2\boldsymbol{s}_1^{\mathrm{T}}\dot{\boldsymbol{s}}_1=0\end{cases} \tag{8.65}$$

根据式（8.65）中的第 1 式可得

$$\begin{aligned}\hat{\boldsymbol{g}}_{\mathrm{v\text{-}p}}^{(1)}=&-\left[\hat{\boldsymbol{Z}}^{(1)\mathrm{T}}\boldsymbol{H}_1^{(1)}(\bar{\boldsymbol{\Omega}}_{\mathrm{t}}^{(1)})^{-1}\boldsymbol{H}_1^{(1)\mathrm{T}}\hat{\boldsymbol{Z}}^{(1)}+\hat{\lambda}_{1\text{-p}}^{(1)}\boldsymbol{\Lambda}_{\mathrm{v}1}+\hat{\lambda}_{2\text{-p}}^{(1)}\boldsymbol{\Lambda}_{\mathrm{v}2}\right]^{-1}\\&\times\left[\hat{\boldsymbol{Z}}^{(1)\mathrm{T}}\boldsymbol{H}_1^{(1)}(\bar{\boldsymbol{\Omega}}_{\mathrm{t}}^{(1)})^{-1}\boldsymbol{H}_1^{(1)\mathrm{T}}\hat{\boldsymbol{z}}^{(1)}+\frac{1}{2}\boldsymbol{\kappa}_{\mathrm{v}1}\hat{\lambda}_{1\text{-p}}^{(1)}+\frac{1}{2}\boldsymbol{\kappa}_{\mathrm{v}2}\hat{\lambda}_{2\text{-p}}^{(1)}\right]\end{aligned} \tag{8.66}$$

为了简化数学表述，不妨记

$$\begin{cases}\hat{\boldsymbol{\Phi}}_{\mathrm{t}}^{(1)}=\hat{\boldsymbol{Z}}^{(1)\mathrm{T}}\boldsymbol{H}_1^{(1)}(\bar{\boldsymbol{\Omega}}_{\mathrm{t}}^{(1)})^{-1}\boldsymbol{H}_1^{(1)\mathrm{T}}\hat{\boldsymbol{Z}}^{(1)}\in\mathbf{R}^{8\times 8}\\ \hat{\boldsymbol{\varphi}}_{\mathrm{t}}^{(1)}=\hat{\boldsymbol{Z}}^{(1)\mathrm{T}}\boldsymbol{H}_1^{(1)}(\bar{\boldsymbol{\Omega}}^{(1)})^{-1}\boldsymbol{H}_1^{(1)\mathrm{T}}\hat{\boldsymbol{z}}^{(1)}\in\mathbf{R}^{8\times 1}\end{cases}\tag{8.67}$$

然后将式（8.67）代入式（8.66）中可得

$$\hat{\boldsymbol{g}}_{\mathrm{v\text{-}p}}^{(1)}=-(\hat{\boldsymbol{\Phi}}_{\mathrm{t}}^{(1)}+\hat{\lambda}_{\mathrm{1\text{-}p}}^{(1)}\boldsymbol{\Lambda}_{\mathrm{v1}}+\hat{\lambda}_{\mathrm{2\text{-}p}}^{(1)}\boldsymbol{\Lambda}_{\mathrm{v2}})^{-1}\left(\hat{\boldsymbol{\varphi}}_{\mathrm{t}}^{(1)}+\frac{1}{2}\boldsymbol{\kappa}_{\mathrm{v1}}\hat{\lambda}_{\mathrm{1\text{-}p}}^{(1)}+\frac{1}{2}\boldsymbol{\kappa}_{\mathrm{v2}}\hat{\lambda}_{\mathrm{2\text{-}p}}^{(1)}\right)\tag{8.68}$$

最后将式（8.68）分别代入式（8.65）中的第 2 式和第 3 式可得

$$\begin{aligned}&\left(\hat{\boldsymbol{\varphi}}_{\mathrm{t}}^{(1)}+\frac{1}{2}\boldsymbol{\kappa}_{\mathrm{v1}}\hat{\lambda}_{\mathrm{1\text{-}p}}^{(1)}+\frac{1}{2}\boldsymbol{\kappa}_{\mathrm{v2}}\hat{\lambda}_{\mathrm{2\text{-}p}}^{(1)}\right)^{\mathrm{T}}(\hat{\boldsymbol{\Phi}}_{\mathrm{t}}^{(1)}+\hat{\lambda}_{\mathrm{1\text{-}p}}^{(1)}\boldsymbol{\Lambda}_{\mathrm{v1}}+\hat{\lambda}_{\mathrm{2\text{-}p}}^{(1)}\boldsymbol{\Lambda}_{\mathrm{v2}})^{-1}\boldsymbol{\Lambda}_{\mathrm{v1}}(\hat{\boldsymbol{\Phi}}_{\mathrm{t}}^{(1)}+\hat{\lambda}_{\mathrm{1\text{-}p}}^{(1)}\boldsymbol{\Lambda}_{\mathrm{v1}}\\&+\hat{\lambda}_{\mathrm{2\text{-}p}}^{(1)}\boldsymbol{\Lambda}_{\mathrm{v2}})^{-1}\left(\hat{\boldsymbol{\varphi}}_{\mathrm{t}}^{(1)}+\frac{1}{2}\boldsymbol{\kappa}_{\mathrm{v1}}\hat{\lambda}_{\mathrm{1\text{-}p}}^{(1)}+\frac{1}{2}\boldsymbol{\kappa}_{\mathrm{v2}}\hat{\lambda}_{\mathrm{2\text{-}p}}^{(1)}\right)-\boldsymbol{\kappa}_{\mathrm{v1}}^{\mathrm{T}}(\hat{\boldsymbol{\Phi}}_{\mathrm{t}}^{(1)}+\hat{\lambda}_{\mathrm{1\text{-}p}}^{(1)}\boldsymbol{\Lambda}_{\mathrm{v1}}+\hat{\lambda}_{\mathrm{2\text{-}p}}^{(1)}\boldsymbol{\Lambda}_{\mathrm{v2}})^{-1}\\&\times\left(\hat{\boldsymbol{\varphi}}_{\mathrm{t}}^{(1)}+\frac{1}{2}\boldsymbol{\kappa}_{\mathrm{v1}}\hat{\lambda}_{\mathrm{1\text{-}p}}^{(1)}+\frac{1}{2}\boldsymbol{\kappa}_{\mathrm{v2}}\hat{\lambda}_{\mathrm{2\text{-}p}}^{(1)}\right)+\|\boldsymbol{s}_1\|_2^2=0\end{aligned}\tag{8.69}$$

$$\begin{aligned}&\left(\hat{\boldsymbol{\varphi}}_{\mathrm{t}}^{(1)}+\frac{1}{2}\boldsymbol{\kappa}_{\mathrm{v1}}\hat{\lambda}_{\mathrm{1\text{-}p}}^{(1)}+\frac{1}{2}\boldsymbol{\kappa}_{\mathrm{v2}}\hat{\lambda}_{\mathrm{2\text{-}p}}^{(1)}\right)^{\mathrm{T}}(\hat{\boldsymbol{\Phi}}_{\mathrm{t}}^{(1)}+\hat{\lambda}_{\mathrm{1\text{-}p}}^{(1)}\boldsymbol{\Lambda}_{\mathrm{v1}}+\hat{\lambda}_{\mathrm{2\text{-}p}}^{(1)}\boldsymbol{\Lambda}_{\mathrm{v2}})^{-1}\boldsymbol{\Lambda}_{\mathrm{v2}}(\hat{\boldsymbol{\Phi}}^{(1)}+\hat{\lambda}_{\mathrm{1\text{-}p}}^{(1)}\boldsymbol{\Lambda}_{\mathrm{v1}}\\&+\hat{\lambda}_{\mathrm{2\text{-}p}}^{(1)}\boldsymbol{\Lambda}_{\mathrm{v2}})^{-1}\left(\hat{\boldsymbol{\varphi}}_{\mathrm{t}}^{(1)}+\frac{1}{2}\boldsymbol{\kappa}_{\mathrm{v1}}\hat{\lambda}_{\mathrm{1\text{-}p}}^{(1)}+\frac{1}{2}\boldsymbol{\kappa}_{\mathrm{v2}}\hat{\lambda}_{\mathrm{2\text{-}p}}^{(1)}\right)-\boldsymbol{\kappa}_{\mathrm{v2}}^{\mathrm{T}}(\hat{\boldsymbol{\Phi}}_{\mathrm{t}}^{(1)}+\hat{\lambda}_{\mathrm{1\text{-}p}}^{(1)}\boldsymbol{\Lambda}_{\mathrm{v1}}+\hat{\lambda}_{\mathrm{2\text{-}p}}^{(1)}\boldsymbol{\Lambda}_{\mathrm{v2}})^{-1}\\&\times\left(\hat{\boldsymbol{\varphi}}_{\mathrm{t}}^{(1)}+\frac{1}{2}\boldsymbol{\kappa}_{\mathrm{v1}}\hat{\lambda}_{\mathrm{1\text{-}p}}^{(1)}+\frac{1}{2}\boldsymbol{\kappa}_{\mathrm{v2}}\hat{\lambda}_{\mathrm{2\text{-}p}}^{(1)}\right)+2\boldsymbol{s}_1^{\mathrm{T}}\dot{\boldsymbol{s}}_1=0\end{aligned}\tag{8.70}$$

式（8.69）和式（8.70）是关于 $\hat{\lambda}_{\mathrm{1\text{-}p}}^{(1)}$ 和 $\hat{\lambda}_{\mathrm{2\text{-}p}}^{(1)}$ 的二元非线性方程组，其解析解无法获得，但可以利用数值技术进行求解，下面给出求解该方程组的 Newton 迭代法。

首先定义二维向量 $\boldsymbol{\lambda}=[\lambda_1\ \ \lambda_2]^{\mathrm{T}}$，并定义如下两个二元非线性函数：

$$\begin{cases}h_1(\lambda_1,\lambda_2)\\=\left(\hat{\boldsymbol{\varphi}}_{\mathrm{t}}^{(1)}+\frac{1}{2}\boldsymbol{\kappa}_{\mathrm{v1}}\lambda_1+\frac{1}{2}\boldsymbol{\kappa}_{\mathrm{v2}}\lambda_2\right)^{\mathrm{T}}(\hat{\boldsymbol{\Phi}}_{\mathrm{t}}^{(1)}+\lambda_1\boldsymbol{\Lambda}_{\mathrm{v1}}+\lambda_2\boldsymbol{\Lambda}_{\mathrm{v2}})^{-1}\boldsymbol{\Lambda}_{\mathrm{v1}}(\hat{\boldsymbol{\Phi}}_{\mathrm{t}}^{(1)}+\lambda_1\boldsymbol{\Lambda}_{\mathrm{v1}}+\lambda_2\boldsymbol{\Lambda}_{\mathrm{v2}})^{-1}\\\quad\times\left(\hat{\boldsymbol{\varphi}}_{\mathrm{t}}^{(1)}+\frac{1}{2}\boldsymbol{\kappa}_{\mathrm{v1}}\lambda_1+\frac{1}{2}\boldsymbol{\kappa}_{\mathrm{v2}}\lambda_2\right)-\boldsymbol{\kappa}_{\mathrm{v1}}^{\mathrm{T}}(\hat{\boldsymbol{\Phi}}_{\mathrm{t}}^{(1)}+\lambda_1\boldsymbol{\Lambda}_{\mathrm{v1}}+\lambda_2\boldsymbol{\Lambda}_{\mathrm{v2}})^{-1}\left(\hat{\boldsymbol{\varphi}}_{\mathrm{t}}^{(1)}+\frac{1}{2}\boldsymbol{\kappa}_{\mathrm{v1}}\lambda_1+\frac{1}{2}\boldsymbol{\kappa}_{\mathrm{v2}}\lambda_2\right)+\|\boldsymbol{s}_1\|_2^2\\h_2(\lambda_1,\lambda_2)\\=\left(\hat{\boldsymbol{\varphi}}_{\mathrm{t}}^{(1)}+\frac{1}{2}\boldsymbol{\kappa}_{\mathrm{v1}}\lambda_1+\frac{1}{2}\boldsymbol{\kappa}_{\mathrm{v2}}\lambda_2\right)^{\mathrm{T}}(\hat{\boldsymbol{\Phi}}_{\mathrm{t}}^{(1)}+\lambda_1\boldsymbol{\Lambda}_{\mathrm{v1}}+\lambda_2\boldsymbol{\Lambda}_{\mathrm{v2}})^{-1}\boldsymbol{\Lambda}_{\mathrm{v2}}(\hat{\boldsymbol{\Phi}}_{\mathrm{t}}^{(1)}+\lambda_1\boldsymbol{\Lambda}_{\mathrm{v1}}+\lambda_2\boldsymbol{\Lambda}_{\mathrm{v2}})^{-1}\\\quad\times\left(\hat{\boldsymbol{\varphi}}_{\mathrm{t}}^{(1)}+\frac{1}{2}\boldsymbol{\kappa}_{\mathrm{v1}}\lambda_1+\frac{1}{2}\boldsymbol{\kappa}_{\mathrm{v2}}\lambda_2\right)-\boldsymbol{\kappa}_{\mathrm{v2}}^{\mathrm{T}}(\hat{\boldsymbol{\Phi}}_{\mathrm{t}}^{(1)}+\lambda_1\boldsymbol{\Lambda}_{\mathrm{v1}}+\lambda_2\boldsymbol{\Lambda}_{\mathrm{v2}})^{-1}\left(\hat{\boldsymbol{\varphi}}_{\mathrm{t}}^{(1)}+\frac{1}{2}\boldsymbol{\kappa}_{\mathrm{v1}}\lambda_1+\frac{1}{2}\boldsymbol{\kappa}_{\mathrm{v2}}\lambda_2\right)+2\boldsymbol{s}_1^{\mathrm{T}}\dot{\boldsymbol{s}}_1\end{cases}\tag{8.71}$$

则求解非线性方程组式（8.69）和式（8.70）的 Newton 迭代公式为

$$\begin{bmatrix}\lambda_{1-k+1}^{(1)}\\ \lambda_{2-k+1}^{(1)}\end{bmatrix}=\begin{bmatrix}\lambda_{1-k}^{(1)}\\ \lambda_{2-k}^{(1)}\end{bmatrix}-(1-\alpha^{k})\begin{bmatrix}\dfrac{\partial h_1(\lambda_{1-k}^{(1)},\lambda_{2-k}^{(1)})}{\partial\lambda_{1-k}^{(1)}} & \dfrac{\partial h_1(\lambda_{1-k}^{(1)},\lambda_{2-k}^{(1)})}{\partial\lambda_{2-k}^{(1)}}\\ \dfrac{\partial h_2(\lambda_{1-k}^{(1)},\lambda_{2-k}^{(1)})}{\partial\lambda_{1-k}^{(1)}} & \dfrac{\partial h_2(\lambda_{1-k}^{(1)},\lambda_{2-k}^{(1)})}{\partial\lambda_{2-k}^{(1)}}\end{bmatrix}^{-1}\begin{bmatrix}h_1(\lambda_{1-k}^{(1)},\lambda_{2-k}^{(1)})\\ h_2(\lambda_{1-k}^{(1)},\lambda_{2-k}^{(1)})\end{bmatrix}\tag{8.72}$$

式中，$\lambda_{1-k}^{(1)}$和$\lambda_{2-k}^{(1)}$分别表示第k次迭代结果；$\alpha\in[0,1)$表示步长因子。结合式（8.71）和命题2.15可知，式（8.72）中的偏导数分别为

$$\begin{aligned}&\frac{\partial h_1(\lambda_1,\lambda_2)}{\partial\lambda_1}\\ &=2\boldsymbol{\kappa}_{\mathrm{v}1}^{\mathrm{T}}(\hat{\boldsymbol{\Phi}}_{\mathrm{t}}^{(1)}+\lambda_1\boldsymbol{\Lambda}_{\mathrm{v}1}+\lambda_2\boldsymbol{\Lambda}_{\mathrm{v}2})^{-1}\boldsymbol{\Lambda}_{\mathrm{v}1}(\hat{\boldsymbol{\Phi}}_{\mathrm{t}}^{(1)}+\lambda_1\boldsymbol{\Lambda}_{\mathrm{v}1}+\lambda_2\boldsymbol{\Lambda}_{\mathrm{v}2})^{-1}\\ &\quad\times\left(\hat{\boldsymbol{\varphi}}_{\mathrm{t}}^{(1)}+\frac{1}{2}\boldsymbol{\kappa}_{\mathrm{v}1}\lambda_1+\frac{1}{2}\boldsymbol{\kappa}_{\mathrm{v}2}\lambda_2\right)-2\left(\hat{\boldsymbol{\varphi}}_{\mathrm{t}}^{(1)}+\frac{1}{2}\boldsymbol{\kappa}_{\mathrm{v}1}\lambda_1+\frac{1}{2}\boldsymbol{\kappa}_{\mathrm{v}2}\lambda_2\right)^{\mathrm{T}}(\hat{\boldsymbol{\Phi}}_{\mathrm{t}}^{(1)}+\lambda_1\boldsymbol{\Lambda}_{\mathrm{v}1}+\lambda_2\boldsymbol{\Lambda}_{\mathrm{v}2})^{-1}\\ &\quad\times\boldsymbol{\Lambda}_{\mathrm{v}1}(\hat{\boldsymbol{\Phi}}_{\mathrm{t}}^{(1)}+\lambda_1\boldsymbol{\Lambda}_{\mathrm{v}1}+\lambda_2\boldsymbol{\Lambda}_{\mathrm{v}2})^{-1}\boldsymbol{\Lambda}_{\mathrm{v}1}(\hat{\boldsymbol{\Phi}}_{\mathrm{t}}^{(1)}+\lambda_1\boldsymbol{\Lambda}_{\mathrm{v}1}+\lambda_2\boldsymbol{\Lambda}_{\mathrm{v}2})^{-1}\\ &\quad\times\left(\hat{\boldsymbol{\varphi}}_{\mathrm{t}}^{(1)}+\frac{1}{2}\boldsymbol{\kappa}_{\mathrm{v}1}\lambda_1+\frac{1}{2}\boldsymbol{\kappa}_{\mathrm{v}2}\lambda_2\right)-\frac{1}{2}\boldsymbol{\kappa}_{\mathrm{v}1}^{\mathrm{T}}(\hat{\boldsymbol{\Phi}}_{\mathrm{t}}^{(1)}+\lambda_1\boldsymbol{\Lambda}_{\mathrm{v}1}+\lambda_2\boldsymbol{\Lambda}_{\mathrm{v}2})^{-1}\boldsymbol{\kappa}_{\mathrm{v}1}\end{aligned}\tag{8.73}$$

$$\begin{aligned}&\frac{\partial h_1(\lambda_1,\lambda_2)}{\partial\lambda_2}\\ &=\boldsymbol{\kappa}_{\mathrm{v}2}^{\mathrm{T}}(\hat{\boldsymbol{\Phi}}_{\mathrm{t}}^{(1)}+\lambda_1\boldsymbol{\Lambda}_{\mathrm{v}1}+\lambda_2\boldsymbol{\Lambda}_{\mathrm{v}2})^{-1}\boldsymbol{\Lambda}_{\mathrm{v}1}(\hat{\boldsymbol{\Phi}}_{\mathrm{t}}^{(1)}+\lambda_1\boldsymbol{\Lambda}_{\mathrm{v}1}+\lambda_2\boldsymbol{\Lambda}_{\mathrm{v}2})^{-1}\left(\hat{\boldsymbol{\varphi}}_{\mathrm{t}}^{(1)}+\frac{1}{2}\boldsymbol{\kappa}_{\mathrm{v}1}\lambda_1+\frac{1}{2}\boldsymbol{\kappa}_{\mathrm{v}2}\lambda_2\right)\\ &\quad+\boldsymbol{\kappa}_{\mathrm{v}1}^{\mathrm{T}}(\hat{\boldsymbol{\Phi}}_{\mathrm{t}}^{(1)}+\lambda_1\boldsymbol{\Lambda}_{\mathrm{v}1}+\lambda_2\boldsymbol{\Lambda}_{\mathrm{v}2})^{-1}\boldsymbol{\Lambda}_{\mathrm{v}2}(\hat{\boldsymbol{\Phi}}_{\mathrm{t}}^{(1)}+\lambda_1\boldsymbol{\Lambda}_{\mathrm{v}1}+\lambda_2\boldsymbol{\Lambda}_{\mathrm{v}2})^{-1}\left(\hat{\boldsymbol{\varphi}}_{\mathrm{t}}^{(1)}+\frac{1}{2}\boldsymbol{\kappa}_{\mathrm{v}1}\lambda_1+\frac{1}{2}\boldsymbol{\kappa}_{\mathrm{v}2}\lambda_2\right)\\ &\quad-2\left(\hat{\boldsymbol{\varphi}}_{\mathrm{t}}^{(1)}+\frac{1}{2}\boldsymbol{\kappa}_{\mathrm{v}1}\lambda_1+\frac{1}{2}\boldsymbol{\kappa}_{\mathrm{v}2}\lambda_2\right)^{\mathrm{T}}(\hat{\boldsymbol{\Phi}}_{\mathrm{t}}^{(1)}+\lambda_1\boldsymbol{\Lambda}_{\mathrm{v}1}+\lambda_2\boldsymbol{\Lambda}_{\mathrm{v}2})^{-1}\boldsymbol{\Lambda}_{\mathrm{v}2}(\hat{\boldsymbol{\Phi}}_{\mathrm{t}}^{(1)}+\lambda_1\boldsymbol{\Lambda}_{\mathrm{v}1}+\lambda_2\boldsymbol{\Lambda}_{\mathrm{v}2})^{-1}\\ &\quad\times\boldsymbol{\Lambda}_{\mathrm{v}1}(\hat{\boldsymbol{\Phi}}_{\mathrm{t}}^{(1)}+\lambda_1\boldsymbol{\Lambda}_{\mathrm{v}1}+\lambda_2\boldsymbol{\Lambda}_{\mathrm{v}2})^{-1}\left(\hat{\boldsymbol{\varphi}}_{\mathrm{t}}^{(1)}+\frac{1}{2}\boldsymbol{\kappa}_{\mathrm{v}1}\lambda_1+\frac{1}{2}\boldsymbol{\kappa}_{\mathrm{v}2}\lambda_2\right)\\ &\quad-\frac{1}{2}\boldsymbol{\kappa}_{\mathrm{v}1}^{\mathrm{T}}(\hat{\boldsymbol{\Phi}}_{\mathrm{t}}^{(1)}+\lambda_1\boldsymbol{\Lambda}_{\mathrm{v}1}+\lambda_2\boldsymbol{\Lambda}_{\mathrm{v}2})^{-1}\boldsymbol{\kappa}_{\mathrm{v}2}\end{aligned}\tag{8.74}$$

$$\begin{aligned}&\frac{\partial h_2(\lambda_1,\lambda_2)}{\partial\lambda_1}\\ &=\boldsymbol{\kappa}_{\mathrm{v}1}^{\mathrm{T}}(\hat{\boldsymbol{\Phi}}_{\mathrm{t}}^{(1)}+\lambda_1\boldsymbol{\Lambda}_{\mathrm{v}1}+\lambda_2\boldsymbol{\Lambda}_{\mathrm{v}2})^{-1}\boldsymbol{\Lambda}_{\mathrm{v}2}(\hat{\boldsymbol{\Phi}}_{\mathrm{t}}^{(1)}+\lambda_1\boldsymbol{\Lambda}_{\mathrm{v}1}+\lambda_2\boldsymbol{\Lambda}_{\mathrm{v}2})^{-1}\left(\hat{\boldsymbol{\varphi}}_{\mathrm{t}}^{(1)}+\frac{1}{2}\boldsymbol{\kappa}_{\mathrm{v}1}\lambda_1+\frac{1}{2}\boldsymbol{\kappa}_{\mathrm{v}2}\lambda_2\right)\end{aligned}$$

$$
\begin{aligned}
&+\boldsymbol{\kappa}_{\mathrm{v2}}^{\mathrm{T}}(\hat{\boldsymbol{\Phi}}_{\mathrm{t}}^{(1)}+\lambda_1\boldsymbol{\Lambda}_{\mathrm{v1}}+\lambda_2\boldsymbol{\Lambda}_{\mathrm{v2}})^{-1}\boldsymbol{\Lambda}_{\mathrm{v1}}(\hat{\boldsymbol{\Phi}}_{\mathrm{t}}^{(1)}+\lambda_1\boldsymbol{\Lambda}_{\mathrm{v1}}+\lambda_2\boldsymbol{\Lambda}_{\mathrm{v2}})^{-1}\left(\hat{\boldsymbol{\varphi}}_{\mathrm{t}}^{(1)}+\frac{1}{2}\boldsymbol{\kappa}_{\mathrm{v1}}\lambda_1+\frac{1}{2}\boldsymbol{\kappa}_{\mathrm{v2}}\lambda_2\right)\\
&-2\left(\hat{\boldsymbol{\varphi}}_{\mathrm{t}}^{(1)}+\frac{1}{2}\boldsymbol{\kappa}_{\mathrm{v1}}\lambda_1+\frac{1}{2}\boldsymbol{\kappa}_{\mathrm{v2}}\lambda_2\right)^{\mathrm{T}}(\hat{\boldsymbol{\Phi}}_{\mathrm{t}}^{(1)}+\lambda_1\boldsymbol{\Lambda}_{\mathrm{v1}}+\lambda_2\boldsymbol{\Lambda}_{\mathrm{v2}})^{-1}\boldsymbol{\Lambda}_{\mathrm{v1}}(\hat{\boldsymbol{\Phi}}_{\mathrm{t}}^{(1)}+\lambda_1\boldsymbol{\Lambda}_{\mathrm{v1}}+\lambda_2\boldsymbol{\Lambda}_{\mathrm{v2}})^{-1}\\
&\times\boldsymbol{\Lambda}_{\mathrm{v2}}(\hat{\boldsymbol{\Phi}}_{\mathrm{t}}^{(1)}+\lambda_1\boldsymbol{\Lambda}_{\mathrm{v1}}+\lambda_2\boldsymbol{\Lambda}_{\mathrm{v2}})^{-1}\left(\hat{\boldsymbol{\varphi}}_{\mathrm{t}}^{(1)}+\frac{1}{2}\boldsymbol{\kappa}_{\mathrm{v1}}\lambda_1+\frac{1}{2}\boldsymbol{\kappa}_{\mathrm{v2}}\lambda_2\right)\\
&-\frac{1}{2}\boldsymbol{\kappa}_{\mathrm{v2}}^{\mathrm{T}}(\hat{\boldsymbol{\Phi}}_{\mathrm{t}}^{(1)}+\lambda_1\boldsymbol{\Lambda}_{\mathrm{v1}}+\lambda_2\boldsymbol{\Lambda}_{\mathrm{v2}})^{-1}\boldsymbol{\kappa}_{\mathrm{v1}}
\end{aligned}
\tag{8.75}
$$

$$
\begin{aligned}
&\frac{\partial h_2(\lambda_1,\lambda_2)}{\partial\lambda_2}\\
&=2\boldsymbol{\kappa}_{\mathrm{v2}}^{\mathrm{T}}(\hat{\boldsymbol{\Phi}}_{\mathrm{t}}^{(1)}+\lambda_1\boldsymbol{\Lambda}_{\mathrm{v1}}+\lambda_2\boldsymbol{\Lambda}_{\mathrm{v2}})^{-1}\boldsymbol{\Lambda}_{\mathrm{v2}}(\hat{\boldsymbol{\Phi}}_{\mathrm{t}}^{(1)}+\lambda_1\boldsymbol{\Lambda}_{\mathrm{v1}}+\lambda_2\boldsymbol{\Lambda}_{\mathrm{v2}})^{-1}\left(\hat{\boldsymbol{\varphi}}_{\mathrm{t}}^{(1)}+\frac{1}{2}\boldsymbol{\kappa}_{\mathrm{v1}}\lambda_1+\frac{1}{2}\boldsymbol{\kappa}_{\mathrm{v2}}\lambda_2\right)\\
&-2\left(\hat{\boldsymbol{\varphi}}_{\mathrm{t}}^{(1)}+\frac{1}{2}\boldsymbol{\kappa}_{\mathrm{v1}}\lambda_1+\frac{1}{2}\boldsymbol{\kappa}_{\mathrm{v2}}\lambda_2\right)^{\mathrm{T}}(\hat{\boldsymbol{\Phi}}_{\mathrm{t}}^{(1)}+\lambda_1\boldsymbol{\Lambda}_{\mathrm{v1}}+\lambda_2\boldsymbol{\Lambda}_{\mathrm{v2}})^{-1}\boldsymbol{\Lambda}_{\mathrm{v2}}(\hat{\boldsymbol{\Phi}}_{\mathrm{t}}^{(1)}+\lambda_1\boldsymbol{\Lambda}_{\mathrm{v1}}+\lambda_2\boldsymbol{\Lambda}_{\mathrm{v2}})^{-1}\\
&\times\boldsymbol{\Lambda}_{\mathrm{v2}}(\hat{\boldsymbol{\Phi}}_{\mathrm{t}}^{(1)}+\lambda_1\boldsymbol{\Lambda}_{\mathrm{v1}}+\lambda_2\boldsymbol{\Lambda}_{\mathrm{v2}})^{-1}\left(\hat{\boldsymbol{\varphi}}_{\mathrm{t}}^{(1)}+\frac{1}{2}\boldsymbol{\kappa}_{\mathrm{v1}}\lambda_1+\frac{1}{2}\boldsymbol{\kappa}_{\mathrm{v2}}\lambda_2\right)\\
&-\frac{1}{2}\boldsymbol{\kappa}_{\mathrm{v2}}^{\mathrm{T}}(\hat{\boldsymbol{\Phi}}_{\mathrm{t}}^{(1)}+\lambda_1\boldsymbol{\Lambda}_{\mathrm{v1}}+\lambda_2\boldsymbol{\Lambda}_{\mathrm{v2}})^{-1}\boldsymbol{\kappa}_{\mathrm{v2}}
\end{aligned}
\tag{8.76}
$$

将迭代公式（8.72）的收敛值代入式（8.68）中即可得到向量 $\boldsymbol{g}_{\mathrm{v}}$ 的估计值 $\hat{\boldsymbol{g}}_{\text{v-p}}^{(1)}$。由向量 $\boldsymbol{g}_{\mathrm{v}}$ 的定义可知，利用向量 $\hat{\boldsymbol{g}}_{\text{v-p}}^{(1)}$ 中的前 3 个分量就可以获得辐射源位置向量 $\boldsymbol{u}$ 的估计值 $\hat{\boldsymbol{u}}_{\mathrm{p}}^{(1)}$（即有 $\hat{\boldsymbol{u}}_{\mathrm{p}}^{(1)}=[\boldsymbol{I}_3\ \ \boldsymbol{O}_{3\times1}\ \ \boldsymbol{O}_{3\times3}\ \ \boldsymbol{O}_{3\times1}]\hat{\boldsymbol{g}}_{\text{v-p}}^{(1)}$），利用向量 $\hat{\boldsymbol{g}}_{\text{v-p}}^{(1)}$ 中的第 5～7 个分量就可以获得辐射源速度向量 $\dot{\boldsymbol{u}}$ 的估计值 $\hat{\dot{\boldsymbol{u}}}_{\mathrm{p}}^{(1)}$（即有 $\hat{\dot{\boldsymbol{u}}}_{\mathrm{p}}^{(1)}=[\boldsymbol{O}_{3\times3}\ \ \boldsymbol{O}_{3\times1}\ \ \boldsymbol{I}_3\ \ \boldsymbol{O}_{3\times1}]\hat{\boldsymbol{g}}_{\text{v-p}}^{(1)}$），于是辐射源位置-速度向量 $\boldsymbol{u}_{\mathrm{v}}$ 的估计值 $\hat{\boldsymbol{u}}_{\text{v-p}}^{(1)}$ 可以表示为

$$
\hat{\boldsymbol{u}}_{\text{v-p}}^{(1)}=\begin{bmatrix}\hat{\boldsymbol{u}}_{\mathrm{p}}^{(1)}\\ \hat{\dot{\boldsymbol{u}}}_{\mathrm{p}}^{(1)}\end{bmatrix}=\begin{bmatrix}\boldsymbol{I}_3 & \boldsymbol{O}_{3\times1} & \boldsymbol{O}_{3\times3} & \boldsymbol{O}_{3\times1}\\ \boldsymbol{O}_{3\times3} & \boldsymbol{O}_{3\times1} & \boldsymbol{I}_3 & \boldsymbol{O}_{3\times1}\end{bmatrix}\hat{\boldsymbol{g}}_{\text{v-p}}^{(1)} \tag{8.77}
$$

【注记 8.1】迭代公式（8.72）的初始值可以设为 $\lambda_{1\text{-}0}^{(1)}=\lambda_{2\text{-}0}^{(1)}=0$。

【注记 8.2】为了保证式（8.72）迭代收敛，一般可以将 α 设置为一个接近于 1 的正数。

【注记 8.3】由式（8.52）、式（8.53）及式（8.55）可知，加权矩阵 $(\bar{\boldsymbol{\Omega}}_{\mathrm{t}}^{(1)})^{-1}$ 与未知向量 $\boldsymbol{g}_{\mathrm{v}}$ 有关。因此，严格来说，式（8.62）中的目标函数并不是关于向

量 $\boldsymbol{g}_{\mathrm{v}}$ 的二次函数，针对该问题，可以采用注记 4.1 中描述的方法进行处理。理论分析表明，在一阶误差分析理论框架下，加权矩阵 $(\bar{\boldsymbol{\Omega}}_{\mathrm{t}}^{(1)})^{-1}$ 中的扰动误差并不会实质影响估计值 $\hat{\boldsymbol{g}}_{\mathrm{v\text{-}p}}^{(1)}$ 的统计性能①。

图 8.1 给出了本章第 1 种加权多维标度定位方法的流程图。

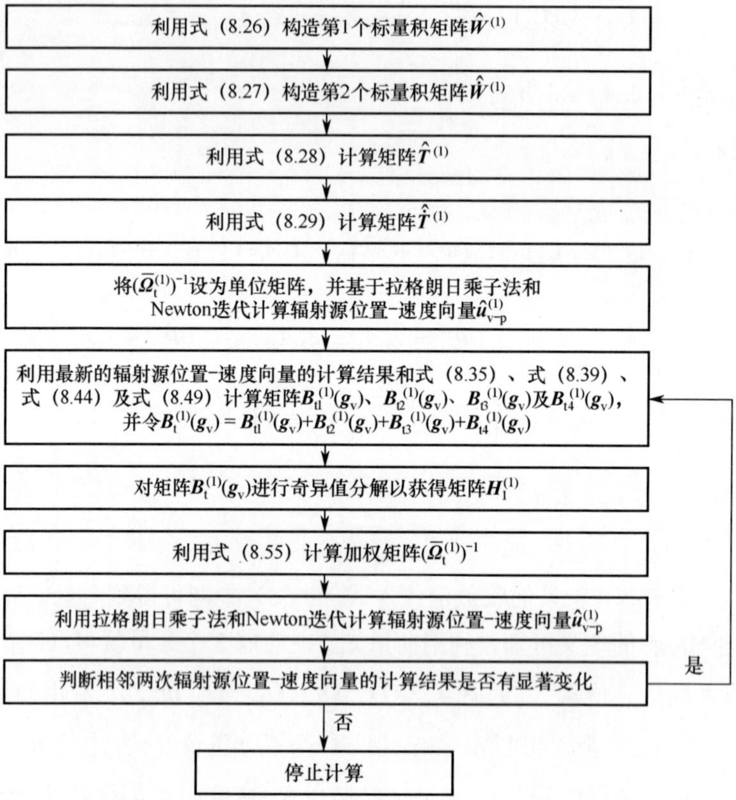

图 8.1　本章第 1 种加权多维标度定位方法的流程图

8.2.4　理论性能分析

下面将推导估计值 $\hat{\boldsymbol{u}}_{\mathrm{v\text{-}p}}^{(1)}$ 的理论性能，主要是推导估计均方误差矩阵，并将其与克拉美罗界进行比较，从而证明其渐近最优性。这里采用的性能分析方法是一阶误差分析方法，即忽略观测误差 $\boldsymbol{\varepsilon}_{\mathrm{t}}$ 的二阶及其以上各阶项。

由于估计值 $\hat{\boldsymbol{u}}_{\mathrm{v\text{-}p}}^{(1)}$ 是从估计值 $\hat{\boldsymbol{g}}_{\mathrm{v\text{-}p}}^{(1)}$ 中产生的，下面首先推导向量 $\hat{\boldsymbol{g}}_{\mathrm{v\text{-}p}}^{(1)}$ 的估计

① 加权矩阵 $(\bar{\boldsymbol{\Omega}}_{\mathrm{t}}^{(1)})^{-1}$ 中的扰动误差也不会实质影响估计值 $\hat{\boldsymbol{u}}_{\mathrm{p}}^{(1)}$ 和 $\hat{\boldsymbol{u}}_{\mathrm{p}}^{(1)}$ 的统计性能。

均方误差矩阵，并将其估计误差记为 $\Delta\boldsymbol{g}_{\text{v-p}}^{(1)}=\hat{\boldsymbol{g}}_{\text{v-p}}^{(1)}-\boldsymbol{g}_{\text{v}}$。基于式（8.62）及 2.4.2 节的讨论可知，在一阶误差分析框架下，误差向量 $\Delta\boldsymbol{g}_{\text{v-p}}^{(1)}$ 近似为如下约束优化问题的最优解：

$$\begin{cases}\min\limits_{\Delta\boldsymbol{g}_{\text{v}}}\{(\boldsymbol{Z}^{(1)}\Delta\boldsymbol{g}_{\text{v}}+\boldsymbol{B}_{\text{t}}^{(1)}(\boldsymbol{g}_{\text{v}})\boldsymbol{\varepsilon}_{\text{t}})^{\text{T}}\boldsymbol{H}_1^{(1)}(\bar{\boldsymbol{\Omega}}_{\text{t}}^{(1)})^{-1}\boldsymbol{H}_1^{(1)\text{T}}(\boldsymbol{Z}^{(1)}\Delta\boldsymbol{g}_{\text{v}}+\boldsymbol{B}_{\text{t}}^{(1)}(\boldsymbol{g}_{\text{v}})\boldsymbol{\varepsilon}_{\text{t}})\} \\ \text{s.t. } (\Delta\boldsymbol{g}_{\text{v}})^{\text{T}}(2\boldsymbol{\Lambda}_{\text{v1}}\boldsymbol{g}_{\text{v}}+\boldsymbol{\kappa}_{\text{v1}})=0 \\ \qquad (\Delta\boldsymbol{g}_{\text{v}})^{\text{T}}(2\boldsymbol{\Lambda}_{\text{v2}}\boldsymbol{g}_{\text{v}}+\boldsymbol{\kappa}_{\text{v2}})=0\end{cases} \tag{8.78}$$

式中

$$\boldsymbol{Z}^{(1)}=\hat{\boldsymbol{Z}}^{(1)}\big|_{\boldsymbol{\varepsilon}_{\text{t}}=\boldsymbol{O}_{2(M-1)\times 1}}=\begin{bmatrix}\boldsymbol{W}^{(1)}\boldsymbol{T}_2^{(1)} & \boldsymbol{O}_{M\times 4} \\ \dot{\boldsymbol{W}}^{(1)}\boldsymbol{T}_2^{(1)}+\boldsymbol{W}^{(1)}\dot{\boldsymbol{T}}_2^{(1)} & \boldsymbol{W}^{(1)}\boldsymbol{T}_2^{(1)}\end{bmatrix}\in\mathbf{R}^{2M\times 8} \tag{8.79}$$

其中，$\boldsymbol{T}_2^{(1)}=\hat{\boldsymbol{T}}_2^{(1)}\big|_{\boldsymbol{\varepsilon}_{\text{t}}=\boldsymbol{O}_{2(M-1)\times 1}}$ 和 $\dot{\boldsymbol{T}}_2^{(1)}=\hat{\dot{\boldsymbol{T}}}_2^{(1)}\big|_{\boldsymbol{\varepsilon}_{\text{t}}=\boldsymbol{O}_{2(M-1)\times 1}}$。式（8.78）的缘由可参见附录 B.3，限于篇幅这里不再赘述。根据式（2.65）可知，误差向量 $\Delta\boldsymbol{g}_{\text{v-p}}^{(1)}$ 的一阶近似表达式为

$$\Delta\boldsymbol{g}_{\text{v-p}}^{(1)}=-\begin{pmatrix}\boldsymbol{I}_8-(\boldsymbol{Z}^{(1)\text{T}}\boldsymbol{H}_1^{(1)}(\bar{\boldsymbol{\Omega}}_{\text{t}}^{(1)})^{-1}\boldsymbol{H}_1^{(1)\text{T}}\boldsymbol{Z}^{(1)})^{-1}\boldsymbol{P}(\boldsymbol{g}_{\text{v}}) \\ \times[(\boldsymbol{P}(\boldsymbol{g}_{\text{v}}))^{\text{T}}(\boldsymbol{Z}^{(1)\text{T}}\boldsymbol{H}_1^{(1)}(\bar{\boldsymbol{\Omega}}_{\text{t}}^{(1)})^{-1}\boldsymbol{H}_1^{(1)\text{T}}\boldsymbol{Z}^{(1)})^{-1}\boldsymbol{P}(\boldsymbol{g}_{\text{v}})]^{-1}(\boldsymbol{P}(\boldsymbol{g}_{\text{v}}))^{\text{T}}\end{pmatrix} \\ \times(\boldsymbol{Z}^{(1)\text{T}}\boldsymbol{H}_1^{(1)}(\bar{\boldsymbol{\Omega}}_{\text{t}}^{(1)})^{-1}\boldsymbol{H}_1^{(1)\text{T}}\boldsymbol{Z}^{(1)})^{-1}\boldsymbol{Z}^{(1)\text{T}}\boldsymbol{H}_1^{(1)}(\bar{\boldsymbol{\Omega}}_{\text{t}}^{(1)})^{-1}\boldsymbol{H}_1^{(1)\text{T}}\boldsymbol{B}_{\text{t}}^{(1)}(\boldsymbol{g}_{\text{v}})\boldsymbol{\varepsilon}_{\text{t}} \tag{8.80}$$

式中，$\boldsymbol{P}(\boldsymbol{g}_{\text{v}})=[2\boldsymbol{\Lambda}_{\text{v1}}\boldsymbol{g}_{\text{v}}+\boldsymbol{\kappa}_{\text{v1}}\ \ 2\boldsymbol{\Lambda}_{\text{v2}}\boldsymbol{g}_{\text{v}}+\boldsymbol{\kappa}_{\text{v2}}]$。由式（8.80）可知，估计误差 $\Delta\boldsymbol{g}_{\text{v-p}}^{(1)}$ 渐近服从零均值的高斯分布，因此估计值 $\hat{\boldsymbol{g}}_{\text{v-p}}^{(1)}$ 是渐近无偏估计值，并且其均方误差矩阵为

$$\begin{aligned}\mathbf{MSE}(\hat{\boldsymbol{g}}_{\text{v-p}}^{(1)})&=\text{E}[(\hat{\boldsymbol{g}}_{\text{v-p}}^{(1)}-\boldsymbol{g}_{\text{v}})(\hat{\boldsymbol{g}}_{\text{v-p}}^{(1)}-\boldsymbol{g}_{\text{v}})^{\text{T}}]=\text{E}[\Delta\boldsymbol{g}_{\text{v-p}}^{(1)}(\Delta\boldsymbol{g}_{\text{v-p}}^{(1)})^{\text{T}}] \\ &=\begin{pmatrix}\boldsymbol{I}_8-(\boldsymbol{Z}^{(1)\text{T}}\boldsymbol{H}_1^{(1)}(\bar{\boldsymbol{\Omega}}_{\text{t}}^{(1)})^{-1}\boldsymbol{H}_1^{(1)\text{T}}\boldsymbol{Z}^{(1)})^{-1}\boldsymbol{P}(\boldsymbol{g}_{\text{v}}) \\ \times[(\boldsymbol{P}(\boldsymbol{g}_{\text{v}}))^{\text{T}}(\boldsymbol{Z}^{(1)\text{T}}\boldsymbol{H}_1^{(1)}(\bar{\boldsymbol{\Omega}}_{\text{t}}^{(1)})^{-1}\boldsymbol{H}_1^{(1)\text{T}}\boldsymbol{Z}^{(1)})^{-1}\boldsymbol{P}(\boldsymbol{g}_{\text{v}})]^{-1}(\boldsymbol{P}(\boldsymbol{g}_{\text{v}}))^{\text{T}}\end{pmatrix} \\ &\quad\times(\boldsymbol{Z}^{(1)\text{T}}\boldsymbol{H}_1^{(1)}(\bar{\boldsymbol{\Omega}}_{\text{t}}^{(1)})^{-1}\boldsymbol{H}_1^{(1)\text{T}}\boldsymbol{Z}^{(1)})^{-1} \\ &\quad\times\begin{pmatrix}\boldsymbol{I}_8-\boldsymbol{P}(\boldsymbol{g}_{\text{v}})[(\boldsymbol{P}(\boldsymbol{g}_{\text{v}}))^{\text{T}}(\boldsymbol{Z}^{(1)\text{T}}\boldsymbol{H}_1^{(1)}(\bar{\boldsymbol{\Omega}}_{\text{t}}^{(1)})^{-1}\boldsymbol{H}_1^{(1)\text{T}}\boldsymbol{Z}^{(1)})^{-1}\boldsymbol{P}(\boldsymbol{g}_{\text{v}})]^{-1} \\ \times(\boldsymbol{P}(\boldsymbol{g}_{\text{v}}))^{\text{T}}(\boldsymbol{Z}^{(1)\text{T}}\boldsymbol{H}_1^{(1)}(\bar{\boldsymbol{\Omega}}_{\text{t}}^{(1)})^{-1}\boldsymbol{H}_1^{(1)\text{T}}\boldsymbol{Z}^{(1)})^{-1}\end{pmatrix} \\ &=\begin{pmatrix}\boldsymbol{I}_8-(\boldsymbol{Z}^{(1)\text{T}}\boldsymbol{H}_1^{(1)}(\bar{\boldsymbol{\Omega}}_{\text{t}}^{(1)})^{-1}\boldsymbol{H}_1^{(1)\text{T}}\boldsymbol{Z}^{(1)})^{-1}\boldsymbol{P}(\boldsymbol{g}_{\text{v}}) \\ \times[(\boldsymbol{P}(\boldsymbol{g}_{\text{v}}))^{\text{T}}(\boldsymbol{Z}^{(1)\text{T}}\boldsymbol{H}_1^{(1)}(\bar{\boldsymbol{\Omega}}_{\text{t}}^{(1)})^{-1}\boldsymbol{H}_1^{(1)\text{T}}\boldsymbol{Z}^{(1)})^{-1}\boldsymbol{P}(\boldsymbol{g}_{\text{v}})]^{-1}(\boldsymbol{P}(\boldsymbol{g}_{\text{v}}))^{\text{T}}\end{pmatrix} \\ &\quad\times(\boldsymbol{Z}^{(1)\text{T}}\boldsymbol{H}_1^{(1)}(\bar{\boldsymbol{\Omega}}_{\text{t}}^{(1)})^{-1}\boldsymbol{H}_1^{(1)\text{T}}\boldsymbol{Z}^{(1)})^{-1}\end{aligned} \tag{8.81}$$

根据式（8.81）可以证明，均方误差矩阵 $\mathbf{MSE}(\hat{\boldsymbol{g}}_{\text{v-p}}^{(1)})$ 满足如下等式：

$$\mathbf{MSE}(\hat{\boldsymbol{g}}_{\text{v-p}}^{(1)})\boldsymbol{P}(\boldsymbol{g}_{\text{v}})=\boldsymbol{O}_{8\times2} \tag{8.82}$$

式（8.82）的成立是由于误差向量 $\Delta\boldsymbol{g}_{\text{v-p}}^{(1)}$ 需要服从式（8.78）中的等式约束，因此也可知 $\mathbf{MSE}(\hat{\boldsymbol{g}}_{\text{v-p}}^{(1)})$ 并不是满秩矩阵。另一方面，将由估计值 $\hat{\boldsymbol{g}}_{\text{v-p}}^{(1)}$ 获得的辐射源位置–速度解记为 $\hat{\boldsymbol{u}}_{\text{v-p}}^{(1)}$，相应的估计误差记为 $\Delta\boldsymbol{u}_{\text{v-p}}^{(1)}$，于是由式（8.77）可得

$$\Delta\boldsymbol{u}_{\text{v-p}}^{(1)}=\begin{bmatrix}\boldsymbol{I}_3 & \boldsymbol{O}_{3\times1} & \boldsymbol{O}_{3\times3} & \boldsymbol{O}_{3\times1}\\ \boldsymbol{O}_{3\times3} & \boldsymbol{O}_{3\times1} & \boldsymbol{I}_3 & \boldsymbol{O}_{3\times1}\end{bmatrix}\Delta\boldsymbol{g}_{\text{v-p}}^{(1)} \tag{8.83}$$

结合式（8.81）和式（8.83）可知，估计值 $\hat{\boldsymbol{u}}_{\text{v-p}}^{(1)}$ 的均方误差矩阵为

$$\begin{aligned}&\mathbf{MSE}(\hat{\boldsymbol{u}}_{\text{v-p}}^{(1)})\\&=\begin{bmatrix}\boldsymbol{I}_3 & \boldsymbol{O}_{3\times1} & \boldsymbol{O}_{3\times3} & \boldsymbol{O}_{3\times1}\\ \boldsymbol{O}_{3\times3} & \boldsymbol{O}_{3\times1} & \boldsymbol{I}_3 & \boldsymbol{O}_{3\times1}\end{bmatrix}\mathbf{MSE}(\hat{\boldsymbol{g}}_{\text{v-p}}^{(1)})\begin{bmatrix}\boldsymbol{I}_3 & \boldsymbol{O}_{3\times3}\\ \boldsymbol{O}_{1\times3} & \boldsymbol{O}_{1\times3}\\ \boldsymbol{O}_{3\times3} & \boldsymbol{I}_3\\ \boldsymbol{O}_{1\times3} & \boldsymbol{O}_{1\times3}\end{bmatrix}\\&=\begin{bmatrix}\boldsymbol{I}_3 & \boldsymbol{O}_{3\times1} & \boldsymbol{O}_{3\times3} & \boldsymbol{O}_{3\times1}\\ \boldsymbol{O}_{3\times3} & \boldsymbol{O}_{3\times1} & \boldsymbol{I}_3 & \boldsymbol{O}_{3\times1}\end{bmatrix}\left(\begin{aligned}&\boldsymbol{I}_8-(\boldsymbol{Z}^{(1)\text{T}}\boldsymbol{H}_1^{(1)}(\bar{\boldsymbol{\Omega}}_{\text{t}}^{(1)})^{-1}\boldsymbol{H}_1^{(1)\text{T}}\boldsymbol{Z}^{(1)})^{-1}\boldsymbol{P}(\boldsymbol{g}_{\text{v}})\\&\times[(\boldsymbol{P}(\boldsymbol{g}_{\text{v}}))^{\text{T}}(\boldsymbol{Z}^{(1)\text{T}}\boldsymbol{H}_1^{(1)}(\bar{\boldsymbol{\Omega}}_{\text{t}}^{(1)})^{-1}\boldsymbol{H}_1^{(1)\text{T}}\boldsymbol{Z}^{(1)})^{-1}\boldsymbol{P}(\boldsymbol{g}_{\text{v}})]^{-1}(\boldsymbol{P}(\boldsymbol{g}_{\text{v}}))^{\text{T}}\end{aligned}\right)\\&\quad\times(\boldsymbol{Z}^{(1)\text{T}}\boldsymbol{H}_1^{(1)}(\bar{\boldsymbol{\Omega}}_{\text{t}}^{(1)})^{-1}\boldsymbol{H}_1^{(1)\text{T}}\boldsymbol{Z}^{(1)})^{-1}\begin{bmatrix}\boldsymbol{I}_3 & \boldsymbol{O}_{3\times3}\\ \boldsymbol{O}_{1\times3} & \boldsymbol{O}_{1\times3}\\ \boldsymbol{O}_{3\times3} & \boldsymbol{I}_3\\ \boldsymbol{O}_{1\times3} & \boldsymbol{O}_{1\times3}\end{bmatrix}\end{aligned} \tag{8.84}$$

下面证明估计值 $\hat{\boldsymbol{u}}_{\text{v-p}}^{(1)}$ 具有渐近最优性，也就是证明其估计均方误差矩阵可以渐近逼近相应的克拉美罗界，具体可见如下命题。

【命题 8.1】 在一阶误差分析理论框架下，$\mathbf{MSE}(\hat{\boldsymbol{u}}_{\text{v-p}}^{(1)})=\mathbf{CRB}_{\text{tfdoa-p}}(\boldsymbol{u})$ ①。

【证明】 首先根据命题 3.1 可得

$$\mathbf{CRB}_{\text{tfdoa-p}}(\boldsymbol{u}_{\text{v}})=\left[\left(\frac{\partial\boldsymbol{f}_{\text{tfdoa}}(\boldsymbol{u}_{\text{v}})}{\partial\boldsymbol{u}_{\text{v}}^{\text{T}}}\right)^{\text{T}}\boldsymbol{E}_{\text{t}}^{-1}\frac{\partial\boldsymbol{f}_{\text{tfdoa}}(\boldsymbol{u}_{\text{v}})}{\partial\boldsymbol{u}_{\text{v}}^{\text{T}}}\right]^{-1} \tag{8.85}$$

式中

$$\frac{\partial\boldsymbol{f}_{\text{tfdoa}}(\boldsymbol{u}_{\text{v}})}{\partial\boldsymbol{u}_{\text{v}}^{\text{T}}}=\begin{bmatrix}\dfrac{\partial\boldsymbol{f}_{\text{tdoa}}(\boldsymbol{u}_{\text{v}})}{\partial\boldsymbol{u}^{\text{T}}} & \boldsymbol{O}_{(M-1)\times3}\\ \dfrac{\partial\boldsymbol{f}_{\text{fdoa}}(\boldsymbol{u}_{\text{v}})}{\partial\boldsymbol{u}^{\text{T}}} & \dfrac{\partial\boldsymbol{f}_{\text{fdoa}}(\boldsymbol{u}_{\text{v}})}{\partial\dot{\boldsymbol{u}}^{\text{T}}}\end{bmatrix}\in\mathbf{R}^{2(M-1)\times6} \tag{8.86}$$

其中

① 这里使用下角标“tfdoa”来表征此克拉美罗界是基于 TDOA/FDOA 观测量推导出来的。

$$\frac{\partial \boldsymbol{f}_{\text{tdoa}}(\boldsymbol{u}_{\text{v}})}{\partial \boldsymbol{u}^{\text{T}}} = \left[\begin{array}{c:c:c:c} \dfrac{\boldsymbol{u}-\boldsymbol{s}_2}{\|\boldsymbol{u}-\boldsymbol{s}_2\|_2} - \dfrac{\boldsymbol{u}-\boldsymbol{s}_1}{\|\boldsymbol{u}-\boldsymbol{s}_1\|_2} & \dfrac{\boldsymbol{u}-\boldsymbol{s}_3}{\|\boldsymbol{u}-\boldsymbol{s}_3\|_2} - \dfrac{\boldsymbol{u}-\boldsymbol{s}_1}{\|\boldsymbol{u}-\boldsymbol{s}_1\|_2} & \cdots & \dfrac{\boldsymbol{u}-\boldsymbol{s}_M}{\|\boldsymbol{u}-\boldsymbol{s}_M\|_2} - \dfrac{\boldsymbol{u}-\boldsymbol{s}_1}{\|\boldsymbol{u}-\boldsymbol{s}_1\|_2} \end{array}\right]^{\text{T}} \in \mathbf{R}^{(M-1)\times 3} \tag{8.87}$$

$$\frac{\partial \boldsymbol{f}_{\text{fdoa}}(\boldsymbol{u}_{\text{v}})}{\partial \boldsymbol{u}^{\text{T}}} = \left[\begin{array}{c:c:c:c} \boldsymbol{\Pi}^{\perp}[\boldsymbol{u}-\boldsymbol{s}_2]\dfrac{\dot{\boldsymbol{u}}-\dot{\boldsymbol{s}}_2}{\|\boldsymbol{u}-\boldsymbol{s}_2\|_2} & \boldsymbol{\Pi}^{\perp}[\boldsymbol{u}-\boldsymbol{s}_3]\dfrac{\dot{\boldsymbol{u}}-\dot{\boldsymbol{s}}_3}{\|\boldsymbol{u}-\boldsymbol{s}_3\|_2} & & \boldsymbol{\Pi}^{\perp}[\boldsymbol{u}-\boldsymbol{s}_M]\dfrac{\dot{\boldsymbol{u}}-\dot{\boldsymbol{s}}_M}{\|\boldsymbol{u}-\boldsymbol{s}_M\|_2} \\ -\boldsymbol{\Pi}^{\perp}[\boldsymbol{u}-\boldsymbol{s}_1]\dfrac{\dot{\boldsymbol{u}}-\dot{\boldsymbol{s}}_1}{\|\boldsymbol{u}-\boldsymbol{s}_1\|_2} & -\boldsymbol{\Pi}^{\perp}[\boldsymbol{u}-\boldsymbol{s}_1]\dfrac{\dot{\boldsymbol{u}}-\dot{\boldsymbol{s}}_1}{\|\boldsymbol{u}-\boldsymbol{s}_1\|_2} & \cdots & -\boldsymbol{\Pi}^{\perp}[\boldsymbol{u}-\boldsymbol{s}_1]\dfrac{\dot{\boldsymbol{u}}-\dot{\boldsymbol{s}}_1}{\|\boldsymbol{u}-\boldsymbol{s}_1\|_2} \end{array}\right]^{\text{T}} \in \mathbf{R}^{(M-1)\times 3} \tag{8.88}$$

$$\frac{\partial \boldsymbol{f}_{\text{fdoa}}(\bar{\boldsymbol{u}})}{\partial \dot{\boldsymbol{u}}^{\text{T}}} = \left[\begin{array}{c:c:c:c} \dfrac{\boldsymbol{u}-\boldsymbol{s}_2}{\|\boldsymbol{u}-\boldsymbol{s}_2\|_2} - \dfrac{\boldsymbol{u}-\boldsymbol{s}_1}{\|\boldsymbol{u}-\boldsymbol{s}_1\|_2} & \dfrac{\boldsymbol{u}-\boldsymbol{s}_3}{\|\boldsymbol{u}-\boldsymbol{s}_3\|_2} - \dfrac{\boldsymbol{u}-\boldsymbol{s}_1}{\|\boldsymbol{u}-\boldsymbol{s}_1\|_2} & \cdots & \dfrac{\boldsymbol{u}-\boldsymbol{s}_M}{\|\boldsymbol{u}-\boldsymbol{s}_M\|_2} - \dfrac{\boldsymbol{u}-\boldsymbol{s}_1}{\|\boldsymbol{u}-\boldsymbol{s}_1\|_2} \end{array}\right]^{\text{T}} \in \mathbf{R}^{(M-1)\times 3} \tag{8.89}$$

另一方面，定义如下对称矩阵①：

$$\boldsymbol{\Phi}_{\text{t}}^{(1)} = \boldsymbol{Z}^{(1)\text{T}}\boldsymbol{H}_1^{(1)}(\bar{\boldsymbol{\Omega}}_{\text{t}}^{(1)})^{-1}\boldsymbol{H}_1^{(1)\text{T}}\boldsymbol{Z}^{(1)} \in \mathbf{R}^{8\times 8} \tag{8.90}$$

则由式（8.81）和命题 2.8 可得

$$\begin{aligned}\mathbf{MSE}(\hat{\boldsymbol{g}}_{\text{v-p}}^{(1)}) &= (\boldsymbol{\Phi}_{\text{t}}^{(1)})^{-1} - (\boldsymbol{\Phi}_{\text{t}}^{(1)})^{-1}\boldsymbol{P}(\boldsymbol{g}_{\text{v}})[(\boldsymbol{P}(\boldsymbol{g}_{\text{v}}))^{\text{T}}(\boldsymbol{\Phi}_{\text{t}}^{(1)})^{-1}\boldsymbol{P}(\boldsymbol{g}_{\text{v}})]^{-1}(\boldsymbol{P}(\boldsymbol{g}_{\text{v}}))^{\text{T}}(\boldsymbol{\Phi}_{\text{t}}^{(1)})^{-1} \\ &= (\boldsymbol{\Phi}_{\text{t}}^{(1)})^{-1/2}\boldsymbol{\Pi}^{\perp}[(\boldsymbol{\Phi}_{\text{t}}^{(1)})^{-1/2}\boldsymbol{P}(\boldsymbol{g}_{\text{v}})](\boldsymbol{\Phi}_{\text{t}}^{(1)})^{-1/2}\end{aligned} \tag{8.91}$$

将式（8.91）代入式（8.84）中可得

$$\begin{aligned}\mathbf{MSE}(\hat{\boldsymbol{u}}_{\text{v-p}}^{(1)}) &= \begin{bmatrix} \boldsymbol{I}_3 & \boldsymbol{O}_{3\times 1} & \boldsymbol{O}_{3\times 3} & \boldsymbol{O}_{3\times 1} \\ \boldsymbol{O}_{3\times 3} & \boldsymbol{O}_{3\times 1} & \boldsymbol{I}_3 & \boldsymbol{O}_{3\times 1} \end{bmatrix}(\boldsymbol{\Phi}_{\text{t}}^{(1)})^{-1/2} \\ &\quad \times \boldsymbol{\Pi}^{\perp}[(\boldsymbol{\Phi}_{\text{t}}^{(1)})^{-1/2}\boldsymbol{P}(\boldsymbol{g}_{\text{v}})](\boldsymbol{\Phi}_{\text{t}}^{(1)})^{-1/2}\begin{bmatrix} \boldsymbol{I}_3 & \boldsymbol{O}_{3\times 3} \\ \boldsymbol{O}_{1\times 3} & \boldsymbol{O}_{1\times 3} \\ \boldsymbol{O}_{3\times 3} & \boldsymbol{I}_3 \\ \boldsymbol{O}_{1\times 3} & \boldsymbol{O}_{1\times 3} \end{bmatrix}\end{aligned} \tag{8.92}$$

① $\boldsymbol{\Phi}_{\text{t}}^{(1)} = \hat{\boldsymbol{\Phi}}_{\text{t}}^{(1)}|_{\boldsymbol{\varepsilon}_{\text{t}}=\boldsymbol{O}_{2(M-1)\times 1}}$。

将式（8.59）中的两个等式的两边对向量 $\boldsymbol{u}_{\mathrm{v}}$ 求导可得

$$2\left(\frac{\partial \boldsymbol{g}_{\mathrm{v}}}{\partial \boldsymbol{u}_{\mathrm{v}}^{\mathrm{T}}}\right)^{\mathrm{T}} \boldsymbol{\Lambda}_{\mathrm{v}1}\boldsymbol{g}_{\mathrm{v}} + \left(\frac{\partial \boldsymbol{g}_{\mathrm{v}}}{\partial \boldsymbol{u}_{\mathrm{v}}^{\mathrm{T}}}\right)^{\mathrm{T}} \boldsymbol{\kappa}_{\mathrm{v}1} = \left(\frac{\partial \boldsymbol{g}_{\mathrm{v}}}{\partial \boldsymbol{u}_{\mathrm{v}}^{\mathrm{T}}}\right)^{\mathrm{T}} (2\boldsymbol{\Lambda}_{\mathrm{v}1}\boldsymbol{g}_{\mathrm{v}} + \boldsymbol{\kappa}_{\mathrm{v}1})$$
$$= \left[(\boldsymbol{\Phi}_{\mathrm{t}}^{(1)})^{1/2} \frac{\partial \boldsymbol{g}_{\mathrm{v}}}{\partial \boldsymbol{u}_{\mathrm{v}}^{\mathrm{T}}}\right]^{\mathrm{T}} (\boldsymbol{\Phi}_{\mathrm{t}}^{(1)})^{-1/2}(2\boldsymbol{\Lambda}_{\mathrm{v}1}\boldsymbol{g}_{\mathrm{v}} + \boldsymbol{\kappa}_{\mathrm{v}1}) = \boldsymbol{O}_{6\times 1} \tag{8.93}$$

$$2\left(\frac{\partial \boldsymbol{g}_{\mathrm{v}}}{\partial \boldsymbol{u}_{\mathrm{v}}^{\mathrm{T}}}\right)^{\mathrm{T}} \boldsymbol{\Lambda}_{\mathrm{v}2}\boldsymbol{g}_{\mathrm{v}} + \left(\frac{\partial \boldsymbol{g}_{\mathrm{v}}}{\partial \boldsymbol{u}_{\mathrm{v}}^{\mathrm{T}}}\right)^{\mathrm{T}} \boldsymbol{\kappa}_{\mathrm{v}2} = \left(\frac{\partial \boldsymbol{g}_{\mathrm{v}}}{\partial \boldsymbol{u}_{\mathrm{v}}^{\mathrm{T}}}\right)^{\mathrm{T}} (2\boldsymbol{\Lambda}_{\mathrm{v}2}\boldsymbol{g}_{\mathrm{v}} + \boldsymbol{\kappa}_{\mathrm{v}2})$$
$$= \left[(\boldsymbol{\Phi}_{\mathrm{t}}^{(1)})^{1/2} \frac{\partial \boldsymbol{g}_{\mathrm{v}}}{\partial \boldsymbol{u}_{\mathrm{v}}^{\mathrm{T}}}\right]^{\mathrm{T}} (\boldsymbol{\Phi}_{\mathrm{t}}^{(1)})^{-1/2}(2\boldsymbol{\Lambda}_{\mathrm{v}2}\boldsymbol{g}_{\mathrm{v}} + \boldsymbol{\kappa}_{\mathrm{v}2}) = \boldsymbol{O}_{6\times 1} \tag{8.94}$$

式中

$$\frac{\partial \boldsymbol{g}_{\mathrm{v}}}{\partial \boldsymbol{u}_{\mathrm{v}}^{\mathrm{T}}} = \left[\begin{array}{c:c} \boldsymbol{I}_3 & \boldsymbol{O}_{3\times 3} \\ \dfrac{(\boldsymbol{s}_1 - \boldsymbol{u})^{\mathrm{T}}}{\|\boldsymbol{u} - \boldsymbol{s}_1\|_2} & \boldsymbol{O}_{1\times 3} \\ \hdashline \boldsymbol{O}_{3\times 3} & \boldsymbol{I}_3 \\ \dfrac{(\dot{\boldsymbol{s}}_1 - \dot{\boldsymbol{u}})^{\mathrm{T}}}{\|\boldsymbol{u} - \boldsymbol{s}_1\|_2}\boldsymbol{\Pi}^{\perp}[\boldsymbol{u} - \boldsymbol{s}_1] & \dfrac{(\boldsymbol{s}_1 - \boldsymbol{u})^{\mathrm{T}}}{\|\boldsymbol{u} - \boldsymbol{s}_1\|_2} \end{array}\right] \in \mathbf{R}^{8\times 6} \tag{8.95}$$

联合式（8.93）和式（8.94）可得

$$\left[(\boldsymbol{\Phi}_{\mathrm{t}}^{(1)})^{1/2} \frac{\partial \boldsymbol{g}_{\mathrm{v}}}{\partial \boldsymbol{u}_{\mathrm{v}}^{\mathrm{T}}}\right]^{\mathrm{T}} (\boldsymbol{\Phi}_{\mathrm{t}}^{(1)})^{-1/2} \boldsymbol{P}(\boldsymbol{g}_{\mathrm{v}}) = \boldsymbol{O}_{6\times 2} \tag{8.96}$$

基于式（8.95）不难证明

$$\begin{cases} \operatorname{rank}\left[(\boldsymbol{\Phi}_{\mathrm{t}}^{(1)})^{1/2} \dfrac{\partial \boldsymbol{g}_{\mathrm{v}}}{\partial \boldsymbol{u}_{\mathrm{v}}^{\mathrm{T}}}\right] = \operatorname{rank}\left[\dfrac{\partial \boldsymbol{g}_{\mathrm{v}}}{\partial \boldsymbol{u}_{\mathrm{v}}^{\mathrm{T}}}\right] = 6 \\ \operatorname{rank}[(\boldsymbol{\Phi}_{\mathrm{t}}^{(1)})^{-1/2} \boldsymbol{P}(\boldsymbol{g}_{\mathrm{v}})] = \operatorname{rank}[\boldsymbol{P}(\boldsymbol{g}_{\mathrm{v}})] = 2 \end{cases} \tag{8.97}$$

结合式（8.96）和式（8.97）可得

$$\operatorname{range}\left\{(\boldsymbol{\Phi}_{\mathrm{t}}^{(1)})^{1/2} \frac{\partial \boldsymbol{g}_{\mathrm{v}}}{\partial \boldsymbol{u}_{\mathrm{v}}^{\mathrm{T}}}\right\} = (\operatorname{range}\{(\boldsymbol{\Phi}_{\mathrm{t}}^{(1)})^{-1/2} \boldsymbol{P}(\boldsymbol{g}_{\mathrm{v}})\})^{\perp} \tag{8.98}$$

于是根据正交投影矩阵的定义和命题 2.8 可得

$$\boldsymbol{\Pi}^{\perp}[(\boldsymbol{\Phi}_{\mathrm{t}}^{(1)})^{-1/2}\boldsymbol{P}(\boldsymbol{g}_{\mathrm{v}})]=\boldsymbol{\Pi}\left[(\boldsymbol{\Phi}_{\mathrm{t}}^{(1)})^{1/2}\frac{\partial \boldsymbol{g}_{\mathrm{v}}}{\partial \boldsymbol{u}_{\mathrm{v}}^{\mathrm{T}}}\right]$$
$$=(\boldsymbol{\Phi}_{\mathrm{t}}^{(1)})^{1/2}\frac{\partial \boldsymbol{g}_{\mathrm{v}}}{\partial \boldsymbol{u}_{\mathrm{v}}^{\mathrm{T}}}\left[\left(\frac{\partial \boldsymbol{g}_{\mathrm{v}}}{\partial \boldsymbol{u}_{\mathrm{v}}^{\mathrm{T}}}\right)^{\mathrm{T}}\boldsymbol{\Phi}_{\mathrm{t}}^{(1)}\frac{\partial \boldsymbol{g}_{\mathrm{v}}}{\partial \boldsymbol{u}_{\mathrm{v}}^{\mathrm{T}}}\right]^{-1}\left(\frac{\partial \boldsymbol{g}_{\mathrm{v}}}{\partial \boldsymbol{u}_{\mathrm{v}}^{\mathrm{T}}}\right)^{\mathrm{T}}(\boldsymbol{\Phi}_{\mathrm{t}}^{(1)})^{1/2} \tag{8.99}$$

将式（8.99）代入式（8.92）中可得

$$\mathbf{MSE}(\hat{\boldsymbol{u}}_{\text{v-p}}^{(1)})=\begin{bmatrix}\boldsymbol{I}_3 & \boldsymbol{O}_{3\times1} & \boldsymbol{O}_{3\times3} & \boldsymbol{O}_{3\times1}\\ \boldsymbol{O}_{3\times3} & \boldsymbol{O}_{3\times1} & \boldsymbol{I}_3 & \boldsymbol{O}_{3\times1}\end{bmatrix}\frac{\partial \boldsymbol{g}_{\mathrm{v}}}{\partial \boldsymbol{u}_{\mathrm{v}}^{\mathrm{T}}}\left[\left(\frac{\partial \boldsymbol{g}_{\mathrm{v}}}{\partial \boldsymbol{u}_{\mathrm{v}}^{\mathrm{T}}}\right)^{\mathrm{T}}\boldsymbol{\Phi}_{\mathrm{t}}^{(1)}\frac{\partial \boldsymbol{g}_{\mathrm{v}}}{\partial \boldsymbol{u}_{\mathrm{v}}^{\mathrm{T}}}\right]^{-1}\left(\frac{\partial \boldsymbol{g}_{\mathrm{v}}}{\partial \boldsymbol{u}_{\mathrm{v}}^{\mathrm{T}}}\right)^{\mathrm{T}}\begin{bmatrix}\boldsymbol{I}_3 & \boldsymbol{O}_{3\times3}\\ \boldsymbol{O}_{1\times3} & \boldsymbol{O}_{1\times3}\\ \boldsymbol{O}_{3\times3} & \boldsymbol{I}_3\\ \boldsymbol{O}_{1\times3} & \boldsymbol{O}_{1\times3}\end{bmatrix} \tag{8.100}$$

由式（8.95）可得

$$\left(\frac{\partial \boldsymbol{g}_{\mathrm{v}}}{\partial \boldsymbol{u}_{\mathrm{v}}^{\mathrm{T}}}\right)^{\mathrm{T}}\begin{bmatrix}\boldsymbol{I}_3 & \boldsymbol{O}_{3\times3}\\ \boldsymbol{O}_{1\times3} & \boldsymbol{O}_{1\times3}\\ \boldsymbol{O}_{3\times3} & \boldsymbol{I}_3\\ \boldsymbol{O}_{1\times3} & \boldsymbol{O}_{1\times3}\end{bmatrix}=\boldsymbol{I}_6 \tag{8.101}$$

将式（8.90）和式（8.101）代入式（8.100）中可得

$$\mathbf{MSE}(\hat{\boldsymbol{u}}_{\text{v-p}}^{(1)})=\left[\left(\frac{\partial \boldsymbol{g}_{\mathrm{v}}}{\partial \boldsymbol{u}_{\mathrm{v}}^{\mathrm{T}}}\right)^{\mathrm{T}}\boldsymbol{\Phi}_{\mathrm{t}}^{(1)}\frac{\partial \boldsymbol{g}_{\mathrm{v}}}{\partial \boldsymbol{u}_{\mathrm{v}}^{\mathrm{T}}}\right]^{-1}=\left[\left(\frac{\partial \boldsymbol{g}_{\mathrm{v}}}{\partial \boldsymbol{u}_{\mathrm{v}}^{\mathrm{T}}}\right)^{\mathrm{T}}\boldsymbol{Z}^{(1)\mathrm{T}}\boldsymbol{H}_1^{(1)}(\bar{\boldsymbol{\Omega}}_{\mathrm{t}}^{(1)})^{-1}\boldsymbol{H}_1^{(1)\mathrm{T}}\boldsymbol{Z}^{(1)}\frac{\partial \boldsymbol{g}_{\mathrm{v}}}{\partial \boldsymbol{u}_{\mathrm{v}}^{\mathrm{T}}}\right]^{-1} \tag{8.102}$$

再将式（8.55）代入式（8.102）中可得

$$\mathbf{MSE}(\hat{\boldsymbol{u}}_{\text{v-p}}^{(1)})=\left[\left(\frac{\partial \boldsymbol{g}_{\mathrm{v}}}{\partial \boldsymbol{u}_{\mathrm{v}}^{\mathrm{T}}}\right)^{\mathrm{T}}\boldsymbol{Z}^{(1)\mathrm{T}}\boldsymbol{H}_1^{(1)}(\boldsymbol{\Sigma}_1^{(1)})^{-\mathrm{T}}(\boldsymbol{V}^{(1)})^{-1}\boldsymbol{E}_{\mathrm{t}}^{-1}(\boldsymbol{V}^{(1)})^{-\mathrm{T}}(\boldsymbol{\Sigma}_1^{(1)})^{-1}\boldsymbol{H}_1^{(1)\mathrm{T}}\boldsymbol{Z}^{(1)}\frac{\partial \boldsymbol{g}_{\mathrm{v}}}{\partial \boldsymbol{u}_{\mathrm{v}}^{\mathrm{T}}}\right]^{-1} \tag{8.103}$$

对比式（8.85）和式（8.103）可知，下面仅需要证明

$$\frac{\partial \boldsymbol{f}_{\text{tfdoa}}(\boldsymbol{u}_{\mathrm{v}})}{\partial \boldsymbol{u}_{\mathrm{v}}^{\mathrm{T}}}=-(\boldsymbol{V}^{(1)})^{-\mathrm{T}}(\boldsymbol{\Sigma}_1^{(1)})^{-1}\boldsymbol{H}_1^{(1)\mathrm{T}}\boldsymbol{Z}^{(1)}\frac{\partial \boldsymbol{g}_{\mathrm{v}}}{\partial \boldsymbol{u}_{\mathrm{v}}^{\mathrm{T}}} \tag{8.104}$$

考虑等式

$$\begin{bmatrix} \boldsymbol{W}^{(1)}\boldsymbol{T}^{(1)} & \boldsymbol{O}_{M\times 4} \\ \dot{\boldsymbol{W}}^{(1)}\boldsymbol{T}^{(1)}+\boldsymbol{W}^{(1)}\dot{\boldsymbol{T}}^{(1)} & \boldsymbol{W}^{(1)}\boldsymbol{T}_2^{(1)} \end{bmatrix}\begin{bmatrix} 1 \\ \boldsymbol{g}_{\mathrm{v}} \end{bmatrix}=\boldsymbol{z}^{(1)}+\boldsymbol{Z}^{(1)}\boldsymbol{g}_{\mathrm{v}}=\boldsymbol{O}_{2M\times 1} \tag{8.105}$$

式中

$$\boldsymbol{z}^{(1)}=\hat{\boldsymbol{z}}^{(1)}\big|_{\boldsymbol{\varepsilon}_{\mathrm{t}}=\boldsymbol{O}_{2(M-1)\times 1}}=\begin{bmatrix} \boldsymbol{W}^{(1)}\boldsymbol{t}_1^{(1)} \\ \dot{\boldsymbol{W}}^{(1)}\boldsymbol{t}_1^{(1)}+\boldsymbol{W}^{(1)}\dot{\boldsymbol{t}}_1^{(1)} \end{bmatrix} \tag{8.106}$$

将式（8.105）两边对向量$\boldsymbol{u}_{\mathrm{v}}$求导可得

$$\begin{aligned} &\boldsymbol{Z}^{(1)}\frac{\partial \boldsymbol{g}_{\mathrm{v}}}{\partial \boldsymbol{u}_{\mathrm{v}}^{\mathrm{T}}}+\left[\frac{\partial}{\partial \boldsymbol{\rho}_{\mathrm{v}}^{\mathrm{T}}}\left(\begin{bmatrix} \boldsymbol{W}^{(1)}\boldsymbol{T}^{(1)} & \boldsymbol{O}_{M\times 4} \\ \dot{\boldsymbol{W}}^{(1)}\boldsymbol{T}^{(1)}+\boldsymbol{W}^{(1)}\dot{\boldsymbol{T}}^{(1)} & \boldsymbol{W}^{(1)}\boldsymbol{T}_2^{(1)} \end{bmatrix}\begin{bmatrix} 1 \\ \boldsymbol{g}_{\mathrm{v}} \end{bmatrix}\right)\right]\frac{\partial \boldsymbol{\rho}_{\mathrm{v}}}{\partial \boldsymbol{u}_{\mathrm{v}}^{\mathrm{T}}} \\ &=\boldsymbol{Z}^{(1)}\frac{\partial \boldsymbol{g}_{\mathrm{v}}}{\partial \boldsymbol{u}_{\mathrm{v}}^{\mathrm{T}}}+\boldsymbol{B}_{\mathrm{t}}^{(1)}(\boldsymbol{g}_{\mathrm{v}})\frac{\partial \boldsymbol{f}_{\mathrm{tfdoa}}(\boldsymbol{u}_{\mathrm{v}})}{\partial \boldsymbol{u}_{\mathrm{v}}^{\mathrm{T}}}=\boldsymbol{O}_{2M\times 6} \end{aligned} \tag{8.107}$$

再用矩阵$\boldsymbol{H}_1^{(1)\mathrm{T}}$左乘以式（8.107）两边，并结合等式$\boldsymbol{H}_1^{(1)\mathrm{T}}\boldsymbol{B}_{\mathrm{t}}^{(1)}(\boldsymbol{g}_{\mathrm{v}})=\boldsymbol{\Sigma}_1^{(1)}\boldsymbol{V}^{(1)\mathrm{T}}$可得

$$\begin{aligned} &\boldsymbol{H}_1^{(1)\mathrm{T}}\boldsymbol{Z}^{(1)}\frac{\partial \boldsymbol{g}_{\mathrm{v}}}{\partial \boldsymbol{u}_{\mathrm{v}}^{\mathrm{T}}}+\boldsymbol{H}_1^{(1)\mathrm{T}}\boldsymbol{B}_{\mathrm{t}}^{(1)}(\boldsymbol{g}_{\mathrm{v}})\frac{\partial \boldsymbol{f}_{\mathrm{tfdoa}}(\boldsymbol{u}_{\mathrm{v}})}{\partial \boldsymbol{u}_{\mathrm{v}}^{\mathrm{T}}} \\ &=\boldsymbol{H}_1^{(1)\mathrm{T}}\boldsymbol{Z}^{(1)}\frac{\partial \boldsymbol{g}_{\mathrm{v}}}{\partial \boldsymbol{u}_{\mathrm{v}}^{\mathrm{T}}}+\boldsymbol{\Sigma}_1^{(1)}\boldsymbol{V}^{(1)\mathrm{T}}\frac{\partial \boldsymbol{f}_{\mathrm{tfdoa}}(\boldsymbol{u}_{\mathrm{v}})}{\partial \boldsymbol{u}_{\mathrm{v}}^{\mathrm{T}}}=\boldsymbol{O}_{2(M-1)\times 6} \end{aligned} \tag{8.108}$$

由式（8.108）可知式（8.104）成立。证毕。

8.2.5 仿真实验

假设利用 6 个运动传感器获得的 TDOA/FDOA 信息（也即距离差/距离差变化率信息）对运动辐射源进行定位，传感器三维位置坐标和速度分别如表 8.1 所示，距离差/距离差变化率观测误差向量$\boldsymbol{\varepsilon}_{\mathrm{t}}$服从均值为零、协方差矩阵为$\boldsymbol{E}_{\mathrm{t}}=\sigma_{\mathrm{t}}^2\mathrm{blkdiag}\left\{\frac{1}{2}(\boldsymbol{I}_{M-1}+\boldsymbol{I}_{(M-1)\times(M-1)}),\frac{1}{200}(\boldsymbol{I}_{M-1}+\boldsymbol{I}_{(M-1)\times(M-1)})\right\}$的高斯分布。

表 8.1　传感器三维位置坐标和速度　　（单位：m 和 m/s）

传感器序号	1	2	3	4	5	6
$x_m^{(\mathrm{s})}$	1500	−2200	1100	1500	−1400	−1500
$y_m^{(\mathrm{s})}$	1800	1600	−2000	1300	1700	−1600
$z_m^{(\mathrm{s})}$	1900	1400	1200	−1800	−1600	2000
$\dot{x}_m^{(\mathrm{s})}$	−14	13	10	−13	14	−13
$\dot{y}_m^{(\mathrm{s})}$	17	−15	12	15	−11	−14
$\dot{z}_m^{(\mathrm{s})}$	12	14	−15	−11	−12	−11

首先将辐射源位置向量和速度向量分别设为 $\boldsymbol{u}=[4700\ \ 5500\ \ -5600]^{\mathrm{T}}$ (m)和 $\dot{\boldsymbol{u}}=[-12\ \ 16\ \ -15]^{\mathrm{T}}$ (m/s)，将标准差设为 $\sigma_{\mathrm{t}}=1$，图 8.2 给出了定位结果散布图与定位误差椭圆曲线；图 8.3 给出了定位结果散布图与误差概率圆环曲线。

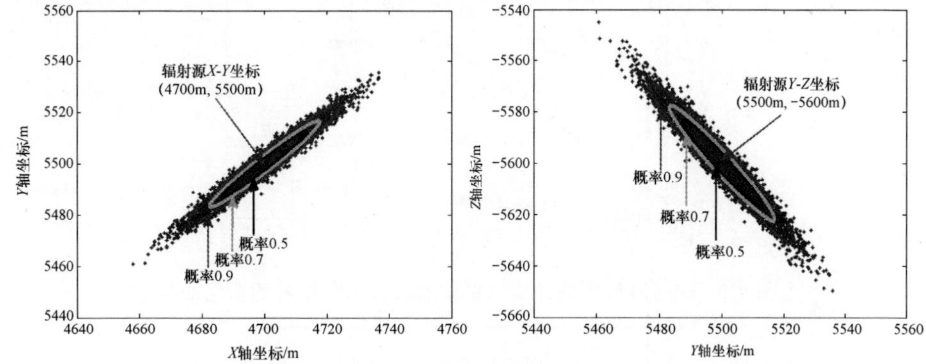

(a) X-Y坐标平面　　(b) Y-Z坐标平面

图 8.2　定位结果散布图与定位误差椭圆曲线

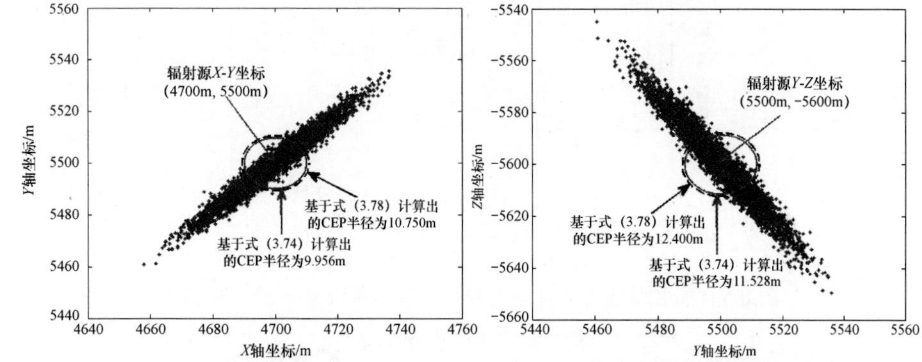

(a) X-Y坐标平面　　(b) Y-Z坐标平面

图 8.3　定位结果散布图与误差概率圆环曲线

然后将辐射源坐标设为两种情形：第 1 种是近场源，其位置向量和速度向量分别为 $\boldsymbol{u}=[2400\ \ 2500\ \ 2600]^{\mathrm{T}}$ (m)和 $\dot{\boldsymbol{u}}=[11\ \ -18\ \ 14]^{\mathrm{T}}$ (m/s)；第 2 种是远场源，其位置向量和速度向量分别为 $\boldsymbol{u}=[7600\ \ 8300\ \ 8500]^{\mathrm{T}}$ (m) 和 $\dot{\boldsymbol{u}}=[11\ \ -18\ \ 14]^{\mathrm{T}}$ (m/s)。改变标准差 σ_{t} 的数值，图 8.4 给出了辐射源位置估计均方根误差随着标准差 σ_{t} 的变化曲线；图 8.5 给出了辐射源速度估计均方根误差随着标准差 σ_{t} 的变化曲线；图 8.6 给出了辐射源定位成功概率随着标准差 σ_{t} 的变化曲线（图中的理论值是根据式（3.29）和式（3.36）计算得出的，其中 $\delta=10\,\mathrm{m}$）。

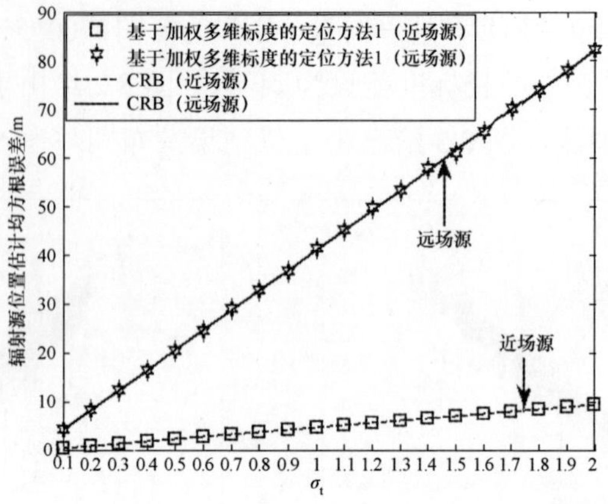

图 8.4　辐射源位置估计均方根误差随着标准差 σ_t 的变化曲线

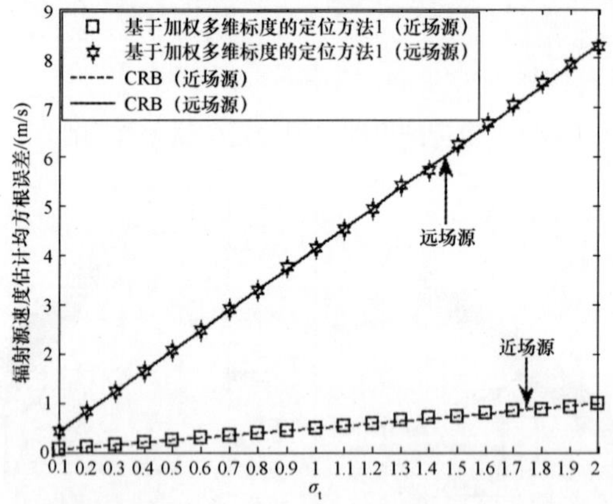

图 8.5　辐射源速度估计均方根误差随着标准差 σ_t 的变化曲线

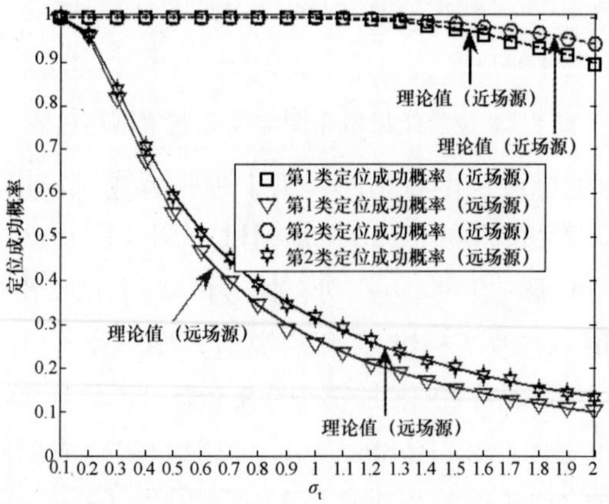

图 8.6　辐射源定位成功概率随着标准差 σ_t 的变化曲线

最后将标准差 σ_{t} 设为两种情形：第 1 种是 $\sigma_{\mathrm{t}}=1$；第 2 种是 $\sigma_{\mathrm{t}}=2$，将辐射源位置向量和速度向量分别设为 $\boldsymbol{u}=[-2500\ \ -3200\ \ -3600]^{\mathrm{T}}-[200\ \ 200\ \ 200]^{\mathrm{T}}k$ (m)[①]和 $\dot{\boldsymbol{u}}=[-12\ \ -12\ \ -12]^{\mathrm{T}}$ (m/s)。改变参数 k 的数值，图 8.7 给出了辐射源位置估计均方根误差随着参数 k 的变化曲线；图 8.8 给出了辐射源速度估计均方根误差随着参数 k 的变化曲线；图 8.9 给出了辐射源定位成功概率随着参数 k 的变化曲线（图中的理论值是根据式（3.29）和式（3.36）计算得出的，其中 $\delta=10\,\mathrm{m}$）。

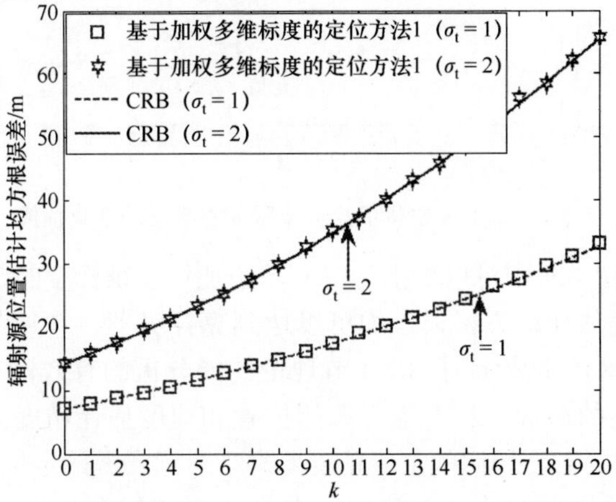

图 8.7　辐射源位置估计均方根误差随着参数 k 的变化曲线

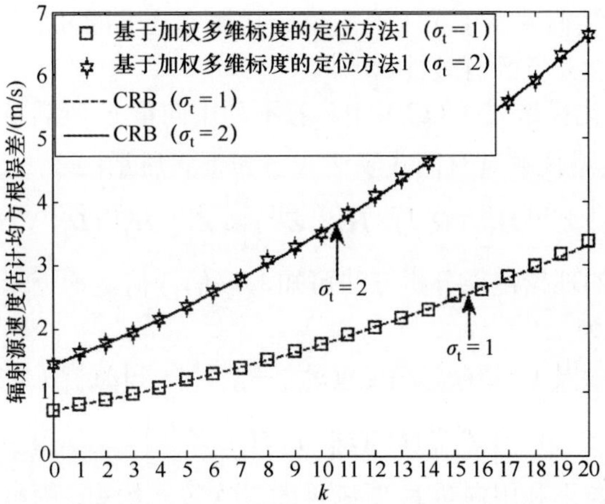

图 8.8　辐射源速度估计均方根误差随着参数 k 的变化曲线

① 参数 k 越大，辐射源与传感器之间的距离越远。

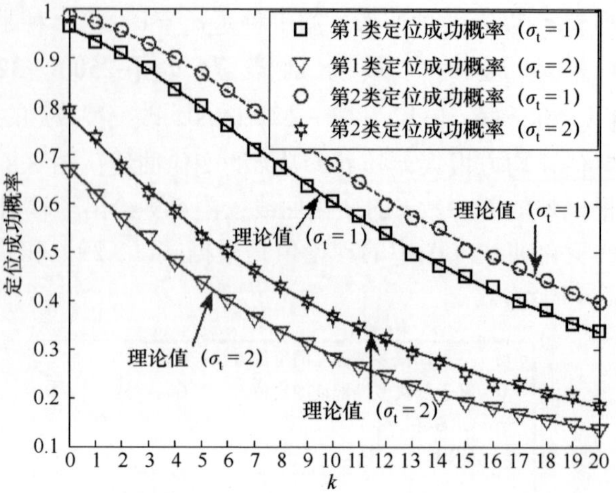

图 8.9　辐射源定位成功概率随着参数 k 的变化曲线

从图 8.4～图 8.9 中可以看出：（1）基于加权多维标度的定位方法 1 的辐射源位置和速度估计均方根误差均可以达到克拉美罗界（见图 8.4 和图 8.5 及图 8.7 和图 8.8），这验证了 8.2.4 节理论性能分析的有效性；（2）随着辐射源与传感器距离的增加，其对辐射源的位置和速度估计精度会逐渐降低（见图 8.7～图 8.9），对近场源的定位精度要高于对远场源的定位精度（见图 8.4 和图 8.6），对近场源的速度估计精度要高于对远场源的速度估计精度（见图 8.5）；（3）两类定位成功概率的理论值和仿真值相互吻合，并且在相同条件下第 2 类定位成功概率高于第 1 类定位成功概率（见图 8.6 和图 8.9），这验证了 3.2 节理论性能分析的有效性。

下面回到优化模型式（8.62）中，若不利用向量 $\boldsymbol{g}_{\mathrm{v}}$ 所满足的二次等式约束式（8.59），则其最优解具有闭式表达式，如下式所示：

$$\hat{\boldsymbol{g}}_{\text{v-uc}}^{(1)}=-\left[\hat{\boldsymbol{Z}}^{(1)\mathrm{T}}\boldsymbol{H}_1^{(1)}(\bar{\boldsymbol{\Omega}}_{\mathrm{t}}^{(1)})^{-1}\boldsymbol{H}_1^{(1)\mathrm{T}}\hat{\boldsymbol{Z}}^{(1)}\right]^{-1}\hat{\boldsymbol{Z}}^{(1)\mathrm{T}}\boldsymbol{H}_1^{(1)}(\bar{\boldsymbol{\Omega}}_{\mathrm{t}}^{(1)})^{-1}\boldsymbol{H}_1^{(1)\mathrm{T}}\hat{\boldsymbol{z}}^{(1)} \tag{8.109}$$

仿照 4.2.4 节中的理论性能分析方法可知，该估计值是渐近无偏估计值，并且其均方误差矩阵为

$$\begin{aligned}\mathbf{MSE}(\hat{\boldsymbol{g}}_{\text{v-uc}}^{(1)})&=\mathrm{E}[(\hat{\boldsymbol{g}}_{\text{v-uc}}^{(1)}-\boldsymbol{g}_{\mathrm{v}})(\hat{\boldsymbol{g}}_{\text{v-uc}}^{(1)}-\boldsymbol{g}_{\mathrm{v}})^{\mathrm{T}}]=\mathrm{E}[\Delta\boldsymbol{g}_{\text{v-uc}}^{(1)}(\Delta\boldsymbol{g}_{\text{v-uc}}^{(1)})^{\mathrm{T}}]\\&=\left[\boldsymbol{Z}^{(1)\mathrm{T}}\boldsymbol{H}_1^{(1)}(\bar{\boldsymbol{\Omega}}_{\mathrm{t}}^{(1)})^{-1}\boldsymbol{H}_1^{(1)\mathrm{T}}\boldsymbol{Z}^{(1)}\right]^{-1}\end{aligned} \tag{8.110}$$

需要指出的是，若不利用向量 $\boldsymbol{g}_{\mathrm{v}}$ 所满足的二次等式约束，则可能会影响最终的定位精度。下面不妨比较“未利用二次等式约束（由式（8.109）给出的结果）”和“利用二次等式约束（由图 8.1 中的方法给出的结果）”这两种处理方式的定位精度。仿真参数基本同图 8.7～图 8.9，只是固定标准差 $\sigma_{\mathrm{t}}=1$，改变参

数 k 的数值，图 8.10 给出了辐射源位置估计均方根误差随着参数 k 的变化曲线；图 8.11 给出了辐射源速度估计均方根误差随着参数 k 的变化曲线；图 8.12 给出了辐射源定位成功概率随着参数 k 的变化曲线（图中的理论值是根据式（3.29）和式（3.36）计算得出的，其中 $\delta = 10\,\text{m}$）。

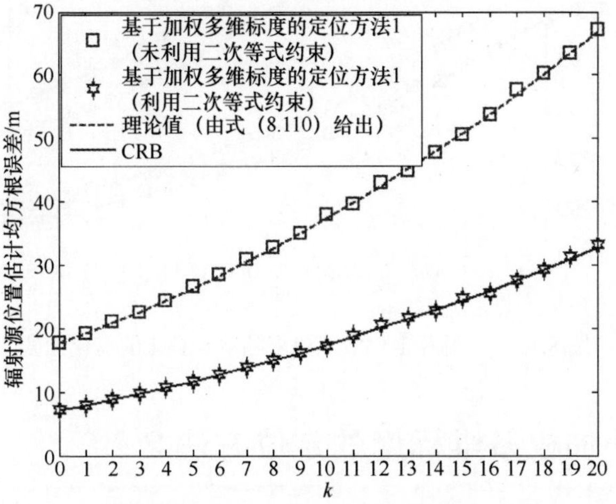

图 8.10　辐射源位置估计均方根误差随着参数 k 的变化曲线

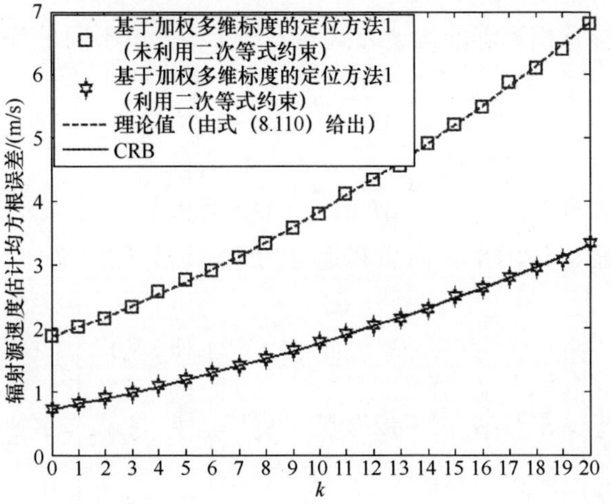

图 8.11　辐射源速度估计均方根误差随着参数 k 的变化曲线

从图 8.10～图 8.12 中可以看出，若未利用向量 $\boldsymbol{g}_{\text{v}}$ 所满足的二次等式约束，则最终的辐射源位置和速度估计误差确实会有所增加，并且其对辐射源位置和速度估计精度带来的影响与辐射源和传感器之间的相对位置有关。

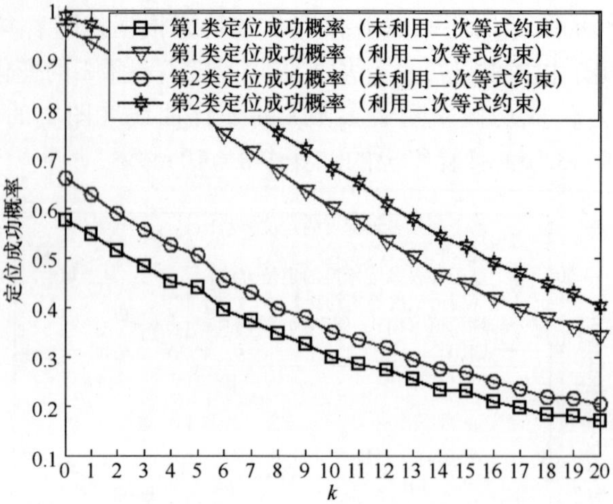

图 8.12　辐射源定位成功概率随着参数 k 的变化曲线

8.3　基于加权多维标度的定位方法 2

8.3.1　标量积矩阵的构造

方法 2 中标量积矩阵的构造方式与方法 1 中有所不同。首先令

$$\bar{\boldsymbol{s}}_{\boldsymbol{u}}=\frac{1}{M+1}\bar{\boldsymbol{u}}+\frac{1}{M+1}\sum_{m=1}^{M}\bar{\boldsymbol{s}}_m \tag{8.111}$$

$$\dot{\bar{\boldsymbol{s}}}_{\boldsymbol{u}}=\frac{1}{M+1}\dot{\bar{\boldsymbol{u}}}+\frac{1}{M+1}\sum_{m=1}^{M}\dot{\bar{\boldsymbol{s}}}_m \tag{8.112}$$

利用传感器和辐射源的坐标向量和速度向量可以分别定义如下坐标矩阵和速度矩阵[①]：

$$\bar{\boldsymbol{S}}_{\boldsymbol{u}}^{(2)}=\begin{bmatrix}(\bar{\boldsymbol{u}}-\bar{\boldsymbol{s}}_{\boldsymbol{u}})^{\mathrm{T}}\\(\bar{\boldsymbol{s}}_1-\bar{\boldsymbol{s}}_{\boldsymbol{u}})^{\mathrm{T}}\\(\bar{\boldsymbol{s}}_2-\bar{\boldsymbol{s}}_{\boldsymbol{u}})^{\mathrm{T}}\\\vdots\\(\bar{\boldsymbol{s}}_M-\bar{\boldsymbol{s}}_{\boldsymbol{u}})^{\mathrm{T}}\end{bmatrix}=\bar{\boldsymbol{S}}^{(2)}-\boldsymbol{n}_M\bar{\boldsymbol{u}}^{\mathrm{T}}\in\mathbf{R}^{(M+1)\times 4}\ ,\ \dot{\bar{\boldsymbol{S}}}_{\boldsymbol{u}}^{(2)}=\begin{bmatrix}(\dot{\bar{\boldsymbol{u}}}-\dot{\bar{\boldsymbol{s}}}_{\boldsymbol{u}})^{\mathrm{T}}\\(\dot{\bar{\boldsymbol{s}}}_1-\dot{\bar{\boldsymbol{s}}}_{\boldsymbol{u}})^{\mathrm{T}}\\(\dot{\bar{\boldsymbol{s}}}_2-\dot{\bar{\boldsymbol{s}}}_{\boldsymbol{u}})^{\mathrm{T}}\\\vdots\\(\dot{\bar{\boldsymbol{s}}}_M-\dot{\bar{\boldsymbol{s}}}_{\boldsymbol{u}})^{\mathrm{T}}\end{bmatrix}=\dot{\bar{\boldsymbol{S}}}^{(2)}-\boldsymbol{n}_M\dot{\bar{\boldsymbol{u}}}^{\mathrm{T}}\in\mathbf{R}^{(M+1)\times 4} \tag{8.113}$$

式中

① 本节中的数学符号大多使用上角标“(2)”，这是为了突出其对应于第 2 种定位方法。

$$\bar{\boldsymbol{S}}^{(2)}=\begin{bmatrix}\left(-\frac{1}{M+1}\sum_{m=1}^{M}\bar{\boldsymbol{s}}_m\right)^{\mathrm{T}}\\ \left(\bar{\boldsymbol{s}}_1-\frac{1}{M+1}\sum_{m=1}^{M}\bar{\boldsymbol{s}}_m\right)^{\mathrm{T}}\\ \left(\bar{\boldsymbol{s}}_2-\frac{1}{M+1}\sum_{m=1}^{M}\bar{\boldsymbol{s}}_m\right)^{\mathrm{T}}\\ \vdots\\ \left(\bar{\boldsymbol{s}}_M-\frac{1}{M+1}\sum_{m=1}^{M}\bar{\boldsymbol{s}}_m\right)^{\mathrm{T}}\end{bmatrix}\in\mathbf{R}^{(M+1)\times 4},\ \dot{\bar{\boldsymbol{S}}}^{(2)}=\begin{bmatrix}\left(-\frac{1}{M+1}\sum_{m=1}^{M}\dot{\bar{\boldsymbol{s}}}_m\right)^{\mathrm{T}}\\ \left(\dot{\bar{\boldsymbol{s}}}_1-\frac{1}{M+1}\sum_{m=1}^{M}\dot{\bar{\boldsymbol{s}}}_m\right)^{\mathrm{T}}\\ \left(\dot{\bar{\boldsymbol{s}}}_2-\frac{1}{M+1}\sum_{m=1}^{M}\dot{\bar{\boldsymbol{s}}}_m\right)^{\mathrm{T}}\\ \vdots\\ \left(\dot{\bar{\boldsymbol{s}}}_M-\frac{1}{M+1}\sum_{m=1}^{M}\dot{\bar{\boldsymbol{s}}}_m\right)^{\mathrm{T}}\end{bmatrix}\in\mathbf{R}^{(M+1)\times 4},$$

$$\boldsymbol{n}_M=\begin{bmatrix}-\frac{M}{M+1}\\ \frac{1}{M+1}\\ \frac{1}{M+1}\\ \vdots\\ \frac{1}{M+1}\end{bmatrix}\in\mathbf{R}^{(M+1)\times 1}$$

（8.114）

显然，矩阵 $\dot{\bar{\boldsymbol{S}}}_{\boldsymbol{u}}^{(2)}$ 是矩阵 $\bar{\boldsymbol{S}}_{\boldsymbol{u}}^{(2)}$ 对时间求导的结果。然后构造第 1 个标量积矩阵，如下式所示：

$$\begin{aligned}\boldsymbol{W}^{(2)}&=\bar{\boldsymbol{S}}_{\boldsymbol{u}}^{(2)}\bar{\boldsymbol{S}}_{\boldsymbol{u}}^{(2)\mathrm{T}}\\ &=\begin{bmatrix}\|\bar{\boldsymbol{u}}-\bar{\boldsymbol{s}}_{\boldsymbol{u}}\|_2^2 & (\bar{\boldsymbol{u}}-\bar{\boldsymbol{s}}_{\boldsymbol{u}})^{\mathrm{T}}(\bar{\boldsymbol{s}}_1-\bar{\boldsymbol{s}}_{\boldsymbol{u}}) & (\bar{\boldsymbol{u}}-\bar{\boldsymbol{s}}_{\boldsymbol{u}})^{\mathrm{T}}(\bar{\boldsymbol{s}}_2-\bar{\boldsymbol{s}}_{\boldsymbol{u}}) & \cdots & (\bar{\boldsymbol{u}}-\bar{\boldsymbol{s}}_{\boldsymbol{u}})^{\mathrm{T}}(\bar{\boldsymbol{s}}_M-\bar{\boldsymbol{s}}_{\boldsymbol{u}})\\ (\bar{\boldsymbol{u}}-\bar{\boldsymbol{s}}_{\boldsymbol{u}})^{\mathrm{T}}(\bar{\boldsymbol{s}}_1-\bar{\boldsymbol{s}}_{\boldsymbol{u}}) & \|\bar{\boldsymbol{s}}_1-\bar{\boldsymbol{s}}_{\boldsymbol{u}}\|_2^2 & (\bar{\boldsymbol{s}}_1-\bar{\boldsymbol{s}}_{\boldsymbol{u}})^{\mathrm{T}}(\bar{\boldsymbol{s}}_2-\bar{\boldsymbol{s}}_{\boldsymbol{u}}) & \cdots & (\bar{\boldsymbol{s}}_1-\bar{\boldsymbol{s}}_{\boldsymbol{u}})^{\mathrm{T}}(\bar{\boldsymbol{s}}_M-\bar{\boldsymbol{s}}_{\boldsymbol{u}})\\ (\bar{\boldsymbol{u}}-\bar{\boldsymbol{s}}_{\boldsymbol{u}})^{\mathrm{T}}(\bar{\boldsymbol{s}}_2-\bar{\boldsymbol{s}}_{\boldsymbol{u}}) & (\bar{\boldsymbol{s}}_1-\bar{\boldsymbol{s}}_{\boldsymbol{u}})^{\mathrm{T}}(\bar{\boldsymbol{s}}_2-\bar{\boldsymbol{s}}_{\boldsymbol{u}}) & \|\bar{\boldsymbol{s}}_2-\bar{\boldsymbol{s}}_{\boldsymbol{u}}\|_2^2 & \cdots & (\bar{\boldsymbol{s}}_2-\bar{\boldsymbol{s}}_{\boldsymbol{u}})^{\mathrm{T}}(\bar{\boldsymbol{s}}_M-\bar{\boldsymbol{s}}_{\boldsymbol{u}})\\ \vdots & \vdots & \vdots & \ddots & \vdots\\ (\bar{\boldsymbol{u}}-\bar{\boldsymbol{s}}_{\boldsymbol{u}})^{\mathrm{T}}(\bar{\boldsymbol{s}}_M-\bar{\boldsymbol{s}}_{\boldsymbol{u}}) & (\bar{\boldsymbol{s}}_1-\bar{\boldsymbol{s}}_{\boldsymbol{u}})^{\mathrm{T}}(\bar{\boldsymbol{s}}_M-\bar{\boldsymbol{s}}_{\boldsymbol{u}}) & (\bar{\boldsymbol{s}}_2-\bar{\boldsymbol{s}}_{\boldsymbol{u}})^{\mathrm{T}}(\bar{\boldsymbol{s}}_M-\bar{\boldsymbol{s}}_{\boldsymbol{u}}) & \cdots & \|\bar{\boldsymbol{s}}_M-\bar{\boldsymbol{s}}_{\boldsymbol{u}}\|_2^2\end{bmatrix}\\ &\in\mathbf{R}^{(M+1)\times(M+1)}\end{aligned}$$

（8.115）

将式（8.115）两边对时间求导可以得到第 2 个关系式，如下式所示：

$$\dot{\boldsymbol{W}}^{(2)}=\dot{\bar{\boldsymbol{S}}}_u^{(2)}\bar{\boldsymbol{S}}_u^{(2)\mathrm{T}}+\bar{\boldsymbol{S}}_u^{(2)}\dot{\bar{\boldsymbol{S}}}_u^{(2)\mathrm{T}}$$

$$=\begin{bmatrix}(\dot{\bar{\boldsymbol{u}}}-\dot{\bar{\boldsymbol{s}}}_u)^{\mathrm{T}}(\bar{\boldsymbol{u}}-\bar{\boldsymbol{s}}_u) & (\dot{\bar{\boldsymbol{u}}}-\dot{\bar{\boldsymbol{s}}}_u)^{\mathrm{T}}(\bar{\boldsymbol{s}}_1-\bar{\boldsymbol{s}}_u) & (\dot{\bar{\boldsymbol{u}}}-\dot{\bar{\boldsymbol{s}}}_u)^{\mathrm{T}}(\bar{\boldsymbol{s}}_2-\bar{\boldsymbol{s}}_u) & \cdots & (\dot{\bar{\boldsymbol{u}}}-\dot{\bar{\boldsymbol{s}}}_u)^{\mathrm{T}}(\bar{\boldsymbol{s}}_M-\bar{\boldsymbol{s}}_u)\\ (\dot{\bar{\boldsymbol{u}}}-\dot{\bar{\boldsymbol{s}}}_u)^{\mathrm{T}}(\bar{\boldsymbol{s}}_1-\bar{\boldsymbol{s}}_u) & (\dot{\bar{\boldsymbol{s}}}_1-\dot{\bar{\boldsymbol{s}}}_u)^{\mathrm{T}}(\bar{\boldsymbol{s}}_1-\bar{\boldsymbol{s}}_u) & (\dot{\bar{\boldsymbol{s}}}_1-\dot{\bar{\boldsymbol{s}}}_u)^{\mathrm{T}}(\bar{\boldsymbol{s}}_2-\bar{\boldsymbol{s}}_u) & \cdots & (\dot{\bar{\boldsymbol{s}}}_1-\dot{\bar{\boldsymbol{s}}}_u)^{\mathrm{T}}(\bar{\boldsymbol{s}}_M-\bar{\boldsymbol{s}}_u)\\ (\dot{\bar{\boldsymbol{u}}}-\dot{\bar{\boldsymbol{s}}}_u)^{\mathrm{T}}(\bar{\boldsymbol{s}}_2-\bar{\boldsymbol{s}}_u) & (\dot{\bar{\boldsymbol{s}}}_1-\dot{\bar{\boldsymbol{s}}}_u)^{\mathrm{T}}(\bar{\boldsymbol{s}}_2-\bar{\boldsymbol{s}}_u) & (\dot{\bar{\boldsymbol{s}}}_2-\dot{\bar{\boldsymbol{s}}}_u)^{\mathrm{T}}(\bar{\boldsymbol{s}}_2-\bar{\boldsymbol{s}}_u) & \cdots & (\dot{\bar{\boldsymbol{s}}}_2-\dot{\bar{\boldsymbol{s}}}_u)^{\mathrm{T}}(\bar{\boldsymbol{s}}_M-\bar{\boldsymbol{s}}_u)\\ \vdots & \vdots & \vdots & \ddots & \vdots\\ (\dot{\bar{\boldsymbol{u}}}-\dot{\bar{\boldsymbol{s}}}_u)^{\mathrm{T}}(\bar{\boldsymbol{s}}_M-\bar{\boldsymbol{s}}_u) & (\dot{\bar{\boldsymbol{s}}}_1-\dot{\bar{\boldsymbol{s}}}_u)^{\mathrm{T}}(\bar{\boldsymbol{s}}_M-\bar{\boldsymbol{s}}_u) & (\dot{\bar{\boldsymbol{s}}}_2-\dot{\bar{\boldsymbol{s}}}_u)^{\mathrm{T}}(\bar{\boldsymbol{s}}_M-\bar{\boldsymbol{s}}_u) & \cdots & (\dot{\bar{\boldsymbol{s}}}_M-\dot{\bar{\boldsymbol{s}}}_u)^{\mathrm{T}}(\bar{\boldsymbol{s}}_M-\bar{\boldsymbol{s}}_u)\end{bmatrix}$$

$$+\begin{bmatrix}(\bar{\boldsymbol{u}}-\bar{\boldsymbol{s}}_u)^{\mathrm{T}}(\dot{\bar{\boldsymbol{u}}}-\dot{\bar{\boldsymbol{s}}}_u) & (\bar{\boldsymbol{u}}-\bar{\boldsymbol{s}}_u)^{\mathrm{T}}(\dot{\bar{\boldsymbol{s}}}_1-\dot{\bar{\boldsymbol{s}}}_u) & (\bar{\boldsymbol{u}}-\bar{\boldsymbol{s}}_u)^{\mathrm{T}}(\dot{\bar{\boldsymbol{s}}}_2-\dot{\bar{\boldsymbol{s}}}_u) & \cdots & (\bar{\boldsymbol{u}}-\bar{\boldsymbol{s}}_u)^{\mathrm{T}}(\dot{\bar{\boldsymbol{s}}}_M-\dot{\bar{\boldsymbol{s}}}_u)\\ (\bar{\boldsymbol{u}}-\bar{\boldsymbol{s}}_u)^{\mathrm{T}}(\dot{\bar{\boldsymbol{s}}}_1-\dot{\bar{\boldsymbol{s}}}_u) & (\bar{\boldsymbol{s}}_1-\bar{\boldsymbol{s}}_u)^{\mathrm{T}}(\dot{\bar{\boldsymbol{s}}}_1-\dot{\bar{\boldsymbol{s}}}_u) & (\bar{\boldsymbol{s}}_1-\bar{\boldsymbol{s}}_u)^{\mathrm{T}}(\dot{\bar{\boldsymbol{s}}}_2-\dot{\bar{\boldsymbol{s}}}_u) & \cdots & (\bar{\boldsymbol{s}}_1-\bar{\boldsymbol{s}}_u)^{\mathrm{T}}(\dot{\bar{\boldsymbol{s}}}_M-\dot{\bar{\boldsymbol{s}}}_u)\\ (\bar{\boldsymbol{u}}-\bar{\boldsymbol{s}}_u)^{\mathrm{T}}(\dot{\bar{\boldsymbol{s}}}_2-\dot{\bar{\boldsymbol{s}}}_u) & (\bar{\boldsymbol{s}}_1-\bar{\boldsymbol{s}}_u)^{\mathrm{T}}(\dot{\bar{\boldsymbol{s}}}_2-\dot{\bar{\boldsymbol{s}}}_u) & (\bar{\boldsymbol{s}}_2-\bar{\boldsymbol{s}}_u)^{\mathrm{T}}(\dot{\bar{\boldsymbol{s}}}_2-\dot{\bar{\boldsymbol{s}}}_u) & \cdots & (\bar{\boldsymbol{s}}_2-\bar{\boldsymbol{s}}_u)^{\mathrm{T}}(\dot{\bar{\boldsymbol{s}}}_M-\dot{\bar{\boldsymbol{s}}}_u)\\ \vdots & \vdots & \vdots & \ddots & \vdots\\ (\bar{\boldsymbol{u}}-\bar{\boldsymbol{s}}_u)^{\mathrm{T}}(\dot{\bar{\boldsymbol{s}}}_M-\dot{\bar{\boldsymbol{s}}}_u) & (\bar{\boldsymbol{s}}_1-\bar{\boldsymbol{s}}_u)^{\mathrm{T}}(\dot{\bar{\boldsymbol{s}}}_M-\dot{\bar{\boldsymbol{s}}}_u) & (\bar{\boldsymbol{s}}_2-\bar{\boldsymbol{s}}_u)^{\mathrm{T}}(\dot{\bar{\boldsymbol{s}}}_M-\dot{\bar{\boldsymbol{s}}}_u) & \cdots & (\bar{\boldsymbol{s}}_M-\bar{\boldsymbol{s}}_u)^{\mathrm{T}}(\dot{\bar{\boldsymbol{s}}}_M-\dot{\bar{\boldsymbol{s}}}_u)\end{bmatrix}$$

$$\in\mathbf{R}^{(M+1)\times(M+1)} \tag{8.116}$$

根据命题 2.12 可知，矩阵$\boldsymbol{W}^{(2)}$可以表示为

$$\boldsymbol{W}^{(2)}=-\frac{1}{2}\boldsymbol{L}_M\boldsymbol{D}_M\boldsymbol{L}_M \tag{8.117}$$

式中

$$\begin{cases}\boldsymbol{D}_M=\begin{bmatrix}0 & 0 & 0 & \cdots & 0\\ 0 & d_{11}^2-(\rho_1-\rho_1)^2 & d_{12}^2-(\rho_1-\rho_2)^2 & \cdots & d_{1M}^2-(\rho_1-\rho_M)^2\\ 0 & d_{12}^2-(\rho_1-\rho_2)^2 & d_{22}^2-(\rho_2-\rho_2)^2 & \cdots & d_{2M}^2-(\rho_2-\rho_M)^2\\ \vdots & \vdots & \vdots & \ddots & \vdots\\ 0 & d_{1M}^2-(\rho_1-\rho_M)^2 & d_{2M}^2-(\rho_2-\rho_M)^2 & \cdots & d_{MM}^2-(\rho_M-\rho_M)^2\end{bmatrix}\in\mathbf{R}^{(M+1)\times(M+1)}\\ \boldsymbol{L}_M=\boldsymbol{I}_{M+1}-\dfrac{1}{M+1}\boldsymbol{I}_{(M+1)\times(M+1)}\in\mathbf{R}^{(M+1)\times(M+1)}\end{cases} \tag{8.118}$$

将式（8.117）两边对时间求导可得

$$\dot{\boldsymbol{W}}^{(2)}=-\frac{1}{2}\boldsymbol{L}_M\dot{\boldsymbol{D}}_M\boldsymbol{L}_M \tag{8.119}$$

式中

$$\dot{\boldsymbol{D}}_M=2\begin{bmatrix}0 & 0 & 0 & \cdots & 0\\ 0 & \theta_{11}-(\rho_1-\rho_1)(\dot{\rho}_1-\dot{\rho}_1) & \theta_{12}-(\rho_1-\rho_2)(\dot{\rho}_1-\dot{\rho}_2) & \cdots & \theta_{1M}-(\rho_1-\rho_M)(\dot{\rho}_1-\dot{\rho}_M)\\ 0 & \theta_{12}-(\rho_1-\rho_2)(\dot{\rho}_1-\dot{\rho}_2) & \theta_{22}-(\rho_2-\rho_2)(\dot{\rho}_2-\dot{\rho}_2) & \cdots & \theta_{2M}-(\rho_2-\rho_M)(\dot{\rho}_2-\dot{\rho}_M)\\ \vdots & \vdots & \vdots & \ddots & \vdots\\ 0 & \theta_{1M}-(\rho_1-\rho_M)(\dot{\rho}_1-\dot{\rho}_M) & \theta_{2M}-(\rho_2-\rho_M)(\dot{\rho}_2-\dot{\rho}_M) & \cdots & \theta_{MM}-(\rho_M-\rho_M)(\dot{\rho}_M-\dot{\rho}_M)\end{bmatrix}$$

$$\in\mathbf{R}^{(M+1)\times(M+1)} \tag{8.120}$$

式（8.117）和式（8.119）分别提供了构造矩阵$\boldsymbol{W}^{(2)}$和$\dot{\boldsymbol{W}}^{(2)}$的方法，相比方法

1 中的标量积矩阵 $\boldsymbol{W}^{(1)}$ 和 $\dot{\boldsymbol{W}}^{(1)}$，方法 2 中的标量积矩阵 $\boldsymbol{W}^{(2)}$ 和 $\dot{\boldsymbol{W}}^{(2)}$ 的阶数增加了 1 维。

8.3.2 两个重要的关系式

下面将给出两个重要的关系式，这对于确定辐射源位置和速度至关重要。首先根据式（5.111）可以得到第 1 个关系式，如下式所示：

$$\boldsymbol{O}_{(M+1)\times 1}=\boldsymbol{W}^{(2)}[\boldsymbol{n}_M\ \ \boldsymbol{G}^{(2)}]\begin{bmatrix}\boldsymbol{n}_M^{\mathrm{T}}\boldsymbol{n}_M & \boldsymbol{n}_M^{\mathrm{T}}\boldsymbol{G}^{(2)}\\ \boldsymbol{G}^{(2)\mathrm{T}}\boldsymbol{n}_M & \boldsymbol{G}^{(2)\mathrm{T}}\boldsymbol{G}^{(2)}\end{bmatrix}^{-1}\begin{bmatrix}1\\ \boldsymbol{g}\end{bmatrix}=\boldsymbol{W}^{(2)}\boldsymbol{T}^{(2)}\begin{bmatrix}1\\ \boldsymbol{g}\end{bmatrix} \tag{8.121}$$

式中

$$\boldsymbol{T}^{(2)}=[\boldsymbol{n}_M\ \ \boldsymbol{G}^{(2)}]\begin{bmatrix}\boldsymbol{n}_M^{\mathrm{T}}\boldsymbol{n}_M & \boldsymbol{n}_M^{\mathrm{T}}\boldsymbol{G}^{(2)}\\ \boldsymbol{G}^{(2)\mathrm{T}}\boldsymbol{n}_M & \boldsymbol{G}^{(2)\mathrm{T}}\boldsymbol{G}^{(2)}\end{bmatrix}^{-1}\in\mathbf{R}^{(M+1)\times 5} \tag{8.122}$$

$$\boldsymbol{G}^{(2)}=\begin{bmatrix}0&0&0&0\\ x_1^{(\mathrm{s})}&y_1^{(\mathrm{s})}&z_1^{(\mathrm{s})}&\rho_1\\ x_2^{(\mathrm{s})}&y_2^{(\mathrm{s})}&z_2^{(\mathrm{s})}&\rho_2\\ \vdots&\vdots&\vdots&\vdots\\ x_M^{(\mathrm{s})}&y_M^{(\mathrm{s})}&z_M^{(\mathrm{s})}&\rho_M\end{bmatrix}-\frac{1}{M+1}\sum_{m=1}^{M}\boldsymbol{I}_{(M+1)\times 1}[x_m^{(\mathrm{s})}\ \ y_m^{(\mathrm{s})}\ \ z_m^{(\mathrm{s})}\ \ \rho_m]\in\mathbf{R}^{(M+1)\times 4} \tag{8.123}$$

将式（8.121）两边对时间求导可以得到第 2 个关系式，如下式所示：

$$\boldsymbol{O}_{(M+1)\times 1}=(\dot{\boldsymbol{W}}^{(2)}\boldsymbol{T}^{(2)}+\boldsymbol{W}^{(2)}\dot{\boldsymbol{T}}^{(2)})\begin{bmatrix}1\\ \boldsymbol{g}\end{bmatrix}+\boldsymbol{W}^{(2)}\boldsymbol{T}^{(2)}\begin{bmatrix}0\\ \dot{\boldsymbol{g}}\end{bmatrix} \tag{8.124}$$

式中

$$\begin{aligned}\dot{\boldsymbol{T}}^{(2)}=&[\boldsymbol{O}_{(M+1)\times 1}\ \ \dot{\boldsymbol{G}}^{(2)}]\begin{bmatrix}\boldsymbol{n}_M^{\mathrm{T}}\boldsymbol{n}_M & \boldsymbol{n}_M^{\mathrm{T}}\boldsymbol{G}^{(2)}\\ \boldsymbol{G}^{(2)\mathrm{T}}\boldsymbol{n}_M & \boldsymbol{G}^{(2)\mathrm{T}}\boldsymbol{G}^{(2)}\end{bmatrix}^{-1}\\ &-\boldsymbol{T}^{(2)}\begin{bmatrix}0 & \boldsymbol{n}_M^{\mathrm{T}}\dot{\boldsymbol{G}}^{(2)}\\ \dot{\boldsymbol{G}}^{(2)\mathrm{T}}\boldsymbol{n}_M & \dot{\boldsymbol{G}}^{(2)\mathrm{T}}\boldsymbol{G}^{(2)}+\boldsymbol{G}^{(2)\mathrm{T}}\dot{\boldsymbol{G}}^{(2)}\end{bmatrix}\begin{bmatrix}\boldsymbol{n}_M^{\mathrm{T}}\boldsymbol{n}_M & \boldsymbol{n}_M^{\mathrm{T}}\boldsymbol{G}^{(2)}\\ \boldsymbol{G}^{(2)\mathrm{T}}\boldsymbol{n}_M & \boldsymbol{G}^{(2)\mathrm{T}}\boldsymbol{G}^{(2)}\end{bmatrix}^{-1}\in\mathbf{R}^{(M+1)\times 5}\end{aligned} \tag{8.125}$$

$$\dot{\boldsymbol{G}}^{(2)}=\begin{bmatrix}0&0&0&0\\ \dot{x}_1^{(\mathrm{s})}&\dot{y}_1^{(\mathrm{s})}&\dot{z}_1^{(\mathrm{s})}&\dot{\rho}_1\\ \dot{x}_2^{(\mathrm{s})}&\dot{y}_2^{(\mathrm{s})}&\dot{z}_2^{(\mathrm{s})}&\dot{\rho}_2\\ \vdots&\vdots&\vdots&\vdots\\ \dot{x}_M^{(\mathrm{s})}&\dot{y}_M^{(\mathrm{s})}&\dot{z}_M^{(\mathrm{s})}&\dot{\rho}_M\end{bmatrix}-\frac{1}{M+1}\sum_{m=1}^{M}\boldsymbol{I}_{(M+1)\times 1}[\dot{x}_m^{(\mathrm{s})}\ \ \dot{y}_m^{(\mathrm{s})}\ \ \dot{z}_m^{(\mathrm{s})}\ \ \dot{\rho}_m]\in\mathbf{R}^{(M+1)\times 4} \tag{8.126}$$

式（8.121）和式（8.124）建立了关于向量 $\boldsymbol{g}$ 和 $\dot{\boldsymbol{g}}$ 的伪线性等式，其中一共包

含 $2(M+1)$ 个等式，而 TDOA/FDOA 观测量仅为 $2(M-1)$ 个，这意味着该关系式是存在冗余的。

8.3.3 定位原理与方法

下面将基于式（8.121）和式（8.124）给出确定向量 $\boldsymbol{g}$ 和 $\dot{\boldsymbol{g}}$ 的估计准则，并给出其求解方法，然后由此获得辐射源位置向量 $\boldsymbol{u}$ 和速度向量 $\dot{\boldsymbol{u}}$ 的估计值。首先需要将式（8.121）和式（8.124）进行合并，从而得到如下更高维度的伪线性等式：

$$\begin{aligned}\boldsymbol{O}_{2(M+1)\times1}&=\begin{bmatrix}\boldsymbol{W}^{(2)}\boldsymbol{T}^{(2)} & \boldsymbol{O}_{(M+1)\times4}\\ \dot{\boldsymbol{W}}^{(2)}\boldsymbol{T}^{(2)}+\boldsymbol{W}^{(2)}\dot{\boldsymbol{T}}^{(2)} & \boldsymbol{W}^{(2)}\boldsymbol{T}^{(2)}\bar{\boldsymbol{I}}_4\end{bmatrix}\begin{bmatrix}1\\ \boldsymbol{g}\\ \dot{\boldsymbol{g}}\end{bmatrix}\\&=\begin{bmatrix}\boldsymbol{W}^{(2)}\boldsymbol{T}^{(2)} & \boldsymbol{O}_{(M+1)\times4}\\ \dot{\boldsymbol{W}}^{(2)}\boldsymbol{T}^{(2)}+\boldsymbol{W}^{(2)}\dot{\boldsymbol{T}}^{(2)} & \boldsymbol{W}^{(2)}\boldsymbol{T}^{(2)}\bar{\boldsymbol{I}}_4\end{bmatrix}\begin{bmatrix}1\\ \boldsymbol{g}_{\mathrm{v}}\end{bmatrix}\end{aligned}\tag{8.127}$$

1. 一阶误差扰动分析

在实际定位过程中，标量积矩阵 $\boldsymbol{W}^{(2)}$ 和 $\dot{\boldsymbol{W}}^{(2)}$ 及矩阵 $\boldsymbol{T}^{(2)}$ 和 $\dot{\boldsymbol{T}}^{(2)}$ 的真实值都是未知的，因为其中的真实距离差 $\{\rho_m\}_{2\leqslant m\leqslant M}$ 和真实距离差变化率 $\{\dot{\rho}_m\}_{2\leqslant m\leqslant M}$ 仅能分别用它们的观测值 $\{\hat{\rho}_m\}_{2\leqslant m\leqslant M}$ 和 $\{\hat{\dot{\rho}}_m\}_{2\leqslant m\leqslant M}$ 来代替，这必然会引入观测误差。不妨将含有观测误差的标量积矩阵 $\boldsymbol{W}^{(2)}$ 和 $\dot{\boldsymbol{W}}^{(2)}$ 分别记为 $\hat{\boldsymbol{W}}^{(2)}$ 和 $\hat{\dot{\boldsymbol{W}}}^{(2)}$，于是根据式（8.117）和式（8.118）及式（8.119）和式（8.120）可知，矩阵 $\hat{\boldsymbol{W}}^{(2)}$ 和 $\hat{\dot{\boldsymbol{W}}}^{(2)}$ 可以分别表示为

$$\hat{\boldsymbol{W}}^{(2)}=-\frac{1}{2}\boldsymbol{L}_M\begin{bmatrix}0 & 0 & 0 & \cdots & 0\\ 0 & d_{11}^2-(\hat{\rho}_1-\hat{\rho}_1)^2 & d_{12}^2-(\hat{\rho}_1-\hat{\rho}_2)^2 & \cdots & d_{1M}^2-(\hat{\rho}_1-\hat{\rho}_M)^2\\ 0 & d_{12}^2-(\hat{\rho}_1-\hat{\rho}_2)^2 & d_{22}^2-(\hat{\rho}_2-\hat{\rho}_2)^2 & \cdots & d_{2M}^2-(\hat{\rho}_2-\hat{\rho}_M)^2\\ \vdots & \vdots & \vdots & \ddots & \vdots\\ 0 & d_{1M}^2-(\hat{\rho}_1-\hat{\rho}_M)^2 & d_{2M}^2-(\hat{\rho}_2-\hat{\rho}_M)^2 & \cdots & d_{MM}^2-(\hat{\rho}_M-\hat{\rho}_M)^2\end{bmatrix}\boldsymbol{L}_M\tag{8.128}$$

$$\hat{\dot{\boldsymbol{W}}}^{(2)}=-\boldsymbol{L}_M\begin{bmatrix}0 & 0 & 0 & \cdots & 0\\ 0 & \theta_{11}-(\hat{\rho}_1-\hat{\rho}_1)(\hat{\dot{\rho}}_1-\hat{\dot{\rho}}_1) & \theta_{12}-(\hat{\rho}_1-\hat{\rho}_2)(\hat{\dot{\rho}}_1-\hat{\dot{\rho}}_2) & \cdots & \theta_{1M}-(\hat{\rho}_1-\hat{\rho}_M)(\hat{\dot{\rho}}_1-\hat{\dot{\rho}}_M)\\ 0 & \theta_{12}-(\hat{\rho}_1-\hat{\rho}_2)(\hat{\dot{\rho}}_1-\hat{\dot{\rho}}_2) & \theta_{22}-(\hat{\rho}_2-\hat{\rho}_2)(\hat{\dot{\rho}}_2-\hat{\dot{\rho}}_2) & \cdots & \theta_{2M}-(\hat{\rho}_2-\hat{\rho}_M)(\hat{\dot{\rho}}_2-\hat{\dot{\rho}}_M)\\ \vdots & \vdots & \vdots & \ddots & \vdots\\ 0 & \theta_{1M}-(\hat{\rho}_1-\hat{\rho}_M)(\hat{\dot{\rho}}_1-\hat{\dot{\rho}}_M) & \theta_{2M}-(\hat{\rho}_2-\hat{\rho}_M)(\hat{\dot{\rho}}_2-\hat{\dot{\rho}}_M) & \cdots & \theta_{MM}-(\hat{\rho}_M-\hat{\rho}_M)(\hat{\dot{\rho}}_M-\hat{\dot{\rho}}_M)\end{bmatrix}\boldsymbol{L}_M\tag{8.129}$$

不妨将含有观测误差的矩阵 $\boldsymbol{T}^{(2)}$ 和 $\dot{\boldsymbol{T}}^{(2)}$ 分别记为 $\hat{\boldsymbol{T}}^{(2)}$ 和 $\hat{\dot{\boldsymbol{T}}}^{(2)}$，则根据式（8.122）和式（8.125）可得

$$\hat{\boldsymbol{T}}^{(2)}=[\boldsymbol{n}_M\ \ \hat{\boldsymbol{G}}^{(2)}]\begin{bmatrix}\boldsymbol{n}_M^{\mathrm{T}}\boldsymbol{n}_M & \boldsymbol{n}_M^{\mathrm{T}}\hat{\boldsymbol{G}}^{(2)}\\ \hat{\boldsymbol{G}}^{(2)\mathrm{T}}\boldsymbol{n}_M & \hat{\boldsymbol{G}}^{(2)\mathrm{T}}\hat{\boldsymbol{G}}^{(2)}\end{bmatrix}^{-1} \tag{8.130}$$

$$\begin{aligned}\hat{\dot{\boldsymbol{T}}}^{(2)}=&[\boldsymbol{O}_{(M+1)\times 1}\ \ \hat{\dot{\boldsymbol{G}}}^{(2)}]\begin{bmatrix}\boldsymbol{n}_M^{\mathrm{T}}\boldsymbol{n}_M & \boldsymbol{n}_M^{\mathrm{T}}\hat{\boldsymbol{G}}^{(2)}\\ \hat{\boldsymbol{G}}^{(2)\mathrm{T}}\boldsymbol{n}_M & \hat{\boldsymbol{G}}^{(2)\mathrm{T}}\hat{\boldsymbol{G}}^{(2)}\end{bmatrix}^{-1}\\ &-\hat{\boldsymbol{T}}^{(2)}\begin{bmatrix}0 & \boldsymbol{n}_M^{\mathrm{T}}\hat{\dot{\boldsymbol{G}}}^{(2)}\\ \hat{\dot{\boldsymbol{G}}}^{(2)\mathrm{T}}\boldsymbol{n}_M & \hat{\dot{\boldsymbol{G}}}^{(2)\mathrm{T}}\hat{\boldsymbol{G}}^{(2)}+\hat{\boldsymbol{G}}^{(2)\mathrm{T}}\hat{\dot{\boldsymbol{G}}}^{(2)}\end{bmatrix}\begin{bmatrix}\boldsymbol{n}_M^{\mathrm{T}}\boldsymbol{n}_M & \boldsymbol{n}_M^{\mathrm{T}}\hat{\boldsymbol{G}}^{(2)}\\ \hat{\boldsymbol{G}}^{(2)\mathrm{T}}\boldsymbol{n}_M & \hat{\boldsymbol{G}}^{(2)\mathrm{T}}\hat{\boldsymbol{G}}^{(2)}\end{bmatrix}^{-1}\end{aligned} \tag{8.131}$$

式中

$$\hat{\boldsymbol{G}}^{(2)}=\begin{bmatrix}0&0&0&0\\ x_1^{(\mathrm{s})}&y_1^{(\mathrm{s})}&z_1^{(\mathrm{s})}&\hat{\rho}_1\\ x_2^{(\mathrm{s})}&y_2^{(\mathrm{s})}&z_2^{(\mathrm{s})}&\hat{\rho}_2\\ \vdots&\vdots&\vdots&\vdots\\ x_M^{(\mathrm{s})}&y_M^{(\mathrm{s})}&z_M^{(\mathrm{s})}&\hat{\rho}_M\end{bmatrix}-\frac{1}{M+1}\sum_{m=1}^{M}\boldsymbol{1}_{(M+1)\times 1}[x_m^{(\mathrm{s})}\ \ y_m^{(\mathrm{s})}\ \ z_m^{(\mathrm{s})}\ \ \hat{\rho}_m] \tag{8.132}$$

$$\hat{\dot{\boldsymbol{G}}}^{(2)}=\begin{bmatrix}0&0&0&0\\ \dot{x}_1^{(\mathrm{s})}&\dot{y}_1^{(\mathrm{s})}&\dot{z}_1^{(\mathrm{s})}&\hat{\dot{\rho}}_1\\ \dot{x}_2^{(\mathrm{s})}&\dot{y}_2^{(\mathrm{s})}&\dot{z}_2^{(\mathrm{s})}&\hat{\dot{\rho}}_2\\ \vdots&\vdots&\vdots&\vdots\\ \dot{x}_M^{(\mathrm{s})}&\dot{y}_M^{(\mathrm{s})}&\dot{z}_M^{(\mathrm{s})}&\hat{\dot{\rho}}_M\end{bmatrix}-\frac{1}{M+1}\sum_{m=1}^{M}\boldsymbol{1}_{(M+1)\times 1}[\dot{x}_m^{(\mathrm{s})}\ \ \dot{y}_m^{(\mathrm{s})}\ \ \dot{z}_m^{(\mathrm{s})}\ \ \hat{\dot{\rho}}_m] \tag{8.133}$$

基于式（8.127）可以定义如下误差向量：

$$\boldsymbol{\delta}_{\mathrm{t}}^{(2)}=\begin{bmatrix}\hat{\boldsymbol{W}}^{(2)}\hat{\boldsymbol{T}}^{(2)} & \boldsymbol{O}_{(M+1)\times 4}\\ \hat{\dot{\boldsymbol{W}}}^{(2)}\hat{\boldsymbol{T}}^{(2)}+\hat{\boldsymbol{W}}^{(2)}\hat{\dot{\boldsymbol{T}}}^{(2)} & \hat{\boldsymbol{W}}^{(2)}\hat{\boldsymbol{T}}^{(2)}\bar{\boldsymbol{I}}_4\end{bmatrix}\begin{bmatrix}1\\ \boldsymbol{g}_{\mathrm{v}}\end{bmatrix} \tag{8.134}$$

若忽略误差二阶项，则由式（8.127）可得

$$\begin{aligned}&\boldsymbol{\delta}_{\mathrm{t}}^{(2)}\\ &=\left[\begin{array}{c:c}(\boldsymbol{W}^{(2)}+\Delta\boldsymbol{W}_{\mathrm{t}}^{(2)})(\boldsymbol{T}^{(2)}+\Delta\boldsymbol{T}_{\mathrm{t}}^{(2)}) & \boldsymbol{O}_{(M+1)\times 4}\\ \hdashline (\dot{\boldsymbol{W}}^{(2)}+\Delta\dot{\boldsymbol{W}}_{\mathrm{t}}^{(2)})(\boldsymbol{T}^{(2)}+\Delta\boldsymbol{T}_{\mathrm{t}}^{(2)})+(\boldsymbol{W}^{(2)}+\Delta\boldsymbol{W}_{\mathrm{t}}^{(2)})(\dot{\boldsymbol{T}}^{(2)}+\Delta\dot{\boldsymbol{T}}_{\mathrm{t}}^{(2)}) & (\boldsymbol{W}^{(2)}+\Delta\boldsymbol{W}_{\mathrm{t}}^{(2)})(\boldsymbol{T}^{(2)}+\Delta\boldsymbol{T}_{\mathrm{t}}^{(2)})\bar{\boldsymbol{I}}_4\end{array}\right]\begin{bmatrix}1\\ \boldsymbol{g}_{\mathrm{v}}\end{bmatrix}\\ &\approx\left[\begin{array}{c:c}\Delta\boldsymbol{W}_{\mathrm{t}}^{(2)}\boldsymbol{T}^{(2)} & \boldsymbol{O}_{(M+1)\times 4}\\ \hdashline \Delta\boldsymbol{W}_{\mathrm{t}}^{(2)}\dot{\boldsymbol{T}}^{(2)} & \Delta\boldsymbol{W}_{\mathrm{t}}^{(2)}\boldsymbol{T}^{(2)}\bar{\boldsymbol{I}}_4\end{array}\right]\begin{bmatrix}1\\ \boldsymbol{g}_{\mathrm{v}}\end{bmatrix}+\left[\begin{array}{c:c}\boldsymbol{O}_{(M+1)\times 5} & \boldsymbol{O}_{(M+1)\times 4}\\ \hdashline \Delta\dot{\boldsymbol{W}}_{\mathrm{t}}^{(2)}\boldsymbol{T}^{(2)} & \boldsymbol{O}_{(M+1)\times 4}\end{array}\right]\begin{bmatrix}1\\ \boldsymbol{g}_{\mathrm{v}}\end{bmatrix}+\left[\begin{array}{c:c}\boldsymbol{W}^{(2)}\Delta\boldsymbol{T}_{\mathrm{t}}^{(2)} & \boldsymbol{O}_{(M+1)\times 4}\\ \hdashline \dot{\boldsymbol{W}}^{(2)}\Delta\boldsymbol{T}_{\mathrm{t}}^{(2)} & \boldsymbol{W}^{(2)}\Delta\boldsymbol{T}_{\mathrm{t}}^{(2)}\bar{\boldsymbol{I}}_4\end{array}\right]\begin{bmatrix}1\\ \boldsymbol{g}_{\mathrm{v}}\end{bmatrix}\\ &\quad+\left[\begin{array}{c:c}\boldsymbol{O}_{(M+1)\times 5} & \boldsymbol{O}_{(M+1)\times 4}\\ \hdashline \boldsymbol{W}^{(2)}\Delta\dot{\boldsymbol{T}}_{\mathrm{t}}^{(2)} & \boldsymbol{O}_{(M+1)\times 4}\end{array}\right]\begin{bmatrix}1\\ \boldsymbol{g}_{\mathrm{v}}\end{bmatrix}\end{aligned} \tag{8.135}$$

式中，$\Delta\boldsymbol{W}_{\mathrm{t}}^{(2)}$、$\Delta\dot{\boldsymbol{W}}_{\mathrm{t}}^{(2)}$、$\Delta\boldsymbol{T}_{\mathrm{t}}^{(2)}$及$\Delta\dot{\boldsymbol{T}}_{\mathrm{t}}^{(2)}$分别表示$\hat{\boldsymbol{W}}^{(2)}$、$\hat{\dot{\boldsymbol{W}}}^{(2)}$、$\hat{\boldsymbol{T}}^{(2)}$及$\hat{\dot{\boldsymbol{T}}}^{(2)}$中的误差矩阵，即有$\Delta\boldsymbol{W}_{\mathrm{t}}^{(2)}=\hat{\boldsymbol{W}}^{(2)}-\boldsymbol{W}^{(2)}$，$\Delta\dot{\boldsymbol{W}}_{\mathrm{t}}^{(2)}=\hat{\dot{\boldsymbol{W}}}^{(2)}-\dot{\boldsymbol{W}}^{(2)}$，$\Delta\boldsymbol{T}_{\mathrm{t}}^{(2)}=\hat{\boldsymbol{T}}^{(2)}-\boldsymbol{T}^{(2)}$及$\Delta\dot{\boldsymbol{T}}_{\mathrm{t}}^{(2)}=\hat{\dot{\boldsymbol{T}}}^{(2)}-\dot{\boldsymbol{T}}^{(2)}$。下面需要推导它们的一阶表达式（即忽略观测误差$\boldsymbol{\varepsilon}_{\mathrm{t}}$的二阶及其以上各阶项），并由此获得误差向量$\boldsymbol{\delta}_{\mathrm{t}}^{(2)}$关于观测误差$\boldsymbol{\varepsilon}_{\mathrm{t}}$的线性函数。

首先基于式（8.128）可以将误差矩阵$\Delta\boldsymbol{W}_{\mathrm{t}}^{(2)}$近似表示为

$$\Delta\boldsymbol{W}_{\mathrm{t}}^{(2)}\approx\boldsymbol{L}_M\begin{bmatrix}0 & 0 & 0 & \cdots & 0\\ 0 & (\rho_1-\rho_1)(\varepsilon_{\mathrm{t}11}-\varepsilon_{\mathrm{t}11}) & (\rho_1-\rho_2)(\varepsilon_{\mathrm{t}11}-\varepsilon_{\mathrm{t}21}) & \cdots & (\rho_1-\rho_M)(\varepsilon_{\mathrm{t}11}-\varepsilon_{\mathrm{t}M1})\\ 0 & (\rho_1-\rho_2)(\varepsilon_{\mathrm{t}11}-\varepsilon_{\mathrm{t}21}) & (\rho_2-\rho_2)(\varepsilon_{\mathrm{t}21}-\varepsilon_{\mathrm{t}21}) & \cdots & (\rho_2-\rho_M)(\varepsilon_{\mathrm{t}21}-\varepsilon_{\mathrm{t}M1})\\ \vdots & \vdots & \vdots & \ddots & \vdots\\ 0 & (\rho_1-\rho_M)(\varepsilon_{\mathrm{t}11}-\varepsilon_{\mathrm{t}M1}) & (\rho_2-\rho_M)(\varepsilon_{\mathrm{t}21}-\varepsilon_{\mathrm{t}M1}) & \cdots & (\rho_M-\rho_M)(\varepsilon_{\mathrm{t}M1}-\varepsilon_{\mathrm{t}M1})\end{bmatrix}\boldsymbol{L}_M \tag{8.136}$$

由式（8.136）可以将式（8.135）右边第 1 式近似表示为关于观测误差$\boldsymbol{\varepsilon}_{\mathrm{t}}$的线性函数，如下式所示：

$$\left[\begin{array}{c:c}\Delta\boldsymbol{W}_{\mathrm{t}}^{(2)}\boldsymbol{T}^{(2)} & \boldsymbol{O}_{(M+1)\times 4}\\ \hdashline \Delta\boldsymbol{W}_{\mathrm{t}}^{(2)}\dot{\boldsymbol{T}}^{(2)} & \Delta\boldsymbol{W}_{\mathrm{t}}^{(2)}\boldsymbol{T}^{(2)}\bar{\boldsymbol{I}}_4\end{array}\right]\begin{bmatrix}1\\ \boldsymbol{g}_{\mathrm{v}}\end{bmatrix}\approx\boldsymbol{B}_{\mathrm{t}1}^{(2)}(\boldsymbol{g}_{\mathrm{v}})\boldsymbol{\varepsilon}_{\mathrm{t}} \tag{8.137}$$

式中

$$\boldsymbol{B}_{\mathrm{t}1}^{(2)}(\boldsymbol{g}_{\mathrm{v}})=\begin{bmatrix}([1\ \ \boldsymbol{g}^{\mathrm{T}}]\boldsymbol{T}^{(2)\mathrm{T}}\boldsymbol{L}_M)\otimes\boldsymbol{L}_M\\ ([1\ \ \boldsymbol{g}^{\mathrm{T}}]\dot{\boldsymbol{T}}^{(2)\mathrm{T}}\boldsymbol{L}_M+[0\ \ \dot{\boldsymbol{g}}^{\mathrm{T}}]\boldsymbol{T}^{(2)\mathrm{T}}\boldsymbol{L}_M)\otimes\boldsymbol{L}_M\end{bmatrix}$$
$$\times\left[\begin{array}{c:c}\boldsymbol{O}_{(M+1)\times M} & \boldsymbol{O}_{(M+1)\times M}\\ \hdashline \begin{array}{l}\mathrm{diag}[\bar{\boldsymbol{\rho}}]\otimes\bar{\boldsymbol{I}}_{M\times 1}+\boldsymbol{I}_{M\times 1}\otimes(\bar{\boldsymbol{I}}_M\mathrm{diag}[\bar{\boldsymbol{\rho}}])\\ -\boldsymbol{I}_M\otimes(\bar{\boldsymbol{I}}_M\bar{\boldsymbol{\rho}})-\bar{\boldsymbol{\rho}}\otimes\bar{\boldsymbol{I}}_M\end{array} & \boldsymbol{O}_{(M+1)\times M}\end{array}\right] \tag{8.138}$$
$$\times\,\mathrm{blkdiag}\{\bar{\boldsymbol{I}}_{M-1},\bar{\boldsymbol{I}}_{M-1}\}\in\mathbf{R}^{2(M+1)\times 2(M-1)}$$

其中

$$\bar{\boldsymbol{I}}_{M\times 1}=\begin{bmatrix}0\\ \boldsymbol{I}_{M\times 1}\end{bmatrix},\ \ \bar{\boldsymbol{I}}_M=\begin{bmatrix}\boldsymbol{O}_{1\times M}\\ \boldsymbol{I}_M\end{bmatrix} \tag{8.139}$$

式（8.137）的推导见附录 E.5。然后根据式（8.129）可以将误差矩阵$\Delta\dot{\boldsymbol{W}}_{\mathrm{t}}^{(2)}$近似表示为

$$
\Delta\dot{\boldsymbol{W}}_{\mathrm{t}}^{(2)} \approx \boldsymbol{L}_M \begin{bmatrix} 0 & 0 & 0 & \cdots & 0 \\ 0 & \begin{pmatrix} (\dot{\rho}_1-\dot{\rho}_1)(\varepsilon_{\mathrm{t}11}-\varepsilon_{\mathrm{t}11}) \\ +(\rho_1-\rho_1)(\varepsilon_{\mathrm{t}12}-\varepsilon_{\mathrm{t}12}) \end{pmatrix} & \begin{pmatrix} (\dot{\rho}_1-\dot{\rho}_2)(\varepsilon_{\mathrm{t}11}-\varepsilon_{\mathrm{t}21}) \\ +(\rho_1-\rho_2)(\varepsilon_{\mathrm{t}12}-\varepsilon_{\mathrm{t}22}) \end{pmatrix} & \cdots & \begin{pmatrix} (\dot{\rho}_1-\dot{\rho}_M)(\varepsilon_{\mathrm{t}11}-\varepsilon_{\mathrm{t}M1}) \\ +(\rho_1-\rho_M)(\varepsilon_{\mathrm{t}12}-\varepsilon_{\mathrm{t}M2}) \end{pmatrix} \\ 0 & \begin{pmatrix} (\dot{\rho}_1-\dot{\rho}_2)(\varepsilon_{\mathrm{t}11}-\varepsilon_{\mathrm{t}21}) \\ +(\rho_1-\rho_2)(\varepsilon_{\mathrm{t}12}-\varepsilon_{\mathrm{t}22}) \end{pmatrix} & \begin{pmatrix} (\dot{\rho}_2-\dot{\rho}_2)(\varepsilon_{\mathrm{t}21}-\varepsilon_{\mathrm{t}21}) \\ +(\rho_2-\rho_2)(\varepsilon_{\mathrm{t}22}-\varepsilon_{\mathrm{t}22}) \end{pmatrix} & \cdots & \begin{pmatrix} (\dot{\rho}_2-\dot{\rho}_M)(\varepsilon_{\mathrm{t}21}-\varepsilon_{\mathrm{t}M1}) \\ +(\rho_2-\rho_M)(\varepsilon_{\mathrm{t}22}-\varepsilon_{\mathrm{t}M2}) \end{pmatrix} \\ \vdots & \vdots & \vdots & \ddots & \vdots \\ 0 & \begin{pmatrix} (\dot{\rho}_1-\dot{\rho}_M)(\varepsilon_{\mathrm{t}11}-\varepsilon_{\mathrm{t}M1}) \\ +(\rho_1-\rho_M)(\varepsilon_{\mathrm{t}12}-\varepsilon_{\mathrm{t}M2}) \end{pmatrix} & \begin{pmatrix} (\dot{\rho}_2-\dot{\rho}_M)(\varepsilon_{\mathrm{t}21}-\varepsilon_{\mathrm{t}M1}) \\ +(\rho_2-\rho_M)(\varepsilon_{\mathrm{t}22}-\varepsilon_{\mathrm{t}M2}) \end{pmatrix} & \cdots & \begin{pmatrix} (\dot{\rho}_M-\dot{\rho}_M)(\varepsilon_{\mathrm{t}M1}-\varepsilon_{\mathrm{t}M1}) \\ +(\rho_M-\rho_M)(\varepsilon_{\mathrm{t}M2}-\varepsilon_{\mathrm{t}M2}) \end{pmatrix} \end{bmatrix} \boldsymbol{L}_M \tag{8.140}
$$

由式（8.140）可以将式（8.135）右边第 2 式近似表示为关于观测误差 $\boldsymbol{\varepsilon}_{\mathrm{t}}$ 的线性函数，如下式所示：

$$
\left[\begin{array}{c:c} \boldsymbol{O}_{(M+1)\times 5} & \boldsymbol{O}_{(M+1)\times 4} \\ \hdashline \Delta\dot{\boldsymbol{W}}_{\mathrm{t}}^{(2)}\boldsymbol{T}^{(2)} & \boldsymbol{O}_{(M+1)\times 4} \end{array}\right] \begin{bmatrix} 1 \\ \boldsymbol{g}_{\mathrm{v}} \end{bmatrix} \approx \boldsymbol{B}_{\mathrm{t}2}^{(2)}(\boldsymbol{g}_{\mathrm{v}})\boldsymbol{\varepsilon}_{\mathrm{t}} \tag{8.141}
$$

式中

$$
\begin{aligned}
\boldsymbol{B}_{\mathrm{t}2}^{(2)}(\boldsymbol{g}_{\mathrm{v}}) = & \begin{bmatrix} \boldsymbol{O}_{(M+1)\times(M+1)^2} \\ ([1\ \ \boldsymbol{g}^{\mathrm{T}}]\boldsymbol{T}^{(2)\mathrm{T}}\boldsymbol{L}_M)\otimes\boldsymbol{L}_M \end{bmatrix} \\
& \times \left[\begin{array}{c:c} \boldsymbol{O}_{(M+1)\times M} & \boldsymbol{O}_{(M+1)\times M} \\ \hdashline \mathrm{diag}[\dot{\boldsymbol{\rho}}]\otimes\bar{\boldsymbol{I}}_{M\times 1}+\boldsymbol{l}_{M\times 1}\otimes(\bar{\boldsymbol{I}}_M\mathrm{diag}[\dot{\boldsymbol{\rho}}]) & \mathrm{diag}[\boldsymbol{\rho}]\otimes\bar{\boldsymbol{I}}_{M\times 1}+\boldsymbol{l}_{M\times 1}\otimes(\bar{\boldsymbol{I}}_M\mathrm{diag}[\boldsymbol{\rho}]) \\ -\boldsymbol{I}_M\otimes(\bar{\boldsymbol{I}}_M\dot{\boldsymbol{\rho}})-\dot{\boldsymbol{\rho}}\otimes\bar{\boldsymbol{I}}_M & -\boldsymbol{I}_M\otimes(\bar{\boldsymbol{I}}_M\boldsymbol{\rho})-\boldsymbol{\rho}\otimes\bar{\boldsymbol{I}}_M \end{array}\right] \\
& \times \mathrm{blkdiag}\{\bar{\boldsymbol{I}}_{M-1},\bar{\boldsymbol{I}}_{M-1}\}\in\mathbf{R}^{2(M+1)\times 2(M-1)}
\end{aligned} \tag{8.142}
$$

式（8.141）的推导见附录 E.6。接着基于式（8.130）可以将误差矩阵 $\Delta\boldsymbol{T}_{\mathrm{t}}^{(2)}$ 近似表示为

$$
\Delta\boldsymbol{T}_{\mathrm{t}}^{(2)} \approx [\boldsymbol{O}_{(M+1)\times 1}\ \ \Delta\boldsymbol{G}_{\mathrm{t}}^{(2)}]\boldsymbol{X}_{\mathrm{t}1}^{(2)} - \boldsymbol{X}_{\mathrm{t}2}^{(2)}\begin{bmatrix} 0 & \boldsymbol{n}_M^{\mathrm{T}}\Delta\boldsymbol{G}_{\mathrm{t}}^{(2)} \\ (\Delta\boldsymbol{G}_{\mathrm{t}}^{(2)})^{\mathrm{T}}\boldsymbol{n}_M & \boldsymbol{G}^{(2)\mathrm{T}}\Delta\boldsymbol{G}_{\mathrm{t}}^{(2)}+(\Delta\boldsymbol{G}_{\mathrm{t}}^{(2)})^{\mathrm{T}}\boldsymbol{G}^{(2)} \end{bmatrix}\boldsymbol{X}_{\mathrm{t}1}^{(2)} \tag{8.143}
$$

式中

$$
\boldsymbol{X}_{\mathrm{t}1}^{(2)} = \begin{bmatrix} \boldsymbol{n}_M^{\mathrm{T}}\boldsymbol{n}_M & \boldsymbol{n}_M^{\mathrm{T}}\boldsymbol{G}^{(2)} \\ \boldsymbol{G}^{(2)\mathrm{T}}\boldsymbol{n}_M & \boldsymbol{G}^{(2)\mathrm{T}}\boldsymbol{G}^{(2)} \end{bmatrix}^{-1},\ \ \boldsymbol{X}_{\mathrm{t}2}^{(2)} = [\boldsymbol{n}_M\ \ \boldsymbol{G}^{(2)}]\boldsymbol{X}_{\mathrm{t}1}^{(2)} \tag{8.144}
$$

$$\Delta\boldsymbol{G}_{\mathrm{t}}^{(2)}=\begin{bmatrix}0&0&0&0\\0&0&0&\varepsilon_{\mathrm{t}11}\\0&0&0&\varepsilon_{\mathrm{t}21}\\\vdots&\vdots&\vdots&\vdots\\0&0&0&\varepsilon_{\mathrm{t}M1}\end{bmatrix}-\frac{1}{M+1}\sum_{m=1}^{M}\boldsymbol{1}_{(M+1)\times1}[0\ \ 0\ \ 0\ \ \varepsilon_{\mathrm{t}m1}] \tag{8.145}$$

由式（8.143）可以将式（8.135）右边第 3 式近似表示为关于观测误差 $\boldsymbol{\varepsilon}_{\mathrm{t}}$ 的线性函数，如下式所示：

$$\left[\begin{array}{c|c}\boldsymbol{W}^{(2)}\Delta\boldsymbol{T}_{\mathrm{t}}^{(2)}&\boldsymbol{O}_{(M+1)\times4}\\\hline\dot{\boldsymbol{W}}^{(2)}\Delta\boldsymbol{T}_{\mathrm{t}}^{(2)}&\boldsymbol{W}^{(2)}\Delta\boldsymbol{T}_{\mathrm{t}}^{(2)}\bar{\boldsymbol{I}}_4\end{array}\right]\begin{bmatrix}1\\\boldsymbol{g}_{\mathrm{v}}\end{bmatrix}\approx\boldsymbol{B}_{\mathrm{t3}}^{(2)}(\boldsymbol{g}_{\mathrm{v}})\boldsymbol{\varepsilon}_{\mathrm{t}} \tag{8.146}$$

式中

$$\begin{aligned}\boldsymbol{B}_{\mathrm{t3}}^{(2)}(\boldsymbol{g}_{\mathrm{v}})=&\begin{bmatrix}([1\ \ \boldsymbol{g}^{\mathrm{T}}]\boldsymbol{X}_{\mathrm{t1}}^{(2)\mathrm{T}})\otimes\boldsymbol{W}^{(2)}\\([1\ \ \boldsymbol{g}^{\mathrm{T}}]\boldsymbol{X}_{\mathrm{t1}}^{(2)\mathrm{T}})\otimes\dot{\boldsymbol{W}}^{(2)}+([0\ \ \dot{\boldsymbol{g}}^{\mathrm{T}}]\boldsymbol{X}_{\mathrm{t1}}^{(2)\mathrm{T}})\otimes\boldsymbol{W}^{(2)}\end{bmatrix}\boldsymbol{J}_{\mathrm{t0}}^{(2)}[\boldsymbol{I}_{M-1}\ \ \boldsymbol{O}_{(M-1)\times(M-1)}]\\&-\begin{bmatrix}([1\ \ \boldsymbol{g}^{\mathrm{T}}]\boldsymbol{X}_{\mathrm{t1}}^{(2)\mathrm{T}})\otimes(\boldsymbol{W}^{(2)}\boldsymbol{X}_{\mathrm{t2}}^{(2)})\\([1\ \ \boldsymbol{g}^{\mathrm{T}}]\boldsymbol{X}_{\mathrm{t1}}^{(2)\mathrm{T}})\otimes(\dot{\boldsymbol{W}}^{(2)}\boldsymbol{X}_{\mathrm{t2}}^{(2)})+([0\ \ \dot{\boldsymbol{g}}^{\mathrm{T}}]\boldsymbol{X}_{\mathrm{t1}}^{(2)\mathrm{T}})\otimes(\boldsymbol{W}^{(2)}\boldsymbol{X}_{\mathrm{t2}}^{(2)})\end{bmatrix}\boldsymbol{J}_{\mathrm{t1}}^{(2)}[\boldsymbol{I}_{M-1}\ \ \boldsymbol{O}_{(M-1)\times(M-1)}]\\&\in\mathbf{R}^{2(M+1)\times2(M-1)}\end{aligned} \tag{8.147}$$

其中

$$\begin{cases}\boldsymbol{J}_{\mathrm{t1}}^{(2)}=[\boldsymbol{O}_{(M+1)\times4}\ \ \boldsymbol{n}_M\ \ \boldsymbol{O}_{(M+1)\times4}\ \ \bar{\boldsymbol{L}}_M\boldsymbol{x}\ \ \boldsymbol{O}_{(M+1)\times4}\ \ \bar{\boldsymbol{L}}_M\boldsymbol{y}\ \ \boldsymbol{O}_{(M+1)\times4}\\\qquad\quad\bar{\boldsymbol{L}}_M\boldsymbol{z}\ \ \boldsymbol{n}_M\ \ \bar{\boldsymbol{L}}_M\boldsymbol{x}\ \ \bar{\boldsymbol{L}}_M\boldsymbol{y}\ \ \bar{\boldsymbol{L}}_M\boldsymbol{z}\ \ 2\tilde{\boldsymbol{L}}_M\boldsymbol{\rho}]^{\mathrm{T}}\tilde{\boldsymbol{L}}_M\in\mathbf{R}^{25\times(M-1)}\\\boldsymbol{J}_{\mathrm{t0}}^{(2)}=\begin{bmatrix}\boldsymbol{O}_{4(M+1)\times(M-1)}\\-\dfrac{1}{M+1}\boldsymbol{1}_{2\times(M-1)}\\\boldsymbol{I}_{M-1}-\dfrac{1}{M+1}\boldsymbol{1}_{(M-1)\times(M-1)}\end{bmatrix}\in\mathbf{R}^{5(M+1)\times(M-1)}\\\tilde{\boldsymbol{L}}_M=\tilde{\boldsymbol{I}}_{M-1}-\dfrac{1}{M+1}\boldsymbol{1}_{(M+1)\times(M-1)}\in\mathbf{R}^{(M+1)\times(M-1)}\ ,\ \tilde{\boldsymbol{I}}_{M-1}=\begin{bmatrix}\boldsymbol{O}_{2\times(M-1)}\\\boldsymbol{I}_{M-1}\end{bmatrix}\\\bar{\boldsymbol{L}}_M=\bar{\boldsymbol{I}}_M-\dfrac{1}{M+1}\boldsymbol{1}_{(M+1)\times M}\in\mathbf{R}^{(M+1)\times M}\ ,\ \boldsymbol{x}=[x_1^{(\mathrm{s})}\ \ x_2^{(\mathrm{s})}\ \ \cdots\ \ x_M^{(\mathrm{s})}]^{\mathrm{T}}\\\boldsymbol{y}=[y_1^{(\mathrm{s})}\ \ y_2^{(\mathrm{s})}\ \ \cdots\ \ y_M^{(\mathrm{s})}]^{\mathrm{T}}\ ,\ \boldsymbol{z}=[z_1^{(\mathrm{s})}\ \ z_2^{(\mathrm{s})}\ \ \cdots\ \ z_M^{(\mathrm{s})}]^{\mathrm{T}}\end{cases} \tag{8.148}$$

式（8.146）的推导见附录 E.7。最后根据式（8.131）可以将误差矩阵 $\Delta\dot{\boldsymbol{T}}_{\mathrm{t}}^{(2)}$ 近似表示为

$$\begin{aligned}\Delta\dot{\boldsymbol{T}}_{\mathrm{t}}^{(2)} \approx{} & [\boldsymbol{O}_{(M+1)\times1}\ \ \Delta\dot{\boldsymbol{G}}_{\mathrm{t}}^{(2)}]\boldsymbol{X}_{\mathrm{t1}}^{(2)} - \boldsymbol{X}_{\mathrm{t3}}^{(2)}\begin{bmatrix} 0 & \boldsymbol{n}_M^{\mathrm{T}}\Delta\boldsymbol{G}_{\mathrm{t}}^{(2)} \\ (\Delta\boldsymbol{G}_{\mathrm{t}}^{(2)})^{\mathrm{T}}\boldsymbol{n}_M & \boldsymbol{G}^{(2)\mathrm{T}}\Delta\boldsymbol{G}_{\mathrm{t}}^{(2)} + (\Delta\boldsymbol{G}_{\mathrm{t}}^{(2)})^{\mathrm{T}}\boldsymbol{G}^{(2)} \end{bmatrix}\boldsymbol{X}_{\mathrm{t1}}^{(2)} \\ & -[\boldsymbol{O}_{(M+1)\times1}\ \ \Delta\boldsymbol{G}_{\mathrm{t}}^{(2)}]\boldsymbol{X}_{\mathrm{t4}}^{(2)} + \boldsymbol{X}_{\mathrm{t2}}^{(2)}\begin{bmatrix} 0 & \boldsymbol{n}_M^{\mathrm{T}}\Delta\boldsymbol{G}_{\mathrm{t}}^{(2)} \\ (\Delta\boldsymbol{G}_{\mathrm{t}}^{(2)})^{\mathrm{T}}\boldsymbol{n}_M & \boldsymbol{G}^{(2)\mathrm{T}}\Delta\boldsymbol{G}_{\mathrm{t}}^{(2)} + (\Delta\boldsymbol{G}_{\mathrm{t}}^{(2)})^{\mathrm{T}}\boldsymbol{G}^{(2)} \end{bmatrix}\boldsymbol{X}_{\mathrm{t4}}^{(2)} \\ & - \boldsymbol{X}_{\mathrm{t2}}^{(2)}\left[\begin{array}{c|c} 0 & \boldsymbol{n}_M^{\mathrm{T}}\Delta\dot{\boldsymbol{G}}_{\mathrm{t}}^{(2)} \\ \hdashline (\Delta\dot{\boldsymbol{G}}_{\mathrm{t}}^{(2)})^{\mathrm{T}}\boldsymbol{n}_M & \begin{gathered}(\Delta\dot{\boldsymbol{G}}_{\mathrm{t}}^{(2)})^{\mathrm{T}}\boldsymbol{G}^{(2)} + \dot{\boldsymbol{G}}^{(2)\mathrm{T}}\Delta\boldsymbol{G}_{\mathrm{t}}^{(2)} \\ +(\Delta\boldsymbol{G}_{\mathrm{t}}^{(2)})^{\mathrm{T}}\dot{\boldsymbol{G}}^{(2)} + \boldsymbol{G}^{(2)\mathrm{T}}\Delta\dot{\boldsymbol{G}}_{\mathrm{t}}^{(2)}\end{gathered} \end{array}\right]\boldsymbol{X}_{\mathrm{t1}}^{(2)} \\ & + \boldsymbol{X}_{\mathrm{t5}}^{(2)}\begin{bmatrix} 0 & \boldsymbol{n}_M^{\mathrm{T}}\Delta\boldsymbol{G}_{\mathrm{t}}^{(2)} \\ (\Delta\boldsymbol{G}_{\mathrm{t}}^{(2)})^{\mathrm{T}}\boldsymbol{n}_M & \boldsymbol{G}^{(2)\mathrm{T}}\Delta\boldsymbol{G}_{\mathrm{t}}^{(2)} + (\Delta\boldsymbol{G}_{\mathrm{t}}^{(2)})^{\mathrm{T}}\boldsymbol{G}^{(2)} \end{bmatrix}\boldsymbol{X}_{\mathrm{t1}}^{(2)}\end{aligned} \tag{8.149}$$

式中

$$\begin{cases}\boldsymbol{X}_{\mathrm{t3}}^{(2)} = [\boldsymbol{O}_{(M+1)\times1}\ \ \dot{\boldsymbol{G}}^{(2)}]\boldsymbol{X}_{\mathrm{t1}}^{(2)}\ ,\ \ \boldsymbol{X}_{\mathrm{t4}}^{(2)} = \boldsymbol{X}_{\mathrm{t1}}^{(2)}\begin{bmatrix} 0 & \boldsymbol{n}_M^{\mathrm{T}}\dot{\boldsymbol{G}}^{(2)} \\ \dot{\boldsymbol{G}}^{(2)\mathrm{T}}\boldsymbol{n}_M & \dot{\boldsymbol{G}}^{(2)\mathrm{T}}\boldsymbol{G}^{(2)} + \boldsymbol{G}^{(2)\mathrm{T}}\dot{\boldsymbol{G}}^{(2)} \end{bmatrix}\boldsymbol{X}_{\mathrm{t1}}^{(2)} \\ \boldsymbol{X}_{\mathrm{t5}}^{(2)} = \boldsymbol{X}_{\mathrm{t2}}^{(2)}\begin{bmatrix} 0 & \boldsymbol{n}_M^{\mathrm{T}}\dot{\boldsymbol{G}}^{(2)} \\ \dot{\boldsymbol{G}}^{(2)\mathrm{T}}\boldsymbol{n}_M & \dot{\boldsymbol{G}}^{(2)\mathrm{T}}\boldsymbol{G}^{(2)} + \boldsymbol{G}^{(2)\mathrm{T}}\dot{\boldsymbol{G}}^{(2)} \end{bmatrix}\boldsymbol{X}_{\mathrm{t1}}^{(2)}\end{cases} \tag{8.150}$$

$$\Delta\dot{\boldsymbol{G}}_{\mathrm{t}}^{(2)} = \begin{bmatrix} 0 & 0 & 0 & 0 \\ 0 & 0 & 0 & \varepsilon_{\mathrm{t}12} \\ 0 & 0 & 0 & \varepsilon_{\mathrm{t}22} \\ \vdots & \vdots & \vdots & \vdots \\ 0 & 0 & 0 & \varepsilon_{\mathrm{t}M2} \end{bmatrix} - \frac{1}{M+1}\sum_{m=1}^{M}\boldsymbol{I}_{(M+1)\times1}[0\ \ 0\ \ 0\ \ \varepsilon_{\mathrm{t}m2}] \tag{8.151}$$

由式（8.149）可以将式（8.135）右边第 4 式近似表示为关于观测误差 $\boldsymbol{\varepsilon}_{\mathrm{t}}$ 的线性函数，如下式所示：

$$\left[\begin{array}{c|c} \boldsymbol{O}_{(M+1)\times5} & \boldsymbol{O}_{(M+1)\times4} \\ \hdashline \boldsymbol{W}^{(2)}\Delta\dot{\boldsymbol{T}}_{\mathrm{t}}^{(2)} & \boldsymbol{O}_{(M+1)\times4} \end{array}\right]\begin{bmatrix} 1 \\ \boldsymbol{g}_{\mathrm{v}} \end{bmatrix} \approx \boldsymbol{B}_{\mathrm{t4}}^{(2)}(\boldsymbol{g}_{\mathrm{v}})\boldsymbol{\varepsilon}_{\mathrm{t}} \tag{8.152}$$

式中

$$\boldsymbol{B}_{\mathrm{t4}}^{(2)}(\boldsymbol{g}_{\mathrm{v}}) = \left[\begin{array}{c|c} \boldsymbol{O}_{(M+1)\times(M-1)} & \boldsymbol{O}_{(M+1)\times(M-1)} \\ \hdashline \begin{gathered} \left(\begin{gathered}([1\ \ \boldsymbol{g}^{\mathrm{T}}]\boldsymbol{X}_{\mathrm{t1}}^{(2)\mathrm{T}})\otimes(\boldsymbol{W}^{(2)}\boldsymbol{X}_{\mathrm{t5}}^{(2)}) \\ +([1\ \ \boldsymbol{g}^{\mathrm{T}}]\boldsymbol{X}_{\mathrm{t4}}^{(2)\mathrm{T}})\otimes(\boldsymbol{W}^{(2)}\boldsymbol{X}_{\mathrm{t2}}^{(2)}) \\ -([1\ \ \boldsymbol{g}^{\mathrm{T}}]\boldsymbol{X}_{\mathrm{t1}}^{(2)\mathrm{T}})\otimes(\boldsymbol{W}^{(2)}\boldsymbol{X}_{\mathrm{t3}}^{(2)})\end{gathered}\right)\boldsymbol{J}_{\mathrm{t1}}^{(2)} \\ -[([1\ \ \boldsymbol{g}^{\mathrm{T}}]\boldsymbol{X}_{\mathrm{t1}}^{(2)\mathrm{T}})\otimes(\boldsymbol{W}^{(2)}\boldsymbol{X}_{\mathrm{t2}}^{(2)})]\boldsymbol{J}_{\mathrm{t2}}^{(2)} \\ -[([1\ \ \boldsymbol{g}^{\mathrm{T}}]\boldsymbol{X}_{\mathrm{t4}}^{(2)\mathrm{T}})\otimes\boldsymbol{W}^{(2)}]\boldsymbol{J}_{\mathrm{t0}}^{(2)} \end{gathered} & \begin{gathered} [([1\ \ \boldsymbol{g}^{\mathrm{T}}]\boldsymbol{X}_{\mathrm{t1}}^{(2)\mathrm{T}})\otimes\boldsymbol{W}^{(2)}]\boldsymbol{J}_{\mathrm{t0}}^{(2)} \\ -[([1\ \ \boldsymbol{g}^{\mathrm{T}}]\boldsymbol{X}_{\mathrm{t1}}^{(2)\mathrm{T}})\otimes(\boldsymbol{W}^{(2)}\boldsymbol{X}_{\mathrm{t2}}^{(2)})]\boldsymbol{J}_{\mathrm{t1}}^{(2)} \end{gathered} \end{array}\right] \in \mathbf{R}^{2(M+1)\times2(M-1)} \tag{8.153}$$

其中

$$\begin{cases} \boldsymbol{J}_{\mathrm{t2}}^{(2)} = [\boldsymbol{O}_{(M+1)\times 9} \ \ \bar{\boldsymbol{L}}_M \dot{\boldsymbol{x}} \ \ \boldsymbol{O}_{(M+1)\times 4} \ \ \bar{\boldsymbol{L}}_M \dot{\boldsymbol{y}} \ \ \boldsymbol{O}_{(M+1)\times 4} \ \ \bar{\boldsymbol{L}}_M \dot{\boldsymbol{z}} \ \ \boldsymbol{O}_{(M+1)\times 1} \\ \qquad \bar{\boldsymbol{L}}_M \dot{\boldsymbol{x}} \ \ \bar{\boldsymbol{L}}_M \dot{\boldsymbol{y}} \ \ \bar{\boldsymbol{L}}_M \dot{\boldsymbol{z}} \ \ 2\tilde{\boldsymbol{L}}_M \dot{\boldsymbol{\rho}}]^{\mathrm{T}} \tilde{\boldsymbol{L}}_M \in \mathbf{R}^{25\times(M-1)} \\ \dot{\boldsymbol{x}} = [\dot{x}_1^{(\mathrm{s})} \ \ \dot{x}_2^{(\mathrm{s})} \ \ \cdots \ \ \dot{x}_M^{(\mathrm{s})}]^{\mathrm{T}} \ , \ \dot{\boldsymbol{y}} = [\dot{y}_1^{(\mathrm{s})} \ \ \dot{y}_2^{(\mathrm{s})} \ \ \cdots \ \ \dot{y}_M^{(\mathrm{s})}]^{\mathrm{T}} \ , \ \dot{\boldsymbol{z}} = [\dot{z}_1^{(\mathrm{s})} \ \ \dot{z}_2^{(\mathrm{s})} \ \ \cdots \ \ \dot{z}_M^{(\mathrm{s})}]^{\mathrm{T}} \end{cases} \tag{8.154}$$

式（8.152）的推导见附录 E.8。

将式（8.137）、式（8.141）、式（8.146）及式（8.152）代入式（8.135）中可得

$$\boldsymbol{\delta}_{\mathrm{t}}^{(2)} \approx \boldsymbol{B}_{\mathrm{t1}}^{(2)}(\boldsymbol{g}_{\mathrm{v}})\boldsymbol{\varepsilon}_{\mathrm{t}} + \boldsymbol{B}_{\mathrm{t2}}^{(2)}(\boldsymbol{g}_{\mathrm{v}})\boldsymbol{\varepsilon}_{\mathrm{t}} + \boldsymbol{B}_{\mathrm{t3}}^{(2)}(\boldsymbol{g}_{\mathrm{v}})\boldsymbol{\varepsilon}_{\mathrm{t}} + \boldsymbol{B}_{\mathrm{t4}}^{(2)}(\boldsymbol{g}_{\mathrm{v}})\boldsymbol{\varepsilon}_{\mathrm{t}} = \boldsymbol{B}_{\mathrm{t}}^{(2)}(\boldsymbol{g}_{\mathrm{v}})\boldsymbol{\varepsilon}_{\mathrm{t}} \tag{8.155}$$

式中，$\boldsymbol{B}_{\mathrm{t}}^{(2)}(\boldsymbol{g}_{\mathrm{v}}) = \boldsymbol{B}_{\mathrm{t1}}^{(2)}(\boldsymbol{g}_{\mathrm{v}}) + \boldsymbol{B}_{\mathrm{t2}}^{(2)}(\boldsymbol{g}_{\mathrm{v}}) + \boldsymbol{B}_{\mathrm{t3}}^{(2)}(\boldsymbol{g}_{\mathrm{v}}) + \boldsymbol{B}_{\mathrm{t4}}^{(2)}(\boldsymbol{g}_{\mathrm{v}}) \in \mathbf{R}^{2(M+1)\times 2(M-1)}$。由式（8.155）可知，误差向量 $\boldsymbol{\delta}_{\mathrm{t}}^{(2)}$ 渐近服从零均值的高斯分布，并且其协方差矩阵为

$$\begin{aligned} \boldsymbol{\Omega}_{\mathrm{t}}^{(2)} &= \mathbf{cov}(\boldsymbol{\delta}_{\mathrm{t}}^{(2)}) = \mathrm{E}[\boldsymbol{\delta}_{\mathrm{t}}^{(2)}\boldsymbol{\delta}_{\mathrm{t}}^{(2)\mathrm{T}}] \approx \boldsymbol{B}_{\mathrm{t}}^{(2)}(\boldsymbol{g}_{\mathrm{v}}) \cdot \mathrm{E}[\boldsymbol{\varepsilon}_{\mathrm{t}}\boldsymbol{\varepsilon}_{\mathrm{t}}^{\mathrm{T}}] \cdot (\boldsymbol{B}_{\mathrm{t}}^{(2)}(\boldsymbol{g}_{\mathrm{v}}))^{\mathrm{T}} \\ &= \boldsymbol{B}_{\mathrm{t}}^{(2)}(\boldsymbol{g}_{\mathrm{v}})\boldsymbol{E}_{\mathrm{t}}(\boldsymbol{B}_{\mathrm{t}}^{(2)}(\boldsymbol{g}_{\mathrm{v}}))^{\mathrm{T}} \in \mathbf{R}^{2(M+1)\times 2(M+1)} \end{aligned} \tag{8.156}$$

2. 定位优化模型及其求解方法

一般而言，矩阵 $\boldsymbol{B}_{\mathrm{t}}^{(2)}(\boldsymbol{g}_{\mathrm{v}})$ 是列满秩的，即有 $\mathrm{rank}[\boldsymbol{B}_{\mathrm{t}}^{(2)}(\boldsymbol{g}_{\mathrm{v}})] = 2(M-1)$。由此可知，协方差矩阵 $\boldsymbol{\Omega}_{\mathrm{t}}^{(2)}$ 的秩也为 $2(M-1)$，但由于 $\boldsymbol{\Omega}_{\mathrm{t}}^{(2)}$ 是 $2(M+1)\times 2(M+1)$ 阶方阵，这意味着它是秩亏损矩阵，所以无法直接利用该矩阵的逆构建估计准则。下面利用矩阵奇异值分解重新构造误差向量，以使其协方差矩阵具备满秩性。

首先对矩阵 $\boldsymbol{B}_{\mathrm{t}}^{(2)}(\boldsymbol{g}_{\mathrm{v}})$ 进行奇异值分解，如下式所示：

$$\begin{aligned} \boldsymbol{B}_{\mathrm{t}}^{(2)}(\boldsymbol{g}_{\mathrm{v}}) &= \boldsymbol{H}^{(2)}\boldsymbol{\Sigma}^{(2)}\boldsymbol{V}^{(2)\mathrm{T}} \\ &= \left[\underbrace{\boldsymbol{H}_1^{(2)}}_{2(M+1)\times 2(M-1)} \ \ \underbrace{\boldsymbol{H}_2^{(2)}}_{2(M+1)\times 4} \right] \begin{bmatrix} \overbrace{\boldsymbol{\Sigma}_1^{(2)}}^{2(M-1)\times 2(M-1)} \\ \boldsymbol{O}_{4\times 2(M-1)} \end{bmatrix} \boldsymbol{V}^{(2)\mathrm{T}} = \boldsymbol{H}_1^{(2)}\boldsymbol{\Sigma}_1^{(2)}\boldsymbol{V}^{(2)\mathrm{T}} \end{aligned} \tag{8.157}$$

式中，$\boldsymbol{H}^{(2)} = [\boldsymbol{H}_1^{(2)} \ \ \boldsymbol{H}_2^{(2)}]$，为 $2(M+1)\times 2(M+1)$ 阶正交矩阵；$\boldsymbol{V}^{(2)}$ 为 $2(M-1)\times 2(M-1)$ 阶正交矩阵；$\boldsymbol{\Sigma}_1^{(2)}$ 为 $2(M-1)\times 2(M-1)$ 阶对角矩阵，其中的对角元素为矩阵 $\boldsymbol{B}_{\mathrm{t}}^{(2)}(\boldsymbol{g}_{\mathrm{v}})$ 的奇异值。为了得到协方差矩阵为满秩的误差向量，可以将矩阵 $\boldsymbol{H}_1^{(2)\mathrm{T}}$ 左乘以误差向量 $\boldsymbol{\delta}_{\mathrm{t}}^{(2)}$，并结合式（8.134）和式（8.155）可得

$$\bar{\boldsymbol{\delta}}_{\mathrm{t}}^{(2)} = \boldsymbol{H}_1^{(2)\mathrm{T}}\boldsymbol{\delta}_{\mathrm{t}}^{(2)} = \boldsymbol{H}_1^{(2)\mathrm{T}} \begin{bmatrix} \hat{\boldsymbol{W}}^{(2)}\hat{\boldsymbol{T}}^{(2)} & \boldsymbol{O}_{(M+1)\times 4} \\ \hat{\dot{\boldsymbol{W}}}^{(2)}\hat{\boldsymbol{T}}^{(2)} + \hat{\boldsymbol{W}}^{(2)}\hat{\dot{\boldsymbol{T}}}^{(2)} & \hat{\boldsymbol{W}}^{(2)}\hat{\boldsymbol{T}}^{(2)}\bar{\boldsymbol{I}}_4 \end{bmatrix} \begin{bmatrix} 1 \\ \boldsymbol{g}_{\mathrm{v}} \end{bmatrix} \approx \boldsymbol{H}_1^{(2)\mathrm{T}}\boldsymbol{B}_{\mathrm{t}}^{(2)}(\boldsymbol{g}_{\mathrm{v}})\boldsymbol{\varepsilon}_{\mathrm{t}} \tag{8.158}$$

由式（8.157）可得 $\boldsymbol{H}_1^{(2)\mathrm{T}}\boldsymbol{B}_{\mathrm{t}}^{(2)}(\boldsymbol{g}_{\mathrm{v}}) = \boldsymbol{\Sigma}_1^{(2)}\boldsymbol{V}^{(2)\mathrm{T}}$，将该式代入式（8.158）中可知，

误差向量 $\bar{\boldsymbol{\delta}}_{\mathrm{t}}^{(2)}$ 的协方差矩阵为

$$\begin{aligned}\bar{\boldsymbol{\Omega}}_{\mathrm{t}}^{(2)} &= \mathbf{cov}(\bar{\boldsymbol{\delta}}_{\mathrm{t}}^{(2)}) = \mathrm{E}[\bar{\boldsymbol{\delta}}_{\mathrm{t}}^{(2)}\bar{\boldsymbol{\delta}}_{\mathrm{t}}^{(2)\mathrm{T}}] \\ &= \boldsymbol{H}_1^{(2)\mathrm{T}}\boldsymbol{\Omega}_{\mathrm{t}}^{(2)}\boldsymbol{H}_1^{(2)} \approx \boldsymbol{\Sigma}_1^{(2)}\boldsymbol{V}^{(2)\mathrm{T}}\cdot\mathrm{E}[\boldsymbol{\varepsilon}_{\mathrm{t}}\boldsymbol{\varepsilon}_{\mathrm{t}}^{\mathrm{T}}]\cdot\boldsymbol{V}^{(2)}\boldsymbol{\Sigma}_1^{(2)\mathrm{T}} \\ &= \boldsymbol{\Sigma}_1^{(2)}\boldsymbol{V}^{(2)\mathrm{T}}\boldsymbol{E}_{\mathrm{t}}\boldsymbol{V}^{(2)}\boldsymbol{\Sigma}_1^{(2)\mathrm{T}} \in \mathbf{R}^{2(M-1)\times 2(M-1)}\end{aligned} \tag{8.159}$$

容易验证 $\bar{\boldsymbol{\Omega}}_{\mathrm{t}}^{(2)}$ 为满秩矩阵，并且误差向量 $\bar{\boldsymbol{\delta}}_{\mathrm{t}}^{(2)}$ 的维数为 $2(M-1)$，其与 TDOA/FDOA 观测量个数相等，此时可以将估计向量 $\boldsymbol{g}_{\mathrm{v}}$ 的优化准则表示为

$$\begin{aligned}&\min_{\boldsymbol{g}_{\mathrm{v}}}\left\{\begin{bmatrix}1\\ \boldsymbol{g}_{\mathrm{v}}\end{bmatrix}^{\mathrm{T}}\begin{bmatrix}\hat{\boldsymbol{W}}^{(2)}\hat{\boldsymbol{T}}^{(2)} & \boldsymbol{O}_{(M+1)\times 4}\\ \hat{\dot{\boldsymbol{W}}}^{(2)}\hat{\boldsymbol{T}}^{(2)}+\hat{\boldsymbol{W}}^{(2)}\hat{\dot{\boldsymbol{T}}}^{(2)} & \hat{\boldsymbol{W}}^{(2)}\hat{\boldsymbol{T}}^{(2)}\bar{\boldsymbol{I}}_4\end{bmatrix}^{\mathrm{T}}\right.\\ &\left.\times\boldsymbol{H}_1^{(2)}(\bar{\boldsymbol{\Omega}}_{\mathrm{t}}^{(2)})^{-1}\boldsymbol{H}_1^{(2)\mathrm{T}}\begin{bmatrix}\hat{\boldsymbol{W}}^{(2)}\hat{\boldsymbol{T}}^{(2)} & \boldsymbol{O}_{(M+1)\times 4}\\ \hat{\dot{\boldsymbol{W}}}^{(2)}\hat{\boldsymbol{T}}^{(2)}+\hat{\boldsymbol{W}}^{(2)}\hat{\dot{\boldsymbol{T}}}^{(2)} & \hat{\boldsymbol{W}}^{(2)}\hat{\boldsymbol{T}}^{(2)}\bar{\boldsymbol{I}}_4\end{bmatrix}\begin{bmatrix}1\\ \boldsymbol{g}_{\mathrm{v}}\end{bmatrix}\right\}\end{aligned} \tag{8.160}$$

式中，$(\bar{\boldsymbol{\Omega}}_{\mathrm{t}}^{(2)})^{-1}$ 可以看作加权矩阵，其作用在于抑制观测误差 $\boldsymbol{\varepsilon}_{\mathrm{t}}$ 的影响。不妨将矩阵 $\hat{\boldsymbol{T}}^{(2)}$ 和 $\hat{\dot{\boldsymbol{T}}}^{(2)}$ 分块表示为

$$\hat{\boldsymbol{T}}^{(2)} = \Big[\underbrace{\hat{\boldsymbol{t}}_1^{(2)}}_{(M+1)\times 1}\quad \underbrace{\hat{\boldsymbol{T}}_2^{(2)}}_{(M+1)\times 4}\Big],\quad \hat{\dot{\boldsymbol{T}}}^{(2)} = \Big[\underbrace{\hat{\dot{\boldsymbol{t}}}_1^{(2)}}_{(M+1)\times 1}\quad \underbrace{\hat{\dot{\boldsymbol{T}}}_2^{(2)}}_{(M+1)\times 4}\Big] \tag{8.161}$$

于是可以将式（8.160）重新写为

$$\min_{\boldsymbol{g}_{\mathrm{v}}}\left\{\begin{aligned}&\left(\begin{bmatrix}\hat{\boldsymbol{W}}^{(2)}\hat{\boldsymbol{T}}_2^{(2)} & \boldsymbol{O}_{(M+1)\times 4}\\ \hat{\dot{\boldsymbol{W}}}^{(2)}\hat{\boldsymbol{T}}_2^{(2)}+\hat{\boldsymbol{W}}^{(2)}\hat{\dot{\boldsymbol{T}}}_2^{(2)} & \hat{\boldsymbol{W}}^{(2)}\hat{\boldsymbol{T}}_2^{(2)}\end{bmatrix}\boldsymbol{g}_{\mathrm{v}}+\begin{bmatrix}\hat{\boldsymbol{W}}^{(2)}\hat{\boldsymbol{t}}_1^{(2)}\\ \hat{\dot{\boldsymbol{W}}}^{(2)}\hat{\boldsymbol{t}}_1^{(2)}+\hat{\boldsymbol{W}}^{(2)}\hat{\dot{\boldsymbol{t}}}_1^{(2)}\end{bmatrix}\right)^{\mathrm{T}}\boldsymbol{H}_1^{(2)}(\bar{\boldsymbol{\Omega}}_{\mathrm{t}}^{(2)})^{-1}\boldsymbol{H}_1^{(2)\mathrm{T}}\\ &\times\left(\begin{bmatrix}\hat{\boldsymbol{W}}^{(2)}\hat{\boldsymbol{T}}_2^{(2)} & \boldsymbol{O}_{(M+1)\times 4}\\ \hat{\dot{\boldsymbol{W}}}^{(2)}\hat{\boldsymbol{T}}_2^{(2)}+\hat{\boldsymbol{W}}^{(2)}\hat{\dot{\boldsymbol{T}}}_2^{(2)} & \hat{\boldsymbol{W}}^{(2)}\hat{\boldsymbol{T}}_2^{(2)}\end{bmatrix}\boldsymbol{g}_{\mathrm{v}}+\begin{bmatrix}\hat{\boldsymbol{W}}^{(2)}\hat{\boldsymbol{t}}_1^{(2)}\\ \hat{\dot{\boldsymbol{W}}}^{(2)}\hat{\boldsymbol{t}}_1^{(2)}+\hat{\boldsymbol{W}}^{(2)}\hat{\dot{\boldsymbol{t}}}_1^{(2)}\end{bmatrix}\right)\end{aligned}\right\} \tag{8.162}$$

再结合二次等式约束式（8.59）可以建立估计向量 $\boldsymbol{g}_{\mathrm{v}}$ 的优化模型，如下式所示：

$$\begin{cases}\min\limits_{\boldsymbol{g}_{\mathrm{v}}}\{(\hat{\boldsymbol{Z}}^{(2)}\boldsymbol{g}_{\mathrm{v}}+\hat{\boldsymbol{z}}^{(2)})^{\mathrm{T}}\boldsymbol{H}_1^{(2)}(\bar{\boldsymbol{\Omega}}_{\mathrm{t}}^{(2)})^{-1}\boldsymbol{H}_1^{(2)\mathrm{T}}(\hat{\boldsymbol{Z}}^{(2)}\boldsymbol{g}_{\mathrm{v}}+\hat{\boldsymbol{z}}^{(2)})\}\\ \text{s.t.}\ \ \boldsymbol{g}_{\mathrm{v}}^{\mathrm{T}}\boldsymbol{\Lambda}_{\mathrm{v}1}\boldsymbol{g}_{\mathrm{v}}+\boldsymbol{\kappa}_{\mathrm{v}1}^{\mathrm{T}}\boldsymbol{g}_{\mathrm{v}}+\|\boldsymbol{s}_1\|_2^2=0\\ \qquad \boldsymbol{g}_{\mathrm{v}}^{\mathrm{T}}\boldsymbol{\Lambda}_{\mathrm{v}2}\boldsymbol{g}_{\mathrm{v}}+\boldsymbol{\kappa}_{\mathrm{v}2}^{\mathrm{T}}\boldsymbol{g}_{\mathrm{v}}+2\boldsymbol{s}_1^{\mathrm{T}}\dot{\boldsymbol{s}}_1=0\end{cases} \tag{8.163}$$

式中

$$\hat{\boldsymbol{z}}^{(2)} = \begin{bmatrix}\hat{\boldsymbol{W}}^{(2)}\hat{\boldsymbol{t}}_1^{(2)}\\ \hat{\dot{\boldsymbol{W}}}^{(2)}\hat{\boldsymbol{t}}_1^{(2)}+\hat{\boldsymbol{W}}^{(2)}\hat{\dot{\boldsymbol{t}}}_1^{(2)}\end{bmatrix},\quad \hat{\boldsymbol{Z}}^{(2)} = \begin{bmatrix}\hat{\boldsymbol{W}}^{(2)}\hat{\boldsymbol{T}}_2^{(2)} & \boldsymbol{O}_{(M+1)\times 4}\\ \hat{\dot{\boldsymbol{W}}}^{(2)}\hat{\boldsymbol{T}}_2^{(2)}+\hat{\boldsymbol{W}}^{(2)}\hat{\dot{\boldsymbol{T}}}_2^{(2)} & \hat{\boldsymbol{W}}^{(2)}\hat{\boldsymbol{T}}_2^{(2)}\end{bmatrix} \tag{8.164}$$

显然，式（8.163）的求解方法与式（8.62）完全相同，因此 8.2.3 节中描述的求解方法可以直接应用于此，限于篇幅这里不再赘述。类似地，将向量 $\boldsymbol{g}_{\mathrm{v}}$ 的估计值记为 $\hat{\boldsymbol{g}}_{\mathrm{v\text{-}p}}^{(2)}$。由向量 $\boldsymbol{g}_{\mathrm{v}}$ 的定义可知，利用向量 $\hat{\boldsymbol{g}}_{\mathrm{v\text{-}p}}^{(2)}$ 中的前 3 个分量就可以获得

辐射源位置向量 $\boldsymbol{u}$ 的估计值 $\hat{\boldsymbol{u}}_{\text{p}}^{(2)}$（即有 $\hat{\boldsymbol{u}}_{\text{p}}^{(2)}=[\boldsymbol{I}_3\ \ \boldsymbol{O}_{3\times1}\ \ \boldsymbol{O}_{3\times3}\ \ \boldsymbol{O}_{3\times1}]\hat{\boldsymbol{g}}_{\text{v-p}}^{(2)}$），利用向量 $\hat{\boldsymbol{g}}_{\text{v-p}}^{(2)}$ 中的第 5～7 个分量就可以获得辐射源速度向量 $\dot{\boldsymbol{u}}$ 的估计值 $\hat{\dot{\boldsymbol{u}}}_{\text{p}}^{(2)}$（即有 $\hat{\dot{\boldsymbol{u}}}_{\text{p}}^{(2)}=[\boldsymbol{O}_{3\times3}\ \ \boldsymbol{O}_{3\times1}\ \ \boldsymbol{I}_3\ \ \boldsymbol{O}_{3\times1}]\hat{\boldsymbol{g}}_{\text{v-p}}^{(2)}$），于是辐射源位置–速度向量 $\boldsymbol{u}_{\text{v}}$ 的估计值 $\hat{\boldsymbol{u}}_{\text{v-p}}^{(2)}$ 可以表示为

$$\hat{\boldsymbol{u}}_{\text{v-p}}^{(2)}=\begin{bmatrix}\hat{\boldsymbol{u}}_{\text{p}}^{(2)}\\ \hat{\dot{\boldsymbol{u}}}_{\text{p}}^{(2)}\end{bmatrix}=\begin{bmatrix}\boldsymbol{I}_3 & \boldsymbol{O}_{3\times1} & \boldsymbol{O}_{3\times3} & \boldsymbol{O}_{3\times1}\\ \boldsymbol{O}_{3\times3} & \boldsymbol{O}_{3\times1} & \boldsymbol{I}_3 & \boldsymbol{O}_{3\times1}\end{bmatrix}\hat{\boldsymbol{g}}_{\text{v-p}}^{(2)} \tag{8.165}$$

【注记 8.4】由式（8.156）、式（8.157）及式（8.159）可知，加权矩阵 $(\bar{\boldsymbol{\Omega}}_{\text{t}}^{(2)})^{-1}$ 与未知向量 $\boldsymbol{g}_{\text{v}}$ 有关。因此，严格来说，式（8.163）中的目标函数并不是关于向量 $\boldsymbol{g}_{\text{v}}$ 的二次函数，针对该问题，可以采用注记 4.1 中描述的方法进行处理。理论分析表明，在一阶误差分析理论框架下，加权矩阵 $(\bar{\boldsymbol{\Omega}}_{\text{t}}^{(2)})^{-1}$ 中的扰动误差并不会实质影响估计值 $\hat{\boldsymbol{g}}_{\text{v-p}}^{(2)}$ 的统计性能①。

图 8.13 给出了本章第 2 种加权多维标度定位方法的流程图。

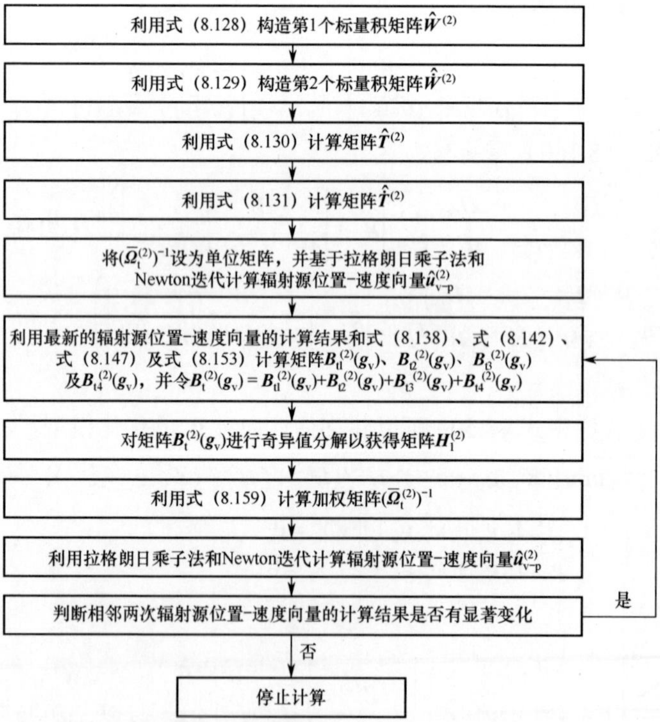

图 8.13　本章第 2 种加权多维标度定位方法的流程图

① 加权矩阵 $(\bar{\boldsymbol{\Omega}}_{\text{t}}^{(2)})^{-1}$ 中的扰动误差也不会实质影响估计值 $\hat{\boldsymbol{u}}_{\text{p}}^{(2)}$ 和 $\hat{\dot{\boldsymbol{u}}}_{\text{p}}^{(2)}$ 的统计性能。

8.3.4　理论性能分析

下面将给出估计值 $\hat{\boldsymbol{u}}_{\text{v-p}}^{(2)}$ 的理论性能。需要指出的是，8.2.4 节中的性能推导方法可以直接搬移至此，所以这里仅直接给出最终结论。

首先可以获得估计值 $\hat{\boldsymbol{u}}_{\text{v-p}}^{(2)}$ 的均方误差矩阵，如下式所示：

$$\begin{aligned}\mathbf{MSE}(\hat{\boldsymbol{u}}_{\text{v-p}}^{(2)})=&\begin{bmatrix}\boldsymbol{I}_3 & \boldsymbol{O}_{3\times1} & \boldsymbol{O}_{3\times3} & \boldsymbol{O}_{3\times1}\\ \boldsymbol{O}_{3\times3} & \boldsymbol{O}_{3\times1} & \boldsymbol{I}_3 & \boldsymbol{O}_{3\times1}\end{bmatrix}\\&\times\left(\begin{aligned}&\boldsymbol{I}_8-(\boldsymbol{Z}^{(2)\text{T}}\boldsymbol{H}_1^{(2)}(\bar{\boldsymbol{\Omega}}_{\text{t}}^{(2)})^{-1}\boldsymbol{H}_1^{(2)\text{T}}\boldsymbol{Z}^{(2)})^{-1}\boldsymbol{P}(\boldsymbol{g}_{\text{v}})\\&\times[(\boldsymbol{P}(\boldsymbol{g}_{\text{v}}))^{\text{T}}(\boldsymbol{Z}^{(2)\text{T}}\boldsymbol{H}_1^{(2)}(\bar{\boldsymbol{\Omega}}_{\text{t}}^{(2)})^{-1}\boldsymbol{H}_1^{(2)\text{T}}\boldsymbol{Z}^{(2)})^{-1}\boldsymbol{P}(\boldsymbol{g}_{\text{v}})]^{-1}(\boldsymbol{P}(\boldsymbol{g}_{\text{v}}))^{\text{T}}\end{aligned}\right)\\&\times(\boldsymbol{Z}^{(2)\text{T}}\boldsymbol{H}_1^{(2)}(\bar{\boldsymbol{\Omega}}_{\text{t}}^{(2)})^{-1}\boldsymbol{H}_1^{(2)\text{T}}\boldsymbol{Z}^{(2)})^{-1}\begin{bmatrix}\boldsymbol{I}_3 & \boldsymbol{O}_{3\times3}\\ \boldsymbol{O}_{1\times3} & \boldsymbol{O}_{1\times3}\\ \boldsymbol{O}_{3\times3} & \boldsymbol{I}_3\\ \boldsymbol{O}_{1\times3} & \boldsymbol{O}_{1\times3}\end{bmatrix}\end{aligned} \tag{8.166}$$

式中

$$\boldsymbol{Z}^{(2)}=\hat{\boldsymbol{Z}}^{(2)}\big|_{\boldsymbol{\varepsilon}_{\text{t}}=\boldsymbol{O}_{2(M-1)\times1}}=\begin{bmatrix}\boldsymbol{W}^{(2)}\boldsymbol{T}_2^{(2)} & \boldsymbol{O}_{(M+1)\times4}\\ \dot{\boldsymbol{W}}^{(2)}\boldsymbol{T}_2^{(2)}+\boldsymbol{W}^{(2)}\dot{\boldsymbol{T}}_2^{(2)} & \boldsymbol{W}^{(2)}\boldsymbol{T}_2^{(2)}\end{bmatrix}\in\mathbf{R}^{2(M+1)\times8} \tag{8.167}$$

其中，$\boldsymbol{T}_2^{(2)}=\hat{\boldsymbol{T}}_2^{(2)}\big|_{\boldsymbol{\varepsilon}_{\text{t}}=\boldsymbol{O}_{2(M-1)\times1}}$ 和 $\dot{\boldsymbol{T}}_2^{(2)}=\hat{\dot{\boldsymbol{T}}}_2^{(2)}\big|_{\boldsymbol{\varepsilon}_{\text{t}}=\boldsymbol{O}_{2(M-1)\times1}}$。与估计值 $\hat{\boldsymbol{u}}_{\text{v-p}}^{(1)}$ 类似，估计值 $\hat{\boldsymbol{u}}_{\text{v-p}}^{(2)}$ 也具有渐近最优性，也就是其估计均方误差矩阵可以渐近逼近相应的克拉美罗界，具体可见如下命题。

【命题 8.2】 在一阶误差分析理论框架下，$\mathbf{MSE}(\hat{\boldsymbol{u}}_{\text{v-p}}^{(2)})=\mathbf{CRB}_{\text{tfdoa-p}}(\boldsymbol{u})$。

命题 8.2 的证明与命题 8.1 的证明类似，限于篇幅这里不再赘述。

8.3.5　仿真实验

假设利用 7 个运动传感器获得的 TDOA/FDOA 信息（也即距离差/距离差变化率信息）对运动辐射源进行定位，传感器三维位置坐标和速度分别如表 8.2 所示，距离差/距离差变化率观测误差向量 $\boldsymbol{\varepsilon}_{\text{t}}$ 服从均值为零、协方差矩阵为 $\boldsymbol{E}_{\text{t}}=\sigma_{\text{t}}^2\text{blkdiag}\left\{\dfrac{1}{2}(\boldsymbol{I}_{M-1}+\boldsymbol{I}_{(M-1)\times(M-1)}),\dfrac{1}{200}(\boldsymbol{I}_{M-1}+\boldsymbol{I}_{(M-1)\times(M-1)})\right\}$ 的高斯分布。

表 8.2　传感器三维位置坐标和速度　（单位：m 和 m/s）

传感器序号	1	2	3	4	5	6	7
$x_m^{(s)}$	1800	−1500	1700	2300	−1800	1000	−2400
$y_m^{(s)}$	1700	2100	−2000	1400	−1100	−1400	1900
$z_m^{(s)}$	2100	1200	1900	−1600	1200	−2300	−1400
$\dot{x}_m^{(s)}$	12	15	−13	−10	−15	18	−11
$\dot{y}_m^{(s)}$	14	−15	17	11	−12	−15	−10
$\dot{z}_m^{(s)}$	18	16	15	−13	14	−11	−13

首先将辐射源位置向量和速度向量分别设为 $\boldsymbol{u}=[-4900\ \ -4800\ \ 5700]^{\mathrm{T}}$ (m)和 $\dot{\boldsymbol{u}}=[15\ \ -12\ \ -13]^{\mathrm{T}}$ (m/s)，将标准差设为 $\sigma_{\mathrm{t}}=1$，图 8.14 给出了定位结果散布图与定位误差椭圆曲线；图 8.15 给出了定位结果散布图与误差概率圆环曲线。

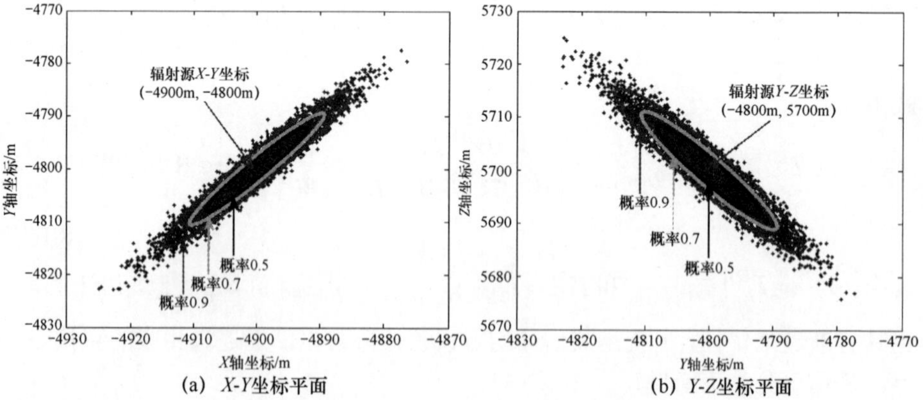

图 8.14　定位结果散布图与定位误差椭圆曲线

然后将辐射源坐标设为两种情形：第 1 种是近场源，其位置向量和速度向量分别为 $\boldsymbol{u}=[2900\ \ 2800\ \ 2700]^{\mathrm{T}}$ (m)和 $\dot{\boldsymbol{u}}=[-13\ \ 10\ \ -18]^{\mathrm{T}}$ (m/s)；第 2 种是远场源，其位置向量和速度向量分别为 $\boldsymbol{u}=[8700\ \ 8200\ \ 7500]^{\mathrm{T}}$ (m) 和 $\dot{\boldsymbol{u}}=[-13\ \ 10\ \ -18]^{\mathrm{T}}$ (m/s)。改变标准差 σ_{t} 的数值，图 8.16 给出了辐射源位置估计均方根误差随着标准差 σ_{t} 的变化曲线；图 8.17 给出了辐射源速度估计均方根误差随着标准差 σ_{t} 的变化曲线；图 8.18 给出了辐射源定位成功概率随着标准差 σ_{t} 的变化曲线（图中的理论值是根据式（3.29）和式（3.36）计算得出的，其中 $\delta=10\,\mathrm{m}$）。

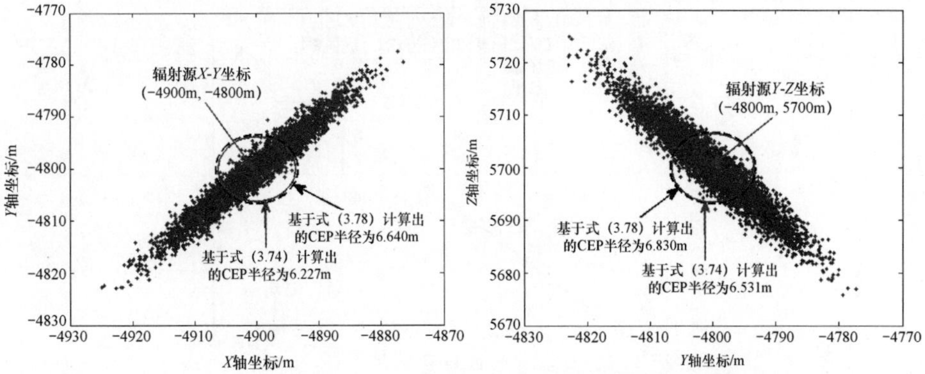

(a) *X-Y*坐标平面　　　(b) *Y-Z*坐标平面

图 8.15　定位结果散布图与误差概率圆环曲线

最后将标准差σ_t设为两种情形：第 1 种是$\sigma_t=1$；第 2 种是$\sigma_t=2$，将辐射源位置向量和速度向量分别设为$\boldsymbol{u}=[2400\ \ 2500\ \ 2600]^T+[220\ \ 220\ \ 220]^T k$(m)和$\dot{\boldsymbol{u}}=[14\ \ 14\ \ 14]^T$(m/s)。改变参数$k$的数值，图 8.19 给出了辐射源位置估计均方根误差随着参数k的变化曲线；图 8.20 给出了辐射源速度估计均方根误差随着参数k的变化曲线；图 8.21 给出了辐射源定位成功概率随着参数k的变化曲线（图中的理论值是根据式（3.29）和式（3.36）计算得出的，其中$\delta=10$ m）。

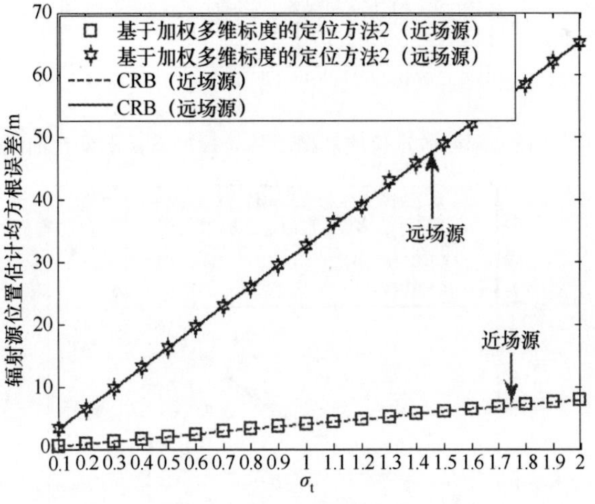

图 8.16　辐射源位置估计均方根误差随着标准差σ_t的变化曲线

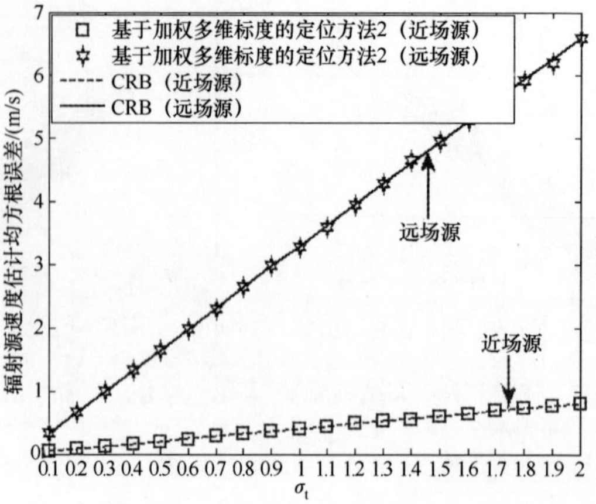

图 8.17　辐射源速度估计均方根误差随着标准差 σ_t 的变化曲线

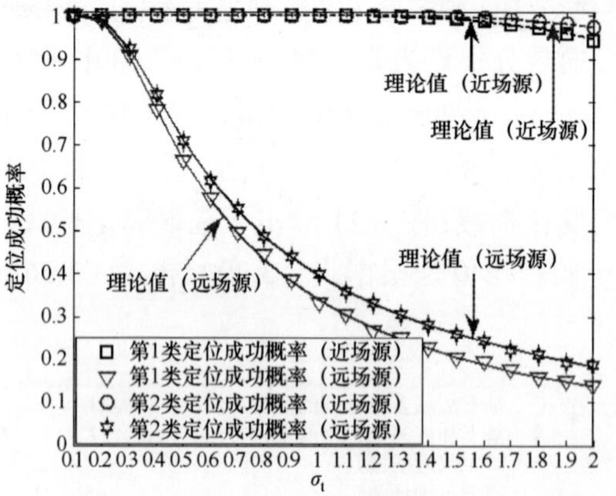

图 8.18　辐射源定位成功概率随着标准差 σ_t 的变化曲线

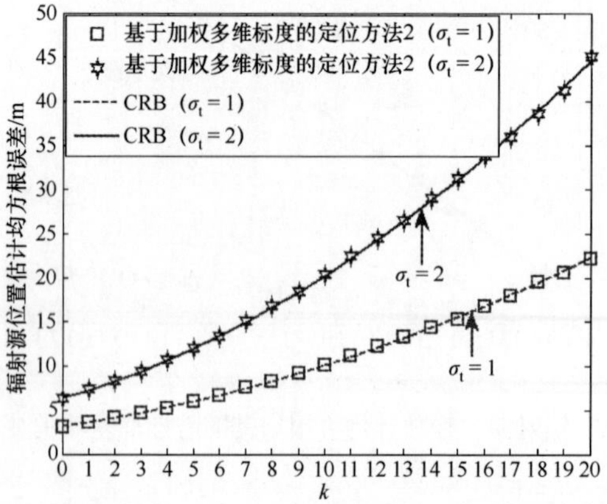

图 8.19　辐射源位置估计均方根误差随着参数 k 的变化曲线

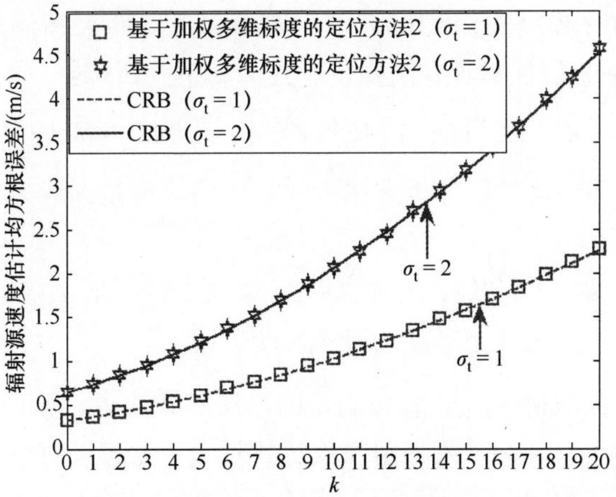

图 8.20　辐射源速度估计均方根误差随着参数 k 的变化曲线

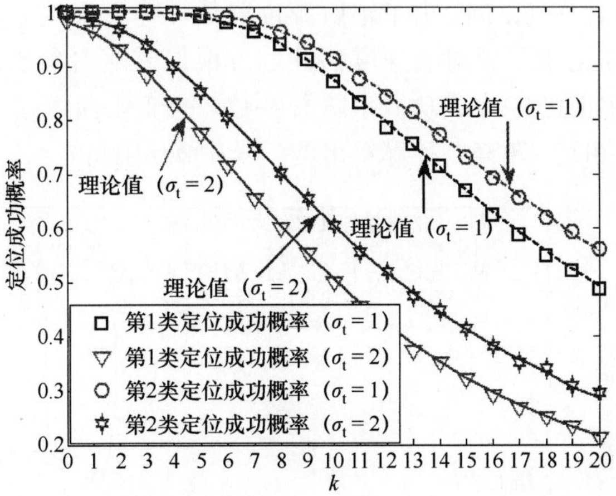

图 8.21　辐射源定位成功概率随着参数 k 的变化曲线

从图 8.16～图 8.21 中可以看出：（1）基于加权多维标度的定位方法 2 的辐射源位置和速度估计均方根误差同样可以达到克拉美罗界（见图 8.16 和图 8.17 及图 8.19 和图 8.20），这验证了 8.3.4 节理论性能分析的有效性；（2）随着辐射源与传感器距离的增加，其对辐射源的位置和速度估计精度会逐渐降低（见图 8.19～图 8.21），对近场源的定位精度要高于对远场源的定位精度（见图 8.16 和图 8.18），对近场源的速度估计精度要高于对远场源的速度估计精度（见图 8.17）；（3）两类定位成功概率的理论值和仿真值相互吻合，并且在相同条件下第 2 类定位成功概率高于第 1 类定位成功概率（见图 8.18 和图 8.21），这验证了 3.2 节理论性能分析的有效性。

下面回到优化模型式（8.163）中，若不利用向量 $\boldsymbol{g}_{\text{v}}$ 所满足的二次等式约束式（8.59），则其最优解具有闭式表达式，如下式所示：

$$\hat{\boldsymbol{g}}_{\text{v-uc}}^{(2)} = -\left[\hat{\boldsymbol{Z}}^{(2)\text{T}}\boldsymbol{H}_1^{(2)}(\bar{\boldsymbol{\Omega}}_{\text{t}}^{(2)})^{-1}\boldsymbol{H}_1^{(2)\text{T}}\hat{\boldsymbol{Z}}^{(2)}\right]^{-1}\hat{\boldsymbol{Z}}^{(2)\text{T}}\boldsymbol{H}_1^{(2)}(\bar{\boldsymbol{\Omega}}_{\text{t}}^{(2)})^{-1}\boldsymbol{H}_1^{(2)\text{T}}\hat{\boldsymbol{z}}^{(2)} \tag{8.168}$$

仿照 4.3.4 节中的理论性能分析方法可知，该估计值是渐近无偏估计值，并且其均方误差矩阵为

$$\begin{aligned}\mathbf{MSE}(\hat{\boldsymbol{g}}_{\text{v-uc}}^{(2)}) &= \text{E}[(\hat{\boldsymbol{g}}_{\text{v-uc}}^{(2)} - \boldsymbol{g}_{\text{v}})(\hat{\boldsymbol{g}}_{\text{v-uc}}^{(2)} - \boldsymbol{g}_{\text{v}})^{\text{T}}] = \text{E}[\Delta\boldsymbol{g}_{\text{v-uc}}^{(2)}(\Delta\boldsymbol{g}_{\text{v-uc}}^{(2)})^{\text{T}}] \\ &= \left[\boldsymbol{Z}^{(2)\text{T}}\boldsymbol{H}_1^{(2)}(\bar{\boldsymbol{\Omega}}_{\text{t}}^{(2)})^{-1}\boldsymbol{H}_1^{(2)\text{T}}\boldsymbol{Z}^{(2)}\right]^{-1}\end{aligned} \tag{8.169}$$

需要指出的是，若不利用向量 $\boldsymbol{g}_{\text{v}}$ 所满足的二次等式约束，则可能会影响最终的定位精度。下面不妨比较“未利用二次等式约束（由式（8.168）给出的结果）”和“利用二次等式约束（由图 8.13 中的方法给出的结果）”这两种处理方式的定位精度。仿真参数基本同图 8.19～图 8.21，只是固定标准差 $\sigma_{\text{t}} = 1$，改变参数 k 的数值，图 8.22 给出了辐射源位置估计均方根误差随着参数 k 的变化曲线；图 8.23 给出了辐射源速度估计均方根误差随着参数 k 的变化曲线；图 8.24 给出了辐射源定位成功概率随着参数 k 的变化曲线（图中的理论值是根据式（3.29）和式（3.36）计算得出的，其中 $\delta = 10\,\text{m}$）。

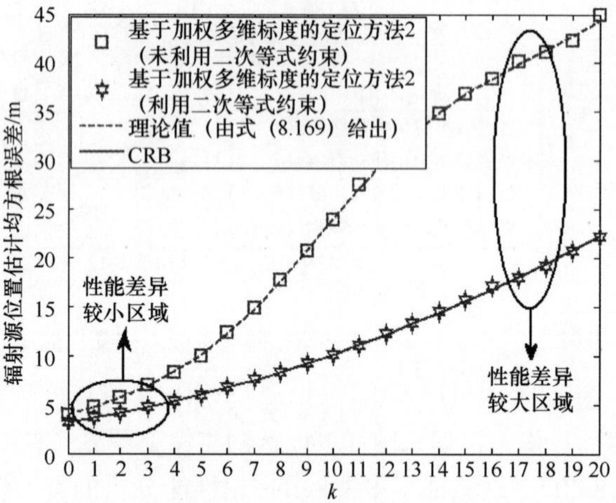

图 8.22　辐射源位置估计均方根误差随着参数 k 的变化曲线

从图 8.22～图 8.24 中可以看出，若未利用向量 $\boldsymbol{g}_{\text{v}}$ 所满足的二次等式约束，则最终的辐射源位置和速度估计误差确实会有所增加，并且其对辐射源位置和速度估计精度带来的影响与辐射源和传感器之间的相对位置有关。

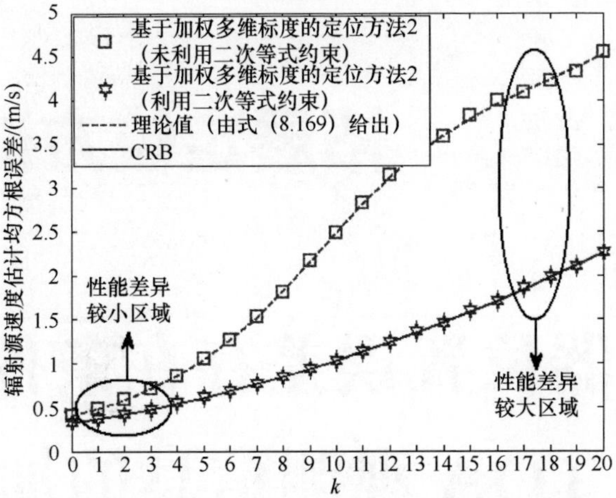

图 8.23 辐射源速度估计均方根误差随着参数 k 的变化曲线

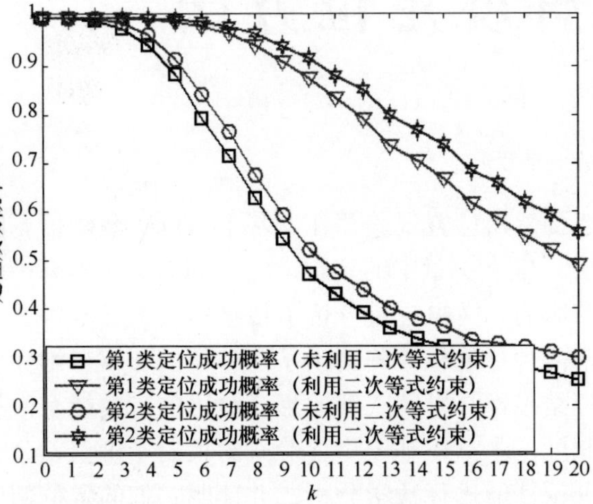

图 8.24 辐射源定位成功概率随着参数 k 的变化曲线

第3部分　拓展定位方法篇

第9章 传感器位置误差存在条件下基于TOA观测信息的加权多维标度定位方法

本章将描述传感器位置误差存在下基于 TOA 观测信息的加权多维标度定位原理和方法。与第 4 章中的定位方法不同的是，本章中的方法考虑了传感器位置误差的影响。文中定量分析了传感器位置误差对于第 4 章定位方法的影响，并基于两种标量积矩阵给出了两种新的加权多维标度定位方法。这两种方法的定位结果都是以闭式解的形式给出的，并能有效抑制传感器位置误差的影响。此外，本章还基于不含等式约束的一阶误差分析方法，对这两种定位方法的理论性能进行数学分析，并证明它们的定位精度均能逼近相应的克拉美罗界。

9.1　TOA 观测模型与问题描述

现有 M 个静止传感器利用 TOA 观测信息对某个静止辐射源进行定位，其中第 m 个传感器的位置向量为 $\boldsymbol{s}_m=[x_m^{(\mathrm{s})}\ \ y_m^{(\mathrm{s})}\ \ z_m^{(\mathrm{s})}]^{\mathrm{T}}$ $(1\leqslant m\leqslant M)$，辐射源的位置向量为 $\boldsymbol{u}=[x^{(\mathrm{u})}\ \ y^{(\mathrm{u})}\ \ z^{(\mathrm{u})}]^{\mathrm{T}}$ 。由于 TOA 信息可以等价为距离信息，为了方便起见，下面直接利用距离观测量进行建模和分析。

将辐射源与第 m 个传感器的距离记为 r_m，则有

$$r_m = \| \boldsymbol{u} - \boldsymbol{s}_m \|_2 \quad (1 \leqslant m \leqslant M) \tag{9.1}$$

实际中获得的距离观测量是含有误差的，它可以表示为

$$\hat{r}_m = r_m + \varepsilon_{\mathrm{t}m} = \| \boldsymbol{u} - \boldsymbol{s}_m \|_2 + \varepsilon_{\mathrm{t}m} \quad (1 \leqslant m \leqslant M) \tag{9.2}$$

式中，$\varepsilon_{\mathrm{t}m}$ 表示观测误差。将式（9.2）表示成向量形式可得

$$\hat{\boldsymbol{r}} = \boldsymbol{r} + \boldsymbol{\varepsilon}_{\mathrm{t}} = \begin{bmatrix} \| \boldsymbol{u} - \boldsymbol{s}_1 \|_2 \\ \| \boldsymbol{u} - \boldsymbol{s}_2 \|_2 \\ \vdots \\ \| \boldsymbol{u} - \boldsymbol{s}_M \|_2 \end{bmatrix} + \begin{bmatrix} \varepsilon_{\mathrm{t}1} \\ \varepsilon_{\mathrm{t}2} \\ \vdots \\ \varepsilon_{\mathrm{t}M} \end{bmatrix} = \boldsymbol{f}_{\mathrm{toa}}(\boldsymbol{u}, \boldsymbol{s}) + \boldsymbol{\varepsilon}_{\mathrm{t}} \tag{9.3}$$

式中

$$\begin{cases} \boldsymbol{r} = \boldsymbol{f}_{\mathrm{toa}}(\boldsymbol{u}, \boldsymbol{s}) = [\| \boldsymbol{u} - \boldsymbol{s}_1 \|_2 \;\; \| \boldsymbol{u} - \boldsymbol{s}_2 \|_2 \;\; \cdots \;\; \| \boldsymbol{u} - \boldsymbol{s}_M \|_2]^{\mathrm{T}} \\ \hat{\boldsymbol{r}} = [\hat{r}_1 \;\; \hat{r}_2 \;\; \cdots \;\; \hat{r}_M]^{\mathrm{T}} \;,\; \boldsymbol{r} = [r_1 \;\; r_2 \;\; \cdots \;\; r_M]^{\mathrm{T}} \\ \boldsymbol{s} = [\boldsymbol{s}_1^{\mathrm{T}} \;\; \boldsymbol{s}_2^{\mathrm{T}} \;\; \cdots \;\; \boldsymbol{s}_M^{\mathrm{T}}]^{\mathrm{T}} \;,\; \boldsymbol{\varepsilon}_{\mathrm{t}} = [\varepsilon_{\mathrm{t}1} \;\; \varepsilon_{\mathrm{t}2} \;\; \cdots \;\; \varepsilon_{\mathrm{t}M}]^{\mathrm{T}} \end{cases} \tag{9.4}$$

这里假设观测误差向量 $\boldsymbol{\varepsilon}_{\mathrm{t}}$ 服从零均值的高斯分布，并且其协方差矩阵为 $\boldsymbol{E}_{\mathrm{t}} = \mathrm{E}[\boldsymbol{\varepsilon}_{\mathrm{t}} \boldsymbol{\varepsilon}_{\mathrm{t}}^{\mathrm{T}}]$。

在实际的定位过程中，传感器位置向量 $\{\boldsymbol{s}_m\}_{1 \leqslant m \leqslant M}$ 往往无法精确获得，仅能得到其先验观测值，如下式所示：

$$\hat{\boldsymbol{s}}_m = \boldsymbol{s}_m + \boldsymbol{\varepsilon}_{\mathrm{s}m} \quad (1 \leqslant m \leqslant M) \tag{9.5}$$

式中，$\boldsymbol{\varepsilon}_{\mathrm{s}m}$ 表示第 m 个传感器的位置观测误差。对式（9.5）进行合并可得

$$\hat{\boldsymbol{s}} = \boldsymbol{s} + \boldsymbol{\varepsilon}_{\mathrm{s}} \tag{9.6}$$

式中

$$\hat{\boldsymbol{s}} = [\hat{\boldsymbol{s}}_1^{\mathrm{T}} \;\; \hat{\boldsymbol{s}}_2^{\mathrm{T}} \;\; \cdots \;\; \hat{\boldsymbol{s}}_M^{\mathrm{T}}]^{\mathrm{T}} \;,\; \boldsymbol{\varepsilon}_{\mathrm{s}} = [\boldsymbol{\varepsilon}_{\mathrm{s}1}^{\mathrm{T}} \;\; \boldsymbol{\varepsilon}_{\mathrm{s}2}^{\mathrm{T}} \;\; \cdots \;\; \boldsymbol{\varepsilon}_{\mathrm{s}M}^{\mathrm{T}}]^{\mathrm{T}} \tag{9.7}$$

这里假设观测误差向量 $\boldsymbol{\varepsilon}_{\mathrm{s}}$ 服从零均值的高斯分布，并且其协方差矩阵为 $\boldsymbol{E}_{\mathrm{s}} = \mathrm{E}[\boldsymbol{\varepsilon}_{\mathrm{s}} \boldsymbol{\varepsilon}_{\mathrm{s}}^{\mathrm{T}}]$。此外，误差向量 $\boldsymbol{\varepsilon}_{\mathrm{s}}$ 与 $\boldsymbol{\varepsilon}_{\mathrm{t}}$ 之间相互统计独立。

下面的问题在于：如何联合 TOA 观测向量 $\hat{\boldsymbol{r}}$ 和传感器位置先验观测向量 $\hat{\boldsymbol{s}}$，尽可能准确地估计辐射源位置向量 $\boldsymbol{u}$。本章采用的定位方法是基于多维标度原理的，其中将给出两种定位方法，9.2 节描述第 1 种定位方法，9.3 节给出第 2 种定位方法，它们的主要区别在于标量积矩阵的构造方式不同。需要指出的是，9.2 节和 9.3 节中的方法分别是 4.2 节和 4.3 节中方法的拓展，在给出具体的定位方法之前，首先定量推导 4.2 节和 4.3 节中的方法在传感器位置误差存在下的估计均方误差，从而能够科学地评估传感器位置误差给定位精度带来的影响。

9.2 传感器位置误差存在条件下基于加权多维标度的定位方法 1

9.2.1 基础结论

本节中标量积矩阵的构造方式与 4.2 节中的构造方式是一致的。注意到 4.2 节中的矩阵 $\boldsymbol{W}^{(1)}$、$\hat{\boldsymbol{W}}^{(1)}$、$\boldsymbol{T}^{(1)}$ 及向量 $\boldsymbol{\beta}^{(1)}(\boldsymbol{u})$ 都与传感器位置向量 $\boldsymbol{s}$ 有关，因此这里将它们分别写为 $\boldsymbol{W}^{(1)}(\boldsymbol{s})$、$\hat{\boldsymbol{W}}^{(1)}(\boldsymbol{s})$、$\boldsymbol{T}^{(1)}(\boldsymbol{s})$ 及 $\boldsymbol{\beta}^{(1)}(\boldsymbol{u},\boldsymbol{s})$。首先根据式（4.21）和式（4.22）可以得到如下关系式：

$$\boldsymbol{W}^{(1)}(\boldsymbol{s})\boldsymbol{\beta}^{(1)}(\boldsymbol{u},\boldsymbol{s})=\boldsymbol{W}^{(1)}(\boldsymbol{s})\boldsymbol{T}^{(1)}(\boldsymbol{s})\begin{bmatrix}1\\ \boldsymbol{u}\end{bmatrix}=\boldsymbol{W}^{(1)}(\boldsymbol{s})(\boldsymbol{T}_2^{(1)}(\boldsymbol{s})\boldsymbol{u}+\boldsymbol{t}_1^{(1)}(\boldsymbol{s}))=\boldsymbol{O}_{M\times 1} \tag{9.8}$$

式中，$\boldsymbol{t}_1^{(1)}(\boldsymbol{s})$ 表示矩阵 $\boldsymbol{T}^{(1)}(\boldsymbol{s})$ 中的第 1 列向量；$\boldsymbol{T}_2^{(1)}(\boldsymbol{s})$ 表示矩阵 $\boldsymbol{T}^{(1)}(\boldsymbol{s})$ 中的第 2～4 列构成的矩阵，于是有 $\boldsymbol{T}^{(1)}(\boldsymbol{s})=\begin{bmatrix}\underbrace{\boldsymbol{t}_1^{(1)}(\boldsymbol{s})}_{M\times 1} & \underbrace{\boldsymbol{T}_2^{(1)}(\boldsymbol{s})}_{M\times 3}\end{bmatrix}$ ①。

在实际定位过程中，标量积矩阵 $\boldsymbol{W}^{(1)}(\boldsymbol{s})$ 和传感器位置向量 $\boldsymbol{s}$ 的真实值都是未知的，这必然会在式（9.8）中引入观测误差。基于式（9.8）可以定义误差向量 $\boldsymbol{\delta}_{\text{ts}}^{(1)}=\hat{\boldsymbol{W}}^{(1)}(\hat{\boldsymbol{s}})\boldsymbol{\beta}^{(1)}(\boldsymbol{u},\hat{\boldsymbol{s}})$，若忽略误差二阶项，则由式（9.8）可得

$$\begin{aligned}\boldsymbol{\delta}_{\text{ts}}^{(1)}&=\hat{\boldsymbol{W}}^{(1)}(\hat{\boldsymbol{s}})\boldsymbol{\beta}^{(1)}(\boldsymbol{u},\hat{\boldsymbol{s}})=(\boldsymbol{W}^{(1)}(\boldsymbol{s})+\Delta\boldsymbol{W}_{\text{ts}}^{(1)})\left[(\boldsymbol{T}_2^{(1)}(\boldsymbol{s})+\Delta\boldsymbol{T}_2^{(1)})\boldsymbol{u}+\boldsymbol{t}_1^{(1)}(\boldsymbol{s})+\Delta\boldsymbol{t}_1^{(1)}\right]\\ &\approx\Delta\boldsymbol{W}_{\text{ts}}^{(1)}\boldsymbol{\beta}^{(1)}(\boldsymbol{u},\boldsymbol{s})+\boldsymbol{W}^{(1)}(\boldsymbol{s})(\Delta\boldsymbol{T}_2^{(1)}\boldsymbol{u}+\Delta\boldsymbol{t}_1^{(1)})=\Delta\boldsymbol{W}_{\text{ts}}^{(1)}\boldsymbol{\beta}^{(1)}(\boldsymbol{u},\boldsymbol{s})+\boldsymbol{W}^{(1)}(\boldsymbol{s})\Delta\boldsymbol{T}^{(1)}\begin{bmatrix}1\\ \boldsymbol{u}\end{bmatrix}\end{aligned} \tag{9.9}$$

式中，$\Delta\boldsymbol{W}_{\text{ts}}^{(1)}$、$\Delta\boldsymbol{T}^{(1)}$、$\Delta\boldsymbol{T}_2^{(1)}$ 及 $\Delta\boldsymbol{t}_1^{(1)}$ 分别表示 $\hat{\boldsymbol{W}}^{(1)}(\hat{\boldsymbol{s}})$、$\boldsymbol{T}^{(1)}(\hat{\boldsymbol{s}})$、$\boldsymbol{T}_2^{(1)}(\hat{\boldsymbol{s}})$ 及 $\boldsymbol{t}_1^{(1)}(\hat{\boldsymbol{s}})$ 中的误差矩阵或误差向量，即有 $\Delta\boldsymbol{W}_{\text{ts}}^{(1)}=\hat{\boldsymbol{W}}^{(1)}(\hat{\boldsymbol{s}})-\boldsymbol{W}^{(1)}(\boldsymbol{s})$，$\Delta\boldsymbol{T}^{(1)}=\boldsymbol{T}^{(1)}(\hat{\boldsymbol{s}})-\boldsymbol{T}^{(1)}(\boldsymbol{s})$，$\Delta\boldsymbol{T}_2^{(1)}=\boldsymbol{T}_2^{(1)}(\hat{\boldsymbol{s}})-\boldsymbol{T}_2^{(1)}(\boldsymbol{s})$ 及 $\Delta\boldsymbol{t}_1^{(1)}=\boldsymbol{t}_1^{(1)}(\hat{\boldsymbol{s}})-\boldsymbol{t}_1^{(1)}(\boldsymbol{s})$，并且满足 $\Delta\boldsymbol{T}^{(1)}=\begin{bmatrix}\underbrace{\Delta\boldsymbol{t}_1^{(1)}}_{M\times 1} & \underbrace{\Delta\boldsymbol{T}_2^{(1)}}_{M\times 3}\end{bmatrix}$。若忽略观测误差 $\boldsymbol{\varepsilon}_{\text{t}}$ 和 $\boldsymbol{\varepsilon}_{\text{s}}$ 的二阶及其以上各阶项，则根据式（4.24）和式（4.21）中的第 1 式可以将误差矩阵 $\Delta\boldsymbol{W}_{\text{ts}}^{(1)}$ 和 $\Delta\boldsymbol{T}^{(1)}$ 分别近似表示为

---

① 本节中的数学符号大多使用上角标“(1)”，这是为了突出其对应于第 1 种定位方法。

$$\Delta \boldsymbol{W}_{\mathrm{ts}}^{(1)} \approx \begin{bmatrix} r_1\varepsilon_{\mathrm{t}1}+r_1\varepsilon_{\mathrm{t}1} & r_1\varepsilon_{\mathrm{t}1}+r_2\varepsilon_{\mathrm{t}2} & \cdots & r_1\varepsilon_{\mathrm{t}1}+r_M\varepsilon_{\mathrm{t}M} \\ r_1\varepsilon_{\mathrm{t}1}+r_2\varepsilon_{\mathrm{t}2} & r_2\varepsilon_{\mathrm{t}2}+r_2\varepsilon_{\mathrm{t}2} & \cdots & r_2\varepsilon_{\mathrm{t}2}+r_M\varepsilon_{\mathrm{t}M} \\ \vdots & \vdots & \ddots & \vdots \\ r_1\varepsilon_{\mathrm{t}1}+r_M\varepsilon_{\mathrm{t}M} & r_2\varepsilon_{\mathrm{t}2}+r_M\varepsilon_{\mathrm{t}M} & \cdots & r_M\varepsilon_{\mathrm{t}M}+r_M\varepsilon_{\mathrm{t}M} \end{bmatrix}$$
$$-\begin{bmatrix} (\boldsymbol{s}_1-\boldsymbol{s}_1)^{\mathrm{T}}(\boldsymbol{\varepsilon}_{\mathrm{s}1}-\boldsymbol{\varepsilon}_{\mathrm{s}1}) & (\boldsymbol{s}_1-\boldsymbol{s}_2)^{\mathrm{T}}(\boldsymbol{\varepsilon}_{\mathrm{s}1}-\boldsymbol{\varepsilon}_{\mathrm{s}2}) & \cdots & (\boldsymbol{s}_1-\boldsymbol{s}_M)^{\mathrm{T}}(\boldsymbol{\varepsilon}_{\mathrm{s}1}-\boldsymbol{\varepsilon}_{\mathrm{s}M}) \\ (\boldsymbol{s}_1-\boldsymbol{s}_2)^{\mathrm{T}}(\boldsymbol{\varepsilon}_{\mathrm{s}1}-\boldsymbol{\varepsilon}_{\mathrm{s}2}) & (\boldsymbol{s}_2-\boldsymbol{s}_2)^{\mathrm{T}}(\boldsymbol{\varepsilon}_{\mathrm{s}2}-\boldsymbol{\varepsilon}_{\mathrm{s}2}) & \cdots & (\boldsymbol{s}_2-\boldsymbol{s}_M)^{\mathrm{T}}(\boldsymbol{\varepsilon}_{\mathrm{s}2}-\boldsymbol{\varepsilon}_{\mathrm{s}M}) \\ \vdots & \vdots & \ddots & \vdots \\ (\boldsymbol{s}_1-\boldsymbol{s}_M)^{\mathrm{T}}(\boldsymbol{\varepsilon}_{\mathrm{s}1}-\boldsymbol{\varepsilon}_{\mathrm{s}M}) & (\boldsymbol{s}_2-\boldsymbol{s}_M)^{\mathrm{T}}(\boldsymbol{\varepsilon}_{\mathrm{s}2}-\boldsymbol{\varepsilon}_{\mathrm{s}M}) & \cdots & (\boldsymbol{s}_M-\boldsymbol{s}_M)^{\mathrm{T}}(\boldsymbol{\varepsilon}_{\mathrm{s}M}-\boldsymbol{\varepsilon}_{\mathrm{s}M}) \end{bmatrix} \tag{9.10}$$

$$\Delta \boldsymbol{T}^{(1)} \approx [\boldsymbol{O}_{M\times 1}\ \Delta\boldsymbol{S}^{(1)}]\begin{bmatrix} M & \boldsymbol{1}_{M\times 1}^{\mathrm{T}}\boldsymbol{S}^{(1)} \\ \boldsymbol{S}^{(1)\mathrm{T}}\boldsymbol{1}_{M\times 1} & \boldsymbol{S}^{(1)\mathrm{T}}\boldsymbol{S}^{(1)} \end{bmatrix}^{-1}$$
$$-\boldsymbol{T}^{(1)}(\boldsymbol{s})\begin{bmatrix} 0 & \boldsymbol{1}_{M\times 1}^{\mathrm{T}}\Delta\boldsymbol{S}^{(1)} \\ (\Delta\boldsymbol{S}^{(1)})^{\mathrm{T}}\boldsymbol{1}_{M\times 1} & (\Delta\boldsymbol{S}^{(1)})^{\mathrm{T}}\boldsymbol{S}^{(1)}+\boldsymbol{S}^{(1)\mathrm{T}}\Delta\boldsymbol{S}^{(1)} \end{bmatrix}\begin{bmatrix} M & \boldsymbol{1}_{M\times 1}^{\mathrm{T}}\boldsymbol{S}^{(1)} \\ \boldsymbol{S}^{(1)\mathrm{T}}\boldsymbol{1}_{M\times 1} & \boldsymbol{S}^{(1)\mathrm{T}}\boldsymbol{S}^{(1)} \end{bmatrix}^{-1} \tag{9.11}$$

式中，$\boldsymbol{S}^{(1)}=[\boldsymbol{s}_1\ \ \boldsymbol{s}_2\ \ \cdots\ \ \boldsymbol{s}_M]^{\mathrm{T}}$ 和 $\Delta\boldsymbol{S}^{(1)}=[\boldsymbol{\varepsilon}_{\mathrm{s}1}\ \ \boldsymbol{\varepsilon}_{\mathrm{s}2}\ \ \cdots\ \ \boldsymbol{\varepsilon}_{\mathrm{s}M}]^{\mathrm{T}}$。将式（9.10）和式（9.11）代入式（9.9）中可得

$$\boldsymbol{\delta}_{\mathrm{ts}}^{(1)} \approx \boldsymbol{B}_{\mathrm{t}}^{(1)}(\boldsymbol{u},\boldsymbol{s})\boldsymbol{\varepsilon}_{\mathrm{t}}+\boldsymbol{B}_{\mathrm{s}}^{(1)}(\boldsymbol{u},\boldsymbol{s})\boldsymbol{\varepsilon}_{\mathrm{s}} \tag{9.12}$$

式中

$$\begin{cases} \boldsymbol{B}_{\mathrm{t}}^{(1)}(\boldsymbol{u},\boldsymbol{s})=((\boldsymbol{\beta}^{(1)}(\boldsymbol{u},\boldsymbol{s}))^{\mathrm{T}}\boldsymbol{1}_{M\times 1})\mathrm{diag}[\boldsymbol{r}]+\boldsymbol{1}_{M\times 1}(\boldsymbol{\beta}^{(1)}(\boldsymbol{u},\boldsymbol{s})\odot\boldsymbol{r})^{\mathrm{T}}\in\mathbf{R}^{M\times M} \\ \boldsymbol{B}_{\mathrm{s}}^{(1)}(\boldsymbol{u},\boldsymbol{s})=\boldsymbol{W}^{(1)}(\boldsymbol{s})\left(\boldsymbol{J}_1^{(1)}(\boldsymbol{u},\boldsymbol{s})-\boldsymbol{T}^{(1)}(\boldsymbol{s})\begin{bmatrix} \boldsymbol{1}_{M\times 1}^{\mathrm{T}}\boldsymbol{J}_1^{(1)}(\boldsymbol{u},\boldsymbol{s}) \\ \boldsymbol{S}^{(1)\mathrm{T}}\boldsymbol{J}_1^{(1)}(\boldsymbol{u},\boldsymbol{s})+\boldsymbol{J}_2^{(1)}(\boldsymbol{u},\boldsymbol{s}) \end{bmatrix}\right) \\ \qquad\qquad +((\boldsymbol{\beta}^{(1)}(\boldsymbol{u},\boldsymbol{s}))^{\mathrm{T}}\otimes\boldsymbol{I}_M)\bar{\boldsymbol{S}}_{\mathrm{blk}}^{(1)}\in\mathbf{R}^{M\times 3M} \end{cases} \tag{9.13}$$

其中

$$\boldsymbol{J}_1^{(1)}(\boldsymbol{u},\boldsymbol{s})=\boldsymbol{I}_M\otimes(\boldsymbol{\alpha}_2^{(1)}(\boldsymbol{u},\boldsymbol{s}))^{\mathrm{T}},\ \boldsymbol{J}_2^{(1)}(\boldsymbol{u},\boldsymbol{s})=([\boldsymbol{1}_{M\times 1}\ \boldsymbol{S}^{(1)}]\boldsymbol{\alpha}^{(1)}(\boldsymbol{u},\boldsymbol{s}))^{\mathrm{T}}\otimes\boldsymbol{I}_3 \tag{9.14}$$

$$\boldsymbol{\alpha}^{(1)}(\boldsymbol{u},\boldsymbol{s})=\begin{bmatrix} M & \boldsymbol{1}_{M\times 1}^{\mathrm{T}}\boldsymbol{S}^{(1)} \\ \boldsymbol{S}^{(1)\mathrm{T}}\boldsymbol{1}_{M\times 1} & \boldsymbol{S}^{(1)\mathrm{T}}\boldsymbol{S}^{(1)} \end{bmatrix}^{-1}\begin{bmatrix} 1 \\ \boldsymbol{u} \end{bmatrix}=\begin{bmatrix} \underbrace{\alpha_1^{(1)}(\boldsymbol{u},\boldsymbol{s})}_{1\times 1} \\ \underbrace{\boldsymbol{\alpha}_2^{(1)}(\boldsymbol{u},\boldsymbol{s})}_{3\times 1} \end{bmatrix} \tag{9.15}$$

$$\bar{\boldsymbol{S}}_{\mathrm{blk}}^{(1)}=\begin{bmatrix} \mathrm{blkdiag}\{(\boldsymbol{s}_1-\boldsymbol{s}_1)^{\mathrm{T}},(\boldsymbol{s}_1-\boldsymbol{s}_2)^{\mathrm{T}},\cdots,(\boldsymbol{s}_1-\boldsymbol{s}_M)^{\mathrm{T}}\} \\ \mathrm{blkdiag}\{(\boldsymbol{s}_2-\boldsymbol{s}_1)^{\mathrm{T}},(\boldsymbol{s}_2-\boldsymbol{s}_2)^{\mathrm{T}},\cdots,(\boldsymbol{s}_2-\boldsymbol{s}_M)^{\mathrm{T}}\} \\ \vdots \\ \mathrm{blkdiag}\{(\boldsymbol{s}_M-\boldsymbol{s}_1)^{\mathrm{T}},(\boldsymbol{s}_M-\boldsymbol{s}_2)^{\mathrm{T}},\cdots,(\boldsymbol{s}_M-\boldsymbol{s}_M)^{\mathrm{T}}\} \end{bmatrix}$$

$$-\mathrm{blkdiag}\left\{\begin{bmatrix}(\boldsymbol{s}_1-\boldsymbol{s}_1)^{\mathrm{T}}\\(\boldsymbol{s}_1-\boldsymbol{s}_2)^{\mathrm{T}}\\\vdots\\(\boldsymbol{s}_1-\boldsymbol{s}_M)^{\mathrm{T}}\end{bmatrix},\begin{bmatrix}(\boldsymbol{s}_2-\boldsymbol{s}_1)^{\mathrm{T}}\\(\boldsymbol{s}_2-\boldsymbol{s}_2)^{\mathrm{T}}\\\vdots\\(\boldsymbol{s}_2-\boldsymbol{s}_M)^{\mathrm{T}}\end{bmatrix},\cdots,\begin{bmatrix}(\boldsymbol{s}_M-\boldsymbol{s}_1)^{\mathrm{T}}\\(\boldsymbol{s}_M-\boldsymbol{s}_2)^{\mathrm{T}}\\\vdots\\(\boldsymbol{s}_M-\boldsymbol{s}_M)^{\mathrm{T}}\end{bmatrix}\right\} \tag{9.16}$$

式（9.12）的推导见附录 F.1。由式（9.12）可知，误差向量 $\boldsymbol{\delta}_{\mathrm{ts}}^{(1)}$ 渐近服从零均值的高斯分布，并且其协方差矩阵为

$$\begin{aligned}\boldsymbol{\Omega}_{\mathrm{ts}}^{(1)}&=\mathbf{cov}(\boldsymbol{\delta}_{\mathrm{ts}}^{(1)})=\mathrm{E}[\boldsymbol{\delta}_{\mathrm{ts}}^{(1)}\boldsymbol{\delta}_{\mathrm{ts}}^{(1)\mathrm{T}}]\\&\approx\boldsymbol{B}_{\mathrm{t}}^{(1)}(\boldsymbol{u},\boldsymbol{s})\cdot\mathrm{E}[\boldsymbol{\varepsilon}_{\mathrm{t}}\boldsymbol{\varepsilon}_{\mathrm{t}}^{\mathrm{T}}]\cdot(\boldsymbol{B}_{\mathrm{t}}^{(1)}(\boldsymbol{u},\boldsymbol{s}))^{\mathrm{T}}+\boldsymbol{B}_{\mathrm{s}}^{(1)}(\boldsymbol{u},\boldsymbol{s})\cdot\mathrm{E}[\boldsymbol{\varepsilon}_{\mathrm{s}}\boldsymbol{\varepsilon}_{\mathrm{s}}^{\mathrm{T}}]\cdot(\boldsymbol{B}_{\mathrm{s}}^{(1)}(\boldsymbol{u},\boldsymbol{s}))^{\mathrm{T}}\\&=\boldsymbol{B}_{\mathrm{t}}^{(1)}(\boldsymbol{u},\boldsymbol{s})\boldsymbol{E}_{\mathrm{t}}(\boldsymbol{B}_{\mathrm{t}}^{(1)}(\boldsymbol{u},\boldsymbol{s}))^{\mathrm{T}}+\boldsymbol{B}_{\mathrm{s}}^{(1)}(\boldsymbol{u},\boldsymbol{s})\boldsymbol{E}_{\mathrm{s}}(\boldsymbol{B}_{\mathrm{s}}^{(1)}(\boldsymbol{u},\boldsymbol{s}))^{\mathrm{T}}=\boldsymbol{\Omega}_{\mathrm{t}}^{(1)}+\boldsymbol{\Omega}_{\mathrm{s}}^{(1)}\in\mathbf{R}^{M\times M}\end{aligned} \tag{9.17}$$

式中

$$\boldsymbol{\Omega}_{\mathrm{t}}^{(1)}=\boldsymbol{B}_{\mathrm{t}}^{(1)}(\boldsymbol{u},\boldsymbol{s})\boldsymbol{E}_{\mathrm{t}}(\boldsymbol{B}_{\mathrm{t}}^{(1)}(\boldsymbol{u},\boldsymbol{s}))^{\mathrm{T}}\ ,\ \boldsymbol{\Omega}_{\mathrm{s}}^{(1)}=\boldsymbol{B}_{\mathrm{s}}^{(1)}(\boldsymbol{u},\boldsymbol{s})\boldsymbol{E}_{\mathrm{s}}(\boldsymbol{B}_{\mathrm{s}}^{(1)}(\boldsymbol{u},\boldsymbol{s}))^{\mathrm{T}} \tag{9.18}$$

【注记 9.1】 式（4.27）中的误差向量 $\boldsymbol{\delta}_{\mathrm{t}}^{(1)}$ 仅包含观测误差 $\boldsymbol{\varepsilon}_{\mathrm{t}}$，而式（9.12）中的误差向量 $\boldsymbol{\delta}_{\mathrm{ts}}^{(1)}$ 却同时包含观测误差 $\boldsymbol{\varepsilon}_{\mathrm{t}}$ 和 $\boldsymbol{\varepsilon}_{\mathrm{s}}$，这是因为本章考虑了传感器位置误差的影响。

9.2.2 传感器位置误差的影响

4.2 节中给出的辐射源位置估计值 $\hat{\boldsymbol{u}}_{\mathrm{p}}^{(1)}$ 可见式（4.33），其中假设传感器位置精确已知。当传感器位置误差存在时，其定位精度必然会有所下降，下面将定量推导估计值 $\hat{\boldsymbol{u}}_{\mathrm{p}}^{(1)}$ 在此情形下的均方误差矩阵。为了避免符号混淆，这里需要将估计值 $\hat{\boldsymbol{u}}_{\mathrm{p}}^{(1)}$ 记为 $\hat{\boldsymbol{u}}_{\mathrm{e}}^{(1)}$。

根据式（4.33）可以将估计值 $\hat{\boldsymbol{u}}_{\mathrm{e}}^{(1)}$ 表示为

$$\begin{aligned}\hat{\boldsymbol{u}}_{\mathrm{e}}^{(1)}=&-\left[(\boldsymbol{T}_2^{(1)}(\hat{\boldsymbol{s}}))^{\mathrm{T}}(\hat{\boldsymbol{W}}^{(1)}(\hat{\boldsymbol{s}}))^{\mathrm{T}}(\boldsymbol{\Omega}_{\mathrm{t}}^{(1)})^{-1}\hat{\boldsymbol{W}}^{(1)}(\hat{\boldsymbol{s}})\boldsymbol{T}_2^{(1)}(\hat{\boldsymbol{s}})\right]^{-1}\\&\times(\boldsymbol{T}_2^{(1)}(\hat{\boldsymbol{s}}))^{\mathrm{T}}(\hat{\boldsymbol{W}}^{(1)}(\hat{\boldsymbol{s}}))^{\mathrm{T}}(\boldsymbol{\Omega}_{\mathrm{t}}^{(1)})^{-1}\hat{\boldsymbol{W}}^{(1)}(\hat{\boldsymbol{s}})\boldsymbol{t}_1^{(1)}(\hat{\boldsymbol{s}})\end{aligned} \tag{9.19}$$

将估计值 $\hat{\boldsymbol{u}}_{\mathrm{e}}^{(1)}$ 中的误差记为 $\Delta\boldsymbol{u}_{\mathrm{e}}^{(1)}=\hat{\boldsymbol{u}}_{\mathrm{e}}^{(1)}-\boldsymbol{u}$，由式（9.19）可知

$$\begin{aligned}&(\boldsymbol{T}_2^{(1)}(\hat{\boldsymbol{s}}))^{\mathrm{T}}(\hat{\boldsymbol{W}}^{(1)}(\hat{\boldsymbol{s}}))^{\mathrm{T}}(\boldsymbol{\Omega}_{\mathrm{t}}^{(1)})^{-1}\hat{\boldsymbol{W}}^{(1)}(\hat{\boldsymbol{s}})\boldsymbol{T}_2^{(1)}(\hat{\boldsymbol{s}})(\boldsymbol{u}+\Delta\boldsymbol{u}_{\mathrm{e}}^{(1)})\\&=-(\boldsymbol{T}_2^{(1)}(\hat{\boldsymbol{s}}))^{\mathrm{T}}(\hat{\boldsymbol{W}}^{(1)}(\hat{\boldsymbol{s}}))^{\mathrm{T}}(\boldsymbol{\Omega}_{\mathrm{t}}^{(1)})^{-1}\hat{\boldsymbol{W}}^{(1)}(\hat{\boldsymbol{s}})\boldsymbol{t}_1^{(1)}(\hat{\boldsymbol{s}})\end{aligned} \tag{9.20}$$

基于式（9.20）可以进一步推得[①]

---

① 这里的性能分析并未考虑加权矩阵 $(\boldsymbol{\Omega}_{\mathrm{t}}^{(1)})^{-1}$ 中的误差，这是因为在一阶误差分析框架下，其中的扰动误差并不会实质影响估计值 $\hat{\boldsymbol{u}}_{\mathrm{e}}^{(1)}$ 的统计性能。

$$
\begin{aligned}
&(\Delta \boldsymbol{T}_2^{(1)})^{\mathrm{T}}(\boldsymbol{W}^{(1)}(\boldsymbol{s}))^{\mathrm{T}}(\boldsymbol{\Omega}_{\mathrm{t}}^{(1)})^{-1}\boldsymbol{W}^{(1)}(\boldsymbol{s})\boldsymbol{T}_2^{(1)}(\boldsymbol{s})\boldsymbol{u}+(\boldsymbol{T}_2^{(1)}(\boldsymbol{s}))^{\mathrm{T}}(\Delta \boldsymbol{W}_{\mathrm{ts}}^{(1)})^{\mathrm{T}}(\boldsymbol{\Omega}_{\mathrm{t}}^{(1)})^{-1}\boldsymbol{W}^{(1)}(\boldsymbol{s})\boldsymbol{T}_2^{(1)}(\boldsymbol{s})\boldsymbol{u}\\
&+(\boldsymbol{T}_2^{(1)}(\boldsymbol{s}))^{\mathrm{T}}(\boldsymbol{W}^{(1)}(\boldsymbol{s}))^{\mathrm{T}}(\boldsymbol{\Omega}_{\mathrm{t}}^{(1)})^{-1}\Delta \boldsymbol{W}_{\mathrm{ts}}^{(1)}\boldsymbol{T}_2^{(1)}(\boldsymbol{s})\boldsymbol{u}+(\boldsymbol{T}_2^{(1)}(\boldsymbol{s}))^{\mathrm{T}}(\boldsymbol{W}^{(1)}(\boldsymbol{s}))^{\mathrm{T}}(\boldsymbol{\Omega}_{\mathrm{t}}^{(1)})^{-1}\boldsymbol{W}^{(1)}(\boldsymbol{s})\Delta \boldsymbol{T}_2^{(1)}\boldsymbol{u}\\
&+(\boldsymbol{T}_2^{(1)}(\boldsymbol{s}))^{\mathrm{T}}(\boldsymbol{W}^{(1)}(\boldsymbol{s}))^{\mathrm{T}}(\boldsymbol{\Omega}_{\mathrm{t}}^{(1)})^{-1}\boldsymbol{W}^{(1)}(\boldsymbol{s})\boldsymbol{T}_2^{(1)}(\boldsymbol{s})\Delta \boldsymbol{u}_{\mathrm{e}}^{(1)}\\
\approx&-(\Delta \boldsymbol{T}_2^{(1)})^{\mathrm{T}}(\boldsymbol{W}^{(1)}(\boldsymbol{s}))^{\mathrm{T}}(\boldsymbol{\Omega}_{\mathrm{t}}^{(1)})^{-1}\boldsymbol{W}^{(1)}(\boldsymbol{s})\boldsymbol{t}_1^{(1)}(\boldsymbol{s})-(\boldsymbol{T}_2^{(1)}(\boldsymbol{s}))^{\mathrm{T}}(\Delta \boldsymbol{W}_{\mathrm{ts}}^{(1)})^{\mathrm{T}}(\boldsymbol{\Omega}_{\mathrm{t}}^{(1)})^{-1}\boldsymbol{W}^{(1)}(\boldsymbol{s})\boldsymbol{t}_1^{(1)}(\boldsymbol{s})\\
&-(\boldsymbol{T}_2^{(1)}(\boldsymbol{s}))^{\mathrm{T}}(\boldsymbol{W}^{(1)}(\boldsymbol{s}))^{\mathrm{T}}(\boldsymbol{\Omega}_{\mathrm{t}}^{(1)})^{-1}\Delta \boldsymbol{W}_{\mathrm{ts}}^{(1)}\boldsymbol{t}_1^{(1)}(\boldsymbol{s})-(\boldsymbol{T}_2^{(1)}(\boldsymbol{s}))^{\mathrm{T}}(\boldsymbol{W}^{(1)}(\boldsymbol{s}))^{\mathrm{T}}(\boldsymbol{\Omega}_{\mathrm{t}}^{(1)})^{-1}\boldsymbol{W}^{(1)}(\boldsymbol{s})\Delta \boldsymbol{t}_1^{(1)}\\
\Rightarrow \Delta \boldsymbol{u}_{\mathrm{e}}^{(1)} \approx&-[(\boldsymbol{T}_2^{(1)}(\boldsymbol{s}))^{\mathrm{T}}(\boldsymbol{W}^{(1)}(\boldsymbol{s}))^{\mathrm{T}}(\boldsymbol{\Omega}_{\mathrm{t}}^{(1)})^{-1}\boldsymbol{W}^{(1)}(\boldsymbol{s})\boldsymbol{T}_2^{(1)}(\boldsymbol{s})]^{-1}(\boldsymbol{T}_2^{(1)}(\boldsymbol{s}))^{\mathrm{T}}(\boldsymbol{W}^{(1)}(\boldsymbol{s}))^{\mathrm{T}}(\boldsymbol{\Omega}_{\mathrm{t}}^{(1)})^{-1}\\
&\times(\Delta \boldsymbol{W}_{\mathrm{ts}}^{(1)}(\boldsymbol{T}_2^{(1)}(\boldsymbol{s})\boldsymbol{u}+\boldsymbol{t}_1^{(1)}(\boldsymbol{s}))+\boldsymbol{W}^{(1)}(\boldsymbol{s})(\Delta \boldsymbol{T}_2^{(1)}\boldsymbol{u}+\Delta \boldsymbol{t}_1^{(1)}))\\
=&-[(\boldsymbol{T}_2^{(1)}(\boldsymbol{s}))^{\mathrm{T}}(\boldsymbol{W}^{(1)}(\boldsymbol{s}))^{\mathrm{T}}(\boldsymbol{\Omega}_{\mathrm{t}}^{(1)})^{-1}\boldsymbol{W}^{(1)}(\boldsymbol{s})\boldsymbol{T}_2^{(1)}(\boldsymbol{s})]^{-1}(\boldsymbol{T}_2^{(1)}(\boldsymbol{s}))^{\mathrm{T}}(\boldsymbol{W}^{(1)}(\boldsymbol{s}))^{\mathrm{T}}(\boldsymbol{\Omega}_{\mathrm{t}}^{(1)})^{-1}\boldsymbol{\delta}_{\mathrm{ts}}^{(1)}
\end{aligned}
\tag{9.21}
$$

根据式（9.21）可知，估计值 $\hat{\boldsymbol{u}}_{\mathrm{e}}^{(1)}$ 的均方误差矩阵为

$$
\begin{aligned}
\mathbf{MSE}(\hat{\boldsymbol{u}}_{\mathrm{e}}^{(1)})&=\mathrm{E}[(\hat{\boldsymbol{u}}_{\mathrm{e}}^{(1)}-\boldsymbol{u})(\hat{\boldsymbol{u}}_{\mathrm{e}}^{(1)}-\boldsymbol{u})^{\mathrm{T}}]=\mathrm{E}[\Delta \boldsymbol{u}_{\mathrm{e}}^{(1)}(\Delta \boldsymbol{u}_{\mathrm{e}}^{(1)})^{\mathrm{T}}]\\
&=[(\boldsymbol{T}_2^{(1)}(\boldsymbol{s}))^{\mathrm{T}}(\boldsymbol{W}^{(1)}(\boldsymbol{s}))^{\mathrm{T}}(\boldsymbol{\Omega}_{\mathrm{t}}^{(1)})^{-1}\boldsymbol{W}^{(1)}(\boldsymbol{s})\boldsymbol{T}_2^{(1)}(\boldsymbol{s})]^{-1}(\boldsymbol{T}_2^{(1)}(\boldsymbol{s}))^{\mathrm{T}}(\boldsymbol{W}^{(1)}(\boldsymbol{s}))^{\mathrm{T}}(\boldsymbol{\Omega}_{\mathrm{t}}^{(1)})^{-1}\\
&\quad\cdot\mathrm{E}[\boldsymbol{\delta}_{\mathrm{ts}}^{(1)}\boldsymbol{\delta}_{\mathrm{ts}}^{(1)\mathrm{T}}](\boldsymbol{\Omega}_{\mathrm{t}}^{(1)})^{-1}\boldsymbol{W}^{(1)}(\boldsymbol{s})\boldsymbol{T}_2^{(1)}(\boldsymbol{s})((\boldsymbol{T}_2^{(1)}(\boldsymbol{s}))^{\mathrm{T}}(\boldsymbol{W}^{(1)}(\boldsymbol{s}))^{\mathrm{T}}(\boldsymbol{\Omega}_{\mathrm{t}}^{(1)})^{-1}\boldsymbol{W}^{(1)}(\boldsymbol{s})\boldsymbol{T}_2^{(1)}(\boldsymbol{s}))^{-1}\\
&=[(\boldsymbol{T}_2^{(1)}(\boldsymbol{s}))^{\mathrm{T}}(\boldsymbol{W}^{(1)}(\boldsymbol{s}))^{\mathrm{T}}(\boldsymbol{\Omega}_{\mathrm{t}}^{(1)})^{-1}\boldsymbol{W}^{(1)}(\boldsymbol{s})\boldsymbol{T}_2^{(1)}(\boldsymbol{s})]^{-1}\\
&\quad+[(\boldsymbol{T}_2^{(1)}(\boldsymbol{s}))^{\mathrm{T}}(\boldsymbol{W}^{(1)}(\boldsymbol{s}))^{\mathrm{T}}(\boldsymbol{\Omega}_{\mathrm{t}}^{(1)})^{-1}\boldsymbol{W}^{(1)}(\boldsymbol{s})\boldsymbol{T}_2^{(1)}(\boldsymbol{s})]^{-1}\\
&\quad\times(\boldsymbol{T}_2^{(1)}(\boldsymbol{s}))^{\mathrm{T}}(\boldsymbol{W}^{(1)}(\boldsymbol{s}))^{\mathrm{T}}(\boldsymbol{\Omega}_{\mathrm{t}}^{(1)})^{-1}\boldsymbol{\Omega}_{\mathrm{s}}^{(1)}(\boldsymbol{\Omega}_{\mathrm{t}}^{(1)})^{-1}\boldsymbol{W}^{(1)}(\boldsymbol{s})\boldsymbol{T}_2^{(1)}(\boldsymbol{s})\\
&\quad\times[(\boldsymbol{T}_2^{(1)}(\boldsymbol{s}))^{\mathrm{T}}(\boldsymbol{W}^{(1)}(\boldsymbol{s}))^{\mathrm{T}}(\boldsymbol{\Omega}_{\mathrm{t}}^{(1)})^{-1}\boldsymbol{W}^{(1)}(\boldsymbol{s})\boldsymbol{T}_2^{(1)}(\boldsymbol{s})]^{-1}
\end{aligned}
\tag{9.22}
$$

利用命题 4.2 中的结论可得

$$
\begin{aligned}
&\left[(\boldsymbol{T}_2^{(1)}(\boldsymbol{s}))^{\mathrm{T}}(\boldsymbol{W}^{(1)}(\boldsymbol{s}))^{\mathrm{T}}(\boldsymbol{\Omega}_{\mathrm{t}}^{(1)})^{-1}\boldsymbol{W}^{(1)}(\boldsymbol{s})\boldsymbol{T}_2^{(1)}(\boldsymbol{s})\right]^{-1}\\
&=\left[\left(\frac{\partial \boldsymbol{f}_{\mathrm{toa}}(\boldsymbol{u},\boldsymbol{s})}{\partial \boldsymbol{u}^{\mathrm{T}}}\right)^{\mathrm{T}}\boldsymbol{E}_{\mathrm{t}}^{-1}\frac{\partial \boldsymbol{f}_{\mathrm{toa}}(\boldsymbol{u},\boldsymbol{s})}{\partial \boldsymbol{u}^{\mathrm{T}}}\right]^{-1}=\mathbf{CRB}_{\mathrm{toa\text{-}p}}(\boldsymbol{u})
\end{aligned}
\tag{9.23}
$$

式中

$$
\frac{\partial \boldsymbol{f}_{\mathrm{toa}}(\boldsymbol{u},\boldsymbol{s})}{\partial \boldsymbol{u}^{\mathrm{T}}}=\begin{bmatrix}\dfrac{\boldsymbol{u}-\boldsymbol{s}_1}{\|\boldsymbol{u}-\boldsymbol{s}_1\|_2} & \dfrac{\boldsymbol{u}-\boldsymbol{s}_2}{\|\boldsymbol{u}-\boldsymbol{s}_2\|_2} & \cdots & \dfrac{\boldsymbol{u}-\boldsymbol{s}_M}{\|\boldsymbol{u}-\boldsymbol{s}_M\|_2}\end{bmatrix}^{\mathrm{T}}\in\mathbf{R}^{M\times 3}
\tag{9.24}
$$

将式（9.23）代入式（9.22）中可得

$$
\begin{aligned}
\mathbf{MSE}(\hat{\boldsymbol{u}}_{\mathrm{e}}^{(1)})=&\,\mathbf{CRB}_{\mathrm{toa\text{-}p}}(\boldsymbol{u})+\mathbf{CRB}_{\mathrm{toa\text{-}p}}(\boldsymbol{u})(\boldsymbol{T}_2^{(1)}(\boldsymbol{s}))^{\mathrm{T}}(\boldsymbol{W}^{(1)}(\boldsymbol{s}))^{\mathrm{T}}\\
&\times(\boldsymbol{\Omega}_{\mathrm{t}}^{(1)})^{-1}\boldsymbol{\Omega}_{\mathrm{s}}^{(1)}(\boldsymbol{\Omega}_{\mathrm{t}}^{(1)})^{-1}\boldsymbol{W}^{(1)}(\boldsymbol{s})\boldsymbol{T}_2^{(1)}(\boldsymbol{s})\mathbf{CRB}_{\mathrm{toa\text{-}p}}(\boldsymbol{u})
\end{aligned}
\tag{9.25}
$$

由式（9.25）可得 $\mathbf{MSE}(\hat{\boldsymbol{u}}_{\mathrm{e}}^{(1)})\geqslant\mathbf{CRB}_{\mathrm{toa\text{-}p}}(\boldsymbol{u})$，式（9.25）右侧第 2 项是由传感器位置误差所引起的定位误差。

根据式（3.6）可知，在传感器位置误差存在下，辐射源位置估计均方根误差的克拉美罗界为

$$\begin{aligned}\mathbf{CRB}_{\text{toa-q}}(\boldsymbol{u})&=\mathbf{CRB}_{\text{toa-p}}(\boldsymbol{u})+\mathbf{CRB}_{\text{toa-p}}(\boldsymbol{u})\left(\frac{\partial \boldsymbol{f}_{\text{toa}}(\boldsymbol{u},\boldsymbol{s})}{\partial \boldsymbol{u}^{\text{T}}}\right)^{\text{T}}\boldsymbol{E}_{\text{t}}^{-1}\frac{\partial \boldsymbol{f}_{\text{toa}}(\boldsymbol{u},\boldsymbol{s})}{\partial \boldsymbol{s}^{\text{T}}}\\&\quad\times\left(\boldsymbol{E}_{\text{s}}^{-1}+\left(\frac{\partial \boldsymbol{f}_{\text{toa}}(\boldsymbol{u},\boldsymbol{s})}{\partial \boldsymbol{s}^{\text{T}}}\right)^{\text{T}}\boldsymbol{E}_{\text{t}}^{-1/2}\boldsymbol{\Pi}^{\perp}\left[\boldsymbol{E}_{\text{t}}^{-1/2}\frac{\partial \boldsymbol{f}_{\text{toa}}(\boldsymbol{u},\boldsymbol{s})}{\partial \boldsymbol{u}^{\text{T}}}\right]\boldsymbol{E}_{\text{t}}^{-1/2}\frac{\partial \boldsymbol{f}_{\text{toa}}(\boldsymbol{u},\boldsymbol{s})}{\partial \boldsymbol{s}^{\text{T}}}\right)^{-1}\\&\quad\times\left(\frac{\partial \boldsymbol{f}_{\text{toa}}(\boldsymbol{u},\boldsymbol{s})}{\partial \boldsymbol{s}^{\text{T}}}\right)^{\text{T}}\boldsymbol{E}_{\text{t}}^{-1}\frac{\partial \boldsymbol{f}_{\text{toa}}(\boldsymbol{u},\boldsymbol{s})}{\partial \boldsymbol{u}^{\text{T}}}\mathbf{CRB}_{\text{toa-p}}(\boldsymbol{u})\end{aligned} \tag{9.26}$$

式中

$$\frac{\partial \boldsymbol{f}_{\text{toa}}(\boldsymbol{u},\boldsymbol{s})}{\partial \boldsymbol{s}^{\text{T}}}=\text{blkdiag}\left\{\frac{(\boldsymbol{s}_1-\boldsymbol{u})^{\text{T}}}{\|\boldsymbol{u}-\boldsymbol{s}_1\|_2},\frac{(\boldsymbol{s}_2-\boldsymbol{u})^{\text{T}}}{\|\boldsymbol{u}-\boldsymbol{s}_2\|_2},\cdots,\frac{(\boldsymbol{s}_M-\boldsymbol{u})^{\text{T}}}{\|\boldsymbol{u}-\boldsymbol{s}_M\|_2}\right\}\in\mathbf{R}^{M\times 3M} \tag{9.27}$$

下面需要将 $\mathbf{MSE}(\hat{\boldsymbol{u}}_{\text{e}}^{(1)})$ 与 $\mathbf{CRB}_{\text{toa-q}}(\boldsymbol{u})$ 进行比较，具体可见如下命题。

【命题 9.1】在一阶误差分析理论框架下，$\mathbf{MSE}(\hat{\boldsymbol{u}}_{\text{e}}^{(1)})\geqslant\mathbf{CRB}_{\text{toa-q}}(\boldsymbol{u})$。

【证明】首先将式（9.18）代入式（9.25）中可得

$$\begin{aligned}&\mathbf{MSE}(\hat{\boldsymbol{u}}_{\text{e}}^{(1)})\\&=\mathbf{CRB}_{\text{toa-p}}(\boldsymbol{u})+\mathbf{CRB}_{\text{toa-p}}(\boldsymbol{u})(\boldsymbol{T}_2^{(1)}(\boldsymbol{s}))^{\text{T}}(\boldsymbol{W}^{(1)}(\boldsymbol{s}))^{\text{T}}(\boldsymbol{B}_{\text{t}}^{(1)}(\boldsymbol{u},\boldsymbol{s}))^{-\text{T}}\boldsymbol{E}_{\text{t}}^{-1}(\boldsymbol{B}_{\text{t}}^{(1)}(\boldsymbol{u},\boldsymbol{s}))^{-1}\boldsymbol{B}_{\text{s}}^{(1)}(\boldsymbol{u},\boldsymbol{s})\\&\quad\times\boldsymbol{E}_{\text{s}}(\boldsymbol{B}_{\text{s}}^{(1)}(\boldsymbol{u},\boldsymbol{s}))^{\text{T}}(\boldsymbol{B}_{\text{t}}^{(1)}(\boldsymbol{u},\boldsymbol{s}))^{-\text{T}}\boldsymbol{E}_{\text{t}}^{-1}(\boldsymbol{B}_{\text{t}}^{(1)}(\boldsymbol{u},\boldsymbol{s}))^{-1}\boldsymbol{W}^{(1)}(\boldsymbol{s})\boldsymbol{T}_2^{(1)}(\boldsymbol{s})\mathbf{CRB}_{\text{toa-p}}(\boldsymbol{u})\end{aligned} \tag{9.28}$$

考虑等式 $\boldsymbol{W}^{(1)}(\boldsymbol{s})\boldsymbol{\beta}^{(1)}(\boldsymbol{u},\boldsymbol{s})=\boldsymbol{W}^{(1)}(\boldsymbol{s})\boldsymbol{T}^{(1)}(\boldsymbol{s})\begin{bmatrix}1\\\boldsymbol{u}\end{bmatrix}=\boldsymbol{O}_{M\times 1}$，将该等式两边先后对向量 $\boldsymbol{u}$ 和 $\boldsymbol{s}$ 求导可得

$$\begin{aligned}&\boldsymbol{W}^{(1)}(\boldsymbol{s})\boldsymbol{T}^{(1)}(\boldsymbol{s})\frac{\partial}{\partial \boldsymbol{u}^{\text{T}}}\left(\begin{bmatrix}1\\\boldsymbol{u}\end{bmatrix}\right)+\frac{\partial(\boldsymbol{W}^{(1)}(\boldsymbol{s})\boldsymbol{\beta}^{(1)}(\boldsymbol{u},\boldsymbol{s}))}{\partial \boldsymbol{r}^{\text{T}}}\frac{\partial \boldsymbol{r}}{\partial \boldsymbol{u}^{\text{T}}}\\&=\boldsymbol{W}^{(1)}(\boldsymbol{s})\boldsymbol{T}^{(1)}(\boldsymbol{s})\begin{bmatrix}\boldsymbol{O}_{1\times 3}\\\boldsymbol{I}_3\end{bmatrix}+\boldsymbol{B}_{\text{t}}^{(1)}(\boldsymbol{u},\boldsymbol{s})\frac{\partial \boldsymbol{f}_{\text{toa}}(\boldsymbol{u},\boldsymbol{s})}{\partial \boldsymbol{u}^{\text{T}}}\\&=\boldsymbol{W}^{(1)}(\boldsymbol{s})\boldsymbol{T}_2^{(1)}(\boldsymbol{s})+\boldsymbol{B}_{\text{t}}^{(1)}(\boldsymbol{u},\boldsymbol{s})\frac{\partial \boldsymbol{f}_{\text{toa}}(\boldsymbol{u},\boldsymbol{s})}{\partial \boldsymbol{u}^{\text{T}}}=\boldsymbol{O}_{M\times 3}\end{aligned} \tag{9.29}$$

$$\Rightarrow\frac{\partial \boldsymbol{f}_{\text{toa}}(\boldsymbol{u},\boldsymbol{s})}{\partial \boldsymbol{u}^{\text{T}}}=-(\boldsymbol{B}_{\text{t}}^{(1)}(\boldsymbol{u},\boldsymbol{s}))^{-1}\boldsymbol{W}^{(1)}(\boldsymbol{s})\boldsymbol{T}_2^{(1)}(\boldsymbol{s})\boldsymbol{B}_{\text{s}}^{(1)}(\boldsymbol{u},\boldsymbol{s})+\frac{\partial(\boldsymbol{W}^{(1)}(\boldsymbol{s})\boldsymbol{\beta}^{(1)}(\boldsymbol{u},\boldsymbol{s}))}{\partial \boldsymbol{r}^{\text{T}}}\frac{\partial \boldsymbol{r}}{\partial \boldsymbol{s}^{\text{T}}}$$

$$
\begin{aligned}
&= \boldsymbol{B}_{\mathrm{s}}^{(1)}(\boldsymbol{u},\boldsymbol{s}) + \boldsymbol{B}_{\mathrm{t}}^{(1)}(\boldsymbol{u},\boldsymbol{s})\frac{\partial \boldsymbol{f}_{\mathrm{toa}}(\boldsymbol{u},\boldsymbol{s})}{\partial \boldsymbol{s}^{\mathrm{T}}} = \boldsymbol{O}_{M\times 3M} \\
&\Rightarrow \frac{\partial \boldsymbol{f}_{\mathrm{toa}}(\boldsymbol{u},\boldsymbol{s})}{\partial \boldsymbol{s}^{\mathrm{T}}} = -(\boldsymbol{B}_{\mathrm{t}}^{(1)}(\boldsymbol{u},\boldsymbol{s}))^{-1}\boldsymbol{B}_{\mathrm{s}}^{(1)}(\boldsymbol{u},\boldsymbol{s})
\end{aligned} \tag{9.30}
$$

将式（9.29）和式（9.30）代入式（9.28）中可得

$$
\begin{aligned}
\mathbf{MSE}(\hat{\boldsymbol{u}}_{\mathrm{e}}^{(1)}) &= \mathbf{CRB}_{\text{toa-p}}(\boldsymbol{u}) + \mathbf{CRB}_{\text{toa-p}}(\boldsymbol{u})\left(\frac{\partial \boldsymbol{f}_{\mathrm{toa}}(\boldsymbol{u},\boldsymbol{s})}{\partial \boldsymbol{u}^{\mathrm{T}}}\right)^{\mathrm{T}} \boldsymbol{E}_{\mathrm{t}}^{-1}\frac{\partial \boldsymbol{f}_{\mathrm{toa}}(\boldsymbol{u},\boldsymbol{s})}{\partial \boldsymbol{s}^{\mathrm{T}}} \\
&\quad \times \boldsymbol{E}_{\mathrm{s}}\left(\frac{\partial \boldsymbol{f}_{\mathrm{toa}}(\boldsymbol{u},\boldsymbol{s})}{\partial \boldsymbol{s}^{\mathrm{T}}}\right)^{\mathrm{T}} \boldsymbol{E}_{\mathrm{t}}^{-1}\frac{\partial \boldsymbol{f}_{\mathrm{toa}}(\boldsymbol{u},\boldsymbol{s})}{\partial \boldsymbol{u}^{\mathrm{T}}}\mathbf{CRB}_{\text{toa-p}}(\boldsymbol{u})
\end{aligned} \tag{9.31}
$$

利用正交投影矩阵 $\boldsymbol{\Pi}^{\perp}\left[\boldsymbol{E}_{\mathrm{t}}^{-1/2}\frac{\partial \boldsymbol{f}_{\mathrm{toa}}(\boldsymbol{u},\boldsymbol{s})}{\partial \boldsymbol{u}^{\mathrm{T}}}\right]$ 的半正定性（见命题 2.7）可得

$$
\begin{aligned}
&\left(\frac{\partial \boldsymbol{f}_{\mathrm{toa}}(\boldsymbol{u},\boldsymbol{s})}{\partial \boldsymbol{s}^{\mathrm{T}}}\right)^{\mathrm{T}} \boldsymbol{E}_{\mathrm{t}}^{-1/2}\boldsymbol{\Pi}^{\perp}\left[\boldsymbol{E}_{\mathrm{t}}^{-1/2}\frac{\partial \boldsymbol{f}_{\mathrm{toa}}(\boldsymbol{u},\boldsymbol{s})}{\partial \boldsymbol{u}^{\mathrm{T}}}\right]\boldsymbol{E}_{\mathrm{t}}^{-1/2}\frac{\partial \boldsymbol{f}_{\mathrm{toa}}(\boldsymbol{u},\boldsymbol{s})}{\partial \boldsymbol{s}^{\mathrm{T}}} \geqslant \boldsymbol{O} \\
&\Rightarrow \boldsymbol{E}_{\mathrm{s}} \geqslant \left(\boldsymbol{E}_{\mathrm{s}}^{-1} + \left(\frac{\partial \boldsymbol{f}_{\mathrm{toa}}(\boldsymbol{u},\boldsymbol{s})}{\partial \boldsymbol{s}^{\mathrm{T}}}\right)^{\mathrm{T}} \boldsymbol{E}_{\mathrm{t}}^{-1/2}\boldsymbol{\Pi}^{\perp}\left[\boldsymbol{E}_{\mathrm{t}}^{-1/2}\frac{\partial \boldsymbol{f}_{\mathrm{toa}}(\boldsymbol{u},\boldsymbol{s})}{\partial \boldsymbol{u}^{\mathrm{T}}}\right]\boldsymbol{E}_{\mathrm{t}}^{-1/2}\frac{\partial \boldsymbol{f}_{\mathrm{toa}}(\boldsymbol{u},\boldsymbol{s})}{\partial \boldsymbol{s}^{\mathrm{T}}}\right)^{-1}
\end{aligned} \tag{9.32}
$$

对比式（9.26）和式（9.31），并且利用式（9.32）可知 $\mathbf{MSE}(\hat{\boldsymbol{u}}_{\mathrm{e}}^{(1)}) \geqslant \mathbf{CRB}_{\text{toa-q}}(\boldsymbol{u})$。证毕。

【注记 9.2】 根据命题 9.1 可知，当传感器位置存在随机误差时，由 4.2 节给出的定位结果无法达到相应的克拉美罗界（即 $\mathbf{CRB}_{\text{toa-q}}(\boldsymbol{u})$），这是因为该估计值并未考虑传感器位置误差的影响，因此下面需要重新设计优化准则，并进而获得渐近最优的定位结果。

9.2.3　定位原理与方法

下面建立的优化模型需要融入传感器位置误差的统计特性。利用式（9.9）和式（9.17）可以构建估计辐射源位置向量 $\boldsymbol{u}$ 的优化准则，如下式所示：

$$
\begin{aligned}
&\min_{\boldsymbol{u}}\{(\boldsymbol{\beta}^{(1)}(\boldsymbol{u},\hat{\boldsymbol{s}}))^{\mathrm{T}}(\hat{\boldsymbol{W}}^{(1)}(\hat{\boldsymbol{s}}))^{\mathrm{T}}(\boldsymbol{\Omega}_{\mathrm{ts}}^{(1)})^{-1}\hat{\boldsymbol{W}}^{(1)}(\hat{\boldsymbol{s}})\boldsymbol{\beta}^{(1)}(\boldsymbol{u},\hat{\boldsymbol{s}})\} \\
&= \min_{\boldsymbol{u}}\{(\hat{\boldsymbol{W}}^{(1)}(\hat{\boldsymbol{s}})\boldsymbol{T}_2^{(1)}(\hat{\boldsymbol{s}})\boldsymbol{u} + \hat{\boldsymbol{W}}^{(1)}(\hat{\boldsymbol{s}})\boldsymbol{t}_1^{(1)}(\hat{\boldsymbol{s}}))^{\mathrm{T}}(\boldsymbol{\Omega}_{\mathrm{ts}}^{(1)})^{-1}(\hat{\boldsymbol{W}}^{(1)}(\hat{\boldsymbol{s}})\boldsymbol{T}_2^{(1)}(\hat{\boldsymbol{s}})\boldsymbol{u} \\
&\quad + \hat{\boldsymbol{W}}^{(1)}(\hat{\boldsymbol{s}})\boldsymbol{t}_1^{(1)}(\hat{\boldsymbol{s}}))\}
\end{aligned} \tag{9.33}
$$

式中，$(\boldsymbol{\Omega}_{\mathrm{ts}}^{(1)})^{-1}$ 可以看作加权矩阵，其作用在于同时抑制观测误差 $\boldsymbol{\varepsilon}_{\mathrm{t}}$ 和 $\boldsymbol{\varepsilon}_{\mathrm{s}}$ 的影

响。根据命题 2.13 可知，式（9.33）的最优解为[①]

$$\hat{\boldsymbol{u}}_{\mathrm{q}}^{(1)}=-[(\boldsymbol{T}_2^{(1)}(\hat{\boldsymbol{s}}))^{\mathrm{T}}(\hat{\boldsymbol{W}}^{(1)}(\hat{\boldsymbol{s}}))^{\mathrm{T}}(\boldsymbol{\Omega}_{\mathrm{ts}}^{(1)})^{-1}\hat{\boldsymbol{W}}^{(1)}(\hat{\boldsymbol{s}})\boldsymbol{T}_2^{(1)}(\hat{\boldsymbol{s}})]^{-1}(\boldsymbol{T}_2^{(1)}(\hat{\boldsymbol{s}}))^{\mathrm{T}}(\hat{\boldsymbol{W}}^{(1)}(\hat{\boldsymbol{s}}))^{\mathrm{T}} \times(\boldsymbol{\Omega}_{\mathrm{ts}}^{(1)})^{-1}\hat{\boldsymbol{W}}^{(1)}(\hat{\boldsymbol{s}})\boldsymbol{t}_1^{(1)}(\hat{\boldsymbol{s}}) \tag{9.34}$$

【注记 9.3】由式（9.17）可知，加权矩阵 $(\boldsymbol{\Omega}_{\mathrm{ts}}^{(1)})^{-1}$ 与辐射源位置向量 $\boldsymbol{u}$ 有关。因此，严格来说，式（9.33）中的目标函数并不是关于向量 $\boldsymbol{u}$ 的二次函数，针对该问题，可以采用注记 4.1 中描述的方法进行处理。另一方面，加权矩阵 $(\boldsymbol{\Omega}_{\mathrm{ts}}^{(1)})^{-1}$ 还与传感器位置向量 $\boldsymbol{s}$ 有关，可以直接利用其先验观测值 $\hat{\boldsymbol{s}}$ 进行计算。理论分析表明，在一阶误差分析理论框架下，加权矩阵 $(\boldsymbol{\Omega}_{\mathrm{ts}}^{(1)})^{-1}$ 中的扰动误差并不会实质影响估计值 $\hat{\boldsymbol{u}}_{\mathrm{q}}^{(1)}$ 的统计性能。

图 9.1 给出了本章第 1 种加权多维标度定位方法的流程图。

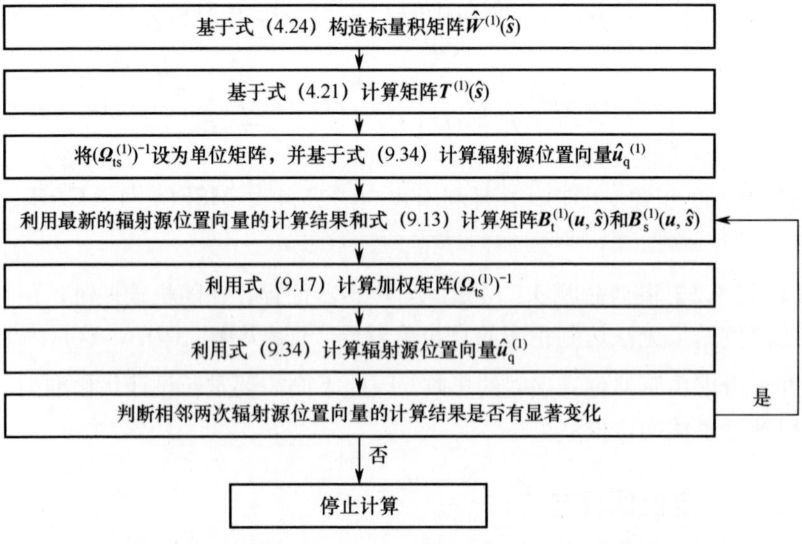

图 9.1　本章第 1 种加权多维标度定位方法的流程图

9.2.4　理论性能分析

下面将推导估计值 $\hat{\boldsymbol{u}}_{\mathrm{q}}^{(1)}$ 的理论性能，主要是推导估计均方误差矩阵，并将其与相应的克拉美罗界（即 $\mathbf{CRB}_{\text{toa-q}}(\boldsymbol{u})$）进行比较，从而证明其渐近最优性。这里采用的性能分析方法是一阶误差分析方法，即忽略观测误差 $\boldsymbol{\varepsilon}_{\mathrm{t}}$ 和 $\boldsymbol{\varepsilon}_{\mathrm{s}}$ 的二阶及其以上各阶项。

① 这里使用的下角标“q”表示是在传感器位置误差存在下的估计值。

首先将最优解 $\hat{\boldsymbol{u}}_{\mathrm{q}}^{(1)}$ 中的估计误差记为 $\Delta\boldsymbol{u}_{\mathrm{q}}^{(1)}=\hat{\boldsymbol{u}}_{\mathrm{q}}^{(1)}-\boldsymbol{u}$。基于式（9.34）和注记 9.3 中的讨论可知

$$\begin{aligned}&(\boldsymbol{T}_2^{(1)}(\hat{\boldsymbol{s}}))^{\mathrm{T}}(\hat{\boldsymbol{W}}^{(1)}(\hat{\boldsymbol{s}}))^{\mathrm{T}}(\hat{\boldsymbol{\Omega}}_{\mathrm{ts}}^{(1)})^{-1}\hat{\boldsymbol{W}}^{(1)}(\hat{\boldsymbol{s}})\boldsymbol{T}_2^{(1)}(\hat{\boldsymbol{s}})(\boldsymbol{u}+\Delta\boldsymbol{u}_{\mathrm{q}}^{(1)})\\&=-(\boldsymbol{T}_2^{(1)}(\hat{\boldsymbol{s}}))^{\mathrm{T}}(\hat{\boldsymbol{W}}^{(1)}(\hat{\boldsymbol{s}}))^{\mathrm{T}}(\hat{\boldsymbol{\Omega}}_{\mathrm{ts}}^{(1)})^{-1}\hat{\boldsymbol{W}}^{(1)}(\hat{\boldsymbol{s}})\boldsymbol{t}_1^{(1)}(\hat{\boldsymbol{s}})\end{aligned}\tag{9.35}$$

式中，$\hat{\boldsymbol{\Omega}}_{\mathrm{ts}}^{(1)}$ 表示 $\boldsymbol{\Omega}_{\mathrm{ts}}^{(1)}$ 的估计值。由式（9.35）可以进一步推得

$$\begin{aligned}&(\Delta\boldsymbol{T}_2^{(1)})^{\mathrm{T}}(\boldsymbol{W}^{(1)}(\boldsymbol{s}))^{\mathrm{T}}(\boldsymbol{\Omega}_{\mathrm{ts}}^{(1)})^{-1}\boldsymbol{W}^{(1)}(\boldsymbol{s})\boldsymbol{T}_2^{(1)}(\boldsymbol{s})\boldsymbol{u}+(\boldsymbol{T}_2^{(1)}(\boldsymbol{s}))^{\mathrm{T}}(\Delta\boldsymbol{W}_{\mathrm{ts}}^{(1)})^{\mathrm{T}}(\boldsymbol{\Omega}_{\mathrm{ts}}^{(1)})^{-1}\boldsymbol{W}^{(1)}(\boldsymbol{s})\boldsymbol{T}_2^{(1)}(\boldsymbol{s})\boldsymbol{u}\\&+(\boldsymbol{T}_2^{(1)}(\boldsymbol{s}))^{\mathrm{T}}(\boldsymbol{W}^{(1)}(\boldsymbol{s}))^{\mathrm{T}}(\boldsymbol{\Omega}_{\mathrm{ts}}^{(1)})^{-1}\Delta\boldsymbol{W}_{\mathrm{ts}}^{(1)}\boldsymbol{T}_2^{(1)}(\boldsymbol{s})\boldsymbol{u}+(\boldsymbol{T}_2^{(1)}(\boldsymbol{s}))^{\mathrm{T}}(\boldsymbol{W}^{(1)}(\boldsymbol{s}))^{\mathrm{T}}(\boldsymbol{\Omega}_{\mathrm{ts}}^{(1)})^{-1}\boldsymbol{W}^{(1)}(\boldsymbol{s})\Delta\boldsymbol{T}_2^{(1)}\boldsymbol{u}\\&+(\boldsymbol{T}_2^{(1)}(\boldsymbol{s}))^{\mathrm{T}}(\boldsymbol{W}^{(1)}(\boldsymbol{s}))^{\mathrm{T}}\Delta\boldsymbol{\varXi}_{\mathrm{ts}}^{(1)}\boldsymbol{W}^{(1)}(\boldsymbol{s})\boldsymbol{T}_2^{(1)}(\boldsymbol{s})\boldsymbol{u}+(\boldsymbol{T}_2^{(1)}(\boldsymbol{s}))^{\mathrm{T}}(\boldsymbol{W}^{(1)}(\boldsymbol{s}))^{\mathrm{T}}(\boldsymbol{\Omega}_{\mathrm{ts}}^{(1)})^{-1}\boldsymbol{W}^{(1)}(\boldsymbol{s})\boldsymbol{T}_2^{(1)}(\boldsymbol{s})\Delta\boldsymbol{u}_{\mathrm{q}}^{(1)}\\&\approx-(\Delta\boldsymbol{T}_2^{(1)})^{\mathrm{T}}(\boldsymbol{W}^{(1)}(\boldsymbol{s}))^{\mathrm{T}}(\boldsymbol{\Omega}_{\mathrm{ts}}^{(1)})^{-1}\boldsymbol{W}^{(1)}(\boldsymbol{s})\boldsymbol{t}_1^{(1)}(\boldsymbol{s})-(\boldsymbol{T}_2^{(1)}(\boldsymbol{s}))^{\mathrm{T}}(\Delta\boldsymbol{W}_{\mathrm{ts}}^{(1)})^{\mathrm{T}}(\boldsymbol{\Omega}_{\mathrm{ts}}^{(1)})^{-1}\boldsymbol{W}^{(1)}(\boldsymbol{s})\boldsymbol{t}_1^{(1)}(\boldsymbol{s})\\&-(\boldsymbol{T}_2^{(1)}(\boldsymbol{s}))^{\mathrm{T}}(\boldsymbol{W}^{(1)}(\boldsymbol{s}))^{\mathrm{T}}(\boldsymbol{\Omega}_{\mathrm{ts}}^{(1)})^{-1}\Delta\boldsymbol{W}_{\mathrm{ts}}^{(1)}\boldsymbol{t}_1^{(1)}(\boldsymbol{s})-(\boldsymbol{T}_2^{(1)}(\boldsymbol{s}))^{\mathrm{T}}(\boldsymbol{W}^{(1)}(\boldsymbol{s}))^{\mathrm{T}}(\boldsymbol{\Omega}_{\mathrm{ts}}^{(1)})^{-1}\boldsymbol{W}^{(1)}(\boldsymbol{s})\Delta\boldsymbol{t}_1^{(1)}\\&-(\boldsymbol{T}_2^{(1)}(\boldsymbol{s}))^{\mathrm{T}}(\boldsymbol{W}^{(1)}(\boldsymbol{s}))^{\mathrm{T}}\Delta\boldsymbol{\varXi}_{\mathrm{ts}}^{(1)}\boldsymbol{W}^{(1)}(\boldsymbol{s})\boldsymbol{t}_1^{(1)}(\boldsymbol{s})\\&\Rightarrow\Delta\boldsymbol{u}_{\mathrm{q}}^{(1)}\approx-[(\boldsymbol{T}_2^{(1)}(\boldsymbol{s}))^{\mathrm{T}}(\boldsymbol{W}^{(1)}(\boldsymbol{s}))^{\mathrm{T}}(\boldsymbol{\Omega}_{\mathrm{ts}}^{(1)})^{-1}\boldsymbol{W}^{(1)}(\boldsymbol{s})\boldsymbol{T}_2^{(1)}(\boldsymbol{s})]^{-1}(\boldsymbol{T}_2^{(1)}(\boldsymbol{s}))^{\mathrm{T}}(\boldsymbol{W}^{(1)}(\boldsymbol{s}))^{\mathrm{T}}(\boldsymbol{\Omega}_{\mathrm{ts}}^{(1)})^{-1}\\&\qquad\times(\Delta\boldsymbol{W}_{\mathrm{ts}}^{(1)}(\boldsymbol{T}_2^{(1)}(\boldsymbol{s})\boldsymbol{u}+\boldsymbol{t}_1^{(1)}(\boldsymbol{s}))+\boldsymbol{W}^{(1)}(\boldsymbol{s})(\Delta\boldsymbol{T}_2^{(1)}\boldsymbol{u}+\Delta\boldsymbol{t}_1^{(1)}))\\&\qquad=-[(\boldsymbol{T}_2^{(1)}(\boldsymbol{s}))^{\mathrm{T}}(\boldsymbol{W}^{(1)}(\boldsymbol{s}))^{\mathrm{T}}(\boldsymbol{\Omega}_{\mathrm{ts}}^{(1)})^{-1}\boldsymbol{W}^{(1)}(\boldsymbol{s})\boldsymbol{T}_2^{(1)}(\boldsymbol{s})]^{-1}(\boldsymbol{T}_2^{(1)}(\boldsymbol{s}))^{\mathrm{T}}(\boldsymbol{W}^{(1)}(\boldsymbol{s}))^{\mathrm{T}}(\boldsymbol{\Omega}_{\mathrm{ts}}^{(1)})^{-1}\boldsymbol{\delta}_{\mathrm{ts}}^{(1)}\end{aligned}\tag{9.36}$$

式中，$\Delta\boldsymbol{\varXi}_{\mathrm{ts}}^{(1)}=(\hat{\boldsymbol{\Omega}}_{\mathrm{ts}}^{(1)})^{-1}-(\boldsymbol{\Omega}_{\mathrm{ts}}^{(1)})^{-1}$，表示矩阵 $(\hat{\boldsymbol{\Omega}}_{\mathrm{ts}}^{(1)})^{-1}$ 中的扰动误差。由此可知，估计误差 $\Delta\boldsymbol{u}_{\mathrm{q}}^{(1)}$ 渐近服从零均值的高斯分布，因此估计值 $\hat{\boldsymbol{u}}_{\mathrm{q}}^{(1)}$ 是渐近无偏估计值，并且其均方误差矩阵为

$$\begin{aligned}\mathbf{MSE}(\hat{\boldsymbol{u}}_{\mathrm{q}}^{(1)})&=\mathrm{E}[(\hat{\boldsymbol{u}}_{\mathrm{q}}^{(1)}-\boldsymbol{u})(\hat{\boldsymbol{u}}_{\mathrm{q}}^{(1)}-\boldsymbol{u})^{\mathrm{T}}]=\mathrm{E}[\Delta\boldsymbol{u}_{\mathrm{q}}^{(1)}(\Delta\boldsymbol{u}_{\mathrm{q}}^{(1)})^{\mathrm{T}}]\\&=[(\boldsymbol{T}_2^{(1)}(\boldsymbol{s}))^{\mathrm{T}}(\boldsymbol{W}^{(1)}(\boldsymbol{s}))^{\mathrm{T}}(\boldsymbol{\Omega}_{\mathrm{ts}}^{(1)})^{-1}\boldsymbol{W}^{(1)}(\boldsymbol{s})\boldsymbol{T}_2^{(1)}(\boldsymbol{s})]^{-1}(\boldsymbol{T}_2^{(1)}(\boldsymbol{s}))^{\mathrm{T}}(\boldsymbol{W}^{(1)}(\boldsymbol{s}))^{\mathrm{T}}(\boldsymbol{\Omega}_{\mathrm{ts}}^{(1)})^{-1}\cdot\mathrm{E}[\boldsymbol{\delta}_{\mathrm{ts}}^{(1)}\boldsymbol{\delta}_{\mathrm{ts}}^{(1)\mathrm{T}}]\\&\quad\times(\boldsymbol{\Omega}_{\mathrm{ts}}^{(1)})^{-1}\boldsymbol{W}^{(1)}(\boldsymbol{s})\boldsymbol{T}_2^{(1)}(\boldsymbol{s})[(\boldsymbol{T}_2^{(1)}(\boldsymbol{s}))^{\mathrm{T}}(\boldsymbol{W}^{(1)}(\boldsymbol{s}))^{\mathrm{T}}(\boldsymbol{\Omega}_{\mathrm{ts}}^{(1)})^{-1}\boldsymbol{W}^{(1)}(\boldsymbol{s})\boldsymbol{T}_2^{(1)}(\boldsymbol{s})]^{-1}\\&=[(\boldsymbol{T}_2^{(1)}(\boldsymbol{s}))^{\mathrm{T}}(\boldsymbol{W}^{(1)}(\boldsymbol{s}))^{\mathrm{T}}(\boldsymbol{\Omega}_{\mathrm{ts}}^{(1)})^{-1}\boldsymbol{W}^{(1)}(\boldsymbol{s})\boldsymbol{T}_2^{(1)}(\boldsymbol{s})]^{-1}\end{aligned}\tag{9.37}$$

【注记 9.4】 式（9.36）表明，在一阶误差分析理论框架下，矩阵 $(\hat{\boldsymbol{\Omega}}_{\mathrm{ts}}^{(1)})^{-1}$ 中的扰动误差 $\Delta\boldsymbol{\varXi}_{\mathrm{ts}}^{(1)}$ 并不会实质影响估计值 $\hat{\boldsymbol{u}}_{\mathrm{q}}^{(1)}$ 的统计性能。

下面证明估计值 $\hat{\boldsymbol{u}}_{\mathrm{q}}^{(1)}$ 具有渐近最优性，也就是证明其估计均方误差矩阵可以渐近逼近相应的克拉美罗界，具体可见如下命题。

【命题 9.2】 在一阶误差分析理论框架下，$\mathbf{MSE}(\hat{\boldsymbol{u}}_{\mathrm{q}}^{(1)})=\mathbf{CRB}_{\mathrm{toa\text{-}q}}(\boldsymbol{u})$。

【证明】 首先根据式（3.7）可得

$$\mathbf{CRB}_{\text{toa-q}}(\boldsymbol{u})=\left[\left(\frac{\partial \boldsymbol{f}_{\text{toa}}(\boldsymbol{u},\boldsymbol{s})}{\partial \boldsymbol{u}^{\text{T}}}\right)^{\text{T}}\left(\boldsymbol{E}_{\text{t}}+\frac{\partial \boldsymbol{f}_{\text{toa}}(\boldsymbol{u},\boldsymbol{s})}{\partial \boldsymbol{s}^{\text{T}}}\boldsymbol{E}_{\text{s}}\left(\frac{\partial \boldsymbol{f}_{\text{toa}}(\boldsymbol{u},\boldsymbol{s})}{\partial \boldsymbol{s}^{\text{T}}}\right)^{\text{T}}\right)^{-1}\frac{\partial \boldsymbol{f}_{\text{toa}}(\boldsymbol{u},\boldsymbol{s})}{\partial \boldsymbol{u}^{\text{T}}}\right]^{-1} \tag{9.38}$$

然后将式（9.17）代入式（9.37）中可得

$$\begin{aligned}
&\mathbf{MSE}(\hat{\boldsymbol{u}}_{\text{q}}^{(1)})\\
&=[(\boldsymbol{T}_2^{(1)}(\boldsymbol{s}))^{\text{T}}(\boldsymbol{W}^{(1)}(\boldsymbol{s}))^{\text{T}}(\boldsymbol{B}_{\text{t}}^{(1)}(\boldsymbol{u},\boldsymbol{s})\boldsymbol{E}_{\text{t}}(\boldsymbol{B}_{\text{t}}^{(1)}(\boldsymbol{u},\boldsymbol{s}))^{\text{T}}\\
&\quad+\boldsymbol{B}_{\text{s}}^{(1)}(\boldsymbol{u},\boldsymbol{s})\boldsymbol{E}_{\text{s}}(\boldsymbol{B}_{\text{s}}^{(1)}(\boldsymbol{u},\boldsymbol{s}))^{\text{T}})^{-1}\boldsymbol{W}^{(1)}(\boldsymbol{s})\boldsymbol{T}_2^{(1)}(\boldsymbol{s})]^{-1}\\
&=\left[(\boldsymbol{T}_2^{(1)}(\boldsymbol{s}))^{\text{T}}(\boldsymbol{W}^{(1)}(\boldsymbol{s}))^{\text{T}}(\boldsymbol{B}_{\text{t}}^{(1)}(\boldsymbol{u},\boldsymbol{s}))^{-\text{T}}\begin{pmatrix}\boldsymbol{E}_{\text{t}}+(\boldsymbol{B}_{\text{t}}^{(1)}(\boldsymbol{u},\boldsymbol{s}))^{-1}\boldsymbol{B}_{\text{s}}^{(1)}(\boldsymbol{u},\boldsymbol{s})\boldsymbol{E}_{\text{s}}\\ \times(\boldsymbol{B}_{\text{s}}^{(1)}(\boldsymbol{u},\boldsymbol{s}))^{\text{T}}(\boldsymbol{B}_{\text{t}}^{(1)}(\boldsymbol{u},\boldsymbol{s}))^{-\text{T}}\end{pmatrix}^{-1}\right.\\
&\quad\left.\times(\boldsymbol{B}_{\text{t}}^{(1)}(\boldsymbol{u},\boldsymbol{s}))^{-1}\boldsymbol{W}^{(1)}(\boldsymbol{s})\boldsymbol{T}_2^{(1)}(\boldsymbol{s})\right]^{-1}
\end{aligned} \tag{9.39}$$

将式（9.29）和式（9.30）代入式（9.39）中可以进一步推得

$$\begin{aligned}
\mathbf{MSE}(\hat{\boldsymbol{u}}_{\text{q}}^{(1)})&=\left[\left(\frac{\partial \boldsymbol{f}_{\text{toa}}(\boldsymbol{u},\boldsymbol{s})}{\partial \boldsymbol{u}^{\text{T}}}\right)^{\text{T}}\left(\boldsymbol{E}_{\text{t}}+\frac{\partial \boldsymbol{f}_{\text{toa}}(\boldsymbol{u},\boldsymbol{s})}{\partial \boldsymbol{s}^{\text{T}}}\boldsymbol{E}_{\text{s}}\left(\frac{\partial \boldsymbol{f}_{\text{toa}}(\boldsymbol{u},\boldsymbol{s})}{\partial \boldsymbol{s}^{\text{T}}}\right)^{\text{T}}\right)^{-1}\frac{\partial \boldsymbol{f}_{\text{toa}}(\boldsymbol{u},\boldsymbol{s})}{\partial \boldsymbol{u}^{\text{T}}}\right]^{-1}\\
&=\mathbf{CRB}_{\text{toa-q}}(\boldsymbol{u})
\end{aligned} \tag{9.40}$$

证毕。

9.2.5 仿真实验

假设利用 5 个传感器获得的 TOA 信息（也即距离信息）对辐射源进行定位，传感器三维位置坐标如表 9.1 所示，距离观测误差 $\boldsymbol{\varepsilon}_{\text{t}}$ 服从均值为零、协方差矩阵为 $\boldsymbol{E}_{\text{t}}=\sigma_{\text{t}}^2\boldsymbol{I}_M$ 的高斯分布。传感器位置向量无法精确获得，仅能得到其先验观测值，并且观测误差 $\boldsymbol{\varepsilon}_{\text{s}}$ 服从均值为零、协方差矩阵为 $\boldsymbol{E}_{\text{s}}=\sigma_{\text{s}}^2\text{blkdiag}\{\boldsymbol{I}_3,2\boldsymbol{I}_3,10\boldsymbol{I}_3,20\boldsymbol{I}_3,40\boldsymbol{I}_3\}$ 的高斯分布。

表 9.1　传感器三维位置坐标　（单位：m）

传感器序号	1	2	3	4	5
$x_m^{(\text{s})}$	1300	−2300	1500	1400	−2200
$y_m^{(\text{s})}$	1500	1700	−1800	1700	−1100
$z_m^{(\text{s})}$	1400	1900	2100	−1600	−1300

首先将辐射源位置向量设为 $\boldsymbol{u}=[8300\ \ -4300\ \ 5200]^{\mathrm{T}}$（m），将标准差 σ_{t} 和 σ_{s} 分别设为 $\sigma_{\mathrm{t}}=0.5$ 和 $\sigma_{\mathrm{s}}=2$，并且将本节中的方法与 4.2 节中的方法进行比较，图 9.2 给出了定位结果散布图与定位误差椭圆曲线；图 9.3 给出了定位结果散布图与误差概率圆环曲线。

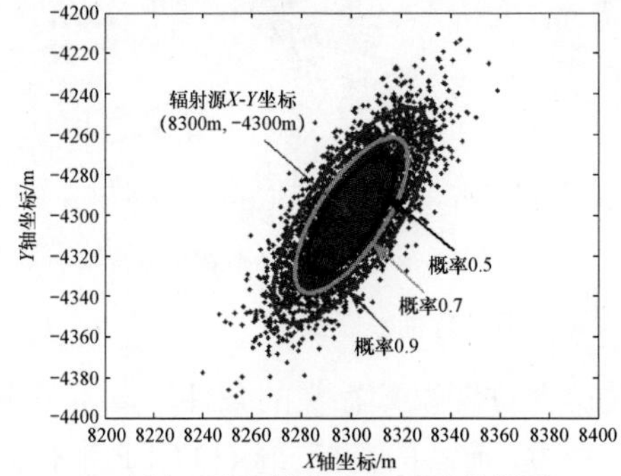

(a) X-Y坐标平面（4.2节中的方法）

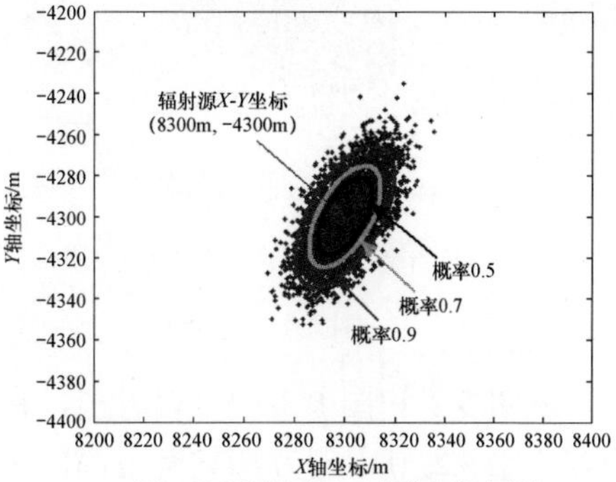

(b) X-Y坐标平面（本节中的方法）

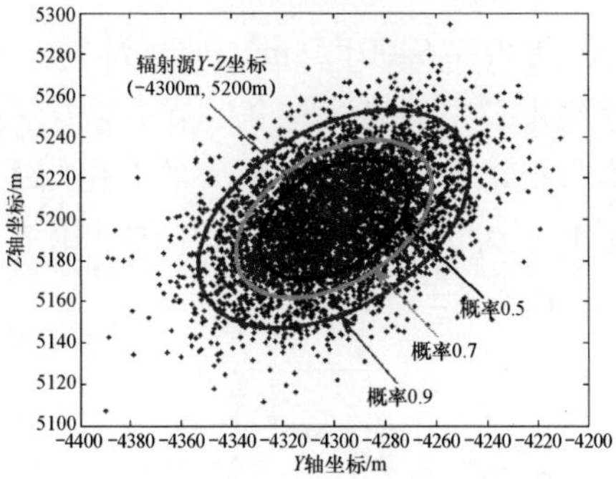

(c) Y-Z坐标平面（4.2节中的方法）

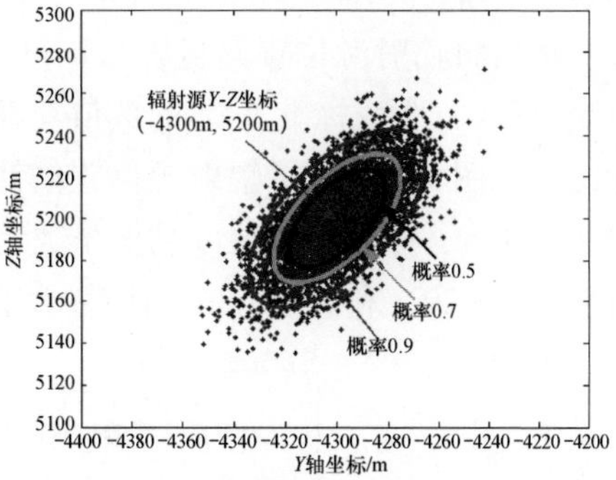

(d) Y-Z坐标平面（本节中的方法）

图 9.2　定位结果散布图与定位误差椭圆曲线

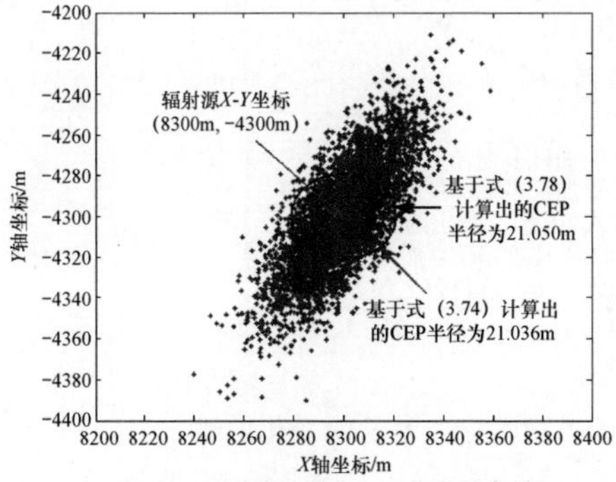

(a) X-Y坐标平面（4.2节中的方法）

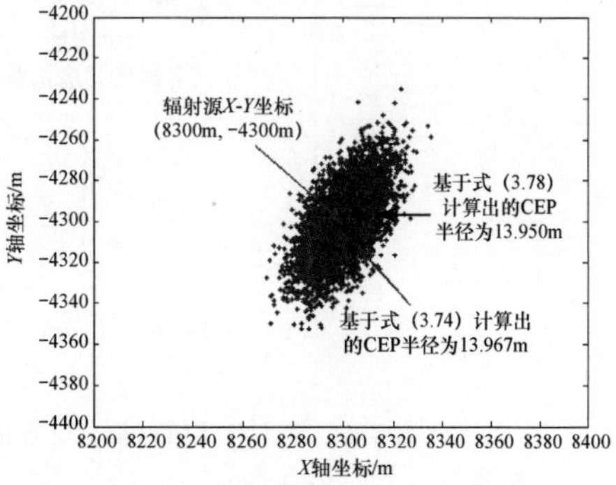

(b) X-Y坐标平面（本节中的方法）

图 9.3　定位结果散布图与误差概率圆环曲线

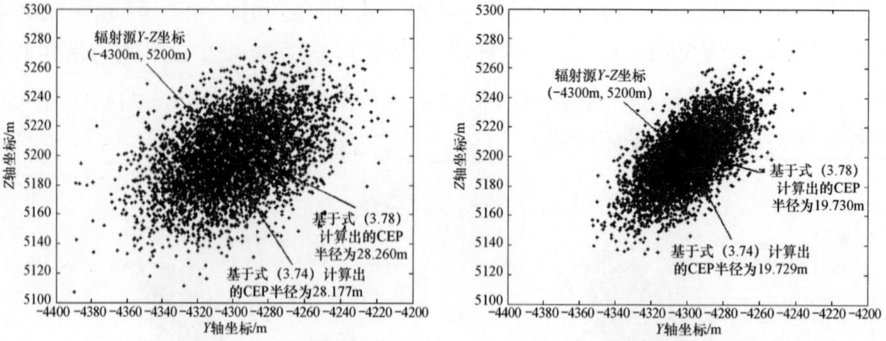

(c) Y-Z坐标平面（4.2节中的方法）　　(d) Y-Z坐标平面（本节中的方法）

图 9.3　定位结果散布图与误差概率圆环曲线（续）

从图 9.2 和图 9.3 中可以看出，在传感器位置误差存在的条件下，本节中的方法比 4.2 节中的方法具有更高的定位精度，前者的椭圆面积和 CEP 半径都要小于后者。

然后将辐射源位置向量设为 $\boldsymbol{u}=[4200\quad 5800\quad -6400]^{\mathrm{T}}$（m），将标准差 σ_{s} 设为 $\sigma_{\mathrm{s}}=0.5$。改变标准差 σ_{t} 的数值，并且将本节中的方法与 4.2 节中的方法进行比较，图 9.4 给出了辐射源位置估计均方根误差随着标准差 σ_{t} 的变化曲线；图 9.5 给出了辐射源定位成功概率随着标准差 σ_{t} 的变化曲线（图中的理论值是根据式（3.29）和式（3.36）计算得出的，其中 $\delta=8\,\mathrm{m}$）。

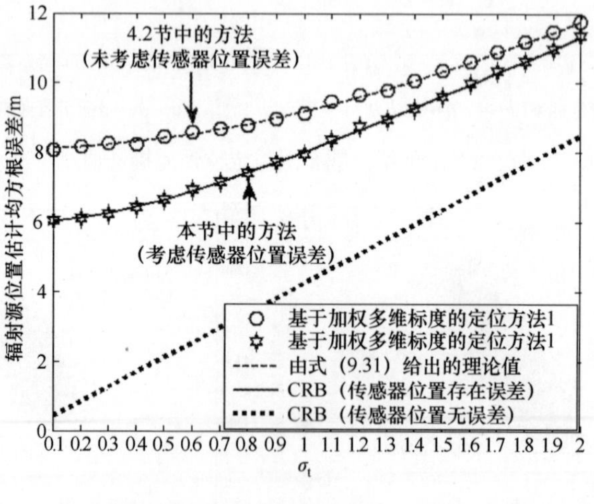

图 9.4　辐射源位置估计均方根误差随着标准差 σ_{t} 的变化曲线

接着将辐射源位置向量设为 $\boldsymbol{u}=[4200\quad 5800\quad -6400]^{\mathrm{T}}$（m），将标准差 σ_{t} 设为 $\sigma_{\mathrm{t}}=1$。改变标准差 σ_{s} 的数值，并且将本节中的方法与 4.2 节中的方法进

行比较，图 9.6 给出了辐射源位置估计均方根误差随着标准差 σ_s 的变化曲线；图 9.7 给出了辐射源定位成功概率随着标准差 σ_s 的变化曲线（图中的理论值是根据式（3.29）和式（3.36）计算得出的，其中 $\delta = 8\,\text{m}$）。

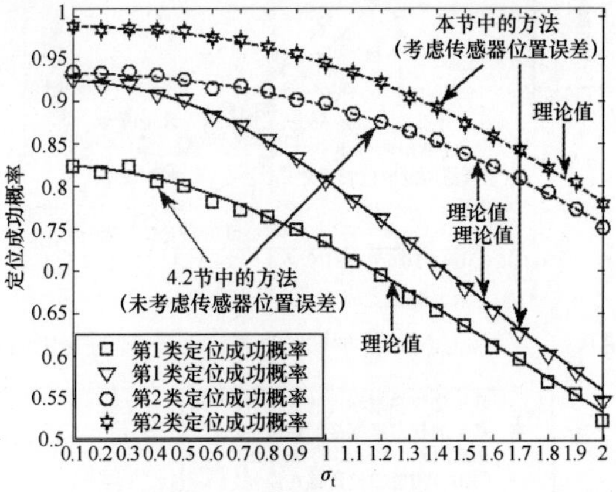

图 9.5　辐射源定位成功概率随着标准差 σ_t 的变化曲线

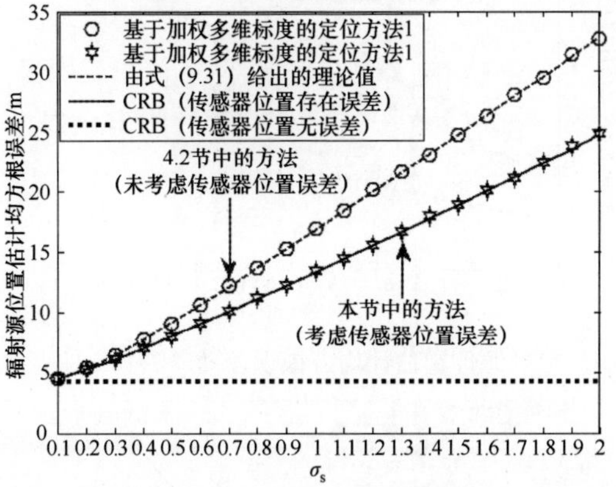

图 9.6　辐射源位置估计均方根误差随着标准差 σ_s 的变化曲线

最后将标准差 σ_t 和 σ_s 分别设为 $\sigma_t = 1$ 和 $\sigma_s = 0.5$，将辐射源位置向量设为 $\boldsymbol{u} = [-2400\ \ 1800\ \ 2000]^{\mathrm{T}} + [-400\ \ 400\ \ 400]^{\mathrm{T}} k$ （m）[①]。改变参数 k 的数值，并且将本节中的方法与 4.2 节中的方法进行比较，图 9.8 给出了辐射源位置估计均方根误差随着参数 k 的变化曲线；图 9.9 给出了辐射源定位成功概率随着参数 k 的变化曲线（图中的理论值是根据式（3.29）和式（3.36）计算得出的，其中 $\delta = 8\,\text{m}$）。

① 参数 k 越大，辐射源与传感器之间的距离越远。

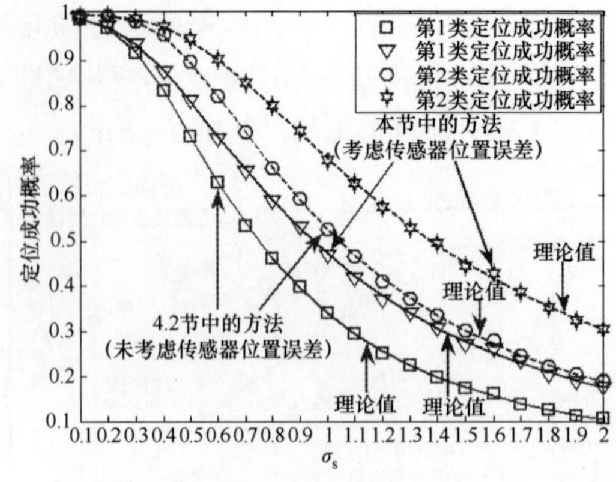

图 9.7　辐射源定位成功概率随着标准差 σ_s 的变化曲线

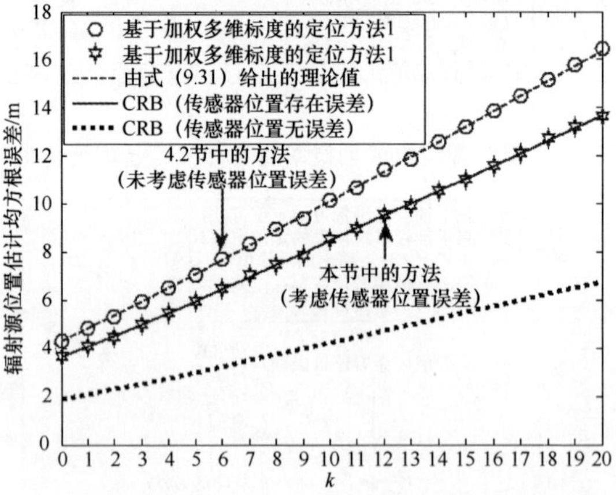

图 9.8　辐射源位置估计均方根误差随着参数 k 的变化曲线

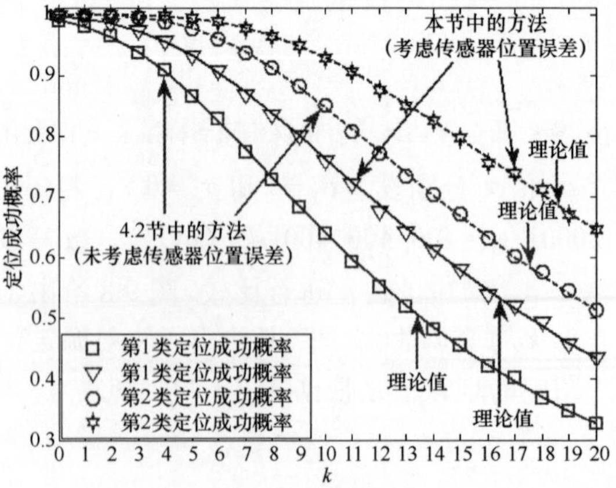

图 9.9　辐射源定位成功概率随着参数 k 的变化曲线

从图 9.4～图 9.9 中可以看出：（1）在传感器位置误差存在的条件下，本节中的方法比 4.2 节中的方法具有更高的定位精度，并且两者的性能差异随着标准差 σ_{t} 的增大而减小（见图 9.4 和图 9.5），随着标准差 σ_{s} 的增大而增大（见图 9.6 和图 9.7）；（2）在传感器位置误差存在的条件下，通过 4.2 节中的方法得出的辐射源位置估计均方根误差与式（9.31）给出的理论值相吻合（见图 9.4、图 9.6 及图 9.8），这验证了 9.2.2 节理论性能分析的有效性；（3）在传感器位置误差存在的条件下，通过本节中的方法得出的辐射源位置估计均方根误差可以达到克拉美罗界（见图 9.4、图 9.6 及图 9.8），这验证了 9.2.4 节理论性能分析的有效性；（4）在传感器位置误差存在的条件下，随着辐射源与传感器距离的增加，两种方法的定位精度都会逐渐降低，并且两者的性能差异也逐渐增大（见图 9.8 和图 9.9）；（5）在传感器位置误差存在的条件下，通过本节中的方法得出的辐射源位置估计均方根误差无法达到传感器位置无误差条件下的克拉美罗界（见图 9.4、图 9.6 及图 9.8）；（6）在传感器位置误差存在的条件下，两种方法的两类定位成功概率的理论值和仿真值相互吻合，并且在相同条件下第 2 类定位成功概率高于第 1 类定位成功概率（见图 9.5、图 9.7 及图 9.9），这验证了 3.2 节理论性能分析的有效性。

9.3　传感器位置误差存在条件下基于加权多维标度的定位方法 2

9.3.1　基础结论

本节中的标量积矩阵的构造方式与 4.3 节中的构造方式是一致的。注意到 4.3 节中的矩阵 $\boldsymbol{W}^{(2)}$、$\hat{\boldsymbol{W}}^{(2)}$、$\boldsymbol{T}^{(2)}$ 及向量 $\boldsymbol{\beta}^{(2)}(\boldsymbol{u})$ 都与传感器位置向量 $\boldsymbol{s}$ 有关，因此这里将它们写成 $\boldsymbol{W}^{(2)}(\boldsymbol{s})$、$\hat{\boldsymbol{W}}^{(2)}(\boldsymbol{s})$、$\boldsymbol{T}^{(2)}(\boldsymbol{s})$ 及 $\boldsymbol{\beta}^{(2)}(\boldsymbol{u},\boldsymbol{s})$。首先根据式（4.53）和式（4.54）可以得到如下关系式：

$$\boldsymbol{W}^{(2)}(\boldsymbol{s})\boldsymbol{\beta}^{(2)}(\boldsymbol{u},\boldsymbol{s})=\boldsymbol{W}^{(2)}(\boldsymbol{s})\boldsymbol{T}^{(2)}(\boldsymbol{s})\begin{bmatrix}1\\ \boldsymbol{u}\end{bmatrix}=\boldsymbol{W}^{(2)}(\boldsymbol{s})(\boldsymbol{T}_2^{(2)}(\boldsymbol{s})\boldsymbol{u}+\boldsymbol{t}_1^{(2)}(\boldsymbol{s}))=\boldsymbol{O}_{(M+1)\times 1} \tag{9.41}$$

式中，$\boldsymbol{t}_1^{(2)}(\boldsymbol{s})$ 表示矩阵 $\boldsymbol{T}^{(2)}(\boldsymbol{s})$ 中的第 1 列向量；$\boldsymbol{T}_2^{(2)}(\boldsymbol{s})$ 表示矩阵 $\boldsymbol{T}^{(2)}(\boldsymbol{s})$ 中的

第 2～4 列构成的矩阵，于是有 $\boldsymbol{T}^{(2)}(\boldsymbol{s})=\left[\underbrace{\boldsymbol{t}_1^{(2)}(\boldsymbol{s})}_{(M+1)\times 1}\quad \underbrace{\boldsymbol{T}_2^{(2)}(\boldsymbol{s})}_{(M+1)\times 3}\right]$①。

在实际定位过程中，标量积矩阵 $\boldsymbol{W}^{(2)}(\boldsymbol{s})$ 和传感器位置向量 $\boldsymbol{s}$ 的真实值都是未知的，这必然会在式（9.41）中引入观测误差。基于式（9.41）可以定义误差向量 $\boldsymbol{\delta}_{\mathrm{ts}}^{(2)}=\hat{\boldsymbol{W}}^{(2)}(\hat{\boldsymbol{s}})\boldsymbol{\beta}^{(2)}(\boldsymbol{u},\hat{\boldsymbol{s}})$，若忽略误差二阶项，则由式（9.41）可得

$$\begin{aligned}\boldsymbol{\delta}_{\mathrm{ts}}^{(2)}&=\hat{\boldsymbol{W}}^{(2)}(\hat{\boldsymbol{s}})\boldsymbol{\beta}^{(2)}(\boldsymbol{u},\hat{\boldsymbol{s}})=(\boldsymbol{W}^{(2)}(\boldsymbol{s})+\Delta\boldsymbol{W}_{\mathrm{ts}}^{(2)})((\boldsymbol{T}_2^{(2)}(\boldsymbol{s})+\Delta\boldsymbol{T}_2^{(2)})\boldsymbol{u}+\boldsymbol{t}_1^{(2)}(\boldsymbol{s})+\Delta\boldsymbol{t}_1^{(2)})\\&\approx\Delta\boldsymbol{W}_{\mathrm{ts}}^{(2)}\boldsymbol{\beta}^{(2)}(\boldsymbol{u},\boldsymbol{s})+\boldsymbol{W}^{(2)}(\boldsymbol{s})(\Delta\boldsymbol{T}_2^{(2)}\boldsymbol{u}+\Delta\boldsymbol{t}_1^{(2)})=\Delta\boldsymbol{W}_{\mathrm{ts}}^{(2)}\boldsymbol{\beta}^{(2)}(\boldsymbol{u},\boldsymbol{s})+\boldsymbol{W}^{(2)}(\boldsymbol{s})\Delta\boldsymbol{T}^{(2)}\begin{bmatrix}1\\\boldsymbol{u}\end{bmatrix}\end{aligned}\tag{9.42}$$

式中，$\Delta\boldsymbol{W}_{\mathrm{ts}}^{(2)}$、$\Delta\boldsymbol{T}^{(2)}$、$\Delta\boldsymbol{T}_2^{(2)}$ 及 $\Delta\boldsymbol{t}_1^{(2)}$ 分别表示 $\hat{\boldsymbol{W}}^{(2)}(\hat{\boldsymbol{s}})$、$\boldsymbol{T}^{(2)}(\hat{\boldsymbol{s}})$、$\boldsymbol{T}_2^{(2)}(\hat{\boldsymbol{s}})$ 及 $\boldsymbol{t}_1^{(2)}(\hat{\boldsymbol{s}})$ 中的误差矩阵或误差向量，即有 $\Delta\boldsymbol{W}_{\mathrm{ts}}^{(2)}=\hat{\boldsymbol{W}}^{(2)}(\hat{\boldsymbol{s}})-\boldsymbol{W}^{(2)}(\boldsymbol{s})$，$\Delta\boldsymbol{T}^{(2)}=\boldsymbol{T}^{(2)}(\hat{\boldsymbol{s}})-\boldsymbol{T}^{(2)}(\boldsymbol{s})$，$\Delta\boldsymbol{T}_2^{(2)}=\boldsymbol{T}_2^{(2)}(\hat{\boldsymbol{s}})-\boldsymbol{T}_2^{(2)}(\boldsymbol{s})$ 及 $\Delta\boldsymbol{t}_1^{(2)}=\boldsymbol{t}_1^{(2)}(\hat{\boldsymbol{s}})-\boldsymbol{t}_1^{(2)}(\boldsymbol{s})$，并且满足 $\Delta\boldsymbol{T}^{(2)}=\left[\underbrace{\Delta\boldsymbol{t}_1^{(2)}}_{(M+1)\times 1}\quad\underbrace{\Delta\boldsymbol{T}_2^{(2)}}_{(M+1)\times 3}\right]$。若忽略观测误差 $\boldsymbol{\varepsilon}_{\mathrm{t}}$ 和 $\boldsymbol{\varepsilon}_{\mathrm{s}}$ 的二阶及其以上各阶项，则根据式（4.55）和式（4.53）可以将误差矩阵 $\Delta\boldsymbol{W}_{\mathrm{ts}}^{(2)}$ 和 $\Delta\boldsymbol{T}^{(2)}$ 分别近似表示为

$$\Delta\boldsymbol{W}_{\mathrm{ts}}^{(2)}\approx-\boldsymbol{L}_M\begin{bmatrix}0 & r_1\varepsilon_{\mathrm{t}1} & r_2\varepsilon_{\mathrm{t}2} & \cdots & r_M\varepsilon_{\mathrm{t}M}\\ r_1\varepsilon_{\mathrm{t}1} & (\boldsymbol{s}_1-\boldsymbol{s}_1)^{\mathrm{T}}(\boldsymbol{\varepsilon}_{\mathrm{s}1}-\boldsymbol{\varepsilon}_{\mathrm{s}1}) & (\boldsymbol{s}_1-\boldsymbol{s}_2)^{\mathrm{T}}(\boldsymbol{\varepsilon}_{\mathrm{s}1}-\boldsymbol{\varepsilon}_{\mathrm{s}2}) & \cdots & (\boldsymbol{s}_1-\boldsymbol{s}_M)^{\mathrm{T}}(\boldsymbol{\varepsilon}_{\mathrm{s}1}-\boldsymbol{\varepsilon}_{\mathrm{s}M})\\ r_2\varepsilon_{\mathrm{t}2} & (\boldsymbol{s}_1-\boldsymbol{s}_2)^{\mathrm{T}}(\boldsymbol{\varepsilon}_{\mathrm{s}1}-\boldsymbol{\varepsilon}_{\mathrm{s}2}) & (\boldsymbol{s}_2-\boldsymbol{s}_2)^{\mathrm{T}}(\boldsymbol{\varepsilon}_{\mathrm{s}2}-\boldsymbol{\varepsilon}_{\mathrm{s}2}) & \cdots & (\boldsymbol{s}_2-\boldsymbol{s}_M)^{\mathrm{T}}(\boldsymbol{\varepsilon}_{\mathrm{s}2}-\boldsymbol{\varepsilon}_{\mathrm{s}M})\\ \vdots & \vdots & \vdots & \ddots & \vdots\\ r_M\varepsilon_{\mathrm{t}M} & (\boldsymbol{s}_1-\boldsymbol{s}_M)^{\mathrm{T}}(\boldsymbol{\varepsilon}_{\mathrm{s}1}-\boldsymbol{\varepsilon}_{\mathrm{s}M}) & (\boldsymbol{s}_2-\boldsymbol{s}_M)^{\mathrm{T}}(\boldsymbol{\varepsilon}_{\mathrm{s}2}-\boldsymbol{\varepsilon}_{\mathrm{s}M}) & \cdots & (\boldsymbol{s}_M-\boldsymbol{s}_M)^{\mathrm{T}}(\boldsymbol{\varepsilon}_{\mathrm{s}M}-\boldsymbol{\varepsilon}_{\mathrm{s}M})\end{bmatrix}\boldsymbol{L}_M\tag{9.43}$$

$$\begin{aligned}\Delta\boldsymbol{T}^{(2)}\approx&[\boldsymbol{O}_{(M+1)\times 1}\ \ \Delta\boldsymbol{S}^{(2)}]\begin{bmatrix}\boldsymbol{n}_M^{\mathrm{T}}\boldsymbol{n}_M & \boldsymbol{n}_M^{\mathrm{T}}\boldsymbol{S}^{(2)}\\ \boldsymbol{S}^{(2)\mathrm{T}}\boldsymbol{n}_M & \boldsymbol{S}^{(2)\mathrm{T}}\boldsymbol{S}^{(2)}\end{bmatrix}^{-1}\\&-\boldsymbol{T}^{(2)}(\boldsymbol{s})\begin{bmatrix}0 & \boldsymbol{n}_M^{\mathrm{T}}\Delta\boldsymbol{S}^{(2)}\\ (\Delta\boldsymbol{S}^{(2)})^{\mathrm{T}}\boldsymbol{n}_M & (\Delta\boldsymbol{S}^{(2)})^{\mathrm{T}}\boldsymbol{S}^{(2)}+\boldsymbol{S}^{(2)\mathrm{T}}\Delta\boldsymbol{S}^{(2)}\end{bmatrix}\begin{bmatrix}\boldsymbol{n}_M^{\mathrm{T}}\boldsymbol{n}_M & \boldsymbol{n}_M^{\mathrm{T}}\boldsymbol{S}^{(2)}\\ \boldsymbol{S}^{(2)\mathrm{T}}\boldsymbol{n}_M & \boldsymbol{S}^{(2)\mathrm{T}}\boldsymbol{S}^{(2)}\end{bmatrix}^{-1}\end{aligned}\tag{9.44}$$

式中

① 本节中的数学符号大多使用上角标“(2)”，这是为了突出其对应于第 2 种定位方法。

$$\boldsymbol{S}^{(2)}=\begin{bmatrix}\left(-\dfrac{1}{M+1}\sum_{m=1}^{M}\boldsymbol{s}_m\right)^{\mathrm{T}}\\\left(\boldsymbol{s}_1-\dfrac{1}{M+1}\sum_{m=1}^{M}\boldsymbol{s}_m\right)^{\mathrm{T}}\\\left(\boldsymbol{s}_2-\dfrac{1}{M+1}\sum_{m=1}^{M}\boldsymbol{s}_m\right)^{\mathrm{T}}\\\vdots\\\left(\boldsymbol{s}_M-\dfrac{1}{M+1}\sum_{m=1}^{M}\boldsymbol{s}_m\right)^{\mathrm{T}}\end{bmatrix}\in\mathbf{R}^{(M+1)\times 3},\ \Delta\boldsymbol{S}^{(2)}=\begin{bmatrix}\left(-\dfrac{1}{M+1}\sum_{m=1}^{M}\boldsymbol{\varepsilon}_{\mathrm{s}m}\right)^{\mathrm{T}}\\\left(\boldsymbol{\varepsilon}_{\mathrm{s}1}-\dfrac{1}{M+1}\sum_{m=1}^{M}\boldsymbol{\varepsilon}_{\mathrm{s}m}\right)^{\mathrm{T}}\\\left(\boldsymbol{\varepsilon}_{\mathrm{s}2}-\dfrac{1}{M+1}\sum_{m=1}^{M}\boldsymbol{\varepsilon}_{\mathrm{s}m}\right)^{\mathrm{T}}\\\vdots\\\left(\boldsymbol{\varepsilon}_{\mathrm{s}M}-\dfrac{1}{M+1}\sum_{m=1}^{M}\boldsymbol{\varepsilon}_{\mathrm{s}m}\right)^{\mathrm{T}}\end{bmatrix}\in\mathbf{R}^{(M+1)\times 3},$$

$$\boldsymbol{n}_M=\begin{bmatrix}-\dfrac{M}{M+1}\\\dfrac{1}{M+1}\\\dfrac{1}{M+1}\\\vdots\\\dfrac{1}{M+1}\end{bmatrix}\in\mathbf{R}^{(M+1)\times 1}\tag{9.45}$$

将式（9.43）和式（9.44）代入式（9.42）中可得

$$\boldsymbol{\delta}_{\mathrm{ts}}^{(2)}\approx\boldsymbol{B}_{\mathrm{t}}^{(2)}(\boldsymbol{u},\boldsymbol{s})\boldsymbol{\varepsilon}_{\mathrm{t}}+\boldsymbol{B}_{\mathrm{s}}^{(2)}(\boldsymbol{u},\boldsymbol{s})\boldsymbol{\varepsilon}_{\mathrm{s}}\tag{9.46}$$

式中

$$\begin{cases}\boldsymbol{B}_{\mathrm{t}}^{(2)}(\boldsymbol{u},\boldsymbol{s})=-((\boldsymbol{L}_M\boldsymbol{\beta}^{(2)}(\boldsymbol{u},\boldsymbol{s}))^{\mathrm{T}}\otimes\boldsymbol{L}_M)\begin{bmatrix}\boldsymbol{O}_{1\times M}\\\mathrm{diag}[\boldsymbol{r}]\\\mathrm{diag}[\boldsymbol{r}]\otimes\boldsymbol{i}_{M+1}^{(1)}\end{bmatrix}\in\mathbf{R}^{(M+1)\times M}\\\boldsymbol{B}_{\mathrm{s}}^{(2)}(\boldsymbol{u},\boldsymbol{s})=\boldsymbol{W}^{(2)}(\boldsymbol{s})\left(\boldsymbol{J}_1^{(2)}(\boldsymbol{u},\boldsymbol{s})-\boldsymbol{T}^{(2)}(\boldsymbol{s})\begin{bmatrix}\boldsymbol{n}_M^{\mathrm{T}}\boldsymbol{J}_1^{(2)}(\boldsymbol{u},\boldsymbol{s})\\\boldsymbol{S}^{(2)\mathrm{T}}\boldsymbol{J}_1^{(2)}(\boldsymbol{u},\boldsymbol{s})+\boldsymbol{J}_2^{(2)}(\boldsymbol{u},\boldsymbol{s})\end{bmatrix}\right)\\\qquad-((\boldsymbol{L}_M\boldsymbol{\beta}^{(2)}(\boldsymbol{u},\boldsymbol{s}))^{\mathrm{T}}\otimes\boldsymbol{L}_M)\bar{\boldsymbol{S}}_{\mathrm{blk}}^{(2)}\in\mathbf{R}^{(M+1)\times 3M}\end{cases}\tag{9.47}$$

其中

$$\boldsymbol{J}_1^{(2)}(\boldsymbol{u},\boldsymbol{s})=\begin{bmatrix}\boldsymbol{O}_{1\times 3M}\\\boldsymbol{I}_M\otimes(\boldsymbol{\alpha}_2^{(2)}(\boldsymbol{u},\boldsymbol{s}))^{\mathrm{T}}\end{bmatrix}-\frac{1}{M+1}\boldsymbol{1}_{(M+1)\times 1}(\boldsymbol{1}_{M\times 1}\otimes\boldsymbol{\alpha}_2^{(2)}(\boldsymbol{u},\boldsymbol{s}))^{\mathrm{T}}\tag{9.48}$$

$$\boldsymbol{J}_2^{(2)}(\boldsymbol{u},\boldsymbol{s})=(([\boldsymbol{n}_M\ \ \boldsymbol{S}^{(2)}]\boldsymbol{\alpha}^{(2)}(\boldsymbol{u},\boldsymbol{s}))^{\mathrm{T}}\otimes\boldsymbol{I}_3)\left(\begin{bmatrix}\boldsymbol{O}_{3\times 3M}\\\boldsymbol{I}_{3M}\end{bmatrix}-\frac{1}{M+1}(\boldsymbol{1}_{(M+1)\times M}\otimes\boldsymbol{I}_3)\right)\tag{9.49}$$

$$\boldsymbol{\alpha}^{(2)}(\boldsymbol{u},\boldsymbol{s})=\begin{bmatrix}\boldsymbol{n}_M^{\mathrm{T}}\boldsymbol{n}_M & \boldsymbol{n}_M^{\mathrm{T}}\boldsymbol{S}^{(2)}\\ \boldsymbol{S}^{(2)\mathrm{T}}\boldsymbol{n}_M & \boldsymbol{S}^{(2)\mathrm{T}}\boldsymbol{S}^{(2)}\end{bmatrix}^{-1}\begin{bmatrix}1\\ \boldsymbol{u}\end{bmatrix}=\begin{bmatrix}\underbrace{\alpha_1^{(2)}(\boldsymbol{u},\boldsymbol{s})}_{1\times 1}\\ \underbrace{\boldsymbol{\alpha}_2^{(2)}(\boldsymbol{u},\boldsymbol{s})}_{3\times 1}\end{bmatrix} \tag{9.50}$$

$$\overline{\boldsymbol{S}}_{\mathrm{blk}}^{(2)}=\left[\begin{array}{c}\boldsymbol{O}_{(M+1)\times 3M}\\ \hdashline \mathrm{blkdiag}\left\{\begin{bmatrix}\boldsymbol{O}_{1\times 3}\\ (\boldsymbol{s}_1-\boldsymbol{s}_1)^{\mathrm{T}}\\ (\boldsymbol{s}_1-\boldsymbol{s}_2)^{\mathrm{T}}\\ \vdots\\ (\boldsymbol{s}_1-\boldsymbol{s}_M)^{\mathrm{T}}\end{bmatrix},\begin{bmatrix}\boldsymbol{O}_{1\times 3}\\ (\boldsymbol{s}_2-\boldsymbol{s}_1)^{\mathrm{T}}\\ (\boldsymbol{s}_2-\boldsymbol{s}_2)^{\mathrm{T}}\\ \vdots\\ (\boldsymbol{s}_2-\boldsymbol{s}_M)^{\mathrm{T}}\end{bmatrix},\cdots,\begin{bmatrix}\boldsymbol{O}_{1\times 3}\\ (\boldsymbol{s}_M-\boldsymbol{s}_1)^{\mathrm{T}}\\ (\boldsymbol{s}_M-\boldsymbol{s}_2)^{\mathrm{T}}\\ \vdots\\ (\boldsymbol{s}_M-\boldsymbol{s}_M)^{\mathrm{T}}\end{bmatrix}\right\}\\ -\begin{bmatrix}\mathrm{blkdiag}\{\boldsymbol{O}_{1\times 3},(\boldsymbol{s}_1-\boldsymbol{s}_1)^{\mathrm{T}},(\boldsymbol{s}_1-\boldsymbol{s}_2)^{\mathrm{T}},\cdots,(\boldsymbol{s}_1-\boldsymbol{s}_M)^{\mathrm{T}}\}\\ \mathrm{blkdiag}\{\boldsymbol{O}_{1\times 3},(\boldsymbol{s}_2-\boldsymbol{s}_1)^{\mathrm{T}},(\boldsymbol{s}_2-\boldsymbol{s}_2)^{\mathrm{T}},\cdots,(\boldsymbol{s}_2-\boldsymbol{s}_M)^{\mathrm{T}}\}\\ \vdots\\ \mathrm{blkdiag}\{\boldsymbol{O}_{1\times 3},(\boldsymbol{s}_M-\boldsymbol{s}_1)^{\mathrm{T}},(\boldsymbol{s}_M-\boldsymbol{s}_2)^{\mathrm{T}},\cdots,(\boldsymbol{s}_M-\boldsymbol{s}_M)^{\mathrm{T}}\}\end{bmatrix}\end{array}\right] \tag{9.51}$$

式（9.46）的推导见附录 F.2。由式（9.46）可知，误差向量 $\boldsymbol{\delta}_{\mathrm{ts}}^{(2)}$ 渐近服从零均值的高斯分布，并且其协方差矩阵为

$$\begin{aligned}\boldsymbol{\Omega}_{\mathrm{ts}}^{(2)}&=\mathbf{cov}(\boldsymbol{\delta}_{\mathrm{ts}}^{(2)})=\mathrm{E}[\boldsymbol{\delta}_{\mathrm{ts}}^{(2)}\boldsymbol{\delta}_{\mathrm{ts}}^{(2)\mathrm{T}}]\approx\boldsymbol{B}_{\mathrm{t}}^{(2)}(\boldsymbol{u},\boldsymbol{s})\cdot\mathrm{E}[\boldsymbol{\varepsilon}_{\mathrm{t}}\boldsymbol{\varepsilon}_{\mathrm{t}}^{\mathrm{T}}]\cdot(\boldsymbol{B}_{\mathrm{t}}^{(2)}(\boldsymbol{u},\boldsymbol{s}))^{\mathrm{T}}\\&\quad+\boldsymbol{B}_{\mathrm{s}}^{(2)}(\boldsymbol{u},\boldsymbol{s})\cdot\mathrm{E}[\boldsymbol{\varepsilon}_{\mathrm{s}}\boldsymbol{\varepsilon}_{\mathrm{s}}^{\mathrm{T}}]\cdot(\boldsymbol{B}_{\mathrm{s}}^{(2)}(\boldsymbol{u},\boldsymbol{s}))^{\mathrm{T}}\\&=\boldsymbol{B}_{\mathrm{t}}^{(2)}(\boldsymbol{u},\boldsymbol{s})\boldsymbol{E}_{\mathrm{t}}(\boldsymbol{B}_{\mathrm{t}}^{(2)}(\boldsymbol{u},\boldsymbol{s}))^{\mathrm{T}}+\boldsymbol{B}_{\mathrm{s}}^{(2)}(\boldsymbol{u},\boldsymbol{s})\boldsymbol{E}_{\mathrm{s}}(\boldsymbol{B}_{\mathrm{s}}^{(2)}(\boldsymbol{u},\boldsymbol{s}))^{\mathrm{T}}\\&=\boldsymbol{\Omega}_{\mathrm{t}}^{(2)}+\boldsymbol{\Omega}_{\mathrm{s}}^{(2)}\in\mathbf{R}^{(M+1)\times(M+1)}\end{aligned} \tag{9.52}$$

式中

$$\boldsymbol{\Omega}_{\mathrm{t}}^{(2)}=\boldsymbol{B}_{\mathrm{t}}^{(2)}(\boldsymbol{u},\boldsymbol{s})\boldsymbol{E}_{\mathrm{t}}(\boldsymbol{B}_{\mathrm{t}}^{(2)}(\boldsymbol{u},\boldsymbol{s}))^{\mathrm{T}}\ ,\ \boldsymbol{\Omega}_{\mathrm{s}}^{(2)}=\boldsymbol{B}_{\mathrm{s}}^{(2)}(\boldsymbol{u},\boldsymbol{s})\boldsymbol{E}_{\mathrm{s}}(\boldsymbol{B}_{\mathrm{s}}^{(2)}(\boldsymbol{u},\boldsymbol{s}))^{\mathrm{T}} \tag{9.53}$$

【注记 9.5】式（4.58）中的误差向量 $\boldsymbol{\delta}_{\mathrm{t}}^{(2)}$ 仅包含观测误差 $\boldsymbol{\varepsilon}_{\mathrm{t}}$，而式（9.46）中的误差向量 $\boldsymbol{\delta}_{\mathrm{ts}}^{(2)}$ 却同时包含观测误差 $\boldsymbol{\varepsilon}_{\mathrm{t}}$ 和 $\boldsymbol{\varepsilon}_{\mathrm{s}}$，这是因为本章考虑了传感器位置误差的影响。

9.3.2 传感器位置误差的影响

4.3 节中给出的辐射源位置估计值 $\hat{\boldsymbol{u}}_{\mathrm{p}}^{(2)}$ 可见式（4.67），其中假设传感器位置精确已知。当传感器位置误差存在时，其定位精度必然会有所下降，下面将定量推导估计值 $\hat{\boldsymbol{u}}_{\mathrm{p}}^{(2)}$ 在此情形下的均方误差矩阵。为了避免符号混淆，这里需要将估计值 $\hat{\boldsymbol{u}}_{\mathrm{p}}^{(2)}$ 记为 $\hat{\boldsymbol{u}}_{\mathrm{e}}^{(2)}$。

首先将矩阵 $\boldsymbol{B}_{\mathrm{t}}^{(2)}(\boldsymbol{u},\hat{\boldsymbol{s}})$ 的奇异值分解表示为

$$\begin{aligned}\boldsymbol{B}_{\mathrm{t}}^{(2)}(\boldsymbol{u},\hat{\boldsymbol{s}})=\boldsymbol{H}(\hat{\boldsymbol{s}})\boldsymbol{\Sigma}(\hat{\boldsymbol{s}})(\boldsymbol{V}(\hat{\boldsymbol{s}}))^{\mathrm{T}}&=\left[\underbrace{\boldsymbol{H}_1(\hat{\boldsymbol{s}})}_{(M+1)\times M}\ \ \underbrace{\boldsymbol{h}_2(\hat{\boldsymbol{s}})}_{(M+1)\times 1}\right]\begin{bmatrix}\underbrace{\boldsymbol{\Sigma}_1(\hat{\boldsymbol{s}})}_{M\times M}\\ \boldsymbol{O}_{1\times M}\end{bmatrix}(\boldsymbol{V}(\hat{\boldsymbol{s}}))^{\mathrm{T}}\\&=\boldsymbol{H}_1(\hat{\boldsymbol{s}})\boldsymbol{\Sigma}_1(\hat{\boldsymbol{s}})(\boldsymbol{V}(\hat{\boldsymbol{s}}))^{\mathrm{T}}\end{aligned}\tag{9.54}$$

式中，$\boldsymbol{H}(\hat{\boldsymbol{s}})=[\boldsymbol{H}_1(\hat{\boldsymbol{s}})\ \ \boldsymbol{h}_2(\hat{\boldsymbol{s}})]$，为 $(M+1)\times(M+1)$ 阶正交矩阵；$\boldsymbol{V}(\hat{\boldsymbol{s}})$ 为 $M\times M$ 阶正交矩阵；$\boldsymbol{\Sigma}_1(\hat{\boldsymbol{s}})$ 为 $M\times M$ 阶对角矩阵，其中的对角元素为矩阵 $\boldsymbol{B}_{\mathrm{t}}^{(2)}(\boldsymbol{u},\hat{\boldsymbol{s}})$ 的奇异值。根据式（4.67）可以将估计值 $\hat{\boldsymbol{u}}_{\mathrm{e}}^{(2)}$ 表示为

$$\begin{aligned}\hat{\boldsymbol{u}}_{\mathrm{e}}^{(2)}=&-[(\boldsymbol{T}_2^{(2)}(\hat{\boldsymbol{s}}))^{\mathrm{T}}(\hat{\boldsymbol{W}}^{(2)}(\hat{\boldsymbol{s}}))^{\mathrm{T}}\boldsymbol{H}_1(\hat{\boldsymbol{s}})(\bar{\boldsymbol{\Omega}}_{\mathrm{t}}^{(2)})^{-1}(\boldsymbol{H}_1(\hat{\boldsymbol{s}}))^{\mathrm{T}}\hat{\boldsymbol{W}}^{(2)}(\hat{\boldsymbol{s}})\boldsymbol{T}_2^{(2)}(\hat{\boldsymbol{s}})]^{-1}\\&\times(\boldsymbol{T}_2^{(2)}(\hat{\boldsymbol{s}}))^{\mathrm{T}}(\hat{\boldsymbol{W}}^{(2)}(\hat{\boldsymbol{s}}))^{\mathrm{T}}\boldsymbol{H}_1(\hat{\boldsymbol{s}})(\bar{\boldsymbol{\Omega}}_{\mathrm{t}}^{(2)})^{-1}(\boldsymbol{H}_1(\hat{\boldsymbol{s}}))^{\mathrm{T}}\hat{\boldsymbol{W}}^{(2)}(\hat{\boldsymbol{s}})\boldsymbol{t}_1^{(2)}(\hat{\boldsymbol{s}})\end{aligned}\tag{9.55}$$

式中，$\bar{\boldsymbol{\Omega}}_{\mathrm{t}}^{(2)}=(\boldsymbol{H}_1(\boldsymbol{s}))^{\mathrm{T}}\boldsymbol{\Omega}_{\mathrm{t}}^{(2)}\boldsymbol{H}_1(\boldsymbol{s})$。将估计值 $\hat{\boldsymbol{u}}_{\mathrm{e}}^{(2)}$ 中的误差记为 $\Delta\boldsymbol{u}_{\mathrm{e}}^{(2)}=\hat{\boldsymbol{u}}_{\mathrm{e}}^{(2)}-\boldsymbol{u}$，由式（9.55）可得

$$\begin{aligned}&(\boldsymbol{T}_2^{(2)}(\hat{\boldsymbol{s}}))^{\mathrm{T}}(\hat{\boldsymbol{W}}^{(2)}(\hat{\boldsymbol{s}}))^{\mathrm{T}}\boldsymbol{H}_1(\hat{\boldsymbol{s}})(\bar{\boldsymbol{\Omega}}_{\mathrm{t}}^{(2)})^{-1}(\boldsymbol{H}_1(\hat{\boldsymbol{s}}))^{\mathrm{T}}\hat{\boldsymbol{W}}^{(2)}(\hat{\boldsymbol{s}})\boldsymbol{T}_2^{(2)}(\hat{\boldsymbol{s}})(\boldsymbol{u}+\Delta\boldsymbol{u}_{\mathrm{e}}^{(2)})\\&=-(\boldsymbol{T}_2^{(2)}(\hat{\boldsymbol{s}}))^{\mathrm{T}}(\hat{\boldsymbol{W}}^{(2)}(\hat{\boldsymbol{s}}))^{\mathrm{T}}\boldsymbol{H}_1(\hat{\boldsymbol{s}})(\bar{\boldsymbol{\Omega}}_{\mathrm{t}}^{(2)})^{-1}(\boldsymbol{H}_1(\hat{\boldsymbol{s}}))^{\mathrm{T}}\hat{\boldsymbol{W}}^{(2)}(\hat{\boldsymbol{s}})\boldsymbol{t}_1^{(2)}(\hat{\boldsymbol{s}})\end{aligned}\tag{9.56}$$

基于式（9.56）可以进一步推得①

$$\begin{aligned}&(\Delta\boldsymbol{T}_2^{(2)})^{\mathrm{T}}(\boldsymbol{W}^{(2)}(\boldsymbol{s}))^{\mathrm{T}}\boldsymbol{H}_1(\boldsymbol{s})(\bar{\boldsymbol{\Omega}}_{\mathrm{t}}^{(2)})^{-1}(\boldsymbol{H}_1(\boldsymbol{s}))^{\mathrm{T}}\boldsymbol{W}^{(2)}(\boldsymbol{s})\boldsymbol{T}_2^{(2)}(\boldsymbol{s})\boldsymbol{u}+(\boldsymbol{T}_2^{(2)}(\boldsymbol{s}))^{\mathrm{T}}(\Delta\boldsymbol{W}_{\mathrm{ts}}^{(2)})^{\mathrm{T}}\\&\times\boldsymbol{H}_1(\boldsymbol{s})(\bar{\boldsymbol{\Omega}}_{\mathrm{t}}^{(2)})^{-1}(\boldsymbol{H}_1(\boldsymbol{s}))^{\mathrm{T}}\boldsymbol{W}^{(2)}(\boldsymbol{s})\boldsymbol{T}_2^{(2)}(\boldsymbol{s})\boldsymbol{u}\\&+(\boldsymbol{T}_2^{(2)}(\boldsymbol{s}))^{\mathrm{T}}(\boldsymbol{W}^{(2)}(\boldsymbol{s}))^{\mathrm{T}}\Delta\boldsymbol{H}_1(\bar{\boldsymbol{\Omega}}_{\mathrm{t}}^{(2)})^{-1}(\boldsymbol{H}_1(\boldsymbol{s}))^{\mathrm{T}}\boldsymbol{W}^{(2)}(\boldsymbol{s})\boldsymbol{T}_2^{(2)}(\boldsymbol{s})\boldsymbol{u}+(\boldsymbol{T}_2^{(2)}(\boldsymbol{s}))^{\mathrm{T}}(\boldsymbol{W}^{(2)}(\boldsymbol{s}))^{\mathrm{T}}\\&\times\boldsymbol{H}_1(\boldsymbol{s})(\bar{\boldsymbol{\Omega}}_{\mathrm{t}}^{(2)})^{-1}(\Delta\boldsymbol{H}_1)^{\mathrm{T}}\boldsymbol{W}^{(2)}(\boldsymbol{s})\boldsymbol{T}_2^{(2)}(\boldsymbol{s})\boldsymbol{u}\\&+(\boldsymbol{T}_2^{(2)}(\boldsymbol{s}))^{\mathrm{T}}(\boldsymbol{W}^{(2)}(\boldsymbol{s}))^{\mathrm{T}}\boldsymbol{H}_1(\boldsymbol{s})(\bar{\boldsymbol{\Omega}}_{\mathrm{t}}^{(2)})^{-1}(\boldsymbol{H}_1(\boldsymbol{s}))^{\mathrm{T}}\Delta\boldsymbol{W}_{\mathrm{ts}}^{(2)}\boldsymbol{T}_2^{(2)}(\boldsymbol{s})\boldsymbol{u}+(\boldsymbol{T}_2^{(2)}(\boldsymbol{s}))^{\mathrm{T}}(\boldsymbol{W}^{(2)}(\boldsymbol{s}))^{\mathrm{T}}\\&\times\boldsymbol{H}_1(\boldsymbol{s})(\bar{\boldsymbol{\Omega}}_{\mathrm{t}}^{(2)})^{-1}(\boldsymbol{H}_1(\boldsymbol{s}))^{\mathrm{T}}\boldsymbol{W}^{(2)}(\boldsymbol{s})\Delta\boldsymbol{T}_2^{(2)}\boldsymbol{u}\\&+(\boldsymbol{T}_2^{(2)}(\boldsymbol{s}))^{\mathrm{T}}(\boldsymbol{W}^{(2)}(\boldsymbol{s}))^{\mathrm{T}}\boldsymbol{H}_1(\boldsymbol{s})(\bar{\boldsymbol{\Omega}}_{\mathrm{t}}^{(2)})^{-1}(\boldsymbol{H}_1(\boldsymbol{s}))^{\mathrm{T}}\boldsymbol{W}^{(2)}(\boldsymbol{s})\boldsymbol{T}_2^{(2)}(\boldsymbol{s})\Delta\boldsymbol{u}_{\mathrm{e}}^{(2)}\\\approx&-(\Delta\boldsymbol{T}_2^{(2)})^{\mathrm{T}}(\boldsymbol{W}^{(2)}(\boldsymbol{s}))^{\mathrm{T}}\boldsymbol{H}_1(\boldsymbol{s})(\bar{\boldsymbol{\Omega}}_{\mathrm{t}}^{(2)})^{-1}(\boldsymbol{H}_1(\boldsymbol{s}))^{\mathrm{T}}\boldsymbol{W}^{(2)}(\boldsymbol{s})\boldsymbol{t}_1^{(2)}(\boldsymbol{s})-(\boldsymbol{T}_2^{(2)}(\boldsymbol{s}))^{\mathrm{T}}(\Delta\boldsymbol{W}_{\mathrm{ts}}^{(2)})^{\mathrm{T}}\\&\times\boldsymbol{H}_1(\boldsymbol{s})(\bar{\boldsymbol{\Omega}}_{\mathrm{t}}^{(2)})^{-1}(\boldsymbol{H}_1(\boldsymbol{s}))^{\mathrm{T}}\boldsymbol{W}^{(2)}(\boldsymbol{s})\boldsymbol{t}_1^{(2)}(\boldsymbol{s})\\&-(\boldsymbol{T}_2^{(2)}(\boldsymbol{s}))^{\mathrm{T}}(\boldsymbol{W}^{(2)}(\boldsymbol{s}))^{\mathrm{T}}\Delta\boldsymbol{H}_1(\bar{\boldsymbol{\Omega}}_{\mathrm{t}}^{(2)})^{-1}(\boldsymbol{H}_1(\boldsymbol{s}))^{\mathrm{T}}\boldsymbol{W}^{(2)}(\boldsymbol{s})\boldsymbol{t}_1^{(2)}(\boldsymbol{s})-(\boldsymbol{T}_2^{(2)}(\boldsymbol{s}))^{\mathrm{T}}(\boldsymbol{W}^{(2)}(\boldsymbol{s}))^{\mathrm{T}}\\&\times\boldsymbol{H}_1(\boldsymbol{s})(\bar{\boldsymbol{\Omega}}_{\mathrm{t}}^{(2)})^{-1}(\Delta\boldsymbol{H}_1)^{\mathrm{T}}\boldsymbol{W}^{(2)}(\boldsymbol{s})\boldsymbol{t}_1^{(2)}(\boldsymbol{s})\\&-(\boldsymbol{T}_2^{(2)}(\boldsymbol{s}))^{\mathrm{T}}(\boldsymbol{W}^{(2)}(\boldsymbol{s}))^{\mathrm{T}}\boldsymbol{H}_1(\boldsymbol{s})(\bar{\boldsymbol{\Omega}}_{\mathrm{t}}^{(2)})^{-1}(\boldsymbol{H}_1(\boldsymbol{s}))^{\mathrm{T}}\Delta\boldsymbol{W}_{\mathrm{ts}}^{(2)}\boldsymbol{t}_1^{(2)}(\boldsymbol{s})-(\boldsymbol{T}_2^{(2)}(\boldsymbol{s}))^{\mathrm{T}}(\boldsymbol{W}^{(2)}(\boldsymbol{s}))^{\mathrm{T}}\\&\times\boldsymbol{H}_1(\boldsymbol{s})(\bar{\boldsymbol{\Omega}}_{\mathrm{t}}^{(2)})^{-1}(\boldsymbol{H}_1(\boldsymbol{s}))^{\mathrm{T}}\boldsymbol{W}^{(2)}(\boldsymbol{s})\Delta\boldsymbol{t}_1^{(2)}\end{aligned}$$

① 这里的性能分析并未考虑加权矩阵 $(\bar{\boldsymbol{\Omega}}_{\mathrm{t}}^{(2)})^{-1}$ 中的误差，这是因为在一阶误差分析框架下，其中的扰动误差并不会实质影响估计值 $\hat{\boldsymbol{u}}_{\mathrm{e}}^{(2)}$ 的统计性能。

$$\begin{aligned}\Rightarrow \Delta\boldsymbol{u}_{\mathrm{e}}^{(2)} &\approx -[(\boldsymbol{T}_2^{(2)}(\boldsymbol{s}))^{\mathrm{T}}(\boldsymbol{W}^{(2)}(\boldsymbol{s}))^{\mathrm{T}}\boldsymbol{H}_1(\boldsymbol{s})(\bar{\boldsymbol{\Omega}}_{\mathrm{t}}^{(2)})^{-1}(\boldsymbol{H}_1(\boldsymbol{s}))^{\mathrm{T}}\boldsymbol{W}^{(2)}(\boldsymbol{s})\boldsymbol{T}_2^{(2)}(\boldsymbol{s})]^{-1}(\boldsymbol{T}_2^{(2)}(\boldsymbol{s}))^{\mathrm{T}}\\ &\quad\times(\boldsymbol{W}^{(2)}(\boldsymbol{s}))^{\mathrm{T}}\boldsymbol{H}_1(\boldsymbol{s})(\bar{\boldsymbol{\Omega}}_{\mathrm{t}}^{(2)})^{-1}(\boldsymbol{H}_1(\boldsymbol{s}))^{\mathrm{T}}\\ &\quad\times(\Delta\boldsymbol{W}_{\mathrm{ts}}^{(2)}(\boldsymbol{T}_2^{(2)}(\boldsymbol{s})\boldsymbol{u}+\boldsymbol{t}_1^{(2)}(\boldsymbol{s}))+\boldsymbol{W}^{(2)}(\boldsymbol{s})(\Delta\boldsymbol{T}_2^{(2)}\boldsymbol{u}+\Delta\boldsymbol{t}_1^{(2)}))\\ &= -[(\boldsymbol{T}_2^{(2)}(\boldsymbol{s}))^{\mathrm{T}}(\boldsymbol{W}^{(2)}(\boldsymbol{s}))^{\mathrm{T}}\boldsymbol{H}_1(\boldsymbol{s})(\bar{\boldsymbol{\Omega}}_{\mathrm{t}}^{(2)})^{-1}(\boldsymbol{H}_1(\boldsymbol{s}))^{\mathrm{T}}\boldsymbol{W}^{(2)}(\boldsymbol{s})\boldsymbol{T}_2^{(2)}(\boldsymbol{s})]^{-1}(\boldsymbol{T}_2^{(2)}(\boldsymbol{s}))^{\mathrm{T}}(\boldsymbol{W}^{(2)}(\boldsymbol{s}))^{\mathrm{T}}\\ &\quad\times\boldsymbol{H}_1(\boldsymbol{s})(\bar{\boldsymbol{\Omega}}_{\mathrm{t}}^{(2)})^{-1}(\boldsymbol{H}_1(\boldsymbol{s}))^{\mathrm{T}}\boldsymbol{\delta}_{\mathrm{ts}}^{(2)}\end{aligned} \tag{9.57}$$

式中，$\Delta\boldsymbol{H}_1=\boldsymbol{H}_1(\hat{\boldsymbol{s}})-\boldsymbol{H}_1(\boldsymbol{s})$。由式（9.57）可知，估计值 $\hat{\boldsymbol{u}}_{\mathrm{e}}^{(2)}$ 的均方误差矩阵为

$$\begin{aligned}\mathbf{MSE}(\hat{\boldsymbol{u}}_{\mathrm{e}}^{(2)}) &= \mathrm{E}[(\hat{\boldsymbol{u}}_{\mathrm{e}}^{(2)}-\boldsymbol{u})(\hat{\boldsymbol{u}}_{\mathrm{e}}^{(2)}-\boldsymbol{u})^{\mathrm{T}}]=\mathrm{E}[\Delta\boldsymbol{u}_{\mathrm{e}}^{(2)}(\Delta\boldsymbol{u}_{\mathrm{e}}^{(2)})^{\mathrm{T}}]\\ &= ((\boldsymbol{T}_2^{(2)}(\boldsymbol{s}))^{\mathrm{T}}(\boldsymbol{W}^{(2)}(\boldsymbol{s}))^{\mathrm{T}}\boldsymbol{H}_1(\boldsymbol{s})(\bar{\boldsymbol{\Omega}}_{\mathrm{t}}^{(2)})^{-1}(\boldsymbol{H}_1(\boldsymbol{s}))^{\mathrm{T}}\boldsymbol{W}^{(2)}(\boldsymbol{s})\boldsymbol{T}_2^{(2)}(\boldsymbol{s}))^{-1}(\boldsymbol{T}_2^{(2)}(\boldsymbol{s}))^{\mathrm{T}}\\ &\quad\times(\boldsymbol{W}^{(2)}(\boldsymbol{s}))^{\mathrm{T}}\boldsymbol{H}_1(\boldsymbol{s})(\bar{\boldsymbol{\Omega}}_{\mathrm{t}}^{(2)})^{-1}(\boldsymbol{H}_1(\boldsymbol{s}))^{\mathrm{T}}\\ &\quad\times\mathrm{E}[\boldsymbol{\delta}_{\mathrm{ts}}^{(2)}\boldsymbol{\delta}_{\mathrm{ts}}^{(2)\mathrm{T}}]\cdot\boldsymbol{H}_1(\boldsymbol{s})(\bar{\boldsymbol{\Omega}}_{\mathrm{t}}^{(2)})^{-1}(\boldsymbol{H}_1(\boldsymbol{s}))^{\mathrm{T}}\boldsymbol{W}^{(2)}(\boldsymbol{s})\boldsymbol{T}_2^{(2)}(\boldsymbol{s})((\boldsymbol{T}_2^{(2)}(\boldsymbol{s}))^{\mathrm{T}}(\boldsymbol{W}^{(2)}(\boldsymbol{s}))^{\mathrm{T}}\\ &\quad\times\boldsymbol{H}_1(\boldsymbol{s})(\bar{\boldsymbol{\Omega}}_{\mathrm{t}}^{(2)})^{-1}(\boldsymbol{H}_1(\boldsymbol{s}))^{\mathrm{T}}\boldsymbol{W}^{(2)}(\boldsymbol{s})\boldsymbol{T}_2^{(2)}(\boldsymbol{s}))^{-1}\\ &= ((\boldsymbol{T}_2^{(2)}(\boldsymbol{s}))^{\mathrm{T}}(\boldsymbol{W}^{(2)}(\boldsymbol{s}))^{\mathrm{T}}\boldsymbol{H}_1(\boldsymbol{s})(\bar{\boldsymbol{\Omega}}_{\mathrm{t}}^{(2)})^{-1}(\boldsymbol{H}_1(\boldsymbol{s}))^{\mathrm{T}}\boldsymbol{W}^{(2)}(\boldsymbol{s})\boldsymbol{T}_2^{(2)}(\boldsymbol{s}))^{-1}\\ &\quad+((\boldsymbol{T}_2^{(2)}(\boldsymbol{s}))^{\mathrm{T}}(\boldsymbol{W}^{(2)}(\boldsymbol{s}))^{\mathrm{T}}\boldsymbol{H}_1(\boldsymbol{s})(\bar{\boldsymbol{\Omega}}_{\mathrm{t}}^{(2)})^{-1}(\boldsymbol{H}_1(\boldsymbol{s}))^{\mathrm{T}}\boldsymbol{W}^{(2)}(\boldsymbol{s})\boldsymbol{T}_2^{(2)}(\boldsymbol{s}))^{-1}\\ &\quad\times(\boldsymbol{T}_2^{(2)}(\boldsymbol{s}))^{\mathrm{T}}(\boldsymbol{W}^{(2)}(\boldsymbol{s}))^{\mathrm{T}}\boldsymbol{H}_1(\boldsymbol{s})(\bar{\boldsymbol{\Omega}}_{\mathrm{t}}^{(2)})^{-1}(\boldsymbol{H}_1(\boldsymbol{s}))^{\mathrm{T}}\boldsymbol{\Omega}_{\mathrm{s}}^{(2)}\boldsymbol{H}_1(\boldsymbol{s})(\bar{\boldsymbol{\Omega}}_{\mathrm{t}}^{(2)})^{-1}(\boldsymbol{H}_1(\boldsymbol{s}))^{\mathrm{T}}\\ &\quad\times\boldsymbol{W}^{(2)}(\boldsymbol{s})\boldsymbol{T}_2^{(2)}(\boldsymbol{s})((\boldsymbol{T}_2^{(2)}(\boldsymbol{s}))^{\mathrm{T}}(\boldsymbol{W}^{(2)}(\boldsymbol{s}))^{\mathrm{T}}\boldsymbol{H}_1(\boldsymbol{s})(\bar{\boldsymbol{\Omega}}_{\mathrm{t}}^{(2)})^{-1}(\boldsymbol{H}_1(\boldsymbol{s}))^{\mathrm{T}}\boldsymbol{W}^{(2)}(\boldsymbol{s})\boldsymbol{T}_2^{(2)}(\boldsymbol{s}))^{-1}\end{aligned} \tag{9.58}$$

利用命题 4.4 中的结论可得

$$\begin{aligned}&[(\boldsymbol{T}_2^{(2)}(\boldsymbol{s}))^{\mathrm{T}}(\boldsymbol{W}^{(2)}(\boldsymbol{s}))^{\mathrm{T}}\boldsymbol{H}_1(\boldsymbol{s})(\bar{\boldsymbol{\Omega}}_{\mathrm{t}}^{(2)})^{-1}(\boldsymbol{H}_1(\boldsymbol{s}))^{\mathrm{T}}\boldsymbol{W}^{(2)}(\boldsymbol{s})\boldsymbol{T}_2^{(2)}(\boldsymbol{s})]^{-1}\\ &=\left[\left(\frac{\partial \boldsymbol{f}_{\mathrm{toa}}(\boldsymbol{u},\boldsymbol{s})}{\partial \boldsymbol{u}^{\mathrm{T}}}\right)^{\mathrm{T}}\boldsymbol{E}_{\mathrm{t}}^{-1}\frac{\partial \boldsymbol{f}_{\mathrm{toa}}(\boldsymbol{u},\boldsymbol{s})}{\partial \boldsymbol{u}^{\mathrm{T}}}\right]^{-1}=\mathbf{CRB}_{\mathrm{toa\text{-}p}}(\boldsymbol{u})\end{aligned} \tag{9.59}$$

将式（9.59）代入式（9.58）中可得

$$\begin{aligned}&\mathbf{MSE}(\hat{\boldsymbol{u}}_{\mathrm{e}}^{(2)})\\ &=\mathbf{CRB}_{\mathrm{toa\text{-}p}}(\boldsymbol{u})+\mathbf{CRB}_{\mathrm{toa\text{-}p}}(\boldsymbol{u})(\boldsymbol{T}_2^{(2)}(\boldsymbol{s}))^{\mathrm{T}}(\boldsymbol{W}^{(2)}(\boldsymbol{s}))^{\mathrm{T}}\boldsymbol{H}_1(\boldsymbol{s})(\bar{\boldsymbol{\Omega}}_{\mathrm{t}}^{(2)})^{-1}(\boldsymbol{H}_1(\boldsymbol{s}))^{\mathrm{T}}\\ &\quad\times\boldsymbol{\Omega}_{\mathrm{s}}^{(2)}\boldsymbol{H}_1(\boldsymbol{s})(\bar{\boldsymbol{\Omega}}_{\mathrm{t}}^{(2)})^{-1}(\boldsymbol{H}_1(\boldsymbol{s}))^{\mathrm{T}}\boldsymbol{W}^{(2)}(\boldsymbol{s})\boldsymbol{T}_2^{(2)}(\boldsymbol{s})\mathbf{CRB}_{\mathrm{toa\text{-}p}}(\boldsymbol{u})\\ &=\mathbf{CRB}_{\mathrm{toa\text{-}p}}(\boldsymbol{u})+\mathbf{CRB}_{\mathrm{toa\text{-}p}}(\boldsymbol{u})(\boldsymbol{T}_2^{(2)}(\boldsymbol{s}))^{\mathrm{T}}(\boldsymbol{W}^{(2)}(\boldsymbol{s}))^{\mathrm{T}}\boldsymbol{H}_1(\boldsymbol{s})((\boldsymbol{H}_1(\boldsymbol{s}))^{\mathrm{T}}\boldsymbol{\Omega}_{\mathrm{t}}^{(2)}\boldsymbol{H}_1(\boldsymbol{s}))^{-1}(\boldsymbol{H}_1(\boldsymbol{s}))^{\mathrm{T}}\\ &\quad\times\boldsymbol{\Omega}_{\mathrm{s}}^{(2)}\boldsymbol{H}_1(\boldsymbol{s})((\boldsymbol{H}_1(\boldsymbol{s}))^{\mathrm{T}}\boldsymbol{\Omega}_{\mathrm{t}}^{(2)}\boldsymbol{H}_1(\boldsymbol{s}))^{-1}(\boldsymbol{H}_1(\boldsymbol{s}))^{\mathrm{T}}\boldsymbol{W}^{(2)}(\boldsymbol{s})\boldsymbol{T}_2^{(2)}(\boldsymbol{s})\mathbf{CRB}_{\mathrm{toa\text{-}p}}(\boldsymbol{u})\end{aligned} \tag{9.60}$$

由式（9.60）可得 $\mathbf{MSE}(\hat{\boldsymbol{u}}_{\mathrm{e}}^{(2)})\geqslant\mathbf{CRB}_{\mathrm{toa\text{-}p}}(\boldsymbol{u})$，式（9.60）右侧第 2 项是由传感器位置误差所引起的定位误差。

下面需要将 $\mathbf{MSE}(\hat{\boldsymbol{u}}_{\mathrm{e}}^{(2)})$ 与传感器位置误差存在下的克拉美罗界 $\mathbf{CRB}_{\mathrm{toa\text{-}q}}(\boldsymbol{u})$

进行比较，具体可见如下命题。

【命题 9.3】 在一阶误差分析理论框架下，$\mathbf{MSE}(\hat{\boldsymbol{u}}_{\mathrm{e}}^{(2)}) \geqslant \mathbf{CRB}_{\mathrm{toa\text{-}q}}(\boldsymbol{u})$。

【证明】 首先将式（9.53）代入式（9.60）中可得

$$\begin{aligned}\mathbf{MSE}(\hat{\boldsymbol{u}}_{\mathrm{e}}^{(2)}) = {}& \mathbf{CRB}_{\mathrm{toa\text{-}p}}(\boldsymbol{u}) + \mathbf{CRB}_{\mathrm{toa\text{-}p}}(\boldsymbol{u})(\boldsymbol{T}_2^{(2)}(\boldsymbol{s}))^{\mathrm{T}}(\boldsymbol{W}^{(2)}(\boldsymbol{s}))^{\mathrm{T}}\boldsymbol{H}_1(\boldsymbol{s}) \\ & \times[(\boldsymbol{H}_1(\boldsymbol{s}))^{\mathrm{T}}\boldsymbol{B}_{\mathrm{t}}^{(2)}(\boldsymbol{u},\boldsymbol{s})\boldsymbol{E}_{\mathrm{t}}(\boldsymbol{B}_{\mathrm{t}}^{(2)}(\boldsymbol{u},\boldsymbol{s}))^{\mathrm{T}}\boldsymbol{H}_1(\boldsymbol{s})]^{-1} \\ & \times(\boldsymbol{H}_1(\boldsymbol{s}))^{\mathrm{T}}\boldsymbol{B}_{\mathrm{s}}^{(2)}(\boldsymbol{u},\boldsymbol{s})\boldsymbol{E}_{\mathrm{s}}(\boldsymbol{B}_{\mathrm{s}}^{(2)}(\boldsymbol{u},\boldsymbol{s}))^{\mathrm{T}}\boldsymbol{H}_1(\boldsymbol{s}) \\ & \times[(\boldsymbol{H}_1(\boldsymbol{s}))^{\mathrm{T}}\boldsymbol{B}_{\mathrm{t}}^{(2)}(\boldsymbol{u},\boldsymbol{s})\boldsymbol{E}_{\mathrm{t}}(\boldsymbol{B}_{\mathrm{t}}^{(2)}(\boldsymbol{u},\boldsymbol{s}))^{\mathrm{T}}\boldsymbol{H}_1(\boldsymbol{s})]^{-1} \\ & \times(\boldsymbol{H}_1(\boldsymbol{s}))^{\mathrm{T}}\boldsymbol{W}^{(2)}(\boldsymbol{s})\boldsymbol{T}_2^{(2)}(\boldsymbol{s})\mathbf{CRB}_{\mathrm{toa\text{-}p}}(\boldsymbol{u})\end{aligned} \tag{9.61}$$

基于式（9.54）可得 $(\boldsymbol{H}_1(\boldsymbol{s}))^{\mathrm{T}}\boldsymbol{B}_{\mathrm{t}}^{(2)}(\boldsymbol{u},\boldsymbol{s}) = \boldsymbol{\Sigma}_1(\boldsymbol{s})(\boldsymbol{V}(\boldsymbol{s}))^{\mathrm{T}}$，将该式代入式（9.61）中可得

$$\begin{aligned}\mathbf{MSE}(\hat{\boldsymbol{u}}_{\mathrm{e}}^{(2)}) = {}& \mathbf{CRB}_{\mathrm{toa\text{-}p}}(\boldsymbol{u}) + \mathbf{CRB}_{\mathrm{toa\text{-}p}}(\boldsymbol{u})(\boldsymbol{T}_2^{(2)}(\boldsymbol{s}))^{\mathrm{T}}(\boldsymbol{W}^{(2)}(\boldsymbol{s}))^{\mathrm{T}}\boldsymbol{H}_1(\boldsymbol{s})(\boldsymbol{\Sigma}_1(\boldsymbol{s}))^{-\mathrm{T}} \\ & \times(\boldsymbol{V}(\boldsymbol{s}))^{-1}\boldsymbol{E}_{\mathrm{t}}^{-1}(\boldsymbol{V}(\boldsymbol{s}))^{-\mathrm{T}}(\boldsymbol{\Sigma}_1(\boldsymbol{s}))^{-1} \\ & \times(\boldsymbol{H}_1(\boldsymbol{s}))^{\mathrm{T}}\boldsymbol{B}_{\mathrm{s}}^{(2)}(\boldsymbol{u},\boldsymbol{s})\boldsymbol{E}_{\mathrm{s}}(\boldsymbol{B}_{\mathrm{s}}^{(2)}(\boldsymbol{u},\boldsymbol{s}))^{\mathrm{T}}\boldsymbol{H}_1(\boldsymbol{s})(\boldsymbol{\Sigma}_1(\boldsymbol{s}))^{-\mathrm{T}} \\ & \times(\boldsymbol{V}(\boldsymbol{s}))^{-1}\boldsymbol{E}_{\mathrm{t}}^{-1}(\boldsymbol{V}(\boldsymbol{s}))^{-\mathrm{T}}(\boldsymbol{\Sigma}_1(\boldsymbol{s}))^{-1} \\ & \times(\boldsymbol{H}_1(\boldsymbol{s}))^{\mathrm{T}}\boldsymbol{W}^{(2)}(\boldsymbol{s})\boldsymbol{T}_2^{(2)}(\boldsymbol{s})\mathbf{CRB}_{\mathrm{toa\text{-}p}}(\boldsymbol{u})\end{aligned} \tag{9.62}$$

考虑等式 $\boldsymbol{W}^{(2)}(\boldsymbol{s})\boldsymbol{\beta}^{(2)}(\boldsymbol{u},\boldsymbol{s}) = \boldsymbol{W}^{(2)}(\boldsymbol{s})\boldsymbol{T}^{(2)}(\boldsymbol{s})\begin{bmatrix}1\\ \boldsymbol{u}\end{bmatrix} = \boldsymbol{O}_{(M+1)\times 1}$，将该等式两边先后对向量 $\boldsymbol{u}$ 和 $\boldsymbol{s}$ 求导可得

$$\begin{aligned}& \boldsymbol{W}^{(2)}(\boldsymbol{s})\boldsymbol{T}^{(2)}(\boldsymbol{s})\frac{\partial}{\partial \boldsymbol{u}^{\mathrm{T}}}\left(\begin{bmatrix}1\\ \boldsymbol{u}\end{bmatrix}\right) + \frac{\partial(\boldsymbol{W}^{(2)}(\boldsymbol{s})\boldsymbol{\beta}^{(2)}(\boldsymbol{u},\boldsymbol{s}))}{\partial \boldsymbol{r}^{\mathrm{T}}}\frac{\partial \boldsymbol{r}}{\partial \boldsymbol{u}^{\mathrm{T}}} \\ & = \boldsymbol{W}^{(2)}(\boldsymbol{s})\boldsymbol{T}^{(2)}(\boldsymbol{s})\begin{bmatrix}\boldsymbol{O}_{1\times 3}\\ \boldsymbol{I}_3\end{bmatrix} + \boldsymbol{B}_{\mathrm{t}}^{(2)}(\boldsymbol{u},\boldsymbol{s})\frac{\partial \boldsymbol{f}_{\mathrm{toa}}(\boldsymbol{u},\boldsymbol{s})}{\partial \boldsymbol{u}^{\mathrm{T}}} \\ & = \boldsymbol{W}^{(2)}(\boldsymbol{s})\boldsymbol{T}_2^{(2)}(\boldsymbol{s}) + \boldsymbol{B}_{\mathrm{t}}^{(2)}(\boldsymbol{u},\boldsymbol{s})\frac{\partial \boldsymbol{f}_{\mathrm{toa}}(\boldsymbol{u},\boldsymbol{s})}{\partial \boldsymbol{u}^{\mathrm{T}}} = \boldsymbol{O}_{(M+1)\times 3}\end{aligned} \tag{9.63}$$

$$\boldsymbol{B}_{\mathrm{s}}^{(2)}(\boldsymbol{u},\boldsymbol{s}) + \frac{\partial(\boldsymbol{W}^{(2)}(\boldsymbol{s})\boldsymbol{\beta}^{(2)}(\boldsymbol{u},\boldsymbol{s}))}{\partial \boldsymbol{r}^{\mathrm{T}}}\frac{\partial \boldsymbol{r}}{\partial \boldsymbol{s}^{\mathrm{T}}} = \boldsymbol{B}_{\mathrm{s}}^{(2)}(\boldsymbol{u},\boldsymbol{s}) + \boldsymbol{B}_{\mathrm{t}}^{(2)}(\boldsymbol{u},\boldsymbol{s})\frac{\partial \boldsymbol{f}_{\mathrm{toa}}(\boldsymbol{u},\boldsymbol{s})}{\partial \boldsymbol{s}^{\mathrm{T}}} = \boldsymbol{O}_{(M+1)\times 3M} \tag{9.64}$$

再用矩阵 $(\boldsymbol{H}_1(\boldsymbol{s}))^{\mathrm{T}}$ 先后左乘以式（9.63）和式（9.64）两边可得

$$
\begin{aligned}
&(\boldsymbol{H}_1(\boldsymbol{s}))^{\mathrm{T}}\boldsymbol{W}^{(2)}(\boldsymbol{s})\boldsymbol{T}_2^{(2)}(\boldsymbol{s})+(\boldsymbol{H}_1(\boldsymbol{s}))^{\mathrm{T}}\boldsymbol{B}_{\mathrm{t}}^{(2)}(\boldsymbol{u},\boldsymbol{s})\frac{\partial \boldsymbol{f}_{\mathrm{toa}}(\boldsymbol{u},\boldsymbol{s})}{\partial \boldsymbol{u}^{\mathrm{T}}}=\boldsymbol{O}_{M\times 3}\\
&\Rightarrow(\boldsymbol{H}_1(\boldsymbol{s}))^{\mathrm{T}}\boldsymbol{W}^{(2)}(\boldsymbol{s})\boldsymbol{T}_2^{(2)}(\boldsymbol{s})+\boldsymbol{\Sigma}_1(\boldsymbol{s})(\boldsymbol{V}(\boldsymbol{s}))^{\mathrm{T}}\frac{\partial \boldsymbol{f}_{\mathrm{toa}}(\boldsymbol{u},\boldsymbol{s})}{\partial \boldsymbol{u}^{\mathrm{T}}}=\boldsymbol{O}_{M\times 3}\\
&\Rightarrow\frac{\partial \boldsymbol{f}_{\mathrm{toa}}(\boldsymbol{u},\boldsymbol{s})}{\partial \boldsymbol{u}^{\mathrm{T}}}=-(\boldsymbol{V}(\boldsymbol{s}))^{-\mathrm{T}}(\boldsymbol{\Sigma}_1(\boldsymbol{s}))^{-1}(\boldsymbol{H}_1(\boldsymbol{s}))^{\mathrm{T}}\boldsymbol{W}^{(2)}(\boldsymbol{s})\boldsymbol{T}_2^{(2)}(\boldsymbol{s})
\end{aligned}
\tag{9.65}
$$

$$
\begin{aligned}
&(\boldsymbol{H}_1(\boldsymbol{s}))^{\mathrm{T}}\boldsymbol{B}_{\mathrm{s}}^{(2)}(\boldsymbol{u},\boldsymbol{s})+(\boldsymbol{H}_1(\boldsymbol{s}))^{\mathrm{T}}\boldsymbol{B}_{\mathrm{t}}^{(2)}(\boldsymbol{u},\boldsymbol{s})\frac{\partial \boldsymbol{f}_{\mathrm{toa}}(\boldsymbol{u},\boldsymbol{s})}{\partial \boldsymbol{s}^{\mathrm{T}}}=\boldsymbol{O}_{M\times 3M}\\
&\Rightarrow(\boldsymbol{H}_1(\boldsymbol{s}))^{\mathrm{T}}\boldsymbol{B}_{\mathrm{s}}^{(2)}(\boldsymbol{u},\boldsymbol{s})+\boldsymbol{\Sigma}_1(\boldsymbol{s})(\boldsymbol{V}(\boldsymbol{s}))^{\mathrm{T}}\frac{\partial \boldsymbol{f}_{\mathrm{toa}}(\boldsymbol{u},\boldsymbol{s})}{\partial \boldsymbol{s}^{\mathrm{T}}}=\boldsymbol{O}_{M\times 3M}\\
&\Rightarrow\frac{\partial \boldsymbol{f}_{\mathrm{toa}}(\boldsymbol{u},\boldsymbol{s})}{\partial \boldsymbol{s}^{\mathrm{T}}}=-(\boldsymbol{V}(\boldsymbol{s}))^{-\mathrm{T}}(\boldsymbol{\Sigma}_1(\boldsymbol{s}))^{-1}(\boldsymbol{H}_1(\boldsymbol{s}))^{\mathrm{T}}\boldsymbol{B}_{\mathrm{s}}^{(2)}(\boldsymbol{u},\boldsymbol{s})
\end{aligned}
\tag{9.66}
$$

将式（9.65）和式（9.66）代入式（9.62）中可得

$$
\begin{aligned}
\mathbf{MSE}(\hat{\boldsymbol{u}}_{\mathrm{e}}^{(2)})=\mathbf{CRB}_{\text{toa-p}}(\boldsymbol{u})+\mathbf{CRB}_{\text{toa-p}}(\boldsymbol{u})\left(\frac{\partial \boldsymbol{f}_{\mathrm{toa}}(\boldsymbol{u},\boldsymbol{s})}{\partial \boldsymbol{u}^{\mathrm{T}}}\right)^{\mathrm{T}}\boldsymbol{E}_{\mathrm{t}}^{-1}\frac{\partial \boldsymbol{f}_{\mathrm{toa}}(\boldsymbol{u},\boldsymbol{s})}{\partial \boldsymbol{s}^{\mathrm{T}}}\\
\times\boldsymbol{E}_{\mathrm{s}}\left(\frac{\partial \boldsymbol{f}_{\mathrm{toa}}(\boldsymbol{u},\boldsymbol{s})}{\partial \boldsymbol{s}^{\mathrm{T}}}\right)^{\mathrm{T}}\boldsymbol{E}_{\mathrm{t}}^{-1}\frac{\partial \boldsymbol{f}_{\mathrm{toa}}(\boldsymbol{u},\boldsymbol{s})}{\partial \boldsymbol{u}^{\mathrm{T}}}\mathbf{CRB}_{\text{toa-p}}(\boldsymbol{u})
\end{aligned}
\tag{9.67}
$$

利用式（9.32），并且对比式（9.26）和式（9.67）可知 $\mathbf{MSE}(\hat{\boldsymbol{u}}_{\mathrm{e}}^{(2)})\geqslant\mathbf{CRB}_{\text{toa-q}}(\boldsymbol{u})$。证毕。

【注记 9.6】根据命题 9.3 可知，当传感器位置存在随机误差时，由 4.3 节给出的定位结果无法达到相应的克拉美罗界（即 $\mathbf{CRB}_{\text{toa-q}}(\boldsymbol{u})$）。这是因为该估计值并未考虑传感器位置误差的影响，因此下面需要重新设计优化准则，并进而获得渐近最优的定位结果。另一方面，比较式（9.31）和式（9.67）可知，估计值 $\hat{\boldsymbol{u}}_{\mathrm{e}}^{(1)}$ 和 $\hat{\boldsymbol{u}}_{\mathrm{e}}^{(2)}$ 具有相同的均方误差矩阵，这意味着传感器位置误差对它们的影响是相同的。

9.3.3 定位原理与方法

下面建立的优化模型需要融入传感器位置误差的统计特性。由于伪线性等式（9.41）中一共包含 $M+1$ 个等式，而 TOA 观测量仅为 M 个，这意味着该关系式是存在冗余的，因而易导致协方差矩阵 $\boldsymbol{\Omega}_{\mathrm{ts}}^{(2)}$ 出现秩亏损现象（其证明可见附录 F.3）。针对该问题，这里采用的方法与 4.3 节中的方法相似，也就是利

用矩阵 $\boldsymbol{B}_{\mathrm{t}}^{(2)}(\boldsymbol{u},\hat{\boldsymbol{s}})$ 奇异值分解所得到的矩阵 $\boldsymbol{H}_1(\hat{\boldsymbol{s}})$（如式（9.54）所示），将协方差矩阵恢复为满秩矩阵。

首先定义如下误差向量：

$$\begin{aligned}\bar{\boldsymbol{\delta}}_{\mathrm{ts}}^{(2)} &= (\boldsymbol{H}_1(\hat{\boldsymbol{s}}))^{\mathrm{T}}\boldsymbol{\delta}_{\mathrm{ts}}^{(2)} = (\boldsymbol{H}_1(\hat{\boldsymbol{s}}))^{\mathrm{T}}\hat{\boldsymbol{W}}^{(2)}(\hat{\boldsymbol{s}})\boldsymbol{\beta}^{(2)}(\boldsymbol{u},\hat{\boldsymbol{s}}) \\ &= (\boldsymbol{H}_1(\hat{\boldsymbol{s}}))^{\mathrm{T}}(\hat{\boldsymbol{W}}^{(2)}(\hat{\boldsymbol{s}})\boldsymbol{t}_1^{(2)}(\hat{\boldsymbol{s}}) + \hat{\boldsymbol{W}}^{(2)}(\hat{\boldsymbol{s}})\boldsymbol{T}_2^{(2)}(\hat{\boldsymbol{s}})\boldsymbol{u}) \approx (\boldsymbol{H}_1(\boldsymbol{s}))^{\mathrm{T}}\boldsymbol{\delta}_{\mathrm{ts}}^{(2)}\end{aligned} \tag{9.68}$$

式中，最后 1 个约等号处的运算忽略了误差的二阶及其以上各阶项。根据式（9.52）可知，误差向量 $\bar{\boldsymbol{\delta}}_{\mathrm{ts}}^{(2)}$ 的协方差矩阵为

$$\begin{aligned}\bar{\boldsymbol{\Omega}}_{\mathrm{ts}}^{(2)} &= \mathbf{cov}(\bar{\boldsymbol{\delta}}_{\mathrm{ts}}^{(2)}) = \mathrm{E}[\bar{\boldsymbol{\delta}}_{\mathrm{ts}}^{(2)}\bar{\boldsymbol{\delta}}_{\mathrm{ts}}^{(2)\mathrm{T}}] \approx (\boldsymbol{H}_1(\boldsymbol{s}))^{\mathrm{T}}\boldsymbol{\Omega}_{\mathrm{ts}}^{(2)}\boldsymbol{H}_1(\boldsymbol{s}) \\ &\approx (\boldsymbol{H}_1(\boldsymbol{s}))^{\mathrm{T}}\boldsymbol{B}_{\mathrm{t}}^{(2)}(\boldsymbol{u},\boldsymbol{s})\boldsymbol{E}_{\mathrm{t}}(\boldsymbol{B}_{\mathrm{t}}^{(2)}(\boldsymbol{u},\boldsymbol{s}))^{\mathrm{T}}\boldsymbol{H}_1(\boldsymbol{s}) + (\boldsymbol{H}_1(\boldsymbol{s}))^{\mathrm{T}}\boldsymbol{B}_{\mathrm{s}}^{(2)}(\boldsymbol{u},\boldsymbol{s})\boldsymbol{E}_{\mathrm{s}}(\boldsymbol{B}_{\mathrm{s}}^{(2)}(\boldsymbol{u},\boldsymbol{s}))^{\mathrm{T}}\boldsymbol{H}_1(\boldsymbol{s})\end{aligned} \tag{9.69}$$

结合式（9.68）和式（9.69）可以构建估计辐射源位置向量 $\boldsymbol{u}$ 的优化准则，如下式所示：

$$\begin{aligned}&\min_{\boldsymbol{u}}\{(\boldsymbol{\beta}^{(2)}(\boldsymbol{u},\hat{\boldsymbol{s}}))^{\mathrm{T}}(\hat{\boldsymbol{W}}^{(2)}(\hat{\boldsymbol{s}}))^{\mathrm{T}}\boldsymbol{H}_1(\hat{\boldsymbol{s}})(\bar{\boldsymbol{\Omega}}_{\mathrm{ts}}^{(2)})^{-1}(\boldsymbol{H}_1(\hat{\boldsymbol{s}}))^{\mathrm{T}}\hat{\boldsymbol{W}}^{(2)}(\hat{\boldsymbol{s}})\boldsymbol{\beta}^{(2)}(\boldsymbol{u},\hat{\boldsymbol{s}})\} \\ &= \min_{\boldsymbol{u}}\{(\hat{\boldsymbol{W}}^{(2)}(\hat{\boldsymbol{s}})\boldsymbol{T}_2^{(2)}(\hat{\boldsymbol{s}})\boldsymbol{u} + \hat{\boldsymbol{W}}^{(2)}(\hat{\boldsymbol{s}})\boldsymbol{t}_1^{(2)}(\hat{\boldsymbol{s}}))^{\mathrm{T}}\boldsymbol{H}_1(\hat{\boldsymbol{s}})(\bar{\boldsymbol{\Omega}}_{\mathrm{ts}}^{(2)})^{-1}(\boldsymbol{H}_1(\hat{\boldsymbol{s}}))^{\mathrm{T}} \\ &\quad \times (\hat{\boldsymbol{W}}^{(2)}(\hat{\boldsymbol{s}})\boldsymbol{T}_2^{(2)}(\hat{\boldsymbol{s}})\boldsymbol{u} + \hat{\boldsymbol{W}}^{(2)}(\hat{\boldsymbol{s}})\boldsymbol{t}_1^{(2)}(\hat{\boldsymbol{s}}))\}\end{aligned} \tag{9.70}$$

式中，$(\bar{\boldsymbol{\Omega}}_{\mathrm{ts}}^{(2)})^{-1}$ 可以看作加权矩阵，其作用在于同时抑制观测误差 $\boldsymbol{\varepsilon}_{\mathrm{t}}$ 和 $\boldsymbol{\varepsilon}_{\mathrm{s}}$ 的影响。根据命题 2.13 可知，式（9.70）的最优解为

$$\begin{aligned}\hat{\boldsymbol{u}}_{\mathrm{q}}^{(2)} &= -[(\boldsymbol{T}_2^{(2)}(\hat{\boldsymbol{s}}))^{\mathrm{T}}(\hat{\boldsymbol{W}}^{(2)}(\hat{\boldsymbol{s}}))^{\mathrm{T}}\boldsymbol{H}_1(\hat{\boldsymbol{s}})(\bar{\boldsymbol{\Omega}}_{\mathrm{ts}}^{(2)})^{-1}(\boldsymbol{H}_1(\hat{\boldsymbol{s}}))^{\mathrm{T}}\hat{\boldsymbol{W}}^{(2)}(\hat{\boldsymbol{s}})\boldsymbol{T}_2^{(2)}(\hat{\boldsymbol{s}})]^{-1} \\ &\quad \times (\boldsymbol{T}_2^{(2)}(\hat{\boldsymbol{s}}))^{\mathrm{T}}(\hat{\boldsymbol{W}}^{(2)}(\hat{\boldsymbol{s}}))^{\mathrm{T}}\boldsymbol{H}_1(\hat{\boldsymbol{s}})(\bar{\boldsymbol{\Omega}}_{\mathrm{ts}}^{(2)})^{-1}(\boldsymbol{H}_1(\hat{\boldsymbol{s}}))^{\mathrm{T}}\hat{\boldsymbol{W}}^{(2)}(\hat{\boldsymbol{s}})\boldsymbol{t}_1^{(2)}(\hat{\boldsymbol{s}})\end{aligned} \tag{9.71}$$

【注记 9.7】由式（9.69）可知，加权矩阵 $(\bar{\boldsymbol{\Omega}}_{\mathrm{ts}}^{(2)})^{-1}$ 与辐射源位置向量 $\boldsymbol{u}$ 有关。因此，严格来说，式（9.70）中的目标函数并不是关于向量 $\boldsymbol{u}$ 的二次函数，针对该问题，可以采用注记 4.1 中描述的方法进行处理。另一方面，加权矩阵 $(\bar{\boldsymbol{\Omega}}_{\mathrm{ts}}^{(2)})^{-1}$ 还与传感器位置向量 $\boldsymbol{s}$ 有关，可以直接利用其先验观测值 $\hat{\boldsymbol{s}}$ 进行计算。理论分析表明，在一阶误差分析理论框架下，加权矩阵 $(\bar{\boldsymbol{\Omega}}_{\mathrm{ts}}^{(2)})^{-1}$ 中的扰动误差并不会实质影响估计值 $\hat{\boldsymbol{u}}_{\mathrm{q}}^{(2)}$ 的统计性能。

图 9.10 给出了本章第 2 种加权多维标度定位方法的流程图。

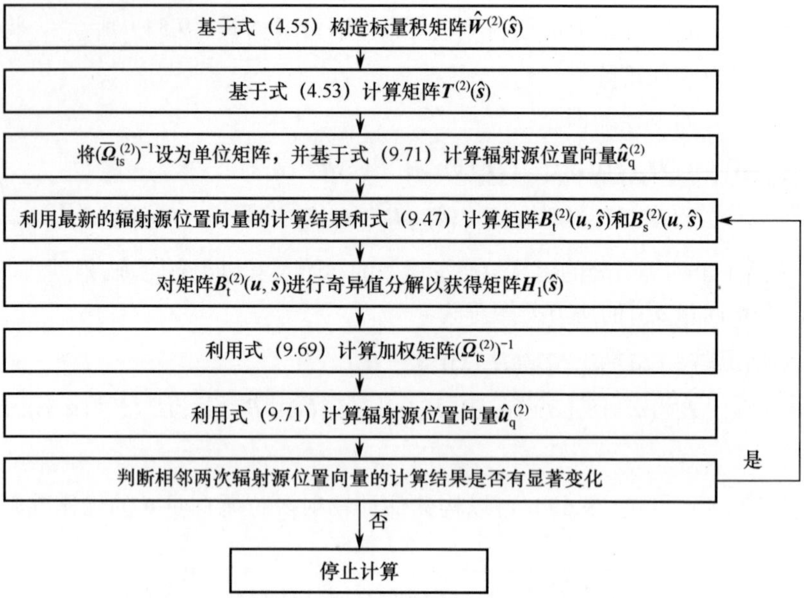

图 9.10　本章第 2 种加权多维标度定位方法的流程图

9.3.4　理论性能分析

下面将推导估计值 $\hat{\boldsymbol{u}}_{\mathrm{q}}^{(2)}$ 的理论性能，主要是推导估计均方误差矩阵，并将其与相应的克拉美罗界（即 $\mathbf{CRB}_{\text{toa-q}}(\boldsymbol{u})$）进行比较，从而证明其渐近最优性。这里采用的性能分析方法是一阶误差分析方法，即忽略观测误差 $\boldsymbol{\varepsilon}_{\mathrm{t}}$ 和 $\boldsymbol{\varepsilon}_{\mathrm{s}}$ 的二阶及其以上各阶项。

首先将最优解 $\hat{\boldsymbol{u}}_{\mathrm{q}}^{(2)}$ 中的估计误差记为 $\Delta\boldsymbol{u}_{\mathrm{q}}^{(2)}=\hat{\boldsymbol{u}}_{\mathrm{q}}^{(2)}-\boldsymbol{u}$ 。基于式（9.71）和注记 9.7 中的讨论可知

$$\begin{aligned}&(\boldsymbol{T}_2^{(2)}(\hat{\boldsymbol{s}}))^{\mathrm{T}}(\hat{\boldsymbol{W}}^{(2)}(\hat{\boldsymbol{s}}))^{\mathrm{T}}\boldsymbol{H}_1(\hat{\boldsymbol{s}})(\hat{\bar{\boldsymbol{\Omega}}}_{\mathrm{ts}}^{(2)})^{-1}(\boldsymbol{H}_1(\hat{\boldsymbol{s}}))^{\mathrm{T}}\hat{\boldsymbol{W}}^{(2)}(\hat{\boldsymbol{s}})\boldsymbol{T}_2^{(2)}(\hat{\boldsymbol{s}})(\boldsymbol{u}+\Delta\boldsymbol{u}_{\mathrm{q}}^{(2)})\\&=-(\boldsymbol{T}_2^{(2)}(\hat{\boldsymbol{s}}))^{\mathrm{T}}(\hat{\boldsymbol{W}}^{(2)}(\hat{\boldsymbol{s}}))^{\mathrm{T}}\boldsymbol{H}_1(\hat{\boldsymbol{s}})(\hat{\bar{\boldsymbol{\Omega}}}_{\mathrm{ts}}^{(2)})^{-1}(\boldsymbol{H}_1(\hat{\boldsymbol{s}}))^{\mathrm{T}}\hat{\boldsymbol{W}}^{(2)}(\hat{\boldsymbol{s}})\boldsymbol{t}_1^{(2)}(\hat{\boldsymbol{s}})\end{aligned}\tag{9.72}$$

式中，$\hat{\bar{\boldsymbol{\Omega}}}_{\mathrm{ts}}^{(2)}$ 表示 $\bar{\boldsymbol{\Omega}}_{\mathrm{ts}}^{(2)}$ 的估计值。由式（9.72）可以进一步推得

$$\begin{aligned}&(\Delta\boldsymbol{T}_2^{(2)})^{\mathrm{T}}(\boldsymbol{W}^{(2)}(\boldsymbol{s}))^{\mathrm{T}}\boldsymbol{H}_1(\boldsymbol{s})(\bar{\boldsymbol{\Omega}}_{\mathrm{ts}}^{(2)})^{-1}(\boldsymbol{H}_1(\boldsymbol{s}))^{\mathrm{T}}\boldsymbol{W}^{(2)}(\boldsymbol{s})\boldsymbol{T}_2^{(2)}(\boldsymbol{s})\boldsymbol{u}+(\boldsymbol{T}_2^{(2)}(\boldsymbol{s}))^{\mathrm{T}}(\Delta\boldsymbol{W}_{\mathrm{ts}}^{(2)})^{\mathrm{T}}\\&\times\boldsymbol{H}_1(\boldsymbol{s})(\bar{\boldsymbol{\Omega}}_{\mathrm{ts}}^{(2)})^{-1}(\boldsymbol{H}_1(\boldsymbol{s}))^{\mathrm{T}}\boldsymbol{W}^{(2)}(\boldsymbol{s})\boldsymbol{T}_2^{(2)}(\boldsymbol{s})\boldsymbol{u}\\&+(\boldsymbol{T}_2^{(2)}(\boldsymbol{s}))^{\mathrm{T}}(\boldsymbol{W}^{(2)}(\boldsymbol{s}))^{\mathrm{T}}\Delta\boldsymbol{H}_1(\bar{\boldsymbol{\Omega}}_{\mathrm{ts}}^{(2)})^{-1}(\boldsymbol{H}_1(\boldsymbol{s}))^{\mathrm{T}}\boldsymbol{W}^{(2)}(\boldsymbol{s})\boldsymbol{T}_2^{(2)}(\boldsymbol{s})\boldsymbol{u}+(\boldsymbol{T}_2^{(2)}(\boldsymbol{s}))^{\mathrm{T}}(\boldsymbol{W}^{(2)}(\boldsymbol{s}))^{\mathrm{T}}\\&\times\boldsymbol{H}_1(\boldsymbol{s})(\bar{\boldsymbol{\Omega}}_{\mathrm{ts}}^{(2)})^{-1}\Delta\boldsymbol{H}_1^{\mathrm{T}}\boldsymbol{W}^{(2)}(\boldsymbol{s})\boldsymbol{T}_2^{(2)}(\boldsymbol{s})\boldsymbol{u}\\&+(\boldsymbol{T}_2^{(2)}(\boldsymbol{s}))^{\mathrm{T}}(\boldsymbol{W}^{(2)}(\boldsymbol{s}))^{\mathrm{T}}\boldsymbol{H}_1(\boldsymbol{s})(\bar{\boldsymbol{\Omega}}_{\mathrm{ts}}^{(2)})^{-1}(\boldsymbol{H}_1(\boldsymbol{s}))^{\mathrm{T}}\Delta\boldsymbol{W}_{\mathrm{ts}}^{(2)}\boldsymbol{T}_2^{(2)}(\boldsymbol{s})\boldsymbol{u}+(\boldsymbol{T}_2^{(2)}(\boldsymbol{s}))^{\mathrm{T}}(\boldsymbol{W}^{(2)}(\boldsymbol{s}))^{\mathrm{T}}\end{aligned}$$

$$
\begin{aligned}
&\times \boldsymbol{H}_1(\boldsymbol{s})(\bar{\boldsymbol{\Omega}}_{\text{ts}}^{(2)})^{-1}(\boldsymbol{H}_1(\boldsymbol{s}))^{\text{T}}\boldsymbol{W}^{(2)}(\boldsymbol{s})\Delta\boldsymbol{T}_2^{(2)}\boldsymbol{u}\\
&+(\boldsymbol{T}_2^{(2)}(\boldsymbol{s}))^{\text{T}}(\boldsymbol{W}^{(2)}(\boldsymbol{s}))^{\text{T}}\boldsymbol{H}_1(\boldsymbol{s})\Delta\boldsymbol{\Xi}_{\text{ts}}^{(2)}(\boldsymbol{H}_1(\boldsymbol{s}))^{\text{T}}\boldsymbol{W}^{(2)}(\boldsymbol{s})\boldsymbol{T}_2^{(2)}(\boldsymbol{s})\boldsymbol{u}+(\boldsymbol{T}_2^{(2)}(\boldsymbol{s}))^{\text{T}}(\boldsymbol{W}^{(2)}(\boldsymbol{s}))^{\text{T}}\\
&\times \boldsymbol{H}_1(\boldsymbol{s})(\bar{\boldsymbol{\Omega}}_{\text{ts}}^{(2)})^{-1}(\boldsymbol{H}_1(\boldsymbol{s}))^{\text{T}}\boldsymbol{W}^{(2)}(\boldsymbol{s})\boldsymbol{T}_2^{(2)}(\boldsymbol{s})\Delta\boldsymbol{u}_{\text{q}}^{(2)}\\
\approx&-(\Delta\boldsymbol{T}_2^{(2)})^{\text{T}}(\boldsymbol{W}^{(2)}(\boldsymbol{s}))^{\text{T}}\boldsymbol{H}_1(\boldsymbol{s})(\bar{\boldsymbol{\Omega}}_{\text{ts}}^{(2)})^{-1}(\boldsymbol{H}_1(\boldsymbol{s}))^{\text{T}}\boldsymbol{W}^{(2)}(\boldsymbol{s})\boldsymbol{t}_1^{(2)}(\boldsymbol{s})-(\boldsymbol{T}_2^{(2)}(\boldsymbol{s}))^{\text{T}}(\Delta\boldsymbol{W}_{\text{ts}}^{(2)})^{\text{T}}\\
&\times \boldsymbol{H}_1(\boldsymbol{s})(\bar{\boldsymbol{\Omega}}_{\text{ts}}^{(2)})^{-1}(\boldsymbol{H}_1(\boldsymbol{s}))^{\text{T}}\boldsymbol{W}^{(2)}(\boldsymbol{s})\boldsymbol{t}_1^{(2)}(\boldsymbol{s})\\
&-(\boldsymbol{T}_2^{(2)}(\boldsymbol{s}))^{\text{T}}(\boldsymbol{W}^{(2)}(\boldsymbol{s}))^{\text{T}}\Delta\boldsymbol{H}_1(\bar{\boldsymbol{\Omega}}_{\text{ts}}^{(2)})^{-1}(\boldsymbol{H}_1(\boldsymbol{s}))^{\text{T}}\boldsymbol{W}^{(2)}(\boldsymbol{s})\boldsymbol{t}_1^{(2)}(\boldsymbol{s})-(\boldsymbol{T}_2^{(2)}(\boldsymbol{s}))^{\text{T}}(\boldsymbol{W}^{(2)}(\boldsymbol{s}))^{\text{T}}\\
&\times \boldsymbol{H}_1(\boldsymbol{s})(\bar{\boldsymbol{\Omega}}_{\text{ts}}^{(2)})^{-1}\Delta\boldsymbol{H}_1^{\text{T}}\boldsymbol{W}^{(2)}(\boldsymbol{s})\boldsymbol{t}_1^{(2)}(\boldsymbol{s})\\
&-(\boldsymbol{T}_2^{(2)}(\boldsymbol{s}))^{\text{T}}(\boldsymbol{W}^{(2)}(\boldsymbol{s}))^{\text{T}}\boldsymbol{H}_1(\boldsymbol{s})(\bar{\boldsymbol{\Omega}}_{\text{ts}}^{(2)})^{-1}(\boldsymbol{H}_1(\boldsymbol{s}))^{\text{T}}\Delta\boldsymbol{W}_{\text{ts}}^{(2)}\boldsymbol{t}_1^{(2)}(\boldsymbol{s})-(\boldsymbol{T}_2^{(2)}(\boldsymbol{s}))^{\text{T}}(\boldsymbol{W}^{(2)}(\boldsymbol{s}))^{\text{T}}\\
&\times \boldsymbol{H}_1(\boldsymbol{s})(\bar{\boldsymbol{\Omega}}_{\text{ts}}^{(2)})^{-1}(\boldsymbol{H}_1(\boldsymbol{s}))^{\text{T}}\boldsymbol{W}^{(2)}(\boldsymbol{s})\Delta\boldsymbol{t}_1^{(2)}\\
&-(\boldsymbol{T}_2^{(2)}(\boldsymbol{s}))^{\text{T}}(\boldsymbol{W}^{(2)}(\boldsymbol{s}))^{\text{T}}\boldsymbol{H}_1(\boldsymbol{s})\Delta\boldsymbol{\Xi}_{\text{ts}}^{(2)}(\boldsymbol{H}_1(\boldsymbol{s}))^{\text{T}}\boldsymbol{W}^{(2)}(\boldsymbol{s})\boldsymbol{t}_1^{(2)}(\boldsymbol{s})\\
\Rightarrow \Delta\boldsymbol{u}_{\text{q}}^{(2)}\approx&-[(\boldsymbol{T}_2^{(2)}(\boldsymbol{s}))^{\text{T}}(\boldsymbol{W}^{(2)}(\boldsymbol{s}))^{\text{T}}\boldsymbol{H}_1(\boldsymbol{s})(\bar{\boldsymbol{\Omega}}_{\text{ts}}^{(2)})^{-1}(\boldsymbol{H}_1(\boldsymbol{s}))^{\text{T}}\boldsymbol{W}^{(2)}(\boldsymbol{s})\boldsymbol{T}_2^{(2)}(\boldsymbol{s})]^{-1}(\boldsymbol{T}_2^{(2)}(\boldsymbol{s}))^{\text{T}}\\
&\times(\boldsymbol{W}^{(2)}(\boldsymbol{s}))^{\text{T}}\boldsymbol{H}_1(\boldsymbol{s})(\bar{\boldsymbol{\Omega}}_{\text{ts}}^{(2)})^{-1}(\boldsymbol{H}_1(\boldsymbol{s}))^{\text{T}}\\
&\times(\Delta\boldsymbol{W}_{\text{ts}}^{(2)}(\boldsymbol{T}_2^{(2)}(\boldsymbol{s})\boldsymbol{u}+\boldsymbol{t}_1^{(2)}(\boldsymbol{s}))+\boldsymbol{W}^{(2)}(\boldsymbol{s})(\Delta\boldsymbol{T}_2^{(2)}\boldsymbol{u}+\Delta\boldsymbol{t}_1^{(2)}))\\
=&-[(\boldsymbol{T}_2^{(2)}(\boldsymbol{s}))^{\text{T}}(\boldsymbol{W}^{(2)}(\boldsymbol{s}))^{\text{T}}\boldsymbol{H}_1(\boldsymbol{s})(\bar{\boldsymbol{\Omega}}_{\text{ts}}^{(2)})^{-1}(\boldsymbol{H}_1(\boldsymbol{s}))^{\text{T}}\boldsymbol{W}^{(2)}(\boldsymbol{s})\boldsymbol{T}_2^{(2)}(\boldsymbol{s})]^{-1}(\boldsymbol{T}_2^{(2)}(\boldsymbol{s}))^{\text{T}}(\boldsymbol{W}^{(2)}(\boldsymbol{s}))^{\text{T}}\\
&\times \boldsymbol{H}_1(\boldsymbol{s})(\bar{\boldsymbol{\Omega}}_{\text{ts}}^{(2)})^{-1}(\boldsymbol{H}_1(\boldsymbol{s}))^{\text{T}}\boldsymbol{\delta}_{\text{ts}}^{(2)}
\end{aligned}
\tag{9.73}
$$

式中，$\Delta\boldsymbol{\Xi}_{\text{ts}}^{(2)}=(\hat{\bar{\boldsymbol{\Omega}}}_{\text{ts}}^{(2)})^{-1}-(\bar{\boldsymbol{\Omega}}_{\text{ts}}^{(2)})^{-1}$，表示矩阵$(\hat{\bar{\boldsymbol{\Omega}}}_{\text{ts}}^{(2)})^{-1}$中的扰动误差。由此可知，估计误差$\Delta\boldsymbol{u}_{\text{q}}^{(2)}$渐近服从零均值的高斯分布，因此估计值$\hat{\boldsymbol{u}}_{\text{q}}^{(2)}$是渐近无偏估计值，并且其均方误差矩阵为

$$
\begin{aligned}
\mathbf{MSE}(\hat{\boldsymbol{u}}_{\text{q}}^{(2)})&=\text{E}[(\hat{\boldsymbol{u}}_{\text{q}}^{(2)}-\boldsymbol{u})(\hat{\boldsymbol{u}}_{\text{q}}^{(2)}-\boldsymbol{u})^{\text{T}}]=\text{E}[\Delta\boldsymbol{u}_{\text{q}}^{(2)}(\Delta\boldsymbol{u}_{\text{q}}^{(2)})^{\text{T}}]\\
&=[(\boldsymbol{T}_2^{(2)}(\boldsymbol{s}))^{\text{T}}(\boldsymbol{W}^{(2)}(\boldsymbol{s}))^{\text{T}}\boldsymbol{H}_1(\boldsymbol{s})(\bar{\boldsymbol{\Omega}}_{\text{ts}}^{(2)})^{-1}(\boldsymbol{H}_1(\boldsymbol{s}))^{\text{T}}\boldsymbol{W}^{(2)}(\boldsymbol{s})\boldsymbol{T}_2^{(2)}(\boldsymbol{s})]^{-1}\\
&\quad\times(\boldsymbol{T}_2^{(2)}(\boldsymbol{s}))^{\text{T}}(\boldsymbol{W}^{(2)}(\boldsymbol{s}))^{\text{T}}\boldsymbol{H}_1(\boldsymbol{s})(\bar{\boldsymbol{\Omega}}_{\text{ts}}^{(2)})^{-1}(\boldsymbol{H}_1(\boldsymbol{s}))^{\text{T}}\\
&\quad\times\text{E}[\boldsymbol{\delta}_{\text{ts}}^{(2)}\boldsymbol{\delta}_{\text{ts}}^{(2)\text{T}}]\cdot\boldsymbol{H}_1(\boldsymbol{s})(\bar{\boldsymbol{\Omega}}_{\text{ts}}^{(2)})^{-1}(\boldsymbol{H}_1(\boldsymbol{s}))^{\text{T}}\boldsymbol{W}^{(2)}(\boldsymbol{s})\boldsymbol{T}_2^{(2)}(\boldsymbol{s})[(\boldsymbol{T}_2^{(2)}(\boldsymbol{s}))^{\text{T}}(\boldsymbol{W}^{(2)}(\boldsymbol{s}))^{\text{T}}\\
&\quad\times\boldsymbol{H}_1(\boldsymbol{s})(\bar{\boldsymbol{\Omega}}_{\text{ts}}^{(2)})^{-1}(\boldsymbol{H}_1(\boldsymbol{s}))^{\text{T}}\boldsymbol{W}^{(2)}(\boldsymbol{s})\boldsymbol{T}_2^{(2)}(\boldsymbol{s})]^{-1}\\
&=[(\boldsymbol{T}_2^{(2)}(\boldsymbol{s}))^{\text{T}}(\boldsymbol{W}^{(2)}(\boldsymbol{s}))^{\text{T}}\boldsymbol{H}_1(\boldsymbol{s})(\bar{\boldsymbol{\Omega}}_{\text{ts}}^{(2)})^{-1}(\boldsymbol{H}_1(\boldsymbol{s}))^{\text{T}}\boldsymbol{W}^{(2)}(\boldsymbol{s})\boldsymbol{T}_2^{(2)}(\boldsymbol{s})]^{-1}
\end{aligned}
\tag{9.74}
$$

【注记 9.8】 式（9.73）表明，在一阶误差分析理论框架下，矩阵$(\hat{\bar{\boldsymbol{\Omega}}}_{\text{ts}}^{(2)})^{-1}$中的扰动误差$\Delta\boldsymbol{\Xi}_{\text{ts}}^{(2)}$并不会实质影响估计值$\hat{\boldsymbol{u}}_{\text{q}}^{(2)}$的统计性能。

下面证明估计值$\hat{\boldsymbol{u}}_{\text{q}}^{(2)}$具有渐近最优性，也就是证明其估计均方误差矩阵可以渐近逼近相应的克拉美罗界，具体可见如下命题。

【命题 9.4】 在一阶误差分析理论框架下，$\mathbf{MSE}(\hat{\boldsymbol{u}}_{\text{q}}^{(2)})=\mathbf{CRB}_{\text{toa-q}}(\boldsymbol{u})$。

【证明】 首先将式（9.69）代入式（9.74）中可得

$$\begin{aligned}&\mathbf{MSE}(\hat{\boldsymbol{u}}_{\mathrm{q}}^{(2)})\\&=\left[(\boldsymbol{T}_2^{(2)}(\boldsymbol{s}))^{\mathrm{T}}(\boldsymbol{W}^{(2)}(\boldsymbol{s}))^{\mathrm{T}}\boldsymbol{H}_1(\boldsymbol{s})\begin{pmatrix}(\boldsymbol{H}_1(\boldsymbol{s}))^{\mathrm{T}}\boldsymbol{B}_{\mathrm{t}}^{(2)}(\boldsymbol{u},\boldsymbol{s})\boldsymbol{E}_{\mathrm{t}}(\boldsymbol{B}_{\mathrm{t}}^{(2)}(\boldsymbol{u},\boldsymbol{s}))^{\mathrm{T}}\boldsymbol{H}_1(\boldsymbol{s})\\+(\boldsymbol{H}_1(\boldsymbol{s}))^{\mathrm{T}}\boldsymbol{B}_{\mathrm{s}}^{(2)}(\boldsymbol{u},\boldsymbol{s})\boldsymbol{E}_{\mathrm{s}}(\boldsymbol{B}_{\mathrm{s}}^{(2)}(\boldsymbol{u},\boldsymbol{s}))^{\mathrm{T}}\boldsymbol{H}_1(\boldsymbol{s})\end{pmatrix}^{-1}(\boldsymbol{H}_1(\boldsymbol{s}))^{\mathrm{T}}\boldsymbol{W}^{(2)}(\boldsymbol{s})\boldsymbol{T}_2^{(2)}(\boldsymbol{s})\right]^{-1}\end{aligned}\tag{9.75}$$

由于 $(\boldsymbol{H}_1(\boldsymbol{s}))^{\mathrm{T}}\boldsymbol{B}_{\mathrm{t}}^{(2)}(\boldsymbol{u},\boldsymbol{s})=\boldsymbol{\Sigma}_1(\boldsymbol{s})(\boldsymbol{V}(\boldsymbol{s}))^{\mathrm{T}}$，将该式代入式（9.75）中可得

$$\begin{aligned}&\mathbf{MSE}(\hat{\boldsymbol{u}}_{\mathrm{q}}^{(2)})\\&=\left[(\boldsymbol{T}_2^{(2)}(\boldsymbol{s}))^{\mathrm{T}}(\boldsymbol{W}^{(2)}(\boldsymbol{s}))^{\mathrm{T}}\boldsymbol{H}_1(\boldsymbol{s})\begin{pmatrix}\boldsymbol{\Sigma}_1(\boldsymbol{s})(\boldsymbol{V}(\boldsymbol{s}))^{\mathrm{T}}\boldsymbol{E}_{\mathrm{t}}\boldsymbol{V}(\boldsymbol{s})(\boldsymbol{\Sigma}_1(\boldsymbol{s}))^{\mathrm{T}}\\+(\boldsymbol{H}_1(\boldsymbol{s}))^{\mathrm{T}}\boldsymbol{B}_{\mathrm{s}}^{(2)}(\boldsymbol{u},\boldsymbol{s})\boldsymbol{E}_{\mathrm{s}}(\boldsymbol{B}_{\mathrm{s}}^{(2)}(\boldsymbol{u},\boldsymbol{s}))^{\mathrm{T}}\boldsymbol{H}_1(\boldsymbol{s})\end{pmatrix}^{-1}(\boldsymbol{H}_1(\boldsymbol{s}))^{\mathrm{T}}\boldsymbol{W}^{(2)}(\boldsymbol{s})\boldsymbol{T}_2^{(2)}(\boldsymbol{s})\right]^{-1}\\&=\left[\begin{matrix}(\boldsymbol{T}_2^{(2)}(\boldsymbol{s}))^{\mathrm{T}}(\boldsymbol{W}^{(2)}(\boldsymbol{s}))^{\mathrm{T}}\boldsymbol{H}_1(\boldsymbol{s})(\boldsymbol{\Sigma}_1(\boldsymbol{s}))^{-\mathrm{T}}(\boldsymbol{V}(\boldsymbol{s}))^{-1}\begin{pmatrix}\boldsymbol{E}_{\mathrm{t}}+(\boldsymbol{V}(\boldsymbol{s}))^{-\mathrm{T}}(\boldsymbol{\Sigma}_1(\boldsymbol{s}))^{-1}(\boldsymbol{H}_1(\boldsymbol{s}))^{\mathrm{T}}\boldsymbol{B}_{\mathrm{s}}^{(2)}(\boldsymbol{u},\boldsymbol{s})\\\times\boldsymbol{E}_{\mathrm{s}}(\boldsymbol{B}_{\mathrm{s}}^{(2)}(\boldsymbol{u},\boldsymbol{s}))^{\mathrm{T}}\boldsymbol{H}_1(\boldsymbol{s})(\boldsymbol{\Sigma}_1(\boldsymbol{s}))^{-\mathrm{T}}(\boldsymbol{V}(\boldsymbol{s}))^{-1}\end{pmatrix}^{-1}\\\times(\boldsymbol{V}(\boldsymbol{s}))^{-\mathrm{T}}(\boldsymbol{\Sigma}_1(\boldsymbol{s}))^{-1}(\boldsymbol{H}_1(\boldsymbol{s}))^{\mathrm{T}}\boldsymbol{W}^{(2)}(\boldsymbol{s})\boldsymbol{T}_2^{(2)}(\boldsymbol{s})\end{matrix}\right]^{-1}\end{aligned}\tag{9.76}$$

将式（9.65）和式（9.66）代入式（9.76）中可得

$$\begin{aligned}&\mathbf{MSE}(\hat{\boldsymbol{u}}_{\mathrm{q}}^{(2)})\\&=\left[\left(\frac{\partial\boldsymbol{f}_{\mathrm{toa}}(\boldsymbol{u},\boldsymbol{s})}{\partial\boldsymbol{u}^{\mathrm{T}}}\right)^{\mathrm{T}}\left(\boldsymbol{E}_{\mathrm{t}}+\frac{\partial\boldsymbol{f}_{\mathrm{toa}}(\boldsymbol{u},\boldsymbol{s})}{\partial\boldsymbol{s}^{\mathrm{T}}}\boldsymbol{E}_{\mathrm{s}}\left(\frac{\partial\boldsymbol{f}_{\mathrm{toa}}(\boldsymbol{u},\boldsymbol{s})}{\partial\boldsymbol{s}^{\mathrm{T}}}\right)^{\mathrm{T}}\right)^{-1}\frac{\partial\boldsymbol{f}_{\mathrm{toa}}(\boldsymbol{u},\boldsymbol{s})}{\partial\boldsymbol{u}^{\mathrm{T}}}\right]^{-1}=\mathbf{CRB}_{\text{toa-q}}(\boldsymbol{u})\end{aligned}\tag{9.77}$$

9.3.5 仿真实验

假设利用 6 个传感器获得的 TOA 信息（也即距离信息）对辐射源进行定位，传感器三维位置坐标如表 9.2 所示，距离观测误差 $\boldsymbol{\varepsilon}_{\mathrm{t}}$ 服从均值为零、协方差矩阵为 $\boldsymbol{E}_{\mathrm{t}}=\sigma_{\mathrm{t}}^2\boldsymbol{I}_M$ 的高斯分布。传感器位置向量无法精确获得，仅能得到其先验观测值，并且观测误差 $\boldsymbol{\varepsilon}_{\mathrm{s}}$ 服从均值为零、协方差矩阵为 $\boldsymbol{E}_{\mathrm{s}}=\sigma_{\mathrm{s}}^2\mathrm{blkdiag}\{\boldsymbol{I}_3,2\boldsymbol{I}_3,5\boldsymbol{I}_3,10\boldsymbol{I}_3,20\boldsymbol{I}_3,40\boldsymbol{I}_3\}$ 的高斯分布。

表 9.2 传感器三维位置坐标（单位：m）

传感器序号	1	2	3	4	5	6
$x_m^{(\mathrm{s})}$	1400	−1500	−1300	2000	−1700	−2100
$y_m^{(\mathrm{s})}$	2200	1700	−1600	−1800	1500	−1600
$z_m^{(\mathrm{s})}$	1300	1800	2100	−1400	−1600	−1500

首先将辐射源位置向量设为 $\boldsymbol{u}=[3200\ \ -8500\ \ -4200]^{\mathrm{T}}$ (m)，将标准差 σ_{t} 和 σ_{s} 分别设为 $\sigma_{\mathrm{t}}=0.5$ 和 $\sigma_{\mathrm{s}}=2$，并且将本节中的方法与 4.3 节中的方法进行比较，图 9.11 给出了定位结果散布图与定位误差椭圆曲线；图 9.12 给出了定位结果散布图与误差概率圆环曲线。

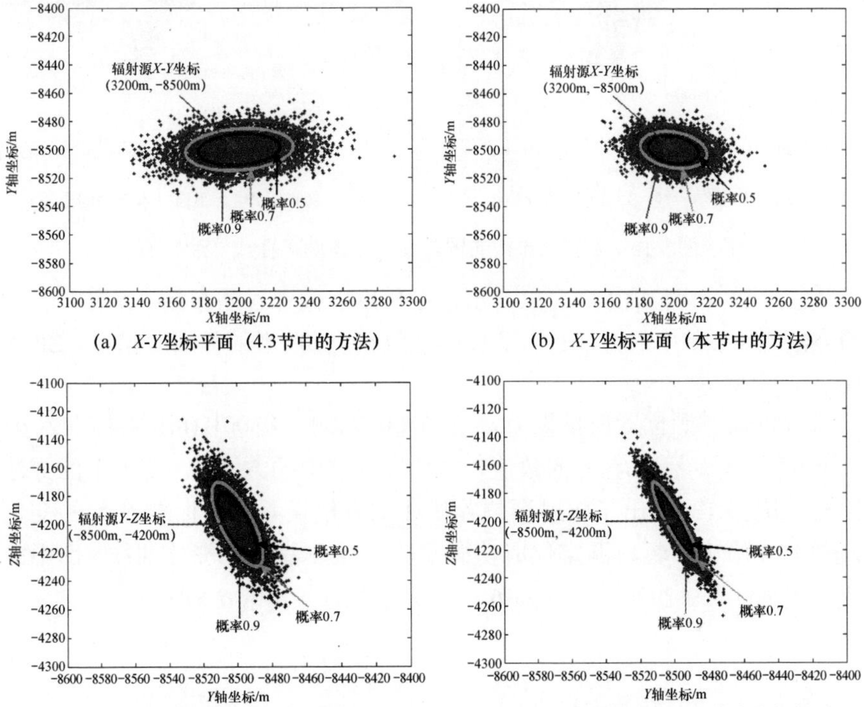

(a) X-Y坐标平面（4.3节中的方法） (b) X-Y坐标平面（本节中的方法）

(c) Y-Z坐标平面（4.3节中的方法） (d) Y-Z坐标平面（本节中的方法）

图 9.11 定位结果散布图与定位误差椭圆曲线

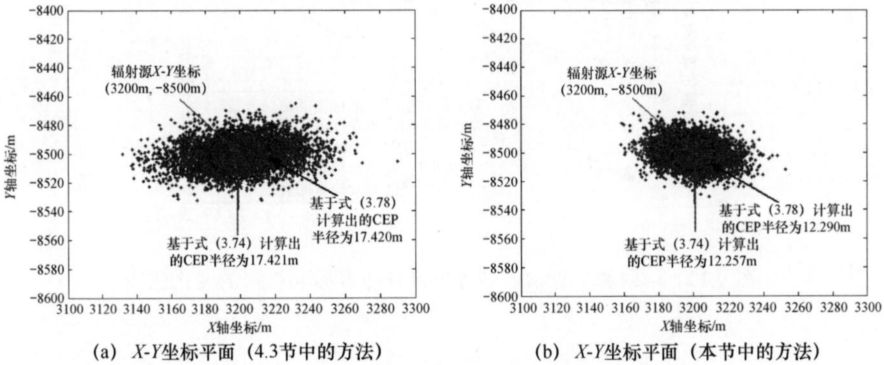

(a) X-Y坐标平面（4.3节中的方法） (b) X-Y坐标平面（本节中的方法）

图 9.12 定位结果散布图与误差概率圆环曲线

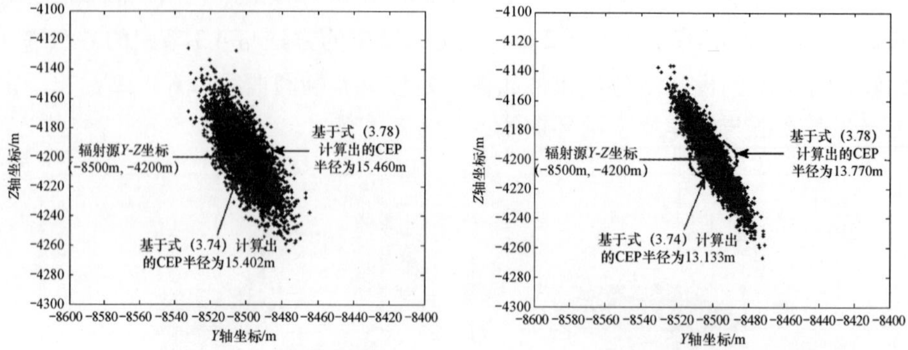

（c） *Y-Z*坐标平面（4.3节中的方法）　　（d） *Y-Z*坐标平面（本节中的方法）

图 9.12　定位结果散布图与误差概率圆环曲线（续）

从图 9.11 和图 9.12 中可以看出，在传感器位置误差存在的条件下，本节中的方法比 4.3 节中的方法具有更高的定位精度，前者的椭圆面积和 CEP 半径都要小于后者。

然后将辐射源位置向量设为 $\boldsymbol{u}=[-6500\ \ 7400\ \ -8800]^{\mathrm{T}}\,(\mathrm{m})$，将标准差 σ_{s} 设为 $\sigma_{\mathrm{s}}=0.5$。改变标准差 σ_{t} 的数值，并且将本节中的方法与 4.3 节中的方法进行比较，图 9.13 给出了辐射源位置估计均方根误差随着标准差 σ_{t} 的变化曲线；图 9.14 给出了辐射源定位成功概率随着标准差 σ_{t} 的变化曲线（图中的理论值是根据式（3.29）和式（3.36）计算得出的，其中 $\delta=8\,\mathrm{m}$）。

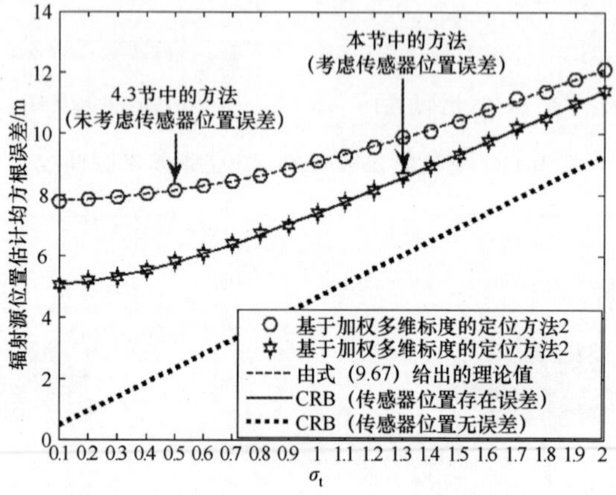

图 9.13　辐射源位置估计均方根误差随着标准差 σ_{t} 的变化曲线

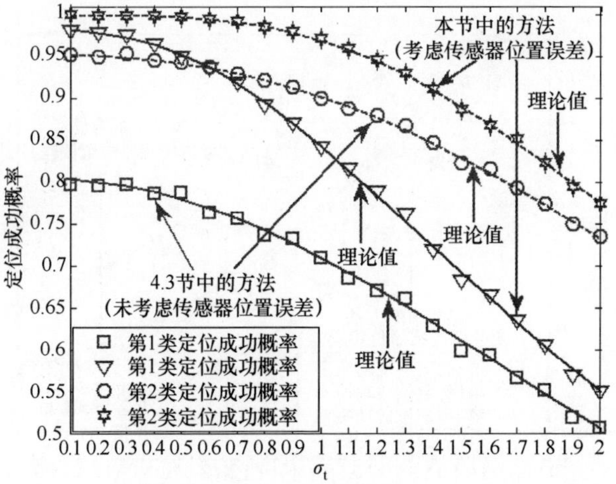

图 9.14　辐射源定位成功概率随着标准差 σ_t 的变化曲线

接着将辐射源位置向量设为 $\boldsymbol{u}=[-6500\ \ 7400\ \ -8800]^{\mathrm{T}}\ (\mathrm{m})$，将标准差 σ_t 设为 $\sigma_t=1$。改变标准差 σ_s 的数值，并且将本节中的方法与 4.3 节中的方法进行比较，图 9.15 给出了辐射源位置估计均方根误差随着标准差 σ_s 的变化曲线；图 9.16 给出了辐射源定位成功概率随着标准差 σ_s 的变化曲线（图中的理论值是根据式（3.29）和式（3.36）计算得出的，其中 $\delta=8\,\mathrm{m}$）。

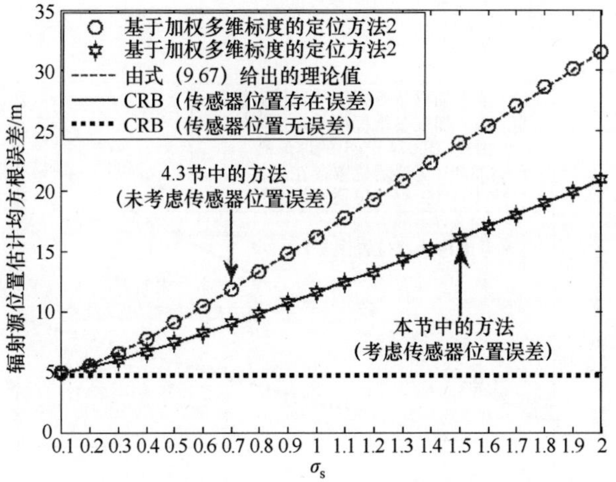

图 9.15　辐射源位置估计均方根误差随着标准差 σ_s 的变化曲线

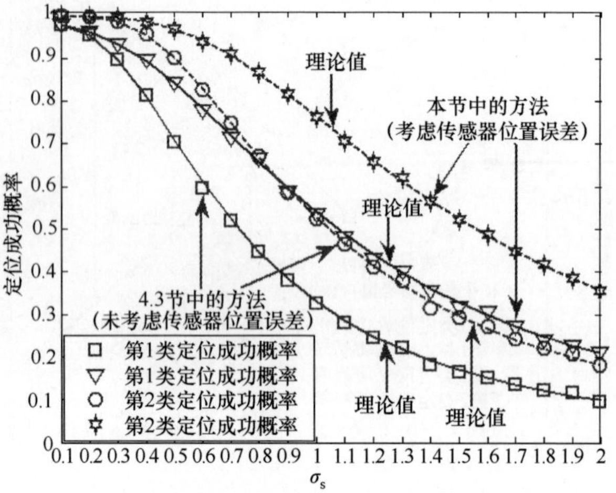

图 9.16 辐射源定位成功概率随着标准差 σ_s 的变化曲线

最后将标准差 σ_t 和 σ_s 分别设为 $\sigma_t = 1$ 和 $\sigma_s = 0.5$，将辐射源位置向量设为 $\boldsymbol{u} = [2100 \quad -1900 \quad -1500]^{\mathrm{T}} + [500 \quad -500 \quad -500]^{\mathrm{T}} k\,(\mathrm{m})$。改变参数 k 的数值，并且将本节中的方法与 4.3 节中的方法进行比较，图 9.17 给出了辐射源位置估计均方根误差随着参数 k 的变化曲线；图 9.18 给出了辐射源定位成功概率随着参数 k 的变化曲线（图中的理论值是根据式（3.29）和式（3.36）计算得出的，其中 $\delta = 8\,\mathrm{m}$）。

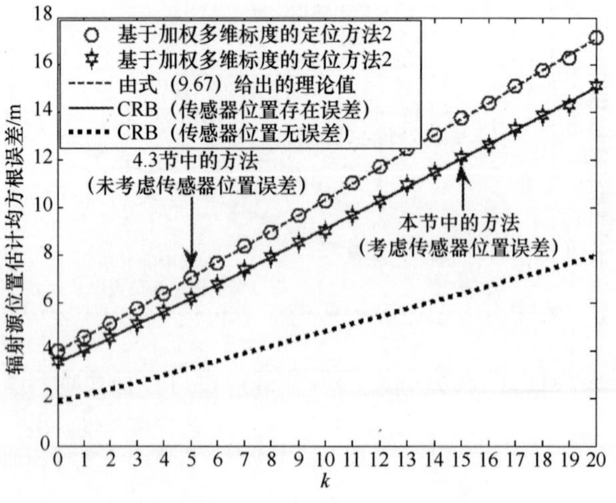

图 9.17 辐射源位置估计均方根误差随着参数 k 的变化曲线

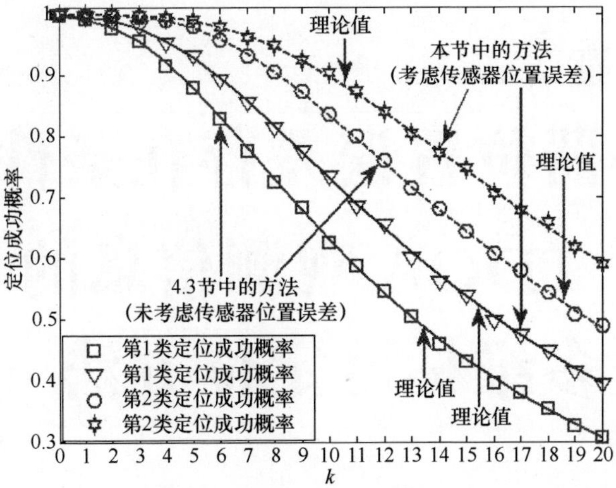

图 9.18 辐射源定位成功概率随着参数 k 的变化曲线

从图 9.13～图 9.18 中可以看出：（1）在传感器位置误差存在的条件下，本节中的方法比 4.3 节中的方法具有更高的定位精度，并且两者的性能差异随着标准差 σ_{t} 的增大而减小（见图 9.13 和图 9.14），随着标准差 σ_{s} 的增大而增大（见图 9.15 和图 9.16）；（2）在传感器位置误差存在的条件下，通过 4.3 节中的方法得出的辐射源位置估计均方根误差与式（9.67）给出的理论值相吻合（见图 9.13、图 9.15 及图 9.17），这验证了 9.3.2 节理论性能分析的有效性；（3）在传感器位置误差存在的条件下，通过本节中的方法得出的辐射源位置估计均方根误差可以达到克拉美罗界（见图 9.13、图 9.15 及图 9.17），这验证了 9.3.4 节理论性能分析的有效性；（4）在传感器位置误差存在的条件下，随着辐射源与传感器距离的增加，两种方法的定位精度都会逐渐降低，并且两者的性能差异也逐渐增大（见图 9.17 和图 9.18）；（5）在传感器位置误差存在的条件下，通过本节中的方法得出的辐射源位置估计均方根误差无法达到传感器位置无误差条件下的克拉美罗界（见图 9.13、图 9.15 及图 9.17）；（6）在传感器位置误差存在的条件下，两种方法的两类定位成功概率的理论值和仿真值相互吻合，并且在相同条件下第 2 类定位成功概率高于第 1 类定位成功概率（见图 9.14、图 9.16 及图 9.18），这验证了 3.2 节理论性能分析的有效性。

第 10 章 传感器位置误差存在条件下基于 TDOA 观测信息的加权多维标度定位方法

本章将描述传感器位置误差存在下基于 TDOA 观测信息的加权多维标度定位原理和方法。与第 5 章中的定位方法不同的是，本章中的方法考虑了传感器位置误差的影响。文中定量分析了传感器位置误差对于第 5 章定位方法的影响，并基于两种标量积矩阵给出了两种新的加权多维标度定位方法。这两种方法均利用了拉格朗日乘子法和多项式求根技术，并能有效抑制传感器位置误差的影响。此外，本章还基于含等式约束的一阶误差分析方法，对这两种定位方法的理论性能进行数学分析，并证明它们的定位精度均能逼近相应的克拉美罗界。

10.1 TDOA 观测模型与问题描述

现有 M 个静止传感器利用 TDOA 观测信息对某个静止辐射源进行定位，其中第 m 个传感器的位置向量为 $\boldsymbol{s}_m=[x_m^{(\mathrm{s})}\ \ y_m^{(\mathrm{s})}\ \ z_m^{(\mathrm{s})}]^{\mathrm{T}}\ (1\leqslant m\leqslant M)$，辐射源的位置向量为 $\boldsymbol{u}=[x^{(\mathrm{u})}\ \ y^{(\mathrm{u})}\ \ z^{(\mathrm{u})}]^{\mathrm{T}}$。由于 TDOA 信息可以等价为距离差信息，为了方便起见，下面直接利用距离差观测量进行建模和分析。

不失一般性，将第 1 个传感器作为参考，并且将辐射源与第 m 个传感器的距离记为 $r_m=\|\boldsymbol{u}-\boldsymbol{s}_m\|_2$，于是辐射源与传感器之间的距离差可以表示为

$$\rho_m=r_m-r_1=\|\boldsymbol{u}-\boldsymbol{s}_m\|_2-\|\boldsymbol{u}-\boldsymbol{s}_1\|_2\quad(2\leqslant m\leqslant M)\tag{10.1}$$

实际中获得的距离差观测量是含有误差的，可以表示为

$$\hat{\rho}_m = \rho_m + \varepsilon_{\mathrm{t}m} = \| \boldsymbol{u} - \boldsymbol{s}_m \|_2 - \| \boldsymbol{u} - \boldsymbol{s}_1 \|_2 + \varepsilon_{\mathrm{t}m} \quad (2 \leqslant m \leqslant M) \tag{10.2}$$

式中，$\varepsilon_{\mathrm{t}m}$ 表示观测误差。将式（10.2）写成向量形式可得

$$\hat{\boldsymbol{\rho}} = \boldsymbol{\rho} + \boldsymbol{\varepsilon}_{\mathrm{t}} = \begin{bmatrix} \| \boldsymbol{u} - \boldsymbol{s}_2 \|_2 - \| \boldsymbol{u} - \boldsymbol{s}_1 \|_2 \\ \| \boldsymbol{u} - \boldsymbol{s}_3 \|_2 - \| \boldsymbol{u} - \boldsymbol{s}_1 \|_2 \\ \vdots \\ \| \boldsymbol{u} - \boldsymbol{s}_M \|_2 - \| \boldsymbol{u} - \boldsymbol{s}_1 \|_2 \end{bmatrix} + \begin{bmatrix} \varepsilon_{\mathrm{t}2} \\ \varepsilon_{\mathrm{t}3} \\ \vdots \\ \varepsilon_{\mathrm{t}M} \end{bmatrix} = \boldsymbol{f}_{\mathrm{tdoa}}(\boldsymbol{u}, \boldsymbol{s}) + \boldsymbol{\varepsilon}_{\mathrm{t}} \tag{10.3}$$

式中

$$\begin{cases} \boldsymbol{\rho} = \boldsymbol{f}_{\mathrm{tdoa}}(\boldsymbol{u}, \boldsymbol{s}) \\ \quad = [\| \boldsymbol{u} - \boldsymbol{s}_2 \|_2 - \| \boldsymbol{u} - \boldsymbol{s}_1 \|_2 \;\vdots\; \| \boldsymbol{u} - \boldsymbol{s}_3 \|_2 - \| \boldsymbol{u} - \boldsymbol{s}_1 \|_2 \;\vdots\; \cdots \;\vdots\; \| \boldsymbol{u} - \boldsymbol{s}_M \|_2 - \| \boldsymbol{u} - \boldsymbol{s}_1 \|_2]^{\mathrm{T}} \\ \hat{\boldsymbol{\rho}} = [\hat{\rho}_2 \;\; \hat{\rho}_3 \;\; \cdots \;\; \hat{\rho}_M]^{\mathrm{T}} \;,\; \boldsymbol{\rho} = [\rho_2 \;\; \rho_3 \;\; \cdots \;\; \rho_M]^{\mathrm{T}} \\ \boldsymbol{s} = [\boldsymbol{s}_1^{\mathrm{T}} \;\; \boldsymbol{s}_2^{\mathrm{T}} \;\; \cdots \;\; \boldsymbol{s}_M^{\mathrm{T}}]^{\mathrm{T}} \;,\; \boldsymbol{\varepsilon}_{\mathrm{t}} = [\varepsilon_{\mathrm{t}2} \;\; \varepsilon_{\mathrm{t}3} \;\; \cdots \;\; \varepsilon_{\mathrm{t}M}]^{\mathrm{T}} \end{cases} \tag{10.4}$$

在实际定位过程中，传感器位置向量 $\{\boldsymbol{s}_m\}_{1 \leqslant m \leqslant M}$ 往往无法精确获得，仅能得到其先验观测值，如下式所示：

$$\hat{\boldsymbol{s}}_m = \boldsymbol{s}_m + \boldsymbol{\varepsilon}_{\mathrm{s}m} \quad (1 \leqslant m \leqslant M) \tag{10.5}$$

式中，$\boldsymbol{\varepsilon}_{\mathrm{s}m}$ 表示第 m 个传感器的位置观测误差。对式（10.5）进行合并可得

$$\hat{\boldsymbol{s}} = \boldsymbol{s} + \boldsymbol{\varepsilon}_{\mathrm{s}} \tag{10.6}$$

式中

$$\hat{\boldsymbol{s}} = [\hat{\boldsymbol{s}}_1^{\mathrm{T}} \;\; \hat{\boldsymbol{s}}_2^{\mathrm{T}} \;\; \cdots \;\; \hat{\boldsymbol{s}}_M^{\mathrm{T}}]^{\mathrm{T}} \;,\; \boldsymbol{\varepsilon}_{\mathrm{s}} = [\boldsymbol{\varepsilon}_{\mathrm{s}1}^{\mathrm{T}} \;\; \boldsymbol{\varepsilon}_{\mathrm{s}2}^{\mathrm{T}} \;\; \cdots \;\; \boldsymbol{\varepsilon}_{\mathrm{s}M}^{\mathrm{T}}]^{\mathrm{T}} \tag{10.7}$$

这里假设观测误差向量 $\boldsymbol{\varepsilon}_{\mathrm{s}}$ 服从零均值的高斯分布，并且其协方差矩阵为 $\boldsymbol{E}_{\mathrm{s}} = \mathrm{E}[\boldsymbol{\varepsilon}_{\mathrm{s}} \boldsymbol{\varepsilon}_{\mathrm{s}}^{\mathrm{T}}]$。

下面的问题在于：如何联合 TDOA 观测向量 $\hat{\boldsymbol{\rho}}$ 和传感器位置先验观测向量 $\hat{\boldsymbol{s}}$，尽可能准确地估计辐射源位置向量 $\boldsymbol{u}$。本章采用的定位方法是基于多维标度原理的，其中将给出两种定位方法，10.2 节描述第 1 种定位方法，10.3 节给出第 2 种定位方法，它们的主要区别在于标量积矩阵的构造方式不同。需要指出的是，10.2 节和 10.3 节中的方法分别是 5.2 节和 5.3 节中的方法的拓展。在给出具体的定位方法之前，首先定量推导 5.2 节和 5.3 节中的方法在传感器位置误差存在下的估计均方误差，从而能科学评估传感器位置误差给定位精度带来的影响。

10.2 传感器位置误差存在条件下基于加权多维标度的定位方法 1

10.2.1 基础结论

本节中的标量积矩阵的构造方式与 5.2 节中的构造方式是一致的。注意到 5.2 节中的矩阵 $\boldsymbol{W}^{(1)}$、$\hat{\boldsymbol{W}}^{(1)}$、$\boldsymbol{T}^{(1)}$、$\hat{\boldsymbol{T}}^{(1)}$、$\boldsymbol{G}^{(1)}$ 及向量 $\boldsymbol{\beta}^{(1)}(\boldsymbol{g})$ 都与传感器位置向量 $\boldsymbol{s}$ 有关，因此这里将它们分别写为 $\boldsymbol{W}^{(1)}(\boldsymbol{s})$、$\hat{\boldsymbol{W}}^{(1)}(\boldsymbol{s})$、$\boldsymbol{T}^{(1)}(\boldsymbol{s})$、$\hat{\boldsymbol{T}}^{(1)}(\boldsymbol{s})$、$\boldsymbol{G}^{(1)}(\boldsymbol{s})$ 及 $\boldsymbol{\beta}^{(1)}(\boldsymbol{g},\boldsymbol{s})$。首先根据式（5.24）和式（5.25）可以得到如下关系式：

$$\boldsymbol{W}^{(1)}(\boldsymbol{s})\boldsymbol{\beta}^{(1)}(\boldsymbol{g},\boldsymbol{s})=\boldsymbol{W}^{(1)}(\boldsymbol{s})\boldsymbol{T}^{(1)}(\boldsymbol{s})\begin{bmatrix}1\\ \boldsymbol{g}\end{bmatrix}=\boldsymbol{W}^{(1)}(\boldsymbol{s})(\boldsymbol{T}_2^{(1)}(\boldsymbol{s})\boldsymbol{g}+\boldsymbol{t}_1^{(1)}(\boldsymbol{s}))=\boldsymbol{O}_{M\times 1} \tag{10.8}$$

式中，$\boldsymbol{t}_1^{(1)}(\boldsymbol{s})$ 表示矩阵 $\boldsymbol{T}^{(1)}(\boldsymbol{s})$ 中的第 1 列向量；$\boldsymbol{T}_2^{(1)}(\boldsymbol{s})$ 表示矩阵 $\boldsymbol{T}^{(1)}(\boldsymbol{s})$ 中的第 2～5 列构成的矩阵，于是有 $\boldsymbol{T}^{(1)}(\boldsymbol{s})=\Big[\underbrace{\boldsymbol{t}_1^{(1)}(\boldsymbol{s})}_{M\times 1}\ \ \underbrace{\boldsymbol{T}_2^{(1)}(\boldsymbol{s})}_{M\times 4}\Big]$。

在实际定位过程中，标量积矩阵 $\boldsymbol{W}^{(1)}(\boldsymbol{s})$ 和传感器位置向量 $\boldsymbol{s}$ 的真实值都是未知的，这必然会在式（10.8）中引入观测误差。基于式（10.8）可以定义误差向量 $\boldsymbol{\delta}_{\mathrm{ts}}^{(1)}=\hat{\boldsymbol{W}}^{(1)}(\hat{\boldsymbol{s}})\hat{\boldsymbol{T}}^{(1)}(\hat{\boldsymbol{s}})\begin{bmatrix}1\\ \boldsymbol{g}\end{bmatrix}$，若忽略误差二阶项，则由式（10.8）可得

$$\begin{aligned}\boldsymbol{\delta}_{\mathrm{ts}}^{(1)}&=(\boldsymbol{W}^{(1)}(\boldsymbol{s})+\Delta\boldsymbol{W}_{\mathrm{ts}}^{(1)})(\boldsymbol{T}^{(1)}(\boldsymbol{s})+\Delta\boldsymbol{T}_{\mathrm{ts}}^{(1)})\begin{bmatrix}1\\ \boldsymbol{g}\end{bmatrix}\\&\approx\Delta\boldsymbol{W}_{\mathrm{ts}}^{(1)}\boldsymbol{T}^{(1)}(\boldsymbol{s})\begin{bmatrix}1\\ \boldsymbol{g}\end{bmatrix}+\boldsymbol{W}^{(1)}(\boldsymbol{s})\Delta\boldsymbol{T}_{\mathrm{ts}}^{(1)}\begin{bmatrix}1\\ \boldsymbol{g}\end{bmatrix}\\&=\Delta\boldsymbol{W}_{\mathrm{ts}}^{(1)}\boldsymbol{\beta}^{(1)}(\boldsymbol{g},\boldsymbol{s})+\boldsymbol{W}^{(1)}(\boldsymbol{s})\Delta\boldsymbol{T}_{\mathrm{ts}}^{(1)}\begin{bmatrix}1\\ \boldsymbol{g}\end{bmatrix}\end{aligned} \tag{10.9}$$

式中，$\Delta\boldsymbol{W}_{\mathrm{ts}}^{(1)}$ 和 $\Delta\boldsymbol{T}_{\mathrm{ts}}^{(1)}$ 分别表示 $\hat{\boldsymbol{W}}^{(1)}(\hat{\boldsymbol{s}})$ 和 $\hat{\boldsymbol{T}}^{(1)}(\hat{\boldsymbol{s}})$ 中的误差矩阵，即有 $\Delta\boldsymbol{W}_{\mathrm{ts}}^{(1)}=\hat{\boldsymbol{W}}^{(1)}(\hat{\boldsymbol{s}})-\boldsymbol{W}^{(1)}(\boldsymbol{s})$ 和 $\Delta\boldsymbol{T}_{\mathrm{ts}}^{(1)}=\hat{\boldsymbol{T}}^{(1)}(\hat{\boldsymbol{s}})-\boldsymbol{T}^{(1)}(\boldsymbol{s})$。若忽略观测误差 $\boldsymbol{\varepsilon}_{\mathrm{t}}$ 和 $\boldsymbol{\varepsilon}_{\mathrm{s}}$ 的二阶及其以上各阶项，则基于式（5.27）和式（5.28）可以将误差矩阵 $\Delta\boldsymbol{W}_{\mathrm{ts}}^{(1)}$ 和 $\Delta\boldsymbol{T}_{\mathrm{ts}}^{(1)}$ 分别近似表示为

$$\Delta\boldsymbol{W}_{\mathrm{ts}}^{(1)}\approx\begin{bmatrix}(\rho_1-\rho_1)(\varepsilon_{\mathrm{t}1}-\varepsilon_{\mathrm{t}1}) & (\rho_1-\rho_2)(\varepsilon_{\mathrm{t}1}-\varepsilon_{\mathrm{t}2}) & \cdots & (\rho_1-\rho_M)(\varepsilon_{\mathrm{t}1}-\varepsilon_{\mathrm{t}M})\\ (\rho_1-\rho_2)(\varepsilon_{\mathrm{t}1}-\varepsilon_{\mathrm{t}2}) & (\rho_2-\rho_2)(\varepsilon_{\mathrm{t}2}-\varepsilon_{\mathrm{t}2}) & \cdots & (\rho_2-\rho_M)(\varepsilon_{\mathrm{t}2}-\varepsilon_{\mathrm{t}M})\\ \vdots & \vdots & \ddots & \vdots\\ (\rho_1-\rho_M)(\varepsilon_{\mathrm{t}1}-\varepsilon_{\mathrm{t}M}) & (\rho_2-\rho_M)(\varepsilon_{\mathrm{t}2}-\varepsilon_{\mathrm{t}M}) & \cdots & (\rho_M-\rho_M)(\varepsilon_{\mathrm{t}M}-\varepsilon_{\mathrm{t}M})\end{bmatrix}$$
$$-\begin{bmatrix}(\boldsymbol{s}_1-\boldsymbol{s}_1)^{\mathrm{T}}(\boldsymbol{\varepsilon}_{\mathrm{s}1}-\boldsymbol{\varepsilon}_{\mathrm{s}1}) & (\boldsymbol{s}_1-\boldsymbol{s}_2)^{\mathrm{T}}(\boldsymbol{\varepsilon}_{\mathrm{s}1}-\boldsymbol{\varepsilon}_{\mathrm{s}2}) & \cdots & (\boldsymbol{s}_1-\boldsymbol{s}_M)^{\mathrm{T}}(\boldsymbol{\varepsilon}_{\mathrm{s}1}-\boldsymbol{\varepsilon}_{\mathrm{s}M})\\ (\boldsymbol{s}_1-\boldsymbol{s}_2)^{\mathrm{T}}(\boldsymbol{\varepsilon}_{\mathrm{s}1}-\boldsymbol{\varepsilon}_{\mathrm{s}2}) & (\boldsymbol{s}_2-\boldsymbol{s}_2)^{\mathrm{T}}(\boldsymbol{\varepsilon}_{\mathrm{s}2}-\boldsymbol{\varepsilon}_{\mathrm{s}2}) & \cdots & (\boldsymbol{s}_2-\boldsymbol{s}_M)^{\mathrm{T}}(\boldsymbol{\varepsilon}_{\mathrm{s}2}-\boldsymbol{\varepsilon}_{\mathrm{s}M})\\ \vdots & \vdots & \ddots & \vdots\\ (\boldsymbol{s}_1-\boldsymbol{s}_M)^{\mathrm{T}}(\boldsymbol{\varepsilon}_{\mathrm{s}1}-\boldsymbol{\varepsilon}_{\mathrm{s}M}) & (\boldsymbol{s}_2-\boldsymbol{s}_M)^{\mathrm{T}}(\boldsymbol{\varepsilon}_{\mathrm{s}2}-\boldsymbol{\varepsilon}_{\mathrm{s}M}) & \cdots & (\boldsymbol{s}_M-\boldsymbol{s}_M)^{\mathrm{T}}(\boldsymbol{\varepsilon}_{\mathrm{s}M}-\boldsymbol{\varepsilon}_{\mathrm{s}M})\end{bmatrix} \tag{10.10}$$

$$\begin{aligned}\Delta\boldsymbol{T}_{\mathrm{ts}}^{(1)}\approx{}&[\boldsymbol{O}_{M\times1}\ \ \Delta\boldsymbol{G}_{\mathrm{ts}}^{(1)}]\begin{bmatrix}M & \boldsymbol{1}_{M\times1}^{\mathrm{T}}\boldsymbol{G}^{(1)}(\boldsymbol{s})\\ (\boldsymbol{G}^{(1)}(\boldsymbol{s}))^{\mathrm{T}}\boldsymbol{1}_{M\times1} & (\boldsymbol{G}^{(1)}(\boldsymbol{s}))^{\mathrm{T}}\boldsymbol{G}^{(1)}(\boldsymbol{s})\end{bmatrix}^{-1}\\ &-\boldsymbol{T}^{(1)}(\boldsymbol{s})\begin{bmatrix}0 & \boldsymbol{1}_{M\times1}^{\mathrm{T}}\Delta\boldsymbol{G}_{\mathrm{ts}}^{(1)}\\ (\Delta\boldsymbol{G}_{\mathrm{ts}}^{(1)})^{\mathrm{T}}\boldsymbol{1}_{M\times1} & (\boldsymbol{G}^{(1)}(\boldsymbol{s}))^{\mathrm{T}}\Delta\boldsymbol{G}_{\mathrm{ts}}^{(1)}+(\Delta\boldsymbol{G}_{\mathrm{ts}}^{(1)})^{\mathrm{T}}\boldsymbol{G}^{(1)}(\boldsymbol{s})\end{bmatrix}\\ &\times\begin{bmatrix}M & \boldsymbol{1}_{M\times1}^{\mathrm{T}}\boldsymbol{G}^{(1)}(\boldsymbol{s})\\ (\boldsymbol{G}^{(1)}(\boldsymbol{s}))^{\mathrm{T}}\boldsymbol{1}_{M\times1} & (\boldsymbol{G}^{(1)}(\boldsymbol{s}))^{\mathrm{T}}\boldsymbol{G}^{(1)}(\boldsymbol{s})\end{bmatrix}^{-1}\end{aligned} \tag{10.11}$$

式中

$$\Delta\boldsymbol{G}_{\mathrm{ts}}^{(1)}=\begin{bmatrix}\boldsymbol{\varepsilon}_{\mathrm{s}1}^{\mathrm{T}} & \varepsilon_{\mathrm{t}1}\\ \boldsymbol{\varepsilon}_{\mathrm{s}2}^{\mathrm{T}} & \varepsilon_{\mathrm{t}2}\\ \vdots & \vdots\\ \boldsymbol{\varepsilon}_{\mathrm{s}M}^{\mathrm{T}} & \varepsilon_{\mathrm{t}M}\end{bmatrix} \tag{10.12}$$

式中，$\varepsilon_{\mathrm{t}1}=0$。将式（10.10）和式（10.11）代入式（10.9）中可得

$$\boldsymbol{\delta}_{\mathrm{ts}}^{(1)}\approx\boldsymbol{B}_{\mathrm{t}}^{(1)}(\boldsymbol{g},\boldsymbol{s})\boldsymbol{\varepsilon}_{\mathrm{t}}+\boldsymbol{B}_{\mathrm{s}}^{(1)}(\boldsymbol{g},\boldsymbol{s})\boldsymbol{\varepsilon}_{\mathrm{s}} \tag{10.13}$$

式中

$$\begin{aligned}\boldsymbol{B}_{\mathrm{t}}^{(1)}(\boldsymbol{g},\boldsymbol{s})&=\boldsymbol{B}_{\mathrm{t}1}^{(1)}(\boldsymbol{g},\boldsymbol{s})+\boldsymbol{B}_{\mathrm{t}2}^{(1)}(\boldsymbol{g},\boldsymbol{s})\in\mathbf{R}^{M\times(M-1)}\\ \boldsymbol{B}_{\mathrm{s}}^{(1)}(\boldsymbol{g},\boldsymbol{s})&=\boldsymbol{B}_{\mathrm{s}1}^{(1)}(\boldsymbol{g},\boldsymbol{s})+\boldsymbol{B}_{\mathrm{s}2}^{(1)}(\boldsymbol{g},\boldsymbol{s})\in\mathbf{R}^{M\times3M}\end{aligned} \tag{10.14}$$

$$\begin{cases}\boldsymbol{B}_{\mathrm{t}1}^{(1)}(\boldsymbol{g},\boldsymbol{s})=[\boldsymbol{1}_{M\times1}(\boldsymbol{\beta}^{(1)}(\boldsymbol{g},\boldsymbol{s})\odot\bar{\boldsymbol{\rho}})^{\mathrm{T}}+((\boldsymbol{\beta}^{(1)}(\boldsymbol{g},\boldsymbol{s}))^{\mathrm{T}}\boldsymbol{1}_{M\times1})\\ \qquad\times\mathrm{diag}[\bar{\boldsymbol{\rho}}]-\bar{\boldsymbol{\rho}}(\boldsymbol{\beta}^{(1)}(\boldsymbol{g},\boldsymbol{s}))^{\mathrm{T}}-((\boldsymbol{\beta}^{(1)}(\boldsymbol{g},\boldsymbol{s}))^{\mathrm{T}}\bar{\boldsymbol{\rho}})\boldsymbol{I}_M]\bar{\boldsymbol{I}}_{M-1}\\ \boldsymbol{B}_{\mathrm{s}1}^{(1)}(\boldsymbol{g},\boldsymbol{s})=((\boldsymbol{\beta}^{(1)}(\boldsymbol{g},\boldsymbol{s}))^{\mathrm{T}}\otimes\boldsymbol{I}_M)\bar{\boldsymbol{S}}_{\mathrm{blk}}^{(1)}\end{cases} \tag{10.15}$$

$$\begin{cases}\boldsymbol{B}_{\mathrm{t}2}^{(1)}(\boldsymbol{g},\boldsymbol{s})=\boldsymbol{W}^{(1)}(\boldsymbol{s})\left(\boldsymbol{J}_{\mathrm{t}1}^{(1)}(\boldsymbol{g},\boldsymbol{s})-\boldsymbol{T}^{(1)}(\boldsymbol{s})\begin{bmatrix}\boldsymbol{1}_{M\times1}^{\mathrm{T}}\boldsymbol{J}_{\mathrm{t}1}^{(1)}(\boldsymbol{g},\boldsymbol{s})\\ (\boldsymbol{G}^{(1)}(\boldsymbol{s}))^{\mathrm{T}}\boldsymbol{J}_{\mathrm{t}1}^{(1)}(\boldsymbol{g},\boldsymbol{s})+\boldsymbol{J}_{\mathrm{t}2}^{(1)}(\boldsymbol{g},\boldsymbol{s})\end{bmatrix}\right)\\ \boldsymbol{B}_{\mathrm{s}2}^{(1)}(\boldsymbol{g},\boldsymbol{s})=\boldsymbol{W}^{(1)}(\boldsymbol{s})\left(\boldsymbol{J}_{\mathrm{s}1}^{(1)}(\boldsymbol{g},\boldsymbol{s})-\boldsymbol{T}^{(1)}(\boldsymbol{s})\begin{bmatrix}\boldsymbol{1}_{M\times1}^{\mathrm{T}}\boldsymbol{J}_{\mathrm{s}1}^{(1)}(\boldsymbol{g},\boldsymbol{s})\\ (\boldsymbol{G}^{(1)}(\boldsymbol{s}))^{\mathrm{T}}\boldsymbol{J}_{\mathrm{s}1}^{(1)}(\boldsymbol{g},\boldsymbol{s})+\boldsymbol{J}_{\mathrm{s}2}^{(1)}(\boldsymbol{g},\boldsymbol{s})\end{bmatrix}\right)\end{cases} \tag{10.16}$$

其中

$$\bar{\boldsymbol{\rho}}=[\rho_1\ \ \rho_2\ \ \cdots\ \ \rho_M]^{\mathrm{T}}=\begin{bmatrix}\rho_1\\ \boldsymbol{\rho}\end{bmatrix}=\begin{bmatrix}0\\ \boldsymbol{\rho}\end{bmatrix}\ ,\ \bar{\boldsymbol{I}}_{M-1}=\begin{bmatrix}\boldsymbol{O}_{1\times(M-1)}\\ \boldsymbol{I}_{M-1}\end{bmatrix} \tag{10.17}$$

$$\boldsymbol{J}_{\mathrm{t1}}^{(1)}(\boldsymbol{g},\boldsymbol{s})=<\boldsymbol{\alpha}_2^{(1)}(\boldsymbol{g},\boldsymbol{s})>_4\bar{\boldsymbol{I}}_{M-1}\ ,\ \boldsymbol{J}_{\mathrm{s1}}^{(1)}(\boldsymbol{g},\boldsymbol{s})=\boldsymbol{I}_M\otimes([\boldsymbol{I}_3\ \ \boldsymbol{O}_{3\times1}]\boldsymbol{\alpha}_2^{(1)}(\boldsymbol{g},\boldsymbol{s}))^{\mathrm{T}} \tag{10.18}$$

$$\begin{cases}\boldsymbol{J}_{\mathrm{t2}}^{(1)}(\boldsymbol{g},\boldsymbol{s})=\begin{bmatrix}\boldsymbol{O}_{3\times M}\\ ([\boldsymbol{1}_{M\times1}\ \ \boldsymbol{G}^{(1)}(\boldsymbol{s})]\boldsymbol{\alpha}^{(1)}(\boldsymbol{g},\boldsymbol{s}))^{\mathrm{T}}\end{bmatrix}\bar{\boldsymbol{I}}_{M-1}\\ \boldsymbol{J}_{\mathrm{s2}}^{(1)}(\boldsymbol{g},\boldsymbol{s})=\begin{bmatrix}([\boldsymbol{1}_{M\times1}\ \ \boldsymbol{G}^{(1)}(\boldsymbol{s})]\boldsymbol{\alpha}^{(1)}(\boldsymbol{g},\boldsymbol{s}))^{\mathrm{T}}\otimes\boldsymbol{I}_3\\ \boldsymbol{O}_{1\times3M}\end{bmatrix}\end{cases} \tag{10.19}$$

$$\boldsymbol{\alpha}^{(1)}(\boldsymbol{g},\boldsymbol{s})=\begin{bmatrix}M & \boldsymbol{1}_{M\times1}^{\mathrm{T}}\boldsymbol{G}^{(1)}(\boldsymbol{s})\\ (\boldsymbol{G}^{(1)}(\boldsymbol{s}))^{\mathrm{T}}\boldsymbol{1}_{M\times1} & (\boldsymbol{G}^{(1)}(\boldsymbol{s}))^{\mathrm{T}}\boldsymbol{G}^{(1)}(\boldsymbol{s})\end{bmatrix}^{-1}\begin{bmatrix}1\\ \boldsymbol{g}\end{bmatrix}=\begin{bmatrix}\underbrace{\alpha_1^{(1)}(\boldsymbol{g},\boldsymbol{s})}_{1\times1}\\ \underbrace{\boldsymbol{\alpha}_2^{(1)}(\boldsymbol{g},\boldsymbol{s})}_{4\times1}\end{bmatrix} \tag{10.20}$$

$$\begin{aligned}\bar{\boldsymbol{S}}_{\mathrm{blk}}^{(1)}=&\begin{bmatrix}\mathrm{blkdiag}\{(\boldsymbol{s}_1-\boldsymbol{s}_1)^{\mathrm{T}},(\boldsymbol{s}_1-\boldsymbol{s}_2)^{\mathrm{T}},\cdots,(\boldsymbol{s}_1-\boldsymbol{s}_M)^{\mathrm{T}}\}\\ \mathrm{blkdiag}\{(\boldsymbol{s}_2-\boldsymbol{s}_1)^{\mathrm{T}},(\boldsymbol{s}_2-\boldsymbol{s}_2)^{\mathrm{T}},\cdots,(\boldsymbol{s}_2-\boldsymbol{s}_M)^{\mathrm{T}}\}\\ \vdots\\ \mathrm{blkdiag}\{(\boldsymbol{s}_M-\boldsymbol{s}_1)^{\mathrm{T}},(\boldsymbol{s}_M-\boldsymbol{s}_2)^{\mathrm{T}},\cdots,(\boldsymbol{s}_M-\boldsymbol{s}_M)^{\mathrm{T}}\}\end{bmatrix}\\ &-\mathrm{blkdiag}\left\{\begin{bmatrix}(\boldsymbol{s}_1-\boldsymbol{s}_1)^{\mathrm{T}}\\ (\boldsymbol{s}_1-\boldsymbol{s}_2)^{\mathrm{T}}\\ \vdots\\ (\boldsymbol{s}_1-\boldsymbol{s}_M)^{\mathrm{T}}\end{bmatrix},\begin{bmatrix}(\boldsymbol{s}_2-\boldsymbol{s}_1)^{\mathrm{T}}\\ (\boldsymbol{s}_2-\boldsymbol{s}_2)^{\mathrm{T}}\\ \vdots\\ (\boldsymbol{s}_2-\boldsymbol{s}_M)^{\mathrm{T}}\end{bmatrix},\cdots,\begin{bmatrix}(\boldsymbol{s}_M-\boldsymbol{s}_1)^{\mathrm{T}}\\ (\boldsymbol{s}_M-\boldsymbol{s}_2)^{\mathrm{T}}\\ \vdots\\ (\boldsymbol{s}_M-\boldsymbol{s}_M)^{\mathrm{T}}\end{bmatrix}\right\}\end{aligned} \tag{10.21}$$

式（10.13）的推导见附录 G.1。由式（10.13）可知，误差向量 $\boldsymbol{\delta}_{\mathrm{ts}}^{(1)}$ 渐近服从零均值的高斯分布，并且其协方差矩阵为

$$\begin{aligned}\boldsymbol{\Omega}_{\mathrm{ts}}^{(1)}&=\mathbf{cov}(\boldsymbol{\delta}_{\mathrm{ts}}^{(1)})=\mathrm{E}[\boldsymbol{\delta}_{\mathrm{ts}}^{(1)}\boldsymbol{\delta}_{\mathrm{ts}}^{(1)\mathrm{T}}]\\ &\approx\boldsymbol{B}_{\mathrm{t}}^{(1)}(\boldsymbol{g},\boldsymbol{s})\cdot\mathrm{E}[\boldsymbol{\varepsilon}_{\mathrm{t}}\boldsymbol{\varepsilon}_{\mathrm{t}}^{\mathrm{T}}]\cdot(\boldsymbol{B}_{\mathrm{t}}^{(1)}(\boldsymbol{g},\boldsymbol{s}))^{\mathrm{T}}+\boldsymbol{B}_{\mathrm{s}}^{(1)}(\boldsymbol{g},\boldsymbol{s})\cdot\mathrm{E}[\boldsymbol{\varepsilon}_{\mathrm{s}}\boldsymbol{\varepsilon}_{\mathrm{s}}^{\mathrm{T}}]\cdot(\boldsymbol{B}_{\mathrm{s}}^{(1)}(\boldsymbol{g},\boldsymbol{s}))^{\mathrm{T}}\\ &=\boldsymbol{B}_{\mathrm{t}}^{(1)}(\boldsymbol{g},\boldsymbol{s})\boldsymbol{E}_{\mathrm{t}}(\boldsymbol{B}_{\mathrm{t}}^{(1)}(\boldsymbol{g},\boldsymbol{s}))^{\mathrm{T}}+\boldsymbol{B}_{\mathrm{s}}^{(1)}(\boldsymbol{g},\boldsymbol{s})\boldsymbol{E}_{\mathrm{s}}(\boldsymbol{B}_{\mathrm{s}}^{(1)}(\boldsymbol{g},\boldsymbol{s}))^{\mathrm{T}}=\boldsymbol{\Omega}_{\mathrm{t}}^{(1)}+\boldsymbol{\Omega}_{\mathrm{s}}^{(1)}\in\mathbf{R}^{M\times M}\end{aligned} \tag{10.22}$$

式中

$$\boldsymbol{\Omega}_{\mathrm{t}}^{(1)}=\boldsymbol{B}_{\mathrm{t}}^{(1)}(\boldsymbol{g},\boldsymbol{s})\boldsymbol{E}_{\mathrm{t}}(\boldsymbol{B}_{\mathrm{t}}^{(1)}(\boldsymbol{g},\boldsymbol{s}))^{\mathrm{T}}\ ,\ \boldsymbol{\Omega}_{\mathrm{s}}^{(1)}=\boldsymbol{B}_{\mathrm{s}}^{(1)}(\boldsymbol{g},\boldsymbol{s})\boldsymbol{E}_{\mathrm{s}}(\boldsymbol{B}_{\mathrm{s}}^{(1)}(\boldsymbol{g},\boldsymbol{s}))^{\mathrm{T}} \tag{10.23}$$

【注记 10.1】式（5.41）中的误差向量 $\boldsymbol{\delta}_{\mathrm{t}}^{(1)}$ 仅包含观测误差 $\boldsymbol{\varepsilon}_{\mathrm{t}}$，而式（10.13）中的误差向量 $\boldsymbol{\delta}_{\mathrm{ts}}^{(1)}$ 却同时包含观测误差 $\boldsymbol{\varepsilon}_{\mathrm{t}}$ 和 $\boldsymbol{\varepsilon}_{\mathrm{s}}$，这是因为本章考虑了传感器位置误差的影响。

10.2.2　传感器位置误差的影响

5.2 节利用拉格朗日乘子法给出了未知向量 $\boldsymbol{g}$ 的估计值 $\hat{\boldsymbol{g}}_{\mathrm{p}}^{(1)}$，并由此获得辐射源位置估计值 $\hat{\boldsymbol{u}}_{\mathrm{p}}^{(1)}=[\boldsymbol{I}_3\ \ \boldsymbol{O}_{3\times1}]\hat{\boldsymbol{g}}_{\mathrm{p}}^{(1)}$，其中假设传感器位置精确已知。当传感器位置误差存在时，其定位精度必然会有所下降，下面将定量推导估计值 $\hat{\boldsymbol{u}}_{\mathrm{p}}^{(1)}$ 在此情形下的均方误差矩阵，为此需要首先推导估计值 $\hat{\boldsymbol{g}}_{\mathrm{p}}^{(1)}$ 在此情形下的均方误差矩阵。为了避免符号混淆，这里需要将估计值 $\hat{\boldsymbol{u}}_{\mathrm{p}}^{(1)}$ 和 $\hat{\boldsymbol{g}}_{\mathrm{p}}^{(1)}$ 分别记为 $\hat{\boldsymbol{u}}_{\mathrm{e}}^{(1)}$ 和 $\hat{\boldsymbol{g}}_{\mathrm{e}}^{(1)}$，于是有 $\hat{\boldsymbol{u}}_{\mathrm{e}}^{(1)}=[\boldsymbol{I}_3\ \ \boldsymbol{O}_{3\times1}]\hat{\boldsymbol{g}}_{\mathrm{e}}^{(1)}$。

根据 5.2 节中的讨论可知，首先需要对矩阵 $\boldsymbol{B}_{\mathrm{t}}^{(1)}(\boldsymbol{g},\hat{\boldsymbol{s}})$ 进行奇异值分解，如下式所示：

$$\begin{aligned}\boldsymbol{B}_{\mathrm{t}}^{(1)}(\boldsymbol{g},\hat{\boldsymbol{s}})&=\boldsymbol{H}^{(1)}(\hat{\boldsymbol{s}})\boldsymbol{\varSigma}^{(1)}(\hat{\boldsymbol{s}})(\boldsymbol{V}^{(1)}(\hat{\boldsymbol{s}}))^{\mathrm{T}}=\left[\underbrace{\boldsymbol{H}_1^{(1)}(\hat{\boldsymbol{s}})}_{M\times(M-1)}\ \ \underbrace{\boldsymbol{h}_2^{(1)}(\hat{\boldsymbol{s}})}_{M\times1}\right]\begin{bmatrix}\underbrace{\boldsymbol{\varSigma}_1^{(1)}(\hat{\boldsymbol{s}})}_{(M-1)\times(M-1)}\\ \boldsymbol{O}_{1\times(M-1)}\end{bmatrix}(\boldsymbol{V}^{(1)}(\hat{\boldsymbol{s}}))^{\mathrm{T}}\\&=\boldsymbol{H}_1^{(1)}(\hat{\boldsymbol{s}})\boldsymbol{\varSigma}_1^{(1)}(\hat{\boldsymbol{s}})(\boldsymbol{V}^{(1)}(\hat{\boldsymbol{s}}))^{\mathrm{T}}\end{aligned}\tag{10.24}$$

式中，$\boldsymbol{H}^{(1)}(\hat{\boldsymbol{s}})=[\boldsymbol{H}_1^{(1)}(\hat{\boldsymbol{s}})\ \ \boldsymbol{h}_2^{(1)}(\hat{\boldsymbol{s}})]$，为 $M\times M$ 阶正交矩阵；$\boldsymbol{V}^{(1)}(\hat{\boldsymbol{s}})$ 为 $(M-1)\times(M-1)$ 阶正交矩阵；$\boldsymbol{\varSigma}_1^{(1)}(\hat{\boldsymbol{s}})$ 为 $(M-1)\times(M-1)$ 阶对角矩阵，其中的对角元素为矩阵 $\boldsymbol{B}_{\mathrm{t}}^{(1)}(\boldsymbol{g},\hat{\boldsymbol{s}})$ 的奇异值。由式（5.51）可知，向量 $\hat{\boldsymbol{g}}_{\mathrm{e}}^{(1)}$ 应为如下优化问题的最优解：

$$\begin{cases}\min\limits_{\boldsymbol{g}}\{(\hat{\boldsymbol{W}}^{(1)}(\hat{\boldsymbol{s}})\hat{\boldsymbol{T}}_2^{(1)}(\hat{\boldsymbol{s}})\boldsymbol{g}+\hat{\boldsymbol{W}}^{(1)}(\hat{\boldsymbol{s}})\hat{\boldsymbol{t}}_1^{(1)}(\hat{\boldsymbol{s}}))^{\mathrm{T}}\boldsymbol{H}_1^{(1)}(\hat{\boldsymbol{s}})(\bar{\boldsymbol{\varOmega}}_{\mathrm{t}}^{(1)})^{-1}\\ \qquad\times(\boldsymbol{H}_1^{(1)}(\hat{\boldsymbol{s}}))^{\mathrm{T}}(\hat{\boldsymbol{W}}^{(1)}(\hat{\boldsymbol{s}})\hat{\boldsymbol{T}}_2^{(1)}(\hat{\boldsymbol{s}})\boldsymbol{g}+\hat{\boldsymbol{W}}^{(1)}(\hat{\boldsymbol{s}})\hat{\boldsymbol{t}}_1^{(1)}(\hat{\boldsymbol{s}}))\}\\ \text{s.t. }\boldsymbol{g}^{\mathrm{T}}\boldsymbol{\varLambda}\boldsymbol{g}+\hat{\boldsymbol{\kappa}}^{\mathrm{T}}\boldsymbol{g}+\|\hat{\boldsymbol{s}}_1\|_2^2=0\end{cases}\tag{10.25}$$

式中，$\boldsymbol{\varLambda}=\mathrm{blkdiag}\{\boldsymbol{I}_3,-1\}$；$\hat{\boldsymbol{\kappa}}=-2[\hat{\boldsymbol{s}}_1^{\mathrm{T}}\ \ 0]^{\mathrm{T}}$；$\bar{\boldsymbol{\varOmega}}_{\mathrm{t}}^{(1)}=(\boldsymbol{H}_1^{(1)}(\boldsymbol{s}))^{\mathrm{T}}\boldsymbol{\varOmega}_{\mathrm{t}}^{(1)}\boldsymbol{H}_1^{(1)}(\boldsymbol{s})$；$\hat{\boldsymbol{t}}_1^{(1)}(\hat{\boldsymbol{s}})$ 表示矩阵 $\hat{\boldsymbol{T}}^{(1)}(\hat{\boldsymbol{s}})$ 中的第 1 列向量；$\hat{\boldsymbol{T}}_2^{(1)}(\hat{\boldsymbol{s}})$ 表示矩阵 $\hat{\boldsymbol{T}}^{(1)}(\hat{\boldsymbol{s}})$ 中的第 2～5 列构成的矩阵，于是有 $\hat{\boldsymbol{T}}^{(1)}(\hat{\boldsymbol{s}})=\left[\underbrace{\hat{\boldsymbol{t}}_1^{(1)}(\hat{\boldsymbol{s}})}_{M\times1}\ \ \underbrace{\hat{\boldsymbol{T}}_2^{(1)}(\hat{\boldsymbol{s}})}_{M\times4}\right]$。

由于估计值 $\hat{\boldsymbol{u}}_{\mathrm{e}}^{(1)}$ 是从估计值 $\hat{\boldsymbol{g}}_{\mathrm{e}}^{(1)}$ 中所产生的，下面首先推导向量 $\hat{\boldsymbol{g}}_{\mathrm{e}}^{(1)}$ 中的估计误差（即 $\Delta\boldsymbol{g}_{\mathrm{e}}^{(1)}=\hat{\boldsymbol{g}}_{\mathrm{e}}^{(1)}-\boldsymbol{g}$）的一阶近似表达式。基于式（10.25）及 2.4.2 节中的讨论可知，在一阶误差分析框架下，误差向量 $\Delta\boldsymbol{g}_{\mathrm{e}}^{(1)}$ 近似为如下约束优化问

题的最优解：

$$\begin{cases}\min\limits_{\Delta g}\left\{\begin{pmatrix}\boldsymbol{W}^{(1)}(\boldsymbol{s})\boldsymbol{T}_2^{(1)}(\boldsymbol{s})\Delta\boldsymbol{g}+\boldsymbol{B}_{\mathrm{t}}^{(1)}(\boldsymbol{g},\boldsymbol{s})\boldsymbol{\varepsilon}_{\mathrm{t}}\\+\boldsymbol{B}_{\mathrm{s}}^{(1)}(\boldsymbol{g},\boldsymbol{s})\boldsymbol{\varepsilon}_{\mathrm{s}}\end{pmatrix}^{\mathrm{T}}\boldsymbol{H}_1^{(1)}(\boldsymbol{s})(\bar{\boldsymbol{\Omega}}_{\mathrm{t}}^{(1)})^{-1}(\boldsymbol{H}_1^{(1)}(\boldsymbol{s}))^{\mathrm{T}}\right.\\ \qquad\left.\times\begin{pmatrix}\boldsymbol{W}^{(1)}(\boldsymbol{s})\boldsymbol{T}_2^{(1)}(\boldsymbol{s})\Delta\boldsymbol{g}+\boldsymbol{B}_{\mathrm{t}}^{(1)}(\boldsymbol{g},\boldsymbol{s})\boldsymbol{\varepsilon}_{\mathrm{t}}\\+\boldsymbol{B}_{\mathrm{s}}^{(1)}(\boldsymbol{g},\boldsymbol{s})\boldsymbol{\varepsilon}_{\mathrm{s}}\end{pmatrix}\right\}\\ \text{s.t. }\ (\Delta\boldsymbol{g})^{\mathrm{T}}\boldsymbol{\psi}_1+\boldsymbol{\varepsilon}_{\mathrm{s}}^{\mathrm{T}}\boldsymbol{\psi}_2=0\end{cases}\tag{10.26}$$

式中，$\boldsymbol{\psi}_1=2\boldsymbol{\Lambda}\boldsymbol{g}+\boldsymbol{\kappa}$；$\boldsymbol{\psi}_2=\boldsymbol{\Lambda}_1^{\mathrm{T}}\boldsymbol{g}+\boldsymbol{\Lambda}_2^{\mathrm{T}}\boldsymbol{s}$，$\boldsymbol{\Lambda}_1=\mathrm{blkdiag}\{-2\boldsymbol{I}_3,\boldsymbol{O}_{1\times3(M-1)}\}$，$\boldsymbol{\Lambda}_2=\mathrm{blkdiag}\{2\boldsymbol{I}_3,\boldsymbol{O}_{3(M-1)\times3(M-1)}\}$。式（10.26）的推导见附录 G.2。利用 2.2 节中的拉格朗日乘子法可以将误差向量 $\Delta\boldsymbol{g}_{\mathrm{e}}^{(1)}$ 的一阶近似表达式写为

$$\begin{aligned}\Delta\boldsymbol{g}_{\mathrm{e}}^{(1)}\approx&-\left(\boldsymbol{I}_4-\frac{(\boldsymbol{\Phi}_{\mathrm{t}}^{(1)}(\boldsymbol{s}))^{-1}\boldsymbol{\psi}_1\boldsymbol{\psi}_1^{\mathrm{T}}}{\boldsymbol{\psi}_1^{\mathrm{T}}(\boldsymbol{\Phi}_{\mathrm{t}}^{(1)}(\boldsymbol{s}))^{-1}\boldsymbol{\psi}_1}\right)(\boldsymbol{\Phi}_{\mathrm{t}}^{(1)}(\boldsymbol{s}))^{-1}\boldsymbol{\Psi}_{\mathrm{t}}^{(1)}(\boldsymbol{s})(\boldsymbol{B}_{\mathrm{t}}^{(1)}(\boldsymbol{g},\boldsymbol{s})\boldsymbol{\varepsilon}_{\mathrm{t}}\\&+\boldsymbol{B}_{\mathrm{s}}^{(1)}(\boldsymbol{g},\boldsymbol{s})\boldsymbol{\varepsilon}_{\mathrm{s}})-\frac{(\boldsymbol{\Phi}_{\mathrm{t}}^{(1)}(\boldsymbol{s}))^{-1}\boldsymbol{\psi}_1\boldsymbol{\psi}_2^{\mathrm{T}}\boldsymbol{\varepsilon}_{\mathrm{s}}}{\boldsymbol{\psi}_1^{\mathrm{T}}(\boldsymbol{\Phi}_{\mathrm{t}}^{(1)}(\boldsymbol{s}))^{-1}\boldsymbol{\psi}_1}\end{aligned}\tag{10.27}$$

式中

$$\begin{cases}\boldsymbol{\Phi}_{\mathrm{t}}^{(1)}(\boldsymbol{s})=(\boldsymbol{T}_2^{(1)}(\boldsymbol{s}))^{\mathrm{T}}(\boldsymbol{W}^{(1)}(\boldsymbol{s}))^{\mathrm{T}}\boldsymbol{H}_1^{(1)}(\boldsymbol{s})(\bar{\boldsymbol{\Omega}}_{\mathrm{t}}^{(1)})^{-1}(\boldsymbol{H}_1^{(1)}(\boldsymbol{s}))^{\mathrm{T}}\boldsymbol{W}^{(1)}(\boldsymbol{s})\boldsymbol{T}_2^{(1)}(\boldsymbol{s})\in\mathbf{R}^{4\times4}\\ \boldsymbol{\Psi}_{\mathrm{t}}^{(1)}(\boldsymbol{s})=(\boldsymbol{T}_2^{(1)}(\boldsymbol{s}))^{\mathrm{T}}(\boldsymbol{W}^{(1)}(\boldsymbol{s}))^{\mathrm{T}}\boldsymbol{H}_1^{(1)}(\boldsymbol{s})(\bar{\boldsymbol{\Omega}}_{\mathrm{t}}^{(1)})^{-1}(\boldsymbol{H}_1^{(1)}(\boldsymbol{s}))^{\mathrm{T}}\in\mathbf{R}^{4\times M}\end{cases}\tag{10.28}$$

式（10.27）的推导见附录 G.3。将等式 $\boldsymbol{g}^{\mathrm{T}}\boldsymbol{\Lambda}\boldsymbol{g}+\boldsymbol{\kappa}^{\mathrm{T}}\boldsymbol{g}+\|\boldsymbol{s}_1\|_2^2=0$ 两边分别对向量 $\boldsymbol{u}$ 和 $\boldsymbol{s}$ 求导可得

$$\begin{cases}2\left(\dfrac{\partial\boldsymbol{g}}{\partial\boldsymbol{u}^{\mathrm{T}}}\right)^{\mathrm{T}}\boldsymbol{\Lambda}\boldsymbol{g}+\left(\dfrac{\partial\boldsymbol{g}}{\partial\boldsymbol{u}^{\mathrm{T}}}\right)^{\mathrm{T}}\boldsymbol{\kappa}=\left(\dfrac{\partial\boldsymbol{g}}{\partial\boldsymbol{u}^{\mathrm{T}}}\right)^{\mathrm{T}}\boldsymbol{\psi}_1=\boldsymbol{O}_{3\times1}\\ 2\left(\dfrac{\partial\boldsymbol{g}}{\partial\boldsymbol{s}^{\mathrm{T}}}\right)^{\mathrm{T}}\boldsymbol{\Lambda}\boldsymbol{g}+\left(\dfrac{\partial\boldsymbol{g}}{\partial\boldsymbol{s}^{\mathrm{T}}}\right)^{\mathrm{T}}\boldsymbol{\kappa}+\boldsymbol{\Lambda}_1^{\mathrm{T}}\boldsymbol{g}+\boldsymbol{\Lambda}_2^{\mathrm{T}}\boldsymbol{s}=\left(\dfrac{\partial\boldsymbol{g}}{\partial\boldsymbol{s}^{\mathrm{T}}}\right)^{\mathrm{T}}\boldsymbol{\psi}_1+\boldsymbol{\psi}_2=\boldsymbol{O}_{3M\times1}\Rightarrow\boldsymbol{\psi}_2=-\left(\dfrac{\partial\boldsymbol{g}}{\partial\boldsymbol{s}^{\mathrm{T}}}\right)^{\mathrm{T}}\boldsymbol{\psi}_1\end{cases}\tag{10.29}$$

式中

$$\frac{\partial\boldsymbol{g}}{\partial\boldsymbol{u}^{\mathrm{T}}}=\begin{bmatrix}\boldsymbol{I}_3\\ \dfrac{(\boldsymbol{s}_1-\boldsymbol{u})^{\mathrm{T}}}{\|\boldsymbol{u}-\boldsymbol{s}_1\|_2}\end{bmatrix}\in\mathbf{R}^{4\times3}\ ,\ \frac{\partial\boldsymbol{g}}{\partial\boldsymbol{s}^{\mathrm{T}}}=\begin{bmatrix}\boldsymbol{O}_{3\times3M}\\ \hline \dfrac{(\boldsymbol{u}-\boldsymbol{s}_1)^{\mathrm{T}}}{\|\boldsymbol{u}-\boldsymbol{s}_1\|_2}\ \Bigg|\ \boldsymbol{O}_{1\times3(M-1)}\end{bmatrix}\in\mathbf{R}^{4\times3M}\tag{10.30}$$

将式（10.29）中的第 2 式代入式（10.27）中可得

$$\begin{aligned}\Delta\boldsymbol{g}_{\mathrm{e}}^{(1)} &\approx -\left[\boldsymbol{I}_4-\frac{(\boldsymbol{\Phi}_{\mathrm{t}}^{(1)}(\boldsymbol{s}))^{-1}\boldsymbol{\psi}_1\boldsymbol{\psi}_1^{\mathrm{T}}}{\boldsymbol{\psi}_1^{\mathrm{T}}(\boldsymbol{\Phi}_{\mathrm{t}}^{(1)}(\boldsymbol{s}))^{-1}\boldsymbol{\psi}_1}\right](\boldsymbol{\Phi}_{\mathrm{t}}^{(1)}(\boldsymbol{s}))^{-1}\boldsymbol{\Psi}_{\mathrm{t}}^{(1)}(\boldsymbol{s})(\boldsymbol{B}_{\mathrm{t}}^{(1)}(\boldsymbol{g},\boldsymbol{s})\boldsymbol{\varepsilon}_{\mathrm{t}}+\boldsymbol{B}_{\mathrm{s}}^{(1)}(\boldsymbol{g},\boldsymbol{s})\boldsymbol{\varepsilon}_{\mathrm{s}})\\ &\quad+\frac{(\boldsymbol{\Phi}_{\mathrm{t}}^{(1)}(\boldsymbol{s}))^{-1}\boldsymbol{\psi}_1\boldsymbol{\psi}_1^{\mathrm{T}}}{\boldsymbol{\psi}_1^{\mathrm{T}}(\boldsymbol{\Phi}_{\mathrm{t}}^{(1)}(\boldsymbol{s}))^{-1}\boldsymbol{\psi}_1}\frac{\partial\boldsymbol{g}}{\partial\boldsymbol{s}^{\mathrm{T}}}\boldsymbol{\varepsilon}_{\mathrm{s}}\\ &=-\left[(\boldsymbol{\Phi}_{\mathrm{t}}^{(1)}(\boldsymbol{s}))^{-1}-\frac{(\boldsymbol{\Phi}_{\mathrm{t}}^{(1)}(\boldsymbol{s}))^{-1}\boldsymbol{\psi}_1\boldsymbol{\psi}_1^{\mathrm{T}}(\boldsymbol{\Phi}_{\mathrm{t}}^{(1)}(\boldsymbol{s}))^{-1}}{\boldsymbol{\psi}_1^{\mathrm{T}}(\boldsymbol{\Phi}_{\mathrm{t}}^{(1)}(\boldsymbol{s}))^{-1}\boldsymbol{\psi}_1}\right]\boldsymbol{\Psi}_{\mathrm{t}}^{(1)}(\boldsymbol{s})\boldsymbol{B}_{\mathrm{t}}^{(1)}(\boldsymbol{g},\boldsymbol{s})\boldsymbol{\varepsilon}_{\mathrm{t}}\\ &\quad-\left[(\boldsymbol{\Phi}_{\mathrm{t}}^{(1)}(\boldsymbol{s}))^{-1}-\frac{(\boldsymbol{\Phi}_{\mathrm{t}}^{(1)}(\boldsymbol{s}))^{-1}\boldsymbol{\psi}_1\boldsymbol{\psi}_1^{\mathrm{T}}(\boldsymbol{\Phi}_{\mathrm{t}}^{(1)}(\boldsymbol{s}))^{-1}}{\boldsymbol{\psi}_1^{\mathrm{T}}(\boldsymbol{\Phi}_{\mathrm{t}}^{(1)}(\boldsymbol{s}))^{-1}\boldsymbol{\psi}_1}\right]\left(\boldsymbol{\Psi}_{\mathrm{t}}^{(1)}(\boldsymbol{s})\boldsymbol{B}_{\mathrm{s}}^{(1)}(\boldsymbol{g},\boldsymbol{s})+\boldsymbol{\Phi}_{\mathrm{t}}^{(1)}(\boldsymbol{s})\frac{\partial\boldsymbol{g}}{\partial\boldsymbol{s}^{\mathrm{T}}}\right)\boldsymbol{\varepsilon}_{\mathrm{s}}+\frac{\partial\boldsymbol{g}}{\partial\boldsymbol{s}^{\mathrm{T}}}\boldsymbol{\varepsilon}_{\mathrm{s}}\end{aligned} \tag{10.31}$$

基于式（10.30）中的第 2 式可得$[\boldsymbol{I}_3\ \ \boldsymbol{O}_{3\times1}]\dfrac{\partial\boldsymbol{g}}{\partial\boldsymbol{s}^{\mathrm{T}}}=\boldsymbol{O}_{3\times3M}$，于是有

$$\begin{aligned}\Delta\boldsymbol{u}_{\mathrm{e}}^{(1)}&=[\boldsymbol{I}_3\ \ \boldsymbol{O}_{3\times1}]\Delta\boldsymbol{g}_{\mathrm{e}}^{(1)}\\ &\approx-[\boldsymbol{I}_3\ \ \boldsymbol{O}_{3\times1}]\left((\boldsymbol{\Phi}_{\mathrm{t}}^{(1)}(\boldsymbol{s}))^{-1}-\frac{(\boldsymbol{\Phi}_{\mathrm{t}}^{(1)}(\boldsymbol{s}))^{-1}\boldsymbol{\psi}_1\boldsymbol{\psi}_1^{\mathrm{T}}(\boldsymbol{\Phi}_{\mathrm{t}}^{(1)}(\boldsymbol{s}))^{-1}}{\boldsymbol{\psi}_1^{\mathrm{T}}(\boldsymbol{\Phi}_{\mathrm{t}}^{(1)}(\boldsymbol{s}))^{-1}\boldsymbol{\psi}_1}\right)\boldsymbol{\Psi}_{\mathrm{t}}^{(1)}(\boldsymbol{s})\boldsymbol{B}_{\mathrm{t}}^{(1)}(\boldsymbol{g},\boldsymbol{s})\boldsymbol{\varepsilon}_{\mathrm{t}}\\ &\quad-[\boldsymbol{I}_3\ \ \boldsymbol{O}_{3\times1}]\left[(\boldsymbol{\Phi}_{\mathrm{t}}^{(1)}(\boldsymbol{s}))^{-1}-\frac{(\boldsymbol{\Phi}_{\mathrm{t}}^{(1)}(\boldsymbol{s}))^{-1}\boldsymbol{\psi}_1\boldsymbol{\psi}_1^{\mathrm{T}}(\boldsymbol{\Phi}_{\mathrm{t}}^{(1)}(\boldsymbol{s}))^{-1}}{\boldsymbol{\psi}_1^{\mathrm{T}}(\boldsymbol{\Phi}_{\mathrm{t}}^{(1)}(\boldsymbol{s}))^{-1}\boldsymbol{\psi}_1}\right]\left(\boldsymbol{\Psi}_{\mathrm{t}}^{(1)}(\boldsymbol{s})\boldsymbol{B}_{\mathrm{s}}^{(1)}(\boldsymbol{g},\boldsymbol{s})+\boldsymbol{\Phi}_{\mathrm{t}}^{(1)}(\boldsymbol{s})\frac{\partial\boldsymbol{g}}{\partial\boldsymbol{s}^{\mathrm{T}}}\right)\boldsymbol{\varepsilon}_{\mathrm{s}}\end{aligned} \tag{10.32}$$

由式（10.32）可知，估计值 $\hat{\boldsymbol{u}}_{\mathrm{e}}^{(1)}$ 的均方误差矩阵为

$$\begin{aligned}&\mathbf{MSE}(\hat{\boldsymbol{u}}_{\mathrm{e}}^{(1)})\\ &=\mathrm{E}[(\hat{\boldsymbol{u}}_{\mathrm{e}}^{(1)}-\boldsymbol{u})(\hat{\boldsymbol{u}}_{\mathrm{e}}^{(1)}-\boldsymbol{u})^{\mathrm{T}}]=\mathrm{E}[\Delta\boldsymbol{u}_{\mathrm{e}}^{(1)}(\Delta\boldsymbol{u}_{\mathrm{e}}^{(1)})^{\mathrm{T}}]\\ &=[\boldsymbol{I}_3\ \ \boldsymbol{O}_{3\times1}]\left[(\boldsymbol{\Phi}_{\mathrm{t}}^{(1)}(\boldsymbol{s}))^{-1}-\frac{(\boldsymbol{\Phi}_{\mathrm{t}}^{(1)}(\boldsymbol{s}))^{-1}\boldsymbol{\psi}_1\boldsymbol{\psi}_1^{\mathrm{T}}(\boldsymbol{\Phi}_{\mathrm{t}}^{(1)}(\boldsymbol{s}))^{-1}}{\boldsymbol{\psi}_1^{\mathrm{T}}(\boldsymbol{\Phi}_{\mathrm{t}}^{(1)}(\boldsymbol{s}))^{-1}\boldsymbol{\psi}_1}\right]\begin{bmatrix}\boldsymbol{I}_3\\ \boldsymbol{O}_{1\times3}\end{bmatrix}\\ &\quad+[\boldsymbol{I}_3\ \ \boldsymbol{O}_{3\times1}]\left[(\boldsymbol{\Phi}_{\mathrm{t}}^{(1)}(\boldsymbol{s}))^{-1}-\frac{(\boldsymbol{\Phi}_{\mathrm{t}}^{(1)}(\boldsymbol{s}))^{-1}\boldsymbol{\psi}_1\boldsymbol{\psi}_1^{\mathrm{T}}(\boldsymbol{\Phi}_{\mathrm{t}}^{(1)}(\boldsymbol{s}))^{-1}}{\boldsymbol{\psi}_1^{\mathrm{T}}(\boldsymbol{\Phi}_{\mathrm{t}}^{(1)}(\boldsymbol{s}))^{-1}\boldsymbol{\psi}_1}\right]\left(\boldsymbol{\Psi}_{\mathrm{t}}^{(1)}(\boldsymbol{s})\boldsymbol{B}_{\mathrm{s}}^{(1)}(\boldsymbol{g},\boldsymbol{s})+\boldsymbol{\Phi}_{\mathrm{t}}^{(1)}(\boldsymbol{s})\frac{\partial\boldsymbol{g}}{\partial\boldsymbol{s}^{\mathrm{T}}}\right)\boldsymbol{E}_{\mathrm{s}}\\ &\quad\times\left(\boldsymbol{\Psi}_{\mathrm{t}}^{(1)}(\boldsymbol{s})\boldsymbol{B}_{\mathrm{s}}^{(1)}(\boldsymbol{g},\boldsymbol{s})+\boldsymbol{\Phi}_{\mathrm{t}}^{(1)}(\boldsymbol{s})\frac{\partial\boldsymbol{g}}{\partial\boldsymbol{s}^{\mathrm{T}}}\right)^{\mathrm{T}}\left[(\boldsymbol{\Phi}_{\mathrm{t}}^{(1)}(\boldsymbol{s}))^{-1}-\frac{(\boldsymbol{\Phi}_{\mathrm{t}}^{(1)}(\boldsymbol{s}))^{-1}\boldsymbol{\psi}_1\boldsymbol{\psi}_1^{\mathrm{T}}(\boldsymbol{\Phi}_{\mathrm{t}}^{(1)}(\boldsymbol{s}))^{-1}}{\boldsymbol{\psi}_1^{\mathrm{T}}(\boldsymbol{\Phi}_{\mathrm{t}}^{(1)}(\boldsymbol{s}))^{-1}\boldsymbol{\psi}_1}\right]\begin{bmatrix}\boldsymbol{I}_3\\ \boldsymbol{O}_{1\times3}\end{bmatrix}\end{aligned} \tag{10.33}$$

式（10.33）右侧第 1 项源自式（5.76）。

另一方面，利用命题 5.2 中的结论可得

$$\begin{aligned}&[\boldsymbol{I}_3\ \ \boldsymbol{O}_{3\times1}]\left[(\boldsymbol{\Phi}_{\mathrm{t}}^{(1)}(\boldsymbol{s}))^{-1}-\frac{(\boldsymbol{\Phi}_{\mathrm{t}}^{(1)}(\boldsymbol{s}))^{-1}\boldsymbol{\psi}_1\boldsymbol{\psi}_1^{\mathrm{T}}(\boldsymbol{\Phi}_{\mathrm{t}}^{(1)}(\boldsymbol{s}))^{-1}}{\boldsymbol{\psi}_1^{\mathrm{T}}(\boldsymbol{\Phi}_{\mathrm{t}}^{(1)}(\boldsymbol{s}))^{-1}\boldsymbol{\psi}_1}\right]\begin{bmatrix}\boldsymbol{I}_3\\ \boldsymbol{O}_{1\times3}\end{bmatrix}\\ &=\left[\left(\frac{\partial\boldsymbol{f}_{\mathrm{tdoa}}(\boldsymbol{u},\boldsymbol{s})}{\partial\boldsymbol{u}^{\mathrm{T}}}\right)^{\mathrm{T}}\boldsymbol{E}_{\mathrm{t}}^{-1}\frac{\partial\boldsymbol{f}_{\mathrm{tdoa}}(\boldsymbol{u},\boldsymbol{s})}{\partial\boldsymbol{u}^{\mathrm{T}}}\right]^{-1}=\mathbf{CRB}_{\mathrm{tdoa\text{-}p}}(\boldsymbol{u})\end{aligned} \tag{10.34}$$

式中

$$\frac{\partial \boldsymbol{f}_{\text{tdoa}}(\boldsymbol{u},\boldsymbol{s})}{\partial \boldsymbol{u}^{\text{T}}} = \left[\frac{\boldsymbol{u}-\boldsymbol{s}_2}{\|\boldsymbol{u}-\boldsymbol{s}_2\|_2}-\frac{\boldsymbol{u}-\boldsymbol{s}_1}{\|\boldsymbol{u}-\boldsymbol{s}_1\|_2}\ \vdots\ \frac{\boldsymbol{u}-\boldsymbol{s}_3}{\|\boldsymbol{u}-\boldsymbol{s}_3\|_2}-\frac{\boldsymbol{u}-\boldsymbol{s}_1}{\|\boldsymbol{u}-\boldsymbol{s}_1\|_2}\ \vdots\ \cdots\ \vdots\ \frac{\boldsymbol{u}-\boldsymbol{s}_M}{\|\boldsymbol{u}-\boldsymbol{s}_M\|_2}-\frac{\boldsymbol{u}-\boldsymbol{s}_1}{\|\boldsymbol{u}-\boldsymbol{s}_1\|_2}\right]^{\text{T}} \in \mathbf{R}^{(M-1)\times 3} \tag{10.35}$$

此外，附录G.4中还证明了如下等式：

$$[\boldsymbol{I}_3\ \ \boldsymbol{O}_{3\times 1}]\left[(\boldsymbol{\Phi}_{\text{t}}^{(1)}(\boldsymbol{s}))^{-1}-\frac{(\boldsymbol{\Phi}_{\text{t}}^{(1)}(\boldsymbol{s}))^{-1}\boldsymbol{\psi}_1\boldsymbol{\psi}_1^{\text{T}}(\boldsymbol{\Phi}_{\text{t}}^{(1)}(\boldsymbol{s}))^{-1}}{\boldsymbol{\psi}_1^{\text{T}}(\boldsymbol{\Phi}_{\text{t}}^{(1)}(\boldsymbol{s}))^{-1}\boldsymbol{\psi}_1}\right]=\mathbf{CRB}_{\text{tdoa-p}}(\boldsymbol{u})\left(\frac{\partial \boldsymbol{g}}{\partial \boldsymbol{u}^{\text{T}}}\right)^{\text{T}} \tag{10.36}$$

将式（10.34）和式（10.36）代入式（10.33）中可得

$$\begin{aligned}\mathbf{MSE}(\hat{\boldsymbol{u}}_{\text{e}}^{(1)})=&\ \mathbf{CRB}_{\text{tdoa-p}}(\boldsymbol{u})+\mathbf{CRB}_{\text{tdoa-p}}(\boldsymbol{u})\left(\frac{\partial \boldsymbol{g}}{\partial \boldsymbol{u}^{\text{T}}}\right)^{\text{T}}\left(\boldsymbol{\Psi}_{\text{t}}^{(1)}(\boldsymbol{s})\boldsymbol{B}_{\text{s}}^{(1)}(\boldsymbol{g},\boldsymbol{s})+\boldsymbol{\Phi}_{\text{t}}^{(1)}(\boldsymbol{s})\frac{\partial \boldsymbol{g}}{\partial \boldsymbol{s}^{\text{T}}}\right)\boldsymbol{E}_{\text{s}}\\ &\times\left(\boldsymbol{\Psi}_{\text{t}}^{(1)}(\boldsymbol{s})\boldsymbol{B}_{\text{s}}^{(1)}(\boldsymbol{g},\boldsymbol{s})+\boldsymbol{\Phi}_{\text{t}}^{(1)}(\boldsymbol{s})\frac{\partial \boldsymbol{g}}{\partial \boldsymbol{s}^{\text{T}}}\right)^{\text{T}}\frac{\partial \boldsymbol{g}}{\partial \boldsymbol{u}^{\text{T}}}\mathbf{CRB}_{\text{tdoa-p}}(\boldsymbol{u})\end{aligned} \tag{10.37}$$

由式（10.37）可得 $\mathbf{MSE}(\hat{\boldsymbol{u}}_{\text{e}}^{(1)})\geqslant\mathbf{CRB}_{\text{tdoa-p}}(\boldsymbol{u})$，式（10.37）右侧第 2 项是由传感器位置误差引起的定位误差。

根据式（3.6）可知，在传感器位置误差存在下，辐射源位置估计均方根误差的克拉美罗界为

$$\begin{aligned}&\mathbf{CRB}_{\text{tdoa-q}}(\boldsymbol{u})\\ &=\mathbf{CRB}_{\text{tdoa-p}}(\boldsymbol{u})+\mathbf{CRB}_{\text{tdoa-p}}(\boldsymbol{u})\left(\frac{\partial \boldsymbol{f}_{\text{tdoa}}(\boldsymbol{u},\boldsymbol{s})}{\partial \boldsymbol{u}^{\text{T}}}\right)^{\text{T}}\boldsymbol{E}_{\text{t}}^{-1}\frac{\partial \boldsymbol{f}_{\text{tdoa}}(\boldsymbol{u},\boldsymbol{s})}{\partial \boldsymbol{s}^{\text{T}}}\\ &\times\left(\boldsymbol{E}_{\text{s}}^{-1}+\left(\frac{\partial \boldsymbol{f}_{\text{tdoa}}(\boldsymbol{u},\boldsymbol{s})}{\partial \boldsymbol{s}^{\text{T}}}\right)^{\text{T}}\boldsymbol{E}_{\text{t}}^{-1/2}\boldsymbol{\Pi}^{\perp}\left[\boldsymbol{E}_{\text{t}}^{-1/2}\frac{\partial \boldsymbol{f}_{\text{tdoa}}(\boldsymbol{u},\boldsymbol{s})}{\partial \boldsymbol{u}^{\text{T}}}\right]\boldsymbol{E}_{\text{t}}^{-1/2}\frac{\partial \boldsymbol{f}_{\text{tdoa}}(\boldsymbol{u},\boldsymbol{s})}{\partial \boldsymbol{s}^{\text{T}}}\right)^{-1}\\ &\times\left(\frac{\partial \boldsymbol{f}_{\text{tdoa}}(\boldsymbol{u},\boldsymbol{s})}{\partial \boldsymbol{s}^{\text{T}}}\right)^{\text{T}}\boldsymbol{E}_{\text{t}}^{-1}\frac{\partial \boldsymbol{f}_{\text{tdoa}}(\boldsymbol{u},\boldsymbol{s})}{\partial \boldsymbol{u}^{\text{T}}}\mathbf{CRB}_{\text{tdoa-p}}(\boldsymbol{u})\end{aligned} \tag{10.38}$$

式中

$$\frac{\partial \boldsymbol{f}_{\text{tdoa}}(\boldsymbol{u},\boldsymbol{s})}{\partial \boldsymbol{s}^{\text{T}}}=\left[\boldsymbol{1}_{(M-1)\times 1}\frac{(\boldsymbol{u}-\boldsymbol{s}_1)^{\text{T}}}{\|\boldsymbol{u}-\boldsymbol{s}_1\|_2}\ \vdots\ \text{blkdiag}\left\{\frac{(\boldsymbol{s}_2-\boldsymbol{u})^{\text{T}}}{\|\boldsymbol{u}-\boldsymbol{s}_2\|_2},\frac{(\boldsymbol{s}_3-\boldsymbol{u})^{\text{T}}}{\|\boldsymbol{u}-\boldsymbol{s}_3\|_2},\cdots,\frac{(\boldsymbol{s}_M-\boldsymbol{u})^{\text{T}}}{\|\boldsymbol{u}-\boldsymbol{s}_M\|_2}\right\}\right]\in\mathbf{R}^{(M-1)\times 3M} \tag{10.39}$$

下面需要将 $\mathbf{MSE}(\hat{\boldsymbol{u}}_{\text{e}}^{(1)})$ 与 $\mathbf{CRB}_{\text{tdoa-q}}(\boldsymbol{u})$ 进行比较，具体可见如下命题。

【命题 10.1】在一阶误差分析理论框架下，$\mathbf{MSE}(\hat{\boldsymbol{u}}_{\mathrm{e}}^{(1)}) \geqslant \mathbf{CRB}_{\mathrm{tdoa\text{-}q}}(\boldsymbol{u})$。

【证明】首先将式（10.28）代入式（10.37）中可得

$$
\begin{aligned}
&\mathbf{MSE}(\hat{\boldsymbol{u}}_{\mathrm{e}}^{(1)})\\
&=\mathbf{CRB}_{\mathrm{tdoa\text{-}p}}(\boldsymbol{u})+\mathbf{CRB}_{\mathrm{tdoa\text{-}p}}(\boldsymbol{u})\left(\frac{\partial \boldsymbol{g}}{\partial \boldsymbol{u}^{\mathrm{T}}}\right)^{\mathrm{T}}(\boldsymbol{T}_2^{(1)}(\boldsymbol{s}))^{\mathrm{T}}(\boldsymbol{W}^{(1)}(\boldsymbol{s}))^{\mathrm{T}}\\
&\quad\times \boldsymbol{H}_1^{(1)}(\boldsymbol{s})((\boldsymbol{H}_1^{(1)}(\boldsymbol{s}))^{\mathrm{T}}\boldsymbol{B}_{\mathrm{t}}^{(1)}(\boldsymbol{g},\boldsymbol{s}))^{-\mathrm{T}}\\
&\quad\times \boldsymbol{E}_{\mathrm{t}}^{-1}\left[((\boldsymbol{H}_1^{(1)}(\boldsymbol{s}))^{\mathrm{T}}\boldsymbol{B}_{\mathrm{t}}^{(1)}(\boldsymbol{g},\boldsymbol{s}))^{-1}(\boldsymbol{H}_1^{(1)}(\boldsymbol{s}))^{\mathrm{T}}\left(\boldsymbol{B}_{\mathrm{s}}^{(1)}(\boldsymbol{g},\boldsymbol{s})+\boldsymbol{W}^{(1)}(\boldsymbol{s})\boldsymbol{T}_2^{(1)}(\boldsymbol{s})\frac{\partial \boldsymbol{g}}{\partial \boldsymbol{s}^{\mathrm{T}}}\right)\right]\boldsymbol{E}_{\mathrm{s}}\\
&\quad\times\left[\left(\boldsymbol{B}_{\mathrm{s}}^{(1)}(\boldsymbol{g},\boldsymbol{s})+\boldsymbol{W}^{(1)}(\boldsymbol{s})\boldsymbol{T}_2^{(1)}(\boldsymbol{s})\frac{\partial \boldsymbol{g}}{\partial \boldsymbol{s}^{\mathrm{T}}}\right)^{\mathrm{T}}\boldsymbol{H}_1^{(1)}(\boldsymbol{s})((\boldsymbol{H}_1^{(1)}(\boldsymbol{s}))^{\mathrm{T}}\boldsymbol{B}_{\mathrm{t}}^{(1)}(\boldsymbol{g},\boldsymbol{s}))^{-\mathrm{T}}\right]\boldsymbol{E}_{\mathrm{t}}^{-1}\\
&\quad\times((\boldsymbol{H}_1^{(1)}(\boldsymbol{s}))^{\mathrm{T}}\boldsymbol{B}_{\mathrm{t}}^{(1)}(\boldsymbol{g},\boldsymbol{s}))^{-1}(\boldsymbol{H}_1^{(1)}(\boldsymbol{s}))^{\mathrm{T}}\boldsymbol{W}^{(1)}(\boldsymbol{s})\boldsymbol{T}_2^{(1)}(\boldsymbol{s})\frac{\partial \boldsymbol{g}}{\partial \boldsymbol{u}^{\mathrm{T}}}\mathbf{CRB}_{\mathrm{tdoa\text{-}p}}(\boldsymbol{u})
\end{aligned}
\tag{10.40}
$$

由式（10.24）可得 $(\boldsymbol{H}_1^{(1)}(\boldsymbol{s}))^{\mathrm{T}}\boldsymbol{B}_{\mathrm{t}}^{(1)}(\boldsymbol{g},\boldsymbol{s})=\boldsymbol{\Sigma}_1^{(1)}(\boldsymbol{s})(\boldsymbol{V}^{(1)}(\boldsymbol{s}))^{\mathrm{T}}$，将该式代入式（10.40）中可得

$$
\begin{aligned}
&\mathbf{MSE}(\hat{\boldsymbol{u}}_{\mathrm{e}}^{(1)})\\
&=\mathbf{CRB}_{\mathrm{tdoa\text{-}p}}(\boldsymbol{u})+\mathbf{CRB}_{\mathrm{tdoa\text{-}p}}(\boldsymbol{u})\left(\frac{\partial \boldsymbol{g}}{\partial \boldsymbol{u}^{\mathrm{T}}}\right)^{\mathrm{T}}(\boldsymbol{T}_2^{(1)}(\boldsymbol{s}))^{\mathrm{T}}(\boldsymbol{W}^{(1)}(\boldsymbol{s}))^{\mathrm{T}}\boldsymbol{H}_1^{(1)}(\boldsymbol{s})(\boldsymbol{\Sigma}_1^{(1)}(\boldsymbol{s}))^{-\mathrm{T}}(\boldsymbol{V}^{(1)}(\boldsymbol{s}))^{-1}\\
&\quad\times \boldsymbol{E}_{\mathrm{t}}^{-1}\left[(\boldsymbol{V}^{(1)}(\boldsymbol{s}))^{-\mathrm{T}}(\boldsymbol{\Sigma}_1^{(1)}(\boldsymbol{s}))^{-1}(\boldsymbol{H}_1^{(1)}(\boldsymbol{s}))^{\mathrm{T}}\left(\boldsymbol{B}_{\mathrm{s}}^{(1)}(\boldsymbol{g},\boldsymbol{s})+\boldsymbol{W}^{(1)}(\boldsymbol{s})\boldsymbol{T}_2^{(1)}(\boldsymbol{s})\frac{\partial \boldsymbol{g}}{\partial \boldsymbol{s}^{\mathrm{T}}}\right)\right]\boldsymbol{E}_{\mathrm{s}}\\
&\quad\times\left[\left(\boldsymbol{B}_{\mathrm{s}}^{(1)}(\boldsymbol{g},\boldsymbol{s})+\boldsymbol{W}^{(1)}(\boldsymbol{s})\boldsymbol{T}_2^{(1)}(\boldsymbol{s})\frac{\partial \boldsymbol{g}}{\partial \boldsymbol{s}^{\mathrm{T}}}\right)^{\mathrm{T}}\boldsymbol{H}_1^{(1)}(\boldsymbol{s})(\boldsymbol{\Sigma}_1^{(1)}(\boldsymbol{s}))^{-\mathrm{T}}(\boldsymbol{V}^{(1)}(\boldsymbol{s}))^{-1}\right]\boldsymbol{E}_{\mathrm{t}}^{-1}\\
&\quad\times(\boldsymbol{V}^{(1)}(\boldsymbol{s}))^{-\mathrm{T}}(\boldsymbol{\Sigma}_1^{(1)}(\boldsymbol{s}))^{-1}(\boldsymbol{H}_1^{(1)}(\boldsymbol{s}))^{\mathrm{T}}\boldsymbol{W}^{(1)}(\boldsymbol{s})\boldsymbol{T}_2^{(1)}(\boldsymbol{s})\frac{\partial \boldsymbol{g}}{\partial \boldsymbol{u}^{\mathrm{T}}}\mathbf{CRB}_{\mathrm{tdoa\text{-}p}}(\boldsymbol{u})
\end{aligned}
\tag{10.41}
$$

考虑等式 $\boldsymbol{W}^{(1)}(\boldsymbol{s})\boldsymbol{\beta}^{(1)}(\boldsymbol{g},\boldsymbol{s})=\boldsymbol{W}^{(1)}(\boldsymbol{s})\boldsymbol{T}^{(1)}(\boldsymbol{s})\begin{bmatrix}1\\ \boldsymbol{g}\end{bmatrix}=\boldsymbol{O}_{M\times 1}$，将该等式两边先后对向量 $\boldsymbol{u}$ 和 $\boldsymbol{s}$ 求导可得

$$
\begin{aligned}
&\boldsymbol{W}^{(1)}(\boldsymbol{s})\boldsymbol{T}^{(1)}(\boldsymbol{s})\left(\frac{\partial}{\partial \boldsymbol{g}^{\mathrm{T}}}\begin{bmatrix}1\\ \boldsymbol{g}\end{bmatrix}\right)\frac{\partial \boldsymbol{g}}{\partial \boldsymbol{u}^{\mathrm{T}}}+\frac{\partial(\boldsymbol{W}^{(1)}(\boldsymbol{s})\boldsymbol{\beta}^{(1)}(\boldsymbol{g},\boldsymbol{s}))}{\partial \boldsymbol{\rho}^{\mathrm{T}}}\frac{\partial \boldsymbol{\rho}}{\partial \boldsymbol{u}^{\mathrm{T}}}\\
&=\boldsymbol{W}^{(1)}(\boldsymbol{s})\boldsymbol{T}^{(1)}(\boldsymbol{s})\begin{bmatrix}\boldsymbol{O}_{1\times 4}\\ \boldsymbol{I}_4\end{bmatrix}\frac{\partial \boldsymbol{g}}{\partial \boldsymbol{u}^{\mathrm{T}}}+\boldsymbol{B}_{\mathrm{t}}^{(1)}(\boldsymbol{g},\boldsymbol{s})\frac{\partial \boldsymbol{f}_{\mathrm{tdoa}}(\boldsymbol{u},\boldsymbol{s})}{\partial \boldsymbol{u}^{\mathrm{T}}}\\
&=\boldsymbol{W}^{(1)}(\boldsymbol{s})\boldsymbol{T}_2^{(1)}(\boldsymbol{s})\frac{\partial \boldsymbol{g}}{\partial \boldsymbol{u}^{\mathrm{T}}}+\boldsymbol{B}_{\mathrm{t}}^{(1)}(\boldsymbol{g},\boldsymbol{s})\frac{\partial \boldsymbol{f}_{\mathrm{tdoa}}(\boldsymbol{u},\boldsymbol{s})}{\partial \boldsymbol{u}^{\mathrm{T}}}=\boldsymbol{O}_{M\times 3}
\end{aligned}
\tag{10.42}
$$

$$
\begin{aligned}
&\boldsymbol{W}^{(1)}(\boldsymbol{s})\boldsymbol{T}^{(1)}(\boldsymbol{s})\left(\frac{\partial}{\partial \boldsymbol{g}^{\mathrm{T}}}\begin{bmatrix}1\\ \boldsymbol{g}\end{bmatrix}\right)\frac{\partial \boldsymbol{g}}{\partial \boldsymbol{s}^{\mathrm{T}}}+\boldsymbol{B}_{\mathrm{s}}^{(1)}(\boldsymbol{g},\boldsymbol{s})+\frac{\partial(\boldsymbol{W}^{(1)}(\boldsymbol{s})\boldsymbol{\beta}^{(1)}(\boldsymbol{g},\boldsymbol{s}))}{\partial \boldsymbol{\rho}^{\mathrm{T}}}\frac{\partial \boldsymbol{\rho}}{\partial \boldsymbol{s}^{\mathrm{T}}}\\
&=\boldsymbol{W}^{(1)}(\boldsymbol{s})\boldsymbol{T}^{(1)}(\boldsymbol{s})\begin{bmatrix}\boldsymbol{O}_{1\times 4}\\ \boldsymbol{I}_4\end{bmatrix}\frac{\partial \boldsymbol{g}}{\partial \boldsymbol{s}^{\mathrm{T}}}+\boldsymbol{B}_{\mathrm{s}}^{(1)}(\boldsymbol{g},\boldsymbol{s})+\boldsymbol{B}_{\mathrm{t}}^{(1)}(\boldsymbol{g},\boldsymbol{s})\frac{\partial \boldsymbol{f}_{\mathrm{tdoa}}(\boldsymbol{u},\boldsymbol{s})}{\partial \boldsymbol{s}^{\mathrm{T}}}\\
&=\boldsymbol{W}^{(1)}(\boldsymbol{s})\boldsymbol{T}_2^{(1)}(\boldsymbol{s})\frac{\partial \boldsymbol{g}}{\partial \boldsymbol{s}^{\mathrm{T}}}+\boldsymbol{B}_{\mathrm{s}}^{(1)}(\boldsymbol{g},\boldsymbol{s})+\boldsymbol{B}_{\mathrm{t}}^{(1)}(\boldsymbol{g},\boldsymbol{s})\frac{\partial \boldsymbol{f}_{\mathrm{tdoa}}(\boldsymbol{u},\boldsymbol{s})}{\partial \boldsymbol{s}^{\mathrm{T}}}=\boldsymbol{O}_{M\times 3M}
\end{aligned}
\tag{10.43}
$$

再用矩阵 $(\boldsymbol{H}_1^{(1)}(\boldsymbol{s}))^{\mathrm{T}}$ 先后左乘以式（10.42）和式（10.43）两边可得

$$
\begin{aligned}
&(\boldsymbol{H}_1^{(1)}(\boldsymbol{s}))^{\mathrm{T}}\boldsymbol{W}^{(1)}(\boldsymbol{s})\boldsymbol{T}_2^{(1)}(\boldsymbol{s})\frac{\partial \boldsymbol{g}}{\partial \boldsymbol{u}^{\mathrm{T}}}+\boldsymbol{\Sigma}_1^{(1)}(\boldsymbol{s})(\boldsymbol{V}^{(1)}(\boldsymbol{s}))^{\mathrm{T}}\frac{\partial \boldsymbol{f}_{\mathrm{tdoa}}(\boldsymbol{u},\boldsymbol{s})}{\partial \boldsymbol{u}^{\mathrm{T}}}=\boldsymbol{O}_{(M-1)\times 3}\\
&\Rightarrow \frac{\partial \boldsymbol{f}_{\mathrm{tdoa}}(\boldsymbol{u},\boldsymbol{s})}{\partial \boldsymbol{u}^{\mathrm{T}}}=-(\boldsymbol{V}^{(1)}(\boldsymbol{s}))^{-\mathrm{T}}(\boldsymbol{\Sigma}_1^{(1)}(\boldsymbol{s}))^{-1}(\boldsymbol{H}_1^{(1)}(\boldsymbol{s}))^{\mathrm{T}}\boldsymbol{W}^{(1)}(\boldsymbol{s})\boldsymbol{T}_2^{(1)}(\boldsymbol{s})\frac{\partial \boldsymbol{g}}{\partial \boldsymbol{u}^{\mathrm{T}}}
\end{aligned}
\tag{10.44}
$$

$$
\begin{aligned}
&(\boldsymbol{H}_1^{(1)}(\boldsymbol{s}))^{\mathrm{T}}\boldsymbol{W}^{(1)}(\boldsymbol{s})\boldsymbol{T}_2^{(1)}(\boldsymbol{s})\frac{\partial \boldsymbol{g}}{\partial \boldsymbol{s}^{\mathrm{T}}}+(\boldsymbol{H}_1^{(1)}(\boldsymbol{s}))^{\mathrm{T}}\boldsymbol{B}_{\mathrm{s}}^{(1)}(\boldsymbol{g},\boldsymbol{s})+(\boldsymbol{H}_1^{(1)}(\boldsymbol{s}))^{\mathrm{T}}\boldsymbol{B}_{\mathrm{t}}^{(1)}(\boldsymbol{g},\boldsymbol{s})\frac{\partial \boldsymbol{f}_{\mathrm{tdoa}}(\boldsymbol{u},\boldsymbol{s})}{\partial \boldsymbol{s}^{\mathrm{T}}}\\
&=\boldsymbol{O}_{(M-1)\times 3M}\\
&\Rightarrow (\boldsymbol{H}_1^{(1)}(\boldsymbol{s}))^{\mathrm{T}}\boldsymbol{W}^{(1)}(\boldsymbol{s})\boldsymbol{T}_2^{(1)}(\boldsymbol{s})\frac{\partial \boldsymbol{g}}{\partial \boldsymbol{s}^{\mathrm{T}}}+(\boldsymbol{H}_1^{(1)}(\boldsymbol{s}))^{\mathrm{T}}\boldsymbol{B}_{\mathrm{s}}^{(1)}(\boldsymbol{g},\boldsymbol{s})+\boldsymbol{\Sigma}_1^{(1)}(\boldsymbol{s})(\boldsymbol{V}^{(1)}(\boldsymbol{s}))^{\mathrm{T}}\\
&\quad\times\frac{\partial \boldsymbol{f}_{\mathrm{tdoa}}(\boldsymbol{u},\boldsymbol{s})}{\partial \boldsymbol{s}^{\mathrm{T}}}=\boldsymbol{O}_{(M-1)\times 3M}\\
&\Rightarrow \frac{\partial \boldsymbol{f}_{\mathrm{tdoa}}(\boldsymbol{u},\boldsymbol{s})}{\partial \boldsymbol{s}^{\mathrm{T}}}=-(\boldsymbol{V}^{(1)}(\boldsymbol{s}))^{-\mathrm{T}}(\boldsymbol{\Sigma}_1^{(1)}(\boldsymbol{s}))^{-1}(\boldsymbol{H}_1^{(1)}(\boldsymbol{s}))^{\mathrm{T}}\left(\boldsymbol{B}_{\mathrm{s}}^{(1)}(\boldsymbol{g},\boldsymbol{s})+\boldsymbol{W}^{(1)}(\boldsymbol{s})\boldsymbol{T}_2^{(1)}(\boldsymbol{s})\frac{\partial \boldsymbol{g}}{\partial \boldsymbol{s}^{\mathrm{T}}}\right)
\end{aligned}
\tag{10.45}
$$

将式（10.44）和式（10.45）代入式（10.41）中可得

$$
\begin{aligned}
\mathbf{MSE}(\hat{\boldsymbol{u}}_{\mathrm{e}}^{(1)})=&\,\mathbf{CRB}_{\mathrm{tdoa\text{-}p}}(\boldsymbol{u})+\mathbf{CRB}_{\mathrm{tdoa\text{-}p}}(\boldsymbol{u})\left(\frac{\partial \boldsymbol{f}_{\mathrm{tdoa}}(\boldsymbol{u},\boldsymbol{s})}{\partial \boldsymbol{u}^{\mathrm{T}}}\right)^{\mathrm{T}}\boldsymbol{E}_{\mathrm{t}}^{-1}\frac{\partial \boldsymbol{f}_{\mathrm{tdoa}}(\boldsymbol{u},\boldsymbol{s})}{\partial \boldsymbol{s}^{\mathrm{T}}}\boldsymbol{E}_{\mathrm{s}}\\
&\times\left(\frac{\partial \boldsymbol{f}_{\mathrm{tdoa}}(\boldsymbol{u},\boldsymbol{s})}{\partial \boldsymbol{s}^{\mathrm{T}}}\right)^{\mathrm{T}}\boldsymbol{E}_{\mathrm{t}}^{-1}\frac{\partial \boldsymbol{f}_{\mathrm{tdoa}}(\boldsymbol{u},\boldsymbol{s})}{\partial \boldsymbol{u}^{\mathrm{T}}}\mathbf{CRB}_{\mathrm{tdoa\text{-}p}}(\boldsymbol{u})
\end{aligned}
\tag{10.46}
$$

利用正交投影矩阵 $\boldsymbol{\Pi}^{\perp}\left[\boldsymbol{E}_{\mathrm{t}}^{-1/2}\frac{\partial \boldsymbol{f}_{\mathrm{tdoa}}(\boldsymbol{u},\boldsymbol{s})}{\partial \boldsymbol{u}^{\mathrm{T}}}\right]$ 的半正定性（见命题 2.7）可得

$$
\begin{aligned}
&\left(\frac{\partial \boldsymbol{f}_{\mathrm{tdoa}}(\boldsymbol{u},\boldsymbol{s})}{\partial \boldsymbol{s}^{\mathrm{T}}}\right)^{\mathrm{T}}\boldsymbol{E}_{\mathrm{t}}^{-1/2}\boldsymbol{\Pi}^{\perp}\left[\boldsymbol{E}_{\mathrm{t}}^{-1/2}\frac{\partial \boldsymbol{f}_{\mathrm{tdoa}}(\boldsymbol{u},\boldsymbol{s})}{\partial \boldsymbol{u}^{\mathrm{T}}}\right]\boldsymbol{E}_{\mathrm{t}}^{-1/2}\frac{\partial \boldsymbol{f}_{\mathrm{tdoa}}(\boldsymbol{u},\boldsymbol{s})}{\partial \boldsymbol{s}^{\mathrm{T}}}\geqslant \boldsymbol{O}\\
&\Rightarrow \boldsymbol{E}_{\mathrm{s}}\geqslant\left[\boldsymbol{E}_{\mathrm{s}}^{-1}+\left(\frac{\partial \boldsymbol{f}_{\mathrm{tdoa}}(\boldsymbol{u},\boldsymbol{s})}{\partial \boldsymbol{s}^{\mathrm{T}}}\right)^{\mathrm{T}}\boldsymbol{E}_{\mathrm{t}}^{-1/2}\boldsymbol{\Pi}^{\perp}\left[\boldsymbol{E}_{\mathrm{t}}^{-1/2}\frac{\partial \boldsymbol{f}_{\mathrm{tdoa}}(\boldsymbol{u},\boldsymbol{s})}{\partial \boldsymbol{u}^{\mathrm{T}}}\right]\boldsymbol{E}_{\mathrm{t}}^{-1/2}\frac{\partial \boldsymbol{f}_{\mathrm{tdoa}}(\boldsymbol{u},\boldsymbol{s})}{\partial \boldsymbol{s}^{\mathrm{T}}}\right]^{-1}
\end{aligned}
\tag{10.47}
$$

对比式（10.38）和式（10.46），并且结合式（10.47）可知 $\mathbf{MSE}(\hat{\boldsymbol{u}}_{\mathrm{e}}^{(1)}) \geqslant \mathbf{CRB}_{\mathrm{tdoa\text{-}q}}(\boldsymbol{u})$。证毕。

【注记 10.2】 根据命题 10.1 可知，当传感器位置存在随机误差时，由 5.2 节给出的定位结果无法达到相应的克拉美罗界（即 $\mathbf{CRB}_{\mathrm{tdoa\text{-}q}}(\boldsymbol{u})$），这是因为该估计值并未考虑传感器位置误差的影响，因此下面需要重新设计优化准则，并进而获得渐近最优的定位结果。

10.2.3　定位原理与方法

1．定位优化模型

下面建立的优化模型需要融入传感器位置误差的统计特性。由于等式约束式（5.49）涉及传感器位置向量 $\boldsymbol{s}$，但是这里仅能获得其观测值 $\hat{\boldsymbol{s}}$，这意味着向量 $\boldsymbol{s}$ 应属于未知参量。为了得到渐近最优的估计结果，需要对向量 $\boldsymbol{g}$ 和 $\boldsymbol{s}$ 进行联合估计，为此不妨定义如下扩维参数向量：

$$\tilde{\boldsymbol{g}} = \begin{bmatrix} \boldsymbol{g} \\ \boldsymbol{s} \end{bmatrix} = \begin{bmatrix} \boldsymbol{u} \\ -r_1 \\ \boldsymbol{s} \end{bmatrix} \in \mathbf{R}^{(3M+4)\times 1} \tag{10.48}$$

此时可以将等式约束式（5.49）转化成关于向量 $\tilde{\boldsymbol{g}}$ 的等式约束，如下式所示：

$$\tilde{\boldsymbol{g}}^{\mathrm{T}} \begin{bmatrix} \boldsymbol{\Lambda} & \frac{1}{2}\boldsymbol{\Lambda}_1 \\ \frac{1}{2}\boldsymbol{\Lambda}_1^{\mathrm{T}} & \frac{1}{2}\boldsymbol{\Lambda}_2 \end{bmatrix} \tilde{\boldsymbol{g}} = \tilde{\boldsymbol{g}}^{\mathrm{T}} \tilde{\boldsymbol{\Lambda}} \tilde{\boldsymbol{g}} = 0 \tag{10.49}$$

式中[①]

$$\tilde{\boldsymbol{\Lambda}} = \begin{bmatrix} \boldsymbol{\Lambda} & \frac{1}{2}\boldsymbol{\Lambda}_1 \\ \frac{1}{2}\boldsymbol{\Lambda}_1^{\mathrm{T}} & \frac{1}{2}\boldsymbol{\Lambda}_2 \end{bmatrix} \in \mathbf{R}^{(3M+4)\times(3M+4)} \tag{10.50}$$

下面考虑对参数向量 $\tilde{\boldsymbol{g}}$ 进行估计。首先定义如下误差向量：

$$\begin{aligned} \bar{\boldsymbol{\delta}}_{\mathrm{ts}}^{(1)} &= (\boldsymbol{H}_1^{(1)}(\hat{\boldsymbol{s}}))^{\mathrm{T}} \boldsymbol{\delta}_{\mathrm{ts}}^{(1)} = (\boldsymbol{H}_1^{(1)}(\hat{\boldsymbol{s}}))^{\mathrm{T}} \hat{\boldsymbol{W}}^{(1)}(\hat{\boldsymbol{s}}) \hat{\boldsymbol{T}}^{(1)}(\hat{\boldsymbol{s}}) \begin{bmatrix} 1 \\ \boldsymbol{g} \end{bmatrix} \\ &= (\boldsymbol{H}_1^{(1)}(\hat{\boldsymbol{s}}))^{\mathrm{T}} (\hat{\boldsymbol{W}}^{(1)}(\hat{\boldsymbol{s}}) \hat{\boldsymbol{t}}_1^{(1)}(\hat{\boldsymbol{s}}) + \hat{\boldsymbol{W}}^{(1)}(\hat{\boldsymbol{s}}) \hat{\boldsymbol{T}}_2^{(1)}(\hat{\boldsymbol{s}}) \boldsymbol{g}) \approx (\boldsymbol{H}_1^{(1)}(\boldsymbol{s}))^{\mathrm{T}} \boldsymbol{\delta}_{\mathrm{ts}}^{(1)} \end{aligned} \tag{10.51}$$

① 显然，$\boldsymbol{\Lambda}$ 是对称矩阵。

式中，最后 1 个约等号处的运算忽略了误差的二阶及其以上各阶项。根据式（10.22）可知，误差向量$\bar{\boldsymbol{\delta}}_{\mathrm{ts}}^{(1)}$的协方差矩阵为

$$\begin{aligned}\bar{\boldsymbol{\Omega}}_{\mathrm{ts}}^{(1)}&=\mathbf{cov}(\bar{\boldsymbol{\delta}}_{\mathrm{ts}}^{(1)})=\mathrm{E}[\bar{\boldsymbol{\delta}}_{\mathrm{ts}}^{(1)}\bar{\boldsymbol{\delta}}_{\mathrm{ts}}^{(1)\mathrm{T}}]\approx(\boldsymbol{H}_1^{(1)}(\boldsymbol{s}))^{\mathrm{T}}\boldsymbol{\Omega}_{\mathrm{ts}}^{(1)}\boldsymbol{H}_1^{(1)}(\boldsymbol{s})\\&\approx(\boldsymbol{H}_1^{(1)}(\boldsymbol{s}))^{\mathrm{T}}\boldsymbol{B}_{\mathrm{t}}^{(1)}(\boldsymbol{g},\boldsymbol{s})\boldsymbol{E}_{\mathrm{t}}(\boldsymbol{B}_{\mathrm{t}}^{(1)}(\boldsymbol{g},\boldsymbol{s}))^{\mathrm{T}}\boldsymbol{H}_1^{(1)}(\boldsymbol{s})+(\boldsymbol{H}_1^{(1)}(\boldsymbol{s}))^{\mathrm{T}}\boldsymbol{B}_{\mathrm{s}}^{(1)}(\boldsymbol{g},\boldsymbol{s})\boldsymbol{E}_{\mathrm{s}}(\boldsymbol{B}_{\mathrm{s}}^{(1)}(\boldsymbol{g},\boldsymbol{s}))^{\mathrm{T}}\boldsymbol{H}_1^{(1)}(\boldsymbol{s})\end{aligned}\tag{10.52}$$

为了对$\boldsymbol{g}$和$\boldsymbol{s}$进行联合估计，还需要定义如下扩维误差向量：

$$\tilde{\boldsymbol{\delta}}_{\mathrm{ts}}^{(1)}=\begin{bmatrix}\bar{\boldsymbol{\delta}}_{\mathrm{ts}}^{(1)}\\-\hat{\boldsymbol{s}}+\boldsymbol{s}\end{bmatrix}\approx\begin{bmatrix}(\boldsymbol{H}_1^{(1)}(\boldsymbol{s}))^{\mathrm{T}}\boldsymbol{B}_{\mathrm{t}}^{(1)}(\boldsymbol{g},\boldsymbol{s})\boldsymbol{\varepsilon}_{\mathrm{t}}+(\boldsymbol{H}_1^{(1)}(\boldsymbol{s}))^{\mathrm{T}}\boldsymbol{B}_{\mathrm{s}}^{(1)}(\boldsymbol{g},\boldsymbol{s})\boldsymbol{\varepsilon}_{\mathrm{s}}\\-\boldsymbol{\varepsilon}_{\mathrm{s}}\end{bmatrix}\in\mathbf{R}^{(4M-1)\times1}\tag{10.53}$$

式中，约等号处的运算利用了式（10.6）和式（10.13）。由式（10.52）和式（10.53）可知，误差向量$\tilde{\boldsymbol{\delta}}_{\mathrm{ts}}^{(1)}$渐近服从零均值的高斯分布，并且其协方差矩阵为

$$\begin{aligned}\tilde{\boldsymbol{\Omega}}_{\mathrm{ts}}^{(1)}&=\mathrm{E}[\tilde{\boldsymbol{\delta}}_{\mathrm{ts}}^{(1)}\tilde{\boldsymbol{\delta}}_{\mathrm{ts}}^{(1)\mathrm{T}}]\approx\begin{bmatrix}\bar{\boldsymbol{\Omega}}_{\mathrm{ts}}^{(1)}&-(\boldsymbol{H}_1^{(1)}(\boldsymbol{s}))^{\mathrm{T}}\boldsymbol{B}_{\mathrm{s}}^{(1)}(\boldsymbol{g},\boldsymbol{s})\boldsymbol{E}_{\mathrm{s}}\\-\boldsymbol{E}_{\mathrm{s}}(\boldsymbol{B}_{\mathrm{s}}^{(1)}(\boldsymbol{g},\boldsymbol{s}))^{\mathrm{T}}\boldsymbol{H}_1^{(1)}(\boldsymbol{s})&\boldsymbol{E}_{\mathrm{s}}\end{bmatrix}\\&\approx\left[\begin{array}{c:c}\begin{matrix}(\boldsymbol{H}_1^{(1)}(\boldsymbol{s}))^{\mathrm{T}}\boldsymbol{B}_{\mathrm{t}}^{(1)}(\boldsymbol{g},\boldsymbol{s})\boldsymbol{E}_{\mathrm{t}}(\boldsymbol{B}_{\mathrm{t}}^{(1)}(\boldsymbol{g},\boldsymbol{s}))^{\mathrm{T}}\boldsymbol{H}_1^{(1)}(\boldsymbol{s})\\+(\boldsymbol{H}_1^{(1)}(\boldsymbol{s}))^{\mathrm{T}}\boldsymbol{B}_{\mathrm{s}}^{(1)}(\boldsymbol{g},\boldsymbol{s})\boldsymbol{E}_{\mathrm{s}}(\boldsymbol{B}_{\mathrm{s}}^{(1)}(\boldsymbol{g},\boldsymbol{s}))^{\mathrm{T}}\boldsymbol{H}_1^{(1)}(\boldsymbol{s})\end{matrix}&-(\boldsymbol{H}_1^{(1)}(\boldsymbol{s}))^{\mathrm{T}}\boldsymbol{B}_{\mathrm{s}}^{(1)}(\boldsymbol{g},\boldsymbol{s})\boldsymbol{E}_{\mathrm{s}}\\\hdashline-\boldsymbol{E}_{\mathrm{s}}(\boldsymbol{B}_{\mathrm{s}}^{(1)}(\boldsymbol{g},\boldsymbol{s}))^{\mathrm{T}}\boldsymbol{H}_1^{(1)}(\boldsymbol{s})&\boldsymbol{E}_{\mathrm{s}}\end{array}\right]\\&\in\mathbf{R}^{(4M-1)\times(4M-1)}\end{aligned}\tag{10.54}$$

结合式（10.49）、式（10.51）、式（10.53）及式（10.54），可以构建估计参数向量$\tilde{\boldsymbol{g}}$的优化准则，如下式所示：

$$\begin{cases}\min\limits_{\tilde{\boldsymbol{g}}}\left\{\begin{aligned}&\left(\begin{bmatrix}(\boldsymbol{H}_1^{(1)}(\hat{\boldsymbol{s}}))^{\mathrm{T}}\hat{\boldsymbol{W}}^{(1)}(\hat{\boldsymbol{s}})\hat{\boldsymbol{T}}_2^{(1)}(\hat{\boldsymbol{s}})&\boldsymbol{O}_{(M-1)\times3M}\\\boldsymbol{O}_{3M\times4}&\boldsymbol{I}_{3M}\end{bmatrix}\tilde{\boldsymbol{g}}+\begin{bmatrix}(\boldsymbol{H}_1^{(1)}(\hat{\boldsymbol{s}}))^{\mathrm{T}}\hat{\boldsymbol{W}}^{(1)}(\hat{\boldsymbol{s}})\hat{\boldsymbol{t}}_1^{(1)}(\hat{\boldsymbol{s}})\\-\hat{\boldsymbol{s}}\end{bmatrix}\right)^{\mathrm{T}}(\tilde{\boldsymbol{\Omega}}_{\mathrm{ts}}^{(1)})^{-1}\\&\times\left(\begin{bmatrix}(\boldsymbol{H}_1^{(1)}(\hat{\boldsymbol{s}}))^{\mathrm{T}}\hat{\boldsymbol{W}}^{(1)}(\hat{\boldsymbol{s}})\hat{\boldsymbol{T}}_2^{(1)}(\hat{\boldsymbol{s}})&\boldsymbol{O}_{(M-1)\times3M}\\\boldsymbol{O}_{3M\times4}&\boldsymbol{I}_{3M}\end{bmatrix}\tilde{\boldsymbol{g}}+\begin{bmatrix}(\boldsymbol{H}_1^{(1)}(\hat{\boldsymbol{s}}))^{\mathrm{T}}\hat{\boldsymbol{W}}^{(1)}(\hat{\boldsymbol{s}})\hat{\boldsymbol{t}}_1^{(1)}(\hat{\boldsymbol{s}})\\-\hat{\boldsymbol{s}}\end{bmatrix}\right)\end{aligned}\right\}\\\mathrm{s.t.}\ \ \tilde{\boldsymbol{g}}^{\mathrm{T}}\tilde{\boldsymbol{\Lambda}}\tilde{\boldsymbol{g}}=0\end{cases}\tag{10.55}$$

式中，$(\tilde{\boldsymbol{\Omega}}_{\mathrm{ts}}^{(1)})^{-1}$可以看作加权矩阵，其作用在于同时抑制观测误差$\boldsymbol{\varepsilon}_{\mathrm{t}}$和$\boldsymbol{\varepsilon}_{\mathrm{s}}$的影响。式（10.55）可以利用拉格朗日乘子法进行求解，下面将描述其求解过程。

2．求解方法

为了利用拉格朗日乘子法求解式（10.55），需要首先构造拉格朗日函数，如下式所示：

$$\begin{aligned}&L^{(1)}(\tilde{\boldsymbol{g}},\lambda)\\&=\left(\begin{bmatrix}(\boldsymbol{H}_1^{(1)}(\hat{\boldsymbol{s}}))^{\mathrm{T}}\hat{\boldsymbol{W}}^{(1)}(\hat{\boldsymbol{s}})\hat{\boldsymbol{T}}_2^{(1)}(\hat{\boldsymbol{s}}) & \boldsymbol{O}_{(M-1)\times 3M}\\ \boldsymbol{O}_{3M\times 4} & \boldsymbol{I}_{3M}\end{bmatrix}\tilde{\boldsymbol{g}}+\begin{bmatrix}(\boldsymbol{H}_1^{(1)}(\hat{\boldsymbol{s}}))^{\mathrm{T}}\hat{\boldsymbol{W}}^{(1)}(\hat{\boldsymbol{s}})\hat{\boldsymbol{t}}_1^{(1)}(\hat{\boldsymbol{s}})\\ -\hat{\boldsymbol{s}}\end{bmatrix}\right)^{\mathrm{T}}(\tilde{\boldsymbol{\Omega}}_{\mathrm{ts}}^{(1)})^{-1}\\&\quad\times\left(\begin{bmatrix}(\boldsymbol{H}_1^{(1)}(\hat{\boldsymbol{s}}))^{\mathrm{T}}\hat{\boldsymbol{W}}^{(1)}(\hat{\boldsymbol{s}})\hat{\boldsymbol{T}}_2^{(1)}(\hat{\boldsymbol{s}}) & \boldsymbol{O}_{(M-1)\times 3M}\\ \boldsymbol{O}_{3M\times 4} & \boldsymbol{I}_{3M}\end{bmatrix}\tilde{\boldsymbol{g}}+\begin{bmatrix}(\boldsymbol{H}_1^{(1)}(\hat{\boldsymbol{s}}))^{\mathrm{T}}\hat{\boldsymbol{W}}^{(1)}(\hat{\boldsymbol{s}})\hat{\boldsymbol{t}}_1^{(1)}(\hat{\boldsymbol{s}})\\ -\hat{\boldsymbol{s}}\end{bmatrix}\right)+\lambda\tilde{\boldsymbol{g}}^{\mathrm{T}}\tilde{\boldsymbol{\Lambda}}\tilde{\boldsymbol{g}}\end{aligned}\tag{10.56}$$

不妨将向量 $\tilde{\boldsymbol{g}}$ 与标量 λ 的最优解分别记为 $\hat{\tilde{\boldsymbol{g}}}_{\mathrm{q}}^{(1)}$ 和 $\hat{\lambda}_{\mathrm{q}}^{(1)}$，下面将函数 $L^{(1)}(\tilde{\boldsymbol{g}},\lambda)$ 分别对 $\tilde{\boldsymbol{g}}$ 和 λ 求导，并令它们等于零可得

$$\begin{cases}\left.\dfrac{\partial L^{(1)}(\tilde{\boldsymbol{g}},\lambda)}{\partial\tilde{\boldsymbol{g}}}\right|_{\substack{\tilde{\boldsymbol{g}}=\hat{\tilde{\boldsymbol{g}}}_{\mathrm{q}}^{(1)}\\ \lambda=\hat{\lambda}_{\mathrm{q}}^{(1)}}}=2\left(\begin{bmatrix}(\hat{\boldsymbol{T}}_2^{(1)}(\hat{\boldsymbol{s}}))^{\mathrm{T}}(\hat{\boldsymbol{W}}^{(1)}(\hat{\boldsymbol{s}}))^{\mathrm{T}}\boldsymbol{H}_1^{(1)}(\hat{\boldsymbol{s}}) & \boldsymbol{O}_{4\times 3M}\\ \boldsymbol{O}_{3M\times(M-1)} & \boldsymbol{I}_{3M}\end{bmatrix}(\tilde{\boldsymbol{\Omega}}_{\mathrm{ts}}^{(1)})^{-1}\right.\\ \qquad\left.\times\begin{bmatrix}(\boldsymbol{H}_1^{(1)}(\hat{\boldsymbol{s}}))^{\mathrm{T}}\hat{\boldsymbol{W}}^{(1)}(\hat{\boldsymbol{s}})\hat{\boldsymbol{T}}_2^{(1)}(\hat{\boldsymbol{s}}) & \boldsymbol{O}_{(M-1)\times 3M}\\ \boldsymbol{O}_{3M\times 4} & \boldsymbol{I}_{3M}\end{bmatrix}+\hat{\lambda}_{\mathrm{q}}^{(1)}\tilde{\boldsymbol{\Lambda}}\right)\hat{\tilde{\boldsymbol{g}}}_{\mathrm{q}}^{(1)}\\ \qquad+2\begin{bmatrix}(\hat{\boldsymbol{T}}_2^{(1)}(\hat{\boldsymbol{s}}))^{\mathrm{T}}(\hat{\boldsymbol{W}}^{(1)}(\hat{\boldsymbol{s}}))^{\mathrm{T}}\boldsymbol{H}_1^{(1)}(\hat{\boldsymbol{s}}) & \boldsymbol{O}_{4\times 3M}\\ \boldsymbol{O}_{3M\times(M-1)} & \boldsymbol{I}_{3M}\end{bmatrix}(\tilde{\boldsymbol{\Omega}}_{\mathrm{ts}}^{(1)})^{-1}\begin{bmatrix}(\boldsymbol{H}_1^{(1)}(\hat{\boldsymbol{s}}))^{\mathrm{T}}\hat{\boldsymbol{W}}^{(1)}(\hat{\boldsymbol{s}})\hat{\boldsymbol{t}}_1^{(1)}(\hat{\boldsymbol{s}})\\ -\hat{\boldsymbol{s}}\end{bmatrix}=\boldsymbol{O}_{(3M+4)\times 1}\\ \left.\dfrac{\partial L^{(1)}(\tilde{\boldsymbol{g}},\lambda)}{\partial\lambda}\right|_{\substack{\tilde{\boldsymbol{g}}=\hat{\tilde{\boldsymbol{g}}}_{\mathrm{q}}^{(1)}\\ \lambda=\hat{\lambda}_{\mathrm{q}}^{(1)}}}=\hat{\tilde{\boldsymbol{g}}}_{\mathrm{q}}^{(1)\mathrm{T}}\tilde{\boldsymbol{\Lambda}}\hat{\tilde{\boldsymbol{g}}}_{\mathrm{q}}^{(1)}=0\end{cases}\tag{10.57}$$

根据式（10.57）中的第 1 式可知

$$\begin{aligned}\hat{\tilde{\boldsymbol{g}}}_{\mathrm{q}}^{(1)}=&-\left(\begin{bmatrix}(\hat{\boldsymbol{T}}_2^{(1)}(\hat{\boldsymbol{s}}))^{\mathrm{T}}(\hat{\boldsymbol{W}}^{(1)}(\hat{\boldsymbol{s}}))^{\mathrm{T}}\boldsymbol{H}_1^{(1)}(\hat{\boldsymbol{s}}) & \boldsymbol{O}_{4\times 3M}\\ \boldsymbol{O}_{3M\times(M-1)} & \boldsymbol{I}_{3M}\end{bmatrix}(\tilde{\boldsymbol{\Omega}}_{\mathrm{ts}}^{(1)})^{-1}\right.\\&\left.\times\begin{bmatrix}(\boldsymbol{H}_1^{(1)}(\hat{\boldsymbol{s}}))^{\mathrm{T}}\hat{\boldsymbol{W}}^{(1)}(\hat{\boldsymbol{s}})\hat{\boldsymbol{T}}_2^{(1)}(\hat{\boldsymbol{s}}) & \boldsymbol{O}_{(M-1)\times 3M}\\ \boldsymbol{O}_{3M\times 4} & \boldsymbol{I}_{3M}\end{bmatrix}+\hat{\lambda}_{\mathrm{q}}^{(1)}\tilde{\boldsymbol{\Lambda}}\right)^{-1}\\&\times\begin{bmatrix}(\hat{\boldsymbol{T}}_2^{(1)}(\hat{\boldsymbol{s}}))^{\mathrm{T}}(\hat{\boldsymbol{W}}^{(1)}(\hat{\boldsymbol{s}}))^{\mathrm{T}}\boldsymbol{H}_1^{(1)}(\hat{\boldsymbol{s}}) & \boldsymbol{O}_{4\times 3M}\\ \boldsymbol{O}_{3M\times(M-1)} & \boldsymbol{I}_{3M}\end{bmatrix}(\tilde{\boldsymbol{\Omega}}_{\mathrm{ts}}^{(1)})^{-1}\begin{bmatrix}(\boldsymbol{H}_1^{(1)}(\hat{\boldsymbol{s}}))^{\mathrm{T}}\hat{\boldsymbol{W}}^{(1)}(\hat{\boldsymbol{s}})\hat{\boldsymbol{t}}_1^{(1)}(\hat{\boldsymbol{s}})\\ -\hat{\boldsymbol{s}}\end{bmatrix}\end{aligned}\tag{10.58}$$

为了简化数学表述，不妨记

$$\begin{aligned}\hat{\bar{\boldsymbol{\Phi}}}_{\mathrm{ts}}^{(1)}&=\begin{bmatrix}(\hat{\boldsymbol{T}}_2^{(1)}(\hat{\boldsymbol{s}}))^{\mathrm{T}}(\hat{\boldsymbol{W}}^{(1)}(\hat{\boldsymbol{s}}))^{\mathrm{T}}\boldsymbol{H}_1^{(1)}(\hat{\boldsymbol{s}}) & \boldsymbol{O}_{4\times 3M}\\ \boldsymbol{O}_{3M\times(M-1)} & \boldsymbol{I}_{3M}\end{bmatrix}(\tilde{\boldsymbol{\Omega}}_{\mathrm{ts}}^{(1)})^{-1}\\&\quad\times\begin{bmatrix}(\boldsymbol{H}_1^{(1)}(\hat{\boldsymbol{s}}))^{\mathrm{T}}\hat{\boldsymbol{W}}^{(1)}(\hat{\boldsymbol{s}})\hat{\boldsymbol{T}}_2^{(1)}(\hat{\boldsymbol{s}}) & \boldsymbol{O}_{(M-1)\times 3M}\\ \boldsymbol{O}_{3M\times 4} & \boldsymbol{I}_{3M}\end{bmatrix}\in\mathbf{R}^{(3M+4)\times(3M+4)}\\ \hat{\bar{\boldsymbol{\varphi}}}_{\mathrm{ts}}^{(1)}&=\begin{bmatrix}(\hat{\boldsymbol{T}}_2^{(1)}(\hat{\boldsymbol{s}}))^{\mathrm{T}}(\hat{\boldsymbol{W}}^{(1)}(\hat{\boldsymbol{s}}))^{\mathrm{T}}\boldsymbol{H}_1^{(1)}(\hat{\boldsymbol{s}}) & \boldsymbol{O}_{4\times 3M}\\ \boldsymbol{O}_{3M\times(M-1)} & \boldsymbol{I}_{3M}\end{bmatrix}(\tilde{\boldsymbol{\Omega}}_{\mathrm{ts}}^{(1)})^{-1}\\&\quad\times\begin{bmatrix}(\boldsymbol{H}_1^{(1)}(\hat{\boldsymbol{s}}))^{\mathrm{T}}\hat{\boldsymbol{W}}^{(1)}(\hat{\boldsymbol{s}})\hat{\boldsymbol{t}}_1^{(1)}(\hat{\boldsymbol{s}})\\ -\hat{\boldsymbol{s}}\end{bmatrix}\in\mathbf{R}^{(3M+4)\times 1}\end{aligned}\tag{10.59}$$

然后将式（10.59）代入式（10.58）中可得

$$\hat{\bar{\boldsymbol{g}}}_{\mathrm{q}}^{(1)}=-(\hat{\bar{\boldsymbol{\Phi}}}_{\mathrm{ts}}^{(1)}+\hat{\lambda}_{\mathrm{q}}^{(1)}\tilde{\boldsymbol{\Lambda}})^{-1}\hat{\bar{\boldsymbol{\varphi}}}_{\mathrm{ts}}^{(1)}\tag{10.60}$$

最后将式（10.60）代入式（10.57）中的第2式可得

$$\hat{\bar{\boldsymbol{\varphi}}}_{\mathrm{ts}}^{(1)\mathrm{T}}(\hat{\bar{\boldsymbol{\Phi}}}_{\mathrm{ts}}^{(1)}+\hat{\lambda}_{\mathrm{q}}^{(1)}\tilde{\boldsymbol{\Lambda}})^{-1}\tilde{\boldsymbol{\Lambda}}(\hat{\bar{\boldsymbol{\Phi}}}_{\mathrm{ts}}^{(1)}+\hat{\lambda}_{\mathrm{q}}^{(1)}\tilde{\boldsymbol{\Lambda}})^{-1}\hat{\bar{\boldsymbol{\varphi}}}_{\mathrm{ts}}^{(1)}=0\tag{10.61}$$

式（10.61）是关于λ的一元方程，为了给出其数值解，需要将该式转化为关于λ的一元多项式形式。

首先对矩阵$(\hat{\bar{\boldsymbol{\Phi}}}_{\mathrm{ts}}^{(1)})^{-1}\tilde{\boldsymbol{\Lambda}}$进行特征值分解可得

$$(\hat{\bar{\boldsymbol{\Phi}}}_{\mathrm{ts}}^{(1)})^{-1}\tilde{\boldsymbol{\Lambda}}=\tilde{\boldsymbol{P}}^{(1)}\tilde{\boldsymbol{\Gamma}}^{(1)}(\tilde{\boldsymbol{P}}^{(1)})^{-1}\tag{10.62}$$

式中，$\tilde{\boldsymbol{P}}^{(1)}$是由特征向量构成的矩阵；$\tilde{\boldsymbol{\Gamma}}^{(1)}=\mathrm{diag}[\tilde{\tau}_1^{(1)}\ \ \tilde{\tau}_2^{(1)}\ \ \cdots\ \ \tilde{\tau}_{3M+4}^{(1)}]$，其中$\{\tilde{\tau}_k^{(1)}\}_{1\leqslant k\leqslant 3M+4}$表示矩阵$(\hat{\bar{\boldsymbol{\Phi}}}_{\mathrm{ts}}^{(1)})^{-1}\tilde{\boldsymbol{\Lambda}}$的$3M+4$个特征值。基于式（10.62）可以得到如下等式：

$$\begin{aligned}(\hat{\bar{\boldsymbol{\Phi}}}_{\mathrm{ts}}^{(1)}+\hat{\lambda}_{\mathrm{q}}^{(1)}\tilde{\boldsymbol{\Lambda}})^{-1}&=(\hat{\bar{\boldsymbol{\Phi}}}_{\mathrm{ts}}^{(1)}(\boldsymbol{I}_{3M+4}+\hat{\lambda}_{\mathrm{q}}^{(1)}(\hat{\bar{\boldsymbol{\Phi}}}_{\mathrm{ts}}^{(1)})^{-1}\tilde{\boldsymbol{\Lambda}}))^{-1}\\&=(\boldsymbol{I}_{3M+4}+\hat{\lambda}_{\mathrm{q}}^{(1)}(\hat{\bar{\boldsymbol{\Phi}}}_{\mathrm{ts}}^{(1)})^{-1}\tilde{\boldsymbol{\Lambda}})^{-1}(\hat{\bar{\boldsymbol{\Phi}}}_{\mathrm{ts}}^{(1)})^{-1}\\&=(\tilde{\boldsymbol{P}}^{(1)}(\tilde{\boldsymbol{P}}^{(1)})^{-1}+\hat{\lambda}_{\mathrm{q}}^{(1)}\tilde{\boldsymbol{P}}^{(1)}\tilde{\boldsymbol{\Gamma}}^{(1)}(\tilde{\boldsymbol{P}}^{(1)})^{-1})^{-1}(\hat{\bar{\boldsymbol{\Phi}}}_{\mathrm{ts}}^{(1)})^{-1}\\&=\tilde{\boldsymbol{P}}^{(1)}(\boldsymbol{I}_{3M+4}+\hat{\lambda}_{\mathrm{q}}^{(1)}\tilde{\boldsymbol{\Gamma}}^{(1)})^{-1}(\tilde{\boldsymbol{P}}^{(1)})^{-1}(\hat{\bar{\boldsymbol{\Phi}}}_{\mathrm{ts}}^{(1)})^{-1}\end{aligned}\tag{10.63}$$

由式（10.63）可知

$$\begin{aligned}&(\hat{\bar{\boldsymbol{\Phi}}}_{\mathrm{ts}}^{(1)}+\hat{\lambda}_{\mathrm{q}}^{(1)}\tilde{\boldsymbol{\Lambda}})^{-1}\tilde{\boldsymbol{\Lambda}}(\hat{\bar{\boldsymbol{\Phi}}}_{\mathrm{ts}}^{(1)}+\hat{\lambda}_{\mathrm{q}}^{(1)}\tilde{\boldsymbol{\Lambda}})^{-1}\\&=\tilde{\boldsymbol{P}}^{(1)}(\boldsymbol{I}_{3M+4}+\hat{\lambda}_{\mathrm{q}}^{(1)}\tilde{\boldsymbol{\Gamma}}^{(1)})^{-1}(\tilde{\boldsymbol{P}}^{(1)})^{-1}(\hat{\bar{\boldsymbol{\Phi}}}_{\mathrm{ts}}^{(1)})^{-1}\tilde{\boldsymbol{\Lambda}}\tilde{\boldsymbol{P}}^{(1)}(\boldsymbol{I}_{3M+4}+\hat{\lambda}_{\mathrm{q}}^{(1)}\tilde{\boldsymbol{\Gamma}}^{(1)})^{-1}(\tilde{\boldsymbol{P}}^{(1)})^{-1}(\hat{\bar{\boldsymbol{\Phi}}}_{\mathrm{ts}}^{(1)})^{-1}\\&=\tilde{\boldsymbol{P}}^{(1)}(\boldsymbol{I}_{3M+4}+\hat{\lambda}_{\mathrm{q}}^{(1)}\tilde{\boldsymbol{\Gamma}}^{(1)})^{-1}\tilde{\boldsymbol{\Gamma}}^{(1)}(\boldsymbol{I}_{3M+4}+\hat{\lambda}_{\mathrm{q}}^{(1)}\tilde{\boldsymbol{\Gamma}}^{(1)})^{-1}(\tilde{\boldsymbol{P}}^{(1)})^{-1}(\hat{\bar{\boldsymbol{\Phi}}}_{\mathrm{ts}}^{(1)})^{-1}\end{aligned}\tag{10.64}$$

将式（10.64）代入式（10.61）中可得

$$\hat{\tilde{\boldsymbol{\varphi}}}_{\mathrm{ts}}^{(1)\mathrm{T}}\tilde{\boldsymbol{P}}^{(1)}(\boldsymbol{I}_{3M+4}+\hat{\lambda}_{\mathrm{q}}^{(1)}\tilde{\boldsymbol{\varGamma}}^{(1)})^{-1}\tilde{\boldsymbol{\varGamma}}^{(1)}(\boldsymbol{I}_{3M+4}+\hat{\lambda}_{\mathrm{q}}^{(1)}\tilde{\boldsymbol{\varGamma}}^{(1)})^{-1}(\tilde{\boldsymbol{P}}^{(1)})^{-1}(\hat{\tilde{\boldsymbol{\varPhi}}}_{\mathrm{ts}}^{(1)})^{-1}\hat{\tilde{\boldsymbol{\varphi}}}_{\mathrm{ts}}^{(1)}=0$$
$$\Rightarrow\tilde{\boldsymbol{\gamma}}_2^{(1)\mathrm{T}}(\boldsymbol{I}_{3M+4}+\hat{\lambda}_{\mathrm{q}}^{(1)}\tilde{\boldsymbol{\varGamma}}^{(1)})^{-1}\tilde{\boldsymbol{\varGamma}}^{(1)}(\boldsymbol{I}_{3M+4}+\hat{\lambda}_{\mathrm{q}}^{(1)}\tilde{\boldsymbol{\varGamma}}^{(1)})^{-1}\tilde{\boldsymbol{\gamma}}_1^{(1)}=0 \tag{10.65}$$

式中

$$\tilde{\boldsymbol{\gamma}}_1^{(1)}=(\tilde{\boldsymbol{P}}^{(1)})^{-1}(\hat{\tilde{\boldsymbol{\varPhi}}}_{\mathrm{ts}}^{(1)})^{-1}\hat{\tilde{\boldsymbol{\varphi}}}_{\mathrm{ts}}^{(1)}\ ,\ \tilde{\boldsymbol{\gamma}}_2^{(1)}=\tilde{\boldsymbol{P}}^{(1)\mathrm{T}}\hat{\tilde{\boldsymbol{\varphi}}}_{\mathrm{ts}}^{(1)} \tag{10.66}$$

将式（10.65）展开可得

$$\sum_{k=1}^{3M+4}\frac{\tilde{\tau}_k^{(1)}<\tilde{\boldsymbol{\gamma}}_1^{(1)}>_k<\tilde{\boldsymbol{\gamma}}_2^{(1)}>_k}{(1+\hat{\lambda}_{\mathrm{q}}^{(1)}\tilde{\tau}_k^{(1)})^2}=0 \tag{10.67}$$

另一方面，由式（10.50）不难验证 $\mathrm{rank}[\tilde{\boldsymbol{\varLambda}}]=4$，于是有 $\mathrm{rank}\ [(\hat{\tilde{\boldsymbol{\varPhi}}}_{\mathrm{ts}}^{(1)})^{-1}\tilde{\boldsymbol{\varLambda}}]=4$，这意味着特征值 $\{\tilde{\tau}_k^{(1)}\}_{1\leqslant k\leqslant 3M+4}$ 中仅有 4 个是非零值。不失一般性，假设序号排在前 4 位的特征值 $\{\tilde{\tau}_k^{(1)}\}_{1\leqslant k\leqslant 4}$ 是非零的，于是可以将式（10.67）简化为

$$\sum_{k=1}^{4}\frac{\tilde{\tau}_k^{(1)}<\tilde{\boldsymbol{\gamma}}_1^{(1)}>_k<\tilde{\boldsymbol{\gamma}}_2^{(1)}>_k}{(1+\hat{\lambda}_{\mathrm{q}}^{(1)}\tilde{\tau}_k^{(1)})^2}=0 \tag{10.68}$$

将式（10.68）两边同时乘以 $\prod_{k=1}^{4}(1+\hat{\lambda}_{\mathrm{q}}^{(1)}\tilde{\tau}_k^{(1)})^2$ 可得

$$\begin{aligned}&\sum_{k_1=1}^{4}(\tilde{\tau}_{k_1}^{(1)}<\tilde{\boldsymbol{\gamma}}_1^{(1)}>_{k_1}<\tilde{\boldsymbol{\gamma}}_2^{(1)}>_{k_1})\left(\prod_{\substack{k_2=1\\k_2\neq k_1}}^{4}(1+\hat{\lambda}_{\mathrm{q}}^{(1)}\tilde{\tau}_{k_2}^{(1)})^2\right)\\&=\sum_{k_1=1}^{4}\tilde{\mu}_{k_1}^{(1)}\left(\prod_{\substack{k_2=1\\k_2\neq k_1}}^{4}(1+\hat{\lambda}_{\mathrm{q}}^{(1)}\tilde{\tau}_{k_2}^{(1)})^2\right)=0\end{aligned} \tag{10.69}$$

式中

$$\tilde{\mu}_k^{(1)}=\tilde{\tau}_k^{(1)}<\tilde{\boldsymbol{\gamma}}_1^{(1)}>_k<\tilde{\boldsymbol{\gamma}}_2^{(1)}>_k\quad(1\leqslant k\leqslant 4) \tag{10.70}$$

将式（10.69）进一步表示成关于 $\hat{\lambda}_{\mathrm{q}}^{(1)}$ 的标准多项式形式可得

$$\tilde{\eta}_6^{(1)}(\hat{\lambda}_{\mathrm{q}}^{(1)})^6+\tilde{\eta}_5^{(1)}(\hat{\lambda}_{\mathrm{q}}^{(1)})^5+\tilde{\eta}_4^{(1)}(\hat{\lambda}_{\mathrm{q}}^{(1)})^4+\tilde{\eta}_3^{(1)}(\hat{\lambda}_{\mathrm{q}}^{(1)})^3+\tilde{\eta}_2^{(1)}(\hat{\lambda}_{\mathrm{q}}^{(1)})^2+\tilde{\eta}_1^{(1)}\hat{\lambda}_{\mathrm{q}}^{(1)}+\tilde{\eta}_0^{(1)}=0 \tag{10.71}$$

式中，$\{\tilde{\eta}_k^{(1)}\}_{0\leqslant k\leqslant 6}$ 均为多项式系数，它们的表达式为

$$
\begin{cases}
\tilde{\eta}_0^{(1)}=\sum\limits_{k=1}^{4}\tilde{\mu}_k^{(1)}\ ,\ \tilde{\eta}_1^{(1)}=\sum\limits_{k_1=1}^{4}\tilde{\mu}_{k_1}^{(1)}\left(2\sum\limits_{\substack{k_2=1\\k_2\neq k_1}}^{4}\tilde{\tau}_{k_2}^{(1)}\right)\\
\tilde{\eta}_2^{(1)}=\sum\limits_{k_1=1}^{4}\tilde{\mu}_{k_1}^{(1)}\left[\sum\limits_{\substack{k_2=1\\k_2\neq k_1}}^{4}(\tilde{\tau}_{k_2}^{(1)})^2+4\sum\limits_{\substack{k_2=1\\k_2\neq k_1}}^{4}\left(\prod\limits_{\substack{k_3=1\\k_3\neq k_1,k_2}}^{4}\tilde{\tau}_{k_3}^{(1)}\right)\right]\\
\tilde{\eta}_3^{(1)}=\sum\limits_{k_1=1}^{4}\tilde{\mu}_{k_1}^{(1)}\left[2\sum\limits_{\substack{k_2=1\\k_2\neq k_1}}^{4}\tilde{\tau}_{k_2}^{(1)}\left(\sum\limits_{\substack{k_3=1\\k_3\neq k_1,k_2}}^{4}(\tilde{\tau}_{k_3}^{(1)})^2\right)+8\prod\limits_{\substack{k_2=1\\k_2\neq k_1}}^{4}\tilde{\tau}_{k_2}^{(1)}\right]\\
\tilde{\eta}_4^{(1)}=\sum\limits_{k_1=1}^{4}\tilde{\mu}_{k_1}^{(1)}\left[4\sum\limits_{\substack{k_2=1\\k_2\neq k_1}}^{4}(\tilde{\tau}_{k_2}^{(1)})^2\left(\prod\limits_{\substack{k_3=1\\k_3\neq k_1,k_2}}^{4}\tilde{\tau}_{k_3}^{(1)}\right)+\sum\limits_{\substack{k_2=1\\k_2\neq k_1}}^{4}\left(\prod\limits_{\substack{k_3=1\\k_3\neq k_1,k_2}}^{4}(\tilde{\tau}_{k_3}^{(1)})^2\right)\right]\\
\tilde{\eta}_5^{(1)}=\sum\limits_{k_1=1}^{4}\tilde{\mu}_{k_1}^{(1)}\left[2\sum\limits_{\substack{k_2=1\\k_2\neq k_1}}^{4}\tilde{\tau}_{k_2}^{(1)}\left(\prod\limits_{\substack{k_3=1\\k_3\neq k_1,k_2}}^{4}(\tilde{\tau}_{k_3}^{(1)})^2\right)\right],\ \tilde{\eta}_6^{(1)}=\sum\limits_{k_1=1}^{4}\tilde{\mu}_{k_1}^{(1)}\left(\prod\limits_{\substack{k_2=1\\k_2\neq k_1}}^{4}(\tilde{\tau}_{k_2}^{(1)})^2\right)
\end{cases}
\tag{10.72}
$$

通过求解一元多项式（10.71）的根，并将其代入式（10.60）中即可得到向量 $\tilde{\boldsymbol{g}}$ 的估计值 $\hat{\tilde{\boldsymbol{g}}}_{\mathrm{q}}^{(1)}$。根据式（10.48）可知，利用向量 $\hat{\tilde{\boldsymbol{g}}}_{\mathrm{q}}^{(1)}$ 中的前 3 个分量就可以获得辐射源位置向量 $\boldsymbol{u}$ 的估计值 $\hat{\boldsymbol{u}}_{\mathrm{q}}^{(1)}$（即有 $\hat{\boldsymbol{u}}_{\mathrm{q}}^{(1)}=[\boldsymbol{I}_3\ \ \boldsymbol{O}_{3\times1}\ \ \boldsymbol{O}_{3\times3M}]\hat{\tilde{\boldsymbol{g}}}_{\mathrm{q}}^{(1)}$），利用向量 $\hat{\tilde{\boldsymbol{g}}}_{\mathrm{q}}^{(1)}$ 中的后 $3M$ 个分量就可以获得传感器位置向量 $\boldsymbol{s}$ 的估计值 $\hat{\boldsymbol{s}}_{\mathrm{q}}^{(1)}$（即有 $\hat{\boldsymbol{s}}_{\mathrm{q}}^{(1)}=[\boldsymbol{O}_{3M\times3}\ \ \boldsymbol{O}_{3M\times1}\ \ \boldsymbol{I}_{3M}]\hat{\tilde{\boldsymbol{g}}}_{\mathrm{q}}^{(1)}$）。

【注记 10.3】 由式（10.54）可知，加权矩阵 $(\tilde{\boldsymbol{\Omega}}_{\mathrm{ts}}^{(1)})^{-1}$ 与未知向量 $\tilde{\boldsymbol{g}}$ 有关。因此，严格来说，式（10.55）中的目标函数并不是关于向量 $\tilde{\boldsymbol{g}}$ 的二次函数，针对该问题，可以采用注记 4.1 中描述的方法进行处理。理论分析表明，在一阶误差分析理论框架下，加权矩阵 $(\tilde{\boldsymbol{\Omega}}_{\mathrm{ts}}^{(1)})^{-1}$ 中的扰动误差并不会实质影响估计值 $\hat{\tilde{\boldsymbol{g}}}_{\mathrm{q}}^{(1)}$ 的统计性能①。

【注记 10.4】 从理论上来说，一元多项式（10.71）共存在 6 个根，这就需要排除虚假根。判断虚假根的方法有很多，例如，可以直接排除复数根，或者根据向量 $\tilde{\boldsymbol{g}}$ 中的第 4 个分量的符号来进行判断②，还可以利用下式来选取正确的根：

---

① 加权矩阵 $(\tilde{\boldsymbol{\Omega}}_{\mathrm{ts}}^{(1)})^{-1}$ 中的扰动误差也不会实质影响估计值 $\hat{\boldsymbol{u}}_{\mathrm{q}}^{(1)}$ 和 $\hat{\boldsymbol{s}}_{\mathrm{q}}^{(1)}$ 的统计性能。

② 由式（10.48）可知，向量 $\tilde{\boldsymbol{g}}$ 中的第 4 个分量一定是负数。

$$\min_{1\leqslant k\leqslant K}\{(\boldsymbol{f}_{\text{tdoa}}(\hat{\boldsymbol{u}}_{\text{q}}^{(1)}(\lambda_k))-\hat{\boldsymbol{\rho}})^{\text{T}}\boldsymbol{E}_{\text{t}}^{-1}(\boldsymbol{f}_{\text{tdoa}}(\hat{\boldsymbol{u}}_{\text{q}}^{(1)}(\lambda_k))-\hat{\boldsymbol{\rho}})+(\hat{\boldsymbol{s}}_{\text{q}}^{(1)}(\lambda_k)-\hat{\boldsymbol{s}})^{\text{T}}\boldsymbol{E}_{\text{s}}^{-1}(\hat{\boldsymbol{s}}_{\text{q}}^{(1)}(\lambda_k)-\hat{\boldsymbol{s}})\}\tag{10.73}$$

式中，$\hat{\boldsymbol{u}}_{\text{q}}^{(1)}(\lambda_k)$表示利用根$\lambda_k$获得的辐射源位置向量$\boldsymbol{u}$的估计值；$\hat{\boldsymbol{s}}_{\text{q}}^{(1)}(\lambda_k)$表示利用根$\lambda_k$获得的传感器位置向量$\boldsymbol{s}$的估计值；$K$表示未被排除的根的个数。

图 10.1 给出了本章第 1 种加权多维标度定位方法的流程图。

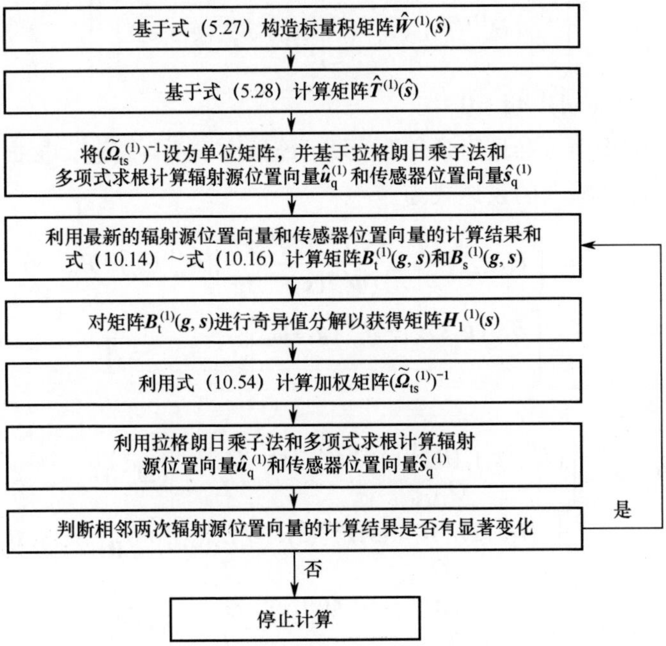

图 10.1　本章第 1 种加权多维标度定位方法的流程图

10.2.4　理论性能分析

下面将推导估计值$\hat{\boldsymbol{u}}_{\text{q}}^{(1)}$和$\hat{\boldsymbol{s}}_{\text{q}}^{(1)}$的理论性能，主要是推导估计均方误差矩阵，并将其与相应的克拉美罗界进行比较，从而证明其渐近最优性。这里采用的性能分析方法是一阶误差分析方法，即忽略观测误差$\boldsymbol{\varepsilon}_{\text{t}}$和$\boldsymbol{\varepsilon}_{\text{s}}$的二阶及其以上各阶项。

由于估计值$\hat{\boldsymbol{u}}_{\text{q}}^{(1)}$和$\hat{\boldsymbol{s}}_{\text{q}}^{(1)}$均是从估计值$\hat{\tilde{\boldsymbol{g}}}_{\text{q}}^{(1)}$中产生的，下面首先推导向量$\hat{\tilde{\boldsymbol{g}}}_{\text{q}}^{(1)}$的估计均方误差矩阵，并将其估计误差记为$\Delta\tilde{\boldsymbol{g}}_{\text{q}}^{(1)}=\hat{\tilde{\boldsymbol{g}}}_{\text{q}}^{(1)}-\tilde{\boldsymbol{g}}$。基于式（10.55）及 2.4.2 节中的讨论可知，在一阶误差分析框架下，误差向量$\Delta\tilde{\boldsymbol{g}}_{\text{q}}^{(1)}$近似为如下约束优化问题的最优解：

$$\begin{cases}\min\limits_{\Delta\tilde{\boldsymbol{g}}}\left\{\left(\begin{bmatrix}(\boldsymbol{H}_1^{(1)}(\boldsymbol{s}))^{\mathrm{T}}\boldsymbol{W}^{(1)}(\boldsymbol{s})\boldsymbol{T}_2^{(1)}(\boldsymbol{s}) & \boldsymbol{O}_{(M-1)\times 3M} \\ \boldsymbol{O}_{3M\times 4} & \boldsymbol{I}_{3M}\end{bmatrix}\Delta\tilde{\boldsymbol{g}} + \begin{bmatrix}(\boldsymbol{H}_1^{(1)}(\boldsymbol{s}))^{\mathrm{T}}(\boldsymbol{B}_{\mathrm{t}}^{(1)}(\boldsymbol{g},\boldsymbol{s})\boldsymbol{\varepsilon}_{\mathrm{t}} + \boldsymbol{B}_{\mathrm{s}}^{(1)}(\boldsymbol{g},\boldsymbol{s})\boldsymbol{\varepsilon}_{\mathrm{s}}) \\ -\boldsymbol{\varepsilon}_{\mathrm{s}}\end{bmatrix}\right)^{\mathrm{T}}(\tilde{\boldsymbol{\Omega}}_{\mathrm{ts}}^{(1)})^{-1}\right. \\ \left.\times\left(\begin{bmatrix}(\boldsymbol{H}_1^{(1)}(\boldsymbol{s}))^{\mathrm{T}}\boldsymbol{W}^{(1)}(\boldsymbol{s})\boldsymbol{T}_2^{(1)}(\boldsymbol{s}) & \boldsymbol{O}_{(M-1)\times 3M} \\ \boldsymbol{O}_{3M\times 4} & \boldsymbol{I}_{3M}\end{bmatrix}\Delta\tilde{\boldsymbol{g}} + \begin{bmatrix}(\boldsymbol{H}_1^{(1)}(\boldsymbol{s}))^{\mathrm{T}}(\boldsymbol{B}_{\mathrm{t}}^{(1)}(\boldsymbol{g},\boldsymbol{s})\boldsymbol{\varepsilon}_{\mathrm{t}} + \boldsymbol{B}_{\mathrm{s}}^{(1)}(\boldsymbol{g},\boldsymbol{s})\boldsymbol{\varepsilon}_{\mathrm{s}}) \\ -\boldsymbol{\varepsilon}_{\mathrm{s}}\end{bmatrix}\right)\right\} \\ \text{s.t. } (\Delta\tilde{\boldsymbol{g}})^{\mathrm{T}}\tilde{\boldsymbol{\Lambda}}\tilde{\boldsymbol{g}} = 0\end{cases} \tag{10.74}$$

式（10.74）的缘由可参见附录 G.2，限于篇幅这里不再赘述。根据式（2.65）可知，误差向量 $\Delta\tilde{\boldsymbol{g}}_{\mathrm{q}}^{(1)}$ 的表达式为

$$\Delta\tilde{\boldsymbol{g}}_{\mathrm{q}}^{(1)} \approx -\left(\boldsymbol{I}_{3M+4} - \frac{(\tilde{\boldsymbol{\Phi}}_{\mathrm{ts}}^{(1)}(\boldsymbol{s}))^{-1}\tilde{\boldsymbol{\Lambda}}\tilde{\boldsymbol{g}}\tilde{\boldsymbol{g}}^{\mathrm{T}}\tilde{\boldsymbol{\Lambda}}^{\mathrm{T}}}{\tilde{\boldsymbol{g}}^{\mathrm{T}}\tilde{\boldsymbol{\Lambda}}^{\mathrm{T}}(\tilde{\boldsymbol{\Phi}}_{\mathrm{ts}}^{(1)}(\boldsymbol{s}))^{-1}\tilde{\boldsymbol{\Lambda}}\tilde{\boldsymbol{g}}}\right)(\tilde{\boldsymbol{\Phi}}_{\mathrm{ts}}^{(1)}(\boldsymbol{s}))^{-1}\tilde{\boldsymbol{\Psi}}_{\mathrm{ts}}^{(1)}(\boldsymbol{s}) \times\begin{bmatrix}\boldsymbol{B}_{\mathrm{t}}^{(1)}(\boldsymbol{g},\boldsymbol{s})\boldsymbol{\varepsilon}_{\mathrm{t}} + \boldsymbol{B}_{\mathrm{s}}^{(1)}(\boldsymbol{g},\boldsymbol{s})\boldsymbol{\varepsilon}_{\mathrm{s}} \\ -\boldsymbol{\varepsilon}_{\mathrm{s}}\end{bmatrix} \tag{10.75}$$

式中

$$\begin{cases}\tilde{\boldsymbol{\Phi}}_{\mathrm{ts}}^{(1)}(\boldsymbol{s}) = \begin{bmatrix}(\boldsymbol{T}_2^{(1)}(\boldsymbol{s}))^{\mathrm{T}}(\boldsymbol{W}^{(1)}(\boldsymbol{s}))^{\mathrm{T}}\boldsymbol{H}_1^{(1)}(\boldsymbol{s}) & \boldsymbol{O}_{4\times 3M} \\ \boldsymbol{O}_{3M\times(M-1)} & \boldsymbol{I}_{3M}\end{bmatrix}(\tilde{\boldsymbol{\Omega}}_{\mathrm{ts}}^{(1)})^{-1} \\ \qquad\times\begin{bmatrix}(\boldsymbol{H}_1^{(1)}(\boldsymbol{s}))^{\mathrm{T}}\boldsymbol{W}^{(1)}(\boldsymbol{s})\boldsymbol{T}_2^{(1)}(\boldsymbol{s}) & \boldsymbol{O}_{(M-1)\times 3M} \\ \boldsymbol{O}_{3M\times 4} & \boldsymbol{I}_{3M}\end{bmatrix} \in \mathbf{R}^{(3M+4)\times(3M+4)} \\ \tilde{\boldsymbol{\Psi}}_{\mathrm{ts}}^{(1)}(\boldsymbol{s}) = \begin{bmatrix}(\boldsymbol{T}_2^{(1)}(\boldsymbol{s}))^{\mathrm{T}}(\boldsymbol{W}^{(1)}(\boldsymbol{s}))^{\mathrm{T}}\boldsymbol{H}_1^{(1)}(\boldsymbol{s}) & \boldsymbol{O}_{4\times 3M} \\ \boldsymbol{O}_{3M\times(M-1)} & \boldsymbol{I}_{3M}\end{bmatrix}(\tilde{\boldsymbol{\Omega}}_{\mathrm{ts}}^{(1)})^{-1} \\ \qquad\times\begin{bmatrix}(\boldsymbol{H}_1^{(1)}(\boldsymbol{s}))^{\mathrm{T}} & \boldsymbol{O}_{(M-1)\times 3M} \\ \boldsymbol{O}_{3M\times M} & \boldsymbol{I}_{3M}\end{bmatrix} \in \mathbf{R}^{(3M+4)\times 4M}\end{cases} \tag{10.76}$$

由式（10.75）可知，估计误差 $\Delta\tilde{\boldsymbol{g}}_{\mathrm{q}}^{(1)}$ 渐近服从零均值的高斯分布，因此估计值 $\hat{\tilde{\boldsymbol{g}}}_{\mathrm{q}}^{(1)}$ 是渐近无偏估计值，并且其均方误差矩阵为

$$\begin{aligned}\mathbf{MSE}(\hat{\tilde{\boldsymbol{g}}}_{\mathrm{q}}^{(1)}) &= \mathrm{E}[(\hat{\tilde{\boldsymbol{g}}}_{\mathrm{q}}^{(1)} - \boldsymbol{g})(\hat{\tilde{\boldsymbol{g}}}_{\mathrm{q}}^{(1)} - \boldsymbol{g})^{\mathrm{T}}] = \mathrm{E}[\Delta\tilde{\boldsymbol{g}}_{\mathrm{q}}^{(1)}(\Delta\tilde{\boldsymbol{g}}_{\mathrm{q}}^{(1)})^{\mathrm{T}}] \\ &= \left(\boldsymbol{I}_{3M+4} - \frac{(\tilde{\boldsymbol{\Phi}}_{\mathrm{ts}}^{(1)}(\boldsymbol{s}))^{-1}\tilde{\boldsymbol{\Lambda}}\tilde{\boldsymbol{g}}\tilde{\boldsymbol{g}}^{\mathrm{T}}\tilde{\boldsymbol{\Lambda}}^{\mathrm{T}}}{\tilde{\boldsymbol{g}}^{\mathrm{T}}\tilde{\boldsymbol{\Lambda}}^{\mathrm{T}}(\tilde{\boldsymbol{\Phi}}_{\mathrm{ts}}^{(1)}(\boldsymbol{s}))^{-1}\tilde{\boldsymbol{\Lambda}}\tilde{\boldsymbol{g}}}\right)(\tilde{\boldsymbol{\Phi}}_{\mathrm{ts}}^{(1)}(\boldsymbol{s}))^{-1}\left(\boldsymbol{I}_{3M+4} - \frac{\tilde{\boldsymbol{\Lambda}}\tilde{\boldsymbol{g}}\tilde{\boldsymbol{g}}^{\mathrm{T}}\tilde{\boldsymbol{\Lambda}}^{\mathrm{T}}(\tilde{\boldsymbol{\Phi}}_{\mathrm{ts}}^{(1)}(\boldsymbol{s}))^{-1}}{\tilde{\boldsymbol{g}}^{\mathrm{T}}\tilde{\boldsymbol{\Lambda}}^{\mathrm{T}}(\tilde{\boldsymbol{\Phi}}_{\mathrm{ts}}^{(1)}(\boldsymbol{s}))^{-1}\tilde{\boldsymbol{\Lambda}}\tilde{\boldsymbol{g}}}\right) \\ &= \left(\boldsymbol{I}_{3M+4} - \frac{(\tilde{\boldsymbol{\Phi}}_{\mathrm{ts}}^{(1)}(\boldsymbol{s}))^{-1}\tilde{\boldsymbol{\Lambda}}\tilde{\boldsymbol{g}}\tilde{\boldsymbol{g}}^{\mathrm{T}}\tilde{\boldsymbol{\Lambda}}^{\mathrm{T}}}{\tilde{\boldsymbol{g}}^{\mathrm{T}}\tilde{\boldsymbol{\Lambda}}^{\mathrm{T}}(\tilde{\boldsymbol{\Phi}}_{\mathrm{ts}}^{(1)}(\boldsymbol{s}))^{-1}\tilde{\boldsymbol{\Lambda}}\tilde{\boldsymbol{g}}}\right)(\tilde{\boldsymbol{\Phi}}_{\mathrm{ts}}^{(1)}(\boldsymbol{s}))^{-1}\end{aligned} \tag{10.77}$$

根据式（10.77）可以证明，均方误差矩阵 $\mathbf{MSE}(\hat{\tilde{\boldsymbol{g}}}_{\mathrm{q}}^{(1)})$ 满足如下等式：

$$\mathrm{MSE}(\hat{\tilde{\boldsymbol{g}}}_{\mathrm{q}}^{(1)})\tilde{\boldsymbol{\Lambda}}\tilde{\boldsymbol{g}}=\boldsymbol{O}_{(3M+4)\times 1} \tag{10.78}$$

式（10.78）的成立是由于误差向量 $\Delta\tilde{\boldsymbol{g}}_{\mathrm{q}}^{(1)}$ 需要服从式（10.74）中的等式约束，由此也可知 $\mathrm{MSE}(\hat{\tilde{\boldsymbol{g}}}_{\mathrm{q}}^{(1)})$ 并不是满秩矩阵。另一方面，将由估计值 $\hat{\tilde{\boldsymbol{g}}}_{\mathrm{q}}^{(1)}$ 所获得的辐射源位置解和传感器位置解分别记为 $\hat{\boldsymbol{u}}_{\mathrm{q}}^{(1)}$ 和 $\hat{\boldsymbol{s}}_{\mathrm{q}}^{(1)}$，相应的估计误差分别记为 $\Delta\boldsymbol{u}_{\mathrm{q}}^{(1)}$ 和 $\Delta\boldsymbol{s}_{\mathrm{q}}^{(1)}$，则有

$$\begin{cases}\begin{bmatrix}\hat{\boldsymbol{u}}_{\mathrm{q}}^{(1)}\\ \hat{\boldsymbol{s}}_{\mathrm{q}}^{(1)}\end{bmatrix}=\begin{bmatrix}\boldsymbol{I}_3 & \boldsymbol{O}_{3\times 1} & \boldsymbol{O}_{3\times 3M}\\ \boldsymbol{O}_{3M\times 3} & \boldsymbol{O}_{3M\times 1} & \boldsymbol{I}_{3M}\end{bmatrix}\hat{\tilde{\boldsymbol{g}}}_{\mathrm{q}}^{(1)}\\ \begin{bmatrix}\Delta\boldsymbol{u}_{\mathrm{q}}^{(1)}\\ \Delta\boldsymbol{s}_{\mathrm{q}}^{(1)}\end{bmatrix}=\begin{bmatrix}\boldsymbol{I}_3 & \boldsymbol{O}_{3\times 1} & \boldsymbol{O}_{3\times 3M}\\ \boldsymbol{O}_{3M\times 3} & \boldsymbol{O}_{3M\times 1} & \boldsymbol{I}_{3M}\end{bmatrix}\Delta\tilde{\boldsymbol{g}}_{\mathrm{q}}^{(1)}\end{cases} \tag{10.79}$$

结合式（10.77）和式（10.79）可知，估计值 $\begin{bmatrix}\hat{\boldsymbol{u}}_{\mathrm{q}}^{(1)}\\ \hat{\boldsymbol{s}}_{\mathrm{q}}^{(1)}\end{bmatrix}$ 的均方误差矩阵为

$$\begin{aligned}\mathrm{MSE}\left(\begin{bmatrix}\hat{\boldsymbol{u}}_{\mathrm{q}}^{(1)}\\ \hat{\boldsymbol{s}}_{\mathrm{q}}^{(1)}\end{bmatrix}\right)&=\begin{bmatrix}\boldsymbol{I}_3 & \boldsymbol{O}_{3\times 1} & \boldsymbol{O}_{3\times 3M}\\ \boldsymbol{O}_{3M\times 3} & \boldsymbol{O}_{3M\times 1} & \boldsymbol{I}_{3M}\end{bmatrix}\mathrm{MSE}(\hat{\tilde{\boldsymbol{g}}}_{\mathrm{q}}^{(1)})\begin{bmatrix}\boldsymbol{I}_3 & \boldsymbol{O}_{3\times 3M}\\ \boldsymbol{O}_{1\times 3} & \boldsymbol{O}_{1\times 3M}\\ \boldsymbol{O}_{3M\times 3} & \boldsymbol{I}_{3M}\end{bmatrix}\\ &=\begin{bmatrix}\boldsymbol{I}_3 & \boldsymbol{O}_{3\times 1} & \boldsymbol{O}_{3\times 3M}\\ \boldsymbol{O}_{3M\times 3} & \boldsymbol{O}_{3M\times 1} & \boldsymbol{I}_{3M}\end{bmatrix}\left(\boldsymbol{I}_{3M+4}-\frac{(\tilde{\boldsymbol{\Phi}}_{\mathrm{ts}}^{(1)}(\boldsymbol{s}))^{-1}\tilde{\boldsymbol{\Lambda}}\tilde{\boldsymbol{g}}\tilde{\boldsymbol{g}}^{\mathrm{T}}\tilde{\boldsymbol{\Lambda}}^{\mathrm{T}}}{\tilde{\boldsymbol{g}}^{\mathrm{T}}\tilde{\boldsymbol{\Lambda}}^{\mathrm{T}}(\tilde{\boldsymbol{\Phi}}_{\mathrm{ts}}^{(1)}(\boldsymbol{s}))^{-1}\tilde{\boldsymbol{\Lambda}}\tilde{\boldsymbol{g}}}\right)(\tilde{\boldsymbol{\Phi}}_{\mathrm{ts}}^{(1)}(\boldsymbol{s}))^{-1}\\ &\quad\times\begin{bmatrix}\boldsymbol{I}_3 & \boldsymbol{O}_{3\times 3M}\\ \boldsymbol{O}_{1\times 3} & \boldsymbol{O}_{1\times 3M}\\ \boldsymbol{O}_{3M\times 3} & \boldsymbol{I}_{3M}\end{bmatrix}\end{aligned} \tag{10.80}$$

下面证明估计值 $\begin{bmatrix}\hat{\boldsymbol{u}}_{\mathrm{q}}^{(1)}\\ \hat{\boldsymbol{s}}_{\mathrm{q}}^{(1)}\end{bmatrix}$ 具有渐近最优性，也就是证明其估计均方误差矩阵可以渐近逼近相应的克拉美罗界，具体可见如下命题。

【命题 10.2】在一阶误差分析理论框架下，$\mathrm{MSE}\left(\begin{bmatrix}\hat{\boldsymbol{u}}_{\mathrm{q}}^{(1)}\\ \hat{\boldsymbol{s}}_{\mathrm{q}}^{(1)}\end{bmatrix}\right)=\mathbf{CRB}_{\mathrm{tdoa\text{-}q}}\left(\begin{bmatrix}\boldsymbol{u}\\ \boldsymbol{s}\end{bmatrix}\right)$。

【证明】首先根据命题 3.2 可得

$$\begin{aligned}&\mathbf{CRB}_{\mathrm{tdoa\text{-}q}}\left(\begin{bmatrix}\boldsymbol{u}\\ \boldsymbol{s}\end{bmatrix}\right)\\ &=\left[\begin{array}{c:c}\left(\dfrac{\partial \boldsymbol{f}_{\mathrm{tdoa}}(\boldsymbol{u},\boldsymbol{s})}{\partial \boldsymbol{u}^{\mathrm{T}}}\right)^{\mathrm{T}}\boldsymbol{E}_{\mathrm{t}}^{-1}\dfrac{\partial \boldsymbol{f}_{\mathrm{tdoa}}(\boldsymbol{u},\boldsymbol{s})}{\partial \boldsymbol{u}^{\mathrm{T}}} & \left(\dfrac{\partial \boldsymbol{f}_{\mathrm{tdoa}}(\boldsymbol{u},\boldsymbol{s})}{\partial \boldsymbol{u}^{\mathrm{T}}}\right)^{\mathrm{T}}\boldsymbol{E}_{\mathrm{t}}^{-1}\dfrac{\partial \boldsymbol{f}_{\mathrm{tdoa}}(\boldsymbol{u},\boldsymbol{s})}{\partial \boldsymbol{s}^{\mathrm{T}}}\\ \hdashline \left(\dfrac{\partial \boldsymbol{f}_{\mathrm{tdoa}}(\boldsymbol{u},\boldsymbol{s})}{\partial \boldsymbol{s}^{\mathrm{T}}}\right)^{\mathrm{T}}\boldsymbol{E}_{\mathrm{t}}^{-1}\dfrac{\partial \boldsymbol{f}_{\mathrm{tdoa}}(\boldsymbol{u},\boldsymbol{s})}{\partial \boldsymbol{u}^{\mathrm{T}}} & \left(\dfrac{\partial \boldsymbol{f}_{\mathrm{tdoa}}(\boldsymbol{u},\boldsymbol{s})}{\partial \boldsymbol{s}^{\mathrm{T}}}\right)^{\mathrm{T}}\boldsymbol{E}_{\mathrm{t}}^{-1}\dfrac{\partial \boldsymbol{f}_{\mathrm{tdoa}}(\boldsymbol{u},\boldsymbol{s})}{\partial \boldsymbol{s}^{\mathrm{T}}}+\boldsymbol{E}_{\mathrm{s}}^{-1}\end{array}\right]^{-1}\end{aligned} \tag{10.81}$$

接着由式（10.77）和命题 2.8 可知

$$\begin{aligned}\mathbf{MSE}(\hat{\hat{\boldsymbol{g}}}_{\mathrm{q}}^{(1)})&=(\tilde{\boldsymbol{\varPhi}}_{\mathrm{ts}}^{(1)}(\boldsymbol{s}))^{-1}-\frac{(\tilde{\boldsymbol{\varPhi}}_{\mathrm{ts}}^{(1)}(\boldsymbol{s}))^{-1}\tilde{\boldsymbol{\varLambda}}\tilde{\boldsymbol{g}}\tilde{\boldsymbol{g}}^{\mathrm{T}}\tilde{\boldsymbol{\varLambda}}^{\mathrm{T}}(\tilde{\boldsymbol{\varPhi}}_{\mathrm{ts}}^{(1)}(\boldsymbol{s}))^{-1}}{\tilde{\boldsymbol{g}}^{\mathrm{T}}\tilde{\boldsymbol{\varLambda}}^{\mathrm{T}}(\tilde{\boldsymbol{\varPhi}}_{\mathrm{ts}}^{(1)}(\boldsymbol{s}))^{-1}\tilde{\boldsymbol{\varLambda}}\tilde{\boldsymbol{g}}}\\&=(\tilde{\boldsymbol{\varPhi}}_{\mathrm{ts}}^{(1)}(\boldsymbol{s}))^{-1/2}\boldsymbol{\varPi}^{\perp}[(\tilde{\boldsymbol{\varPhi}}_{\mathrm{ts}}^{(1)}(\boldsymbol{s}))^{-1/2}\tilde{\boldsymbol{\varLambda}}\tilde{\boldsymbol{g}}](\tilde{\boldsymbol{\varPhi}}_{\mathrm{ts}}^{(1)}(\boldsymbol{s}))^{-1/2}\end{aligned}\tag{10.82}$$

将式（10.82）代入式（10.80）中可得

$$\begin{aligned}\mathbf{MSE}\left(\begin{bmatrix}\hat{\boldsymbol{u}}_{\mathrm{q}}^{(1)}\\\hat{\boldsymbol{s}}_{\mathrm{q}}^{(1)}\end{bmatrix}\right)&=\begin{bmatrix}\boldsymbol{I}_3&\boldsymbol{O}_{3\times1}&\boldsymbol{O}_{3\times3M}\\\boldsymbol{O}_{3M\times3}&\boldsymbol{O}_{3M\times1}&\boldsymbol{I}_{3M}\end{bmatrix}(\tilde{\boldsymbol{\varPhi}}_{\mathrm{ts}}^{(1)}(\boldsymbol{s}))^{-1/2}\boldsymbol{\varPi}^{\perp}[(\tilde{\boldsymbol{\varPhi}}_{\mathrm{ts}}^{(1)}(\boldsymbol{s}))^{-1/2}\tilde{\boldsymbol{\varLambda}}\tilde{\boldsymbol{g}}]\\&\quad\times(\tilde{\boldsymbol{\varPhi}}_{\mathrm{ts}}^{(1)}(\boldsymbol{s}))^{-1/2}\begin{bmatrix}\boldsymbol{I}_3&\boldsymbol{O}_{3\times3M}\\\boldsymbol{O}_{1\times3}&\boldsymbol{O}_{1\times3M}\\\boldsymbol{O}_{3M\times3}&\boldsymbol{I}_{3M}\end{bmatrix}\end{aligned}\tag{10.83}$$

将式（10.49）两边对向量 $\boldsymbol{u}$ 和 $\boldsymbol{s}$ 求导可得

$$\begin{aligned}2\left[\frac{\partial\tilde{\boldsymbol{g}}}{\partial\boldsymbol{u}^{\mathrm{T}}}\;\;\frac{\partial\tilde{\boldsymbol{g}}}{\partial\boldsymbol{s}^{\mathrm{T}}}\right]^{\mathrm{T}}\tilde{\boldsymbol{\varLambda}}\tilde{\boldsymbol{g}}&=2\begin{bmatrix}\left(\dfrac{\partial\tilde{\boldsymbol{g}}}{\partial\boldsymbol{u}^{\mathrm{T}}}\right)^{\mathrm{T}}\\\left(\dfrac{\partial\tilde{\boldsymbol{g}}}{\partial\boldsymbol{s}^{\mathrm{T}}}\right)^{\mathrm{T}}\end{bmatrix}\tilde{\boldsymbol{\varLambda}}\tilde{\boldsymbol{g}}\\&=2\left((\tilde{\boldsymbol{\varPhi}}_{\mathrm{ts}}^{(1)}(\boldsymbol{s}))^{1/2}\left[\frac{\partial\tilde{\boldsymbol{g}}}{\partial\boldsymbol{u}^{\mathrm{T}}}\;\;\frac{\partial\tilde{\boldsymbol{g}}}{\partial\boldsymbol{s}^{\mathrm{T}}}\right]\right)^{\mathrm{T}}(\tilde{\boldsymbol{\varPhi}}_{\mathrm{ts}}^{(1)}(\boldsymbol{s}))^{-1/2}\tilde{\boldsymbol{\varLambda}}\tilde{\boldsymbol{g}}=\boldsymbol{O}_{(3M+3)\times1}\end{aligned}\tag{10.84}$$

式中

$$\begin{cases}\dfrac{\partial\tilde{\boldsymbol{g}}}{\partial\boldsymbol{u}^{\mathrm{T}}}=\begin{bmatrix}\dfrac{\partial\boldsymbol{g}}{\partial\boldsymbol{u}^{\mathrm{T}}}\\\dfrac{\partial\boldsymbol{s}}{\partial\boldsymbol{u}^{\mathrm{T}}}\end{bmatrix}=\begin{bmatrix}\boldsymbol{I}_3\\\hdashline\dfrac{(\boldsymbol{s}_1-\boldsymbol{u})^{\mathrm{T}}}{\|\boldsymbol{u}-\boldsymbol{s}_1\|_2}\\\hdashline\boldsymbol{O}_{3M\times3}\end{bmatrix}\in\mathbf{R}^{(3M+4)\times3}\\\dfrac{\partial\tilde{\boldsymbol{g}}}{\partial\boldsymbol{s}^{\mathrm{T}}}=\begin{bmatrix}\dfrac{\partial\boldsymbol{g}}{\partial\boldsymbol{s}^{\mathrm{T}}}\\\dfrac{\partial\boldsymbol{s}}{\partial\boldsymbol{s}^{\mathrm{T}}}\end{bmatrix}=\begin{bmatrix}\boldsymbol{O}_{3\times3M}\\\hdashline\dfrac{(\boldsymbol{u}-\boldsymbol{s}_1)^{\mathrm{T}}}{\|\boldsymbol{u}-\boldsymbol{s}_1\|_2}\;\vdots\;\boldsymbol{O}_{1\times3(M-1)}\\\hdashline\boldsymbol{I}_{3M}\end{bmatrix}\in\mathbf{R}^{(3M+4)\times3M}\end{cases}\tag{10.85}$$

基于式（10.85）不难证明

$$\begin{cases}\mathrm{rank}\left[(\tilde{\boldsymbol{\varPhi}}_{\mathrm{ts}}^{(1)}(\boldsymbol{s}))^{1/2}\left[\dfrac{\partial\tilde{\boldsymbol{g}}}{\partial\boldsymbol{u}^{\mathrm{T}}}\;\;\dfrac{\partial\tilde{\boldsymbol{g}}}{\partial\boldsymbol{s}^{\mathrm{T}}}\right]\right]=\mathrm{rank}\left[\dfrac{\partial\tilde{\boldsymbol{g}}}{\partial\boldsymbol{u}^{\mathrm{T}}}\;\;\dfrac{\partial\tilde{\boldsymbol{g}}}{\partial\boldsymbol{s}^{\mathrm{T}}}\right]=3M+3\\\mathrm{rank}[(\tilde{\boldsymbol{\varPhi}}_{\mathrm{ts}}^{(1)}(\boldsymbol{s}))^{-1/2}\tilde{\boldsymbol{\varLambda}}\tilde{\boldsymbol{g}}]=\mathrm{rank}[\tilde{\boldsymbol{\varLambda}}\tilde{\boldsymbol{g}}]=1\end{cases}\tag{10.86}$$

结合式（10.84）和式（10.86）可得

$$\mathrm{range}\left\{(\tilde{\boldsymbol{\Phi}}_{\mathrm{ts}}^{(1)}(\boldsymbol{s}))^{1/2}\begin{bmatrix}\dfrac{\partial\tilde{\boldsymbol{g}}}{\partial\boldsymbol{u}^{\mathrm{T}}} & \dfrac{\partial\tilde{\boldsymbol{g}}}{\partial\boldsymbol{s}^{\mathrm{T}}}\end{bmatrix}\right\}=(\mathrm{range}\{(\tilde{\boldsymbol{\Phi}}_{\mathrm{ts}}^{(1)}(\boldsymbol{s}))^{-1/2}\tilde{\boldsymbol{\Lambda}}\tilde{\boldsymbol{g}}\})^{\perp} \tag{10.87}$$

于是根据正交投影矩阵的定义和命题 2.8 可知

$$\begin{aligned}&\boldsymbol{\Pi}^{\perp}[(\tilde{\boldsymbol{\Phi}}_{\mathrm{ts}}^{(1)}(\boldsymbol{s}))^{-1/2}\tilde{\boldsymbol{\Lambda}}\tilde{\boldsymbol{g}}]\\&=\boldsymbol{\Pi}\left[(\tilde{\boldsymbol{\Phi}}_{\mathrm{ts}}^{(1)}(\boldsymbol{s}))^{1/2}\begin{bmatrix}\dfrac{\partial\tilde{\boldsymbol{g}}}{\partial\boldsymbol{u}^{\mathrm{T}}} & \dfrac{\partial\tilde{\boldsymbol{g}}}{\partial\boldsymbol{s}^{\mathrm{T}}}\end{bmatrix}\right]\\&=(\tilde{\boldsymbol{\Phi}}_{\mathrm{ts}}^{(1)}(\boldsymbol{s}))^{1/2}\begin{bmatrix}\dfrac{\partial\tilde{\boldsymbol{g}}}{\partial\boldsymbol{u}^{\mathrm{T}}} & \dfrac{\partial\tilde{\boldsymbol{g}}}{\partial\boldsymbol{s}^{\mathrm{T}}}\end{bmatrix}\\&\quad\times\left(\begin{bmatrix}\left(\dfrac{\partial\tilde{\boldsymbol{g}}}{\partial\boldsymbol{u}^{\mathrm{T}}}\right)^{\mathrm{T}}\\\left(\dfrac{\partial\tilde{\boldsymbol{g}}}{\partial\boldsymbol{s}^{\mathrm{T}}}\right)^{\mathrm{T}}\end{bmatrix}\tilde{\boldsymbol{\Phi}}_{\mathrm{ts}}^{(1)}(\boldsymbol{s})\begin{bmatrix}\dfrac{\partial\tilde{\boldsymbol{g}}}{\partial\boldsymbol{u}^{\mathrm{T}}} & \dfrac{\partial\tilde{\boldsymbol{g}}}{\partial\boldsymbol{s}^{\mathrm{T}}}\end{bmatrix}\right)^{-1}\begin{bmatrix}\left(\dfrac{\partial\tilde{\boldsymbol{g}}}{\partial\boldsymbol{u}^{\mathrm{T}}}\right)^{\mathrm{T}}\\\left(\dfrac{\partial\tilde{\boldsymbol{g}}}{\partial\boldsymbol{s}^{\mathrm{T}}}\right)^{\mathrm{T}}\end{bmatrix}(\tilde{\boldsymbol{\Phi}}_{\mathrm{ts}}^{(1)}(\boldsymbol{s}))^{1/2}\end{aligned} \tag{10.88}$$

将式（10.88）代入式（10.83）中可得

$$\begin{aligned}\mathbf{MSE}\left(\begin{bmatrix}\hat{\boldsymbol{u}}_{\mathrm{q}}^{(1)}\\\hat{\boldsymbol{s}}_{\mathrm{q}}^{(1)}\end{bmatrix}\right)&=\begin{bmatrix}\boldsymbol{I}_3 & \boldsymbol{O}_{3\times1} & \boldsymbol{O}_{3\times3M}\\\boldsymbol{O}_{3M\times3} & \boldsymbol{O}_{3M\times1} & \boldsymbol{I}_{3M}\end{bmatrix}\begin{bmatrix}\dfrac{\partial\tilde{\boldsymbol{g}}}{\partial\boldsymbol{u}^{\mathrm{T}}} & \dfrac{\partial\tilde{\boldsymbol{g}}}{\partial\boldsymbol{s}^{\mathrm{T}}}\end{bmatrix}\\&\quad\times\left(\begin{bmatrix}\left(\dfrac{\partial\tilde{\boldsymbol{g}}}{\partial\boldsymbol{u}^{\mathrm{T}}}\right)^{\mathrm{T}}\\\left(\dfrac{\partial\tilde{\boldsymbol{g}}}{\partial\boldsymbol{s}^{\mathrm{T}}}\right)^{\mathrm{T}}\end{bmatrix}\tilde{\boldsymbol{\Phi}}_{\mathrm{ts}}^{(1)}(\boldsymbol{s})\begin{bmatrix}\dfrac{\partial\tilde{\boldsymbol{g}}}{\partial\boldsymbol{u}^{\mathrm{T}}} & \dfrac{\partial\tilde{\boldsymbol{g}}}{\partial\boldsymbol{s}^{\mathrm{T}}}\end{bmatrix}\right)^{-1}\begin{bmatrix}\left(\dfrac{\partial\tilde{\boldsymbol{g}}}{\partial\boldsymbol{u}^{\mathrm{T}}}\right)^{\mathrm{T}}\\\left(\dfrac{\partial\tilde{\boldsymbol{g}}}{\partial\boldsymbol{s}^{\mathrm{T}}}\right)^{\mathrm{T}}\end{bmatrix}\begin{bmatrix}\boldsymbol{I}_3 & \boldsymbol{O}_{3\times3M}\\\boldsymbol{O}_{1\times3} & \boldsymbol{O}_{1\times3M}\\\boldsymbol{O}_{3M\times3} & \boldsymbol{I}_{3M}\end{bmatrix}\end{aligned} \tag{10.89}$$

由式（10.85）可知

$$\begin{bmatrix}\left(\dfrac{\partial\tilde{\boldsymbol{g}}}{\partial\boldsymbol{u}^{\mathrm{T}}}\right)^{\mathrm{T}}\\\left(\dfrac{\partial\tilde{\boldsymbol{g}}}{\partial\boldsymbol{s}^{\mathrm{T}}}\right)^{\mathrm{T}}\end{bmatrix}\begin{bmatrix}\boldsymbol{I}_3 & \boldsymbol{O}_{3\times3M}\\\boldsymbol{O}_{1\times3} & \boldsymbol{O}_{1\times3M}\\\boldsymbol{O}_{3M\times3} & \boldsymbol{I}_{3M}\end{bmatrix}=\boldsymbol{I}_{3M+3} \tag{10.90}$$

将式（10.90）代入式（10.89）中可得

$$\mathbf{MSE}\left(\begin{bmatrix}\hat{\boldsymbol{u}}_{\mathrm{q}}^{(1)}\\\hat{\boldsymbol{s}}_{\mathrm{q}}^{(1)}\end{bmatrix}\right)=\left(\begin{bmatrix}\left(\dfrac{\partial\tilde{\boldsymbol{g}}}{\partial\boldsymbol{u}^{\mathrm{T}}}\right)^{\mathrm{T}}\\\left(\dfrac{\partial\tilde{\boldsymbol{g}}}{\partial\boldsymbol{s}^{\mathrm{T}}}\right)^{\mathrm{T}}\end{bmatrix}\tilde{\boldsymbol{\Phi}}_{\mathrm{ts}}^{(1)}(\boldsymbol{s})\begin{bmatrix}\dfrac{\partial\tilde{\boldsymbol{g}}}{\partial\boldsymbol{u}^{\mathrm{T}}} & \dfrac{\partial\tilde{\boldsymbol{g}}}{\partial\boldsymbol{s}^{\mathrm{T}}}\end{bmatrix}\right)^{-1} \tag{10.91}$$

再将式（10.76）中的第 1 式代入式（10.91）中，并且利用式（10.85）可得

$$\mathbf{MSE}\left(\begin{bmatrix}\hat{\boldsymbol{u}}_{\mathrm{q}}^{(1)}\\ \hat{\boldsymbol{s}}_{\mathrm{q}}^{(1)}\end{bmatrix}\right)=\left(\left[\begin{array}{c|c}\left(\dfrac{\partial \boldsymbol{g}}{\partial \boldsymbol{u}^{\mathrm{T}}}\right)^{\mathrm{T}}(\boldsymbol{T}_2^{(1)}(\boldsymbol{s}))^{\mathrm{T}}(\boldsymbol{W}^{(1)}(\boldsymbol{s}))^{\mathrm{T}}\boldsymbol{H}_1^{(1)}(\boldsymbol{s}) & \boldsymbol{O}_{3\times 3M}\\ \hline \left(\dfrac{\partial \boldsymbol{g}}{\partial \boldsymbol{s}^{\mathrm{T}}}\right)^{\mathrm{T}}(\boldsymbol{T}_2^{(1)}(\boldsymbol{s}))^{\mathrm{T}}(\boldsymbol{W}^{(1)}(\boldsymbol{s}))^{\mathrm{T}}\boldsymbol{H}_1^{(1)}(\boldsymbol{s}) & \boldsymbol{I}_{3M}\end{array}\right](\tilde{\boldsymbol{\Omega}}_{\mathrm{ts}}^{(1)})^{-1}\times\left[\begin{array}{c|c}(\boldsymbol{H}_1^{(1)}(\boldsymbol{s}))^{\mathrm{T}}\boldsymbol{W}^{(1)}(\boldsymbol{s})\boldsymbol{T}_2^{(1)}(\boldsymbol{s})\dfrac{\partial \boldsymbol{g}}{\partial \boldsymbol{u}^{\mathrm{T}}} & (\boldsymbol{H}_1^{(1)}(\boldsymbol{s}))^{\mathrm{T}}\boldsymbol{W}^{(1)}(\boldsymbol{s})\boldsymbol{T}_2^{(1)}(\boldsymbol{s})\dfrac{\partial \boldsymbol{g}}{\partial \boldsymbol{s}^{\mathrm{T}}}\\ \hline \boldsymbol{O}_{3M\times 3} & \boldsymbol{I}_{3M}\end{array}\right]\right)^{-1} \tag{10.92}$$

附录 G.5 中将证明

$$\begin{aligned}&(\tilde{\boldsymbol{\Omega}}_{\mathrm{ts}}^{(1)})^{-1}\\&=\left[\begin{array}{c|c}((\boldsymbol{B}_{\mathrm{t}}^{(1)}(\boldsymbol{g},\boldsymbol{s}))^{\mathrm{T}}\boldsymbol{H}_1^{(1)}(\boldsymbol{s}))^{-1}\boldsymbol{E}_{\mathrm{t}}^{-1}((\boldsymbol{H}_1^{(1)}(\boldsymbol{s}))^{\mathrm{T}}\boldsymbol{B}_{\mathrm{t}}^{(1)}(\boldsymbol{g},\boldsymbol{s}))^{-1} & \begin{array}{l}((\boldsymbol{B}_{\mathrm{t}}^{(1)}(\boldsymbol{g},\boldsymbol{s}))^{\mathrm{T}}\boldsymbol{H}_1^{(1)}(\boldsymbol{s}))^{-1}\boldsymbol{E}_{\mathrm{t}}^{-1}((\boldsymbol{H}_1^{(1)}(\boldsymbol{s}))^{\mathrm{T}}\boldsymbol{B}_{\mathrm{t}}^{(1)}(\boldsymbol{g},\boldsymbol{s}))^{-1}\\ \times(\boldsymbol{H}_1^{(1)}(\boldsymbol{s}))^{\mathrm{T}}\boldsymbol{B}_{\mathrm{s}}^{(1)}(\boldsymbol{g},\boldsymbol{s})\end{array}\\ \hline \begin{array}{l}(\boldsymbol{B}_{\mathrm{s}}^{(1)}(\boldsymbol{g},\boldsymbol{s}))^{\mathrm{T}}\boldsymbol{H}_1^{(1)}(\boldsymbol{s})((\boldsymbol{B}_{\mathrm{t}}^{(1)}(\boldsymbol{g},\boldsymbol{s}))^{\mathrm{T}}\boldsymbol{H}_1^{(1)}(\boldsymbol{s}))^{-1}\boldsymbol{E}_{\mathrm{t}}^{-1}\\ \times((\boldsymbol{H}_1^{(1)}(\boldsymbol{s}))^{\mathrm{T}}\boldsymbol{B}_{\mathrm{t}}^{(1)}(\boldsymbol{g},\boldsymbol{s}))^{-1}\end{array} & \begin{array}{l}(\boldsymbol{B}_{\mathrm{s}}^{(1)}(\boldsymbol{g},\boldsymbol{s}))^{\mathrm{T}}\boldsymbol{H}_1^{(1)}(\boldsymbol{s})((\boldsymbol{B}_{\mathrm{t}}^{(1)}(\boldsymbol{g},\boldsymbol{s}))^{\mathrm{T}}\boldsymbol{H}_1^{(1)}(\boldsymbol{s}))^{-1}\boldsymbol{E}_{\mathrm{t}}^{-1}\\ \times((\boldsymbol{H}_1^{(1)}(\boldsymbol{s}))^{\mathrm{T}}\boldsymbol{B}_{\mathrm{t}}^{(1)}(\boldsymbol{g},\boldsymbol{s}))^{-1}(\boldsymbol{H}_1^{(1)}(\boldsymbol{s}))^{\mathrm{T}}\boldsymbol{B}_{\mathrm{s}}^{(1)}(\boldsymbol{g},\boldsymbol{s})+\boldsymbol{E}_{\mathrm{s}}^{-1}\end{array}\end{array}\right]\end{aligned} \tag{10.93}$$

将式（10.93）代入式（10.92）中可得

$$\mathbf{MSE}\left(\begin{bmatrix}\hat{\boldsymbol{u}}_{\mathrm{q}}^{(1)}\\ \hat{\boldsymbol{s}}_{\mathrm{q}}^{(1)}\end{bmatrix}\right)=\begin{bmatrix}\boldsymbol{Z}_1 & \boldsymbol{Z}_2\\ \boldsymbol{Z}_2^{\mathrm{T}} & \boldsymbol{Z}_3\end{bmatrix}^{-1} \tag{10.94}$$

式中

$$\left\{\begin{aligned}\boldsymbol{Z}_1&=\left(\frac{\partial \boldsymbol{g}}{\partial \boldsymbol{u}^{\mathrm{T}}}\right)^{\mathrm{T}}(\boldsymbol{T}_2^{(1)}(\boldsymbol{s}))^{\mathrm{T}}(\boldsymbol{W}^{(1)}(\boldsymbol{s}))^{\mathrm{T}}\boldsymbol{H}_1^{(1)}(\boldsymbol{s})((\boldsymbol{B}_{\mathrm{t}}^{(1)}(\boldsymbol{g},\boldsymbol{s}))^{\mathrm{T}}\boldsymbol{H}_1^{(1)}(\boldsymbol{s}))^{-1}\boldsymbol{E}_{\mathrm{t}}^{-1}((\boldsymbol{H}_1^{(1)}(\boldsymbol{s}))^{\mathrm{T}}\boldsymbol{B}_{\mathrm{t}}^{(1)}(\boldsymbol{g},\boldsymbol{s}))^{-1}\\&\quad\times(\boldsymbol{H}_1^{(1)}(\boldsymbol{s}))^{\mathrm{T}}\boldsymbol{W}^{(1)}(\boldsymbol{s})\boldsymbol{T}_2^{(1)}(\boldsymbol{s})\frac{\partial \boldsymbol{g}}{\partial \boldsymbol{u}^{\mathrm{T}}}\\ \boldsymbol{Z}_2&=\left(\frac{\partial \boldsymbol{g}}{\partial \boldsymbol{u}^{\mathrm{T}}}\right)^{\mathrm{T}}(\boldsymbol{T}_2^{(1)}(\boldsymbol{s}))^{\mathrm{T}}(\boldsymbol{W}^{(1)}(\boldsymbol{s}))^{\mathrm{T}}\boldsymbol{H}_1^{(1)}(\boldsymbol{s})((\boldsymbol{B}_{\mathrm{t}}^{(1)}(\boldsymbol{g},\boldsymbol{s}))^{\mathrm{T}}\boldsymbol{H}_1^{(1)}(\boldsymbol{s}))^{-1}\boldsymbol{E}_{\mathrm{t}}^{-1}((\boldsymbol{H}_1^{(1)}(\boldsymbol{s}))^{\mathrm{T}}\boldsymbol{B}_{\mathrm{t}}^{(1)}(\boldsymbol{g},\boldsymbol{s}))^{-1}\\&\quad\times(\boldsymbol{H}_1^{(1)}(\boldsymbol{s}))^{\mathrm{T}}\left(\boldsymbol{B}_{\mathrm{s}}^{(1)}(\boldsymbol{g},\boldsymbol{s})+\boldsymbol{W}^{(1)}(\boldsymbol{s})\boldsymbol{T}_2^{(1)}(\boldsymbol{s})\frac{\partial \boldsymbol{g}}{\partial \boldsymbol{s}^{\mathrm{T}}}\right)\\ \boldsymbol{Z}_3&=\left(\boldsymbol{B}_{\mathrm{s}}^{(1)}(\boldsymbol{g},\boldsymbol{s})+\boldsymbol{W}^{(1)}(\boldsymbol{s})\boldsymbol{T}_2^{(1)}(\boldsymbol{s})\frac{\partial \boldsymbol{g}}{\partial \boldsymbol{s}^{\mathrm{T}}}\right)^{\mathrm{T}}\boldsymbol{H}_1^{(1)}(\boldsymbol{s})((\boldsymbol{B}_{\mathrm{t}}^{(1)}(\boldsymbol{g},\boldsymbol{s}))^{\mathrm{T}}\boldsymbol{H}_1^{(1)}(\boldsymbol{s}))^{-1}\boldsymbol{E}_{\mathrm{t}}^{-1}((\boldsymbol{H}_1^{(1)}(\boldsymbol{s}))^{\mathrm{T}}\boldsymbol{B}_{\mathrm{t}}^{(1)}(\boldsymbol{g},\boldsymbol{s}))^{-1}\\&\quad\times(\boldsymbol{H}_1^{(1)}(\boldsymbol{s}))^{\mathrm{T}}\left(\boldsymbol{B}_{\mathrm{s}}^{(1)}(\boldsymbol{g},\boldsymbol{s})+\boldsymbol{W}^{(1)}(\boldsymbol{s})\boldsymbol{T}_2^{(1)}(\boldsymbol{s})\frac{\partial \boldsymbol{g}}{\partial \boldsymbol{s}^{\mathrm{T}}}\right)+\boldsymbol{E}_{\mathrm{s}}^{-1}\end{aligned}\right. \tag{10.95}$$

将等式 $(\boldsymbol{H}_1^{(1)}(\boldsymbol{s}))^{\mathrm{T}}\boldsymbol{B}_{\mathrm{t}}^{(1)}(\boldsymbol{g},\boldsymbol{s})=\boldsymbol{\Sigma}_1^{(1)}(\boldsymbol{s})(\boldsymbol{V}^{(1)}(\boldsymbol{s}))^{\mathrm{T}}$ 代入式（10.95）中，并且利用式（10.44）和式（10.45）可得

$$\begin{cases}\boldsymbol{Z}_1=\left(\dfrac{\partial \boldsymbol{f}_{\mathrm{tdoa}}(\boldsymbol{u},\boldsymbol{s})}{\partial \boldsymbol{u}^{\mathrm{T}}}\right)^{\mathrm{T}}\boldsymbol{E}_{\mathrm{t}}^{-1}\dfrac{\partial \boldsymbol{f}_{\mathrm{tdoa}}(\boldsymbol{u},\boldsymbol{s})}{\partial \boldsymbol{u}^{\mathrm{T}}}\;,\;\boldsymbol{Z}_2=\left(\dfrac{\partial \boldsymbol{f}_{\mathrm{tdoa}}(\boldsymbol{u},\boldsymbol{s})}{\partial \boldsymbol{u}^{\mathrm{T}}}\right)^{\mathrm{T}}\boldsymbol{E}_{\mathrm{t}}^{-1}\dfrac{\partial \boldsymbol{f}_{\mathrm{tdoa}}(\boldsymbol{u},\boldsymbol{s})}{\partial \boldsymbol{s}^{\mathrm{T}}} \\ \boldsymbol{Z}_3=\left(\dfrac{\partial \boldsymbol{f}_{\mathrm{tdoa}}(\boldsymbol{u},\boldsymbol{s})}{\partial \boldsymbol{s}^{\mathrm{T}}}\right)^{\mathrm{T}}\boldsymbol{E}_{\mathrm{t}}^{-1}\dfrac{\partial \boldsymbol{f}_{\mathrm{tdoa}}(\boldsymbol{u},\boldsymbol{s})}{\partial \boldsymbol{s}^{\mathrm{T}}}+\boldsymbol{E}_{\mathrm{s}}^{-1}\end{cases} \tag{10.96}$$

最后将式（10.96）代入式（10.94）中，并根据式（10.81）可得 $\mathbf{MSE}\left(\begin{bmatrix}\hat{\boldsymbol{u}}_{\mathrm{q}}^{(1)}\\ \hat{\boldsymbol{s}}_{\mathrm{q}}^{(1)}\end{bmatrix}\right)=\mathbf{CRB}_{\mathrm{tdoa\text{-}q}}\left(\begin{bmatrix}\boldsymbol{u}\\ \boldsymbol{s}\end{bmatrix}\right)$。证毕。

10.2.5 仿真实验

假设利用 7 个传感器获得的 TDOA 信息（也即距离差信息）对辐射源进行定位，传感器三维位置坐标如表 10.1 所示，距离差观测误差向量 $\boldsymbol{\varepsilon}_{\mathrm{t}}$ 服从均值为零、协方差矩阵为 $\boldsymbol{E}_{\mathrm{t}}=\sigma_{\mathrm{t}}^2(\boldsymbol{I}_{M-1}+\boldsymbol{1}_{(M-1)\times(M-1)})/2$ 的高斯分布。传感器位置向量无法精确获得，仅能得到其先验观测值，并且观测误差 $\boldsymbol{\varepsilon}_{\mathrm{s}}$ 服从均值为零、协方差矩阵为 $\boldsymbol{E}_{\mathrm{s}}=\sigma_{\mathrm{s}}^2\mathrm{blkdiag}\{\boldsymbol{I}_3\,,2\boldsymbol{I}_3\,,3\boldsymbol{I}_3\,,4\boldsymbol{I}_3\,,5\boldsymbol{I}_3\,,8\boldsymbol{I}_3\,,10\boldsymbol{I}_3\}$ 的高斯分布。

表 10.1 传感器三维位置坐标 （单位：m）

传感器序号	1	2	3	4	5	6	7
$x_m^{(\mathrm{s})}$	1500	−2200	2000	1800	−1800	1700	−1800
$y_m^{(\mathrm{s})}$	1700	1800	−1600	2100	−1400	−1500	−1900
$z_m^{(\mathrm{s})}$	1600	1400	1900	−1700	1600	−2300	−2100

首先将辐射源位置向量设为 $\boldsymbol{u}=[6800\;\;6400\;\;6100]^{\mathrm{T}}\,(\mathrm{m})$，将标准差 σ_{t} 和 σ_{s} 分别设为 $\sigma_{\mathrm{t}}=0.5$ 和 $\sigma_{\mathrm{s}}=2$，并且将本节中的方法与 5.2 节中的方法进行比较，图 10.2 给出了定位结果散布图与定位误差椭圆曲线；图 10.3 给出了定位结果散布图与误差概率圆环曲线。

从图 10.2 和图 10.3 中可以看出，在传感器位置误差存在的条件下，本节中的方法比 5.2 节中的方法具有更高的定位精度，前者的椭圆面积和 CEP 半径都要小于后者。

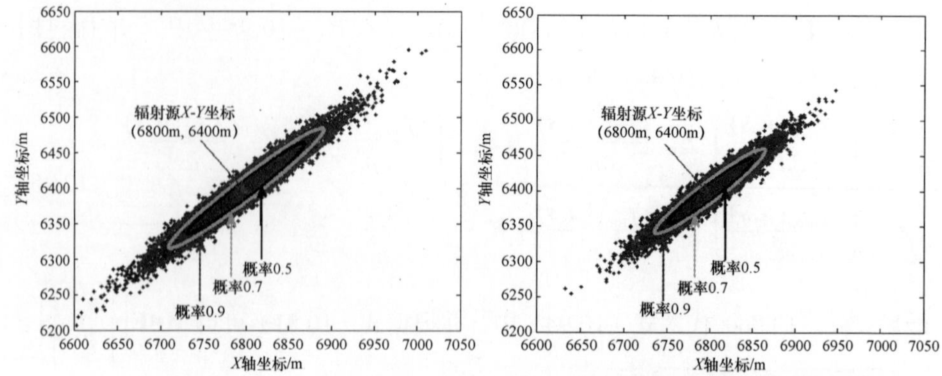

(a) *X*-*Y*坐标平面（5.2节中的方法） (b) *X*-*Y*坐标平面（本节中的方法）

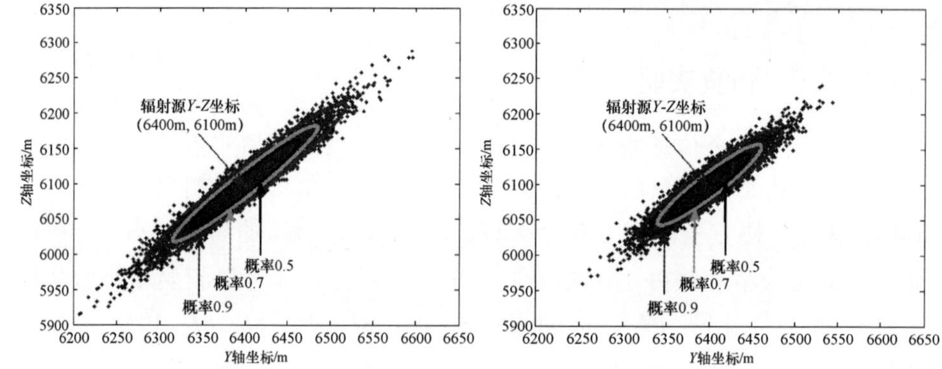

(c) *Y*-*Z*坐标平面（5.2节中的方法） (d) *Y*-*Z*坐标平面（本节中的方法）

图 10.2 定位结果散布图与定位误差椭圆曲线

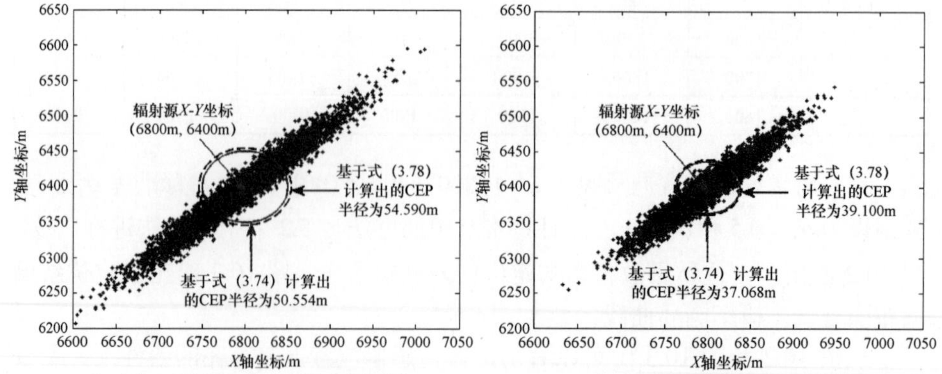

(a) *X*-*Y*坐标平面（5.2节中的方法） (b) *X*-*Y*坐标平面（本节中的方法）

图 10.3 定位结果散布图与误差概率圆环曲线

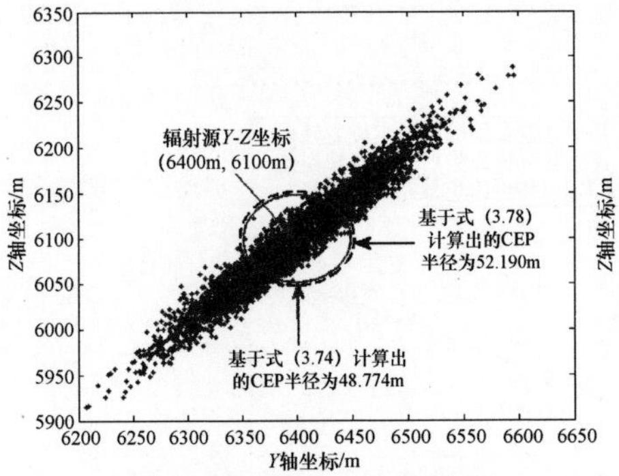

(c) Y-Z坐标平面（5.2节中的方法）

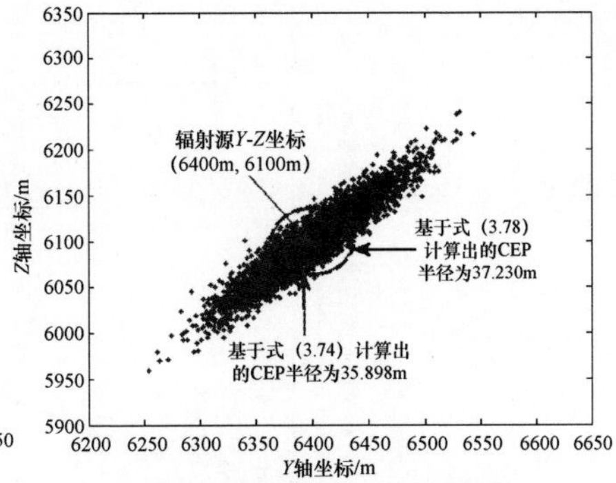

(d) Y-Z坐标平面（本节中的方法）

图 10.3　定位结果散布图与误差概率圆环曲线（续）

然后将辐射源位置向量设为 $\boldsymbol{u}=[5800\ \ 5400\ \ 4500]^{\mathrm{T}}\,(\mathrm{m})$，将标准差 σ_{s} 设为 $\sigma_{\mathrm{s}}=0.6$。改变标准差 σ_{t} 的数值，并且将本节中的方法与 5.2 节中的方法进行比较，图 10.4 给出了辐射源位置估计均方根误差随着标准差 σ_{t} 的变化曲线；图 10.5 给出了传感器位置估计均方根误差随着标准差 σ_{t} 的变化曲线；图 10.6 给出了辐射源定位成功概率随着标准差 σ_{t} 的变化曲线（图中的理论值是根据式（3.29）和式（3.36）计算得出的，其中 $\delta=15\,\mathrm{m}$）。

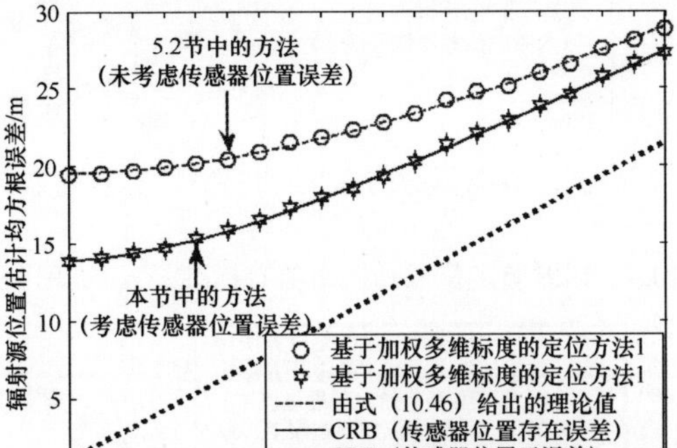

图 10.4　辐射源位置估计均方根误差随着标准差 σ_{t} 的变化曲线

接着将辐射源位置向量设为 $\boldsymbol{u}=[5800\ \ 5400\ \ 4500]^{\mathrm{T}}\,(\mathrm{m})$，将标准差 σ_{t} 设为 $\sigma_{\mathrm{t}}=1$。改变标准差 σ_{s} 的数值，并且将本节中的方法与 5.2 节中的方法进行比较，图 10.7 给出了辐射源位置估计均方根误差随着标准差 σ_{s} 的变化曲线；图 10.8 给出了传感器位置估计均方根误差随着标准差 σ_{s} 的变化曲线；图 10.9 给出了辐射源定位成功概率随着标准差 σ_{s} 的变化曲线（图中的理论值是根据式（3.29）和式（3.36）计算得出的，其中 $\delta=15\,\mathrm{m}$）。

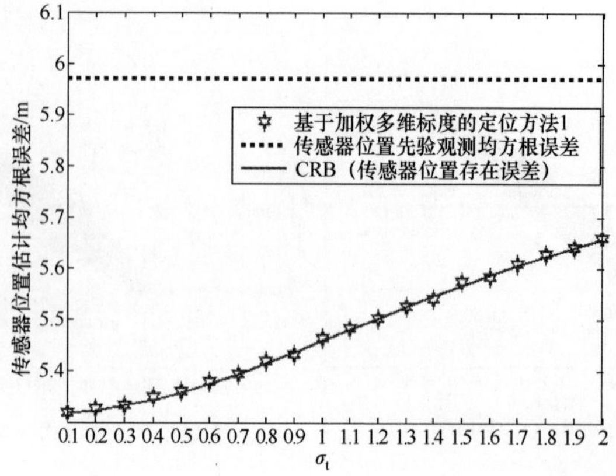

图 10.5　传感器位置估计均方根误差随着标准差 σ_t 的变化曲线

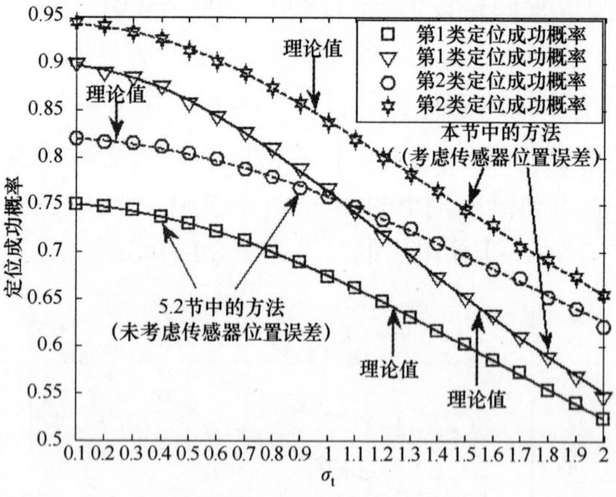

图 10.6　辐射源定位成功概率随着标准差 σ_t 的变化曲线

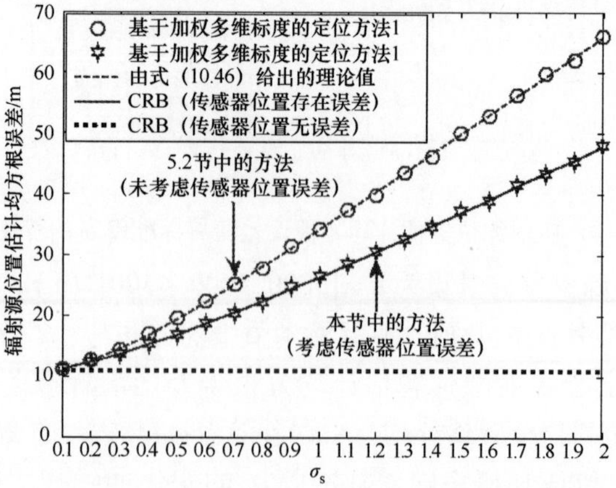

图 10.7　辐射源位置估计均方根误差随着标准差 σ_s 的变化曲线

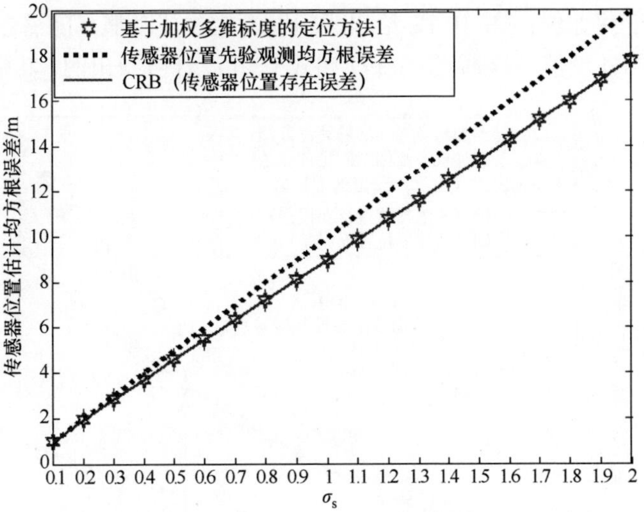

图 10.8　传感器位置估计均方根误差随着标准差 σ_s 的变化曲线

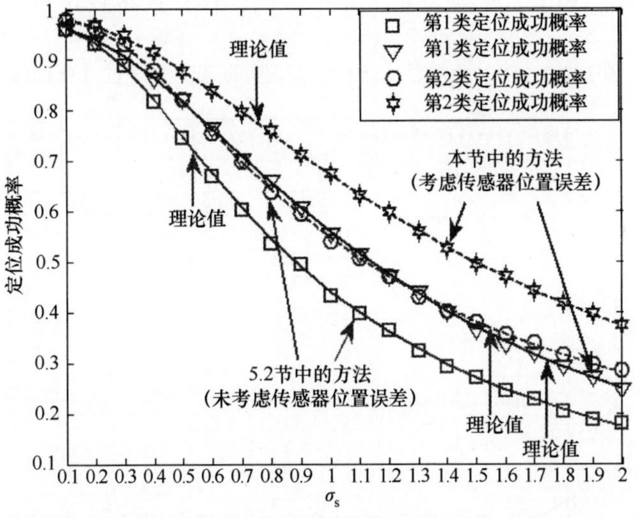

图 10.9　辐射源定位成功概率随着标准差 σ_s 的变化曲线

最后将标准差 σ_t 和 σ_s 分别设为 $\sigma_t=1$ 和 $\sigma_s=1$，将辐射源位置向量设为 $\boldsymbol{u}=[1800\ \ 1900\ \ 1700]^{\mathrm{T}}+[300\ \ 300\ \ 300]^{\mathrm{T}}k\ (\mathrm{m})$①。改变参数 k 的数值，并且将本节中的方法与 5.2 节中的方法进行比较，图 10.10 给出了辐射源位置估计均方根误差随着参数 k 的变化曲线；图 10.11 给出了传感器位置估计均方根误差随

① 参数 k 越大，辐射源与传感器之间的距离越远。

着参数 k 的变化曲线；图 10.12 给出了辐射源定位成功概率随着参数 k 的变化曲线（图中的理论值是根据式（3.29）和式（3.36）计算得出的，其中 $\delta=15\,\text{m}$）。

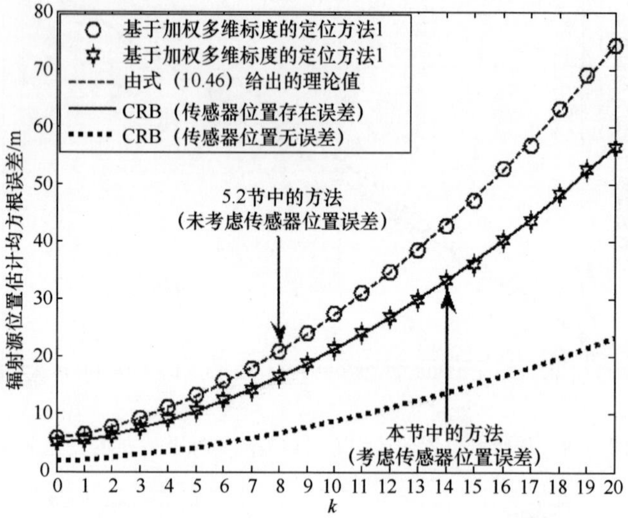

图 10.10　辐射源位置估计均方根误差随着参数 k 的变化曲线

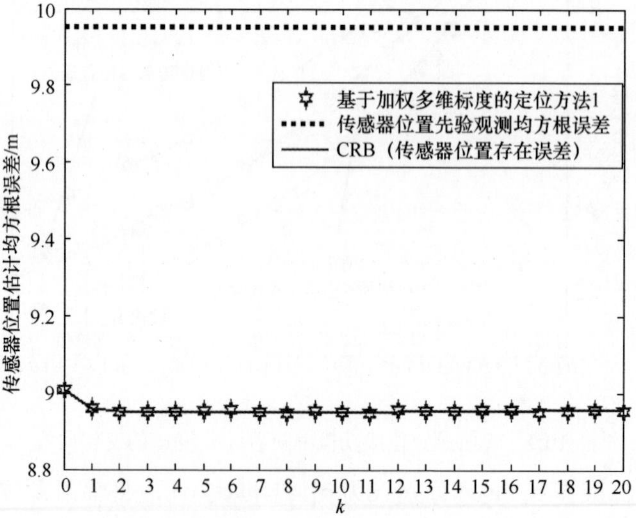

图 10.11　传感器位置估计均方根误差随着参数 k 的变化曲线

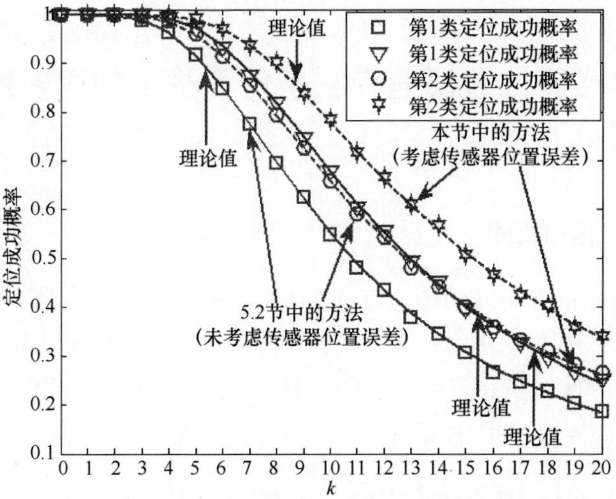

图 10.12　辐射源定位成功概率随着参数 k 的变化曲线

从图 10.4～图 10.12 中可以看出：(1) 在传感器位置误差存在的条件下，本节中的方法比 5.2 节中的方法具有更高的定位精度，并且两者的性能差异随着标准差 σ_t 的增大而减小（见图 10.4 和图 10.6），随着标准差 σ_s 的增大而增大（见图 10.7 和图 10.9）；(2) 在传感器位置误差存在的条件下，通过 5.2 节中的方法得出的辐射源位置估计均方根误差与式（10.46）给出的理论值相吻合（见图 10.4、图 10.7 及图 10.10），这验证了 10.2.2 节理论性能分析的有效性；(3) 在传感器位置误差存在的条件下，通过本节中的方法得出的辐射源位置估计均方根误差可以达到克拉美罗界（见图 10.4、图 10.7 及图 10.10），这验证了 10.2.4 节理论性能分析的有效性；(4) 在传感器位置误差存在的条件下，随着辐射源与传感器距离的增加，两种方法的定位精度都会逐渐降低，并且两者的性能差异也逐渐增大（见图 10.10 和图 10.12）；(5) 在传感器位置误差存在的条件下，利用本节中的方法可以提高对传感器位置的估计精度（相比于先验观测精度而言），并且得出的传感器位置估计均方根误差可以达到克拉美罗界（见图 10.5、图 10.8 及图 10.11），这进一步验证了 10.2.4 节理论性能分析的有效性；(6) 在传感器位置误差存在的条件下，通过本节中的方法得出的辐射源位置估计均方根误差无法达到传感器位置无误差条件下的克拉美罗界（见图 10.4、图 10.7 及图 10.10）；(7) 在传感器位置误差存在的条件下，两种方法的两类定位成功概率的理论值和仿真值相互吻合，并且在相同条件下第 2 类定位成功概率高于第 1 类定位成功概率（见图 10.6、图 10.9 及图 10.12），这验证了 3.2 节理论性能分析的有效性。

10.3 传感器位置误差存在条件下基于加权多维标度的定位方法 2

10.3.1 基础结论

本节中的标量积矩阵的构造方式与 5.3 节中的构造方式是一致的。注意到 5.3 节中的矩阵 $\boldsymbol{W}^{(2)}$、$\hat{\boldsymbol{W}}^{(2)}$、$\boldsymbol{T}^{(2)}$、$\hat{\boldsymbol{T}}^{(2)}$、$\boldsymbol{G}^{(2)}$ 及向量 $\boldsymbol{\beta}^{(2)}(\boldsymbol{g})$ 都与传感器位置向量 $\boldsymbol{s}$ 有关，因此这里将它们分别写为 $\boldsymbol{W}^{(2)}(\boldsymbol{s})$、$\hat{\boldsymbol{W}}^{(2)}(\boldsymbol{s})$、$\boldsymbol{T}^{(2)}(\boldsymbol{s})$、$\hat{\boldsymbol{T}}^{(2)}(\boldsymbol{s})$、$\boldsymbol{G}^{(2)}(\boldsymbol{s})$ 及 $\boldsymbol{\beta}^{(2)}(\boldsymbol{g},\boldsymbol{s})$。首先根据式（5.112）和式（5.113）可以得到如下关系式：

$$\boldsymbol{W}^{(2)}(\boldsymbol{s})\boldsymbol{\beta}^{(2)}(\boldsymbol{g},\boldsymbol{s})=\boldsymbol{W}^{(2)}(\boldsymbol{s})\boldsymbol{T}^{(2)}(\boldsymbol{s})\begin{bmatrix}1\\ \boldsymbol{g}\end{bmatrix}=\boldsymbol{W}^{(2)}(\boldsymbol{s})(\boldsymbol{T}_2^{(2)}(\boldsymbol{s})\boldsymbol{g}+\boldsymbol{t}_1^{(2)}(\boldsymbol{s}))=\boldsymbol{O}_{(M+1)\times 1} \tag{10.97}$$

式中，$\boldsymbol{t}_1^{(2)}(\boldsymbol{s})$ 表示矩阵 $\boldsymbol{T}^{(2)}(\boldsymbol{s})$ 中的第 1 列向量；$\boldsymbol{T}_2^{(2)}(\boldsymbol{s})$ 表示矩阵 $\boldsymbol{T}^{(2)}(\boldsymbol{s})$ 中的第 2～5 列构成的矩阵，于是有 $\boldsymbol{T}^{(2)}(\boldsymbol{s})=\begin{bmatrix}\underbrace{\boldsymbol{t}_1^{(2)}(\boldsymbol{s})}_{(M+1)\times 1} & \underbrace{\boldsymbol{T}_2^{(2)}(\boldsymbol{s})}_{(M+1)\times 4}\end{bmatrix}$。

在实际定位过程中，标量积矩阵 $\boldsymbol{W}^{(2)}(\boldsymbol{s})$ 和传感器位置向量 $\boldsymbol{s}$ 的真实值都是未知的，这必然会在式（10.97）中引入观测误差。基于式（10.97）可以定义误差向量 $\boldsymbol{\delta}_{\text{ts}}^{(2)}=\hat{\boldsymbol{W}}^{(2)}(\hat{\boldsymbol{s}})\hat{\boldsymbol{T}}^{(2)}(\hat{\boldsymbol{s}})\begin{bmatrix}1\\ \boldsymbol{g}\end{bmatrix}$，若忽略误差二阶项，则由式（10.97）可得

$$\begin{aligned}\boldsymbol{\delta}_{\text{ts}}^{(2)}&=(\boldsymbol{W}^{(2)}(\boldsymbol{s})+\Delta\boldsymbol{W}_{\text{ts}}^{(2)})(\boldsymbol{T}^{(2)}(\boldsymbol{s})+\Delta\boldsymbol{T}_{\text{ts}}^{(2)})\begin{bmatrix}1\\ \boldsymbol{g}\end{bmatrix}\\&\approx\Delta\boldsymbol{W}_{\text{ts}}^{(2)}\boldsymbol{T}^{(2)}(\boldsymbol{s})\begin{bmatrix}1\\ \boldsymbol{g}\end{bmatrix}+\boldsymbol{W}^{(2)}(\boldsymbol{s})\Delta\boldsymbol{T}_{\text{ts}}^{(2)}\begin{bmatrix}1\\ \boldsymbol{g}\end{bmatrix}\\&=\Delta\boldsymbol{W}_{\text{ts}}^{(2)}\boldsymbol{\beta}^{(2)}(\boldsymbol{g},\boldsymbol{s})+\boldsymbol{W}^{(2)}(\boldsymbol{s})\Delta\boldsymbol{T}_{\text{ts}}^{(2)}\begin{bmatrix}1\\ \boldsymbol{g}\end{bmatrix}\end{aligned} \tag{10.98}$$

式中，$\Delta\boldsymbol{W}_{\text{ts}}^{(2)}$ 和 $\Delta\boldsymbol{T}_{\text{ts}}^{(2)}$ 分别表示 $\hat{\boldsymbol{W}}^{(2)}(\hat{\boldsymbol{s}})$ 和 $\hat{\boldsymbol{T}}^{(2)}(\hat{\boldsymbol{s}})$ 中的误差矩阵，即有 $\Delta\boldsymbol{W}_{\text{ts}}^{(2)}=\hat{\boldsymbol{W}}^{(2)}(\hat{\boldsymbol{s}})-\boldsymbol{W}^{(2)}(\boldsymbol{s})$ 和 $\Delta\boldsymbol{T}_{\text{ts}}^{(2)}=\hat{\boldsymbol{T}}^{(2)}(\hat{\boldsymbol{s}})-\boldsymbol{T}^{(2)}(\boldsymbol{s})$。若忽略观测误差 $\boldsymbol{\varepsilon}_{\text{t}}$ 和 $\boldsymbol{\varepsilon}_{\text{s}}$ 的二阶及其以上各阶项，则基于式（5.114）和式（5.115）可以将误差矩阵 $\Delta\boldsymbol{W}_{\text{ts}}^{(2)}$ 和 $\Delta\boldsymbol{T}_{\text{ts}}^{(2)}$ 分别近似表示为

$$\Delta \boldsymbol{W}_{\rm ts}^{(2)}$$
$$\approx \boldsymbol{L}_M \begin{bmatrix} 0 & 0 & 0 & \cdots & 0 \\ 0 & (\rho_1-\rho_1)(\varepsilon_{\rm t1}-\varepsilon_{\rm t1}) & (\rho_1-\rho_2)(\varepsilon_{\rm t1}-\varepsilon_{\rm t2}) & \cdots & (\rho_1-\rho_M)(\varepsilon_{\rm t1}-\varepsilon_{{\rm t}M}) \\ 0 & (\rho_1-\rho_2)(\varepsilon_{\rm t1}-\varepsilon_{\rm t2}) & (\rho_2-\rho_2)(\varepsilon_{\rm t2}-\varepsilon_{\rm t2}) & \cdots & (\rho_2-\rho_M)(\varepsilon_{\rm t2}-\varepsilon_{{\rm t}M}) \\ \vdots & \vdots & \vdots & \ddots & \vdots \\ 0 & (\rho_1-\rho_M)(\varepsilon_{\rm t1}-\varepsilon_{{\rm t}M}) & (\rho_2-\rho_M)(\varepsilon_{\rm t2}-\varepsilon_{{\rm t}M}) & \cdots & (\rho_M-\rho_M)(\varepsilon_{{\rm t}M}-\varepsilon_{{\rm t}M}) \end{bmatrix} \boldsymbol{L}_M$$
$$-\boldsymbol{L}_M \begin{bmatrix} 0 & 0 & 0 & \cdots & 0 \\ 0 & (\boldsymbol{s}_1-\boldsymbol{s}_1)^{\rm T}(\boldsymbol{\varepsilon}_{\rm s1}-\boldsymbol{\varepsilon}_{\rm s1}) & (\boldsymbol{s}_1-\boldsymbol{s}_2)^{\rm T}(\boldsymbol{\varepsilon}_{\rm s1}-\boldsymbol{\varepsilon}_{\rm s2}) & \cdots & (\boldsymbol{s}_1-\boldsymbol{s}_M)^{\rm T}(\boldsymbol{\varepsilon}_{\rm s1}-\boldsymbol{\varepsilon}_{{\rm s}M}) \\ 0 & (\boldsymbol{s}_1-\boldsymbol{s}_2)^{\rm T}(\boldsymbol{\varepsilon}_{\rm s1}-\boldsymbol{\varepsilon}_{\rm s2}) & (\boldsymbol{s}_2-\boldsymbol{s}_2)^{\rm T}(\boldsymbol{\varepsilon}_{\rm s2}-\boldsymbol{\varepsilon}_{\rm s2}) & \cdots & (\boldsymbol{s}_2-\boldsymbol{s}_M)^{\rm T}(\boldsymbol{\varepsilon}_{\rm s2}-\boldsymbol{\varepsilon}_{{\rm s}M}) \\ \vdots & \vdots & \vdots & \ddots & \vdots \\ 0 & (\boldsymbol{s}_1-\boldsymbol{s}_M)^{\rm T}(\boldsymbol{\varepsilon}_{\rm s1}-\boldsymbol{\varepsilon}_{{\rm s}M}) & (\boldsymbol{s}_2-\boldsymbol{s}_M)^{\rm T}(\boldsymbol{\varepsilon}_{\rm s2}-\boldsymbol{\varepsilon}_{{\rm s}M}) & \cdots & (\boldsymbol{s}_M-\boldsymbol{s}_M)^{\rm T}(\boldsymbol{\varepsilon}_{{\rm s}M}-\boldsymbol{\varepsilon}_{{\rm s}M}) \end{bmatrix} \boldsymbol{L}_M \tag{10.99}$$

$$\begin{aligned} \Delta \boldsymbol{T}_{\rm ts}^{(2)} \approx{}& [\boldsymbol{O}_{(M+1)\times 1}\ \ \Delta \boldsymbol{G}_{\rm ts}^{(2)}] \begin{bmatrix} \boldsymbol{n}_M^{\rm T}\boldsymbol{n}_M & \boldsymbol{n}_M^{\rm T}\boldsymbol{G}^{(2)}(\boldsymbol{s}) \\ (\boldsymbol{G}^{(2)}(\boldsymbol{s}))^{\rm T}\boldsymbol{n}_M & (\boldsymbol{G}^{(2)}(\boldsymbol{s}))^{\rm T}\boldsymbol{G}^{(2)}(\boldsymbol{s}) \end{bmatrix}^{-1} \\ & -\boldsymbol{T}^{(2)}(\boldsymbol{s}) \begin{bmatrix} 0 & \boldsymbol{n}_M^{\rm T}\Delta \boldsymbol{G}_{\rm ts}^{(2)} \\ (\Delta \boldsymbol{G}_{\rm ts}^{(2)})^{\rm T}\boldsymbol{n}_M & (\boldsymbol{G}^{(2)}(\boldsymbol{s}))^{\rm T}\Delta \boldsymbol{G}_{\rm ts}^{(2)} + (\Delta \boldsymbol{G}_{\rm ts}^{(2)})^{\rm T}\boldsymbol{G}^{(2)}(\boldsymbol{s}) \end{bmatrix} \\ & \times \begin{bmatrix} \boldsymbol{n}_M^{\rm T}\boldsymbol{n}_M & \boldsymbol{n}_M^{\rm T}\boldsymbol{G}^{(2)}(\boldsymbol{s}) \\ (\boldsymbol{G}^{(2)}(\boldsymbol{s}))^{\rm T}\boldsymbol{n}_M & (\boldsymbol{G}^{(2)}(\boldsymbol{s}))^{\rm T}\boldsymbol{G}^{(2)}(\boldsymbol{s}) \end{bmatrix}^{-1} \end{aligned} \tag{10.100}$$

式中

$$\Delta \boldsymbol{G}_{\rm ts}^{(2)} = \begin{bmatrix} \boldsymbol{O}_{1\times 3} & 0 \\ \boldsymbol{\varepsilon}_{\rm s1}^{\rm T} & \varepsilon_{\rm t1} \\ \boldsymbol{\varepsilon}_{\rm s2}^{\rm T} & \varepsilon_{\rm t2} \\ \vdots & \vdots \\ \boldsymbol{\varepsilon}_{{\rm s}M}^{\rm T} & \varepsilon_{{\rm t}M} \end{bmatrix} - \frac{1}{M+1}\sum_{m=1}^{M} \boldsymbol{1}_{(M+1)\times 1}[\boldsymbol{\varepsilon}_{{\rm s}m}^{\rm T}\ \ \varepsilon_{{\rm t}m}] \tag{10.101}$$

将式（10.99）和式（10.100）代入式（10.98）中可得

$$\boldsymbol{\delta}_{\rm ts}^{(2)} \approx \boldsymbol{B}_{\rm t}^{(2)}(\boldsymbol{g},\boldsymbol{s})\boldsymbol{\varepsilon}_{\rm t} + \boldsymbol{B}_{\rm s}^{(2)}(\boldsymbol{g},\boldsymbol{s})\boldsymbol{\varepsilon}_{\rm s} \tag{10.102}$$

式中

$$\begin{aligned} \boldsymbol{B}_{\rm t}^{(2)}(\boldsymbol{g},\boldsymbol{s}) &= \boldsymbol{B}_{\rm t1}^{(2)}(\boldsymbol{g},\boldsymbol{s}) + \boldsymbol{B}_{\rm t2}^{(2)}(\boldsymbol{g},\boldsymbol{s}) \in \mathbf{R}^{(M+1)\times(M-1)} \\ \boldsymbol{B}_{\rm s}^{(2)}(\boldsymbol{g},\boldsymbol{s}) &= \boldsymbol{B}_{\rm s1}^{(2)}(\boldsymbol{g},\boldsymbol{s}) + \boldsymbol{B}_{\rm s2}^{(2)}(\boldsymbol{g},\boldsymbol{s}) \in \mathbf{R}^{(M+1)\times 3M} \end{aligned} \tag{10.103}$$

$$\begin{cases} \boldsymbol{B}_{\rm t1}^{(2)}(\boldsymbol{g},\boldsymbol{s}) = ((\boldsymbol{L}_M\boldsymbol{\beta}^{(2)}(\boldsymbol{g},\boldsymbol{s}))^{\rm T} \otimes \boldsymbol{L}_M) \\ \qquad \times \begin{bmatrix} \boldsymbol{O}_{(M+1)\times M} \\ \mathrm{diag}[\overline{\boldsymbol{\rho}}] \otimes \overline{\boldsymbol{I}}_{M\times 1} + \boldsymbol{1}_{M\times 1} \otimes (\overline{\boldsymbol{I}}_M \mathrm{diag}[\overline{\boldsymbol{\rho}}]) - \boldsymbol{I}_M \otimes (\overline{\boldsymbol{I}}_M \overline{\boldsymbol{\rho}}) - \overline{\boldsymbol{\rho}} \otimes \overline{\boldsymbol{I}}_M \end{bmatrix} \overline{\boldsymbol{I}}_{M-1} \\ \boldsymbol{B}_{\rm s1}^{(2)}(\boldsymbol{g},\boldsymbol{s}) = -((\boldsymbol{L}_M\boldsymbol{\beta}^{(2)}(\boldsymbol{g},\boldsymbol{s}))^{\rm T} \otimes \boldsymbol{L}_M)\overline{\boldsymbol{S}}_{\rm blk}^{(2)} \end{cases} \tag{10.104}$$

$$\begin{cases}\boldsymbol{B}_{\text{t2}}^{(2)}(\boldsymbol{g},\boldsymbol{s})=\boldsymbol{W}^{(2)}(\boldsymbol{s})\left(\boldsymbol{J}_{\text{t1}}^{(2)}(\boldsymbol{g},\boldsymbol{s})-\boldsymbol{T}^{(2)}(\boldsymbol{s})\begin{bmatrix}\boldsymbol{n}_M^{\text{T}}\boldsymbol{J}_{\text{t1}}^{(2)}(\boldsymbol{g},\boldsymbol{s})\\(\boldsymbol{G}^{(2)}(\boldsymbol{s}))^{\text{T}}\boldsymbol{J}_{\text{t1}}^{(2)}(\boldsymbol{g},\boldsymbol{s})+\boldsymbol{J}_{\text{t2}}^{(2)}(\boldsymbol{g},\boldsymbol{s})\end{bmatrix}\right)\\ \boldsymbol{B}_{\text{s2}}^{(2)}(\boldsymbol{g},\boldsymbol{s})=\boldsymbol{W}^{(2)}(\boldsymbol{s})\left(\boldsymbol{J}_{\text{s1}}^{(2)}(\boldsymbol{g},\boldsymbol{s})-\boldsymbol{T}^{(2)}(\boldsymbol{s})\begin{bmatrix}\boldsymbol{n}_M^{\text{T}}\boldsymbol{J}_{\text{s1}}^{(2)}(\boldsymbol{g},\boldsymbol{s})\\(\boldsymbol{G}^{(2)}(\boldsymbol{s}))^{\text{T}}\boldsymbol{J}_{\text{s1}}^{(2)}(\boldsymbol{g},\boldsymbol{s})+\boldsymbol{J}_{\text{s2}}^{(2)}(\boldsymbol{g},\boldsymbol{s})\end{bmatrix}\right)\end{cases} \tag{10.105}$$

其中

$$\boldsymbol{J}_{\text{t1}}^{(2)}(\boldsymbol{g},\boldsymbol{s})=<\boldsymbol{\alpha}_2^{(2)}(\boldsymbol{g},\boldsymbol{s})>_4\left(\boldsymbol{I}_{M+1}-\frac{1}{M+1}\boldsymbol{1}_{(M+1)\times(M+1)}\right)\tilde{\boldsymbol{I}}_{M-1} \tag{10.106}$$

$$\begin{aligned}\boldsymbol{J}_{\text{s1}}^{(2)}(\boldsymbol{g},\boldsymbol{s})=&\begin{bmatrix}\boldsymbol{O}_{1\times 3M}\\ \boldsymbol{I}_M\otimes([\boldsymbol{I}_3\ \ \boldsymbol{O}_{3\times1}]\boldsymbol{\alpha}_2^{(2)}(\boldsymbol{g},\boldsymbol{s}))^{\text{T}}\end{bmatrix}\\&-\frac{1}{M+1}\boldsymbol{1}_{(M+1)\times1}(\boldsymbol{1}_{M\times1}\otimes([\boldsymbol{I}_3\ \ \boldsymbol{O}_{3\times1}]\boldsymbol{\alpha}_2^{(2)}(\boldsymbol{g},\boldsymbol{s})))^{\text{T}}\end{aligned} \tag{10.107}$$

$$\boldsymbol{J}_{\text{t2}}^{(2)}(\boldsymbol{g},\boldsymbol{s})=\begin{bmatrix}\boldsymbol{O}_{3\times(M+1)}\\([\boldsymbol{n}_M\ \ \boldsymbol{G}^{(2)}(\boldsymbol{s})]\boldsymbol{\alpha}^{(2)}(\boldsymbol{g},\boldsymbol{s}))^{\text{T}}\left(\boldsymbol{I}_{M+1}-\frac{1}{M+1}\boldsymbol{1}_{(M+1)\times(M+1)}\right)\end{bmatrix}\tilde{\boldsymbol{I}}_{M-1} \tag{10.108}$$

$$\boldsymbol{J}_{\text{s2}}^{(2)}(\boldsymbol{g},\boldsymbol{s})=\begin{bmatrix}\left(\left([\boldsymbol{O}_{M\times1}\ \ \boldsymbol{I}_M]-\frac{1}{M+1}\boldsymbol{1}_{M\times(M+1)}\right)[\boldsymbol{n}_M\ \ \boldsymbol{G}^{(2)}(\boldsymbol{s})]\boldsymbol{\alpha}^{(2)}(\boldsymbol{g},\boldsymbol{s})\right)^{\text{T}}\otimes\boldsymbol{I}_3\\ \boldsymbol{O}_{1\times3M}\end{bmatrix} \tag{10.109}$$

$$\boldsymbol{\alpha}^{(2)}(\boldsymbol{g},\boldsymbol{s})=\begin{bmatrix}\boldsymbol{n}_M^{\text{T}}\boldsymbol{n}_M & \boldsymbol{n}_M^{\text{T}}\boldsymbol{G}^{(2)}(\boldsymbol{s})\\(\boldsymbol{G}^{(2)}(\boldsymbol{s}))^{\text{T}}\boldsymbol{n}_M & (\boldsymbol{G}^{(2)}(\boldsymbol{s}))^{\text{T}}\boldsymbol{G}^{(2)}(\boldsymbol{s})\end{bmatrix}^{-1}\begin{bmatrix}1\\ \boldsymbol{g}\end{bmatrix}=\begin{bmatrix}\underbrace{\alpha_1^{(2)}(\boldsymbol{g},\boldsymbol{s})}_{1\times1}\\ \underbrace{\boldsymbol{\alpha}_2^{(2)}(\boldsymbol{g},\boldsymbol{s})}_{4\times1}\end{bmatrix} \tag{10.110}$$

$$\bar{\boldsymbol{1}}_{M\times1}=\begin{bmatrix}0\\ \boldsymbol{1}_{M\times1}\end{bmatrix},\ \bar{\boldsymbol{I}}_M=\begin{bmatrix}\boldsymbol{O}_{1\times M}\\ \boldsymbol{I}_M\end{bmatrix},\ \tilde{\boldsymbol{I}}_{M-1}=\begin{bmatrix}\boldsymbol{O}_{2\times(M-1)}\\ \boldsymbol{I}_{M-1}\end{bmatrix} \tag{10.111}$$

$$\begin{aligned}&\bar{\boldsymbol{S}}_{\text{blk}}^{(2)}\\&=\left[\begin{array}{c}\boldsymbol{O}_{(M+1)\times3M}\\ \hdashline \text{blkdiag}\left\{\begin{bmatrix}\boldsymbol{O}_{1\times3}\\(\boldsymbol{s}_1-\boldsymbol{s}_1)^{\text{T}}\\(\boldsymbol{s}_1-\boldsymbol{s}_2)^{\text{T}}\\ \vdots\\(\boldsymbol{s}_1-\boldsymbol{s}_M)^{\text{T}}\end{bmatrix},\begin{bmatrix}\boldsymbol{O}_{1\times3}\\(\boldsymbol{s}_2-\boldsymbol{s}_1)^{\text{T}}\\(\boldsymbol{s}_2-\boldsymbol{s}_2)^{\text{T}}\\ \vdots\\(\boldsymbol{s}_2-\boldsymbol{s}_M)^{\text{T}}\end{bmatrix},\cdots,\begin{bmatrix}\boldsymbol{O}_{1\times3}\\(\boldsymbol{s}_M-\boldsymbol{s}_1)^{\text{T}}\\(\boldsymbol{s}_M-\boldsymbol{s}_2)^{\text{T}}\\ \vdots\\(\boldsymbol{s}_M-\boldsymbol{s}_M)^{\text{T}}\end{bmatrix}\right\}-\begin{bmatrix}\text{blkdiag}\{\boldsymbol{O}_{1\times3},(\boldsymbol{s}_1-\boldsymbol{s}_1)^{\text{T}},(\boldsymbol{s}_1-\boldsymbol{s}_2)^{\text{T}},\cdots,(\boldsymbol{s}_1-\boldsymbol{s}_M)^{\text{T}}\}\\ \text{blkdiag}\{\boldsymbol{O}_{1\times3},(\boldsymbol{s}_2-\boldsymbol{s}_1)^{\text{T}},(\boldsymbol{s}_2-\boldsymbol{s}_2)^{\text{T}},\cdots,(\boldsymbol{s}_2-\boldsymbol{s}_M)^{\text{T}}\}\\ \vdots\\ \text{blkdiag}\{\boldsymbol{O}_{1\times3},(\boldsymbol{s}_M-\boldsymbol{s}_1)^{\text{T}},(\boldsymbol{s}_M-\boldsymbol{s}_2)^{\text{T}},\cdots,(\boldsymbol{s}_M-\boldsymbol{s}_M)^{\text{T}}\}\end{bmatrix}\end{array}\right]\end{aligned} \tag{10.112}$$

式（10.102）的推导见附录 G.6。由式（10.102）可知，误差向量 $\boldsymbol{\delta}_{\mathrm{ts}}^{(2)}$ 渐近服从零均值的高斯分布，并且其协方差矩阵为

$$\begin{aligned}\boldsymbol{\Omega}_{\mathrm{ts}}^{(2)} &= \mathbf{cov}(\boldsymbol{\delta}_{\mathrm{ts}}^{(2)}) = \mathrm{E}[\boldsymbol{\delta}_{\mathrm{ts}}^{(2)}\boldsymbol{\delta}_{\mathrm{ts}}^{(2)\mathrm{T}}] \\ &\approx \boldsymbol{B}_{\mathrm{t}}^{(2)}(\boldsymbol{g},\boldsymbol{s})\cdot\mathrm{E}[\boldsymbol{\varepsilon}_{\mathrm{t}}\boldsymbol{\varepsilon}_{\mathrm{t}}^{\mathrm{T}}]\cdot(\boldsymbol{B}_{\mathrm{t}}^{(2)}(\boldsymbol{g},\boldsymbol{s}))^{\mathrm{T}} + \boldsymbol{B}_{\mathrm{s}}^{(2)}(\boldsymbol{g},\boldsymbol{s})\cdot\mathrm{E}[\boldsymbol{\varepsilon}_{\mathrm{s}}\boldsymbol{\varepsilon}_{\mathrm{s}}^{\mathrm{T}}]\cdot(\boldsymbol{B}_{\mathrm{s}}^{(2)}(\boldsymbol{g},\boldsymbol{s}))^{\mathrm{T}} \\ &= \boldsymbol{B}_{\mathrm{t}}^{(2)}(\boldsymbol{g},\boldsymbol{s})\boldsymbol{E}_{\mathrm{t}}(\boldsymbol{B}_{\mathrm{t}}^{(2)}(\boldsymbol{g},\boldsymbol{s}))^{\mathrm{T}} + \boldsymbol{B}_{\mathrm{s}}^{(2)}(\boldsymbol{g},\boldsymbol{s})\boldsymbol{E}_{\mathrm{s}}(\boldsymbol{B}_{\mathrm{s}}^{(2)}(\boldsymbol{g},\boldsymbol{s}))^{\mathrm{T}} = \boldsymbol{\Omega}_{\mathrm{t}}^{(2)} + \boldsymbol{\Omega}_{\mathrm{s}}^{(2)} \in \mathbf{R}^{(M+1)\times(M+1)}\end{aligned} \tag{10.113}$$

式中

$$\boldsymbol{\Omega}_{\mathrm{t}}^{(2)} = \boldsymbol{B}_{\mathrm{t}}^{(2)}(\boldsymbol{g},\boldsymbol{s})\boldsymbol{E}_{\mathrm{t}}(\boldsymbol{B}_{\mathrm{t}}^{(2)}(\boldsymbol{g},\boldsymbol{s}))^{\mathrm{T}},\ \boldsymbol{\Omega}_{\mathrm{s}}^{(2)} = \boldsymbol{B}_{\mathrm{s}}^{(2)}(\boldsymbol{g},\boldsymbol{s})\boldsymbol{E}_{\mathrm{s}}(\boldsymbol{B}_{\mathrm{s}}^{(2)}(\boldsymbol{g},\boldsymbol{s}))^{\mathrm{T}} \tag{10.114}$$

【注记 10.5】式（5.129）中的误差向量 $\boldsymbol{\delta}_{\mathrm{t}}^{(2)}$ 仅包含观测误差 $\boldsymbol{\varepsilon}_{\mathrm{t}}$，而式（10.102）中的误差向量 $\boldsymbol{\delta}_{\mathrm{ts}}^{(2)}$ 却同时包含观测误差 $\boldsymbol{\varepsilon}_{\mathrm{t}}$ 和 $\boldsymbol{\varepsilon}_{\mathrm{s}}$，这是因为本章考虑了传感器位置误差的影响。

10.3.2　传感器位置误差的影响

5.3 节中利用拉格朗日乘子法给出了未知向量 $\boldsymbol{g}$ 的估计值 $\hat{\boldsymbol{g}}_{\mathrm{p}}^{(2)}$，并由此获得辐射源位置估计值 $\hat{\boldsymbol{u}}_{\mathrm{p}}^{(2)} = [\boldsymbol{I}_3\ \ \boldsymbol{O}_{3\times1}]\hat{\boldsymbol{g}}_{\mathrm{p}}^{(2)}$，其中假设传感器位置精确已知。当传感器位置误差存在时，其定位精度必然会有所下降，下面将定量推导估计值 $\hat{\boldsymbol{u}}_{\mathrm{p}}^{(2)}$ 在此情形下的均方误差矩阵，为此需要首先推导估计值 $\hat{\boldsymbol{g}}_{\mathrm{p}}^{(2)}$ 在此情形下的均方误差矩阵。为了避免符号混淆，这里需要将估计值 $\hat{\boldsymbol{u}}_{\mathrm{p}}^{(2)}$ 和 $\hat{\boldsymbol{g}}_{\mathrm{p}}^{(2)}$ 分别记为 $\hat{\boldsymbol{u}}_{\mathrm{e}}^{(2)}$ 和 $\hat{\boldsymbol{g}}_{\mathrm{e}}^{(2)}$，于是有 $\hat{\boldsymbol{u}}_{\mathrm{e}}^{(2)} = [\boldsymbol{I}_3\ \ \boldsymbol{O}_{3\times1}]\hat{\boldsymbol{g}}_{\mathrm{e}}^{(2)}$。

根据 5.3 节中的讨论可知，首先需要对矩阵 $\boldsymbol{B}_{\mathrm{t}}^{(2)}(\boldsymbol{g},\hat{\boldsymbol{s}})$ 进行奇异值分解，如下式所示：

$$\begin{aligned}\boldsymbol{B}_{\mathrm{t}}^{(2)}(\boldsymbol{g},\hat{\boldsymbol{s}}) &= \boldsymbol{H}^{(2)}(\hat{\boldsymbol{s}})\boldsymbol{\Sigma}^{(2)}(\hat{\boldsymbol{s}})(\boldsymbol{V}^{(2)}(\hat{\boldsymbol{s}}))^{\mathrm{T}} \\ &= \Big[\underbrace{\boldsymbol{H}_1^{(2)}(\hat{\boldsymbol{s}})}_{(M+1)\times(M-1)}\ \ \underbrace{\boldsymbol{H}_2^{(2)}(\hat{\boldsymbol{s}})}_{(M+1)\times2}\Big]\begin{bmatrix}\underbrace{\boldsymbol{\Sigma}_1^{(2)}(\hat{\boldsymbol{s}})}_{(M-1)\times(M-1)} \\ \boldsymbol{O}_{2\times(M-1)}\end{bmatrix}(\boldsymbol{V}^{(2)}(\hat{\boldsymbol{s}}))^{\mathrm{T}} = \boldsymbol{H}_1^{(2)}(\hat{\boldsymbol{s}})\boldsymbol{\Sigma}_1^{(2)}(\hat{\boldsymbol{s}})(\boldsymbol{V}^{(2)}(\hat{\boldsymbol{s}}))^{\mathrm{T}}\end{aligned} \tag{10.115}$$

式中，$\boldsymbol{H}^{(2)}(\hat{\boldsymbol{s}}) = [\boldsymbol{H}_1^{(2)}(\hat{\boldsymbol{s}})\ \ \boldsymbol{H}_2^{(2)}(\hat{\boldsymbol{s}})]$，为 $(M+1)\times(M+1)$ 阶正交矩阵；$\boldsymbol{V}^{(2)}(\hat{\boldsymbol{s}})$ 为 $(M-1)\times(M-1)$ 阶正交矩阵；$\boldsymbol{\Sigma}_1^{(2)}(\hat{\boldsymbol{s}})$ 为 $(M-1)\times(M-1)$ 阶对角矩阵，其中的对角元素为矩阵 $\boldsymbol{B}_{\mathrm{t}}^{(2)}(\boldsymbol{g},\hat{\boldsymbol{s}})$ 的奇异值。由式（5.137）可知，向量 $\hat{\boldsymbol{g}}_{\mathrm{e}}^{(2)}$ 应为如下优化问题的最优解：

$$\begin{cases}\min\limits_{\boldsymbol{g}}\{(\hat{\boldsymbol{W}}^{(2)}(\hat{\boldsymbol{s}})\hat{\boldsymbol{T}}_2^{(2)}(\hat{\boldsymbol{s}})\boldsymbol{g}+\hat{\boldsymbol{W}}^{(2)}(\hat{\boldsymbol{s}})\hat{\boldsymbol{t}}_1^{(2)}(\hat{\boldsymbol{s}}))^{\mathrm{T}}\boldsymbol{H}_1^{(2)}(\hat{\boldsymbol{s}})(\bar{\boldsymbol{\Omega}}_{\mathrm{t}}^{(2)})^{-1}(\boldsymbol{H}_1^{(2)}(\hat{\boldsymbol{s}}))^{\mathrm{T}} \\ \quad\times(\hat{\boldsymbol{W}}^{(2)}(\hat{\boldsymbol{s}})\hat{\boldsymbol{T}}_2^{(2)}(\hat{\boldsymbol{s}})\boldsymbol{g}+\hat{\boldsymbol{W}}^{(2)}(\hat{\boldsymbol{s}})\hat{\boldsymbol{t}}_1^{(2)}(\hat{\boldsymbol{s}}))\} \\ \text{s.t.}\ \ \boldsymbol{g}^{\mathrm{T}}\boldsymbol{\Lambda}\boldsymbol{g}+\hat{\boldsymbol{\kappa}}^{\mathrm{T}}\boldsymbol{g}+\|\hat{\boldsymbol{s}}_1\|_2^2=0\end{cases} \tag{10.116}$$

式中，$\bar{\boldsymbol{\Omega}}_{\mathrm{t}}^{(2)}=(\boldsymbol{H}_1^{(2)}(\boldsymbol{s}))^{\mathrm{T}}\boldsymbol{\Omega}_{\mathrm{t}}^{(2)}\boldsymbol{H}_1^{(2)}(\boldsymbol{s})$；$\hat{\boldsymbol{t}}_1^{(2)}(\hat{\boldsymbol{s}})$ 表示矩阵 $\hat{\boldsymbol{T}}^{(2)}(\hat{\boldsymbol{s}})$ 中的第 1 列向量；$\hat{\boldsymbol{T}}_2^{(2)}(\hat{\boldsymbol{s}})$ 表示矩阵 $\hat{\boldsymbol{T}}^{(2)}(\hat{\boldsymbol{s}})$ 中的第 2～5 列构成的矩阵，于是有 $\hat{\boldsymbol{T}}^{(2)}(\hat{\boldsymbol{s}})=\left[\underbrace{\hat{\boldsymbol{t}}_1^{(2)}(\hat{\boldsymbol{s}})}_{(M+1)\times 1}\ \ \underbrace{\hat{\boldsymbol{T}}_2^{(2)}(\hat{\boldsymbol{s}})}_{(M+1)\times 4}\right]$。

需要指出的是，10.2.2 节中的性能推导方法可以直接搬移至此，所以这里仅直接给出最终结论。首先可得出估计值 $\hat{\boldsymbol{g}}_{\mathrm{e}}^{(2)}$ 中的估计误差 $\Delta\boldsymbol{g}_{\mathrm{e}}^{(2)}=\hat{\boldsymbol{g}}_{\mathrm{e}}^{(2)}-\boldsymbol{g}$ 的一阶近似表达式，如下式所示：

$$\begin{aligned}\Delta\boldsymbol{g}_{\mathrm{e}}^{(2)}\approx&-\left((\boldsymbol{\Phi}_{\mathrm{t}}^{(2)}(\boldsymbol{s}))^{-1}-\frac{(\boldsymbol{\Phi}_{\mathrm{t}}^{(2)}(\boldsymbol{s}))^{-1}\boldsymbol{\psi}_1\boldsymbol{\psi}_1^{\mathrm{T}}(\boldsymbol{\Phi}_{\mathrm{t}}^{(2)}(\boldsymbol{s}))^{-1}}{\boldsymbol{\psi}_1^{\mathrm{T}}(\boldsymbol{\Phi}_{\mathrm{t}}^{(2)}(\boldsymbol{s}))^{-1}\boldsymbol{\psi}_1}\right)\boldsymbol{\Psi}_{\mathrm{t}}^{(2)}(\boldsymbol{s})\boldsymbol{B}_{\mathrm{t}}^{(2)}(\boldsymbol{g},\boldsymbol{s})\boldsymbol{\varepsilon}_{\mathrm{t}} \\ &-\left((\boldsymbol{\Phi}_{\mathrm{t}}^{(2)}(\boldsymbol{s}))^{-1}-\frac{(\boldsymbol{\Phi}_{\mathrm{t}}^{(2)}(\boldsymbol{s}))^{-1}\boldsymbol{\psi}_1\boldsymbol{\psi}_1^{\mathrm{T}}(\boldsymbol{\Phi}_{\mathrm{t}}^{(2)}(\boldsymbol{s}))^{-1}}{\boldsymbol{\psi}_1^{\mathrm{T}}(\boldsymbol{\Phi}_{\mathrm{t}}^{(2)}(\boldsymbol{s}))^{-1}\boldsymbol{\psi}_1}\right) \\ &\times\left(\boldsymbol{\Psi}_{\mathrm{t}}^{(2)}(\boldsymbol{s})\boldsymbol{B}_{\mathrm{s}}^{(2)}(\boldsymbol{g},\boldsymbol{s})+\boldsymbol{\Phi}_{\mathrm{t}}^{(2)}(\boldsymbol{s})\frac{\partial\boldsymbol{g}}{\partial\boldsymbol{s}^{\mathrm{T}}}\right)\boldsymbol{\varepsilon}_{\mathrm{s}}+\frac{\partial\boldsymbol{g}}{\partial\boldsymbol{s}^{\mathrm{T}}}\boldsymbol{\varepsilon}_{\mathrm{s}}\end{aligned} \tag{10.117}$$

式中

$$\begin{cases}\boldsymbol{\Phi}_{\mathrm{t}}^{(2)}(\boldsymbol{s})=(\boldsymbol{T}_2^{(2)}(\boldsymbol{s}))^{\mathrm{T}}(\boldsymbol{W}^{(2)}(\boldsymbol{s}))^{\mathrm{T}}\boldsymbol{H}_1^{(2)}(\boldsymbol{s})(\bar{\boldsymbol{\Omega}}_{\mathrm{t}}^{(2)})^{-1}(\boldsymbol{H}_1^{(2)}(\boldsymbol{s}))^{\mathrm{T}}\boldsymbol{W}^{(2)}(\boldsymbol{s})\boldsymbol{T}_2^{(2)}(\boldsymbol{s})\in\mathbf{R}^{4\times 4} \\ \boldsymbol{\Psi}_{\mathrm{t}}^{(2)}(\boldsymbol{s})=(\boldsymbol{T}_2^{(2)}(\boldsymbol{s}))^{\mathrm{T}}(\boldsymbol{W}^{(2)}(\boldsymbol{s}))^{\mathrm{T}}\boldsymbol{H}_1^{(2)}(\boldsymbol{s})(\bar{\boldsymbol{\Omega}}_{\mathrm{t}}^{(2)})^{-1}(\boldsymbol{H}_1^{(2)}(\boldsymbol{s}))^{\mathrm{T}}\in\mathbf{R}^{4\times(M+1)}\end{cases} \tag{10.118}$$

基于式（10.117）可以推得估计值 $\hat{\boldsymbol{u}}_{\mathrm{e}}^{(2)}$ 的均方误差矩阵为

$$\begin{aligned}\mathbf{MSE}(\hat{\boldsymbol{u}}_{\mathrm{e}}^{(2)})=&\,\mathbf{CRB}_{\mathrm{tdoa\text{-}p}}(\boldsymbol{u})+\mathbf{CRB}_{\mathrm{tdoa\text{-}p}}(\boldsymbol{u})\left(\frac{\partial\boldsymbol{g}}{\partial\boldsymbol{u}^{\mathrm{T}}}\right)^{\mathrm{T}}\left(\boldsymbol{\Psi}_{\mathrm{t}}^{(2)}(\boldsymbol{s})\boldsymbol{B}_{\mathrm{s}}^{(2)}(\boldsymbol{g},\boldsymbol{s})+\boldsymbol{\Phi}_{\mathrm{t}}^{(2)}(\boldsymbol{s})\frac{\partial\boldsymbol{g}}{\partial\boldsymbol{s}^{\mathrm{T}}}\right)\boldsymbol{E}_{\mathrm{s}} \\ &\times\left(\boldsymbol{\Psi}_{\mathrm{t}}^{(2)}(\boldsymbol{s})\boldsymbol{B}_{\mathrm{s}}^{(2)}(\boldsymbol{g},\boldsymbol{s})+\boldsymbol{\Phi}_{\mathrm{t}}^{(2)}(\boldsymbol{s})\frac{\partial\boldsymbol{g}}{\partial\boldsymbol{s}^{\mathrm{T}}}\right)^{\mathrm{T}}\frac{\partial\boldsymbol{g}}{\partial\boldsymbol{u}^{\mathrm{T}}}\mathbf{CRB}_{\mathrm{tdoa\text{-}p}}(\boldsymbol{u})\end{aligned} \tag{10.119}$$

由式（10.119）可知 $\mathbf{MSE}(\hat{\boldsymbol{u}}_{\mathrm{e}}^{(2)})\geqslant\mathbf{CRB}_{\mathrm{tdoa\text{-}p}}(\boldsymbol{u})$，式（10.119）右侧第 2 项是由传感器位置误差引起的定位误差。另外，利用命题 10.1 中的理论分析方法可知，均方误差矩阵 $\mathbf{MSE}(\hat{\boldsymbol{u}}_{\mathrm{e}}^{(2)})$ 的另一种表达式为

$$\mathbf{MSE}(\hat{\boldsymbol{u}}_{\mathrm{e}}^{(2)})=\mathbf{CRB}_{\mathrm{tdoa\text{-}p}}(\boldsymbol{u})+\mathbf{CRB}_{\mathrm{tdoa\text{-}p}}(\boldsymbol{u})\left(\frac{\partial \boldsymbol{f}_{\mathrm{tdoa}}(\boldsymbol{u},\boldsymbol{s})}{\partial \boldsymbol{u}^{\mathrm{T}}}\right)^{\mathrm{T}}\boldsymbol{E}_{\mathrm{t}}^{-1}\frac{\partial \boldsymbol{f}_{\mathrm{tdoa}}(\boldsymbol{u},\boldsymbol{s})}{\partial \boldsymbol{s}^{\mathrm{T}}}\boldsymbol{E}_{\mathrm{s}} \\ \times\left(\frac{\partial \boldsymbol{f}_{\mathrm{tdoa}}(\boldsymbol{u},\boldsymbol{s})}{\partial \boldsymbol{s}^{\mathrm{T}}}\right)^{\mathrm{T}}\boldsymbol{E}_{\mathrm{t}}^{-1}\frac{\partial \boldsymbol{f}_{\mathrm{tdoa}}(\boldsymbol{u},\boldsymbol{s})}{\partial \boldsymbol{u}^{\mathrm{T}}}\mathbf{CRB}_{\mathrm{tdoa\text{-}p}}(\boldsymbol{u}) \tag{10.120}$$

由式（10.120）可得$\mathbf{MSE}(\hat{\boldsymbol{u}}_{\mathrm{e}}^{(2)})\geqslant \mathbf{CRB}_{\mathrm{tdoa\text{-}q}}(\boldsymbol{u})$。因此，当传感器位置存在随机误差时，由 5.3 节给出的定位结果无法达到相应的克拉美罗界（即$\mathbf{CRB}_{\mathrm{tdoa\text{-}q}}(\boldsymbol{u})$），这是因为该估计值并未考虑传感器位置误差的影响。下面需要重新设计优化准则，并进而获得渐近最优的定位结果。

10.3.3　定位原理与方法

下面建立的优化模型需要融入传感器位置误差的统计特性。与 10.2.3 节类似，这里仍然需要对扩维参数向量$\tilde{\boldsymbol{g}}$进行估计，并进而获得向量$\boldsymbol{u}$和$\boldsymbol{s}$的估计值。

首先定义如下误差向量：

$$\bar{\boldsymbol{\delta}}_{\mathrm{ts}}^{(2)}=(\boldsymbol{H}_1^{(2)}(\hat{\boldsymbol{s}}))^{\mathrm{T}}\boldsymbol{\delta}_{\mathrm{ts}}^{(2)}=(\boldsymbol{H}_1^{(2)}(\hat{\boldsymbol{s}}))^{\mathrm{T}}\hat{\boldsymbol{W}}^{(2)}(\hat{\boldsymbol{s}})\hat{\boldsymbol{T}}^{(2)}(\hat{\boldsymbol{s}})\begin{bmatrix}1\\ \boldsymbol{g}\end{bmatrix} \\ =(\boldsymbol{H}_1^{(2)}(\hat{\boldsymbol{s}}))^{\mathrm{T}}(\hat{\boldsymbol{W}}^{(2)}(\hat{\boldsymbol{s}})\hat{\boldsymbol{t}}_1^{(2)}(\hat{\boldsymbol{s}})+\hat{\boldsymbol{W}}^{(2)}(\hat{\boldsymbol{s}})\hat{\boldsymbol{T}}_2^{(2)}(\hat{\boldsymbol{s}})\boldsymbol{g})\approx(\boldsymbol{H}_1^{(2)}(\boldsymbol{s}))^{\mathrm{T}}\boldsymbol{\delta}_{\mathrm{ts}}^{(2)} \tag{10.121}$$

式中，约等号处的运算忽略了误差的二阶及其以上各阶项。根据式（10.113）可知，误差向量$\bar{\boldsymbol{\delta}}_{\mathrm{ts}}^{(2)}$的协方差矩阵为

$$\bar{\boldsymbol{\Omega}}_{\mathrm{ts}}^{(2)}=\mathbf{cov}(\bar{\boldsymbol{\delta}}_{\mathrm{ts}}^{(2)})=\mathrm{E}[\bar{\boldsymbol{\delta}}_{\mathrm{ts}}^{(2)}\bar{\boldsymbol{\delta}}_{\mathrm{ts}}^{(2)\mathrm{T}}]\approx(\boldsymbol{H}_1^{(2)}(\boldsymbol{s}))^{\mathrm{T}}\boldsymbol{\Omega}_{\mathrm{ts}}^{(2)}\boldsymbol{H}_1^{(2)}(\boldsymbol{s}) \\ \approx(\boldsymbol{H}_1^{(2)}(\boldsymbol{s}))^{\mathrm{T}}\boldsymbol{B}_{\mathrm{t}}^{(2)}(\boldsymbol{g},\boldsymbol{s})\boldsymbol{E}_{\mathrm{t}}(\boldsymbol{B}_{\mathrm{t}}^{(2)}(\boldsymbol{g},\boldsymbol{s}))^{\mathrm{T}}\boldsymbol{H}_1^{(2)}(\boldsymbol{s})+(\boldsymbol{H}_1^{(2)}(\boldsymbol{s}))^{\mathrm{T}} \\ \times\boldsymbol{B}_{\mathrm{s}}^{(2)}(\boldsymbol{g},\boldsymbol{s})\boldsymbol{E}_{\mathrm{s}}(\boldsymbol{B}_{\mathrm{s}}^{(2)}(\boldsymbol{g},\boldsymbol{s}))^{\mathrm{T}}\boldsymbol{H}_1^{(2)}(\boldsymbol{s}) \tag{10.122}$$

为了对向量$\tilde{\boldsymbol{g}}$进行估计，还需要定义如下扩维误差向量：

$$\tilde{\boldsymbol{\delta}}_{\mathrm{ts}}^{(2)}=\begin{bmatrix}\bar{\boldsymbol{\delta}}_{\mathrm{ts}}^{(2)}\\ -\hat{\boldsymbol{s}}+\boldsymbol{s}\end{bmatrix}\approx\begin{bmatrix}(\boldsymbol{H}_1^{(2)}(\boldsymbol{s}))^{\mathrm{T}}\boldsymbol{B}_{\mathrm{t}}^{(2)}(\boldsymbol{g},\boldsymbol{s})\boldsymbol{\varepsilon}_{\mathrm{t}}+(\boldsymbol{H}_1^{(2)}(\boldsymbol{s}))^{\mathrm{T}}\boldsymbol{B}_{\mathrm{s}}^{(2)}(\boldsymbol{g},\boldsymbol{s})\boldsymbol{\varepsilon}_{\mathrm{s}}\\ -\boldsymbol{\varepsilon}_{\mathrm{s}}\end{bmatrix}\in\mathbf{R}^{(4M-1)\times 1} \tag{10.123}$$

式中，约等号处的运算利用了式（10.6）和式（10.102）。由式（10.122）和式（10.123）可知，误差向量$\tilde{\boldsymbol{\delta}}_{\mathrm{ts}}^{(2)}$渐近服从零均值的高斯分布，并且其协方差矩阵为

$$\tilde{\boldsymbol{\Omega}}_{\text{ts}}^{(2)}=\text{E}[\tilde{\boldsymbol{\delta}}_{\text{ts}}^{(2)}\tilde{\boldsymbol{\delta}}_{\text{ts}}^{(2)\text{T}}]\approx\begin{bmatrix}\bar{\boldsymbol{\Omega}}_{\text{ts}}^{(2)} & -(\boldsymbol{H}_1^{(2)}(\boldsymbol{s}))^{\text{T}}\boldsymbol{B}_{\text{s}}^{(2)}(\boldsymbol{g},\boldsymbol{s})\boldsymbol{E}_{\text{s}} \\ -\boldsymbol{E}_{\text{s}}(\boldsymbol{B}_{\text{s}}^{(2)}(\boldsymbol{g},\boldsymbol{s}))^{\text{T}}\boldsymbol{H}_1^{(2)}(\boldsymbol{s}) & \boldsymbol{E}_{\text{s}}\end{bmatrix}$$

$$\approx\left[\begin{array}{c:c}(\boldsymbol{H}_1^{(2)}(\boldsymbol{s}))^{\text{T}}\boldsymbol{B}_{\text{t}}^{(2)}(\boldsymbol{g},\boldsymbol{s})\boldsymbol{E}_{\text{t}}(\boldsymbol{B}_{\text{t}}^{(2)}(\boldsymbol{g},\boldsymbol{s}))^{\text{T}}\boldsymbol{H}_1^{(2)}(\boldsymbol{s}) & \\ +(\boldsymbol{H}_1^{(2)}(\boldsymbol{s}))^{\text{T}}\boldsymbol{B}_{\text{s}}^{(2)}(\boldsymbol{g},\boldsymbol{s})\boldsymbol{E}_{\text{s}}(\boldsymbol{B}_{\text{s}}^{(2)}(\boldsymbol{g},\boldsymbol{s}))^{\text{T}}\boldsymbol{H}_1^{(2)}(\boldsymbol{s}) & -(\boldsymbol{H}_1^{(2)}(\boldsymbol{s}))^{\text{T}}\boldsymbol{B}_{\text{s}}^{(2)}(\boldsymbol{g},\boldsymbol{s})\boldsymbol{E}_{\text{s}} \\ \hdashline -\boldsymbol{E}_{\text{s}}(\boldsymbol{B}_{\text{s}}^{(2)}(\boldsymbol{g},\boldsymbol{s}))^{\text{T}}\boldsymbol{H}_1^{(2)}(\boldsymbol{s}) & \boldsymbol{E}_{\text{s}}\end{array}\right]$$

$$\in\mathbf{R}^{(4M-1)\times(4M-1)} \tag{10.124}$$

结合式（10.49）、式（10.121）、式（10.123）及式（10.124），可以构建估计参数向量 $\tilde{\boldsymbol{g}}$ 的优化准则，如下式所示：

$$\begin{cases}\min\limits_{\tilde{\boldsymbol{g}}}\left\{\begin{aligned}&\left(\begin{bmatrix}(\boldsymbol{H}_1^{(2)}(\hat{\boldsymbol{s}}))^{\text{T}}\hat{\boldsymbol{W}}^{(2)}(\hat{\boldsymbol{s}})\hat{\boldsymbol{T}}_2^{(2)}(\hat{\boldsymbol{s}}) & \boldsymbol{O}_{(M-1)\times 3M} \\ \boldsymbol{O}_{3M\times 4} & \boldsymbol{I}_{3M}\end{bmatrix}\tilde{\boldsymbol{g}}+\begin{bmatrix}(\boldsymbol{H}_1^{(2)}(\hat{\boldsymbol{s}}))^{\text{T}}\hat{\boldsymbol{W}}^{(2)}(\hat{\boldsymbol{s}})\hat{\boldsymbol{t}}_1^{(2)}(\hat{\boldsymbol{s}}) \\ -\hat{\boldsymbol{s}}\end{bmatrix}\right)^{\text{T}}(\tilde{\boldsymbol{\Omega}}_{\text{ts}}^{(2)})^{-1} \\ &\times\left(\begin{bmatrix}(\boldsymbol{H}_1^{(2)}(\hat{\boldsymbol{s}}))^{\text{T}}\hat{\boldsymbol{W}}^{(2)}(\hat{\boldsymbol{s}})\hat{\boldsymbol{T}}_2^{(2)}(\hat{\boldsymbol{s}}) & \boldsymbol{O}_{(M-1)\times 3M} \\ \boldsymbol{O}_{3M\times 4} & \boldsymbol{I}_{3M}\end{bmatrix}\tilde{\boldsymbol{g}}+\begin{bmatrix}(\boldsymbol{H}_1^{(2)}(\hat{\boldsymbol{s}}))^{\text{T}}\hat{\boldsymbol{W}}^{(2)}(\hat{\boldsymbol{s}})\hat{\boldsymbol{t}}_1^{(2)}(\hat{\boldsymbol{s}}) \\ -\hat{\boldsymbol{s}}\end{bmatrix}\right)\end{aligned}\right\} \\ \text{s.t. } \tilde{\boldsymbol{g}}^{\text{T}}\tilde{\boldsymbol{\Lambda}}\tilde{\boldsymbol{g}}=0\end{cases} \tag{10.125}$$

式中，$(\tilde{\boldsymbol{\Omega}}_{\text{ts}}^{(2)})^{-1}$ 可以看作加权矩阵，其作用在于同时抑制观测误差 $\boldsymbol{\varepsilon}_{\text{t}}$ 和 $\boldsymbol{\varepsilon}_{\text{s}}$ 的影响。

显然，式（10.125）的求解方法与式（10.55）的求解方法完全相同，因此 10.2.3 节中描述的求解方法可以直接应用于此，限于篇幅这里不再赘述。类似地，将向量 $\tilde{\boldsymbol{g}}$ 的估计值记为 $\hat{\tilde{\boldsymbol{g}}}_{\text{q}}^{(2)}$。根据式（10.48）可知，利用向量 $\hat{\tilde{\boldsymbol{g}}}_{\text{q}}^{(2)}$ 中的前 3 个分量就可以获得辐射源位置向量 $\boldsymbol{u}$ 的估计值 $\hat{\boldsymbol{u}}_{\text{q}}^{(2)}$（即有 $\hat{\boldsymbol{u}}_{\text{q}}^{(2)}=[\boldsymbol{I}_3\ \ \boldsymbol{O}_{3\times 1}\ \ \boldsymbol{O}_{3\times 3M}]\hat{\tilde{\boldsymbol{g}}}_{\text{q}}^{(2)}$），利用向量 $\hat{\tilde{\boldsymbol{g}}}_{\text{q}}^{(2)}$ 中的后 $3M$ 个分量就可以获得传感器位置向量 $\boldsymbol{s}$ 的估计值 $\hat{\boldsymbol{s}}_{\text{q}}^{(2)}$（即有 $\hat{\boldsymbol{s}}_{\text{q}}^{(2)}=[\boldsymbol{O}_{3M\times 3}\ \ \boldsymbol{O}_{3M\times 1}\ \ \boldsymbol{I}_{3M}]\hat{\tilde{\boldsymbol{g}}}_{\text{q}}^{(2)}$）。

【注记 10.6】 由式（10.124）可知，加权矩阵 $(\tilde{\boldsymbol{\Omega}}_{\text{ts}}^{(2)})^{-1}$ 与未知向量 $\tilde{\boldsymbol{g}}$ 有关。因此，严格来说，式（10.125）中的目标函数并不是关于向量 $\tilde{\boldsymbol{g}}$ 的二次函数，针对该问题，可以采用注记 4.1 中描述的方法进行处理。理论分析表明，在一阶误差分析理论框架下，加权矩阵 $(\tilde{\boldsymbol{\Omega}}_{\text{ts}}^{(2)})^{-1}$ 中的扰动误差并不会实质影响估计值 $\hat{\tilde{\boldsymbol{g}}}_{\text{q}}^{(2)}$ 的统计性能①。

① 加权矩阵 $(\tilde{\boldsymbol{\Omega}}_{\text{ts}}^{(2)})^{-1}$ 中的扰动误差也不会实质影响估计值 $\hat{\boldsymbol{u}}_{\text{q}}^{(2)}$ 和 $\hat{\boldsymbol{s}}_{\text{q}}^{(2)}$ 的统计性能。

图 10.13 给出了本章第 2 种加权多维标度定位方法的流程图。

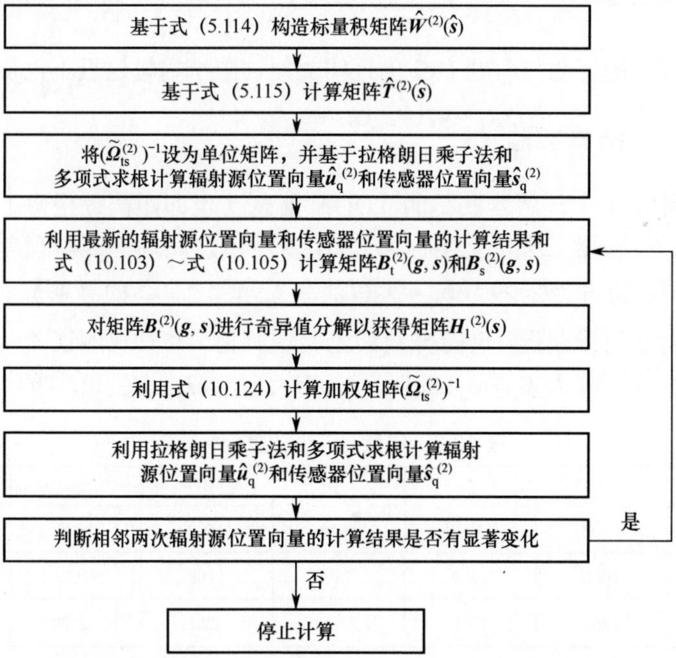

图 10.13　本章第 2 种加权多维标度定位方法的流程图

10.3.4　理论性能分析

下面将给出估计值 $\hat{u}_q^{(2)}$ 和 $\hat{s}_q^{(2)}$ 的理论性能。需要指出的是，10.2.4 节中的性能推导方法可以搬移至此，所以这里仅直接给出最终结论。

首先可以获得估计值$\begin{bmatrix}\hat{u}_q^{(2)}\\ \hat{s}_q^{(2)}\end{bmatrix}$的均方误差矩阵，如下式所示：

$$\mathbf{MSE}\left(\begin{bmatrix}\hat{u}_q^{(2)}\\ \hat{s}_q^{(2)}\end{bmatrix}\right)=\begin{bmatrix}I_3 & O_{3\times 1} & O_{3\times 3M}\\ O_{3M\times 3} & O_{3M\times 1} & I_{3M}\end{bmatrix}\times\left(I_{3M+4}-\frac{(\tilde{\Phi}_{ts}^{(2)}(s))^{-1}\tilde{\Lambda}\tilde{g}\tilde{g}^{T}\tilde{\Lambda}^{T}}{\tilde{g}^{T}\tilde{\Lambda}^{T}(\tilde{\Phi}_{ts}^{(2)}(s))^{-1}\tilde{\Lambda}\tilde{g}}\right)(\tilde{\Phi}_{ts}^{(2)}(s))^{-1}\begin{bmatrix}I_3 & O_{3\times 3M}\\ O_{1\times 3} & O_{1\times 3M}\\ O_{3M\times 3} & I_{3M}\end{bmatrix} \tag{10.126}$$

与估计值$\begin{bmatrix}\hat{u}_q^{(1)}\\ \hat{s}_q^{(1)}\end{bmatrix}$类似，估计值$\begin{bmatrix}\hat{u}_q^{(2)}\\ \hat{s}_q^{(2)}\end{bmatrix}$也具有渐近最优性，也就是其估计均方误差矩阵可以渐近逼近相应的克拉美罗界，具体可见如下命题。

【命题 10.3】在一阶误差分析理论框架下，$\mathbf{MSE}\left(\begin{bmatrix}\hat{\boldsymbol{u}}_{\mathrm{q}}^{(2)}\\ \hat{\boldsymbol{s}}_{\mathrm{q}}^{(2)}\end{bmatrix}\right)=\mathbf{CRB}_{\mathrm{tdoa\text{-}q}}\left(\begin{bmatrix}\boldsymbol{u}\\ \boldsymbol{s}\end{bmatrix}\right)$。

命题 10.3 的证明与命题 10.2 的证明类似，限于篇幅这里不再赘述。

10.3.5 仿真实验

假设利用 6 个传感器获得的 TDOA 信息（也即距离差信息）对辐射源进行定位，传感器三维位置坐标如表 10.2 所示，距离差观测误差向量 $\boldsymbol{\varepsilon}_{\mathrm{t}}$ 服从均值为零、协方差矩阵为 $\boldsymbol{E}_{\mathrm{t}}=\sigma_{\mathrm{t}}^2(\boldsymbol{I}_{M-1}+\boldsymbol{I}_{(M-1)\times(M-1)})/2$ 的高斯分布。传感器位置向量无法精确获得，仅能得到其先验观测值，并且观测误差 $\boldsymbol{\varepsilon}_{\mathrm{s}}$ 服从均值为零、协方差矩阵为 $\boldsymbol{E}_{\mathrm{s}}=\sigma_{\mathrm{s}}^2\mathrm{blkdiag}\{\boldsymbol{I}_3,4\boldsymbol{I}_3,5\boldsymbol{I}_3,6\boldsymbol{I}_3,8\boldsymbol{I}_3,10\boldsymbol{I}_3\}$ 的高斯分布。

表 10.2 传感器三维位置坐标 （单位：m）

传感器序号	1	2	3	4	5	6
$x_m^{(\mathrm{s})}$	1600	−1900	1800	1500	1800	−1100
$y_m^{(\mathrm{s})}$	1000	1800	−1800	1100	−1000	−2100
$z_m^{(\mathrm{s})}$	1200	1500	2100	−2200	−2000	−2100

首先将辐射源位置向量设为 $\boldsymbol{u}=[-3300\ \ -5700\ \ -5800]^{\mathrm{T}}$ (m)，将标准差 σ_{t} 和 σ_{s} 分别设为 $\sigma_{\mathrm{t}}=0.5$ 和 $\sigma_{\mathrm{s}}=2$，并且将本节中的方法与 5.3 节中的方法进行比较，图 10.14 给出了定位结果散布图与定位误差椭圆曲线；图 10.15 给出了定位结果散布图与误差概率圆环曲线。

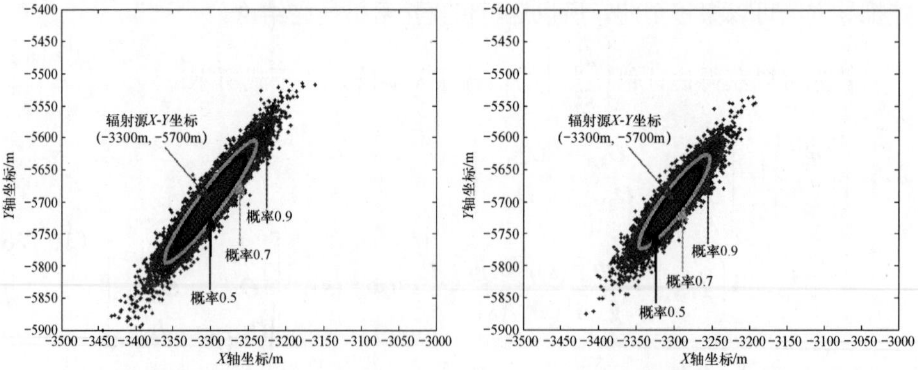

(a) X-Y坐标平面（5.3节中的方法） (b) X-Y坐标平面（本节中的方法）

图 10.14 定位结果散布图与定位误差椭圆曲线

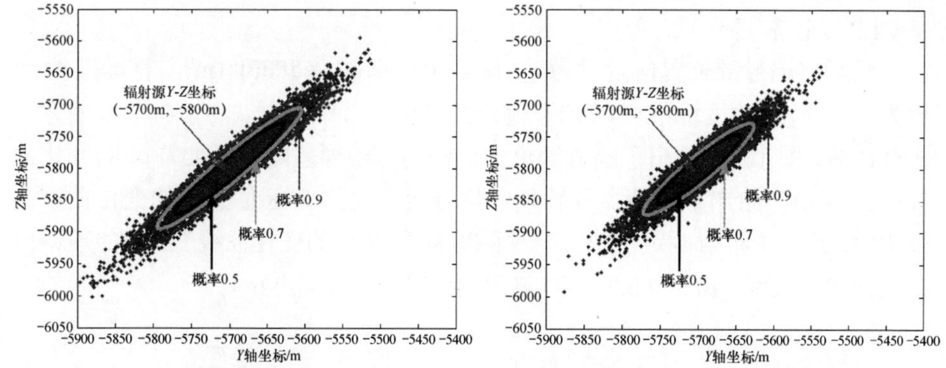

(c) Y-Z坐标平面（5.3节中的方法）　　(d) Y-Z坐标平面（本节中的方法）

图 10.14　定位结果散布图与定位误差椭圆曲线（续）

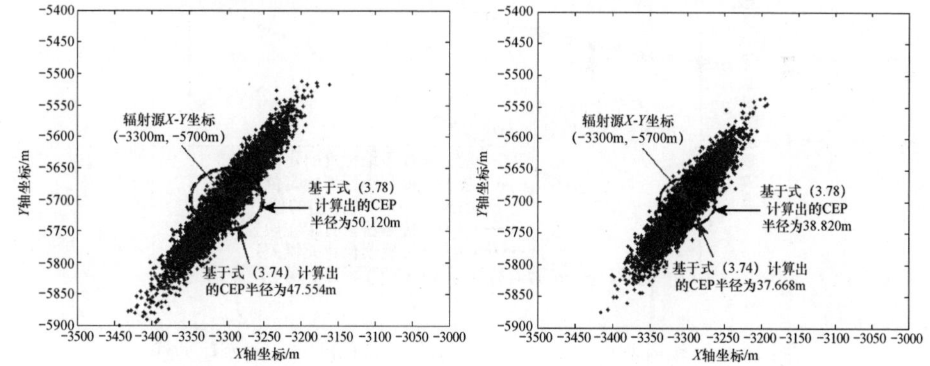

(a) X-Y坐标平面（5.3节中的方法）　　(b) X-Y坐标平面（本节中的方法）

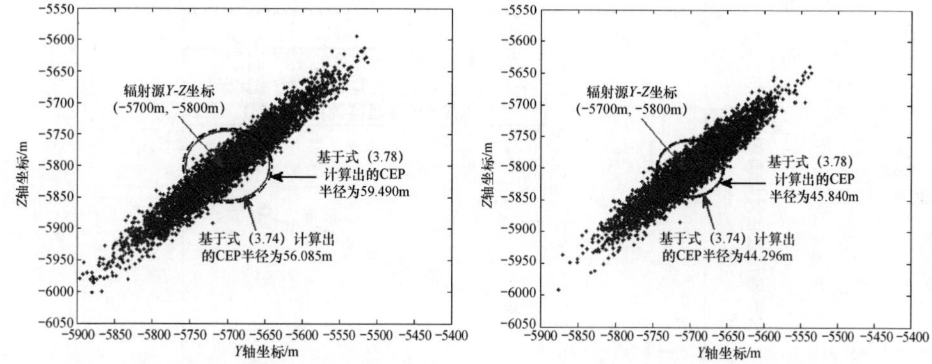

(c) Y-Z坐标平面（5.3节中的方法）　　(d) Y-Z坐标平面（本节中的方法）

图 10.15　定位结果散布图与误差概率圆环曲线

从图 10.14 和图 10.15 中可以看出，在传感器位置误差存在的条件下，本节中的方法比 5.3 节中的方法具有更高的定位精度，无论是前者的椭圆面积还是 CEP 半径都要小于后者。

然后将辐射源位置向量设为 $\boldsymbol{u}=[-4300\ \ -6700\ \ -5800]^{\mathrm{T}}\,(\mathrm{m})$，将标准差 σ_{s} 设为 $\sigma_{\mathrm{s}}=0.6$。改变标准差 σ_{t} 的数值，并且将本节中的方法与 5.3 节中的方法进行比较，图 10.16 给出了辐射源位置估计均方根误差随着标准差 σ_{t} 的变化曲线；图 10.17 给出了传感器位置估计均方根误差随着标准差 σ_{t} 的变化曲线；图 10.18 给出了辐射源定位成功概率随着标准差 σ_{t} 的变化曲线（图中的理论值是根据式（3.29）和式（3.36）计算得出的，其中 $\delta=25\,\mathrm{m}$）。

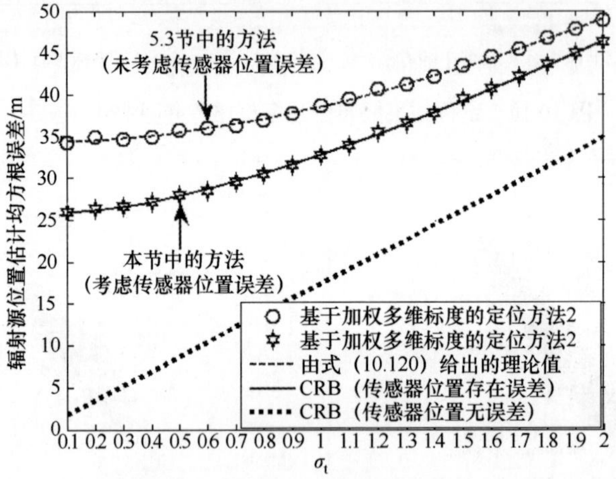

图 10.16　辐射源位置估计均方根误差随着标准差 σ_{t} 的变化曲线

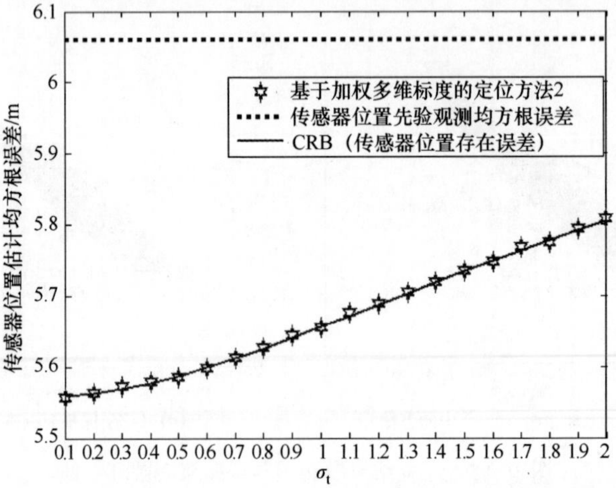

图 10.17　传感器位置估计均方根误差随着标准差 σ_{t} 的变化曲线

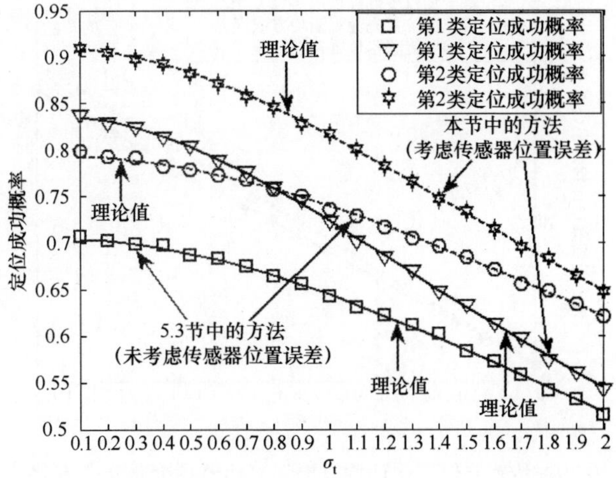

图 10.18　辐射源定位成功概率随着标准差 σ_t 的变化曲线

接着将辐射源位置向量设为 $\boldsymbol{u}=[-4300\ \ -6700\ \ -5800]^{\mathrm{T}}$ (m)，将标准差 σ_t 设为 $\sigma_t=0.3$。改变标准差 σ_s 的数值，并且将本节中的方法与 5.3 节中的方法进行比较，图 10.19 给出了辐射源位置估计均方根误差随着标准差 σ_s 的变化曲线；图 10.20 给出了传感器位置估计均方根误差随着标准差 σ_s 的变化曲线；图 10.21 给出了辐射源定位成功概率随着标准差 σ_s 的变化曲线（图中的理论值是根据式（3.29）和式（3.36）计算得出的，其中 $\delta=25\,\mathrm{m}$）。

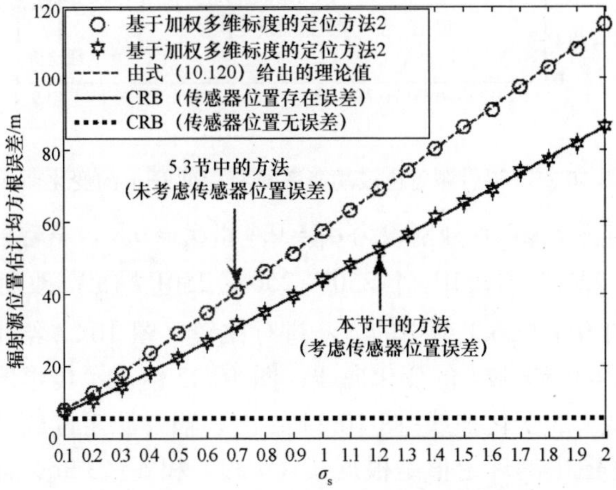

图 10.19　辐射源位置估计均方根误差随着标准差 σ_s 的变化曲线

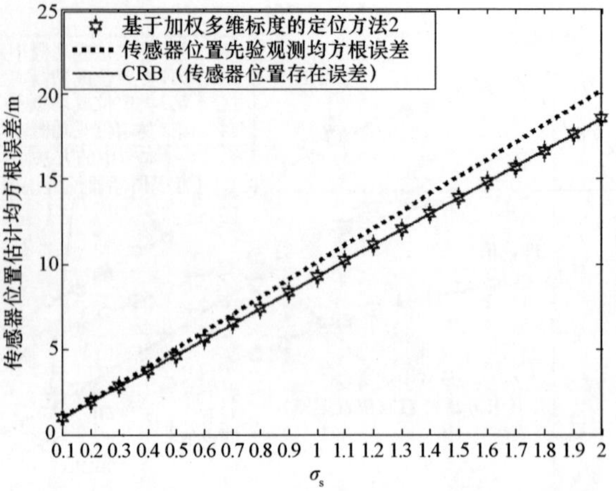

图 10.20　传感器位置估计均方根误差随着标准差 σ_s 的变化曲线

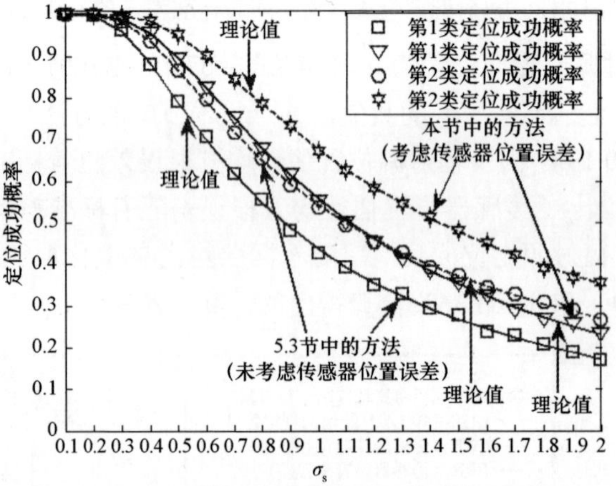

图 10.21　辐射源定位成功概率随着标准差 σ_s 的变化曲线

最后将标准差 σ_t 和 σ_s 分别设为 $\sigma_t = 0.4$ 和 $\sigma_s = 0.8$，将辐射源位置向量设为 $\boldsymbol{u} = [-1800\ \ -2200\ \ -2200]^T + [-250\ \ -250\ \ -250]^T k$ (m)。改变参数 k 的数值，并且将本节中的方法与 5.3 节中的方法进行比较，图 10.22 给出了辐射源位置估计均方根误差随着参数 k 的变化曲线；图 10.23 给出了传感器位置估计均方根误差随着参数 k 的变化曲线；图 10.24 给出了辐射源定位成功概率随着参数 k 的变化曲线（图中的理论值是根据式（3.29）和式（3.36）计算得出的，其中 $\delta = 25$ m）。

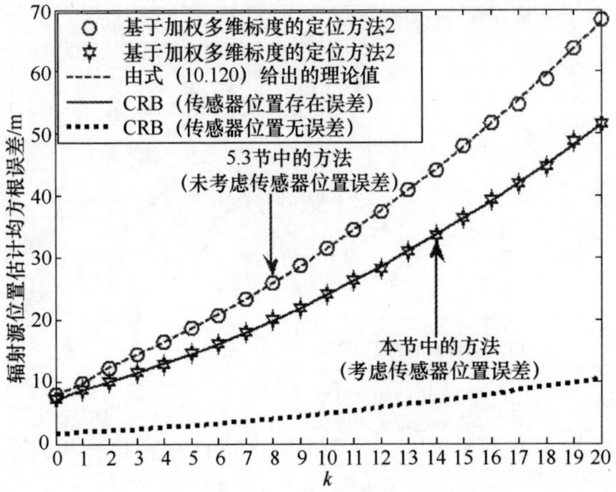

图 10.22　辐射源位置估计均方根误差随着参数 k 的变化曲线

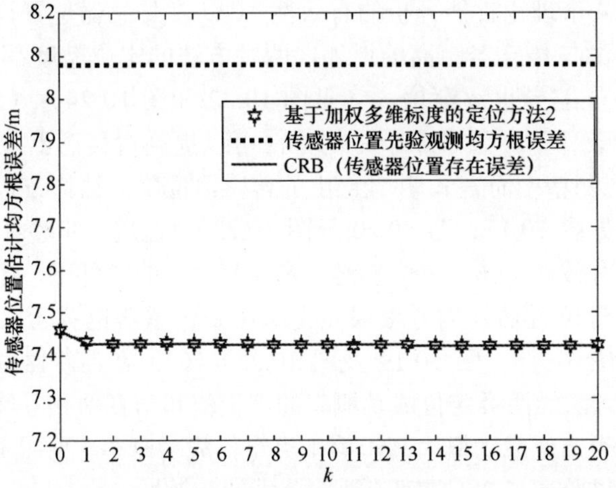

图 10.23　传感器位置估计均方根误差随着参数 k 的变化曲线

从图 10.16～图 10.24 中可以看出：（1）在传感器位置误差存在的条件下，本节中的方法比 5.3 节中的方法具有更高的定位精度，并且两者的性能差异随着标准差 σ_{t} 的增大而减小（见图 10.16 和图 10.18），随着标准差 σ_{s} 的增大而增大（见图 10.19 和图 10.21）；（2）在传感器位置误差存在的条件下，通过 5.3 节中的方法得出的辐射源位置估计均方根误差与式（10.120）给出的理论值相吻合（见图 10.16、图 10.19 及图 10.22），这验证了 10.3.2 节理论性能分析的有效性；（3）在传感器位置误差存在的条件下，通过本节中的方法得出的辐射源位置估计均方根误差可以达到克拉美罗界（见图 10.16、图 10.19 及图 10.22），

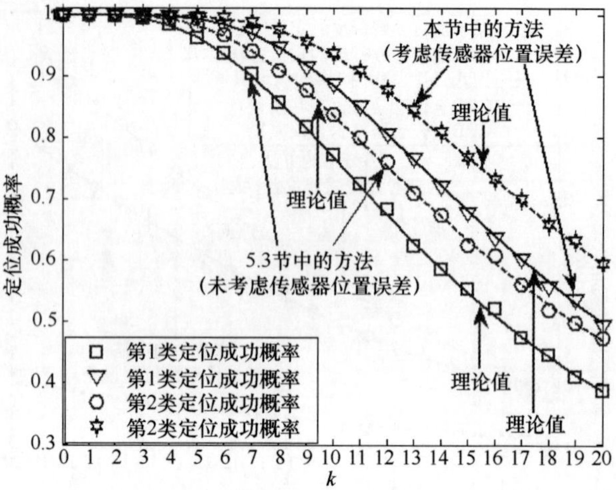

图 10.24　辐射源定位成功概率随着参数 k 的变化曲线

这验证了 10.3.4 节理论性能分析的有效性；（4）在传感器位置误差存在的条件下，随着辐射源与传感器距离的增加，两种方法的定位精度都会逐渐降低，并且两者的性能差异也逐渐增大（见图 10.22 和图 10.24）；（5）在传感器位置误差存在的条件下，通过本节中的方法可以提高对传感器位置的估计精度（相比于先验观测精度而言），并且得出的传感器位置估计均方根误差可以达到克拉美罗界（见图 10.17、图 10.20 及图 10.23），这进一步验证了 10.3.4 节理论性能分析的有效性；（6）在传感器位置误差存在的条件下，通过本节中的方法得出的辐射源位置估计均方根误差无法达到传感器位置无误差条件下的克拉美罗界（见图 10.16、图 10.19 及图 10.22）；（7）在传感器位置误差存在的条件下，两种方法的两类定位成功概率的理论值和仿真值相互吻合，并且在相同条件下第 2 类定位成功概率高于第 1 类定位成功概率（见图 10.18、图 10.21 及图 10.24），这验证了 3.2 节理论性能分析的有效性。

第 11 章 基于 TOA/FOA 观测信息的多不相关源加权多维标度定位方法

本章将描述基于 TOA/FOA 观测信息的多不相关源加权多维标度定位原理和方法。与第 7 章不同的是，本章考虑了传感器位置误差的影响，并且对多辐射源进行协同定位，也就是将全部辐射源的位置向量合并成一个具有更高维度的位置向量进行估计。由于每个辐射源会受到相同的传感器位置误差的影响，因此通过协同定位可以减小此误差对于定位精度的影响，即使是对于多个不相关源也能获得协同增益。文中构造了两类不同的标量积矩阵，每一类包含两个矩阵，并给出了两种加权多维标度定位方法，它们都可以给出多不相关源位置参数和速度参数的闭式解。此外，本章还基于不含等式约束的一阶误差分析方法，对这两种定位方法的理论性能进行数学分析，并证明它们的定位精度均能逼近相应的克拉美罗界。

11.1 TOA/FOA 观测模型与问题描述

现有 M 个运动传感器利用 TOA/FOA 观测信息对 N 个（不相关）运动辐射源进行定位。第 m 个传感器的位置向量和速度向量分别为 $\boldsymbol{s}_m=[x_m^{(\mathrm{s})}\ \ y_m^{(\mathrm{s})}\ \ z_m^{(\mathrm{s})}]^{\mathrm{T}}$ 和 $\dot{\boldsymbol{s}}_m=[\dot{x}_m^{(\mathrm{s})}\ \ \dot{y}_m^{(\mathrm{s})}\ \ \dot{z}_m^{(\mathrm{s})}]^{\mathrm{T}}$ $(1\leqslant m\leqslant M)$，为了简化数学表述，这里令 $\boldsymbol{s}_{\mathrm{v}m}=[\boldsymbol{s}_m^{\mathrm{T}}\ \ \dot{\boldsymbol{s}}_m^{\mathrm{T}}]^{\mathrm{T}}$ $(1\leqslant m\leqslant M)$，并将其称为第 m 个传感器的位置–速度向量。第 n 个辐射源的位置向量和速度向量分别为 $\boldsymbol{u}_n=[x_n^{(\mathrm{u})}\ \ y_n^{(\mathrm{u})}\ \ z_n^{(\mathrm{u})}]^{\mathrm{T}}$ 和 $\dot{\boldsymbol{u}}_n=[\dot{x}_n^{(\mathrm{u})}\ \ \dot{y}_n^{(\mathrm{u})}\ \ \dot{z}_n^{(\mathrm{u})}]^{\mathrm{T}}$ $(1\leqslant n\leqslant N)$，为了简化数学表述，这里令 $\boldsymbol{u}_{\mathrm{v}n}=[\boldsymbol{u}_n^{\mathrm{T}}\ \ \dot{\boldsymbol{u}}_n^{\mathrm{T}}]^{\mathrm{T}}$ $(1\leqslant n\leqslant N)$，它是未知量，并将其称为第 n 个辐射源的位置–速度向量。

由于 TOA/FOA 信息可以分别等价为距离和距离变化率信息，为了方便起见，下面直接利用距离观测量和距离变化率观测量进行建模和分析。

将第 n 个辐射源与第 m 个传感器的距离和距离变化率分别记为 r_{nm} 和 $\dot{r}_{nm}$，则有

$$\begin{cases} r_{nm} = \| \boldsymbol{u}_n - \boldsymbol{s}_m \|_2 \\ \dot{r}_{nm} = \dfrac{(\dot{\boldsymbol{u}}_n - \dot{\boldsymbol{s}}_m)^{\mathrm{T}}(\boldsymbol{u}_n - \boldsymbol{s}_m)}{\| \boldsymbol{u}_n - \boldsymbol{s}_m \|_2} \end{cases} \quad (1 \leqslant n \leqslant N;1 \leqslant m \leqslant M) \tag{11.1}$$

实际中获得的距离观测量和距离变化率观测量均是含有误差的，它们可以分别表示为

$$\begin{cases} \hat{r}_{nm} = r_{nm} + \varepsilon_{\mathrm{t}nm1} = \| \boldsymbol{u}_n - \boldsymbol{s}_m \|_2 + \varepsilon_{\mathrm{t}nm1} \\ \hat{\dot{r}}_{nm} = \dot{r}_{nm} + \varepsilon_{\mathrm{t}nm2} = \dfrac{(\dot{\boldsymbol{u}}_n - \dot{\boldsymbol{s}}_m)^{\mathrm{T}}(\boldsymbol{u}_n - \boldsymbol{s}_m)}{\| \boldsymbol{u}_n - \boldsymbol{s}_m \|_2} + \varepsilon_{\mathrm{t}nm2} \end{cases} \quad (1 \leqslant n \leqslant N;1 \leqslant m \leqslant M) \tag{11.2}$$

式中，$\varepsilon_{\mathrm{t}nm1}$ 和 $\varepsilon_{\mathrm{t}nm2}$ 分别表示距离观测误差和距离变化率观测误差。将式（11.2）中的两组等式写成向量形式可得

$$\hat{\boldsymbol{r}}_n = \boldsymbol{r}_n + \boldsymbol{\varepsilon}_{\mathrm{t}n1} = \begin{bmatrix} \| \boldsymbol{u}_n - \boldsymbol{s}_1 \|_2 \\ \| \boldsymbol{u}_n - \boldsymbol{s}_2 \|_2 \\ \vdots \\ \| \boldsymbol{u}_n - \boldsymbol{s}_M \|_2 \end{bmatrix} + \begin{bmatrix} \varepsilon_{\mathrm{t}n11} \\ \varepsilon_{\mathrm{t}n21} \\ \vdots \\ \varepsilon_{\mathrm{t}nM1} \end{bmatrix} = \boldsymbol{f}_{\mathrm{toa}}(\boldsymbol{u}_{\mathrm{v}n}, \boldsymbol{s}_{\mathrm{v}}) + \boldsymbol{\varepsilon}_{\mathrm{t}n1} \quad (1 \leqslant n \leqslant N) \tag{11.3}$$

$$\hat{\dot{\boldsymbol{r}}}_n = \dot{\boldsymbol{r}}_n + \boldsymbol{\varepsilon}_{\mathrm{t}n2} = \begin{bmatrix} \dfrac{(\dot{\boldsymbol{u}} - \dot{\boldsymbol{s}}_1)^{\mathrm{T}}(\boldsymbol{u} - \boldsymbol{s}_1)}{\| \boldsymbol{u} - \boldsymbol{s}_1 \|_2} \\ \dfrac{(\dot{\boldsymbol{u}} - \dot{\boldsymbol{s}}_2)^{\mathrm{T}}(\boldsymbol{u} - \boldsymbol{s}_2)}{\| \boldsymbol{u} - \boldsymbol{s}_2 \|_2} \\ \vdots \\ \dfrac{(\dot{\boldsymbol{u}} - \dot{\boldsymbol{s}}_M)^{\mathrm{T}}(\boldsymbol{u} - \boldsymbol{s}_M)}{\| \boldsymbol{u} - \boldsymbol{s}_M \|_2} \end{bmatrix} + \begin{bmatrix} \varepsilon_{\mathrm{t}n12} \\ \varepsilon_{\mathrm{t}n22} \\ \vdots \\ \varepsilon_{\mathrm{t}nM2} \end{bmatrix} = \boldsymbol{f}_{\mathrm{foa}}(\boldsymbol{u}_{\mathrm{v}n}, \boldsymbol{s}_{\mathrm{v}}) + \boldsymbol{\varepsilon}_{\mathrm{t}n2} \quad (1 \leqslant n \leqslant N) \tag{11.4}$$

式中

$$\begin{cases} \boldsymbol{r}_n = \boldsymbol{f}_{\mathrm{toa}}(\boldsymbol{u}_{\mathrm{v}n}, \boldsymbol{s}_{\mathrm{v}}) = [\| \boldsymbol{u}_n - \boldsymbol{s}_1 \|_2 \ \ \| \boldsymbol{u}_n - \boldsymbol{s}_2 \|_2 \ \ \cdots \ \ \| \boldsymbol{u}_n - \boldsymbol{s}_M \|_2]^{\mathrm{T}} \\ \dot{\boldsymbol{r}}_n = \boldsymbol{f}_{\mathrm{foa}}(\boldsymbol{u}_{\mathrm{v}n}, \boldsymbol{s}_{\mathrm{v}}) = \left[\dfrac{(\dot{\boldsymbol{u}}_n - \dot{\boldsymbol{s}}_1)^{\mathrm{T}}(\boldsymbol{u}_n - \boldsymbol{s}_1)}{\| \boldsymbol{u}_n - \boldsymbol{s}_1 \|_2} \middle| \dfrac{(\dot{\boldsymbol{u}}_n - \dot{\boldsymbol{s}}_2)^{\mathrm{T}}(\boldsymbol{u}_n - \boldsymbol{s}_2)}{\| \boldsymbol{u}_n - \boldsymbol{s}_2 \|_2} \middle| \cdots \middle| \dfrac{(\dot{\boldsymbol{u}}_n - \dot{\boldsymbol{s}}_M)^{\mathrm{T}}(\boldsymbol{u}_n - \boldsymbol{s}_M)}{\| \boldsymbol{u}_n - \boldsymbol{s}_M \|_2} \right]^{\mathrm{T}} \\ \hat{\boldsymbol{r}}_n = [\hat{r}_{n1} \ \ \hat{r}_{n2} \ \ \cdots \ \ \hat{r}_{nM}]^{\mathrm{T}}, \ \boldsymbol{r}_n = [r_{n1} \ \ r_{n2} \ \ \cdots \ \ r_{nM}]^{\mathrm{T}}, \ \boldsymbol{\varepsilon}_{\mathrm{t}n1} = [\varepsilon_{\mathrm{t}n11} \ \ \varepsilon_{\mathrm{t}n21} \ \ \cdots \ \ \varepsilon_{\mathrm{t}nM1}]^{\mathrm{T}} \\ \hat{\dot{\boldsymbol{r}}}_n = [\hat{\dot{r}}_{n1} \ \ \hat{\dot{r}}_{n2} \ \ \cdots \ \ \hat{\dot{r}}_{nM}]^{\mathrm{T}}, \ \dot{\boldsymbol{r}}_n = [\dot{r}_{n1} \ \ \dot{r}_{n2} \ \ \cdots \ \ \dot{r}_{nM}]^{\mathrm{T}}, \ \boldsymbol{\varepsilon}_{\mathrm{t}n2} = [\varepsilon_{\mathrm{t}n12} \ \ \varepsilon_{\mathrm{t}n22} \ \ \cdots \ \ \varepsilon_{\mathrm{t}nM2}]^{\mathrm{T}} \\ \boldsymbol{s}_{\mathrm{v}} = [\boldsymbol{s}_{\mathrm{v}1}^{\mathrm{T}} \ \ \boldsymbol{s}_{\mathrm{v}2}^{\mathrm{T}} \ \ \cdots \ \ \boldsymbol{s}_{\mathrm{v}M}^{\mathrm{T}}]^{\mathrm{T}} \end{cases} \tag{11.5}$$

将式（11.3）和式（11.4）合并成更高维度的向量形式可得

$$\begin{aligned}\hat{\boldsymbol{r}}_{\mathrm{v}n}&=\begin{bmatrix}\hat{\boldsymbol{r}}_n\\ \hat{\dot{\boldsymbol{r}}}_n\end{bmatrix}=\begin{bmatrix}\boldsymbol{r}_n\\ \dot{\boldsymbol{r}}_n\end{bmatrix}+\begin{bmatrix}\boldsymbol{\varepsilon}_{\mathrm{t}n1}\\ \boldsymbol{\varepsilon}_{\mathrm{t}n2}\end{bmatrix}=\boldsymbol{r}_{\mathrm{v}n}+\boldsymbol{\varepsilon}_{\mathrm{t}n}=\begin{bmatrix}\boldsymbol{f}_{\mathrm{toa}}(\boldsymbol{u}_{\mathrm{v}n},\boldsymbol{s}_{\mathrm{v}})\\ \boldsymbol{f}_{\mathrm{foa}}(\boldsymbol{u}_{\mathrm{v}n},\boldsymbol{s}_{\mathrm{v}})\end{bmatrix}+\boldsymbol{\varepsilon}_{\mathrm{t}n}\\&=\boldsymbol{f}_{\mathrm{tfoa}}(\boldsymbol{u}_{\mathrm{v}n},\boldsymbol{s}_{\mathrm{v}})+\boldsymbol{\varepsilon}_{\mathrm{t}n}\ (1\leqslant n\leqslant N)\end{aligned} \tag{11.6}$$

式中

$$\begin{aligned}\boldsymbol{r}_{\mathrm{v}n}&=[\boldsymbol{r}_n^{\mathrm{T}}\ \ \dot{\boldsymbol{r}}_n^{\mathrm{T}}]^{\mathrm{T}}=[(\boldsymbol{f}_{\mathrm{toa}}(\boldsymbol{u}_{\mathrm{v}n},\boldsymbol{s}_{\mathrm{v}}))^{\mathrm{T}}\ \ (\boldsymbol{f}_{\mathrm{foa}}(\boldsymbol{u}_{\mathrm{v}n},\boldsymbol{s}_{\mathrm{v}}))^{\mathrm{T}}]^{\mathrm{T}}=\boldsymbol{f}_{\mathrm{tfoa}}(\boldsymbol{u}_{\mathrm{v}n},\boldsymbol{s}_{\mathrm{v}})\\ \boldsymbol{\varepsilon}_{\mathrm{t}n}&=[\boldsymbol{\varepsilon}_{\mathrm{t}n1}^{\mathrm{T}}\ \ \boldsymbol{\varepsilon}_{\mathrm{t}n2}^{\mathrm{T}}]^{\mathrm{T}}\end{aligned} \tag{11.7}$$

这里假设观测误差向量 $\boldsymbol{\varepsilon}_{\mathrm{t}n}$ 服从零均值的高斯分布，并且其协方差矩阵为 $\boldsymbol{E}_{\mathrm{t}n}=\mathrm{E}[\boldsymbol{\varepsilon}_{\mathrm{t}n}\boldsymbol{\varepsilon}_{\mathrm{t}n}^{\mathrm{T}}]$。为了实现多辐射源协同定位，需要将式（11.6）中的 N 个等式进行合并，如下式所示：

$$\hat{\boldsymbol{r}}_{\mathrm{v\text{-}c}}=\boldsymbol{r}_{\mathrm{v\text{-}c}}+\boldsymbol{\varepsilon}_{\mathrm{t\text{-}c}}=\boldsymbol{f}_{\mathrm{tfoa\text{-}c}}(\boldsymbol{u}_{\mathrm{v\text{-}c}},\boldsymbol{s}_{\mathrm{v}})+\boldsymbol{\varepsilon}_{\mathrm{t\text{-}c}} \tag{11.8}$$

式中

$$\begin{cases}\hat{\boldsymbol{r}}_{\mathrm{v\text{-}c}}=[\hat{\boldsymbol{r}}_{\mathrm{v}1}^{\mathrm{T}}\ \ \hat{\boldsymbol{r}}_{\mathrm{v}2}^{\mathrm{T}}\ \cdots\ \hat{\boldsymbol{r}}_{\mathrm{v}N}^{\mathrm{T}}]^{\mathrm{T}}\ ,\ \boldsymbol{r}_{\mathrm{v\text{-}c}}=[\boldsymbol{r}_{\mathrm{v}1}^{\mathrm{T}}\ \ \boldsymbol{r}_{\mathrm{v}2}^{\mathrm{T}}\ \cdots\ \boldsymbol{r}_{\mathrm{v}N}^{\mathrm{T}}]^{\mathrm{T}}\\ \boldsymbol{u}_{\mathrm{v\text{-}c}}=[\boldsymbol{u}_{\mathrm{v}1}^{\mathrm{T}}\ \ \boldsymbol{u}_{\mathrm{v}2}^{\mathrm{T}}\ \cdots\ \boldsymbol{u}_{\mathrm{v}N}^{\mathrm{T}}]^{\mathrm{T}}\ ,\ \boldsymbol{\varepsilon}_{\mathrm{t\text{-}c}}=[\boldsymbol{\varepsilon}_{\mathrm{t}1}^{\mathrm{T}}\ \ \boldsymbol{\varepsilon}_{\mathrm{t}2}^{\mathrm{T}}\ \cdots\ \boldsymbol{\varepsilon}_{\mathrm{t}N}^{\mathrm{T}}]^{\mathrm{T}}\\ \boldsymbol{f}_{\mathrm{tfoa\text{-}c}}(\boldsymbol{u}_{\mathrm{v\text{-}c}},\boldsymbol{s}_{\mathrm{v}})=[(\boldsymbol{f}_{\mathrm{tfoa}}(\boldsymbol{u}_{\mathrm{v}1},\boldsymbol{s}_{\mathrm{v}}))^{\mathrm{T}}\ \ (\boldsymbol{f}_{\mathrm{tfoa}}(\boldsymbol{u}_{\mathrm{v}2},\boldsymbol{s}_{\mathrm{v}}))^{\mathrm{T}}\ \cdots\ (\boldsymbol{f}_{\mathrm{tfoa}}(\boldsymbol{u}_{\mathrm{v}N},\boldsymbol{s}_{\mathrm{v}}))^{\mathrm{T}}]^{\mathrm{T}}\end{cases} \tag{11.9}$$

由于假设辐射源互不相关，因此观测误差向量 $\boldsymbol{\varepsilon}_{\mathrm{t\text{-}c}}$ 服从零均值的高斯分布，并且其协方差矩阵为 $\boldsymbol{E}_{\mathrm{t\text{-}c}}=\mathrm{E}[\boldsymbol{\varepsilon}_{\mathrm{t\text{-}c}}\boldsymbol{\varepsilon}_{\mathrm{t\text{-}c}}^{\mathrm{T}}]=\mathrm{blkdiag}\{\boldsymbol{E}_{\mathrm{t}1},\boldsymbol{E}_{\mathrm{t}2},\cdots,\boldsymbol{E}_{\mathrm{t}N}\}$。此外，这里将 $\boldsymbol{u}_{\mathrm{v\text{-}c}}$ 称为多辐射源位置–速度向量。

在实际定位过程中，传感器位置–速度向量 $\{\boldsymbol{s}_{\mathrm{v}m}\}_{1\leqslant m\leqslant M}$（或 $\boldsymbol{s}_{\mathrm{v}}$）往往无法精确获得，仅能得到其先验观测值，如下式所示：

$$\hat{\boldsymbol{s}}_{\mathrm{v}m}=\begin{bmatrix}\hat{\boldsymbol{s}}_m\\ \hat{\dot{\boldsymbol{s}}}_m\end{bmatrix}=\begin{bmatrix}\boldsymbol{s}_m\\ \dot{\boldsymbol{s}}_m\end{bmatrix}+\begin{bmatrix}\boldsymbol{\varepsilon}_{\mathrm{s}m1}\\ \boldsymbol{\varepsilon}_{\mathrm{s}m2}\end{bmatrix}=\boldsymbol{s}_{\mathrm{v}m}+\boldsymbol{\varepsilon}_{\mathrm{s}m}\quad(1\leqslant m\leqslant M) \tag{11.10}$$

式中，$\hat{\boldsymbol{s}}_m=[\hat{x}_m^{(\mathrm{s})}\ \ \hat{y}_m^{(\mathrm{s})}\ \ \hat{z}_m^{(\mathrm{s})}]^{\mathrm{T}}$，$\hat{\dot{\boldsymbol{s}}}_m=[\hat{\dot{x}}_m^{(\mathrm{s})}\ \ \hat{\dot{y}}_m^{(\mathrm{s})}\ \ \hat{\dot{z}}_m^{(\mathrm{s})}]^{\mathrm{T}}$，分别表示第 m 个传感器的位置和速度先验观测值；$\boldsymbol{\varepsilon}_{\mathrm{s}m1}$ 和 $\boldsymbol{\varepsilon}_{\mathrm{s}m2}$ 分别表示第 m 个传感器的位置和速度观测误差；$\boldsymbol{\varepsilon}_{\mathrm{s}m}=[\boldsymbol{\varepsilon}_{\mathrm{s}m1}^{\mathrm{T}}\ \ \boldsymbol{\varepsilon}_{\mathrm{s}m2}^{\mathrm{T}}]^{\mathrm{T}}$，表示第 m 个传感器的位置–速度观测误差。对式（11.10）进行合并可得

$$\hat{\boldsymbol{s}}_{\mathrm{v}}=\boldsymbol{s}_{\mathrm{v}}+\boldsymbol{\varepsilon}_{\mathrm{s}} \tag{11.11}$$

式中

$$\hat{\boldsymbol{s}}_{\mathrm{v}}=[\hat{\boldsymbol{s}}_{\mathrm{v}1}^{\mathrm{T}}\ \ \hat{\boldsymbol{s}}_{\mathrm{v}2}^{\mathrm{T}}\ \cdots\ \hat{\boldsymbol{s}}_{\mathrm{v}M}^{\mathrm{T}}]^{\mathrm{T}}\ ,\ \boldsymbol{\varepsilon}_{\mathrm{s}}=[\boldsymbol{\varepsilon}_{\mathrm{s}1}^{\mathrm{T}}\ \ \boldsymbol{\varepsilon}_{\mathrm{s}2}^{\mathrm{T}}\ \cdots\ \boldsymbol{\varepsilon}_{\mathrm{s}M}^{\mathrm{T}}]^{\mathrm{T}} \tag{11.12}$$

这里假设观测误差向量 $\boldsymbol{\varepsilon}_{\mathrm{s}}$ 服从零均值的高斯分布，并且其协方差矩阵为 $\boldsymbol{E}_{\mathrm{s}}=\mathrm{E}[\boldsymbol{\varepsilon}_{\mathrm{s}}\boldsymbol{\varepsilon}_{\mathrm{s}}^{\mathrm{T}}]$。

下面的问题在于：如何联合多个不相关源的 TOA/FOA 观测向量 $\{\hat{\boldsymbol{r}}_{\mathrm{v}n}\}_{1\leqslant n\leqslant N}$（或 $\hat{\boldsymbol{r}}_{\mathrm{v\text{-}c}}$）和传感器位置–速度观测向量 $\{\hat{\boldsymbol{s}}_{\mathrm{v}m}\}_{1\leqslant m\leqslant M}$（或 $\hat{\boldsymbol{s}}_{\mathrm{v}}$），对多个辐射源位置–速度向量 $\{\boldsymbol{u}_{\mathrm{v}n}\}_{1\leqslant n\leqslant N}$（或 $\boldsymbol{u}_{\mathrm{v\text{-}c}}$）进行联合估计，即多辐射源协同定位。本章采用的定位方法是基于多维标度原理的，其中将给出两种定位方法，11.2 节描述第 1 种定位方法，11.3 节给出第 2 种定位方法，它们的主要区别在于标量积矩阵的构造方式不同。需要指出的是，11.2 节和 11.3 节中的方法分别是 7.2 节和 7.3 节中的方法的拓展。

11.2　基于加权多维标度的多辐射源协同定位方法 1

11.2.1　标量积矩阵及其对应的关系式

本节中的标量积矩阵的构造方式与 7.2 节中的构造方式是一致的。针对第 n 个辐射源构造下面两个标量积矩阵①：

$$\boldsymbol{W}_n^{(1)}(\boldsymbol{s}_{\mathrm{v}})=\frac{1}{2}\begin{bmatrix} r_{n1}^2+r_{n1}^2-d_{11}^2 & r_{n1}^2+r_{n2}^2-d_{12}^2 & \cdots & r_{n1}^2+r_{nM}^2-d_{1M}^2 \\ r_{n1}^2+r_{n2}^2-d_{12}^2 & r_{n2}^2+r_{n2}^2-d_{22}^2 & \cdots & r_{n2}^2+r_{nM}^2-d_{2M}^2 \\ \vdots & \vdots & \ddots & \vdots \\ r_{n1}^2+r_{nM}^2-d_{1M}^2 & r_{n2}^2+r_{nM}^2-d_{2M}^2 & \cdots & r_{nM}^2+r_{nM}^2-d_{MM}^2 \end{bmatrix}\in\mathbf{R}^{M\times M}\quad(1\leqslant n\leqslant N) \tag{11.13}$$

$$\dot{\boldsymbol{W}}_n^{(1)}(\boldsymbol{s}_{\mathrm{v}})=\begin{bmatrix} r_{n1}\dot{r}_{n1}+r_{n1}\dot{r}_{n1}-\theta_{11} & r_{n1}\dot{r}_{n1}+r_{n2}\dot{r}_{n2}-\theta_{12} & \cdots & r_{n1}\dot{r}_{n1}+r_{nM}\dot{r}_{nM}-\theta_{1M} \\ r_{n1}\dot{r}_{n1}+r_{n2}\dot{r}_{n2}-\theta_{12} & r_{n2}\dot{r}_{n2}+r_{n2}\dot{r}_{n2}-\theta_{22} & \cdots & r_{n2}\dot{r}_{n2}+r_{nM}\dot{r}_{nM}-\theta_{2M} \\ \vdots & \vdots & \ddots & \vdots \\ r_{n1}\dot{r}_{n1}+r_{nM}\dot{r}_{nM}-\theta_{1M} & r_{n2}\dot{r}_{n2}+r_{nM}\dot{r}_{nM}-\theta_{2M} & \cdots & r_{nM}\dot{r}_{nM}+r_{nM}\dot{r}_{nM}-\theta_{MM} \end{bmatrix}$$
$$\in\mathbf{R}^{M\times M}\quad(1\leqslant n\leqslant N) \tag{11.14}$$

式中，$d_{m_1m_2}=\|\boldsymbol{s}_{m_1}-\boldsymbol{s}_{m_2}\|_2$，$\theta_{m_1m_2}=(\dot{\boldsymbol{s}}_{m_1}-\dot{\boldsymbol{s}}_{m_2})^{\mathrm{T}}(\boldsymbol{s}_{m_1}-\boldsymbol{s}_{m_2})$。利用式(7.15)和式(7.17)可以得到如下两组关系式：

$$\boldsymbol{O}_{M\times 1}=\boldsymbol{W}_n^{(1)}(\boldsymbol{s}_{\mathrm{v}})\boldsymbol{T}^{(1)}(\boldsymbol{s}_{\mathrm{v}})\begin{bmatrix}1\\ \boldsymbol{u}_n\end{bmatrix}\quad(1\leqslant n\leqslant N) \tag{11.15}$$

① 本节中的数学符号大多使用上角标“(1)”，这是为了突出其对应于第 1 种定位方法。

$$\begin{aligned}\boldsymbol{O}_{M\times 1}&=(\dot{\boldsymbol{W}}_n^{(1)}(\boldsymbol{s}_{\mathrm{v}})\boldsymbol{T}^{(1)}(\boldsymbol{s}_{\mathrm{v}})+\boldsymbol{W}_n^{(1)}(\boldsymbol{s}_{\mathrm{v}})\dot{\boldsymbol{T}}^{(1)}(\boldsymbol{s}_{\mathrm{v}}))\begin{bmatrix}1\\ \boldsymbol{u}_n\end{bmatrix}\\&\quad+\boldsymbol{W}_n^{(1)}(\boldsymbol{s}_{\mathrm{v}})\boldsymbol{T}^{(1)}(\boldsymbol{s}_{\mathrm{v}})\begin{bmatrix}0\\ \dot{\boldsymbol{u}}_n\end{bmatrix}\quad(1\leqslant n\leqslant N)\end{aligned}\tag{11.16}$$

式中

$$\boldsymbol{T}^{(1)}(\boldsymbol{s}_{\mathrm{v}})=[\boldsymbol{I}_{M\times 1}\ \ \boldsymbol{S}^{(1)}]\begin{bmatrix}M & \boldsymbol{I}_{M\times 1}^{\mathrm{T}}\boldsymbol{S}^{(1)}\\ \boldsymbol{S}^{(1)\mathrm{T}}\boldsymbol{I}_{M\times 1} & \boldsymbol{S}^{(1)\mathrm{T}}\boldsymbol{S}^{(1)}\end{bmatrix}^{-1}\in\mathbf{R}^{M\times 4}\tag{11.17}$$

$$\begin{aligned}\dot{\boldsymbol{T}}^{(1)}(\boldsymbol{s}_{\mathrm{v}})&=[\boldsymbol{O}_{M\times 1}\ \ \dot{\boldsymbol{S}}^{(1)}]\begin{bmatrix}M & \boldsymbol{I}_{M\times 1}^{\mathrm{T}}\boldsymbol{S}^{(1)}\\ \boldsymbol{S}^{(1)\mathrm{T}}\boldsymbol{I}_{M\times 1} & \boldsymbol{S}^{(1)\mathrm{T}}\boldsymbol{S}^{(1)}\end{bmatrix}^{-1}\\&\quad-\boldsymbol{T}^{(1)}(\boldsymbol{s}_{\mathrm{v}})\begin{bmatrix}0 & \boldsymbol{I}_{M\times 1}^{\mathrm{T}}\dot{\boldsymbol{S}}^{(1)}\\ \dot{\boldsymbol{S}}^{(1)\mathrm{T}}\boldsymbol{I}_{M\times 1} & \dot{\boldsymbol{S}}^{(1)\mathrm{T}}\boldsymbol{S}^{(1)}+\boldsymbol{S}^{(1)\mathrm{T}}\dot{\boldsymbol{S}}^{(1)}\end{bmatrix}\begin{bmatrix}M & \boldsymbol{I}_{M\times 1}^{\mathrm{T}}\boldsymbol{S}^{(1)}\\ \boldsymbol{S}^{(1)\mathrm{T}}\boldsymbol{I}_{M\times 1} & \boldsymbol{S}^{(1)\mathrm{T}}\boldsymbol{S}^{(1)}\end{bmatrix}^{-1}\in\mathbf{R}^{M\times 4}\end{aligned}\tag{11.18}$$

其中，$\boldsymbol{S}^{(1)}=[\boldsymbol{s}_1\ \ \boldsymbol{s}_2\ \ \cdots\ \ \boldsymbol{s}_M]^{\mathrm{T}}$，$\dot{\boldsymbol{S}}^{(1)}=[\dot{\boldsymbol{s}}_1\ \ \dot{\boldsymbol{s}}_2\ \ \cdots\ \ \dot{\boldsymbol{s}}_M]^{\mathrm{T}}$。将式（11.15）和式（11.16）进行合并可得

$$\begin{aligned}\boldsymbol{O}_{2M\times 1}&=\begin{bmatrix}\boldsymbol{W}_n^{(1)}(\boldsymbol{s}_{\mathrm{v}})\boldsymbol{T}^{(1)}(\boldsymbol{s}_{\mathrm{v}}) & \boldsymbol{O}_{M\times 3}\\ \dot{\boldsymbol{W}}_n^{(1)}(\boldsymbol{s}_{\mathrm{v}})\boldsymbol{T}^{(1)}(\boldsymbol{s}_{\mathrm{v}})+\boldsymbol{W}_n^{(1)}(\boldsymbol{s}_{\mathrm{v}})\dot{\boldsymbol{T}}^{(1)}(\boldsymbol{s}_{\mathrm{v}}) & \boldsymbol{W}_n^{(1)}(\boldsymbol{s}_{\mathrm{v}})\boldsymbol{T}^{(1)}(\boldsymbol{s}_{\mathrm{v}})\bar{\boldsymbol{I}}_3\end{bmatrix}\begin{bmatrix}1\\ \boldsymbol{u}_n\\ \dot{\boldsymbol{u}}_n\end{bmatrix}\\&=\begin{bmatrix}\boldsymbol{W}_n^{(1)}(\boldsymbol{s}_{\mathrm{v}})\boldsymbol{T}^{(1)}(\boldsymbol{s}_{\mathrm{v}}) & \boldsymbol{O}_{M\times 3}\\ \dot{\boldsymbol{W}}_n^{(1)}(\boldsymbol{s}_{\mathrm{v}})\boldsymbol{T}^{(1)}(\boldsymbol{s}_{\mathrm{v}})+\boldsymbol{W}_n^{(1)}(\boldsymbol{s}_{\mathrm{v}})\dot{\boldsymbol{T}}^{(1)}(\boldsymbol{s}_{\mathrm{v}}) & \boldsymbol{W}_n^{(1)}(\boldsymbol{s}_{\mathrm{v}})\boldsymbol{T}^{(1)}(\boldsymbol{s}_{\mathrm{v}})\bar{\boldsymbol{I}}_3\end{bmatrix}\begin{bmatrix}1\\ \boldsymbol{u}_{\mathrm{v}n}\end{bmatrix}\quad(1\leqslant n\leqslant N)\end{aligned}\tag{11.19}$$

式中，$\bar{\boldsymbol{I}}_3=\begin{bmatrix}\boldsymbol{O}_{1\times 3}\\ \boldsymbol{I}_3\end{bmatrix}$。式（11.19）建立了关于向量$\boldsymbol{u}_{\mathrm{v}n}$的伪线性等式，其中一共包含$2M$个等式，而 TOA/FOA 观测量也为$2M$个，因此观测信息并无损失。下面将基于式（11.19）构建针对多辐射源协同定位的估计准则。

11.2.2 定位原理与方法

1. 一阶误差扰动分析

在实际定位过程中，标量积矩阵$\boldsymbol{W}_n^{(1)}(\boldsymbol{s}_{\mathrm{v}})$和$\dot{\boldsymbol{W}}_n^{(1)}(\boldsymbol{s}_{\mathrm{v}})$及矩阵$\boldsymbol{T}^{(1)}(\boldsymbol{s}_{\mathrm{v}})$和$\dot{\boldsymbol{T}}^{(1)}(\boldsymbol{s}_{\mathrm{v}})$的真实值都是未知的，因为其中的真实距离$\{r_{nm}\}_{1\leqslant m\leqslant M}$和真实距离变化率$\{\dot{r}_{nm}\}_{1\leqslant m\leqslant M}$仅能分别用它们的观测值$\{\hat{r}_{nm}\}_{1\leqslant m\leqslant M}$和$\{\hat{\dot{r}}_{nm}\}_{1\leqslant m\leqslant M}$来代替，真实传感器位置−速度向量$\boldsymbol{s}_{\mathrm{v}}$仅能用其先验观测值$\hat{\boldsymbol{s}}_{\mathrm{v}}$来代替，这必然会引入观测误

差。不妨将含有观测误差的标量积矩阵 $\boldsymbol{W}_n^{(1)}(\boldsymbol{s}_{\mathrm{v}})$ 和 $\dot{\boldsymbol{W}}_n^{(1)}(\boldsymbol{s}_{\mathrm{v}})$ 分别记为 $\hat{\boldsymbol{W}}_n^{(1)}(\hat{\boldsymbol{s}}_{\mathrm{v}})$ 和 $\hat{\dot{\boldsymbol{W}}}_n^{(1)}(\hat{\boldsymbol{s}}_{\mathrm{v}})$，于是根据式（11.13）和式（11.14）可得

$$\hat{\boldsymbol{W}}_n^{(1)}(\hat{\boldsymbol{s}}_{\mathrm{v}})=\frac{1}{2}\begin{bmatrix} \hat{r}_{n1}^2+\hat{r}_{n1}^2-\hat{d}_{11}^2 & \hat{r}_{n1}^2+\hat{r}_{n2}^2-\hat{d}_{12}^2 & \cdots & \hat{r}_{n1}^2+\hat{r}_{nM}^2-\hat{d}_{1M}^2 \\ \hat{r}_{n1}^2+\hat{r}_{n2}^2-\hat{d}_{12}^2 & \hat{r}_{n2}^2+\hat{r}_{n2}^2-\hat{d}_{22}^2 & \cdots & \hat{r}_{n2}^2+\hat{r}_{nM}^2-\hat{d}_{2M}^2 \\ \vdots & \vdots & \ddots & \vdots \\ \hat{r}_{n1}^2+\hat{r}_{nM}^2-\hat{d}_{1M}^2 & \hat{r}_{n2}^2+\hat{r}_{nM}^2-\hat{d}_{2M}^2 & \cdots & \hat{r}_{nM}^2+\hat{r}_{nM}^2-\hat{d}_{MM}^2 \end{bmatrix} \tag{11.20}$$

$$\hat{\dot{\boldsymbol{W}}}_n^{(1)}(\hat{\boldsymbol{s}}_{\mathrm{v}})=\begin{bmatrix} \hat{r}_{n1}\hat{\dot{r}}_{n1}+\hat{r}_{n1}\hat{\dot{r}}_{n1}-\hat{\theta}_{11} & \hat{r}_{n1}\hat{\dot{r}}_{n1}+\hat{r}_{n2}\hat{\dot{r}}_{n2}-\hat{\theta}_{12} & \cdots & \hat{r}_{n1}\hat{\dot{r}}_{n1}+\hat{r}_{nM}\hat{\dot{r}}_{nM}-\hat{\theta}_{1M} \\ \hat{r}_{n1}\hat{\dot{r}}_{n1}+\hat{r}_{n2}\hat{\dot{r}}_{n2}-\hat{\theta}_{12} & \hat{r}_{n2}\hat{\dot{r}}_{n2}+\hat{r}_{n2}\hat{\dot{r}}_{n2}-\hat{\theta}_{22} & \cdots & \hat{r}_{n2}\hat{\dot{r}}_{n2}+\hat{r}_{nM}\hat{\dot{r}}_{nM}-\hat{\theta}_{2M} \\ \vdots & \vdots & \ddots & \vdots \\ \hat{r}_{n1}\hat{\dot{r}}_{n1}+\hat{r}_{nM}\hat{\dot{r}}_{nM}-\hat{\theta}_{1M} & \hat{r}_{n2}\hat{\dot{r}}_{n2}+\hat{r}_{nM}\hat{\dot{r}}_{nM}-\hat{\theta}_{2M} & \cdots & \hat{r}_{nM}\hat{\dot{r}}_{nM}+\hat{r}_{nM}\hat{\dot{r}}_{nM}-\hat{\theta}_{MM} \end{bmatrix} \tag{11.21}$$

式中，$\hat{d}_{m_1m_2}=\|\hat{\boldsymbol{s}}_{m_1}-\hat{\boldsymbol{s}}_{m_2}\|_2$，$\hat{\theta}_{m_1m_2}=(\hat{\dot{\boldsymbol{s}}}_{m_1}-\hat{\dot{\boldsymbol{s}}}_{m_2})^{\mathrm{T}}(\hat{\boldsymbol{s}}_{m_1}-\hat{\boldsymbol{s}}_{m_2})$。不妨将含有观测误差的矩阵 $\boldsymbol{T}^{(1)}(\boldsymbol{s}_{\mathrm{v}})$ 和 $\dot{\boldsymbol{T}}^{(1)}(\boldsymbol{s}_{\mathrm{v}})$ 分别记为 $\boldsymbol{T}^{(1)}(\hat{\boldsymbol{s}}_{\mathrm{v}})$ 和 $\dot{\boldsymbol{T}}^{(1)}(\hat{\boldsymbol{s}}_{\mathrm{v}})$，则根据式（11.17）和式（11.18）可得

$$\boldsymbol{T}^{(1)}(\hat{\boldsymbol{s}}_{\mathrm{v}})=[\boldsymbol{I}_{M\times1}\ \ \hat{\boldsymbol{S}}^{(1)}]\begin{bmatrix} M & \boldsymbol{I}_{M\times1}^{\mathrm{T}}\hat{\boldsymbol{S}}^{(1)} \\ \hat{\boldsymbol{S}}^{(1)\mathrm{T}}\boldsymbol{I}_{M\times1} & \hat{\boldsymbol{S}}^{(1)\mathrm{T}}\hat{\boldsymbol{S}}^{(1)} \end{bmatrix}^{-1} \tag{11.22}$$

$$\begin{aligned}\dot{\boldsymbol{T}}^{(1)}(\hat{\boldsymbol{s}}_{\mathrm{v}})=&[\boldsymbol{O}_{M\times1}\ \ \hat{\dot{\boldsymbol{S}}}^{(1)}]\begin{bmatrix} M & \boldsymbol{I}_{M\times1}^{\mathrm{T}}\hat{\boldsymbol{S}}^{(1)} \\ \hat{\boldsymbol{S}}^{(1)\mathrm{T}}\boldsymbol{I}_{M\times1} & \hat{\boldsymbol{S}}^{(1)\mathrm{T}}\hat{\boldsymbol{S}}^{(1)} \end{bmatrix}^{-1} \\ &-\boldsymbol{T}^{(1)}(\hat{\boldsymbol{s}}_{\mathrm{v}})\begin{bmatrix} 0 & \boldsymbol{I}_{M\times1}^{\mathrm{T}}\hat{\dot{\boldsymbol{S}}}^{(1)} \\ \hat{\dot{\boldsymbol{S}}}^{(1)\mathrm{T}}\boldsymbol{I}_{M\times1} & \hat{\dot{\boldsymbol{S}}}^{(1)\mathrm{T}}\hat{\boldsymbol{S}}^{(1)}+\hat{\boldsymbol{S}}^{(1)\mathrm{T}}\hat{\dot{\boldsymbol{S}}}^{(1)} \end{bmatrix}\begin{bmatrix} M & \boldsymbol{I}_{M\times1}^{\mathrm{T}}\hat{\boldsymbol{S}}^{(1)} \\ \hat{\boldsymbol{S}}^{(1)\mathrm{T}}\boldsymbol{I}_{M\times1} & \hat{\boldsymbol{S}}^{(1)\mathrm{T}}\hat{\boldsymbol{S}}^{(1)} \end{bmatrix}^{-1}\end{aligned} \tag{11.23}$$

式中，$\hat{\boldsymbol{S}}^{(1)}=[\hat{\boldsymbol{s}}_1\ \ \hat{\boldsymbol{s}}_2\ \ \cdots\ \ \hat{\boldsymbol{s}}_M]^{\mathrm{T}}$，$\hat{\dot{\boldsymbol{S}}}^{(1)}=[\hat{\dot{\boldsymbol{s}}}_1\ \ \hat{\dot{\boldsymbol{s}}}_2\ \ \cdots\ \ \hat{\dot{\boldsymbol{s}}}_M]^{\mathrm{T}}$。

基于式（11.19）可以定义如下误差向量：

$$\boldsymbol{\delta}_{\mathrm{ts}n}^{(1)}=\begin{bmatrix} \hat{\boldsymbol{W}}_n^{(1)}(\hat{\boldsymbol{s}}_{\mathrm{v}})\boldsymbol{T}^{(1)}(\hat{\boldsymbol{s}}_{\mathrm{v}}) & \boldsymbol{O}_{M\times3} \\ \hat{\dot{\boldsymbol{W}}}_n^{(1)}(\hat{\boldsymbol{s}}_{\mathrm{v}})\boldsymbol{T}^{(1)}(\hat{\boldsymbol{s}}_{\mathrm{v}})+\hat{\boldsymbol{W}}_n^{(1)}(\hat{\boldsymbol{s}}_{\mathrm{v}})\dot{\boldsymbol{T}}^{(1)}(\hat{\boldsymbol{s}}_{\mathrm{v}}) & \hat{\boldsymbol{W}}_n^{(1)}(\hat{\boldsymbol{s}}_{\mathrm{v}})\boldsymbol{T}^{(1)}(\hat{\boldsymbol{s}}_{\mathrm{v}})\bar{\boldsymbol{I}}_3 \end{bmatrix}\begin{bmatrix} 1 \\ \boldsymbol{u}_{\mathrm{v}n} \end{bmatrix}\ (1\leqslant n\leqslant N) \tag{11.24}$$

若忽略误差二阶项，则由式（11.19）可得

$$\boldsymbol{\delta}_{\text{ts}n}^{(1)}=\left[\begin{array}{c|c}(\boldsymbol{W}_n^{(1)}(\boldsymbol{s}_{\text{v}})+\Delta\boldsymbol{W}_{\text{ts}n}^{(1)})(\boldsymbol{T}^{(1)}(\boldsymbol{s}_{\text{v}})+\Delta\boldsymbol{T}_{\text{s}}^{(1)}) & \boldsymbol{O}_{M\times 3}\\ \hline \begin{array}{c}(\dot{\boldsymbol{W}}_n^{(1)}(\boldsymbol{s}_{\text{v}})+\Delta\dot{\boldsymbol{W}}_{\text{ts}n}^{(1)})(\boldsymbol{T}^{(1)}(\boldsymbol{s}_{\text{v}})+\Delta\boldsymbol{T}_{\text{s}}^{(1)})\\ +(\boldsymbol{W}_n^{(1)}(\boldsymbol{s}_{\text{v}})+\Delta\boldsymbol{W}_{\text{ts}n}^{(1)})(\dot{\boldsymbol{T}}^{(1)}(\boldsymbol{s}_{\text{v}})+\Delta\dot{\boldsymbol{T}}_{\text{s}}^{(1)})\end{array} & (\boldsymbol{W}_n^{(1)}(\boldsymbol{s}_{\text{v}})+\Delta\boldsymbol{W}_{\text{ts}n}^{(1)})(\boldsymbol{T}^{(1)}(\boldsymbol{s}_{\text{v}})+\Delta\boldsymbol{T}_{\text{s}}^{(1)})\bar{\boldsymbol{I}}_3\end{array}\right]\begin{bmatrix}1\\ \boldsymbol{u}_{\text{v}n}\end{bmatrix}$$

$$\approx\left[\begin{array}{c|c}\Delta\boldsymbol{W}_{\text{ts}n}^{(1)}\boldsymbol{T}^{(1)}(\boldsymbol{s}_{\text{v}}) & \boldsymbol{O}_{M\times 3}\\ \hline \Delta\boldsymbol{W}_{\text{ts}n}^{(1)}\dot{\boldsymbol{T}}^{(1)}(\boldsymbol{s}_{\text{v}}) & \Delta\boldsymbol{W}_{\text{ts}n}^{(1)}\boldsymbol{T}^{(1)}(\boldsymbol{s}_{\text{v}})\bar{\boldsymbol{I}}_3\end{array}\right]\begin{bmatrix}1\\ \boldsymbol{u}_{\text{v}n}\end{bmatrix}+\left[\begin{array}{c|c}\boldsymbol{O}_{M\times 4} & \boldsymbol{O}_{M\times 3}\\ \hline \Delta\dot{\boldsymbol{W}}_{\text{ts}n}^{(1)}\boldsymbol{T}^{(1)}(\boldsymbol{s}_{\text{v}}) & \boldsymbol{O}_{M\times 3}\end{array}\right]\begin{bmatrix}1\\ \boldsymbol{u}_{\text{v}n}\end{bmatrix}$$

$$+\left[\begin{array}{c|c}\boldsymbol{W}_n^{(1)}(\boldsymbol{s}_{\text{v}})\Delta\boldsymbol{T}_{\text{s}}^{(1)} & \boldsymbol{O}_{M\times 3}\\ \hline \dot{\boldsymbol{W}}_n^{(1)}(\boldsymbol{s}_{\text{v}})\Delta\boldsymbol{T}_{\text{s}}^{(1)} & \boldsymbol{W}_n^{(1)}(\boldsymbol{s}_{\text{v}})\Delta\boldsymbol{T}_{\text{s}}^{(1)}\bar{\boldsymbol{I}}_3\end{array}\right]\begin{bmatrix}1\\ \boldsymbol{u}_{\text{v}n}\end{bmatrix}+\left[\begin{array}{c|c}\boldsymbol{O}_{M\times 4} & \boldsymbol{O}_{M\times 3}\\ \hline \boldsymbol{W}_n^{(1)}(\boldsymbol{s}_{\text{v}})\Delta\dot{\boldsymbol{T}}_{\text{s}}^{(1)} & \boldsymbol{O}_{M\times 3}\end{array}\right]\begin{bmatrix}1\\ \boldsymbol{u}_{\text{v}n}\end{bmatrix}\tag{11.25}$$

式中，$\Delta\boldsymbol{W}_{\text{ts}n}^{(1)}$、$\Delta\dot{\boldsymbol{W}}_{\text{ts}n}^{(1)}$、$\Delta\boldsymbol{T}_{\text{s}}^{(1)}$ 及 $\Delta\dot{\boldsymbol{T}}_{\text{s}}^{(1)}$ 分别表示 $\hat{\boldsymbol{W}}_n^{(1)}(\hat{\boldsymbol{s}}_{\text{v}})$、$\hat{\dot{\boldsymbol{W}}}_n^{(1)}(\hat{\boldsymbol{s}}_{\text{v}})$、$\boldsymbol{T}^{(1)}(\hat{\boldsymbol{s}}_{\text{v}})$ 及 $\dot{\boldsymbol{T}}^{(1)}(\hat{\boldsymbol{s}}_{\text{v}})$ 中的误差矩阵，即有 $\Delta\boldsymbol{W}_{\text{ts}n}^{(1)}=\hat{\boldsymbol{W}}_n^{(1)}(\hat{\boldsymbol{s}}_{\text{v}})-\boldsymbol{W}_n^{(1)}(\boldsymbol{s}_{\text{v}})$，$\Delta\dot{\boldsymbol{W}}_{\text{ts}n}^{(1)}=\hat{\dot{\boldsymbol{W}}}_n^{(1)}(\hat{\boldsymbol{s}}_{\text{v}})-\dot{\boldsymbol{W}}_n^{(1)}(\boldsymbol{s}_{\text{v}})$，$\Delta\boldsymbol{T}_{\text{s}}^{(1)}=\boldsymbol{T}^{(1)}(\hat{\boldsymbol{s}}_{\text{v}})-\boldsymbol{T}^{(1)}(\boldsymbol{s}_{\text{v}})$ 及 $\Delta\dot{\boldsymbol{T}}_{\text{s}}^{(1)}=\dot{\boldsymbol{T}}^{(1)}(\hat{\boldsymbol{s}}_{\text{v}})-\dot{\boldsymbol{T}}^{(1)}(\boldsymbol{s}_{\text{v}})$。下面需要推导它们的一阶表达式（即忽略观测误差 $\boldsymbol{\varepsilon}_{\text{t}n}$ 和 $\boldsymbol{\varepsilon}_{\text{s}}$ 的二阶及其以上各阶项），并由此获得误差向量 $\boldsymbol{\delta}_{\text{ts}n}^{(1)}$ 关于观测误差 $\boldsymbol{\varepsilon}_{\text{t}n}$ 和 $\boldsymbol{\varepsilon}_{\text{s}}$ 的线性函数。

首先基于式（11.20）可以将误差矩阵 $\Delta\boldsymbol{W}_{\text{ts}n}^{(1)}$ 近似表示为

$$\Delta\boldsymbol{W}_{\text{ts}n}^{(1)}\approx\begin{bmatrix}r_{n1}\varepsilon_{\text{t}n11}+r_{n1}\varepsilon_{\text{t}n11} & r_{n1}\varepsilon_{\text{t}n11}+r_{n2}\varepsilon_{\text{t}n21} & \cdots & r_{n1}\varepsilon_{\text{t}n11}+r_{nM}\varepsilon_{\text{t}nM1}\\ r_{n1}\varepsilon_{\text{t}n11}+r_{n2}\varepsilon_{\text{t}n21} & r_{n2}\varepsilon_{\text{t}n21}+r_{n2}\varepsilon_{\text{t}n21} & \cdots & r_{n2}\varepsilon_{\text{t}n21}+r_{nM}\varepsilon_{\text{t}nM1}\\ \vdots & \vdots & \ddots & \vdots\\ r_{n1}\varepsilon_{\text{t}n11}+r_{nM}\varepsilon_{\text{t}nM1} & r_{n2}\varepsilon_{\text{t}n21}+r_{nM}\varepsilon_{\text{t}nM1} & \cdots & r_{nM}\varepsilon_{\text{t}nM1}+r_{nM}\varepsilon_{\text{t}nM1}\end{bmatrix}$$

$$-\begin{bmatrix}(\boldsymbol{s}_1-\boldsymbol{s}_1)^{\text{T}}(\boldsymbol{\varepsilon}_{\text{s}11}-\boldsymbol{\varepsilon}_{\text{s}11}) & (\boldsymbol{s}_1-\boldsymbol{s}_2)^{\text{T}}(\boldsymbol{\varepsilon}_{\text{s}11}-\boldsymbol{\varepsilon}_{\text{s}21}) & \cdots & (\boldsymbol{s}_1-\boldsymbol{s}_M)^{\text{T}}(\boldsymbol{\varepsilon}_{\text{s}11}-\boldsymbol{\varepsilon}_{\text{s}M1})\\ (\boldsymbol{s}_1-\boldsymbol{s}_2)^{\text{T}}(\boldsymbol{\varepsilon}_{\text{s}11}-\boldsymbol{\varepsilon}_{\text{s}21}) & (\boldsymbol{s}_2-\boldsymbol{s}_2)^{\text{T}}(\boldsymbol{\varepsilon}_{\text{s}21}-\boldsymbol{\varepsilon}_{\text{s}21}) & \cdots & (\boldsymbol{s}_2-\boldsymbol{s}_M)^{\text{T}}(\boldsymbol{\varepsilon}_{\text{s}21}-\boldsymbol{\varepsilon}_{\text{s}M1})\\ \vdots & \vdots & \ddots & \vdots\\ (\boldsymbol{s}_1-\boldsymbol{s}_M)^{\text{T}}(\boldsymbol{\varepsilon}_{\text{s}11}-\boldsymbol{\varepsilon}_{\text{s}M1}) & (\boldsymbol{s}_2-\boldsymbol{s}_M)^{\text{T}}(\boldsymbol{\varepsilon}_{\text{s}21}-\boldsymbol{\varepsilon}_{\text{s}M1}) & \cdots & (\boldsymbol{s}_M-\boldsymbol{s}_M)^{\text{T}}(\boldsymbol{\varepsilon}_{\text{s}M1}-\boldsymbol{\varepsilon}_{\text{s}M1})\end{bmatrix}\tag{11.26}$$

由式（11.26）可以将式（11.25）右边第 1 式近似表示为关于观测误差 $\boldsymbol{\varepsilon}_{\text{t}n}$ 和 $\boldsymbol{\varepsilon}_{\text{s}}$ 的线性函数，如下式所示：

$$\left[\begin{array}{c|c}\Delta\boldsymbol{W}_{\text{ts}n}^{(1)}\boldsymbol{T}^{(1)}(\boldsymbol{s}_{\text{v}}) & \boldsymbol{O}_{M\times 3}\\ \hline \Delta\boldsymbol{W}_{\text{ts}n}^{(1)}\dot{\boldsymbol{T}}^{(1)}(\boldsymbol{s}_{\text{v}}) & \Delta\boldsymbol{W}_{\text{ts}n}^{(1)}\boldsymbol{T}^{(1)}(\boldsymbol{s}_{\text{v}})\bar{\boldsymbol{I}}_3\end{array}\right]\begin{bmatrix}1\\ \boldsymbol{u}_{\text{v}n}\end{bmatrix}\approx\boldsymbol{B}_{\text{t}n1}^{(1)}(\boldsymbol{u}_{\text{v}n},\boldsymbol{s}_{\text{v}})\boldsymbol{\varepsilon}_{\text{t}n}+\boldsymbol{B}_{\text{s}n1}^{(1)}(\boldsymbol{u}_{\text{v}n},\boldsymbol{s}_{\text{v}})\boldsymbol{\varepsilon}_{\text{s}}\tag{11.27}$$

式中

$$\boldsymbol{B}_{\mathrm{t}n1}^{(1)}(\boldsymbol{u}_{\mathrm{v}n},\boldsymbol{s}_{\mathrm{v}})=\left[\begin{array}{c|c}([1\ \ \boldsymbol{u}_n^{\mathrm{T}}](\boldsymbol{T}^{(1)}(\boldsymbol{s}_{\mathrm{v}}))^{\mathrm{T}}\boldsymbol{1}_{M\times 1})\mathrm{diag}[\boldsymbol{r}_n]+\boldsymbol{1}_{M\times 1}\left(\left(\boldsymbol{T}^{(1)}(\boldsymbol{s}_{\mathrm{v}})\begin{bmatrix}1\\ \boldsymbol{u}_n\end{bmatrix}\right)\odot\boldsymbol{r}_n\right)^{\mathrm{T}} & \boldsymbol{O}_{M\times M}\\ \hline \begin{array}{c}[([1\ \ \boldsymbol{u}_n^{\mathrm{T}}](\dot{\boldsymbol{T}}^{(1)}(\boldsymbol{s}_{\mathrm{v}}))^{\mathrm{T}}+[0\ \ \dot{\boldsymbol{u}}_n^{\mathrm{T}}](\boldsymbol{T}^{(1)}(\boldsymbol{s}_{\mathrm{v}}))^{\mathrm{T}})\boldsymbol{1}_{M\times 1}]\mathrm{diag}[\boldsymbol{r}_n]\\ +\boldsymbol{1}_{M\times 1}\left(\left(\dot{\boldsymbol{T}}^{(1)}(\boldsymbol{s}_{\mathrm{v}})\begin{bmatrix}1\\ \boldsymbol{u}_n\end{bmatrix}+\boldsymbol{T}^{(1)}(\boldsymbol{s}_{\mathrm{v}})\begin{bmatrix}0\\ \dot{\boldsymbol{u}}_n\end{bmatrix}\right)\odot\boldsymbol{r}_n\right)^{\mathrm{T}}\end{array} & \boldsymbol{O}_{M\times M}\end{array}\right]\in\mathbf{R}^{2M\times 2M} \tag{11.28}$$

$$\boldsymbol{B}_{\mathrm{s}n1}^{(1)}(\boldsymbol{u}_{\mathrm{v}n},\boldsymbol{s}_{\mathrm{v}})=\begin{bmatrix}([1\ \ \boldsymbol{u}_n^{\mathrm{T}}](\boldsymbol{T}^{(1)}(\boldsymbol{s}_{\mathrm{v}}))^{\mathrm{T}})\otimes\boldsymbol{I}_M\\ [[1\ \ \boldsymbol{u}_n^{\mathrm{T}}](\dot{\boldsymbol{T}}^{(1)}(\boldsymbol{s}_{\mathrm{v}}))^{\mathrm{T}}+[0\ \ \dot{\boldsymbol{u}}_n^{\mathrm{T}}](\boldsymbol{T}^{(1)}(\boldsymbol{s}_{\mathrm{v}}))^{\mathrm{T}}]\otimes\boldsymbol{I}_M\end{bmatrix}\bar{\boldsymbol{S}}_{\mathrm{blk}}^{(1)}(\boldsymbol{I}_M\otimes[\boldsymbol{I}_3\ \ \boldsymbol{O}_{3\times 3}])\in\mathbf{R}^{2M\times 6M} \tag{11.29}$$

其中

$$\bar{\boldsymbol{S}}_{\mathrm{blk}}^{(1)}=\begin{bmatrix}\mathrm{blkdiag}\{(\boldsymbol{s}_1-\boldsymbol{s}_1)^{\mathrm{T}},(\boldsymbol{s}_1-\boldsymbol{s}_2)^{\mathrm{T}},\cdots,(\boldsymbol{s}_1-\boldsymbol{s}_M)^{\mathrm{T}}\}\\ \mathrm{blkdiag}\{(\boldsymbol{s}_2-\boldsymbol{s}_1)^{\mathrm{T}},(\boldsymbol{s}_2-\boldsymbol{s}_2)^{\mathrm{T}},\cdots,(\boldsymbol{s}_2-\boldsymbol{s}_M)^{\mathrm{T}}\}\\ \vdots\\ \mathrm{blkdiag}\{(\boldsymbol{s}_M-\boldsymbol{s}_1)^{\mathrm{T}},(\boldsymbol{s}_M-\boldsymbol{s}_2)^{\mathrm{T}},\cdots,(\boldsymbol{s}_M-\boldsymbol{s}_M)^{\mathrm{T}}\}\end{bmatrix}-\mathrm{blkdiag}\left\{\begin{bmatrix}(\boldsymbol{s}_1-\boldsymbol{s}_1)^{\mathrm{T}}\\ (\boldsymbol{s}_1-\boldsymbol{s}_2)^{\mathrm{T}}\\ \vdots\\ (\boldsymbol{s}_1-\boldsymbol{s}_M)^{\mathrm{T}}\end{bmatrix},\begin{bmatrix}(\boldsymbol{s}_2-\boldsymbol{s}_1)^{\mathrm{T}}\\ (\boldsymbol{s}_2-\boldsymbol{s}_2)^{\mathrm{T}}\\ \vdots\\ (\boldsymbol{s}_2-\boldsymbol{s}_M)^{\mathrm{T}}\end{bmatrix},\cdots,\begin{bmatrix}(\boldsymbol{s}_M-\boldsymbol{s}_1)^{\mathrm{T}}\\ (\boldsymbol{s}_M-\boldsymbol{s}_2)^{\mathrm{T}}\\ \vdots\\ (\boldsymbol{s}_M-\boldsymbol{s}_M)^{\mathrm{T}}\end{bmatrix}\right\} \tag{11.30}$$

式（11.27）的推导见附录 H.1。然后根据式（11.21）可以将误差矩阵 $\Delta\dot{\boldsymbol{W}}_{\mathrm{ts}n}^{(1)}$ 近似表示为

$$\Delta\dot{\boldsymbol{W}}_{\mathrm{ts}n}^{(1)}\approx\begin{bmatrix}\begin{pmatrix}r_{n1}\varepsilon_{\mathrm{t}n12}+\dot{r}_{n1}\varepsilon_{\mathrm{t}n11}\\ +r_{n1}\varepsilon_{\mathrm{t}n12}+\dot{r}_{n1}\varepsilon_{\mathrm{t}n11}\end{pmatrix} & \begin{pmatrix}r_{n1}\varepsilon_{\mathrm{t}n12}+\dot{r}_{n1}\varepsilon_{\mathrm{t}n11}\\ +r_{n2}\varepsilon_{\mathrm{t}n22}+\dot{r}_{n2}\varepsilon_{\mathrm{t}n21}\end{pmatrix} & \cdots & \begin{pmatrix}r_{n1}\varepsilon_{\mathrm{t}n12}+\dot{r}_{n1}\varepsilon_{\mathrm{t}n11}\\ +r_{nM}\varepsilon_{\mathrm{t}nM2}+\dot{r}_{nM}\varepsilon_{\mathrm{t}nM1}\end{pmatrix}\\ \begin{pmatrix}r_{n1}\varepsilon_{\mathrm{t}n12}+\dot{r}_{n1}\varepsilon_{\mathrm{t}n11}\\ +r_{n2}\varepsilon_{\mathrm{t}n22}+\dot{r}_{n2}\varepsilon_{\mathrm{t}n21}\end{pmatrix} & \begin{pmatrix}r_{n2}\varepsilon_{\mathrm{t}n22}+\dot{r}_{n2}\varepsilon_{\mathrm{t}n21}\\ +r_{n2}\varepsilon_{\mathrm{t}n22}+\dot{r}_{n2}\varepsilon_{\mathrm{t}n21}\end{pmatrix} & \cdots & \begin{pmatrix}r_{n2}\varepsilon_{\mathrm{t}n22}+\dot{r}_{n2}\varepsilon_{\mathrm{t}n21}\\ +r_{nM}\varepsilon_{\mathrm{t}nM2}+\dot{r}_{nM}\varepsilon_{\mathrm{t}nM1}\end{pmatrix}\\ \vdots & \vdots & \ddots & \vdots\\ \begin{pmatrix}r_{n1}\varepsilon_{\mathrm{t}n12}+\dot{r}_{n1}\varepsilon_{\mathrm{t}n11}\\ +r_{nM}\varepsilon_{\mathrm{t}nM2}+\dot{r}_{nM}\varepsilon_{\mathrm{t}nM1}\end{pmatrix} & \begin{pmatrix}r_{n2}\varepsilon_{\mathrm{t}n22}+\dot{r}_{n2}\varepsilon_{\mathrm{t}n21}\\ +r_{nM}\varepsilon_{\mathrm{t}nM2}+\dot{r}_{nM}\varepsilon_{\mathrm{t}nM1}\end{pmatrix} & \cdots & \begin{pmatrix}r_{nM}\varepsilon_{\mathrm{t}nM2}+\dot{r}_{nM}\varepsilon_{\mathrm{t}nM1}\\ +r_{nM}\varepsilon_{\mathrm{t}nM2}+\dot{r}_{nM}\varepsilon_{\mathrm{t}nM1}\end{pmatrix}\end{bmatrix}$$
$$-\begin{bmatrix}\begin{pmatrix}(\boldsymbol{s}_1-\boldsymbol{s}_1)^{\mathrm{T}}(\boldsymbol{\varepsilon}_{\mathrm{s}12}-\boldsymbol{\varepsilon}_{\mathrm{s}12})\\ +(\dot{\boldsymbol{s}}_1-\dot{\boldsymbol{s}}_1)^{\mathrm{T}}(\boldsymbol{\varepsilon}_{\mathrm{s}11}-\boldsymbol{\varepsilon}_{\mathrm{s}11})\end{pmatrix} & \begin{pmatrix}(\boldsymbol{s}_1-\boldsymbol{s}_2)^{\mathrm{T}}(\boldsymbol{\varepsilon}_{\mathrm{s}12}-\boldsymbol{\varepsilon}_{\mathrm{s}22})\\ +(\dot{\boldsymbol{s}}_1-\dot{\boldsymbol{s}}_2)^{\mathrm{T}}(\boldsymbol{\varepsilon}_{\mathrm{s}11}-\boldsymbol{\varepsilon}_{\mathrm{s}21})\end{pmatrix} & \cdots & \begin{pmatrix}(\boldsymbol{s}_1-\boldsymbol{s}_M)^{\mathrm{T}}(\boldsymbol{\varepsilon}_{\mathrm{s}12}-\boldsymbol{\varepsilon}_{\mathrm{s}M2})\\ +(\dot{\boldsymbol{s}}_1-\dot{\boldsymbol{s}}_M)^{\mathrm{T}}(\boldsymbol{\varepsilon}_{\mathrm{s}11}-\boldsymbol{\varepsilon}_{\mathrm{s}M1})\end{pmatrix}\\ \begin{pmatrix}(\boldsymbol{s}_1-\boldsymbol{s}_2)^{\mathrm{T}}(\boldsymbol{\varepsilon}_{\mathrm{s}12}-\boldsymbol{\varepsilon}_{\mathrm{s}22})\\ +(\dot{\boldsymbol{s}}_1-\dot{\boldsymbol{s}}_2)^{\mathrm{T}}(\boldsymbol{\varepsilon}_{\mathrm{s}11}-\boldsymbol{\varepsilon}_{\mathrm{s}21})\end{pmatrix} & \begin{pmatrix}(\boldsymbol{s}_2-\boldsymbol{s}_2)^{\mathrm{T}}(\boldsymbol{\varepsilon}_{\mathrm{s}22}-\boldsymbol{\varepsilon}_{\mathrm{s}22})\\ +(\dot{\boldsymbol{s}}_2-\dot{\boldsymbol{s}}_2)^{\mathrm{T}}(\boldsymbol{\varepsilon}_{\mathrm{s}21}-\boldsymbol{\varepsilon}_{\mathrm{s}21})\end{pmatrix} & \cdots & \begin{pmatrix}(\boldsymbol{s}_2-\boldsymbol{s}_M)^{\mathrm{T}}(\boldsymbol{\varepsilon}_{\mathrm{s}22}-\boldsymbol{\varepsilon}_{\mathrm{s}M2})\\ +(\dot{\boldsymbol{s}}_2-\dot{\boldsymbol{s}}_M)^{\mathrm{T}}(\boldsymbol{\varepsilon}_{\mathrm{s}21}-\boldsymbol{\varepsilon}_{\mathrm{s}M1})\end{pmatrix}\\ \vdots & \vdots & \ddots & \vdots\\ \begin{pmatrix}(\boldsymbol{s}_1-\boldsymbol{s}_M)^{\mathrm{T}}(\boldsymbol{\varepsilon}_{\mathrm{s}12}-\boldsymbol{\varepsilon}_{\mathrm{s}M2})\\ +(\dot{\boldsymbol{s}}_1-\dot{\boldsymbol{s}}_M)^{\mathrm{T}}(\boldsymbol{\varepsilon}_{\mathrm{s}11}-\boldsymbol{\varepsilon}_{\mathrm{s}M1})\end{pmatrix} & \begin{pmatrix}(\boldsymbol{s}_2-\boldsymbol{s}_M)^{\mathrm{T}}(\boldsymbol{\varepsilon}_{\mathrm{s}22}-\boldsymbol{\varepsilon}_{\mathrm{s}M2})\\ +(\dot{\boldsymbol{s}}_2-\dot{\boldsymbol{s}}_M)^{\mathrm{T}}(\boldsymbol{\varepsilon}_{\mathrm{s}21}-\boldsymbol{\varepsilon}_{\mathrm{s}M1})\end{pmatrix} & \cdots & \begin{pmatrix}(\boldsymbol{s}_M-\boldsymbol{s}_M)^{\mathrm{T}}(\boldsymbol{\varepsilon}_{\mathrm{s}M2}-\boldsymbol{\varepsilon}_{\mathrm{s}M2})\\ +(\dot{\boldsymbol{s}}_M-\dot{\boldsymbol{s}}_M)^{\mathrm{T}}(\boldsymbol{\varepsilon}_{\mathrm{s}M1}-\boldsymbol{\varepsilon}_{\mathrm{s}M1})\end{pmatrix}\end{bmatrix} \tag{11.31}$$

由式（11.31）可以将式（11.25）右边第 2 式近似表示为关于观测误差 $\boldsymbol{\varepsilon}_{\mathrm{t}n}$ 和 $\boldsymbol{\varepsilon}_{\mathrm{s}}$ 的线性函数，如下式所示：

$$\left[\begin{array}{c:c} \boldsymbol{O}_{M\times 4} & \boldsymbol{O}_{M\times 3} \\ \hdashline \Delta\dot{\boldsymbol{W}}_{\mathrm{ts}n}^{(1)}\boldsymbol{T}^{(1)}(\boldsymbol{s}_{\mathrm{v}}) & \boldsymbol{O}_{M\times 3} \end{array}\right]\begin{bmatrix} 1 \\ \boldsymbol{u}_{\mathrm{v}n} \end{bmatrix} \approx \boldsymbol{B}_{\mathrm{t}n2}^{(1)}(\boldsymbol{u}_{\mathrm{v}n},\boldsymbol{s}_{\mathrm{v}})\boldsymbol{\varepsilon}_{\mathrm{t}n} + \boldsymbol{B}_{\mathrm{s}n2}^{(1)}(\boldsymbol{u}_{\mathrm{v}n},\boldsymbol{s}_{\mathrm{v}})\boldsymbol{\varepsilon}_{\mathrm{s}} \tag{11.32}$$

式中

$$\boldsymbol{B}_{\mathrm{t}n2}^{(1)}(\boldsymbol{u}_{\mathrm{v}n},\boldsymbol{s}_{\mathrm{v}}) = \left[\begin{array}{c:c} \boldsymbol{O}_{M\times M} & \boldsymbol{O}_{M\times M} \\ \hdashline ([1\ \ \boldsymbol{u}_n^{\mathrm{T}}](\boldsymbol{T}^{(1)}(\boldsymbol{s}_{\mathrm{v}}))^{\mathrm{T}}\boldsymbol{1}_{M\times 1})\mathrm{diag}[\dot{\boldsymbol{r}}_n] & ([1\ \ \boldsymbol{u}_n^{\mathrm{T}}](\boldsymbol{T}^{(1)}(\boldsymbol{s}_{\mathrm{v}}))^{\mathrm{T}}\boldsymbol{1}_{M\times 1})\mathrm{diag}[\boldsymbol{r}_n] \\ +\boldsymbol{1}_{M\times 1}\left(\left(\boldsymbol{T}^{(1)}(\boldsymbol{s}_{\mathrm{v}})\begin{bmatrix} 1 \\ \boldsymbol{u}_n \end{bmatrix}\right)\odot\dot{\boldsymbol{r}}_n\right)^{\mathrm{T}} & +\boldsymbol{1}_{M\times 1}\left(\left(\boldsymbol{T}^{(1)}(\boldsymbol{s}_{\mathrm{v}})\begin{bmatrix} 1 \\ \boldsymbol{u}_n \end{bmatrix}\right)\odot\boldsymbol{r}_n\right)^{\mathrm{T}} \end{array}\right] \in \mathbf{R}^{2M\times 2M} \tag{11.33}$$

$$\begin{aligned} \boldsymbol{B}_{\mathrm{s}n2}^{(1)}(\boldsymbol{u}_{\mathrm{v}n},\boldsymbol{s}_{\mathrm{v}}) = {} & \begin{bmatrix} \boldsymbol{O}_{M\times M^2} \\ ([1\ \ \boldsymbol{u}_n^{\mathrm{T}}](\boldsymbol{T}^{(1)}(\boldsymbol{s}_{\mathrm{v}}))^{\mathrm{T}})\otimes\boldsymbol{I}_M \end{bmatrix}(\bar{\boldsymbol{S}}_{\mathrm{blk}}^{(1)}(\boldsymbol{I}_M\otimes[\boldsymbol{O}_{3\times 3}\ \ \boldsymbol{I}_3]) \\ & +\dot{\bar{\boldsymbol{S}}}_{\mathrm{blk}}^{(1)}(\boldsymbol{I}_M\otimes[\boldsymbol{I}_3\ \ \boldsymbol{O}_{3\times 3}])) \in \mathbf{R}^{2M\times 6M} \end{aligned} \tag{11.34}$$

其中

$$\begin{aligned} \dot{\bar{\boldsymbol{S}}}_{\mathrm{blk}}^{(1)} = {} & \begin{bmatrix} \mathrm{blkdiag}\{(\dot{\boldsymbol{s}}_1-\dot{\boldsymbol{s}}_1)^{\mathrm{T}},(\dot{\boldsymbol{s}}_1-\dot{\boldsymbol{s}}_2)^{\mathrm{T}},\cdots,(\dot{\boldsymbol{s}}_1-\dot{\boldsymbol{s}}_M)^{\mathrm{T}}\} \\ \mathrm{blkdiag}\{(\dot{\boldsymbol{s}}_2-\dot{\boldsymbol{s}}_1)^{\mathrm{T}},(\dot{\boldsymbol{s}}_2-\dot{\boldsymbol{s}}_2)^{\mathrm{T}},\cdots,(\dot{\boldsymbol{s}}_2-\dot{\boldsymbol{s}}_M)^{\mathrm{T}}\} \\ \vdots \\ \mathrm{blkdiag}\{(\dot{\boldsymbol{s}}_M-\dot{\boldsymbol{s}}_1)^{\mathrm{T}},(\dot{\boldsymbol{s}}_M-\dot{\boldsymbol{s}}_2)^{\mathrm{T}},\cdots,(\dot{\boldsymbol{s}}_M-\dot{\boldsymbol{s}}_M)^{\mathrm{T}}\} \end{bmatrix} \\ & -\mathrm{blkdiag}\left\{\begin{bmatrix} (\dot{\boldsymbol{s}}_1-\dot{\boldsymbol{s}}_1)^{\mathrm{T}} \\ (\dot{\boldsymbol{s}}_1-\dot{\boldsymbol{s}}_2)^{\mathrm{T}} \\ \vdots \\ (\dot{\boldsymbol{s}}_1-\dot{\boldsymbol{s}}_M)^{\mathrm{T}} \end{bmatrix},\begin{bmatrix} (\dot{\boldsymbol{s}}_2-\dot{\boldsymbol{s}}_1)^{\mathrm{T}} \\ (\dot{\boldsymbol{s}}_2-\dot{\boldsymbol{s}}_2)^{\mathrm{T}} \\ \vdots \\ (\dot{\boldsymbol{s}}_2-\dot{\boldsymbol{s}}_M)^{\mathrm{T}} \end{bmatrix},\cdots,\begin{bmatrix} (\dot{\boldsymbol{s}}_M-\dot{\boldsymbol{s}}_1)^{\mathrm{T}} \\ (\dot{\boldsymbol{s}}_M-\dot{\boldsymbol{s}}_2)^{\mathrm{T}} \\ \vdots \\ (\dot{\boldsymbol{s}}_M-\dot{\boldsymbol{s}}_M)^{\mathrm{T}} \end{bmatrix}\right\} \end{aligned} \tag{11.35}$$

式（11.32）的推导见附录 H.2。接着基于式（11.22）可以将误差矩阵 $\Delta\boldsymbol{T}_{\mathrm{s}}^{(1)}$ 近似表示为

$$\Delta\boldsymbol{T}_{\mathrm{s}}^{(1)} \approx [\boldsymbol{O}_{M\times 1}\ \ \Delta\boldsymbol{S}^{(1)}]\boldsymbol{X}_{\mathrm{s}1}^{(1)} - \boldsymbol{X}_{\mathrm{s}2}^{(1)}\begin{bmatrix} 0 & \boldsymbol{1}_{M\times 1}^{\mathrm{T}}\Delta\boldsymbol{S}^{(1)} \\ (\Delta\boldsymbol{S}^{(1)})^{\mathrm{T}}\boldsymbol{1}_{M\times 1} & \boldsymbol{S}^{(1)\mathrm{T}}\Delta\boldsymbol{S}^{(1)}+(\Delta\boldsymbol{S}^{(1)})^{\mathrm{T}}\boldsymbol{S}^{(1)} \end{bmatrix}\boldsymbol{X}_{\mathrm{s}1}^{(1)} \tag{11.36}$$

式中

$$\begin{aligned} & \boldsymbol{X}_{\mathrm{s}1}^{(1)} = \begin{bmatrix} M & \boldsymbol{1}_{M\times 1}^{\mathrm{T}}\boldsymbol{S}^{(1)} \\ \boldsymbol{S}^{(1)\mathrm{T}}\boldsymbol{1}_{M\times 1} & \boldsymbol{S}^{(1)\mathrm{T}}\boldsymbol{S}^{(1)} \end{bmatrix}^{-1},\ \ \boldsymbol{X}_{\mathrm{s}2}^{(1)} = [\boldsymbol{1}_{M\times 1}\ \ \boldsymbol{S}^{(1)}]\boldsymbol{X}_{\mathrm{s}1}^{(1)}, \\ & \Delta\boldsymbol{S}^{(1)} = [\boldsymbol{\varepsilon}_{\mathrm{s}11}\ \ \boldsymbol{\varepsilon}_{\mathrm{s}21}\ \ \cdots\ \ \boldsymbol{\varepsilon}_{\mathrm{s}M1}]^{\mathrm{T}} \end{aligned} \tag{11.37}$$

由式（11.36）可以将式（11.25）右边第 3 式近似表示为关于观测误差$\boldsymbol{\varepsilon}_{\mathrm{s}}$的线性函数，如下式所示：

$$\left[\begin{array}{c:c}\boldsymbol{W}_n^{(1)}(\boldsymbol{s}_{\mathrm{v}})\Delta\boldsymbol{T}_{\mathrm{s}}^{(1)} & \boldsymbol{O}_{M\times 3} \\ \hdashline \dot{\boldsymbol{W}}_n^{(1)}(\boldsymbol{s}_{\mathrm{v}})\Delta\boldsymbol{T}_{\mathrm{s}}^{(1)} & \boldsymbol{W}_n^{(1)}(\boldsymbol{s}_{\mathrm{v}})\Delta\boldsymbol{T}_{\mathrm{s}}^{(1)}\bar{\boldsymbol{I}}_3\end{array}\right]\begin{bmatrix}1\\ \boldsymbol{u}_{\mathrm{v}n}\end{bmatrix}\approx\boldsymbol{B}_{\mathrm{s}n3}^{(1)}(\boldsymbol{u}_{\mathrm{v}n},\boldsymbol{s}_{\mathrm{v}})\boldsymbol{\varepsilon}_{\mathrm{s}} \tag{11.38}$$

式中

$$\begin{aligned}\boldsymbol{B}_{\mathrm{s}n3}^{(1)}(\boldsymbol{u}_{\mathrm{v}n},\boldsymbol{s}_{\mathrm{v}})=&\begin{bmatrix}([1\ \ \boldsymbol{u}_n^{\mathrm{T}}]\boldsymbol{X}_{\mathrm{s}1}^{(1)\mathrm{T}})\otimes\boldsymbol{W}_n^{(1)}(\boldsymbol{s}_{\mathrm{v}})\\ ([1\ \ \boldsymbol{u}_n^{\mathrm{T}}]\boldsymbol{X}_{\mathrm{s}1}^{(1)\mathrm{T}})\otimes\dot{\boldsymbol{W}}_n^{(1)}(\boldsymbol{s}_{\mathrm{v}})+([0\ \ \dot{\boldsymbol{u}}_n^{\mathrm{T}}]\boldsymbol{X}_{\mathrm{s}1}^{(1)\mathrm{T}})\otimes\boldsymbol{W}_n^{(1)}(\boldsymbol{s}_{\mathrm{v}})\end{bmatrix}\\ &\times\boldsymbol{J}_{\mathrm{s}0}^{(1)}(\boldsymbol{I}_M\otimes[\boldsymbol{I}_3\ \ \boldsymbol{O}_{3\times 3}])\\ &-\begin{bmatrix}([1\ \ \boldsymbol{u}_n^{\mathrm{T}}]\boldsymbol{X}_{\mathrm{s}1}^{(1)\mathrm{T}})\otimes(\boldsymbol{W}_n^{(1)}(\boldsymbol{s}_{\mathrm{v}})\boldsymbol{X}_{\mathrm{s}2}^{(1)})\\ ([1\ \ \boldsymbol{u}_n^{\mathrm{T}}]\boldsymbol{X}_{\mathrm{s}1}^{(1)\mathrm{T}})\otimes(\dot{\boldsymbol{W}}_n^{(1)}(\boldsymbol{s}_{\mathrm{v}})\boldsymbol{X}_{\mathrm{s}2}^{(1)})+([0\ \ \dot{\boldsymbol{u}}_n^{\mathrm{T}}]\boldsymbol{X}_{\mathrm{s}1}^{(1)\mathrm{T}})\otimes(\boldsymbol{W}_n^{(1)}(\boldsymbol{s}_{\mathrm{v}})\boldsymbol{X}_{\mathrm{s}2}^{(1)})\end{bmatrix}\\ &\times\boldsymbol{J}_{\mathrm{s}1}^{(1)}(\boldsymbol{I}_M\otimes[\boldsymbol{I}_3\ \ \boldsymbol{O}_{3\times 3}])\in\mathbf{R}^{2M\times 6M}\end{aligned} \tag{11.39}$$

其中

$$\boldsymbol{J}_{\mathrm{s}0}^{(1)}=\begin{bmatrix}\boldsymbol{O}_{M\times 3M}\\ \boldsymbol{\Lambda}_{M\text{-}3}\end{bmatrix}\in\mathbf{R}^{4M\times 3M}\ ,\ \boldsymbol{J}_{\mathrm{s}1}^{(1)}=(\boldsymbol{I}_{16}+\boldsymbol{\Lambda}_{4\text{-}4})\left(\begin{bmatrix}\boldsymbol{I}_{M\times 1}^{\mathrm{T}}\\ \boldsymbol{S}^{(1)\mathrm{T}}\end{bmatrix}\otimes\bar{\boldsymbol{I}}_3\right)\in\mathbf{R}^{16\times 3M} \tag{11.40}$$

式中，$\boldsymbol{\Lambda}_{k\text{-}l}$是满足等式$\mathrm{vec}(\boldsymbol{A}_{lk}^{\mathrm{T}})=\boldsymbol{\Lambda}_{k\text{-}l}\mathrm{vec}(\boldsymbol{A}_{lk})$的 0-1 矩阵（其中$\boldsymbol{A}_{lk}$表示任意$l\times k$阶矩阵）。式（11.38）的推导见附录 H.3。最后根据式（11.23）可以将误差矩阵$\Delta\dot{\boldsymbol{T}}_{\mathrm{s}}^{(1)}$近似表示为

$$\begin{aligned}\Delta\dot{\boldsymbol{T}}_{\mathrm{s}}^{(1)}\approx&[\boldsymbol{O}_{M\times 1}\ \ \Delta\dot{\boldsymbol{S}}^{(1)}]\boldsymbol{X}_{\mathrm{s}1}^{(1)}-\boldsymbol{X}_{\mathrm{s}3}^{(1)}\begin{bmatrix}0 & \boldsymbol{I}_{M\times 1}^{\mathrm{T}}\Delta\boldsymbol{S}^{(1)}\\ (\Delta\boldsymbol{S}^{(1)})^{\mathrm{T}}\boldsymbol{I}_{M\times 1} & \boldsymbol{S}^{(1)\mathrm{T}}\Delta\boldsymbol{S}^{(1)}+(\Delta\boldsymbol{S}^{(1)})^{\mathrm{T}}\boldsymbol{S}^{(1)}\end{bmatrix}\boldsymbol{X}_{\mathrm{s}1}^{(1)}-[\boldsymbol{O}_{M\times 1}\ \ \Delta\boldsymbol{S}^{(1)}]\boldsymbol{X}_{\mathrm{s}4}^{(1)}\\ &+\boldsymbol{X}_{\mathrm{s}2}^{(1)}\begin{bmatrix}0 & \boldsymbol{I}_{M\times 1}^{\mathrm{T}}\Delta\boldsymbol{S}^{(1)}\\ (\Delta\boldsymbol{S}^{(1)})^{\mathrm{T}}\boldsymbol{I}_{M\times 1} & \boldsymbol{S}^{(1)\mathrm{T}}\Delta\boldsymbol{S}^{(1)}+(\Delta\boldsymbol{S}^{(1)})^{\mathrm{T}}\boldsymbol{S}^{(1)}\end{bmatrix}\boldsymbol{X}_{\mathrm{s}4}^{(1)}-\boldsymbol{X}_{\mathrm{s}2}^{(1)}\left[\begin{array}{c:c}0 & \boldsymbol{I}_{M\times 1}^{\mathrm{T}}\Delta\dot{\boldsymbol{S}}^{(1)}\\ \hdashline (\Delta\dot{\boldsymbol{S}}^{(1)})^{\mathrm{T}}\boldsymbol{I}_{M\times 1} & \begin{array}{c}(\Delta\dot{\boldsymbol{S}}^{(1)})^{\mathrm{T}}\boldsymbol{S}^{(1)}+\dot{\boldsymbol{S}}^{(1)\mathrm{T}}\Delta\boldsymbol{S}^{(1)}\\ +(\Delta\boldsymbol{S}^{(1)})^{\mathrm{T}}\dot{\boldsymbol{S}}^{(1)}+\boldsymbol{S}^{(1)\mathrm{T}}\Delta\dot{\boldsymbol{S}}^{(1)}\end{array}\end{array}\right]\boldsymbol{X}_{\mathrm{s}1}^{(1)}\\ &+\boldsymbol{X}_{\mathrm{s}5}^{(1)}\begin{bmatrix}0 & \boldsymbol{I}_{M\times 1}^{\mathrm{T}}\Delta\boldsymbol{S}^{(1)}\\ (\Delta\boldsymbol{S}^{(1)})^{\mathrm{T}}\boldsymbol{I}_{M\times 1} & \boldsymbol{S}^{(1)\mathrm{T}}\Delta\boldsymbol{S}^{(1)}+(\Delta\boldsymbol{S}^{(1)})^{\mathrm{T}}\boldsymbol{S}^{(1)}\end{bmatrix}\boldsymbol{X}_{\mathrm{s}1}^{(1)}\end{aligned} \tag{11.41}$$

式中

$$\begin{cases}\boldsymbol{X}_{\mathrm{s}3}^{(1)}=[\boldsymbol{O}_{M\times 1}\ \ \dot{\boldsymbol{S}}^{(1)}]\boldsymbol{X}_{\mathrm{s}1}^{(1)}\ ,\ \boldsymbol{X}_{\mathrm{s}4}^{(1)}=\boldsymbol{X}_{\mathrm{s}1}^{(1)}\begin{bmatrix}0 & \boldsymbol{I}_{M\times 1}^{\mathrm{T}}\dot{\boldsymbol{S}}^{(1)}\\ \dot{\boldsymbol{S}}^{(1)\mathrm{T}}\boldsymbol{I}_{M\times 1} & \dot{\boldsymbol{S}}^{(1)\mathrm{T}}\boldsymbol{S}^{(1)}+\boldsymbol{S}^{(1)\mathrm{T}}\dot{\boldsymbol{S}}^{(1)}\end{bmatrix}\boldsymbol{X}_{\mathrm{s}1}^{(1)}\\ \boldsymbol{X}_{\mathrm{s}5}^{(1)}=\boldsymbol{X}_{\mathrm{s}2}^{(1)}\begin{bmatrix}0 & \boldsymbol{I}_{M\times 1}^{\mathrm{T}}\dot{\boldsymbol{S}}^{(1)}\\ \dot{\boldsymbol{S}}^{(1)\mathrm{T}}\boldsymbol{I}_{M\times 1} & \dot{\boldsymbol{S}}^{(1)\mathrm{T}}\boldsymbol{S}^{(1)}+\boldsymbol{S}^{(1)\mathrm{T}}\dot{\boldsymbol{S}}^{(1)}\end{bmatrix}\boldsymbol{X}_{\mathrm{s}1}^{(1)}\ ,\ \Delta\dot{\boldsymbol{S}}^{(1)}=[\boldsymbol{\varepsilon}_{\mathrm{s}12}\ \ \boldsymbol{\varepsilon}_{\mathrm{s}22}\ \ \cdots\ \ \boldsymbol{\varepsilon}_{\mathrm{s}M2}]^{\mathrm{T}}\end{cases} \tag{11.42}$$

由式（11.41）可以将式（11.25）右边第 4 式近似表示为关于观测误差$\boldsymbol{\varepsilon}_{\mathrm{s}}$的线

性函数，如下式所示：

$$\left[\begin{array}{c:c} \boldsymbol{O}_{M\times 4} & \boldsymbol{O}_{M\times 3} \\ \hdashline \boldsymbol{W}_n^{(1)}(\boldsymbol{s}_{\mathrm{v}})\Delta\dot{\boldsymbol{T}}_{\mathrm{s}}^{(1)} & \boldsymbol{O}_{M\times 3} \end{array}\right]\begin{bmatrix} 1 \\ \boldsymbol{u}_{\mathrm{v}n} \end{bmatrix} \approx \boldsymbol{B}_{\mathrm{s}n4}^{(1)}(\boldsymbol{u}_{\mathrm{v}n},\boldsymbol{s}_{\mathrm{v}})\boldsymbol{\varepsilon}_{\mathrm{s}} \tag{11.43}$$

式中

$$\begin{aligned} \boldsymbol{B}_{\mathrm{s}n4}^{(1)}(\boldsymbol{u}_{\mathrm{v}n},\boldsymbol{s}_{\mathrm{v}}) \approx & \left[\begin{array}{c} \boldsymbol{O}_{M\times 16} \\ \hdashline ([1\ \ \boldsymbol{u}_n^{\mathrm{T}}]\boldsymbol{X}_{\mathrm{s}1}^{(1)\mathrm{T}})\otimes(\boldsymbol{W}_n^{(1)}(\boldsymbol{s}_{\mathrm{v}})\boldsymbol{X}_{\mathrm{s}5}^{(1)})+([1\ \ \boldsymbol{u}_n^{\mathrm{T}}]\boldsymbol{X}_{\mathrm{s}4}^{(1)\mathrm{T}})\otimes(\boldsymbol{W}_n^{(1)}(\boldsymbol{s}_{\mathrm{v}})\boldsymbol{X}_{\mathrm{s}2}^{(1)}) \\ -([1\ \ \boldsymbol{u}_n^{\mathrm{T}}]\boldsymbol{X}_{\mathrm{s}1}^{(1)\mathrm{T}})\otimes(\boldsymbol{W}_n^{(1)}(\boldsymbol{s}_{\mathrm{v}})\boldsymbol{X}_{\mathrm{s}3}^{(1)}) \end{array}\right]\boldsymbol{J}_{\mathrm{s}1}^{(1)}(\boldsymbol{I}_M\otimes[\boldsymbol{I}_3\ \ \boldsymbol{O}_{3\times 3}]) \\ & -\begin{bmatrix} \boldsymbol{O}_{M\times 16} \\ ([1\ \ \boldsymbol{u}_n^{\mathrm{T}}]\boldsymbol{X}_{\mathrm{s}1}^{(1)\mathrm{T}})\otimes(\boldsymbol{W}_n^{(1)}(\boldsymbol{s}_{\mathrm{v}})\boldsymbol{X}_{\mathrm{s}2}^{(1)}) \end{bmatrix}\boldsymbol{J}_{\mathrm{s}2}^{(1)}(\boldsymbol{I}_M\otimes[\boldsymbol{I}_3\ \ \boldsymbol{O}_{3\times 3}])-\begin{bmatrix} \boldsymbol{O}_{M\times 4M} \\ ([1\ \ \boldsymbol{u}_n^{\mathrm{T}}]\boldsymbol{X}_{\mathrm{s}4}^{(1)\mathrm{T}})\otimes\boldsymbol{W}_n^{(1)}(\boldsymbol{s}_{\mathrm{v}}) \end{bmatrix}\boldsymbol{J}_{\mathrm{s}0}^{(1)}(\boldsymbol{I}_M\otimes[\boldsymbol{I}_3\ \ \boldsymbol{O}_{3\times 3}]) \\ & +\begin{bmatrix} \boldsymbol{O}_{M\times 4M} \\ ([1\ \ \boldsymbol{u}_n^{\mathrm{T}}]\boldsymbol{X}_{\mathrm{s}1}^{(1)\mathrm{T}})\otimes\boldsymbol{W}_n^{(1)}(\boldsymbol{s}_{\mathrm{v}}) \end{bmatrix}\boldsymbol{J}_{\mathrm{s}0}^{(1)}(\boldsymbol{I}_M\otimes[\boldsymbol{O}_{3\times 3}\ \ \boldsymbol{I}_3])-\begin{bmatrix} \boldsymbol{O}_{M\times 16} \\ ([1\ \ \boldsymbol{u}_n^{\mathrm{T}}]\boldsymbol{X}_{\mathrm{s}1}^{(1)\mathrm{T}})\otimes(\boldsymbol{W}_n^{(1)}(\boldsymbol{s}_{\mathrm{v}})\boldsymbol{X}_{\mathrm{s}2}^{(1)}) \end{bmatrix} \\ & \times\boldsymbol{J}_{\mathrm{s}1}^{(1)}(\boldsymbol{I}_M\otimes[\boldsymbol{O}_{3\times 3}\ \ \boldsymbol{I}_3])\in\mathbf{R}^{2M\times 6M} \end{aligned} \tag{11.44}$$

其中

$$\boldsymbol{J}_{\mathrm{s}2}^{(1)}=(\boldsymbol{I}_{16}+\boldsymbol{\varLambda}_{4\text{-}4})\left(\begin{bmatrix} \boldsymbol{O}_{1\times M} \\ \dot{\boldsymbol{S}}^{(1)\mathrm{T}} \end{bmatrix}\otimes\bar{\boldsymbol{I}}_3\right)\in\mathbf{R}^{16\times 3M} \tag{11.45}$$

式（11.43）的推导见附录 H.4。

将式（11.27）、式（11.32）、式（11.38）及式（11.43）代入式（11.25）中可得

$$\begin{aligned} \boldsymbol{\delta}_{\mathrm{ts}n}^{(1)} &\approx \boldsymbol{B}_{\mathrm{t}n1}^{(1)}(\boldsymbol{u}_{\mathrm{v}n},\boldsymbol{s}_{\mathrm{v}})\boldsymbol{\varepsilon}_{\mathrm{t}n}+\boldsymbol{B}_{\mathrm{t}n2}^{(1)}(\boldsymbol{u}_{\mathrm{v}n},\boldsymbol{s}_{\mathrm{v}})\boldsymbol{\varepsilon}_{\mathrm{t}n}+\boldsymbol{B}_{\mathrm{s}n1}^{(1)}(\boldsymbol{u}_{\mathrm{v}n},\boldsymbol{s}_{\mathrm{v}})\boldsymbol{\varepsilon}_{\mathrm{s}} \\ &\quad +\boldsymbol{B}_{\mathrm{s}n2}^{(1)}(\boldsymbol{u}_{\mathrm{v}n},\boldsymbol{s}_{\mathrm{v}})\boldsymbol{\varepsilon}_{\mathrm{s}}+\boldsymbol{B}_{\mathrm{s}n3}^{(1)}(\boldsymbol{u}_{\mathrm{v}n},\boldsymbol{s}_{\mathrm{v}})\boldsymbol{\varepsilon}_{\mathrm{s}}+\boldsymbol{B}_{\mathrm{s}n4}^{(1)}(\boldsymbol{u}_{\mathrm{v}n},\boldsymbol{s}_{\mathrm{v}})\boldsymbol{\varepsilon}_{\mathrm{s}} \\ &= \boldsymbol{B}_{\mathrm{t}n}^{(1)}(\boldsymbol{u}_{\mathrm{v}n},\boldsymbol{s}_{\mathrm{v}})\boldsymbol{\varepsilon}_{\mathrm{t}n}+\boldsymbol{B}_{\mathrm{s}n}^{(1)}(\boldsymbol{u}_{\mathrm{v}n},\boldsymbol{s}_{\mathrm{v}})\boldsymbol{\varepsilon}_{\mathrm{s}}\quad (1\leqslant n\leqslant N) \end{aligned} \tag{11.46}$$

式中

$$\begin{cases} \boldsymbol{B}_{\mathrm{t}n}^{(1)}(\boldsymbol{u}_{\mathrm{v}n},\boldsymbol{s}_{\mathrm{v}})=\boldsymbol{B}_{\mathrm{t}n1}^{(1)}(\boldsymbol{u}_{\mathrm{v}n},\boldsymbol{s}_{\mathrm{v}})+\boldsymbol{B}_{\mathrm{t}n2}^{(1)}(\boldsymbol{u}_{\mathrm{v}n},\boldsymbol{s}_{\mathrm{v}})\in\mathbf{R}^{2M\times 2M} \\ \boldsymbol{B}_{\mathrm{s}n}^{(1)}(\boldsymbol{u}_{\mathrm{v}n},\boldsymbol{s}_{\mathrm{v}})=\boldsymbol{B}_{\mathrm{s}n1}^{(1)}(\boldsymbol{u}_{\mathrm{v}n},\boldsymbol{s}_{\mathrm{v}})+\boldsymbol{B}_{\mathrm{s}n2}^{(1)}(\boldsymbol{u}_{\mathrm{v}n},\boldsymbol{s}_{\mathrm{v}})+\boldsymbol{B}_{\mathrm{s}n3}^{(1)}(\boldsymbol{u}_{\mathrm{v}n},\boldsymbol{s}_{\mathrm{v}})+\boldsymbol{B}_{\mathrm{s}n4}^{(1)}(\boldsymbol{u}_{\mathrm{v}n},\boldsymbol{s}_{\mathrm{v}})\in\mathbf{R}^{2M\times 6M} \end{cases} \tag{11.47}$$

由式（11.46）可知，误差向量 $\boldsymbol{\delta}_{\mathrm{ts}n}^{(1)}$ 渐近服从零均值的高斯分布，并且其协方差矩阵为

$$\begin{aligned} \boldsymbol{\varOmega}_{\mathrm{ts}n}^{(1)} &= \mathbf{cov}(\boldsymbol{\delta}_{\mathrm{ts}n}^{(1)})=\mathrm{E}[\boldsymbol{\delta}_{\mathrm{ts}n}^{(1)}\boldsymbol{\delta}_{\mathrm{ts}n}^{(1)\mathrm{T}}] \\ &\approx \boldsymbol{B}_{\mathrm{t}n}^{(1)}(\boldsymbol{u}_{\mathrm{v}n},\boldsymbol{s}_{\mathrm{v}})\cdot\mathrm{E}[\boldsymbol{\varepsilon}_{\mathrm{t}n}\boldsymbol{\varepsilon}_{\mathrm{t}n}^{\mathrm{T}}]\cdot(\boldsymbol{B}_{\mathrm{t}n}^{(1)}(\boldsymbol{u}_{\mathrm{v}n},\boldsymbol{s}_{\mathrm{v}}))^{\mathrm{T}}+\boldsymbol{B}_{\mathrm{s}n}^{(1)}(\boldsymbol{u}_{\mathrm{v}n},\boldsymbol{s}_{\mathrm{v}})\cdot\mathrm{E}[\boldsymbol{\varepsilon}_{\mathrm{s}}\boldsymbol{\varepsilon}_{\mathrm{s}}^{\mathrm{T}}]\cdot(\boldsymbol{B}_{\mathrm{s}n}^{(1)}(\boldsymbol{u}_{\mathrm{v}n},\boldsymbol{s}_{\mathrm{v}}))^{\mathrm{T}} \\ &= \boldsymbol{B}_{\mathrm{t}n}^{(1)}(\boldsymbol{u}_{\mathrm{v}n},\boldsymbol{s}_{\mathrm{v}})\boldsymbol{E}_{\mathrm{t}n}(\boldsymbol{B}_{\mathrm{t}n}^{(1)}(\boldsymbol{u}_{\mathrm{v}n},\boldsymbol{s}_{\mathrm{v}}))^{\mathrm{T}}+\boldsymbol{B}_{\mathrm{s}n}^{(1)}(\boldsymbol{u}_{\mathrm{v}n},\boldsymbol{s}_{\mathrm{v}})\boldsymbol{E}_{\mathrm{s}}(\boldsymbol{B}_{\mathrm{s}n}^{(1)}(\boldsymbol{u}_{\mathrm{v}n},\boldsymbol{s}_{\mathrm{v}}))^{\mathrm{T}}\in\mathbf{R}^{2M\times 2M} \end{aligned} \tag{11.48}$$

2. 定位优化模型及其求解方法

首先将矩阵 $\boldsymbol{T}^{(1)}(\hat{\boldsymbol{s}}_{\mathrm{v}})$ 和 $\dot{\boldsymbol{T}}^{(1)}(\hat{\boldsymbol{s}}_{\mathrm{v}})$ 分块表示为

$$\boldsymbol{T}^{(1)}(\hat{\boldsymbol{s}}_{\mathrm{v}})=\left[\underbrace{\boldsymbol{t}_1^{(1)}(\hat{\boldsymbol{s}}_{\mathrm{v}})}_{M\times 1}\quad \underbrace{\boldsymbol{T}_2^{(1)}(\hat{\boldsymbol{s}}_{\mathrm{v}})}_{M\times 3}\right],\ \dot{\boldsymbol{T}}^{(1)}(\hat{\boldsymbol{s}}_{\mathrm{v}})=\left[\underbrace{\dot{\boldsymbol{t}}_1^{(1)}(\hat{\boldsymbol{s}}_{\mathrm{v}})}_{M\times 1}\quad \underbrace{\dot{\boldsymbol{T}}_2^{(1)}(\hat{\boldsymbol{s}}_{\mathrm{v}})}_{M\times 3}\right] \tag{11.49}$$

结合式（11.24）和式（11.49）可以将误差向量 $\boldsymbol{\delta}_{\mathrm{ts}n}^{(1)}$ 重新写为

$$\begin{aligned}\boldsymbol{\delta}_{\mathrm{ts}n}^{(1)}&=\left(\begin{bmatrix}\hat{\boldsymbol{W}}_n^{(1)}(\hat{\boldsymbol{s}}_{\mathrm{v}})\boldsymbol{t}_1^{(1)}(\hat{\boldsymbol{s}}_{\mathrm{v}})\\ \dot{\hat{\boldsymbol{W}}}_n^{(1)}(\hat{\boldsymbol{s}}_{\mathrm{v}})\boldsymbol{t}_1^{(1)}(\hat{\boldsymbol{s}}_{\mathrm{v}})+\hat{\boldsymbol{W}}_n^{(1)}(\hat{\boldsymbol{s}}_{\mathrm{v}})\dot{\boldsymbol{t}}_1^{(1)}(\hat{\boldsymbol{s}}_{\mathrm{v}})\end{bmatrix}\right.\\ &\quad\left.+\begin{bmatrix}\hat{\boldsymbol{W}}_n^{(1)}(\hat{\boldsymbol{s}}_{\mathrm{v}})\boldsymbol{T}_2^{(1)}(\hat{\boldsymbol{s}}_{\mathrm{v}}) & \boldsymbol{O}_{M\times 3}\\ \dot{\hat{\boldsymbol{W}}}_n^{(1)}(\hat{\boldsymbol{s}}_{\mathrm{v}})\boldsymbol{T}_2^{(1)}(\hat{\boldsymbol{s}}_{\mathrm{v}})+\hat{\boldsymbol{W}}_n^{(1)}(\hat{\boldsymbol{s}}_{\mathrm{v}})\dot{\boldsymbol{T}}_2^{(1)}(\hat{\boldsymbol{s}}_{\mathrm{v}}) & \hat{\boldsymbol{W}}_n^{(1)}(\hat{\boldsymbol{s}}_{\mathrm{v}})\boldsymbol{T}_2^{(1)}(\hat{\boldsymbol{s}}_{\mathrm{v}})\end{bmatrix}\boldsymbol{u}_{\mathrm{v}n}\right)\\ &=\hat{\boldsymbol{z}}_n^{(1)}(\hat{\boldsymbol{s}}_{\mathrm{v}})+\hat{\boldsymbol{Z}}_n^{(1)}(\hat{\boldsymbol{s}}_{\mathrm{v}})\boldsymbol{u}_{\mathrm{v}n}\quad (1\leqslant n\leqslant N)\end{aligned} \tag{11.50}$$

式中

$$\begin{cases}\hat{\boldsymbol{z}}_n^{(1)}(\hat{\boldsymbol{s}}_{\mathrm{v}})=\begin{bmatrix}\hat{\boldsymbol{W}}_n^{(1)}(\hat{\boldsymbol{s}}_{\mathrm{v}})\boldsymbol{t}_1^{(1)}(\hat{\boldsymbol{s}}_{\mathrm{v}})\\ \dot{\hat{\boldsymbol{W}}}_n^{(1)}(\hat{\boldsymbol{s}}_{\mathrm{v}})\boldsymbol{t}_1^{(1)}(\hat{\boldsymbol{s}}_{\mathrm{v}})+\hat{\boldsymbol{W}}_n^{(1)}(\hat{\boldsymbol{s}}_{\mathrm{v}})\dot{\boldsymbol{t}}_1^{(1)}(\hat{\boldsymbol{s}}_{\mathrm{v}})\end{bmatrix}\in\mathbf{R}^{2M\times 1}\\ \hat{\boldsymbol{Z}}_n^{(1)}(\hat{\boldsymbol{s}}_{\mathrm{v}})=\begin{bmatrix}\hat{\boldsymbol{W}}_n^{(1)}(\hat{\boldsymbol{s}}_{\mathrm{v}})\boldsymbol{T}_2^{(1)}(\hat{\boldsymbol{s}}_{\mathrm{v}}) & \boldsymbol{O}_{M\times 3}\\ \dot{\hat{\boldsymbol{W}}}_n^{(1)}(\hat{\boldsymbol{s}}_{\mathrm{v}})\boldsymbol{T}_2^{(1)}(\hat{\boldsymbol{s}}_{\mathrm{v}})+\hat{\boldsymbol{W}}_n^{(1)}(\hat{\boldsymbol{s}}_{\mathrm{v}})\dot{\boldsymbol{T}}_2^{(1)}(\hat{\boldsymbol{s}}_{\mathrm{v}}) & \hat{\boldsymbol{W}}_n^{(1)}(\hat{\boldsymbol{s}}_{\mathrm{v}})\boldsymbol{T}_2^{(1)}(\hat{\boldsymbol{s}}_{\mathrm{v}})\end{bmatrix}\in\mathbf{R}^{2M\times 6}\end{cases} \tag{11.51}$$

另一方面，由式（11.46）可知，N 个误差向量 $\{\boldsymbol{\delta}_{\mathrm{ts}n}^{(1)}\}_{1\leqslant n\leqslant N}$ 中含有公共的观测误差 $\boldsymbol{\varepsilon}_{\mathrm{s}}$（即传感器位置–速度先验观测误差），为了进行多辐射源协同定位，需要将式（11.50）中的 N 个等式合并，如下式所示：

$$\boldsymbol{\delta}_{\mathrm{ts\text{-}c}}^{(1)}=[\boldsymbol{\delta}_{\mathrm{ts}1}^{(1)\mathrm{T}}\quad \boldsymbol{\delta}_{\mathrm{ts}2}^{(1)\mathrm{T}}\quad \cdots\quad \boldsymbol{\delta}_{\mathrm{ts}N}^{(1)\mathrm{T}}]=\hat{\boldsymbol{z}}_{\mathrm{c}}^{(1)}(\hat{\boldsymbol{s}}_{\mathrm{v}})+\hat{\boldsymbol{Z}}_{\mathrm{c}}^{(1)}(\hat{\boldsymbol{s}}_{\mathrm{v}})\boldsymbol{u}_{\mathrm{v\text{-}c}} \tag{11.52}$$

式中

$$\begin{cases}\hat{\boldsymbol{z}}_{\mathrm{c}}^{(1)}(\hat{\boldsymbol{s}}_{\mathrm{v}})=[(\hat{\boldsymbol{z}}_1^{(1)}(\hat{\boldsymbol{s}}_{\mathrm{v}}))^{\mathrm{T}}\quad (\hat{\boldsymbol{z}}_2^{(1)}(\hat{\boldsymbol{s}}_{\mathrm{v}}))^{\mathrm{T}}\quad\cdots\quad (\hat{\boldsymbol{z}}_N^{(1)}(\hat{\boldsymbol{s}}_{\mathrm{v}}))^{\mathrm{T}}]^{\mathrm{T}}\in\mathbf{R}^{2MN\times 1}\\ \hat{\boldsymbol{Z}}_{\mathrm{c}}^{(1)}(\hat{\boldsymbol{s}}_{\mathrm{v}})=\mathrm{blkdiag}\{\hat{\boldsymbol{Z}}_1^{(1)}(\hat{\boldsymbol{s}}_{\mathrm{v}}),\hat{\boldsymbol{Z}}_2^{(1)}(\hat{\boldsymbol{s}}_{\mathrm{v}}),\cdots,\hat{\boldsymbol{Z}}_N^{(1)}(\hat{\boldsymbol{s}}_{\mathrm{v}})\}\in\mathbf{R}^{2MN\times 6N}\end{cases} \tag{11.53}$$

多辐射源协同定位是要估计多辐射源位置–速度向量 $\boldsymbol{u}_{\mathrm{v\text{-}c}}$，而不是独立地估计单个辐射源位置–速度向量 $\{\boldsymbol{u}_{\mathrm{v}n}\}_{1\leqslant n\leqslant N}$。

联合式（11.46）、式（11.48）及式（11.52）可知，误差向量 $\boldsymbol{\delta}_{\mathrm{ts\text{-}c}}^{(1)}$ 渐近服从零均值的高斯分布，并且其协方差矩阵为

$$\begin{aligned}
\boldsymbol{\Omega}_{\text{ts-c}}^{(1)} &= \mathbf{cov}(\boldsymbol{\delta}_{\text{ts-c}}^{(1)}) = \mathrm{E}[\boldsymbol{\delta}_{\text{ts-c}}^{(1)}\boldsymbol{\delta}_{\text{ts-c}}^{(1)\mathrm{T}}] \\
&\approx \begin{bmatrix}
\boldsymbol{\Omega}_{\text{ts1}}^{(1)} & \begin{pmatrix} \boldsymbol{B}_{\text{s1}}^{(1)}(\boldsymbol{u}_{\text{v1}},\boldsymbol{s}_{\text{v}})\boldsymbol{E}_{\text{s}} \\ \times(\boldsymbol{B}_{\text{s2}}^{(1)}(\boldsymbol{u}_{\text{v2}},\boldsymbol{s}_{\text{v}}))^{\mathrm{T}} \end{pmatrix} & \cdots & \begin{pmatrix} \boldsymbol{B}_{\text{s1}}^{(1)}(\boldsymbol{u}_{\text{v1}},\boldsymbol{s}_{\text{v}})\boldsymbol{E}_{\text{s}} \\ \times(\boldsymbol{B}_{\text{s}N}^{(1)}(\boldsymbol{u}_{\text{v}N},\boldsymbol{s}_{\text{v}}))^{\mathrm{T}} \end{pmatrix} \\
\begin{pmatrix} \boldsymbol{B}_{\text{s2}}^{(1)}(\boldsymbol{u}_{\text{v2}},\boldsymbol{s}_{\text{v}})\boldsymbol{E}_{\text{s}} \\ \times(\boldsymbol{B}_{\text{s1}}^{(1)}(\boldsymbol{u}_{\text{v1}},\boldsymbol{s}_{\text{v}}))^{\mathrm{T}} \end{pmatrix} & \boldsymbol{\Omega}_{\text{ts2}}^{(1)} & \ddots & \vdots \\
\vdots & \ddots & \ddots & \begin{pmatrix} \boldsymbol{B}_{\text{s},N-1}^{(1)}(\boldsymbol{u}_{\text{v},N-1},\boldsymbol{s}_{\text{v}})\boldsymbol{E}_{\text{s}} \\ \times(\boldsymbol{B}_{\text{s}N}^{(1)}(\boldsymbol{u}_{\text{v}N},\boldsymbol{s}_{\text{v}}))^{\mathrm{T}} \end{pmatrix} \\
\begin{pmatrix} \boldsymbol{B}_{\text{s}N}^{(1)}(\boldsymbol{u}_{\text{v}N},\boldsymbol{s}_{\text{v}})\boldsymbol{E}_{\text{s}} \\ \times(\boldsymbol{B}_{\text{s1}}^{(1)}(\boldsymbol{u}_{\text{v1}},\boldsymbol{s}_{\text{v}}))^{\mathrm{T}} \end{pmatrix} & \cdots & \begin{pmatrix} \boldsymbol{B}_{\text{s}N}^{(1)}(\boldsymbol{u}_{\text{v}N},\boldsymbol{s}_{\text{v}})\boldsymbol{E}_{\text{s}} \\ \times(\boldsymbol{B}_{\text{s},N-1}^{(1)}(\boldsymbol{u}_{\text{v},N-1},\boldsymbol{s}_{\text{v}}))^{\mathrm{T}} \end{pmatrix} & \boldsymbol{\Omega}_{\text{ts}N}^{(1)}
\end{bmatrix} \\
&= \boldsymbol{B}_{\text{t-c}}^{(1)}(\boldsymbol{u}_{\text{v-c}},\boldsymbol{s}_{\text{v}})\boldsymbol{E}_{\text{t-c}}(\boldsymbol{B}_{\text{t-c}}^{(1)}(\boldsymbol{u}_{\text{v-c}},\boldsymbol{s}_{\text{v}}))^{\mathrm{T}} + \boldsymbol{B}_{\text{s-c}}^{(1)}(\boldsymbol{u}_{\text{v-c}},\boldsymbol{s}_{\text{v}})\boldsymbol{E}_{\text{s}}(\boldsymbol{B}_{\text{s-c}}^{(1)}(\boldsymbol{u}_{\text{v-c}},\boldsymbol{s}_{\text{v}}))^{\mathrm{T}} \in \mathbf{R}^{2MN\times 2MN}
\end{aligned} \tag{11.54}$$

式中

$$\begin{cases} \boldsymbol{B}_{\text{t-c}}^{(1)}(\boldsymbol{u}_{\text{v-c}},\boldsymbol{s}_{\text{v}}) = \mathrm{blkdiag}\{\boldsymbol{B}_{\text{t1}}^{(1)}(\boldsymbol{u}_{\text{v1}},\boldsymbol{s}_{\text{v}}),\boldsymbol{B}_{\text{t2}}^{(1)}(\boldsymbol{u}_{\text{v2}},\boldsymbol{s}_{\text{v}}),\cdots,\boldsymbol{B}_{\text{t}N}^{(1)}(\boldsymbol{u}_{\text{v}N},\boldsymbol{s}_{\text{v}})\} \in \mathbf{R}^{2MN\times 2MN} \\ \boldsymbol{B}_{\text{s-c}}^{(1)}(\boldsymbol{u}_{\text{v-c}},\boldsymbol{s}_{\text{v}}) = [(\boldsymbol{B}_{\text{s1}}^{(1)}(\boldsymbol{u}_{\text{v1}},\boldsymbol{s}_{\text{v}}))^{\mathrm{T}} \ \ (\boldsymbol{B}_{\text{s2}}^{(1)}(\boldsymbol{u}_{\text{v2}},\boldsymbol{s}_{\text{v}}))^{\mathrm{T}} \ \ \cdots \ \ (\boldsymbol{B}_{\text{s}N}^{(1)}(\boldsymbol{u}_{\text{v}N},\boldsymbol{s}_{\text{v}}))^{\mathrm{T}}]^{\mathrm{T}} \in \mathbf{R}^{2MN\times 6M} \end{cases} \tag{11.55}$$

基于式（11.52）和式（11.54）可以构建估计多辐射源位置-速度向量 $\boldsymbol{u}_{\text{v-c}}$ 的优化准则，如下式所示：

$$\min_{\boldsymbol{u}_{\text{v-c}}}\{(\hat{\boldsymbol{Z}}_{\text{c}}^{(1)}(\hat{\boldsymbol{s}}_{\text{v}})\boldsymbol{u}_{\text{v-c}}+\hat{\boldsymbol{z}}_{\text{c}}^{(1)}(\hat{\boldsymbol{s}}_{\text{v}}))^{\mathrm{T}}(\boldsymbol{\Omega}_{\text{ts-c}}^{(1)})^{-1}(\hat{\boldsymbol{Z}}_{\text{c}}^{(1)}(\hat{\boldsymbol{s}}_{\text{v}})\boldsymbol{u}_{\text{v-c}}+\hat{\boldsymbol{z}}_{\text{c}}^{(1)}(\hat{\boldsymbol{s}}_{\text{v}}))\} \tag{11.56}$$

式中，$(\boldsymbol{\Omega}_{\text{ts-c}}^{(1)})^{-1}$ 可以看作加权矩阵，其作用在于抑制观测误差 $\boldsymbol{\varepsilon}_{\text{t-c}}$ 和 $\boldsymbol{\varepsilon}_{\text{s}}$ 的影响。根据命题 2.13 可知，式（11.56）的最优解为①

$$\hat{\boldsymbol{u}}_{\text{v-c}}^{(1)} = -[(\hat{\boldsymbol{Z}}_{\text{c}}^{(1)}(\hat{\boldsymbol{s}}_{\text{v}}))^{\mathrm{T}}(\boldsymbol{\Omega}_{\text{ts-c}}^{(1)})^{-1}\hat{\boldsymbol{Z}}_{\text{c}}^{(1)}(\hat{\boldsymbol{s}}_{\text{v}})]^{-1}(\hat{\boldsymbol{Z}}_{\text{c}}^{(1)}(\hat{\boldsymbol{s}}_{\text{v}}))^{\mathrm{T}}(\boldsymbol{\Omega}_{\text{ts-c}}^{(1)})^{-1}\hat{\boldsymbol{z}}_{\text{c}}^{(1)}(\hat{\boldsymbol{s}}_{\text{v}}) \tag{11.57}$$

【注记 11.1】由式（11.54）可知，加权矩阵 $(\boldsymbol{\Omega}_{\text{ts-c}}^{(1)})^{-1}$ 与辐射源位置-速度向量 $\{\boldsymbol{u}_{\text{v}n}\}_{1\leqslant n\leqslant N}$（或 $\boldsymbol{u}_{\text{v-c}}$）有关。因此，严格来说，式（11.56）中的目标函数并不是关于向量 $\boldsymbol{u}_{\text{v-c}}$ 的二次函数，针对该问题，可以采用注记 4.1 中描述的方法进行处理。另一方面，加权矩阵 $(\boldsymbol{\Omega}_{\text{ts-c}}^{(1)})^{-1}$ 还与传感器位置-速度向量 $\boldsymbol{s}_{\text{v}}$ 有关，可以直接利用其先验观测值 $\hat{\boldsymbol{s}}_{\text{v}}$ 进行计算。理论分析表明，在一阶误差分析理论框架下，加权矩阵 $(\boldsymbol{\Omega}_{\text{ts-c}}^{(1)})^{-1}$ 中的扰动误差并不会实质影响估计值 $\hat{\boldsymbol{u}}_{\text{v-c}}^{(1)}$ 的统计性能。

图 11.1 给出了本章第 1 种加权多维标度定位方法的流程图。

① 这里使用的下角标"c"表示针对多辐射源协同定位的估计值。

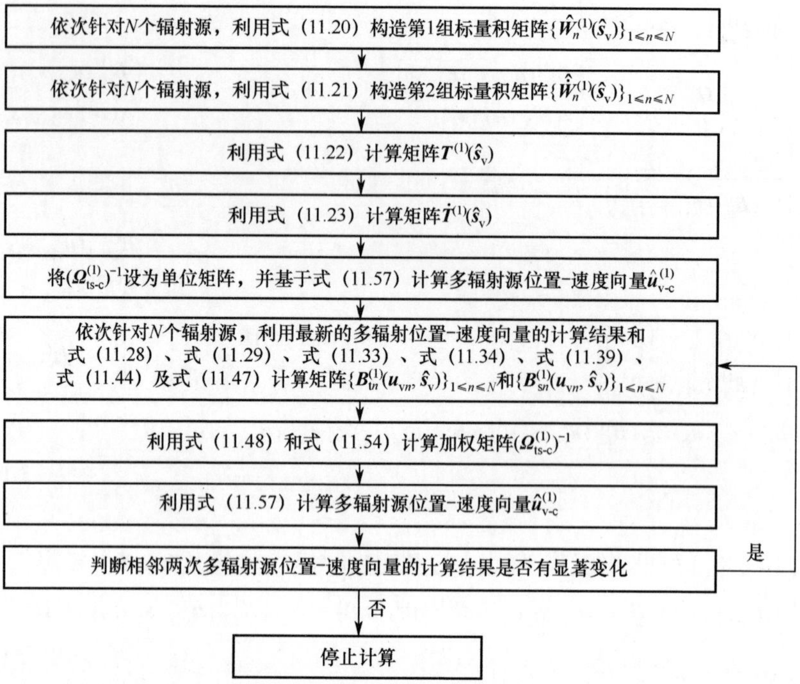

图 11.1　本章第 1 种加权多维标度定位方法的流程图

11.2.3　理论性能分析

下面将推导估计值 $\hat{\boldsymbol{u}}_{\text{v-c}}^{(1)}$ 的理论性能，主要是推导估计均方误差矩阵，并将其与相应的克拉美罗界进行比较，从而证明其渐近最优性。这里采用的性能分析方法是一阶误差分析方法，即忽略观测误差 $\boldsymbol{\varepsilon}_{\text{t-c}}$ 和 $\boldsymbol{\varepsilon}_{\text{s}}$ 的二阶及其以上各阶项。

首先将最优解 $\hat{\boldsymbol{u}}_{\text{v-c}}^{(1)}$ 的估计误差记为 $\Delta\boldsymbol{u}_{\text{v-c}}^{(1)}=\hat{\boldsymbol{u}}_{\text{v-c}}^{(1)}-\boldsymbol{u}$。基于式（11.57）和注记 11.1 中的讨论可知

$$(\hat{\boldsymbol{Z}}_{\text{c}}^{(1)}(\hat{\boldsymbol{s}}_{\text{v}}))^{\text{T}}(\hat{\boldsymbol{\Omega}}_{\text{ts-c}}^{(1)})^{-1}\hat{\boldsymbol{Z}}_{\text{c}}^{(1)}(\hat{\boldsymbol{s}}_{\text{v}})\hat{\boldsymbol{u}}_{\text{v-c}}^{(1)}=-(\hat{\boldsymbol{Z}}_{\text{c}}^{(1)}(\hat{\boldsymbol{s}}_{\text{v}}))^{\text{T}}(\hat{\boldsymbol{\Omega}}_{\text{ts-c}}^{(1)})^{-1}\hat{\boldsymbol{z}}_{\text{c}}^{(1)}(\hat{\boldsymbol{s}}_{\text{v}}) \tag{11.58}$$

式中，$\hat{\boldsymbol{\Omega}}_{\text{ts-c}}^{(1)}$ 表示 $\boldsymbol{\Omega}_{\text{ts-c}}^{(1)}$ 的估计值。由式（11.58）可以进一步推得

$$\begin{aligned}
&(\Delta\boldsymbol{Z}_{\text{c}}^{(1)})^{\text{T}}(\boldsymbol{\Omega}_{\text{ts-c}}^{(1)})^{-1}\boldsymbol{Z}_{\text{c}}^{(1)}(\boldsymbol{s}_{\text{v}})\boldsymbol{u}_{\text{v-c}}+(\boldsymbol{Z}_{\text{c}}^{(1)}(\boldsymbol{s}_{\text{v}}))^{\text{T}}(\boldsymbol{\Omega}_{\text{ts-c}}^{(1)})^{-1}\Delta\boldsymbol{Z}_{\text{c}}^{(1)}\boldsymbol{u}_{\text{v-c}}\\
&+(\boldsymbol{Z}_{\text{c}}^{(1)}(\boldsymbol{s}_{\text{v}}))^{\text{T}}\Delta\boldsymbol{\varXi}_{\text{ts-c}}^{(1)}\boldsymbol{Z}_{\text{c}}^{(1)}(\boldsymbol{s}_{\text{v}})\boldsymbol{u}_{\text{v-c}}+(\boldsymbol{Z}_{\text{c}}^{(1)}(\boldsymbol{s}_{\text{v}}))^{\text{T}}(\boldsymbol{\Omega}_{\text{ts-c}}^{(1)})^{-1}\boldsymbol{Z}_{\text{c}}^{(1)}(\boldsymbol{s}_{\text{v}})\Delta\boldsymbol{u}_{\text{v-c}}^{(1)}\\
&\approx-(\Delta\boldsymbol{Z}_{\text{c}}^{(1)})^{\text{T}}(\boldsymbol{\Omega}_{\text{ts-c}}^{(1)})^{-1}\boldsymbol{z}_{\text{c}}^{(1)}(\boldsymbol{s}_{\text{v}})-(\boldsymbol{Z}_{\text{c}}^{(1)}(\boldsymbol{s}_{\text{v}}))^{\text{T}}(\boldsymbol{\Omega}_{\text{ts-c}}^{(1)})^{-1}\Delta\boldsymbol{z}_{\text{c}}^{(1)}-(\boldsymbol{Z}_{\text{c}}^{(1)}(\boldsymbol{s}_{\text{v}}))^{\text{T}}\Delta\boldsymbol{\varXi}_{\text{ts-c}}^{(1)}\boldsymbol{z}_{\text{c}}^{(1)}(\boldsymbol{s}_{\text{v}})\\
&\Rightarrow\Delta\boldsymbol{u}_{\text{v-c}}^{(1)}\approx-[(\boldsymbol{Z}_{\text{c}}^{(1)}(\boldsymbol{s}_{\text{v}}))^{\text{T}}(\boldsymbol{\Omega}_{\text{ts-c}}^{(1)})^{-1}\boldsymbol{Z}_{\text{c}}^{(1)}(\boldsymbol{s}_{\text{v}})]^{-1}(\boldsymbol{Z}_{\text{c}}^{(1)}(\boldsymbol{s}_{\text{v}}))^{\text{T}}(\boldsymbol{\Omega}_{\text{ts-c}}^{(1)})^{-1}(\Delta\boldsymbol{Z}_{\text{c}}^{(1)}\boldsymbol{u}_{\text{v-c}}+\Delta\boldsymbol{z}_{\text{c}}^{(1)})\\
&\qquad=-[(\boldsymbol{Z}_{\text{c}}^{(1)}(\boldsymbol{s}_{\text{v}}))^{\text{T}}(\boldsymbol{\Omega}_{\text{ts-c}}^{(1)})^{-1}\boldsymbol{Z}_{\text{c}}^{(1)}(\boldsymbol{s}_{\text{v}})]^{-1}(\boldsymbol{Z}_{\text{c}}^{(1)}(\boldsymbol{s}_{\text{v}}))^{\text{T}}(\boldsymbol{\Omega}_{\text{ts-c}}^{(1)})^{-1}\boldsymbol{\delta}_{\text{ts-c}}^{(1)}
\end{aligned} \tag{11.59}$$

式中，$\Delta\boldsymbol{\Xi}_{\text{ts-c}}^{(1)}=(\hat{\boldsymbol{\Omega}}_{\text{ts-c}}^{(1)})^{-1}-(\boldsymbol{\Omega}_{\text{ts-c}}^{(1)})^{-1}$，表示矩阵 $(\hat{\boldsymbol{\Omega}}_{\text{ts-c}}^{(1)})^{-1}$ 中的扰动误差；向量 $\boldsymbol{z}_{\text{c}}^{(1)}(\boldsymbol{s}_{\text{v}})$ 和矩阵 $\boldsymbol{Z}_{\text{c}}^{(1)}(\boldsymbol{s}_{\text{v}})$ 可以分别表示为

$$\begin{cases}\boldsymbol{z}_{\text{c}}^{(1)}(\boldsymbol{s}_{\text{v}})=\hat{\boldsymbol{z}}_{\text{c}}^{(1)}(\boldsymbol{s}_{\text{v}})\big|_{\boldsymbol{\varepsilon}_{\text{t-c}}=\boldsymbol{O}_{2MN\times 1}}=[(\boldsymbol{z}_{1}^{(1)}(\boldsymbol{s}_{\text{v}}))^{\text{T}}\ \ (\boldsymbol{z}_{2}^{(1)}(\boldsymbol{s}_{\text{v}}))^{\text{T}}\ \ \cdots\ \ (\boldsymbol{z}_{N}^{(1)}(\boldsymbol{s}_{\text{v}}))^{\text{T}}]^{\text{T}} \\ \boldsymbol{Z}_{\text{c}}^{(1)}(\boldsymbol{s}_{\text{v}})=\hat{\boldsymbol{Z}}_{\text{c}}^{(1)}(\boldsymbol{s}_{\text{v}})\big|_{\boldsymbol{\varepsilon}_{\text{t-c}}=\boldsymbol{O}_{2MN\times 1}}=\text{blkdiag}\{\boldsymbol{Z}_{1}^{(1)}(\boldsymbol{s}_{\text{v}}),\boldsymbol{Z}_{2}^{(1)}(\boldsymbol{s}_{\text{v}}),\cdots,\boldsymbol{Z}_{N}^{(1)}(\boldsymbol{s}_{\text{v}})\}\end{cases} \tag{11.60}$$

其中，$\boldsymbol{z}_{n}^{(1)}(\boldsymbol{s}_{\text{v}})=\hat{\boldsymbol{z}}_{n}^{(1)}(\boldsymbol{s}_{\text{v}})\big|_{\boldsymbol{\varepsilon}_{\text{t}n}=\boldsymbol{O}_{2M\times 1}}$，$\boldsymbol{Z}_{n}^{(1)}(\boldsymbol{s}_{\text{v}})=\hat{\boldsymbol{Z}}_{n}^{(1)}(\boldsymbol{s}_{\text{v}})\big|_{\boldsymbol{\varepsilon}_{\text{t}n}=\boldsymbol{O}_{2M\times 1}}$ $(1\leqslant n\leqslant N)$。由式（11.59）可知，估计误差 $\Delta\boldsymbol{u}_{\text{v-c}}^{(1)}$ 渐近服从零均值的高斯分布，因此估计值 $\hat{\boldsymbol{u}}_{\text{v-c}}^{(1)}$ 是渐近无偏估计值，并且其均方误差矩阵为

$$\begin{aligned}\textbf{MSE}(\hat{\boldsymbol{u}}_{\text{v-c}}^{(1)})&=\text{E}[(\hat{\boldsymbol{u}}_{\text{v-c}}^{(1)}-\boldsymbol{u}_{\text{v-c}})(\hat{\boldsymbol{u}}_{\text{v-c}}^{(1)}-\boldsymbol{u}_{\text{v-c}})^{\text{T}}]=\text{E}[\Delta\boldsymbol{u}_{\text{v-c}}^{(1)}(\Delta\boldsymbol{u}_{\text{v-c}}^{(1)})^{\text{T}}] \\ &=[(\boldsymbol{Z}_{\text{c}}^{(1)}(\boldsymbol{s}_{\text{v}}))^{\text{T}}(\boldsymbol{\Omega}_{\text{ts-c}}^{(1)})^{-1}\boldsymbol{Z}_{\text{c}}^{(1)}(\boldsymbol{s}_{\text{v}})]^{-1}(\boldsymbol{Z}_{\text{c}}^{(1)}(\boldsymbol{s}_{\text{v}}))^{\text{T}}(\boldsymbol{\Omega}_{\text{ts-c}}^{(1)})^{-1}\cdot\text{E}[\boldsymbol{\delta}_{\text{ts-c}}^{(1)}\boldsymbol{\delta}_{\text{ts-c}}^{(1)\text{T}}]\cdot(\boldsymbol{\Omega}_{\text{ts-c}}^{(1)})^{-1}\boldsymbol{Z}_{\text{c}}^{(1)}(\boldsymbol{s}_{\text{v}}) \\ &\quad\times[(\boldsymbol{Z}_{\text{c}}^{(1)}(\boldsymbol{s}_{\text{v}}))^{\text{T}}(\boldsymbol{\Omega}_{\text{ts-c}}^{(1)})^{-1}\boldsymbol{Z}_{\text{c}}^{(1)}(\boldsymbol{s}_{\text{v}})]^{-1} \\ &=[(\boldsymbol{Z}_{\text{c}}^{(1)}(\boldsymbol{s}_{\text{v}}))^{\text{T}}(\boldsymbol{\Omega}_{\text{ts-c}}^{(1)})^{-1}\boldsymbol{Z}_{\text{c}}^{(1)}(\boldsymbol{s}_{\text{v}})]^{-1}\end{aligned} \tag{11.61}$$

【注记 11.2】式（11.59）表明，在一阶误差分析理论框架下，矩阵 $(\hat{\boldsymbol{\Omega}}_{\text{ts-c}}^{(1)})^{-1}$ 中的扰动误差 $\Delta\boldsymbol{\Xi}_{\text{ts-c}}^{(1)}$ 并不会实质影响估计值 $\hat{\boldsymbol{u}}_{\text{v-c}}^{(1)}$ 的统计性能。

下面证明估计值 $\hat{\boldsymbol{u}}_{\text{v-c}}^{(1)}$ 具有渐近最优性，也就是证明其估计均方误差矩阵可以渐近逼近相应的克拉美罗界，具体可见如下命题。

【命题 11.1】在一阶误差分析理论框架下，$\textbf{MSE}(\hat{\boldsymbol{u}}_{\text{v-c}}^{(1)})=\textbf{CRB}_{\text{tfoa-c}}(\boldsymbol{u}_{\text{v-c}})$。

【证明】首先根据式（3.16）可得

$$\begin{aligned}&\textbf{CRB}_{\text{tfoa-c}}(\boldsymbol{u}_{\text{v-c}}) \\ &=\left[\left(\frac{\partial\boldsymbol{f}_{\text{tfoa-c}}(\boldsymbol{u}_{\text{v-c}},\boldsymbol{s}_{\text{v}})}{\partial\boldsymbol{u}_{\text{v-c}}^{\text{T}}}\right)^{\text{T}}\left(\boldsymbol{E}_{\text{t-c}}+\frac{\partial\boldsymbol{f}_{\text{tfoa-c}}(\boldsymbol{u}_{\text{v-c}},\boldsymbol{s}_{\text{v}})}{\partial\boldsymbol{s}_{\text{v}}^{\text{T}}}\boldsymbol{E}_{\text{s}}\left(\frac{\partial\boldsymbol{f}_{\text{tfoa-c}}(\boldsymbol{u}_{\text{v-c}},\boldsymbol{s}_{\text{v}})}{\partial\boldsymbol{s}_{\text{v}}^{\text{T}}}\right)^{\text{T}}\right)^{-1}\frac{\partial\boldsymbol{f}_{\text{tfoa-c}}(\boldsymbol{u}_{\text{v-c}},\boldsymbol{s}_{\text{v}})}{\partial\boldsymbol{u}_{\text{v-c}}^{\text{T}}}\right]^{-1}\end{aligned} \tag{11.62}$$

式中

$$\begin{aligned}&\frac{\partial\boldsymbol{f}_{\text{tfoa-c}}(\boldsymbol{u}_{\text{v-c}},\boldsymbol{s}_{\text{v}})}{\partial\boldsymbol{u}_{\text{v-c}}^{\text{T}}} \\ &=\text{blkdiag}\left\{\frac{\partial\boldsymbol{f}_{\text{tfoa}}(\boldsymbol{u}_{\text{v}1},\boldsymbol{s}_{\text{v}})}{\partial\boldsymbol{u}_{\text{v}1}^{\text{T}}},\frac{\partial\boldsymbol{f}_{\text{tfoa}}(\boldsymbol{u}_{\text{v}2},\boldsymbol{s}_{\text{v}})}{\partial\boldsymbol{u}_{\text{v}2}^{\text{T}}},\cdots,\frac{\partial\boldsymbol{f}_{\text{tfoa}}(\boldsymbol{u}_{\text{v}N},\boldsymbol{s}_{\text{v}})}{\partial\boldsymbol{u}_{\text{v}N}^{\text{T}}}\right\}\in\mathbf{R}^{2MN\times 6N}\end{aligned} \tag{11.63}$$

$$\frac{\partial \boldsymbol{f}_{\text{tfoa-c}}(\boldsymbol{u}_{\text{v-c}},\boldsymbol{s}_{\text{v}})}{\partial \boldsymbol{s}_{\text{v}}^{\text{T}}} = \left[\left(\frac{\partial \boldsymbol{f}_{\text{tfoa}}(\boldsymbol{u}_{\text{v}1},\boldsymbol{s}_{\text{v}})}{\partial \boldsymbol{s}_{\text{v}}^{\text{T}}}\right)^{\text{T}} \ \left(\frac{\partial \boldsymbol{f}_{\text{tfoa}}(\boldsymbol{u}_{\text{v}2},\boldsymbol{s}_{\text{v}})}{\partial \boldsymbol{s}_{\text{v}}^{\text{T}}}\right)^{\text{T}} \ \cdots \ \left(\frac{\partial \boldsymbol{f}_{\text{tfoa}}(\boldsymbol{u}_{\text{v}N},\boldsymbol{s}_{\text{v}})}{\partial \boldsymbol{s}_{\text{v}}^{\text{T}}}\right)^{\text{T}}\right]^{\text{T}} \in \mathbf{R}^{2MN\times 6M} \tag{11.64}$$

其中

$$\frac{\partial \boldsymbol{f}_{\text{tfoa}}(\boldsymbol{u}_{\text{v}n},\boldsymbol{s}_{\text{v}})}{\partial \boldsymbol{u}_{\text{v}n}^{\text{T}}} = \begin{bmatrix} \dfrac{\partial \boldsymbol{f}_{\text{toa}}(\boldsymbol{u}_{\text{v}n},\boldsymbol{s}_{\text{v}})}{\partial \boldsymbol{u}_{n}^{\text{T}}} & \boldsymbol{O}_{M\times 3} \\ \dfrac{\partial \boldsymbol{f}_{\text{foa}}(\boldsymbol{u}_{\text{v}n},\boldsymbol{s}_{\text{v}})}{\partial \boldsymbol{u}_{n}^{\text{T}}} & \dfrac{\partial \boldsymbol{f}_{\text{foa}}(\boldsymbol{u}_{\text{v}n},\boldsymbol{s}_{\text{v}})}{\partial \dot{\boldsymbol{u}}_{n}^{\text{T}}} \end{bmatrix} \in \mathbf{R}^{2M\times 6}$$

$$\frac{\partial \boldsymbol{f}_{\text{tfoa}}(\boldsymbol{u}_{\text{v}n},\boldsymbol{s}_{\text{v}})}{\partial \boldsymbol{s}_{\text{v}}^{\text{T}}} = \begin{bmatrix} \dfrac{\partial \boldsymbol{f}_{\text{toa}}(\boldsymbol{u}_{\text{v}n},\boldsymbol{s}_{\text{v}})}{\partial \boldsymbol{s}_{\text{v}}^{\text{T}}} \\ \dfrac{\partial \boldsymbol{f}_{\text{foa}}(\boldsymbol{u}_{\text{v}n},\boldsymbol{s}_{\text{v}})}{\partial \boldsymbol{s}_{\text{v}}^{\text{T}}} \end{bmatrix} \in \mathbf{R}^{2M\times 6M} \tag{11.65}$$

$$\frac{\partial \boldsymbol{f}_{\text{toa}}(\boldsymbol{u}_{\text{v}n},\boldsymbol{s}_{\text{v}})}{\partial \boldsymbol{u}_{n}^{\text{T}}} = \frac{\partial \boldsymbol{f}_{\text{foa}}(\boldsymbol{u}_{\text{v}n},\boldsymbol{s}_{\text{v}})}{\partial \dot{\boldsymbol{u}}_{n}^{\text{T}}} = \left[\frac{\boldsymbol{u}_n-\boldsymbol{s}_1}{\|\boldsymbol{u}_n-\boldsymbol{s}_1\|_2} \ \ \frac{\boldsymbol{u}_n-\boldsymbol{s}_2}{\|\boldsymbol{u}_n-\boldsymbol{s}_2\|_2} \ \cdots \ \frac{\boldsymbol{u}_n-\boldsymbol{s}_M}{\|\boldsymbol{u}_n-\boldsymbol{s}_M\|_2}\right]^{\text{T}} \in \mathbf{R}^{M\times 3} \tag{11.66}$$

$$\frac{\partial \boldsymbol{f}_{\text{foa}}(\boldsymbol{u}_{\text{v}n},\boldsymbol{s}_{\text{v}})}{\partial \boldsymbol{u}_{n}^{\text{T}}} = \left[\boldsymbol{\Pi}^{\perp}[\boldsymbol{u}_n-\boldsymbol{s}_1]\frac{\dot{\boldsymbol{u}}_n-\dot{\boldsymbol{s}}_1}{\|\boldsymbol{u}_n-\boldsymbol{s}_1\|_2} \;\vdots\; \boldsymbol{\Pi}^{\perp}[\boldsymbol{u}_n-\boldsymbol{s}_2]\frac{\dot{\boldsymbol{u}}_n-\dot{\boldsymbol{s}}_2}{\|\boldsymbol{u}_n-\boldsymbol{s}_2\|_2} \;\vdots\; \cdots \;\vdots\; \boldsymbol{\Pi}^{\perp}[\boldsymbol{u}_n-\boldsymbol{s}_M]\frac{\dot{\boldsymbol{u}}_n-\dot{\boldsymbol{s}}_M}{\|\boldsymbol{u}_n-\boldsymbol{s}_M\|_2}\right]^{\text{T}} \in \mathbf{R}^{M\times 3} \tag{11.67}$$

$$\frac{\partial \boldsymbol{f}_{\text{toa}}(\boldsymbol{u}_{\text{v}n},\boldsymbol{s}_{\text{v}})}{\partial \boldsymbol{s}_{\text{v}}^{\text{T}}} = \text{blkdiag}\left\{\left[\frac{(\boldsymbol{s}_1-\boldsymbol{u}_n)^{\text{T}}}{\|\boldsymbol{u}_n-\boldsymbol{s}_1\|_2} \ \ \boldsymbol{O}_{1\times 3}\right],\left[\frac{(\boldsymbol{s}_2-\boldsymbol{u}_n)^{\text{T}}}{\|\boldsymbol{u}_n-\boldsymbol{s}_2\|_2} \ \ \boldsymbol{O}_{1\times 3}\right],\cdots,\left[\frac{(\boldsymbol{s}_M-\boldsymbol{u}_n)^{\text{T}}}{\|\boldsymbol{u}_n-\boldsymbol{s}_M\|_2} \ \ \boldsymbol{O}_{1\times 3}\right]\right\} \in \mathbf{R}^{M\times 6M} \tag{11.68}$$

$$\begin{aligned} &\frac{\partial \boldsymbol{f}_{\text{foa}}(\boldsymbol{u}_{\text{v}n},\boldsymbol{s}_{\text{v}})}{\partial \boldsymbol{s}_{\text{v}}^{\text{T}}} \\ &= \text{blkdiag}\left\{\left[\left(\boldsymbol{\Pi}^{\perp}[\boldsymbol{u}_n-\boldsymbol{s}_1]\frac{\dot{\boldsymbol{s}}_1-\dot{\boldsymbol{u}}_n}{\|\boldsymbol{u}_n-\boldsymbol{s}_1\|_2}\right)^{\text{T}} \ \ \frac{(\boldsymbol{s}_1-\boldsymbol{u}_n)^{\text{T}}}{\|\boldsymbol{u}_n-\boldsymbol{s}_1\|_2}\right],\cdots,\cdots,\right. \\ &\qquad \left.\left[\left(\boldsymbol{\Pi}^{\perp}[\boldsymbol{u}_n-\boldsymbol{s}_M]\frac{\dot{\boldsymbol{s}}_M-\dot{\boldsymbol{u}}_n}{\|\boldsymbol{u}_n-\boldsymbol{s}_M\|_2}\right)^{\text{T}} \ \ \frac{(\boldsymbol{s}_M-\boldsymbol{u}_n)^{\text{T}}}{\|\boldsymbol{u}_n-\boldsymbol{s}_M\|_2}\right]\right\} \in \mathbf{R}^{M\times 6M} \end{aligned} \tag{11.69}$$

然后将式（11.54）代入式（11.61）中可得

$$\begin{aligned}&\mathbf{MSE}(\hat{\boldsymbol{u}}_{\text{v-c}}^{(1)})\\&=((\boldsymbol{Z}_{\text{c}}^{(1)}(\boldsymbol{s}_{\text{v}}))^{\text{T}}(\boldsymbol{B}_{\text{t-c}}^{(1)}(\boldsymbol{u}_{\text{v-c}},\boldsymbol{s}_{\text{v}})\boldsymbol{E}_{\text{t-c}}(\boldsymbol{B}_{\text{t-c}}^{(1)}(\boldsymbol{u}_{\text{v-c}},\boldsymbol{s}_{\text{v}}))^{\text{T}}+\boldsymbol{B}_{\text{s-c}}^{(1)}(\boldsymbol{u}_{\text{v-c}},\boldsymbol{s}_{\text{v}})\boldsymbol{E}_{\text{s}}(\boldsymbol{B}_{\text{s-c}}^{(1)}(\boldsymbol{u}_{\text{v-c}},\boldsymbol{s}_{\text{v}}))^{\text{T}})^{-1}\boldsymbol{Z}_{\text{c}}^{(1)}(\boldsymbol{s}_{\text{v}}))^{-1}\\&=\left[(\boldsymbol{Z}_{\text{c}}^{(1)}(\boldsymbol{s}_{\text{v}}))^{\text{T}}(\boldsymbol{B}_{\text{t-c}}^{(1)}(\boldsymbol{u}_{\text{v-c}},\boldsymbol{s}_{\text{v}}))^{-\text{T}}\begin{pmatrix}\boldsymbol{E}_{\text{t-c}}+(\boldsymbol{B}_{\text{t-c}}^{(1)}(\boldsymbol{u}_{\text{v-c}},\boldsymbol{s}_{\text{v}}))^{-1}\boldsymbol{B}_{\text{s-c}}^{(1)}(\boldsymbol{u}_{\text{v-c}},\boldsymbol{s}_{\text{v}})\boldsymbol{E}_{\text{s}}\\\times(\boldsymbol{B}_{\text{s-c}}^{(1)}(\boldsymbol{u}_{\text{v-c}},\boldsymbol{s}_{\text{v}}))^{\text{T}}(\boldsymbol{B}_{\text{t-c}}^{(1)}(\boldsymbol{u}_{\text{v-c}},\boldsymbol{s}_{\text{v}}))^{-\text{T}}\end{pmatrix}^{-1}(\boldsymbol{B}_{\text{t-c}}^{(1)}(\boldsymbol{u}_{\text{v-c}},\boldsymbol{s}_{\text{v}}))^{-1}\boldsymbol{Z}_{\text{c}}^{(1)}(\boldsymbol{s}_{\text{v}})\right]^{-1}\end{aligned} \tag{11.70}$$

考虑等式 $\boldsymbol{z}_n^{(1)}(\boldsymbol{s}_{\text{v}})+\boldsymbol{Z}_n^{(1)}(\boldsymbol{s}_{\text{v}})\boldsymbol{u}_{\text{v}n}=\boldsymbol{O}_{2M\times1}$，将该等式两边先后对向量 $\boldsymbol{u}_{\text{v}n}$ 和 $\boldsymbol{s}_{\text{v}}$ 求导可得

$$\begin{aligned}&\boldsymbol{Z}_n^{(1)}(\boldsymbol{s}_{\text{v}})+\boldsymbol{B}_{\text{t}n}^{(1)}(\boldsymbol{u}_{\text{v}n},\boldsymbol{s}_{\text{v}})\frac{\partial\boldsymbol{f}_{\text{tfoa}}(\boldsymbol{u}_{\text{v}n},\boldsymbol{s}_{\text{v}})}{\partial\boldsymbol{u}_{\text{v}n}^{\text{T}}}=\boldsymbol{O}_{2M\times6}\\&\Rightarrow\frac{\partial\boldsymbol{f}_{\text{tfoa}}(\boldsymbol{u}_{\text{v}n},\boldsymbol{s}_{\text{v}})}{\partial\boldsymbol{u}_{\text{v}n}^{\text{T}}}=-(\boldsymbol{B}_{\text{t}n}^{(1)}(\boldsymbol{u}_{\text{v}n},\boldsymbol{s}_{\text{v}}))^{-1}\boldsymbol{Z}_n^{(1)}(\boldsymbol{s}_{\text{v}})\quad(1\leqslant n\leqslant N)\end{aligned} \tag{11.71}$$

$$\begin{aligned}&\boldsymbol{B}_{\text{s}n}^{(1)}(\boldsymbol{u}_{\text{v}n},\boldsymbol{s}_{\text{v}})+\boldsymbol{B}_{\text{t}n}^{(1)}(\boldsymbol{u}_{\text{v}n},\boldsymbol{s}_{\text{v}})\frac{\partial\boldsymbol{f}_{\text{tfoa}}(\boldsymbol{u}_{\text{v}n},\boldsymbol{s}_{\text{v}})}{\partial\boldsymbol{s}_{\text{v}}^{\text{T}}}=\boldsymbol{O}_{2M\times6M}\\&\Rightarrow\frac{\partial\boldsymbol{f}_{\text{tfoa}}(\boldsymbol{u}_{\text{v}n},\boldsymbol{s}_{\text{v}})}{\partial\boldsymbol{s}_{\text{v}}^{\text{T}}}=-(\boldsymbol{B}_{\text{t}n}^{(1)}(\boldsymbol{u}_{\text{v}n},\boldsymbol{s}_{\text{v}}))^{-1}\boldsymbol{B}_{\text{s}n}^{(1)}(\boldsymbol{u}_{\text{v}n},\boldsymbol{s}_{\text{v}})\quad(1\leqslant n\leqslant N)\end{aligned} \tag{11.72}$$

结合式（11.55）中的第 1 式、式（11.60）中的第 2 式、式（11.63）及式（11.71）可得

$$\frac{\partial\boldsymbol{f}_{\text{tfoa-c}}(\boldsymbol{u}_{\text{v-c}},\boldsymbol{s}_{\text{v}})}{\partial\boldsymbol{u}_{\text{v-c}}^{\text{T}}}=-(\boldsymbol{B}_{\text{t-c}}^{(1)}(\boldsymbol{u}_{\text{v-c}},\boldsymbol{s}_{\text{v}}))^{-1}\boldsymbol{Z}_{\text{c}}^{(1)}(\boldsymbol{s}_{\text{v}}) \tag{11.73}$$

结合式（11.55）、式（11.64）及式（11.72）可得

$$\frac{\partial\boldsymbol{f}_{\text{tfoa-c}}(\boldsymbol{u}_{\text{v-c}},\boldsymbol{s}_{\text{v}})}{\partial\boldsymbol{s}_{\text{v}}^{\text{T}}}=-(\boldsymbol{B}_{\text{t-c}}^{(1)}(\boldsymbol{u}_{\text{v-c}},\boldsymbol{s}_{\text{v}}))^{-1}\boldsymbol{B}_{\text{s-c}}^{(1)}(\boldsymbol{u}_{\text{v-c}},\boldsymbol{s}_{\text{v}}) \tag{11.74}$$

将式（11.73）和式（11.74）代入式（11.70）中可得

$$\begin{aligned}&\mathbf{MSE}(\hat{\boldsymbol{u}}_{\text{v-c}}^{(1)})\\&=\left[\left(\frac{\partial\boldsymbol{f}_{\text{tfoa-c}}(\boldsymbol{u}_{\text{v-c}},\boldsymbol{s}_{\text{v}})}{\partial\boldsymbol{u}_{\text{v-c}}^{\text{T}}}\right)^{\text{T}}\left(\boldsymbol{E}_{\text{t-c}}+\frac{\partial\boldsymbol{f}_{\text{tfoa-c}}(\boldsymbol{u}_{\text{v-c}},\boldsymbol{s}_{\text{v}})}{\partial\boldsymbol{s}_{\text{v}}^{\text{T}}}\boldsymbol{E}_{\text{s}}\left(\frac{\partial\boldsymbol{f}_{\text{tfoa-c}}(\boldsymbol{u}_{\text{v-c}},\boldsymbol{s}_{\text{v}})}{\partial\boldsymbol{s}_{\text{v}}^{\text{T}}}\right)^{\text{T}}\right)^{-1}\frac{\partial\boldsymbol{f}_{\text{tfoa-c}}(\boldsymbol{u}_{\text{v-c}},\boldsymbol{s}_{\text{v}})}{\partial\boldsymbol{u}_{\text{v-c}}^{\text{T}}}\right]^{-1}\\&=\mathbf{CRB}_{\text{tfoa-c}}(\boldsymbol{u}_{\text{v-c}})\end{aligned} \tag{11.75}$$

证毕。

11.2.4 仿真实验

假设利用 5 个运动传感器获得的 TOA/FOA 信息（也即距离/距离变化率信

息）对多个（不相关）运动辐射源进行定位，传感器三维位置坐标和速度如表 11.1 所示，针对每个辐射源的距离/距离变化率观测误差向量 $\boldsymbol{\varepsilon}_{tn}$ 服从均值为零、协方差矩阵为 $\boldsymbol{E}_{tn}=\sigma_t^2\text{blkdiag}\{\boldsymbol{I}_M, 0.01\boldsymbol{I}_M\}$ 的高斯分布，传感器位置向量和速度向量无法精确获得，仅能得到其先验观测值，并且观测误差 $\boldsymbol{\varepsilon}_s$ 服从均值为零、协方差矩阵为 $\boldsymbol{E}_s=\sigma_s^2\text{blkdiag}\{\boldsymbol{I}_3, 0.01\boldsymbol{I}_3, 5\boldsymbol{I}_3, 0.05\boldsymbol{I}_3, 10\boldsymbol{I}_3, 0.1\boldsymbol{I}_3, 20\boldsymbol{I}_3, 0.2\boldsymbol{I}_3, 40\boldsymbol{I}_3, 0.4\boldsymbol{I}_3\}$ 的高斯分布。

表 11.1 传感器三维位置坐标和速度 （单位：m 和 m/s）

传感器序号	1	2	3	4	5
$x_m^{(s)}$	2200	−2200	1600	1800	−1500
$y_m^{(s)}$	1700	1400	−1800	2000	−1900
$z_m^{(s)}$	1800	1300	2100	−1700	−1500
$\dot{x}_m^{(s)}$	13	−14	13	−15	−11
$\dot{y}_m^{(s)}$	12	−11	−12	17	−10
$\dot{z}_m^{(s)}$	14	10	−14	−11	−16

首先将辐射源个数设为两个，此时有 $\boldsymbol{E}_{t\text{-}c}=\sigma_t^2(\boldsymbol{I}_2\otimes\text{blkdiag}\{\boldsymbol{I}_M, 0.01\boldsymbol{I}_M\})$，将第 1 个辐射源位置向量和速度向量分别设为 $\boldsymbol{u}_1=[5700\ \ -4300\ \ -6200]^{\text{T}}$ (m)和 $\dot{\boldsymbol{u}}_1=[-11\ \ -13\ \ 12]^{\text{T}}$ (m/s)，将第 2 个辐射源位置向量和速度向量分别设为 $\boldsymbol{u}_2=[-4400\ \ -5500\ \ 5900]^{\text{T}}$ (m)和 $\dot{\boldsymbol{u}}_2=[-11\ \ 10\ \ -14]^{\text{T}}$ (m/s)，将标准差 σ_t 和 σ_s 分别设为 $\sigma_t=1$ 和 $\sigma_s=1$。图 11.2 给出了各辐射源的定位结果散布图与定位误差椭圆曲线；图 11.3 给出了各辐射源的定位结果散布图与误差概率圆环曲线。

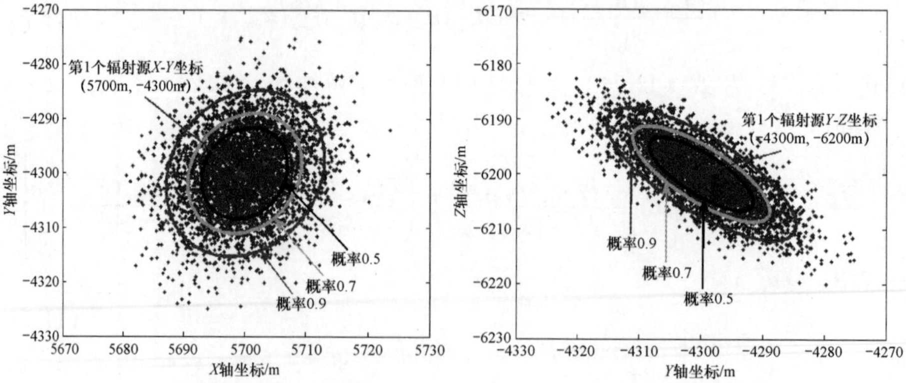

(a) X-Y坐标平面（第1个辐射源） (b) Y-Z坐标平面（第1个辐射源）

图 11.2 各辐射源的定位结果散布图与定位误差椭圆曲线

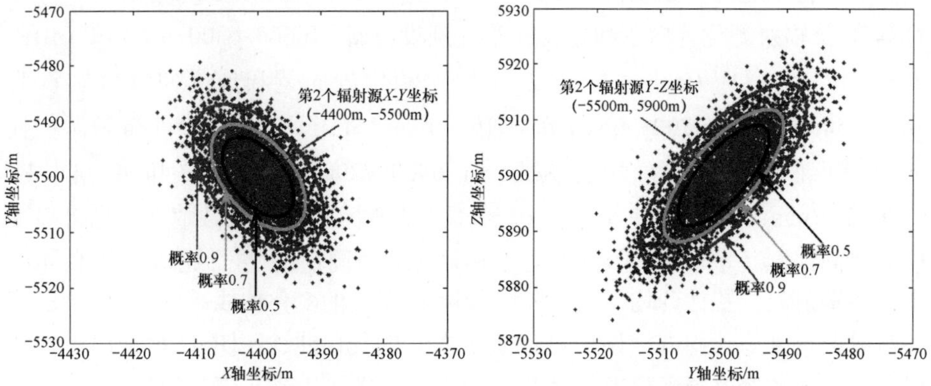

(c) X-Y坐标平面（第2个辐射源）　　(d) Y-Z坐标平面（第2个辐射源）

图 11.2　各辐射源的定位结果散布图与定位误差椭圆曲线（续）

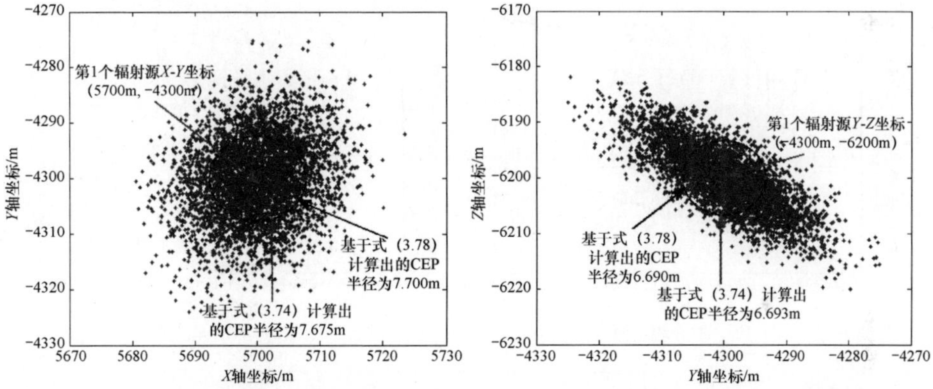

(a) X-Y坐标平面（第1个辐射源）　　(b) Y-Z坐标平面（第1个辐射源）

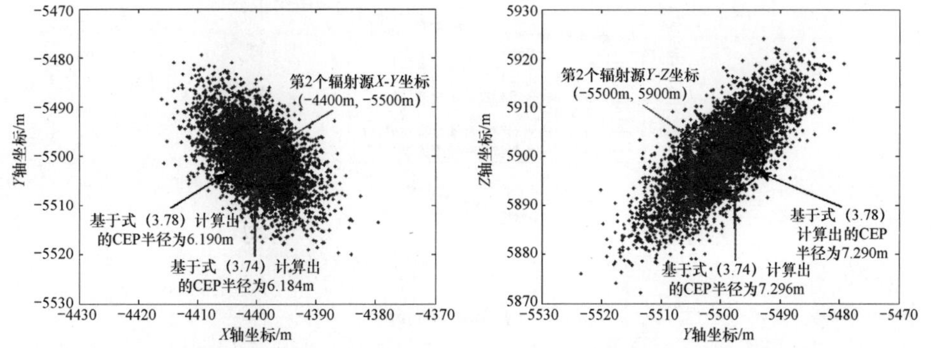

(c) X-Y坐标平面（第2个辐射源）　　(d) Y-Z坐标平面（第2个辐射源）

图 11.3　各辐射源的定位结果散布图与误差概率圆环曲线

然后将辐射源个数设为 3 个，此时有 $\boldsymbol{E}_{\text{t-c}}=\sigma_{\text{t}}^2(\boldsymbol{I}_3\otimes\text{blkdiag}\{\boldsymbol{I}_M,0.01\boldsymbol{I}_M\})$，将第 1 个辐射源位置向量和速度向量分别设为 $\boldsymbol{u}_1=[6600\ \ 6300\ \ -7200]^{\text{T}}$ (m)和 $\dot{\boldsymbol{u}}_1=[-12\ \ 14\ \ -11]^{\text{T}}$ (m/s)，将第 2 个辐射源位置向量和速度向量分别设为 $\boldsymbol{u}_2=[6500\ \ -6700\ \ 7100]^{\text{T}}$ (m)和 $\dot{\boldsymbol{u}}_2=[10\ \ -13\ \ -15]^{\text{T}}$ (m/s)，将第 3 个辐射源位置向量和速度向量分别设为 $\boldsymbol{u}_3=[-6400\ \ 7200\ \ 6400]^{\text{T}}$ (m) 和 $\dot{\boldsymbol{u}}_3=[-14\ \ -10\ \ 12]^{\text{T}}$ (m/s)，将标准差 σ_{s} 设为 $\sigma_{\text{s}}=1.5$。改变标准差 σ_{t} 的数值，并且将多辐射源协同定位（本章中的方法）与多辐射源非协同定位[①]进行比较，图 11.4 给出了各辐射源位置估计均方根误差随着标准差 σ_{t} 的变化曲线；图 11.5 给出了各辐射源速度估计均方根误差随着标准差 σ_{t} 的变化曲线；图 11.6 给出了各辐射源定位成功概率随着标准差 σ_{t} 的变化曲线（图中的理论值是根据式（3.29）和式（3.36）计算得出的，其中 $\delta=15\text{ m}$）。

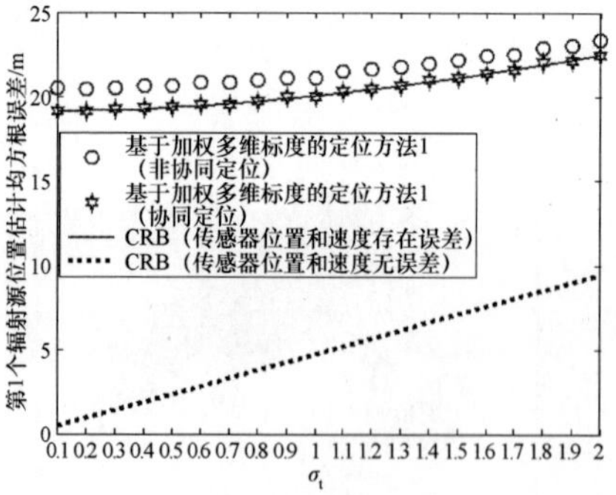

(a) 第1个辐射源

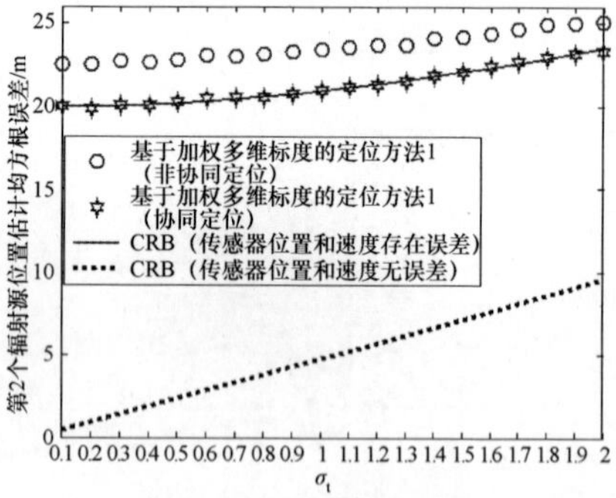

(b) 第2个辐射源

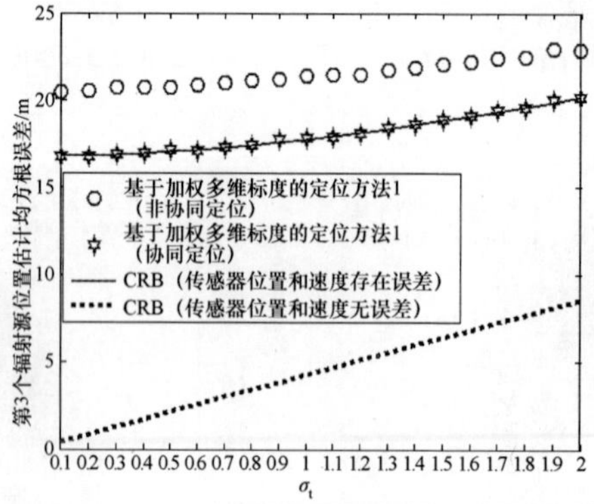

(c) 第3个辐射源

图 11.4　各辐射源位置估计均方根误差随着标准差 σ_{t} 的变化曲线

① 这里的非协同定位，是指依次针对每个辐射源利用 7.2 节中的方法进行定位。

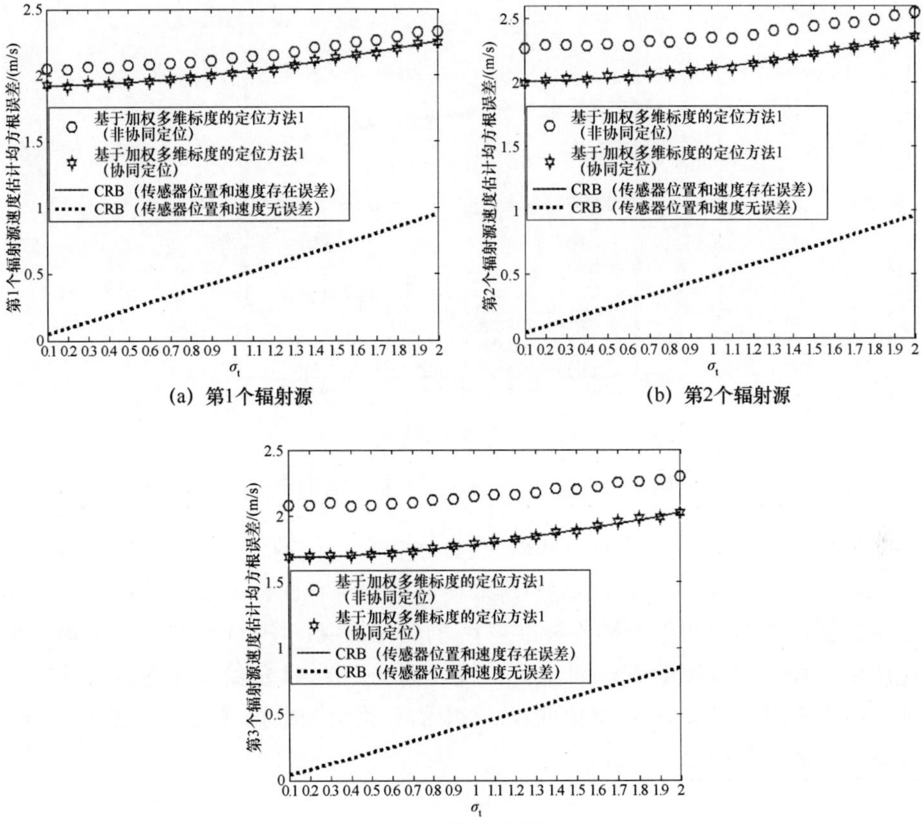

(a) 第1个辐射源　(b) 第2个辐射源　(c) 第3个辐射源

图 11.5　各辐射源速度估计均方根误差随着标准差 σ_t 的变化曲线

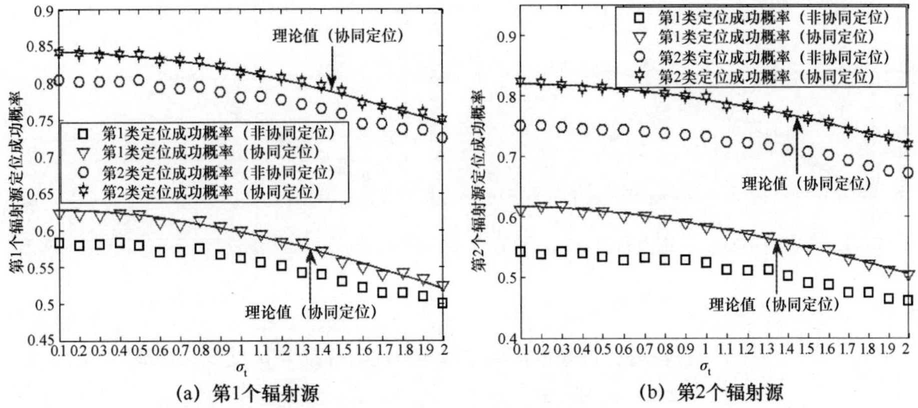

(a) 第1个辐射源　(b) 第2个辐射源

图 11.6　各辐射源定位成功概率随着标准差 σ_t 的变化曲线

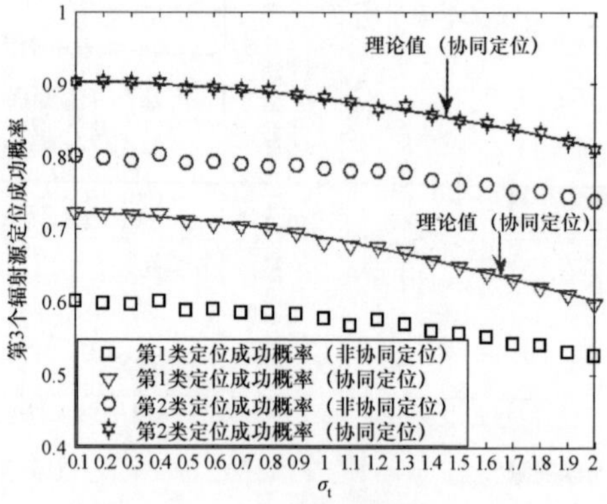

(c) 第3个辐射源

图 11.6　各辐射源定位成功概率随着标准差 σ_t 的变化曲线（续）

最后将标准差 σ_t 设为 $\sigma_t = 0.8$，改变标准差 σ_s 的数值，并且将多辐射源协同定位（本章中的方法）与多辐射源非协同定位进行比较，图 11.7 给出了各辐射源位置估计均方根误差随着标准差 σ_s 的变化曲线；图 11.8 给出了各辐射源速度估计均方根误差随着标准差 σ_s 的变化曲线；图 11.9 给出了各辐射源定位成功概率随着标准差 σ_s 的变化曲线（图中的理论值是根据式(3.29)和式(3.36)计算得出的，其中 $\delta = 15\,\text{m}$）。

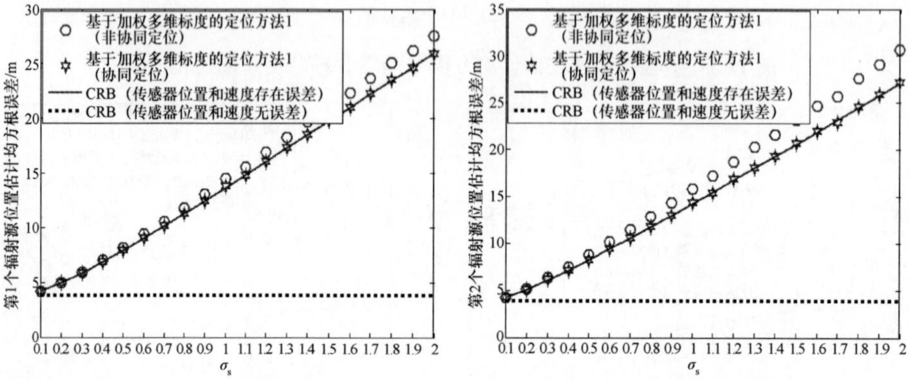

(a) 第1个辐射源　　(a) 第2个辐射源

图 11.7　各辐射源位置估计均方根误差随着标准差 σ_s 的变化曲线

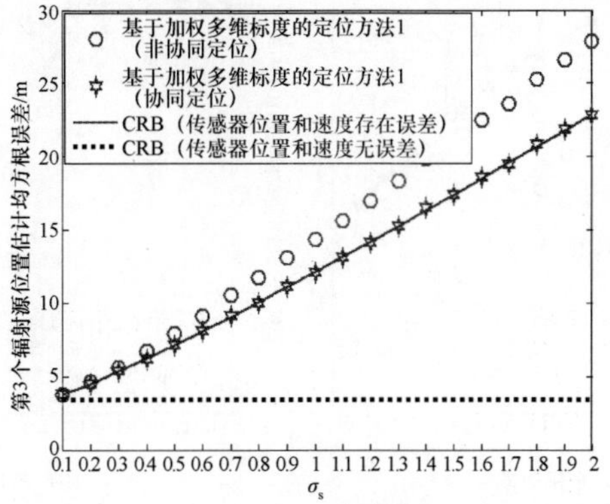

(c) 第3个辐射源

图 11.7　各辐射源位置估计均方根误差随着标准差 σ_s 的变化曲线（续）

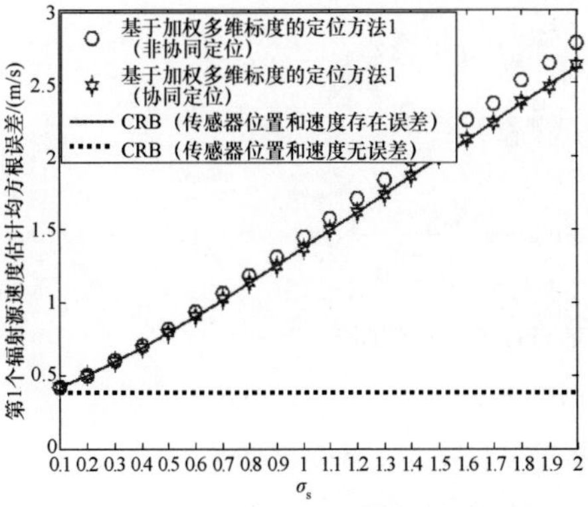

(a) 第1个辐射源

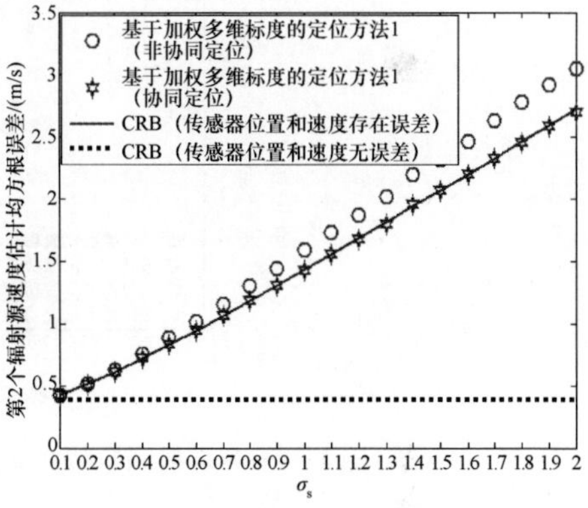

(b) 第2个辐射源

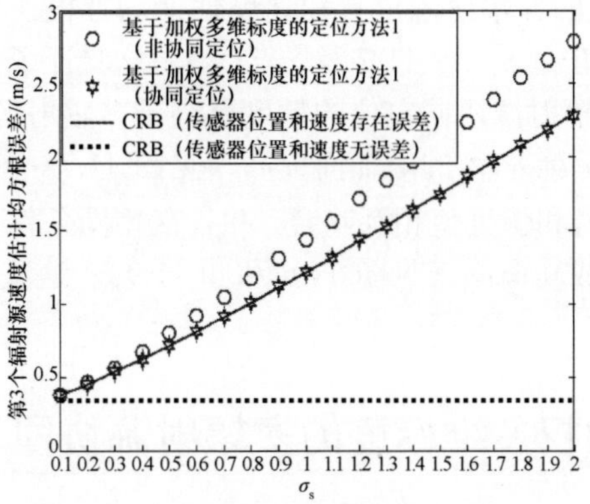

(c) 第3个辐射源

图 11.8　各辐射源速度估计均方根误差随着标准差 σ_s 的变化曲线

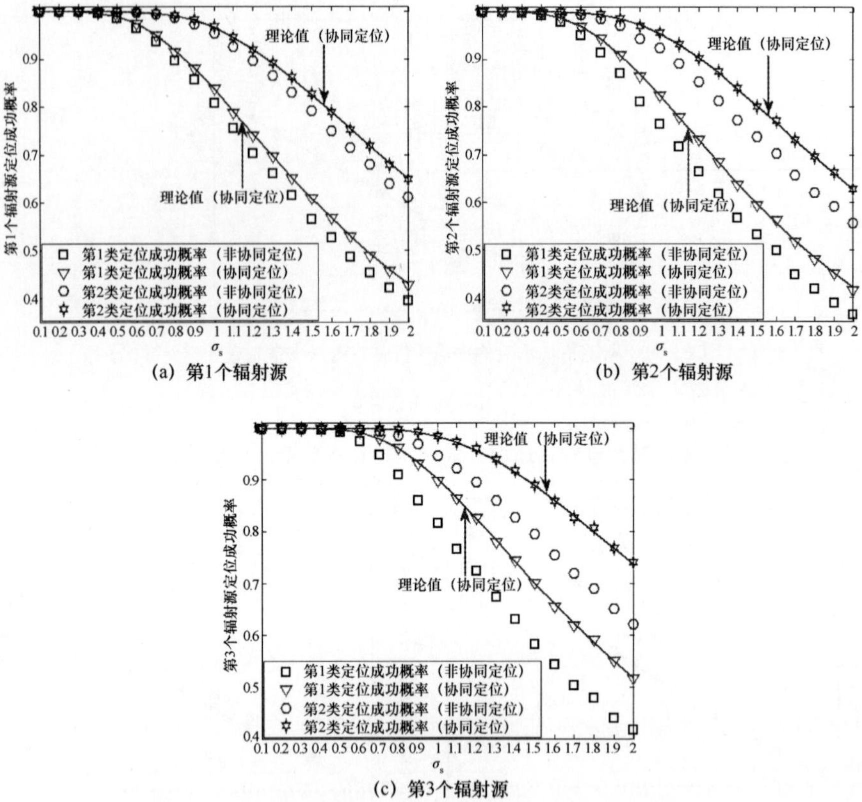

图 11.9　各辐射源定位成功概率随着标准差 σ_s 的变化曲线

从图 11.4～图 11.9 中可以看出：(1) 通过基于加权多维标度的多辐射源协同定位方法 1 得出的各辐射源位置和速度估计均方根误差均可以达到克拉美罗界（见图 11.4、图 11.5、图 11.7 及图 11.8），这验证了 11.2.3 节理论性能分析的有效性；(2) 多辐射源协同定位的精度要高于多辐射源非协同定位的精度，并且协同增益随着标准差 σ_s 的增加而提高（见图 11.7～图 11.9）；(3) 两类定位成功概率的理论值和仿真值相互吻合，并且在相同条件下第 2 类定位成功概率高于第 1 类定位成功概率（见图 11.6 和图 11.9），这验证了 3.2 节理论性能分析的有效性。

11.3　基于加权多维标度的多辐射源协同定位方法 2

11.3.1　标量积矩阵及其对应的关系式

这里的标量积矩阵的构造方式与 7.3 节是一致的。针对第 n 个辐射源构造下面两个标量积矩阵[①]：

$$\boldsymbol{W}_n^{(2)}(\boldsymbol{s}_{\mathrm{v}}) = -\frac{1}{2}\boldsymbol{L}_M \begin{bmatrix} 0 & r_{n1}^2 & r_{n2}^2 & \cdots & r_{nM}^2 \\ r_{n1}^2 & d_{11}^2 & d_{12}^2 & \cdots & d_{1M}^2 \\ r_{n2}^2 & d_{12}^2 & d_{22}^2 & \cdots & d_{2M}^2 \\ \vdots & \vdots & \vdots & \ddots & \vdots \\ r_{nM}^2 & d_{1M}^2 & d_{2M}^2 & \cdots & d_{MM}^2 \end{bmatrix} \boldsymbol{L}_M \in \mathbf{R}^{(M+1)\times(M+1)} \quad (1 \leqslant n \leqslant N) \tag{11.76}$$

$$\dot{\boldsymbol{W}}_n^{(2)}(\boldsymbol{s}_{\mathrm{v}}) = -\boldsymbol{L}_M \begin{bmatrix} 0 & r_{n1}\dot{r}_{n1} & r_{n2}\dot{r}_{n2} & \cdots & r_{nM}\dot{r}_{nM} \\ r_{n1}\dot{r}_{n1} & \theta_{11} & \theta_{12} & \cdots & \theta_{1M} \\ r_{n2}\dot{r}_{n2} & \theta_{12} & \theta_{22} & \cdots & \theta_{2M} \\ \vdots & \vdots & \vdots & \ddots & \vdots \\ r_{nM}\dot{r}_{nM} & \theta_{1M} & \theta_{2M} & \cdots & \theta_{MM} \end{bmatrix} \boldsymbol{L}_M \in \mathbf{R}^{(M+1)\times(M+1)} \quad (1 \leqslant n \leqslant N) \tag{11.77}$$

式中

$$\boldsymbol{L}_M = \boldsymbol{I}_{M+1} - \frac{1}{M+1}\boldsymbol{1}_{(M+1)\times(M+1)} \in \mathbf{R}^{(M+1)\times(M+1)} \tag{11.78}$$

相比于方法 1 中的标量积矩阵 $\boldsymbol{W}_n^{(1)}(\boldsymbol{s}_{\mathrm{v}})$ 和 $\dot{\boldsymbol{W}}_n^{(1)}(\boldsymbol{s}_{\mathrm{v}})$，方法 2 中的标量积矩阵 $\boldsymbol{W}_n^{(2)}(\boldsymbol{s}_{\mathrm{v}})$ 和 $\dot{\boldsymbol{W}}_n^{(2)}(\boldsymbol{s}_{\mathrm{v}})$ 的阶数增加了 1 维。利用式（7.58）和式（7.60）可以得到如下两组关系式：

$$\boldsymbol{O}_{(M+1)\times 1} = \boldsymbol{W}_n^{(2)}(\boldsymbol{s}_{\mathrm{v}})\boldsymbol{T}^{(2)}(\boldsymbol{s}_{\mathrm{v}})\begin{bmatrix} 1 \\ \boldsymbol{u}_n \end{bmatrix} \quad (1 \leqslant n \leqslant N) \tag{11.79}$$

$$\begin{aligned} \boldsymbol{O}_{(M+1)\times 1} &= (\dot{\boldsymbol{W}}_n^{(2)}(\boldsymbol{s}_{\mathrm{v}})\boldsymbol{T}^{(2)}(\boldsymbol{s}_{\mathrm{v}}) + \boldsymbol{W}_n^{(2)}(\boldsymbol{s}_{\mathrm{v}})\dot{\boldsymbol{T}}^{(2)}(\boldsymbol{s}_{\mathrm{v}}))\begin{bmatrix} 1 \\ \boldsymbol{u}_n \end{bmatrix} \\ &\quad + \boldsymbol{W}_n^{(2)}(\boldsymbol{s}_{\mathrm{v}})\boldsymbol{T}^{(2)}(\boldsymbol{s}_{\mathrm{v}})\begin{bmatrix} 0 \\ \dot{\boldsymbol{u}}_n \end{bmatrix} \quad (1 \leqslant n \leqslant N) \end{aligned} \tag{11.80}$$

式中

$$\boldsymbol{T}^{(2)}(\boldsymbol{s}_{\mathrm{v}}) = [\boldsymbol{n}_M \quad \boldsymbol{S}^{(2)}]\begin{bmatrix} \boldsymbol{n}_M^{\mathrm{T}}\boldsymbol{n}_M & \boldsymbol{n}_M^{\mathrm{T}}\boldsymbol{S}^{(2)} \\ \boldsymbol{S}^{(2)\mathrm{T}}\boldsymbol{n}_M & \boldsymbol{S}^{(2)\mathrm{T}}\boldsymbol{S}^{(2)} \end{bmatrix}^{-1} \in \mathbf{R}^{(M+1)\times 4} \tag{11.81}$$

① 本节中的数学符号大多使用上角标“(2)”，这是为了突出其对应于第 2 种定位方法。

$$\dot{\boldsymbol{T}}^{(2)}(\boldsymbol{s}_{\mathrm{v}})=[\boldsymbol{O}_{(M+1)\times 1}\ \ \dot{\boldsymbol{S}}^{(2)}]\begin{bmatrix}\boldsymbol{n}_M^{\mathrm{T}}\boldsymbol{n}_M & \boldsymbol{n}_M^{\mathrm{T}}\boldsymbol{S}^{(2)}\\ \boldsymbol{S}^{(2)\mathrm{T}}\boldsymbol{n}_M & \boldsymbol{S}^{(2)\mathrm{T}}\boldsymbol{S}^{(2)}\end{bmatrix}^{-1}$$
$$-\boldsymbol{T}^{(2)}(\boldsymbol{s}_{\mathrm{v}})\begin{bmatrix}0 & \boldsymbol{n}_M^{\mathrm{T}}\dot{\boldsymbol{S}}^{(2)}\\ \dot{\boldsymbol{S}}^{(2)\mathrm{T}}\boldsymbol{n}_M & \dot{\boldsymbol{S}}^{(2)\mathrm{T}}\boldsymbol{S}^{(2)}+\boldsymbol{S}^{(2)\mathrm{T}}\dot{\boldsymbol{S}}^{(2)}\end{bmatrix}\begin{bmatrix}\boldsymbol{n}_M^{\mathrm{T}}\boldsymbol{n}_M & \boldsymbol{n}_M^{\mathrm{T}}\boldsymbol{S}^{(2)}\\ \boldsymbol{S}^{(2)\mathrm{T}}\boldsymbol{n}_M & \boldsymbol{S}^{(2)\mathrm{T}}\boldsymbol{S}^{(2)}\end{bmatrix}^{-1}\in\mathbf{R}^{(M+1)\times 4}$$
(11.82)

$$\boldsymbol{S}^{(2)}=\begin{bmatrix}\left(-\dfrac{1}{M+1}\sum_{m=1}^{M}\boldsymbol{s}_m\right)^{\mathrm{T}}\\ \left(\boldsymbol{s}_1-\dfrac{1}{M+1}\sum_{m=1}^{M}\boldsymbol{s}_m\right)^{\mathrm{T}}\\ \left(\boldsymbol{s}_2-\dfrac{1}{M+1}\sum_{m=1}^{M}\boldsymbol{s}_m\right)^{\mathrm{T}}\\ \vdots\\ \left(\boldsymbol{s}_M-\dfrac{1}{M+1}\sum_{m=1}^{M}\boldsymbol{s}_m\right)^{\mathrm{T}}\end{bmatrix}\in\mathbf{R}^{(M+1)\times 3}\ ,\ \dot{\boldsymbol{S}}^{(2)}=\begin{bmatrix}\left(-\dfrac{1}{M+1}\sum_{m=1}^{M}\dot{\boldsymbol{s}}_m\right)^{\mathrm{T}}\\ \left(\dot{\boldsymbol{s}}_1-\dfrac{1}{M+1}\sum_{m=1}^{M}\dot{\boldsymbol{s}}_m\right)^{\mathrm{T}}\\ \left(\dot{\boldsymbol{s}}_2-\dfrac{1}{M+1}\sum_{m=1}^{M}\dot{\boldsymbol{s}}_m\right)^{\mathrm{T}}\\ \vdots\\ \left(\dot{\boldsymbol{s}}_M-\dfrac{1}{M+1}\sum_{m=1}^{M}\dot{\boldsymbol{s}}_m\right)^{\mathrm{T}}\end{bmatrix}\in\mathbf{R}^{(M+1)\times 3}\ ,$$
(11.83)

$$\boldsymbol{n}_M=\begin{bmatrix}-\dfrac{M}{M+1}\\ \dfrac{1}{M+1}\\ \dfrac{1}{M+1}\\ \vdots\\ \dfrac{1}{M+1}\end{bmatrix}\in\mathbf{R}^{(M+1)\times 1}$$

将式（11.79）和式（11.80）进行合并可得

$$\boldsymbol{O}_{2(M+1)\times 1}=\begin{bmatrix}\boldsymbol{W}_n^{(2)}(\boldsymbol{s}_{\mathrm{v}})\boldsymbol{T}^{(2)}(\boldsymbol{s}_{\mathrm{v}}) & \boldsymbol{O}_{(M+1)\times 3}\\ \dot{\boldsymbol{W}}_n^{(2)}(\boldsymbol{s}_{\mathrm{v}})\boldsymbol{T}^{(2)}(\boldsymbol{s}_{\mathrm{v}})+\boldsymbol{W}_n^{(2)}(\boldsymbol{s}_{\mathrm{v}})\dot{\boldsymbol{T}}^{(2)}(\boldsymbol{s}_{\mathrm{v}}) & \boldsymbol{W}_n^{(2)}(\boldsymbol{s}_{\mathrm{v}})\boldsymbol{T}^{(2)}(\boldsymbol{s}_{\mathrm{v}})\bar{\boldsymbol{I}}_3\end{bmatrix}\begin{bmatrix}1\\ \boldsymbol{u}_n\\ \dot{\boldsymbol{u}}_n\end{bmatrix}$$
$$=\begin{bmatrix}\boldsymbol{W}_n^{(2)}(\boldsymbol{s}_{\mathrm{v}})\boldsymbol{T}^{(2)}(\boldsymbol{s}_{\mathrm{v}}) & \boldsymbol{O}_{(M+1)\times 3}\\ \dot{\boldsymbol{W}}_n^{(2)}(\boldsymbol{s}_{\mathrm{v}})\boldsymbol{T}^{(2)}(\boldsymbol{s}_{\mathrm{v}})+\boldsymbol{W}_n^{(2)}(\boldsymbol{s}_{\mathrm{v}})\dot{\boldsymbol{T}}^{(2)}(\boldsymbol{s}_{\mathrm{v}}) & \boldsymbol{W}_n^{(2)}(\boldsymbol{s}_{\mathrm{v}})\boldsymbol{T}^{(2)}(\boldsymbol{s}_{\mathrm{v}})\bar{\boldsymbol{I}}_3\end{bmatrix}\begin{bmatrix}1\\ \boldsymbol{u}_{\mathrm{v}n}\end{bmatrix}\quad(1\leqslant n\leqslant N)$$
(11.84)

式（11.84）建立了关于向量 $\boldsymbol{u}_{\mathrm{v}n}$ 的伪线性等式，其中一共包含 $2(M+1)$ 个等式，而 TOA/FOA 观测量仅为 $2M$ 个，这意味着该关系式是存在冗余的。下面将基于式（11.84）构建针对多辐射源协同定位的估计准则。

11.3.2　定位原理与方法

1. 一阶误差扰动分析

在实际定位过程中，标量积矩阵 $\boldsymbol{W}_n^{(2)}(\boldsymbol{s}_{\mathrm{v}})$ 和 $\dot{\boldsymbol{W}}_n^{(2)}(\boldsymbol{s}_{\mathrm{v}})$ 及矩阵 $\boldsymbol{T}^{(2)}(\boldsymbol{s}_{\mathrm{v}})$ 和 $\dot{\boldsymbol{T}}^{(2)}(\boldsymbol{s}_{\mathrm{v}})$ 的真实值都是未知的，因为其中的真实距离 $\{r_{nm}\}_{1\leqslant m\leqslant M}$ 和真实距离变化率 $\{\dot{r}_{nm}\}_{1\leqslant m\leqslant M}$ 仅能分别用它们的观测值 $\{\hat{r}_{nm}\}_{1\leqslant m\leqslant M}$ 和 $\{\hat{\dot{r}}_{nm}\}_{1\leqslant m\leqslant M}$ 来代替，真实传感器位置-速度向量 $\boldsymbol{s}_{\mathrm{v}}$ 仅能用其观测值 $\hat{\boldsymbol{s}}_{\mathrm{v}}$ 来代替，这必然会引入观测误差。不妨将含有观测误差的标量积矩阵 $\boldsymbol{W}_n^{(2)}(\boldsymbol{s}_{\mathrm{v}})$ 和 $\dot{\boldsymbol{W}}_n^{(2)}(\boldsymbol{s}_{\mathrm{v}})$ 分别记为 $\hat{\boldsymbol{W}}_n^{(2)}(\hat{\boldsymbol{s}}_{\mathrm{v}})$ 和 $\hat{\dot{\boldsymbol{W}}}_n^{(2)}(\hat{\boldsymbol{s}}_{\mathrm{v}})$，于是根据式（11.76）和式（11.77）可知

$$\hat{\boldsymbol{W}}_n^{(2)}(\hat{\boldsymbol{s}}_{\mathrm{v}})=-\frac{1}{2}\boldsymbol{L}_M\begin{bmatrix}0 & \hat{r}_{n1}^2 & \hat{r}_{n2}^2 & \cdots & \hat{r}_{nM}^2\\ \hat{r}_{n1}^2 & \hat{d}_{11}^2 & \hat{d}_{12}^2 & \cdots & \hat{d}_{1M}^2\\ \hat{r}_{n2}^2 & \hat{d}_{12}^2 & \hat{d}_{22}^2 & \cdots & \hat{d}_{2M}^2\\ \vdots & \vdots & \vdots & \ddots & \vdots\\ \hat{r}_{nM}^2 & \hat{d}_{1M}^2 & \hat{d}_{2M}^2 & \cdots & \hat{d}_{MM}^2\end{bmatrix}\boldsymbol{L}_M \tag{11.85}$$

$$\hat{\dot{\boldsymbol{W}}}_n^{(2)}(\hat{\boldsymbol{s}}_{\mathrm{v}})=-\boldsymbol{L}_M\begin{bmatrix}0 & \hat{r}_{n1}\hat{\dot{r}}_{n1} & \hat{r}_{n2}\hat{\dot{r}}_{n2} & \cdots & \hat{r}_{nM}\hat{\dot{r}}_{nM}\\ \hat{r}_{n1}\hat{\dot{r}}_{n1} & \hat{\theta}_{11} & \hat{\theta}_{12} & \cdots & \hat{\theta}_{1M}\\ \hat{r}_{n2}\hat{\dot{r}}_{n2} & \hat{\theta}_{12} & \hat{\theta}_{22} & \cdots & \hat{\theta}_{2M}\\ \vdots & \vdots & \vdots & \ddots & \vdots\\ \hat{r}_{nM}\hat{\dot{r}}_{nM} & \hat{\theta}_{1M} & \hat{\theta}_{2M} & \cdots & \hat{\theta}_{MM}\end{bmatrix}\boldsymbol{L}_M \tag{11.86}$$

不妨将含有观测误差的矩阵 $\boldsymbol{T}^{(2)}(\boldsymbol{s}_{\mathrm{v}})$ 和 $\dot{\boldsymbol{T}}^{(2)}(\boldsymbol{s}_{\mathrm{v}})$ 分别记为 $\boldsymbol{T}^{(2)}(\hat{\boldsymbol{s}}_{\mathrm{v}})$ 和 $\dot{\boldsymbol{T}}^{(2)}(\hat{\boldsymbol{s}}_{\mathrm{v}})$，则根据式（11.81）和式（11.82）可得

$$\boldsymbol{T}^{(2)}(\hat{\boldsymbol{s}}_{\mathrm{v}})=[\boldsymbol{n}_M\ \ \hat{\boldsymbol{S}}^{(2)}]\begin{bmatrix}\boldsymbol{n}_M^{\mathrm{T}}\boldsymbol{n}_M & \boldsymbol{n}_M^{\mathrm{T}}\hat{\boldsymbol{S}}^{(2)}\\ \hat{\boldsymbol{S}}^{(2)\mathrm{T}}\boldsymbol{n}_M & \hat{\boldsymbol{S}}^{(2)\mathrm{T}}\hat{\boldsymbol{S}}^{(2)}\end{bmatrix}^{-1} \tag{11.87}$$

$$\begin{aligned}\dot{\boldsymbol{T}}^{(2)}(\hat{\boldsymbol{s}}_{\mathrm{v}})=&[\boldsymbol{O}_{(M+1)\times 1}\ \ \hat{\dot{\boldsymbol{S}}}^{(2)}]\begin{bmatrix}\boldsymbol{n}_M^{\mathrm{T}}\boldsymbol{n}_M & \boldsymbol{n}_M^{\mathrm{T}}\hat{\boldsymbol{S}}^{(2)}\\ \hat{\boldsymbol{S}}^{(2)\mathrm{T}}\boldsymbol{n}_M & \hat{\boldsymbol{S}}^{(2)\mathrm{T}}\hat{\boldsymbol{S}}^{(2)}\end{bmatrix}^{-1}\\ &-\boldsymbol{T}^{(2)}(\hat{\boldsymbol{s}}_{\mathrm{v}})\begin{bmatrix}0 & \boldsymbol{n}_M^{\mathrm{T}}\hat{\dot{\boldsymbol{S}}}^{(2)}\\ \hat{\dot{\boldsymbol{S}}}^{(2)\mathrm{T}}\boldsymbol{n}_M & \hat{\dot{\boldsymbol{S}}}^{(2)\mathrm{T}}\hat{\boldsymbol{S}}^{(2)}+\hat{\boldsymbol{S}}^{(2)\mathrm{T}}\hat{\dot{\boldsymbol{S}}}^{(2)}\end{bmatrix}\begin{bmatrix}\boldsymbol{n}_M^{\mathrm{T}}\boldsymbol{n}_M & \boldsymbol{n}_M^{\mathrm{T}}\hat{\boldsymbol{S}}^{(2)}\\ \hat{\boldsymbol{S}}^{(2)\mathrm{T}}\boldsymbol{n}_M & \hat{\boldsymbol{S}}^{(2)\mathrm{T}}\hat{\boldsymbol{S}}^{(2)}\end{bmatrix}^{-1}\end{aligned} \tag{11.88}$$

式中

$$\hat{\boldsymbol{S}}^{(2)}=\begin{bmatrix}\left(-\dfrac{1}{M+1}\sum_{m=1}^{M}\hat{\boldsymbol{s}}_m\right)^{\mathrm{T}}\\ \left(\hat{\boldsymbol{s}}_1-\dfrac{1}{M+1}\sum_{m=1}^{M}\hat{\boldsymbol{s}}_m\right)^{\mathrm{T}}\\ \left(\hat{\boldsymbol{s}}_2-\dfrac{1}{M+1}\sum_{m=1}^{M}\hat{\boldsymbol{s}}_m\right)^{\mathrm{T}}\\ \vdots\\ \left(\hat{\boldsymbol{s}}_M-\dfrac{1}{M+1}\sum_{m=1}^{M}\hat{\boldsymbol{s}}_m\right)^{\mathrm{T}}\end{bmatrix},\quad \hat{\dot{\boldsymbol{S}}}^{(2)}=\begin{bmatrix}\left(-\dfrac{1}{M+1}\sum_{m=1}^{M}\hat{\dot{\boldsymbol{s}}}_m\right)^{\mathrm{T}}\\ \left(\hat{\dot{\boldsymbol{s}}}_1-\dfrac{1}{M+1}\sum_{m=1}^{M}\hat{\dot{\boldsymbol{s}}}_m\right)^{\mathrm{T}}\\ \left(\hat{\dot{\boldsymbol{s}}}_2-\dfrac{1}{M+1}\sum_{m=1}^{M}\hat{\dot{\boldsymbol{s}}}_m\right)^{\mathrm{T}}\\ \vdots\\ \left(\hat{\dot{\boldsymbol{s}}}_M-\dfrac{1}{M+1}\sum_{m=1}^{M}\hat{\dot{\boldsymbol{s}}}_m\right)^{\mathrm{T}}\end{bmatrix} \tag{11.89}$$

基于式（11.84）可以定义如下误差向量：

$$\boldsymbol{\delta}_{\mathrm{ts}n}^{(2)}=\begin{bmatrix}\hat{\boldsymbol{W}}_n^{(2)}(\hat{\boldsymbol{s}}_{\mathrm{v}})\boldsymbol{T}^{(2)}(\hat{\boldsymbol{s}}_{\mathrm{v}}) & \boldsymbol{O}_{(M+1)\times 3}\\ \hat{\dot{\boldsymbol{W}}}_n^{(2)}(\hat{\boldsymbol{s}}_{\mathrm{v}})\boldsymbol{T}^{(2)}(\hat{\boldsymbol{s}}_{\mathrm{v}})+\hat{\boldsymbol{W}}_n^{(2)}(\hat{\boldsymbol{s}}_{\mathrm{v}})\dot{\boldsymbol{T}}^{(2)}(\hat{\boldsymbol{s}}_{\mathrm{v}}) & \hat{\boldsymbol{W}}_n^{(2)}(\hat{\boldsymbol{s}}_{\mathrm{v}})\boldsymbol{T}^{(2)}(\hat{\boldsymbol{s}}_{\mathrm{v}})\bar{\boldsymbol{I}}_3\end{bmatrix}\begin{bmatrix}1\\ \boldsymbol{u}_{\mathrm{v}n}\end{bmatrix}\quad(1\leqslant n\leqslant N) \tag{11.90}$$

若忽略误差二阶项，则结合式（11.84）可得

$$\begin{aligned}\boldsymbol{\delta}_{\mathrm{ts}n}^{(2)}&=\left[\begin{array}{c:c}(\boldsymbol{W}_n^{(2)}(\boldsymbol{s}_{\mathrm{v}})+\Delta\boldsymbol{W}_{\mathrm{ts}n}^{(2)})(\boldsymbol{T}^{(2)}(\boldsymbol{s}_{\mathrm{v}})+\Delta\boldsymbol{T}_{\mathrm{s}}^{(2)}) & \boldsymbol{O}_{(M+1)\times 3}\\ \hdashline (\dot{\boldsymbol{W}}_n^{(2)}(\boldsymbol{s}_{\mathrm{v}})+\Delta\dot{\boldsymbol{W}}_{\mathrm{ts}n}^{(2)})(\boldsymbol{T}^{(2)}(\boldsymbol{s}_{\mathrm{v}})+\Delta\boldsymbol{T}_{\mathrm{s}}^{(2)}) & \\ +(\boldsymbol{W}_n^{(2)}(\boldsymbol{s}_{\mathrm{v}})+\Delta\boldsymbol{W}_{\mathrm{ts}n}^{(2)})(\dot{\boldsymbol{T}}^{(2)}(\boldsymbol{s}_{\mathrm{v}})+\Delta\dot{\boldsymbol{T}}_{\mathrm{s}}^{(2)}) & (\boldsymbol{W}_n^{(2)}(\boldsymbol{s}_{\mathrm{v}})+\Delta\boldsymbol{W}_{\mathrm{ts}n}^{(2)})(\boldsymbol{T}^{(2)}(\boldsymbol{s}_{\mathrm{v}})+\Delta\boldsymbol{T}_{\mathrm{s}}^{(2)})\bar{\boldsymbol{I}}_3\end{array}\right]\begin{bmatrix}1\\ \boldsymbol{u}_{\mathrm{v}n}\end{bmatrix}\\ &\approx\left[\begin{array}{c:c}\Delta\boldsymbol{W}_{\mathrm{ts}n}^{(2)}\boldsymbol{T}^{(2)}(\boldsymbol{s}_{\mathrm{v}}) & \boldsymbol{O}_{(M+1)\times 3}\\ \hdashline \Delta\boldsymbol{W}_{\mathrm{ts}n}^{(2)}\dot{\boldsymbol{T}}^{(2)}(\boldsymbol{s}_{\mathrm{v}}) & \Delta\boldsymbol{W}_{\mathrm{ts}n}^{(2)}\boldsymbol{T}^{(2)}(\boldsymbol{s}_{\mathrm{v}})\bar{\boldsymbol{I}}_3\end{array}\right]\begin{bmatrix}1\\ \boldsymbol{u}_{\mathrm{v}n}\end{bmatrix}+\left[\begin{array}{c:c}\boldsymbol{O}_{(M+1)\times 4} & \boldsymbol{O}_{(M+1)\times 3}\\ \hdashline \Delta\dot{\boldsymbol{W}}_{\mathrm{ts}n}^{(2)}\boldsymbol{T}^{(2)}(\boldsymbol{s}_{\mathrm{v}}) & \boldsymbol{O}_{(M+1)\times 3}\end{array}\right]\begin{bmatrix}1\\ \boldsymbol{u}_{\mathrm{v}n}\end{bmatrix}\\ &\quad+\left[\begin{array}{c:c}\boldsymbol{W}_n^{(2)}(\boldsymbol{s}_{\mathrm{v}})\Delta\boldsymbol{T}_{\mathrm{s}}^{(2)} & \boldsymbol{O}_{(M+1)\times 3}\\ \hdashline \dot{\boldsymbol{W}}_n^{(2)}(\boldsymbol{s}_{\mathrm{v}})\Delta\boldsymbol{T}_{\mathrm{s}}^{(2)} & \boldsymbol{W}_n^{(2)}(\boldsymbol{s}_{\mathrm{v}})\Delta\boldsymbol{T}_{\mathrm{s}}^{(2)}\bar{\boldsymbol{I}}_3\end{array}\right]\begin{bmatrix}1\\ \boldsymbol{u}_{\mathrm{v}n}\end{bmatrix}+\left[\begin{array}{c:c}\boldsymbol{O}_{(M+1)\times 4} & \boldsymbol{O}_{(M+1)\times 3}\\ \hdashline \boldsymbol{W}_n^{(2)}(\boldsymbol{s}_{\mathrm{v}})\Delta\dot{\boldsymbol{T}}_{\mathrm{s}}^{(2)} & \boldsymbol{O}_{(M+1)\times 3}\end{array}\right]\begin{bmatrix}1\\ \boldsymbol{u}_{\mathrm{v}n}\end{bmatrix}\end{aligned} \tag{11.91}$$

式中，$\Delta\boldsymbol{W}_{\mathrm{ts}n}^{(2)}$、$\Delta\dot{\boldsymbol{W}}_{\mathrm{ts}n}^{(2)}$、$\Delta\boldsymbol{T}_{\mathrm{s}}^{(2)}$ 及 $\Delta\dot{\boldsymbol{T}}_{\mathrm{s}}^{(2)}$ 分别表示 $\hat{\boldsymbol{W}}_n^{(2)}(\hat{\boldsymbol{s}}_{\mathrm{v}})$、$\hat{\dot{\boldsymbol{W}}}_n^{(2)}(\hat{\boldsymbol{s}}_{\mathrm{v}})$、$\boldsymbol{T}^{(2)}(\hat{\boldsymbol{s}}_{\mathrm{v}})$ 及 $\dot{\boldsymbol{T}}^{(2)}(\hat{\boldsymbol{s}}_{\mathrm{v}})$ 中的误差矩阵，即有 $\Delta\boldsymbol{W}_{\mathrm{ts}n}^{(2)}=\hat{\boldsymbol{W}}_n^{(2)}(\hat{\boldsymbol{s}}_{\mathrm{v}})-\boldsymbol{W}_n^{(2)}(\boldsymbol{s}_{\mathrm{v}})$，$\Delta\dot{\boldsymbol{W}}_{\mathrm{ts}n}^{(2)}=\hat{\dot{\boldsymbol{W}}}_n^{(2)}(\hat{\boldsymbol{s}}_{\mathrm{v}})-\dot{\boldsymbol{W}}_n^{(2)}(\boldsymbol{s}_{\mathrm{v}})$，$\Delta\boldsymbol{T}_{\mathrm{s}}^{(2)}=\boldsymbol{T}^{(2)}(\hat{\boldsymbol{s}}_{\mathrm{v}})-\boldsymbol{T}^{(2)}(\boldsymbol{s}_{\mathrm{v}})$ 及 $\Delta\dot{\boldsymbol{T}}_{\mathrm{s}}^{(2)}=\dot{\boldsymbol{T}}^{(2)}(\hat{\boldsymbol{s}}_{\mathrm{v}})-\dot{\boldsymbol{T}}^{(2)}(\boldsymbol{s}_{\mathrm{v}})$。下面需要推导它们的一阶表达式（即忽略观测误差 $\boldsymbol{\varepsilon}_{\mathrm{t}n}$ 和 $\boldsymbol{\varepsilon}_{\mathrm{s}}$ 的二阶及其以上各阶项），并由此获得误差向量 $\boldsymbol{\delta}_{\mathrm{ts}n}^{(2)}$ 关于观测误差 $\boldsymbol{\varepsilon}_{\mathrm{t}n}$ 和 $\boldsymbol{\varepsilon}_{\mathrm{s}}$ 的线性函数。

首先基于式（11.85）可以将误差矩阵 $\Delta\boldsymbol{W}_{\mathrm{ts}n}^{(2)}$ 近似表示为

$$\Delta\boldsymbol{W}_{\mathrm{ts}n}^{(2)} \approx -\boldsymbol{L}_M \begin{bmatrix} 0 & r_{n1}\varepsilon_{\mathrm{t}n11} & r_{n2}\varepsilon_{\mathrm{t}n21} & \cdots & r_{nM}\varepsilon_{\mathrm{t}nM1} \\ r_{n1}\varepsilon_{\mathrm{t}n11} & (\boldsymbol{s}_1-\boldsymbol{s}_1)^{\mathrm{T}}(\boldsymbol{\varepsilon}_{\mathrm{s}11}-\boldsymbol{\varepsilon}_{\mathrm{s}11}) & (\boldsymbol{s}_1-\boldsymbol{s}_2)^{\mathrm{T}}(\boldsymbol{\varepsilon}_{\mathrm{s}11}-\boldsymbol{\varepsilon}_{\mathrm{s}21}) & \cdots & (\boldsymbol{s}_1-\boldsymbol{s}_M)^{\mathrm{T}}(\boldsymbol{\varepsilon}_{\mathrm{s}11}-\boldsymbol{\varepsilon}_{\mathrm{s}M1}) \\ r_{n2}\varepsilon_{\mathrm{t}n21} & (\boldsymbol{s}_1-\boldsymbol{s}_2)^{\mathrm{T}}(\boldsymbol{\varepsilon}_{\mathrm{s}11}-\boldsymbol{\varepsilon}_{\mathrm{s}21}) & (\boldsymbol{s}_2-\boldsymbol{s}_2)^{\mathrm{T}}(\boldsymbol{\varepsilon}_{\mathrm{s}21}-\boldsymbol{\varepsilon}_{\mathrm{s}21}) & \cdots & (\boldsymbol{s}_2-\boldsymbol{s}_M)^{\mathrm{T}}(\boldsymbol{\varepsilon}_{\mathrm{s}21}-\boldsymbol{\varepsilon}_{\mathrm{s}M1}) \\ \vdots & \vdots & \vdots & \ddots & \vdots \\ r_{nM}\varepsilon_{\mathrm{t}nM1} & (\boldsymbol{s}_1-\boldsymbol{s}_M)^{\mathrm{T}}(\boldsymbol{\varepsilon}_{\mathrm{s}11}-\boldsymbol{\varepsilon}_{\mathrm{s}M1}) & (\boldsymbol{s}_2-\boldsymbol{s}_M)^{\mathrm{T}}(\boldsymbol{\varepsilon}_{\mathrm{s}21}-\boldsymbol{\varepsilon}_{\mathrm{s}M1}) & \cdots & (\boldsymbol{s}_M-\boldsymbol{s}_M)^{\mathrm{T}}(\boldsymbol{\varepsilon}_{\mathrm{s}M1}-\boldsymbol{\varepsilon}_{\mathrm{s}M1}) \end{bmatrix} \boldsymbol{L}_M \tag{11.92}$$

由式（11.92）可以将式（11.91）右边第 1 式近似表示为关于观测误差 $\boldsymbol{\varepsilon}_{\mathrm{t}n}$ 和 $\boldsymbol{\varepsilon}_{\mathrm{s}}$ 的线性函数，如下式所示：

$$\left[\begin{array}{c:c} \Delta\boldsymbol{W}_{\mathrm{ts}n}^{(2)}\boldsymbol{T}^{(2)}(\boldsymbol{s}_{\mathrm{v}}) & \boldsymbol{O}_{(M+1)\times 3} \\ \hdashline \Delta\boldsymbol{W}_{\mathrm{ts}n}^{(2)}\dot{\boldsymbol{T}}^{(2)}(\boldsymbol{s}_{\mathrm{v}}) & \Delta\boldsymbol{W}_{\mathrm{ts}n}^{(2)}\boldsymbol{T}^{(2)}(\boldsymbol{s}_{\mathrm{v}})\bar{\boldsymbol{I}}_3 \end{array}\right] \begin{bmatrix} 1 \\ \boldsymbol{u}_{\mathrm{v}n} \end{bmatrix} \approx \boldsymbol{B}_{\mathrm{t}n1}^{(2)}(\boldsymbol{u}_{\mathrm{v}n},\boldsymbol{s}_{\mathrm{v}})\boldsymbol{\varepsilon}_{\mathrm{t}n} + \boldsymbol{B}_{\mathrm{s}n1}^{(2)}(\boldsymbol{u}_{\mathrm{v}n},\boldsymbol{s}_{\mathrm{v}})\boldsymbol{\varepsilon}_{\mathrm{s}} \tag{11.93}$$

式中

$$\boldsymbol{B}_{\mathrm{t}n1}^{(2)}(\boldsymbol{u}_{\mathrm{v}n},\boldsymbol{s}_{\mathrm{v}}) = -\begin{bmatrix} ([1\ \ \boldsymbol{u}_n^{\mathrm{T}}](\boldsymbol{T}^{(2)}(\boldsymbol{s}_{\mathrm{v}}))^{\mathrm{T}}\boldsymbol{L}_M)\otimes\boldsymbol{L}_M \\ [([1\ \ \boldsymbol{u}_n^{\mathrm{T}}](\dot{\boldsymbol{T}}^{(2)}(\boldsymbol{s}_{\mathrm{v}}))^{\mathrm{T}} + [0\ \ \dot{\boldsymbol{u}}_n^{\mathrm{T}}](\boldsymbol{T}^{(2)}(\boldsymbol{s}_{\mathrm{v}}))^{\mathrm{T}})\boldsymbol{L}_M]\otimes\boldsymbol{L}_M \end{bmatrix} \times \begin{bmatrix} \boldsymbol{O}_{1\times M} & \boldsymbol{O}_{1\times M} \\ \mathrm{diag}[\boldsymbol{r}_n] & \boldsymbol{O}_{M\times M} \\ \mathrm{diag}[\boldsymbol{r}_n]\otimes\boldsymbol{i}_{M+1}^{(1)} & \boldsymbol{O}_{M(M+1)\times M} \end{bmatrix} \in \mathbf{R}^{2(M+1)\times 2M} \tag{11.94}$$

$$\boldsymbol{B}_{\mathrm{s}n1}^{(2)}(\boldsymbol{u}_{\mathrm{v}n},\boldsymbol{s}_{\mathrm{v}}) = -\begin{bmatrix} ([1\ \ \boldsymbol{u}_n^{\mathrm{T}}](\boldsymbol{T}^{(2)}(\boldsymbol{s}_{\mathrm{v}}))^{\mathrm{T}}\boldsymbol{L}_M)\otimes\boldsymbol{L}_M \\ [([1\ \ \boldsymbol{u}_n^{\mathrm{T}}](\dot{\boldsymbol{T}}^{(2)}(\boldsymbol{s}_{\mathrm{v}}))^{\mathrm{T}} + [0\ \ \dot{\boldsymbol{u}}_n^{\mathrm{T}}](\boldsymbol{T}^{(2)}(\boldsymbol{s}_{\mathrm{v}}))^{\mathrm{T}})\boldsymbol{L}_M]\otimes\boldsymbol{L}_M \end{bmatrix} \times \bar{\boldsymbol{S}}_{\mathrm{blk}}^{(2)}(\boldsymbol{I}_M\otimes[\boldsymbol{I}_3\ \ \boldsymbol{O}_{3\times 3}]) \in \mathbf{R}^{2(M+1)\times 6M} \tag{11.95}$$

其中

$$\bar{\boldsymbol{S}}_{\mathrm{blk}}^{(2)} = \left[\begin{array}{c} \boldsymbol{O}_{(M+1)\times 3M} \\ \hdashline \mathrm{blkdiag}\left\{\begin{bmatrix} \boldsymbol{O}_{1\times 3} \\ (\boldsymbol{s}_1-\boldsymbol{s}_1)^{\mathrm{T}} \\ (\boldsymbol{s}_1-\boldsymbol{s}_2)^{\mathrm{T}} \\ \vdots \\ (\boldsymbol{s}_1-\boldsymbol{s}_M)^{\mathrm{T}} \end{bmatrix}, \begin{bmatrix} \boldsymbol{O}_{1\times 3} \\ (\boldsymbol{s}_2-\boldsymbol{s}_1)^{\mathrm{T}} \\ (\boldsymbol{s}_2-\boldsymbol{s}_2)^{\mathrm{T}} \\ \vdots \\ (\boldsymbol{s}_2-\boldsymbol{s}_M)^{\mathrm{T}} \end{bmatrix}, \cdots, \begin{bmatrix} \boldsymbol{O}_{1\times 3} \\ (\boldsymbol{s}_M-\boldsymbol{s}_1)^{\mathrm{T}} \\ (\boldsymbol{s}_M-\boldsymbol{s}_2)^{\mathrm{T}} \\ \vdots \\ (\boldsymbol{s}_M-\boldsymbol{s}_M)^{\mathrm{T}} \end{bmatrix}\right\} - \begin{bmatrix} \mathrm{blkdiag}\{\boldsymbol{O}_{1\times 3},(\boldsymbol{s}_1-\boldsymbol{s}_1)^{\mathrm{T}},(\boldsymbol{s}_1-\boldsymbol{s}_2)^{\mathrm{T}},\cdots,(\boldsymbol{s}_1-\boldsymbol{s}_M)^{\mathrm{T}}\} \\ \mathrm{blkdiag}\{\boldsymbol{O}_{1\times 3},(\boldsymbol{s}_2-\boldsymbol{s}_1)^{\mathrm{T}},(\boldsymbol{s}_2-\boldsymbol{s}_2)^{\mathrm{T}},\cdots,(\boldsymbol{s}_2-\boldsymbol{s}_M)^{\mathrm{T}}\} \\ \vdots \\ \mathrm{blkdiag}\{\boldsymbol{O}_{1\times 3},(\boldsymbol{s}_M-\boldsymbol{s}_1)^{\mathrm{T}},(\boldsymbol{s}_M-\boldsymbol{s}_2)^{\mathrm{T}},\cdots,(\boldsymbol{s}_M-\boldsymbol{s}_M)^{\mathrm{T}}\} \end{bmatrix} \end{array}\right] \tag{11.96}$$

式（11.93）的推导见附录 H.5。然后根据式（11.86）可以将误差矩阵 $\Delta\dot{\boldsymbol{W}}_{\mathrm{ts}n}^{(2)}$ 近似表示为

$$
\begin{aligned}
&\Delta\dot{\boldsymbol{W}}_{\mathrm{ts}n}^{(2)}\\
&\approx -\boldsymbol{L}_M\begin{bmatrix}
0 & r_{n1}\varepsilon_{\mathrm{t}12}+\dot{r}_{n1}\varepsilon_{\mathrm{t}11} & r_{n2}\varepsilon_{\mathrm{t}22}+\dot{r}_{n2}\varepsilon_{\mathrm{t}21} & \cdots & r_{nM}\varepsilon_{\mathrm{t}M2}+\dot{r}_{nM}\varepsilon_{\mathrm{t}M1}\\
\begin{pmatrix} r_{n1}\varepsilon_{\mathrm{t}12}\\ +\dot{r}_{n1}\varepsilon_{\mathrm{t}11}\end{pmatrix} & \begin{pmatrix}(\boldsymbol{s}_1-\boldsymbol{s}_1)^{\mathrm{T}}(\boldsymbol{\varepsilon}_{\mathrm{s}12}-\boldsymbol{\varepsilon}_{\mathrm{s}12})\\ +(\dot{\boldsymbol{s}}_1-\dot{\boldsymbol{s}}_1)^{\mathrm{T}}(\boldsymbol{\varepsilon}_{\mathrm{s}11}-\boldsymbol{\varepsilon}_{\mathrm{s}11})\end{pmatrix} & \begin{pmatrix}(\boldsymbol{s}_1-\boldsymbol{s}_2)^{\mathrm{T}}(\boldsymbol{\varepsilon}_{\mathrm{s}12}-\boldsymbol{\varepsilon}_{\mathrm{s}22})\\ +(\dot{\boldsymbol{s}}_1-\dot{\boldsymbol{s}}_2)^{\mathrm{T}}(\boldsymbol{\varepsilon}_{\mathrm{s}11}-\boldsymbol{\varepsilon}_{\mathrm{s}21})\end{pmatrix} & \cdots & \begin{pmatrix}(\boldsymbol{s}_1-\boldsymbol{s}_M)^{\mathrm{T}}(\boldsymbol{\varepsilon}_{\mathrm{s}12}-\boldsymbol{\varepsilon}_{\mathrm{s}M2})\\ +(\dot{\boldsymbol{s}}_1-\dot{\boldsymbol{s}}_M)^{\mathrm{T}}(\boldsymbol{\varepsilon}_{\mathrm{s}11}-\boldsymbol{\varepsilon}_{\mathrm{s}M1})\end{pmatrix}\\
\begin{pmatrix} r_{n2}\varepsilon_{\mathrm{t}22}\\ +\dot{r}_{n2}\varepsilon_{\mathrm{t}21}\end{pmatrix} & \begin{pmatrix}(\boldsymbol{s}_1-\boldsymbol{s}_2)^{\mathrm{T}}(\boldsymbol{\varepsilon}_{\mathrm{s}12}-\boldsymbol{\varepsilon}_{\mathrm{s}22})\\ +(\dot{\boldsymbol{s}}_1-\dot{\boldsymbol{s}}_2)^{\mathrm{T}}(\boldsymbol{\varepsilon}_{\mathrm{s}11}-\boldsymbol{\varepsilon}_{\mathrm{s}21})\end{pmatrix} & \begin{pmatrix}(\boldsymbol{s}_2-\boldsymbol{s}_2)^{\mathrm{T}}(\boldsymbol{\varepsilon}_{\mathrm{s}22}-\boldsymbol{\varepsilon}_{\mathrm{s}22})\\ +(\dot{\boldsymbol{s}}_2-\dot{\boldsymbol{s}}_2)^{\mathrm{T}}(\boldsymbol{\varepsilon}_{\mathrm{s}21}-\boldsymbol{\varepsilon}_{\mathrm{s}21})\end{pmatrix} & \cdots & \begin{pmatrix}(\boldsymbol{s}_2-\boldsymbol{s}_M)^{\mathrm{T}}(\boldsymbol{\varepsilon}_{\mathrm{s}22}-\boldsymbol{\varepsilon}_{\mathrm{s}M2})\\ +(\dot{\boldsymbol{s}}_2-\dot{\boldsymbol{s}}_M)^{\mathrm{T}}(\boldsymbol{\varepsilon}_{\mathrm{s}21}-\boldsymbol{\varepsilon}_{\mathrm{s}M1})\end{pmatrix}\\
\vdots & \vdots & \vdots & \ddots & \vdots\\
\begin{pmatrix} r_{nM}\varepsilon_{\mathrm{t}M2}\\ +\dot{r}_{nM}\varepsilon_{\mathrm{t}M1}\end{pmatrix} & \begin{pmatrix}(\boldsymbol{s}_1-\boldsymbol{s}_M)^{\mathrm{T}}(\boldsymbol{\varepsilon}_{\mathrm{s}12}-\boldsymbol{\varepsilon}_{\mathrm{s}M2})\\ +(\dot{\boldsymbol{s}}_1-\dot{\boldsymbol{s}}_M)^{\mathrm{T}}(\boldsymbol{\varepsilon}_{\mathrm{s}11}-\boldsymbol{\varepsilon}_{\mathrm{s}M1})\end{pmatrix} & \begin{pmatrix}(\boldsymbol{s}_2-\boldsymbol{s}_M)^{\mathrm{T}}(\boldsymbol{\varepsilon}_{\mathrm{s}22}-\boldsymbol{\varepsilon}_{\mathrm{s}M2})\\ +(\dot{\boldsymbol{s}}_2-\dot{\boldsymbol{s}}_M)^{\mathrm{T}}(\boldsymbol{\varepsilon}_{\mathrm{s}21}-\boldsymbol{\varepsilon}_{\mathrm{s}M1})\end{pmatrix} & \cdots & \begin{pmatrix}(\boldsymbol{s}_M-\boldsymbol{s}_M)^{\mathrm{T}}(\boldsymbol{\varepsilon}_{\mathrm{s}M2}-\boldsymbol{\varepsilon}_{\mathrm{s}M2})\\ +(\dot{\boldsymbol{s}}_M-\dot{\boldsymbol{s}}_M)^{\mathrm{T}}(\boldsymbol{\varepsilon}_{\mathrm{s}M1}-\boldsymbol{\varepsilon}_{\mathrm{s}M1})\end{pmatrix}
\end{bmatrix}\boldsymbol{L}_M
\end{aligned}
\tag{11.97}
$$

由式（11.97）可以将式（11.91）右边第 2 式近似表示为关于观测误差 $\boldsymbol{\varepsilon}_{\mathrm{t}n}$ 和 $\boldsymbol{\varepsilon}_{\mathrm{s}}$ 的线性函数，如下式所示：

$$
\left[\begin{array}{c:c}
\boldsymbol{O}_{(M+1)\times 4} & \boldsymbol{O}_{(M+1)\times 3}\\ \hdashline
\Delta\dot{\boldsymbol{W}}_{\mathrm{ts}n}^{(2)}\boldsymbol{T}^{(2)}(\boldsymbol{s}_{\mathrm{v}}) & \boldsymbol{O}_{(M+1)\times 3}
\end{array}\right]\begin{bmatrix}1\\ \boldsymbol{u}_{\mathrm{v}n}\end{bmatrix}\approx \boldsymbol{B}_{\mathrm{t}n2}^{(2)}(\boldsymbol{u}_{\mathrm{v}n},\boldsymbol{s}_{\mathrm{v}})\boldsymbol{\varepsilon}_{\mathrm{t}n}+\boldsymbol{B}_{\mathrm{s}n2}^{(2)}(\boldsymbol{u}_{\mathrm{v}n},\boldsymbol{s}_{\mathrm{v}})\boldsymbol{\varepsilon}_{\mathrm{s}}
\tag{11.98}
$$

式中

$$
\begin{aligned}
&\boldsymbol{B}_{\mathrm{t}n2}^{(2)}(\boldsymbol{u}_{\mathrm{v}n},\boldsymbol{s}_{\mathrm{v}})\\
&=-\begin{bmatrix}\boldsymbol{O}_{(M+1)\times(M+1)^2}\\ ([1\ \ \boldsymbol{u}_n^{\mathrm{T}}](\boldsymbol{T}^{(2)}(\boldsymbol{s}_{\mathrm{v}}))^{\mathrm{T}}\boldsymbol{L}_M)\otimes\boldsymbol{L}_M\end{bmatrix}\begin{bmatrix}\boldsymbol{O}_{1\times M} & \boldsymbol{O}_{1\times M}\\ \mathrm{diag}[\dot{\boldsymbol{r}}_n] & \mathrm{diag}[\boldsymbol{r}_n]\\ \mathrm{diag}[\dot{\boldsymbol{r}}_n]\otimes\boldsymbol{i}_{M+1}^{(1)} & \mathrm{diag}[\boldsymbol{r}_n]\otimes\boldsymbol{i}_{M+1}^{(1)}\end{bmatrix}\in\mathbf{R}^{2(M+1)\times 2M}
\end{aligned}
\tag{11.99}
$$

$$
\begin{aligned}
\boldsymbol{B}_{\mathrm{s}n2}^{(2)}(\boldsymbol{u}_{\mathrm{v}n},\boldsymbol{s}_{\mathrm{v}})=&-\begin{bmatrix}\boldsymbol{O}_{(M+1)\times(M+1)^2}\\ ([1\ \ \boldsymbol{u}_n^{\mathrm{T}}](\boldsymbol{T}^{(2)}(\boldsymbol{s}_{\mathrm{v}}))^{\mathrm{T}}\boldsymbol{L}_M)\otimes\boldsymbol{L}_M\end{bmatrix}\\
&\times(\bar{\boldsymbol{S}}_{\mathrm{blk}}^{(2)}(\boldsymbol{I}_M\otimes[\boldsymbol{O}_{3\times 3}\ \ \boldsymbol{I}_3])+\dot{\bar{\boldsymbol{S}}}_{\mathrm{blk}}^{(2)}(\boldsymbol{I}_M\otimes[\boldsymbol{I}_3\ \ \boldsymbol{O}_{3\times 3}]))\in\mathbf{R}^{2(M+1)\times 6M}
\end{aligned}
\tag{11.100}
$$

其中

$$
\begin{aligned}
&\dot{\boldsymbol{S}}_{\mathrm{blk}}^{(2)}\\
&=\left[\begin{array}{c}
\boldsymbol{O}_{(M+1)\times 3M}\\ \hdashline
\mathrm{blkdiag}\left\{\begin{bmatrix}\boldsymbol{O}_{1\times 3}\\ (\dot{\boldsymbol{s}}_1-\dot{\boldsymbol{s}}_1)^{\mathrm{T}}\\ (\dot{\boldsymbol{s}}_1-\dot{\boldsymbol{s}}_2)^{\mathrm{T}}\\ \vdots\\ (\dot{\boldsymbol{s}}_1-\dot{\boldsymbol{s}}_M)^{\mathrm{T}}\end{bmatrix},\begin{bmatrix}\boldsymbol{O}_{1\times 3}\\ (\dot{\boldsymbol{s}}_2-\dot{\boldsymbol{s}}_1)^{\mathrm{T}}\\ (\dot{\boldsymbol{s}}_2-\dot{\boldsymbol{s}}_2)^{\mathrm{T}}\\ \vdots\\ (\dot{\boldsymbol{s}}_2-\dot{\boldsymbol{s}}_M)^{\mathrm{T}}\end{bmatrix},\cdots,\begin{bmatrix}\boldsymbol{O}_{1\times 3}\\ (\dot{\boldsymbol{s}}_M-\dot{\boldsymbol{s}}_1)^{\mathrm{T}}\\ (\dot{\boldsymbol{s}}_M-\dot{\boldsymbol{s}}_2)^{\mathrm{T}}\\ \vdots\\ (\dot{\boldsymbol{s}}_M-\dot{\boldsymbol{s}}_M)^{\mathrm{T}}\end{bmatrix}\right\}-\begin{bmatrix}\mathrm{blkdiag}\{\boldsymbol{O}_{1\times 3},(\dot{\boldsymbol{s}}_1-\dot{\boldsymbol{s}}_1)^{\mathrm{T}},(\dot{\boldsymbol{s}}_1-\dot{\boldsymbol{s}}_2)^{\mathrm{T}},\cdots,(\dot{\boldsymbol{s}}_1-\dot{\boldsymbol{s}}_M)^{\mathrm{T}}\}\\ \mathrm{blkdiag}\{\boldsymbol{O}_{1\times 3},(\dot{\boldsymbol{s}}_2-\dot{\boldsymbol{s}}_1)^{\mathrm{T}},(\dot{\boldsymbol{s}}_2-\dot{\boldsymbol{s}}_2)^{\mathrm{T}},\cdots,(\dot{\boldsymbol{s}}_2-\dot{\boldsymbol{s}}_M)^{\mathrm{T}}\}\\ \vdots\\ \mathrm{blkdiag}\{\boldsymbol{O}_{1\times 3},(\dot{\boldsymbol{s}}_M-\dot{\boldsymbol{s}}_1)^{\mathrm{T}},(\dot{\boldsymbol{s}}_M-\dot{\boldsymbol{s}}_2)^{\mathrm{T}},\cdots,(\dot{\boldsymbol{s}}_M-\dot{\boldsymbol{s}}_M)^{\mathrm{T}}\}\end{bmatrix}
\end{array}\right]
\end{aligned}
\tag{11.101}
$$

式（11.98）的推导见附录 H.6。接着基于式（11.87）可以将误差矩阵 $\Delta\boldsymbol{T}_{\mathrm{s}}^{(2)}$ 近

似表示为

$$\Delta \boldsymbol{T}_{\mathrm{s}}^{(2)} \approx [\boldsymbol{O}_{(M+1)\times 1}\ \ \Delta \boldsymbol{S}^{(2)}]\boldsymbol{X}_{\mathrm{s}1}^{(2)} - \boldsymbol{X}_{\mathrm{s}2}^{(2)} \begin{bmatrix} 0 & \boldsymbol{n}_M^{\mathrm{T}} \Delta \boldsymbol{S}^{(2)} \\ (\Delta \boldsymbol{S}^{(2)})^{\mathrm{T}} \boldsymbol{n}_M & \boldsymbol{S}^{(2)\mathrm{T}} \Delta \boldsymbol{S}^{(2)} + (\Delta \boldsymbol{S}^{(2)})^{\mathrm{T}} \boldsymbol{S}^{(2)} \end{bmatrix} \boldsymbol{X}_{\mathrm{s}1}^{(2)} \tag{11.102}$$

式中

$$\boldsymbol{X}_{\mathrm{s}1}^{(2)} = \begin{bmatrix} \boldsymbol{n}_M^{\mathrm{T}} \boldsymbol{n}_M & \boldsymbol{n}_M^{\mathrm{T}} \boldsymbol{S}^{(2)} \\ \boldsymbol{S}^{(2)\mathrm{T}} \boldsymbol{n}_M & \boldsymbol{S}^{(2)\mathrm{T}} \boldsymbol{S}^{(2)} \end{bmatrix}^{-1},\ \boldsymbol{X}_{\mathrm{s}2}^{(2)} = [\boldsymbol{n}_M\ \ \boldsymbol{S}^{(2)}]\boldsymbol{X}_{\mathrm{s}1}^{(2)},$$

$$\Delta \boldsymbol{S}^{(2)} = \begin{bmatrix} \left(-\dfrac{1}{M+1}\sum_{m=1}^{M}\boldsymbol{\varepsilon}_{\mathrm{s}m1}\right)^{\mathrm{T}} \\ \left(\boldsymbol{\varepsilon}_{\mathrm{s}11}-\dfrac{1}{M+1}\sum_{m=1}^{M}\boldsymbol{\varepsilon}_{\mathrm{s}m1}\right)^{\mathrm{T}} \\ \left(\boldsymbol{\varepsilon}_{\mathrm{s}21}-\dfrac{1}{M+1}\sum_{m=1}^{M}\boldsymbol{\varepsilon}_{\mathrm{s}m1}\right)^{\mathrm{T}} \\ \vdots \\ \left(\boldsymbol{\varepsilon}_{\mathrm{s}M1}-\dfrac{1}{M+1}\sum_{m=1}^{M}\boldsymbol{\varepsilon}_{\mathrm{s}m1}\right)^{\mathrm{T}} \end{bmatrix} \tag{11.103}$$

由式（11.102）可以将式（11.91）右边第 3 式近似表示为关于观测误差 $\boldsymbol{\varepsilon}_{\mathrm{s}}$ 的线性函数，如下式所示：

$$\left[\begin{array}{c|c} \boldsymbol{W}_n^{(2)}(\boldsymbol{s}_{\mathrm{v}})\Delta \boldsymbol{T}_{\mathrm{s}}^{(2)} & \boldsymbol{O}_{(M+1)\times 3} \\ \hline \dot{\boldsymbol{W}}_n^{(2)}(\boldsymbol{s}_{\mathrm{v}})\Delta \boldsymbol{T}_{\mathrm{s}}^{(2)} & \boldsymbol{W}_n^{(2)}(\boldsymbol{s}_{\mathrm{v}})\Delta \boldsymbol{T}_{\mathrm{s}}^{(2)}\bar{\boldsymbol{I}}_3 \end{array}\right] \begin{bmatrix} 1 \\ \boldsymbol{u}_{\mathrm{v}n} \end{bmatrix} \approx \boldsymbol{B}_{\mathrm{s}n3}^{(2)}(\boldsymbol{u}_{\mathrm{v}n},\boldsymbol{s}_{\mathrm{v}})\boldsymbol{\varepsilon}_{\mathrm{s}} \tag{11.104}$$

式中

$$\begin{aligned} &\boldsymbol{B}_{\mathrm{s}n3}^{(2)}(\boldsymbol{u}_{\mathrm{v}n},\boldsymbol{s}_{\mathrm{v}}) \\ &= \begin{bmatrix} ([1\ \ \boldsymbol{u}_n^{\mathrm{T}}]\boldsymbol{X}_{\mathrm{s}1}^{(2)\mathrm{T}}) \otimes \boldsymbol{W}_n^{(2)}(\boldsymbol{s}_{\mathrm{v}}) \\ ([1\ \ \boldsymbol{u}_n^{\mathrm{T}}]\boldsymbol{X}_{\mathrm{s}1}^{(2)\mathrm{T}}) \otimes \dot{\boldsymbol{W}}_n^{(2)}(\boldsymbol{s}_{\mathrm{v}}) + ([0\ \ \dot{\boldsymbol{u}}_n^{\mathrm{T}}]\boldsymbol{X}_{\mathrm{s}1}^{(2)\mathrm{T}}) \otimes \boldsymbol{W}_n^{(2)}(\boldsymbol{s}_{\mathrm{v}}) \end{bmatrix} \boldsymbol{J}_{\mathrm{s}0}^{(2)}(\boldsymbol{I}_M \otimes [\boldsymbol{I}_3\ \ \boldsymbol{O}_{3\times 3}]) \\ &\quad - \begin{bmatrix} ([1\ \ \boldsymbol{u}_n^{\mathrm{T}}]\boldsymbol{X}_{\mathrm{s}1}^{(2)\mathrm{T}}) \otimes (\boldsymbol{W}_n^{(2)}(\boldsymbol{s}_{\mathrm{v}})\boldsymbol{X}_{\mathrm{s}2}^{(2)}) \\ ([1\ \ \boldsymbol{u}_n^{\mathrm{T}}]\boldsymbol{X}_{\mathrm{s}1}^{(2)\mathrm{T}}) \otimes (\dot{\boldsymbol{W}}_n^{(2)}(\boldsymbol{s}_{\mathrm{v}})\boldsymbol{X}_{\mathrm{s}2}^{(2)}) + ([0\ \ \dot{\boldsymbol{u}}_n^{\mathrm{T}}]\boldsymbol{X}_{\mathrm{s}1}^{(2)\mathrm{T}}) \otimes (\boldsymbol{W}_n^{(2)}(\boldsymbol{s}_{\mathrm{v}})\boldsymbol{X}_{\mathrm{s}2}^{(2)}) \end{bmatrix} \\ &\quad \times \boldsymbol{J}_{\mathrm{s}1}^{(2)}(\boldsymbol{I}_M \otimes [\boldsymbol{I}_3\ \ \boldsymbol{O}_{3\times 3}]) \in \mathbf{R}^{2(M+1)\times 6M} \end{aligned} \tag{11.105}$$

其中

$$\begin{cases} \boldsymbol{J}_{\mathrm{s}0}^{(2)}=\begin{bmatrix} \boldsymbol{O}_{(M+1)\times 3M} \\ \boldsymbol{\varLambda}_{(M+1)\text{-}3}(\bar{\boldsymbol{L}}_M \otimes \boldsymbol{I}_3) \end{bmatrix} \in \mathbf{R}^{4(M+1)\times 3M} \\ \boldsymbol{J}_{\mathrm{s}1}^{(2)}=(\boldsymbol{I}_{16}+\boldsymbol{\varLambda}_{4\text{-}4})\left(\left(\begin{bmatrix} \boldsymbol{n}_M^{\mathrm{T}} \\ \boldsymbol{S}^{(2)\mathrm{T}} \end{bmatrix}\bar{\boldsymbol{L}}_M\right)\otimes \bar{\boldsymbol{I}}_3\right) \in \mathbf{R}^{16\times 3M} \\ \bar{\boldsymbol{L}}_M=\bar{\boldsymbol{I}}_M-\dfrac{1}{M+1}\boldsymbol{1}_{(M+1)\times M} \in \mathbf{R}^{(M+1)\times M} \end{cases} \tag{11.106}$$

式中，$\bar{\boldsymbol{I}}_M=\begin{bmatrix} \boldsymbol{O}_{1\times M} \\ \boldsymbol{I}_M \end{bmatrix}$。式（11.104）的推导见附录 H.7。最后根据式（11.88）可以将误差矩阵 $\Delta\dot{\boldsymbol{T}}_{\mathrm{s}}^{(2)}$ 近似表示为

$$\begin{aligned} \Delta\dot{\boldsymbol{T}}_{\mathrm{s}}^{(2)} \approx{}& [\boldsymbol{O}_{(M+1)\times 1}\ \ \Delta\dot{\boldsymbol{S}}^{(2)}]\boldsymbol{X}_{\mathrm{s}1}^{(2)}-\boldsymbol{X}_{\mathrm{s}3}^{(2)}\begin{bmatrix} 0 & \boldsymbol{n}_M^{\mathrm{T}}\Delta\boldsymbol{S}^{(2)} \\ (\Delta\boldsymbol{S}^{(2)})^{\mathrm{T}}\boldsymbol{n}_M & \boldsymbol{S}^{(2)\mathrm{T}}\Delta\boldsymbol{S}^{(2)}+(\Delta\boldsymbol{S}^{(2)})^{\mathrm{T}}\boldsymbol{S}^{(2)} \end{bmatrix}\boldsymbol{X}_{\mathrm{s}1}^{(2)}-[\boldsymbol{O}_{(M+1)\times 1}\ \ \Delta\boldsymbol{S}^{(2)}]\boldsymbol{X}_{\mathrm{s}4}^{(2)} \\ &+\boldsymbol{X}_{\mathrm{s}2}^{(2)}\begin{bmatrix} 0 & \boldsymbol{n}_M^{\mathrm{T}}\Delta\boldsymbol{S}^{(2)} \\ (\Delta\boldsymbol{S}^{(2)})^{\mathrm{T}}\boldsymbol{n}_M & \boldsymbol{S}^{(2)\mathrm{T}}\Delta\boldsymbol{S}^{(2)}+(\Delta\boldsymbol{S}^{(2)})^{\mathrm{T}}\boldsymbol{S}^{(2)} \end{bmatrix}\boldsymbol{X}_{\mathrm{s}4}^{(2)}-\boldsymbol{X}_{\mathrm{s}2}^{(2)}\left[\begin{array}{c|c} 0 & \boldsymbol{n}_M^{\mathrm{T}}\Delta\dot{\boldsymbol{S}}^{(2)} \\ \hline (\Delta\dot{\boldsymbol{S}}^{(2)})^{\mathrm{T}}\boldsymbol{n}_M & \begin{array}{c}(\Delta\dot{\boldsymbol{S}}^{(2)})^{\mathrm{T}}\boldsymbol{S}^{(2)}+\dot{\boldsymbol{S}}^{(2)\mathrm{T}}\Delta\boldsymbol{S}^{(2)} \\ +(\Delta\boldsymbol{S}^{(2)})^{\mathrm{T}}\dot{\boldsymbol{S}}^{(2)}+\boldsymbol{S}^{(2)\mathrm{T}}\Delta\dot{\boldsymbol{S}}^{(2)}\end{array} \end{array}\right]\boldsymbol{X}_{\mathrm{s}1}^{(2)} \\ &+\boldsymbol{X}_{\mathrm{s}5}^{(2)}\begin{bmatrix} 0 & \boldsymbol{n}_M^{\mathrm{T}}\Delta\boldsymbol{S}^{(2)} \\ (\Delta\boldsymbol{S}^{(2)})^{\mathrm{T}}\boldsymbol{n}_M & \boldsymbol{S}^{(2)\mathrm{T}}\Delta\boldsymbol{S}^{(2)}+(\Delta\boldsymbol{S}^{(2)})^{\mathrm{T}}\boldsymbol{S}^{(2)} \end{bmatrix}\boldsymbol{X}_{\mathrm{s}1}^{(2)} \end{aligned} \tag{11.107}$$

式中

$$\begin{cases} \boldsymbol{X}_{\mathrm{s}3}^{(2)}=[\boldsymbol{O}_{(M+1)\times 1}\ \ \dot{\boldsymbol{S}}^{(2)}]\boldsymbol{X}_{\mathrm{s}1}^{(2)}\ ,\ \boldsymbol{X}_{\mathrm{s}4}^{(2)}=\boldsymbol{X}_{\mathrm{s}1}^{(2)}\begin{bmatrix} 0 & \boldsymbol{n}_M^{\mathrm{T}}\dot{\boldsymbol{S}}^{(2)} \\ \dot{\boldsymbol{S}}^{(2)\mathrm{T}}\boldsymbol{n}_M & \dot{\boldsymbol{S}}^{(2)\mathrm{T}}\boldsymbol{S}^{(2)}+\boldsymbol{S}^{(2)\mathrm{T}}\dot{\boldsymbol{S}}^{(2)} \end{bmatrix}\boldsymbol{X}_{\mathrm{s}1}^{(2)} \\ \boldsymbol{X}_{\mathrm{s}5}^{(2)}=\boldsymbol{X}_{\mathrm{s}2}^{(2)}\begin{bmatrix} 0 & \boldsymbol{n}_M^{\mathrm{T}}\dot{\boldsymbol{S}}^{(2)} \\ \dot{\boldsymbol{S}}^{(2)\mathrm{T}}\boldsymbol{n}_M & \dot{\boldsymbol{S}}^{(2)\mathrm{T}}\boldsymbol{S}^{(2)}+\boldsymbol{S}^{(2)\mathrm{T}}\dot{\boldsymbol{S}}^{(2)} \end{bmatrix}\boldsymbol{X}_{\mathrm{s}1}^{(2)}\ ,\ \Delta\dot{\boldsymbol{S}}^{(2)}=\begin{bmatrix} \left(-\dfrac{1}{M+1}\sum\limits_{m=1}^{M}\boldsymbol{\varepsilon}_{\mathrm{s}m2}\right)^{\mathrm{T}} \\ \left(\boldsymbol{\varepsilon}_{\mathrm{s}12}-\dfrac{1}{M+1}\sum\limits_{m=1}^{M}\boldsymbol{\varepsilon}_{\mathrm{s}m2}\right)^{\mathrm{T}} \\ \left(\boldsymbol{\varepsilon}_{\mathrm{s}22}-\dfrac{1}{M+1}\sum\limits_{m=1}^{M}\boldsymbol{\varepsilon}_{\mathrm{s}m2}\right)^{\mathrm{T}} \\ \vdots \\ \left(\boldsymbol{\varepsilon}_{\mathrm{s}M2}-\dfrac{1}{M+1}\sum\limits_{m=1}^{M}\boldsymbol{\varepsilon}_{\mathrm{s}m2}\right)^{\mathrm{T}} \end{bmatrix} \end{cases} \tag{11.108}$$

由式（11.107）可以将式（11.91）右边第 4 式近似表示为关于观测误差 $\boldsymbol{\varepsilon}_{\mathrm{s}}$ 的线性函数，如下式所示：

$$\left[\begin{array}{c:c}\boldsymbol{O}_{(M+1)\times 4} & \boldsymbol{O}_{(M+1)\times 3} \\ \hdashline \boldsymbol{W}_n^{(2)}(\boldsymbol{s}_{\mathrm{v}})\Delta\dot{\boldsymbol{T}}_{\mathrm{s}}^{(2)} & \boldsymbol{O}_{(M+1)\times 3}\end{array}\right]\begin{bmatrix}1 \\ \boldsymbol{u}_{\mathrm{v}n}\end{bmatrix} \approx \boldsymbol{B}_{\mathrm{s}n4}^{(2)}(\boldsymbol{u}_{\mathrm{v}n},\boldsymbol{s}_{\mathrm{v}})\boldsymbol{\varepsilon}_{\mathrm{s}} \tag{11.109}$$

式中

$$\begin{aligned}\boldsymbol{B}_{\mathrm{s}n4}^{(2)}(\boldsymbol{u}_{\mathrm{v}n},\boldsymbol{s}_{\mathrm{v}}) =& \left[\begin{array}{c}\boldsymbol{O}_{(M+1)\times 16} \\ \hdashline ([1\ \ \boldsymbol{u}_n^{\mathrm{T}}]\boldsymbol{X}_{\mathrm{s}1}^{(2)\mathrm{T}})\otimes(\boldsymbol{W}_n^{(2)}(\boldsymbol{s}_{\mathrm{v}})\boldsymbol{X}_{\mathrm{s}5}^{(2)}) + ([1\ \ \boldsymbol{u}_n^{\mathrm{T}}]\boldsymbol{X}_{\mathrm{s}4}^{(2)\mathrm{T}})\otimes(\boldsymbol{W}_n^{(2)}(\boldsymbol{s}_{\mathrm{v}})\boldsymbol{X}_{\mathrm{s}2}^{(2)}) \\ -([1\ \ \boldsymbol{u}_n^{\mathrm{T}}]\boldsymbol{X}_{\mathrm{s}1}^{(2)\mathrm{T}})\otimes(\boldsymbol{W}_n^{(2)}(\boldsymbol{s}_{\mathrm{v}})\boldsymbol{X}_{\mathrm{s}3}^{(2)})\end{array}\right]\boldsymbol{J}_{\mathrm{s}1}^{(2)}(\boldsymbol{I}_M\otimes[\boldsymbol{I}_3\ \ \boldsymbol{O}_{3\times 3}]) \\ &-\begin{bmatrix}\boldsymbol{O}_{(M+1)\times 16} \\ ([1\ \ \boldsymbol{u}_n^{\mathrm{T}}]\boldsymbol{X}_{\mathrm{s}1}^{(2)\mathrm{T}})\otimes(\boldsymbol{W}_n^{(2)}(\boldsymbol{s}_{\mathrm{v}})\boldsymbol{X}_{\mathrm{s}2}^{(2)})\end{bmatrix}\boldsymbol{J}_{\mathrm{s}2}^{(2)}(\boldsymbol{I}_M\otimes[\boldsymbol{I}_3\ \ \boldsymbol{O}_{3\times 3}]) - \begin{bmatrix}\boldsymbol{O}_{(M+1)\times 4(M+1)} \\ ([1\ \ \boldsymbol{u}_n^{\mathrm{T}}]\boldsymbol{X}_{\mathrm{s}4}^{(2)\mathrm{T}})\otimes\boldsymbol{W}_n^{(2)}(\boldsymbol{s}_{\mathrm{v}})\end{bmatrix}\boldsymbol{J}_{\mathrm{s}0}^{(2)}(\boldsymbol{I}_M\otimes[\boldsymbol{I}_3\ \ \boldsymbol{O}_{3\times 3}]) \\ &+\begin{bmatrix}\boldsymbol{O}_{(M+1)\times 4(M+1)} \\ ([1\ \ \boldsymbol{u}_n^{\mathrm{T}}]\boldsymbol{X}_{\mathrm{s}1}^{(2)\mathrm{T}})\otimes\boldsymbol{W}_n^{(2)}(\boldsymbol{s}_{\mathrm{v}})\end{bmatrix}\boldsymbol{J}_{\mathrm{s}0}^{(2)}(\boldsymbol{I}_M\otimes[\boldsymbol{O}_{3\times 3}\ \ \boldsymbol{I}_3]) - \begin{bmatrix}\boldsymbol{O}_{(M+1)\times 16} \\ ([1\ \ \boldsymbol{u}_n^{\mathrm{T}}]\boldsymbol{X}_{\mathrm{s}1}^{(2)\mathrm{T}})\otimes(\boldsymbol{W}_n^{(2)}(\boldsymbol{s}_{\mathrm{v}})\boldsymbol{X}_{\mathrm{s}2}^{(2)})\end{bmatrix}\boldsymbol{J}_{\mathrm{s}1}^{(2)}(\boldsymbol{I}_M\otimes[\boldsymbol{O}_{3\times 3}\ \ \boldsymbol{I}_3]) \\ &\in \mathbf{R}^{2(M+1)\times 6M}\end{aligned} \tag{11.110}$$

其中

$$\boldsymbol{J}_{\mathrm{s}2}^{(2)} = (\boldsymbol{I}_{16}+\boldsymbol{\varLambda}_{4\text{-}4})\left(\left(\begin{bmatrix}\boldsymbol{O}_{1\times(M+1)} \\ \dot{\boldsymbol{S}}^{(2)\mathrm{T}}\end{bmatrix}\bar{\boldsymbol{L}}_M\right)\otimes\bar{\boldsymbol{I}}_3\right) \in \mathbf{R}^{16\times 3M} \tag{11.111}$$

式（11.109）的推导见附录 H.8。

将式（11.93）、式（11.98）、式（11.104）及式（11.109）代入式（11.91）中可得

$$\begin{aligned}\boldsymbol{\delta}_{\mathrm{ts}n}^{(2)} &\approx \boldsymbol{B}_{\mathrm{t}n1}^{(2)}(\boldsymbol{u}_{\mathrm{v}n},\boldsymbol{s}_{\mathrm{v}})\boldsymbol{\varepsilon}_{\mathrm{t}n} + \boldsymbol{B}_{\mathrm{t}n2}^{(2)}(\boldsymbol{u}_{\mathrm{v}n},\boldsymbol{s}_{\mathrm{v}})\boldsymbol{\varepsilon}_{\mathrm{t}n} + \boldsymbol{B}_{\mathrm{s}n1}^{(2)}(\boldsymbol{u}_{\mathrm{v}n},\boldsymbol{s}_{\mathrm{v}})\boldsymbol{\varepsilon}_{\mathrm{s}} + \boldsymbol{B}_{\mathrm{s}n2}^{(2)}(\boldsymbol{u}_{\mathrm{v}n},\boldsymbol{s}_{\mathrm{v}})\boldsymbol{\varepsilon}_{\mathrm{s}} \\ &\quad + \boldsymbol{B}_{\mathrm{s}n3}^{(2)}(\boldsymbol{u}_{\mathrm{v}n},\boldsymbol{s}_{\mathrm{v}})\boldsymbol{\varepsilon}_{\mathrm{s}} + \boldsymbol{B}_{\mathrm{s}n4}^{(2)}(\boldsymbol{u}_{\mathrm{v}n},\boldsymbol{s}_{\mathrm{v}})\boldsymbol{\varepsilon}_{\mathrm{s}} \\ &= \boldsymbol{B}_{\mathrm{t}n}^{(2)}(\boldsymbol{u}_{\mathrm{v}n},\boldsymbol{s}_{\mathrm{v}})\boldsymbol{\varepsilon}_{\mathrm{t}n} + \boldsymbol{B}_{\mathrm{s}n}^{(2)}(\boldsymbol{u}_{\mathrm{v}n},\boldsymbol{s}_{\mathrm{v}})\boldsymbol{\varepsilon}_{\mathrm{s}} \quad (1\leqslant n\leqslant N)\end{aligned} \tag{11.112}$$

式中

$$\begin{cases}\boldsymbol{B}_{\mathrm{t}n}^{(2)}(\boldsymbol{u}_{\mathrm{v}n},\boldsymbol{s}_{\mathrm{v}}) = \boldsymbol{B}_{\mathrm{t}n1}^{(2)}(\boldsymbol{u}_{\mathrm{v}n},\boldsymbol{s}_{\mathrm{v}}) + \boldsymbol{B}_{\mathrm{t}n2}^{(2)}(\boldsymbol{u}_{\mathrm{v}n},\boldsymbol{s}_{\mathrm{v}}) \in \mathbf{R}^{2(M+1)\times 2M} \\ \boldsymbol{B}_{\mathrm{s}n}^{(2)}(\boldsymbol{u}_{\mathrm{v}n},\boldsymbol{s}_{\mathrm{v}}) = \boldsymbol{B}_{\mathrm{s}n1}^{(2)}(\boldsymbol{u}_{\mathrm{v}n},\boldsymbol{s}_{\mathrm{v}}) + \boldsymbol{B}_{\mathrm{s}n2}^{(2)}(\boldsymbol{u}_{\mathrm{v}n},\boldsymbol{s}_{\mathrm{v}}) + \boldsymbol{B}_{\mathrm{s}n3}^{(2)}(\boldsymbol{u}_{\mathrm{v}n},\boldsymbol{s}_{\mathrm{v}}) + \boldsymbol{B}_{\mathrm{s}n4}^{(2)}(\boldsymbol{u}_{\mathrm{v}n},\boldsymbol{s}_{\mathrm{v}}) \in \mathbf{R}^{2(M+1)\times 6M}\end{cases} \tag{11.113}$$

由式（11.112）可知，误差向量$\boldsymbol{\delta}_{\mathrm{ts}n}^{(2)}$渐近服从零均值的高斯分布，并且其协方差矩阵为

$$\begin{aligned}\boldsymbol{\varOmega}_{\mathrm{ts}n}^{(2)} &= \mathbf{cov}(\boldsymbol{\delta}_{\mathrm{ts}n}^{(2)}) = \mathrm{E}[\boldsymbol{\delta}_{\mathrm{ts}n}^{(2)}\boldsymbol{\delta}_{\mathrm{ts}n}^{(2)\mathrm{T}}] \\ &\approx \boldsymbol{B}_{\mathrm{t}n}^{(2)}(\boldsymbol{u}_{\mathrm{v}n},\boldsymbol{s}_{\mathrm{v}})\cdot\mathrm{E}[\boldsymbol{\varepsilon}_{\mathrm{t}n}\boldsymbol{\varepsilon}_{\mathrm{t}n}^{\mathrm{T}}]\cdot(\boldsymbol{B}_{\mathrm{t}n}^{(2)}(\boldsymbol{u}_{\mathrm{v}n},\boldsymbol{s}_{\mathrm{v}}))^{\mathrm{T}} + \boldsymbol{B}_{\mathrm{s}n}^{(2)}(\boldsymbol{u}_{\mathrm{v}n},\boldsymbol{s}_{\mathrm{v}})\cdot\mathrm{E}[\boldsymbol{\varepsilon}_{\mathrm{s}}\boldsymbol{\varepsilon}_{\mathrm{s}}^{\mathrm{T}}]\cdot(\boldsymbol{B}_{\mathrm{s}n}^{(2)}(\boldsymbol{u}_{\mathrm{v}n},\boldsymbol{s}_{\mathrm{v}}))^{\mathrm{T}} \\ &= \boldsymbol{B}_{\mathrm{t}n}^{(2)}(\boldsymbol{u}_{\mathrm{v}n},\boldsymbol{s}_{\mathrm{v}})\boldsymbol{E}_{\mathrm{t}n}(\boldsymbol{B}_{\mathrm{t}n}^{(2)}(\boldsymbol{u}_{\mathrm{v}n},\boldsymbol{s}_{\mathrm{v}}))^{\mathrm{T}} + \boldsymbol{B}_{\mathrm{s}n}^{(2)}(\boldsymbol{u}_{\mathrm{v}n},\boldsymbol{s}_{\mathrm{v}})\boldsymbol{E}_{\mathrm{s}}(\boldsymbol{B}_{\mathrm{s}n}^{(2)}(\boldsymbol{u}_{\mathrm{v}n},\boldsymbol{s}_{\mathrm{v}}))^{\mathrm{T}} \in \mathbf{R}^{2(M+1)\times 2(M+1)}\end{aligned} \tag{11.114}$$

2．定位优化模型及其求解方法

由于误差向量$\boldsymbol{\delta}_{\mathrm{ts}n}^{(2)}$的维数为$2(M+1)$，大于 TOA/FOA 观测量个数$2M$，因而易导致协方差矩阵$\boldsymbol{\Omega}_{\mathrm{ts}n}^{(2)}$出现秩亏损现象（其证明可见附录 H.9）。为了解决该问题，可以利用矩阵奇异值分解重新构造误差向量，以使其协方差矩阵具备满秩性。

首先对矩阵$\boldsymbol{B}_{\mathrm{t}n}^{(2)}(\boldsymbol{u}_{\mathrm{v}n},\hat{\boldsymbol{s}}_{\mathrm{v}})$进行奇异值分解，如下式所示：

$$\begin{aligned}\boldsymbol{B}_{\mathrm{t}n}^{(2)}(\boldsymbol{u}_{\mathrm{v}n},\hat{\boldsymbol{s}}_{\mathrm{v}})&=\boldsymbol{H}_n(\hat{\boldsymbol{s}}_{\mathrm{v}})\boldsymbol{\Sigma}_n(\hat{\boldsymbol{s}}_{\mathrm{v}})(\boldsymbol{V}_n(\hat{\boldsymbol{s}}_{\mathrm{v}}))^{\mathrm{T}}=\left[\underbrace{\boldsymbol{H}_{n1}(\hat{\boldsymbol{s}}_{\mathrm{v}})}_{2(M+1)\times 2M}\ \underbrace{\boldsymbol{H}_{n2}(\hat{\boldsymbol{s}}_{\mathrm{v}})}_{2(M+1)\times 2}\right]\begin{bmatrix}\underbrace{\boldsymbol{\Sigma}_{n1}(\hat{\boldsymbol{s}}_{\mathrm{v}})}_{2M\times 2M}\\ \boldsymbol{O}_{2\times 2M}\end{bmatrix}(\boldsymbol{V}_n(\hat{\boldsymbol{s}}_{\mathrm{v}}))^{\mathrm{T}}\\&=\boldsymbol{H}_{n1}(\hat{\boldsymbol{s}}_{\mathrm{v}})\boldsymbol{\Sigma}_{n1}(\hat{\boldsymbol{s}}_{\mathrm{v}})(\boldsymbol{V}_n(\hat{\boldsymbol{s}}_{\mathrm{v}}))^{\mathrm{T}}\end{aligned}\tag{11.115}$$

式中，$\boldsymbol{H}_n(\hat{\boldsymbol{s}}_{\mathrm{v}})=[\boldsymbol{H}_{n1}(\hat{\boldsymbol{s}}_{\mathrm{v}})\ \ \boldsymbol{H}_{n2}(\hat{\boldsymbol{s}}_{\mathrm{v}})]$，为$2(M+1)\times 2(M+1)$阶正交矩阵；$\boldsymbol{V}_n(\hat{\boldsymbol{s}}_{\mathrm{v}})$为$2M\times 2M$阶正交矩阵；$\boldsymbol{\Sigma}_{n1}(\hat{\boldsymbol{s}}_{\mathrm{v}})$为$2M\times 2M$阶对角矩阵，其中的对角元素为矩阵$\boldsymbol{B}_{\mathrm{t}n}^{(2)}(\boldsymbol{u}_{\mathrm{v}n},\hat{\boldsymbol{s}}_{\mathrm{v}})$的奇异值。为了得到协方差矩阵为满秩的误差向量，可以将矩阵$(\boldsymbol{H}_{n1}(\hat{\boldsymbol{s}}_{\mathrm{v}}))^{\mathrm{T}}$左乘以误差向量$\boldsymbol{\delta}_{\mathrm{ts}n}^{(2)}$，并结合式（11.90）和式（11.112）可得

$$\begin{aligned}\bar{\boldsymbol{\delta}}_{\mathrm{ts}n}^{(2)}&=(\boldsymbol{H}_{n1}(\hat{\boldsymbol{s}}_{\mathrm{v}}))^{\mathrm{T}}\boldsymbol{\delta}_{\mathrm{ts}n}^{(2)}\\&=(\boldsymbol{H}_{n1}(\hat{\boldsymbol{s}}_{\mathrm{v}}))^{\mathrm{T}}\begin{bmatrix}\hat{\boldsymbol{W}}_n^{(2)}(\hat{\boldsymbol{s}}_{\mathrm{v}})\boldsymbol{T}^{(2)}(\hat{\boldsymbol{s}}_{\mathrm{v}}) & \boldsymbol{O}_{(M+1)\times 3}\\ \dot{\hat{\boldsymbol{W}}}_n^{(2)}(\hat{\boldsymbol{s}}_{\mathrm{v}})\boldsymbol{T}^{(2)}(\hat{\boldsymbol{s}}_{\mathrm{v}})+\hat{\boldsymbol{W}}_n^{(2)}(\hat{\boldsymbol{s}}_{\mathrm{v}})\dot{\boldsymbol{T}}^{(2)}(\hat{\boldsymbol{s}}_{\mathrm{v}}) & \hat{\boldsymbol{W}}_n^{(2)}(\hat{\boldsymbol{s}}_{\mathrm{v}})\boldsymbol{T}^{(2)}(\hat{\boldsymbol{s}}_{\mathrm{v}})\bar{\boldsymbol{I}}_3\end{bmatrix}\begin{bmatrix}1\\ \boldsymbol{u}_{\mathrm{v}n}\end{bmatrix}\\&\approx(\boldsymbol{H}_{n1}(\boldsymbol{s}_{\mathrm{v}}))^{\mathrm{T}}(\boldsymbol{B}_{\mathrm{t}n}^{(2)}(\boldsymbol{u}_{\mathrm{v}n},\boldsymbol{s}_{\mathrm{v}})\boldsymbol{\varepsilon}_{\mathrm{t}n}+\boldsymbol{B}_{\mathrm{s}n}^{(2)}(\boldsymbol{u}_{\mathrm{v}n},\boldsymbol{s}_{\mathrm{v}})\boldsymbol{\varepsilon}_{\mathrm{s}})\quad(1\leqslant n\leqslant N)\end{aligned}\tag{11.116}$$

由式（11.115）可得$(\boldsymbol{H}_{n1}(\boldsymbol{s}_{\mathrm{v}}))^{\mathrm{T}}\boldsymbol{B}_{\mathrm{t}n}^{(2)}(\boldsymbol{u}_{\mathrm{v}n},\boldsymbol{s}_{\mathrm{v}})=\boldsymbol{\Sigma}_{n1}(\boldsymbol{s}_{\mathrm{v}})(\boldsymbol{V}_n(\boldsymbol{s}_{\mathrm{v}}))^{\mathrm{T}}$，将该式代入式（11.116）中，可得误差向量$\bar{\boldsymbol{\delta}}_{\mathrm{ts}n}^{(2)}$的协方差矩阵为

$$\begin{aligned}\bar{\boldsymbol{\Omega}}_{\mathrm{ts}n}^{(2)}&=\mathbf{cov}(\bar{\boldsymbol{\delta}}_{\mathrm{ts}n}^{(2)})=\mathrm{E}[\bar{\boldsymbol{\delta}}_{\mathrm{ts}n}^{(2)}\bar{\boldsymbol{\delta}}_{\mathrm{ts}n}^{(2)\mathrm{T}}]\approx(\boldsymbol{H}_{n1}(\boldsymbol{s}_{\mathrm{v}}))^{\mathrm{T}}\boldsymbol{\Omega}_{\mathrm{ts}n}^{(2)}\boldsymbol{H}_{n1}(\boldsymbol{s}_{\mathrm{v}})\\&=\boldsymbol{\Sigma}_{n1}(\boldsymbol{s}_{\mathrm{v}})(\boldsymbol{V}_n(\boldsymbol{s}_{\mathrm{v}}))^{\mathrm{T}}\boldsymbol{E}_{\mathrm{t}n}\boldsymbol{V}_n(\boldsymbol{s}_{\mathrm{v}})(\boldsymbol{\Sigma}_{n1}(\boldsymbol{s}_{\mathrm{v}}))^{\mathrm{T}}+(\boldsymbol{H}_{n1}(\boldsymbol{s}_{\mathrm{v}}))^{\mathrm{T}}\boldsymbol{B}_{\mathrm{s}n}^{(2)}(\boldsymbol{u}_{\mathrm{v}n},\boldsymbol{s}_{\mathrm{v}})\\&\quad\times\boldsymbol{E}_{\mathrm{s}}(\boldsymbol{B}_{\mathrm{s}n}^{(2)}(\boldsymbol{u}_{\mathrm{v}n},\boldsymbol{s}_{\mathrm{v}}))^{\mathrm{T}}\boldsymbol{H}_{n1}(\boldsymbol{s}_{\mathrm{v}})\in\mathbf{R}^{2M\times 2M}\end{aligned}\tag{11.117}$$

容易验证$\bar{\boldsymbol{\Omega}}_{\mathrm{ts}n}^{(2)}$为满秩矩阵，并且误差向量$\bar{\boldsymbol{\delta}}_{\mathrm{ts}n}^{(2)}$的维数为$2M$，其与 TOA/FOA 观测量个数相等。

下面将矩阵$\boldsymbol{T}^{(2)}(\hat{\boldsymbol{s}}_{\mathrm{v}})$和$\dot{\boldsymbol{T}}^{(2)}(\hat{\boldsymbol{s}}_{\mathrm{v}})$分块表示为

$$\boldsymbol{T}^{(2)}(\hat{\boldsymbol{s}}_{\mathrm{v}})=\left[\underbrace{\boldsymbol{t}_1^{(2)}(\hat{\boldsymbol{s}}_{\mathrm{v}})}_{(M+1)\times 1}\quad\underbrace{\boldsymbol{T}_2^{(2)}(\hat{\boldsymbol{s}}_{\mathrm{v}})}_{(M+1)\times 3}\right],\ \dot{\boldsymbol{T}}^{(2)}(\hat{\boldsymbol{s}}_{\mathrm{v}})=\left[\underbrace{\dot{\boldsymbol{t}}_1^{(2)}(\hat{\boldsymbol{s}}_{\mathrm{v}})}_{(M+1)\times 1}\quad\underbrace{\dot{\boldsymbol{T}}_2^{(2)}(\hat{\boldsymbol{s}}_{\mathrm{v}})}_{(M+1)\times 3}\right]\tag{11.118}$$

结合式（11.116）和式（11.118）可以将误差向量$\bar{\boldsymbol{\delta}}_{\mathrm{ts}n}^{(2)}$重新写为

$$\begin{aligned}\bar{\boldsymbol{\delta}}_{\mathrm{ts}n}^{(2)}&=(\boldsymbol{H}_{n1}(\hat{\boldsymbol{s}}_{\mathrm{v}}))^{\mathrm{T}}\left\{\begin{bmatrix}\hat{\boldsymbol{W}}_n^{(2)}(\hat{\boldsymbol{s}}_{\mathrm{v}})\boldsymbol{t}_1^{(2)}(\hat{\boldsymbol{s}}_{\mathrm{v}})\\ \dot{\hat{\boldsymbol{W}}}_n^{(2)}(\hat{\boldsymbol{s}}_{\mathrm{v}})\boldsymbol{t}_1^{(2)}(\hat{\boldsymbol{s}}_{\mathrm{v}})+\hat{\boldsymbol{W}}_n^{(2)}(\hat{\boldsymbol{s}}_{\mathrm{v}})\dot{\boldsymbol{t}}_1^{(2)}(\hat{\boldsymbol{s}}_{\mathrm{v}})\end{bmatrix}\right.\\&\quad\left.+\begin{bmatrix}\hat{\boldsymbol{W}}_n^{(2)}(\hat{\boldsymbol{s}}_{\mathrm{v}})\boldsymbol{T}_2^{(2)}(\hat{\boldsymbol{s}}_{\mathrm{v}}) & \boldsymbol{O}_{(M+1)\times 3}\\ \dot{\hat{\boldsymbol{W}}}_n^{(2)}(\hat{\boldsymbol{s}}_{\mathrm{v}})\boldsymbol{T}_2^{(2)}(\hat{\boldsymbol{s}}_{\mathrm{v}})+\hat{\boldsymbol{W}}_n^{(2)}(\hat{\boldsymbol{s}}_{\mathrm{v}})\dot{\boldsymbol{T}}_2^{(2)}(\hat{\boldsymbol{s}}_{\mathrm{v}}) & \hat{\boldsymbol{W}}_n^{(2)}(\hat{\boldsymbol{s}}_{\mathrm{v}})\boldsymbol{T}_2^{(2)}(\hat{\boldsymbol{s}}_{\mathrm{v}})\end{bmatrix}\boldsymbol{u}_{\mathrm{v}n}\right)\\&=(\boldsymbol{H}_{n1}(\hat{\boldsymbol{s}}_{\mathrm{v}}))^{\mathrm{T}}(\hat{\boldsymbol{z}}_n^{(2)}(\hat{\boldsymbol{s}}_{\mathrm{v}})+\hat{\boldsymbol{Z}}_n^{(2)}(\hat{\boldsymbol{s}}_{\mathrm{v}})\boldsymbol{u}_{\mathrm{v}n})\quad(1\leqslant n\leqslant N)\end{aligned}\tag{11.119}$$

式中

$$\begin{cases}\hat{\boldsymbol{z}}_n^{(2)}(\hat{\boldsymbol{s}}_{\mathrm{v}})=\begin{bmatrix}\hat{\boldsymbol{W}}_n^{(2)}(\hat{\boldsymbol{s}}_{\mathrm{v}})\boldsymbol{t}_1^{(2)}(\hat{\boldsymbol{s}}_{\mathrm{v}})\\ \dot{\hat{\boldsymbol{W}}}_n^{(2)}(\hat{\boldsymbol{s}}_{\mathrm{v}})\boldsymbol{t}_1^{(2)}(\hat{\boldsymbol{s}}_{\mathrm{v}})+\hat{\boldsymbol{W}}_n^{(2)}(\hat{\boldsymbol{s}}_{\mathrm{v}})\dot{\boldsymbol{t}}_1^{(2)}(\hat{\boldsymbol{s}}_{\mathrm{v}})\end{bmatrix}\in\mathbf{R}^{2(M+1)\times 1}\\ \hat{\boldsymbol{Z}}_n^{(2)}(\hat{\boldsymbol{s}}_{\mathrm{v}})=\begin{bmatrix}\hat{\boldsymbol{W}}_n^{(2)}(\hat{\boldsymbol{s}}_{\mathrm{v}})\boldsymbol{T}_2^{(2)}(\hat{\boldsymbol{s}}_{\mathrm{v}}) & \boldsymbol{O}_{(M+1)\times 3}\\ \dot{\hat{\boldsymbol{W}}}_n^{(2)}(\hat{\boldsymbol{s}}_{\mathrm{v}})\boldsymbol{T}_2^{(2)}(\hat{\boldsymbol{s}}_{\mathrm{v}})+\hat{\boldsymbol{W}}_n^{(2)}(\hat{\boldsymbol{s}}_{\mathrm{v}})\dot{\boldsymbol{T}}_2^{(2)}(\hat{\boldsymbol{s}}_{\mathrm{v}}) & \hat{\boldsymbol{W}}_n^{(2)}(\hat{\boldsymbol{s}}_{\mathrm{v}})\boldsymbol{T}_2^{(2)}(\hat{\boldsymbol{s}}_{\mathrm{v}})\end{bmatrix}\in\mathbf{R}^{2(M+1)\times 6}\end{cases}\tag{11.120}$$

另外，由式（11.116）可知，N个误差向量$\{\bar{\boldsymbol{\delta}}_{\mathrm{ts}n}^{(2)}\}_{1\leqslant n\leqslant N}$中含有公共的观测误差$\boldsymbol{\varepsilon}_{\mathrm{s}}$（即传感器位置-速度先验观测误差），为了进行多辐射源协同定位，需要将式（11.119）中的N个等式合并，如下式所示：

$$\bar{\boldsymbol{\delta}}_{\mathrm{ts\text{-}c}}^{(2)}=[\bar{\boldsymbol{\delta}}_{\mathrm{ts}1}^{(2)\mathrm{T}}\ \ \bar{\boldsymbol{\delta}}_{\mathrm{ts}2}^{(2)\mathrm{T}}\ \ \cdots\ \ \bar{\boldsymbol{\delta}}_{\mathrm{ts}N}^{(2)\mathrm{T}}]=(\boldsymbol{H}_{\mathrm{c}}(\hat{\boldsymbol{s}}_{\mathrm{v}}))^{\mathrm{T}}(\hat{\boldsymbol{z}}_{\mathrm{c}}^{(2)}(\hat{\boldsymbol{s}}_{\mathrm{v}})+\hat{\boldsymbol{Z}}_{\mathrm{c}}^{(2)}(\hat{\boldsymbol{s}}_{\mathrm{v}})\boldsymbol{u}_{\mathrm{v\text{-}c}})\tag{11.121}$$

式中

$$\begin{cases}\hat{\boldsymbol{z}}_{\mathrm{c}}^{(2)}(\hat{\boldsymbol{s}}_{\mathrm{v}})=[(\hat{\boldsymbol{z}}_1^{(2)}(\hat{\boldsymbol{s}}_{\mathrm{v}}))^{\mathrm{T}}\ \ (\hat{\boldsymbol{z}}_2^{(2)}(\hat{\boldsymbol{s}}_{\mathrm{v}}))^{\mathrm{T}}\ \ \cdots\ \ (\hat{\boldsymbol{z}}_N^{(2)}(\hat{\boldsymbol{s}}_{\mathrm{v}}))^{\mathrm{T}}]^{\mathrm{T}}\in\mathbf{R}^{2(M+1)N\times 1}\\ \hat{\boldsymbol{Z}}_{\mathrm{c}}^{(2)}(\hat{\boldsymbol{s}}_{\mathrm{v}})=\mathrm{blkdiag}\{\hat{\boldsymbol{Z}}_1^{(2)}(\hat{\boldsymbol{s}}_{\mathrm{v}}),\hat{\boldsymbol{Z}}_2^{(2)}(\hat{\boldsymbol{s}}_{\mathrm{v}}),\cdots,\hat{\boldsymbol{Z}}_N^{(2)}(\hat{\boldsymbol{s}}_{\mathrm{v}})\}\in\mathbf{R}^{2(M+1)N\times 6N}\\ \boldsymbol{H}_{\mathrm{c}}(\hat{\boldsymbol{s}}_{\mathrm{v}})=\mathrm{blkdiag}\{\boldsymbol{H}_{11}(\hat{\boldsymbol{s}}_{\mathrm{v}}),\boldsymbol{H}_{21}(\hat{\boldsymbol{s}}_{\mathrm{v}}),\cdots,\boldsymbol{H}_{N1}(\hat{\boldsymbol{s}}_{\mathrm{v}})\}\in\mathbf{R}^{2(M+1)N\times 2MN}\end{cases}\tag{11.122}$$

多辐射源协同定位是要估计多辐射源位置-速度向量$\boldsymbol{u}_{\mathrm{v\text{-}c}}$，而不是独立地估计单个辐射源位置-速度向量$\{\boldsymbol{u}_{\mathrm{v}n}\}_{1\leqslant n\leqslant N}$。

联合式（11.116）、式（11.117）及式（11.121）可知，误差向量$\bar{\boldsymbol{\delta}}_{\mathrm{ts\text{-}c}}^{(2)}$渐近服从零均值的高斯分布，并且其协方差矩阵为

$$
\begin{aligned}
\bar{\boldsymbol{\Omega}}_{\text{ts-c}}^{(2)} &= \mathbf{cov}(\bar{\boldsymbol{\delta}}_{\text{ts-c}}^{(2)}) = \mathrm{E}[\bar{\boldsymbol{\delta}}_{\text{ts-c}}^{(2)}\bar{\boldsymbol{\delta}}_{\text{ts-c}}^{(2)\mathrm{T}}] \\
&\approx \begin{bmatrix}
\bar{\boldsymbol{\Omega}}_{\text{ts1}}^{(2)} & \begin{pmatrix}(\boldsymbol{H}_{11}(\boldsymbol{s}_{\text{v}}))^{\mathrm{T}}\boldsymbol{B}_{\text{s1}}^{(2)}(\boldsymbol{u}_{\text{v1}},\boldsymbol{s}_{\text{v}})\boldsymbol{E}_{\text{s}} \\ \times(\boldsymbol{B}_{\text{s2}}^{(2)}(\boldsymbol{u}_{\text{v2}},\boldsymbol{s}_{\text{v}}))^{\mathrm{T}}\boldsymbol{H}_{21}(\boldsymbol{s}_{\text{v}})\end{pmatrix} & \cdots & \begin{pmatrix}(\boldsymbol{H}_{11}(\boldsymbol{s}_{\text{v}}))^{\mathrm{T}}\boldsymbol{B}_{\text{s1}}^{(2)}(\boldsymbol{u}_{\text{v1}},\boldsymbol{s}_{\text{v}})\boldsymbol{E}_{\text{s}} \\ \times(\boldsymbol{B}_{\text{s}N}^{(2)}(\boldsymbol{u}_{\text{v}N},\boldsymbol{s}_{\text{v}}))^{\mathrm{T}}\boldsymbol{H}_{N1}(\boldsymbol{s}_{\text{v}})\end{pmatrix} \\
\begin{pmatrix}(\boldsymbol{H}_{21}(\boldsymbol{s}_{\text{v}}))^{\mathrm{T}}\boldsymbol{B}_{\text{s2}}^{(2)}(\boldsymbol{u}_{\text{v2}},\boldsymbol{s}_{\text{v}})\boldsymbol{E}_{\text{s}} \\ \times(\boldsymbol{B}_{\text{s1}}^{(2)}(\boldsymbol{u}_{\text{v1}},\boldsymbol{s}_{\text{v}}))^{\mathrm{T}}\boldsymbol{H}_{11}(\boldsymbol{s}_{\text{v}})\end{pmatrix} & \bar{\boldsymbol{\Omega}}_{\text{ts2}}^{(2)} & \ddots & \vdots \\
\vdots & \ddots & \ddots & \begin{pmatrix}(\boldsymbol{H}_{N-1,1}(\boldsymbol{s}_{\text{v}}))^{\mathrm{T}}\boldsymbol{B}_{\text{s},N-1}^{(2)}(\boldsymbol{u}_{\text{v},N-1},\boldsymbol{s}_{\text{v}})\boldsymbol{E}_{\text{s}} \\ \times(\boldsymbol{B}_{\text{s}N}^{(2)}(\boldsymbol{u}_{\text{v}N},\boldsymbol{s}_{\text{v}}))^{\mathrm{T}}\boldsymbol{H}_{N1}(\boldsymbol{s}_{\text{v}})\end{pmatrix} \\
\begin{pmatrix}(\boldsymbol{H}_{N1}(\boldsymbol{s}_{\text{v}}))^{\mathrm{T}}\boldsymbol{B}_{\text{s}N}^{(2)}(\boldsymbol{u}_{\text{v}N},\boldsymbol{s}_{\text{v}})\boldsymbol{E}_{\text{s}} \\ \times(\boldsymbol{B}_{\text{s1}}^{(2)}(\boldsymbol{u}_{\text{v1}},\boldsymbol{s}_{\text{v}}))^{\mathrm{T}}\boldsymbol{H}_{11}(\boldsymbol{s}_{\text{v}})\end{pmatrix} & \cdots & \begin{pmatrix}(\boldsymbol{H}_{N1}(\boldsymbol{s}_{\text{v}}))^{\mathrm{T}}\boldsymbol{B}_{\text{s}N}^{(2)}(\boldsymbol{u}_{\text{v}N},\boldsymbol{s}_{\text{v}})\boldsymbol{E}_{\text{s}} \\ \times(\boldsymbol{B}_{\text{s},N-1}^{(2)}(\boldsymbol{u}_{\text{v},N-1},\boldsymbol{s}_{\text{v}}))^{\mathrm{T}}\boldsymbol{H}_{N-1,1}(\boldsymbol{s}_{\text{v}})\end{pmatrix} & \bar{\boldsymbol{\Omega}}_{\text{ts}N}^{(2)}
\end{bmatrix} \\
&= \boldsymbol{\Sigma}_{\text{c}}(\boldsymbol{s}_{\text{v}})(\boldsymbol{V}_{\text{c}}(\boldsymbol{s}_{\text{v}}))^{\mathrm{T}}\boldsymbol{E}_{\text{t-c}}\boldsymbol{V}_{\text{c}}(\boldsymbol{s}_{\text{v}})(\boldsymbol{\Sigma}_{\text{c}}(\boldsymbol{s}_{\text{v}}))^{\mathrm{T}} + (\boldsymbol{H}_{\text{c}}(\boldsymbol{s}_{\text{v}}))^{\mathrm{T}}\boldsymbol{B}_{\text{s-c}}^{(2)}(\boldsymbol{u}_{\text{v-c}},\boldsymbol{s}_{\text{v}})\boldsymbol{E}_{\text{s}}(\boldsymbol{B}_{\text{s-c}}^{(2)}(\boldsymbol{u}_{\text{v-c}},\boldsymbol{s}_{\text{v}}))^{\mathrm{T}}\boldsymbol{H}_{\text{c}}(\boldsymbol{s}_{\text{v}}) \in \mathbf{R}^{2MN\times 2MN}
\end{aligned}
\tag{11.123}
$$

式中

$$
\begin{cases}
\boldsymbol{\Sigma}_{\text{c}}(\boldsymbol{s}_{\text{v}}) = \text{blkdiag}\{\boldsymbol{\Sigma}_{11}(\boldsymbol{s}_{\text{v}}),\boldsymbol{\Sigma}_{21}(\boldsymbol{s}_{\text{v}}),\cdots,\boldsymbol{\Sigma}_{N1}(\boldsymbol{s}_{\text{v}})\} \in \mathbf{R}^{2MN\times 2MN} \\
\boldsymbol{V}_{\text{c}}(\boldsymbol{s}_{\text{v}}) = \text{blkdiag}\{\boldsymbol{V}_{1}(\boldsymbol{s}_{\text{v}}),\boldsymbol{V}_{2}(\boldsymbol{s}_{\text{v}}),\cdots,\boldsymbol{V}_{N}(\boldsymbol{s}_{\text{v}})\} \in \mathbf{R}^{2MN\times 2MN} \\
\boldsymbol{H}_{\text{c}}(\boldsymbol{s}_{\text{v}}) = \text{blkdiag}\{\boldsymbol{H}_{11}(\boldsymbol{s}_{\text{v}}),\boldsymbol{H}_{21}(\boldsymbol{s}_{\text{v}}),\cdots,\boldsymbol{H}_{N1}(\boldsymbol{s}_{\text{v}})\} \in \mathbf{R}^{2(M+1)N\times 2MN} \\
\boldsymbol{B}_{\text{s-c}}^{(2)}(\boldsymbol{u}_{\text{v-c}},\boldsymbol{s}_{\text{v}}) = [(\boldsymbol{B}_{\text{s1}}^{(2)}(\boldsymbol{u}_{\text{v1}},\boldsymbol{s}_{\text{v}}))^{\mathrm{T}}\ \ (\boldsymbol{B}_{\text{s2}}^{(2)}(\boldsymbol{u}_{\text{v2}},\boldsymbol{s}_{\text{v}}))^{\mathrm{T}}\ \ \cdots\ \ (\boldsymbol{B}_{\text{s}N}^{(2)}(\boldsymbol{u}_{\text{v}N},\boldsymbol{s}_{\text{v}}))^{\mathrm{T}}]^{\mathrm{T}} \in \mathbf{R}^{2(M+1)N\times 6M}
\end{cases}
\tag{11.124}
$$

基于式（11.121）和式（11.123）可以构建估计多辐射源位置-速度向量 $\boldsymbol{u}_{\text{v-c}}$ 的优化准则，如下式所示：

$$
\min_{\boldsymbol{u}_{\text{v-c}}}\{(\hat{\boldsymbol{Z}}_{\text{c}}^{(2)}(\hat{\boldsymbol{s}}_{\text{v}})\boldsymbol{u}_{\text{v-c}} + (\hat{\boldsymbol{z}}_{\text{c}}^{(2)}(\hat{\boldsymbol{s}}_{\text{v}}))^{\mathrm{T}}\boldsymbol{H}_{\text{c}}(\hat{\boldsymbol{s}}_{\text{v}})(\bar{\boldsymbol{\Omega}}_{\text{ts-c}}^{(2)})^{-1}(\boldsymbol{H}_{\text{c}}(\hat{\boldsymbol{s}}_{\text{v}}))^{\mathrm{T}}(\hat{\boldsymbol{Z}}_{\text{c}}^{(2)}(\hat{\boldsymbol{s}}_{\text{v}})\boldsymbol{u}_{\text{v-c}} + \hat{\boldsymbol{z}}_{\text{c}}^{(2)}(\hat{\boldsymbol{s}}_{\text{v}}))\}
\tag{11.125}
$$

式中，$(\bar{\boldsymbol{\Omega}}_{\text{ts-c}}^{(2)})^{-1}$ 可以看作加权矩阵，其作用在于抑制观测误差 $\boldsymbol{\varepsilon}_{\text{t-c}}$ 和 $\boldsymbol{\varepsilon}_{\text{s}}$ 的影响。根据命题 2.13 可知，式（11.125）的最优解为

$$
\begin{aligned}
\hat{\boldsymbol{u}}_{\text{v-c}}^{(2)} = &-[(\hat{\boldsymbol{Z}}_{\text{c}}^{(2)}(\hat{\boldsymbol{s}}_{\text{v}}))^{\mathrm{T}}\boldsymbol{H}_{\text{c}}(\hat{\boldsymbol{s}}_{\text{v}})(\bar{\boldsymbol{\Omega}}_{\text{ts-c}}^{(2)})^{-1}(\boldsymbol{H}_{\text{c}}(\hat{\boldsymbol{s}}_{\text{v}}))^{\mathrm{T}}\hat{\boldsymbol{Z}}_{\text{c}}^{(2)}(\hat{\boldsymbol{s}}_{\text{v}})]^{-1}(\hat{\boldsymbol{Z}}_{\text{c}}^{(2)}(\hat{\boldsymbol{s}}_{\text{v}}))^{\mathrm{T}} \\
&\times\boldsymbol{H}_{\text{c}}(\hat{\boldsymbol{s}}_{\text{v}})(\bar{\boldsymbol{\Omega}}_{\text{ts-c}}^{(2)})^{-1}(\boldsymbol{H}_{\text{c}}(\hat{\boldsymbol{s}}_{\text{v}}))^{\mathrm{T}}\hat{\boldsymbol{z}}_{\text{c}}^{(2)}(\hat{\boldsymbol{s}}_{\text{v}})
\end{aligned}
\tag{11.126}
$$

【注记 11.3】 由式（11.123）可知，加权矩阵 $(\bar{\boldsymbol{\Omega}}_{\text{ts-c}}^{(2)})^{-1}$ 与辐射源位置-速度向量 $\{\boldsymbol{u}_{\text{v}n}\}_{1\leqslant n\leqslant N}$（或 $\boldsymbol{u}_{\text{v-c}}$）有关。因此，严格来说，式（11.125）中的目标函数并不是关于向量 $\boldsymbol{u}_{\text{v-c}}$ 的二次函数，针对该问题，可以采用注记 4.1 中描述的方法进行处理。另外，加权矩阵 $(\bar{\boldsymbol{\Omega}}_{\text{ts-c}}^{(2)})^{-1}$ 还与传感器位置-速度向量 $\boldsymbol{s}_{\text{v}}$ 有关，可以直接利用其先验观测值 $\hat{\boldsymbol{s}}_{\text{v}}$ 进行计算。理论分析表明，在一阶误差分析理论框架下，加权矩阵 $(\bar{\boldsymbol{\Omega}}_{\text{ts-c}}^{(2)})^{-1}$ 中的扰动误差并不会实质影响估计值 $\hat{\boldsymbol{u}}_{\text{v-c}}^{(2)}$ 的统计性能。

图 11.10 给出了本章第 2 种加权多维标度定位方法的流程图。

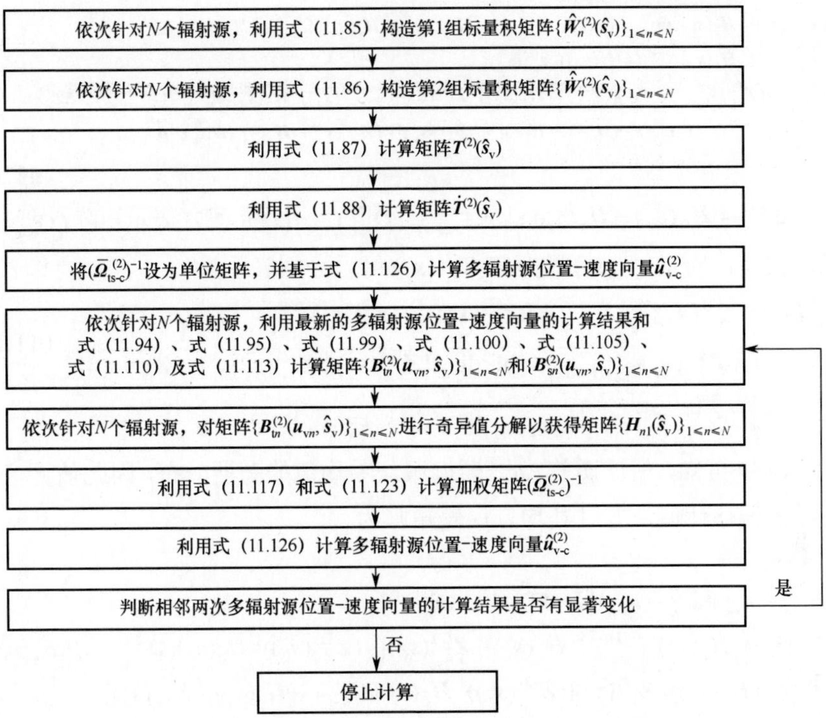

图 11.10　本章第 2 种加权多维标度定位方法的流程图

11.3.3　理论性能分析

下面将推导估计值 $\hat{\boldsymbol{u}}_{\mathrm{v\text{-}c}}^{(2)}$ 的理论性能，主要是推导估计均方误差矩阵，并将其与相应的克拉美罗界进行比较，从而证明其渐近最优性。这里采用的性能分析方法是一阶误差分析方法，即忽略观测误差 $\boldsymbol{\varepsilon}_{\mathrm{t\text{-}c}}$ 和 $\boldsymbol{\varepsilon}_{\mathrm{s}}$ 的二阶及其以上各阶项。

首先将最优解 $\hat{\boldsymbol{u}}_{\mathrm{v\text{-}c}}^{(2)}$ 中的估计误差记为 $\Delta\boldsymbol{u}_{\mathrm{v\text{-}c}}^{(2)}=\hat{\boldsymbol{u}}_{\mathrm{v\text{-}c}}^{(2)}-\boldsymbol{u}$。基于式（11.126）和注记 11.3 中的讨论可得

$$\begin{aligned}&(\hat{\boldsymbol{Z}}_{\mathrm{c}}^{(2)}(\hat{\boldsymbol{s}}_{\mathrm{v}}))^{\mathrm{T}}\boldsymbol{H}_{\mathrm{c}}(\hat{\boldsymbol{s}}_{\mathrm{v}})(\bar{\boldsymbol{\Omega}}_{\mathrm{ts\text{-}c}}^{(2)})^{-1}(\boldsymbol{H}_{\mathrm{c}}(\hat{\boldsymbol{s}}_{\mathrm{v}}))^{\mathrm{T}}\hat{\boldsymbol{Z}}_{\mathrm{c}}^{(2)}(\hat{\boldsymbol{s}}_{\mathrm{v}})\hat{\boldsymbol{u}}_{\mathrm{v\text{-}c}}^{(2)}\\&=-(\hat{\boldsymbol{Z}}_{\mathrm{c}}^{(2)}(\hat{\boldsymbol{s}}_{\mathrm{v}}))^{\mathrm{T}}\boldsymbol{H}_{\mathrm{c}}(\hat{\boldsymbol{s}}_{\mathrm{v}})(\bar{\boldsymbol{\Omega}}_{\mathrm{ts\text{-}c}}^{(2)})^{-1}(\boldsymbol{H}_{\mathrm{c}}(\hat{\boldsymbol{s}}_{\mathrm{v}}))^{\mathrm{T}}\hat{\boldsymbol{z}}_{\mathrm{c}}^{(2)}(\hat{\boldsymbol{s}}_{\mathrm{v}})\end{aligned}\tag{11.127}$$

式中，$\hat{\boldsymbol{\Omega}}_{\mathrm{ts\text{-}c}}^{(2)}$ 表示 $\boldsymbol{\Omega}_{\mathrm{ts\text{-}c}}^{(2)}$ 的估计值。由式（11.127）可以进一步推得

$$\begin{aligned}&(\Delta\boldsymbol{Z}_{\mathrm{c}}^{(2)})^{\mathrm{T}}\boldsymbol{H}_{\mathrm{c}}(\boldsymbol{s}_{\mathrm{v}})(\bar{\boldsymbol{\Omega}}_{\mathrm{ts\text{-}c}}^{(2)})^{-1}(\boldsymbol{H}_{\mathrm{c}}(\boldsymbol{s}_{\mathrm{v}}))^{\mathrm{T}}\boldsymbol{Z}_{\mathrm{c}}^{(2)}(\boldsymbol{s}_{\mathrm{v}})\boldsymbol{u}_{\mathrm{v\text{-}c}}+(\boldsymbol{Z}_{\mathrm{c}}^{(2)}(\boldsymbol{s}_{\mathrm{v}}))^{\mathrm{T}}\Delta\boldsymbol{H}_{\mathrm{c}}(\bar{\boldsymbol{\Omega}}_{\mathrm{ts\text{-}c}}^{(2)})^{-1}(\boldsymbol{H}_{\mathrm{c}}(\boldsymbol{s}_{\mathrm{v}}))^{\mathrm{T}}\boldsymbol{Z}_{\mathrm{c}}^{(2)}(\boldsymbol{s}_{\mathrm{v}})\boldsymbol{u}_{\mathrm{v\text{-}c}}\\&+(\boldsymbol{Z}_{\mathrm{c}}^{(2)}(\boldsymbol{s}_{\mathrm{v}}))^{\mathrm{T}}\boldsymbol{H}_{\mathrm{c}}(\boldsymbol{s}_{\mathrm{v}})(\bar{\boldsymbol{\Omega}}_{\mathrm{ts\text{-}c}}^{(2)})^{-1}(\Delta\boldsymbol{H}_{\mathrm{c}})^{\mathrm{T}}\boldsymbol{Z}_{\mathrm{c}}^{(2)}(\boldsymbol{s}_{\mathrm{v}})\boldsymbol{u}_{\mathrm{v\text{-}c}}+(\boldsymbol{Z}_{\mathrm{c}}^{(2)}(\boldsymbol{s}_{\mathrm{v}}))^{\mathrm{T}}\boldsymbol{H}_{\mathrm{c}}(\boldsymbol{s}_{\mathrm{v}})(\bar{\boldsymbol{\Omega}}_{\mathrm{ts\text{-}c}}^{(2)})^{-1}(\boldsymbol{H}_{\mathrm{c}}(\boldsymbol{s}_{\mathrm{v}}))^{\mathrm{T}}\Delta\boldsymbol{Z}_{\mathrm{c}}^{(2)}\boldsymbol{u}_{\mathrm{v\text{-}c}}\\&+(\boldsymbol{Z}_{\mathrm{c}}^{(2)}(\boldsymbol{s}_{\mathrm{v}}))^{\mathrm{T}}\boldsymbol{H}_{\mathrm{c}}(\boldsymbol{s}_{\mathrm{v}})\Delta\boldsymbol{\Xi}_{\mathrm{ts\text{-}c}}^{(2)}(\boldsymbol{H}_{\mathrm{c}}(\boldsymbol{s}_{\mathrm{v}}))^{\mathrm{T}}\boldsymbol{Z}_{\mathrm{c}}^{(2)}(\boldsymbol{s}_{\mathrm{v}})\boldsymbol{u}_{\mathrm{v\text{-}c}}+(\boldsymbol{Z}_{\mathrm{c}}^{(2)}(\boldsymbol{s}_{\mathrm{v}}))^{\mathrm{T}}\boldsymbol{H}_{\mathrm{c}}(\boldsymbol{s}_{\mathrm{v}})(\bar{\boldsymbol{\Omega}}_{\mathrm{ts\text{-}c}}^{(2)})^{-1}(\boldsymbol{H}_{\mathrm{c}}(\boldsymbol{s}_{\mathrm{v}}))^{\mathrm{T}}\boldsymbol{Z}_{\mathrm{c}}^{(2)}(\boldsymbol{s}_{\mathrm{v}})\Delta\boldsymbol{u}_{\mathrm{v\text{-}c}}^{(2)}\\&\approx-(\Delta\boldsymbol{Z}_{\mathrm{c}}^{(2)})^{\mathrm{T}}\boldsymbol{H}_{\mathrm{c}}(\boldsymbol{s}_{\mathrm{v}})(\bar{\boldsymbol{\Omega}}_{\mathrm{ts\text{-}c}}^{(2)})^{-1}(\boldsymbol{H}_{\mathrm{c}}(\boldsymbol{s}_{\mathrm{v}}))^{\mathrm{T}}\boldsymbol{z}_{\mathrm{c}}^{(2)}(\boldsymbol{s}_{\mathrm{v}})-(\boldsymbol{Z}_{\mathrm{c}}^{(2)}(\boldsymbol{s}_{\mathrm{v}}))^{\mathrm{T}}\Delta\boldsymbol{H}_{\mathrm{c}}(\bar{\boldsymbol{\Omega}}_{\mathrm{ts\text{-}c}}^{(2)})^{-1}(\boldsymbol{H}_{\mathrm{c}}(\boldsymbol{s}_{\mathrm{v}}))^{\mathrm{T}}\boldsymbol{z}_{\mathrm{c}}^{(2)}(\boldsymbol{s}_{\mathrm{v}})\end{aligned}$$

$$
\begin{aligned}
&-(\boldsymbol{Z}_{\mathrm{c}}^{(2)}(\boldsymbol{s}_{\mathrm{v}}))^{\mathrm{T}}\boldsymbol{H}_{\mathrm{c}}(\boldsymbol{s}_{\mathrm{v}})(\bar{\boldsymbol{\Omega}}_{\mathrm{ts\text{-}c}}^{(2)})^{-1}(\Delta\boldsymbol{H}_{\mathrm{c}})^{\mathrm{T}}\boldsymbol{z}_{\mathrm{c}}^{(2)}(\boldsymbol{s}_{\mathrm{v}})-(\boldsymbol{Z}_{\mathrm{c}}^{(2)}(\boldsymbol{s}_{\mathrm{v}}))^{\mathrm{T}}\boldsymbol{H}_{\mathrm{c}}(\boldsymbol{s}_{\mathrm{v}})(\bar{\boldsymbol{\Omega}}_{\mathrm{ts\text{-}c}}^{(2)})^{-1}(\boldsymbol{H}_{\mathrm{c}}(\boldsymbol{s}_{\mathrm{v}}))^{\mathrm{T}}\Delta\boldsymbol{z}_{\mathrm{c}}^{(2)}\\
&-(\boldsymbol{Z}_{\mathrm{c}}^{(2)}(\boldsymbol{s}_{\mathrm{v}}))^{\mathrm{T}}\boldsymbol{H}_{\mathrm{c}}(\boldsymbol{s}_{\mathrm{v}})\Delta\boldsymbol{\varXi}_{\mathrm{ts\text{-}c}}^{(2)}(\boldsymbol{H}_{\mathrm{c}}(\boldsymbol{s}_{\mathrm{v}}))^{\mathrm{T}}\boldsymbol{z}_{\mathrm{c}}^{(2)}(\boldsymbol{s}_{\mathrm{v}})\\
\Rightarrow\ &\Delta\boldsymbol{u}_{\mathrm{v\text{-}c}}^{(2)}\approx-[(\boldsymbol{Z}_{\mathrm{c}}^{(2)}(\boldsymbol{s}_{\mathrm{v}}))^{\mathrm{T}}\boldsymbol{H}_{\mathrm{c}}(\boldsymbol{s}_{\mathrm{v}})(\bar{\boldsymbol{\Omega}}_{\mathrm{ts\text{-}c}}^{(2)})^{-1}(\boldsymbol{H}_{\mathrm{c}}(\boldsymbol{s}_{\mathrm{v}}))^{\mathrm{T}}\boldsymbol{Z}_{\mathrm{c}}^{(2)}(\boldsymbol{s}_{\mathrm{v}})]^{-1}(\boldsymbol{Z}_{\mathrm{c}}^{(2)}(\boldsymbol{s}_{\mathrm{v}}))^{\mathrm{T}}\boldsymbol{H}_{\mathrm{c}}(\boldsymbol{s}_{\mathrm{v}})(\bar{\boldsymbol{\Omega}}_{\mathrm{ts\text{-}c}}^{(2)})^{-1}(\boldsymbol{H}_{\mathrm{c}}(\boldsymbol{s}_{\mathrm{v}}))^{\mathrm{T}}(\Delta\boldsymbol{Z}_{\mathrm{c}}^{(2)}\boldsymbol{u}_{\mathrm{v\text{-}c}}+\Delta\boldsymbol{z}_{\mathrm{c}}^{(2)})\\
&=-[(\boldsymbol{Z}_{\mathrm{c}}^{(2)}(\boldsymbol{s}_{\mathrm{v}}))^{\mathrm{T}}\boldsymbol{H}_{\mathrm{c}}(\boldsymbol{s}_{\mathrm{v}})(\bar{\boldsymbol{\Omega}}_{\mathrm{ts\text{-}c}}^{(2)})^{-1}(\boldsymbol{H}_{\mathrm{c}}(\boldsymbol{s}_{\mathrm{v}}))^{\mathrm{T}}\boldsymbol{Z}_{\mathrm{c}}^{(2)}(\boldsymbol{s}_{\mathrm{v}})]^{-1}(\boldsymbol{Z}_{\mathrm{c}}^{(2)}(\boldsymbol{s}_{\mathrm{v}}))^{\mathrm{T}}\boldsymbol{H}_{\mathrm{c}}(\boldsymbol{s}_{\mathrm{v}})(\bar{\boldsymbol{\Omega}}_{\mathrm{ts\text{-}c}}^{(2)})^{-1}\bar{\boldsymbol{\delta}}_{\mathrm{ts\text{-}c}}^{(2)}
\end{aligned}
\tag{11.128}
$$

式中，$\Delta\boldsymbol{H}_{\mathrm{c}}=\boldsymbol{H}_{\mathrm{c}}(\hat{\boldsymbol{s}}_{\mathrm{v}})-\boldsymbol{H}_{\mathrm{c}}(\boldsymbol{s}_{\mathrm{v}})$；$\Delta\boldsymbol{\varXi}_{\mathrm{ts\text{-}c}}^{(2)}=(\hat{\bar{\boldsymbol{\Omega}}}_{\mathrm{ts\text{-}c}}^{(2)})^{-1}-(\bar{\boldsymbol{\Omega}}_{\mathrm{ts\text{-}c}}^{(2)})^{-1}$，表示矩阵$(\hat{\bar{\boldsymbol{\Omega}}}_{\mathrm{ts\text{-}c}}^{(2)})^{-1}$中的扰动误差；向量$\boldsymbol{z}_{\mathrm{c}}^{(2)}(\boldsymbol{s}_{\mathrm{v}})$和矩阵$\boldsymbol{Z}_{\mathrm{c}}^{(2)}(\boldsymbol{s}_{\mathrm{v}})$可以分别表示为

$$
\begin{cases}
\boldsymbol{z}_{\mathrm{c}}^{(2)}(\boldsymbol{s}_{\mathrm{v}})=\hat{\boldsymbol{z}}_{\mathrm{c}}^{(2)}(\boldsymbol{s}_{\mathrm{v}})\big|_{\boldsymbol{\varepsilon}_{\mathrm{t\text{-}c}}=\boldsymbol{O}_{2MN\times1}}=[(\boldsymbol{z}_{1}^{(2)}(\boldsymbol{s}_{\mathrm{v}}))^{\mathrm{T}}\ \ (\boldsymbol{z}_{2}^{(2)}(\boldsymbol{s}_{\mathrm{v}}))^{\mathrm{T}}\ \ \cdots\ \ (\boldsymbol{z}_{N}^{(2)}(\boldsymbol{s}_{\mathrm{v}}))^{\mathrm{T}}]^{\mathrm{T}}\\
\boldsymbol{Z}_{\mathrm{c}}^{(2)}(\boldsymbol{s}_{\mathrm{v}})=\hat{\boldsymbol{Z}}_{\mathrm{c}}^{(2)}(\boldsymbol{s}_{\mathrm{v}})\big|_{\boldsymbol{\varepsilon}_{\mathrm{t\text{-}c}}=\boldsymbol{O}_{2MN\times1}}=\mathrm{blkdiag}\{\boldsymbol{Z}_{1}^{(2)}(\boldsymbol{s}_{\mathrm{v}}),\boldsymbol{Z}_{2}^{(2)}(\boldsymbol{s}_{\mathrm{v}}),\cdots,\boldsymbol{Z}_{N}^{(2)}(\boldsymbol{s}_{\mathrm{v}})\}
\end{cases}
\tag{11.129}
$$

其中，$\boldsymbol{z}_{n}^{(2)}(\boldsymbol{s}_{\mathrm{v}})=\hat{\boldsymbol{z}}_{n}^{(2)}(\boldsymbol{s}_{\mathrm{v}})\big|_{\boldsymbol{\varepsilon}_{\mathrm{t}n}=\boldsymbol{O}_{2M\times1}}$ 和 $\boldsymbol{Z}_{n}^{(2)}(\boldsymbol{s}_{\mathrm{v}})=\hat{\boldsymbol{Z}}_{n}^{(2)}(\boldsymbol{s}_{\mathrm{v}})\big|_{\boldsymbol{\varepsilon}_{\mathrm{t}n}=\boldsymbol{O}_{2M\times1}}$（$1\leqslant n\leqslant N$）。由式（11.128）可知，估计误差$\Delta\boldsymbol{u}_{\mathrm{v\text{-}c}}^{(2)}$渐近服从零均值的高斯分布，因此估计值$\hat{\boldsymbol{u}}_{\mathrm{v\text{-}c}}^{(2)}$是渐近无偏估计值，并且其均方误差矩阵为

$$
\begin{aligned}
&\mathbf{MSE}(\hat{\boldsymbol{u}}_{\mathrm{v\text{-}c}}^{(2)})\\
&=\mathrm{E}[(\hat{\boldsymbol{u}}_{\mathrm{v\text{-}c}}^{(2)}-\boldsymbol{u}_{\mathrm{v\text{-}c}})(\hat{\boldsymbol{u}}_{\mathrm{v\text{-}c}}^{(2)}-\boldsymbol{u}_{\mathrm{v\text{-}c}})^{\mathrm{T}}]=\mathrm{E}[\Delta\boldsymbol{u}_{\mathrm{v\text{-}c}}^{(2)}(\Delta\boldsymbol{u}_{\mathrm{v\text{-}c}}^{(2)})^{\mathrm{T}}]\\
&=[(\boldsymbol{Z}_{\mathrm{c}}^{(2)}(\boldsymbol{s}_{\mathrm{v}}))^{\mathrm{T}}\boldsymbol{H}_{\mathrm{c}}(\boldsymbol{s}_{\mathrm{v}})(\bar{\boldsymbol{\Omega}}_{\mathrm{ts\text{-}c}}^{(2)})^{-1}(\boldsymbol{H}_{\mathrm{c}}(\boldsymbol{s}_{\mathrm{v}}))^{\mathrm{T}}\boldsymbol{Z}_{\mathrm{c}}^{(2)}(\boldsymbol{s}_{\mathrm{v}})]^{-1}(\boldsymbol{Z}_{\mathrm{c}}^{(2)}(\boldsymbol{s}_{\mathrm{v}}))^{\mathrm{T}}\boldsymbol{H}_{\mathrm{c}}(\boldsymbol{s}_{\mathrm{v}})(\bar{\boldsymbol{\Omega}}_{\mathrm{ts\text{-}c}}^{(2)})^{-1}\cdot\mathrm{E}[\bar{\boldsymbol{\delta}}_{\mathrm{ts\text{-}c}}^{(2)}\bar{\boldsymbol{\delta}}_{\mathrm{ts\text{-}c}}^{(2)\mathrm{T}}]\\
&\quad\cdot(\bar{\boldsymbol{\Omega}}_{\mathrm{ts\text{-}c}}^{(2)})^{-1}(\boldsymbol{H}_{\mathrm{c}}(\boldsymbol{s}_{\mathrm{v}}))^{\mathrm{T}}\boldsymbol{Z}_{\mathrm{c}}^{(2)}(\boldsymbol{s}_{\mathrm{v}})[(\boldsymbol{Z}_{\mathrm{c}}^{(2)}(\boldsymbol{s}_{\mathrm{v}}))^{\mathrm{T}}\boldsymbol{H}_{\mathrm{c}}(\boldsymbol{s}_{\mathrm{v}})(\bar{\boldsymbol{\Omega}}_{\mathrm{ts\text{-}c}}^{(2)})^{-1}(\boldsymbol{H}_{\mathrm{c}}(\boldsymbol{s}_{\mathrm{v}}))^{\mathrm{T}}\boldsymbol{Z}_{\mathrm{c}}^{(2)}(\boldsymbol{s}_{\mathrm{v}})]^{-1}\\
&=[(\boldsymbol{Z}_{\mathrm{c}}^{(2)}(\boldsymbol{s}_{\mathrm{v}}))^{\mathrm{T}}\boldsymbol{H}_{\mathrm{c}}(\boldsymbol{s}_{\mathrm{v}})(\bar{\boldsymbol{\Omega}}_{\mathrm{ts\text{-}c}}^{(2)})^{-1}(\boldsymbol{H}_{\mathrm{c}}(\boldsymbol{s}_{\mathrm{v}}))^{\mathrm{T}}\boldsymbol{Z}_{\mathrm{c}}^{(2)}(\boldsymbol{s}_{\mathrm{v}})]^{-1}
\end{aligned}
\tag{11.130}
$$

【注记 11.4】 式（11.128）再次表明，在一阶误差分析理论框架下，矩阵$(\hat{\bar{\boldsymbol{\Omega}}}_{\mathrm{ts\text{-}c}}^{(2)})^{-1}$中的扰动误差$\Delta\boldsymbol{\varXi}_{\mathrm{ts\text{-}c}}^{(2)}$并不会实质影响估计值$\hat{\boldsymbol{u}}_{\mathrm{v\text{-}c}}^{(2)}$的统计性能。

下面证明估计值$\hat{\boldsymbol{u}}_{\mathrm{v\text{-}c}}^{(2)}$具有渐近最优性，也就是证明其估计均方误差矩阵可以渐近逼近相应的克拉美罗界，具体可见如下命题。

【命题 11.2】 在一阶误差分析理论框架下，$\mathbf{MSE}(\hat{\boldsymbol{u}}_{\mathrm{v\text{-}c}}^{(2)})=\mathbf{CRB}_{\mathrm{tfoa\text{-}c}}(\boldsymbol{u}_{\mathrm{v\text{-}c}})$。

【证明】 首先将式（11.123）代入式（11.130）中可得

$$
\begin{aligned}
&\mathbf{MSE}(\hat{\boldsymbol{u}}_{\mathrm{v\text{-}c}}^{(2)})\\
&=\left[(\boldsymbol{Z}_{\mathrm{c}}^{(2)}(\boldsymbol{s}_{\mathrm{v}}))^{\mathrm{T}}\boldsymbol{H}_{\mathrm{c}}(\boldsymbol{s}_{\mathrm{v}})\begin{pmatrix}\boldsymbol{\Sigma}_{\mathrm{c}}(\boldsymbol{s}_{\mathrm{v}})(\boldsymbol{V}_{\mathrm{c}}(\boldsymbol{s}_{\mathrm{v}}))^{\mathrm{T}}\boldsymbol{E}_{\mathrm{t\text{-}c}}\boldsymbol{V}_{\mathrm{c}}(\boldsymbol{s}_{\mathrm{v}})(\boldsymbol{\Sigma}_{\mathrm{c}}(\boldsymbol{s}_{\mathrm{v}}))^{\mathrm{T}}+(\boldsymbol{H}_{\mathrm{c}}(\boldsymbol{s}_{\mathrm{v}}))^{\mathrm{T}}\\ \times\boldsymbol{B}_{\mathrm{s\text{-}c}}^{(2)}(\boldsymbol{u}_{\mathrm{v\text{-}c}},\boldsymbol{s}_{\mathrm{v}})\boldsymbol{E}_{\mathrm{s}}(\boldsymbol{B}_{\mathrm{s\text{-}c}}^{(2)}(\boldsymbol{u}_{\mathrm{v\text{-}c}},\boldsymbol{s}_{\mathrm{v}}))^{\mathrm{T}}\boldsymbol{H}_{\mathrm{c}}(\boldsymbol{s}_{\mathrm{v}})\end{pmatrix}^{-1}(\boldsymbol{H}_{\mathrm{c}}(\boldsymbol{s}_{\mathrm{v}}))^{\mathrm{T}}\boldsymbol{Z}_{\mathrm{c}}^{(2)}(\boldsymbol{s}_{\mathrm{v}})\right]^{-1}\\
&=\begin{bmatrix}(\boldsymbol{Z}_{\mathrm{c}}^{(2)}(\boldsymbol{s}_{\mathrm{v}}))^{\mathrm{T}}\boldsymbol{H}_{\mathrm{c}}(\boldsymbol{s}_{\mathrm{v}})(\boldsymbol{\Sigma}_{\mathrm{c}}(\boldsymbol{s}_{\mathrm{v}}))^{-\mathrm{T}}(\boldsymbol{V}_{\mathrm{c}}(\boldsymbol{s}_{\mathrm{v}}))^{-1}\begin{pmatrix}\boldsymbol{E}_{\mathrm{t\text{-}c}}+(\boldsymbol{V}_{\mathrm{c}}(\boldsymbol{s}_{\mathrm{v}}))^{-\mathrm{T}}(\boldsymbol{\Sigma}_{\mathrm{c}}(\boldsymbol{s}_{\mathrm{v}}))^{-1}(\boldsymbol{H}_{\mathrm{c}}(\boldsymbol{s}_{\mathrm{v}}))^{\mathrm{T}}\boldsymbol{B}_{\mathrm{s\text{-}c}}^{(2)}(\boldsymbol{u}_{\mathrm{v\text{-}c}},\boldsymbol{s}_{\mathrm{v}})\boldsymbol{E}_{\mathrm{s}}\\ \times(\boldsymbol{B}_{\mathrm{s\text{-}c}}^{(2)}(\boldsymbol{u}_{\mathrm{v\text{-}c}},\boldsymbol{s}_{\mathrm{v}}))^{\mathrm{T}}\boldsymbol{H}_{\mathrm{c}}(\boldsymbol{s}_{\mathrm{v}})(\boldsymbol{\Sigma}_{\mathrm{c}}(\boldsymbol{s}_{\mathrm{v}}))^{-\mathrm{T}}(\boldsymbol{V}_{\mathrm{c}}(\boldsymbol{s}_{\mathrm{v}}))^{-1}\end{pmatrix}^{-1}\\ \times(\boldsymbol{V}_{\mathrm{c}}(\boldsymbol{s}_{\mathrm{v}}))^{-\mathrm{T}}(\boldsymbol{\Sigma}_{\mathrm{c}}(\boldsymbol{s}_{\mathrm{v}}))^{-1}(\boldsymbol{H}_{\mathrm{c}}(\boldsymbol{s}_{\mathrm{v}}))^{\mathrm{T}}\boldsymbol{Z}_{\mathrm{c}}^{(2)}(\boldsymbol{s}_{\mathrm{v}})\end{bmatrix}^{-1}
\end{aligned}
\tag{11.131}
$$

考虑等式$\boldsymbol{z}_{n}^{(2)}(\boldsymbol{s}_{\mathrm{v}})+\boldsymbol{Z}_{n}^{(2)}(\boldsymbol{s}_{\mathrm{v}})\boldsymbol{u}_{\mathrm{v}n}=\boldsymbol{O}_{2(M+1)\times1}$，将该等式两边先后对向量$\boldsymbol{u}_{\mathrm{v}n}$和$\boldsymbol{s}_{\mathrm{v}}$求

导可得

$$\boldsymbol{Z}_n^{(2)}(\boldsymbol{s}_{\mathrm{v}})+\boldsymbol{B}_{\mathrm{t}n}^{(2)}(\boldsymbol{u}_{\mathrm{v}n},\boldsymbol{s}_{\mathrm{v}})\frac{\partial \boldsymbol{f}_{\mathrm{tfoa}}(\boldsymbol{u}_{\mathrm{v}n},\boldsymbol{s}_{\mathrm{v}})}{\partial \boldsymbol{u}_{\mathrm{v}n}^{\mathrm{T}}}=\boldsymbol{O}_{2(M+1)\times 6}\quad(1\leqslant n\leqslant N)\tag{11.132}$$

$$\boldsymbol{B}_{\mathrm{s}n}^{(2)}(\boldsymbol{u}_{\mathrm{v}n},\boldsymbol{s}_{\mathrm{v}})+\boldsymbol{B}_{\mathrm{t}n}^{(2)}(\boldsymbol{u}_{\mathrm{v}n},\boldsymbol{s}_{\mathrm{v}})\frac{\partial \boldsymbol{f}_{\mathrm{tfoa}}(\boldsymbol{u}_{\mathrm{v}n},\boldsymbol{s}_{\mathrm{v}})}{\partial \boldsymbol{s}_{\mathrm{v}}^{\mathrm{T}}}=\boldsymbol{O}_{2(M+1)\times 6M}\quad(1\leqslant n\leqslant N)\tag{11.133}$$

再用矩阵$(\boldsymbol{H}_{n1}(\boldsymbol{s}_{\mathrm{v}}))^{\mathrm{T}}$左乘以式（11.132）和式（11.133）两边可得

$$\begin{aligned}&(\boldsymbol{H}_{n1}(\boldsymbol{s}_{\mathrm{v}}))^{\mathrm{T}}\boldsymbol{Z}_n^{(2)}(\boldsymbol{s}_{\mathrm{v}})+(\boldsymbol{H}_{n1}(\boldsymbol{s}_{\mathrm{v}}))^{\mathrm{T}}\boldsymbol{B}_{\mathrm{t}n}^{(2)}(\boldsymbol{u}_{\mathrm{v}n},\boldsymbol{s}_{\mathrm{v}})\frac{\partial \boldsymbol{f}_{\mathrm{tfoa}}(\boldsymbol{u}_{\mathrm{v}n},\boldsymbol{s}_{\mathrm{v}})}{\partial \boldsymbol{u}_{\mathrm{v}n}^{\mathrm{T}}}\\&=(\boldsymbol{H}_{n1}(\boldsymbol{s}_{\mathrm{v}}))^{\mathrm{T}}\boldsymbol{Z}_n^{(2)}(\boldsymbol{s}_{\mathrm{v}})+\boldsymbol{\Sigma}_{n1}(\boldsymbol{s}_{\mathrm{v}})(\boldsymbol{V}_n(\boldsymbol{s}_{\mathrm{v}}))^{\mathrm{T}}\frac{\partial \boldsymbol{f}_{\mathrm{tfoa}}(\boldsymbol{u}_{\mathrm{v}n},\boldsymbol{s}_{\mathrm{v}})}{\partial \boldsymbol{u}_{\mathrm{v}n}^{\mathrm{T}}}=\boldsymbol{O}_{2M\times 6}\\&\Rightarrow\frac{\partial \boldsymbol{f}_{\mathrm{tfoa}}(\boldsymbol{u}_{\mathrm{v}n},\boldsymbol{s}_{\mathrm{v}})}{\partial \boldsymbol{u}_{\mathrm{v}n}^{\mathrm{T}}}=-(\boldsymbol{V}_n(\boldsymbol{s}_{\mathrm{v}}))^{-\mathrm{T}}(\boldsymbol{\Sigma}_{n1}(\boldsymbol{s}_{\mathrm{v}}))^{-1}(\boldsymbol{H}_{n1}(\boldsymbol{s}_{\mathrm{v}}))^{\mathrm{T}}\boldsymbol{Z}_n^{(2)}(\boldsymbol{s}_{\mathrm{v}})\quad(1\leqslant n\leqslant N)\end{aligned}\tag{11.134}$$

$$\begin{aligned}&(\boldsymbol{H}_{n1}(\boldsymbol{s}_{\mathrm{v}}))^{\mathrm{T}}\boldsymbol{B}_{\mathrm{s}n}^{(2)}(\boldsymbol{u}_{\mathrm{v}n},\boldsymbol{s}_{\mathrm{v}})+(\boldsymbol{H}_{n1}(\boldsymbol{s}_{\mathrm{v}}))^{\mathrm{T}}\boldsymbol{B}_{\mathrm{t}n}^{(2)}(\boldsymbol{u}_{\mathrm{v}n},\boldsymbol{s}_{\mathrm{v}})\frac{\partial \boldsymbol{f}_{\mathrm{tfoa}}(\boldsymbol{u}_{\mathrm{v}n},\boldsymbol{s}_{\mathrm{v}})}{\partial \boldsymbol{s}_{\mathrm{v}}^{\mathrm{T}}}\\&=(\boldsymbol{H}_{n1}(\boldsymbol{s}_{\mathrm{v}}))^{\mathrm{T}}\boldsymbol{B}_{\mathrm{s}n}^{(2)}(\boldsymbol{u}_{\mathrm{v}n},\boldsymbol{s}_{\mathrm{v}})+\boldsymbol{\Sigma}_{n1}(\boldsymbol{s}_{\mathrm{v}})(\boldsymbol{V}_n(\boldsymbol{s}_{\mathrm{v}}))^{\mathrm{T}}\frac{\partial \boldsymbol{f}_{\mathrm{tfoa}}(\boldsymbol{u}_{\mathrm{v}n},\boldsymbol{s}_{\mathrm{v}})}{\partial \boldsymbol{s}_{\mathrm{v}}^{\mathrm{T}}}=\boldsymbol{O}_{2M\times 6M}\\&\Rightarrow\frac{\partial \boldsymbol{f}_{\mathrm{tfoa}}(\boldsymbol{u}_{\mathrm{v}n},\boldsymbol{s}_{\mathrm{v}})}{\partial \boldsymbol{s}_{\mathrm{v}}^{\mathrm{T}}}=-(\boldsymbol{V}_n(\boldsymbol{s}_{\mathrm{v}}))^{-\mathrm{T}}(\boldsymbol{\Sigma}_{n1}(\boldsymbol{s}_{\mathrm{v}}))^{-1}(\boldsymbol{H}_{n1}(\boldsymbol{s}_{\mathrm{v}}))^{\mathrm{T}}\boldsymbol{B}_{\mathrm{s}n}^{(2)}(\boldsymbol{u}_{\mathrm{v}n},\boldsymbol{s}_{\mathrm{v}})\quad(1\leqslant n\leqslant N)\end{aligned}\tag{11.135}$$

结合式（11.63）、式（11.124）中的第 1～3 式、式（11.129）中的第 2 式及式（11.134）可得

$$\frac{\partial \boldsymbol{f}_{\mathrm{tfoa\text{-}c}}(\boldsymbol{u}_{\mathrm{v\text{-}c}},\boldsymbol{s}_{\mathrm{v}})}{\partial \boldsymbol{u}_{\mathrm{v\text{-}c}}^{\mathrm{T}}}=-(\boldsymbol{V}_{\mathrm{c}}(\boldsymbol{s}_{\mathrm{v}}))^{-\mathrm{T}}(\boldsymbol{\Sigma}_{\mathrm{c}}(\boldsymbol{s}_{\mathrm{v}}))^{-1}(\boldsymbol{H}_{\mathrm{c}}(\boldsymbol{s}_{\mathrm{v}}))^{\mathrm{T}}\boldsymbol{Z}_{\mathrm{c}}^{(2)}(\boldsymbol{s}_{\mathrm{v}})\tag{11.136}$$

结合式（11.64）、式（11.124）及式（11.135）可得

$$\frac{\partial \boldsymbol{f}_{\mathrm{tfoa\text{-}c}}(\boldsymbol{u}_{\mathrm{v\text{-}c}},\boldsymbol{s}_{\mathrm{v}})}{\partial \boldsymbol{s}_{\mathrm{v}}^{\mathrm{T}}}=-(\boldsymbol{V}_{\mathrm{c}}(\boldsymbol{s}_{\mathrm{v}}))^{-\mathrm{T}}(\boldsymbol{\Sigma}_{\mathrm{c}}(\boldsymbol{s}_{\mathrm{v}}))^{-1}(\boldsymbol{H}_{\mathrm{c}}(\boldsymbol{s}_{\mathrm{v}}))^{\mathrm{T}}\boldsymbol{B}_{\mathrm{s\text{-}c}}^{(2)}(\boldsymbol{u}_{\mathrm{v\text{-}c}},\boldsymbol{s}_{\mathrm{v}})\tag{11.137}$$

将式（11.136）和式（11.137）代入式（11.131）中可得

$$\begin{aligned}&\mathbf{MSE}(\hat{\boldsymbol{u}}_{\mathrm{v\text{-}c}}^{(2)})\\&=\left[\left(\frac{\partial \boldsymbol{f}_{\mathrm{tfoa\text{-}c}}(\boldsymbol{u}_{\mathrm{v\text{-}c}},\boldsymbol{s}_{\mathrm{v}})}{\partial \boldsymbol{u}_{\mathrm{v\text{-}c}}^{\mathrm{T}}}\right)^{\mathrm{T}}\left(\boldsymbol{E}_{\mathrm{t\text{-}c}}+\frac{\partial \boldsymbol{f}_{\mathrm{tfoa\text{-}c}}(\boldsymbol{u}_{\mathrm{v\text{-}c}},\boldsymbol{s}_{\mathrm{v}})}{\partial \boldsymbol{s}_{\mathrm{v}}^{\mathrm{T}}}\boldsymbol{E}_{\mathrm{s}}\left(\frac{\partial \boldsymbol{f}_{\mathrm{tfoa\text{-}c}}(\boldsymbol{u}_{\mathrm{v\text{-}c}},\boldsymbol{s}_{\mathrm{v}})}{\partial \boldsymbol{s}_{\mathrm{v}}^{\mathrm{T}}}\right)^{\mathrm{T}}\right)^{-1}\frac{\partial \boldsymbol{f}_{\mathrm{tfoa\text{-}c}}(\boldsymbol{u}_{\mathrm{v\text{-}c}},\boldsymbol{s}_{\mathrm{v}})}{\partial \boldsymbol{u}_{\mathrm{v\text{-}c}}^{\mathrm{T}}}\right]^{-1}\\&=\mathbf{CRB}_{\mathrm{tfoa\text{-}c}}(\boldsymbol{u}_{\mathrm{v\text{-}c}})\end{aligned}\tag{11.138}$$

证毕。

11.3.4 仿真实验

假设利用 6 个运动传感器获得的 TOA/FOA 信息（也即距离/距离变化率信息）对多个（不相关）运动辐射源进行定位，传感器三维位置坐标和速度如表 11.2 所示，针对每个辐射源的距离/距离变化率观测误差向量 $\boldsymbol{\varepsilon}_{\mathrm{t}n}$ 服从均值为零、协方差矩阵为 $\boldsymbol{E}_{\mathrm{t}n}=\sigma_{\mathrm{t}}^2\mathrm{blkdiag}\{\boldsymbol{I}_M,0.01\boldsymbol{I}_M\}$ 的高斯分布，传感器位置向量和速度向量无法精确获得，仅能得到其先验观测值，并且观测误差 $\boldsymbol{\varepsilon}_{\mathrm{s}}$ 服从均值为零、协方差矩阵为 $\boldsymbol{E}_{\mathrm{s}}=\sigma_{\mathrm{s}}^2\mathrm{blkdiag}\{\boldsymbol{I}_3,0.01\boldsymbol{I}_3,5\boldsymbol{I}_3,0.05\boldsymbol{I}_3,15\boldsymbol{I}_3,0.15\boldsymbol{I}_3,25\boldsymbol{I}_3,0.25\boldsymbol{I}_3,35\boldsymbol{I}_3,0.35\boldsymbol{I}_3,50\boldsymbol{I}_3,0.5\boldsymbol{I}_3\}$ 的高斯分布。

表 11.2　传感器三维位置坐标和速度　（单位：m 和 m/s）

传感器序号	1	2	3	4	5	6
$x_m^{(\mathrm{s})}$	2100	−2100	1700	2000	−1800	1700
$y_m^{(\mathrm{s})}$	1800	1700	−1100	1900	−1500	−1400
$z_m^{(\mathrm{s})}$	2200	1600	1800	−1600	1800	−2200
$\dot{x}_m^{(\mathrm{s})}$	11	−13	11	−11	12	−10
$\dot{y}_m^{(\mathrm{s})}$	−13	11	14	−13	−10	−12
$\dot{z}_m^{(\mathrm{s})}$	15	−12	−12	10	−14	−11

首先将辐射源个数设为两个，此时有 $\boldsymbol{E}_{\mathrm{t\text{-}c}}=\sigma_{\mathrm{t}}^2(\boldsymbol{I}_2\otimes\mathrm{blkdiag}\{\boldsymbol{I}_M,0.01\boldsymbol{I}_M\})$，将第 1 个辐射源位置向量和速度向量分别设为 $\boldsymbol{u}_1=[-6300\ \ -4500\ \ -5200]^{\mathrm{T}}\,(\mathrm{m})$ 和 $\dot{\boldsymbol{u}}_1=[-11\ \ -10\ \ -12]^{\mathrm{T}}\,(\mathrm{m/s})$，将第 2 个辐射源位置向量和速度向量分别设为 $\boldsymbol{u}_2=[-5800\ \ 4200\ \ -6400]^{\mathrm{T}}\,(\mathrm{m})$ 和 $\dot{\boldsymbol{u}}_2=[10\ \ -11\ \ 13]^{\mathrm{T}}\,(\mathrm{m/s})$，将标准差 σ_{t} 和 σ_{s} 分别设为 $\sigma_{\mathrm{t}}=1$ 和 $\sigma_{\mathrm{s}}=1$。图 11.11 给出了各辐射源的定位结果散布图与定位误差椭圆曲线；图 11.12 给出了各辐射源的定位结果散布图与误差概率圆环曲线。

然后将辐射源个数设为 3 个，此时有 $\boldsymbol{E}_{\mathrm{t\text{-}c}}=\sigma_{\mathrm{t}}^2(\boldsymbol{I}_3\otimes\mathrm{blkdiag}\{\boldsymbol{I}_M,0.01\boldsymbol{I}_M\})$，将第 1 个辐射源位置向量和速度向量分别设为 $\boldsymbol{u}_1=[-4300\ \ -4500\ \ 5200]^{\mathrm{T}}\,(\mathrm{m})$ 和 $\dot{\boldsymbol{u}}_1=[10\ \ -12\ \ -11]^{\mathrm{T}}\,(\mathrm{m/s})$，将第 2 个辐射源位置向量和速度向量分别设为 $\boldsymbol{u}_2=[4500\ \ -5700\ \ -4200]^{\mathrm{T}}\,(\mathrm{m})$ 和 $\dot{\boldsymbol{u}}_2=[-11\ \ 12\ \ -13]^{\mathrm{T}}\,(\mathrm{m/s})$，将第 3 个辐射源位置向量和速度向量分别设为 $\boldsymbol{u}_3=[-4800\ \ 5200\ \ -4400]^{\mathrm{T}}\,(\mathrm{m})$ 和 $\dot{\boldsymbol{u}}_3=[-12\ \ -14\ \ 11]^{\mathrm{T}}\,(\mathrm{m/s})$，将标准差 σ_{s} 设为 $\sigma_{\mathrm{s}}=1.5$。改变标准差 σ_{t} 的数值，并且将多辐射源协同定位（本章中的方法）与多辐射源非协同定位[①]进行比较，图 11.13 给出了

① 这里的非协同定位，是指依次针对每个辐射源利用 7.3 节中的方法进行定位。

各辐射源位置估计均方根误差随着标准差 σ_t 的变化曲线；图 11.14 给出了各辐射源速度估计均方根误差随着标准差 σ_t 的变化曲线；图 11.15 给出了各辐射源定位成功概率随着标准差 σ_t 的变化曲线（图中的理论值是根据式（3.29）和式（3.36）计算得出的，其中 $\delta = 15\,\mathrm{m}$）。

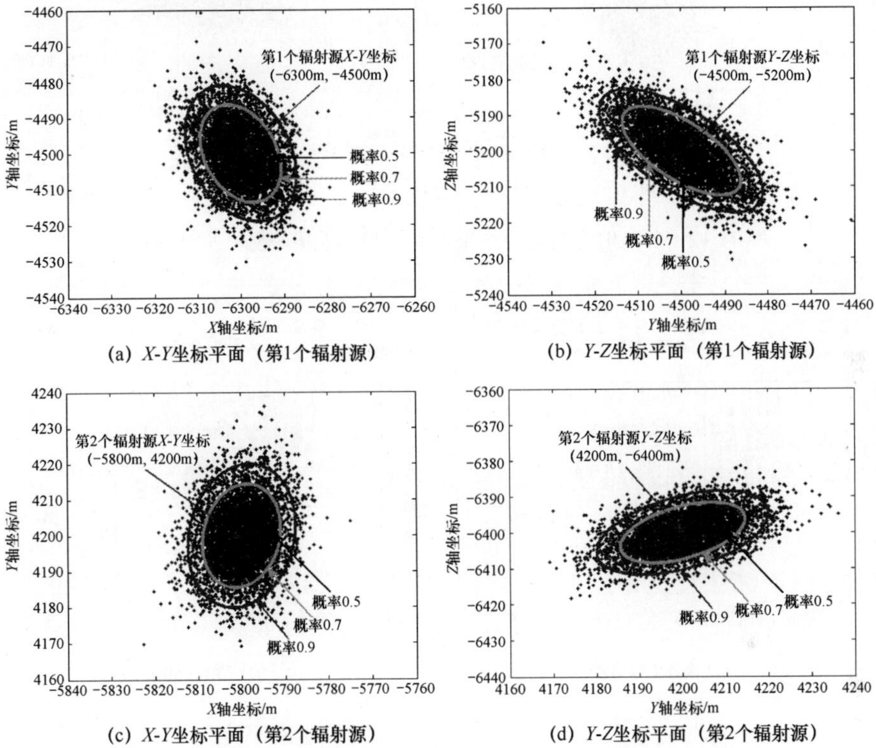

(a) X-Y坐标平面（第1个辐射源）　(b) Y-Z坐标平面（第1个辐射源）

(c) X-Y坐标平面（第2个辐射源）　(d) Y-Z坐标平面（第2个辐射源）

图 11.11　各辐射源的定位结果散布图与定位误差椭圆曲线

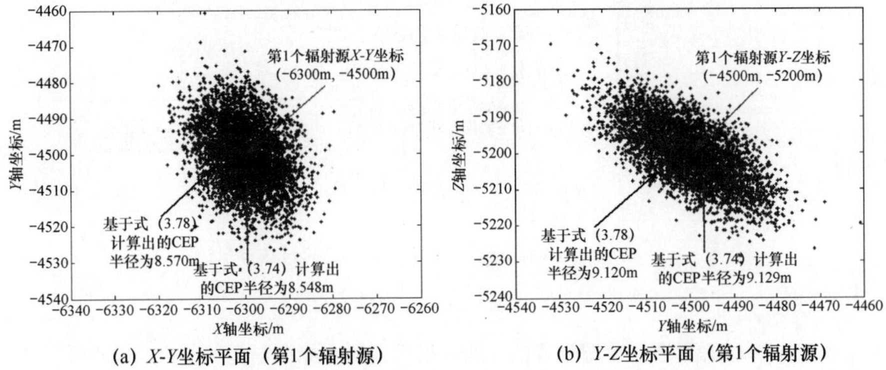

(a) X-Y坐标平面（第1个辐射源）　(b) Y-Z坐标平面（第1个辐射源）

图 11.12　各辐射源的定位结果散布图与误差概率圆环曲线

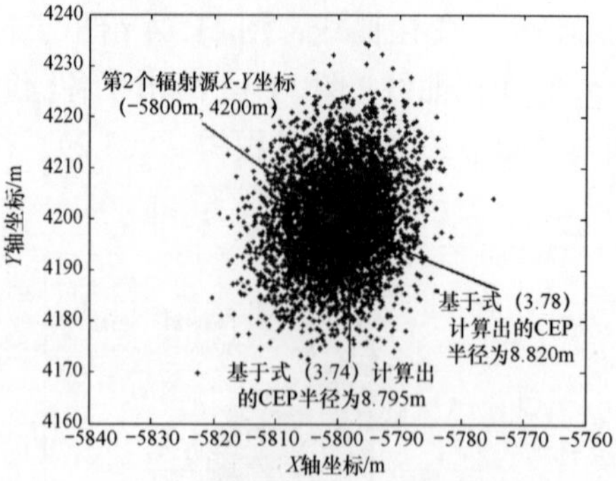

(c) X-Y坐标平面（第2个辐射源）

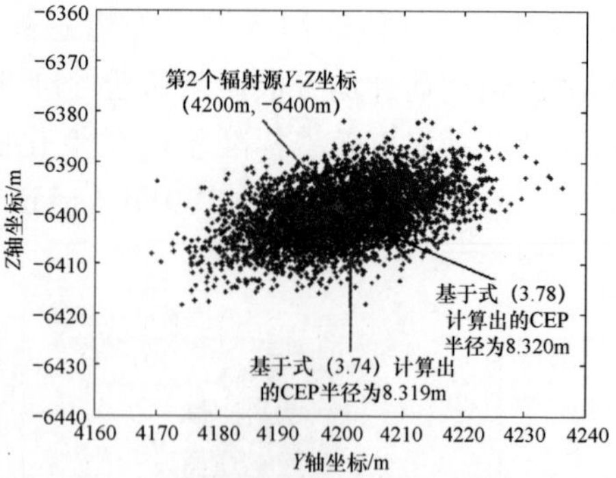

(d) Y-Z坐标平面（第2个辐射源）

图 11.12　各辐射源的定位结果散布图与误差概率圆环曲线（续）

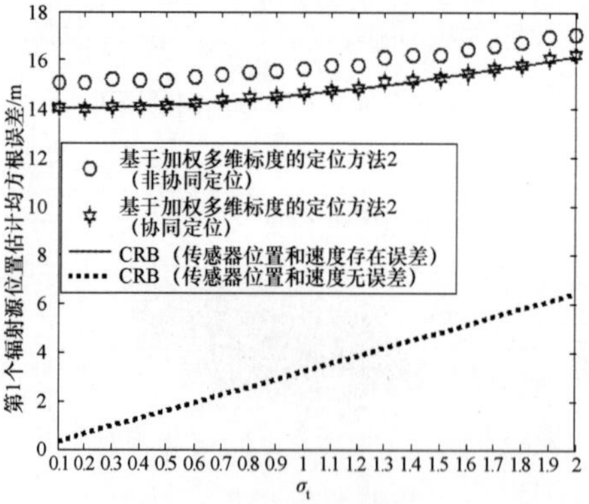

(a) 第1个辐射源

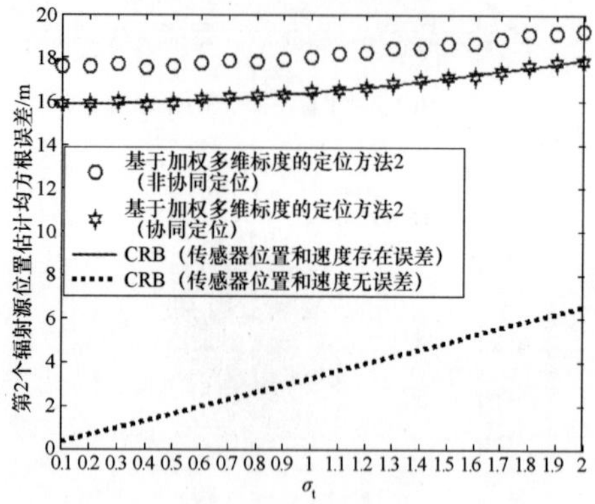

(b) 第2个辐射源

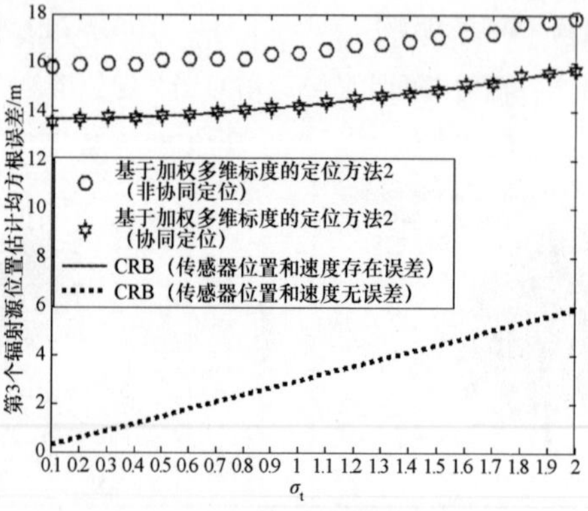

(c) 第3个辐射源

图 11.13　各辐射源位置估计均方根误差随着标准差 σ_t 的变化曲线

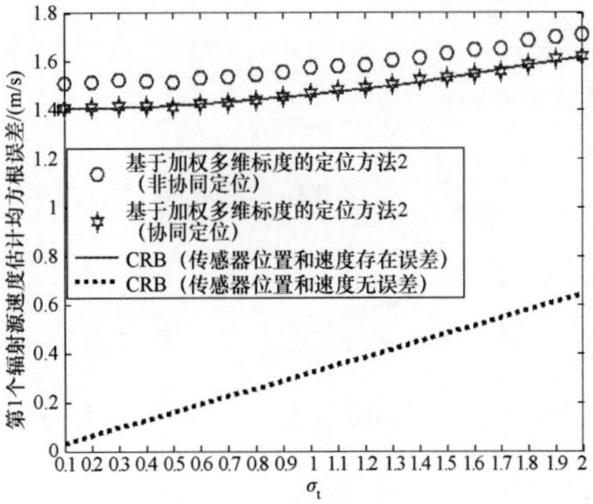

(a) 第1个辐射源

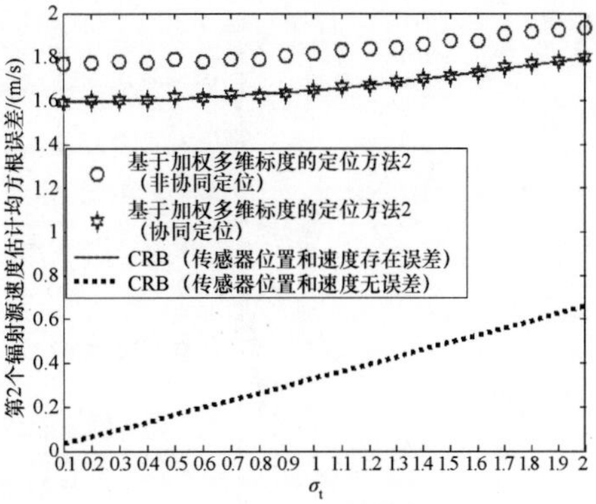

(b) 第2个辐射源

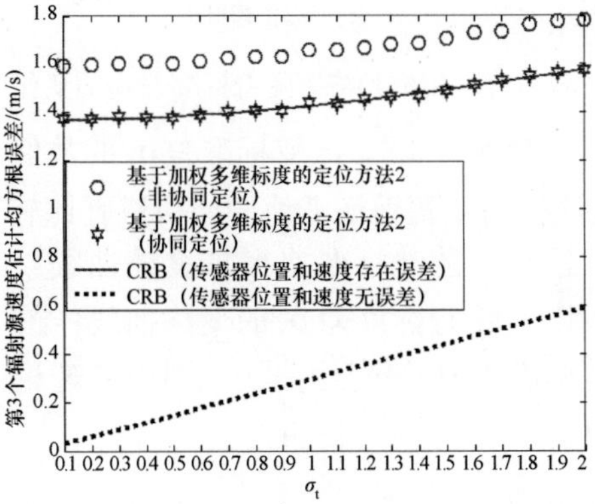

(c) 第3个辐射源

图 11.14　各辐射源速度估计均方根误差随着标准差 σ_t 的变化曲线

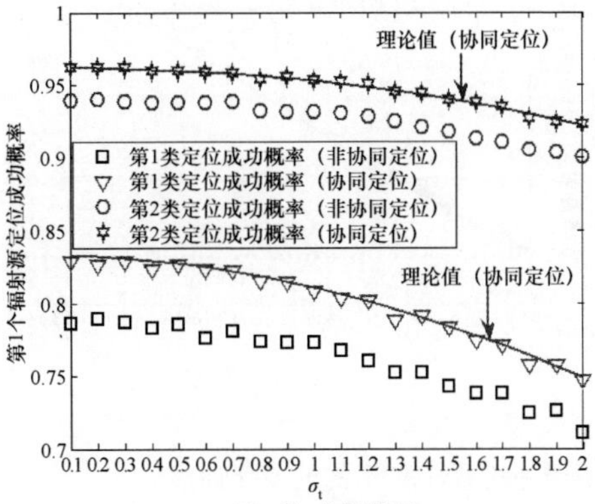

(a) 第1个辐射源

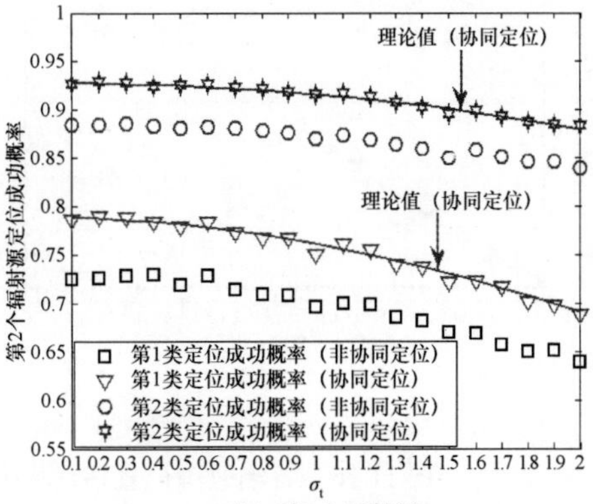

(b) 第2个辐射源

图 11.15　各辐射源定位成功概率随着标准差 σ_t 的变化曲线

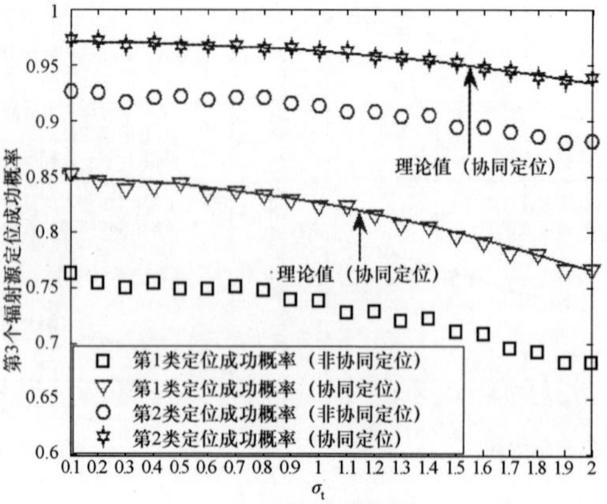

(c) 第3个辐射源

图 11.15　各辐射源定位成功概率随着标准差 σ_t 的变化曲线（续）

最后将标准差 σ_t 设为 $\sigma_t = 0.8$，改变标准差 σ_s 的数值，并且将多辐射源协同定位（本章中的方法）与多辐射源非协同定位进行比较，图 11.16 给出了各辐射源位置估计均方根误差随着标准差 σ_s 的变化曲线；图 11.17 给出了各辐射源速度估计均方根误差随着标准差 σ_s 的变化曲线；图 11.18 给出了各辐射源定位成功概率随着标准差 σ_s 的变化曲线（图中的理论值是根据式（3.29）和式（3.36）计算得出的，其中 $\delta = 15\,\text{m}$）。

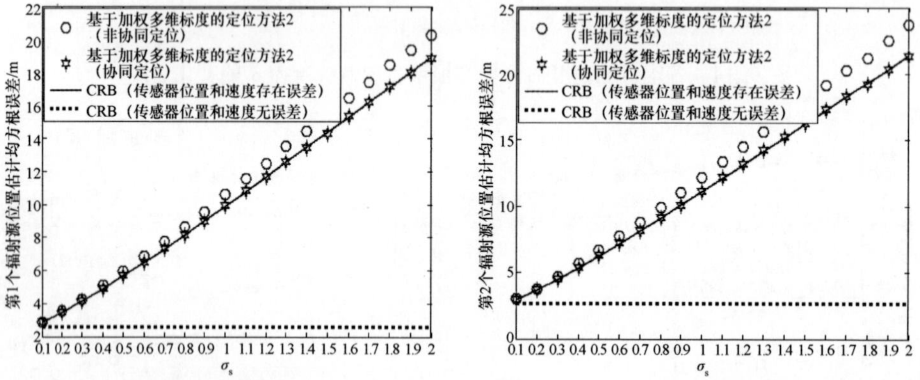

(a) 第1个辐射源　　　　(b) 第2个辐射源

图 11.16　各辐射源位置估计均方根误差随着标准差 σ_s 的变化曲线

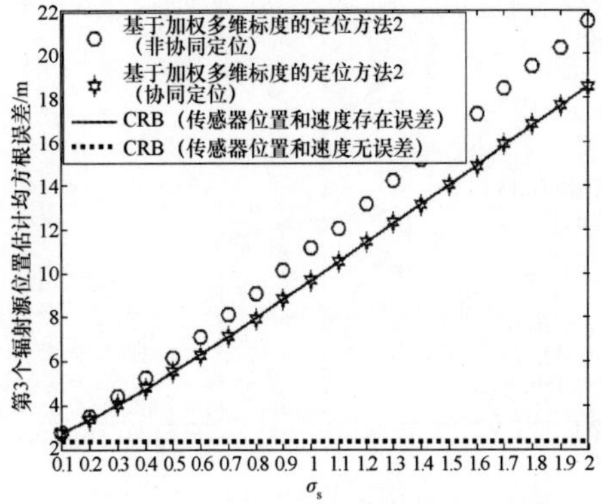

(c) 第3个辐射源

图 11.16　各辐射源位置估计均方根误差随着标准差 σ_s 的变化曲线（续）

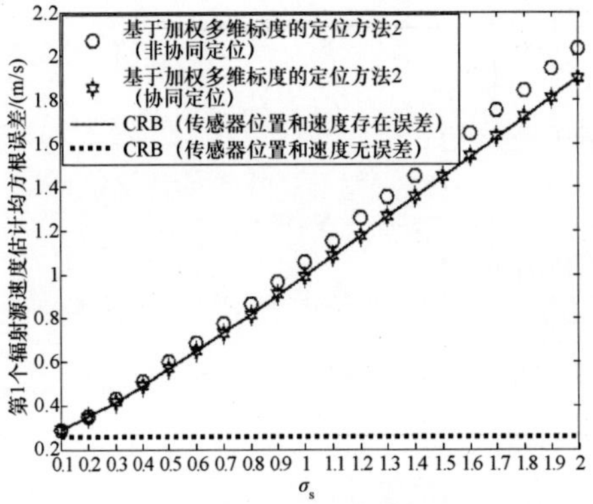

(a) 第1个辐射源

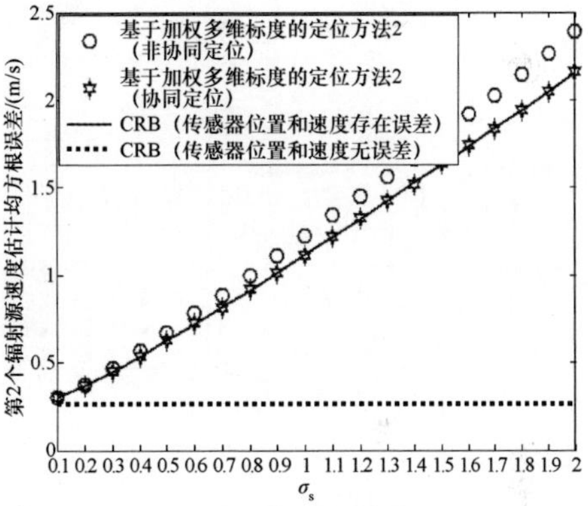

(b) 第2个辐射源

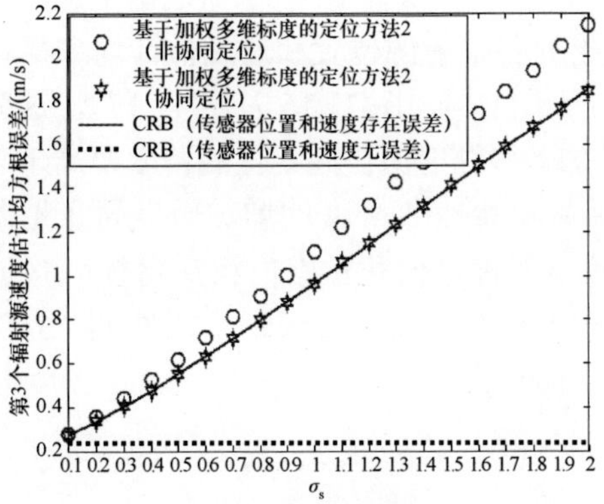

(c) 第3个辐射源

图 11.17　各辐射源速度估计均方根误差随着标准差 σ_s 的变化曲线

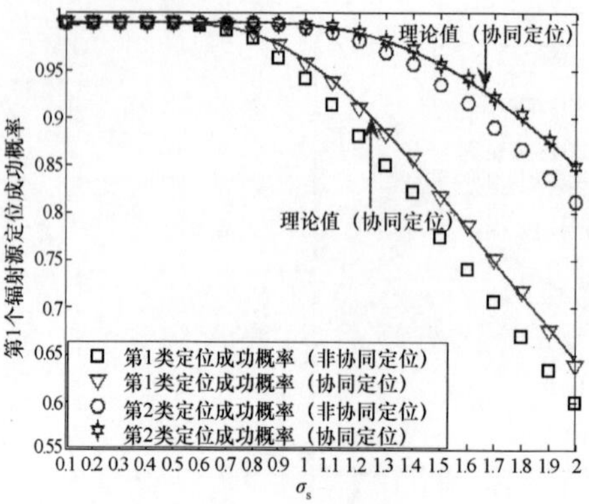

(a) 第1个辐射源

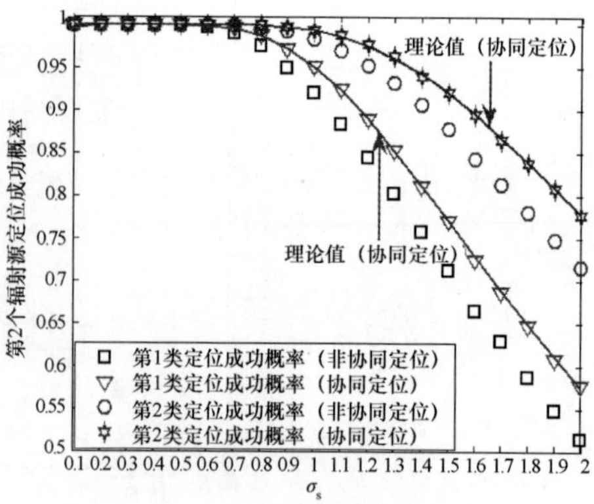

(b) 第2个辐射源

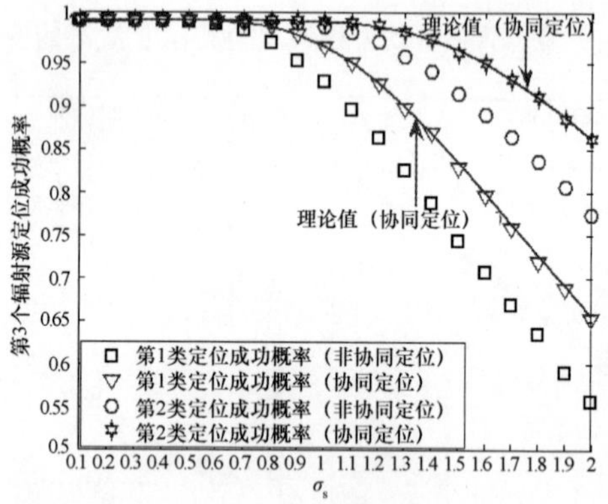

(c) 第3个辐射源

图 11.18　各辐射源定位成功概率随着标准差 σ_s 的变化曲线

从图 11.13～图 11.18 中可以看出：(1) 通过基于加权多维标度的多辐射源协同定位方法 2 得出的各辐射源位置和速度估计均方根误差均可以达到克拉美罗界（见图 11.13、图 11.14、图 11.16 及图 11.17），这验证了 11.3.3 节理论性能分析的有效性；(2) 多辐射源协同定位的精度要高于多辐射源非协同定位的精度，并且协同增益随着标准差 σ_s 的增加而提高（见图 11.16～图 11.18）；(3) 两类定位成功概率的理论值和仿真值相互吻合，并且在相同条件下第 2 类定位成功概率高于第 1 类定位成功概率（见图 11.15 和图 11.18），这验证了 3.2 节理论性能分析的有效性。

第 12 章 校正源存在条件下基于 TDOA 观测信息的加权多维标度定位方法

抑制传感器位置误差的另一种有效方法是利用校正源观测量。所谓校正源，就是在定位区域内出现的位置信息精确已知的信号源，它既可以是人为主动放置的，也可以是一些信息公开的信号源。由于校正源和辐射源会受到相同传感器位置误差的影响，因此通过利用校正源观测量可以有效抑制由传感器位置误差所引起的定位误差。本章将描述校正源存在条件下基于 TDOA 观测信息的加权多维标度定位原理和方法。文中给出的加权多维标度定位方法包含两个步骤，每个步骤都需要构造一个标量积矩阵。此外，本章还基于一阶误差分析方法，对定位方法的理论性能进行数学分析，并证明其定位精度能够逼近相应的克拉美罗界。

12.1 TDOA 观测模型与问题描述

12.1.1 针对辐射源的观测模型

现有 M 个静止传感器利用 TDOA 观测信息对某个静止辐射源进行定位，其中第 m 个传感器的位置向量为 $\boldsymbol{s}_m=[x_m^{(\mathrm{s})}\ \ y_m^{(\mathrm{s})}\ \ z_m^{(\mathrm{s})}]^{\mathrm{T}}$（$1\leqslant m\leqslant M$），辐射源的位置向量为 $\boldsymbol{u}=[x^{(\mathrm{u})}\ \ y^{(\mathrm{u})}\ \ z^{(\mathrm{u})}]^{\mathrm{T}}$，它是未知量。由于 TDOA 信息可以等价为距离差信息，为了方便起见，下面直接利用距离差观测量进行建模和分析。

不失一般性，将第 1 个传感器作为参考，并且将辐射源与第 m 个传感器的距离记为 $r_m=\|\boldsymbol{u}-\boldsymbol{s}_m\|_2$，于是辐射源与传感器之间的距离差可以表示为

$$\rho_m=r_m-r_1=\|\boldsymbol{u}-\boldsymbol{s}_m\|_2-\|\boldsymbol{u}-\boldsymbol{s}_1\|_2\quad(2\leqslant m\leqslant M)\tag{12.1}$$

实际中获得的距离差观测量是含有误差的，可以表示为

$$\hat{\rho}_m = \rho_m + \varepsilon_{\mathrm{t}m} = \| \boldsymbol{u} - \boldsymbol{s}_m \|_2 - \| \boldsymbol{u} - \boldsymbol{s}_1 \|_2 + \varepsilon_{\mathrm{t}m} \quad (2 \leqslant m \leqslant M) \tag{12.2}$$

式中，$\varepsilon_{\mathrm{t}m}$ 表示观测误差。将式（12.2）写成向量形式可得

$$\hat{\boldsymbol{\rho}} = \boldsymbol{\rho} + \boldsymbol{\varepsilon}_{\mathrm{t}} = \begin{bmatrix} \| \boldsymbol{u} - \boldsymbol{s}_2 \|_2 - \| \boldsymbol{u} - \boldsymbol{s}_1 \|_2 \\ \| \boldsymbol{u} - \boldsymbol{s}_3 \|_2 - \| \boldsymbol{u} - \boldsymbol{s}_1 \|_2 \\ \vdots \\ \| \boldsymbol{u} - \boldsymbol{s}_M \|_2 - \| \boldsymbol{u} - \boldsymbol{s}_1 \|_2 \end{bmatrix} + \begin{bmatrix} \varepsilon_{\mathrm{t}2} \\ \varepsilon_{\mathrm{t}3} \\ \vdots \\ \varepsilon_{\mathrm{t}M} \end{bmatrix} = \boldsymbol{f}_{\mathrm{tdoa}}(\boldsymbol{u}, \boldsymbol{s}) + \boldsymbol{\varepsilon}_{\mathrm{t}} \tag{12.3}$$

式中

$$\begin{cases} \boldsymbol{\rho} = \boldsymbol{f}_{\mathrm{tdoa}}(\boldsymbol{u}, \boldsymbol{s}) = [\| \boldsymbol{u} - \boldsymbol{s}_2 \|_2 - \| \boldsymbol{u} - \boldsymbol{s}_1 \|_2 \; \vdots \; \| \boldsymbol{u} - \boldsymbol{s}_3 \|_2 - \| \boldsymbol{u} - \boldsymbol{s}_1 \|_2 \; \vdots \; \cdots \; \vdots \; \| \boldsymbol{u} - \boldsymbol{s}_M \|_2 - \| \boldsymbol{u} - \boldsymbol{s}_1 \|_2]^{\mathrm{T}} \\ \hat{\boldsymbol{\rho}} = [\hat{\rho}_2 \;\; \hat{\rho}_3 \;\; \cdots \;\; \hat{\rho}_M]^{\mathrm{T}} \;,\; \boldsymbol{\rho} = [\rho_2 \;\; \rho_3 \;\; \cdots \;\; \rho_M]^{\mathrm{T}} \;,\; \boldsymbol{s} = [\boldsymbol{s}_1^{\mathrm{T}} \;\; \boldsymbol{s}_2^{\mathrm{T}} \;\; \cdots \;\; \boldsymbol{s}_M^{\mathrm{T}}]^{\mathrm{T}} \;,\; \boldsymbol{\varepsilon}_{\mathrm{t}} = [\varepsilon_{\mathrm{t}2} \;\; \varepsilon_{\mathrm{t}3} \;\; \cdots \;\; \varepsilon_{\mathrm{t}M}]^{\mathrm{T}} \end{cases} \tag{12.4}$$

这里假设观测误差向量 $\boldsymbol{\varepsilon}_{\mathrm{t}}$ 服从零均值的高斯分布，并且其协方差矩阵为 $\boldsymbol{E}_{\mathrm{t}} = \mathrm{E}[\boldsymbol{\varepsilon}_{\mathrm{t}} \boldsymbol{\varepsilon}_{\mathrm{t}}^{\mathrm{T}}]$。

在实际定位过程中，传感器位置向量 $\{\boldsymbol{s}_m\}_{1 \leqslant m \leqslant M}$ 往往无法精确获得，仅能得到其先验观测值，如下式所示：

$$\hat{\boldsymbol{s}}_m = \boldsymbol{s}_m + \boldsymbol{\varepsilon}_{\mathrm{s}m} \quad (1 \leqslant m \leqslant M) \tag{12.5}$$

式中，$\boldsymbol{\varepsilon}_{\mathrm{s}m}$ 表示第 m 个传感器的位置观测误差。对式（12.5）进行合并可得

$$\hat{\boldsymbol{s}} = \boldsymbol{s} + \boldsymbol{\varepsilon}_{\mathrm{s}} \tag{12.6}$$

式中

$$\hat{\boldsymbol{s}} = [\hat{\boldsymbol{s}}_1^{\mathrm{T}} \;\; \hat{\boldsymbol{s}}_2^{\mathrm{T}} \;\; \cdots \;\; \hat{\boldsymbol{s}}_M^{\mathrm{T}}]^{\mathrm{T}} \;,\; \boldsymbol{\varepsilon}_{\mathrm{s}} = [\boldsymbol{\varepsilon}_{\mathrm{s}1}^{\mathrm{T}} \;\; \boldsymbol{\varepsilon}_{\mathrm{s}2}^{\mathrm{T}} \;\; \cdots \;\; \boldsymbol{\varepsilon}_{\mathrm{s}M}^{\mathrm{T}}]^{\mathrm{T}} \tag{12.7}$$

这里假设观测误差向量 $\boldsymbol{\varepsilon}_{\mathrm{s}}$ 服从零均值的高斯分布，并且其协方差矩阵为 $\boldsymbol{E}_{\mathrm{s}} = \mathrm{E}[\boldsymbol{\varepsilon}_{\mathrm{s}} \boldsymbol{\varepsilon}_{\mathrm{s}}^{\mathrm{T}}]$。

12.1.2 针对校正源的观测模型

假设在定位区域内存在某个校正源，校正源的位置向量是精确已知的。根据 3.1.4 节中的讨论可知，利用该校正源的位置信息可以有效克服传感器位置误差对于辐射源定位精度的影响。

将校正源的位置向量记为 $\boldsymbol{u}_{\mathrm{d}} = [x_{\mathrm{d}}^{(\mathrm{u})} \;\; y_{\mathrm{d}}^{(\mathrm{u})} \;\; z_{\mathrm{d}}^{(\mathrm{u})}]^{\mathrm{T}}$，校正源与第 m 个传感器的距离记为 $r_{\mathrm{d}m} = \| \boldsymbol{u}_{\mathrm{d}} - \boldsymbol{s}_m \|_2$，于是校正源与传感器之间的距离差可以表示为

$$\rho_{\mathrm{d}m} = r_{\mathrm{d}m} - r_{\mathrm{d}1} = \| \boldsymbol{u}_{\mathrm{d}} - \boldsymbol{s}_m \|_2 - \| \boldsymbol{u}_{\mathrm{d}} - \boldsymbol{s}_1 \|_2 \quad (2 \leqslant m \leqslant M) \tag{12.8}$$

实际中获得的距离差观测量是含有误差的，可以表示为

$$\hat{\rho}_{\mathrm{d}m} = \rho_{\mathrm{d}m} + \varepsilon_{\mathrm{d}m} = \| \boldsymbol{u}_{\mathrm{d}} - \boldsymbol{s}_m \|_2 - \| \boldsymbol{u}_{\mathrm{d}} - \boldsymbol{s}_1 \|_2 + \varepsilon_{\mathrm{d}m} \quad (2 \leqslant m \leqslant M) \tag{12.9}$$

式中，$\varepsilon_{\mathrm{d}m}$ 表示观测误差。将式（12.9）写成向量形式可得

$$\hat{\boldsymbol{\rho}}_{\mathrm{d}}=\boldsymbol{\rho}_{\mathrm{d}}+\boldsymbol{\varepsilon}_{\mathrm{d}}=\begin{bmatrix}\|\boldsymbol{u}_{\mathrm{d}}-\boldsymbol{s}_2\|_2-\|\boldsymbol{u}_{\mathrm{d}}-\boldsymbol{s}_1\|_2\\ \|\boldsymbol{u}_{\mathrm{d}}-\boldsymbol{s}_3\|_2-\|\boldsymbol{u}_{\mathrm{d}}-\boldsymbol{s}_1\|_2\\ \vdots\\ \|\boldsymbol{u}_{\mathrm{d}}-\boldsymbol{s}_M\|_2-\|\boldsymbol{u}_{\mathrm{d}}-\boldsymbol{s}_1\|_2\end{bmatrix}+\begin{bmatrix}\varepsilon_{\mathrm{d}2}\\ \varepsilon_{\mathrm{d}3}\\ \vdots\\ \varepsilon_{\mathrm{d}M}\end{bmatrix}=\boldsymbol{f}_{\mathrm{tdoa\text{-}d}}(\boldsymbol{s})+\boldsymbol{\varepsilon}_{\mathrm{d}} \tag{12.10}$$

式中

$$\begin{cases}\boldsymbol{\rho}_{\mathrm{d}}=\boldsymbol{f}_{\mathrm{tdoa\text{-}d}}(\boldsymbol{s})=[\|\boldsymbol{u}_{\mathrm{d}}-\boldsymbol{s}_2\|_2-\|\boldsymbol{u}_{\mathrm{d}}-\boldsymbol{s}_1\|_2 \mid \|\boldsymbol{u}_{\mathrm{d}}-\boldsymbol{s}_3\|_2-\|\boldsymbol{u}_{\mathrm{d}}-\boldsymbol{s}_1\|_2 \mid \cdots \mid \|\boldsymbol{u}_{\mathrm{d}}-\boldsymbol{s}_M\|_2-\|\boldsymbol{u}_{\mathrm{d}}-\boldsymbol{s}_1\|_2]^{\mathrm{T}}\\ \hat{\boldsymbol{\rho}}_{\mathrm{d}}=[\hat{\rho}_{\mathrm{d}2}\ \ \hat{\rho}_{\mathrm{d}3}\ \cdots\ \hat{\rho}_{\mathrm{d}M}]^{\mathrm{T}}\ ,\ \boldsymbol{\rho}_{\mathrm{d}}=[\rho_{\mathrm{d}2}\ \ \rho_{\mathrm{d}3}\ \cdots\ \rho_{\mathrm{d}M}]^{\mathrm{T}}\ ,\ \boldsymbol{s}=[\boldsymbol{s}_1^{\mathrm{T}}\ \ \boldsymbol{s}_2^{\mathrm{T}}\ \cdots\ \boldsymbol{s}_M^{\mathrm{T}}]^{\mathrm{T}}\ ,\ \boldsymbol{\varepsilon}_{\mathrm{d}}=[\varepsilon_{\mathrm{d}2}\ \ \varepsilon_{\mathrm{d}3}\ \cdots\ \varepsilon_{\mathrm{d}M}]^{\mathrm{T}}\end{cases} \tag{12.11}$$

这里假设观测误差向量 $\boldsymbol{\varepsilon}_{\mathrm{d}}$ 服从零均值的高斯分布，并且其协方差矩阵为 $\boldsymbol{E}_{\mathrm{d}}=\mathrm{E}[\boldsymbol{\varepsilon}_{\mathrm{d}}\boldsymbol{\varepsilon}_{\mathrm{d}}^{\mathrm{T}}]$。

下面的问题在于：如何利用辐射源和校正源 TDOA 观测向量 $\hat{\boldsymbol{\rho}}$ 和 $\hat{\boldsymbol{\rho}}_{\mathrm{d}}$、传感器位置先验观测向量 $\hat{\boldsymbol{s}}$ 及校正源位置向量 $\boldsymbol{u}_{\mathrm{d}}$，尽可能准确地估计辐射源位置向量 $\boldsymbol{u}$。本章采用的定位方法是基于多维标度原理的，与前面各章不同的是，限于篇幅，本章仅给出一种定位方法。该方法可先后分为两个步骤（即步骤 a 和步骤 b)：步骤 a 是利用校正源 TDOA 观测向量 $\hat{\boldsymbol{\rho}}_{\mathrm{d}}$、传感器位置先验观测向量 $\hat{\boldsymbol{s}}$ 及校正源位置向量 $\boldsymbol{u}_{\mathrm{d}}$，进一步提高传感器位置向量的估计精度（相比于先验观测值 $\hat{\boldsymbol{s}}$ 而言）；步骤 b 是利用步骤 a 给出的估计值及辐射源 TDOA 观测向量 $\hat{\boldsymbol{\rho}}$，尽可能准确地估计辐射源位置向量 $\boldsymbol{u}$。

12.2 步骤 a——提高传感器位置向量的估计精度

12.2.1 标量积矩阵及其对应的关系式

这里的标量积矩阵的构造方式与 5.2 节中的构造方式类似。由式（5.9）可知，针对校正源可以构造如下标量积矩阵①：

$$\boldsymbol{W}^{(\mathrm{a})}(\boldsymbol{s})=\frac{1}{2}\begin{bmatrix}(\rho_{\mathrm{d}1}-\rho_{\mathrm{d}1})^2-d_{11}^2 & (\rho_{\mathrm{d}1}-\rho_{\mathrm{d}2})^2-d_{12}^2 & \cdots & (\rho_{\mathrm{d}1}-\rho_{\mathrm{d}M})^2-d_{1M}^2\\ (\rho_{\mathrm{d}1}-\rho_{\mathrm{d}2})^2-d_{12}^2 & (\rho_{\mathrm{d}2}-\rho_{\mathrm{d}2})^2-d_{22}^2 & \cdots & (\rho_{\mathrm{d}2}-\rho_{\mathrm{d}M})^2-d_{2M}^2\\ \vdots & \vdots & \ddots & \vdots\\ (\rho_{\mathrm{d}1}-\rho_{\mathrm{d}M})^2-d_{1M}^2 & (\rho_{\mathrm{d}2}-\rho_{\mathrm{d}M})^2-d_{2M}^2 & \cdots & (\rho_{\mathrm{d}M}-\rho_{\mathrm{d}M})^2-d_{MM}^2\end{bmatrix}\in\mathbf{R}^{M\times M} \tag{12.12}$$

① 本节中的数学符号大多使用上角标“(a)”，这是为了突出其对应于步骤 a。

式中，$d_{m_1m_2}=\|\boldsymbol{s}_{m_1}-\boldsymbol{s}_{m_2}\|_2$。利用式（5.23）可以得到如下关系式：

$$\boldsymbol{O}_{M\times1}=\boldsymbol{W}^{(\mathrm{a})}(\boldsymbol{s})[\boldsymbol{1}_{M\times1}\ \ \boldsymbol{G}^{(\mathrm{a})}(\boldsymbol{s})]\begin{bmatrix} M & \boldsymbol{1}_{M\times1}^{\mathrm{T}}\boldsymbol{G}^{(\mathrm{a})}(\boldsymbol{s}) \\ (\boldsymbol{G}^{(\mathrm{a})}(\boldsymbol{s}))^{\mathrm{T}}\boldsymbol{1}_{M\times1} & (\boldsymbol{G}^{(\mathrm{a})}(\boldsymbol{s}))^{\mathrm{T}}\boldsymbol{G}^{(\mathrm{a})}(\boldsymbol{s}) \end{bmatrix}^{-1}\begin{bmatrix} 1 \\ \boldsymbol{g}_{\mathrm{d}} \end{bmatrix} \tag{12.13}$$

式中

$$\boldsymbol{G}^{(\mathrm{a})}(\boldsymbol{s})=\begin{bmatrix} x_1^{(\mathrm{s})} & y_1^{(\mathrm{s})} & z_1^{(\mathrm{s})} & \rho_{\mathrm{d}1} \\ x_2^{(\mathrm{s})} & y_2^{(\mathrm{s})} & z_2^{(\mathrm{s})} & \rho_{\mathrm{d}2} \\ \vdots & \vdots & \vdots & \vdots \\ x_M^{(\mathrm{s})} & y_M^{(\mathrm{s})} & z_M^{(\mathrm{s})} & \rho_{\mathrm{d}M} \end{bmatrix}\in\mathbf{R}^{M\times4}\ ,\ \boldsymbol{g}_{\mathrm{d}}=\begin{bmatrix} x_{\mathrm{d}}^{(\mathrm{u})} \\ y_{\mathrm{d}}^{(\mathrm{u})} \\ z_{\mathrm{d}}^{(\mathrm{u})} \\ -r_{\mathrm{d}1} \end{bmatrix}=\begin{bmatrix} \boldsymbol{u}_{\mathrm{d}} \\ -\|\boldsymbol{u}_{\mathrm{d}}-\boldsymbol{s}_1\|_2 \end{bmatrix}\in\mathbf{R}^{4\times1} \tag{12.14}$$

其中，$\rho_{\mathrm{d}1}=r_{\mathrm{d}1}-r_{\mathrm{d}1}=0$。注意到式（12.13）中一共包含$M$个等式，而校正源TDOA 观测量仅为$M-1$个，这意味着该关系式是存在冗余的。

12.2.2 定位原理与方法

下面将基于式（12.13）构建确定传感器位置向量$\boldsymbol{s}$的估计准则，并且推导其最优解。为了简化数学表述，首先定义如下向量：

$$\boldsymbol{\alpha}^{(\mathrm{a})}(\boldsymbol{s})=\begin{bmatrix} M & \boldsymbol{1}_{M\times1}^{\mathrm{T}}\boldsymbol{G}^{(\mathrm{a})}(\boldsymbol{s}) \\ (\boldsymbol{G}^{(\mathrm{a})}(\boldsymbol{s}))^{\mathrm{T}}\boldsymbol{1}_{M\times1} & (\boldsymbol{G}^{(\mathrm{a})}(\boldsymbol{s}))^{\mathrm{T}}\boldsymbol{G}^{(\mathrm{a})}(\boldsymbol{s}) \end{bmatrix}^{-1}\begin{bmatrix} 1 \\ \boldsymbol{g}_{\mathrm{d}} \end{bmatrix}=\begin{bmatrix} \underbrace{\alpha_1^{(\mathrm{a})}(\boldsymbol{s})}_{1\times1} \\ \underbrace{\boldsymbol{\alpha}_2^{(\mathrm{a})}(\boldsymbol{s})}_{3\times1} \\ \underbrace{\alpha_3^{(\mathrm{a})}(\boldsymbol{s})}_{1\times1} \end{bmatrix}\in\mathbf{R}^{5\times1} \tag{12.15}$$

$$\boldsymbol{\beta}^{(\mathrm{a})}(\boldsymbol{s})=[\boldsymbol{1}_{M\times1}\ \ \boldsymbol{G}^{(\mathrm{a})}(\boldsymbol{s})]\boldsymbol{\alpha}^{(\mathrm{a})}(\boldsymbol{s})\in\mathbf{R}^{M\times1}$$

结合式（12.14）中的第 1 式和式（12.15）可得

$$\boldsymbol{\beta}^{(\mathrm{a})}(\boldsymbol{s})=\boldsymbol{1}_{M\times1}\alpha_1^{(\mathrm{a})}(\boldsymbol{s})+\bar{\boldsymbol{\rho}}_{\mathrm{d}}\alpha_3^{(\mathrm{a})}(\boldsymbol{s})+(\boldsymbol{I}_M\otimes(\boldsymbol{\alpha}_2^{(\mathrm{a})}(\boldsymbol{s}))^{\mathrm{T}})\boldsymbol{s} \tag{12.16}$$

式中，$\bar{\boldsymbol{\rho}}_{\mathrm{d}}=[\rho_{\mathrm{d}1}\ \ \rho_{\mathrm{d}2}\ \ \cdots\ \ \rho_{\mathrm{d}M}]^{\mathrm{T}}=[\rho_{\mathrm{d}1}\ \ \boldsymbol{\rho}_{\mathrm{d}}^{\mathrm{T}}]^{\mathrm{T}}$。由式（12.13）、式（12.15）及式（12.16）可得

$$\begin{aligned}\boldsymbol{O}_{M\times1}&=\boldsymbol{W}^{(\mathrm{a})}(\boldsymbol{s})\boldsymbol{\beta}^{(\mathrm{a})}(\boldsymbol{s})=\boldsymbol{W}^{(\mathrm{a})}(\boldsymbol{s})[\boldsymbol{1}_{M\times1}\ \ \boldsymbol{G}^{(\mathrm{a})}(\boldsymbol{s})]\boldsymbol{\alpha}^{(\mathrm{a})}(\boldsymbol{s})\\&=\boldsymbol{W}^{(\mathrm{a})}(\boldsymbol{s})(\boldsymbol{1}_{M\times1}\alpha_1^{(\mathrm{a})}(\boldsymbol{s})+\bar{\boldsymbol{\rho}}_{\mathrm{d}}\alpha_3^{(\mathrm{a})}(\boldsymbol{s}))+\boldsymbol{W}^{(\mathrm{a})}(\boldsymbol{s})(\boldsymbol{I}_M\otimes(\boldsymbol{\alpha}_2^{(\mathrm{a})}(\boldsymbol{s}))^{\mathrm{T}})\boldsymbol{s}\end{aligned} \tag{12.17}$$

【注记 12.1】 注意到$\boldsymbol{W}^{(\mathrm{a})}(\boldsymbol{s})$、$\alpha_1^{(\mathrm{a})}(\boldsymbol{s})$、$\boldsymbol{\alpha}_2^{(\mathrm{a})}(\boldsymbol{s})$及$\alpha_3^{(\mathrm{a})}(\boldsymbol{s})$均与向量$\boldsymbol{s}$有关。因此，严格来说，式（12.17）并不是关于向量$\boldsymbol{s}$的线性方程。但由于存在关于向量$\boldsymbol{s}$的先验观测值$\hat{\boldsymbol{s}}$，因此可以用向量$\hat{\boldsymbol{s}}$替换$\boldsymbol{W}^{(\mathrm{a})}(\boldsymbol{s})$、$\alpha_1^{(\mathrm{a})}(\boldsymbol{s})$、$\boldsymbol{\alpha}_2^{(\mathrm{a})}(\boldsymbol{s})$及

$\alpha_3^{(\mathrm{a})}(\boldsymbol{s})$ 中的向量 $\boldsymbol{s}$，此时仍然可以将式（12.17）看成关于向量 $\boldsymbol{s}$ 的线性方程，只是引入了观测误差，需要在构造估计准则时进行加权处理。

1. 一阶误差扰动分析

在实际定位过程中，标量积矩阵 $\boldsymbol{W}^{(\mathrm{a})}(\boldsymbol{s})$ 和向量 $\boldsymbol{\alpha}^{(\mathrm{a})}(\boldsymbol{s})$ 的真实值都是未知的，因为其中的真实距离差 $\{\rho_{\mathrm{d}m}\}_{2\leqslant m\leqslant M}$ 仅能用其观测值 $\{\hat{\rho}_{\mathrm{d}m}\}_{2\leqslant m\leqslant M}$ 来代替，真实传感器位置向量 $\boldsymbol{s}$ 仅能用其先验观测值 $\hat{\boldsymbol{s}}$ 来代替，这必然会引入观测误差。不妨将含有观测误差的标量积矩阵 $\boldsymbol{W}^{(\mathrm{a})}(\boldsymbol{s})$ 记为 $\hat{\boldsymbol{W}}^{(\mathrm{a})}(\hat{\boldsymbol{s}})$，于是根据式（12.12）可得

$$\hat{\boldsymbol{W}}^{(\mathrm{a})}(\hat{\boldsymbol{s}})=\frac{1}{2}\begin{bmatrix}(\hat{\rho}_{\mathrm{d}1}-\hat{\rho}_{\mathrm{d}1})^2-\hat{d}_{11}^2 & (\hat{\rho}_{\mathrm{d}1}-\hat{\rho}_{\mathrm{d}2})^2-\hat{d}_{12}^2 & \cdots & (\hat{\rho}_{\mathrm{d}1}-\hat{\rho}_{\mathrm{d}M})^2-\hat{d}_{1M}^2 \\ (\hat{\rho}_{\mathrm{d}1}-\hat{\rho}_{\mathrm{d}2})^2-\hat{d}_{12}^2 & (\hat{\rho}_{\mathrm{d}2}-\hat{\rho}_{\mathrm{d}2})^2-\hat{d}_{22}^2 & \cdots & (\hat{\rho}_{\mathrm{d}2}-\hat{\rho}_{\mathrm{d}M})^2-\hat{d}_{2M}^2 \\ \vdots & \vdots & \ddots & \vdots \\ (\hat{\rho}_{\mathrm{d}1}-\hat{\rho}_{\mathrm{d}M})^2-\hat{d}_{1M}^2 & (\hat{\rho}_{\mathrm{d}2}-\hat{\rho}_{\mathrm{d}M})^2-\hat{d}_{2M}^2 & \cdots & (\hat{\rho}_{\mathrm{d}M}-\hat{\rho}_{\mathrm{d}M})^2-\hat{d}_{MM}^2\end{bmatrix} \tag{12.18}$$

式中，$\hat{\rho}_{\mathrm{d}1}=0$，$\hat{d}_{m_1m_2}=\|\hat{\boldsymbol{s}}_{m_1}-\hat{\boldsymbol{s}}_{m_2}\|_2$。不妨将含有观测误差的向量 $\boldsymbol{\alpha}^{(\mathrm{a})}(\boldsymbol{s})$ 记为 $\hat{\boldsymbol{\alpha}}^{(\mathrm{a})}(\hat{\boldsymbol{s}})$，则根据式（12.15）中的第 1 式可得

$$\hat{\boldsymbol{\alpha}}^{(\mathrm{a})}(\hat{\boldsymbol{s}})=\begin{bmatrix} M & \boldsymbol{1}_{M\times1}^{\mathrm{T}}\hat{\boldsymbol{G}}^{(\mathrm{a})}(\hat{\boldsymbol{s}}) \\ (\hat{\boldsymbol{G}}^{(\mathrm{a})}(\hat{\boldsymbol{s}}))^{\mathrm{T}}\boldsymbol{1}_{M\times1} & (\hat{\boldsymbol{G}}^{(\mathrm{a})}(\hat{\boldsymbol{s}}))^{\mathrm{T}}\hat{\boldsymbol{G}}^{(\mathrm{a})}(\hat{\boldsymbol{s}})\end{bmatrix}^{-1}\begin{bmatrix}1\\ \hat{\boldsymbol{g}}_{\mathrm{d}}\end{bmatrix}=\begin{bmatrix}\underbrace{\hat{\alpha}_1^{(\mathrm{a})}(\hat{\boldsymbol{s}})}_{1\times1}\\ \underbrace{\hat{\boldsymbol{\alpha}}_2^{(\mathrm{a})}(\hat{\boldsymbol{s}})}_{3\times1}\\ \underbrace{\hat{\alpha}_3^{(\mathrm{a})}(\hat{\boldsymbol{s}})}_{1\times1}\end{bmatrix}\in\mathbf{R}^{5\times1} \tag{12.19}$$

式中

$$\hat{\boldsymbol{G}}^{(\mathrm{a})}(\hat{\boldsymbol{s}})=\begin{bmatrix}\hat{x}_1^{(\mathrm{s})} & \hat{y}_1^{(\mathrm{s})} & \hat{z}_1^{(\mathrm{s})} & \hat{\rho}_{\mathrm{d}1}\\ \hat{x}_2^{(\mathrm{s})} & \hat{y}_2^{(\mathrm{s})} & \hat{z}_2^{(\mathrm{s})} & \hat{\rho}_{\mathrm{d}2}\\ \vdots & \vdots & \vdots & \vdots\\ \hat{x}_M^{(\mathrm{s})} & \hat{y}_M^{(\mathrm{s})} & \hat{z}_M^{(\mathrm{s})} & \hat{\rho}_{\mathrm{d}M}\end{bmatrix},\quad \hat{\boldsymbol{g}}_{\mathrm{d}}=\begin{bmatrix}\boldsymbol{u}_{\mathrm{d}}\\ -\|\boldsymbol{u}_{\mathrm{d}}-\hat{\boldsymbol{s}}_1\|_2\end{bmatrix} \tag{12.20}$$

基于式（12.17）可以定义误差向量 $\boldsymbol{\delta}_{\mathrm{ds}}^{(\mathrm{a})}=\hat{\boldsymbol{W}}^{(\mathrm{a})}(\hat{\boldsymbol{s}})(\boldsymbol{1}_{M\times1}\hat{\alpha}_1^{(\mathrm{a})}(\hat{\boldsymbol{s}})+\hat{\bar{\boldsymbol{\rho}}}_{\mathrm{d}}\hat{\alpha}_3^{(\mathrm{a})}(\hat{\boldsymbol{s}}))+\hat{\boldsymbol{W}}^{(\mathrm{a})}(\hat{\boldsymbol{s}})\,(\boldsymbol{I}_M\otimes(\hat{\boldsymbol{\alpha}}_2^{(\mathrm{a})}(\hat{\boldsymbol{s}}))^{\mathrm{T}})\boldsymbol{s}$，若忽略误差二阶项，则由式（12.17）可得

$$\boldsymbol{\delta}_{\mathrm{ds}}^{(\mathrm{a})}\approx\Delta\boldsymbol{W}_{\mathrm{ds}}^{(\mathrm{a})}\boldsymbol{\beta}^{(\mathrm{a})}(\boldsymbol{s})+\boldsymbol{W}^{(\mathrm{a})}(\boldsymbol{s})[\boldsymbol{1}_{M\times1}\ \ \boldsymbol{G}^{(\mathrm{a})}(\boldsymbol{s})]\Delta\boldsymbol{\alpha}_{\mathrm{ds}}^{(\mathrm{a})}+\boldsymbol{W}^{(\mathrm{a})}(\boldsymbol{s})\bar{\boldsymbol{I}}_{M-1}\boldsymbol{\varepsilon}_{\mathrm{d}}\alpha_3^{(\mathrm{a})}(\boldsymbol{s}) \tag{12.21}$$

式中，$\Delta\boldsymbol{W}_{\mathrm{ds}}^{(\mathrm{a})}$ 和 $\Delta\boldsymbol{\alpha}_{\mathrm{ds}}^{(\mathrm{a})}$ 分别表示 $\hat{\boldsymbol{W}}^{(\mathrm{a})}(\hat{\boldsymbol{s}})$ 和 $\hat{\boldsymbol{\alpha}}^{(\mathrm{a})}(\hat{\boldsymbol{s}})$ 中的误差，即有 $\Delta\boldsymbol{W}_{\mathrm{ds}}^{(\mathrm{a})}=$

$\hat{\boldsymbol{W}}^{(\mathrm{a})}(\hat{\boldsymbol{s}})-\boldsymbol{W}^{(\mathrm{a})}(\boldsymbol{s})$，$\Delta\boldsymbol{\alpha}_{\mathrm{ds}}^{(\mathrm{a})}=\hat{\boldsymbol{\alpha}}^{(\mathrm{a})}(\hat{\boldsymbol{s}})-\boldsymbol{\alpha}^{(\mathrm{a})}(\boldsymbol{s})$。下面需要推导它们的一阶表达式（即忽略观测误差 $\boldsymbol{\varepsilon}_{\mathrm{d}}$ 和 $\boldsymbol{\varepsilon}_{\mathrm{s}}$ 的二阶及其以上各阶项），并由此获得误差向量 $\boldsymbol{\delta}_{\mathrm{ds}}^{(\mathrm{a})}$ 关于观测误差 $\boldsymbol{\varepsilon}_{\mathrm{d}}$ 和 $\boldsymbol{\varepsilon}_{\mathrm{s}}$ 的线性函数。

首先基于式（12.18）可以将误差矩阵 $\Delta\boldsymbol{W}_{\mathrm{ds}}^{(\mathrm{a})}$ 近似表示为

$$\Delta\boldsymbol{W}_{\mathrm{ds}}^{(\mathrm{a})}\approx\begin{bmatrix}(\rho_{\mathrm{d}1}-\rho_{\mathrm{d}1})(\varepsilon_{\mathrm{d}1}-\varepsilon_{\mathrm{d}1}) & (\rho_{\mathrm{d}1}-\rho_{\mathrm{d}2})(\varepsilon_{\mathrm{d}1}-\varepsilon_{\mathrm{d}2}) & \cdots & (\rho_{\mathrm{d}1}-\rho_{\mathrm{d}M})(\varepsilon_{\mathrm{d}1}-\varepsilon_{\mathrm{d}M}) \\ (\rho_{\mathrm{d}1}-\rho_{\mathrm{d}2})(\varepsilon_{\mathrm{d}1}-\varepsilon_{\mathrm{d}2}) & (\rho_{\mathrm{d}2}-\rho_{\mathrm{d}2})(\varepsilon_{\mathrm{d}2}-\varepsilon_{\mathrm{d}2}) & \cdots & (\rho_{\mathrm{d}2}-\rho_{\mathrm{d}M})(\varepsilon_{\mathrm{d}2}-\varepsilon_{\mathrm{d}M}) \\ \vdots & \vdots & \ddots & \vdots \\ (\rho_{\mathrm{d}1}-\rho_{\mathrm{d}M})(\varepsilon_{\mathrm{d}1}-\varepsilon_{\mathrm{d}M}) & (\rho_{\mathrm{d}2}-\rho_{\mathrm{d}M})(\varepsilon_{\mathrm{d}2}-\varepsilon_{\mathrm{d}M}) & \cdots & (\rho_{\mathrm{d}M}-\rho_{\mathrm{d}M})(\varepsilon_{\mathrm{d}M}-\varepsilon_{\mathrm{d}M})\end{bmatrix}$$
$$-\begin{bmatrix}(\boldsymbol{s}_1-\boldsymbol{s}_1)^{\mathrm{T}}(\boldsymbol{\varepsilon}_{\mathrm{s}1}-\boldsymbol{\varepsilon}_{\mathrm{s}1}) & (\boldsymbol{s}_1-\boldsymbol{s}_2)^{\mathrm{T}}(\boldsymbol{\varepsilon}_{\mathrm{s}1}-\boldsymbol{\varepsilon}_{\mathrm{s}2}) & \cdots & (\boldsymbol{s}_1-\boldsymbol{s}_M)^{\mathrm{T}}(\boldsymbol{\varepsilon}_{\mathrm{s}1}-\boldsymbol{\varepsilon}_{\mathrm{s}M}) \\ (\boldsymbol{s}_1-\boldsymbol{s}_2)^{\mathrm{T}}(\boldsymbol{\varepsilon}_{\mathrm{s}1}-\boldsymbol{\varepsilon}_{\mathrm{s}2}) & (\boldsymbol{s}_2-\boldsymbol{s}_2)^{\mathrm{T}}(\boldsymbol{\varepsilon}_{\mathrm{s}2}-\boldsymbol{\varepsilon}_{\mathrm{s}2}) & \cdots & (\boldsymbol{s}_2-\boldsymbol{s}_M)^{\mathrm{T}}(\boldsymbol{\varepsilon}_{\mathrm{s}2}-\boldsymbol{\varepsilon}_{\mathrm{s}M}) \\ \vdots & \vdots & \ddots & \vdots \\ (\boldsymbol{s}_1-\boldsymbol{s}_M)^{\mathrm{T}}(\boldsymbol{\varepsilon}_{\mathrm{s}1}-\boldsymbol{\varepsilon}_{\mathrm{s}M}) & (\boldsymbol{s}_2-\boldsymbol{s}_M)^{\mathrm{T}}(\boldsymbol{\varepsilon}_{\mathrm{s}2}-\boldsymbol{\varepsilon}_{\mathrm{s}M}) & \cdots & (\boldsymbol{s}_M-\boldsymbol{s}_M)^{\mathrm{T}}(\boldsymbol{\varepsilon}_{\mathrm{s}M}-\boldsymbol{\varepsilon}_{\mathrm{s}M})\end{bmatrix} \tag{12.22}$$

式中，$\varepsilon_{\mathrm{d}1}=0$。由式（12.22）可以将 $\Delta\boldsymbol{W}_{\mathrm{ds}}^{(\mathrm{a})}\boldsymbol{\beta}^{(\mathrm{a})}(\boldsymbol{s})$ 近似表示为关于观测误差 $\boldsymbol{\varepsilon}_{\mathrm{d}}$ 和 $\boldsymbol{\varepsilon}_{\mathrm{s}}$ 的线性函数，如下式所示：

$$\Delta\boldsymbol{W}_{\mathrm{ds}}^{(\mathrm{a})}\boldsymbol{\beta}^{(\mathrm{a})}(\boldsymbol{s})\approx\boldsymbol{B}_{\mathrm{d}1}^{(\mathrm{a})}(\boldsymbol{s})\boldsymbol{\varepsilon}_{\mathrm{d}}+\boldsymbol{B}_{\mathrm{s}1}^{(\mathrm{a})}(\boldsymbol{s})\boldsymbol{\varepsilon}_{\mathrm{s}} \tag{12.23}$$

式中

$$\begin{cases}\boldsymbol{B}_{\mathrm{d}1}^{(\mathrm{a})}(\boldsymbol{s})=(\boldsymbol{I}_{M\times1}(\boldsymbol{\beta}^{(\mathrm{a})}(\boldsymbol{s})\odot\bar{\boldsymbol{\rho}}_{\mathrm{d}})^{\mathrm{T}}+((\boldsymbol{\beta}^{(\mathrm{a})}(\boldsymbol{s}))^{\mathrm{T}}\boldsymbol{I}_{M\times1})\mathrm{diag}[\bar{\boldsymbol{\rho}}_{\mathrm{d}}] \\ \qquad -\bar{\boldsymbol{\rho}}_{\mathrm{d}}(\boldsymbol{\beta}^{(\mathrm{a})}(\boldsymbol{s}))^{\mathrm{T}}-((\boldsymbol{\beta}^{(\mathrm{a})}(\boldsymbol{s}))^{\mathrm{T}}\bar{\boldsymbol{\rho}}_{\mathrm{d}})\boldsymbol{I}_M)\bar{\boldsymbol{I}}_{M-1}\in\mathbf{R}^{M\times(M-1)} \\ \boldsymbol{B}_{\mathrm{s}1}^{(\mathrm{a})}(\boldsymbol{s})=((\boldsymbol{\beta}^{(\mathrm{a})}(\boldsymbol{s}))^{\mathrm{T}}\otimes\boldsymbol{I}_M)\bar{\boldsymbol{S}}_{\mathrm{blk}}\in\mathbf{R}^{M\times3M}\end{cases} \tag{12.24}$$

其中，$\bar{\boldsymbol{I}}_{M-1}=\begin{bmatrix}\boldsymbol{O}_{1\times(M-1)} \\ \boldsymbol{I}_{M-1}\end{bmatrix}$；$\bar{\boldsymbol{S}}_{\mathrm{blk}}$ 的表达式为

$$\bar{\boldsymbol{S}}_{\mathrm{blk}}=\begin{bmatrix}\mathrm{blkdiag}\{(\boldsymbol{s}_1-\boldsymbol{s}_1)^{\mathrm{T}},(\boldsymbol{s}_1-\boldsymbol{s}_2)^{\mathrm{T}},\cdots,(\boldsymbol{s}_1-\boldsymbol{s}_M)^{\mathrm{T}}\} \\ \mathrm{blkdiag}\{(\boldsymbol{s}_2-\boldsymbol{s}_1)^{\mathrm{T}},(\boldsymbol{s}_2-\boldsymbol{s}_2)^{\mathrm{T}},\cdots,(\boldsymbol{s}_2-\boldsymbol{s}_M)^{\mathrm{T}}\} \\ \vdots \\ \mathrm{blkdiag}\{(\boldsymbol{s}_M-\boldsymbol{s}_1)^{\mathrm{T}},(\boldsymbol{s}_M-\boldsymbol{s}_2)^{\mathrm{T}},\cdots,(\boldsymbol{s}_M-\boldsymbol{s}_M)^{\mathrm{T}}\}\end{bmatrix}$$
$$-\mathrm{blkdiag}\left\{\begin{bmatrix}(\boldsymbol{s}_1-\boldsymbol{s}_1)^{\mathrm{T}} \\ (\boldsymbol{s}_1-\boldsymbol{s}_2)^{\mathrm{T}} \\ \vdots \\ (\boldsymbol{s}_1-\boldsymbol{s}_M)^{\mathrm{T}}\end{bmatrix},\begin{bmatrix}(\boldsymbol{s}_2-\boldsymbol{s}_1)^{\mathrm{T}} \\ (\boldsymbol{s}_2-\boldsymbol{s}_2)^{\mathrm{T}} \\ \vdots \\ (\boldsymbol{s}_2-\boldsymbol{s}_M)^{\mathrm{T}}\end{bmatrix},\cdots,\begin{bmatrix}(\boldsymbol{s}_M-\boldsymbol{s}_1)^{\mathrm{T}} \\ (\boldsymbol{s}_M-\boldsymbol{s}_2)^{\mathrm{T}} \\ \vdots \\ (\boldsymbol{s}_M-\boldsymbol{s}_M)^{\mathrm{T}}\end{bmatrix}\right\} \tag{12.25}$$

式（12.23）的推导与式（10.15）类似，限于篇幅这里不再赘述。接着利用式（12.19）和矩阵扰动理论（见 2.3 节）可以将误差向量 $\Delta\boldsymbol{\alpha}_{\mathrm{ds}}^{(\mathrm{a})}$ 近似表示为

$$\Delta\boldsymbol{\alpha}_{\mathrm{ds}}^{(\mathrm{a})} \approx \begin{bmatrix} M & \boldsymbol{1}_{M\times 1}^{\mathrm{T}}\boldsymbol{G}^{(\mathrm{a})}(\boldsymbol{s}) \\ (\boldsymbol{G}^{(\mathrm{a})}(\boldsymbol{s}))^{\mathrm{T}}\boldsymbol{1}_{M\times 1} & (\boldsymbol{G}^{(\mathrm{a})}(\boldsymbol{s}))^{\mathrm{T}}\boldsymbol{G}^{(\mathrm{a})}(\boldsymbol{s}) \end{bmatrix}^{-1} \begin{bmatrix} 0 \\ \Delta\boldsymbol{g}_{\mathrm{d}} \end{bmatrix} - \begin{bmatrix} M & \boldsymbol{1}_{M\times 1}^{\mathrm{T}}\boldsymbol{G}^{(\mathrm{a})}(\boldsymbol{s}) \\ (\boldsymbol{G}^{(\mathrm{a})}(\boldsymbol{s}))^{\mathrm{T}}\boldsymbol{1}_{M\times 1} & (\boldsymbol{G}^{(\mathrm{a})}(\boldsymbol{s}))^{\mathrm{T}}\boldsymbol{G}^{(\mathrm{a})}(\boldsymbol{s}) \end{bmatrix}^{-1} \times \begin{bmatrix} 0 & \boldsymbol{1}_{M\times 1}^{\mathrm{T}}\Delta\boldsymbol{G}_{\mathrm{ds}}^{(\mathrm{a})} \\ (\Delta\boldsymbol{G}_{\mathrm{ds}}^{(\mathrm{a})})^{\mathrm{T}}\boldsymbol{1}_{M\times 1} & (\boldsymbol{G}^{(\mathrm{a})}(\boldsymbol{s}))^{\mathrm{T}}\Delta\boldsymbol{G}_{\mathrm{ds}}^{(\mathrm{a})} + (\Delta\boldsymbol{G}_{\mathrm{ds}}^{(\mathrm{a})})^{\mathrm{T}}\boldsymbol{G}^{(\mathrm{a})}(\boldsymbol{s}) \end{bmatrix} \boldsymbol{\alpha}^{(\mathrm{a})}(\boldsymbol{s}) \tag{12.26}$$

式中

$$\Delta\boldsymbol{G}_{\mathrm{ds}}^{(\mathrm{a})} = \begin{bmatrix} \boldsymbol{\varepsilon}_{\mathrm{s}1}^{\mathrm{T}} & \varepsilon_{\mathrm{d}1} \\ \boldsymbol{\varepsilon}_{\mathrm{s}2}^{\mathrm{T}} & \varepsilon_{\mathrm{d}2} \\ \vdots & \vdots \\ \boldsymbol{\varepsilon}_{\mathrm{s}M}^{\mathrm{T}} & \varepsilon_{\mathrm{d}M} \end{bmatrix}, \quad \Delta\boldsymbol{g}_{\mathrm{d}} = \begin{bmatrix} \boldsymbol{O}_{3\times 1} \\ \hdashline \dfrac{(\boldsymbol{u}_{\mathrm{d}} - \boldsymbol{s}_1)^{\mathrm{T}}\boldsymbol{\varepsilon}_{\mathrm{s}1}}{\|\boldsymbol{u}_{\mathrm{d}} - \boldsymbol{s}_1\|_2} \end{bmatrix} \tag{12.27}$$

由式（12.26）可以将 $\boldsymbol{W}^{(\mathrm{a})}(\boldsymbol{s})[\boldsymbol{1}_{M\times 1}\ \ \boldsymbol{G}^{(\mathrm{a})}(\boldsymbol{s})]\Delta\boldsymbol{\alpha}_{\mathrm{ds}}^{(\mathrm{a})}$ 近似表示为关于观测误差 $\boldsymbol{\varepsilon}_{\mathrm{d}}$ 和 $\boldsymbol{\varepsilon}_{\mathrm{s}}$ 的线性函数，如下式所示：

$$\boldsymbol{W}^{(\mathrm{a})}(\boldsymbol{s})[\boldsymbol{1}_{M\times 1}\ \ \boldsymbol{G}^{(\mathrm{a})}(\boldsymbol{s})]\Delta\boldsymbol{\alpha}_{\mathrm{ds}}^{(\mathrm{a})} \approx \boldsymbol{B}_{\mathrm{d}2}^{(\mathrm{a})}(\boldsymbol{s})\boldsymbol{\varepsilon}_{\mathrm{d}} + \boldsymbol{B}_{\mathrm{s}2}^{(\mathrm{a})}(\boldsymbol{s})\boldsymbol{\varepsilon}_{\mathrm{s}} \tag{12.28}$$

式中

$$\begin{cases} \boldsymbol{B}_{\mathrm{d}2}^{(\mathrm{a})}(\boldsymbol{s}) = -\boldsymbol{W}^{(\mathrm{a})}(\boldsymbol{s})\boldsymbol{T}^{(\mathrm{a})}(\boldsymbol{s}) \begin{bmatrix} \boldsymbol{1}_{M\times 1}^{\mathrm{T}}\boldsymbol{J}_{\mathrm{d}1}^{(\mathrm{a})}(\boldsymbol{s}) \\ (\boldsymbol{G}^{(\mathrm{a})}(\boldsymbol{s}))^{\mathrm{T}}\boldsymbol{J}_{\mathrm{d}1}^{(\mathrm{a})}(\boldsymbol{s}) + \boldsymbol{J}_{\mathrm{d}2}^{(\mathrm{a})}(\boldsymbol{s}) \end{bmatrix} \\ \boldsymbol{B}_{\mathrm{s}2}^{(\mathrm{a})}(\boldsymbol{s}) = \boldsymbol{W}^{(\mathrm{a})}(\boldsymbol{s})\boldsymbol{T}^{(\mathrm{a})}(\boldsymbol{s}) \left(\boldsymbol{J}_{\mathrm{s}0}^{(\mathrm{a})}(\boldsymbol{s}) - \begin{bmatrix} \boldsymbol{1}_{M\times 1}^{\mathrm{T}}\boldsymbol{J}_{\mathrm{s}1}^{(\mathrm{a})}(\boldsymbol{s}) \\ (\boldsymbol{G}^{(\mathrm{a})}(\boldsymbol{s}))^{\mathrm{T}}\boldsymbol{J}_{\mathrm{s}1}^{(\mathrm{a})}(\boldsymbol{s}) + \boldsymbol{J}_{\mathrm{s}2}^{(\mathrm{a})}(\boldsymbol{s}) \end{bmatrix} \right) \end{cases} \tag{12.29}$$

其中

$$\boldsymbol{J}_{\mathrm{s}0}^{(\mathrm{a})}(\boldsymbol{s}) = \boldsymbol{i}_M^{(1)\mathrm{T}} \otimes \begin{bmatrix} \boldsymbol{O}_{4\times 3} \\ \hdashline \dfrac{(\boldsymbol{u}_{\mathrm{d}} - \boldsymbol{s}_1)^{\mathrm{T}}}{\|\boldsymbol{u}_{\mathrm{d}} - \boldsymbol{s}_1\|_2} \end{bmatrix}, \quad \boldsymbol{J}_{\mathrm{d}1}^{(\mathrm{a})}(\boldsymbol{s}) = \alpha_3^{(\mathrm{a})}(\boldsymbol{s})\bar{\boldsymbol{I}}_{M-1}, \quad \boldsymbol{J}_{\mathrm{s}1}^{(\mathrm{a})}(\boldsymbol{s}) = \boldsymbol{I}_M \otimes (\boldsymbol{\alpha}_2^{(\mathrm{a})}(\boldsymbol{s}))^{\mathrm{T}} \tag{12.30}$$

$$\boldsymbol{J}_{\mathrm{d}2}^{(\mathrm{a})}(\boldsymbol{s}) = \begin{bmatrix} \boldsymbol{O}_{3\times M} \\ ([\boldsymbol{1}_{M\times 1}\ \ \boldsymbol{G}^{(\mathrm{a})}(\boldsymbol{s})]\boldsymbol{\alpha}^{(\mathrm{a})}(\boldsymbol{s}))^{\mathrm{T}} \end{bmatrix} \bar{\boldsymbol{I}}_{M-1}, \quad \boldsymbol{J}_{\mathrm{s}2}^{(\mathrm{a})}(\boldsymbol{s}) = \begin{bmatrix} ([\boldsymbol{1}_{M\times 1}\ \ \boldsymbol{G}^{(\mathrm{a})}(\boldsymbol{s})]\boldsymbol{\alpha}^{(\mathrm{a})}(\boldsymbol{s}))^{\mathrm{T}} \otimes \boldsymbol{I}_3 \\ \boldsymbol{O}_{1\times 3M} \end{bmatrix} \tag{12.31}$$

$$\boldsymbol{T}^{(\mathrm{a})}(\boldsymbol{s}) = [\boldsymbol{1}_{M\times 1}\ \ \boldsymbol{G}^{(\mathrm{a})}(\boldsymbol{s})] \begin{bmatrix} M & \boldsymbol{1}_{M\times 1}^{\mathrm{T}}\boldsymbol{G}^{(\mathrm{a})}(\boldsymbol{s}) \\ (\boldsymbol{G}^{(\mathrm{a})}(\boldsymbol{s}))^{\mathrm{T}}\boldsymbol{1}_{M\times 1} & (\boldsymbol{G}^{(\mathrm{a})}(\boldsymbol{s}))^{\mathrm{T}}\boldsymbol{G}^{(\mathrm{a})}(\boldsymbol{s}) \end{bmatrix}^{-1} \in \mathbf{R}^{M\times 5} \tag{12.32}$$

式（12.28）的推导见附录 I.1。

将式（12.23）和式（12.28）代入式（12.21）中可得

$$\boldsymbol{\delta}_{\mathrm{ds}}^{(\mathrm{a})} \approx \boldsymbol{B}_{\mathrm{d}}^{(\mathrm{a})}(\boldsymbol{s})\boldsymbol{\varepsilon}_{\mathrm{d}} + \boldsymbol{B}_{\mathrm{s}}^{(\mathrm{a})}(\boldsymbol{s})\boldsymbol{\varepsilon}_{\mathrm{s}} \tag{12.33}$$

式中，$\boldsymbol{B}_{\mathrm{d}}^{(\mathrm{a})}(\boldsymbol{s}) = \boldsymbol{B}_{\mathrm{d1}}^{(\mathrm{a})}(\boldsymbol{s}) + \boldsymbol{B}_{\mathrm{d2}}^{(\mathrm{a})}(\boldsymbol{s}) + \alpha_3^{(\mathrm{a})}(\boldsymbol{s})\boldsymbol{W}^{(\mathrm{a})}(\boldsymbol{s})\bar{\boldsymbol{I}}_{M-1} \in \mathbf{R}^{M\times(M-1)}$，$\boldsymbol{B}_{\mathrm{s}}^{(\mathrm{a})}(\boldsymbol{s}) = \boldsymbol{B}_{\mathrm{s1}}^{(\mathrm{a})}(\boldsymbol{s}) + \boldsymbol{B}_{\mathrm{s2}}^{(\mathrm{a})}(\boldsymbol{s}) \in \mathbf{R}^{M\times 3M}$。由式（12.33）可知，误差向量$\boldsymbol{\delta}_{\mathrm{ds}}^{(\mathrm{a})}$渐近服从零均值的高斯分布，并且其协方差矩阵为

$$\begin{aligned}\boldsymbol{\Omega}_{\mathrm{ds}}^{(\mathrm{a})} &= \mathbf{cov}(\boldsymbol{\delta}_{\mathrm{ds}}^{(\mathrm{a})}) = \mathrm{E}[\boldsymbol{\delta}_{\mathrm{ds}}^{(\mathrm{a})}\boldsymbol{\delta}_{\mathrm{ds}}^{(\mathrm{a})\mathrm{T}}] \approx \boldsymbol{B}_{\mathrm{d}}^{(\mathrm{a})}(\boldsymbol{s})\cdot\mathrm{E}[\boldsymbol{\varepsilon}_{\mathrm{d}}\boldsymbol{\varepsilon}_{\mathrm{d}}^{\mathrm{T}}]\cdot(\boldsymbol{B}_{\mathrm{d}}^{(\mathrm{a})}(\boldsymbol{s}))^{\mathrm{T}} + \boldsymbol{B}_{\mathrm{s}}^{(\mathrm{a})}(\boldsymbol{s})\cdot\mathrm{E}[\boldsymbol{\varepsilon}_{\mathrm{s}}\boldsymbol{\varepsilon}_{\mathrm{s}}^{\mathrm{T}}]\cdot(\boldsymbol{B}_{\mathrm{s}}^{(\mathrm{a})}(\boldsymbol{s}))^{\mathrm{T}} \\ &= \boldsymbol{B}_{\mathrm{d}}^{(\mathrm{a})}(\boldsymbol{s})\boldsymbol{E}_{\mathrm{d}}(\boldsymbol{B}_{\mathrm{d}}^{(\mathrm{a})}(\boldsymbol{s}))^{\mathrm{T}} + \boldsymbol{B}_{\mathrm{s}}^{(\mathrm{a})}(\boldsymbol{s})\boldsymbol{E}_{\mathrm{s}}(\boldsymbol{B}_{\mathrm{s}}^{(\mathrm{a})}(\boldsymbol{s}))^{\mathrm{T}} \in \mathbf{R}^{M\times M}\end{aligned} \tag{12.34}$$

2. 优化模型及其求解方法

由于误差向量$\boldsymbol{\delta}_{\mathrm{ds}}^{(\mathrm{a})}$的维数为$M$，大于校正源 TDOA 观测量个数$M-1$，此时可以参照前面各章中的处理方式，对矩阵$\boldsymbol{B}_{\mathrm{d}}^{(\mathrm{a})}(\hat{\boldsymbol{s}})$进行奇异值分解，以重新构造误差向量。

矩阵$\boldsymbol{B}_{\mathrm{d}}^{(\mathrm{a})}(\hat{\boldsymbol{s}})$的奇异值分解可以表示为

$$\begin{aligned}\boldsymbol{B}_{\mathrm{d}}^{(\mathrm{a})}(\hat{\boldsymbol{s}}) &= \boldsymbol{H}^{(\mathrm{a})}(\hat{\boldsymbol{s}})\boldsymbol{\Sigma}^{(\mathrm{a})}(\hat{\boldsymbol{s}})(\boldsymbol{V}^{(\mathrm{a})}(\hat{\boldsymbol{s}}))^{\mathrm{T}} \\ &= \left[\underbrace{\boldsymbol{H}_1^{(\mathrm{a})}(\hat{\boldsymbol{s}})}_{M\times(M-1)}\ \underbrace{\boldsymbol{h}_2^{(\mathrm{a})}(\hat{\boldsymbol{s}})}_{M\times 1}\right]\begin{bmatrix}\underbrace{\boldsymbol{\Sigma}_1^{(\mathrm{a})}(\hat{\boldsymbol{s}})}_{(M-1)\times(M-1)} \\ \boldsymbol{O}_{1\times(M-1)}\end{bmatrix}(\boldsymbol{V}^{(\mathrm{a})}(\hat{\boldsymbol{s}}))^{\mathrm{T}} \\ &= \boldsymbol{H}_1^{(\mathrm{a})}(\hat{\boldsymbol{s}})\boldsymbol{\Sigma}_1^{(\mathrm{a})}(\hat{\boldsymbol{s}})(\boldsymbol{V}^{(\mathrm{a})}(\hat{\boldsymbol{s}}))^{\mathrm{T}}\end{aligned} \tag{12.35}$$

式中，$\boldsymbol{H}^{(\mathrm{a})}(\hat{\boldsymbol{s}}) = [\boldsymbol{H}_1^{(\mathrm{a})}(\hat{\boldsymbol{s}})\ \ \boldsymbol{h}_2^{(\mathrm{a})}(\hat{\boldsymbol{s}})]$，为$M\times M$阶正交矩阵；$\boldsymbol{V}^{(\mathrm{a})}(\hat{\boldsymbol{s}})$为$(M-1)\times(M-1)$阶正交矩阵；$\boldsymbol{\Sigma}_1^{(\mathrm{a})}(\hat{\boldsymbol{s}})$为$(M-1)\times(M-1)$阶对角矩阵，其中的对角元素为矩阵$\boldsymbol{B}_{\mathrm{d}}^{(\mathrm{a})}(\hat{\boldsymbol{s}})$的奇异值。将矩阵$(\boldsymbol{H}_1^{(\mathrm{a})}(\hat{\boldsymbol{s}}))^{\mathrm{T}}$左乘以误差向量$\boldsymbol{\delta}_{\mathrm{ds}}^{(\mathrm{a})}$，并结合式（12.21）和式（12.33）可得

$$\begin{aligned}\bar{\boldsymbol{\delta}}_{\mathrm{ds}}^{(\mathrm{a})} &= (\boldsymbol{H}_1^{(\mathrm{a})}(\hat{\boldsymbol{s}}))^{\mathrm{T}}\boldsymbol{\delta}_{\mathrm{ds}}^{(\mathrm{a})} = (\boldsymbol{H}_1^{(\mathrm{a})}(\hat{\boldsymbol{s}}))^{\mathrm{T}}[\hat{\boldsymbol{W}}^{(\mathrm{a})}(\hat{\boldsymbol{s}})(\boldsymbol{I}_{M\times 1}\hat{\alpha}_1^{(\mathrm{a})}(\hat{\boldsymbol{s}}) + \hat{\bar{\boldsymbol{\rho}}}_{\mathrm{d}}\hat{\alpha}_3^{(\mathrm{a})}(\hat{\boldsymbol{s}})) \\ &\quad + \hat{\boldsymbol{W}}^{(\mathrm{a})}(\hat{\boldsymbol{s}})(\boldsymbol{I}_M \otimes (\hat{\boldsymbol{\alpha}}_2^{(\mathrm{a})}(\hat{\boldsymbol{s}}))^{\mathrm{T}})\boldsymbol{s}] \\ &\approx (\boldsymbol{H}_1^{(\mathrm{a})}(\boldsymbol{s}))^{\mathrm{T}}(\Delta\boldsymbol{W}_{\mathrm{ds}}^{(\mathrm{a})}\boldsymbol{\beta}^{(\mathrm{a})}(\boldsymbol{s}) + \boldsymbol{W}^{(\mathrm{a})}(\boldsymbol{s})[\boldsymbol{I}_{M\times 1}\ \ \boldsymbol{G}^{(\mathrm{a})}(\boldsymbol{s})]\Delta\boldsymbol{\alpha}_{\mathrm{ds}}^{(\mathrm{a})} + \boldsymbol{W}^{(\mathrm{a})}(\boldsymbol{s})\bar{\boldsymbol{I}}_{M-1}\boldsymbol{\varepsilon}_{\mathrm{d}}\alpha_3^{(\mathrm{a})}(\boldsymbol{s})) \\ &\approx (\boldsymbol{H}_1^{(\mathrm{a})}(\boldsymbol{s}))^{\mathrm{T}}(\boldsymbol{B}_{\mathrm{d}}^{(\mathrm{a})}(\boldsymbol{s})\boldsymbol{\varepsilon}_{\mathrm{d}} + \boldsymbol{B}_{\mathrm{s}}^{(\mathrm{a})}(\boldsymbol{s})\boldsymbol{\varepsilon}_{\mathrm{s}})\end{aligned} \tag{12.36}$$

由式（12.35）可得$(\boldsymbol{H}_1^{(\mathrm{a})}(\hat{\boldsymbol{s}}))^{\mathrm{T}}\boldsymbol{B}_{\mathrm{d}}^{(\mathrm{a})}(\hat{\boldsymbol{s}}) = \boldsymbol{\Sigma}_1^{(\mathrm{a})}(\hat{\boldsymbol{s}})(\boldsymbol{V}^{(\mathrm{a})}(\hat{\boldsymbol{s}}))^{\mathrm{T}}$，将该式代入式（12.36）中可知，误差向量$\bar{\boldsymbol{\delta}}_{\mathrm{ds}}^{(\mathrm{a})}$的协方差矩阵为

$$\begin{aligned}\bar{\boldsymbol{\Omega}}_{\mathrm{ds}}^{(\mathrm{a})} &= \mathbf{cov}(\bar{\boldsymbol{\delta}}_{\mathrm{ds}}^{(\mathrm{a})}) = \mathrm{E}[\bar{\boldsymbol{\delta}}_{\mathrm{ds}}^{(\mathrm{a})}\bar{\boldsymbol{\delta}}_{\mathrm{ds}}^{(\mathrm{a})\mathrm{T}}] \approx (\boldsymbol{H}_1^{(\mathrm{a})}(\boldsymbol{s}))^{\mathrm{T}}\boldsymbol{\Omega}_{\mathrm{ds}}^{(\mathrm{a})}\boldsymbol{H}_1^{(\mathrm{a})}(\boldsymbol{s}) \\ &= \boldsymbol{\Sigma}_1^{(\mathrm{a})}(\boldsymbol{s})(\boldsymbol{V}^{(\mathrm{a})}(\boldsymbol{s}))^{\mathrm{T}}\boldsymbol{E}_{\mathrm{d}}\boldsymbol{V}^{(\mathrm{a})}(\boldsymbol{s})\boldsymbol{\Sigma}_1^{(\mathrm{a})}(\boldsymbol{s}) + (\boldsymbol{H}_1^{(\mathrm{a})}(\boldsymbol{s}))^{\mathrm{T}}\boldsymbol{B}_{\mathrm{s}}^{(\mathrm{a})}(\boldsymbol{s})\boldsymbol{E}_{\mathrm{s}}(\boldsymbol{B}_{\mathrm{s}}^{(\mathrm{a})}(\boldsymbol{s}))^{\mathrm{T}}\boldsymbol{H}_1^{(\mathrm{a})}(\boldsymbol{s}) \\ &\in \mathbf{R}^{(M-1)\times(M-1)}\end{aligned} \tag{12.37}$$

容易验证 $\bar{\boldsymbol{\Omega}}_{\mathrm{ds}}^{(\mathrm{a})}$ 为满秩矩阵，并且误差向量 $\bar{\boldsymbol{\delta}}_{\mathrm{ds}}^{(\mathrm{a})}$ 的维数为 $M-1$，与校正源 TDOA 观测量个数相等。

为了建立估计向量 $\boldsymbol{s}$ 的优化模型，还需要联合其先验观测值 $\hat{\boldsymbol{s}}$，综合式（12.6）、式（12.36）及式（12.37）可以建立如下优化准则：

$$\min_{\boldsymbol{s}}\left\{\begin{aligned}&\left(\begin{bmatrix}(\boldsymbol{H}_1^{(\mathrm{a})}(\hat{\boldsymbol{s}}))^{\mathrm{T}}\hat{\boldsymbol{W}}^{(\mathrm{a})}(\hat{\boldsymbol{s}})(\boldsymbol{I}_{M\times 1}\hat{\alpha}_1^{(\mathrm{a})}(\hat{\boldsymbol{s}})+\hat{\bar{\rho}}_{\mathrm{d}}\hat{\alpha}_3^{(\mathrm{a})}(\hat{\boldsymbol{s}}))\\-\hat{\boldsymbol{s}}\end{bmatrix}+\begin{bmatrix}(\boldsymbol{H}_1^{(\mathrm{a})}(\hat{\boldsymbol{s}}))^{\mathrm{T}}\hat{\boldsymbol{W}}^{(\mathrm{a})}(\hat{\boldsymbol{s}})(\boldsymbol{I}_M\otimes(\hat{\boldsymbol{\alpha}}_2^{(\mathrm{a})}(\hat{\boldsymbol{s}}))^{\mathrm{T}})\\\boldsymbol{I}_{3M}\end{bmatrix}\boldsymbol{s}\right)^{\mathrm{T}}(\tilde{\boldsymbol{\Omega}}_{\mathrm{ds}}^{(\mathrm{a})})^{-1}\\&\times\left(\begin{bmatrix}(\boldsymbol{H}_1^{(\mathrm{a})}(\hat{\boldsymbol{s}}))^{\mathrm{T}}\hat{\boldsymbol{W}}^{(\mathrm{a})}(\hat{\boldsymbol{s}})(\boldsymbol{I}_{M\times 1}\hat{\alpha}_1^{(\mathrm{a})}(\hat{\boldsymbol{s}})+\hat{\bar{\rho}}_{\mathrm{d}}\hat{\alpha}_3^{(\mathrm{a})}(\hat{\boldsymbol{s}}))\\-\hat{\boldsymbol{s}}\end{bmatrix}+\begin{bmatrix}(\boldsymbol{H}_1^{(\mathrm{a})}(\hat{\boldsymbol{s}}))^{\mathrm{T}}\hat{\boldsymbol{W}}^{(\mathrm{a})}(\hat{\boldsymbol{s}})(\boldsymbol{I}_M\otimes(\hat{\boldsymbol{\alpha}}_2^{(\mathrm{a})}(\hat{\boldsymbol{s}}))^{\mathrm{T}})\\\boldsymbol{I}_{3M}\end{bmatrix}\boldsymbol{s}\right)\end{aligned}\right\}\tag{12.38}$$

式中，$(\tilde{\boldsymbol{\Omega}}_{\mathrm{ds}}^{(\mathrm{a})})^{-1}$ 可以看作加权矩阵，其作用在于同时抑制观测误差 $\boldsymbol{\varepsilon}_{\mathrm{d}}$ 和 $\boldsymbol{\varepsilon}_{\mathrm{s}}$ 的影响，相应的表达式为

$$\begin{aligned}\tilde{\boldsymbol{\Omega}}_{\mathrm{ds}}^{(\mathrm{a})}&=\left[\begin{array}{c:c}\bar{\boldsymbol{\Omega}}_{\mathrm{ds}}^{(\mathrm{a})} & -(\boldsymbol{H}_1^{(\mathrm{a})}(\boldsymbol{s}))^{\mathrm{T}}\boldsymbol{B}_{\mathrm{s}}^{(\mathrm{a})}(\boldsymbol{s})\boldsymbol{E}_{\mathrm{s}}\\\hdashline -\boldsymbol{E}_{\mathrm{s}}(\boldsymbol{B}_{\mathrm{s}}^{(\mathrm{a})}(\boldsymbol{s}))^{\mathrm{T}}\boldsymbol{H}_1^{(\mathrm{a})}(\boldsymbol{s}) & \boldsymbol{E}_{\mathrm{s}}\end{array}\right]\\&=\left[\begin{array}{c:c}\begin{matrix}(\boldsymbol{H}_1^{(\mathrm{a})}(\boldsymbol{s}))^{\mathrm{T}}\boldsymbol{B}_{\mathrm{s}}^{(\mathrm{a})}(\boldsymbol{s})\boldsymbol{E}_{\mathrm{s}}(\boldsymbol{B}_{\mathrm{s}}^{(\mathrm{a})}(\boldsymbol{s}))^{\mathrm{T}}\boldsymbol{H}_1^{(\mathrm{a})}(\boldsymbol{s})\\+\boldsymbol{\Sigma}_1^{(\mathrm{a})}(\boldsymbol{s})(\boldsymbol{V}^{(\mathrm{a})}(\boldsymbol{s}))^{\mathrm{T}}\boldsymbol{E}_{\mathrm{d}}\boldsymbol{V}^{(\mathrm{a})}(\boldsymbol{s})\boldsymbol{\Sigma}_1^{(\mathrm{a})}(\boldsymbol{s})\end{matrix} & -(\boldsymbol{H}_1^{(\mathrm{a})}(\boldsymbol{s}))^{\mathrm{T}}\boldsymbol{B}_{\mathrm{s}}^{(\mathrm{a})}(\boldsymbol{s})\boldsymbol{E}_{\mathrm{s}}\\\hdashline -\boldsymbol{E}_{\mathrm{s}}(\boldsymbol{B}_{\mathrm{s}}^{(\mathrm{a})}(\boldsymbol{s}))^{\mathrm{T}}\boldsymbol{H}_1^{(\mathrm{a})}(\boldsymbol{s}) & \boldsymbol{E}_{\mathrm{s}}\end{array}\right]\in\mathbf{R}^{(4M-1)\times(4M-1)}\end{aligned}\tag{12.39}$$

根据命题 2.13 可知，式（12.38）的最优解为①

$$\begin{aligned}\hat{\boldsymbol{s}}_{\mathrm{ca}}^{(\mathrm{a})}=&-\left([(\boldsymbol{I}_M\otimes\hat{\boldsymbol{\alpha}}_2^{(\mathrm{a})}(\hat{\boldsymbol{s}}))\hat{\boldsymbol{W}}^{(\mathrm{a})}(\hat{\boldsymbol{s}})\boldsymbol{H}_1^{(\mathrm{a})}(\hat{\boldsymbol{s}})\;\vdots\;\boldsymbol{I}_{3M}](\tilde{\boldsymbol{\Omega}}_{\mathrm{ds}}^{(\mathrm{a})})^{-1}\begin{bmatrix}(\boldsymbol{H}_1^{(\mathrm{a})}(\hat{\boldsymbol{s}}))^{\mathrm{T}}\hat{\boldsymbol{W}}^{(\mathrm{a})}(\hat{\boldsymbol{s}})(\boldsymbol{I}_M\otimes(\hat{\boldsymbol{\alpha}}_2^{(\mathrm{a})}(\hat{\boldsymbol{s}}))^{\mathrm{T}})\\\boldsymbol{I}_{3M}\end{bmatrix}\right)^{-1}\\&\times[(\boldsymbol{I}_M\otimes\hat{\boldsymbol{\alpha}}_2^{(\mathrm{a})}(\hat{\boldsymbol{s}}))\hat{\boldsymbol{W}}^{(\mathrm{a})}(\hat{\boldsymbol{s}})\boldsymbol{H}_1^{(\mathrm{a})}(\hat{\boldsymbol{s}})\;\vdots\;\boldsymbol{I}_{3M}](\tilde{\boldsymbol{\Omega}}_{\mathrm{ds}}^{(\mathrm{a})})^{-1}\begin{bmatrix}(\boldsymbol{H}_1^{(\mathrm{a})}(\hat{\boldsymbol{s}}))^{\mathrm{T}}\hat{\boldsymbol{W}}^{(\mathrm{a})}(\hat{\boldsymbol{s}})(\boldsymbol{I}_{M\times 1}\hat{\alpha}_1^{(\mathrm{a})}(\hat{\boldsymbol{s}})+\hat{\bar{\rho}}_{\mathrm{d}}\hat{\alpha}_3^{(\mathrm{a})}(\hat{\boldsymbol{s}}))\\-\hat{\boldsymbol{s}}\end{bmatrix}\end{aligned}\tag{12.40}$$

【注记 12.2】 由式（12.39）可知，加权矩阵 $(\tilde{\boldsymbol{\Omega}}_{\mathrm{ds}}^{(\mathrm{a})})^{-1}$ 与传感器位置向量 $\boldsymbol{s}$ 有关。因此，严格来说，式（12.38）中的目标函数并不是关于向量 $\boldsymbol{s}$ 的二次函数，针对该问题，可以采用注记 4.1 中描述的方法进行处理。理论分析表明，在一阶误差分析理论框架下，加权矩阵 $(\tilde{\boldsymbol{\Omega}}_{\mathrm{ds}}^{(\mathrm{a})})^{-1}$ 中的扰动误差并不会实质影响估计值 $\hat{\boldsymbol{s}}_{\mathrm{ca}}^{(\mathrm{a})}$ 的统计性能。

图 12.1 给出了本章加权多维标度定位方法中步骤 a 的流程图。

① 这里使用下角标“ca”表示是校正源存在条件下的估计值。

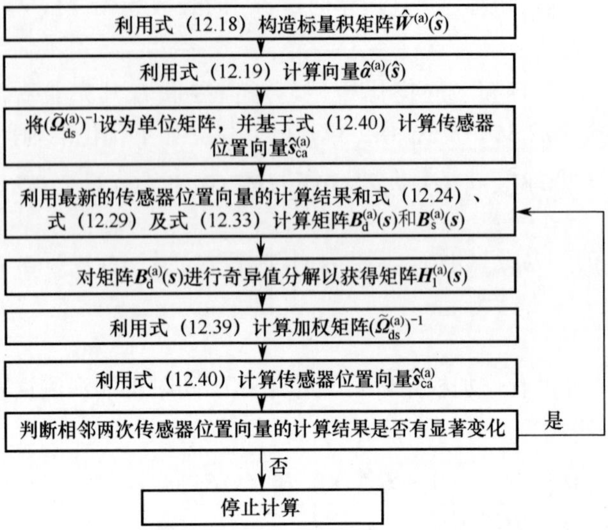

图 12.1　本章加权多维标度定位方法中步骤 a 的流程图

12.2.3　理论性能分析

下面将利用 4.3.4 节中的结论直接给出估计值 $\hat{\boldsymbol{s}}_{\mathrm{ca}}^{(\mathrm{a})}$ 的均方误差矩阵，并将其与克拉美罗界进行比较，从而证明其渐近最优性（在未利用辐射源 TDOA 观测量的前提下）。

首先将最优解 $\hat{\boldsymbol{s}}_{\mathrm{ca}}^{(\mathrm{a})}$ 中的估计误差记为 $\Delta\boldsymbol{s}_{\mathrm{ca}}^{(\mathrm{a})}=\hat{\boldsymbol{s}}_{\mathrm{ca}}^{(\mathrm{a})}-\boldsymbol{s}$，仿照 4.3.4 节中的理论性能分析可知，最优解 $\hat{\boldsymbol{s}}_{\mathrm{ca}}^{(\mathrm{a})}$ 是关于向量 $\boldsymbol{s}$ 的渐近无偏估计值，并且其均方误差矩阵为

$$
\begin{aligned}
&\mathbf{MSE}(\hat{\boldsymbol{s}}_{\mathrm{ca}}^{(\mathrm{a})})\\
&=\left([(\boldsymbol{I}_M\otimes\boldsymbol{\alpha}_2^{(\mathrm{a})}(\boldsymbol{s}))\boldsymbol{W}^{(\mathrm{a})}(\boldsymbol{s})\boldsymbol{H}_1^{(\mathrm{a})}(\boldsymbol{s})\ \vdots\ \boldsymbol{I}_{3M}](\tilde{\boldsymbol{\Omega}}_{\mathrm{ds}}^{(\mathrm{a})})^{-1}\begin{bmatrix}(\boldsymbol{H}_1^{(\mathrm{a})}(\boldsymbol{s}))^{\mathrm{T}}\boldsymbol{W}^{(\mathrm{a})}(\boldsymbol{s})(\boldsymbol{I}_M\otimes(\boldsymbol{\alpha}_2^{(\mathrm{a})}(\boldsymbol{s}))^{\mathrm{T}})\\ \boldsymbol{I}_{3M}\end{bmatrix}\right)^{-1}
\end{aligned}
\tag{12.41}
$$

下面证明估计值 $\hat{\boldsymbol{s}}_{\mathrm{ca}}^{(\mathrm{a})}$ 具有渐近最优性（在未利用辐射源 TDOA 观测量的前提下），也就是证明其估计均方误差矩阵可以渐近逼近相应的克拉美罗界，具体可见如下命题。

【命题 12.1】 在一阶误差分析理论框架下，$\mathbf{MSE}(\hat{\boldsymbol{s}}_{\mathrm{ca}}^{(\mathrm{a})})=\mathbf{CRB}_{\mathrm{tdoa\text{-}cao}}(\boldsymbol{s})$。

【证明】 首先根据命题 3.6 可知

$$\mathbf{CRB}_{\text{tdoa-cao}}(\boldsymbol{s})=\left[\boldsymbol{E}_{\text{s}}^{-1}+\left(\frac{\partial \boldsymbol{f}_{\text{tdoa-d}}(\boldsymbol{s})}{\partial \boldsymbol{s}^{\text{T}}}\right)^{\text{T}}\boldsymbol{E}_{\text{d}}^{-1}\frac{\partial \boldsymbol{f}_{\text{tdoa-d}}(\boldsymbol{s})}{\partial \boldsymbol{s}^{\text{T}}}\right]^{-1} \tag{12.42}$$

式中

$$\frac{\partial \boldsymbol{f}_{\text{tdoa-d}}(\boldsymbol{s})}{\partial \boldsymbol{s}^{\text{T}}}=\left[\boldsymbol{1}_{(M-1)\times 1}\frac{(\boldsymbol{u}_{\text{d}}-\boldsymbol{s}_1)^{\text{T}}}{\|\boldsymbol{u}_{\text{d}}-\boldsymbol{s}_1\|_2}\ \middle|\ \text{blkdiag}\left\{\frac{(\boldsymbol{s}_2-\boldsymbol{u}_{\text{d}})^{\text{T}}}{\|\boldsymbol{u}_{\text{d}}-\boldsymbol{s}_2\|_2},\frac{(\boldsymbol{s}_3-\boldsymbol{u}_{\text{d}})^{\text{T}}}{\|\boldsymbol{u}_{\text{d}}-\boldsymbol{s}_3\|_2},\cdots,\frac{(\boldsymbol{s}_M-\boldsymbol{u}_{\text{d}})^{\text{T}}}{\|\boldsymbol{u}_{\text{d}}-\boldsymbol{s}_M\|_2}\right\}\right]\in\mathbf{R}^{(M-1)\times 3M} \tag{12.43}$$

然后由式（12.39）可得

$$(\tilde{\boldsymbol{\Omega}}_{\text{ds}}^{(\text{a})})^{-1}=\left[\begin{array}{c|c}(\boldsymbol{\Sigma}_1^{(\text{a})}(\boldsymbol{s}))^{-1}(\boldsymbol{V}^{(\text{a})}(\boldsymbol{s}))^{-1}\boldsymbol{E}_{\text{d}}^{-1}(\boldsymbol{V}^{(\text{a})}(\boldsymbol{s}))^{-\text{T}}(\boldsymbol{\Sigma}_1^{(\text{a})}(\boldsymbol{s}))^{-1} & \begin{array}{l}(\boldsymbol{\Sigma}_1^{(\text{a})}(\boldsymbol{s}))^{-1}(\boldsymbol{V}^{(\text{a})}(\boldsymbol{s}))^{-1}\boldsymbol{E}_{\text{d}}^{-1}(\boldsymbol{V}^{(\text{a})}(\boldsymbol{s}))^{-\text{T}}(\boldsymbol{\Sigma}_1^{(\text{a})}(\boldsymbol{s}))^{-1}\\ \times(\boldsymbol{H}_1^{(\text{a})}(\boldsymbol{s}))^{\text{T}}\boldsymbol{B}_{\text{s}}^{(\text{a})}(\boldsymbol{s})\end{array}\\ \hline \begin{array}{l}(\boldsymbol{B}_{\text{s}}^{(\text{a})}(\boldsymbol{s}))^{\text{T}}\boldsymbol{H}_1^{(\text{a})}(\boldsymbol{s})(\boldsymbol{\Sigma}_1^{(\text{a})}(\boldsymbol{s}))^{-1}(\boldsymbol{V}^{(\text{a})}(\boldsymbol{s}))^{-1}\boldsymbol{E}_{\text{d}}^{-1}\\ \times(\boldsymbol{V}^{(\text{a})}(\boldsymbol{s}))^{-\text{T}}(\boldsymbol{\Sigma}_1^{(\text{a})}(\boldsymbol{s}))^{-1}\end{array} & \begin{array}{l}(\boldsymbol{B}_{\text{s}}^{(\text{a})}(\boldsymbol{s}))^{\text{T}}\boldsymbol{H}_1^{(\text{a})}(\boldsymbol{s})(\boldsymbol{\Sigma}_1^{(\text{a})}(\boldsymbol{s}))^{-1}(\boldsymbol{V}^{(\text{a})}(\boldsymbol{s}))^{-1}\boldsymbol{E}_{\text{d}}^{-1}\\ \times(\boldsymbol{V}^{(\text{a})}(\boldsymbol{s}))^{-\text{T}}(\boldsymbol{\Sigma}_1^{(\text{a})}(\boldsymbol{s}))^{-1}(\boldsymbol{H}_1^{(\text{a})}(\boldsymbol{s}))^{\text{T}}\boldsymbol{B}_{\text{s}}^{(\text{a})}(\boldsymbol{s})+\boldsymbol{E}_{\text{s}}^{-1}\end{array}\end{array}\right] \tag{12.44}$$

式（12.44）的证明见附录 I.2。接着考虑等式 $\boldsymbol{W}^{(\text{a})}(\boldsymbol{s})\boldsymbol{\beta}^{(\text{a})}(\boldsymbol{s})=\boldsymbol{O}_{M\times 1}$，将该等式两边对向量 $\boldsymbol{s}$ 求导可得

$$\begin{aligned}&\boldsymbol{W}^{(\text{a})}(\boldsymbol{s})(\boldsymbol{I}_M\otimes(\boldsymbol{\alpha}_2^{(\text{a})}(\boldsymbol{s}))^{\text{T}})+\boldsymbol{B}_{\text{s}}^{(\text{a})}(\boldsymbol{s})+\frac{\partial(\boldsymbol{W}^{(\text{a})}(\boldsymbol{s})\boldsymbol{\beta}^{(\text{a})}(\boldsymbol{s}))}{\partial \boldsymbol{\rho}_{\text{d}}^{\text{T}}}\frac{\partial \boldsymbol{\rho}_{\text{d}}}{\partial \boldsymbol{s}^{\text{T}}}\\&=\boldsymbol{W}^{(\text{a})}(\boldsymbol{s})(\boldsymbol{I}_M\otimes(\boldsymbol{\alpha}_2^{(\text{a})}(\boldsymbol{s}))^{\text{T}})+\boldsymbol{B}_{\text{s}}^{(\text{a})}(\boldsymbol{s})+\boldsymbol{B}_{\text{d}}^{(\text{a})}(\boldsymbol{s})\frac{\partial \boldsymbol{f}_{\text{tdoa-d}}(\boldsymbol{s})}{\partial \boldsymbol{s}^{\text{T}}}=\boldsymbol{O}_{M\times 3M}\end{aligned} \tag{12.45}$$

再用矩阵 $(\boldsymbol{H}_1^{(\text{a})}(\boldsymbol{s}))^{\text{T}}$ 左乘以式（12.45）两边可得

$$\begin{aligned}&(\boldsymbol{H}_1^{(\text{a})}(\boldsymbol{s}))^{\text{T}}\boldsymbol{W}^{(\text{a})}(\boldsymbol{s})(\boldsymbol{I}_M\otimes(\boldsymbol{\alpha}_2^{(\text{a})}(\boldsymbol{s}))^{\text{T}})+(\boldsymbol{H}_1^{(\text{a})}(\boldsymbol{s}))^{\text{T}}\boldsymbol{B}_{\text{s}}^{(\text{a})}(\boldsymbol{s})+(\boldsymbol{H}_1^{(\text{a})}(\boldsymbol{s}))^{\text{T}}\boldsymbol{B}_{\text{d}}^{(\text{a})}(\boldsymbol{s})\frac{\partial \boldsymbol{f}_{\text{tdoa-d}}(\boldsymbol{s})}{\partial \boldsymbol{s}^{\text{T}}}\\&=(\boldsymbol{H}_1^{(\text{a})}(\boldsymbol{s}))^{\text{T}}\boldsymbol{W}^{(\text{a})}(\boldsymbol{s})(\boldsymbol{I}_M\otimes(\boldsymbol{\alpha}_2^{(\text{a})}(\boldsymbol{s}))^{\text{T}})+(\boldsymbol{H}_1^{(\text{a})}(\boldsymbol{s}))^{\text{T}}\boldsymbol{B}_{\text{s}}^{(\text{a})}(\boldsymbol{s})+\boldsymbol{\Sigma}_1^{(\text{a})}(\boldsymbol{s})(\boldsymbol{V}^{(\text{a})}(\boldsymbol{s}))^{\text{T}}\frac{\partial \boldsymbol{f}_{\text{tdoa-d}}(\boldsymbol{s})}{\partial \boldsymbol{s}^{\text{T}}}\\&=\boldsymbol{O}_{(M-1)\times 3M}\\&\Rightarrow(\boldsymbol{H}_1^{(\text{a})}(\boldsymbol{s}))^{\text{T}}\boldsymbol{W}^{(\text{a})}(\boldsymbol{s})(\boldsymbol{I}_M\otimes(\boldsymbol{\alpha}_2^{(\text{a})}(\boldsymbol{s}))^{\text{T}})=-\boldsymbol{\Sigma}_1^{(\text{a})}(\boldsymbol{s})(\boldsymbol{V}^{(\text{a})}(\boldsymbol{s}))^{\text{T}}\frac{\partial \boldsymbol{f}_{\text{tdoa-d}}(\boldsymbol{s})}{\partial \boldsymbol{s}^{\text{T}}}-(\boldsymbol{H}_1^{(\text{a})}(\boldsymbol{s}))^{\text{T}}\boldsymbol{B}_{\text{s}}^{(\text{a})}(\boldsymbol{s})\end{aligned} \tag{12.46}$$

最后将式（12.44）和式（12.46）代入式（12.41）中可得

$$\mathrm{MSE}(\hat{\boldsymbol{s}}_{\mathrm{ca}}^{(\mathrm{a})})=\left(\begin{array}{c}\left[-\left(\dfrac{\partial \boldsymbol{f}_{\text{tdoa-d}}(\boldsymbol{s})}{\partial \boldsymbol{s}^{\mathrm{T}}}\right)^{\mathrm{T}}\boldsymbol{V}^{(\mathrm{a})}(\boldsymbol{s})\boldsymbol{\Sigma}_1^{(\mathrm{a})}(\boldsymbol{s})-(\boldsymbol{B}_{\mathrm{s}}^{(\mathrm{a})}(\boldsymbol{s}))^{\mathrm{T}}\boldsymbol{H}_1^{(\mathrm{a})}(\boldsymbol{s})\;\vdots\;\boldsymbol{I}_{3M}\right]\\ \times(\tilde{\boldsymbol{\Omega}}_{\mathrm{ds}}^{(\mathrm{a})})^{-1}\left[\begin{array}{c}-\boldsymbol{\Sigma}_1^{(\mathrm{a})}(\boldsymbol{s})(\boldsymbol{V}^{(\mathrm{a})}(\boldsymbol{s}))^{\mathrm{T}}\dfrac{\partial \boldsymbol{f}_{\text{tdoa-d}}(\boldsymbol{s})}{\partial \boldsymbol{s}^{\mathrm{T}}}-(\boldsymbol{H}_1^{(\mathrm{a})}(\boldsymbol{s}))^{\mathrm{T}}\boldsymbol{B}_{\mathrm{s}}^{(\mathrm{a})}(\boldsymbol{s})\\ \hdashline \boldsymbol{I}_{3M}\end{array}\right]\end{array}\right)^{-1}$$

$$=\left[\boldsymbol{E}_{\mathrm{s}}^{-1}+\left(\frac{\partial \boldsymbol{f}_{\text{tdoa-d}}(\boldsymbol{s})}{\partial \boldsymbol{s}^{\mathrm{T}}}\right)^{\mathrm{T}}\boldsymbol{E}_{\mathrm{d}}^{-1}\frac{\partial \boldsymbol{f}_{\text{tdoa-d}}(\boldsymbol{s})}{\partial \boldsymbol{s}^{\mathrm{T}}}\right]^{-1}=\mathbf{CRB}_{\text{tdoa-cao}}(\boldsymbol{s}) \tag{12.47}$$

证毕。

12.3 步骤 b——对辐射源进行定位

12.3.1 标量积矩阵及其对应的关系式

这里的标量积矩阵的构造方式同样与 5.2 节中的构造方式类似。由式（5.9）可知，针对辐射源可以构造如下标量积矩阵①：

$$\boldsymbol{W}^{(\mathrm{b})}(\boldsymbol{s})=\frac{1}{2}\begin{bmatrix}(\rho_1-\rho_1)^2-d_{11}^2 & (\rho_1-\rho_2)^2-d_{12}^2 & \cdots & (\rho_1-\rho_M)^2-d_{1M}^2\\ (\rho_1-\rho_2)^2-d_{12}^2 & (\rho_2-\rho_2)^2-d_{22}^2 & \cdots & (\rho_2-\rho_M)^2-d_{2M}^2\\ \vdots & \vdots & \ddots & \vdots\\ (\rho_1-\rho_M)^2-d_{1M}^2 & (\rho_2-\rho_M)^2-d_{2M}^2 & \cdots & (\rho_M-\rho_M)^2-d_{MM}^2\end{bmatrix} \tag{12.48}$$

利用式（5.23）可以得到如下关系式：

$$\boldsymbol{O}_{M\times 1}=\boldsymbol{W}^{(\mathrm{b})}(\boldsymbol{s})[\boldsymbol{I}_{M\times 1}\ \ \boldsymbol{G}^{(\mathrm{b})}(\boldsymbol{s})]\begin{bmatrix}M & \boldsymbol{I}_{M\times 1}^{\mathrm{T}}\boldsymbol{G}^{(\mathrm{b})}(\boldsymbol{s})\\ (\boldsymbol{G}^{(\mathrm{b})}(\boldsymbol{s}))^{\mathrm{T}}\boldsymbol{I}_{M\times 1} & (\boldsymbol{G}^{(\mathrm{b})}(\boldsymbol{s}))^{\mathrm{T}}\boldsymbol{G}^{(\mathrm{b})}(\boldsymbol{s})\end{bmatrix}^{-1}\begin{bmatrix}1\\ \boldsymbol{g}\end{bmatrix} \tag{12.49}$$

式中

$$\boldsymbol{G}^{(\mathrm{b})}(\boldsymbol{s})=\begin{bmatrix}x_1^{(\mathrm{s})} & y_1^{(\mathrm{s})} & z_1^{(\mathrm{s})} & \rho_1\\ x_2^{(\mathrm{s})} & y_2^{(\mathrm{s})} & z_2^{(\mathrm{s})} & \rho_2\\ \vdots & \vdots & \vdots & \vdots\\ x_M^{(\mathrm{s})} & y_M^{(\mathrm{s})} & z_M^{(\mathrm{s})} & \rho_M\end{bmatrix}\in\mathbf{R}^{M\times 4}\ ,\ \boldsymbol{g}=\begin{bmatrix}x^{(\mathrm{u})}\\ y^{(\mathrm{u})}\\ z^{(\mathrm{u})}\\ -r_1\end{bmatrix}=\begin{bmatrix}\boldsymbol{u}\\ -\|\boldsymbol{u}-\boldsymbol{s}_1\|_2\end{bmatrix}\in\mathbf{R}^{4\times 1} \tag{12.50}$$

其中，$\rho_1=r_1-r_1=0$。向量 $\boldsymbol{g}$ 中的第 4 个元素（$-r_1$）与前面 3 个元素（$x^{(\mathrm{u})}$、

① 本节中的数学符号大多使用上角标“(b)”，这是为了突出其对应于步骤 b。

$y^{(\mathrm{u})}$ 及 $z^{(\mathrm{u})}$ ）之间存在约束关系，这使得向量 $\boldsymbol{g}$ 满足如下二次关系式：

$$\boldsymbol{g}^{\mathrm{T}}\boldsymbol{\Lambda}\boldsymbol{g}+\boldsymbol{\kappa}^{\mathrm{T}}\boldsymbol{g}+\|\boldsymbol{s}_1\|_2^2=0 \tag{12.51}$$

式中

$$\boldsymbol{\Lambda}=\mathrm{blkdiag}\{\boldsymbol{I}_3,-1\}\ ,\ \boldsymbol{\kappa}=-2\begin{bmatrix}\boldsymbol{s}_1\\0\end{bmatrix} \tag{12.52}$$

注意到式(12.49)中一共包含 M 个等式，而辐射源 TDOA 观测量仅为 $M-1$ 个，这意味着该关系式是存在冗余的。

12.3.2　定位原理与方法

下面将基于式（12.49）和式（12.51）构建确定向量 $\boldsymbol{g}$ 的估计准则，并给出其求解方法，然后由此获得辐射源位置向量 $\boldsymbol{u}$ 的估计值，与此同时还能进一步提高传感器位置向量 $\boldsymbol{s}$ 的估计精度（相比于步骤 a 中给出的估计值 $\hat{\boldsymbol{s}}_{\mathrm{ca}}^{(\mathrm{a})}$ ）。为了简化数学表述，首先定义如下矩阵和向量：

$$\begin{gathered}\boldsymbol{T}^{(\mathrm{b})}(\boldsymbol{s})=[\boldsymbol{I}_{M\times1}\ \ \boldsymbol{G}^{(\mathrm{b})}(\boldsymbol{s})]\begin{bmatrix}M & \boldsymbol{I}_{M\times1}^{\mathrm{T}}\boldsymbol{G}^{(\mathrm{b})}(\boldsymbol{s})\\(\boldsymbol{G}^{(\mathrm{b})}(\boldsymbol{s}))^{\mathrm{T}}\boldsymbol{I}_{M\times1} & (\boldsymbol{G}^{(\mathrm{b})}(\boldsymbol{s}))^{\mathrm{T}}\boldsymbol{G}^{(\mathrm{b})}(\boldsymbol{s})\end{bmatrix}^{-1}\in\mathbf{R}^{M\times5}\\ \boldsymbol{\beta}^{(\mathrm{b})}(\boldsymbol{g},\boldsymbol{s})=\boldsymbol{T}^{(\mathrm{b})}(\boldsymbol{s})\begin{bmatrix}1\\\boldsymbol{g}\end{bmatrix}\in\mathbf{R}^{M\times1}\end{gathered} \tag{12.53}$$

结合式（12.49）和式（12.53）可得

$$\boldsymbol{W}^{(\mathrm{b})}(\boldsymbol{s})\boldsymbol{\beta}^{(\mathrm{b})}(\boldsymbol{g},\boldsymbol{s})=\boldsymbol{W}^{(\mathrm{b})}(\boldsymbol{s})\boldsymbol{T}^{(\mathrm{b})}(\boldsymbol{s})\begin{bmatrix}1\\\boldsymbol{g}\end{bmatrix}=\boldsymbol{W}^{(\mathrm{b})}(\boldsymbol{s})(\boldsymbol{T}_2^{(\mathrm{b})}(\boldsymbol{s})\boldsymbol{g}+\boldsymbol{t}_1^{(\mathrm{b})}(\boldsymbol{s}))=\boldsymbol{O}_{M\times1} \tag{12.54}$$

式中，$\boldsymbol{t}_1^{(\mathrm{b})}(\boldsymbol{s})$ 表示矩阵 $\boldsymbol{T}^{(\mathrm{b})}(\boldsymbol{s})$ 中的第 1 列向量；$\boldsymbol{T}_2^{(\mathrm{b})}(\boldsymbol{s})$ 表示矩阵 $\boldsymbol{T}^{(\mathrm{b})}(\boldsymbol{s})$ 中的第 2～5 列构成的矩阵，于是有 $\boldsymbol{T}^{(\mathrm{b})}(\boldsymbol{s})=\Big[\underbrace{\boldsymbol{t}_1^{(\mathrm{b})}(\boldsymbol{s})}_{M\times1}\ \ \underbrace{\boldsymbol{T}_2^{(\mathrm{b})}(\boldsymbol{s})}_{M\times4}\Big]$。

1. 一阶误差扰动分析

为了简化数学表述，首先定义如下两个向量：

$$\hat{\boldsymbol{s}}_{\mathrm{ca}}^{(\mathrm{a})}=[\hat{\boldsymbol{s}}_{\mathrm{ca}1}^{(\mathrm{a})\mathrm{T}}\ \ \hat{\boldsymbol{s}}_{\mathrm{ca}2}^{(\mathrm{a})\mathrm{T}}\ \ \cdots\ \ \hat{\boldsymbol{s}}_{\mathrm{ca}M}^{(\mathrm{a})\mathrm{T}}]^{\mathrm{T}}\ ,\ \Delta\boldsymbol{s}_{\mathrm{ca}}^{(\mathrm{a})}=[(\Delta\boldsymbol{s}_{\mathrm{ca}1}^{(\mathrm{a})})^{\mathrm{T}}\ \ (\Delta\boldsymbol{s}_{\mathrm{ca}2}^{(\mathrm{a})})^{\mathrm{T}}\ \ \cdots\ \ (\Delta\boldsymbol{s}_{\mathrm{ca}M}^{(\mathrm{a})})^{\mathrm{T}}]^{\mathrm{T}} \tag{12.55}$$

在实际定位过程中，标量积矩阵 $\boldsymbol{W}^{(\mathrm{b})}(\boldsymbol{s})$ 和矩阵 $\boldsymbol{T}^{(\mathrm{b})}(\boldsymbol{s})$ 的真实值都是未知的，因为其中的真实距离差 $\{\rho_m\}_{2\leqslant m\leqslant M}$ 仅能用其观测值 $\{\hat{\rho}_m\}_{2\leqslant m\leqslant M}$ 来代替，真实传感器位置向量 $\boldsymbol{s}$ 仅能用步骤 a 中给出的估计值 $\hat{\boldsymbol{s}}_{\mathrm{ca}}^{(\mathrm{a})}$ 来代替，这必然会引入观测误差和估计误差。不妨将含有观测误差和估计误差的标量积矩阵 $\boldsymbol{W}^{(\mathrm{b})}(\boldsymbol{s})$

记为$\hat{\boldsymbol{W}}^{(\mathrm{b})}(\hat{\boldsymbol{s}}_{\mathrm{ca}}^{(\mathrm{a})})$，于是根据式（12.48）可得

$$\hat{\boldsymbol{W}}^{(\mathrm{b})}(\hat{\boldsymbol{s}}_{\mathrm{ca}}^{(\mathrm{a})}) = \frac{1}{2}\begin{bmatrix} (\hat{\rho}_1-\hat{\rho}_1)^2-(\hat{d}_{11}^{(\mathrm{a})})^2 & (\hat{\rho}_1-\hat{\rho}_2)^2-(\hat{d}_{12}^{(\mathrm{a})})^2 & \cdots & (\hat{\rho}_1-\hat{\rho}_M)^2-(\hat{d}_{1M}^{(\mathrm{a})})^2 \\ (\hat{\rho}_1-\hat{\rho}_2)^2-(\hat{d}_{12}^{(\mathrm{a})})^2 & (\hat{\rho}_2-\hat{\rho}_2)^2-(\hat{d}_{22}^{(\mathrm{a})})^2 & \cdots & (\hat{\rho}_2-\hat{\rho}_M)^2-(\hat{d}_{2M}^{(\mathrm{a})})^2 \\ \vdots & \vdots & \ddots & \vdots \\ (\hat{\rho}_1-\hat{\rho}_M)^2-(\hat{d}_{1M}^{(\mathrm{a})})^2 & (\hat{\rho}_2-\hat{\rho}_M)^2-(\hat{d}_{2M}^{(\mathrm{a})})^2 & \cdots & (\hat{\rho}_M-\hat{\rho}_M)^2-(\hat{d}_{MM}^{(\mathrm{a})})^2 \end{bmatrix} \tag{12.56}$$

式中，$\hat{\rho}_1=0$，$\hat{d}_{m_1m_2}^{(\mathrm{a})}=\|\hat{\boldsymbol{s}}_{\mathrm{ca}\,m_1}^{(\mathrm{a})}-\hat{\boldsymbol{s}}_{\mathrm{ca}\,m_2}^{(\mathrm{a})}\|_2$。不妨将含有观测误差和估计误差的矩阵$\boldsymbol{T}^{(\mathrm{b})}(\boldsymbol{s})$记为$\hat{\boldsymbol{T}}^{(\mathrm{b})}(\hat{\boldsymbol{s}}_{\mathrm{ca}}^{(\mathrm{a})})$，则根据式（12.53）中的第1式可得

$$\hat{\boldsymbol{T}}^{(\mathrm{b})}(\hat{\boldsymbol{s}}_{\mathrm{ca}}^{(\mathrm{a})})=[\boldsymbol{1}_{M\times 1}\ \ \hat{\boldsymbol{G}}^{(\mathrm{b})}(\hat{\boldsymbol{s}}_{\mathrm{ca}}^{(\mathrm{a})})]\begin{bmatrix} M & \boldsymbol{1}_{M\times 1}^{\mathrm{T}}\hat{\boldsymbol{G}}^{(\mathrm{b})}(\hat{\boldsymbol{s}}_{\mathrm{ca}}^{(\mathrm{a})}) \\ (\hat{\boldsymbol{G}}^{(\mathrm{b})}(\hat{\boldsymbol{s}}_{\mathrm{ca}}^{(\mathrm{a})}))^{\mathrm{T}}\boldsymbol{1}_{M\times 1} & (\hat{\boldsymbol{G}}^{(\mathrm{b})}(\hat{\boldsymbol{s}}_{\mathrm{ca}}^{(\mathrm{a})}))^{\mathrm{T}}\hat{\boldsymbol{G}}^{(\mathrm{b})}(\hat{\boldsymbol{s}}_{\mathrm{ca}}^{(\mathrm{a})}) \end{bmatrix}^{-1} \tag{12.57}$$

式中

$$\hat{\boldsymbol{G}}^{(\mathrm{b})}(\hat{\boldsymbol{s}}_{\mathrm{ca}}^{(\mathrm{a})})=\begin{bmatrix} \hat{\boldsymbol{s}}_{\mathrm{ca}1}^{(\mathrm{a})\mathrm{T}} & \hat{\rho}_1 \\ \hat{\boldsymbol{s}}_{\mathrm{ca}2}^{(\mathrm{a})\mathrm{T}} & \hat{\rho}_2 \\ \vdots & \vdots \\ \hat{\boldsymbol{s}}_{\mathrm{ca}M}^{(\mathrm{a})\mathrm{T}} & \hat{\rho}_M \end{bmatrix} \tag{12.58}$$

基于式（12.54）可以定义误差向量$\boldsymbol{\delta}_{\mathrm{ts}}^{(\mathrm{b})}=\hat{\boldsymbol{W}}^{(\mathrm{b})}(\hat{\boldsymbol{s}}_{\mathrm{ca}}^{(\mathrm{a})})\hat{\boldsymbol{T}}^{(\mathrm{b})}(\hat{\boldsymbol{s}}_{\mathrm{ca}}^{(\mathrm{a})})\begin{bmatrix}1\\ \boldsymbol{g}\end{bmatrix}$，若忽略误差二阶项，则由式（12.54）可得

$$\begin{aligned}\boldsymbol{\delta}_{\mathrm{ts}}^{(\mathrm{b})}&=(\boldsymbol{W}^{(\mathrm{b})}(\boldsymbol{s})+\Delta\boldsymbol{W}_{\mathrm{ts}}^{(\mathrm{b})})(\boldsymbol{T}^{(\mathrm{b})}(\boldsymbol{s})+\Delta\boldsymbol{T}_{\mathrm{ts}}^{(\mathrm{b})})\begin{bmatrix}1\\ \boldsymbol{g}\end{bmatrix}\approx\Delta\boldsymbol{W}_{\mathrm{ts}}^{(\mathrm{b})}\boldsymbol{T}^{(\mathrm{b})}(\boldsymbol{s})\begin{bmatrix}1\\ \boldsymbol{g}\end{bmatrix}+\boldsymbol{W}^{(\mathrm{b})}(\boldsymbol{s})\Delta\boldsymbol{T}_{\mathrm{ts}}^{(\mathrm{b})}\begin{bmatrix}1\\ \boldsymbol{g}\end{bmatrix}\\ &=\Delta\boldsymbol{W}_{\mathrm{ts}}^{(\mathrm{b})}\boldsymbol{\beta}^{(\mathrm{b})}(\boldsymbol{g},\boldsymbol{s})+\boldsymbol{W}^{(\mathrm{b})}(\boldsymbol{s})\Delta\boldsymbol{T}_{\mathrm{ts}}^{(\mathrm{b})}\begin{bmatrix}1\\ \boldsymbol{g}\end{bmatrix}\end{aligned} \tag{12.59}$$

式中，$\Delta\boldsymbol{W}_{\mathrm{ts}}^{(\mathrm{b})}$和$\Delta\boldsymbol{T}_{\mathrm{ts}}^{(\mathrm{b})}$分别表示$\hat{\boldsymbol{W}}^{(\mathrm{b})}(\hat{\boldsymbol{s}}_{\mathrm{ca}}^{(\mathrm{a})})$和$\hat{\boldsymbol{T}}^{(\mathrm{b})}(\hat{\boldsymbol{s}}_{\mathrm{ca}}^{(\mathrm{a})})$中的误差矩阵，即有$\Delta\boldsymbol{W}_{\mathrm{ts}}^{(\mathrm{b})}=\hat{\boldsymbol{W}}^{(\mathrm{b})}(\hat{\boldsymbol{s}}_{\mathrm{ca}}^{(\mathrm{a})})-\boldsymbol{W}^{(\mathrm{b})}(\boldsymbol{s})$，$\Delta\boldsymbol{T}_{\mathrm{ts}}^{(\mathrm{b})}=\hat{\boldsymbol{T}}^{(\mathrm{b})}(\hat{\boldsymbol{s}}_{\mathrm{ca}}^{(\mathrm{a})})-\boldsymbol{T}^{(\mathrm{b})}(\boldsymbol{s})$。下面需要推导它们的一阶表达式（即忽略观测误差$\boldsymbol{\varepsilon}_{\mathrm{t}}$和估计误差$\Delta\boldsymbol{s}_{\mathrm{ca}}^{(\mathrm{a})}$的二阶及其以上各阶项），并由此获得误差向量$\boldsymbol{\delta}_{\mathrm{ts}}^{(\mathrm{b})}$关于观测误差$\boldsymbol{\varepsilon}_{\mathrm{t}}$和估计误差$\Delta\boldsymbol{s}_{\mathrm{ca}}^{(\mathrm{a})}$的线性函数。

首先基于式（12.56）可以将误差矩阵$\Delta\boldsymbol{W}_{\mathrm{ts}}^{(\mathrm{b})}$近似表示为

$$\Delta \boldsymbol{W}_{\mathrm{ts}}^{(\mathrm{b})} \approx \begin{bmatrix} (\rho_1-\rho_1)(\varepsilon_{\mathrm{t}1}-\varepsilon_{\mathrm{t}1}) & (\rho_1-\rho_2)(\varepsilon_{\mathrm{t}1}-\varepsilon_{\mathrm{t}2}) & \cdots & (\rho_1-\rho_M)(\varepsilon_{\mathrm{t}1}-\varepsilon_{\mathrm{t}M}) \\ (\rho_1-\rho_2)(\varepsilon_{\mathrm{t}1}-\varepsilon_{\mathrm{t}2}) & (\rho_2-\rho_2)(\varepsilon_{\mathrm{t}2}-\varepsilon_{\mathrm{t}2}) & \cdots & (\rho_2-\rho_M)(\varepsilon_{\mathrm{t}2}-\varepsilon_{\mathrm{t}M}) \\ \vdots & \vdots & \ddots & \vdots \\ (\rho_1-\rho_M)(\varepsilon_{\mathrm{t}1}-\varepsilon_{\mathrm{t}M}) & (\rho_2-\rho_M)(\varepsilon_{\mathrm{t}2}-\varepsilon_{\mathrm{t}M}) & \cdots & (\rho_M-\rho_M)(\varepsilon_{\mathrm{t}M}-\varepsilon_{\mathrm{t}M}) \end{bmatrix}$$
$$-\begin{bmatrix} (\boldsymbol{s}_1-\boldsymbol{s}_1)^{\mathrm{T}}(\Delta\boldsymbol{s}_{\mathrm{ca}1}^{(\mathrm{a})}-\Delta\boldsymbol{s}_{\mathrm{ca}1}^{(\mathrm{a})}) & (\boldsymbol{s}_1-\boldsymbol{s}_2)^{\mathrm{T}}(\Delta\boldsymbol{s}_{\mathrm{ca}1}^{(\mathrm{a})}-\Delta\boldsymbol{s}_{\mathrm{ca}2}^{(\mathrm{a})}) & \cdots & (\boldsymbol{s}_1-\boldsymbol{s}_M)^{\mathrm{T}}(\Delta\boldsymbol{s}_{\mathrm{ca}1}^{(\mathrm{a})}-\Delta\boldsymbol{s}_{\mathrm{ca}M}^{(\mathrm{a})}) \\ (\boldsymbol{s}_1-\boldsymbol{s}_2)^{\mathrm{T}}(\Delta\boldsymbol{s}_{\mathrm{ca}1}^{(\mathrm{a})}-\Delta\boldsymbol{s}_{\mathrm{ca}2}^{(\mathrm{a})}) & (\boldsymbol{s}_2-\boldsymbol{s}_2)^{\mathrm{T}}(\Delta\boldsymbol{s}_{\mathrm{ca}2}^{(\mathrm{a})}-\Delta\boldsymbol{s}_{\mathrm{ca}2}^{(\mathrm{a})}) & \cdots & (\boldsymbol{s}_2-\boldsymbol{s}_M)^{\mathrm{T}}(\Delta\boldsymbol{s}_{\mathrm{ca}2}^{(\mathrm{a})}-\Delta\boldsymbol{s}_{\mathrm{ca}M}^{(\mathrm{a})}) \\ \vdots & \vdots & \ddots & \vdots \\ (\boldsymbol{s}_1-\boldsymbol{s}_M)^{\mathrm{T}}(\Delta\boldsymbol{s}_{\mathrm{ca}1}^{(\mathrm{a})}-\Delta\boldsymbol{s}_{\mathrm{ca}M}^{(\mathrm{a})}) & (\boldsymbol{s}_2-\boldsymbol{s}_M)^{\mathrm{T}}(\Delta\boldsymbol{s}_{\mathrm{ca}2}^{(\mathrm{a})}-\Delta\boldsymbol{s}_{\mathrm{ca}M}^{(\mathrm{a})}) & \cdots & (\boldsymbol{s}_M-\boldsymbol{s}_M)^{\mathrm{T}}(\Delta\boldsymbol{s}_{\mathrm{ca}M}^{(\mathrm{a})}-\Delta\boldsymbol{s}_{\mathrm{ca}M}^{(\mathrm{a})}) \end{bmatrix} \tag{12.60}$$

式中，$\varepsilon_{\mathrm{t}1}=0$。由式（12.60）可以将 $\Delta\boldsymbol{W}_{\mathrm{ts}}^{(\mathrm{b})}\boldsymbol{\beta}^{(\mathrm{b})}(\boldsymbol{g},\boldsymbol{s})$ 近似表示为关于观测误差 $\boldsymbol{\varepsilon}_{\mathrm{t}}$ 和估计误差 $\Delta\boldsymbol{s}_{\mathrm{ca}}^{(\mathrm{a})}$ 的线性函数，如下式所示：

$$\Delta\boldsymbol{W}_{\mathrm{ts}}^{(\mathrm{b})}\boldsymbol{\beta}^{(\mathrm{b})}(\boldsymbol{g},\boldsymbol{s}) \approx \boldsymbol{B}_{\mathrm{t}1}^{(\mathrm{b})}(\boldsymbol{g},\boldsymbol{s})\boldsymbol{\varepsilon}_{\mathrm{t}} + \boldsymbol{B}_{\mathrm{s}1}^{(\mathrm{b})}(\boldsymbol{g},\boldsymbol{s})\Delta\boldsymbol{s}_{\mathrm{ca}}^{(\mathrm{a})} \tag{12.61}$$

式中

$$\begin{cases} \boldsymbol{B}_{\mathrm{t}1}^{(\mathrm{b})}(\boldsymbol{g},\boldsymbol{s}) = [\boldsymbol{1}_{M\times1}(\boldsymbol{\beta}^{(\mathrm{b})}(\boldsymbol{g},\boldsymbol{s})\odot\bar{\boldsymbol{\rho}})^{\mathrm{T}} + ((\boldsymbol{\beta}^{(\mathrm{b})}(\boldsymbol{g},\boldsymbol{s}))^{\mathrm{T}}\boldsymbol{1}_{M\times1})\mathrm{diag}[\bar{\boldsymbol{\rho}}] - \bar{\boldsymbol{\rho}}(\boldsymbol{\beta}^{(\mathrm{b})}(\boldsymbol{g},\boldsymbol{s}))^{\mathrm{T}} \\ \qquad -((\boldsymbol{\beta}^{(\mathrm{b})}(\boldsymbol{g},\boldsymbol{s}))^{\mathrm{T}}\bar{\boldsymbol{\rho}})\boldsymbol{I}_M]\bar{\boldsymbol{I}}_{M-1} \in \mathbf{R}^{M\times(M-1)} \\ \boldsymbol{B}_{\mathrm{s}1}^{(\mathrm{b})}(\boldsymbol{g},\boldsymbol{s}) = ((\boldsymbol{\beta}^{(\mathrm{b})}(\boldsymbol{g},\boldsymbol{s}))^{\mathrm{T}}\otimes\boldsymbol{I}_M)\bar{\boldsymbol{S}}_{\mathrm{blk}} \in \mathbf{R}^{M\times3M} \end{cases} \tag{12.62}$$

其中，$\bar{\boldsymbol{\rho}}=[\rho_1\ \ \rho_2\ \ \cdots\ \ \rho_M]^{\mathrm{T}}=[\rho_1\ \ \boldsymbol{\rho}^{\mathrm{T}}]^{\mathrm{T}}$。式（12.61）直接源于式（10.15）。接着利用式（12.57）和矩阵扰动理论（见 2.3 节）可以将误差矩阵 $\Delta\boldsymbol{T}_{\mathrm{ts}}^{(\mathrm{b})}$ 近似表示为

$$\begin{aligned} \Delta\boldsymbol{T}_{\mathrm{ts}}^{(\mathrm{b})} \approx{}& [\boldsymbol{O}_{M\times1}\ \ \Delta\boldsymbol{G}_{\mathrm{ts}}^{(\mathrm{b})}]\begin{bmatrix} M & \boldsymbol{1}_{M\times1}^{\mathrm{T}}\boldsymbol{G}^{(\mathrm{b})}(\boldsymbol{s}) \\ (\boldsymbol{G}^{(\mathrm{b})}(\boldsymbol{s}))^{\mathrm{T}}\boldsymbol{1}_{M\times1} & (\boldsymbol{G}^{(\mathrm{b})}(\boldsymbol{s}))^{\mathrm{T}}\boldsymbol{G}^{(\mathrm{b})}(\boldsymbol{s}) \end{bmatrix}^{-1} \\ & -\boldsymbol{T}^{(\mathrm{b})}(\boldsymbol{s})\begin{bmatrix} 0 & \boldsymbol{1}_{M\times1}^{\mathrm{T}}\Delta\boldsymbol{G}_{\mathrm{ts}}^{(\mathrm{b})} \\ (\Delta\boldsymbol{G}_{\mathrm{ts}}^{(\mathrm{b})})^{\mathrm{T}}\boldsymbol{1}_{M\times1} & (\boldsymbol{G}^{(\mathrm{b})}(\boldsymbol{s}))^{\mathrm{T}}\Delta\boldsymbol{G}_{\mathrm{ts}}^{(\mathrm{b})}+(\Delta\boldsymbol{G}_{\mathrm{ts}}^{(\mathrm{b})})^{\mathrm{T}}\boldsymbol{G}^{(\mathrm{b})}(\boldsymbol{s}) \end{bmatrix} \\ & \times\begin{bmatrix} M & \boldsymbol{1}_{M\times1}^{\mathrm{T}}\boldsymbol{G}^{(\mathrm{b})}(\boldsymbol{s}) \\ (\boldsymbol{G}^{(\mathrm{b})}(\boldsymbol{s}))^{\mathrm{T}}\boldsymbol{1}_{M\times1} & (\boldsymbol{G}^{(\mathrm{b})}(\boldsymbol{s}))^{\mathrm{T}}\boldsymbol{G}^{(\mathrm{b})}(\boldsymbol{s}) \end{bmatrix}^{-1} \end{aligned} \tag{12.63}$$

式中

$$\Delta\boldsymbol{G}_{\mathrm{ts}}^{(\mathrm{b})} = \begin{bmatrix} (\Delta\boldsymbol{s}_{\mathrm{ca}1}^{(\mathrm{a})})^{\mathrm{T}} & \varepsilon_{\mathrm{t}1} \\ (\Delta\boldsymbol{s}_{\mathrm{ca}2}^{(\mathrm{a})})^{\mathrm{T}} & \varepsilon_{\mathrm{t}2} \\ \vdots & \vdots \\ (\Delta\boldsymbol{s}_{\mathrm{ca}M}^{(\mathrm{a})})^{\mathrm{T}} & \varepsilon_{\mathrm{t}M} \end{bmatrix} \tag{12.64}$$

由式（12.63）可以将 $\boldsymbol{W}^{(\mathrm{b})}(\boldsymbol{s})\Delta\boldsymbol{T}_{\mathrm{ts}}^{(\mathrm{b})}\begin{bmatrix}1\\ \boldsymbol{g}\end{bmatrix}$ 近似表示为关于观测误差 $\boldsymbol{\varepsilon}_{\mathrm{t}}$ 和估计误差

$\Delta s_{\mathrm{ca}}^{(\mathrm{a})}$ 的线性函数，如下式所示：

$$\boldsymbol{W}^{(\mathrm{b})}(\boldsymbol{s})\Delta\boldsymbol{T}_{\mathrm{ts}}^{(\mathrm{b})}\begin{bmatrix}1\\\boldsymbol{g}\end{bmatrix}\approx\boldsymbol{B}_{\mathrm{t2}}^{(\mathrm{b})}(\boldsymbol{g},\boldsymbol{s})\boldsymbol{\varepsilon}_{\mathrm{t}}+\boldsymbol{B}_{\mathrm{s2}}^{(\mathrm{b})}(\boldsymbol{g},\boldsymbol{s})\Delta\boldsymbol{s}_{\mathrm{ca}}^{(\mathrm{a})} \tag{12.65}$$

式中

$$\begin{cases}\boldsymbol{B}_{\mathrm{t2}}^{(\mathrm{b})}(\boldsymbol{g},\boldsymbol{s})=\boldsymbol{W}^{(\mathrm{b})}(\boldsymbol{s})\left(\boldsymbol{J}_{\mathrm{t1}}^{(\mathrm{b})}(\boldsymbol{g},\boldsymbol{s})-\boldsymbol{T}^{(\mathrm{b})}(\boldsymbol{s})\begin{bmatrix}\boldsymbol{1}_{M\times1}^{\mathrm{T}}\boldsymbol{J}_{\mathrm{t1}}^{(\mathrm{b})}(\boldsymbol{g},\boldsymbol{s})\\(\boldsymbol{G}^{(\mathrm{b})}(\boldsymbol{s}))^{\mathrm{T}}\boldsymbol{J}_{\mathrm{t1}}^{(\mathrm{b})}(\boldsymbol{g},\boldsymbol{s})+\boldsymbol{J}_{\mathrm{t2}}^{(\mathrm{b})}(\boldsymbol{g},\boldsymbol{s})\end{bmatrix}\right)\in\mathbf{R}^{M\times(M-1)}\\\boldsymbol{B}_{\mathrm{s2}}^{(\mathrm{b})}(\boldsymbol{g},\boldsymbol{s})=\boldsymbol{W}^{(\mathrm{b})}(\boldsymbol{s})\left(\boldsymbol{J}_{\mathrm{s1}}^{(\mathrm{b})}(\boldsymbol{g},\boldsymbol{s})-\boldsymbol{T}^{(\mathrm{b})}(\boldsymbol{s})\begin{bmatrix}\boldsymbol{1}_{M\times1}^{\mathrm{T}}\boldsymbol{J}_{\mathrm{s1}}^{(\mathrm{b})}(\boldsymbol{g},\boldsymbol{s})\\(\boldsymbol{G}^{(\mathrm{b})}(\boldsymbol{s}))^{\mathrm{T}}\boldsymbol{J}_{\mathrm{s1}}^{(\mathrm{b})}(\boldsymbol{g},\boldsymbol{s})+\boldsymbol{J}_{\mathrm{s2}}^{(\mathrm{b})}(\boldsymbol{g},\boldsymbol{s})\end{bmatrix}\right)\in\mathbf{R}^{M\times3M}\end{cases} \tag{12.66}$$

其中

$$\boldsymbol{J}_{\mathrm{t1}}^{(\mathrm{b})}(\boldsymbol{g},\boldsymbol{s})=<\boldsymbol{\alpha}_2^{(\mathrm{b})}(\boldsymbol{g},\boldsymbol{s})>_4\bar{\boldsymbol{I}}_{M-1}\ ,\ \boldsymbol{J}_{\mathrm{s1}}^{(\mathrm{b})}(\boldsymbol{g},\boldsymbol{s})=\boldsymbol{I}_M\otimes([\boldsymbol{I}_3\ \ \boldsymbol{O}_{3\times1}]\boldsymbol{\alpha}_2^{(\mathrm{b})}(\boldsymbol{g},\boldsymbol{s}))^{\mathrm{T}} \tag{12.67}$$

$$\begin{aligned}\boldsymbol{J}_{\mathrm{t2}}^{(\mathrm{b})}(\boldsymbol{g},\boldsymbol{s})&=\begin{bmatrix}\boldsymbol{O}_{3\times M}\\([\boldsymbol{1}_{M\times1}\ \ \boldsymbol{G}^{(\mathrm{b})}(\boldsymbol{s})]\boldsymbol{\alpha}^{(\mathrm{b})}(\boldsymbol{g},\boldsymbol{s}))^{\mathrm{T}}\end{bmatrix}\bar{\boldsymbol{I}}_{M-1}\\\boldsymbol{J}_{\mathrm{s2}}^{(\mathrm{b})}(\boldsymbol{g},\boldsymbol{s})&=\begin{bmatrix}([\boldsymbol{1}_{M\times1}\ \ \boldsymbol{G}^{(\mathrm{b})}(\boldsymbol{s})]\boldsymbol{\alpha}^{(\mathrm{b})}(\boldsymbol{g},\boldsymbol{s}))^{\mathrm{T}}\otimes\boldsymbol{I}_3\\\boldsymbol{O}_{1\times3M}\end{bmatrix}\end{aligned} \tag{12.68}$$

$$\boldsymbol{\alpha}^{(\mathrm{b})}(\boldsymbol{g},\boldsymbol{s})=\begin{bmatrix}M&\boldsymbol{1}_{M\times1}^{\mathrm{T}}\boldsymbol{G}^{(\mathrm{b})}(\boldsymbol{s})\\(\boldsymbol{G}^{(\mathrm{b})}(\boldsymbol{s}))^{\mathrm{T}}\boldsymbol{1}_{M\times1}&(\boldsymbol{G}^{(\mathrm{b})}(\boldsymbol{s}))^{\mathrm{T}}\boldsymbol{G}^{(\mathrm{b})}(\boldsymbol{s})\end{bmatrix}^{-1}\begin{bmatrix}1\\\boldsymbol{g}\end{bmatrix}=\begin{bmatrix}\underbrace{\alpha_1^{(\mathrm{b})}(\boldsymbol{g},\boldsymbol{s})}_{1\times1}\\\underbrace{\boldsymbol{\alpha}_2^{(\mathrm{b})}(\boldsymbol{g},\boldsymbol{s})}_{4\times1}\end{bmatrix} \tag{12.69}$$

式（12.65）直接源于式（10.16）。

将式（12.61）和式（12.65）代入式（12.59）中可得

$$\boldsymbol{\delta}_{\mathrm{ts}}^{(\mathrm{b})}\approx\boldsymbol{B}_{\mathrm{t}}^{(\mathrm{b})}(\boldsymbol{g},\boldsymbol{s})\boldsymbol{\varepsilon}_{\mathrm{t}}+\boldsymbol{B}_{\mathrm{s}}^{(\mathrm{b})}(\boldsymbol{g},\boldsymbol{s})\Delta\boldsymbol{s}_{\mathrm{ca}}^{(\mathrm{a})} \tag{12.70}$$

式中，$\boldsymbol{B}_{\mathrm{t}}^{(\mathrm{b})}(\boldsymbol{g},\boldsymbol{s})=\boldsymbol{B}_{\mathrm{t1}}^{(\mathrm{b})}(\boldsymbol{g},\boldsymbol{s})+\boldsymbol{B}_{\mathrm{t2}}^{(\mathrm{b})}(\boldsymbol{g},\boldsymbol{s})\in\mathbf{R}^{M\times(M-1)}$，$\boldsymbol{B}_{\mathrm{s}}^{(\mathrm{b})}(\boldsymbol{g},\boldsymbol{s})=\boldsymbol{B}_{\mathrm{s1}}^{(\mathrm{b})}(\boldsymbol{g},\boldsymbol{s})+\boldsymbol{B}_{\mathrm{s2}}^{(\mathrm{b})}(\boldsymbol{g},\boldsymbol{s})\in\mathbf{R}^{M\times3M}$。由式（12.70）可知，误差向量 $\boldsymbol{\delta}_{\mathrm{ts}}^{(\mathrm{b})}$ 渐近服从零均值的高斯分布，并且其协方差矩阵为

$$\begin{aligned}\boldsymbol{\Omega}_{\mathrm{ts}}^{(\mathrm{b})}&=\mathbf{cov}(\boldsymbol{\delta}_{\mathrm{ts}}^{(\mathrm{b})})=\mathrm{E}[\boldsymbol{\delta}_{\mathrm{ts}}^{(\mathrm{b})}\boldsymbol{\delta}_{\mathrm{ts}}^{(\mathrm{b})\mathrm{T}}]\\&\approx\boldsymbol{B}_{\mathrm{t}}^{(\mathrm{b})}(\boldsymbol{g},\boldsymbol{s})\cdot\mathrm{E}[\boldsymbol{\varepsilon}_{\mathrm{t}}\boldsymbol{\varepsilon}_{\mathrm{t}}^{\mathrm{T}}]\cdot(\boldsymbol{B}_{\mathrm{t}}^{(\mathrm{b})}(\boldsymbol{g},\boldsymbol{s}))^{\mathrm{T}}+\boldsymbol{B}_{\mathrm{s}}^{(\mathrm{b})}(\boldsymbol{g},\boldsymbol{s})\cdot\mathrm{E}[\Delta\boldsymbol{s}_{\mathrm{ca}}^{(\mathrm{a})}(\Delta\boldsymbol{s}_{\mathrm{ca}}^{(\mathrm{a})})^{\mathrm{T}}]\cdot(\boldsymbol{B}_{\mathrm{s}}^{(\mathrm{b})}(\boldsymbol{g},\boldsymbol{s}))^{\mathrm{T}}\\&=\boldsymbol{B}_{\mathrm{t}}^{(\mathrm{b})}(\boldsymbol{g},\boldsymbol{s})\boldsymbol{E}_{\mathrm{t}}(\boldsymbol{B}_{\mathrm{t}}^{(\mathrm{b})}(\boldsymbol{g},\boldsymbol{s}))^{\mathrm{T}}+\boldsymbol{B}_{\mathrm{s}}^{(\mathrm{b})}(\boldsymbol{g},\boldsymbol{s})\mathbf{MSE}(\hat{\boldsymbol{s}}_{\mathrm{ca}}^{(\mathrm{a})})(\boldsymbol{B}_{\mathrm{s}}^{(\mathrm{b})}(\boldsymbol{g},\boldsymbol{s}))^{\mathrm{T}}\in\mathbf{R}^{M\times M}\end{aligned} \tag{12.71}$$

2. 定位优化模型及其求解方法

由于误差向量 $\boldsymbol{\delta}_{\mathrm{ts}}^{(\mathrm{b})}$ 的维数为 M，大于辐射源 TDOA 观测量个数 $M-1$，此时可以参照前面各章中的处理方式，对矩阵 $\boldsymbol{B}_{\mathrm{t}}^{(\mathrm{b})}(\boldsymbol{g},\hat{\boldsymbol{s}}_{\mathrm{ca}}^{(\mathrm{a})})$ 进行奇异值分解，以重

新构造误差向量。

矩阵 $\boldsymbol{B}_{\mathrm{t}}^{(\mathrm{b})}(\boldsymbol{g},\hat{\boldsymbol{s}}_{\mathrm{ca}}^{(\mathrm{a})})$ 的奇异值分解可以表示为

$$\begin{aligned}\boldsymbol{B}_{\mathrm{t}}^{(\mathrm{b})}(\boldsymbol{g},\hat{\boldsymbol{s}}_{\mathrm{ca}}^{(\mathrm{a})})&=\boldsymbol{H}^{(\mathrm{b})}(\hat{\boldsymbol{s}}_{\mathrm{ca}}^{(\mathrm{a})})\boldsymbol{\Sigma}^{(\mathrm{b})}(\hat{\boldsymbol{s}}_{\mathrm{ca}}^{(\mathrm{a})})(\boldsymbol{V}^{(\mathrm{b})}(\hat{\boldsymbol{s}}_{\mathrm{ca}}^{(\mathrm{a})}))^{\mathrm{T}}\\&=\Bigg[\underbrace{\boldsymbol{H}_1^{(\mathrm{b})}(\hat{\boldsymbol{s}}_{\mathrm{ca}}^{(\mathrm{a})})}_{M\times(M-1)}\;\underbrace{\boldsymbol{h}_2^{(\mathrm{b})}(\hat{\boldsymbol{s}}_{\mathrm{ca}}^{(\mathrm{a})})}_{M\times 1}\Bigg]\begin{bmatrix}\underbrace{\boldsymbol{\Sigma}_1^{(\mathrm{b})}(\hat{\boldsymbol{s}}_{\mathrm{ca}}^{(\mathrm{a})})}_{(M-1)\times(M-1)}\\\boldsymbol{O}_{1\times(M-1)}\end{bmatrix}\boldsymbol{V}^{(\mathrm{b})}(\hat{\boldsymbol{s}}_{\mathrm{ca}}^{(\mathrm{a})})\\&=\boldsymbol{H}_1^{(\mathrm{b})}(\hat{\boldsymbol{s}}_{\mathrm{ca}}^{(\mathrm{a})})\boldsymbol{\Sigma}_1^{(\mathrm{b})}(\hat{\boldsymbol{s}}_{\mathrm{ca}}^{(\mathrm{a})})(\boldsymbol{V}^{(\mathrm{b})}(\hat{\boldsymbol{s}}_{\mathrm{ca}}^{(\mathrm{a})}))^{\mathrm{T}}\end{aligned}\tag{12.72}$$

式中，$\boldsymbol{H}^{(\mathrm{b})}(\hat{\boldsymbol{s}}_{\mathrm{ca}}^{(\mathrm{a})})=[\boldsymbol{H}_1^{(\mathrm{b})}(\hat{\boldsymbol{s}}_{\mathrm{ca}}^{(\mathrm{a})})\;\boldsymbol{h}_2^{(\mathrm{b})}(\hat{\boldsymbol{s}}_{\mathrm{ca}}^{(\mathrm{a})})]$，为 $M\times M$ 阶正交矩阵；$\boldsymbol{V}^{(\mathrm{b})}(\hat{\boldsymbol{s}}_{\mathrm{ca}}^{(\mathrm{a})})$ 为 $(M-1)\times(M-1)$ 阶正交矩阵；$\boldsymbol{\Sigma}_1^{(\mathrm{b})}(\hat{\boldsymbol{s}}_{\mathrm{ca}}^{(\mathrm{a})})$ 为 $(M-1)\times(M-1)$ 阶对角矩阵，其中的对角元素为矩阵 $\boldsymbol{B}_{\mathrm{t}}^{(\mathrm{b})}(\boldsymbol{g},\hat{\boldsymbol{s}}_{\mathrm{ca}}^{(\mathrm{a})})$ 的奇异值。将矩阵 $(\boldsymbol{H}_1^{(\mathrm{b})}(\hat{\boldsymbol{s}}_{\mathrm{ca}}^{(\mathrm{a})}))^{\mathrm{T}}$ 左乘以误差向量 $\boldsymbol{\delta}_{\mathrm{ts}}^{(\mathrm{b})}$，并结合式（12.70）可得

$$\begin{aligned}\bar{\boldsymbol{\delta}}_{\mathrm{ts}}^{(\mathrm{b})}&=(\boldsymbol{H}_1^{(\mathrm{b})}(\hat{\boldsymbol{s}}_{\mathrm{ca}}^{(\mathrm{a})}))^{\mathrm{T}}\boldsymbol{\delta}_{\mathrm{ts}}^{(\mathrm{b})}=(\boldsymbol{H}_1^{(\mathrm{b})}(\hat{\boldsymbol{s}}_{\mathrm{ca}}^{(\mathrm{a})}))^{\mathrm{T}}\hat{\boldsymbol{W}}^{(\mathrm{b})}(\hat{\boldsymbol{s}}_{\mathrm{ca}}^{(\mathrm{a})})\hat{\boldsymbol{T}}^{(\mathrm{b})}(\hat{\boldsymbol{s}}_{\mathrm{ca}}^{(\mathrm{a})})\begin{bmatrix}1\\\boldsymbol{g}\end{bmatrix}\\&=(\boldsymbol{H}_1^{(\mathrm{b})}(\hat{\boldsymbol{s}}_{\mathrm{ca}}^{(\mathrm{a})}))^{\mathrm{T}}\hat{\boldsymbol{W}}^{(\mathrm{b})}(\hat{\boldsymbol{s}}_{\mathrm{ca}}^{(\mathrm{a})})(\hat{\boldsymbol{T}}_2^{(\mathrm{b})}(\hat{\boldsymbol{s}}_{\mathrm{ca}}^{(\mathrm{a})})\boldsymbol{g}+\hat{\boldsymbol{t}}_1^{(\mathrm{b})}(\hat{\boldsymbol{s}}_{\mathrm{ca}}^{(\mathrm{a})}))\\&\approx(\boldsymbol{H}_1^{(\mathrm{b})}(\boldsymbol{s}))^{\mathrm{T}}(\boldsymbol{B}_{\mathrm{t}}^{(\mathrm{b})}(\boldsymbol{g},\boldsymbol{s})\boldsymbol{\varepsilon}_{\mathrm{t}}+\boldsymbol{B}_{\mathrm{s}}^{(\mathrm{b})}(\boldsymbol{g},\boldsymbol{s})\Delta\boldsymbol{s}_{\mathrm{ca}}^{(\mathrm{a})})\end{aligned}\tag{12.73}$$

式中，$\hat{\boldsymbol{t}}_1^{(\mathrm{b})}(\hat{\boldsymbol{s}}_{\mathrm{ca}}^{(\mathrm{a})})$ 表示矩阵 $\hat{\boldsymbol{T}}^{(\mathrm{b})}(\hat{\boldsymbol{s}}_{\mathrm{ca}}^{(\mathrm{a})})$ 中的第 1 列向量；$\hat{\boldsymbol{T}}_2^{(\mathrm{b})}(\hat{\boldsymbol{s}}_{\mathrm{ca}}^{(\mathrm{a})})$ 表示矩阵 $\hat{\boldsymbol{T}}^{(\mathrm{b})}(\hat{\boldsymbol{s}}_{\mathrm{ca}}^{(\mathrm{a})})$ 中的第 2～5 列构成的矩阵，于是有 $\hat{\boldsymbol{T}}^{(\mathrm{b})}(\hat{\boldsymbol{s}}_{\mathrm{ca}}^{(\mathrm{a})})=\Bigg[\underbrace{\hat{\boldsymbol{t}}_1^{(\mathrm{b})}(\hat{\boldsymbol{s}}_{\mathrm{ca}}^{(\mathrm{a})})}_{M\times 1}\;\underbrace{\hat{\boldsymbol{T}}_2^{(\mathrm{b})}(\hat{\boldsymbol{s}}_{\mathrm{ca}}^{(\mathrm{a})})}_{M\times 4}\Bigg]$。由式（12.72）可得 $(\boldsymbol{H}_1^{(\mathrm{b})}(\boldsymbol{s}))^{\mathrm{T}}\boldsymbol{B}_{\mathrm{t}}^{(\mathrm{b})}(\boldsymbol{g},\boldsymbol{s})=\boldsymbol{\Sigma}_1^{(\mathrm{b})}(\boldsymbol{s})(\boldsymbol{V}^{(\mathrm{b})}(\boldsymbol{s}))^{\mathrm{T}}$，将该式代入式（12.73）中可知，误差向量 $\bar{\boldsymbol{\delta}}_{\mathrm{ts}}^{(\mathrm{b})}$ 的协方差矩阵为

$$\begin{aligned}\bar{\boldsymbol{\Omega}}_{\mathrm{ts}}^{(\mathrm{b})}&=\mathbf{cov}(\bar{\boldsymbol{\delta}}_{\mathrm{ts}}^{(\mathrm{b})})=\mathrm{E}[\bar{\boldsymbol{\delta}}_{\mathrm{ts}}^{(\mathrm{b})}\bar{\boldsymbol{\delta}}_{\mathrm{ts}}^{(\mathrm{b})\mathrm{T}}]\approx(\boldsymbol{H}_1^{(\mathrm{b})}(\boldsymbol{s}))^{\mathrm{T}}\boldsymbol{\Omega}_{\mathrm{ts}}^{(\mathrm{b})}\boldsymbol{H}_1^{(\mathrm{b})}(\boldsymbol{s})\\&=\boldsymbol{\Sigma}_1^{(\mathrm{b})}(\boldsymbol{s})(\boldsymbol{V}^{(\mathrm{b})}(\boldsymbol{s}))^{\mathrm{T}}\boldsymbol{E}_{\mathrm{t}}\boldsymbol{V}^{(\mathrm{b})}(\boldsymbol{s})\boldsymbol{\Sigma}_1^{(\mathrm{b})}(\boldsymbol{s})+(\boldsymbol{H}_1^{(\mathrm{b})}(\boldsymbol{s}))^{\mathrm{T}}\boldsymbol{B}_{\mathrm{s}}^{(\mathrm{b})}(\boldsymbol{g},\boldsymbol{s})\mathbf{MSE}(\hat{\boldsymbol{s}}_{\mathrm{ca}}^{(\mathrm{a})})\\&\quad\times(\boldsymbol{B}_{\mathrm{s}}^{(\mathrm{b})}(\boldsymbol{g},\boldsymbol{s}))^{\mathrm{T}}\boldsymbol{H}_1^{(\mathrm{b})}(\boldsymbol{s})\in\mathbf{R}^{(M-1)\times(M-1)}\end{aligned}\tag{12.74}$$

容易验证 $\bar{\boldsymbol{\Omega}}_{\mathrm{ts}}^{(\mathrm{b})}$ 为满秩矩阵，并且误差向量 $\bar{\boldsymbol{\delta}}_{\mathrm{ts}}^{(\mathrm{b})}$ 的维数为 $M-1$，与辐射源 TDOA 观测量个数相等。

注意到等式约束式（12.51）涉及传感器位置向量 $\boldsymbol{s}$，根据 10.2.3 节中的讨论可知，为了得到渐近最优的估计结果，需要对 $\boldsymbol{g}$ 和 $\boldsymbol{s}$ 进行联合估计，于是定义如下扩维参数向量：

$$\tilde{\boldsymbol{g}}=\begin{bmatrix}\boldsymbol{g}\\\boldsymbol{s}\end{bmatrix}=\begin{bmatrix}\boldsymbol{u}\\-r_1\\\boldsymbol{s}\end{bmatrix}\in\mathbf{R}^{(3M+4)\times 1}\tag{12.75}$$

此时可以将式（12.51）转化为关于向量 $\tilde{\boldsymbol{g}}$ 的等式约束，如下式所示：

$$\tilde{\boldsymbol{g}}^{\mathrm{T}}\begin{bmatrix} \boldsymbol{\Lambda} & \frac{1}{2}\boldsymbol{\Lambda}_1 \\ \frac{1}{2}\boldsymbol{\Lambda}_1^{\mathrm{T}} & \frac{1}{2}\boldsymbol{\Lambda}_2 \end{bmatrix}\tilde{\boldsymbol{g}}=\tilde{\boldsymbol{g}}^{\mathrm{T}}\tilde{\boldsymbol{\Lambda}}\tilde{\boldsymbol{g}}=0 \tag{12.76}$$

式中

$$\tilde{\boldsymbol{\Lambda}}=\begin{bmatrix} \boldsymbol{\Lambda} & \frac{1}{2}\boldsymbol{\Lambda}_1 \\ \frac{1}{2}\boldsymbol{\Lambda}_1^{\mathrm{T}} & \frac{1}{2}\boldsymbol{\Lambda}_2 \end{bmatrix}\in\mathbf{R}^{(3M+4)\times(3M+4)} \tag{12.77}$$

其中，$\boldsymbol{\Lambda}_1=\mathrm{blkdiag}\{-2\boldsymbol{I}_3,\boldsymbol{O}_{1\times 3(M-1)}\}$，$\boldsymbol{\Lambda}_2=\mathrm{blkdiag}\{2\boldsymbol{I}_3,\boldsymbol{O}_{3(M-1)\times 3(M-1)}\}$。为了对 $\boldsymbol{g}$ 和 $\boldsymbol{s}$ 进行联合估计，还需要定义如下扩维误差向量：

$$\tilde{\boldsymbol{\delta}}_{\mathrm{ts}}^{(\mathrm{b})}=\begin{bmatrix} \bar{\boldsymbol{\delta}}_{\mathrm{ts}}^{(\mathrm{b})} \\ -\hat{\boldsymbol{s}}_{\mathrm{ca}}^{(\mathrm{a})}+\boldsymbol{s} \end{bmatrix}\approx\begin{bmatrix} (\boldsymbol{H}_1^{(\mathrm{b})}(\boldsymbol{s}))^{\mathrm{T}}(\boldsymbol{B}_{\mathrm{t}}^{(\mathrm{b})}(\boldsymbol{g},\boldsymbol{s})\boldsymbol{\varepsilon}_{\mathrm{t}}+\boldsymbol{B}_{\mathrm{s}}^{(\mathrm{b})}(\boldsymbol{g},\boldsymbol{s})\Delta\boldsymbol{s}_{\mathrm{ca}}^{(\mathrm{a})}) \\ -\Delta\boldsymbol{s}_{\mathrm{ca}}^{(\mathrm{a})} \end{bmatrix}\in\mathbf{R}^{(4M-1)\times 1} \tag{12.78}$$

式中，约等号处的运算利用了式（12.73）。由式（12.74）和式（12.78）可知，误差向量 $\tilde{\boldsymbol{\delta}}_{\mathrm{ts}}^{(\mathrm{b})}$ 渐近服从零均值的高斯分布，并且其协方差矩阵为

$$\begin{aligned}\tilde{\boldsymbol{\Omega}}_{\mathrm{ts}}^{(\mathrm{b})}&=\mathrm{E}[\tilde{\boldsymbol{\delta}}_{\mathrm{ts}}^{(\mathrm{b})}\tilde{\boldsymbol{\delta}}_{\mathrm{ts}}^{(\mathrm{b})\mathrm{T}}]\approx\begin{bmatrix} \bar{\boldsymbol{\Omega}}_{\mathrm{ts}}^{(\mathrm{b})} & -(\boldsymbol{H}_1^{(\mathrm{b})}(\boldsymbol{s}))^{\mathrm{T}}\boldsymbol{B}_{\mathrm{s}}^{(\mathrm{b})}(\boldsymbol{g},\boldsymbol{s})\mathbf{MSE}(\hat{\boldsymbol{s}}_{\mathrm{ca}}^{(\mathrm{a})}) \\ -\mathbf{MSE}(\hat{\boldsymbol{s}}_{\mathrm{ca}}^{(\mathrm{a})})(\boldsymbol{B}_{\mathrm{s}}^{(\mathrm{b})}(\boldsymbol{g},\boldsymbol{s}))^{\mathrm{T}}\boldsymbol{H}_1^{(\mathrm{b})}(\boldsymbol{s}) & \mathbf{MSE}(\hat{\boldsymbol{s}}_{\mathrm{ca}}^{(\mathrm{a})}) \end{bmatrix}\\
&\approx\left[\begin{array}{c:c} \begin{matrix}(\boldsymbol{H}_1^{(\mathrm{b})}(\boldsymbol{s}))^{\mathrm{T}}\boldsymbol{B}_{\mathrm{s}}^{(\mathrm{b})}(\boldsymbol{g},\boldsymbol{s})\mathbf{MSE}(\hat{\boldsymbol{s}}_{\mathrm{ca}}^{(\mathrm{a})})(\boldsymbol{B}_{\mathrm{s}}^{(\mathrm{b})}(\boldsymbol{g},\boldsymbol{s}))^{\mathrm{T}}\boldsymbol{H}_1^{(\mathrm{b})}(\boldsymbol{s}) \\ +\boldsymbol{\Sigma}_1^{(\mathrm{b})}(\boldsymbol{s})(\boldsymbol{V}^{(\mathrm{b})}(\boldsymbol{s}))^{\mathrm{T}}\boldsymbol{E}_{\mathrm{t}}\boldsymbol{V}^{(\mathrm{b})}(\boldsymbol{s})\boldsymbol{\Sigma}_1^{(\mathrm{b})}(\boldsymbol{s})\end{matrix} & -(\boldsymbol{H}_1^{(\mathrm{b})}(\boldsymbol{s}))^{\mathrm{T}}\boldsymbol{B}_{\mathrm{s}}^{(\mathrm{b})}(\boldsymbol{g},\boldsymbol{s})\mathbf{MSE}(\hat{\boldsymbol{s}}_{\mathrm{ca}}^{(\mathrm{a})}) \\ \hdashline -\mathbf{MSE}(\hat{\boldsymbol{s}}_{\mathrm{ca}}^{(\mathrm{a})})(\boldsymbol{B}_{\mathrm{s}}^{(\mathrm{b})}(\boldsymbol{g},\boldsymbol{s}))^{\mathrm{T}}\boldsymbol{H}_1^{(\mathrm{b})}(\boldsymbol{s}) & \mathbf{MSE}(\hat{\boldsymbol{s}}_{\mathrm{ca}}^{(\mathrm{a})}) \end{array}\right]\\
&\in\mathbf{R}^{(4M-1)\times(4M-1)}\end{aligned} \tag{12.79}$$

结合式（12.73）、式（12.76）、式（12.78）及式（12.79），可以构建估计参数向量 $\tilde{\boldsymbol{g}}$ 的优化准则，如下式所示：

$$\begin{cases}\min\limits_{\tilde{\boldsymbol{g}}}\left\{\begin{aligned}&\left(\begin{bmatrix}(\boldsymbol{H}_1^{(\mathrm{b})}(\hat{\boldsymbol{s}}_{\mathrm{ca}}^{(\mathrm{a})}))^{\mathrm{T}}\hat{\boldsymbol{W}}^{(\mathrm{b})}(\hat{\boldsymbol{s}}_{\mathrm{ca}}^{(\mathrm{a})})\hat{\boldsymbol{t}}_1^{(\mathrm{b})}(\hat{\boldsymbol{s}}_{\mathrm{ca}}^{(\mathrm{a})}) \\ -\hat{\boldsymbol{s}}_{\mathrm{ca}}^{(\mathrm{a})}\end{bmatrix}+\begin{bmatrix}(\boldsymbol{H}_1^{(\mathrm{b})}(\hat{\boldsymbol{s}}_{\mathrm{ca}}^{(\mathrm{a})}))^{\mathrm{T}}\hat{\boldsymbol{W}}^{(\mathrm{b})}(\hat{\boldsymbol{s}}_{\mathrm{ca}}^{(\mathrm{a})})\hat{\boldsymbol{T}}_2^{(\mathrm{b})}(\hat{\boldsymbol{s}}_{\mathrm{ca}}^{(\mathrm{a})}) & \boldsymbol{O}_{(M-1)\times 3M} \\ \boldsymbol{O}_{3M\times 4} & \boldsymbol{I}_{3M}\end{bmatrix}\tilde{\boldsymbol{g}}\right)^{\mathrm{T}}(\tilde{\boldsymbol{\Omega}}_{\mathrm{ts}}^{(\mathrm{b})})^{-1}\\ &\times\left(\begin{bmatrix}(\boldsymbol{H}_1^{(\mathrm{b})}(\hat{\boldsymbol{s}}_{\mathrm{ca}}^{(\mathrm{a})}))^{\mathrm{T}}\hat{\boldsymbol{W}}^{(\mathrm{b})}(\hat{\boldsymbol{s}}_{\mathrm{ca}}^{(\mathrm{a})})\hat{\boldsymbol{t}}_1^{(\mathrm{b})}(\hat{\boldsymbol{s}}_{\mathrm{ca}}^{(\mathrm{a})}) \\ -\hat{\boldsymbol{s}}_{\mathrm{ca}}^{(\mathrm{a})}\end{bmatrix}+\begin{bmatrix}(\boldsymbol{H}_1^{(\mathrm{b})}(\hat{\boldsymbol{s}}_{\mathrm{ca}}^{(\mathrm{a})}))^{\mathrm{T}}\hat{\boldsymbol{W}}^{(\mathrm{b})}(\hat{\boldsymbol{s}}_{\mathrm{ca}}^{(\mathrm{a})})\hat{\boldsymbol{T}}_2^{(\mathrm{b})}(\hat{\boldsymbol{s}}_{\mathrm{ca}}^{(\mathrm{a})}) & \boldsymbol{O}_{(M-1)\times 3M} \\ \boldsymbol{O}_{3M\times 4} & \boldsymbol{I}_{3M}\end{bmatrix}\tilde{\boldsymbol{g}}\right)\end{aligned}\right\} \\ \mathrm{s.t.}\ \ \tilde{\boldsymbol{g}}^{\mathrm{T}}\tilde{\boldsymbol{\Lambda}}\tilde{\boldsymbol{g}}=0\end{cases} \tag{12.80}$$

式中，$(\tilde{\boldsymbol{\Omega}}_{\mathrm{ts}}^{(\mathrm{b})})^{-1}$ 可以看作加权矩阵，其作用在于同时抑制观测误差 $\boldsymbol{\varepsilon}_{\mathrm{t}}$ 和估计误差 $\Delta\boldsymbol{s}_{\mathrm{ca}}^{(\mathrm{a})}$ 的影响。

显然，式（12.80）的求解方法与式（10.55）的求解方法完全相同，因此

10.2.3 节中描述的求解方法可以直接应用于此，限于篇幅这里不再赘述。将向量 $\tilde{\boldsymbol{g}}$ 的估计值记为 $\hat{\tilde{\boldsymbol{g}}}_{\mathrm{ca}}^{(\mathrm{b})}$。根据式（12.75）可知，利用向量 $\hat{\tilde{\boldsymbol{g}}}_{\mathrm{ca}}^{(\mathrm{b})}$ 中的前 3 个分量就可以获得辐射源位置向量 $\boldsymbol{u}$ 的估计值 $\hat{\boldsymbol{u}}_{\mathrm{ca}}^{(\mathrm{b})}$（即有 $\hat{\boldsymbol{u}}_{\mathrm{ca}}^{(\mathrm{b})}=[\boldsymbol{I}_3\ \ \boldsymbol{O}_{3\times1}\ \ \boldsymbol{O}_{3\times3M}]\hat{\tilde{\boldsymbol{g}}}_{\mathrm{ca}}^{(\mathrm{b})}$），利用向量 $\hat{\tilde{\boldsymbol{g}}}_{\mathrm{ca}}^{(\mathrm{b})}$ 中的后 $3M$ 个分量就可以获得传感器位置向量 $\boldsymbol{s}$ 的估计值 $\hat{\boldsymbol{s}}_{\mathrm{ca}}^{(\mathrm{b})}$（即有 $\hat{\boldsymbol{s}}_{\mathrm{ca}}^{(\mathrm{b})}=[\boldsymbol{O}_{3M\times3}\ \ \boldsymbol{O}_{3M\times1}\ \ \boldsymbol{I}_{3M}]\hat{\tilde{\boldsymbol{g}}}_{\mathrm{ca}}^{(\mathrm{b})}$）。

【注记 12.3】 由式（12.79）可知，加权矩阵 $(\tilde{\boldsymbol{\Omega}}_{\mathrm{ts}}^{(\mathrm{b})})^{-1}$ 与未知向量 $\tilde{\boldsymbol{g}}$ 有关。因此，严格来说，式（12.80）中的目标函数并不是关于向量 $\tilde{\boldsymbol{g}}$ 的二次函数，针对该问题，可以采用注记 4.1 中描述的方法进行处理。另外，加权矩阵 $(\tilde{\boldsymbol{\Omega}}_{\mathrm{ts}}^{(\mathrm{b})})^{-1}$ 还与步骤 a 的估计均方误差矩阵 $\mathbf{MSE}(\hat{\boldsymbol{s}}_{\mathrm{ca}}^{(\mathrm{a})})$ 有关，由命题 12.1 可知，该矩阵可以直接利用式（12.42）给出的克拉美罗界矩阵 $\mathbf{CRB}_{\mathrm{tdoa\text{-}cao}}(\boldsymbol{s})$ 来代替。理论分析表明，在一阶误差分析理论框架下，加权矩阵 $(\tilde{\boldsymbol{\Omega}}_{\mathrm{ts}}^{(\mathrm{b})})^{-1}$ 中的扰动误差并不会实质影响估计值 $\hat{\tilde{\boldsymbol{g}}}_{\mathrm{ca}}^{(\mathrm{b})}$ 的统计性能①。

图 12.2 给出了本章加权多维标度定位方法中步骤 b 的流程图。

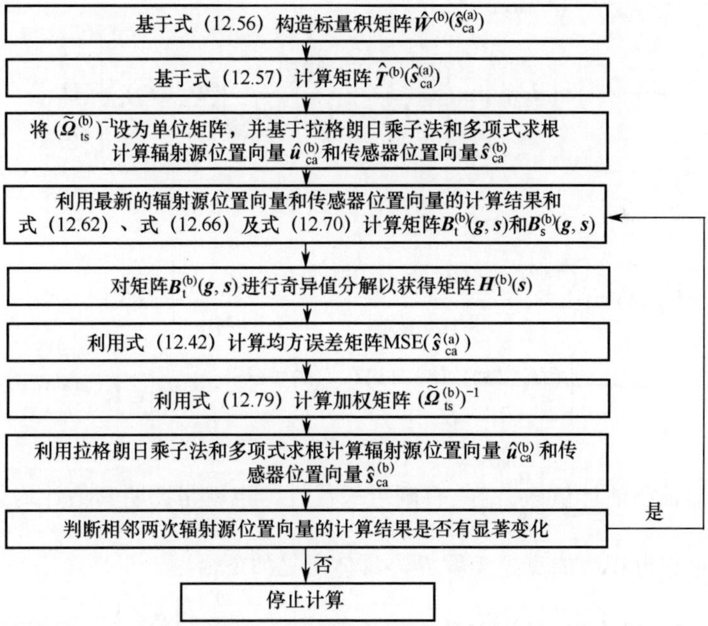

图 12.2　本章加权多维标度定位方法中步骤 b 的流程图

① 加权矩阵 $(\tilde{\boldsymbol{\Omega}}_{\mathrm{ts}}^{(\mathrm{b})})^{-1}$ 中的扰动误差也不会实质影响估计值 $\hat{\boldsymbol{u}}_{\mathrm{ca}}^{(\mathrm{b})}$ 和 $\hat{\boldsymbol{s}}_{\mathrm{ca}}^{(\mathrm{b})}$ 的统计性能。

【**注记 12.4**】将图 12.1 和图 12.2 相结合，就形成了本章加权多维标度定位方法的全部流程。

12.3.3 理论性能分析

下面将利用 10.2.4 节中的结论直接给出估计值$\begin{bmatrix}\hat{\boldsymbol{u}}_{\mathrm{ca}}^{(\mathrm{b})}\\ \hat{\boldsymbol{s}}_{\mathrm{ca}}^{(\mathrm{b})}\end{bmatrix}$的均方误差矩阵，并将其与克拉美罗界进行比较，从而证明其渐近最优性。

首先将最优解$\begin{bmatrix}\hat{\boldsymbol{u}}_{\mathrm{ca}}^{(\mathrm{b})}\\ \hat{\boldsymbol{s}}_{\mathrm{ca}}^{(\mathrm{b})}\end{bmatrix}$中的估计误差记为$\begin{bmatrix}\Delta\boldsymbol{u}_{\mathrm{ca}}^{(\mathrm{b})}\\ \Delta\boldsymbol{s}_{\mathrm{ca}}^{(\mathrm{b})}\end{bmatrix}=\begin{bmatrix}\hat{\boldsymbol{u}}_{\mathrm{ca}}^{(\mathrm{b})}-\boldsymbol{u}\\ \hat{\boldsymbol{s}}_{\mathrm{ca}}^{(\mathrm{b})}-\boldsymbol{s}\end{bmatrix}$，仿照 10.2.4 节中的理论性能分析可知，最优解$\begin{bmatrix}\hat{\boldsymbol{u}}_{\mathrm{ca}}^{(\mathrm{b})}\\ \hat{\boldsymbol{s}}_{\mathrm{ca}}^{(\mathrm{b})}\end{bmatrix}$是关于向量$\begin{bmatrix}\boldsymbol{u}\\ \boldsymbol{s}\end{bmatrix}$的渐近无偏估计值，并且其均方误差矩阵为

$$\mathbf{MSE}\left(\begin{bmatrix}\hat{\boldsymbol{u}}_{\mathrm{ca}}^{(\mathrm{b})}\\ \hat{\boldsymbol{s}}_{\mathrm{ca}}^{(\mathrm{b})}\end{bmatrix}\right)=\begin{bmatrix}\boldsymbol{I}_3 & \boldsymbol{O}_{3\times1} & \boldsymbol{O}_{3\times3M}\\ \boldsymbol{O}_{3M\times3} & \boldsymbol{O}_{3M\times1} & \boldsymbol{I}_{3M}\end{bmatrix}$$
$$\times\left(\boldsymbol{I}_{3M+4}-\frac{(\tilde{\boldsymbol{\Phi}}_{\mathrm{ts}}^{(\mathrm{b})}(\boldsymbol{s}))^{-1}\tilde{\boldsymbol{\Lambda}}\tilde{\boldsymbol{g}}\tilde{\boldsymbol{g}}^{\mathrm{T}}\tilde{\boldsymbol{\Lambda}}^{\mathrm{T}}}{\tilde{\boldsymbol{g}}^{\mathrm{T}}\tilde{\boldsymbol{\Lambda}}^{\mathrm{T}}(\tilde{\boldsymbol{\Phi}}_{\mathrm{ts}}^{(\mathrm{b})}(\boldsymbol{s}))^{-1}\tilde{\boldsymbol{\Lambda}}\tilde{\boldsymbol{g}}}\right)(\tilde{\boldsymbol{\Phi}}_{\mathrm{ts}}^{(\mathrm{b})}(\boldsymbol{s}))^{-1}\begin{bmatrix}\boldsymbol{I}_3 & \boldsymbol{O}_{3\times3M}\\ \boldsymbol{O}_{1\times3} & \boldsymbol{O}_{1\times3M}\\ \boldsymbol{O}_{3M\times3} & \boldsymbol{I}_{3M}\end{bmatrix} \tag{12.81}$$

式中

$$\tilde{\boldsymbol{\Phi}}_{\mathrm{ts}}^{(\mathrm{b})}(\boldsymbol{s})=\begin{bmatrix}(\boldsymbol{T}_2^{(\mathrm{b})}(\boldsymbol{s}))^{\mathrm{T}}(\boldsymbol{W}^{(\mathrm{b})}(\boldsymbol{s}))^{\mathrm{T}}\boldsymbol{H}_1^{(\mathrm{b})}(\boldsymbol{s}) & \boldsymbol{O}_{4\times3M}\\ \boldsymbol{O}_{3M\times(M-1)} & \boldsymbol{I}_{3M}\end{bmatrix}(\tilde{\boldsymbol{\Omega}}_{\mathrm{ts}}^{(\mathrm{b})})^{-1}$$
$$\times\begin{bmatrix}(\boldsymbol{H}_1^{(\mathrm{b})}(\boldsymbol{s}))^{\mathrm{T}}\boldsymbol{W}^{(\mathrm{b})}(\boldsymbol{s})\boldsymbol{T}_2^{(\mathrm{b})}(\boldsymbol{s}) & \boldsymbol{O}_{(M-1)\times3M}\\ \boldsymbol{O}_{3M\times4} & \boldsymbol{I}_{3M}\end{bmatrix}\in\mathbf{R}^{(3M+4)\times(3M+4)} \tag{12.82}$$

下面证明估计值$\begin{bmatrix}\hat{\boldsymbol{u}}_{\mathrm{ca}}^{(\mathrm{b})}\\ \hat{\boldsymbol{s}}_{\mathrm{ca}}^{(\mathrm{b})}\end{bmatrix}$具有渐近最优性，也就是证明其估计均方误差矩阵可以渐近逼近相应的克拉美罗界，具体可见如下命题。

【**命题 12.2**】在一阶误差分析理论框架下，$\mathbf{MSE}\left(\begin{bmatrix}\hat{\boldsymbol{u}}_{\mathrm{ca}}^{(\mathrm{b})}\\ \hat{\boldsymbol{s}}_{\mathrm{ca}}^{(\mathrm{b})}\end{bmatrix}\right)=\mathbf{CRB}_{\mathrm{tdoa\text{-}ca}}\left(\begin{bmatrix}\boldsymbol{u}\\ \boldsymbol{s}\end{bmatrix}\right)$。

【**证明**】首先根据命题 3.5 可得

$$\mathbf{CRB}_{\text{tdoa-ca}}\left(\begin{bmatrix}\boldsymbol{u}\\ \boldsymbol{s}\end{bmatrix}\right)=\left[\begin{array}{c:c}\left(\dfrac{\partial \boldsymbol{f}_{\text{tdoa}}(\boldsymbol{u},\boldsymbol{s})}{\partial \boldsymbol{u}^{\mathrm{T}}}\right)^{\mathrm{T}}\boldsymbol{E}_{\mathrm{t}}^{-1}\dfrac{\partial \boldsymbol{f}_{\text{tdoa}}(\boldsymbol{u},\boldsymbol{s})}{\partial \boldsymbol{u}^{\mathrm{T}}} & \left(\dfrac{\partial \boldsymbol{f}_{\text{tdoa}}(\boldsymbol{u},\boldsymbol{s})}{\partial \boldsymbol{u}^{\mathrm{T}}}\right)^{\mathrm{T}}\boldsymbol{E}_{\mathrm{t}}^{-1}\dfrac{\partial \boldsymbol{f}_{\text{tdoa}}(\boldsymbol{u},\boldsymbol{s})}{\partial \boldsymbol{s}^{\mathrm{T}}} \\ \hdashline \left(\dfrac{\partial \boldsymbol{f}_{\text{tdoa}}(\boldsymbol{u},\boldsymbol{s})}{\partial \boldsymbol{s}^{\mathrm{T}}}\right)^{\mathrm{T}}\boldsymbol{E}_{\mathrm{t}}^{-1}\dfrac{\partial \boldsymbol{f}_{\text{tdoa}}(\boldsymbol{u},\boldsymbol{s})}{\partial \boldsymbol{u}^{\mathrm{T}}} & \begin{matrix}\left(\dfrac{\partial \boldsymbol{f}_{\text{tdoa}}(\boldsymbol{u},\boldsymbol{s})}{\partial \boldsymbol{s}^{\mathrm{T}}}\right)^{\mathrm{T}}\boldsymbol{E}_{\mathrm{t}}^{-1}\dfrac{\partial \boldsymbol{f}_{\text{tdoa}}(\boldsymbol{u},\boldsymbol{s})}{\partial \boldsymbol{s}^{\mathrm{T}}} \\ +\left(\dfrac{\partial \boldsymbol{f}_{\text{tdoa-d}}(\boldsymbol{s})}{\partial \boldsymbol{s}^{\mathrm{T}}}\right)^{\mathrm{T}}\boldsymbol{E}_{\mathrm{d}}^{-1}\dfrac{\partial \boldsymbol{f}_{\text{tdoa-d}}(\boldsymbol{s})}{\partial \boldsymbol{s}^{\mathrm{T}}}+\boldsymbol{E}_{\mathrm{s}}^{-1}\end{matrix}\end{array}\right]^{-1} \tag{12.83}$$

式中

$$\frac{\partial \boldsymbol{f}_{\text{tdoa}}(\boldsymbol{u},\boldsymbol{s})}{\partial \boldsymbol{u}^{\mathrm{T}}}=\left[\begin{array}{c:c:c:c}\dfrac{\boldsymbol{u}-\boldsymbol{s}_2}{\|\boldsymbol{u}-\boldsymbol{s}_2\|_2}-\dfrac{\boldsymbol{u}-\boldsymbol{s}_1}{\|\boldsymbol{u}-\boldsymbol{s}_1\|_2} & \dfrac{\boldsymbol{u}-\boldsymbol{s}_3}{\|\boldsymbol{u}-\boldsymbol{s}_3\|_2}-\dfrac{\boldsymbol{u}-\boldsymbol{s}_1}{\|\boldsymbol{u}-\boldsymbol{s}_1\|_2} & \cdots & \dfrac{\boldsymbol{u}-\boldsymbol{s}_M}{\|\boldsymbol{u}-\boldsymbol{s}_M\|_2}-\dfrac{\boldsymbol{u}-\boldsymbol{s}_1}{\|\boldsymbol{u}-\boldsymbol{s}_1\|_2}\end{array}\right]^{\mathrm{T}} \in \mathbf{R}^{(M-1)\times 3} \tag{12.84}$$

$$\frac{\partial \boldsymbol{f}_{\text{tdoa}}(\boldsymbol{u},\boldsymbol{s})}{\partial \boldsymbol{s}^{\mathrm{T}}}=\left[\begin{array}{c:c}\boldsymbol{1}_{(M-1)\times 1}\dfrac{(\boldsymbol{u}-\boldsymbol{s}_1)^{\mathrm{T}}}{\|\boldsymbol{u}-\boldsymbol{s}_1\|_2} & \text{blkdiag}\left\{\dfrac{(\boldsymbol{s}_2-\boldsymbol{u})^{\mathrm{T}}}{\|\boldsymbol{u}-\boldsymbol{s}_2\|_2},\dfrac{(\boldsymbol{s}_3-\boldsymbol{u})^{\mathrm{T}}}{\|\boldsymbol{u}-\boldsymbol{s}_3\|_2},\cdots,\dfrac{(\boldsymbol{s}_M-\boldsymbol{u})^{\mathrm{T}}}{\|\boldsymbol{u}-\boldsymbol{s}_M\|_2}\right\}\end{array}\right] \in \mathbf{R}^{(M-1)\times 3M} \tag{12.85}$$

接着基于式（10.83）～式（10.92）中的理论分析可得

$$\mathbf{MSE}\left(\begin{bmatrix}\hat{\boldsymbol{u}}_{\text{ca}}^{(\text{b})}\\ \hat{\boldsymbol{s}}_{\text{ca}}^{(\text{b})}\end{bmatrix}\right)=\left(\left[\begin{array}{c:c}\left(\dfrac{\partial \boldsymbol{g}}{\partial \boldsymbol{u}^{\mathrm{T}}}\right)^{\mathrm{T}}(\boldsymbol{T}_2^{(\text{b})}(\boldsymbol{s}))^{\mathrm{T}}(\boldsymbol{W}^{(\text{b})}(\boldsymbol{s}))^{\mathrm{T}}\boldsymbol{H}_1^{(\text{b})}(\boldsymbol{s}) & \boldsymbol{O}_{3\times 3M} \\ \hdashline \left(\dfrac{\partial \boldsymbol{g}}{\partial \boldsymbol{s}^{\mathrm{T}}}\right)^{\mathrm{T}}(\boldsymbol{T}_2^{(\text{b})}(\boldsymbol{s}))^{\mathrm{T}}(\boldsymbol{W}^{(\text{b})}(\boldsymbol{s}))^{\mathrm{T}}\boldsymbol{H}_1^{(\text{b})}(\boldsymbol{s}) & \boldsymbol{I}_{3M}\end{array}\right](\tilde{\boldsymbol{\Omega}}_{\text{ts}}^{(\text{b})})^{-1} \times\left[\begin{array}{c:c}(\boldsymbol{H}_1^{(\text{b})}(\boldsymbol{s}))^{\mathrm{T}}\boldsymbol{W}^{(\text{b})}(\boldsymbol{s})\boldsymbol{T}_2^{(\text{b})}(\boldsymbol{s})\dfrac{\partial \boldsymbol{g}}{\partial \boldsymbol{u}^{\mathrm{T}}} & (\boldsymbol{H}_1^{(\text{b})}(\boldsymbol{s}))^{\mathrm{T}}\boldsymbol{W}^{(\text{b})}(\boldsymbol{s})\boldsymbol{T}_2^{(\text{b})}(\boldsymbol{s})\dfrac{\partial \boldsymbol{g}}{\partial \boldsymbol{s}^{\mathrm{T}}} \\ \hdashline \boldsymbol{O}_{3M\times 3} & \boldsymbol{I}_{3M}\end{array}\right]\right)^{-1} \tag{12.86}$$

附录 I.3 中将证明

$$(\tilde{\boldsymbol{\Omega}}_{\rm ts}^{(\rm b)})^{-1}=\left[\begin{array}{c:c}(\boldsymbol{\Sigma}_1^{(\rm b)}(\boldsymbol{s}))^{-1}(\boldsymbol{V}^{(\rm b)}(\boldsymbol{s}))^{-1}\boldsymbol{E}_{\rm t}^{-1}(\boldsymbol{V}^{(\rm b)}(\boldsymbol{s}))^{-\rm T}(\boldsymbol{\Sigma}_1^{(\rm b)}(\boldsymbol{s}))^{-1} & \begin{array}{c}(\boldsymbol{\Sigma}_1^{(\rm b)}(\boldsymbol{s}))^{-1}(\boldsymbol{V}^{(\rm b)}(\boldsymbol{s}))^{-1}\boldsymbol{E}_{\rm t}^{-1}(\boldsymbol{V}^{(\rm b)}(\boldsymbol{s}))^{-\rm T}(\boldsymbol{\Sigma}_1^{(\rm b)}(\boldsymbol{s}))^{-1}\\ \times(\boldsymbol{H}_1^{(\rm b)}(\boldsymbol{s}))^{\rm T}\boldsymbol{B}_{\rm s}^{(\rm b)}(\boldsymbol{g},\boldsymbol{s})\end{array}\\ \hdashline \begin{array}{l}(\boldsymbol{B}_{\rm s}^{(\rm b)}(\boldsymbol{g},\boldsymbol{s}))^{\rm T}\boldsymbol{H}_1^{(\rm b)}(\boldsymbol{s})(\boldsymbol{\Sigma}_1^{(\rm b)}(\boldsymbol{s}))^{-1}(\boldsymbol{V}^{(\rm b)}(\boldsymbol{s}))^{-1}\boldsymbol{E}_{\rm t}^{-1}\\ \times(\boldsymbol{V}^{(\rm b)}(\boldsymbol{s}))^{-\rm T}(\boldsymbol{\Sigma}_1^{(\rm b)}(\boldsymbol{s}))^{-1}\end{array} & \begin{array}{l}(\boldsymbol{B}_{\rm s}^{(\rm b)}(\boldsymbol{g},\boldsymbol{s}))^{\rm T}\boldsymbol{H}_1^{(\rm b)}(\boldsymbol{s})(\boldsymbol{\Sigma}_1^{(\rm b)}(\boldsymbol{s}))^{-1}(\boldsymbol{V}^{(\rm b)}(\boldsymbol{s}))^{-1}\boldsymbol{E}_{\rm t}^{-1}(\boldsymbol{V}^{(\rm b)}(\boldsymbol{s}))^{-\rm T}\\ \times(\boldsymbol{\Sigma}_1^{(\rm b)}(\boldsymbol{s}))^{-1}(\boldsymbol{H}_1^{(\rm b)}(\boldsymbol{s}))^{\rm T}\boldsymbol{B}_{\rm s}^{(\rm b)}(\boldsymbol{g},\boldsymbol{s})+(\mathbf{MSE}(\hat{\boldsymbol{s}}_{\rm ca}^{(\rm a)}))^{-1}\end{array}\end{array}\right] \tag{12.87}$$

将式（12.87）代入式（12.86）中可得

$$\mathbf{MSE}\left(\begin{bmatrix}\hat{\boldsymbol{u}}_{\rm ca}^{(\rm b)}\\ \hat{\boldsymbol{s}}_{\rm ca}^{(\rm b)}\end{bmatrix}\right)=\begin{bmatrix}\boldsymbol{Z}_1 & \boldsymbol{Z}_2\\ \boldsymbol{Z}_2^{\rm T} & \boldsymbol{Z}_3\end{bmatrix}^{-1} \tag{12.88}$$

式中

$$\begin{cases}\boldsymbol{Z}_1=\left(\dfrac{\partial\boldsymbol{g}}{\partial\boldsymbol{u}^{\rm T}}\right)^{\rm T}(\boldsymbol{T}_2^{(\rm b)}(\boldsymbol{s}))^{\rm T}(\boldsymbol{W}^{(\rm b)}(\boldsymbol{s}))^{\rm T}\boldsymbol{H}_1^{(\rm b)}(\boldsymbol{s})(\boldsymbol{\Sigma}_1^{(\rm b)}(\boldsymbol{s}))^{-1}(\boldsymbol{V}^{(\rm b)}(\boldsymbol{s}))^{-1}\boldsymbol{E}_{\rm t}^{-1}(\boldsymbol{V}^{(\rm b)}(\boldsymbol{s}))^{-\rm T}(\boldsymbol{\Sigma}_1^{(\rm b)}(\boldsymbol{s}))^{-1}\\ \qquad\times(\boldsymbol{H}_1^{(\rm b)}(\boldsymbol{s}))^{\rm T}\boldsymbol{W}^{(\rm b)}(\boldsymbol{s})\boldsymbol{T}_2^{(\rm b)}(\boldsymbol{s})\dfrac{\partial\boldsymbol{g}}{\partial\boldsymbol{u}^{\rm T}}\\ \boldsymbol{Z}_2=\left(\dfrac{\partial\boldsymbol{g}}{\partial\boldsymbol{u}^{\rm T}}\right)^{\rm T}(\boldsymbol{T}_2^{(\rm b)}(\boldsymbol{s}))^{\rm T}(\boldsymbol{W}^{(\rm b)}(\boldsymbol{s}))^{\rm T}\boldsymbol{H}_1^{(\rm b)}(\boldsymbol{s})(\boldsymbol{\Sigma}_1^{(\rm b)}(\boldsymbol{s}))^{-1}(\boldsymbol{V}^{(\rm b)}(\boldsymbol{s}))^{-1}\boldsymbol{E}_{\rm t}^{-1}(\boldsymbol{V}^{(\rm b)}(\boldsymbol{s}))^{-\rm T}(\boldsymbol{\Sigma}_1^{(\rm b)}(\boldsymbol{s}))^{-1}\\ \qquad\times(\boldsymbol{H}_1^{(\rm b)}(\boldsymbol{s}))^{\rm T}\left(\boldsymbol{B}_{\rm s}^{(\rm b)}(\boldsymbol{g},\boldsymbol{s})+\boldsymbol{W}^{(\rm b)}(\boldsymbol{s})\boldsymbol{T}_2^{(\rm b)}(\boldsymbol{s})\dfrac{\partial\boldsymbol{g}}{\partial\boldsymbol{s}^{\rm T}}\right)\\ \boldsymbol{Z}_3=\left(\boldsymbol{B}_{\rm s}^{(\rm b)}(\boldsymbol{g},\boldsymbol{s})+\boldsymbol{W}^{(\rm b)}(\boldsymbol{s})\boldsymbol{T}_2^{(\rm b)}(\boldsymbol{s})\dfrac{\partial\boldsymbol{g}}{\partial\boldsymbol{s}^{\rm T}}\right)^{\rm T}\boldsymbol{H}_1^{(\rm b)}(\boldsymbol{s})(\boldsymbol{\Sigma}_1^{(\rm b)}(\boldsymbol{s}))^{-1}(\boldsymbol{V}^{(\rm b)}(\boldsymbol{s}))^{-1}\boldsymbol{E}_{\rm t}^{-1}(\boldsymbol{V}^{(\rm b)}(\boldsymbol{s}))^{-\rm T}(\boldsymbol{\Sigma}_1^{(\rm b)}(\boldsymbol{s}))^{-1}\\ \qquad\times(\boldsymbol{H}_1^{(\rm b)}(\boldsymbol{s}))^{\rm T}\left(\boldsymbol{B}_{\rm s}^{(\rm b)}(\boldsymbol{g},\boldsymbol{s})+\boldsymbol{W}^{(\rm b)}(\boldsymbol{s})\boldsymbol{T}_2^{(\rm b)}(\boldsymbol{s})\dfrac{\partial\boldsymbol{g}}{\partial\boldsymbol{s}^{\rm T}}\right)+(\mathbf{MSE}(\hat{\boldsymbol{s}}_{\rm ca}^{(\rm a)}))^{-1}\end{cases} \tag{12.89}$$

考虑等式$\boldsymbol{W}^{(\rm b)}(\boldsymbol{s})\boldsymbol{\beta}^{(\rm b)}(\boldsymbol{g},\boldsymbol{s})=\boldsymbol{W}^{(\rm b)}(\boldsymbol{s})\boldsymbol{T}^{(\rm b)}(\boldsymbol{s})\begin{bmatrix}1\\ \boldsymbol{g}\end{bmatrix}=\boldsymbol{O}_{M\times 1}$，将该等式两边先后对向量$\boldsymbol{u}$和$\boldsymbol{s}$求导可得

$$\begin{aligned}&\boldsymbol{W}^{(\rm b)}(\boldsymbol{s})\boldsymbol{T}^{(\rm b)}(\boldsymbol{s})\left(\frac{\partial}{\partial\boldsymbol{g}^{\rm T}}\left(\begin{bmatrix}1\\ \boldsymbol{g}\end{bmatrix}\right)\right)\frac{\partial\boldsymbol{g}}{\partial\boldsymbol{u}^{\rm T}}+\frac{\partial(\boldsymbol{W}^{(\rm b)}(\boldsymbol{s})\boldsymbol{\beta}^{(\rm b)}(\boldsymbol{g},\boldsymbol{s}))}{\partial\boldsymbol{\rho}^{\rm T}}\frac{\partial\boldsymbol{\rho}}{\partial\boldsymbol{u}^{\rm T}}\\ &=\boldsymbol{W}^{(\rm b)}(\boldsymbol{s})\boldsymbol{T}^{(\rm b)}(\boldsymbol{s})\begin{bmatrix}\boldsymbol{O}_{1\times 4}\\ \boldsymbol{I}_4\end{bmatrix}\frac{\partial\boldsymbol{g}}{\partial\boldsymbol{u}^{\rm T}}+\boldsymbol{B}_{\rm t}^{(\rm b)}(\boldsymbol{g},\boldsymbol{s})\frac{\partial\boldsymbol{f}_{\rm tdoa}(\boldsymbol{u},\boldsymbol{s})}{\partial\boldsymbol{u}^{\rm T}}\\ &=\boldsymbol{W}^{(\rm b)}(\boldsymbol{s})\boldsymbol{T}_2^{(\rm b)}(\boldsymbol{s})\frac{\partial\boldsymbol{g}}{\partial\boldsymbol{u}^{\rm T}}+\boldsymbol{B}_{\rm t}^{(\rm b)}(\boldsymbol{g},\boldsymbol{s})\frac{\partial\boldsymbol{f}_{\rm tdoa}(\boldsymbol{u},\boldsymbol{s})}{\partial\boldsymbol{u}^{\rm T}}=\boldsymbol{O}_{M\times 3}\end{aligned} \tag{12.90}$$

$$\begin{aligned}&\boldsymbol{W}^{(\rm b)}(\boldsymbol{s})\boldsymbol{T}^{(\rm b)}(\boldsymbol{s})\left(\frac{\partial}{\partial\boldsymbol{g}^{\rm T}}\begin{bmatrix}1\\ \boldsymbol{g}\end{bmatrix}\right)\frac{\partial\boldsymbol{g}}{\partial\boldsymbol{s}^{\rm T}}+\boldsymbol{B}_{\rm s}^{(\rm b)}(\boldsymbol{g},\boldsymbol{s})+\frac{\partial(\boldsymbol{W}^{(\rm b)}(\boldsymbol{s})\boldsymbol{\beta}^{(\rm b)}(\boldsymbol{g},\boldsymbol{s}))}{\partial\boldsymbol{\rho}^{\rm T}}\frac{\partial\boldsymbol{\rho}}{\partial\boldsymbol{s}^{\rm T}}\\ &=\boldsymbol{W}^{(\rm b)}(\boldsymbol{s})\boldsymbol{T}^{(\rm b)}(\boldsymbol{s})\begin{bmatrix}\boldsymbol{O}_{1\times 4}\\ \boldsymbol{I}_4\end{bmatrix}\frac{\partial\boldsymbol{g}}{\partial\boldsymbol{s}^{\rm T}}+\boldsymbol{B}_{\rm s}^{(\rm b)}(\boldsymbol{g},\boldsymbol{s})+\boldsymbol{B}_{\rm t}^{(\rm b)}(\boldsymbol{g},\boldsymbol{s})\frac{\partial\boldsymbol{f}_{\rm tdoa}(\boldsymbol{u},\boldsymbol{s})}{\partial\boldsymbol{s}^{\rm T}}\\ &=\boldsymbol{W}^{(\rm b)}(\boldsymbol{s})\boldsymbol{T}_2^{(\rm b)}(\boldsymbol{s})\frac{\partial\boldsymbol{g}}{\partial\boldsymbol{s}^{\rm T}}+\boldsymbol{B}_{\rm s}^{(\rm b)}(\boldsymbol{g},\boldsymbol{s})+\boldsymbol{B}_{\rm t}^{(\rm b)}(\boldsymbol{g},\boldsymbol{s})\frac{\partial\boldsymbol{f}_{\rm tdoa}(\boldsymbol{u},\boldsymbol{s})}{\partial\boldsymbol{s}^{\rm T}}=\boldsymbol{O}_{M\times 3M}\end{aligned} \tag{12.91}$$

再用矩阵 $(\boldsymbol{H}_1^{(\mathrm{b})}(\boldsymbol{s}))^{\mathrm{T}}$ 先后左乘以式（12.90）和式（12.91）两边可得

$$
\begin{aligned}
&(\boldsymbol{H}_1^{(\mathrm{b})}(\boldsymbol{s}))^{\mathrm{T}}\boldsymbol{W}^{(\mathrm{b})}(\boldsymbol{s})\boldsymbol{T}_2^{(\mathrm{b})}(\boldsymbol{s})\frac{\partial \boldsymbol{g}}{\partial \boldsymbol{u}^{\mathrm{T}}}+\boldsymbol{\Sigma}_1^{(\mathrm{b})}(\boldsymbol{s})(\boldsymbol{V}^{(\mathrm{b})}(\boldsymbol{s}))^{\mathrm{T}}\frac{\partial \boldsymbol{f}_{\mathrm{tdoa}}(\boldsymbol{u},\boldsymbol{s})}{\partial \boldsymbol{u}^{\mathrm{T}}}=\boldsymbol{O}_{(M-1)\times 3}\\
&\Rightarrow \frac{\partial \boldsymbol{f}_{\mathrm{tdoa}}(\boldsymbol{u},\boldsymbol{s})}{\partial \boldsymbol{u}^{\mathrm{T}}}=-(\boldsymbol{V}^{(\mathrm{b})}(\boldsymbol{s}))^{-\mathrm{T}}(\boldsymbol{\Sigma}_1^{(\mathrm{b})}(\boldsymbol{s}))^{-1}(\boldsymbol{H}_1^{(\mathrm{b})}(\boldsymbol{s}))^{\mathrm{T}}\boldsymbol{W}^{(\mathrm{b})}(\boldsymbol{s})\boldsymbol{T}_2^{(\mathrm{b})}(\boldsymbol{s})\frac{\partial \boldsymbol{g}}{\partial \boldsymbol{u}^{\mathrm{T}}}
\end{aligned}
\tag{12.92}
$$

$$
\begin{aligned}
&(\boldsymbol{H}_1^{(\mathrm{b})}(\boldsymbol{s}))^{\mathrm{T}}\boldsymbol{W}^{(\mathrm{b})}(\boldsymbol{s})\boldsymbol{T}_2^{(\mathrm{b})}(\boldsymbol{s})\frac{\partial \boldsymbol{g}}{\partial \boldsymbol{s}^{\mathrm{T}}}+(\boldsymbol{H}_1^{(\mathrm{b})}(\boldsymbol{s}))^{\mathrm{T}}\boldsymbol{B}_{\mathrm{s}}^{(\mathrm{b})}(\boldsymbol{g},\boldsymbol{s})+(\boldsymbol{H}_1^{(\mathrm{b})}(\boldsymbol{s}))^{\mathrm{T}}\boldsymbol{B}_{\mathrm{t}}^{(\mathrm{b})}(\boldsymbol{g},\boldsymbol{s})\frac{\partial \boldsymbol{f}_{\mathrm{tdoa}}(\boldsymbol{u},\boldsymbol{s})}{\partial \boldsymbol{s}^{\mathrm{T}}}\\
&=\boldsymbol{O}_{(M-1)\times 3M}\\
&\Rightarrow (\boldsymbol{H}_1^{(\mathrm{b})}(\boldsymbol{s}))^{\mathrm{T}}\boldsymbol{W}^{(\mathrm{b})}(\boldsymbol{s})\boldsymbol{T}_2^{(\mathrm{b})}(\boldsymbol{s})\frac{\partial \boldsymbol{g}}{\partial \boldsymbol{s}^{\mathrm{T}}}+(\boldsymbol{H}_1^{(\mathrm{b})}(\boldsymbol{s}))^{\mathrm{T}}\boldsymbol{B}_{\mathrm{s}}^{(\mathrm{b})}(\boldsymbol{g},\boldsymbol{s})+\boldsymbol{\Sigma}_1^{(\mathrm{b})}(\boldsymbol{s})(\boldsymbol{V}^{(\mathrm{b})}(\boldsymbol{s}))^{\mathrm{T}}\frac{\partial \boldsymbol{f}_{\mathrm{tdoa}}(\boldsymbol{u},\boldsymbol{s})}{\partial \boldsymbol{s}^{\mathrm{T}}}\\
&=\boldsymbol{O}_{(M-1)\times 3M}\\
&\Rightarrow \frac{\partial \boldsymbol{f}_{\mathrm{tdoa}}(\boldsymbol{u},\boldsymbol{s})}{\partial \boldsymbol{s}^{\mathrm{T}}}=-(\boldsymbol{V}^{(\mathrm{b})}(\boldsymbol{s}))^{-\mathrm{T}}(\boldsymbol{\Sigma}_1^{(\mathrm{b})}(\boldsymbol{s}))^{-1}(\boldsymbol{H}_1^{(\mathrm{b})}(\boldsymbol{s}))^{\mathrm{T}}\left(\boldsymbol{B}_{\mathrm{s}}^{(\mathrm{b})}(\boldsymbol{g},\boldsymbol{s})+\boldsymbol{W}^{(\mathrm{b})}(\boldsymbol{s})\boldsymbol{T}_2^{(\mathrm{b})}(\boldsymbol{s})\frac{\partial \boldsymbol{g}}{\partial \boldsymbol{s}^{\mathrm{T}}}\right)
\end{aligned}
\tag{12.93}
$$

将式（12.92）和式（12.93）代入式（12.89）中可得

$$
\begin{cases}
\boldsymbol{Z}_1=\left(\dfrac{\partial \boldsymbol{f}_{\mathrm{tdoa}}(\boldsymbol{u},\boldsymbol{s})}{\partial \boldsymbol{u}^{\mathrm{T}}}\right)^{\mathrm{T}}\boldsymbol{E}_{\mathrm{t}}^{-1}\dfrac{\partial \boldsymbol{f}_{\mathrm{tdoa}}(\boldsymbol{u},\boldsymbol{s})}{\partial \boldsymbol{u}^{\mathrm{T}}}\ ,\ \boldsymbol{Z}_2=\left(\dfrac{\partial \boldsymbol{f}_{\mathrm{tdoa}}(\boldsymbol{u},\boldsymbol{s})}{\partial \boldsymbol{u}^{\mathrm{T}}}\right)^{\mathrm{T}}\boldsymbol{E}_{\mathrm{t}}^{-1}\dfrac{\partial \boldsymbol{f}_{\mathrm{tdoa}}(\boldsymbol{u},\boldsymbol{s})}{\partial \boldsymbol{s}^{\mathrm{T}}}\\
\boldsymbol{Z}_3=\left(\dfrac{\partial \boldsymbol{f}_{\mathrm{tdoa}}(\boldsymbol{u},\boldsymbol{s})}{\partial \boldsymbol{s}^{\mathrm{T}}}\right)^{\mathrm{T}}\boldsymbol{E}_{\mathrm{t}}^{-1}\dfrac{\partial \boldsymbol{f}_{\mathrm{tdoa}}(\boldsymbol{u},\boldsymbol{s})}{\partial \boldsymbol{s}^{\mathrm{T}}}+(\mathbf{MSE}(\hat{\boldsymbol{s}}_{\mathrm{ca}}^{(\mathrm{a})}))^{-1}
\end{cases}
\tag{12.94}
$$

最后将式（12.47）和式（12.94）代入式（12.88）中，并根据式（12.83）可得 $\mathbf{MSE}\left(\begin{bmatrix}\hat{\boldsymbol{u}}_{\mathrm{ca}}^{(\mathrm{b})}\\ \hat{\boldsymbol{s}}_{\mathrm{ca}}^{(\mathrm{b})}\end{bmatrix}\right)=\mathbf{CRB}_{\mathrm{tdoa\text{-}ca}}\left(\begin{bmatrix}\boldsymbol{u}\\ \boldsymbol{s}\end{bmatrix}\right)$。证毕。

12.4　仿真实验

假设利用 6 个传感器获得的 TDOA 信息（也即距离差信息）对辐射源进行定位，传感器三维位置坐标如表 12.1 所示，距离差观测误差向量 $\boldsymbol{\varepsilon}_{\mathrm{t}}$ 服从均值为零、协方差矩阵为 $\boldsymbol{E}_{\mathrm{t}}=\sigma_{\mathrm{t}}^2(\boldsymbol{I}_{M-1}+\boldsymbol{1}_{(M-1)\times(M-1)})/2$ 的高斯分布。传感器位置向量无法精确获得，仅能得到其先验观测值，并且观测误差 $\boldsymbol{\varepsilon}_{\mathrm{s}}$ 服从均值为零、协方差矩阵为 $\boldsymbol{E}_{\mathrm{s}}=\sigma_{\mathrm{s}}^2\mathrm{blkdiag}\{\boldsymbol{I}_3\,,2\boldsymbol{I}_3\,,4\boldsymbol{I}_3\,,6\boldsymbol{I}_3\,,8\boldsymbol{I}_3\,,10\boldsymbol{I}_3\}$ 的高斯分布。为了抑制传感器位置误差的影响，在定位区域内放置一个校正源，传感器同样可以获得关于校正源的距离差信息，距离差观测误差向量 $\boldsymbol{\varepsilon}_{\mathrm{d}}$ 服从均值为零、协方差矩阵为 $\boldsymbol{E}_{\mathrm{d}}=\sigma_{\mathrm{d}}^2(\boldsymbol{I}_{M-1}+\boldsymbol{1}_{(M-1)\times(M-1)})/2$ 的高斯分布，并且假设 $\sigma_{\mathrm{d}}=\sigma_{\mathrm{t}}$。

表 12.1　传感器三维位置坐标　（单位：m）

传感器序号	1	2	3	4	5	6
$x_m^{(\mathrm{s})}$	1900	−2000	2100	1800	1500	−1700
$y_m^{(\mathrm{s})}$	1400	1500	−1700	1600	−1600	−1800
$z_m^{(\mathrm{s})}$	1700	1600	1400	−1900	−2400	2300

首先将辐射源位置向量设为$\boldsymbol{u}=[-6400\ \ -5400\ \ 7200]^{\mathrm{T}}$ (m)，将校正源位置向量设为$\boldsymbol{u}_{\mathrm{d}}=[-5600\ \ -6200\ \ 6500]^{\mathrm{T}}$ (m)，将标准差$\sigma_{\mathrm{t}}=\sigma_{\mathrm{d}}$和$\sigma_{\mathrm{s}}$分别设为$\sigma_{\mathrm{t}}=\sigma_{\mathrm{d}}=1$和$\sigma_{\mathrm{s}}=0.8$，并且将本章中的方法与 10.2 节中的方法进行比较，图 12.3 给出了定位结果散布图与定位误差椭圆曲线；图 12.4 给出了定位结果散布图与误差概率圆环曲线。

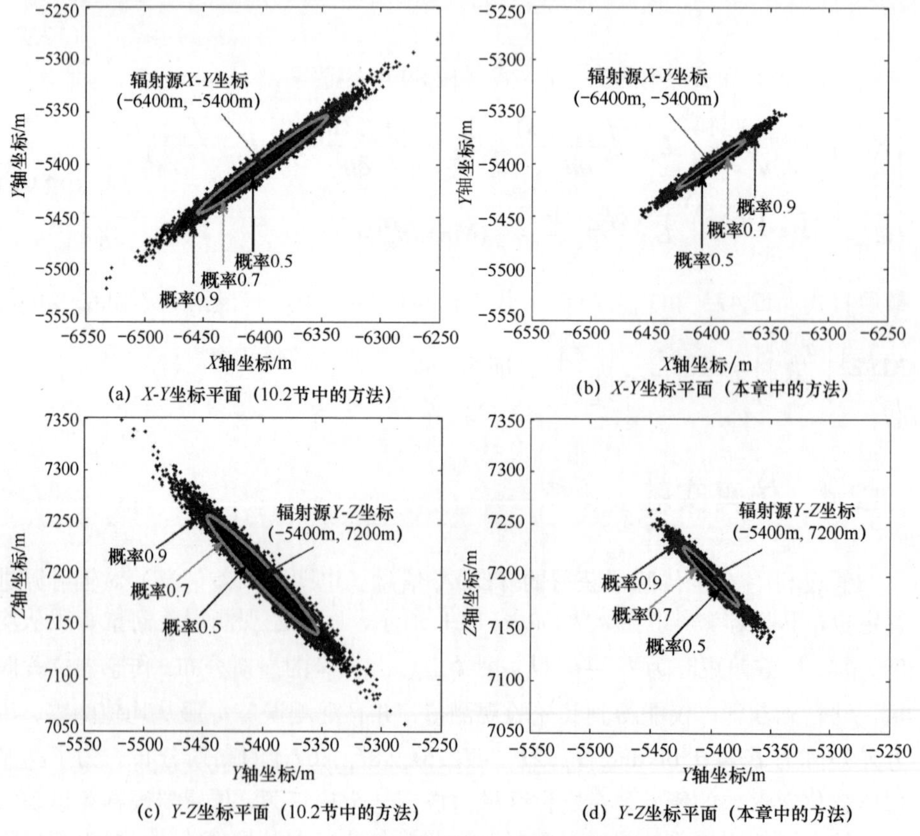

图 12.3　定位结果散布图与定位误差椭圆曲线

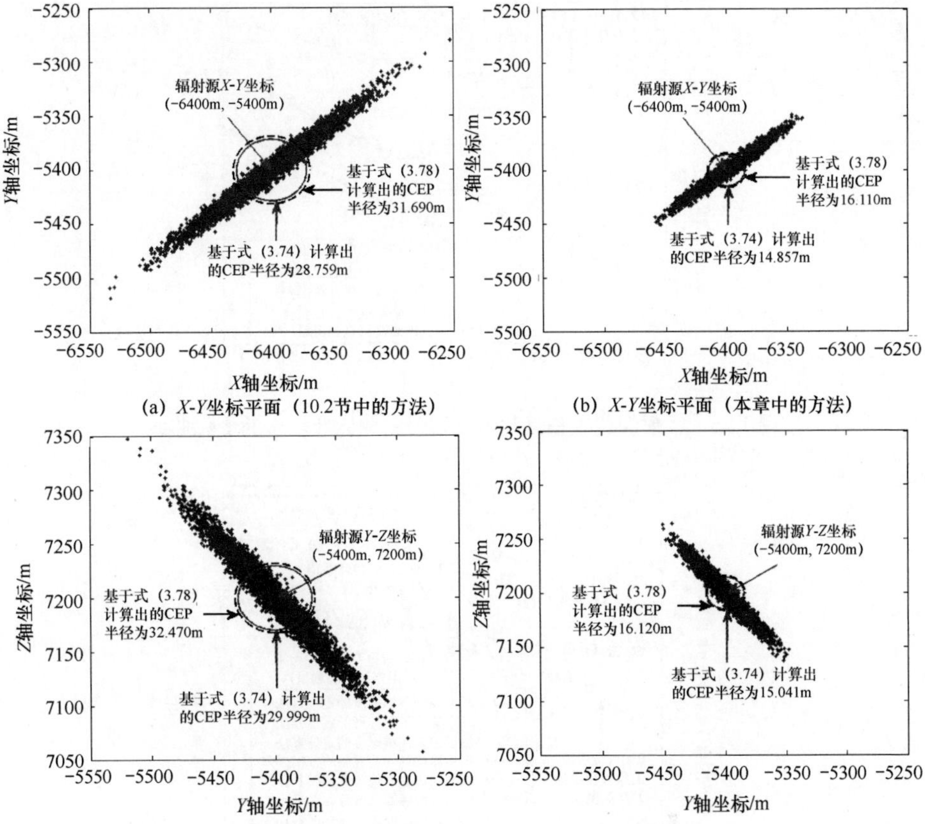

(a) X-Y坐标平面（10.2节中的方法） (b) X-Y坐标平面（本章中的方法）

(c) Y-Z坐标平面（10.2节中的方法） (d) Y-Z坐标平面（本章中的方法）

图 12.4 定位结果散布图与误差概率圆环曲线

从图 12.3 和图 12.4 中可以看出，在校正源和传感器位置误差同时存在的条件下，本章中的方法比 10.2 节中的方法具有更高的定位精度，前者的椭圆面积和 CEP 半径都要小于后者，这说明利用校正源观测量确实能够有效克服传感器位置误差对于辐射源定位精度的影响。

然后将辐射源位置向量设为 $\boldsymbol{u}=[5200\ \ -7400\ \ 6800]^{\mathrm{T}}\,(\mathrm{m})$，将校正源位置向量设为 $\boldsymbol{u}_{\mathrm{d}}=[4600\ \ -4200\ \ 5500]^{\mathrm{T}}\,(\mathrm{m})$，将标准差 σ_{s} 设为 $\sigma_{\mathrm{s}}=0.8$。改变标准差 $\sigma_{\mathrm{t}}=\sigma_{\mathrm{d}}$ 的数值，并将本章中的方法与 10.2 节中的方法进行比较，图 12.5 给出了辐射源位置估计均方根误差随着标准差 $\sigma_{\mathrm{t}}=\sigma_{\mathrm{d}}$ 的变化曲线；图 12.6 给出了传感器位置估计均方根误差随着标准差 $\sigma_{\mathrm{t}}=\sigma_{\mathrm{d}}$ 的变化曲线；图 12.7 给出了辐射源定位成功概率随着标准差 $\sigma_{\mathrm{t}}=\sigma_{\mathrm{d}}$ 的变化曲线（图中的理论值是根据式（3.29）和式（3.36）计算得出的，其中 $\delta=40\,\mathrm{m}$）。

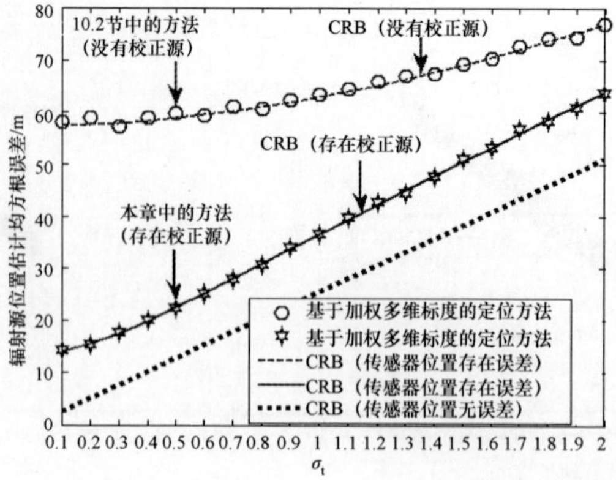

图 12.5　辐射源位置估计均方根误差随着标准差 σ_t 的变化曲线

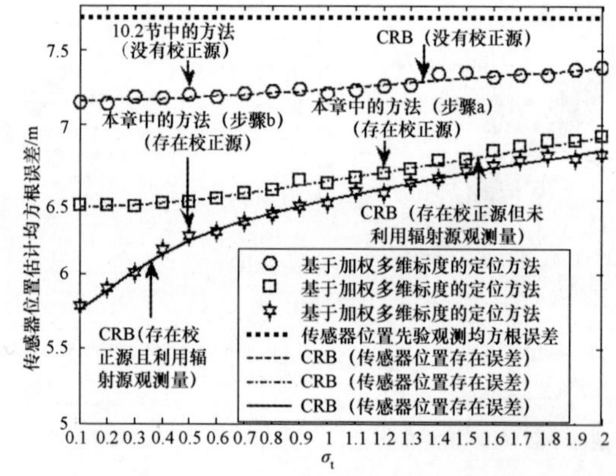

图 12.6　传感器位置估计均方根误差随着标准差 σ_t 的变化曲线

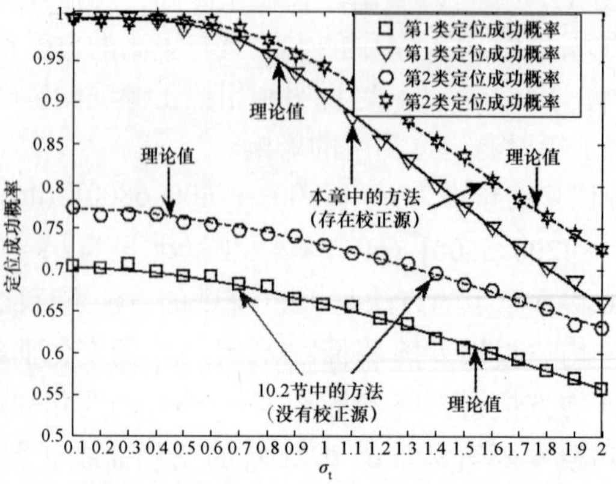

图 12.7　辐射源定位成功概率随着标准差 σ_t 的变化曲线

最后将辐射源位置向量设为 $\boldsymbol{u}=[5200\ \ -7400\ \ 6800]^{\mathrm{T}}$ (m)，将校正源位置向量设为 $\boldsymbol{u}_{\mathrm{d}}=[4600\ \ -4200\ \ 5500]^{\mathrm{T}}$ (m)，将标准差 $\sigma_{\mathrm{t}}=\sigma_{\mathrm{d}}$ 设为 $\sigma_{\mathrm{t}}=\sigma_{\mathrm{d}}=1$ 。改变标准差 σ_{s} 的数值，并将本章中的方法与 10.2 节中的方法进行比较，图 12.8 给出了辐射源位置估计均方根误差随着标准差 σ_{s} 的变化曲线；图 12.9 给出了传感器位置估计均方根误差随着标准差 σ_{s} 的变化曲线；图 12.10 给出了辐射源定位成功概率随着标准差 σ_{s} 的变化曲线（图中的理论值是根据式（3.29）和式（3.36）计算得出的，其中 $\delta=40\,\mathrm{m}$）。

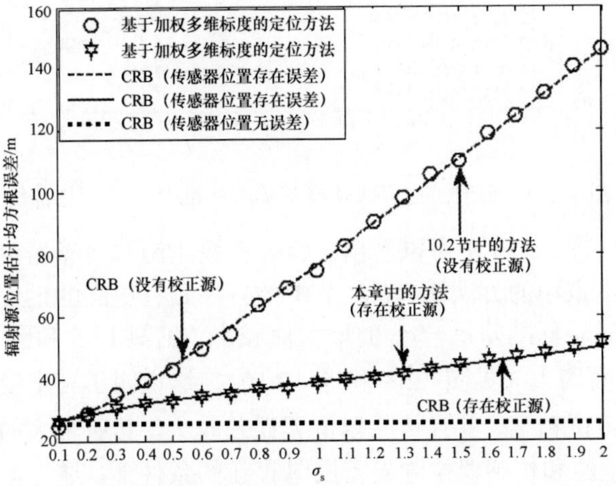

图 12.8　辐射源位置估计均方根误差随着标准差 σ_{s} 的变化曲线

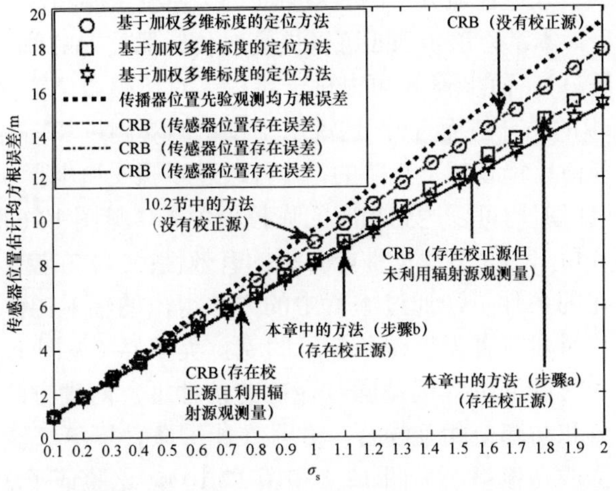

图 12.9　传感器位置估计均方根误差随着标准差 σ_{s} 的变化曲线

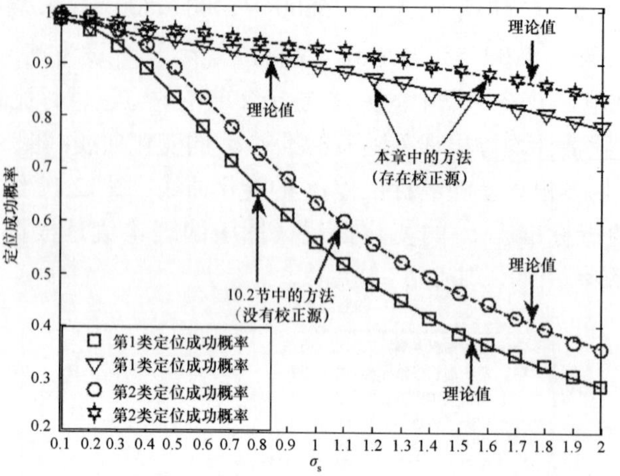

图 12.10　辐射源定位成功概率随着标准差 σ_s 的变化曲线

从图 12.5～图 12.10 中可以看出：（1）在校正源和传感器位置误差同时存在的条件下，本章中的方法比 10.2 节中的方法具有更高的定位精度，并且两者的性能差异随着标准差 $\sigma_t = \sigma_d$ 的增大而减小（见图 12.5 和图 12.7），随着标准差 σ_s 的增大而增大（见图 12.8 和图 12.10），这说明了利用校正源观测量能够提高辐射源定位精度，并且传感器位置误差越大，其所带来的性能增益就越高；（2）在校正源和传感器位置误差同时存在的条件下，通过本章中的方法得出的辐射源位置估计均方根误差可以达到克拉美罗界（见图 12.5 和图 12.8），这验证了 12.3.3 节理论性能分析的有效性；（3）在校正源和传感器位置误差同时存在的条件下，本章方法步骤 a 可以提高对传感器位置的估计精度（相比于先验观测精度而言），而步骤 b 可以进一步提高对传感器位置的估计精度（相比于步骤 a 给出的估计值而言），这说明了校正源观测量和辐射源观测量对于提高传感器位置估计精度都是有益的，并且通过步骤 a 和步骤 b 得出的传感器位置估计均方根误差均可以达到相应的克拉美罗界（见图 12.6 和图 12.9），这验证了 12.2.3 节和 12.3.3 节理论性能分析的有效性；（4）在校正源和传感器位置误差同时存在的条件下，通过本章中的方法得出的辐射源位置估计均方根误差无法达到传感器位置无误差条件下的克拉美罗界（见图 12.5 和图 12.8）；（5）在校正源和传感器位置误差同时存在的条件下，两种方法的两类定位成功概率的理论值和仿真值相互吻合，并且在相同条件下第 2 类定位成功概率高于第 1 类定位成功概率（见图 12.7 和图 12.10），这验证了 3.2 节理论性能分析的有效性。

第 13 章 面向无线传感网节点定位的加权多维标度 TOA 定位方法

本章将描述面向无线传感网节点定位的加权多维标度 TOA 定位原理和方法。在无线传感网络中，网络节点可分为锚节点和源节点两大类，其中锚节点的位置精确已知，而源节点的位置是未知的。与第 4 章中的加权多维标度定位方法不同的是，本章中的定位方法利用了源节点之间的 TOA 信息，能够对多个源节点进行协同定位。文中首先构造了标量积矩阵，并基于此给出了加权多维标度定位方法，该方法的定位结果是以闭式解的形式给出的。此外，本章还基于不含等式约束的一阶误差分析方法，对定位方法的理论性能进行数学分析，并证明其定位精度能够逼近相应的克拉美罗界。

13.1 TOA 观测模型与问题描述

考虑某无线传感网络，网络中共包含两类节点：第 1 类节点的位置向量是精确已知的（可称为锚节点）；第 2 类节点的位置向量是未知的（可称为源节点）。锚节点的个数为 $M（M \geqslant 3）$，其中第 m 个锚节点的位置向量为 $\boldsymbol{s}_m^{(\mathrm{a})}=[x_m^{(\mathrm{a})}\ \ y_m^{(\mathrm{a})}]^{\mathrm{T}}\ (1 \leqslant m \leqslant M)$；源节点的个数为 N，其中第 n 个源节点的位置向量为 $\boldsymbol{s}_n^{(\mathrm{u})}=[x_n^{(\mathrm{u})}\ \ y_n^{(\mathrm{u})}]^{\mathrm{T}}\ (1 \leqslant n \leqslant N)$。下面利用全部节点之间的 TOA 信息对 N 个源节点进行定位。由于 TOA 信息可以等价为距离信息，为了方便起见，下面直接利用距离观测量进行建模和分析。

用于源节点定位的距离观测量共包含两大类：第 1 类是锚节点与源节点之间的距离观测量；第 2 类是源节点之间的距离观测量。首先考虑第 1 类距离观测量，将第 n 个源节点与第 m 个锚节点之间的距离记为 $r_{nm}^{(\mathrm{ua})}$，它可以表示为

$$r_{nm}^{(\mathrm{ua})}=\|\boldsymbol{s}_n^{(\mathrm{u})}-\boldsymbol{s}_m^{(\mathrm{a})}\|_2 \quad (1 \leqslant n \leqslant N\,;1 \leqslant m \leqslant M) \tag{13.1}$$

实际中获得的距离观测量是含有误差的，如下式所示：

$$\hat{r}_{nm}^{(\mathrm{ua})}=r_{nm}^{(\mathrm{ua})}+\varepsilon_{\mathrm{t}nm}^{(\mathrm{ua})}=\|\boldsymbol{s}_n^{(\mathrm{u})}-\boldsymbol{s}_m^{(\mathrm{a})}\|_2+\varepsilon_{\mathrm{t}nm}^{(\mathrm{ua})}\quad(1\leqslant n\leqslant N;1\leqslant m\leqslant M)\tag{13.2}$$

式中，$\varepsilon_{\mathrm{t}nm}^{(\mathrm{ua})}$表示观测误差。显然，第 1 类距离观测量共包含 MN 个值，写成向量形式可得

$$\hat{\boldsymbol{r}}^{(\mathrm{ua})}=\boldsymbol{r}^{(\mathrm{ua})}+\boldsymbol{\varepsilon}_{\mathrm{t}}^{(\mathrm{ua})}=\begin{bmatrix}\|\boldsymbol{s}_1^{(\mathrm{u})}-\boldsymbol{s}_1^{(\mathrm{a})}\|_2\\\|\boldsymbol{s}_1^{(\mathrm{u})}-\boldsymbol{s}_2^{(\mathrm{a})}\|_2\\\vdots\\\|\boldsymbol{s}_N^{(\mathrm{u})}-\boldsymbol{s}_{M-1}^{(\mathrm{a})}\|_2\\\|\boldsymbol{s}_N^{(\mathrm{u})}-\boldsymbol{s}_M^{(\mathrm{a})}\|_2\end{bmatrix}+\begin{bmatrix}\varepsilon_{\mathrm{t}11}^{(\mathrm{ua})}\\\varepsilon_{\mathrm{t}12}^{(\mathrm{ua})}\\\vdots\\\varepsilon_{\mathrm{t}N,M-1}^{(\mathrm{ua})}\\\varepsilon_{\mathrm{t}NM}^{(\mathrm{ua})}\end{bmatrix}=\boldsymbol{f}_{\mathrm{toa}}^{(\mathrm{ua})}(\boldsymbol{\varphi}^{(\mathrm{u})})+\boldsymbol{\varepsilon}_{\mathrm{t}}^{(\mathrm{ua})}\tag{13.3}$$

式中

$$\begin{cases}\boldsymbol{r}^{(\mathrm{ua})}=\boldsymbol{f}_{\mathrm{toa}}^{(\mathrm{ua})}(\boldsymbol{\varphi}^{(\mathrm{u})})=[\|\boldsymbol{s}_1^{(\mathrm{u})}-\boldsymbol{s}_1^{(\mathrm{a})}\|_2\ \ \|\boldsymbol{s}_1^{(\mathrm{u})}-\boldsymbol{s}_2^{(\mathrm{a})}\|_2\ \cdots\ \|\boldsymbol{s}_N^{(\mathrm{u})}-\boldsymbol{s}_{M-1}^{(\mathrm{a})}\|_2\ \ \|\boldsymbol{s}_N^{(\mathrm{u})}-\boldsymbol{s}_M^{(\mathrm{a})}\|_2]^{\mathrm{T}}\\\hat{\boldsymbol{r}}^{(\mathrm{ua})}=[\hat{r}_{11}^{(\mathrm{ua})}\ \ \hat{r}_{12}^{(\mathrm{ua})}\ \cdots\ \hat{r}_{N,M-1}^{(\mathrm{ua})}\ \ \hat{r}_{NM}^{(\mathrm{ua})}]^{\mathrm{T}}\ ,\ \boldsymbol{r}^{(\mathrm{ua})}=[r_{11}^{(\mathrm{ua})}\ \ r_{12}^{(\mathrm{ua})}\ \cdots\ r_{N,M-1}^{(\mathrm{ua})}\ \ r_{NM}^{(\mathrm{ua})}]^{\mathrm{T}}\\\boldsymbol{\varepsilon}_{\mathrm{t}}^{(\mathrm{ua})}=[\varepsilon_{\mathrm{t}11}^{(\mathrm{ua})}\ \ \varepsilon_{\mathrm{t}12}^{(\mathrm{ua})}\ \cdots\ \varepsilon_{\mathrm{t}N,M-1}^{(\mathrm{ua})}\ \ \varepsilon_{\mathrm{t}NM}^{(\mathrm{ua})}]^{\mathrm{T}}\ ,\ \boldsymbol{\varphi}^{(\mathrm{u})}=[\boldsymbol{s}_1^{(\mathrm{u})\mathrm{T}}\ \ \boldsymbol{s}_2^{(\mathrm{u})\mathrm{T}}\ \cdots\ \boldsymbol{s}_N^{(\mathrm{u})\mathrm{T}}]^{\mathrm{T}}\end{cases}\tag{13.4}$$

这里将$\boldsymbol{\varphi}^{(\mathrm{u})}$称为全部源节点位置向量。接着考虑第 2 类距离观测量，将第 n_1 个源节点与第 n_2（$n_2>n_1$）个源节点之间的距离记为$r_{n_1n_2}^{(\mathrm{uu})}$，它可以表示为

$$r_{n_1n_2}^{(\mathrm{uu})}=\|\boldsymbol{s}_{n_1}^{(\mathrm{u})}-\boldsymbol{s}_{n_2}^{(\mathrm{u})}\|_2\quad(1\leqslant n_1<n_2\leqslant N)\tag{13.5}$$

实际中获得的距离观测量是含有误差的，如下式所示：

$$\hat{r}_{n_1n_2}^{(\mathrm{uu})}=r_{n_1n_2}^{(\mathrm{uu})}+\varepsilon_{\mathrm{t}n_1n_2}^{(\mathrm{uu})}=\|\boldsymbol{s}_{n_1}^{(\mathrm{u})}-\boldsymbol{s}_{n_2}^{(\mathrm{u})}\|_2+\varepsilon_{\mathrm{t}n_1n_2}^{(\mathrm{uu})}\quad(1\leqslant n_1<n_2\leqslant N)\tag{13.6}$$

式中，$\varepsilon_{\mathrm{t}n_1n_2}^{(\mathrm{uu})}$表示观测误差。显然，第 2 类距离观测量共包含$N(N-1)/2$个值，写成向量形式可得

$$\hat{\boldsymbol{r}}^{(\mathrm{uu})}=\boldsymbol{r}^{(\mathrm{uu})}+\boldsymbol{\varepsilon}_{\mathrm{t}}^{(\mathrm{uu})}=\begin{bmatrix}\|\boldsymbol{s}_1^{(\mathrm{u})}-\boldsymbol{s}_2^{(\mathrm{u})}\|_2\\\|\boldsymbol{s}_1^{(\mathrm{u})}-\boldsymbol{s}_3^{(\mathrm{u})}\|_2\\\vdots\\\|\boldsymbol{s}_{N-2}^{(\mathrm{u})}-\boldsymbol{s}_N^{(\mathrm{u})}\|_2\\\|\boldsymbol{s}_{N-1}^{(\mathrm{u})}-\boldsymbol{s}_N^{(\mathrm{u})}\|_2\end{bmatrix}+\begin{bmatrix}\varepsilon_{\mathrm{t}12}^{(\mathrm{uu})}\\\varepsilon_{\mathrm{t}13}^{(\mathrm{uu})}\\\vdots\\\varepsilon_{\mathrm{t}N-2,N}^{(\mathrm{uu})}\\\varepsilon_{\mathrm{t}N-1,N}^{(\mathrm{uu})}\end{bmatrix}=\boldsymbol{f}_{\mathrm{toa}}^{(\mathrm{uu})}(\boldsymbol{\varphi}^{(\mathrm{u})})+\boldsymbol{\varepsilon}_{\mathrm{t}}^{(\mathrm{uu})}\tag{13.7}$$

式中

$$\begin{cases}\boldsymbol{r}^{(\mathrm{uu})}=\boldsymbol{f}_{\mathrm{toa}}^{(\mathrm{uu})}(\boldsymbol{\varphi}^{(\mathrm{u})})=[\|\boldsymbol{s}_1^{(\mathrm{u})}-\boldsymbol{s}_2^{(\mathrm{u})}\|_2\ \ \|\boldsymbol{s}_1^{(\mathrm{u})}-\boldsymbol{s}_3^{(\mathrm{u})}\|_2\ \cdots\ \|\boldsymbol{s}_{N-2}^{(\mathrm{u})}-\boldsymbol{s}_N^{(\mathrm{u})}\|_2\ \ \|\boldsymbol{s}_{N-1}^{(\mathrm{u})}-\boldsymbol{s}_N^{(\mathrm{u})}\|_2]^{\mathrm{T}}\\\hat{\boldsymbol{r}}^{(\mathrm{uu})}=[\hat{r}_{12}^{(\mathrm{uu})}\ \ \hat{r}_{13}^{(\mathrm{uu})}\ \cdots\ \hat{r}_{N-2,N}^{(\mathrm{uu})}\ \ \hat{r}_{N-1,N}^{(\mathrm{uu})}]^{\mathrm{T}}\ ,\ \boldsymbol{r}^{(\mathrm{uu})}=[r_{12}^{(\mathrm{uu})}\ \ r_{13}^{(\mathrm{uu})}\ \cdots\ r_{N-2,N}^{(\mathrm{uu})}\ \ r_{N-1,N}^{(\mathrm{uu})}]^{\mathrm{T}}\\\boldsymbol{\varepsilon}_{\mathrm{t}}^{(\mathrm{uu})}=[\varepsilon_{\mathrm{t}12}^{(\mathrm{uu})}\ \ \varepsilon_{\mathrm{t}13}^{(\mathrm{uu})}\ \cdots\ \varepsilon_{\mathrm{t}N-2,N}^{(\mathrm{uu})}\ \ \varepsilon_{\mathrm{t}N-1,N}^{(\mathrm{uu})}]^{\mathrm{T}}\end{cases}\tag{13.8}$$

将式（13.3）和式（13.7）进行合并可得

$$\hat{\boldsymbol{r}} = \boldsymbol{r} + \boldsymbol{\varepsilon}_{\mathrm{t}} = \boldsymbol{f}_{\mathrm{toa}}(\boldsymbol{\varphi}^{(\mathrm{u})}) + \boldsymbol{\varepsilon}_{\mathrm{t}} \tag{13.9}$$

式中

$$\begin{cases} \boldsymbol{f}_{\mathrm{toa}}(\boldsymbol{\varphi}^{(\mathrm{u})}) = [(\boldsymbol{f}_{\mathrm{toa}}^{(\mathrm{ua})}(\boldsymbol{\varphi}^{(\mathrm{u})}))^{\mathrm{T}} \ \ (\boldsymbol{f}_{\mathrm{toa}}^{(\mathrm{uu})}(\boldsymbol{\varphi}^{(\mathrm{u})}))^{\mathrm{T}}]^{\mathrm{T}} \\ \hat{\boldsymbol{r}} = [\hat{\boldsymbol{r}}^{(\mathrm{ua})\mathrm{T}} \ \ \hat{\boldsymbol{r}}^{(\mathrm{uu})\mathrm{T}}]^{\mathrm{T}} \ , \ \boldsymbol{r} = [\boldsymbol{r}^{(\mathrm{ua})\mathrm{T}} \ \ \boldsymbol{r}^{(\mathrm{uu})\mathrm{T}}]^{\mathrm{T}} \ , \ \boldsymbol{\varepsilon}_{\mathrm{t}} = [\boldsymbol{\varepsilon}_{\mathrm{t}}^{(\mathrm{ua})\mathrm{T}} \ \ \boldsymbol{\varepsilon}_{\mathrm{t}}^{(\mathrm{uu})\mathrm{T}}]^{\mathrm{T}} \end{cases} \tag{13.10}$$

这里假设观测误差向量$\boldsymbol{\varepsilon}_{\mathrm{t}}$服从零均值的高斯分布，并且其协方差矩阵为$\boldsymbol{E}_{\mathrm{t}} = \mathrm{E}[\boldsymbol{\varepsilon}_{\mathrm{t}}\boldsymbol{\varepsilon}_{\mathrm{t}}^{\mathrm{T}}] = \mathrm{blkdiag}\{\boldsymbol{E}_{\mathrm{t}}^{(\mathrm{ua})}, \boldsymbol{E}_{\mathrm{t}}^{(\mathrm{uu})}\}$，其中，$\boldsymbol{E}_{\mathrm{t}}^{(\mathrm{ua})} = \mathrm{E}[\boldsymbol{\varepsilon}_{\mathrm{t}}^{(\mathrm{ua})}\boldsymbol{\varepsilon}_{\mathrm{t}}^{(\mathrm{ua})\mathrm{T}}]$，$\boldsymbol{E}_{\mathrm{t}}^{(\mathrm{uu})} = \mathrm{E}[\boldsymbol{\varepsilon}_{\mathrm{t}}^{(\mathrm{uu})}\boldsymbol{\varepsilon}_{\mathrm{t}}^{(\mathrm{uu})\mathrm{T}}]$。

下面的问题在于：如何利用 TOA 观测向量$\hat{\boldsymbol{r}}$，尽可能准确地估计全部源节点位置向量$\boldsymbol{\varphi}^{(\mathrm{u})}$。本章采用的定位方法是基于多维标度原理的。

【注记 13.1】 当$N=1$时（即源节点个数仅为 1），本节中的观测模型与 4.1 节中的观测模型是完全相同的。

【注记 13.2】 由于上述观测模型中包含了源节点之间的距离观测量$\hat{\boldsymbol{r}}^{(\mathrm{uu})}$，因此本章中的定位方法可以看作对多个源节点进行协同定位。

13.2　标量积矩阵的构造

下面将构造标量积矩阵。首先令

$$\bar{\boldsymbol{s}} = \frac{1}{M+N}\left(\sum_{n=1}^{N}\boldsymbol{s}_n^{(\mathrm{u})} + \sum_{m=1}^{M}\boldsymbol{s}_m^{(\mathrm{a})}\right) = \frac{1}{M+N}(\boldsymbol{\Phi}^{(\mathrm{u})}\boldsymbol{1}_{N\times 1} + \boldsymbol{\Phi}^{(\mathrm{a})}\boldsymbol{1}_{M\times 1}) = \frac{1}{M+N}\boldsymbol{\Phi}\boldsymbol{1}_{(M+N)\times 1} \tag{13.11}$$

式中

$$\begin{cases} \boldsymbol{\Phi}^{(\mathrm{u})} = [\boldsymbol{s}_1^{(\mathrm{u})} \ \ \boldsymbol{s}_2^{(\mathrm{u})} \ \ \cdots \ \ \boldsymbol{s}_N^{(\mathrm{u})}] \in \mathbf{R}^{2\times N} \ , \ \boldsymbol{\Phi}^{(\mathrm{a})} = [\boldsymbol{s}_1^{(\mathrm{a})} \ \ \boldsymbol{s}_2^{(\mathrm{a})} \ \ \cdots \ \ \boldsymbol{s}_M^{(\mathrm{a})}] \in \mathbf{R}^{2\times M} \\ \boldsymbol{\Phi} = [\boldsymbol{\Phi}^{(\mathrm{u})} \ \ \boldsymbol{\Phi}^{(\mathrm{a})}] = [\boldsymbol{s}_1^{(\mathrm{u})} \ \ \boldsymbol{s}_2^{(\mathrm{u})} \ \ \cdots \ \ \boldsymbol{s}_N^{(\mathrm{u})} \ \vdots \ \boldsymbol{s}_1^{(\mathrm{a})} \ \ \boldsymbol{s}_2^{(\mathrm{a})} \ \ \cdots \ \ \boldsymbol{s}_M^{(\mathrm{a})}] \in \mathbf{R}^{2\times(M+N)} \end{cases} \tag{13.12}$$

然后利用全部节点的位置向量定义如下坐标矩阵：

$$\bar{\boldsymbol{S}} = \begin{bmatrix} (\boldsymbol{s}_1^{(\mathrm{u})} - \bar{\boldsymbol{s}})^{\mathrm{T}} \\ (\boldsymbol{s}_2^{(\mathrm{u})} - \bar{\boldsymbol{s}})^{\mathrm{T}} \\ \vdots \\ (\boldsymbol{s}_N^{(\mathrm{u})} - \bar{\boldsymbol{s}})^{\mathrm{T}} \\ \hline (\boldsymbol{s}_1^{(\mathrm{a})} - \bar{\boldsymbol{s}})^{\mathrm{T}} \\ (\boldsymbol{s}_2^{(\mathrm{a})} - \bar{\boldsymbol{s}})^{\mathrm{T}} \\ \vdots \\ (\boldsymbol{s}_M^{(\mathrm{a})} - \bar{\boldsymbol{s}})^{\mathrm{T}} \end{bmatrix} = \boldsymbol{\Phi}^{\mathrm{T}} - \boldsymbol{1}_{K\times 1}\bar{\boldsymbol{s}}^{\mathrm{T}} = \left(\boldsymbol{I}_K - \frac{1}{K}\boldsymbol{1}_{K\times K}\right)\boldsymbol{\Phi}^{\mathrm{T}} = \boldsymbol{J}_K\boldsymbol{\Phi}^{\mathrm{T}} \in \mathbf{R}^{K\times 2} \tag{13.13}$$

式中，$\boldsymbol{J}_K=\boldsymbol{I}_K-\dfrac{1}{K}\boldsymbol{I}_{K\times K}\in\mathbf{R}^{K\times K}$，其中$K=M+N$。基于式（13.13）可以构造如下标量积矩阵：

$$\boldsymbol{W}=\overline{\boldsymbol{S}}\overline{\boldsymbol{S}}^{\mathrm{T}}=\begin{bmatrix}\boldsymbol{W}_1 & \boldsymbol{W}_2\\ \boldsymbol{W}_2^{\mathrm{T}} & \boldsymbol{W}_3\end{bmatrix}=\boldsymbol{J}_K\boldsymbol{\Phi}^{\mathrm{T}}\boldsymbol{\Phi}\boldsymbol{J}_K\in\mathbf{R}^{K\times K} \tag{13.14}$$

式中

$$\boldsymbol{W}_1=\begin{bmatrix}\|\boldsymbol{s}_1^{(\mathrm{u})}-\overline{\boldsymbol{s}}\|_2^2 & (\boldsymbol{s}_1^{(\mathrm{u})}-\overline{\boldsymbol{s}})^{\mathrm{T}}(\boldsymbol{s}_2^{(\mathrm{u})}-\overline{\boldsymbol{s}}) & \cdots & (\boldsymbol{s}_1^{(\mathrm{u})}-\overline{\boldsymbol{s}})^{\mathrm{T}}(\boldsymbol{s}_N^{(\mathrm{u})}-\overline{\boldsymbol{s}})\\ (\boldsymbol{s}_1^{(\mathrm{u})}-\overline{\boldsymbol{s}})^{\mathrm{T}}(\boldsymbol{s}_2^{(\mathrm{u})}-\overline{\boldsymbol{s}}) & \|\boldsymbol{s}_2^{(\mathrm{u})}-\overline{\boldsymbol{s}}\|_2^2 & \cdots & (\boldsymbol{s}_2^{(\mathrm{u})}-\overline{\boldsymbol{s}})^{\mathrm{T}}(\boldsymbol{s}_N^{(\mathrm{u})}-\overline{\boldsymbol{s}})\\ \vdots & \vdots & \ddots & \vdots\\ (\boldsymbol{s}_1^{(\mathrm{u})}-\overline{\boldsymbol{s}})^{\mathrm{T}}(\boldsymbol{s}_N^{(\mathrm{u})}-\overline{\boldsymbol{s}}) & (\boldsymbol{s}_2^{(\mathrm{u})}-\overline{\boldsymbol{s}})^{\mathrm{T}}(\boldsymbol{s}_N^{(\mathrm{u})}-\overline{\boldsymbol{s}}) & \cdots & \|\boldsymbol{s}_N^{(\mathrm{u})}-\overline{\boldsymbol{s}}\|_2^2\end{bmatrix}\in\mathbf{R}^{N\times N} \tag{13.15}$$

$$\boldsymbol{W}_2=\begin{bmatrix}(\boldsymbol{s}_1^{(\mathrm{u})}-\overline{\boldsymbol{s}})^{\mathrm{T}}(\boldsymbol{s}_1^{(\mathrm{a})}-\overline{\boldsymbol{s}}) & (\boldsymbol{s}_1^{(\mathrm{u})}-\overline{\boldsymbol{s}})^{\mathrm{T}}(\boldsymbol{s}_2^{(\mathrm{a})}-\overline{\boldsymbol{s}}) & \cdots & (\boldsymbol{s}_1^{(\mathrm{u})}-\overline{\boldsymbol{s}})^{\mathrm{T}}(\boldsymbol{s}_M^{(\mathrm{a})}-\overline{\boldsymbol{s}})\\ (\boldsymbol{s}_2^{(\mathrm{u})}-\overline{\boldsymbol{s}})^{\mathrm{T}}(\boldsymbol{s}_1^{(\mathrm{a})}-\overline{\boldsymbol{s}}) & (\boldsymbol{s}_2^{(\mathrm{u})}-\overline{\boldsymbol{s}})^{\mathrm{T}}(\boldsymbol{s}_2^{(\mathrm{a})}-\overline{\boldsymbol{s}}) & \cdots & (\boldsymbol{s}_2^{(\mathrm{u})}-\overline{\boldsymbol{s}})^{\mathrm{T}}(\boldsymbol{s}_M^{(\mathrm{a})}-\overline{\boldsymbol{s}})\\ \vdots & \vdots & \ddots & \vdots\\ (\boldsymbol{s}_N^{(\mathrm{u})}-\overline{\boldsymbol{s}})^{\mathrm{T}}(\boldsymbol{s}_1^{(\mathrm{a})}-\overline{\boldsymbol{s}}) & (\boldsymbol{s}_N^{(\mathrm{u})}-\overline{\boldsymbol{s}})^{\mathrm{T}}(\boldsymbol{s}_2^{(\mathrm{a})}-\overline{\boldsymbol{s}}) & \cdots & (\boldsymbol{s}_N^{(\mathrm{u})}-\overline{\boldsymbol{s}})^{\mathrm{T}}(\boldsymbol{s}_M^{(\mathrm{a})}-\overline{\boldsymbol{s}})\end{bmatrix}\in\mathbf{R}^{N\times M} \tag{13.16}$$

$$\boldsymbol{W}_3=\begin{bmatrix}\|\boldsymbol{s}_1^{(\mathrm{a})}-\overline{\boldsymbol{s}}\|_2^2 & (\boldsymbol{s}_1^{(\mathrm{a})}-\overline{\boldsymbol{s}})^{\mathrm{T}}(\boldsymbol{s}_2^{(\mathrm{a})}-\overline{\boldsymbol{s}}) & \cdots & (\boldsymbol{s}_1^{(\mathrm{a})}-\overline{\boldsymbol{s}})^{\mathrm{T}}(\boldsymbol{s}_M^{(\mathrm{a})}-\overline{\boldsymbol{s}})\\ (\boldsymbol{s}_1^{(\mathrm{a})}-\overline{\boldsymbol{s}})^{\mathrm{T}}(\boldsymbol{s}_2^{(\mathrm{a})}-\overline{\boldsymbol{s}}) & \|\boldsymbol{s}_2^{(\mathrm{a})}-\overline{\boldsymbol{s}}\|_2^2 & \cdots & (\boldsymbol{s}_2^{(\mathrm{a})}-\overline{\boldsymbol{s}})^{\mathrm{T}}(\boldsymbol{s}_M^{(\mathrm{a})}-\overline{\boldsymbol{s}})\\ \vdots & \vdots & \ddots & \vdots\\ (\boldsymbol{s}_1^{(\mathrm{a})}-\overline{\boldsymbol{s}})^{\mathrm{T}}(\boldsymbol{s}_M^{(\mathrm{a})}-\overline{\boldsymbol{s}}) & (\boldsymbol{s}_2^{(\mathrm{a})}-\overline{\boldsymbol{s}})^{\mathrm{T}}(\boldsymbol{s}_M^{(\mathrm{a})}-\overline{\boldsymbol{s}}) & \cdots & \|\boldsymbol{s}_M^{(\mathrm{a})}-\overline{\boldsymbol{s}}\|_2^2\end{bmatrix}\in\mathbf{R}^{M\times M} \tag{13.17}$$

根据命题 2.12 可知，矩阵$\boldsymbol{W}$还可以表示为

$$\boldsymbol{W}=-\frac{1}{2}\boldsymbol{J}_K\boldsymbol{R}_K\boldsymbol{J}_K^{\mathrm{T}} \tag{13.18}$$

式中

$$\boldsymbol{R}_K=\left[\begin{array}{cccc:cccc}0 & (r_{12}^{(\mathrm{uu})})^2 & \cdots & (r_{1N}^{(\mathrm{uu})})^2 & (r_{11}^{(\mathrm{ua})})^2 & (r_{12}^{(\mathrm{ua})})^2 & \cdots & (r_{1M}^{(\mathrm{ua})})^2\\ (r_{12}^{(\mathrm{uu})})^2 & 0 & \ddots & \vdots & (r_{21}^{(\mathrm{ua})})^2 & (r_{22}^{(\mathrm{ua})})^2 & \cdots & (r_{2M}^{(\mathrm{ua})})^2\\ \vdots & \ddots & \ddots & (r_{N-1,N}^{(\mathrm{uu})})^2 & \vdots & \vdots & \ddots & \vdots\\ (r_{1N}^{(\mathrm{uu})})^2 & \cdots & (r_{N-1,N}^{(\mathrm{uu})})^2 & 0 & (r_{N1}^{(\mathrm{ua})})^2 & (r_{N2}^{(\mathrm{ua})})^2 & \cdots & (r_{NM}^{(\mathrm{ua})})^2\\ \hdashline (r_{11}^{(\mathrm{ua})})^2 & (r_{21}^{(\mathrm{ua})})^2 & \cdots & (r_{N1}^{(\mathrm{ua})})^2 & d_{11}^2 & d_{12}^2 & \cdots & d_{1M}^2\\ (r_{12}^{(\mathrm{ua})})^2 & (r_{22}^{(\mathrm{ua})})^2 & \cdots & (r_{N2}^{(\mathrm{ua})})^2 & d_{12}^2 & d_{22}^2 & \ddots & \vdots\\ \vdots & \vdots & \ddots & \vdots & \vdots & \ddots & \ddots & d_{M-1,M}^2\\ (r_{1M}^{(\mathrm{ua})})^2 & (r_{2M}^{(\mathrm{ua})})^2 & \cdots & (r_{NM}^{(\mathrm{ua})})^2 & d_{1M}^2 & \cdots & d_{M-1,M}^2 & d_{MM}^2\end{array}\right]\in\mathbf{R}^{K\times K} \tag{13.19}$$

其中，$d_{m_1m_2}=\|\boldsymbol{s}_{m_1}^{(\mathrm{a})}-\boldsymbol{s}_{m_2}^{(\mathrm{a})}\|_2\ (1\leqslant m_1,m_2\leqslant M)$。式（13.18）提供了构造标量积矩阵$\boldsymbol{W}$的方法。

13.3　一个重要的关系式

下面将给出一个重要的关系式，它对于确定源节点位置至关重要。首先将矩阵 $\boldsymbol{J}_K$ 分块表示为

$$\boldsymbol{J}_K=\begin{bmatrix}\underbrace{\boldsymbol{J}_K^{(\mathrm{u})}}_{N\times K}\\ \hline \underbrace{\boldsymbol{J}_K^{(\mathrm{a})}}_{M\times K}\end{bmatrix}=\left[\begin{array}{c:c}\underbrace{\boldsymbol{I}_N-\frac{1}{K}\boldsymbol{1}_{N\times N}}_{N\times N} & \underbrace{-\frac{1}{K}\boldsymbol{1}_{N\times M}}_{N\times M}\\ \hdashline \underbrace{-\frac{1}{K}\boldsymbol{1}_{M\times N}}_{M\times N} & \underbrace{\boldsymbol{I}_M-\frac{1}{K}\boldsymbol{1}_{M\times M}}_{M\times M}\end{array}\right] \tag{13.20}$$

由式（13.12）中的第 3 式和式（13.20）可得

$$\boldsymbol{\Phi}\boldsymbol{J}_K=\boldsymbol{\Phi}^{(\mathrm{u})}\boldsymbol{J}_K^{(\mathrm{u})}+\boldsymbol{\Phi}^{(\mathrm{a})}\boldsymbol{J}_K^{(\mathrm{a})} \tag{13.21}$$

根据分块矩阵乘法规则可以将式（13.21）重新写为

$$\boldsymbol{\Phi}\boldsymbol{J}_K=[-\boldsymbol{\Phi}^{(\mathrm{u})}\ \ \boldsymbol{I}_2]\begin{bmatrix}-\boldsymbol{J}_K^{(\mathrm{u})}\\ \boldsymbol{\Phi}^{(\mathrm{a})}\boldsymbol{J}_K^{(\mathrm{a})}\end{bmatrix}=[-\boldsymbol{\Phi}^{(\mathrm{u})}\ \ \boldsymbol{I}_2]\bar{\boldsymbol{\Phi}}^{(\mathrm{a})} \tag{13.22}$$

式中，$\bar{\boldsymbol{\Phi}}^{(\mathrm{a})}=\begin{bmatrix}-\boldsymbol{J}_K^{(\mathrm{u})}\\ \boldsymbol{\Phi}^{(\mathrm{a})}\boldsymbol{J}_K^{(\mathrm{a})}\end{bmatrix}\in\mathbf{R}^{(N+2)\times K}$。由于 $M\geqslant 3$，因此 $K=M+N>N+2$，这意味着 $\bar{\boldsymbol{\Phi}}^{(\mathrm{a})}$ 为“矮胖型”矩阵，通常可以假设其为行满秩矩阵，于是利用命题 2.5 可得

$$(\bar{\boldsymbol{\Phi}}^{(\mathrm{a})})^{\dagger}=\bar{\boldsymbol{\Phi}}^{(\mathrm{a})\mathrm{T}}(\bar{\boldsymbol{\Phi}}^{(\mathrm{a})}\bar{\boldsymbol{\Phi}}^{(\mathrm{a})\mathrm{T}})^{-1} \tag{13.23}$$

结合式（13.22）和式（13.23）可得

$$\boldsymbol{\Phi}\boldsymbol{J}_K(\bar{\boldsymbol{\Phi}}^{(\mathrm{a})})^{\dagger}=[-\boldsymbol{\Phi}^{(\mathrm{u})}\ \ \boldsymbol{I}_2]\bar{\boldsymbol{\Phi}}^{(\mathrm{a})}\bar{\boldsymbol{\Phi}}^{(\mathrm{a})\mathrm{T}}(\bar{\boldsymbol{\Phi}}^{(\mathrm{a})}\bar{\boldsymbol{\Phi}}^{(\mathrm{a})\mathrm{T}})^{-1}=[-\boldsymbol{\Phi}^{(\mathrm{u})}\ \ \boldsymbol{I}_2] \tag{13.24}$$

由式（13.24）可知

$$\boldsymbol{\Phi}\boldsymbol{J}_K(\bar{\boldsymbol{\Phi}}^{(\mathrm{a})})^{\dagger}\begin{bmatrix}\boldsymbol{I}_N\\ \boldsymbol{\Phi}^{(\mathrm{u})}\end{bmatrix}=[-\boldsymbol{\Phi}^{(\mathrm{u})}\ \ \boldsymbol{I}_2]\begin{bmatrix}\boldsymbol{I}_N\\ \boldsymbol{\Phi}^{(\mathrm{u})}\end{bmatrix}=\boldsymbol{\Phi}^{(\mathrm{u})}-\boldsymbol{\Phi}^{(\mathrm{u})}=\boldsymbol{O}_{2\times N} \tag{13.25}$$

利用式（13.25）可以进一步推得

$$\boldsymbol{O}_{K\times N}=\boldsymbol{J}_K\boldsymbol{\Phi}^{\mathrm{T}}\boldsymbol{\Phi}\boldsymbol{J}_K(\bar{\boldsymbol{\Phi}}^{(\mathrm{a})})^{\dagger}\begin{bmatrix}\boldsymbol{I}_N\\ \boldsymbol{\Phi}^{(\mathrm{u})}\end{bmatrix}=\boldsymbol{W}(\bar{\boldsymbol{\Phi}}^{(\mathrm{a})})^{\dagger}\begin{bmatrix}\boldsymbol{I}_N\\ \boldsymbol{\Phi}^{(\mathrm{u})}\end{bmatrix}=\boldsymbol{W}\bar{\boldsymbol{\Phi}}^{(\mathrm{a})\mathrm{T}}(\bar{\boldsymbol{\Phi}}^{(\mathrm{a})}\bar{\boldsymbol{\Phi}}^{(\mathrm{a})\mathrm{T}})^{-1}\begin{bmatrix}\boldsymbol{I}_N\\ \boldsymbol{\Phi}^{(\mathrm{u})}\end{bmatrix} \tag{13.26}$$

式（13.26）中第 2 个等号处的运算利用了式（13.14）。式（13.26）即为最终确定的关系式，它建立了关于全部源节点位置矩阵 $\boldsymbol{\Phi}^{(\mathrm{u})}$ 的伪线性等式，其中一共包含 KN 个等式，而 TOA 观测量仅为 $MN+N(N-1)/2$ 个（少于 KN 个），这

意味着该关系式是存在冗余的。

需要指出的是，虽然关系式（13.26）与式（4.52）的推导方法不同，但是两个关系式具有强相关性，具体可见如下命题。

【命题 13.1】 当 $N=1$ 时，式（13.26）与式（4.52）是相互等价的。

【证明】 首先，当 $N=1$ 时，$K=M+1$ 和 $\boldsymbol{\Phi}^{(\mathrm{u})}=\boldsymbol{s}_1^{(\mathrm{u})}$，此时源节点位置向量 $\boldsymbol{s}_1^{(\mathrm{u})}$ 对应于式（4.52）中的辐射源位置向量 $\boldsymbol{u}$。其次，比较式（13.18）和式（4.46）可知，当 $N=1$ 时，式（13.26）中的矩阵 $\boldsymbol{W}$ 对应于式（4.52）中的矩阵 $\boldsymbol{W}^{(2)}$。最后，结合式（13.12）中的第 2 式和式（13.20）可得

$$\bar{\boldsymbol{\Phi}}^{(\mathrm{a})\mathrm{T}}=[-\boldsymbol{J}_K^{(\mathrm{u})\mathrm{T}}\ \ \boldsymbol{J}_K^{(\mathrm{a})\mathrm{T}}\boldsymbol{\Phi}^{(\mathrm{a})\mathrm{T}}]=\left[\begin{array}{c:c} -\dfrac{M}{M+1} & \left(-\dfrac{1}{M+1}\sum\limits_{m=1}^{M}\boldsymbol{s}_m^{(\mathrm{a})}\right)^{\mathrm{T}} \\ \dfrac{1}{M+1} & \left(\boldsymbol{s}_1^{(\mathrm{a})}-\dfrac{1}{M+1}\sum\limits_{m=1}^{M}\boldsymbol{s}_m^{(\mathrm{a})}\right)^{\mathrm{T}} \\ \dfrac{1}{M+1} & \left(\boldsymbol{s}_2^{(\mathrm{a})}-\dfrac{1}{M+1}\sum\limits_{m=1}^{M}\boldsymbol{s}_m^{(\mathrm{a})}\right)^{\mathrm{T}} \\ \vdots & \vdots \\ \dfrac{1}{M+1} & \left(\boldsymbol{s}_M^{(\mathrm{a})}-\dfrac{1}{M+1}\sum\limits_{m=1}^{M}\boldsymbol{s}_m^{(\mathrm{a})}\right)^{\mathrm{T}} \end{array}\right] \tag{13.27}$$

由式（13.27）可知，矩阵 $\bar{\boldsymbol{\Phi}}^{(\mathrm{a})\mathrm{T}}$ 对应于式（4.52）中的矩阵 $[\boldsymbol{n}_M\ \ \boldsymbol{S}^{(2)}]$。综上所述，当 $N=1$ 时，式（13.26）与式（4.52）是相互等价的。证毕。

【注记 13.3】 由命题 13.1 可知，式（4.52）是式（13.26）的一种特例。

13.4 定位原理与方法

下面将基于式（13.26）构建确定全部源节点位置向量 $\boldsymbol{\varphi}^{(\mathrm{u})}=\mathrm{vec}(\boldsymbol{\Phi}^{(\mathrm{u})})$ 的估计准则，并且推导其最优解。为了简化数学表述，首先定义如下两个矩阵：

$$\boldsymbol{T}=(\bar{\boldsymbol{\Phi}}^{(\mathrm{a})})^{\dagger}=\bar{\boldsymbol{\Phi}}^{(\mathrm{a})\mathrm{T}}(\bar{\boldsymbol{\Phi}}^{(\mathrm{a})}\bar{\boldsymbol{\Phi}}^{(\mathrm{a})\mathrm{T}})^{-1}\in\mathbf{R}^{K\times(N+2)}\ ,\ \boldsymbol{Z}(\boldsymbol{\varphi}^{(\mathrm{u})})=\boldsymbol{T}\begin{bmatrix}\boldsymbol{I}_N\\ \boldsymbol{\Phi}^{(\mathrm{u})}\end{bmatrix}\in\mathbf{R}^{K\times N} \tag{13.28}$$

结合式（13.26）和式（13.28）可得

$$\boldsymbol{W}\boldsymbol{Z}(\boldsymbol{\varphi}^{(\mathrm{u})})=\boldsymbol{W}\boldsymbol{T}\begin{bmatrix}\boldsymbol{I}_N\\ \boldsymbol{\Phi}^{(\mathrm{u})}\end{bmatrix}=\boldsymbol{O}_{K\times N} \tag{13.29}$$

13.4.1　一阶误差扰动分析

在实际定位过程中，标量积矩阵 $\boldsymbol{W}$ 的真实值是未知的，因为其中的真实距离 $\{r_{nm}^{(\mathrm{ua})}\}_{1\leqslant n\leqslant N;1\leqslant m\leqslant M}$ 和 $\{r_{n_1n_2}^{(\mathrm{uu})}\}_{1\leqslant n_1<n_2\leqslant N}$ 仅能用其观测值 $\{\hat{r}_{nm}^{(\mathrm{ua})}\}_{1\leqslant n\leqslant N;1\leqslant m\leqslant M}$ 和 $\{\hat{r}_{n_1n_2}^{(\mathrm{uu})}\}_{1\leqslant n_1<n_2\leqslant N}$ 来代替，这必然会引入观测误差。不妨将含有观测误差的标量积矩阵 $\boldsymbol{W}$ 记为 $\hat{\boldsymbol{W}}$，于是利用式（13.18）和式（13.19）可知，矩阵 $\hat{\boldsymbol{W}}$ 可以表示为

$$\hat{\boldsymbol{W}}=-\frac{1}{2}\boldsymbol{J}_K\left[\begin{array}{cccc|cccc}
0 & (\hat{r}_{12}^{(\mathrm{uu})})^2 & \cdots & (\hat{r}_{1N}^{(\mathrm{uu})})^2 & (\hat{r}_{11}^{(\mathrm{ua})})^2 & (\hat{r}_{12}^{(\mathrm{ua})})^2 & \cdots & (\hat{r}_{1M}^{(\mathrm{ua})})^2 \\
(\hat{r}_{12}^{(\mathrm{uu})})^2 & 0 & \ddots & \vdots & (\hat{r}_{21}^{(\mathrm{ua})})^2 & (\hat{r}_{22}^{(\mathrm{ua})})^2 & \cdots & (\hat{r}_{2M}^{(\mathrm{ua})})^2 \\
\vdots & \ddots & \ddots & (\hat{r}_{N-1,N}^{(\mathrm{uu})})^2 & \vdots & \vdots & \ddots & \vdots \\
(\hat{r}_{1N}^{(\mathrm{uu})})^2 & \cdots & (\hat{r}_{N-1,N}^{(\mathrm{uu})})^2 & 0 & (\hat{r}_{N1}^{(\mathrm{ua})})^2 & (\hat{r}_{N2}^{(\mathrm{ua})})^2 & \cdots & (\hat{r}_{NM}^{(\mathrm{ua})})^2 \\
\hline
(\hat{r}_{11}^{(\mathrm{ua})})^2 & (\hat{r}_{21}^{(\mathrm{ua})})^2 & \cdots & (\hat{r}_{N1}^{(\mathrm{ua})})^2 & d_{11}^2 & d_{12}^2 & \cdots & d_{1M}^2 \\
(\hat{r}_{12}^{(\mathrm{ua})})^2 & (\hat{r}_{22}^{(\mathrm{ua})})^2 & \cdots & (\hat{r}_{N2}^{(\mathrm{ua})})^2 & d_{12}^2 & d_{22}^2 & \ddots & \vdots \\
\vdots & \vdots & \ddots & \vdots & \vdots & \ddots & \ddots & d_{M-1,M}^2 \\
(\hat{r}_{1M}^{(\mathrm{ua})})^2 & (\hat{r}_{2M}^{(\mathrm{ua})})^2 & \cdots & (\hat{r}_{NM}^{(\mathrm{ua})})^2 & d_{1M}^2 & \cdots & d_{M-1,M}^2 & d_{MM}^2
\end{array}\right]\boldsymbol{J}_K \tag{13.30}$$

基于式（13.29）定义误差矩阵 $\boldsymbol{\Gamma}_{\mathrm{t}}=\hat{\boldsymbol{W}}\boldsymbol{Z}(\boldsymbol{\varphi}^{(\mathrm{u})})$，并由式（13.29）可知

$$\boldsymbol{\Gamma}_{\mathrm{t}}=\hat{\boldsymbol{W}}\boldsymbol{Z}(\boldsymbol{\varphi}^{(\mathrm{u})})=(\boldsymbol{W}+\Delta\boldsymbol{W}_{\mathrm{t}})\boldsymbol{Z}(\boldsymbol{\varphi}^{(\mathrm{u})})=\Delta\boldsymbol{W}_{\mathrm{t}}\boldsymbol{Z}(\boldsymbol{\varphi}^{(\mathrm{u})}) \tag{13.31}$$

式中，$\Delta\boldsymbol{W}_{\mathrm{t}}$ 表示 $\hat{\boldsymbol{W}}$ 中的误差矩阵，即有 $\Delta\boldsymbol{W}_{\mathrm{t}}=\hat{\boldsymbol{W}}-\boldsymbol{W}$。若忽略观测误差 $\boldsymbol{\varepsilon}_{\mathrm{t}}$ 的二阶及其以上各阶项，则根据式（13.30）可以将误差矩阵 $\Delta\boldsymbol{W}_{\mathrm{t}}$ 近似表示为

$$\begin{aligned}&\Delta\boldsymbol{W}_{\mathrm{t}}\\ &\approx-\boldsymbol{J}_K\left[\begin{array}{cccc|cccc}
0 & r_{12}^{(\mathrm{uu})}\varepsilon_{\mathrm{t}12}^{(\mathrm{uu})} & \cdots & r_{1N}^{(\mathrm{uu})}\varepsilon_{\mathrm{t}1N}^{(\mathrm{uu})} & r_{11}^{(\mathrm{ua})}\varepsilon_{\mathrm{t}11}^{(\mathrm{ua})} & r_{12}^{(\mathrm{ua})}\varepsilon_{\mathrm{t}12}^{(\mathrm{ua})} & \cdots & r_{1M}^{(\mathrm{ua})}\varepsilon_{\mathrm{t}1M}^{(\mathrm{ua})} \\
r_{12}^{(\mathrm{uu})}\varepsilon_{\mathrm{t}12}^{(\mathrm{uu})} & 0 & \ddots & \vdots & r_{21}^{(\mathrm{ua})}\varepsilon_{\mathrm{t}21}^{(\mathrm{ua})} & r_{22}^{(\mathrm{ua})}\varepsilon_{\mathrm{t}22}^{(\mathrm{ua})} & \cdots & r_{2M}^{(\mathrm{ua})}\varepsilon_{\mathrm{t}2M}^{(\mathrm{ua})} \\
\vdots & \ddots & \ddots & r_{N-1,N}^{(\mathrm{uu})}\varepsilon_{\mathrm{t}N-1,N}^{(\mathrm{uu})} & \vdots & \vdots & \ddots & \vdots \\
r_{1N}^{(\mathrm{uu})}\varepsilon_{\mathrm{t}1N}^{(\mathrm{uu})} & \cdots & r_{N-1,N}^{(\mathrm{uu})}\varepsilon_{\mathrm{t}N-1,N}^{(\mathrm{uu})} & 0 & r_{N1}^{(\mathrm{ua})}\varepsilon_{\mathrm{t}N1}^{(\mathrm{ua})} & r_{N2}^{(\mathrm{ua})}\varepsilon_{\mathrm{t}N2}^{(\mathrm{ua})} & \cdots & r_{NM}^{(\mathrm{ua})}\varepsilon_{\mathrm{t}NM}^{(\mathrm{ua})} \\
\hline
r_{11}^{(\mathrm{ua})}\varepsilon_{\mathrm{t}11}^{(\mathrm{ua})} & r_{21}^{(\mathrm{ua})}\varepsilon_{\mathrm{t}21}^{(\mathrm{ua})} & \cdots & r_{N1}^{(\mathrm{ua})}\varepsilon_{\mathrm{t}N1}^{(\mathrm{ua})} & 0 & 0 & \cdots & 0 \\
r_{12}^{(\mathrm{ua})}\varepsilon_{\mathrm{t}12}^{(\mathrm{ua})} & r_{22}^{(\mathrm{ua})}\varepsilon_{\mathrm{t}22}^{(\mathrm{ua})} & \cdots & r_{N2}^{(\mathrm{ua})}\varepsilon_{\mathrm{t}N2}^{(\mathrm{ua})} & 0 & 0 & \ddots & \vdots \\
\vdots & \vdots & \ddots & \vdots & \vdots & \ddots & \ddots & 0 \\
r_{1M}^{(\mathrm{ua})}\varepsilon_{\mathrm{t}1M}^{(\mathrm{ua})} & r_{2M}^{(\mathrm{ua})}\varepsilon_{\mathrm{t}2M}^{(\mathrm{ua})} & \cdots & r_{NM}^{(\mathrm{ua})}\varepsilon_{\mathrm{t}NM}^{(\mathrm{ua})} & 0 & \cdots & 0 & 0
\end{array}\right]\boldsymbol{J}_K\end{aligned} \tag{13.32}$$

再定义误差向量 $\boldsymbol{\delta}_{\mathrm{t}}=\mathrm{vec}(\boldsymbol{\Gamma}_{\mathrm{t}})$，将式（13.32）代入式（13.31）中可以将误差向量 $\boldsymbol{\delta}_{\mathrm{t}}$ 近似表示为关于观测误差 $\boldsymbol{\varepsilon}_{\mathrm{t}}$ 的线性函数，如下式所示：

$$\boldsymbol{\delta}_{\mathrm{t}}=\mathrm{vec}(\Delta\boldsymbol{W}_{\mathrm{t}}\boldsymbol{Z}(\boldsymbol{\varphi}^{(\mathrm{u})}))\approx\boldsymbol{B}_{\mathrm{t}}^{(\mathrm{ua})}(\boldsymbol{\varphi}^{(\mathrm{u})})\boldsymbol{\varepsilon}_{\mathrm{t}}^{(\mathrm{ua})}+\boldsymbol{B}_{\mathrm{t}}^{(\mathrm{uu})}(\boldsymbol{\varphi}^{(\mathrm{u})})\boldsymbol{\varepsilon}_{\mathrm{t}}^{(\mathrm{uu})}=\boldsymbol{B}_{\mathrm{t}}(\boldsymbol{\varphi}^{(\mathrm{u})})\boldsymbol{\varepsilon}_{\mathrm{t}} \tag{13.33}$$

式中

$$\begin{cases} \boldsymbol{B}_{\mathrm{t}}^{(\mathrm{ua})}(\boldsymbol{\varphi}^{(\mathrm{u})}) = -\left(\begin{array}{l} \left(\left((\boldsymbol{Z}(\boldsymbol{\varphi}^{(\mathrm{u})}))^{\mathrm{T}} \boldsymbol{J}_K \begin{bmatrix} \boldsymbol{O}_{N\times M} \\ \boldsymbol{I}_M \end{bmatrix} \right) \otimes \left(\boldsymbol{J}_K \begin{bmatrix} \boldsymbol{I}_N \\ \boldsymbol{O}_{M\times N} \end{bmatrix} \right) \right) \boldsymbol{\Lambda}_{N-M} \\ + \left((\boldsymbol{Z}(\boldsymbol{\varphi}^{(\mathrm{u})}))^{\mathrm{T}} \boldsymbol{J}_K \begin{bmatrix} \boldsymbol{I}_N \\ \boldsymbol{O}_{M\times N} \end{bmatrix} \right) \otimes \left(\boldsymbol{J}_K \begin{bmatrix} \boldsymbol{O}_{N\times M} \\ \boldsymbol{I}_M \end{bmatrix} \right) \end{array} \right) \mathrm{diag}[\boldsymbol{r}^{(\mathrm{ua})}] \in \mathbf{R}^{KN\times MN} \\ \boldsymbol{B}_{\mathrm{t}}^{(\mathrm{uu})}(\boldsymbol{\varphi}^{(\mathrm{u})}) = -\left(\left((\boldsymbol{Z}(\boldsymbol{\varphi}^{(\mathrm{u})}))^{\mathrm{T}} \boldsymbol{J}_K \begin{bmatrix} \boldsymbol{I}_N \\ \boldsymbol{O}_{M\times N} \end{bmatrix} \right) \otimes \left(\boldsymbol{J}_K \begin{bmatrix} \boldsymbol{I}_N \\ \boldsymbol{O}_{M\times N} \end{bmatrix} \right) \right) (\boldsymbol{I}_{N^2} + \boldsymbol{\Lambda}_{N-N}) \boldsymbol{\Lambda}_0 \mathrm{diag}[\boldsymbol{r}^{(\mathrm{uu})}] \in \mathbf{R}^{KN\times N(N-1)/2} \\ \boldsymbol{B}_{\mathrm{t}}(\boldsymbol{\varphi}^{(\mathrm{u})}) = [\boldsymbol{B}_{\mathrm{t}}^{(\mathrm{ua})}(\boldsymbol{\varphi}^{(\mathrm{u})}) \ \ \boldsymbol{B}_{\mathrm{t}}^{(\mathrm{uu})}(\boldsymbol{\varphi}^{(\mathrm{u})})] \in \mathbf{R}^{KN\times(MN+N(N-1)/2)} \end{cases} \tag{13.34}$$

其中，$\boldsymbol{\Lambda}_{k\text{-}l}$ 是满足等式 $\mathrm{vec}(\boldsymbol{A}_{lk}^{\mathrm{T}}) = \boldsymbol{\Lambda}_{k\text{-}l}\mathrm{vec}(\boldsymbol{A}_{lk})$ 的 0-1 矩阵（其中 $\boldsymbol{A}_{lk}$ 表示任意 $l\times k$ 阶矩阵）；矩阵 $\boldsymbol{\Lambda}_0$ 可以表示为

$$\boldsymbol{\Lambda}_0 = \left[\begin{array}{c} \mathrm{blkdiag}\left\{ \begin{bmatrix} \boldsymbol{O}_{1\times(N-1)} \\ \boldsymbol{I}_{N-1} \end{bmatrix}, \begin{bmatrix} \boldsymbol{O}_{2\times(N-2)} \\ \boldsymbol{I}_{N-2} \end{bmatrix}, \cdots, \begin{bmatrix} \boldsymbol{O}_{(N-1)\times 1} \\ 1 \end{bmatrix} \right\} \\ \hdashline \boldsymbol{O}_{N\times N(N-1)/2} \end{array} \right] \in \mathbf{R}^{N^2\times N(N-1)/2} \tag{13.35}$$

式（13.33）的推导见附录 J.1。由式（13.33）可知，误差向量 $\boldsymbol{\delta}_{\mathrm{t}}$ 渐近服从零均值的高斯分布，并且其协方差矩阵为

$$\begin{aligned} \boldsymbol{\Omega}_{\mathrm{t}} &= \mathbf{cov}(\boldsymbol{\delta}_{\mathrm{t}}) = \mathrm{E}[\boldsymbol{\delta}_{\mathrm{t}}\boldsymbol{\delta}_{\mathrm{t}}^{\mathrm{T}}] \approx \boldsymbol{B}_{\mathrm{t}}(\boldsymbol{\varphi}^{(\mathrm{u})}) \cdot \mathrm{E}[\boldsymbol{\varepsilon}_{\mathrm{t}}\boldsymbol{\varepsilon}_{\mathrm{t}}^{\mathrm{T}}] \cdot (\boldsymbol{B}_{\mathrm{t}}(\boldsymbol{\varphi}^{(\mathrm{u})}))^{\mathrm{T}} \\ &= \boldsymbol{B}_{\mathrm{t}}(\boldsymbol{\varphi}^{(\mathrm{u})})\boldsymbol{E}_{\mathrm{t}}(\boldsymbol{B}_{\mathrm{t}}(\boldsymbol{\varphi}^{(\mathrm{u})}))^{\mathrm{T}} \in \mathbf{R}^{KN\times KN} \end{aligned} \tag{13.36}$$

13.4.2　定位优化模型及其求解方法

一般而言，矩阵 $\boldsymbol{B}_{\mathrm{t}}(\boldsymbol{\varphi}^{(\mathrm{u})})$ 是列满秩的，即有 $\mathrm{rank}[\boldsymbol{B}_{\mathrm{t}}(\boldsymbol{\varphi}^{(\mathrm{u})})] = MN + N(N-1)/2$。由此可知，协方差矩阵 $\boldsymbol{\Omega}_{\mathrm{t}}$ 的秩也为 $MN + N(N-1)/2$，但由于 $\boldsymbol{\Omega}_{\mathrm{t}}$ 是 $KN\times KN$ 阶方阵，这意味着它是秩亏损矩阵，所以无法直接利用该矩阵的逆构建估计准则。下面利用矩阵奇异值分解重新构造误差向量，以使其协方差矩阵具备满秩性。

首先对矩阵 $\boldsymbol{B}_{\mathrm{t}}(\boldsymbol{\varphi}^{(\mathrm{u})})$ 进行奇异值分解，如下式所示：

$$\begin{aligned} &\boldsymbol{B}_{\mathrm{t}}(\boldsymbol{\varphi}^{(\mathrm{u})}) \\ &= \boldsymbol{H\Sigma V}^{\mathrm{T}} = \left[\underbrace{\boldsymbol{H}_1}_{KN\times(MN+N(N-1)/2)} \ \vdots \ \underbrace{\boldsymbol{H}_2}_{KN\times N(N+1)/2} \right] \left[\begin{array}{c} \underbrace{\boldsymbol{\Sigma}_1}_{(MN+N(N-1)/2)\times(MN+N(N-1)/2)} \\ \hdashline \boldsymbol{O}_{N(N+1)/2\times(MN+N(N-1)/2)} \end{array} \right] \boldsymbol{V}^{\mathrm{T}} = \boldsymbol{H}_1\boldsymbol{\Sigma}_1\boldsymbol{V}^{\mathrm{T}} \end{aligned} \tag{13.37}$$

式中，$\boldsymbol{H}=[\boldsymbol{H}_1\ \ \boldsymbol{H}_2]$，为 $KN\times KN$ 阶正交矩阵；$\boldsymbol{V}$ 为 $[MN+N(N-1)/2]\times[MN+N(N-1)/2]$ 阶正交矩阵；$\boldsymbol{\Sigma}_1$ 为 $[MN+N(N-1)/2]\times[MN+N(N-1)/2]$ 阶对角矩阵，其中的对角元素为矩阵 $\boldsymbol{B}_{\mathrm{t}}(\boldsymbol{\varphi}^{(\mathrm{u})})$ 的奇异值。为了得到协方差矩阵为满秩的误差向量，可以将矩阵 $\boldsymbol{H}_1^{\mathrm{T}}$ 左乘以误差向量 $\boldsymbol{\delta}_{\mathrm{t}}$，并结合式（13.31）和式（13.33）可得

$$\bar{\boldsymbol{\delta}}_{\mathrm{t}}=\boldsymbol{H}_1^{\mathrm{T}}\boldsymbol{\delta}_{\mathrm{t}}=\boldsymbol{H}_1^{\mathrm{T}}\mathrm{vec}(\hat{\boldsymbol{W}}\boldsymbol{Z}(\boldsymbol{\varphi}^{(\mathrm{u})}))=\boldsymbol{H}_1^{\mathrm{T}}\mathrm{vec}(\Delta\boldsymbol{W}_{\mathrm{t}}\boldsymbol{Z}(\boldsymbol{\varphi}^{(\mathrm{u})}))\approx\boldsymbol{H}_1^{\mathrm{T}}\boldsymbol{B}_{\mathrm{t}}(\boldsymbol{\varphi}^{(\mathrm{u})})\boldsymbol{\varepsilon}_{\mathrm{t}} \tag{13.38}$$

由式（13.37）可得 $\boldsymbol{H}_1^{\mathrm{T}}\boldsymbol{B}_{\mathrm{t}}(\boldsymbol{\varphi}^{(\mathrm{u})})=\boldsymbol{\Sigma}_1\boldsymbol{V}^{\mathrm{T}}$，将该式代入式（13.38）中可知，误差向量 $\bar{\boldsymbol{\delta}}_{\mathrm{t}}$ 的协方差矩阵为

$$\begin{aligned}\bar{\boldsymbol{\Omega}}_{\mathrm{t}}&=\mathbf{cov}(\bar{\boldsymbol{\delta}}_{\mathrm{t}})=\mathrm{E}[\bar{\boldsymbol{\delta}}_{\mathrm{t}}\bar{\boldsymbol{\delta}}_{\mathrm{t}}^{\mathrm{T}}]=\boldsymbol{H}_1^{\mathrm{T}}\boldsymbol{\Omega}_{\mathrm{t}}\boldsymbol{H}_1\approx\boldsymbol{\Sigma}_1\boldsymbol{V}^{\mathrm{T}}\cdot\mathrm{E}[\boldsymbol{\varepsilon}_{\mathrm{t}}\boldsymbol{\varepsilon}_{\mathrm{t}}^{\mathrm{T}}]\cdot\boldsymbol{V}\boldsymbol{\Sigma}_1^{\mathrm{T}}\\&=\boldsymbol{\Sigma}_1\boldsymbol{V}^{\mathrm{T}}\boldsymbol{E}_{\mathrm{t}}\boldsymbol{V}\boldsymbol{\Sigma}_1^{\mathrm{T}}\in\mathbf{R}^{[MN+N(N-1)/2]\times[MN+N(N-1)/2]}\end{aligned} \tag{13.39}$$

容易验证 $\bar{\boldsymbol{\Omega}}_{\mathrm{t}}$ 为满秩矩阵，并且误差向量 $\bar{\boldsymbol{\delta}}_{\mathrm{t}}$ 的维数为 $MN+N(N-1)/2$，与 TOA 观测量个数相等。此时可以将估计全部源节点位置向量 $\boldsymbol{\varphi}^{(\mathrm{u})}$ 的优化准则表示为

$$\begin{aligned}&\min_{\boldsymbol{\varphi}^{(\mathrm{u})}}\{(\mathrm{vec}(\hat{\boldsymbol{W}}\boldsymbol{Z}(\boldsymbol{\varphi}^{(\mathrm{u})})))^{\mathrm{T}}\boldsymbol{H}_1\bar{\boldsymbol{\Omega}}_{\mathrm{t}}^{-1}\boldsymbol{H}_1^{\mathrm{T}}\mathrm{vec}(\hat{\boldsymbol{W}}\boldsymbol{Z}(\boldsymbol{\varphi}^{(\mathrm{u})}))\}\\&=\min_{\boldsymbol{\varphi}^{(\mathrm{u})}}\left\{\left(\mathrm{vec}\left(\hat{\boldsymbol{W}}\boldsymbol{T}\begin{bmatrix}\boldsymbol{I}_N\\\boldsymbol{\Phi}^{(\mathrm{u})}\end{bmatrix}\right)\right)^{\mathrm{T}}\boldsymbol{H}_1\bar{\boldsymbol{\Omega}}_{\mathrm{t}}^{-1}\boldsymbol{H}_1^{\mathrm{T}}\mathrm{vec}\left(\hat{\boldsymbol{W}}\boldsymbol{T}\begin{bmatrix}\boldsymbol{I}_N\\\boldsymbol{\Phi}^{(\mathrm{u})}\end{bmatrix}\right)\right\}\end{aligned} \tag{13.40}$$

式中，$\bar{\boldsymbol{\Omega}}_{\mathrm{t}}^{-1}$ 可以看作加权矩阵，其作用在于抑制观测误差 $\boldsymbol{\varepsilon}_{\mathrm{t}}$ 的影响。不妨将矩阵 $\boldsymbol{T}$ 分块表示为

$$\boldsymbol{T}=\Big[\underbrace{\boldsymbol{T}_1}_{K\times N}\quad\underbrace{\boldsymbol{T}_2}_{K\times 2}\Big] \tag{13.41}$$

于是可以将式（13.40）重新写为

$$\begin{aligned}&\min_{\boldsymbol{\varphi}^{(\mathrm{u})}}\{[\mathrm{vec}(\hat{\boldsymbol{W}}\boldsymbol{T}_2\boldsymbol{\Phi}^{(\mathrm{u})})+\mathrm{vec}(\hat{\boldsymbol{W}}\boldsymbol{T}_1)]^{\mathrm{T}}\boldsymbol{H}_1\bar{\boldsymbol{\Omega}}_{\mathrm{t}}^{-1}\boldsymbol{H}_1^{\mathrm{T}}[\mathrm{vec}(\hat{\boldsymbol{W}}\boldsymbol{T}_2\boldsymbol{\Phi}^{(\mathrm{u})})+\mathrm{vec}(\hat{\boldsymbol{W}}\boldsymbol{T}_1)]\}\\&=\min_{\boldsymbol{\varphi}^{(\mathrm{u})}}\{[(\boldsymbol{I}_N\otimes(\hat{\boldsymbol{W}}\boldsymbol{T}_2))\boldsymbol{\varphi}^{(\mathrm{u})}+\mathrm{vec}(\hat{\boldsymbol{W}}\boldsymbol{T}_1)]^{\mathrm{T}}\boldsymbol{H}_1\bar{\boldsymbol{\Omega}}_{\mathrm{t}}^{-1}\boldsymbol{H}_1^{\mathrm{T}}[(\boldsymbol{I}_N\otimes(\hat{\boldsymbol{W}}\boldsymbol{T}_2))\boldsymbol{\varphi}^{(\mathrm{u})}+\mathrm{vec}(\hat{\boldsymbol{W}}\boldsymbol{T}_1)]\}\end{aligned} \tag{13.42}$$

式中，等号处的运算利用了命题 2.10。根据命题 2.13 可知，式（13.42）的最优解为①

$$\hat{\boldsymbol{\varphi}}_{\mathrm{nc}}^{(\mathrm{u})}=-[(\boldsymbol{I}_N\otimes(\boldsymbol{T}_2^{\mathrm{T}}\hat{\boldsymbol{W}}^{\mathrm{T}}))\boldsymbol{H}_1\bar{\boldsymbol{\Omega}}_{\mathrm{t}}^{-1}\boldsymbol{H}_1^{\mathrm{T}}(\boldsymbol{I}_N\otimes(\hat{\boldsymbol{W}}\boldsymbol{T}_2))]^{-1}(\boldsymbol{I}_N\otimes(\boldsymbol{T}_2^{\mathrm{T}}\hat{\boldsymbol{W}}^{\mathrm{T}}))\boldsymbol{H}_1\bar{\boldsymbol{\Omega}}_{\mathrm{t}}^{-1}\boldsymbol{H}_1^{\mathrm{T}}\mathrm{vec}(\hat{\boldsymbol{W}}\boldsymbol{T}_1) \tag{13.43}$$

① 这里使用下角标“nc”表示其为多源节点协同定位条件下的估计值。

【注记 13.4】 由式（13.36）、式（13.37）及式（13.39）可知，加权矩阵 $\bar{\boldsymbol{\Omega}}_{\mathrm{t}}^{-1}$ 与全部源节点位置向量 $\boldsymbol{\varphi}^{(\mathrm{u})}$ 有关。因此，严格来说，式（13.42）中的目标函数并不是关于向量 $\boldsymbol{\varphi}^{(\mathrm{u})}$ 的二次函数，针对该问题，可以采用注记 4.1 中描述的方法进行处理。理论分析表明，在一阶误差分析理论框架下，加权矩阵 $\bar{\boldsymbol{\Omega}}_{\mathrm{t}}^{-1}$ 中的扰动误差并不会实质影响估计值 $\hat{\boldsymbol{\varphi}}_{\mathrm{nc}}^{(\mathrm{u})}$ 的统计性能。

图 13.1 给出了本章加权多维标度定位方法的流程图。

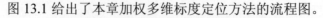

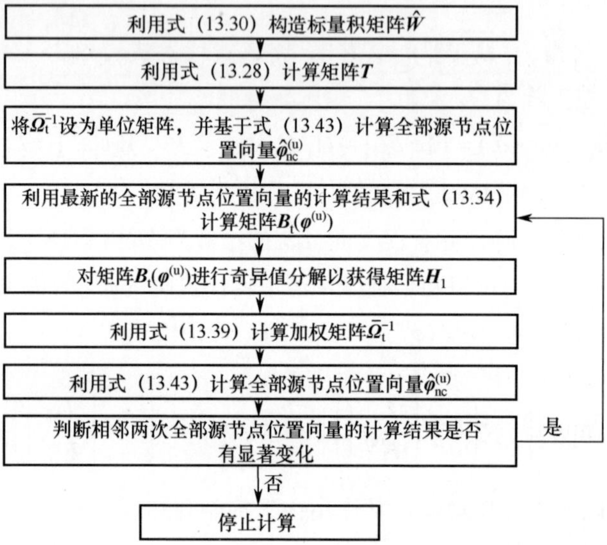

图 13.1　本章加权多维标度定位方法的流程图

13.5　理论性能分析

下面将推导估计值 $\hat{\boldsymbol{\varphi}}_{\mathrm{nc}}^{(\mathrm{u})}$ 的理论性能，主要是推导估计均方误差矩阵，并将其与相应的克拉美罗界进行比较，从而证明其渐近最优性。这里采用的性能分析方法是一阶误差分析方法，即忽略观测误差 $\boldsymbol{\varepsilon}_{\mathrm{t}}$ 的二阶及其以上各阶项。

首先将最优解 $\hat{\boldsymbol{\varphi}}_{\mathrm{nc}}^{(\mathrm{u})}$ 中的估计误差记为 $\Delta\boldsymbol{\varphi}_{\mathrm{nc}}^{(\mathrm{u})}=\hat{\boldsymbol{\varphi}}_{\mathrm{nc}}^{(\mathrm{u})}-\boldsymbol{\varphi}^{(\mathrm{u})}$。基于式（13.43）和注记 13.4 中的讨论可得

$$\begin{aligned}&(\boldsymbol{I}_N\otimes(\boldsymbol{T}_2^{\mathrm{T}}\hat{\boldsymbol{W}}^{\mathrm{T}}))\boldsymbol{H}_1\hat{\bar{\boldsymbol{\Omega}}}_{\mathrm{t}}^{-1}\boldsymbol{H}_1^{\mathrm{T}}(\boldsymbol{I}_N\otimes(\hat{\boldsymbol{W}}\boldsymbol{T}_2))(\boldsymbol{\varphi}^{(\mathrm{u})}+\Delta\boldsymbol{\varphi}_{\mathrm{nc}}^{(\mathrm{u})})\\&=-(\boldsymbol{I}_N\otimes(\boldsymbol{T}_2^{\mathrm{T}}\hat{\boldsymbol{W}}^{\mathrm{T}}))\boldsymbol{H}_1\hat{\bar{\boldsymbol{\Omega}}}_{\mathrm{t}}^{-1}\boldsymbol{H}_1^{\mathrm{T}}\mathrm{vec}(\hat{\boldsymbol{W}}\boldsymbol{T}_1)\end{aligned}\tag{13.44}$$

式中，$\hat{\bar{\boldsymbol{\Omega}}}_{\mathrm{t}}$ 表示 $\bar{\boldsymbol{\Omega}}_{\mathrm{t}}$ 的估计值。由式（13.44）可以进一步推得

$$
\begin{aligned}
&(\boldsymbol{I}_N\otimes(\boldsymbol{T}_2^{\mathrm{T}}\Delta\boldsymbol{W}_{\mathrm{t}}^{\mathrm{T}}))\boldsymbol{H}_1\bar{\boldsymbol{\Omega}}_{\mathrm{t}}^{-1}\boldsymbol{H}_1^{\mathrm{T}}(\boldsymbol{I}_N\otimes(\boldsymbol{W}\boldsymbol{T}_2))\boldsymbol{\varphi}^{(\mathrm{u})}+(\boldsymbol{I}_N\otimes(\boldsymbol{T}_2^{\mathrm{T}}\boldsymbol{W}^{\mathrm{T}}))\boldsymbol{H}_1\bar{\boldsymbol{\Omega}}_{\mathrm{t}}^{-1}\boldsymbol{H}_1^{\mathrm{T}}(\boldsymbol{I}_N\otimes(\Delta\boldsymbol{W}_{\mathrm{t}}\boldsymbol{T}_2))\boldsymbol{\varphi}^{(\mathrm{u})}\\
&\quad+(\boldsymbol{I}_N\otimes(\boldsymbol{T}_2^{\mathrm{T}}\boldsymbol{W}^{\mathrm{T}}))\boldsymbol{H}_1\Delta\boldsymbol{\Xi}_{\mathrm{t}}\boldsymbol{H}_1^{\mathrm{T}}(\boldsymbol{I}_N\otimes(\boldsymbol{W}\boldsymbol{T}_2))\boldsymbol{\varphi}^{(\mathrm{u})}+(\boldsymbol{I}_N\otimes(\boldsymbol{T}_2^{\mathrm{T}}\boldsymbol{W}^{\mathrm{T}}))\boldsymbol{H}_1\bar{\boldsymbol{\Omega}}_{\mathrm{t}}^{-1}\boldsymbol{H}_1^{\mathrm{T}}(\boldsymbol{I}_N\otimes(\boldsymbol{W}\boldsymbol{T}_2))\Delta\boldsymbol{\varphi}_{\mathrm{nc}}^{(\mathrm{u})}\\
&\approx-(\boldsymbol{I}_N\otimes(\boldsymbol{T}_2^{\mathrm{T}}\Delta\boldsymbol{W}_{\mathrm{t}}^{\mathrm{T}}))\boldsymbol{H}_1\bar{\boldsymbol{\Omega}}_{\mathrm{t}}^{-1}\boldsymbol{H}_1^{\mathrm{T}}\mathrm{vec}(\boldsymbol{W}\boldsymbol{T}_1)-(\boldsymbol{I}_N\otimes(\boldsymbol{T}_2^{\mathrm{T}}\boldsymbol{W}^{\mathrm{T}}))\boldsymbol{H}_1\bar{\boldsymbol{\Omega}}_{\mathrm{t}}^{-1}\boldsymbol{H}_1^{\mathrm{T}}\mathrm{vec}(\Delta\boldsymbol{W}_{\mathrm{t}}\boldsymbol{T}_1)\\
&\quad-(\boldsymbol{I}_N\otimes(\boldsymbol{T}_2^{\mathrm{T}}\boldsymbol{W}^{\mathrm{T}}))\boldsymbol{H}_1\Delta\boldsymbol{\Xi}_{\mathrm{t}}\boldsymbol{H}_1^{\mathrm{T}}\mathrm{vec}(\boldsymbol{W}\boldsymbol{T}_1)\\
&\Rightarrow\Delta\boldsymbol{\varphi}_{\mathrm{nc}}^{(\mathrm{u})}\approx-[(\boldsymbol{I}_N\otimes(\boldsymbol{T}_2^{\mathrm{T}}\boldsymbol{W}^{\mathrm{T}}))\boldsymbol{H}_1\bar{\boldsymbol{\Omega}}_{\mathrm{t}}^{-1}\boldsymbol{H}_1^{\mathrm{T}}(\boldsymbol{I}_N\otimes(\boldsymbol{W}\boldsymbol{T}_2))]^{-1}(\boldsymbol{I}_N\otimes(\boldsymbol{T}_2^{\mathrm{T}}\boldsymbol{W}^{\mathrm{T}}))\boldsymbol{H}_1\bar{\boldsymbol{\Omega}}_{\mathrm{t}}^{-1}\\
&\qquad\qquad\times\boldsymbol{H}_1^{\mathrm{T}}((\boldsymbol{I}_N\otimes(\Delta\boldsymbol{W}_{\mathrm{t}}\boldsymbol{T}_2))\boldsymbol{\varphi}^{(\mathrm{u})}+\mathrm{vec}(\Delta\boldsymbol{W}_{\mathrm{t}}\boldsymbol{T}_1))\\
&\qquad\quad=-[(\boldsymbol{I}_N\otimes(\boldsymbol{T}_2^{\mathrm{T}}\boldsymbol{W}^{\mathrm{T}}))\boldsymbol{H}_1\bar{\boldsymbol{\Omega}}_{\mathrm{t}}^{-1}\boldsymbol{H}_1^{\mathrm{T}}(\boldsymbol{I}_N\otimes(\boldsymbol{W}\boldsymbol{T}_2))]^{-1}(\boldsymbol{I}_N\otimes(\boldsymbol{T}_2^{\mathrm{T}}\boldsymbol{W}^{\mathrm{T}}))\boldsymbol{H}_1\bar{\boldsymbol{\Omega}}_{\mathrm{t}}^{-1}\boldsymbol{H}_1^{\mathrm{T}}\boldsymbol{\delta}_{\mathrm{t}}
\end{aligned}
\tag{13.45}
$$

式中，$\Delta\boldsymbol{\Xi}_{\mathrm{t}}=\hat{\bar{\boldsymbol{\Omega}}}_{\mathrm{t}}^{-1}-\bar{\boldsymbol{\Omega}}_{\mathrm{t}}^{-1}$，表示矩阵 $\hat{\bar{\boldsymbol{\Omega}}}_{\mathrm{t}}^{-1}$ 中的扰动误差。由此可知，估计误差 $\Delta\boldsymbol{\varphi}_{\mathrm{nc}}^{(\mathrm{u})}$ 渐近服从零均值的高斯分布，因此估计值 $\hat{\boldsymbol{\varphi}}_{\mathrm{nc}}^{(\mathrm{u})}$ 是渐近无偏估计值，并且其均方误差矩阵为

$$
\begin{aligned}
\mathbf{MSE}(\hat{\boldsymbol{\varphi}}_{\mathrm{nc}}^{(\mathrm{u})})&=\mathrm{E}[(\hat{\boldsymbol{\varphi}}_{\mathrm{nc}}^{(\mathrm{u})}-\boldsymbol{\varphi}^{(\mathrm{u})})(\hat{\boldsymbol{\varphi}}_{\mathrm{nc}}^{(\mathrm{u})}-\boldsymbol{\varphi}^{(\mathrm{u})})^{\mathrm{T}}]=\mathrm{E}[\Delta\boldsymbol{\varphi}_{\mathrm{nc}}^{(\mathrm{u})}(\Delta\boldsymbol{\varphi}_{\mathrm{nc}}^{(\mathrm{u})})^{\mathrm{T}}]\\
&=[(\boldsymbol{I}_N\otimes(\boldsymbol{T}_2^{\mathrm{T}}\boldsymbol{W}^{\mathrm{T}}))\boldsymbol{H}_1\bar{\boldsymbol{\Omega}}_{\mathrm{t}}^{-1}\boldsymbol{H}_1^{\mathrm{T}}(\boldsymbol{I}_N\otimes(\boldsymbol{W}\boldsymbol{T}_2))]^{-1}(\boldsymbol{I}_N\otimes(\boldsymbol{T}_2^{\mathrm{T}}\boldsymbol{W}^{\mathrm{T}}))\boldsymbol{H}_1\bar{\boldsymbol{\Omega}}_{\mathrm{t}}^{-1}\boldsymbol{H}_1^{\mathrm{T}}\cdot\mathrm{E}[\boldsymbol{\delta}_{\mathrm{t}}\boldsymbol{\delta}_{\mathrm{t}}^{\mathrm{T}}]\\
&\quad\times\boldsymbol{H}_1\bar{\boldsymbol{\Omega}}_{\mathrm{t}}^{-1}\boldsymbol{H}_1^{\mathrm{T}}(\boldsymbol{I}_N\otimes(\boldsymbol{W}\boldsymbol{T}_2))[(\boldsymbol{I}_N\otimes(\boldsymbol{T}_2^{\mathrm{T}}\boldsymbol{W}^{\mathrm{T}}))\boldsymbol{H}_1\bar{\boldsymbol{\Omega}}_{\mathrm{t}}^{-1}\boldsymbol{H}_1^{\mathrm{T}}(\boldsymbol{I}_N\otimes(\boldsymbol{W}\boldsymbol{T}_2))]^{-1}\\
&=[(\boldsymbol{I}_N\otimes(\boldsymbol{T}_2^{\mathrm{T}}\boldsymbol{W}^{\mathrm{T}}))\boldsymbol{H}_1\bar{\boldsymbol{\Omega}}_{\mathrm{t}}^{-1}\boldsymbol{H}_1^{\mathrm{T}}(\boldsymbol{I}_N\otimes(\boldsymbol{W}\boldsymbol{T}_2))]^{-1}
\end{aligned}
\tag{13.46}
$$

【注记 13.5】式（13.45）表明，在一阶误差分析理论框架下，矩阵 $\hat{\bar{\boldsymbol{\Omega}}}_{\mathrm{t}}^{-1}$ 中的扰动误差 $\Delta\boldsymbol{\Xi}_{\mathrm{t}}$ 并不会实质影响估计值 $\hat{\boldsymbol{\varphi}}_{\mathrm{nc}}^{(\mathrm{u})}$ 的统计性能。

下面证明估计值 $\hat{\boldsymbol{\varphi}}_{\mathrm{nc}}^{(\mathrm{u})}$ 具有渐近最优性，也就是证明其估计均方误差矩阵可以渐近逼近相应的克拉美罗界，具体可见如下命题。

【命题 13.2】在一阶误差分析理论框架下，$\mathbf{MSE}(\hat{\boldsymbol{\varphi}}_{\mathrm{nc}}^{(\mathrm{u})})=\mathbf{CRB}_{\text{toa-p}}(\boldsymbol{\varphi}^{(\mathrm{u})})$。

【证明】首先根据命题 3.1 可知[①]

$$
\mathbf{CRB}_{\text{toa-p}}(\boldsymbol{\varphi}^{(\mathrm{u})})=\left[\left(\frac{\partial\boldsymbol{f}_{\mathrm{toa}}(\boldsymbol{\varphi}^{(\mathrm{u})})}{\partial\boldsymbol{\varphi}^{(\mathrm{u})\mathrm{T}}}\right)^{\mathrm{T}}\boldsymbol{E}_{\mathrm{t}}^{-1}\frac{\partial\boldsymbol{f}_{\mathrm{toa}}(\boldsymbol{\varphi}^{(\mathrm{u})})}{\partial\boldsymbol{\varphi}^{(\mathrm{u})\mathrm{T}}}\right]^{-1}
\tag{13.47}
$$

式中

$$
\frac{\partial\boldsymbol{f}_{\mathrm{toa}}(\boldsymbol{\varphi}^{(\mathrm{u})})}{\partial\boldsymbol{\varphi}^{(\mathrm{u})\mathrm{T}}}=\begin{bmatrix}\dfrac{\partial\boldsymbol{f}_{\mathrm{toa}}^{(\mathrm{ua})}(\boldsymbol{\varphi}^{(\mathrm{u})})}{\partial\boldsymbol{\varphi}^{(\mathrm{u})\mathrm{T}}}\\[2ex]\dfrac{\partial\boldsymbol{f}_{\mathrm{toa}}^{(\mathrm{uu})}(\boldsymbol{\varphi}^{(\mathrm{u})})}{\partial\boldsymbol{\varphi}^{(\mathrm{u})\mathrm{T}}}\end{bmatrix}\in\mathbf{R}^{[MN+N(N-1)/2]\times 2N}
\tag{13.48}
$$

然后将式（13.39）代入式（13.46）中可得

① 虽然命题 3.1 是针对辐射源定位的克拉美罗界，但是其同样适用于源节点定位的场景。

$$\begin{aligned}\mathbf{MSE}(\hat{\boldsymbol{\varphi}}_{\mathrm{nc}}^{(\mathrm{u})})&=[(\boldsymbol{I}_N\otimes(\boldsymbol{T}_2^{\mathrm{T}}\boldsymbol{W}^{\mathrm{T}}))\boldsymbol{H}_1(\boldsymbol{\Sigma}_1\boldsymbol{V}^{\mathrm{T}}\boldsymbol{E}_{\mathrm{t}}\boldsymbol{V}\boldsymbol{\Sigma}_1^{\mathrm{T}})^{-1}\boldsymbol{H}_1^{\mathrm{T}}(\boldsymbol{I}_N\otimes(\boldsymbol{W}\boldsymbol{T}_2))]^{-1}\\&=[(\boldsymbol{I}_N\otimes(\boldsymbol{T}_2^{\mathrm{T}}\boldsymbol{W}^{\mathrm{T}}))\boldsymbol{H}_1\boldsymbol{\Sigma}_1^{-\mathrm{T}}\boldsymbol{V}^{-1}\boldsymbol{E}_{\mathrm{t}}^{-1}\boldsymbol{V}^{-\mathrm{T}}\boldsymbol{\Sigma}_1^{-1}\boldsymbol{H}_1^{\mathrm{T}}(\boldsymbol{I}_N\otimes(\boldsymbol{W}\boldsymbol{T}_2))]^{-1}\end{aligned} \tag{13.49}$$

对比式（13.47）和式（13.49）可知，下面仅需要证明

$$\frac{\partial \boldsymbol{f}_{\mathrm{toa}}(\boldsymbol{\varphi}^{(\mathrm{u})})}{\partial \boldsymbol{\varphi}^{(\mathrm{u})\mathrm{T}}}=-\boldsymbol{V}^{-\mathrm{T}}\boldsymbol{\Sigma}_1^{-1}\boldsymbol{H}_1^{\mathrm{T}}(\boldsymbol{I}_N\otimes(\boldsymbol{W}\boldsymbol{T}_2)) \tag{13.50}$$

考虑等式 $\boldsymbol{W}\boldsymbol{Z}(\boldsymbol{\varphi}^{(\mathrm{u})})=\boldsymbol{W}\boldsymbol{T}\begin{bmatrix}\boldsymbol{I}_N\\ \boldsymbol{\Phi}^{(\mathrm{u})}\end{bmatrix}=\boldsymbol{W}\boldsymbol{T}_1+\boldsymbol{W}\boldsymbol{T}_2\boldsymbol{\Phi}^{(\mathrm{u})}=\boldsymbol{O}_{K\times N}$，利用向量化算子 $\mathrm{vec}(\cdot)$ 将该等式两边向量化，并利用命题 2.10 可得

$$\mathrm{vec}(\boldsymbol{W}\boldsymbol{Z}(\boldsymbol{\varphi}^{(\mathrm{u})}))=\mathrm{vec}(\boldsymbol{W}\boldsymbol{T}_1)+(\boldsymbol{I}_N\otimes(\boldsymbol{W}\boldsymbol{T}_2))\boldsymbol{\varphi}^{(\mathrm{u})}=\boldsymbol{O}_{KN\times 1} \tag{13.51}$$

将式（13.51）两边对向量 $\boldsymbol{\varphi}^{(\mathrm{u})}$ 求导可得

$$\begin{aligned}&\boldsymbol{I}_N\otimes(\boldsymbol{W}\boldsymbol{T}_2)+\frac{\partial\mathrm{vec}(\boldsymbol{W}\boldsymbol{Z}(\boldsymbol{\varphi}^{(\mathrm{u})}))}{\partial \boldsymbol{r}^{\mathrm{T}}}\frac{\partial \boldsymbol{r}}{\partial \boldsymbol{\varphi}^{(\mathrm{u})\mathrm{T}}}\\&=\boldsymbol{I}_N\otimes(\boldsymbol{W}\boldsymbol{T}_2)+\boldsymbol{B}_{\mathrm{t}}(\boldsymbol{\varphi}^{(\mathrm{u})})\frac{\partial \boldsymbol{f}_{\mathrm{toa}}(\boldsymbol{\varphi}^{(\mathrm{u})})}{\partial \boldsymbol{\varphi}^{(\mathrm{u})\mathrm{T}}}=\boldsymbol{O}_{KN\times 2N}\end{aligned} \tag{13.52}$$

再用矩阵 $\boldsymbol{H}_1^{\mathrm{T}}$ 左乘以式（13.52）两边可得

$$\begin{aligned}&\boldsymbol{H}_1^{\mathrm{T}}(\boldsymbol{I}_N\otimes(\boldsymbol{W}\boldsymbol{T}_2))+\boldsymbol{H}_1^{\mathrm{T}}\boldsymbol{B}_{\mathrm{t}}(\boldsymbol{\varphi}^{(\mathrm{u})})\frac{\partial \boldsymbol{f}_{\mathrm{toa}}(\boldsymbol{\varphi}^{(\mathrm{u})})}{\partial \boldsymbol{\varphi}^{(\mathrm{u})\mathrm{T}}}\\&=\boldsymbol{H}_1^{\mathrm{T}}(\boldsymbol{I}_N\otimes(\boldsymbol{W}\boldsymbol{T}_2))+\boldsymbol{\Sigma}_1\boldsymbol{V}^{\mathrm{T}}\frac{\partial \boldsymbol{f}_{\mathrm{toa}}(\boldsymbol{\varphi}^{(\mathrm{u})})}{\partial \boldsymbol{\varphi}^{(\mathrm{u})\mathrm{T}}}=\boldsymbol{O}_{[MN+N(N-1)/2]\times 2N}\end{aligned} \tag{13.53}$$

由式（13.53）可知式（13.50）成立。证毕。

13.6 仿真实验

考虑两种无线传感网节点定位场景，其中的节点位置分布如图 13.2 所示，图中“□”表示锚节点，“+”表示源节点，距离观测误差 $\boldsymbol{\varepsilon}_{\mathrm{t}}$ 服从均值为零、协方差矩阵为 $\boldsymbol{E}_{\mathrm{t}}=\sigma_{\mathrm{t}}^2\boldsymbol{I}_{MN+N(N-1)/2}$ 的高斯分布。

首先将标准差 σ_{t} 设为 $\sigma_{\mathrm{t}}=1$，并观察图 13.2 中源节点 A 和源节点 B 的定位结果，图 13.3 给出了单个源节点定位结果散布图与定位误差椭圆曲线；图 13.4 给出了单个源节点定位结果散布图与误差概率圆环曲线。

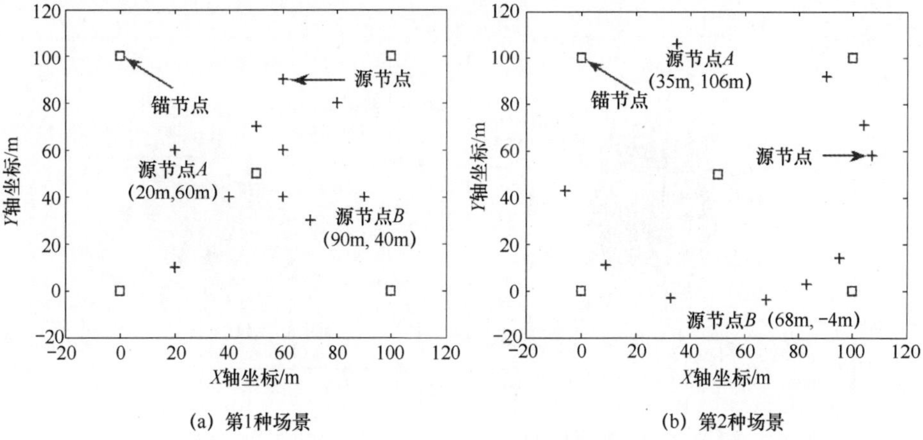

图 13.2 无线传感网节点位置分布图

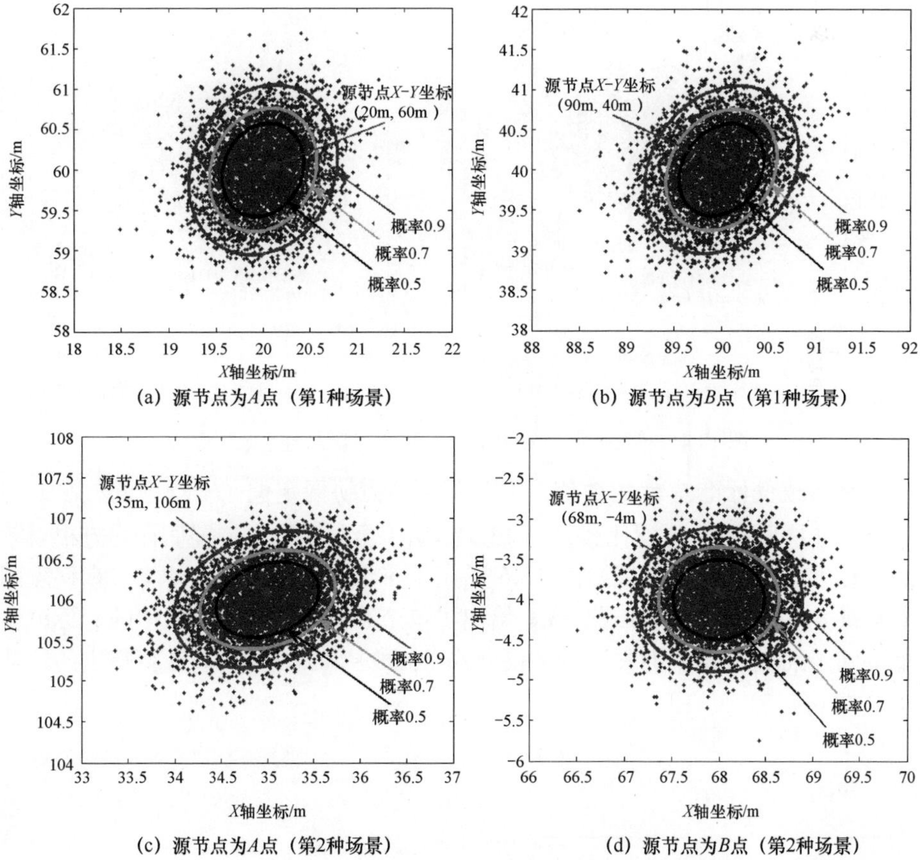

图 13.3 单个源节点定位结果散布图与定位误差椭圆曲线

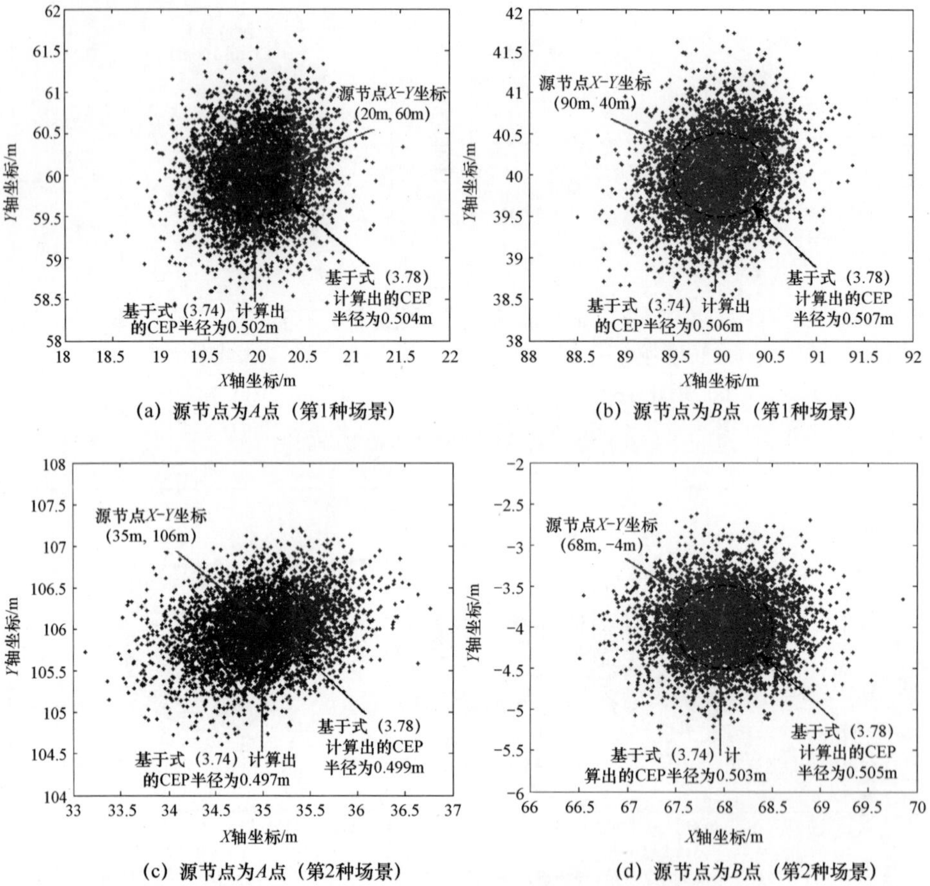

图 13.4　单个源节点定位结果散布图与误差概率圆环曲线

然后改变标准差 σ_t 的数值，并且将源节点协同定位（本章中的方法）与源节点非协同定位[①]进行比较，图 13.5 给出了全部源节点位置估计均方根误差随着标准差 σ_t 的变化曲线；图 13.6 给出了单个源节点位置估计均方根误差随着标准差 σ_t 的变化曲线；图 13.7 给出了单个源节点定位成功概率随着标准差 σ_t 的变化曲线（图中的理论值是根据式（3.29）和式（3.36）计算得出的，其中 $\delta = 1\text{m}$）。

① 这里的非协同定位是指未利用源节点之间的距离观测量 $\hat{\boldsymbol{r}}^{(\text{uu})}$，并基于 4.3 节中的方法对单个源节点进行定位。

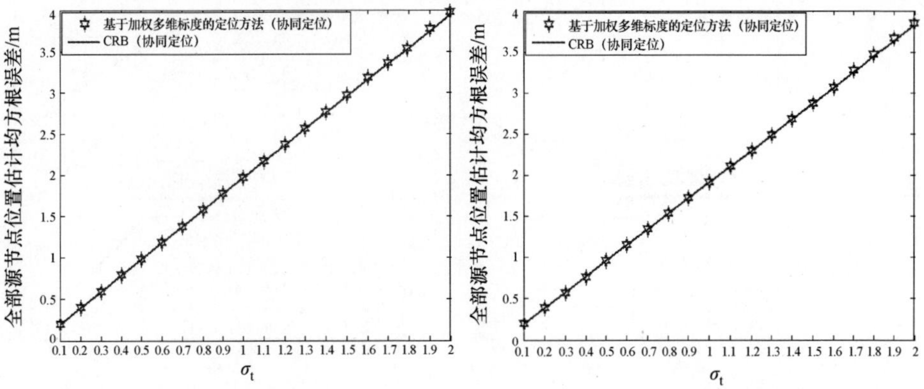

(a) 第1种场景　　(b) 第2种场景

图 13.5　全部源节点位置估计均方根误差随着标准差 σ_t 的变化曲线

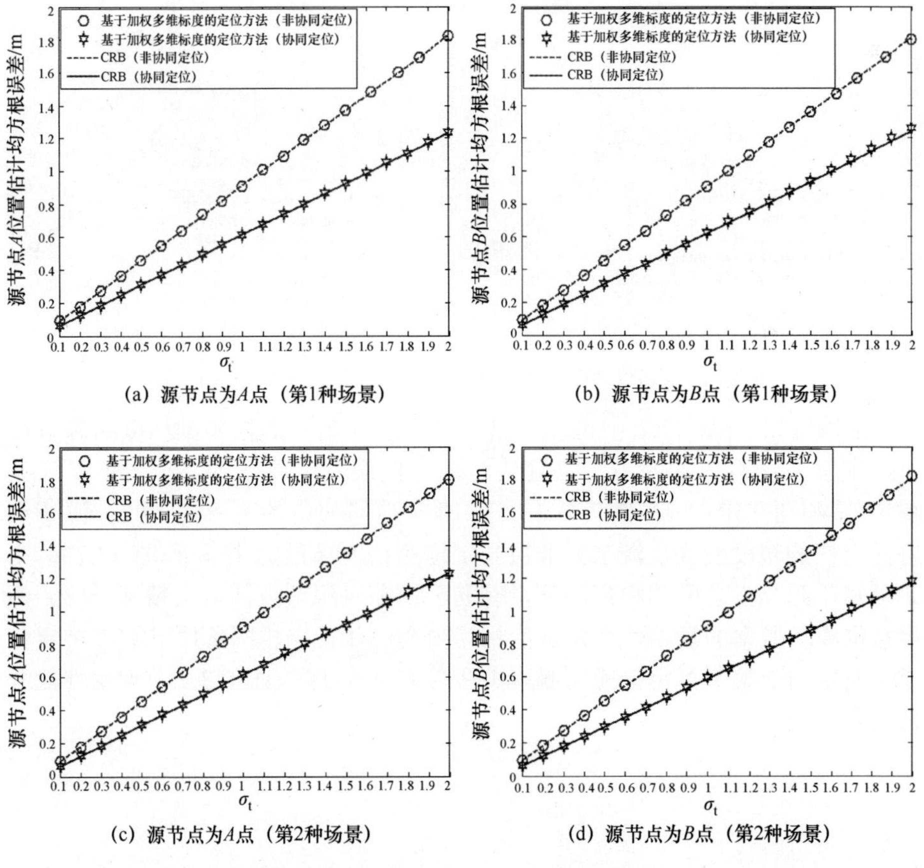

(a) 源节点为A点（第1种场景）　　(b) 源节点为B点（第1种场景）

(c) 源节点为A点（第2种场景）　　(d) 源节点为B点（第2种场景）

图 13.6　单个源节点位置估计均方根误差随着标准差 σ_t 的变化曲线

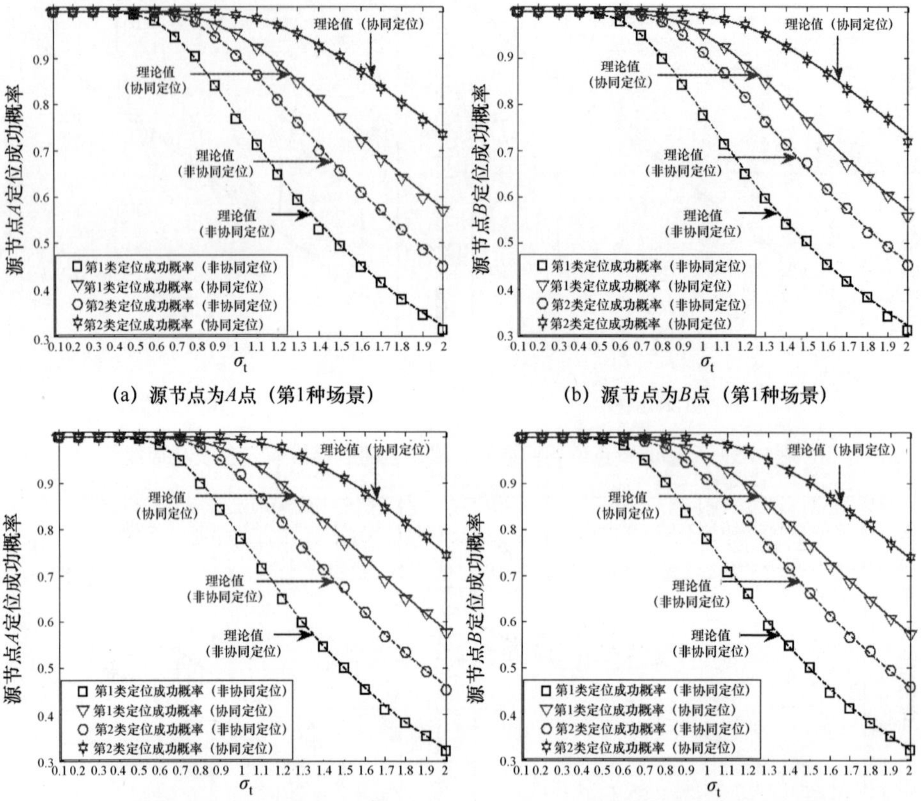

(a) 源节点为A点（第1种场景）　(b) 源节点为B点（第1种场景）

(c) 源节点为A点（第2种场景）　(d) 源节点为B点（第2种场景）

图 13.7　单个源节点定位成功概率随着标准差 σ_t 的变化曲线

从图 13.5～图 13.7 中可以看出：（1）通过基于加权多维标度的源节点协同定位方法得出的源节点位置估计均方根误差可以达到克拉美罗界（见图 13.5 和图 13.6），这验证了 13.5 节理论性能分析的有效性；（2）源节点协同定位的精度要高于源节点非协同定位的精度（见图 13.6 和图 13.7），由此可知，源节点之间的距离观测量有助于提高对源节点的定位精度；（3）两类定位成功概率的理论值和仿真值相互吻合，并且在相同条件下第 2 类定位成功概率高于第 1 类定位成功概率（见图 13.7），这验证了 3.2 节理论性能分析的有效性。

第 14 章 面向无线传感网节点定位的加权多维标度 RSS 定位方法

本章将描述面向无线传感网节点定位的加权多维标度 RSS 定位原理和方法。与第 6 章中的加权多维标度定位方法不同的是，本章中的定位方法利用了源节点之间的 RSS 信息，能够对多个源节点进行协同定位，从而能够提高定位精度。由于 RSS 观测量可以转化为距离平方观测量，因此本章中的标量积矩阵的构造方式与第 13 章中的构造方式类似，只是加权矩阵的表达式有所差异。此外，本章还基于不含等式约束的一阶误差分析方法，对这两种定位方法的理论性能进行数学分析，并证明它们的定位精度均能逼近相应的克拉美罗界。

14.1 RSS 观测模型与问题描述

考虑某无线传感网络，网络中共包含两类节点：第 1 类节点的位置向量是精确已知的（可称为锚节点）；第 2 类节点的位置向量是未知的（可称为源节点）。锚节点的个数为 M（$M \geqslant 3$），其中第 m 个锚节点的位置向量为 $\boldsymbol{s}_m^{(\mathrm{a})}=[x_m^{(\mathrm{a})}\ \ y_m^{(\mathrm{a})}]^{\mathrm{T}}$（$1 \leqslant m \leqslant M$）；源节点的个数为 N，其中第 n 个源节点的位置向量为 $\boldsymbol{s}_n^{(\mathrm{u})}=[x_n^{(\mathrm{u})}\ \ y_n^{(\mathrm{u})}]^{\mathrm{T}}$（$1 \leqslant n \leqslant N$）。下面利用全部节点之间的 RSS 观测量对 N 个源节点进行定位。

用于源节点定位的 RSS 观测量共包含两大类：第 1 类是锚节点与源节点之间的 RSS 观测量；第 2 类是源节点之间的 RSS 观测量。首先考虑第 1 类 RSS 观测量，将第 n 个源节点与第 m 个锚节点之间的 RSS 记为 $P_{nm}^{(\mathrm{ua})}$，它可以表示为

$$P_{nm}^{(\mathrm{ua})}=P_0-10\alpha\log_{10}\left(\frac{r_{nm}^{(\mathrm{ua})}}{r_0}\right)+\varepsilon_{\mathrm{t}nm}^{(\mathrm{ua})}\quad(1 \leqslant n \leqslant N;1 \leqslant m \leqslant M) \tag{14.1}$$

式中，$r_{nm}^{(\mathrm{ua})}=\|\boldsymbol{s}_n^{(\mathrm{u})}-\boldsymbol{s}_m^{(\mathrm{a})}\|_2$，表示第$n$个源节点与第$m$个锚节点之间的距离；$P_0$表示在参考距离$r_0$处的功率；$\alpha$表示路径损耗因子，其数值随着环境而改变，取值通常在 1～5 之间；$\varepsilon_{\mathrm{t}nm}^{(\mathrm{ua})}$表示阴影衰落，它服从相互独立的零均值高斯分布，并且方差为$(\sigma_{nm}^{(\mathrm{ua})})^2$。不失一般性，可以将参考距离设为$r_0=1\,\mathrm{m}$，此时式（14.1）可以简化为

$$P_{nm}^{(\mathrm{ua})}=P_0-10\alpha\log_{10}(r_{nm}^{(\mathrm{ua})})+\varepsilon_{\mathrm{t}nm}^{(\mathrm{ua})}\quad(1\leqslant n\leqslant N;1\leqslant m\leqslant M)\tag{14.2}$$

这里假设参考功率P_0和路径损耗因子α均为已知量。显然，第 1 类 RSS 观测量共包含MN个值，写成向量形式可得

$$\boldsymbol{P}^{(\mathrm{ua})}=\boldsymbol{1}_{NM\times 1}P_0-\begin{bmatrix}\log_{10}(r_{11}^{(\mathrm{ua})})\\ \log_{10}(r_{12}^{(\mathrm{ua})})\\ \vdots\\ \log_{10}(r_{N,M-1}^{(\mathrm{ua})})\\ \log_{10}(r_{NM}^{(\mathrm{ua})})\end{bmatrix}10\alpha+\begin{bmatrix}\varepsilon_{\mathrm{t}11}^{(\mathrm{ua})}\\ \varepsilon_{\mathrm{t}12}^{(\mathrm{ua})}\\ \vdots\\ \varepsilon_{\mathrm{t}N,M-1}^{(\mathrm{ua})}\\ \varepsilon_{\mathrm{t}NM}^{(\mathrm{ua})}\end{bmatrix}=\boldsymbol{f}_{\mathrm{rss}}^{(\mathrm{ua})}(\boldsymbol{\varphi}^{(\mathrm{u})})+\boldsymbol{\varepsilon}_{\mathrm{t}}^{(\mathrm{ua})}\tag{14.3}$$

式中

$$\begin{cases}\boldsymbol{f}_{\mathrm{rss}}^{(\mathrm{ua})}(\boldsymbol{\varphi}^{(\mathrm{u})})=\boldsymbol{1}_{MN\times 1}P_0-[\log_{10}(r_{11}^{(\mathrm{ua})})\ \ \log_{10}(r_{12}^{(\mathrm{ua})})\ \ \cdots\ \ \log_{10}(r_{N,M-1}^{(\mathrm{ua})})\ \ \log_{10}(r_{NM}^{(\mathrm{ua})})]^{\mathrm{T}}10\alpha\\ \boldsymbol{P}^{(\mathrm{ua})}=[P_{11}^{(\mathrm{ua})}\ \ P_{12}^{(\mathrm{ua})}\ \ \cdots\ \ P_{N,M-1}^{(\mathrm{ua})}\ \ P_{NM}^{(\mathrm{ua})}]^{\mathrm{T}}\ ,\ \boldsymbol{\varphi}^{(\mathrm{u})}=[\boldsymbol{s}_1^{(\mathrm{u})\mathrm{T}}\ \ \boldsymbol{s}_2^{(\mathrm{u})\mathrm{T}}\ \ \cdots\ \ \boldsymbol{s}_N^{(\mathrm{u})\mathrm{T}}]^{\mathrm{T}}\\ \boldsymbol{\varepsilon}_{\mathrm{t}}^{(\mathrm{ua})}=[\varepsilon_{\mathrm{t}11}^{(\mathrm{ua})}\ \ \varepsilon_{\mathrm{t}12}^{(\mathrm{ua})}\ \ \cdots\ \ \varepsilon_{\mathrm{t}N,M-1}^{(\mathrm{ua})}\ \ \varepsilon_{\mathrm{t}NM}^{(\mathrm{ua})}]^{\mathrm{T}}\end{cases}\tag{14.4}$$

这里将$\boldsymbol{\varphi}^{(\mathrm{u})}$称为全部源节点的位置向量。接着考虑第 2 类 RSS 观测量，将第n_1个源节点与第n_2（$n_2>n_1$）个源节点之间的 RSS 记为$P_{n_1n_2}^{(\mathrm{uu})}$，它同样可以表示为

$$P_{n_1n_2}^{(\mathrm{uu})}=P_0-10\alpha\log_{10}(r_{n_1n_2}^{(\mathrm{uu})})+\varepsilon_{\mathrm{t}n_1n_2}^{(\mathrm{uu})}\quad(1\leqslant n_1<n_2\leqslant N)\tag{14.5}$$

式中，$r_{n_1n_2}^{(\mathrm{uu})}=\|\boldsymbol{s}_{n_1}^{(\mathrm{u})}-\boldsymbol{s}_{n_2}^{(\mathrm{u})}\|_2$，表示第$n_1$个源节点与第$n_2$（$n_2>n_1$）个源节点之间的距离；$\varepsilon_{\mathrm{t}n_1n_2}^{(\mathrm{uu})}$表示阴影衰落，它服从相互独立的零均值高斯分布，并且方差为$(\sigma_{n_1n_2}^{(\mathrm{uu})})^2$。显然，第 2 类 RSS 观测量共包含$N(N-1)/2$个值，写成向量形式可得

$$\boldsymbol{P}^{(\mathrm{uu})}=\boldsymbol{1}_{N(N-1)/2\times 1}P_0-\begin{bmatrix}\log_{10}(r_{12}^{(\mathrm{uu})})\\ \log_{10}(r_{13}^{(\mathrm{uu})})\\ \vdots\\ \log_{10}(r_{N-2,N}^{(\mathrm{uu})})\\ \log_{10}(r_{N-1,N}^{(\mathrm{uu})})\end{bmatrix}10\alpha+\begin{bmatrix}\varepsilon_{\mathrm{t}12}^{(\mathrm{uu})}\\ \varepsilon_{\mathrm{t}13}^{(\mathrm{uu})}\\ \vdots\\ \varepsilon_{\mathrm{t}N-2,N}^{(\mathrm{uu})}\\ \varepsilon_{\mathrm{t}N-1,N}^{(\mathrm{uu})}\end{bmatrix}=\boldsymbol{f}_{\mathrm{rss}}^{(\mathrm{uu})}(\boldsymbol{\varphi}^{(\mathrm{u})})+\boldsymbol{\varepsilon}_{\mathrm{t}}^{(\mathrm{uu})}\tag{14.6}$$

式中

$$\begin{cases}\boldsymbol{f}_{\mathrm{rss}}^{(\mathrm{uu})}(\boldsymbol{\varphi}^{(\mathrm{u})})=\boldsymbol{I}_{N(N-1)/2\times 1}P_0-[\log_{10}(r_{12}^{(\mathrm{uu})})\ \log_{10}(r_{13}^{(\mathrm{uu})})\ \cdots\ \log_{10}(r_{N-2,N}^{(\mathrm{uu})})\ \log_{10}(r_{N-1,N}^{(\mathrm{uu})})]^{\mathrm{T}}10\alpha \\ \boldsymbol{P}^{(\mathrm{uu})}=[P_{12}^{(\mathrm{uu})}\ P_{13}^{(\mathrm{uu})}\ \cdots\ P_{N-2,N}^{(\mathrm{uu})}\ P_{N-1,N}^{(\mathrm{uu})}]^{\mathrm{T}}\ ,\ \boldsymbol{\varepsilon}_{\mathrm{t}}^{(\mathrm{uu})}=[\varepsilon_{\mathrm{t}12}^{(\mathrm{uu})}\ \varepsilon_{\mathrm{t}13}^{(\mathrm{uu})}\ \cdots\ \varepsilon_{\mathrm{t}N-2,N}^{(\mathrm{uu})}\ \varepsilon_{\mathrm{t}N-1,N}^{(\mathrm{uu})}]^{\mathrm{T}}\end{cases} \tag{14.7}$$

将式（14.3）和式（14.6）进行合并可得

$$\boldsymbol{P}=\boldsymbol{f}_{\mathrm{rss}}(\boldsymbol{\varphi}^{(\mathrm{u})})+\boldsymbol{\varepsilon}_{\mathrm{t}} \tag{14.8}$$

式中

$$\begin{cases}\boldsymbol{f}_{\mathrm{rss}}(\boldsymbol{\varphi}^{(\mathrm{u})})=[(\boldsymbol{f}_{\mathrm{rss}}^{(\mathrm{ua})}(\boldsymbol{\varphi}^{(\mathrm{u})}))^{\mathrm{T}}\ \ (\boldsymbol{f}_{\mathrm{rss}}^{(\mathrm{uu})}(\boldsymbol{\varphi}^{(\mathrm{u})}))^{\mathrm{T}}]^{\mathrm{T}} \\ \boldsymbol{P}=[\boldsymbol{P}^{(\mathrm{ua})\mathrm{T}}\ \ \boldsymbol{P}^{(\mathrm{uu})\mathrm{T}}]^{\mathrm{T}}\ ,\ \boldsymbol{\varepsilon}_{\mathrm{t}}=[\boldsymbol{\varepsilon}_{\mathrm{t}}^{(\mathrm{ua})\mathrm{T}}\ \ \boldsymbol{\varepsilon}_{\mathrm{t}}^{(\mathrm{uu})\mathrm{T}}]^{\mathrm{T}}\end{cases} \tag{14.9}$$

这里假设观测误差向量 $\boldsymbol{\varepsilon}_{\mathrm{t}}$ 服从零均值的高斯分布，并且其协方差矩阵为 $\boldsymbol{E}_{\mathrm{t}}=\mathrm{E}[\boldsymbol{\varepsilon}_{\mathrm{t}}\boldsymbol{\varepsilon}_{\mathrm{t}}^{\mathrm{T}}]=\mathrm{blkdiag}\{\boldsymbol{E}_{\mathrm{t}}^{(\mathrm{ua})},\boldsymbol{E}_{\mathrm{t}}^{(\mathrm{uu})}\}$，其中 $\boldsymbol{E}_{\mathrm{t}}^{(\mathrm{ua})}=\mathrm{E}[\boldsymbol{\varepsilon}_{\mathrm{t}}^{(\mathrm{ua})}\boldsymbol{\varepsilon}_{\mathrm{t}}^{(\mathrm{ua})\mathrm{T}}]=\mathrm{diag}[(\sigma_{11}^{(\mathrm{ua})})^2\ (\sigma_{12}^{(\mathrm{ua})})^2\cdots(\sigma_{N,M-1}^{(\mathrm{ua})})^2\ (\sigma_{NM}^{(\mathrm{ua})})^2]$，$\boldsymbol{E}_{\mathrm{t}}^{(\mathrm{uu})}=\mathrm{E}[\boldsymbol{\varepsilon}_{\mathrm{t}}^{(\mathrm{uu})}\boldsymbol{\varepsilon}_{\mathrm{t}}^{(\mathrm{uu})\mathrm{T}}]=\mathrm{diag}[(\sigma_{12}^{(\mathrm{uu})})^2\ (\sigma_{13}^{(\mathrm{uu})})^2\cdots(\sigma_{N-2,N}^{(\mathrm{uu})})^2\ (\sigma_{N-1,N}^{(\mathrm{uu})})^2]$。

下面的问题在于：如何利用 RSS 观测向量 $\boldsymbol{P}$，尽可能准确地估计全部源节点位置向量 $\boldsymbol{\varphi}^{(\mathrm{u})}$。本章首先利用观测向量 $\boldsymbol{P}$ 获得关于距离平方的无偏估计值，然后基于多维标度原理给出相应的定位方法。

【注记 14.1】 当 $N=1$ 时（即源节点个数仅为 1），本节中的观测模型与 6.1 节中的观测模型是完全相同的。

【注记 14.2】 与第 13 章类似，由于上述观测模型中包含了源节点之间的 RSS 观测量 $\boldsymbol{P}^{(\mathrm{uu})}$，因此本章中的定位方法同样可以看作对多个源节点进行协同定位。

14.2　距离平方的无偏估计值

由于标量积矩阵的构造需要距离平方值，因此下面将基于上述观测模型给出距离平方的无偏估计值。基于 6.2 节中的讨论可以得到如下一系列结论。

【命题 14.1】 第 n 个源节点与第 m 个锚节点之间的距离平方 $(r_{nm}^{(\mathrm{ua})})^2$ 的无偏估计值为

$$(\hat{r}_{nm}^{(\mathrm{ua})})^2=\exp\left\{-\frac{2\overline{P}_{nm0}^{(\mathrm{ua})}}{\alpha}-\frac{2(\lambda_{nm}^{(\mathrm{ua})})^2}{\alpha^2}\right\}\quad(1\leqslant n\leqslant N;1\leqslant m\leqslant M) \tag{14.10}$$

式中，$\overline{P}_{nm0}^{(\mathrm{ua})}=0.1\ln(10)(P_{nm}^{(\mathrm{ua})}-P_0)$，$(\lambda_{nm}^{(\mathrm{ua})})^2=(0.1\ln(10))^2(\sigma_{nm}^{(\mathrm{ua})})^2$。

【命题 14.2】 将第 n 个源节点与第 m 个锚节点之间的距离平方 $(r_{nm}^{(\mathrm{ua})})^2$ 的无偏

估计值$(\hat{r}_{nm}^{(\mathrm{ua})})^2$中的估计误差记为$\Delta\tau_{nm}^{(\mathrm{ua})}=(\hat{r}_{nm}^{(\mathrm{ua})})^2-(r_{nm}^{(\mathrm{ua})})^2$，则其均值为零，方差为

$$\mathrm{var}(\Delta\tau_{nm}^{(\mathrm{ua})})=\mathrm{E}[(\Delta\tau_{nm}^{(\mathrm{ua})})^2]=(r_{nm}^{(\mathrm{ua})})^4\left(\exp\left\{\frac{4(\lambda_{nm}^{(\mathrm{ua})})^2}{\alpha^2}\right\}-1\right) \tag{14.11}$$

【命题 14.3】 第n_1个源节点与第n_2（$n_2>n_1$）个源节点之间的距离平方$(r_{n_1n_2}^{(\mathrm{uu})})^2$的无偏估计值为

$$(\hat{r}_{n_1n_2}^{(\mathrm{uu})})^2=\exp\left\{-\frac{2\overline{P}_{n_1n_2 0}^{(\mathrm{uu})}}{\alpha}-\frac{2(\lambda_{n_1n_2}^{(\mathrm{uu})})^2}{\alpha^2}\right\}\quad(1\leqslant n_1<n_2\leqslant N) \tag{14.12}$$

式中，$\overline{P}_{n_1n_2 0}^{(\mathrm{uu})}=0.1\ln(10)(P_{n_1n_2}^{(\mathrm{uu})}-P_0)$，$(\lambda_{n_1n_2}^{(\mathrm{uu})})^2=(0.1\ln(10))^2(\sigma_{n_1n_2}^{(\mathrm{uu})})^2$。

【命题 14.4】 将第n_1个源节点与第n_2（$n_2>n_1$）个源节点之间的距离平方$(r_{n_1n_2}^{(\mathrm{uu})})^2$的无偏估计值$(\hat{r}_{n_1n_2}^{(\mathrm{uu})})^2$中的估计误差记为$\Delta\tau_{n_1n_2}^{(\mathrm{uu})}=(\hat{r}_{n_1n_2}^{(\mathrm{uu})})^2-(r_{n_1n_2}^{(\mathrm{uu})})^2$，则其均值为零，方差为

$$\mathrm{var}(\Delta\tau_{n_1n_2}^{(\mathrm{uu})})=\mathrm{E}[(\Delta\tau_{n_1n_2}^{(\mathrm{uu})})^2]=(r_{n_1n_2}^{(\mathrm{uu})})^4\left(\exp\left\{\frac{4(\lambda_{n_1n_2}^{(\mathrm{uu})})^2}{\alpha^2}\right\}-1\right) \tag{14.13}$$

命题 14.1 和命题 14.3 的证明与命题 6.1 的证明类似，命题 14.2 和命题 14.4 的证明与命题 6.2 的证明类似，限于篇幅这里不再赘述。

【注记 14.3】 由于$\{\varepsilon_{\mathrm{t}nm}^{(\mathrm{ua})}\}_{1\leqslant n\leqslant N;1\leqslant m\leqslant M}$与$\{\varepsilon_{\mathrm{t}n_1n_2}^{(\mathrm{uu})}\}_{1\leqslant n_1<n_2\leqslant N}$相互间统计独立，因此估计误差$\{\Delta\tau_{nm}^{(\mathrm{ua})}\}_{1\leqslant n\leqslant N;1\leqslant m\leqslant M}$与$\{\Delta\tau_{n_1n_2}^{(\mathrm{uu})}\}_{1\leqslant n_1<n_2\leqslant N}$相互间也统计独立。若令$\Delta\boldsymbol{\tau}=[(\Delta\boldsymbol{\tau}^{(\mathrm{ua})})^{\mathrm{T}}\ \ (\Delta\boldsymbol{\tau}^{(\mathrm{uu})})^{\mathrm{T}}]^{\mathrm{T}}$，其中$\Delta\boldsymbol{\tau}^{(\mathrm{ua})}=[\Delta\tau_{11}^{(\mathrm{ua})}\ \ \Delta\tau_{12}^{(\mathrm{ua})}\ \ \cdots\ \ \Delta\tau_{N,M-1}^{(\mathrm{ua})}\ \ \Delta\tau_{NM}^{(\mathrm{ua})}]^{\mathrm{T}}$，$\Delta\boldsymbol{\tau}^{(\mathrm{uu})}=[\Delta\tau_{12}^{(\mathrm{uu})}\ \ \Delta\tau_{13}^{(\mathrm{uu})}\ \ \cdots\Delta\tau_{N-2,N}^{(\mathrm{uu})}\ \ \Delta\tau_{N-1,N}^{(\mathrm{uu})}]^{\mathrm{T}}$，则误差向量$\Delta\boldsymbol{\tau}$的均值为零，协方差矩阵为

$$\mathbf{cov}(\Delta\boldsymbol{\tau})=\mathrm{E}[\Delta\boldsymbol{\tau}(\Delta\boldsymbol{\tau})^{\mathrm{T}}]=\mathrm{blkdiag}\{\mathbf{cov}(\Delta\boldsymbol{\tau}^{(\mathrm{ua})}),\mathbf{cov}(\Delta\boldsymbol{\tau}^{(\mathrm{uu})})\} \tag{14.14}$$

式中

$$\begin{aligned}\mathbf{cov}(\Delta\boldsymbol{\tau}^{(\mathrm{ua})})&=\mathrm{E}[\Delta\boldsymbol{\tau}^{(\mathrm{ua})}(\Delta\boldsymbol{\tau}^{(\mathrm{ua})})^{\mathrm{T}}]\\&=\mathrm{diag}\left[(r_{11}^{(\mathrm{ua})})^4\left(\exp\left\{\frac{4(\lambda_{11}^{(\mathrm{ua})})^2}{\alpha^2}\right\}-1\right)\ (r_{12}^{(\mathrm{ua})})^4\left(\exp\left\{\frac{4(\lambda_{12}^{(\mathrm{ua})})^2}{\alpha^2}\right\}-1\right)\ \cdots\ (r_{NM}^{(\mathrm{ua})})^4\right.\\&\quad\left.\times\left(\exp\left\{\frac{4(\lambda_{NM}^{(\mathrm{ua})})^2}{\alpha^2}\right\}-1\right)\right]\end{aligned} \tag{14.15}$$

$$
\begin{aligned}
&\mathbf{cov}(\Delta\boldsymbol{\tau}^{(\mathrm{uu})}) \\
&= \mathrm{E}[\Delta\boldsymbol{\tau}^{(\mathrm{uu})}(\Delta\boldsymbol{\tau}^{(\mathrm{uu})})^{\mathrm{T}}] \\
&= \mathrm{diag}\left[(r_{12}^{(\mathrm{uu})})^4\left(\exp\left\{\frac{4(\lambda_{12}^{(\mathrm{uu})})^2}{\alpha^2}\right\}-1\right)\ (r_{13}^{(\mathrm{uu})})^4\left(\exp\left\{\frac{4(\lambda_{13}^{(\mathrm{uu})})^2}{\alpha^2}\right\}-1\right)\ \cdots\ (r_{N-1,N}^{(\mathrm{uu})})^4\right. \\
&\quad \left.\times\left(\exp\left\{\frac{4(\lambda_{N-1,N}^{(\mathrm{uu})})^2}{\alpha^2}\right\}-1\right)\right]
\end{aligned} \tag{14.16}
$$

14.3　标量积矩阵及其对应的关系式

这里构造的标量积矩阵与 13.2 节中构造的标量积矩阵相同，其表达式为

$$
\boldsymbol{W} = -\frac{1}{2}\boldsymbol{J}_K\boldsymbol{R}_K\boldsymbol{J}_K^{\mathrm{T}} \in \mathbf{R}^{K\times K} \tag{14.17}
$$

式中，$\boldsymbol{J}_K = \boldsymbol{I}_K - \frac{1}{K}\boldsymbol{1}_{K\times K} \in \mathbf{R}^{K\times K}$，其中 $K = M + N$；矩阵 $\boldsymbol{R}_K$ 的表达式为

$$
\boldsymbol{R}_K = \left[\begin{array}{cccc|cccc}
0 & (r_{12}^{(\mathrm{uu})})^2 & \cdots & (r_{1N}^{(\mathrm{uu})})^2 & (r_{11}^{(\mathrm{ua})})^2 & (r_{12}^{(\mathrm{ua})})^2 & \cdots & (r_{1M}^{(\mathrm{ua})})^2 \\
(r_{12}^{(\mathrm{uu})})^2 & 0 & \ddots & \vdots & (r_{21}^{(\mathrm{ua})})^2 & (r_{22}^{(\mathrm{ua})})^2 & \cdots & (r_{2M}^{(\mathrm{ua})})^2 \\
\vdots & \ddots & \ddots & (r_{N-1,N}^{(\mathrm{uu})})^2 & \vdots & \vdots & \ddots & \vdots \\
(r_{1N}^{(\mathrm{uu})})^2 & \cdots & (r_{N-1,N}^{(\mathrm{uu})})^2 & 0 & (r_{N1}^{(\mathrm{ua})})^2 & (r_{N2}^{(\mathrm{ua})})^2 & \cdots & (r_{NM}^{(\mathrm{ua})})^2 \\
\hline
(r_{11}^{(\mathrm{ua})})^2 & (r_{21}^{(\mathrm{ua})})^2 & \cdots & (r_{N1}^{(\mathrm{ua})})^2 & d_{11}^2 & d_{12}^2 & \cdots & d_{1M}^2 \\
(r_{12}^{(\mathrm{ua})})^2 & (r_{22}^{(\mathrm{ua})})^2 & \cdots & (r_{N2}^{(\mathrm{ua})})^2 & d_{12}^2 & d_{22}^2 & \ddots & \vdots \\
\vdots & \vdots & \ddots & \vdots & \vdots & \ddots & \ddots & d_{M-1,M}^2 \\
(r_{1M}^{(\mathrm{ua})})^2 & (r_{2M}^{(\mathrm{ua})})^2 & \cdots & (r_{NM}^{(\mathrm{ua})})^2 & d_{1M}^2 & \cdots & d_{M-1,M}^2 & d_{MM}^2
\end{array}\right] \in \mathbf{R}^{K\times K} \tag{14.18}
$$

其中，$d_{m_1m_2} = \|\boldsymbol{s}_{m_1}^{(\mathrm{a})} - \boldsymbol{s}_{m_2}^{(\mathrm{a})}\|_2\ (1 \leqslant m_1, m_2 \leqslant M)$。

将矩阵 $\boldsymbol{J}_K$ 分块表示为

$$
\boldsymbol{J}_K = \begin{bmatrix} \underbrace{\boldsymbol{J}_K^{(\mathrm{u})}}_{N\times K} \\ \underbrace{\boldsymbol{J}_K^{(\mathrm{a})}}_{M\times K} \end{bmatrix} = \left[\begin{array}{c|c} \underbrace{\boldsymbol{I}_N - \frac{1}{K}\boldsymbol{1}_{N\times N}}_{N\times N} & \underbrace{-\frac{1}{K}\boldsymbol{1}_{N\times M}}_{N\times M} \\ \hline \underbrace{-\frac{1}{K}\boldsymbol{1}_{M\times N}}_{M\times N} & \underbrace{\boldsymbol{I}_M - \frac{1}{K}\boldsymbol{1}_{M\times M}}_{M\times M} \end{array}\right] \tag{14.19}
$$

利用式（13.26）可以直接得到如下关系式：

$$\boldsymbol{O}_{K\times N}=\boldsymbol{W}\bar{\boldsymbol{\Phi}}^{(\mathrm{a})\mathrm{T}}(\bar{\boldsymbol{\Phi}}^{(\mathrm{a})}\bar{\boldsymbol{\Phi}}^{(\mathrm{a})\mathrm{T}})^{-1}\begin{bmatrix}\boldsymbol{I}_N\\ \boldsymbol{\Phi}^{(\mathrm{u})}\end{bmatrix} \tag{14.20}$$

式中

$$\bar{\boldsymbol{\Phi}}^{(\mathrm{a})}=\begin{bmatrix}-\boldsymbol{J}_K^{(\mathrm{u})}\\ \boldsymbol{\Phi}^{(\mathrm{a})}\boldsymbol{J}_K^{(\mathrm{a})}\end{bmatrix}\in\mathbf{R}^{(N+2)\times K}\ ,\ \boldsymbol{\Phi}^{(\mathrm{a})}=[\boldsymbol{s}_1^{(\mathrm{a})}\ \ \boldsymbol{s}_2^{(\mathrm{a})}\ \ \cdots\ \ \boldsymbol{s}_M^{(\mathrm{a})}]\in\mathbf{R}^{2\times M}\ ,$$
$$\boldsymbol{\Phi}^{(\mathrm{u})}=[\boldsymbol{s}_1^{(\mathrm{u})}\ \ \boldsymbol{s}_2^{(\mathrm{u})}\ \ \cdots\ \ \boldsymbol{s}_N^{(\mathrm{u})}]\in\mathbf{R}^{2\times N} \tag{14.21}$$

若定义如下两个矩阵：

$$\boldsymbol{T}=(\bar{\boldsymbol{\Phi}}^{(\mathrm{a})})^{\dagger}=\bar{\boldsymbol{\Phi}}^{(\mathrm{a})\mathrm{T}}(\bar{\boldsymbol{\Phi}}^{(\mathrm{a})}\bar{\boldsymbol{\Phi}}^{(\mathrm{a})\mathrm{T}})^{-1}\in\mathbf{R}^{K\times(N+2)},\ \boldsymbol{Z}(\boldsymbol{\varphi}^{(\mathrm{u})})=\boldsymbol{T}\begin{bmatrix}\boldsymbol{I}_N\\ \boldsymbol{\Phi}^{(\mathrm{u})}\end{bmatrix}\in\mathbf{R}^{K\times N} \tag{14.22}$$

则结合式（14.20）和式（14.22）可得

$$\boldsymbol{O}_{K\times N}=\boldsymbol{W}\boldsymbol{Z}(\boldsymbol{\varphi}^{(\mathrm{u})})=\boldsymbol{W}\boldsymbol{T}\begin{bmatrix}\boldsymbol{I}_N\\ \boldsymbol{\Phi}^{(\mathrm{u})}\end{bmatrix} \tag{14.23}$$

仿照命题 13.1 中的分析可知，式（6.46）是式（14.23）的一种特例。

14.4 定位原理与方法

下面将基于式（14.23）构建确定全部源节点位置向量 $\boldsymbol{\varphi}^{(\mathrm{u})}=\mathrm{vec}(\boldsymbol{\Phi}^{(\mathrm{u})})$ 的估计准则，并且推导其最优解。

14.4.1 一阶误差扰动分析

在实际定位过程中，标量积矩阵 $\boldsymbol{W}$ 的真实值是未知的，因为其中的真实距离平方 $\{(r_{nm}^{(\mathrm{ua})})^2\}_{1\leqslant n\leqslant N;1\leqslant m\leqslant M}$ 和 $\{(r_{n_1n_2}^{(\mathrm{uu})})^2\}_{1\leqslant n_1<n_2\leqslant N}$ 仅能用其无偏估计值 $\{(\hat{r}_{nm}^{(\mathrm{ua})})^2\}_{1\leqslant n\leqslant N;1\leqslant m\leqslant M}$ 和 $\{(\hat{r}_{n_1n_2}^{(\mathrm{uu})})^2\}_{1\leqslant n_1<n_2\leqslant N}$ 来代替，这必然会引入误差。不妨将含有误差的标量积矩阵 $\boldsymbol{W}$ 记为 $\hat{\boldsymbol{W}}$，于是利用式（14.17）和式（14.18）可知，矩阵 $\hat{\boldsymbol{W}}$ 可以表示为

$$\hat{\boldsymbol{W}}=-\frac{1}{2}\boldsymbol{J}_K\left[\begin{array}{cccc|cccc}
0 & (\hat{r}_{12}^{(\mathrm{uu})})^2 & \cdots & (\hat{r}_{1N}^{(\mathrm{uu})})^2 & (\hat{r}_{11}^{(\mathrm{ua})})^2 & (\hat{r}_{12}^{(\mathrm{ua})})^2 & \cdots & (\hat{r}_{1M}^{(\mathrm{ua})})^2\\
(\hat{r}_{12}^{(\mathrm{uu})})^2 & 0 & \ddots & \vdots & (\hat{r}_{21}^{(\mathrm{ua})})^2 & (\hat{r}_{22}^{(\mathrm{ua})})^2 & \cdots & (\hat{r}_{2M}^{(\mathrm{ua})})^2\\
\vdots & \ddots & \ddots & (\hat{r}_{N-1,N}^{(\mathrm{uu})})^2 & \vdots & \vdots & \ddots & \vdots\\
(\hat{r}_{1N}^{(\mathrm{uu})})^2 & \cdots & (\hat{r}_{N-1,N}^{(\mathrm{uu})})^2 & 0 & (\hat{r}_{N1}^{(\mathrm{ua})})^2 & (\hat{r}_{N2}^{(\mathrm{ua})})^2 & \cdots & (\hat{r}_{NM}^{(\mathrm{ua})})^2\\
\hline
(\hat{r}_{11}^{(\mathrm{ua})})^2 & (\hat{r}_{21}^{(\mathrm{ua})})^2 & \cdots & (\hat{r}_{N1}^{(\mathrm{ua})})^2 & d_{11}^2 & d_{12}^2 & \cdots & d_{1M}^2\\
(\hat{r}_{12}^{(\mathrm{ua})})^2 & (\hat{r}_{22}^{(\mathrm{ua})})^2 & \cdots & (\hat{r}_{N2}^{(\mathrm{ua})})^2 & d_{12}^2 & d_{22}^2 & \ddots & \vdots\\
\vdots & \vdots & \ddots & \vdots & \vdots & \ddots & \ddots & d_{M-1,M}^2\\
(\hat{r}_{1M}^{(\mathrm{ua})})^2 & (\hat{r}_{2M}^{(\mathrm{ua})})^2 & \cdots & (\hat{r}_{NM}^{(\mathrm{ua})})^2 & d_{1M}^2 & \cdots & d_{M-1,M}^2 & d_{MM}^2
\end{array}\right]\boldsymbol{J}_K \tag{14.24}$$

基于式（14.23）定义误差矩阵 $\boldsymbol{\Gamma}_{\mathrm{t}}=\hat{\boldsymbol{W}}\boldsymbol{Z}(\boldsymbol{\varphi}^{(\mathrm{u})})$，并由式（14.23）可知

$$\boldsymbol{\Gamma}_{\mathrm{t}}=\hat{\boldsymbol{W}}\boldsymbol{Z}(\boldsymbol{\varphi}^{(\mathrm{u})})=(\boldsymbol{W}+\Delta\boldsymbol{W}_{\mathrm{t}})\boldsymbol{Z}(\boldsymbol{\varphi}^{(\mathrm{u})})=\Delta\boldsymbol{W}_{\mathrm{t}}\boldsymbol{Z}(\boldsymbol{\varphi}^{(\mathrm{u})}) \tag{14.25}$$

式中，$\Delta\boldsymbol{W}_{\mathrm{t}}$ 表示 $\hat{\boldsymbol{W}}$ 中的误差矩阵，即有 $\Delta\boldsymbol{W}_{\mathrm{t}}=\hat{\boldsymbol{W}}-\boldsymbol{W}$，它可以表示为

$$\Delta\boldsymbol{W}_{\mathrm{t}}=-\frac{1}{2}\boldsymbol{J}_K\left[\begin{array}{cccc|cccc}
0 & \Delta\tau_{12}^{(\mathrm{uu})} & \cdots & \Delta\tau_{1N}^{(\mathrm{uu})} & \Delta\tau_{11}^{(\mathrm{ua})} & \Delta\tau_{12}^{(\mathrm{ua})} & \cdots & \Delta\tau_{1M}^{(\mathrm{ua})} \\
\Delta\tau_{12}^{(\mathrm{uu})} & 0 & \ddots & \vdots & \Delta\tau_{21}^{(\mathrm{ua})} & \Delta\tau_{22}^{(\mathrm{ua})} & \cdots & \Delta\tau_{2M}^{(\mathrm{ua})} \\
\vdots & \ddots & \ddots & \Delta\tau_{N-1,N}^{(\mathrm{uu})} & \vdots & \vdots & \ddots & \vdots \\
\Delta\tau_{1N}^{(\mathrm{uu})} & \cdots & \Delta\tau_{N-1,N}^{(\mathrm{uu})} & 0 & \Delta\tau_{N1}^{(\mathrm{ua})} & \Delta\tau_{N2}^{(\mathrm{ua})} & \cdots & \Delta\tau_{NM}^{(\mathrm{ua})} \\
\hline
\Delta\tau_{11}^{(\mathrm{ua})} & \Delta\tau_{21}^{(\mathrm{ua})} & \cdots & \Delta\tau_{N1}^{(\mathrm{ua})} & 0 & 0 & \cdots & 0 \\
\Delta\tau_{12}^{(\mathrm{ua})} & \Delta\tau_{22}^{(\mathrm{ua})} & \cdots & \Delta\tau_{N2}^{(\mathrm{ua})} & 0 & 0 & \ddots & \vdots \\
\vdots & \vdots & \ddots & \vdots & \vdots & \ddots & \ddots & 0 \\
\Delta\tau_{1M}^{(\mathrm{ua})} & \Delta\tau_{2M}^{(\mathrm{ua})} & \cdots & \Delta\tau_{NM}^{(\mathrm{ua})} & 0 & \cdots & 0 & 0
\end{array}\right]\boldsymbol{J}_K \tag{14.26}$$

再定义误差向量 $\boldsymbol{\delta}_{\mathrm{t}}=\mathrm{vec}(\boldsymbol{\Gamma}_{\mathrm{t}})$，将式（14.26）代入式（14.25）中可以将误差向量 $\boldsymbol{\delta}_{\mathrm{t}}$ 近似表示为关于观测误差 $\boldsymbol{\varepsilon}_{\mathrm{t}}$ 的线性函数，如下式所示：

$$\boldsymbol{\delta}_{\mathrm{t}}=\mathrm{vec}(\Delta\boldsymbol{W}_{\mathrm{t}}\boldsymbol{Z}(\boldsymbol{\varphi}^{(\mathrm{u})}))=\boldsymbol{B}_{\mathrm{t}}^{(\mathrm{ua})}(\boldsymbol{\varphi}^{(\mathrm{u})})\Delta\boldsymbol{\tau}^{(\mathrm{ua})}+\boldsymbol{B}_{\mathrm{t}}^{(\mathrm{uu})}(\boldsymbol{\varphi}^{(\mathrm{u})})\Delta\boldsymbol{\tau}^{(\mathrm{uu})}=\boldsymbol{B}_{\mathrm{t}}(\boldsymbol{\varphi}^{(\mathrm{u})})\Delta\boldsymbol{\tau} \tag{14.27}$$

式中

$$\begin{cases}
\boldsymbol{B}_{\mathrm{t}}^{(\mathrm{ua})}(\boldsymbol{\varphi}^{(\mathrm{u})})=-\dfrac{1}{2}\left(\left((\boldsymbol{Z}(\boldsymbol{\varphi}^{(\mathrm{u})}))^{\mathrm{T}}\boldsymbol{J}_K\begin{bmatrix}\boldsymbol{O}_{N\times M}\\ \boldsymbol{I}_M\end{bmatrix}\right)\otimes\left(\boldsymbol{J}_K\begin{bmatrix}\boldsymbol{I}_N\\ \boldsymbol{O}_{M\times N}\end{bmatrix}\right)\right)\boldsymbol{\Lambda}_{N-M} \\
\qquad\qquad -\dfrac{1}{2}\left((\boldsymbol{Z}(\boldsymbol{\varphi}^{(\mathrm{u})}))^{\mathrm{T}}\boldsymbol{J}_K\begin{bmatrix}\boldsymbol{I}_N\\ \boldsymbol{O}_{M\times N}\end{bmatrix}\right)\otimes\left(\boldsymbol{J}_K\begin{bmatrix}\boldsymbol{O}_{N\times M}\\ \boldsymbol{I}_M\end{bmatrix}\right)\in\mathbf{R}^{KN\times MN} \\
\boldsymbol{B}_{\mathrm{t}}^{(\mathrm{uu})}(\boldsymbol{\varphi}^{(\mathrm{u})})=-\dfrac{1}{2}\left(\left((\boldsymbol{Z}(\boldsymbol{\varphi}^{(\mathrm{u})}))^{\mathrm{T}}\boldsymbol{J}_K\begin{bmatrix}\boldsymbol{I}_N\\ \boldsymbol{O}_{M\times N}\end{bmatrix}\right)\otimes\left(\boldsymbol{J}_K\begin{bmatrix}\boldsymbol{I}_N\\ \boldsymbol{O}_{M\times N}\end{bmatrix}\right)\right)(\boldsymbol{I}_{N^2}+\boldsymbol{\Lambda}_{N-N})\boldsymbol{\Lambda}_0 \\
\qquad\qquad \in\mathbf{R}^{KN\times N(N-1)/2} \\
\boldsymbol{B}_{\mathrm{t}}(\boldsymbol{\varphi}^{(\mathrm{u})})=[\boldsymbol{B}_{\mathrm{t}}^{(\mathrm{ua})}(\boldsymbol{\varphi}^{(\mathrm{u})})\ \ \boldsymbol{B}_{\mathrm{t}}^{(\mathrm{uu})}(\boldsymbol{\varphi}^{(\mathrm{u})})]\in\mathbf{R}^{KN\times[MN+N(N-1)/2]}
\end{cases} \tag{14.28}$$

$\boldsymbol{\Lambda}_{k\text{-}l}$ 是满足等式 $\mathrm{vec}(\boldsymbol{A}_{lk}^{\mathrm{T}})=\boldsymbol{\Lambda}_{k\text{-}l}\mathrm{vec}(\boldsymbol{A}_{lk})$ 的 0-1 矩阵（其中 $\boldsymbol{A}_{lk}$ 表示任意 $l\times k$ 阶矩阵）；矩阵 $\boldsymbol{\Lambda}_0$ 可以表示为

$$\boldsymbol{\Lambda}_0=\left[\begin{array}{c}\mathrm{blkdiag}\left\{\begin{bmatrix}\boldsymbol{O}_{1\times(N-1)}\\ \boldsymbol{I}_{N-1}\end{bmatrix},\begin{bmatrix}\boldsymbol{O}_{2\times(N-2)}\\ \boldsymbol{I}_{N-2}\end{bmatrix},\cdots,\begin{bmatrix}\boldsymbol{O}_{(N-1)\times 1}\\ 1\end{bmatrix}\right\} \\ \hline \boldsymbol{O}_{N\times N(N-1)/2}\end{array}\right]\in\mathbf{R}^{N^2\times N(N-1)/2} \tag{14.29}$$

式（14.27）的推导见附录 K.1。由式（14.27）可知，误差向量 $\boldsymbol{\delta}_{\mathrm{t}}$ 的均值为零，

协方差矩阵为

$$\begin{aligned}\boldsymbol{\Omega}_{\mathrm{t}} &= \mathbf{cov}(\boldsymbol{\delta}_{\mathrm{t}}) = \mathrm{E}[\boldsymbol{\delta}_{\mathrm{t}}\boldsymbol{\delta}_{\mathrm{t}}^{\mathrm{T}}] = \boldsymbol{B}_{\mathrm{t}}(\boldsymbol{\varphi}^{(\mathrm{u})}) \cdot \mathrm{E}[\Delta\boldsymbol{\tau}(\Delta\boldsymbol{\tau})^{\mathrm{T}}] \cdot (\boldsymbol{B}_{\mathrm{t}}(\boldsymbol{\varphi}^{(\mathrm{u})}))^{\mathrm{T}} \\ &= \boldsymbol{B}_{\mathrm{t}}(\boldsymbol{\varphi}^{(\mathrm{u})})\mathbf{cov}(\Delta\boldsymbol{\tau})(\boldsymbol{B}_{\mathrm{t}}(\boldsymbol{\varphi}^{(\mathrm{u})}))^{\mathrm{T}} \in \mathbf{R}^{KN \times KN}\end{aligned} \tag{14.30}$$

14.4.2 定位优化模型及其求解方法

一般而言，矩阵 $\boldsymbol{B}_{\mathrm{t}}(\boldsymbol{\varphi}^{(\mathrm{u})})$ 是列满秩的，即有 $\mathrm{rank}[\boldsymbol{B}_{\mathrm{t}}(\boldsymbol{\varphi}^{(\mathrm{u})})] = MN + N(N-1)/2$ 。由此可知，协方差矩阵 $\boldsymbol{\Omega}_{\mathrm{t}}$ 的秩也为 $MN + N(N-1)/2$ ，但由于 $\boldsymbol{\Omega}_{\mathrm{t}}$ 是 $KN \times KN$ 阶方阵，这意味着它是秩亏损矩阵，所以无法直接利用该矩阵的逆构建估计准则。下面利用矩阵奇异值分解重新构造误差向量，以使其协方差矩阵具备满秩性。

首先对矩阵 $\boldsymbol{B}_{\mathrm{t}}(\boldsymbol{\varphi}^{(\mathrm{u})})$ 进行奇异值分解，如下式所示：

$$\begin{aligned}\boldsymbol{B}_{\mathrm{t}}(\boldsymbol{\varphi}^{(\mathrm{u})}) &= \boldsymbol{H}\boldsymbol{\Sigma}\boldsymbol{V}^{\mathrm{T}} \\ &= \left[\underbrace{\boldsymbol{H}_1}_{KN \times [MN+N(N-1)/2]} \;\middle|\; \underbrace{\boldsymbol{H}_2}_{KN \times N(N+1)/2}\right]\left[\begin{array}{c}\overbrace{\boldsymbol{\Sigma}_1}^{[MN+N(N-1)/2] \times [MN+N(N-1)/2]} \\ \hdashline \boldsymbol{O}_{N(N+1)/2 \times [MN+N(N-1)/2]}\end{array}\right]\boldsymbol{V}^{\mathrm{T}} \\ &= \boldsymbol{H}_1\boldsymbol{\Sigma}_1\boldsymbol{V}^{\mathrm{T}}\end{aligned} \tag{14.31}$$

式中，$\boldsymbol{H} = [\boldsymbol{H}_1 \ \ \boldsymbol{H}_2]$，为 $KN \times KN$ 阶正交矩阵；$\boldsymbol{V}$ 为 $[MN + N(N-1)/2] \times [MN + N(N-1)/2]$ 阶正交矩阵；$\boldsymbol{\Sigma}_1$ 为 $[MN + N(N-1)/2] \times [MN + N(N-1)/2]$ 阶对角矩阵，其中的对角元素为矩阵 $\boldsymbol{B}_{\mathrm{t}}(\boldsymbol{\varphi}^{(\mathrm{u})})$ 的奇异值。为了得到协方差矩阵为满秩的误差向量，可以将矩阵 $\boldsymbol{H}_1^{\mathrm{T}}$ 左乘以误差向量 $\boldsymbol{\delta}_{\mathrm{t}}$，并结合式（14.25）和式（14.27）可得

$$\bar{\boldsymbol{\delta}}_{\mathrm{t}} = \boldsymbol{H}_1^{\mathrm{T}}\boldsymbol{\delta}_{\mathrm{t}} = \boldsymbol{H}_1^{\mathrm{T}}\mathrm{vec}(\hat{\boldsymbol{W}}\boldsymbol{Z}(\boldsymbol{\varphi}^{(\mathrm{u})})) = \boldsymbol{H}_1^{\mathrm{T}}\mathrm{vec}(\Delta\boldsymbol{W}_{\mathrm{t}}\boldsymbol{Z}(\boldsymbol{\varphi}^{(\mathrm{u})})) = \boldsymbol{H}_1^{\mathrm{T}}\boldsymbol{B}_{\mathrm{t}}(\boldsymbol{\varphi}^{(\mathrm{u})})\Delta\boldsymbol{\tau} \tag{14.32}$$

由式（14.31）可得 $\boldsymbol{H}_1^{\mathrm{T}}\boldsymbol{B}_{\mathrm{t}}(\boldsymbol{\varphi}^{(\mathrm{u})}) = \boldsymbol{\Sigma}_1\boldsymbol{V}^{\mathrm{T}}$，将该式代入式（14.32）中可知，误差向量 $\bar{\boldsymbol{\delta}}_{\mathrm{t}}$ 的协方差矩阵为

$$\begin{aligned}\bar{\boldsymbol{\Omega}}_{\mathrm{t}} &= \mathbf{cov}(\bar{\boldsymbol{\delta}}_{\mathrm{t}}) = \mathrm{E}[\bar{\boldsymbol{\delta}}_{\mathrm{t}}\bar{\boldsymbol{\delta}}_{\mathrm{t}}^{\mathrm{T}}] = \boldsymbol{H}_1^{\mathrm{T}}\boldsymbol{\Omega}_{\mathrm{t}}\boldsymbol{H}_1 = \boldsymbol{\Sigma}_1\boldsymbol{V}^{\mathrm{T}} \cdot \mathrm{E}[\Delta\boldsymbol{\tau}(\Delta\boldsymbol{\tau})^{\mathrm{T}}] \cdot \boldsymbol{V}\boldsymbol{\Sigma}_1^{\mathrm{T}} \\ &= \boldsymbol{\Sigma}_1\boldsymbol{V}^{\mathrm{T}}\mathbf{cov}(\Delta\boldsymbol{\tau})\boldsymbol{V}\boldsymbol{\Sigma}_1^{\mathrm{T}} \in \mathbf{R}^{[MN+N(N-1)/2] \times [MN+N(N-1)/2]}\end{aligned} \tag{14.33}$$

容易验证 $\bar{\boldsymbol{\Omega}}_{\mathrm{t}}$ 为满秩矩阵，并且误差向量 $\bar{\boldsymbol{\delta}}_{\mathrm{t}}$ 的维数为 $MN + N(N-1)/2$，与 RSS 观测量个数相等。此时，可以将估计全部源节点位置向量 $\boldsymbol{\varphi}^{(\mathrm{u})}$ 的优化准则表示为

$$\begin{aligned}&\min_{\boldsymbol{\varphi}^{(\mathrm{u})}}\{(\mathrm{vec}(\hat{\boldsymbol{W}}\boldsymbol{Z}(\boldsymbol{\varphi}^{(\mathrm{u})})))^{\mathrm{T}}\boldsymbol{H}_1\bar{\boldsymbol{\Omega}}_{\mathrm{t}}^{-1}\boldsymbol{H}_1^{\mathrm{T}}\mathrm{vec}(\hat{\boldsymbol{W}}\boldsymbol{Z}(\boldsymbol{\varphi}^{(\mathrm{u})}))\} \\ &= \min_{\boldsymbol{\varphi}^{(\mathrm{u})}}\left\{\left(\mathrm{vec}\left(\hat{\boldsymbol{W}}\boldsymbol{T}\begin{bmatrix}\boldsymbol{I}_N \\ \boldsymbol{\Phi}^{(\mathrm{u})}\end{bmatrix}\right)\right)^{\mathrm{T}}\boldsymbol{H}_1\bar{\boldsymbol{\Omega}}_{\mathrm{t}}^{-1}\boldsymbol{H}_1^{\mathrm{T}}\mathrm{vec}\left(\hat{\boldsymbol{W}}\boldsymbol{T}\begin{bmatrix}\boldsymbol{I}_N \\ \boldsymbol{\Phi}^{(\mathrm{u})}\end{bmatrix}\right)\right\}\end{aligned} \tag{14.34}$$

式中，$\bar{\boldsymbol{\Omega}}_{\mathrm{t}}^{-1}$ 可以看作加权矩阵，其作用在于抑制误差 $\Delta\boldsymbol{\tau}$ 的影响。不妨将矩阵 $\boldsymbol{T}$

分块表示为

$$\boldsymbol{T}=\begin{bmatrix}\underbrace{\boldsymbol{T}_1}_{K\times N} & \underbrace{\boldsymbol{T}_2}_{K\times 2}\end{bmatrix} \tag{14.35}$$

于是可以将式（14.34）重新写为

$$\begin{aligned}&\min_{\boldsymbol{\varphi}^{(\mathrm{u})}}\{(\mathrm{vec}(\hat{\boldsymbol{W}}\boldsymbol{T}_2\boldsymbol{\Phi}^{(\mathrm{u})})+\mathrm{vec}(\hat{\boldsymbol{W}}\boldsymbol{T}_1))^{\mathrm{T}}\boldsymbol{H}_1\bar{\boldsymbol{\Omega}}_{\mathrm{t}}^{-1}\boldsymbol{H}_1^{\mathrm{T}}(\mathrm{vec}(\hat{\boldsymbol{W}}\boldsymbol{T}_2\boldsymbol{\Phi}^{(\mathrm{u})})+\mathrm{vec}(\hat{\boldsymbol{W}}\boldsymbol{T}_1))\}\\&=\min_{\boldsymbol{\varphi}^{(\mathrm{u})}}\{[(\boldsymbol{I}_N\otimes(\hat{\boldsymbol{W}}\boldsymbol{T}_2))\boldsymbol{\varphi}^{(\mathrm{u})}+\mathrm{vec}(\hat{\boldsymbol{W}}\boldsymbol{T}_1)]^{\mathrm{T}}\boldsymbol{H}_1\bar{\boldsymbol{\Omega}}_{\mathrm{t}}^{-1}\boldsymbol{H}_1^{\mathrm{T}}[(\boldsymbol{I}_N\otimes(\hat{\boldsymbol{W}}\boldsymbol{T}_2))\boldsymbol{\varphi}^{(\mathrm{u})}+\mathrm{vec}(\hat{\boldsymbol{W}}\boldsymbol{T}_1)]\}\end{aligned} \tag{14.36}$$

式中，等号处的运算利用了命题 2.10。根据命题 2.13 可知，式（14.36）的最优解为

$$\hat{\boldsymbol{\varphi}}_{\mathrm{nc}}^{(\mathrm{u})}=-[(\boldsymbol{I}_N\otimes(\boldsymbol{T}_2^{\mathrm{T}}\hat{\boldsymbol{W}}^{\mathrm{T}}))\boldsymbol{H}_1\bar{\boldsymbol{\Omega}}_{\mathrm{t}}^{-1}\boldsymbol{H}_1^{\mathrm{T}}(\boldsymbol{I}_N\otimes(\hat{\boldsymbol{W}}\boldsymbol{T}_2))]^{-1}(\boldsymbol{I}_N\otimes(\boldsymbol{T}_2^{\mathrm{T}}\hat{\boldsymbol{W}}^{\mathrm{T}}))\boldsymbol{H}_1\bar{\boldsymbol{\Omega}}_{\mathrm{t}}^{-1}\boldsymbol{H}_1^{\mathrm{T}}\mathrm{vec}(\hat{\boldsymbol{W}}\boldsymbol{T}_1) \tag{14.37}$$

【注记 14.4】 由式（14.30）、式（14.31）及式（14.33）可知，加权矩阵 $\bar{\boldsymbol{\Omega}}_{\mathrm{t}}^{-1}$ 与全部源节点位置向量 $\boldsymbol{\varphi}^{(\mathrm{u})}$ 有关。因此，严格来说，式（14.36）中的目标函数并不是关于向量 $\boldsymbol{\varphi}^{(\mathrm{u})}$ 的二次函数，针对该问题，可以采用注记 4.1 中描述的方法进行处理。理论分析表明，在一阶误差分析理论框架下，加权矩阵 $\bar{\boldsymbol{\Omega}}_{\mathrm{t}}^{-1}$ 中的扰动误差并不会实质影响估计值 $\hat{\boldsymbol{\varphi}}_{\mathrm{nc}}^{(\mathrm{u})}$ 的统计性能。

图 14.1 给出了本章加权多维标度定位方法的流程图。

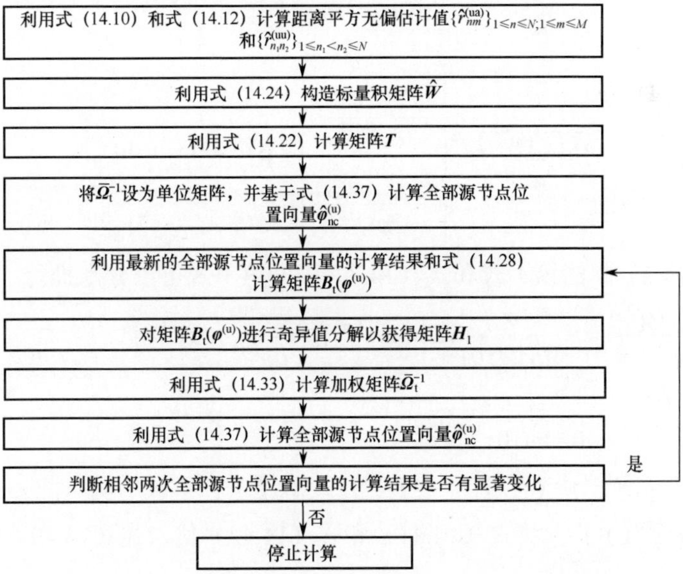

图 14.1　本章加权多维标度定位方法的流程图

14.5 理论性能分析

下面将利用 13.5 节中的结论直接给出估计值 $\hat{\boldsymbol{\varphi}}_{\mathrm{nc}}^{(\mathrm{u})}$ 的均方误差矩阵，并将其与克拉美罗界进行比较，从而证明其渐近最优性。

首先将最优解 $\hat{\boldsymbol{\varphi}}_{\mathrm{nc}}^{(\mathrm{u})}$ 中的估计误差记为 $\Delta\boldsymbol{\varphi}_{\mathrm{nc}}^{(\mathrm{u})}=\hat{\boldsymbol{\varphi}}_{\mathrm{nc}}^{(\mathrm{u})}-\boldsymbol{\varphi}^{(\mathrm{u})}$，仿照 13.5 节中的理论性能分析可知，最优解 $\hat{\boldsymbol{\varphi}}_{\mathrm{nc}}^{(\mathrm{u})}$ 是关于向量 $\boldsymbol{\varphi}^{(\mathrm{u})}$ 的渐近无偏估计值，并且其均方误差矩阵为

$$\begin{aligned}\mathbf{MSE}(\hat{\boldsymbol{\varphi}}_{\mathrm{nc}}^{(\mathrm{u})})&=\mathrm{E}[(\hat{\boldsymbol{\varphi}}_{\mathrm{nc}}^{(\mathrm{u})}-\boldsymbol{\varphi}^{(\mathrm{u})})(\hat{\boldsymbol{\varphi}}_{\mathrm{nc}}^{(\mathrm{u})}-\boldsymbol{\varphi}^{(\mathrm{u})})^{\mathrm{T}}]=\mathrm{E}[\Delta\boldsymbol{\varphi}_{\mathrm{nc}}^{(\mathrm{u})}(\Delta\boldsymbol{\varphi}_{\mathrm{nc}}^{(\mathrm{u})})^{\mathrm{T}}]\\&=[(\boldsymbol{I}_N\otimes(\boldsymbol{T}_2^{\mathrm{T}}\boldsymbol{W}^{\mathrm{T}}))\boldsymbol{H}_1\bar{\boldsymbol{\Omega}}_{\mathrm{t}}^{-1}\boldsymbol{H}_1^{\mathrm{T}}(\boldsymbol{I}_N\otimes(\boldsymbol{W}\boldsymbol{T}_2))]^{-1}\end{aligned}\tag{14.38}$$

下面证明估计值 $\hat{\boldsymbol{\varphi}}_{\mathrm{nc}}^{(\mathrm{u})}$ 具有渐近最优性，也就是证明其估计均方误差矩阵可以渐近逼近相应的克拉美罗界，具体可见如下命题。

【命题 14.5】 如果满足 $4(\lambda_{nm}^{(\mathrm{ua})})^2/\alpha^2<<1\,(1\leqslant n\leqslant N;1\leqslant m\leqslant M)$ 和 $4(\lambda_{n_1n_2}^{(\mathrm{uu})})^2/\alpha^2<<1\,(1\leqslant n_1<n_2\leqslant N)$，则有 $\mathbf{MSE}(\hat{\boldsymbol{\varphi}}_{\mathrm{nc}}^{(\mathrm{u})})\approx\mathbf{CRB}_{\text{rss-p}}(\boldsymbol{\varphi}^{(\mathrm{u})})$。

【证明】 首先根据命题 3.1 可知

$$\mathbf{CRB}_{\text{rss-p}}(\boldsymbol{\varphi}^{(\mathrm{u})})=\left[\left(\frac{\partial\boldsymbol{f}_{\mathrm{rss}}(\boldsymbol{\varphi}^{(\mathrm{u})})}{\partial\boldsymbol{\varphi}^{(\mathrm{u})\mathrm{T}}}\right)^{\mathrm{T}}\boldsymbol{E}_{\mathrm{t}}^{-1}\frac{\partial\boldsymbol{f}_{\mathrm{rss}}(\boldsymbol{\varphi}^{(\mathrm{u})})}{\partial\boldsymbol{\varphi}^{(\mathrm{u})\mathrm{T}}}\right]^{-1}\tag{14.39}$$

式中

$$\frac{\partial\boldsymbol{f}_{\mathrm{rss}}(\boldsymbol{\varphi}^{(\mathrm{u})})}{\partial\boldsymbol{\varphi}^{(\mathrm{u})\mathrm{T}}}=\begin{bmatrix}\dfrac{\partial\boldsymbol{f}_{\mathrm{rss}}^{(\mathrm{ua})}(\boldsymbol{\varphi}^{(\mathrm{u})})}{\partial\boldsymbol{\varphi}^{(\mathrm{u})\mathrm{T}}}\\[2ex]\dfrac{\partial\boldsymbol{f}_{\mathrm{rss}}^{(\mathrm{uu})}(\boldsymbol{\varphi}^{(\mathrm{u})})}{\partial\boldsymbol{\varphi}^{(\mathrm{u})\mathrm{T}}}\end{bmatrix}\in\mathbf{R}^{[MN+N(N-1)/2]\times2N}\tag{14.40}$$

利用式（14.4）中的第 1 式和式（14.7）中的第 1 式可以分别推得

$$\frac{\partial\boldsymbol{f}_{\mathrm{rss}}^{(\mathrm{ua})}(\boldsymbol{\varphi}^{(\mathrm{u})})}{\partial\boldsymbol{\varphi}^{(\mathrm{u})\mathrm{T}}}=-\frac{\alpha}{0.1\ln(10)}(2\mathrm{diag}[\boldsymbol{\tau}^{(\mathrm{ua})}])^{-1}\frac{\partial\boldsymbol{\tau}^{(\mathrm{ua})}}{\partial\boldsymbol{\varphi}^{(\mathrm{u})\mathrm{T}}}\in\mathbf{R}^{MN\times2N}\tag{14.41}$$

$$\frac{\partial\boldsymbol{f}_{\mathrm{rss}}^{(\mathrm{uu})}(\boldsymbol{\varphi}^{(\mathrm{u})})}{\partial\boldsymbol{\varphi}^{(\mathrm{u})\mathrm{T}}}=-\frac{\alpha}{0.1\ln(10)}(2\mathrm{diag}[\boldsymbol{\tau}^{(\mathrm{uu})}])^{-1}\frac{\partial\boldsymbol{\tau}^{(\mathrm{uu})}}{\partial\boldsymbol{\varphi}^{(\mathrm{u})\mathrm{T}}}\in\mathbf{R}^{N(N-1)/2\times2N}\tag{14.42}$$

式中，$\boldsymbol{\tau}^{(\mathrm{ua})}=[(r_{11}^{(\mathrm{ua})})^2\ \ (r_{12}^{(\mathrm{ua})})^2\ \ \cdots\ \ (r_{N,M-1}^{(\mathrm{ua})})^2\ \ (r_{NM}^{(\mathrm{ua})})^2]^{\mathrm{T}}$ 和 $\boldsymbol{\tau}^{(\mathrm{uu})}=[(r_{12}^{(\mathrm{uu})})^2\ \ (r_{13}^{(\mathrm{uu})})^2\ \ \cdots\ \ (r_{N-2,N}^{(\mathrm{uu})})^2\ \ (r_{N-1,N}^{(\mathrm{uu})})^2]^{\mathrm{T}}$，将式（14.41）和式（14.42）代入式（14.40）中可得

$$\frac{\partial \boldsymbol{f}_{\text{rss}}(\boldsymbol{\varphi}^{(\text{u})})}{\partial \boldsymbol{\varphi}^{(\text{u})\text{T}}}=-\frac{\alpha}{0.1\ln(10)}(2\text{diag}[\boldsymbol{\tau}])^{-1}\frac{\partial \boldsymbol{\tau}}{\partial \boldsymbol{\varphi}^{(\text{u})\text{T}}} \tag{14.43}$$

式中，$\boldsymbol{\tau}=[\boldsymbol{\tau}^{(\text{ua})\text{T}}\ \ \boldsymbol{\tau}^{(\text{uu})\text{T}}]^{\text{T}}$。将式（14.43）代入式（14.39）中可得

$$\mathbf{CRB}_{\text{rss-p}}(\boldsymbol{\varphi}^{(\text{u})})=\left[\left(\frac{\partial \boldsymbol{\tau}}{\partial \boldsymbol{\varphi}^{(\text{u})\text{T}}}\right)^{\text{T}}\text{blkdiag}\{\boldsymbol{A}^{(\text{ua})},\boldsymbol{A}^{(\text{uu})}\}\frac{\partial \boldsymbol{\tau}}{\partial \boldsymbol{\varphi}^{(\text{u})\text{T}}}\right]^{-1} \tag{14.44}$$

式中

$$\boldsymbol{A}^{(\text{ua})}=\text{diag}\left[\frac{\alpha^2}{4(\lambda_{11}^{(\text{ua})})^2(r_{11}^{(\text{ua})})^4}\ \ \frac{\alpha^2}{4(\lambda_{12}^{(\text{ua})})^2(r_{12}^{(\text{ua})})^4}\ \ \cdots\ \ \frac{\alpha^2}{4(\lambda_{N,M-1}^{(\text{ua})})^2(r_{N,M-1}^{(\text{ua})})^4}\ \ \frac{\alpha^2}{4(\lambda_{NM}^{(\text{ua})})^2(r_{NM}^{(\text{ua})})^4}\right] \tag{14.45}$$

$$\boldsymbol{A}^{(\text{uu})}=\text{diag}\left[\frac{\alpha^2}{4(\lambda_{12}^{(\text{uu})})^2(r_{12}^{(\text{uu})})^4}\ \ \frac{\alpha^2}{4(\lambda_{13}^{(\text{uu})})^2(r_{13}^{(\text{uu})})^4}\ \ \cdots\ \ \frac{\alpha^2}{4(\lambda_{N-2,N}^{(\text{uu})})^2(r_{N-2,N}^{(\text{uu})})^4}\ \ \frac{\alpha^2}{4(\lambda_{N-1,N}^{(\text{uu})})^2(r_{N-1,N}^{(\text{uu})})^4}\right] \tag{14.46}$$

另一方面，当 $4(\lambda_{nm}^{(\text{ua})})^2/\alpha^2<<1(1\leqslant n\leqslant N;1\leqslant m\leqslant M)$ 时，满足 $\exp\{4(\lambda_{nm}^{(\text{ua})})^2/\alpha^2\}\approx 1+4(\lambda_{nm}^{(\text{ua})})^2/\alpha^2$；当 $4(\lambda_{n_1n_2}^{(\text{uu})})^2/\alpha^2<<1(1\leqslant n_1<n_2\leqslant N)$ 时，满足 $\exp\{4(\lambda_{n_1n_2}^{(\text{uu})})^2/\alpha^2\}\approx 1+4(\lambda_{n_1n_2}^{(\text{uu})})^2/\alpha^2$。将这两个近似等式代入式（14.14）和式（14.33）中可得

$$\bar{\boldsymbol{\Omega}}_{\text{t}}\approx\boldsymbol{\Sigma}_1\boldsymbol{V}^{\text{T}}\text{blkdiag}\{(\boldsymbol{A}^{(\text{ua})})^{-1},(\boldsymbol{A}^{(\text{uu})})^{-1}\}\boldsymbol{V}\boldsymbol{\Sigma}_1^{\text{T}} \tag{14.47}$$

接着将式（14.47）代入式（14.38）中可得

$$\begin{aligned}\mathbf{MSE}(\hat{\boldsymbol{\varphi}}_{\text{nc}}^{(\text{u})})\approx&[(\boldsymbol{I}_N\otimes(\boldsymbol{T}_2^{\text{T}}\boldsymbol{W}^{\text{T}}))\boldsymbol{H}_1\boldsymbol{\Sigma}_1^{-\text{T}}\boldsymbol{V}^{-1}\text{blkdiag}\{\boldsymbol{A}^{(\text{ua})},\boldsymbol{A}^{(\text{uu})}\}\\&\times\boldsymbol{V}^{-\text{T}}\boldsymbol{\Sigma}_1^{-1}\boldsymbol{H}_1^{\text{T}}(\boldsymbol{I}_N\otimes(\boldsymbol{W}\boldsymbol{T}_2))]^{-1}\end{aligned} \tag{14.48}$$

对比式（14.44）和式（14.48）可知，下面仅需要证明

$$\frac{\partial \boldsymbol{\tau}}{\partial \boldsymbol{\varphi}^{(\text{u})\text{T}}}=-\boldsymbol{V}^{-\text{T}}\boldsymbol{\Sigma}_1^{-1}\boldsymbol{H}_1^{\text{T}}(\boldsymbol{I}_N\otimes(\boldsymbol{W}\boldsymbol{T}_2)) \tag{14.49}$$

考虑等式 $\boldsymbol{W}\boldsymbol{Z}(\boldsymbol{\varphi}^{(\text{u})})=\boldsymbol{W}\boldsymbol{T}\begin{bmatrix}\boldsymbol{I}_N\\\boldsymbol{\Phi}^{(\text{u})}\end{bmatrix}=\boldsymbol{W}\boldsymbol{T}_1+\boldsymbol{W}\boldsymbol{T}_2\boldsymbol{\Phi}^{(\text{u})}=\boldsymbol{O}_{K\times N}$，利用向量化算子 $\text{vec}(\cdot)$ 将该等式两边向量化，并利用命题 2.10 可得

$$\text{vec}(\boldsymbol{W}\boldsymbol{Z}(\boldsymbol{\varphi}^{(\text{u})}))=\text{vec}(\boldsymbol{W}\boldsymbol{T}_1)+(\boldsymbol{I}_N\otimes(\boldsymbol{W}\boldsymbol{T}_2))\boldsymbol{\varphi}^{(\text{u})}=\boldsymbol{O}_{KN\times 1} \tag{14.50}$$

将式（14.50）两边对向量 $\boldsymbol{\varphi}^{(\text{u})}$ 求导可得

$$\boldsymbol{I}_N \otimes (\boldsymbol{W}\boldsymbol{T}_2) + \frac{\partial \mathrm{vec}(\boldsymbol{W}\boldsymbol{Z}(\boldsymbol{\varphi}^{(\mathrm{u})}))}{\partial \boldsymbol{\tau}^{\mathrm{T}}} \frac{\partial \boldsymbol{\tau}}{\partial \boldsymbol{\varphi}^{(\mathrm{u})\mathrm{T}}} = \boldsymbol{I}_N \otimes (\boldsymbol{W}\boldsymbol{T}_2) + \boldsymbol{B}_{\mathrm{t}}(\boldsymbol{\varphi}^{(\mathrm{u})}) \frac{\partial \boldsymbol{\tau}}{\partial \boldsymbol{\varphi}^{(\mathrm{u})\mathrm{T}}} = \boldsymbol{O}_{KN\times 2N} \tag{14.51}$$

再用矩阵 $\boldsymbol{H}_1^{\mathrm{T}}$ 左乘以式（14.51）两边可得

$$\boldsymbol{H}_1^{\mathrm{T}}(\boldsymbol{I}_N \otimes (\boldsymbol{W}\boldsymbol{T}_2)) + \boldsymbol{H}_1^{\mathrm{T}}\boldsymbol{B}_{\mathrm{t}}(\boldsymbol{\varphi}^{(\mathrm{u})}) \frac{\partial \boldsymbol{\tau}}{\partial \boldsymbol{\varphi}^{(\mathrm{u})\mathrm{T}}} = \boldsymbol{H}_1^{\mathrm{T}}(\boldsymbol{I}_N \otimes (\boldsymbol{W}\boldsymbol{T}_2)) + \boldsymbol{\Sigma}_1\boldsymbol{V}^{\mathrm{T}} \frac{\partial \boldsymbol{\tau}}{\partial \boldsymbol{\varphi}^{(\mathrm{u})\mathrm{T}}} = \boldsymbol{O}_{[MN+N(N-1)/2]\times 2N} \tag{14.52}$$

由式（14.52）可知式（14.49）成立。证毕。

14.6 仿真实验

考虑无线传感网节点定位场景，其中的节点位置分布如图 14.2 所示，图中“□”表示锚节点，“+”表示源节点，阴影衰落 $\boldsymbol{\varepsilon}_{\mathrm{t}}$ 服从均值为零、协方差矩阵为 $\boldsymbol{E}_{\mathrm{t}} = \sigma_{\mathrm{t}}^2 \boldsymbol{I}_{MN+N(N-1)/2}$ 的高斯分布。

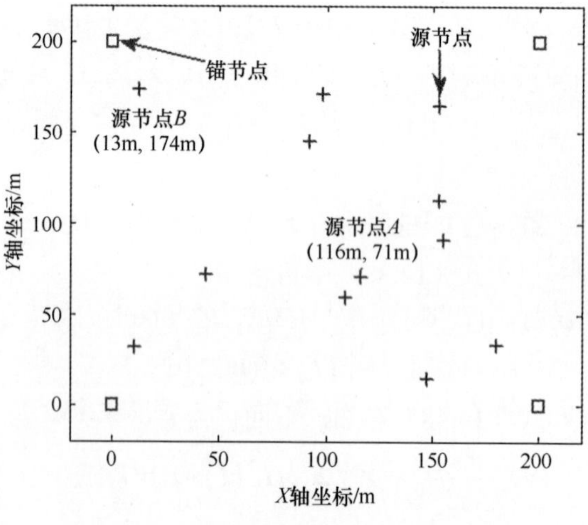

图 14.2　无线传感网节点位置分布图

首先将标准差 σ_{t} 设为 $\sigma_{\mathrm{t}} = 0.1$，将路径损耗因子 α 设为 $\alpha = 3$，并观察图 14.2 中源节点 A 和源节点 B 的定位结果，图 14.3 给出了单个源节点定位结果散布图与定位误差椭圆曲线；图 14.4 给出了单个源节点定位结果散布图与误差概率圆环曲线。

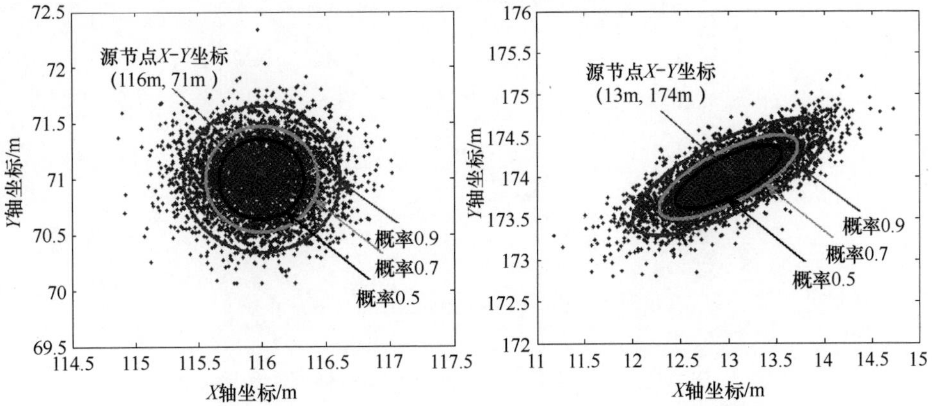

(a) 源节点为A点　　(b) 源节点为B点

图 14.3　单个源节点定位结果散布图与定位误差椭圆曲线

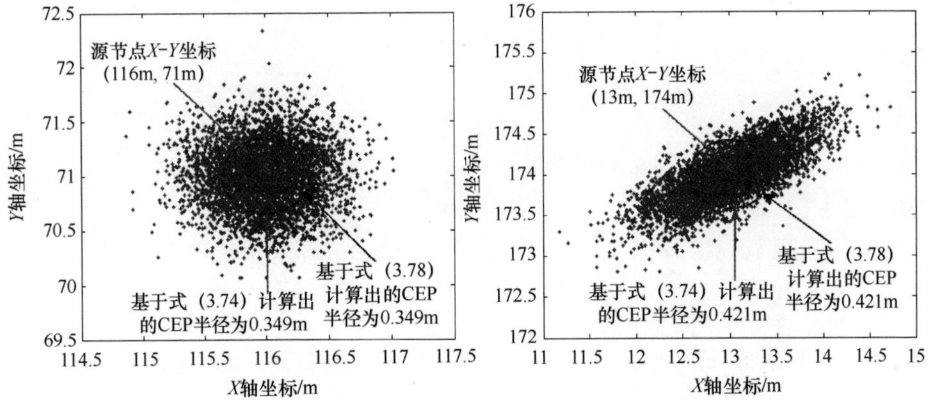

(a) 源节点为A点　　(b) 源节点为B点

图 14.4　单个源节点定位结果散布图与误差概率圆环曲线

然后将路径损耗因子α设为$\alpha=3$，改变标准差σ_{t}的数值，并且将源节点协同定位（本章中的方法）与源节点非协同定位[①]进行比较，图 14.5 给出了全部源节点位置估计均方根误差随着标准差σ_{t}的变化曲线；图 14.6 给出了单个源节点位置估计均方根误差随着标准差σ_{t}的变化曲线；图 14.7 给出了单个源节点定位成功概率随着标准差σ_{t}的变化曲线（图中的理论值是根据式（3.29）和式（3.36）计算得出的，其中$\delta=1\mathrm{m}$）。

① 这里的非协同定位是指未利用源节点之间的 RSS 观测量$\boldsymbol{P}^{(\mathrm{uu})}$，并利用 6.4 节中的方法对每个源节点进行定位。

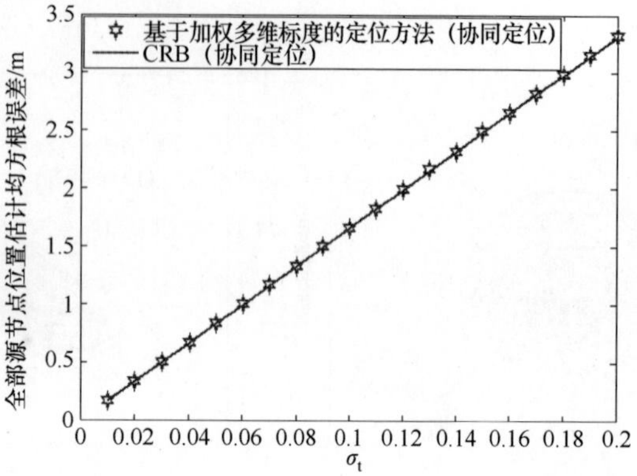

图 14.5　全部源节点位置估计均方根误差随着标准差 σ_t 的变化曲线

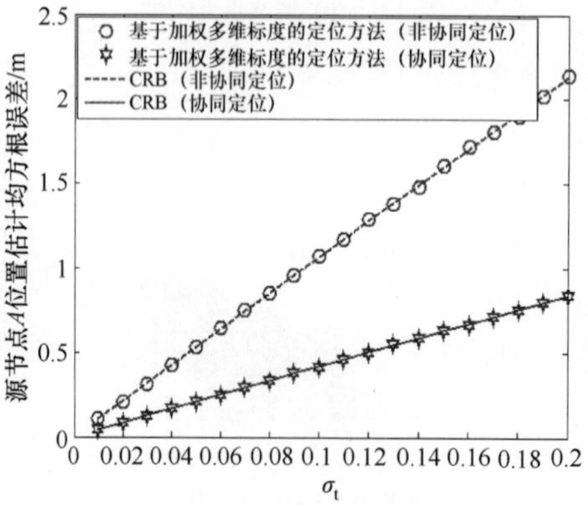

(a) 源节点为A点

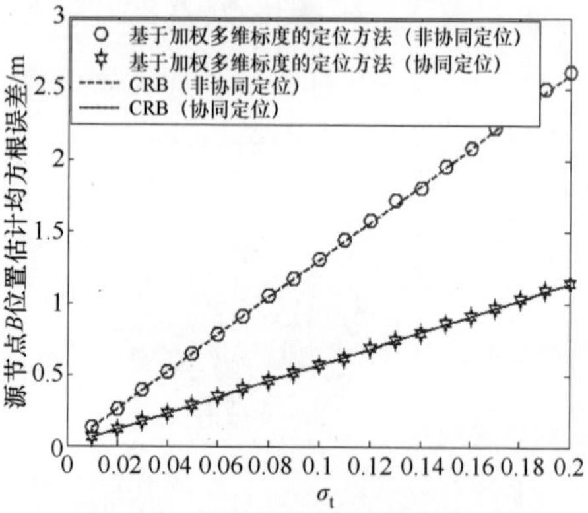

(b) 源节点为B点

图 14.6　单个源节点位置估计均方根误差随着标准差 σ_t 的变化曲线

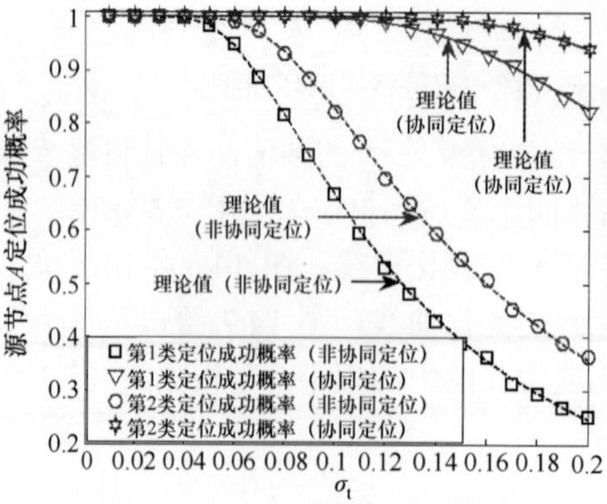

(a) 源节点为A点

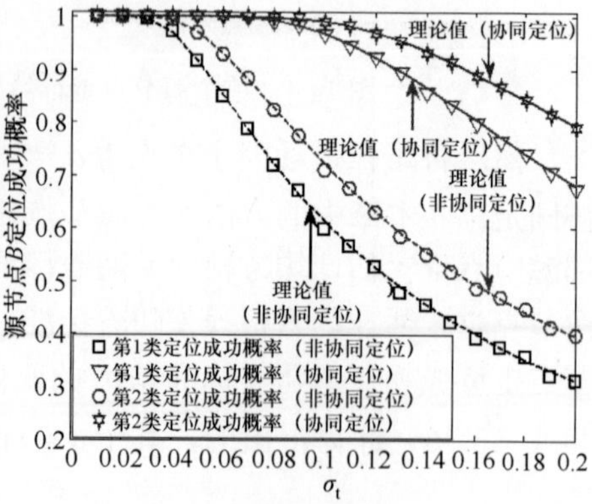

(b) 源节点为B点

图 14.7　单个源节点定位成功概率随着标准差 σ_t 的变化曲线

最后将标准差σ_t设为$\sigma_t = 0.05$，改变路径损耗因子α的数值，并且将源节点协同定位（本章中的方法）与源节点非协同定位进行比较，图 14.8 给出了全部源节点位置估计均方根误差随着路径损耗因子α的变化曲线；图 14.9 给出了单个源节点位置估计均方根误差随着路径损耗因子α的变化曲线；图 14.10 给出了单个源节点定位成功概率随着路径损耗因子α的变化曲线（图中的理论值是根据式（3.29）和式（3.36）计算得出的，其中$\delta = 1\,\mathrm{m}$）。

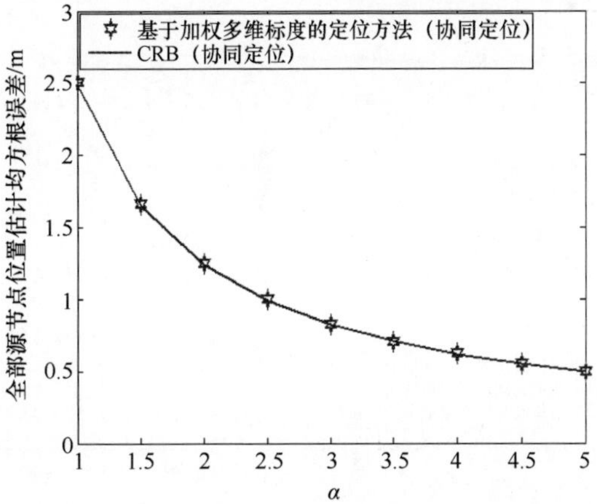

图 14.8 全部源节点位置估计均方根误差随着路径损耗因子 α 的变化曲线

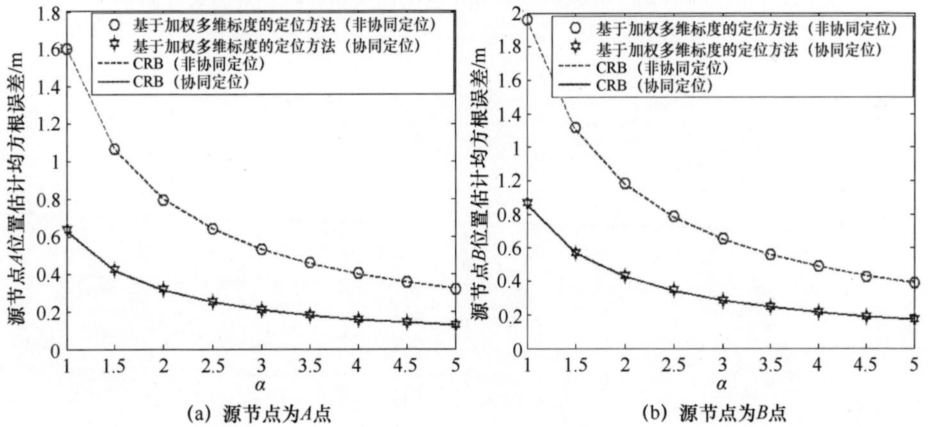

图 14.9 单个源节点位置估计均方根误差随着路径损耗因子 α 的变化曲线

从图 14.5～图 14.10 中可以看出：（1）通过基于加权多维标度的源节点协同定位方法得出的源节点位置估计均方根误差可以达到克拉美罗界（见图 14.5、图 14.6、图 14.8 及图 14.9），这验证了 14.5 节理论性能分析的有效性；(2)源节点协同定位的精度要高于源节点非协同定位的精度（见图 14.6、图 14.7、图 14.9 及图 14.10），由此可知，源节点之间的 RSS 观测量有助于提高对源节点的定位精度；（3）随着路径损耗因子 α 的增加，源节点定位精度会逐渐提高（见图 14.8～图 14.10）；（4）两类定位成功概率的理论值和仿真值相互吻合，并且在相同条件下第 2 类定位成功概率高于第 1 类定位成功概率（见图 14.7 和图 14.10），这验证了 3.2 节理论性能分析的有效性。

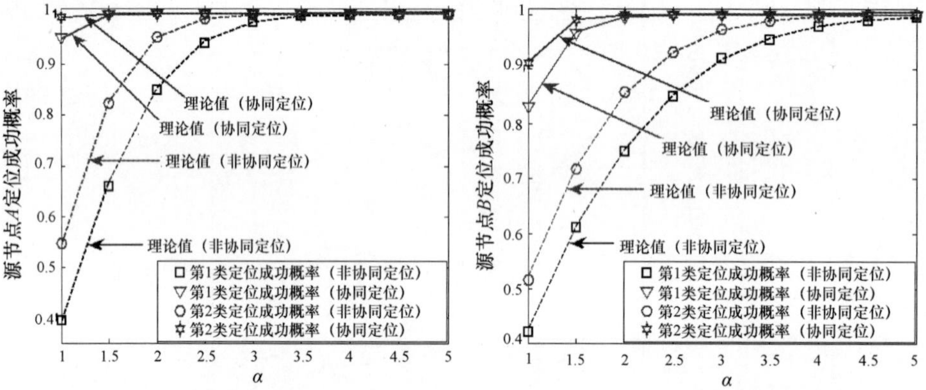

(a) 源节点为 A 点　　(b) 源节点为 B 点

图 14.10　单个源节点定位成功概率随着路径损耗因子 α 的变化曲线

附录 A

附录 A.1

首先根据命题 2.3 可得

$$
\begin{aligned}
&\begin{bmatrix} \boldsymbol{1}_{M\times 1}^{\mathrm{T}} \\ \boldsymbol{S}^{(1)\mathrm{T}} \end{bmatrix}^{\dagger} \begin{bmatrix} 1 \\ \boldsymbol{u} \end{bmatrix} = [\boldsymbol{1}_{M\times 1} \quad \boldsymbol{S}^{(1)}] \begin{bmatrix} M & \boldsymbol{1}_{M\times 1}^{\mathrm{T}}\boldsymbol{S}^{(1)} \\ \boldsymbol{S}^{(1)\mathrm{T}}\boldsymbol{1}_{M\times 1} & \boldsymbol{S}^{(1)\mathrm{T}}\boldsymbol{S}^{(1)} \end{bmatrix}^{-1} \begin{bmatrix} 1 \\ \boldsymbol{u} \end{bmatrix} \\
&= [\boldsymbol{1}_{M\times 1} \quad \boldsymbol{S}^{(1)}] \left[\begin{array}{c:c} \dfrac{1}{M-\boldsymbol{1}_{M\times 1}^{\mathrm{T}}\boldsymbol{S}^{(1)}(\boldsymbol{S}^{(1)\mathrm{T}}\boldsymbol{S}^{(1)})^{-1}\boldsymbol{S}^{(1)\mathrm{T}}\boldsymbol{1}_{M\times 1}} & -\dfrac{\boldsymbol{1}_{M\times 1}^{\mathrm{T}}\boldsymbol{S}^{(1)}(\boldsymbol{S}^{(1)\mathrm{T}}\boldsymbol{S}^{(1)})^{-1}}{M-\boldsymbol{1}_{M\times 1}^{\mathrm{T}}\boldsymbol{S}^{(1)}(\boldsymbol{S}^{(1)\mathrm{T}}\boldsymbol{S}^{(1)})^{-1}\boldsymbol{S}^{(1)\mathrm{T}}\boldsymbol{1}_{M\times 1}} \\ \hdashline -\dfrac{(\boldsymbol{S}^{(1)\mathrm{T}}\boldsymbol{S}^{(1)})^{-1}\boldsymbol{S}^{(1)\mathrm{T}}\boldsymbol{1}_{M\times 1}}{M-\boldsymbol{1}_{M\times 1}^{\mathrm{T}}\boldsymbol{S}^{(1)}(\boldsymbol{S}^{(1)\mathrm{T}}\boldsymbol{S}^{(1)})^{-1}\boldsymbol{S}^{(1)\mathrm{T}}\boldsymbol{1}_{M\times 1}} & \left(\boldsymbol{S}^{(1)\mathrm{T}}\boldsymbol{S}^{(1)} - \dfrac{1}{M}\boldsymbol{S}^{(1)\mathrm{T}}\boldsymbol{1}_{M\times 1}\boldsymbol{1}_{M\times 1}^{\mathrm{T}}\boldsymbol{S}^{(1)}\right)^{-1} \end{array}\right] \begin{bmatrix} 1 \\ \boldsymbol{u} \end{bmatrix} \\
&= \frac{\boldsymbol{1}_{M\times 1} - \boldsymbol{1}_{M\times 1}\boldsymbol{1}_{M\times 1}^{\mathrm{T}}\boldsymbol{S}^{(1)}(\boldsymbol{S}^{(1)\mathrm{T}}\boldsymbol{S}^{(1)})^{-1}\boldsymbol{u} - \boldsymbol{S}^{(1)}(\boldsymbol{S}^{(1)\mathrm{T}}\boldsymbol{S}^{(1)})^{-1}\boldsymbol{S}^{(1)\mathrm{T}}\boldsymbol{1}_{M\times 1}}{M-\boldsymbol{1}_{M\times 1}^{\mathrm{T}}\boldsymbol{S}^{(1)}(\boldsymbol{S}^{(1)\mathrm{T}}\boldsymbol{S}^{(1)})^{-1}\boldsymbol{S}^{(1)\mathrm{T}}\boldsymbol{1}_{M\times 1}} \\
&\quad + \boldsymbol{S}^{(1)}\left(\boldsymbol{S}^{(1)\mathrm{T}}\boldsymbol{S}^{(1)} - \frac{1}{M}\boldsymbol{S}^{(1)\mathrm{T}}\boldsymbol{1}_{M\times 1}\boldsymbol{1}_{M\times 1}^{\mathrm{T}}\boldsymbol{S}^{(1)}\right)^{-1}\boldsymbol{u}
\end{aligned} \tag{A.1.1}
$$

然后利用命题 2.2 可知

$$
\begin{aligned}
&\left(\boldsymbol{S}^{(1)\mathrm{T}}\boldsymbol{S}^{(1)} - \frac{1}{M}\boldsymbol{S}^{(1)\mathrm{T}}\boldsymbol{1}_{M\times 1}\boldsymbol{1}_{M\times 1}^{\mathrm{T}}\boldsymbol{S}^{(1)}\right)^{-1} \\
&= (\boldsymbol{S}^{(1)\mathrm{T}}\boldsymbol{S}^{(1)})^{-1} + \frac{(\boldsymbol{S}^{(1)\mathrm{T}}\boldsymbol{S}^{(1)})^{-1}\boldsymbol{S}^{(1)\mathrm{T}}\boldsymbol{1}_{M\times 1}\boldsymbol{1}_{M\times 1}^{\mathrm{T}}\boldsymbol{S}^{(1)}(\boldsymbol{S}^{(1)\mathrm{T}}\boldsymbol{S}^{(1)})^{-1}}{M-\boldsymbol{1}_{M\times 1}^{\mathrm{T}}\boldsymbol{S}^{(1)}(\boldsymbol{S}^{(1)\mathrm{T}}\boldsymbol{S}^{(1)})^{-1}\boldsymbol{S}^{(1)\mathrm{T}}\boldsymbol{1}_{M\times 1}}
\end{aligned} \tag{A.1.2}
$$

将式（A.1.2）代入式（A.1.1）中可得

$$
\begin{aligned}
&\begin{bmatrix} \boldsymbol{1}_{M\times 1}^{\mathrm{T}} \\ \boldsymbol{S}^{(1)\mathrm{T}} \end{bmatrix}^{\dagger} \begin{bmatrix} 1 \\ \boldsymbol{u} \end{bmatrix} \\
&= \frac{\boldsymbol{1}_{M\times 1} - \boldsymbol{1}_{M\times 1}\boldsymbol{1}_{M\times 1}^{\mathrm{T}}\boldsymbol{S}^{(1)}(\boldsymbol{S}^{(1)\mathrm{T}}\boldsymbol{S}^{(1)})^{-1}\boldsymbol{u} - \boldsymbol{S}^{(1)}(\boldsymbol{S}^{(1)\mathrm{T}}\boldsymbol{S}^{(1)})^{-1}\boldsymbol{S}^{(1)\mathrm{T}}\boldsymbol{1}_{M\times 1} + \boldsymbol{S}^{(1)}(\boldsymbol{S}^{(1)\mathrm{T}}\boldsymbol{S}^{(1)})^{-1}\boldsymbol{S}^{(1)\mathrm{T}}\boldsymbol{1}_{M\times 1}\boldsymbol{1}_{M\times 1}^{\mathrm{T}}\boldsymbol{S}^{(1)}(\boldsymbol{S}^{(1)\mathrm{T}}\boldsymbol{S}^{(1)})^{-1}\boldsymbol{u}}{M-\boldsymbol{1}_{M\times 1}^{\mathrm{T}}\boldsymbol{S}^{(1)}(\boldsymbol{S}^{(1)\mathrm{T}}\boldsymbol{S}^{(1)})^{-1}\boldsymbol{S}^{(1)\mathrm{T}}\boldsymbol{1}_{M\times 1}}
\end{aligned}
$$

$$
\begin{aligned}
&+\boldsymbol{S}^{(1)}(\boldsymbol{S}^{(1)\mathrm{T}}\boldsymbol{S}^{(1)})^{-1}\boldsymbol{u} \\
&=\frac{(\boldsymbol{1}_{M\times 1}-\boldsymbol{S}^{(1)}(\boldsymbol{S}^{(1)\mathrm{T}}\boldsymbol{S}^{(1)})^{-1}\boldsymbol{S}^{(1)\mathrm{T}}\boldsymbol{1}_{M\times 1})(1-\boldsymbol{1}_{M\times 1}^{\mathrm{T}}\boldsymbol{S}^{(1)}(\boldsymbol{S}^{(1)\mathrm{T}}\boldsymbol{S}^{(1)})^{-1}\boldsymbol{u})}{M-\boldsymbol{1}_{M\times 1}^{\mathrm{T}}\boldsymbol{S}^{(1)}(\boldsymbol{S}^{(1)\mathrm{T}}\boldsymbol{S}^{(1)})^{-1}\boldsymbol{S}^{(1)\mathrm{T}}\boldsymbol{1}_{M\times 1}}+\boldsymbol{S}^{(1)}(\boldsymbol{S}^{(1)\mathrm{T}}\boldsymbol{S}^{(1)})^{-1}\boldsymbol{u}
\end{aligned}
\tag{A.1.3}
$$

另一方面，基于线性子空间原理可知，存在可逆方阵 $\boldsymbol{Z}\in\mathbf{R}^{3\times 3}$ 满足

$$
\boldsymbol{Q}_{\mathrm{sg}}^{(1)}=(\boldsymbol{S}^{(1)}-\boldsymbol{1}_{M\times 1}\boldsymbol{u}^{\mathrm{T}})\boldsymbol{Z} \tag{A.1.4}
$$

结合式（A.1.3）和式（A.1.4）可得

$$
\begin{aligned}
&\boldsymbol{Q}_{\mathrm{sg}}^{(1)\mathrm{T}}\begin{bmatrix}\boldsymbol{1}_{M\times 1}^{\mathrm{T}}\\ \boldsymbol{S}^{(1)\mathrm{T}}\end{bmatrix}^{\dagger}\begin{bmatrix}1\\ \boldsymbol{u}\end{bmatrix} \\
&=\boldsymbol{Z}^{\mathrm{T}}(\boldsymbol{S}^{(1)\mathrm{T}}-\boldsymbol{u}\boldsymbol{1}_{M\times 1}^{\mathrm{T}}) \\
&\quad\times\left[\frac{(\boldsymbol{1}_{M\times 1}-\boldsymbol{S}^{(1)}(\boldsymbol{S}^{(1)\mathrm{T}}\boldsymbol{S}^{(1)})^{-1}\boldsymbol{S}^{(1)\mathrm{T}}\boldsymbol{1}_{M\times 1})(1-\boldsymbol{1}_{M\times 1}^{\mathrm{T}}\boldsymbol{S}^{(1)}(\boldsymbol{S}^{(1)\mathrm{T}}\boldsymbol{S}^{(1)})^{-1}\boldsymbol{u})}{M-\boldsymbol{1}_{M\times 1}^{\mathrm{T}}\boldsymbol{S}^{(1)}(\boldsymbol{S}^{(1)\mathrm{T}}\boldsymbol{S}^{(1)})^{-1}\boldsymbol{S}^{(1)\mathrm{T}}\boldsymbol{1}_{M\times 1}}+\boldsymbol{S}^{(1)}(\boldsymbol{S}^{(1)\mathrm{T}}\boldsymbol{S}^{(1)})^{-1}\boldsymbol{u}\right] \\
&=\boldsymbol{Z}^{\mathrm{T}}\boldsymbol{S}^{(1)\mathrm{T}}\boldsymbol{S}^{(1)}(\boldsymbol{S}^{(1)\mathrm{T}}\boldsymbol{S}^{(1)})^{-1}\boldsymbol{u}-\boldsymbol{Z}^{\mathrm{T}}\boldsymbol{u}(1-\boldsymbol{1}_{M\times 1}^{\mathrm{T}}\boldsymbol{S}^{(1)}(\boldsymbol{S}^{(1)\mathrm{T}}\boldsymbol{S}^{(1)})^{-1}\boldsymbol{u})-\boldsymbol{Z}^{\mathrm{T}}\boldsymbol{u}\boldsymbol{1}_{M\times 1}^{\mathrm{T}}\boldsymbol{S}^{(1)}(\boldsymbol{S}^{(1)\mathrm{T}}\boldsymbol{S}^{(1)})^{-1}\boldsymbol{u} \\
&=\boldsymbol{Z}^{\mathrm{T}}\boldsymbol{u}-\boldsymbol{Z}^{\mathrm{T}}\boldsymbol{u}=\boldsymbol{O}_{3\times 1}
\end{aligned}
\tag{A.1.5}
$$

附录 A.2

根据式（4.25）可得

$$
\boldsymbol{\delta}_{\mathrm{t}}^{(1)}=\Delta\boldsymbol{W}_{\mathrm{t}}^{(1)}\boldsymbol{\beta}^{(1)}(\boldsymbol{u})=\mathrm{vec}(\Delta\boldsymbol{W}_{\mathrm{t}}^{(1)}\boldsymbol{\beta}^{(1)}(\boldsymbol{u}))=((\boldsymbol{\beta}^{(1)}(\boldsymbol{u}))^{\mathrm{T}}\otimes\boldsymbol{I}_M)\mathrm{vec}(\Delta\boldsymbol{W}_{\mathrm{t}}^{(1)}) \tag{A.2.1}
$$

式中，第 3 个等号处的运算利用了命题 2.10。由式（4.26）可知

$$
\mathrm{vec}(\Delta\boldsymbol{W}_{\mathrm{t}}^{(1)})\approx(\boldsymbol{1}_{M\times 1}\otimes\mathrm{diag}[\boldsymbol{r}]+\mathrm{diag}[\boldsymbol{r}]\otimes\boldsymbol{1}_{M\times 1})\boldsymbol{\varepsilon}_{\mathrm{t}} \tag{A.2.2}
$$

将式（A.2.2）代入式（A.2.1）中，并利用命题 2.9 可得

$$
\begin{aligned}
\boldsymbol{\delta}_{\mathrm{t}}^{(1)}&\approx[((\boldsymbol{\beta}^{(1)}(\boldsymbol{u}))^{\mathrm{T}}\boldsymbol{1}_{M\times 1})\otimes\mathrm{diag}[\boldsymbol{r}]+((\boldsymbol{\beta}^{(1)}(\boldsymbol{u}))^{\mathrm{T}}\mathrm{diag}[\boldsymbol{r}])\otimes\boldsymbol{1}_{M\times 1}]\boldsymbol{\varepsilon}_{\mathrm{t}} \\
&=[((\boldsymbol{\beta}^{(1)}(\boldsymbol{u}))^{\mathrm{T}}\boldsymbol{1}_{M\times 1})\mathrm{diag}[\boldsymbol{r}]+(\boldsymbol{\beta}^{(1)}(\boldsymbol{u})\odot\boldsymbol{r})^{\mathrm{T}}\otimes\boldsymbol{1}_{M\times 1}]\boldsymbol{\varepsilon}_{\mathrm{t}} \\
&=[((\boldsymbol{\beta}^{(1)}(\boldsymbol{u}))^{\mathrm{T}}\boldsymbol{1}_{M\times 1})\mathrm{diag}[\boldsymbol{r}]+\boldsymbol{1}_{M\times 1}(\boldsymbol{\beta}^{(1)}(\boldsymbol{u})\odot\boldsymbol{r})^{\mathrm{T}}]\boldsymbol{\varepsilon}_{\mathrm{t}}=\boldsymbol{B}_{\mathrm{t}}^{(1)}(\boldsymbol{u})\boldsymbol{\varepsilon}_{\mathrm{t}}
\end{aligned}
\tag{A.2.3}
$$

式中，$\boldsymbol{B}_{\mathrm{t}}^{(1)}(\boldsymbol{u})$ 的表达式见式（4.28）。

附录 A.3

根据式（4.56）可得

$$\boldsymbol{\delta}_{\mathrm{t}}^{(2)}=\Delta\boldsymbol{W}_{\mathrm{t}}^{(2)}\boldsymbol{\beta}^{(2)}(\boldsymbol{u})=\mathrm{vec}(\Delta\boldsymbol{W}_{\mathrm{t}}^{(2)}\boldsymbol{\beta}^{(2)}(\boldsymbol{u}))=((\boldsymbol{\beta}^{(2)}(\boldsymbol{u}))^{\mathrm{T}}\otimes\boldsymbol{I}_{M+1})\mathrm{vec}(\Delta\boldsymbol{W}_{\mathrm{t}}^{(2)}) \quad \text{(A.3.1)}$$

式中，第 3 个等号处的运算利用了命题 2.10。由式（4.57）可知

$$\mathrm{vec}(\Delta\boldsymbol{W}_{\mathrm{t}}^{(2)})\approx-(\boldsymbol{L}_M\otimes\boldsymbol{L}_M)\begin{bmatrix}\boldsymbol{O}_{1\times M}\\ \mathrm{diag}[\boldsymbol{r}]\\ \mathrm{diag}[\boldsymbol{r}]\otimes\boldsymbol{i}_{M+1}^{(1)}\end{bmatrix}\boldsymbol{\varepsilon}_{\mathrm{t}} \quad \text{(A.3.2)}$$

将式（A.3.2）代入式（A.3.1）中，并利用命题 2.9 可得

$$\boldsymbol{\delta}_{\mathrm{t}}^{(2)}\approx-((\boldsymbol{L}_M\boldsymbol{\beta}^{(2)}(\boldsymbol{u}))^{\mathrm{T}}\otimes\boldsymbol{L}_M)\begin{bmatrix}\boldsymbol{O}_{1\times M}\\ \mathrm{diag}[\boldsymbol{r}]\\ \mathrm{diag}[\boldsymbol{r}]\otimes\boldsymbol{i}_{M+1}^{(1)}\end{bmatrix}\boldsymbol{\varepsilon}_{\mathrm{t}}=\boldsymbol{B}_{\mathrm{t}}^{(2)}(\boldsymbol{u})\boldsymbol{\varepsilon}_{\mathrm{t}} \quad \text{(A.3.3)}$$

式中，$\boldsymbol{B}_{\mathrm{t}}^{(2)}(\boldsymbol{u})$ 的表达式见式（4.59）。

附录 B

附录 B.1

首先有

$$\Delta \boldsymbol{W}_{\mathrm{t}}^{(1)} \boldsymbol{\beta}^{(1)}(\boldsymbol{g}) = \mathrm{vec}(\Delta \boldsymbol{W}_{\mathrm{t}}^{(1)} \boldsymbol{\beta}^{(1)}(\boldsymbol{g})) = ((\boldsymbol{\beta}^{(1)}(\boldsymbol{g}))^{\mathrm{T}} \otimes \boldsymbol{I}_M)\mathrm{vec}(\Delta \boldsymbol{W}_{\mathrm{t}}^{(1)}) \tag{B.1.1}$$

式中，第 2 个等号处的运算利用了命题 2.10。根据式（5.31）可得

$$\mathrm{vec}(\Delta \boldsymbol{W}_{\mathrm{t}}^{(1)}) \approx (\mathrm{diag}[\overline{\boldsymbol{\rho}}] \otimes \boldsymbol{1}_{M\times 1} + \boldsymbol{1}_{M\times 1} \otimes \mathrm{diag}[\overline{\boldsymbol{\rho}}] - \boldsymbol{I}_M \otimes \overline{\boldsymbol{\rho}} - \overline{\boldsymbol{\rho}} \otimes \boldsymbol{I}_M)\overline{\boldsymbol{I}}_{M-1}\boldsymbol{\varepsilon}_{\mathrm{t}} \tag{B.1.2}$$

将式（B.1.2）代入式（B.1.1）中，并利用命题 2.9 可知

$$\begin{aligned}
&\Delta \boldsymbol{W}_{\mathrm{t}}^{(1)} \boldsymbol{\beta}^{(1)}(\boldsymbol{g}) \\
&\approx [((\boldsymbol{\beta}^{(1)}(\boldsymbol{g}))^{\mathrm{T}} \mathrm{diag}[\overline{\boldsymbol{\rho}}]) \otimes \boldsymbol{1}_{M\times 1} + ((\boldsymbol{\beta}^{(1)}(\boldsymbol{g}))^{\mathrm{T}} \boldsymbol{1}_{M\times 1}) \otimes \mathrm{diag}[\overline{\boldsymbol{\rho}}] - ((\boldsymbol{\beta}^{(1)}(\boldsymbol{g}))^{\mathrm{T}} \boldsymbol{I}_M) \otimes \overline{\boldsymbol{\rho}} \\
&\quad - ((\boldsymbol{\beta}^{(1)}(\boldsymbol{g}))^{\mathrm{T}} \overline{\boldsymbol{\rho}}) \otimes \boldsymbol{I}_M]\overline{\boldsymbol{I}}_{M-1}\boldsymbol{\varepsilon}_{\mathrm{t}} \\
&= [(\boldsymbol{\beta}^{(1)}(\boldsymbol{g}) \odot \overline{\boldsymbol{\rho}})^{\mathrm{T}} \otimes \boldsymbol{1}_{M\times 1} + ((\boldsymbol{\beta}^{(1)}(\boldsymbol{g}))^{\mathrm{T}} \boldsymbol{1}_{M\times 1})\mathrm{diag}[\overline{\boldsymbol{\rho}}] - (\boldsymbol{\beta}^{(1)}(\boldsymbol{g}))^{\mathrm{T}} \otimes \overline{\boldsymbol{\rho}} \\
&\quad - ((\boldsymbol{\beta}^{(1)}(\boldsymbol{g}))^{\mathrm{T}} \overline{\boldsymbol{\rho}})\boldsymbol{I}_M]\overline{\boldsymbol{I}}_{M-1}\boldsymbol{\varepsilon}_{\mathrm{t}} \\
&= [\boldsymbol{1}_{M\times 1}(\boldsymbol{\beta}^{(1)}(\boldsymbol{g}) \odot \overline{\boldsymbol{\rho}})^{\mathrm{T}} + ((\boldsymbol{\beta}^{(1)}(\boldsymbol{g}))^{\mathrm{T}} \boldsymbol{1}_{M\times 1})\mathrm{diag}[\overline{\boldsymbol{\rho}}] - \overline{\boldsymbol{\rho}}(\boldsymbol{\beta}^{(1)}(\boldsymbol{g}))^{\mathrm{T}} \\
&\quad - ((\boldsymbol{\beta}^{(1)}(\boldsymbol{g}))^{\mathrm{T}} \overline{\boldsymbol{\rho}})\boldsymbol{I}_M]\overline{\boldsymbol{I}}_{M-1}\boldsymbol{\varepsilon}_{\mathrm{t}} \\
&= \boldsymbol{B}_{\mathrm{t}1}^{(1)}(\boldsymbol{g})\boldsymbol{\varepsilon}_{\mathrm{t}}
\end{aligned} \tag{B.1.3}$$

式中，$\boldsymbol{B}_{\mathrm{t}1}^{(1)}(\boldsymbol{g})$ 的表达式见式（5.33）。

附录 B.2

首先根据式（5.35）可得

$$\boldsymbol{W}^{(1)}\Delta\boldsymbol{T}_{\mathrm{t}}^{(1)}\begin{bmatrix}1\\ \boldsymbol{g}\end{bmatrix}\approx\boldsymbol{W}^{(1)}\left([\boldsymbol{O}_{M\times 1}\ \ \Delta\boldsymbol{G}_{\mathrm{t}}^{(1)}]\begin{bmatrix}\alpha_1^{(1)}(\boldsymbol{g})\\ \boldsymbol{\alpha}_2^{(1)}(\boldsymbol{g})\end{bmatrix}\right.$$
$$\left.-\boldsymbol{T}^{(1)}\begin{bmatrix}0 & \boldsymbol{1}_{M\times 1}^{\mathrm{T}}\Delta\boldsymbol{G}_{\mathrm{t}}^{(1)}\\ (\Delta\boldsymbol{G}_{\mathrm{t}}^{(1)})^{\mathrm{T}}\boldsymbol{1}_{M\times 1} & \boldsymbol{G}^{(1)\mathrm{T}}\Delta\boldsymbol{G}_{\mathrm{t}}^{(1)}+(\Delta\boldsymbol{G}_{\mathrm{t}}^{(1)})^{\mathrm{T}}\boldsymbol{G}^{(1)}\end{bmatrix}\begin{bmatrix}\alpha_1^{(1)}(\boldsymbol{g})\\ \boldsymbol{\alpha}_2^{(1)}(\boldsymbol{g})\end{bmatrix}\right)$$
$$=\boldsymbol{W}^{(1)}\left(\Delta\boldsymbol{G}_{\mathrm{t}}^{(1)}\boldsymbol{\alpha}_2^{(1)}(\boldsymbol{g})-\boldsymbol{T}^{(1)}\begin{bmatrix}\boldsymbol{1}_{M\times 1}^{\mathrm{T}}\Delta\boldsymbol{G}_{\mathrm{t}}^{(1)}\boldsymbol{\alpha}_2^{(1)}(\boldsymbol{g})\\ \boldsymbol{G}^{(1)\mathrm{T}}\Delta\boldsymbol{G}_{\mathrm{t}}^{(1)}\boldsymbol{\alpha}_2^{(1)}(\boldsymbol{g})+(\Delta\boldsymbol{G}_{\mathrm{t}}^{(1)})^{\mathrm{T}}[\boldsymbol{1}_{M\times 1}\ \ \boldsymbol{G}^{(1)}]\boldsymbol{\alpha}^{(1)}(\boldsymbol{g})\end{bmatrix}\right) \tag{B.2.1}$$

然后基于式（5.36）可知

$$\Delta\boldsymbol{G}_{\mathrm{t}}^{(1)}\boldsymbol{\alpha}_2^{(1)}(\boldsymbol{g})=<\boldsymbol{\alpha}_2^{(1)}(\boldsymbol{g})>_4\bar{\boldsymbol{I}}_{M-1}\boldsymbol{\varepsilon}_{\mathrm{t}}=\boldsymbol{J}_{\mathrm{t1}}^{(1)}(\boldsymbol{g})\boldsymbol{\varepsilon}_{\mathrm{t}} \tag{B.2.2}$$

$$(\Delta\boldsymbol{G}_{\mathrm{t}}^{(1)})^{\mathrm{T}}[\boldsymbol{1}_{M\times 1}\ \ \boldsymbol{G}^{(1)}]\boldsymbol{\alpha}^{(1)}(\boldsymbol{g})=\begin{bmatrix}\boldsymbol{O}_{3\times M}\\ ([\boldsymbol{1}_{M\times 1}\ \ \boldsymbol{G}^{(1)}]\boldsymbol{\alpha}^{(1)}(\boldsymbol{g}))^{\mathrm{T}}\end{bmatrix}\bar{\boldsymbol{I}}_{M-1}\boldsymbol{\varepsilon}_{\mathrm{t}}=\boldsymbol{J}_{\mathrm{t2}}^{(1)}(\boldsymbol{g})\boldsymbol{\varepsilon}_{\mathrm{t}} \tag{B.2.3}$$

将式（B.2.2）和式（B.2.3）代入式（B.2.1）中可得

$$\boldsymbol{W}^{(1)}\Delta\boldsymbol{T}_{\mathrm{t}}^{(1)}\begin{bmatrix}1\\ \boldsymbol{g}\end{bmatrix}\approx\boldsymbol{W}^{(1)}\left(\boldsymbol{J}_{\mathrm{t1}}^{(1)}(\boldsymbol{g})-\boldsymbol{T}^{(1)}\begin{bmatrix}\boldsymbol{1}_{M\times 1}^{\mathrm{T}}\boldsymbol{J}_{\mathrm{t1}}^{(1)}(\boldsymbol{g})\\ \boldsymbol{G}^{(1)\mathrm{T}}\boldsymbol{J}_{\mathrm{t1}}^{(1)}(\boldsymbol{g})+\boldsymbol{J}_{\mathrm{t2}}^{(1)}(\boldsymbol{g})\end{bmatrix}\right)\boldsymbol{\varepsilon}_{\mathrm{t}}=\boldsymbol{B}_{\mathrm{t2}}^{(1)}(\boldsymbol{g})\boldsymbol{\varepsilon}_{\mathrm{t}} \tag{B.2.4}$$

式中，$\boldsymbol{B}_{\mathrm{t2}}^{(1)}(\boldsymbol{g})$ 的表达式见式（5.38）。

附录 B.3

首先将式（5.51）中的目标函数记为

$$f_{\mathrm{cost}}(\boldsymbol{g},\boldsymbol{\varepsilon}_{\mathrm{t}})=(\hat{\boldsymbol{W}}^{(1)}\hat{\boldsymbol{T}}_2^{(1)}\boldsymbol{g}+\hat{\boldsymbol{W}}^{(1)}\hat{\boldsymbol{t}}_1^{(1)})^{\mathrm{T}}\boldsymbol{H}_1^{(1)}(\bar{\boldsymbol{\Omega}}_{\mathrm{t}}^{(1)})^{-1}\boldsymbol{H}_1^{(1)\mathrm{T}}(\hat{\boldsymbol{W}}^{(1)}\hat{\boldsymbol{T}}_2^{(1)}\boldsymbol{g}+\hat{\boldsymbol{W}}^{(1)}\hat{\boldsymbol{t}}_1^{(1)}) \tag{B.3.1}$$

该函数关于向量 $\boldsymbol{g}$ 的梯度向量为

$$\frac{\partial f_{\mathrm{cost}}(\boldsymbol{g},\boldsymbol{\varepsilon}_{\mathrm{t}})}{\partial\boldsymbol{g}}=2\hat{\boldsymbol{T}}_2^{(1)\mathrm{T}}\hat{\boldsymbol{W}}^{(1)\mathrm{T}}\boldsymbol{H}_1^{(1)}(\bar{\boldsymbol{\Omega}}_{\mathrm{t}}^{(1)})^{-1}\boldsymbol{H}_1^{(1)\mathrm{T}}(\hat{\boldsymbol{W}}^{(1)}\hat{\boldsymbol{T}}_2^{(1)}\boldsymbol{g}+\hat{\boldsymbol{W}}^{(1)}\hat{\boldsymbol{t}}_1^{(1)}) \tag{B.3.2}$$

由式（B.3.2）可以进一步推得

$$\left.\frac{\partial^2 f_{\mathrm{cost}}(\boldsymbol{g},\boldsymbol{\varepsilon}_{\mathrm{t}})}{\partial\boldsymbol{g}\partial\boldsymbol{g}^{\mathrm{T}}}\right|_{\boldsymbol{\varepsilon}_{\mathrm{t}}=\boldsymbol{O}_{(M-1)\times 1}}=2\boldsymbol{T}_2^{(1)\mathrm{T}}\boldsymbol{W}^{(1)\mathrm{T}}\boldsymbol{H}_1^{(1)}(\bar{\boldsymbol{\Omega}}_{\mathrm{t}}^{(1)})^{-1}\boldsymbol{H}_1^{(1)\mathrm{T}}\boldsymbol{W}^{(1)}\boldsymbol{T}_2^{(1)} \tag{B.3.3}$$

$$\left.\frac{\partial^2 f_{\text{cost}}(\boldsymbol{g},\boldsymbol{\varepsilon}_{\text{t}})}{\partial \boldsymbol{g}\partial \boldsymbol{\varepsilon}_{\text{t}}^{\text{T}}}\right|_{\boldsymbol{\varepsilon}_{\text{t}}=\boldsymbol{O}_{(M-1)\times 1}}=2\boldsymbol{T}_2^{(1)\text{T}}\boldsymbol{W}^{(1)\text{T}}\boldsymbol{H}_1^{(1)}(\bar{\boldsymbol{\Omega}}_{\text{t}}^{(1)})^{-1}\boldsymbol{H}_1^{(1)\text{T}}\boldsymbol{B}_{\text{t}}^{(1)}(\boldsymbol{g}) \tag{B.3.4}$$

结合式（B.3.3）、式（B.3.4）及式（2.91）可知，在一阶误差分析框架下，误差向量 $\Delta\boldsymbol{g}_{\text{p}}^{(1)}$ 近似为如下约束优化问题的最优解：

$$\begin{cases}\min\limits_{\Delta\boldsymbol{g}}\{(\Delta\boldsymbol{g})^{\text{T}}\boldsymbol{T}_2^{(1)\text{T}}\boldsymbol{W}^{(1)\text{T}}\boldsymbol{H}_1^{(1)}(\bar{\boldsymbol{\Omega}}_{\text{t}}^{(1)})^{-1}\boldsymbol{H}_1^{(1)\text{T}}\boldsymbol{W}^{(1)}\boldsymbol{T}_2^{(1)}\Delta\boldsymbol{g} \\ \qquad +2(\Delta\boldsymbol{g})^{\text{T}}\boldsymbol{T}_2^{(1)\text{T}}\boldsymbol{W}^{(1)\text{T}}\boldsymbol{H}_1^{(1)}(\bar{\boldsymbol{\Omega}}_{\text{t}}^{(1)})^{-1}\boldsymbol{H}_1^{(1)\text{T}}\boldsymbol{B}_{\text{t}}^{(1)}(\boldsymbol{g})\boldsymbol{\varepsilon}_{\text{t}}\} \\ \text{s.t.}\ (2\boldsymbol{\Lambda}\boldsymbol{g}+\boldsymbol{\kappa})^{\text{T}}\Delta\boldsymbol{g}=0\end{cases} \tag{B.3.5}$$

显然，式（B.3.5）与式（5.71）相互等价。

附录 B.4

首先有

$$\Delta\boldsymbol{W}_{\text{t}}^{(2)}\boldsymbol{\beta}^{(2)}(\boldsymbol{g})=\text{vec}(\Delta\boldsymbol{W}_{\text{t}}^{(2)}\boldsymbol{\beta}^{(2)}(\boldsymbol{g}))=((\boldsymbol{\beta}^{(2)}(\boldsymbol{g}))^{\text{T}}\otimes\boldsymbol{I}_{M+1})\text{vec}(\Delta\boldsymbol{W}_{\text{t}}^{(2)}) \tag{B.4.1}$$

式中，第 2 个等号处的运算利用了命题 2.10。根据式（5.118）可得

$$\begin{aligned}\text{vec}(\Delta\boldsymbol{W}_{\text{t}}^{(2)})\approx{}&(\boldsymbol{L}_M\otimes\boldsymbol{L}_M)\\&\times\begin{bmatrix}\boldsymbol{O}_{(M+1)\times M}\\ \text{diag}[\bar{\boldsymbol{\rho}}]\otimes\bar{\boldsymbol{I}}_{M\times 1}+\boldsymbol{I}_{M\times 1}\otimes(\bar{\boldsymbol{I}}_M\text{diag}[\bar{\boldsymbol{\rho}}])-\boldsymbol{I}_M\otimes(\bar{\boldsymbol{I}}_M\bar{\boldsymbol{\rho}})-\bar{\boldsymbol{\rho}}\otimes\bar{\boldsymbol{I}}_M\end{bmatrix}\bar{\boldsymbol{I}}_{M-1}\boldsymbol{\varepsilon}_{\text{t}}\end{aligned} \tag{B.4.2}$$

将式（B.4.2）代入式（B.4.1）中，并利用命题 2.9 可知

$$\begin{aligned}\Delta\boldsymbol{W}_{\text{t}}^{(2)}\boldsymbol{\beta}^{(2)}(\boldsymbol{g})\approx{}&((\boldsymbol{L}_M\boldsymbol{\beta}^{(2)}(\boldsymbol{g}))^{\text{T}}\otimes\boldsymbol{L}_M)\\&\times\begin{bmatrix}\boldsymbol{O}_{(M+1)\times M}\\ \text{diag}[\bar{\boldsymbol{\rho}}]\otimes\bar{\boldsymbol{I}}_{M\times 1}+\boldsymbol{I}_{M\times 1}\otimes(\bar{\boldsymbol{I}}_M\text{diag}[\bar{\boldsymbol{\rho}}])-\boldsymbol{I}_M\otimes(\bar{\boldsymbol{I}}_M\bar{\boldsymbol{\rho}})-\bar{\boldsymbol{\rho}}\otimes\bar{\boldsymbol{I}}_M\end{bmatrix}\bar{\boldsymbol{I}}_{M-1}\boldsymbol{\varepsilon}_{\text{t}}\\={}&\boldsymbol{B}_{\text{t1}}^{(2)}(\boldsymbol{g})\boldsymbol{\varepsilon}_{\text{t}}\end{aligned} \tag{B.4.3}$$

式中，$\boldsymbol{B}_{\text{t1}}^{(2)}(\boldsymbol{g})$ 的表达式见式（5.120）。

附录 B.5

首先根据式（5.122）可得

$$\begin{aligned}&\boldsymbol{W}^{(2)}\Delta\boldsymbol{T}_{\mathrm{t}}^{(2)}\begin{bmatrix}1\\ \boldsymbol{g}\end{bmatrix}\\&\approx\boldsymbol{W}^{(2)}\left([\boldsymbol{O}_{(M+1)\times 1}\ \ \Delta\boldsymbol{G}_{\mathrm{t}}^{(2)}]\begin{bmatrix}\alpha_1^{(2)}(\boldsymbol{g})\\ \boldsymbol{\alpha}_2^{(2)}(\boldsymbol{g})\end{bmatrix}-\boldsymbol{T}^{(2)}\begin{bmatrix}0 & \boldsymbol{n}_M^{\mathrm{T}}\Delta\boldsymbol{G}_{\mathrm{t}}^{(2)}\\ (\Delta\boldsymbol{G}_{\mathrm{t}}^{(2)})^{\mathrm{T}}\boldsymbol{n}_M & \boldsymbol{G}^{(2)\mathrm{T}}\Delta\boldsymbol{G}_{\mathrm{t}}^{(2)}+(\Delta\boldsymbol{G}_{\mathrm{t}}^{(2)})^{\mathrm{T}}\boldsymbol{G}^{(2)}\end{bmatrix}\begin{bmatrix}\alpha_1^{(2)}(\boldsymbol{g})\\ \boldsymbol{\alpha}_2^{(2)}(\boldsymbol{g})\end{bmatrix}\right)\\&=\boldsymbol{W}^{(2)}\left(\Delta\boldsymbol{G}_{\mathrm{t}}^{(2)}\boldsymbol{\alpha}_2^{(2)}(\boldsymbol{g})-\boldsymbol{T}^{(2)}\begin{bmatrix}\boldsymbol{n}_M^{\mathrm{T}}\Delta\boldsymbol{G}_{\mathrm{t}}^{(2)}\boldsymbol{\alpha}_2^{(2)}(\boldsymbol{g})\\ \boldsymbol{G}^{(2)\mathrm{T}}\Delta\boldsymbol{G}_{\mathrm{t}}^{(2)}\boldsymbol{\alpha}_2^{(2)}(\boldsymbol{g})+(\Delta\boldsymbol{G}_{\mathrm{t}}^{(2)})^{\mathrm{T}}[\boldsymbol{n}_M\ \ \boldsymbol{G}^{(2)}]\boldsymbol{\alpha}^{(2)}(\boldsymbol{g})\end{bmatrix}\right)\end{aligned}\tag{B.5.1}$$

然后基于式（5.123）可知

$$\Delta\boldsymbol{G}_{\mathrm{t}}^{(2)}\boldsymbol{\alpha}_2^{(2)}(\boldsymbol{g})=<\boldsymbol{\alpha}_2^{(2)}(\boldsymbol{g})>_4\left(\boldsymbol{I}_{M+1}-\frac{1}{M+1}\boldsymbol{1}_{(M+1)\times(M+1)}\right)\tilde{\boldsymbol{I}}_{M-1}\boldsymbol{\varepsilon}_{\mathrm{t}}=\boldsymbol{J}_{\mathrm{t1}}^{(2)}(\boldsymbol{g})\boldsymbol{\varepsilon}_{\mathrm{t}}\tag{B.5.2}$$

$$\begin{aligned}(\Delta\boldsymbol{G}_{\mathrm{t}}^{(2)})^{\mathrm{T}}[\boldsymbol{n}_M\ \ \boldsymbol{G}^{(2)}]\boldsymbol{\alpha}^{(2)}(\boldsymbol{g})&=\begin{bmatrix}\boldsymbol{O}_{3\times(M+1)}\\ ([\boldsymbol{n}_M\ \ \boldsymbol{G}^{(2)}]\boldsymbol{\alpha}^{(2)}(\boldsymbol{g}))^{\mathrm{T}}\left(\boldsymbol{I}_{M+1}-\frac{1}{M+1}\boldsymbol{1}_{(M+1)\times(M+1)}\right)\end{bmatrix}\tilde{\boldsymbol{I}}_{M-1}\boldsymbol{\varepsilon}_{\mathrm{t}}\\&=\boldsymbol{J}_{\mathrm{t2}}^{(2)}(\boldsymbol{g})\boldsymbol{\varepsilon}_{\mathrm{t}}\end{aligned}\tag{B.5.3}$$

将式（B.5.2）和式（B.5.3）代入式（B.5.1）中可得

$$\boldsymbol{W}^{(2)}\Delta\boldsymbol{T}_{\mathrm{t}}^{(2)}\begin{bmatrix}1\\ \boldsymbol{g}\end{bmatrix}\approx\boldsymbol{W}^{(2)}\left(\boldsymbol{J}_{\mathrm{t1}}^{(2)}(\boldsymbol{g})-\boldsymbol{T}^{(2)}\begin{bmatrix}\boldsymbol{n}_M^{\mathrm{T}}\boldsymbol{J}_{\mathrm{t1}}^{(2)}(\boldsymbol{g})\\ \boldsymbol{G}^{(2)\mathrm{T}}\boldsymbol{J}_{\mathrm{t1}}^{(2)}(\boldsymbol{g})+\boldsymbol{J}_{\mathrm{t2}}^{(2)}(\boldsymbol{g})\end{bmatrix}\right)\boldsymbol{\varepsilon}_{\mathrm{t}}=\boldsymbol{B}_{\mathrm{t2}}^{(2)}(\boldsymbol{g})\boldsymbol{\varepsilon}_{\mathrm{t}}\tag{B.5.4}$$

式中，$\boldsymbol{B}_{\mathrm{t2}}^{(2)}(\boldsymbol{g})$ 的表达式见式（5.125）。

附录 C

附录 C.1

根据式（6.22）可得

$$\boldsymbol{\delta}_{\mathrm{t}}^{(1)}=\Delta\boldsymbol{W}_{\mathrm{t}}^{(1)}\boldsymbol{\beta}^{(1)}(\boldsymbol{u})=\mathrm{vec}(\Delta\boldsymbol{W}_{\mathrm{t}}^{(1)}\boldsymbol{\beta}^{(1)}(\boldsymbol{u}))=((\boldsymbol{\beta}^{(1)}(\boldsymbol{u}))^{\mathrm{T}}\otimes\boldsymbol{I}_{M})\mathrm{vec}(\Delta\boldsymbol{W}_{\mathrm{t}}^{(1)}) \tag{C.1.1}$$

式中，第 3 个等号处的运算利用了命题 2.10。由式（6.23）可知

$$\mathrm{vec}(\Delta\boldsymbol{W}_{\mathrm{t}}^{(1)})=\frac{1}{2}(\boldsymbol{1}_{M\times1}\otimes\boldsymbol{I}_{M}+\boldsymbol{I}_{M}\otimes\boldsymbol{1}_{M\times1})\Delta\boldsymbol{\tau} \tag{C.1.2}$$

将式（C.1.2）代入式（C.1.1）中，并利用命题 2.9 可得

$$\begin{aligned}\boldsymbol{\delta}_{\mathrm{t}}^{(1)}&=\frac{1}{2}[((\boldsymbol{\beta}^{(1)}(\boldsymbol{u}))^{\mathrm{T}}\boldsymbol{1}_{M\times1})\otimes\boldsymbol{I}_{M}+(\boldsymbol{\beta}^{(1)}(\boldsymbol{u}))^{\mathrm{T}}\otimes\boldsymbol{1}_{M\times1}]\Delta\boldsymbol{\tau}\\&=\frac{1}{2}[((\boldsymbol{\beta}^{(1)}(\boldsymbol{u}))^{\mathrm{T}}\boldsymbol{1}_{M\times1})\boldsymbol{I}_{M}+\boldsymbol{1}_{M\times1}(\boldsymbol{\beta}^{(1)}(\boldsymbol{u}))^{\mathrm{T}}]\Delta\boldsymbol{\tau}=\boldsymbol{B}_{\mathrm{t}}^{(1)}(\boldsymbol{u})\Delta\boldsymbol{\tau}\end{aligned} \tag{C.1.3}$$

式中，$\boldsymbol{B}_{\mathrm{t}}^{(1)}(\boldsymbol{u})$ 的表达式见式（6.25）。

附录 C.2

根据式（6.49）可得

$$\boldsymbol{\delta}_{\mathrm{t}}^{(2)}=\Delta\boldsymbol{W}_{\mathrm{t}}^{(2)}\boldsymbol{\beta}^{(2)}(\boldsymbol{u})=\mathrm{vec}(\Delta\boldsymbol{W}_{\mathrm{t}}^{(2)}\boldsymbol{\beta}^{(2)}(\boldsymbol{u}))=((\boldsymbol{\beta}^{(2)}(\boldsymbol{u}))^{\mathrm{T}}\otimes\boldsymbol{I}_{M+1})\mathrm{vec}(\Delta\boldsymbol{W}_{\mathrm{t}}^{(2)}) \tag{C.2.1}$$

式中，第 3 个等号处的运算利用了命题 2.10。由式（6.50）可知

$$\mathrm{vec}(\Delta\boldsymbol{W}_{\mathrm{t}}^{(2)})=-\frac{1}{2}(\boldsymbol{L}_{M}\otimes\boldsymbol{L}_{M})\begin{bmatrix}\boldsymbol{O}_{1\times M}\\\boldsymbol{I}_{M}\\\boldsymbol{I}_{M}\otimes\boldsymbol{i}_{M+1}^{(1)}\end{bmatrix}\Delta\boldsymbol{\tau} \tag{C.2.2}$$

将式（C.2.2）代入式（C.2.1）中，并利用命题 2.9 可得

$$\boldsymbol{\delta}_{\mathrm{t}}^{(2)} = -\frac{1}{2}((\boldsymbol{L}_M\boldsymbol{\beta}^{(2)}(\boldsymbol{u}))^{\mathrm{T}} \otimes \boldsymbol{L}_M)\begin{bmatrix} \boldsymbol{O}_{1\times M} \\ \boldsymbol{I}_M \\ \boldsymbol{I}_M \otimes \boldsymbol{i}_{M+1}^{(1)} \end{bmatrix}\Delta\boldsymbol{\tau} = \boldsymbol{B}_{\mathrm{t}}^{(2)}(\boldsymbol{u})\Delta\boldsymbol{\tau} \tag{C.2.3}$$

式中，$\boldsymbol{B}_{\mathrm{t}}^{(2)}(\boldsymbol{u})$ 的表达式见式（6.52）。

附录 D

附录 D.1

首先有

$$\left[\begin{array}{c:c}\Delta\boldsymbol{W}_{\mathrm{t}}^{(1)}\boldsymbol{T}^{(1)} & \boldsymbol{O}_{M\times 3}\\ \hdashline \Delta\boldsymbol{W}_{\mathrm{t}}^{(1)}\dot{\boldsymbol{T}}^{(1)} & \Delta\boldsymbol{W}_{\mathrm{t}}^{(1)}\boldsymbol{T}^{(1)}\bar{\boldsymbol{I}}_3\end{array}\right]\begin{bmatrix}1\\ \boldsymbol{u}_{\mathrm{v}}\end{bmatrix}=\begin{bmatrix}\Delta\boldsymbol{W}_{\mathrm{t}}^{(1)}\boldsymbol{T}^{(1)}\begin{bmatrix}1\\ \boldsymbol{u}\end{bmatrix}\\ \Delta\boldsymbol{W}_{\mathrm{t}}^{(1)}\dot{\boldsymbol{T}}^{(1)}\begin{bmatrix}1\\ \boldsymbol{u}\end{bmatrix}+\Delta\boldsymbol{W}_{\mathrm{t}}^{(1)}\boldsymbol{T}^{(1)}\begin{bmatrix}0\\ \dot{\boldsymbol{u}}\end{bmatrix}\end{bmatrix}$$

$$=\begin{bmatrix}([1\ \ \boldsymbol{u}^{\mathrm{T}}]\boldsymbol{T}^{(1)\mathrm{T}})\otimes\boldsymbol{I}_M\\ ([1\ \ \boldsymbol{u}^{\mathrm{T}}]\dot{\boldsymbol{T}}^{(1)\mathrm{T}}+[0\ \ \dot{\boldsymbol{u}}^{\mathrm{T}}]\boldsymbol{T}^{(1)\mathrm{T}})\otimes\boldsymbol{I}_M\end{bmatrix}\mathrm{vec}(\Delta\boldsymbol{W}_{\mathrm{t}}^{(1)}) \tag{D.1.1}$$

式中，第 2 个等号处的运算利用了命题 2.10。根据式（7.26）可得

$$\mathrm{vec}(\Delta\boldsymbol{W}_{\mathrm{t}}^{(1)})\approx(\boldsymbol{1}_{M\times 1}\otimes\mathrm{diag}[\boldsymbol{r}]+\mathrm{diag}[\boldsymbol{r}]\otimes\boldsymbol{1}_{M\times 1})\boldsymbol{\varepsilon}_{\mathrm{t1}} \tag{D.1.2}$$

将式（D.1.2）代入式（D.1.1）中，并利用命题 2.9 可得

$$\left[\begin{array}{c:c}\Delta\boldsymbol{W}_{\mathrm{t}}^{(1)}\boldsymbol{T}^{(1)} & \boldsymbol{O}_{M\times 3}\\ \hdashline \Delta\boldsymbol{W}_{\mathrm{t}}^{(1)}\dot{\boldsymbol{T}}^{(1)} & \Delta\boldsymbol{W}_{\mathrm{t}}^{(1)}\boldsymbol{T}^{(1)}\bar{\boldsymbol{I}}_3\end{array}\right]\begin{bmatrix}1\\ \boldsymbol{u}_{\mathrm{v}}\end{bmatrix}$$

$$\approx\begin{bmatrix}([1\ \ \boldsymbol{u}^{\mathrm{T}}]\boldsymbol{T}^{(1)\mathrm{T}}\boldsymbol{1}_{M\times 1})\otimes\mathrm{diag}[\boldsymbol{r}]+([1\ \ \boldsymbol{u}^{\mathrm{T}}]\boldsymbol{T}^{(1)\mathrm{T}}\mathrm{diag}[\boldsymbol{r}])\otimes\boldsymbol{1}_{M\times 1}\\ (([1\ \ \boldsymbol{u}^{\mathrm{T}}]\dot{\boldsymbol{T}}^{(1)\mathrm{T}}+[0\ \ \dot{\boldsymbol{u}}^{\mathrm{T}}]\boldsymbol{T}^{(1)\mathrm{T}})\boldsymbol{1}_{M\times 1})\otimes\mathrm{diag}[\boldsymbol{r}]+(([1\ \ \boldsymbol{u}^{\mathrm{T}}]\dot{\boldsymbol{T}}^{(1)\mathrm{T}}+[0\ \ \dot{\boldsymbol{u}}^{\mathrm{T}}]\boldsymbol{T}^{(1)\mathrm{T}})\mathrm{diag}[\boldsymbol{r}])\otimes\boldsymbol{1}_{M\times 1}\end{bmatrix}\boldsymbol{\varepsilon}_{\mathrm{t1}}$$

$$=\begin{bmatrix}([1\ \ \boldsymbol{u}^{\mathrm{T}}]\boldsymbol{T}^{(1)\mathrm{T}}\boldsymbol{1}_{M\times 1})\mathrm{diag}[\boldsymbol{r}]+\left(\left(\boldsymbol{T}^{(1)}\begin{bmatrix}1\\ \boldsymbol{u}\end{bmatrix}\right)\odot\boldsymbol{r}\right)^{\mathrm{T}}\otimes\boldsymbol{1}_{M\times 1}\\ (([1\ \ \boldsymbol{u}^{\mathrm{T}}]\dot{\boldsymbol{T}}^{(1)\mathrm{T}}+[0\ \ \dot{\boldsymbol{u}}^{\mathrm{T}}]\boldsymbol{T}^{(1)\mathrm{T}})\boldsymbol{1}_{M\times 1})\mathrm{diag}[\boldsymbol{r}]+\left(\left(\dot{\boldsymbol{T}}^{(1)}\begin{bmatrix}1\\ \boldsymbol{u}\end{bmatrix}+\boldsymbol{T}^{(1)}\begin{bmatrix}0\\ \dot{\boldsymbol{u}}\end{bmatrix}\right)\odot\boldsymbol{r}\right)^{\mathrm{T}}\otimes\boldsymbol{1}_{M\times 1}\end{bmatrix}\boldsymbol{\varepsilon}_{\mathrm{t1}}$$

$$
=\begin{bmatrix} ([1\ \ \boldsymbol{u}^{\mathrm{T}}]\boldsymbol{T}^{(1)\mathrm{T}}\boldsymbol{1}_{M\times 1})\mathrm{diag}[\boldsymbol{r}]+\boldsymbol{1}_{M\times 1}\left(\left(\boldsymbol{T}^{(1)}\begin{bmatrix}1\\ \boldsymbol{u}\end{bmatrix}\right)\odot\boldsymbol{r}\right)^{\mathrm{T}} \\ (([1\ \ \boldsymbol{u}^{\mathrm{T}}]\dot{\boldsymbol{T}}^{(1)\mathrm{T}}+[0\ \ \dot{\boldsymbol{u}}^{\mathrm{T}}]\boldsymbol{T}^{(1)\mathrm{T}})\boldsymbol{1}_{M\times 1})\mathrm{diag}[\boldsymbol{r}]+\boldsymbol{1}_{M\times 1}\left(\left(\dot{\boldsymbol{T}}^{(1)}\begin{bmatrix}1\\ \boldsymbol{u}\end{bmatrix}+\boldsymbol{T}^{(1)}\begin{bmatrix}0\\ \dot{\boldsymbol{u}}\end{bmatrix}\right)\odot\boldsymbol{r}\right)^{\mathrm{T}} \end{bmatrix}\boldsymbol{\varepsilon}_{\mathrm{t}1}
$$

$$
=\boldsymbol{B}_{\mathrm{t}1}^{(1)}(\boldsymbol{u}_{\mathrm{v}})\boldsymbol{\varepsilon}_{\mathrm{t}} \tag{D.1.3}
$$

式中，$\boldsymbol{B}_{\mathrm{t}1}^{(1)}(\boldsymbol{u}_{\mathrm{v}})$ 的表达式见式（7.28）。

附录 D.2

首先有

$$
\begin{aligned}
\left[\begin{array}{c|c} \boldsymbol{O}_{M\times 4} & \boldsymbol{O}_{M\times 3} \\ \hline \Delta\dot{\boldsymbol{W}}_{\mathrm{t}}^{(1)}\boldsymbol{T}^{(1)} & \boldsymbol{O}_{M\times 3} \end{array}\right]\begin{bmatrix}1\\ \boldsymbol{u}_{\mathrm{v}}\end{bmatrix} &= \begin{bmatrix} \boldsymbol{O}_{M\times 1} \\ \Delta\dot{\boldsymbol{W}}_{\mathrm{t}}^{(1)}\boldsymbol{T}^{(1)}\begin{bmatrix}1\\ \boldsymbol{u}\end{bmatrix} \end{bmatrix} \\
&= \begin{bmatrix} \boldsymbol{O}_{M\times M^2} \\ ([1\ \ \boldsymbol{u}^{\mathrm{T}}]\boldsymbol{T}^{(1)\mathrm{T}})\otimes\boldsymbol{I}_M \end{bmatrix}\mathrm{vec}(\Delta\dot{\boldsymbol{W}}_{\mathrm{t}}^{(1)})
\end{aligned} \tag{D.2.1}
$$

式中，第 2 个等号处的运算利用了命题 2.10。根据式（7.29）可得

$$
\begin{aligned}
\mathrm{vec}(\Delta\dot{\boldsymbol{W}}_{\mathrm{t}}^{(1)}) \approx{}& (\boldsymbol{1}_{M\times 1}\otimes\mathrm{diag}[\dot{\boldsymbol{r}}]+\mathrm{diag}[\dot{\boldsymbol{r}}]\otimes\boldsymbol{1}_{M\times 1})\boldsymbol{\varepsilon}_{\mathrm{t}1} \\
&+(\boldsymbol{1}_{M\times 1}\otimes\mathrm{diag}[\boldsymbol{r}]+\mathrm{diag}[\boldsymbol{r}]\otimes\boldsymbol{1}_{M\times 1})\boldsymbol{\varepsilon}_{\mathrm{t}2}
\end{aligned} \tag{D.2.2}
$$

将式（D.2.2）代入式（D.2.1）中，并利用命题 2.9 可得

$$
\begin{aligned}
&\left[\begin{array}{c|c} \boldsymbol{O}_{M\times 4} & \boldsymbol{O}_{M\times 3} \\ \hline \Delta\dot{\boldsymbol{W}}_{\mathrm{t}}^{(1)}\boldsymbol{T}^{(1)} & \boldsymbol{O}_{M\times 3} \end{array}\right]\begin{bmatrix}1\\ \boldsymbol{u}_{\mathrm{v}}\end{bmatrix} \\
&\approx \begin{bmatrix} \boldsymbol{O}_{M\times M} \\ ([1\ \ \boldsymbol{u}^{\mathrm{T}}]\boldsymbol{T}^{(1)\mathrm{T}}\boldsymbol{1}_{M\times 1})\otimes\mathrm{diag}[\dot{\boldsymbol{r}}]+([1\ \ \boldsymbol{u}^{\mathrm{T}}]\boldsymbol{T}^{(1)\mathrm{T}}\mathrm{diag}[\dot{\boldsymbol{r}}])\otimes\boldsymbol{1}_{M\times 1} \end{bmatrix}\boldsymbol{\varepsilon}_{\mathrm{t}1} \\
&\quad+\begin{bmatrix} \boldsymbol{O}_{M\times M} \\ ([1\ \ \boldsymbol{u}^{\mathrm{T}}]\boldsymbol{T}^{(1)\mathrm{T}}\boldsymbol{1}_{M\times 1})\otimes\mathrm{diag}[\boldsymbol{r}]+([1\ \ \boldsymbol{u}^{\mathrm{T}}]\boldsymbol{T}^{(1)\mathrm{T}}\mathrm{diag}[\boldsymbol{r}])\otimes\boldsymbol{1}_{M\times 1} \end{bmatrix}\boldsymbol{\varepsilon}_{\mathrm{t}2} \\
&= \begin{bmatrix} \boldsymbol{O}_{M\times M} \\ ([1\ \ \boldsymbol{u}^{\mathrm{T}}]\boldsymbol{T}^{(1)\mathrm{T}}\boldsymbol{1}_{M\times 1})\mathrm{diag}[\dot{\boldsymbol{r}}]+\left(\left(\boldsymbol{T}^{(1)}\begin{bmatrix}1\\ \boldsymbol{u}\end{bmatrix}\right)\odot\dot{\boldsymbol{r}}\right)^{\mathrm{T}}\otimes\boldsymbol{1}_{M\times 1} \end{bmatrix}\boldsymbol{\varepsilon}_{\mathrm{t}1} \\
&\quad+\begin{bmatrix} \boldsymbol{O}_{M\times M} \\ ([1\ \ \boldsymbol{u}^{\mathrm{T}}]\boldsymbol{T}^{(1)\mathrm{T}}\boldsymbol{1}_{M\times 1})\mathrm{diag}[\boldsymbol{r}]+\left(\left(\boldsymbol{T}^{(1)}\begin{bmatrix}1\\ \boldsymbol{u}\end{bmatrix}\right)\odot\boldsymbol{r}\right)^{\mathrm{T}}\otimes\boldsymbol{1}_{M\times 1} \end{bmatrix}\boldsymbol{\varepsilon}_{\mathrm{t}2}
\end{aligned}
$$

$$=\begin{bmatrix} \boldsymbol{O}_{M\times M} \\ ([1\ \ \boldsymbol{u}^{\mathrm{T}}]\boldsymbol{T}^{(1)\mathrm{T}}\boldsymbol{1}_{M\times 1})\mathrm{diag}[\dot{\boldsymbol{r}}]+\boldsymbol{1}_{M\times 1}\left(\left(\boldsymbol{T}^{(1)}\begin{bmatrix}1\\ \boldsymbol{u}\end{bmatrix}\right)\odot\dot{\boldsymbol{r}}\right)^{\mathrm{T}} \end{bmatrix}\boldsymbol{\varepsilon}_{\mathrm{t1}} + \begin{bmatrix} \boldsymbol{O}_{M\times M} \\ ([1\ \ \boldsymbol{u}^{\mathrm{T}}]\boldsymbol{T}^{(1)\mathrm{T}}\boldsymbol{1}_{M\times 1})\mathrm{diag}[\boldsymbol{r}]+\boldsymbol{1}_{M\times 1}\left(\left(\boldsymbol{T}^{(1)}\begin{bmatrix}1\\ \boldsymbol{u}\end{bmatrix}\right)\odot\boldsymbol{r}\right)^{\mathrm{T}} \end{bmatrix}\boldsymbol{\varepsilon}_{\mathrm{t2}} = \boldsymbol{B}_{\mathrm{t2}}^{(1)}(\boldsymbol{u}_{\mathrm{v}})\boldsymbol{\varepsilon}_{\mathrm{t}} \tag{D.2.3}$$

式中，$\boldsymbol{B}_{\mathrm{t2}}^{(1)}(\boldsymbol{u}_{\mathrm{v}})$的表达式见式（7.31）。

附录 D.3

首先有

$$\left[\begin{array}{c|c} \Delta\boldsymbol{W}_{\mathrm{t}}^{(2)}\boldsymbol{T}^{(2)} & \boldsymbol{O}_{(M+1)\times 3} \\ \hline \Delta\boldsymbol{W}_{\mathrm{t}}^{(2)}\dot{\boldsymbol{T}}^{(2)} & \Delta\boldsymbol{W}_{\mathrm{t}}^{(2)}\boldsymbol{T}^{(2)}\bar{\boldsymbol{I}}_3 \end{array}\right]\begin{bmatrix}1\\ \boldsymbol{u}_{\mathrm{v}}\end{bmatrix} = \begin{bmatrix} \Delta\boldsymbol{W}_{\mathrm{t}}^{(2)}\boldsymbol{T}^{(2)}\begin{bmatrix}1\\ \boldsymbol{u}\end{bmatrix} \\ \Delta\boldsymbol{W}_{\mathrm{t}}^{(2)}\dot{\boldsymbol{T}}^{(2)}\begin{bmatrix}1\\ \boldsymbol{u}\end{bmatrix}+\Delta\boldsymbol{W}_{\mathrm{t}}^{(2)}\boldsymbol{T}^{(2)}\begin{bmatrix}0\\ \dot{\boldsymbol{u}}\end{bmatrix} \end{bmatrix}$$
$$= \begin{bmatrix} ([1\ \ \boldsymbol{u}^{\mathrm{T}}]\boldsymbol{T}^{(2)\mathrm{T}})\otimes\boldsymbol{I}_{M+1} \\ ([1\ \ \boldsymbol{u}^{\mathrm{T}}]\dot{\boldsymbol{T}}^{(2)\mathrm{T}}+[0\ \ \dot{\boldsymbol{u}}^{\mathrm{T}}]\boldsymbol{T}^{(2)\mathrm{T}})\otimes\boldsymbol{I}_{M+1} \end{bmatrix}\mathrm{vec}(\Delta\boldsymbol{W}_{\mathrm{t}}^{(2)}) \tag{D.3.1}$$

式中，第 2 个等号处的运算利用了命题 2.10。根据式（7.67）可得

$$\mathrm{vec}(\Delta\boldsymbol{W}_{\mathrm{t}}^{(2)}) \approx -(\boldsymbol{L}_M\otimes\boldsymbol{L}_M)\begin{bmatrix}\boldsymbol{O}_{1\times M}\\ \mathrm{diag}[\boldsymbol{r}]\\ \mathrm{diag}[\boldsymbol{r}]\otimes\boldsymbol{i}_{M+1}^{(1)}\end{bmatrix}\boldsymbol{\varepsilon}_{\mathrm{t1}} \tag{D.3.2}$$

将式（D.3.2）代入式（D.3.1）中，并利用命题 2.9 可知

$$\left[\begin{array}{c|c} \Delta\boldsymbol{W}_{\mathrm{t}}^{(2)}\boldsymbol{T}^{(2)} & \boldsymbol{O}_{(M+1)\times 3} \\ \hline \Delta\boldsymbol{W}_{\mathrm{t}}^{(2)}\dot{\boldsymbol{T}}^{(2)} & \Delta\boldsymbol{W}_{\mathrm{t}}^{(2)}\boldsymbol{T}^{(2)}\bar{\boldsymbol{I}}_3 \end{array}\right]\begin{bmatrix}1\\ \boldsymbol{u}_{\mathrm{v}}\end{bmatrix}$$
$$\approx -\begin{bmatrix} ([1\ \ \boldsymbol{u}^{\mathrm{T}}]\boldsymbol{T}^{(2)\mathrm{T}}\boldsymbol{L}_M)\otimes\boldsymbol{L}_M \\ (([1\ \ \boldsymbol{u}^{\mathrm{T}}]\dot{\boldsymbol{T}}^{(2)\mathrm{T}}+[0\ \ \dot{\boldsymbol{u}}^{\mathrm{T}}]\boldsymbol{T}^{(2)\mathrm{T}})\boldsymbol{L}_M)\otimes\boldsymbol{L}_M \end{bmatrix}\begin{bmatrix}\boldsymbol{O}_{1\times M}\\ \mathrm{diag}[\boldsymbol{r}]\\ \mathrm{diag}[\boldsymbol{r}]\otimes\boldsymbol{i}_{M+1}^{(1)}\end{bmatrix}\boldsymbol{\varepsilon}_{\mathrm{t1}} = \boldsymbol{B}_{\mathrm{t1}}^{(2)}(\boldsymbol{u}_{\mathrm{v}})\boldsymbol{\varepsilon}_{\mathrm{t}} \tag{D.3.3}$$

式中，$\boldsymbol{B}_{\mathrm{t1}}^{(2)}(\boldsymbol{u}_{\mathrm{v}})$的表达式见式（7.69）。

附录 D.4

首先有

$$\left[\begin{array}{c:c}\boldsymbol{O}_{(M+1)\times 4} & \boldsymbol{O}_{(M+1)\times 3} \\ \hdashline \Delta\dot{\boldsymbol{W}}_{\mathrm{t}}^{(2)}\boldsymbol{T}^{(2)} & \boldsymbol{O}_{(M+1)\times 3}\end{array}\right]\begin{bmatrix}1\\ \boldsymbol{u}_{\mathrm{v}}\end{bmatrix}=\begin{bmatrix}\boldsymbol{O}_{(M+1)\times 1}\\ \Delta\dot{\boldsymbol{W}}_{\mathrm{t}}^{(2)}\boldsymbol{T}^{(2)}\begin{bmatrix}1\\ \boldsymbol{u}\end{bmatrix}\end{bmatrix}$$

$$=\begin{bmatrix}\boldsymbol{O}_{(M+1)\times(M+1)^2}\\ ([1\ \ \boldsymbol{u}^{\mathrm{T}}]\boldsymbol{T}^{(2)\mathrm{T}})\otimes\boldsymbol{I}_{M+1}\end{bmatrix}\mathrm{vec}(\Delta\dot{\boldsymbol{W}}_{\mathrm{t}}^{(2)}) \tag{D.4.1}$$

式中，第 2 个等号处的运算利用了命题 2.10。根据式（7.70）可得

$$\mathrm{vec}(\Delta\dot{\boldsymbol{W}}_{\mathrm{t}}^{(2)})\approx-(\boldsymbol{L}_M\otimes\boldsymbol{L}_M)\left(\begin{bmatrix}\boldsymbol{O}_{1\times M}\\ \mathrm{diag}[\dot{\boldsymbol{r}}]\\ \mathrm{diag}[\dot{\boldsymbol{r}}]\otimes\boldsymbol{i}_{M+1}^{(1)}\end{bmatrix}\boldsymbol{\varepsilon}_{\mathrm{t}1}+\begin{bmatrix}\boldsymbol{O}_{1\times M}\\ \mathrm{diag}[\boldsymbol{r}]\\ \mathrm{diag}[\boldsymbol{r}]\otimes\boldsymbol{i}_{M+1}^{(1)}\end{bmatrix}\boldsymbol{\varepsilon}_{\mathrm{t}2}\right) \tag{D.4.2}$$

将式（D.4.2）代入式（D.4.1）中，并利用命题 2.9 可得

$$\left[\begin{array}{c:c}\boldsymbol{O}_{(M+1)\times 4} & \boldsymbol{O}_{(M+1)\times 3} \\ \hdashline \Delta\dot{\boldsymbol{W}}_{\mathrm{t}}^{(2)}\boldsymbol{T}^{(2)} & \boldsymbol{O}_{(M+1)\times 3}\end{array}\right]\begin{bmatrix}1\\ \boldsymbol{u}_{\mathrm{v}}\end{bmatrix}$$

$$\approx-\begin{bmatrix}\boldsymbol{O}_{(M+1)\times(M+1)^2}\\ ([1\ \ \boldsymbol{u}^{\mathrm{T}}]\boldsymbol{T}^{(2)\mathrm{T}}\boldsymbol{L}_M)\otimes\boldsymbol{L}_M\end{bmatrix}\left(\begin{bmatrix}\boldsymbol{O}_{1\times M}\\ \mathrm{diag}[\dot{\boldsymbol{r}}]\\ \mathrm{diag}[\dot{\boldsymbol{r}}]\otimes\boldsymbol{i}_{M+1}^{(1)}\end{bmatrix}\boldsymbol{\varepsilon}_{\mathrm{t}1}+\begin{bmatrix}\boldsymbol{O}_{1\times M}\\ \mathrm{diag}[\boldsymbol{r}]\\ \mathrm{diag}[\boldsymbol{r}]\otimes\boldsymbol{i}_{M+1}^{(1)}\end{bmatrix}\boldsymbol{\varepsilon}_{\mathrm{t}2}\right) \tag{D.4.3}$$

$$=\boldsymbol{B}_{\mathrm{t}2}^{(2)}(\boldsymbol{u}_{\mathrm{v}})\boldsymbol{\varepsilon}_{\mathrm{t}}$$

式中，$\boldsymbol{B}_{\mathrm{t}2}^{(2)}(\boldsymbol{u}_{\mathrm{v}})$ 的表达式见式（7.72）。

附录 E

附录 E.1

首先有

$$\left[\begin{array}{c:c}\Delta\boldsymbol{W}_{\mathrm{t}}^{(1)}\boldsymbol{T}^{(1)} & \boldsymbol{O}_{M\times 4} \\ \hdashline \Delta\boldsymbol{W}_{\mathrm{t}}^{(1)}\dot{\boldsymbol{T}}^{(1)} & \Delta\boldsymbol{W}_{\mathrm{t}}^{(1)}\boldsymbol{T}^{(1)}\overline{\boldsymbol{I}}_4\end{array}\right]\begin{bmatrix}1\\ \boldsymbol{g}_{\mathrm{v}}\end{bmatrix}=\begin{bmatrix}\Delta\boldsymbol{W}_{\mathrm{t}}^{(1)}\boldsymbol{T}^{(1)}\begin{bmatrix}1\\ \boldsymbol{g}\end{bmatrix}\\ \Delta\boldsymbol{W}_{\mathrm{t}}^{(1)}\dot{\boldsymbol{T}}^{(1)}\begin{bmatrix}1\\ \boldsymbol{g}\end{bmatrix}+\Delta\boldsymbol{W}_{\mathrm{t}}^{(1)}\boldsymbol{T}^{(1)}\begin{bmatrix}0\\ \dot{\boldsymbol{g}}\end{bmatrix}\end{bmatrix}$$

$$=\begin{bmatrix}([1\ \ \boldsymbol{g}^{\mathrm{T}}]\boldsymbol{T}^{(1)\mathrm{T}})\otimes\boldsymbol{I}_M\\ ([1\ \ \boldsymbol{g}^{\mathrm{T}}]\dot{\boldsymbol{T}}^{(1)\mathrm{T}}+[0\ \ \dot{\boldsymbol{g}}^{\mathrm{T}}]\boldsymbol{T}^{(1)\mathrm{T}})\otimes\boldsymbol{I}_M\end{bmatrix}\mathrm{vec}(\Delta\boldsymbol{W}_{\mathrm{t}}^{(1)}) \tag{E.1.1}$$

式中，第 2 个等号处的运算利用了命题 2.10。根据式（8.33）可得

$$\mathrm{vec}(\Delta\boldsymbol{W}_{\mathrm{t}}^{(1)})\approx(\mathrm{diag}[\overline{\boldsymbol{\rho}}]\otimes\boldsymbol{1}_{M\times 1}+\boldsymbol{1}_{M\times 1}\otimes\mathrm{diag}[\overline{\boldsymbol{\rho}}]-\boldsymbol{I}_M\otimes\overline{\boldsymbol{\rho}}-\overline{\boldsymbol{\rho}}\otimes\boldsymbol{I}_M)\overline{\boldsymbol{I}}_{M-1}\boldsymbol{\varepsilon}_{\mathrm{t}1} \tag{E.1.2}$$

将式（E.1.2）代入式（E.1.1）中，并利用命题 2.9 可知

$$\left[\begin{array}{c:c}\Delta\boldsymbol{W}_{\mathrm{t}}^{(1)}\boldsymbol{T}^{(1)} & \boldsymbol{O}_{M\times 4} \\ \hdashline \Delta\boldsymbol{W}_{\mathrm{t}}^{(1)}\dot{\boldsymbol{T}}^{(1)} & \Delta\boldsymbol{W}_{\mathrm{t}}^{(1)}\boldsymbol{T}^{(1)}\overline{\boldsymbol{I}}_4\end{array}\right]\begin{bmatrix}1\\ \boldsymbol{g}_{\mathrm{v}}\end{bmatrix}$$

$$\approx\left[\begin{array}{c}([1\ \ \boldsymbol{g}^{\mathrm{T}}]\boldsymbol{T}^{(1)\mathrm{T}}\mathrm{diag}[\overline{\boldsymbol{\rho}}])\otimes\boldsymbol{1}_{M\times 1}+([1\ \ \boldsymbol{g}^{\mathrm{T}}]\boldsymbol{T}^{(1)\mathrm{T}}\boldsymbol{1}_{M\times 1})\otimes\mathrm{diag}[\overline{\boldsymbol{\rho}}]-([1\ \ \boldsymbol{g}^{\mathrm{T}}]\boldsymbol{T}^{(1)\mathrm{T}})\otimes\overline{\boldsymbol{\rho}}-([1\ \ \boldsymbol{g}^{\mathrm{T}}]\boldsymbol{T}^{(1)\mathrm{T}}\overline{\boldsymbol{\rho}})\otimes\boldsymbol{I}_M \\ \hdashline (([1\ \ \boldsymbol{g}^{\mathrm{T}}]\dot{\boldsymbol{T}}^{(1)\mathrm{T}}+[0\ \ \dot{\boldsymbol{g}}^{\mathrm{T}}]\boldsymbol{T}^{(1)\mathrm{T}})\mathrm{diag}[\overline{\boldsymbol{\rho}}])\otimes\boldsymbol{1}_{M\times 1}+(([1\ \ \boldsymbol{g}^{\mathrm{T}}]\dot{\boldsymbol{T}}^{(1)\mathrm{T}}+[0\ \ \dot{\boldsymbol{g}}^{\mathrm{T}}]\boldsymbol{T}^{(1)\mathrm{T}})\boldsymbol{1}_{M\times 1})\otimes\mathrm{diag}[\overline{\boldsymbol{\rho}}] \\ -([1\ \ \boldsymbol{g}^{\mathrm{T}}]\dot{\boldsymbol{T}}^{(1)\mathrm{T}}+[0\ \ \dot{\boldsymbol{g}}^{\mathrm{T}}]\boldsymbol{T}^{(1)\mathrm{T}})\otimes\overline{\boldsymbol{\rho}}-(([1\ \ \boldsymbol{g}^{\mathrm{T}}]\dot{\boldsymbol{T}}^{(1)\mathrm{T}}+[0\ \ \dot{\boldsymbol{g}}^{\mathrm{T}}]\boldsymbol{T}^{(1)\mathrm{T}})\overline{\boldsymbol{\rho}})\otimes\boldsymbol{I}_M\end{array}\right]\overline{\boldsymbol{I}}_{M-1}\boldsymbol{\varepsilon}_{\mathrm{t}1}$$

$$=\left[\begin{array}{c}\left(\left(\boldsymbol{T}^{(1)}\begin{bmatrix}1\\ \boldsymbol{g}\end{bmatrix}\right)\odot\overline{\boldsymbol{\rho}}\right)^{\mathrm{T}}\otimes\boldsymbol{1}_{M\times 1}+([1\ \ \boldsymbol{g}^{\mathrm{T}}]\boldsymbol{T}^{(1)\mathrm{T}}\boldsymbol{1}_{M\times 1})\mathrm{diag}[\overline{\boldsymbol{\rho}}]-([1\ \ \boldsymbol{g}^{\mathrm{T}}]\boldsymbol{T}^{(1)\mathrm{T}})\otimes\overline{\boldsymbol{\rho}}-([1\ \ \boldsymbol{g}^{\mathrm{T}}]\boldsymbol{T}^{(1)\mathrm{T}}\overline{\boldsymbol{\rho}})\boldsymbol{I}_M \\ \hdashline \left(\left(\dot{\boldsymbol{T}}^{(1)}\begin{bmatrix}1\\ \boldsymbol{g}\end{bmatrix}+\boldsymbol{T}^{(1)}\begin{bmatrix}0\\ \dot{\boldsymbol{g}}\end{bmatrix}\right)\odot\overline{\boldsymbol{\rho}}\right)^{\mathrm{T}}\otimes\boldsymbol{1}_{M\times 1}+(([1\ \ \boldsymbol{g}^{\mathrm{T}}]\dot{\boldsymbol{T}}^{(1)\mathrm{T}}+[0\ \ \dot{\boldsymbol{g}}^{\mathrm{T}}]\boldsymbol{T}^{(1)\mathrm{T}})\boldsymbol{1}_{M\times 1})\mathrm{diag}[\overline{\boldsymbol{\rho}}] \\ -([1\ \ \boldsymbol{g}^{\mathrm{T}}]\dot{\boldsymbol{T}}^{(1)\mathrm{T}}+[0\ \ \dot{\boldsymbol{g}}^{\mathrm{T}}]\boldsymbol{T}^{(1)\mathrm{T}})\otimes\overline{\boldsymbol{\rho}}-(([1\ \ \boldsymbol{g}^{\mathrm{T}}]\dot{\boldsymbol{T}}^{(1)\mathrm{T}}+[0\ \ \dot{\boldsymbol{g}}^{\mathrm{T}}]\boldsymbol{T}^{(1)\mathrm{T}})\overline{\boldsymbol{\rho}})\boldsymbol{I}_M\end{array}\right]\overline{\boldsymbol{I}}_{M-1}\boldsymbol{\varepsilon}_{\mathrm{t}1}$$

$$
=\left[\begin{array}{c}
\boldsymbol{1}_{M\times 1}\left(\left(\boldsymbol{T}^{(1)}\begin{bmatrix}1\\ \boldsymbol{g}\end{bmatrix}\right)\odot\bar{\boldsymbol{\rho}}\right)^{\mathrm{T}}+([1\ \ \boldsymbol{g}^{\mathrm{T}}]\boldsymbol{T}^{(1)\mathrm{T}}\boldsymbol{1}_{M\times 1})\mathrm{diag}[\bar{\boldsymbol{\rho}}]-\bar{\boldsymbol{\rho}}[1\ \ \boldsymbol{g}^{\mathrm{T}}]\boldsymbol{T}^{(1)\mathrm{T}}-([1\ \ \boldsymbol{g}^{\mathrm{T}}]\boldsymbol{T}^{(1)\mathrm{T}}\bar{\boldsymbol{\rho}})\boldsymbol{I}_M\\
\hdashline
\boldsymbol{1}_{M\times 1}\left(\left(\dot{\boldsymbol{T}}^{(1)}\begin{bmatrix}1\\ \boldsymbol{g}\end{bmatrix}+\boldsymbol{T}^{(1)}\begin{bmatrix}0\\ \dot{\boldsymbol{g}}\end{bmatrix}\right)\odot\bar{\boldsymbol{\rho}}\right)^{\mathrm{T}}+(([1\ \ \boldsymbol{g}^{\mathrm{T}}]\dot{\boldsymbol{T}}^{(1)\mathrm{T}}+[0\ \ \dot{\boldsymbol{g}}^{\mathrm{T}}]\boldsymbol{T}^{(1)\mathrm{T}})\boldsymbol{1}_{M\times 1})\mathrm{diag}[\bar{\boldsymbol{\rho}}]\\
-\bar{\boldsymbol{\rho}}([1\ \ \boldsymbol{g}^{\mathrm{T}}]\dot{\boldsymbol{T}}^{(1)\mathrm{T}}+[0\ \ \dot{\boldsymbol{g}}^{\mathrm{T}}]\boldsymbol{T}^{(1)\mathrm{T}})-(([1\ \ \boldsymbol{g}^{\mathrm{T}}]\dot{\boldsymbol{T}}^{(1)\mathrm{T}}+[0\ \ \dot{\boldsymbol{g}}^{\mathrm{T}}]\boldsymbol{T}^{(1)\mathrm{T}})\bar{\boldsymbol{\rho}})\boldsymbol{I}_M
\end{array}\right]\bar{\boldsymbol{I}}_{M-1}\boldsymbol{\varepsilon}_{\mathrm{t1}}
$$

$$
=\boldsymbol{B}_{\mathrm{t1}}^{(1)}(\boldsymbol{g}_{\mathrm{v}})\boldsymbol{\varepsilon}_{\mathrm{t}} \tag{E.1.3}
$$

式中，$\boldsymbol{B}_{\mathrm{t1}}^{(1)}(\boldsymbol{g}_{\mathrm{v}})$ 的表达式见式（8.35）。

附录 E.2

首先有

$$
\left[\begin{array}{c:c}\boldsymbol{O}_{M\times 5} & \boldsymbol{O}_{M\times 4}\\ \hdashline \Delta\dot{\boldsymbol{W}}_{\mathrm{t}}^{(1)}\boldsymbol{T}^{(1)} & \boldsymbol{O}_{M\times 4}\end{array}\right]\begin{bmatrix}1\\ \boldsymbol{g}_{\mathrm{v}}\end{bmatrix}=\begin{bmatrix}\boldsymbol{O}_{M\times 1}\\ \Delta\dot{\boldsymbol{W}}_{\mathrm{t}}^{(1)}\boldsymbol{T}^{(1)}\begin{bmatrix}1\\ \boldsymbol{g}\end{bmatrix}\end{bmatrix}
=\begin{bmatrix}\boldsymbol{O}_{M\times M^2}\\ ([1\ \ \boldsymbol{g}^{\mathrm{T}}]\boldsymbol{T}^{(1)\mathrm{T}})\otimes\boldsymbol{I}_M\end{bmatrix}\mathrm{vec}(\Delta\dot{\boldsymbol{W}}_{\mathrm{t}}^{(1)}) \tag{E.2.1}
$$

式中，第 2 个等号处的运算利用了命题 2.10。根据式（8.37）可得

$$
\begin{aligned}
\mathrm{vec}(\Delta\dot{\boldsymbol{W}}_{\mathrm{t}}^{(1)})\approx{}&(\mathrm{diag}[\dot{\bar{\boldsymbol{\rho}}}]\otimes\boldsymbol{1}_{M\times 1}+\boldsymbol{1}_{M\times 1}\otimes\mathrm{diag}[\dot{\bar{\boldsymbol{\rho}}}]-\boldsymbol{I}_M\otimes\dot{\bar{\boldsymbol{\rho}}}-\dot{\bar{\boldsymbol{\rho}}}\otimes\boldsymbol{I}_M)\bar{\boldsymbol{I}}_{M-1}\boldsymbol{\varepsilon}_{\mathrm{t1}}\\
&+(\mathrm{diag}[\bar{\boldsymbol{\rho}}]\otimes\boldsymbol{1}_{M\times 1}+\boldsymbol{1}_{M\times 1}\otimes\mathrm{diag}[\bar{\boldsymbol{\rho}}]-\boldsymbol{I}_M\otimes\bar{\boldsymbol{\rho}}-\bar{\boldsymbol{\rho}}\otimes\boldsymbol{I}_M)\bar{\boldsymbol{I}}_{M-1}\boldsymbol{\varepsilon}_{\mathrm{t2}}
\end{aligned} \tag{E.2.2}
$$

将式（E.2.2）代入式（E.2.1）中，并利用命题 2.9 可知

$$
\begin{aligned}
&\left[\begin{array}{c:c}\boldsymbol{O}_{M\times 5} & \boldsymbol{O}_{M\times 4}\\ \hdashline \Delta\dot{\boldsymbol{W}}_{\mathrm{t}}^{(1)}\boldsymbol{T}^{(1)} & \boldsymbol{O}_{M\times 4}\end{array}\right]\begin{bmatrix}1\\ \boldsymbol{g}_{\mathrm{v}}\end{bmatrix}\\
&\approx\begin{bmatrix}\boldsymbol{O}_{M\times M}\\ ([1\ \ \boldsymbol{g}^{\mathrm{T}}]\boldsymbol{T}^{(1)\mathrm{T}}\mathrm{diag}[\dot{\bar{\boldsymbol{\rho}}}])\otimes\boldsymbol{1}_{M\times 1}+([1\ \ \boldsymbol{g}^{\mathrm{T}}]\boldsymbol{T}^{(1)\mathrm{T}}\boldsymbol{1}_{M\times 1})\otimes\mathrm{diag}[\dot{\bar{\boldsymbol{\rho}}}]-([1\ \ \boldsymbol{g}^{\mathrm{T}}]\boldsymbol{T}^{(1)\mathrm{T}})\otimes\dot{\bar{\boldsymbol{\rho}}}-([1\ \ \boldsymbol{g}^{\mathrm{T}}]\boldsymbol{T}^{(1)\mathrm{T}}\dot{\bar{\boldsymbol{\rho}}})\otimes\boldsymbol{I}_M\end{bmatrix}\bar{\boldsymbol{I}}_{M-1}\boldsymbol{\varepsilon}_{\mathrm{t1}}\\
&\quad+\begin{bmatrix}\boldsymbol{O}_{M\times M}\\ ([1\ \ \boldsymbol{g}^{\mathrm{T}}]\boldsymbol{T}^{(1)\mathrm{T}}\mathrm{diag}[\bar{\boldsymbol{\rho}}])\otimes\boldsymbol{1}_{M\times 1}+([1\ \ \boldsymbol{g}^{\mathrm{T}}]\boldsymbol{T}^{(1)\mathrm{T}}\boldsymbol{1}_{M\times 1})\otimes\mathrm{diag}[\bar{\boldsymbol{\rho}}]-([1\ \ \boldsymbol{g}^{\mathrm{T}}]\boldsymbol{T}^{(1)\mathrm{T}})\otimes\bar{\boldsymbol{\rho}}-([1\ \ \boldsymbol{g}^{\mathrm{T}}]\boldsymbol{T}^{(1)\mathrm{T}}\bar{\boldsymbol{\rho}})\otimes\boldsymbol{I}_M\end{bmatrix}\bar{\boldsymbol{I}}_{M-1}\boldsymbol{\varepsilon}_{\mathrm{t2}}\\
&=\begin{bmatrix}\boldsymbol{O}_{M\times M}\\ \left(\left(\boldsymbol{T}^{(1)}\begin{bmatrix}1\\ \boldsymbol{g}\end{bmatrix}\right)\odot\dot{\bar{\boldsymbol{\rho}}}\right)^{\mathrm{T}}\otimes\boldsymbol{1}_{M\times 1}+([1\ \ \boldsymbol{g}^{\mathrm{T}}]\boldsymbol{T}^{(1)\mathrm{T}}\boldsymbol{1}_{M\times 1})\mathrm{diag}[\dot{\bar{\boldsymbol{\rho}}}]-([1\ \ \boldsymbol{g}^{\mathrm{T}}]\boldsymbol{T}^{(1)\mathrm{T}})\otimes\dot{\bar{\boldsymbol{\rho}}}-([1\ \ \boldsymbol{g}^{\mathrm{T}}]\boldsymbol{T}^{(1)\mathrm{T}}\dot{\bar{\boldsymbol{\rho}}})\boldsymbol{I}_M\end{bmatrix}\bar{\boldsymbol{I}}_{M-1}\boldsymbol{\varepsilon}_{\mathrm{t1}}
\end{aligned}
$$

$$
\begin{aligned}
&+\begin{bmatrix} \boldsymbol{O}_{M\times M} \\ \left(\left(\boldsymbol{T}^{(1)}\begin{bmatrix}1\\ \boldsymbol{g}\end{bmatrix}\right)\odot\bar{\boldsymbol{\rho}}\right)^{\mathrm{T}}\otimes\boldsymbol{I}_{M\times 1}+([1\ \ \boldsymbol{g}^{\mathrm{T}}]\boldsymbol{T}^{(1)\mathrm{T}}\boldsymbol{I}_{M\times 1})\mathrm{diag}[\bar{\boldsymbol{\rho}}]-([1\ \ \boldsymbol{g}^{\mathrm{T}}]\boldsymbol{T}^{(1)\mathrm{T}})\otimes\bar{\boldsymbol{\rho}}-([1\ \ \boldsymbol{g}^{\mathrm{T}}]\boldsymbol{T}^{(1)\mathrm{T}}\bar{\boldsymbol{\rho}})\boldsymbol{I}_M \end{bmatrix}\bar{\boldsymbol{I}}_{M-1}\boldsymbol{\varepsilon}_{\mathrm{t2}} \\
&=\begin{bmatrix} \boldsymbol{O}_{M\times M} \\ \boldsymbol{I}_{M\times 1}\left(\left(\boldsymbol{T}^{(1)}\begin{bmatrix}1\\ \boldsymbol{g}\end{bmatrix}\right)\odot\dot{\bar{\boldsymbol{\rho}}}\right)^{\mathrm{T}}+([1\ \ \boldsymbol{g}^{\mathrm{T}}]\boldsymbol{T}^{(1)\mathrm{T}}\boldsymbol{I}_{M\times 1})\mathrm{diag}[\dot{\bar{\boldsymbol{\rho}}}]-\dot{\bar{\boldsymbol{\rho}}}[1\ \ \boldsymbol{g}^{\mathrm{T}}]\boldsymbol{T}^{(1)\mathrm{T}}-([1\ \ \boldsymbol{g}^{\mathrm{T}}]\boldsymbol{T}^{(1)\mathrm{T}}\dot{\bar{\boldsymbol{\rho}}})\boldsymbol{I}_M \end{bmatrix}\bar{\boldsymbol{I}}_{M-1}\boldsymbol{\varepsilon}_{\mathrm{t1}} \\
&+\begin{bmatrix} \boldsymbol{O}_{M\times M} \\ \boldsymbol{I}_{M\times 1}\left(\left(\boldsymbol{T}^{(1)}\begin{bmatrix}1\\ \boldsymbol{g}\end{bmatrix}\right)\odot\bar{\boldsymbol{\rho}}\right)^{\mathrm{T}}+([1\ \ \boldsymbol{g}^{\mathrm{T}}]\boldsymbol{T}^{(1)\mathrm{T}}\boldsymbol{I}_{M\times 1})\mathrm{diag}[\bar{\boldsymbol{\rho}}]-\bar{\boldsymbol{\rho}}[1\ \ \boldsymbol{g}^{\mathrm{T}}]\boldsymbol{T}^{(1)\mathrm{T}}-([1\ \ \boldsymbol{g}^{\mathrm{T}}]\boldsymbol{T}^{(1)\mathrm{T}}\bar{\boldsymbol{\rho}})\boldsymbol{I}_M \end{bmatrix}\bar{\boldsymbol{I}}_{M-1}\boldsymbol{\varepsilon}_{\mathrm{t2}} \\
&=\boldsymbol{B}_{\mathrm{t2}}^{(1)}(\boldsymbol{g}_{\mathrm{v}})\boldsymbol{\varepsilon}_{\mathrm{t}}
\end{aligned}
\tag{E.2.3}
$$

式中，$\boldsymbol{B}_{\mathrm{t2}}^{(1)}(\boldsymbol{g}_{\mathrm{v}})$ 的表达式见式（8.39）。

附录 E.3

首先有

$$
\begin{aligned}
\left[\begin{array}{c|c} \boldsymbol{W}^{(1)}\Delta\boldsymbol{T}_{\mathrm{t}}^{(1)} & \boldsymbol{O}_{M\times 4} \\ \hline \dot{\boldsymbol{W}}^{(1)}\Delta\boldsymbol{T}_{\mathrm{t}}^{(1)} & \boldsymbol{W}^{(1)}\Delta\boldsymbol{T}_{\mathrm{t}}^{(1)}\bar{\boldsymbol{I}}_4 \end{array}\right]\begin{bmatrix}1\\ \boldsymbol{g}_{\mathrm{v}}\end{bmatrix}
&=\begin{bmatrix} \boldsymbol{W}^{(1)}\Delta\boldsymbol{T}_{\mathrm{t}}^{(1)}\begin{bmatrix}1\\ \boldsymbol{g}\end{bmatrix} \\ \dot{\boldsymbol{W}}^{(1)}\Delta\boldsymbol{T}_{\mathrm{t}}^{(1)}\begin{bmatrix}1\\ \boldsymbol{g}\end{bmatrix}+\boldsymbol{W}^{(1)}\Delta\boldsymbol{T}_{\mathrm{t}}^{(1)}\begin{bmatrix}0\\ \dot{\boldsymbol{g}}\end{bmatrix} \end{bmatrix} \\
&=\begin{bmatrix} [1\ \ \boldsymbol{g}^{\mathrm{T}}]\otimes\boldsymbol{W}^{(1)} \\ [1\ \ \boldsymbol{g}^{\mathrm{T}}]\otimes\dot{\boldsymbol{W}}^{(1)}+[0\ \ \dot{\boldsymbol{g}}^{\mathrm{T}}]\otimes\boldsymbol{W}^{(1)} \end{bmatrix}\mathrm{vec}(\Delta\boldsymbol{T}_{\mathrm{t}}^{(1)})
\end{aligned}
\tag{E.3.1}
$$

式中，第 2 个等号处的运算利用了命题 2.10。根据式（8.41）和式（8.42）中的第 3 式可得

$$
\mathrm{vec}(\Delta\boldsymbol{T}_{\mathrm{t}}^{(1)})\approx\left[(\boldsymbol{X}_{\mathrm{t1}}^{(1)\mathrm{T}}\otimes\boldsymbol{I}_M)\boldsymbol{J}_{\mathrm{t0}}^{(1)}-(\boldsymbol{X}_{\mathrm{t1}}^{(1)\mathrm{T}}\otimes\boldsymbol{X}_{\mathrm{t2}}^{(1)})\boldsymbol{J}_{\mathrm{t1}}^{(1)}\right]\boldsymbol{\varepsilon}_{\mathrm{t1}}
\tag{E.3.2}
$$

将式（E.3.2）代入式（E.3.1）中，并利用命题 2.9 可知

$$
\begin{aligned}
&\left[\begin{array}{c|c} \boldsymbol{W}^{(1)}\Delta\boldsymbol{T}_{\mathrm{t}}^{(1)} & \boldsymbol{O}_{M\times 4} \\ \hline \dot{\boldsymbol{W}}^{(1)}\Delta\boldsymbol{T}_{\mathrm{t}}^{(1)} & \boldsymbol{W}^{(1)}\Delta\boldsymbol{T}_{\mathrm{t}}^{(1)}\bar{\boldsymbol{I}}_4 \end{array}\right]\begin{bmatrix}1\\ \boldsymbol{g}_{\mathrm{v}}\end{bmatrix} \\
&\approx\begin{bmatrix} ([1\ \ \boldsymbol{g}^{\mathrm{T}}]\boldsymbol{X}_{\mathrm{t1}}^{(1)\mathrm{T}})\otimes\boldsymbol{W}^{(1)} \\ ([1\ \ \boldsymbol{g}^{\mathrm{T}}]\boldsymbol{X}_{\mathrm{t1}}^{(1)\mathrm{T}})\otimes\dot{\boldsymbol{W}}^{(1)}+([0\ \ \dot{\boldsymbol{g}}^{\mathrm{T}}]\boldsymbol{X}_{\mathrm{t1}}^{(1)\mathrm{T}})\otimes\boldsymbol{W}^{(1)} \end{bmatrix}\boldsymbol{J}_{\mathrm{t0}}^{(1)}\boldsymbol{\varepsilon}_{\mathrm{t1}} \\
&-\begin{bmatrix} ([1\ \ \boldsymbol{g}^{\mathrm{T}}]\boldsymbol{X}_{\mathrm{t1}}^{(1)\mathrm{T}})\otimes(\boldsymbol{W}^{(1)}\boldsymbol{X}_{\mathrm{t2}}^{(1)}) \\ ([1\ \ \boldsymbol{g}^{\mathrm{T}}]\boldsymbol{X}_{\mathrm{t1}}^{(1)\mathrm{T}})\otimes(\dot{\boldsymbol{W}}^{(1)}\boldsymbol{X}_{\mathrm{t2}}^{(1)})+([0\ \ \dot{\boldsymbol{g}}^{\mathrm{T}}]\boldsymbol{X}_{\mathrm{t1}}^{(1)\mathrm{T}})\otimes(\boldsymbol{W}^{(1)}\boldsymbol{X}_{\mathrm{t2}}^{(1)}) \end{bmatrix}\boldsymbol{J}_{\mathrm{t1}}^{(1)}\boldsymbol{\varepsilon}_{\mathrm{t1}} \\
&=\boldsymbol{B}_{\mathrm{t3}}^{(1)}(\boldsymbol{g}_{\mathrm{v}})\boldsymbol{\varepsilon}_{\mathrm{t}}
\end{aligned}
\tag{E.3.3}
$$

式中，$\boldsymbol{B}_{\mathrm{t3}}^{(1)}(\boldsymbol{g}_{\mathrm{v}})$ 的表达式见式（8.44）。

附录 E.4

首先有

$$\left[\begin{array}{c|c}\boldsymbol{O}_{M\times 5} & \boldsymbol{O}_{M\times 4} \\ \hline \boldsymbol{W}^{(1)}\Delta\dot{\boldsymbol{T}}_{\mathrm{t}}^{(1)} & \boldsymbol{O}_{M\times 4}\end{array}\right]\begin{bmatrix}1 \\ \boldsymbol{g}_{\mathrm{v}}\end{bmatrix}=\begin{bmatrix}\boldsymbol{O}_{M\times 1} \\ \boldsymbol{W}^{(1)}\Delta\dot{\boldsymbol{T}}_{\mathrm{t}}^{(1)}\begin{bmatrix}1 \\ \boldsymbol{g}\end{bmatrix}\end{bmatrix}=\begin{bmatrix}\boldsymbol{O}_{M\times M^2} \\ [1\ \ \boldsymbol{g}^{\mathrm{T}}]\otimes\boldsymbol{W}^{(1)}\end{bmatrix}\mathrm{vec}(\Delta\dot{\boldsymbol{T}}_{\mathrm{t}}^{(1)}) \tag{E.4.1}$$

式中，第 2 个等号处的运算利用了命题 2.10。根据式（8.46）和式（8.47）中的第 4 式可得

$$\begin{aligned}\mathrm{vec}(\Delta\dot{\boldsymbol{T}}_{\mathrm{t}}^{(1)}) \approx & \Big[(\boldsymbol{X}_{\mathrm{t1}}^{(1)\mathrm{T}}\otimes\boldsymbol{X}_{\mathrm{t5}}^{(1)}+\boldsymbol{X}_{\mathrm{t4}}^{(1)\mathrm{T}}\otimes\boldsymbol{X}_{\mathrm{t2}}^{(1)}-\boldsymbol{X}_{\mathrm{t1}}^{(1)\mathrm{T}}\otimes\boldsymbol{X}_{\mathrm{t3}}^{(1)})\boldsymbol{J}_{\mathrm{t1}}^{(1)} \\ & -(\boldsymbol{X}_{\mathrm{t1}}^{(1)\mathrm{T}}\otimes\boldsymbol{X}_{\mathrm{t2}}^{(1)})\boldsymbol{J}_{\mathrm{t2}}^{(1)}-(\boldsymbol{X}_{\mathrm{t4}}^{(1)\mathrm{T}}\otimes\boldsymbol{I}_M)\boldsymbol{J}_{\mathrm{t0}}^{(1)}\Big]\boldsymbol{\varepsilon}_{\mathrm{t1}} \\ & +\Big[(\boldsymbol{X}_{\mathrm{t1}}^{(1)\mathrm{T}}\otimes\boldsymbol{I}_M)\boldsymbol{J}_{\mathrm{t0}}^{(1)}-(\boldsymbol{X}_{\mathrm{t1}}^{(1)\mathrm{T}}\otimes\boldsymbol{X}_{\mathrm{t2}}^{(1)})\boldsymbol{J}_{\mathrm{t1}}^{(1)}\Big]\boldsymbol{\varepsilon}_{\mathrm{t2}}\end{aligned} \tag{E.4.2}$$

将式（E.4.2）代入式（E.4.1）中，并利用命题 2.9 可知

$$\begin{aligned}&\left[\begin{array}{c|c}\boldsymbol{O}_{M\times 5} & \boldsymbol{O}_{M\times 4} \\ \hline \boldsymbol{W}^{(1)}\Delta\dot{\boldsymbol{T}}_{\mathrm{t}}^{(1)} & \boldsymbol{O}_{M\times 4}\end{array}\right]\begin{bmatrix}1 \\ \boldsymbol{g}_{\mathrm{v}}\end{bmatrix} \\ &\approx\left(\begin{bmatrix}\boldsymbol{O}_{M\times 25} \\ ([1\ \ \boldsymbol{g}^{\mathrm{T}}]\boldsymbol{X}_{\mathrm{t1}}^{(1)\mathrm{T}})\otimes(\boldsymbol{W}^{(1)}\boldsymbol{X}_{\mathrm{t5}}^{(1)})+([1\ \ \boldsymbol{g}^{\mathrm{T}}]\boldsymbol{X}_{\mathrm{t4}}^{(1)\mathrm{T}})\otimes(\boldsymbol{W}^{(1)}\boldsymbol{X}_{\mathrm{t2}}^{(1)})-([1\ \ \boldsymbol{g}^{\mathrm{T}}]\boldsymbol{X}_{\mathrm{t1}}^{(1)\mathrm{T}})\otimes(\boldsymbol{W}^{(1)}\boldsymbol{X}_{\mathrm{t3}}^{(1)})\end{bmatrix}\boldsymbol{J}_{\mathrm{t1}}^{(1)}\right. \\ &\qquad\left.-\begin{bmatrix}\boldsymbol{O}_{M\times 25} \\ ([1\ \ \boldsymbol{g}^{\mathrm{T}}]\boldsymbol{X}_{\mathrm{t1}}^{(1)\mathrm{T}})\otimes(\boldsymbol{W}^{(1)}\boldsymbol{X}_{\mathrm{t2}}^{(1)})\end{bmatrix}\boldsymbol{J}_{\mathrm{t2}}^{(1)}-\begin{bmatrix}\boldsymbol{O}_{M\times 5M} \\ ([1\ \ \boldsymbol{g}^{\mathrm{T}}]\boldsymbol{X}_{\mathrm{t4}}^{(1)\mathrm{T}})\otimes\boldsymbol{W}^{(1)}\end{bmatrix}\boldsymbol{J}_{\mathrm{t0}}^{(1)}\right)\boldsymbol{\varepsilon}_{\mathrm{t1}} \\ &\quad+\left(\begin{bmatrix}\boldsymbol{O}_{M\times 5M} \\ ([1\ \ \boldsymbol{g}^{\mathrm{T}}]\boldsymbol{X}_{\mathrm{t1}}^{(1)\mathrm{T}})\otimes\boldsymbol{W}^{(1)}\end{bmatrix}\boldsymbol{J}_{\mathrm{t0}}^{(1)}-\begin{bmatrix}\boldsymbol{O}_{M\times 25} \\ ([1\ \ \boldsymbol{g}^{\mathrm{T}}]\boldsymbol{X}_{\mathrm{t1}}^{(1)\mathrm{T}})\otimes(\boldsymbol{W}^{(1)}\boldsymbol{X}_{\mathrm{t2}}^{(1)})\end{bmatrix}\boldsymbol{J}_{\mathrm{t1}}^{(1)}\right)\boldsymbol{\varepsilon}_{\mathrm{t2}} \\ &=\boldsymbol{B}_{\mathrm{t4}}^{(1)}(\boldsymbol{g}_{\mathrm{v}})\boldsymbol{\varepsilon}_{\mathrm{t}}\end{aligned} \tag{E.4.3}$$

式中，$\boldsymbol{B}_{\mathrm{t4}}^{(1)}(\boldsymbol{g}_{\mathrm{v}})$ 的表达式见式（8.49）。

附录 E.5

首先有

$$\left[\begin{array}{c|c}\Delta\boldsymbol{W}_{\mathrm{t}}^{(2)}\boldsymbol{T}^{(2)} & \boldsymbol{O}_{(M+1)\times 4} \\ \hline \Delta\boldsymbol{W}_{\mathrm{t}}^{(2)}\dot{\boldsymbol{T}}^{(2)} & \Delta\boldsymbol{W}_{\mathrm{t}}^{(2)}\boldsymbol{T}^{(2)}\bar{\boldsymbol{I}}_4\end{array}\right]\begin{bmatrix}1\\ \boldsymbol{g}_{\mathrm{v}}\end{bmatrix}=\begin{bmatrix}\Delta\boldsymbol{W}_{\mathrm{t}}^{(2)}\boldsymbol{T}^{(2)}\begin{bmatrix}1\\ \boldsymbol{g}\end{bmatrix} \\ \Delta\boldsymbol{W}_{\mathrm{t}}^{(2)}\dot{\boldsymbol{T}}^{(2)}\begin{bmatrix}1\\ \boldsymbol{g}\end{bmatrix}+\Delta\boldsymbol{W}_{\mathrm{t}}^{(2)}\boldsymbol{T}^{(2)}\begin{bmatrix}0\\ \dot{\boldsymbol{g}}\end{bmatrix}\end{bmatrix}$$

$$=\begin{bmatrix}([1\ \ \boldsymbol{g}^{\mathrm{T}}]\boldsymbol{T}^{(2)\mathrm{T}})\otimes\boldsymbol{I}_{M+1} \\ ([1\ \ \boldsymbol{g}^{\mathrm{T}}]\dot{\boldsymbol{T}}^{(2)\mathrm{T}}+[0\ \ \dot{\boldsymbol{g}}^{\mathrm{T}}]\boldsymbol{T}^{(2)\mathrm{T}})\otimes\boldsymbol{I}_{M+1}\end{bmatrix}\mathrm{vec}(\Delta\boldsymbol{W}_{\mathrm{t}}^{(2)}) \tag{E.5.1}$$

式中，第 2 个等号处的运算利用了命题 2.10。根据式（8.136）可得

$$\mathrm{vec}(\Delta\boldsymbol{W}_{\mathrm{t}}^{(2)})$$
$$\approx(\boldsymbol{L}_M\otimes\boldsymbol{L}_M)\begin{bmatrix}\boldsymbol{O}_{(M+1)\times M} \\ \mathrm{diag}[\bar{\boldsymbol{\rho}}]\otimes\bar{\boldsymbol{I}}_{M\times 1}+\boldsymbol{I}_{M\times 1}\otimes(\bar{\boldsymbol{I}}_M\mathrm{diag}[\bar{\boldsymbol{\rho}}])-\boldsymbol{I}_M\otimes(\bar{\boldsymbol{I}}_M\bar{\boldsymbol{\rho}})-\bar{\boldsymbol{\rho}}\otimes\bar{\boldsymbol{I}}_M\end{bmatrix}\bar{\boldsymbol{I}}_{M-1}\boldsymbol{\varepsilon}_{\mathrm{t1}} \tag{E.5.2}$$

将式（E.5.2）代入式（E.5.1）中，并利用命题 2.9 可知

$$\left[\begin{array}{c|c}\Delta\boldsymbol{W}_{\mathrm{t}}^{(2)}\boldsymbol{T}^{(2)} & \boldsymbol{O}_{(M+1)\times 4} \\ \hline \Delta\boldsymbol{W}_{\mathrm{t}}^{(2)}\dot{\boldsymbol{T}}^{(2)} & \Delta\boldsymbol{W}_{\mathrm{t}}^{(2)}\boldsymbol{T}^{(2)}\bar{\boldsymbol{I}}_4\end{array}\right]\begin{bmatrix}1\\ \boldsymbol{g}_{\mathrm{v}}\end{bmatrix}$$
$$\approx\begin{bmatrix}([1\ \ \boldsymbol{g}^{\mathrm{T}}]\boldsymbol{T}^{(2)\mathrm{T}}\boldsymbol{L}_M)\otimes\boldsymbol{L}_M \\ ([1\ \ \boldsymbol{g}^{\mathrm{T}}]\dot{\boldsymbol{T}}^{(2)\mathrm{T}}\boldsymbol{L}_M+[0\ \ \dot{\boldsymbol{g}}^{\mathrm{T}}]\boldsymbol{T}^{(2)\mathrm{T}}\boldsymbol{L}_M)\otimes\boldsymbol{L}_M\end{bmatrix} \tag{E.5.3}$$
$$\times\begin{bmatrix}\boldsymbol{O}_{(M+1)\times M} \\ \mathrm{diag}[\bar{\boldsymbol{\rho}}]\otimes\bar{\boldsymbol{I}}_{M\times 1}+\boldsymbol{I}_{M\times 1}\otimes(\bar{\boldsymbol{I}}_M\mathrm{diag}[\bar{\boldsymbol{\rho}}])-\boldsymbol{I}_M\otimes(\bar{\boldsymbol{I}}_M\bar{\boldsymbol{\rho}})-\bar{\boldsymbol{\rho}}\otimes\bar{\boldsymbol{I}}_M\end{bmatrix}\bar{\boldsymbol{I}}_{M-1}\boldsymbol{\varepsilon}_{\mathrm{t1}}$$
$$=\boldsymbol{B}_{\mathrm{t1}}^{(2)}(\boldsymbol{g}_{\mathrm{v}})\boldsymbol{\varepsilon}_{\mathrm{t}}$$

式中，$\boldsymbol{B}_{\mathrm{t1}}^{(2)}(\boldsymbol{g}_{\mathrm{v}})$ 的表达式见式（8.138）。

附录 E.6

首先有

$$\left[\begin{array}{c|c}\boldsymbol{O}_{(M+1)\times 5} & \boldsymbol{O}_{(M+1)\times 4} \\ \hline \Delta\dot{\boldsymbol{W}}_{\mathrm{t}}^{(2)}\boldsymbol{T}^{(2)} & \boldsymbol{O}_{(M+1)\times 4}\end{array}\right]\begin{bmatrix}1\\ \boldsymbol{g}_{\mathrm{v}}\end{bmatrix}=\begin{bmatrix}\boldsymbol{O}_{(M+1)\times 1} \\ \Delta\dot{\boldsymbol{W}}_{\mathrm{t}}^{(2)}\boldsymbol{T}^{(2)}\begin{bmatrix}1\\ \boldsymbol{g}\end{bmatrix}\end{bmatrix} \tag{E.6.1}$$
$$=\begin{bmatrix}\boldsymbol{O}_{(M+1)\times(M+1)^2} \\ ([1\ \ \boldsymbol{g}^{\mathrm{T}}]\boldsymbol{T}^{(2)\mathrm{T}})\otimes\boldsymbol{I}_{M+1}\end{bmatrix}\mathrm{vec}(\Delta\dot{\boldsymbol{W}}_{\mathrm{t}}^{(2)})$$

式中，第 2 个等号处的运算利用了命题 2.10。根据式（8.140）可得

$$\text{vec}(\Delta \dot{\boldsymbol{W}}_t^{(2)}) \approx (\boldsymbol{L}_M \otimes \boldsymbol{L}_M) \begin{bmatrix} \boldsymbol{O}_{(M+1)\times M} \\ \text{diag}[\dot{\bar{\boldsymbol{\rho}}}] \otimes \bar{\boldsymbol{I}}_{M\times 1} + \boldsymbol{1}_{M\times 1} \otimes (\bar{\boldsymbol{I}}_M \text{diag}[\dot{\bar{\boldsymbol{\rho}}}]) - \boldsymbol{I}_M \otimes (\bar{\boldsymbol{I}}_M \dot{\bar{\boldsymbol{\rho}}}) - \dot{\bar{\boldsymbol{\rho}}} \otimes \bar{\boldsymbol{I}}_M \end{bmatrix} \bar{\boldsymbol{I}}_{M-1} \varepsilon_{t1}$$
$$+ (\boldsymbol{L}_M \otimes \boldsymbol{L}_M) \begin{bmatrix} \boldsymbol{O}_{(M+1)\times M} \\ \text{diag}[\bar{\boldsymbol{\rho}}] \otimes \bar{\boldsymbol{I}}_{M\times 1} + \boldsymbol{1}_{M\times 1} \otimes (\bar{\boldsymbol{I}}_M \text{diag}[\bar{\boldsymbol{\rho}}]) - \boldsymbol{I}_M \otimes (\bar{\boldsymbol{I}}_M \bar{\boldsymbol{\rho}}) - \bar{\boldsymbol{\rho}} \otimes \bar{\boldsymbol{I}}_M \end{bmatrix} \bar{\boldsymbol{I}}_{M-1} \varepsilon_{t2}$$
(E.6.2)

将式（E.6.2）代入式（E.6.1）中，并利用命题 2.9 可知

$$\begin{bmatrix} \boldsymbol{O}_{(M+1)\times 5} & \boldsymbol{O}_{(M+1)\times 4} \\ \Delta \dot{\boldsymbol{W}}_t^{(2)} \boldsymbol{T}^{(2)} & \boldsymbol{O}_{(M+1)\times 4} \end{bmatrix} \begin{bmatrix} 1 \\ \boldsymbol{g}_v \end{bmatrix}$$
$$\approx \begin{bmatrix} \boldsymbol{O}_{(M+1)\times (M+1)^2} \\ ([1 \ \boldsymbol{g}^T]\boldsymbol{T}^{(2)T}\boldsymbol{L}_M) \otimes \boldsymbol{L}_M \end{bmatrix} \begin{bmatrix} \boldsymbol{O}_{(M+1)\times M} \\ \text{diag}[\dot{\bar{\boldsymbol{\rho}}}] \otimes \bar{\boldsymbol{I}}_{M\times 1} + \boldsymbol{1}_{M\times 1} \otimes (\bar{\boldsymbol{I}}_M \text{diag}[\dot{\bar{\boldsymbol{\rho}}}]) - \boldsymbol{I}_M \otimes (\bar{\boldsymbol{I}}_M \dot{\bar{\boldsymbol{\rho}}}) - \dot{\bar{\boldsymbol{\rho}}} \otimes \bar{\boldsymbol{I}}_M \end{bmatrix} \bar{\boldsymbol{I}}_{M-1} \varepsilon_{t1}$$
$$+ \begin{bmatrix} \boldsymbol{O}_{(M+1)\times (M+1)^2} \\ ([1 \ \boldsymbol{g}^T]\boldsymbol{T}^{(2)T}\boldsymbol{L}_M) \otimes \boldsymbol{L}_M \end{bmatrix} \begin{bmatrix} \boldsymbol{O}_{(M+1)\times M} \\ \text{diag}[\bar{\boldsymbol{\rho}}] \otimes \bar{\boldsymbol{I}}_{M\times 1} + \boldsymbol{1}_{M\times 1} \otimes (\bar{\boldsymbol{I}}_M \text{diag}[\bar{\boldsymbol{\rho}}]) - \boldsymbol{I}_M \otimes (\bar{\boldsymbol{I}}_M \bar{\boldsymbol{\rho}}) - \bar{\boldsymbol{\rho}} \otimes \bar{\boldsymbol{I}}_M \end{bmatrix} \bar{\boldsymbol{I}}_{M-1} \varepsilon_{t2}$$
$$= \boldsymbol{B}_{t2}^{(2)}(\boldsymbol{g}_v) \varepsilon_t$$
(E.6.3)

式中，$\boldsymbol{B}_{t2}^{(2)}(\boldsymbol{g}_v)$ 的表达式见式（8.142）。

附录 E.7

首先有

$$\begin{bmatrix} \boldsymbol{W}^{(2)} \Delta \boldsymbol{T}_t^{(2)} & \boldsymbol{O}_{(M+1)\times 4} \\ \dot{\boldsymbol{W}}^{(2)} \Delta \boldsymbol{T}_t^{(2)} & \boldsymbol{W}^{(2)} \Delta \boldsymbol{T}_t^{(2)} \bar{\boldsymbol{I}}_4 \end{bmatrix} \begin{bmatrix} 1 \\ \boldsymbol{g}_v \end{bmatrix} = \begin{bmatrix} \boldsymbol{W}^{(2)} \Delta \boldsymbol{T}_t^{(2)} \begin{bmatrix} 1 \\ \boldsymbol{g} \end{bmatrix} \\ \dot{\boldsymbol{W}}^{(2)} \Delta \boldsymbol{T}_t^{(2)} \begin{bmatrix} 1 \\ \boldsymbol{g} \end{bmatrix} + \boldsymbol{W}^{(2)} \Delta \boldsymbol{T}_t^{(2)} \begin{bmatrix} 0 \\ \dot{\boldsymbol{g}} \end{bmatrix} \end{bmatrix}$$
$$= \begin{bmatrix} [1 \ \boldsymbol{g}^T] \otimes \boldsymbol{W}^{(2)} \\ [1 \ \boldsymbol{g}^T] \otimes \dot{\boldsymbol{W}}^{(2)} + [0 \ \dot{\boldsymbol{g}}^T] \otimes \boldsymbol{W}^{(2)} \end{bmatrix} \text{vec}(\Delta \boldsymbol{T}_t^{(2)})$$
(E.7.1)

式中，第 2 个等号处的运算利用了命题 2.10。根据式（8.143）和式（8.145）可得

$$\text{vec}(\Delta \boldsymbol{T}_t^{(2)}) \approx \left[(\boldsymbol{X}_{t1}^{(2)T} \otimes \boldsymbol{I}_{M+1}) \boldsymbol{J}_{t0}^{(2)} - (\boldsymbol{X}_{t1}^{(2)T} \otimes \boldsymbol{X}_{t2}^{(2)}) \boldsymbol{J}_{t1}^{(2)} \right] \varepsilon_{t1}$$
(E.7.2)

将式（E.7.2）代入式（E.7.1）中，并利用命题 2.9 可知

$$\begin{aligned}&\left[\begin{array}{c:c}\boldsymbol{W}^{(2)}\Delta\boldsymbol{T}_{\mathrm{t}}^{(2)} & \boldsymbol{O}_{(M+1)\times 4}\\ \hdashline \dot{\boldsymbol{W}}^{(2)}\Delta\boldsymbol{T}_{\mathrm{t}}^{(2)} & \boldsymbol{W}^{(2)}\Delta\boldsymbol{T}_{\mathrm{t}}^{(2)}\bar{\boldsymbol{I}}_4\end{array}\right]\begin{bmatrix}1\\ \boldsymbol{g}_{\mathrm{v}}\end{bmatrix}\\ &\approx\begin{bmatrix}([1\ \ \boldsymbol{g}^{\mathrm{T}}]\boldsymbol{X}_{\mathrm{t1}}^{(2)\mathrm{T}})\otimes\boldsymbol{W}^{(2)}\\ ([1\ \ \boldsymbol{g}^{\mathrm{T}}]\boldsymbol{X}_{\mathrm{t1}}^{(2)\mathrm{T}})\otimes\dot{\boldsymbol{W}}^{(2)}+([0\ \ \dot{\boldsymbol{g}}^{\mathrm{T}}]\boldsymbol{X}_{\mathrm{t1}}^{(2)\mathrm{T}})\otimes\boldsymbol{W}^{(2)}\end{bmatrix}\boldsymbol{J}_{\mathrm{t0}}^{(2)}\boldsymbol{\varepsilon}_{\mathrm{t1}}\\ &\quad-\begin{bmatrix}([1\ \ \boldsymbol{g}^{\mathrm{T}}]\boldsymbol{X}_{\mathrm{t1}}^{(2)\mathrm{T}})\otimes(\boldsymbol{W}^{(2)}\boldsymbol{X}_{\mathrm{t2}}^{(2)})\\ ([1\ \ \boldsymbol{g}^{\mathrm{T}}]\boldsymbol{X}_{\mathrm{t1}}^{(2)\mathrm{T}})\otimes(\dot{\boldsymbol{W}}^{(2)}\boldsymbol{X}_{\mathrm{t2}}^{(2)})+([0\ \ \dot{\boldsymbol{g}}^{\mathrm{T}}]\boldsymbol{X}_{\mathrm{t1}}^{(2)\mathrm{T}})\otimes(\boldsymbol{W}^{(2)}\boldsymbol{X}_{\mathrm{t2}}^{(2)})\end{bmatrix}\boldsymbol{J}_{\mathrm{t1}}^{(2)}\boldsymbol{\varepsilon}_{\mathrm{t1}}\\ &=\boldsymbol{B}_{\mathrm{t3}}^{(2)}(\boldsymbol{g}_{\mathrm{v}})\boldsymbol{\varepsilon}_{\mathrm{t}}\end{aligned}\tag{E.7.3}$$

式中，$\boldsymbol{B}_{\mathrm{t3}}^{(2)}(\boldsymbol{g}_{\mathrm{v}})$ 的表达式见式（8.147）。

附录 E.8

首先有

$$\left[\begin{array}{c:c}\boldsymbol{O}_{(M+1)\times 5} & \boldsymbol{O}_{(M+1)\times 4}\\ \hdashline \boldsymbol{W}^{(2)}\Delta\dot{\boldsymbol{T}}_{\mathrm{t}}^{(2)} & \boldsymbol{O}_{(M+1)\times 4}\end{array}\right]\begin{bmatrix}1\\ \boldsymbol{g}_{\mathrm{v}}\end{bmatrix}=\begin{bmatrix}\boldsymbol{O}_{(M+1)\times 1}\\ \boldsymbol{W}^{(2)}\Delta\dot{\boldsymbol{T}}_{\mathrm{t}}^{(2)}\begin{bmatrix}1\\ \boldsymbol{g}\end{bmatrix}\end{bmatrix}=\begin{bmatrix}\boldsymbol{O}_{(M+1)\times(M+1)^2}\\ [1\ \ \boldsymbol{g}^{\mathrm{T}}]\otimes\boldsymbol{W}^{(2)}\end{bmatrix}\mathrm{vec}(\Delta\dot{\boldsymbol{T}}_{\mathrm{t}}^{(2)})\tag{E.8.1}$$

式中，第 2 个等号处的运算利用了命题 2.10。根据式（8.149）和式（8.151）可得

$$\begin{aligned}\mathrm{vec}(\Delta\dot{\boldsymbol{T}}_{\mathrm{t}}^{(2)})\approx&\Big[\boldsymbol{X}_{\mathrm{t1}}^{(2)\mathrm{T}}\otimes\boldsymbol{X}_{\mathrm{t5}}^{(2)}+\boldsymbol{X}_{\mathrm{t4}}^{(2)\mathrm{T}}\otimes\boldsymbol{X}_{\mathrm{t2}}^{(2)}-\boldsymbol{X}_{\mathrm{t1}}^{(2)\mathrm{T}}\otimes\boldsymbol{X}_{\mathrm{t3}}^{(2)})\boldsymbol{J}_{\mathrm{t1}}^{(2)}\\ &-(\boldsymbol{X}_{\mathrm{t1}}^{(2)\mathrm{T}}\otimes\boldsymbol{X}_{\mathrm{t2}}^{(2)})\boldsymbol{J}_{\mathrm{t2}}^{(2)}-(\boldsymbol{X}_{\mathrm{t4}}^{(2)\mathrm{T}}\otimes\boldsymbol{I}_{M+1})\boldsymbol{J}_{\mathrm{t0}}^{(2)}\Big]\boldsymbol{\varepsilon}_{\mathrm{t1}}\\ &+\Big[(\boldsymbol{X}_{\mathrm{t1}}^{(2)\mathrm{T}}\otimes\boldsymbol{I}_{M+1})\boldsymbol{J}_{\mathrm{t0}}^{(2)}-(\boldsymbol{X}_{\mathrm{t1}}^{(2)\mathrm{T}}\otimes\boldsymbol{X}_{\mathrm{t2}}^{(2)})\boldsymbol{J}_{\mathrm{t1}}^{(2)}\Big]\boldsymbol{\varepsilon}_{\mathrm{t2}}\end{aligned}\tag{E.8.2}$$

将式（E.8.2）代入式（E.8.1）中，并利用命题 2.9 可知

$$\begin{aligned}&\left[\begin{array}{c:c}\boldsymbol{O}_{(M+1)\times 5} & \boldsymbol{O}_{(M+1)\times 4}\\ \hdashline \boldsymbol{W}^{(2)}\Delta\dot{\boldsymbol{T}}_{\mathrm{t}}^{(2)} & \boldsymbol{O}_{(M+1)\times 4}\end{array}\right]\begin{bmatrix}1\\ \boldsymbol{g}_{\mathrm{v}}\end{bmatrix}\\ &\approx\left(\begin{array}{l}\begin{bmatrix}\boldsymbol{O}_{(M+1)\times 25}\\ ([1\ \ \boldsymbol{g}^{\mathrm{T}}]\boldsymbol{X}_{\mathrm{t1}}^{(2)\mathrm{T}})\otimes(\boldsymbol{W}^{(2)}\boldsymbol{X}_{\mathrm{t5}}^{(2)})+([1\ \ \boldsymbol{g}^{\mathrm{T}}]\boldsymbol{X}_{\mathrm{t4}}^{(2)\mathrm{T}})\otimes(\boldsymbol{W}^{(2)}\boldsymbol{X}_{\mathrm{t2}}^{(2)})-([1\ \ \boldsymbol{g}^{\mathrm{T}}]\boldsymbol{X}_{\mathrm{t1}}^{(2)\mathrm{T}})\otimes(\boldsymbol{W}^{(2)}\boldsymbol{X}_{\mathrm{t3}}^{(2)})\end{bmatrix}\boldsymbol{J}_{\mathrm{t1}}^{(2)}\\ -\begin{bmatrix}\boldsymbol{O}_{(M+1)\times 25}\\ ([1\ \ \boldsymbol{g}^{\mathrm{T}}]\boldsymbol{X}_{\mathrm{t1}}^{(2)\mathrm{T}})\otimes(\boldsymbol{W}^{(2)}\boldsymbol{X}_{\mathrm{t2}}^{(2)})\end{bmatrix}\boldsymbol{J}_{\mathrm{t2}}^{(2)}-\begin{bmatrix}\boldsymbol{O}_{(M+1)\times 5(M+1)}\\ ([1\ \ \boldsymbol{g}^{\mathrm{T}}]\boldsymbol{X}_{\mathrm{t4}}^{(2)\mathrm{T}})\otimes\boldsymbol{W}^{(2)}\end{bmatrix}\boldsymbol{J}_{\mathrm{t0}}^{(2)}\end{array}\right)\boldsymbol{\varepsilon}_{\mathrm{t1}}\\ &\quad+\left(\begin{bmatrix}\boldsymbol{O}_{(M+1)\times 5(M+1)}\\ ([1\ \ \boldsymbol{g}^{\mathrm{T}}]\boldsymbol{X}_{\mathrm{t1}}^{(2)\mathrm{T}})\otimes\boldsymbol{W}^{(2)}\end{bmatrix}\boldsymbol{J}_{\mathrm{t0}}^{(2)}-\begin{bmatrix}\boldsymbol{O}_{(M+1)\times 25}\\ ([1\ \ \boldsymbol{g}^{\mathrm{T}}]\boldsymbol{X}_{\mathrm{t1}}^{(2)\mathrm{T}})\otimes(\boldsymbol{W}^{(2)}\boldsymbol{X}_{\mathrm{t2}}^{(2)})\end{bmatrix}\boldsymbol{J}_{\mathrm{t1}}^{(2)}\right)\boldsymbol{\varepsilon}_{\mathrm{t2}}\\ &=\boldsymbol{B}_{\mathrm{t4}}^{(2)}(\boldsymbol{g}_{\mathrm{v}})\boldsymbol{\varepsilon}_{\mathrm{t}}\end{aligned}\tag{E.8.3}$$

式中，$\boldsymbol{B}_{\mathrm{t4}}^{(2)}(\boldsymbol{g}_{\mathrm{v}})$ 的表达式见式（8.153）。

附录 F

附录 F.1

首先有

$$\Delta \boldsymbol{W}_{\mathrm{ts}}^{(1)}\boldsymbol{\beta}^{(1)}(\boldsymbol{u},\boldsymbol{s})=\mathrm{vec}(\Delta \boldsymbol{W}_{\mathrm{ts}}^{(1)}\boldsymbol{\beta}^{(1)}(\boldsymbol{u},\boldsymbol{s}))=((\boldsymbol{\beta}^{(1)}(\boldsymbol{u},\boldsymbol{s}))^{\mathrm{T}}\otimes \boldsymbol{I}_M)\mathrm{vec}(\Delta \boldsymbol{W}_{\mathrm{ts}}^{(1)}) \quad (\mathrm{F.1.1})$$

式中，第 2 个等号处的运算利用了命题 2.10。根据式（9.10）可知

$$\mathrm{vec}(\Delta \boldsymbol{W}_{\mathrm{ts}}^{(1)})\approx(\boldsymbol{1}_{M\times 1}\otimes \mathrm{diag}[\boldsymbol{r}]+\mathrm{diag}[\boldsymbol{r}]\otimes \boldsymbol{1}_{M\times 1})\boldsymbol{\varepsilon}_{\mathrm{t}}+\bar{\boldsymbol{S}}_{\mathrm{blk}}^{(1)}\boldsymbol{\varepsilon}_{\mathrm{s}} \quad (\mathrm{F.1.2})$$

将式（F.1.2）代入式（F.1.1）中，并利用命题 2.9 可得

$$\begin{aligned}
&\Delta \boldsymbol{W}_{\mathrm{ts}}^{(1)}\boldsymbol{\beta}^{(1)}(\boldsymbol{u},\boldsymbol{s})\\
&\approx[((\boldsymbol{\beta}^{(1)}(\boldsymbol{u},\boldsymbol{s}))^{\mathrm{T}}\boldsymbol{1}_{M\times 1})\otimes \mathrm{diag}[\boldsymbol{r}]+((\boldsymbol{\beta}^{(1)}(\boldsymbol{u},\boldsymbol{s}))^{\mathrm{T}}\mathrm{diag}[\boldsymbol{r}])\otimes \boldsymbol{1}_{M\times 1}]\boldsymbol{\varepsilon}_{\mathrm{t}}+((\boldsymbol{\beta}^{(1)}(\boldsymbol{u},\boldsymbol{s}))^{\mathrm{T}}\otimes \boldsymbol{I}_M)\bar{\boldsymbol{S}}_{\mathrm{blk}}^{(1)}\boldsymbol{\varepsilon}_{\mathrm{s}}\\
&=[((\boldsymbol{\beta}^{(1)}(\boldsymbol{u},\boldsymbol{s}))^{\mathrm{T}}\boldsymbol{1}_{M\times 1})\mathrm{diag}[\boldsymbol{r}]+(\boldsymbol{\beta}^{(1)}(\boldsymbol{u},\boldsymbol{s})\odot \boldsymbol{r})^{\mathrm{T}}\otimes \boldsymbol{1}_{M\times 1}]\boldsymbol{\varepsilon}_{\mathrm{t}}+((\boldsymbol{\beta}^{(1)}(\boldsymbol{u},\boldsymbol{s}))^{\mathrm{T}}\otimes \boldsymbol{I}_M)\bar{\boldsymbol{S}}_{\mathrm{blk}}^{(1)}\boldsymbol{\varepsilon}_{\mathrm{s}}\\
&=[((\boldsymbol{\beta}^{(1)}(\boldsymbol{u},\boldsymbol{s}))^{\mathrm{T}}\boldsymbol{1}_{M\times 1})\mathrm{diag}[\boldsymbol{r}]+\boldsymbol{1}_{M\times 1}(\boldsymbol{\beta}^{(1)}(\boldsymbol{u},\boldsymbol{s})\odot \boldsymbol{r})^{\mathrm{T}}]\boldsymbol{\varepsilon}_{\mathrm{t}}+((\boldsymbol{\beta}^{(1)}(\boldsymbol{u},\boldsymbol{s}))^{\mathrm{T}}\otimes \boldsymbol{I}_M)\bar{\boldsymbol{S}}_{\mathrm{blk}}^{(1)}\boldsymbol{\varepsilon}_{\mathrm{s}}\\
&=\boldsymbol{B}_{\mathrm{t}}^{(1)}(\boldsymbol{u},\boldsymbol{s})\boldsymbol{\varepsilon}_{\mathrm{t}}+((\boldsymbol{\beta}^{(1)}(\boldsymbol{u},\boldsymbol{s}))^{\mathrm{T}}\otimes \boldsymbol{I}_M)\bar{\boldsymbol{S}}_{\mathrm{blk}}^{(1)}\boldsymbol{\varepsilon}_{\mathrm{s}}
\end{aligned} \quad (\mathrm{F.1.3})$$

式中，$\boldsymbol{B}_{\mathrm{t}}^{(1)}(\boldsymbol{u},\boldsymbol{s})$ 的表达式见式（9.13）中的第 1 式。

另一方面，根据式（9.11）可知

$$\begin{aligned}
&\boldsymbol{W}^{(1)}(\boldsymbol{s})\Delta \boldsymbol{T}^{(1)}\begin{bmatrix}1\\ \boldsymbol{u}\end{bmatrix}\\
&\approx \boldsymbol{W}^{(1)}(\boldsymbol{s})\left([\boldsymbol{O}_{M\times 1}\ \ \Delta \boldsymbol{S}^{(1)}]\begin{bmatrix}\alpha_1^{(1)}(\boldsymbol{u},\boldsymbol{s})\\ \boldsymbol{\alpha}_2^{(1)}(\boldsymbol{u},\boldsymbol{s})\end{bmatrix}-\boldsymbol{T}^{(1)}(\boldsymbol{s})\begin{bmatrix}0 & \boldsymbol{1}_{M\times 1}^{\mathrm{T}}\Delta \boldsymbol{S}^{(1)}\\ (\Delta \boldsymbol{S}^{(1)})^{\mathrm{T}}\boldsymbol{1}_{M\times 1} & (\Delta \boldsymbol{S}^{(1)})^{\mathrm{T}}\boldsymbol{S}^{(1)}+\boldsymbol{S}^{(1)\mathrm{T}}\Delta \boldsymbol{S}^{(1)}\end{bmatrix}\begin{bmatrix}\alpha_1^{(1)}(\boldsymbol{u},\boldsymbol{s})\\ \boldsymbol{\alpha}_2^{(1)}(\boldsymbol{u},\boldsymbol{s})\end{bmatrix}\right)\\
&=\boldsymbol{W}^{(1)}(\boldsymbol{s})\left(\Delta \boldsymbol{S}^{(1)}\boldsymbol{\alpha}_2^{(1)}(\boldsymbol{u},\boldsymbol{s})-\boldsymbol{T}^{(1)}(\boldsymbol{s})\begin{bmatrix}\boldsymbol{1}_{M\times 1}^{\mathrm{T}}\Delta \boldsymbol{S}^{(1)}\boldsymbol{\alpha}_2^{(1)}(\boldsymbol{u},\boldsymbol{s})\\ (\Delta \boldsymbol{S}^{(1)})^{\mathrm{T}}[\boldsymbol{1}_{M\times 1}\ \ \boldsymbol{S}^{(1)}]\boldsymbol{\alpha}^{(1)}(\boldsymbol{u},\boldsymbol{s})+\boldsymbol{S}^{(1)\mathrm{T}}\Delta \boldsymbol{S}^{(1)}\boldsymbol{\alpha}_2^{(1)}(\boldsymbol{u},\boldsymbol{s})\end{bmatrix}\right)
\end{aligned} \quad (\mathrm{F.1.4})$$

由于

$$\Delta \boldsymbol{S}^{(1)}\boldsymbol{\alpha}_2^{(1)}(\boldsymbol{u},\boldsymbol{s})=\begin{bmatrix}(\boldsymbol{\alpha}_2^{(1)}(\boldsymbol{u},\boldsymbol{s}))^{\mathrm{T}}\boldsymbol{\varepsilon}_{\mathrm{s}1}\\(\boldsymbol{\alpha}_2^{(1)}(\boldsymbol{u},\boldsymbol{s}))^{\mathrm{T}}\boldsymbol{\varepsilon}_{\mathrm{s}2}\\\vdots\\(\boldsymbol{\alpha}_2^{(1)}(\boldsymbol{u},\boldsymbol{s}))^{\mathrm{T}}\boldsymbol{\varepsilon}_{\mathrm{s}M}\end{bmatrix}=(\boldsymbol{I}_M\otimes(\boldsymbol{\alpha}_2^{(1)}(\boldsymbol{u},\boldsymbol{s}))^{\mathrm{T}})\boldsymbol{\varepsilon}_{\mathrm{s}}=\boldsymbol{J}_1^{(1)}(\boldsymbol{u},\boldsymbol{s})\boldsymbol{\varepsilon}_{\mathrm{s}} \quad \text{(F.1.5)}$$

$$(\Delta \boldsymbol{S}^{(1)})^{\mathrm{T}}[\boldsymbol{1}_{M\times 1}\ \ \boldsymbol{S}^{(1)}]\boldsymbol{\alpha}^{(1)}(\boldsymbol{u},\boldsymbol{s})=(([\boldsymbol{1}_{M\times 1}\ \ \boldsymbol{S}^{(1)}]\boldsymbol{\alpha}^{(1)}(\boldsymbol{u},\boldsymbol{s}))^{\mathrm{T}}\otimes\boldsymbol{I}_3)\boldsymbol{\varepsilon}_{\mathrm{s}}=\boldsymbol{J}_2^{(1)}(\boldsymbol{u},\boldsymbol{s})\boldsymbol{\varepsilon}_{\mathrm{s}} \quad \text{(F.1.6)}$$

将式（F.1.5）和式（F.1.6）代入式（F.1.4）中可得

$$\boldsymbol{W}^{(1)}(\boldsymbol{s})\Delta\boldsymbol{T}^{(1)}\begin{bmatrix}1\\\boldsymbol{u}\end{bmatrix}\approx\boldsymbol{W}^{(1)}(\boldsymbol{s})\left(\boldsymbol{J}_1^{(1)}(\boldsymbol{u},\boldsymbol{s})-\boldsymbol{T}^{(1)}(\boldsymbol{s})\begin{bmatrix}\boldsymbol{1}_{M\times 1}^{\mathrm{T}}\boldsymbol{J}_1^{(1)}(\boldsymbol{u},\boldsymbol{s})\\\boldsymbol{S}^{(1)\mathrm{T}}\boldsymbol{J}_1^{(1)}(\boldsymbol{u},\boldsymbol{s})+\boldsymbol{J}_2^{(1)}(\boldsymbol{u},\boldsymbol{s})\end{bmatrix}\right)\boldsymbol{\varepsilon}_{\mathrm{s}} \quad \text{(F.1.7)}$$

最后将式（F.1.3）和式（F.1.7）代入式（9.9）中可知

$$\begin{aligned}&\boldsymbol{\delta}_{\mathrm{ts}}^{(1)}\\&\approx\boldsymbol{B}_{\mathrm{t}}^{(1)}(\boldsymbol{u},\boldsymbol{s})\boldsymbol{\varepsilon}_{\mathrm{t}}+\left(\boldsymbol{W}^{(1)}(\boldsymbol{s})\left(\boldsymbol{J}_1^{(1)}(\boldsymbol{u},\boldsymbol{s})-\boldsymbol{T}^{(1)}(\boldsymbol{s})\begin{bmatrix}\boldsymbol{1}_{M\times 1}^{\mathrm{T}}\boldsymbol{J}_1^{(1)}(\boldsymbol{u},\boldsymbol{s})\\\boldsymbol{S}^{(1)\mathrm{T}}\boldsymbol{J}_1^{(1)}(\boldsymbol{u},\boldsymbol{s})+\boldsymbol{J}_2^{(1)}(\boldsymbol{u},\boldsymbol{s})\end{bmatrix}\right)+((\boldsymbol{\beta}^{(1)}(\boldsymbol{u},\boldsymbol{s}))^{\mathrm{T}}\otimes\boldsymbol{I}_M)\bar{\boldsymbol{S}}_{\mathrm{blk}}^{(1)}\right)\boldsymbol{\varepsilon}_{\mathrm{s}}\\&=\boldsymbol{B}_{\mathrm{t}}^{(1)}(\boldsymbol{u},\boldsymbol{s})\boldsymbol{\varepsilon}_{\mathrm{t}}+\boldsymbol{B}_{\mathrm{s}}^{(1)}(\boldsymbol{u},\boldsymbol{s})\boldsymbol{\varepsilon}_{\mathrm{s}}\end{aligned} \quad \text{(F.1.8)}$$

式中，$\boldsymbol{B}_{\mathrm{s}}^{(1)}(\boldsymbol{u},\boldsymbol{s})$的表达式见式（9.13）中的第 2 式。

附录 F.2

首先有

$$\Delta\boldsymbol{W}_{\mathrm{ts}}^{(2)}\boldsymbol{\beta}^{(2)}(\boldsymbol{u},\boldsymbol{s})=\mathrm{vec}(\Delta\boldsymbol{W}_{\mathrm{ts}}^{(2)}\boldsymbol{\beta}^{(2)}(\boldsymbol{u},\boldsymbol{s}))=((\boldsymbol{\beta}^{(2)}(\boldsymbol{u},\boldsymbol{s}))^{\mathrm{T}}\otimes\boldsymbol{I}_{M+1})\mathrm{vec}(\Delta\boldsymbol{W}_{\mathrm{ts}}^{(2)}) \quad \text{(F.2.1)}$$

式中，第 2 个等号处的运算利用了命题 2.10。根据式（9.43）可知

$$\mathrm{vec}(\Delta\boldsymbol{W}_{\mathrm{ts}}^{(2)})\approx-(\boldsymbol{L}_M\otimes\boldsymbol{L}_M)\left(\begin{bmatrix}\boldsymbol{O}_{1\times M}\\\mathrm{diag}[\boldsymbol{r}]\\\mathrm{diag}[\boldsymbol{r}]\otimes\boldsymbol{i}_{M+1}^{(1)}\end{bmatrix}\boldsymbol{\varepsilon}_{\mathrm{t}}+\bar{\boldsymbol{S}}_{\mathrm{blk}}^{(2)}\boldsymbol{\varepsilon}_{\mathrm{s}}\right) \quad \text{(F.2.2)}$$

将式（F.2.2）代入式（F.2.1）中，并利用命题 2.9 可得

$$\begin{aligned}\Delta\boldsymbol{W}_{\mathrm{ts}}^{(2)}\boldsymbol{\beta}^{(2)}(\boldsymbol{u},\boldsymbol{s})&\approx-((\boldsymbol{L}_M\boldsymbol{\beta}^{(2)}(\boldsymbol{u},\boldsymbol{s}))^{\mathrm{T}}\otimes\boldsymbol{L}_M)\left(\begin{bmatrix}\boldsymbol{O}_{1\times M}\\\mathrm{diag}[\boldsymbol{r}]\\\mathrm{diag}[\boldsymbol{r}]\otimes\boldsymbol{i}_{M+1}^{(1)}\end{bmatrix}\boldsymbol{\varepsilon}_{\mathrm{t}}+\bar{\boldsymbol{S}}_{\mathrm{blk}}^{(2)}\boldsymbol{\varepsilon}_{\mathrm{s}}\right)\\&=\boldsymbol{B}_{\mathrm{t}}^{(2)}(\boldsymbol{u},\boldsymbol{s})\boldsymbol{\varepsilon}_{\mathrm{t}}-((\boldsymbol{L}_M\boldsymbol{\beta}^{(2)}(\boldsymbol{u},\boldsymbol{s}))^{\mathrm{T}}\otimes\boldsymbol{L}_M)\bar{\boldsymbol{S}}_{\mathrm{blk}}^{(2)}\boldsymbol{\varepsilon}_{\mathrm{s}}\end{aligned} \quad \text{(F.2.3)}$$

式中，$\boldsymbol{B}_{\mathrm{t}}^{(2)}(\boldsymbol{u},\boldsymbol{s})$的表达式见式（9.47）中的第 1 式。

另一方面，根据式（9.44）可知

$$\begin{aligned}&\boldsymbol{W}^{(2)}(\boldsymbol{s})\Delta\boldsymbol{T}^{(2)}\begin{bmatrix}1\\ \boldsymbol{u}\end{bmatrix}\\ &\approx\boldsymbol{W}^{(2)}(\boldsymbol{s})\left([\boldsymbol{O}_{(M+1)\times 1}\ \ \Delta\boldsymbol{S}^{(2)}]\begin{bmatrix}\alpha_1^{(2)}(\boldsymbol{u},\boldsymbol{s})\\ \boldsymbol{\alpha}_2^{(2)}(\boldsymbol{u},\boldsymbol{s})\end{bmatrix}-\boldsymbol{T}^{(2)}(\boldsymbol{s})\begin{bmatrix}0 & \boldsymbol{n}_M^{\mathrm{T}}\Delta\boldsymbol{S}^{(2)}\\ (\Delta\boldsymbol{S}^{(2)})^{\mathrm{T}}\boldsymbol{n}_M & (\Delta\boldsymbol{S}^{(2)})^{\mathrm{T}}\boldsymbol{S}^{(2)}+\boldsymbol{S}^{(2)\mathrm{T}}\Delta\boldsymbol{S}^{(2)}\end{bmatrix}\begin{bmatrix}\alpha_1^{(2)}(\boldsymbol{u},\boldsymbol{s})\\ \boldsymbol{\alpha}_2^{(2)}(\boldsymbol{u},\boldsymbol{s})\end{bmatrix}\right)\\ &=\boldsymbol{W}^{(2)}(\boldsymbol{s})\left(\Delta\boldsymbol{S}^{(2)}\boldsymbol{\alpha}_2^{(2)}(\boldsymbol{u},\boldsymbol{s})-\boldsymbol{T}^{(2)}(\boldsymbol{s})\begin{bmatrix}\boldsymbol{n}_M^{\mathrm{T}}\Delta\boldsymbol{S}^{(2)}\boldsymbol{\alpha}_2^{(2)}(\boldsymbol{u},\boldsymbol{s})\\ (\Delta\boldsymbol{S}^{(2)})^{\mathrm{T}}[\boldsymbol{n}_M\ \ \boldsymbol{S}^{(2)}]\boldsymbol{\alpha}^{(2)}(\boldsymbol{u},\boldsymbol{s})+\boldsymbol{S}^{(2)\mathrm{T}}\Delta\boldsymbol{S}^{(2)}\boldsymbol{\alpha}_2^{(2)}(\boldsymbol{u},\boldsymbol{s})\end{bmatrix}\right)\end{aligned}$$

（F.2.4）

由于

$$\begin{aligned}\Delta\boldsymbol{S}^{(2)}\boldsymbol{\alpha}_2^{(2)}(\boldsymbol{u},\boldsymbol{s})&=\begin{bmatrix}0\\ (\boldsymbol{\alpha}_2^{(2)}(\boldsymbol{u},\boldsymbol{s}))^{\mathrm{T}}\boldsymbol{\varepsilon}_{\mathrm{s}1}\\ (\boldsymbol{\alpha}_2^{(2)}(\boldsymbol{u},\boldsymbol{s}))^{\mathrm{T}}\boldsymbol{\varepsilon}_{\mathrm{s}2}\\ \vdots\\ (\boldsymbol{\alpha}_2^{(2)}(\boldsymbol{u},\boldsymbol{s}))^{\mathrm{T}}\boldsymbol{\varepsilon}_{\mathrm{s}M}\end{bmatrix}-\frac{1}{M+1}\boldsymbol{1}_{(M+1)\times 1}\left(\sum_{m=1}^{M}(\boldsymbol{\alpha}_2^{(2)}(\boldsymbol{u},\boldsymbol{s}))^{\mathrm{T}}\boldsymbol{\varepsilon}_{\mathrm{s}m}\right)\\ &=\left(\begin{bmatrix}\boldsymbol{O}_{1\times 3M}\\ \boldsymbol{I}_M\otimes(\boldsymbol{\alpha}_2^{(2)}(\boldsymbol{u},\boldsymbol{s}))^{\mathrm{T}}\end{bmatrix}-\frac{1}{M+1}\boldsymbol{1}_{(M+1)\times 1}(\boldsymbol{1}_{M\times 1}\otimes\boldsymbol{\alpha}_2^{(2)}(\boldsymbol{u},\boldsymbol{s}))^{\mathrm{T}}\right)\boldsymbol{\varepsilon}_{\mathrm{s}}=\boldsymbol{J}_1^{(2)}(\boldsymbol{u},\boldsymbol{s})\boldsymbol{\varepsilon}_{\mathrm{s}}\end{aligned}$$

（F.2.5）

$$\begin{aligned}&(\Delta\boldsymbol{S}^{(2)})^{\mathrm{T}}[\boldsymbol{n}_M\ \ \boldsymbol{S}^{(2)}]\boldsymbol{\alpha}^{(2)}(\boldsymbol{u},\boldsymbol{s})\\ &=(([\boldsymbol{n}_M\ \ \boldsymbol{S}^{(2)}]\boldsymbol{\alpha}^{(2)}(\boldsymbol{u},\boldsymbol{s}))^{\mathrm{T}}\otimes\boldsymbol{I}_3)\left(\begin{bmatrix}\boldsymbol{O}_{3\times 3M}\\ \boldsymbol{I}_{3M}\end{bmatrix}-\frac{1}{M+1}(\boldsymbol{1}_{(M+1)\times M}\otimes\boldsymbol{I}_3)\right)\boldsymbol{\varepsilon}_{\mathrm{s}}=\boldsymbol{J}_2^{(2)}(\boldsymbol{u},\boldsymbol{s})\boldsymbol{\varepsilon}_{\mathrm{s}}\end{aligned}$$

（F.2.6）

将式（F.2.5）和式（F.2.6）代入式（F.2.4）中可得

$$\boldsymbol{W}^{(2)}(\boldsymbol{s})\Delta\boldsymbol{T}^{(2)}\begin{bmatrix}1\\ \boldsymbol{u}\end{bmatrix}\approx\boldsymbol{W}^{(2)}(\boldsymbol{s})\left(\boldsymbol{J}_1^{(2)}(\boldsymbol{u},\boldsymbol{s})-\boldsymbol{T}^{(2)}(\boldsymbol{s})\begin{bmatrix}\boldsymbol{n}_M^{\mathrm{T}}\boldsymbol{J}_1^{(2)}(\boldsymbol{u},\boldsymbol{s})\\ \boldsymbol{S}^{(2)\mathrm{T}}\boldsymbol{J}_1^{(2)}(\boldsymbol{u},\boldsymbol{s})+\boldsymbol{J}_2^{(2)}(\boldsymbol{u},\boldsymbol{s})\end{bmatrix}\right)\boldsymbol{\varepsilon}_{\mathrm{s}}$$

（F.2.7）

最后将式（F.2.3）和式（F.2.7）代入式（9.42）中可得

$$\begin{aligned}&\boldsymbol{\delta}_{\mathrm{ts}}^{(2)}\\ &\approx\boldsymbol{B}_{\mathrm{t}}^{(2)}(\boldsymbol{u},\boldsymbol{s})\boldsymbol{\varepsilon}_{\mathrm{t}}+\left(\boldsymbol{W}^{(2)}(\boldsymbol{s})\left(\boldsymbol{J}_1^{(2)}(\boldsymbol{u},\boldsymbol{s})-\boldsymbol{T}^{(2)}(\boldsymbol{s})\begin{bmatrix}\boldsymbol{n}_M^{\mathrm{T}}\boldsymbol{J}_1^{(2)}(\boldsymbol{u},\boldsymbol{s})\\ \boldsymbol{S}^{(2)\mathrm{T}}\boldsymbol{J}_1^{(2)}(\boldsymbol{u},\boldsymbol{s})+\boldsymbol{J}_2^{(2)}(\boldsymbol{u},\boldsymbol{s})\end{bmatrix}\right)-((\boldsymbol{L}_M\boldsymbol{\beta}^{(2)}(\boldsymbol{u},\boldsymbol{s}))^{\mathrm{T}}\otimes\boldsymbol{L}_M)\bar{\boldsymbol{S}}_{\mathrm{blk}}^{(2)}\right)\boldsymbol{\varepsilon}_{\mathrm{s}}\\ &=\boldsymbol{B}_{\mathrm{t}}^{(2)}(\boldsymbol{u},\boldsymbol{s})\boldsymbol{\varepsilon}_{\mathrm{t}}+\boldsymbol{B}_{\mathrm{s}}^{(2)}(\boldsymbol{u},\boldsymbol{s})\boldsymbol{\varepsilon}_{\mathrm{s}}\end{aligned}$$

（F.2.8）

式中，$\boldsymbol{B}_{\mathrm{s}}^{(2)}(\boldsymbol{u},\boldsymbol{s})$ 的表达式见式（9.47）中的第 2 式。

附录 F.3

首先根据式（9.64）可得

$$\boldsymbol{B}_{\mathrm{s}}^{(2)}(\boldsymbol{u},\boldsymbol{s}) = -\boldsymbol{B}_{\mathrm{t}}^{(2)}(\boldsymbol{u},\boldsymbol{s})\frac{\partial \boldsymbol{f}_{\mathrm{toa}}(\boldsymbol{u},\boldsymbol{s})}{\partial \boldsymbol{s}^{\mathrm{T}}} \tag{F.3.1}$$

将式（F.3.1）代入式（9.52）中可得

$$\begin{aligned}\boldsymbol{\Omega}_{\mathrm{ts}}^{(2)} &\approx \boldsymbol{B}_{\mathrm{t}}^{(2)}(\boldsymbol{u},\boldsymbol{s})\boldsymbol{E}_{\mathrm{t}}(\boldsymbol{B}_{\mathrm{t}}^{(2)}(\boldsymbol{u},\boldsymbol{s}))^{\mathrm{T}} + \boldsymbol{B}_{\mathrm{t}}^{(2)}(\boldsymbol{u},\boldsymbol{s})\frac{\partial \boldsymbol{f}_{\mathrm{toa}}(\boldsymbol{u},\boldsymbol{s})}{\partial \boldsymbol{s}^{\mathrm{T}}}\boldsymbol{E}_{\mathrm{s}}\left(\frac{\partial \boldsymbol{f}_{\mathrm{toa}}(\boldsymbol{u},\boldsymbol{s})}{\partial \boldsymbol{s}^{\mathrm{T}}}\right)^{\mathrm{T}}(\boldsymbol{B}_{\mathrm{t}}^{(2)}(\boldsymbol{u},\boldsymbol{s}))^{\mathrm{T}} \\ &= \boldsymbol{B}_{\mathrm{t}}^{(2)}(\boldsymbol{u},\boldsymbol{s})\left(\boldsymbol{E}_{\mathrm{t}} + \frac{\partial \boldsymbol{f}_{\mathrm{toa}}(\boldsymbol{u},\boldsymbol{s})}{\partial \boldsymbol{s}^{\mathrm{T}}}\boldsymbol{E}_{\mathrm{s}}\left(\frac{\partial \boldsymbol{f}_{\mathrm{toa}}(\boldsymbol{u},\boldsymbol{s})}{\partial \boldsymbol{s}^{\mathrm{T}}}\right)^{\mathrm{T}}\right)(\boldsymbol{B}_{\mathrm{t}}^{(2)}(\boldsymbol{u},\boldsymbol{s}))^{\mathrm{T}}\end{aligned} \tag{F.3.2}$$

由于 $\boldsymbol{E}_{\mathrm{t}} + \frac{\partial \boldsymbol{f}_{\mathrm{toa}}(\boldsymbol{u},\boldsymbol{s})}{\partial \boldsymbol{s}^{\mathrm{T}}}\boldsymbol{E}_{\mathrm{s}}\left(\frac{\partial \boldsymbol{f}_{\mathrm{toa}}(\boldsymbol{u},\boldsymbol{s})}{\partial \boldsymbol{s}^{\mathrm{T}}}\right)^{\mathrm{T}}$ 是正定矩阵，于是有

$$\mathrm{rank}[\boldsymbol{\Omega}_{\mathrm{ts}}^{(2)}] = \mathrm{rank}[\boldsymbol{B}_{\mathrm{t}}^{(2)}(\boldsymbol{u},\boldsymbol{s})] \leqslant M < M+1 \tag{F.3.3}$$

由式（F.3.3）可知，协方差矩阵 $\boldsymbol{\Omega}_{\mathrm{ts}}^{(2)}$ 是秩亏损的。

附录 G

附录 G.1

首先有

$$\Delta\boldsymbol{W}_{\mathrm{ts}}^{(1)}\boldsymbol{\beta}^{(1)}(\boldsymbol{g},\boldsymbol{s})=\mathrm{vec}(\Delta\boldsymbol{W}_{\mathrm{ts}}^{(1)}\boldsymbol{\beta}^{(1)}(\boldsymbol{g},\boldsymbol{s}))=((\boldsymbol{\beta}^{(1)}(\boldsymbol{g},\boldsymbol{s}))^{\mathrm{T}}\otimes\boldsymbol{I}_M)\mathrm{vec}(\Delta\boldsymbol{W}_{\mathrm{ts}}^{(1)}) \tag{G.1.1}$$

式中，第 2 个等号处的运算利用了命题 2.10。根据式（10.10）可知

$$\mathrm{vec}(\Delta\boldsymbol{W}_{\mathrm{ts}}^{(1)})\approx(\mathrm{diag}[\overline{\boldsymbol{\rho}}]\otimes\boldsymbol{1}_{M\times1}+\boldsymbol{1}_{M\times1}\otimes\mathrm{diag}[\overline{\boldsymbol{\rho}}]-\boldsymbol{I}_M\otimes\overline{\boldsymbol{\rho}}-\overline{\boldsymbol{\rho}}\otimes\boldsymbol{I}_M)\overline{\boldsymbol{I}}_{M-1}\boldsymbol{\varepsilon}_{\mathrm{t}}+\overline{\boldsymbol{S}}_{\mathrm{blk}}^{(1)}\boldsymbol{\varepsilon}_{\mathrm{s}} \tag{G.1.2}$$

将式（G.1.2）代入式（G.1.1）中，并利用命题 2.9 可得

$$\begin{aligned}
&\Delta\boldsymbol{W}_{\mathrm{ts}}^{(1)}\boldsymbol{\beta}^{(1)}(\boldsymbol{g},\boldsymbol{s})\\
&\approx\begin{pmatrix}((\boldsymbol{\beta}^{(1)}(\boldsymbol{g},\boldsymbol{s}))^{\mathrm{T}}\mathrm{diag}[\overline{\boldsymbol{\rho}}])\otimes\boldsymbol{1}_{M\times1}+((\boldsymbol{\beta}^{(1)}(\boldsymbol{g},\boldsymbol{s}))^{\mathrm{T}}\boldsymbol{1}_{M\times1})\otimes\mathrm{diag}[\overline{\boldsymbol{\rho}}]\\-((\boldsymbol{\beta}^{(1)}(\boldsymbol{g},\boldsymbol{s}))^{\mathrm{T}}\boldsymbol{I}_M)\otimes\overline{\boldsymbol{\rho}}-((\boldsymbol{\beta}^{(1)}(\boldsymbol{g},\boldsymbol{s}))^{\mathrm{T}}\overline{\boldsymbol{\rho}})\otimes\boldsymbol{I}_M\end{pmatrix}\overline{\boldsymbol{I}}_{M-1}\boldsymbol{\varepsilon}_{\mathrm{t}}\\
&\quad+((\boldsymbol{\beta}^{(1)}(\boldsymbol{g},\boldsymbol{s}))^{\mathrm{T}}\otimes\boldsymbol{I}_M)\overline{\boldsymbol{S}}_{\mathrm{blk}}^{(1)}\boldsymbol{\varepsilon}_{\mathrm{s}}\\
&=\begin{pmatrix}(\boldsymbol{\beta}^{(1)}(\boldsymbol{g},\boldsymbol{s})\odot\overline{\boldsymbol{\rho}})^{\mathrm{T}}\otimes\boldsymbol{1}_{M\times1}+((\boldsymbol{\beta}^{(1)}(\boldsymbol{g},\boldsymbol{s}))^{\mathrm{T}}\boldsymbol{1}_{M\times1})\mathrm{diag}[\overline{\boldsymbol{\rho}}]\\-(\boldsymbol{\beta}^{(1)}(\boldsymbol{g},\boldsymbol{s}))^{\mathrm{T}}\otimes\overline{\boldsymbol{\rho}}-((\boldsymbol{\beta}^{(1)}(\boldsymbol{g},\boldsymbol{s}))^{\mathrm{T}}\overline{\boldsymbol{\rho}})\boldsymbol{I}_M\end{pmatrix}\overline{\boldsymbol{I}}_{M-1}\boldsymbol{\varepsilon}_{\mathrm{t}}+\boldsymbol{B}_{\mathrm{s1}}^{(1)}(\boldsymbol{g},\boldsymbol{s})\boldsymbol{\varepsilon}_{\mathrm{s}}\\
&=\begin{pmatrix}\boldsymbol{1}_{M\times1}(\boldsymbol{\beta}^{(1)}(\boldsymbol{g},\boldsymbol{s})\odot\overline{\boldsymbol{\rho}})^{\mathrm{T}}+((\boldsymbol{\beta}^{(1)}(\boldsymbol{g},\boldsymbol{s}))^{\mathrm{T}}\boldsymbol{1}_{M\times1})\mathrm{diag}[\overline{\boldsymbol{\rho}}]\\-\overline{\boldsymbol{\rho}}(\boldsymbol{\beta}^{(1)}(\boldsymbol{g},\boldsymbol{s}))^{\mathrm{T}}-((\boldsymbol{\beta}^{(1)}(\boldsymbol{g},\boldsymbol{s}))^{\mathrm{T}}\overline{\boldsymbol{\rho}})\boldsymbol{I}_M\end{pmatrix}\overline{\boldsymbol{I}}_{M-1}\boldsymbol{\varepsilon}_{\mathrm{t}}+\boldsymbol{B}_{\mathrm{s1}}^{(1)}(\boldsymbol{g},\boldsymbol{s})\boldsymbol{\varepsilon}_{\mathrm{s}}\\
&=\boldsymbol{B}_{\mathrm{t1}}^{(1)}(\boldsymbol{g},\boldsymbol{s})\boldsymbol{\varepsilon}_{\mathrm{t}}+\boldsymbol{B}_{\mathrm{s1}}^{(1)}(\boldsymbol{g},\boldsymbol{s})\boldsymbol{\varepsilon}_{\mathrm{s}}
\end{aligned} \tag{G.1.3}$$

式中，$\boldsymbol{B}_{\mathrm{t1}}^{(1)}(\boldsymbol{g},\boldsymbol{s})$ 和 $\boldsymbol{B}_{\mathrm{s1}}^{(1)}(\boldsymbol{g},\boldsymbol{s})$ 的表达式分别见式（10.15）中的第 1 式和第 2 式。

另一方面，根据式（10.11）可知

$$\begin{aligned}&\boldsymbol{W}^{(1)}(\boldsymbol{s})\Delta\boldsymbol{T}_{\mathrm{ts}}^{(1)}\begin{bmatrix}1\\ \boldsymbol{g}\end{bmatrix}\\ &\approx\boldsymbol{W}^{(1)}(\boldsymbol{s})\left([\boldsymbol{O}_{M\times1}\ \ \Delta\boldsymbol{G}_{\mathrm{ts}}^{(1)}]\begin{bmatrix}\alpha_1^{(1)}(\boldsymbol{g},\boldsymbol{s})\\ \boldsymbol{\alpha}_2^{(1)}(\boldsymbol{g},\boldsymbol{s})\end{bmatrix}-\boldsymbol{T}^{(1)}(\boldsymbol{s})\begin{bmatrix}0 & \boldsymbol{1}_{M\times1}^{\mathrm{T}}\Delta\boldsymbol{G}_{\mathrm{ts}}^{(1)}\\ (\Delta\boldsymbol{G}_{\mathrm{ts}}^{(1)})^{\mathrm{T}}\boldsymbol{1}_{M\times1} & (\boldsymbol{G}^{(1)}(\boldsymbol{s}))^{\mathrm{T}}\Delta\boldsymbol{G}_{\mathrm{ts}}^{(1)}+(\Delta\boldsymbol{G}_{\mathrm{ts}}^{(1)})^{\mathrm{T}}\boldsymbol{G}^{(1)}(\boldsymbol{s})\end{bmatrix}\begin{bmatrix}\alpha_1^{(1)}(\boldsymbol{g},\boldsymbol{s})\\ \boldsymbol{\alpha}_2^{(1)}(\boldsymbol{g},\boldsymbol{s})\end{bmatrix}\right)\\ &=\boldsymbol{W}^{(1)}(\boldsymbol{s})\left(\Delta\boldsymbol{G}_{\mathrm{ts}}^{(1)}\boldsymbol{\alpha}_2^{(1)}(\boldsymbol{g},\boldsymbol{s})-\boldsymbol{T}^{(1)}(\boldsymbol{s})\begin{bmatrix}\boldsymbol{1}_{M\times1}^{\mathrm{T}}\Delta\boldsymbol{G}_{\mathrm{ts}}^{(1)}\boldsymbol{\alpha}_2^{(1)}(\boldsymbol{g},\boldsymbol{s})\\ (\boldsymbol{G}^{(1)}(\boldsymbol{s}))^{\mathrm{T}}\Delta\boldsymbol{G}_{\mathrm{ts}}^{(1)}\boldsymbol{\alpha}_2^{(1)}(\boldsymbol{g},\boldsymbol{s})+(\Delta\boldsymbol{G}_{\mathrm{ts}}^{(1)})^{\mathrm{T}}[\boldsymbol{1}_{M\times1}\ \ \boldsymbol{G}^{(1)}(\boldsymbol{s})]\boldsymbol{\alpha}^{(1)}(\boldsymbol{g},\boldsymbol{s})\end{bmatrix}\right)\end{aligned}\tag{G.1.4}$$

然后由式（10.12）可得

$$\begin{aligned}\Delta\boldsymbol{G}_{\mathrm{ts}}^{(1)}\boldsymbol{\alpha}_2^{(1)}(\boldsymbol{g},\boldsymbol{s})&=<\boldsymbol{\alpha}_2^{(1)}(\boldsymbol{g},\boldsymbol{s})>_4\overline{\boldsymbol{I}}_{M-1}\boldsymbol{\varepsilon}_{\mathrm{t}}+(\boldsymbol{I}_M\otimes([\boldsymbol{I}_3\ \ \boldsymbol{O}_{3\times1}]\boldsymbol{\alpha}_2^{(1)}(\boldsymbol{g},\boldsymbol{s}))^{\mathrm{T}})\boldsymbol{\varepsilon}_{\mathrm{s}}\\ &=\boldsymbol{J}_{\mathrm{t1}}^{(1)}(\boldsymbol{g},\boldsymbol{s})\boldsymbol{\varepsilon}_{\mathrm{t}}+\boldsymbol{J}_{\mathrm{s1}}^{(1)}(\boldsymbol{g},\boldsymbol{s})\boldsymbol{\varepsilon}_{\mathrm{s}}\end{aligned}\tag{G.1.5}$$

$$\begin{aligned}&(\Delta\boldsymbol{G}_{\mathrm{ts}}^{(1)})^{\mathrm{T}}[\boldsymbol{1}_{M\times1}\ \ \boldsymbol{G}^{(1)}(\boldsymbol{s})]\boldsymbol{\alpha}^{(1)}(\boldsymbol{g},\boldsymbol{s})\\ &=\begin{bmatrix}\boldsymbol{O}_{3\times M}\\ ([\boldsymbol{1}_{M\times1}\ \ \boldsymbol{G}^{(1)}]\boldsymbol{\alpha}^{(1)}(\boldsymbol{g},\boldsymbol{s}))^{\mathrm{T}}\end{bmatrix}\overline{\boldsymbol{I}}_{M-1}\boldsymbol{\varepsilon}_{\mathrm{t}}+\begin{bmatrix}([\boldsymbol{1}_{M\times1}\ \ \boldsymbol{G}^{(1)}(\boldsymbol{s})]\boldsymbol{\alpha}^{(1)}(\boldsymbol{g},\boldsymbol{s}))^{\mathrm{T}}\otimes\boldsymbol{I}_3\\ \boldsymbol{O}_{1\times3M}\end{bmatrix}\boldsymbol{\varepsilon}_{\mathrm{s}}\\ &=\boldsymbol{J}_{\mathrm{t2}}^{(1)}(\boldsymbol{g},\boldsymbol{s})\boldsymbol{\varepsilon}_{\mathrm{t}}+\boldsymbol{J}_{\mathrm{s2}}^{(1)}(\boldsymbol{g},\boldsymbol{s})\boldsymbol{\varepsilon}_{\mathrm{s}}\end{aligned}\tag{G.1.6}$$

将式（G.1.5）和式（G.1.6）代入式（G.1.4）中可得

$$\begin{aligned}&\boldsymbol{W}^{(1)}(\boldsymbol{s})\Delta\boldsymbol{T}_{\mathrm{ts}}^{(1)}\begin{bmatrix}1\\ \boldsymbol{g}\end{bmatrix}\\ &\approx\boldsymbol{W}^{(1)}(\boldsymbol{s})\left(\boldsymbol{J}_{\mathrm{t1}}^{(1)}(\boldsymbol{g},\boldsymbol{s})-\boldsymbol{T}^{(1)}(\boldsymbol{s})\begin{bmatrix}\boldsymbol{1}_{M\times1}^{\mathrm{T}}\boldsymbol{J}_{\mathrm{t1}}^{(1)}(\boldsymbol{g},\boldsymbol{s})\\ (\boldsymbol{G}^{(1)}(\boldsymbol{s}))^{\mathrm{T}}\boldsymbol{J}_{\mathrm{t1}}^{(1)}(\boldsymbol{g},\boldsymbol{s})+\boldsymbol{J}_{\mathrm{t2}}^{(1)}(\boldsymbol{g},\boldsymbol{s})\end{bmatrix}\right)\boldsymbol{\varepsilon}_{\mathrm{t}}\\ &\quad+\boldsymbol{W}^{(1)}(\boldsymbol{s})\left(\boldsymbol{J}_{\mathrm{s1}}^{(1)}(\boldsymbol{g},\boldsymbol{s})-\boldsymbol{T}^{(1)}(\boldsymbol{s})\begin{bmatrix}\boldsymbol{1}_{M\times1}^{\mathrm{T}}\boldsymbol{J}_{\mathrm{s1}}^{(1)}(\boldsymbol{g},\boldsymbol{s})\\ (\boldsymbol{G}^{(1)}(\boldsymbol{s}))^{\mathrm{T}}\boldsymbol{J}_{\mathrm{s1}}^{(1)}(\boldsymbol{g},\boldsymbol{s})+\boldsymbol{J}_{\mathrm{s2}}^{(1)}(\boldsymbol{g},\boldsymbol{s})\end{bmatrix}\right)\boldsymbol{\varepsilon}_{\mathrm{s}}\\ &=\boldsymbol{B}_{\mathrm{t2}}^{(1)}(\boldsymbol{g},\boldsymbol{s})\boldsymbol{\varepsilon}_{\mathrm{t}}+\boldsymbol{B}_{\mathrm{s2}}^{(1)}(\boldsymbol{g},\boldsymbol{s})\boldsymbol{\varepsilon}_{\mathrm{s}}\end{aligned}\tag{G.1.7}$$

式中，$\boldsymbol{B}_{\mathrm{t2}}^{(1)}(\boldsymbol{g},\boldsymbol{s})$ 和 $\boldsymbol{B}_{\mathrm{s2}}^{(1)}(\boldsymbol{g},\boldsymbol{s})$ 的表达式分别见式（10.16）中的第 1 式和第 2 式。最后将式（G.1.3）和式（G.1.7）代入式（10.9）中可知式（10.13）成立。

附录 G.2

首先将式（10.25）中的目标函数记为

$$\begin{aligned}f_{\mathrm{cost}}(\boldsymbol{g},\boldsymbol{\varepsilon}_{\mathrm{t}},\boldsymbol{\varepsilon}_{\mathrm{s}})=&(\hat{\boldsymbol{W}}^{(1)}(\hat{\boldsymbol{s}})\hat{\boldsymbol{T}}_2^{(1)}(\hat{\boldsymbol{s}})\boldsymbol{g}+\hat{\boldsymbol{W}}^{(1)}(\hat{\boldsymbol{s}})\hat{\boldsymbol{t}}_1^{(1)}(\hat{\boldsymbol{s}}))^{\mathrm{T}}\boldsymbol{H}_1^{(1)}(\hat{\boldsymbol{s}})(\overline{\boldsymbol{\Omega}}_{\mathrm{t}}^{(1)})^{-1}\\ &\times(\boldsymbol{H}_1^{(1)}(\hat{\boldsymbol{s}}))^{\mathrm{T}}(\hat{\boldsymbol{W}}^{(1)}(\hat{\boldsymbol{s}})\hat{\boldsymbol{T}}_2^{(1)}(\hat{\boldsymbol{s}})\boldsymbol{g}+\hat{\boldsymbol{W}}^{(1)}(\hat{\boldsymbol{s}})\hat{\boldsymbol{t}}_1^{(1)}(\hat{\boldsymbol{s}}))\end{aligned}\tag{G.2.1}$$

该函数关于向量 $\boldsymbol{g}$ 的梯度向量为

$$\frac{\partial f_{\text{cost}}(\boldsymbol{g},\boldsymbol{\varepsilon}_{\text{t}},\boldsymbol{\varepsilon}_{\text{s}})}{\partial \boldsymbol{g}}=2(\hat{\boldsymbol{T}}_2^{(1)}(\hat{\boldsymbol{s}}))^{\text{T}}(\hat{\boldsymbol{W}}^{(1)}(\hat{\boldsymbol{s}}))^{\text{T}}\boldsymbol{H}_1^{(1)}(\hat{\boldsymbol{s}})(\bar{\boldsymbol{\Omega}}_{\text{t}}^{(1)})^{-1}(\boldsymbol{H}_1^{(1)}(\hat{\boldsymbol{s}}))^{\text{T}} \times(\hat{\boldsymbol{W}}^{(1)}(\hat{\boldsymbol{s}})\hat{\boldsymbol{T}}_2^{(1)}(\hat{\boldsymbol{s}})\boldsymbol{g}+\hat{\boldsymbol{W}}^{(1)}(\hat{\boldsymbol{s}})\hat{\boldsymbol{t}}_1^{(1)}(\hat{\boldsymbol{s}})) \tag{G.2.2}$$

由式（G.2.2）可以进一步推得

$$\left.\frac{\partial^2 f_{\text{cost}}(\boldsymbol{g},\boldsymbol{\varepsilon}_{\text{t}},\boldsymbol{\varepsilon}_{\text{s}})}{\partial \boldsymbol{g}\partial \boldsymbol{g}^{\text{T}}}\right|_{\substack{\boldsymbol{\varepsilon}_{\text{t}}=\boldsymbol{O}_{(M-1)\times 1}\\ \boldsymbol{\varepsilon}_{\text{s}}=\boldsymbol{O}_{3M\times 1}}}=2(\boldsymbol{T}_2^{(1)}(\boldsymbol{s}))^{\text{T}}(\boldsymbol{W}^{(1)}(\boldsymbol{s}))^{\text{T}}\boldsymbol{H}_1^{(1)}(\boldsymbol{s}) \times(\bar{\boldsymbol{\Omega}}_{\text{t}}^{(1)})^{-1}(\boldsymbol{H}_1^{(1)}(\boldsymbol{s}))^{\text{T}}\boldsymbol{W}^{(1)}(\boldsymbol{s})\boldsymbol{T}_2^{(1)}(\boldsymbol{s}) \tag{G.2.3}$$

$$\left.\frac{\partial^2 f_{\text{cost}}(\boldsymbol{g},\boldsymbol{\varepsilon}_{\text{t}},\boldsymbol{\varepsilon}_{\text{s}})}{\partial \boldsymbol{g}\partial \boldsymbol{\varepsilon}_{\text{t}}^{\text{T}}}\right|_{\substack{\boldsymbol{\varepsilon}_{\text{t}}=\boldsymbol{O}_{(M-1)\times 1}\\ \boldsymbol{\varepsilon}_{\text{s}}=\boldsymbol{O}_{3M\times 1}}}=2(\boldsymbol{T}_2^{(1)}(\boldsymbol{s}))^{\text{T}}(\boldsymbol{W}^{(1)}(\boldsymbol{s}))^{\text{T}}\boldsymbol{H}_1^{(1)}(\boldsymbol{s}) \times(\bar{\boldsymbol{\Omega}}_{\text{t}}^{(1)})^{-1}(\boldsymbol{H}_1^{(1)}(\boldsymbol{s}))^{\text{T}}\boldsymbol{B}_{\text{t}}^{(1)}(\boldsymbol{g},\boldsymbol{s}) \tag{G.2.4}$$

$$\left.\frac{\partial^2 f_{\text{cost}}(\boldsymbol{g},\boldsymbol{\varepsilon}_{\text{t}},\boldsymbol{\varepsilon}_{\text{s}})}{\partial \boldsymbol{g}\partial \boldsymbol{\varepsilon}_{\text{s}}^{\text{T}}}\right|_{\substack{\boldsymbol{\varepsilon}_{\text{t}}=\boldsymbol{O}_{(M-1)\times 1}\\ \boldsymbol{\varepsilon}_{\text{s}}=\boldsymbol{O}_{3M\times 1}}}=2(\boldsymbol{T}_2^{(1)}(\boldsymbol{s}))^{\text{T}}(\boldsymbol{W}^{(1)}(\boldsymbol{s}))^{\text{T}}\boldsymbol{H}_1^{(1)}(\boldsymbol{s}) \times(\bar{\boldsymbol{\Omega}}_{\text{t}}^{(1)})^{-1}(\boldsymbol{H}_1^{(1)}(\boldsymbol{s}))^{\text{T}}\boldsymbol{B}_{\text{s}}^{(1)}(\boldsymbol{g},\boldsymbol{s}) \tag{G.2.5}$$

结合式（G.2.3）～式（G.2.5）及式（2.91）可知，在一阶误差分析框架下，误差向量$\Delta\boldsymbol{g}_{\text{e}}^{(1)}$近似为如下约束优化问题的最优解①：

$$\begin{cases}\min\limits_{\Delta\boldsymbol{g}}\begin{Bmatrix}(\Delta\boldsymbol{g})^{\text{T}}(\boldsymbol{T}_2^{(1)}(\boldsymbol{s}))^{\text{T}}(\boldsymbol{W}^{(1)}(\boldsymbol{s}))^{\text{T}}\boldsymbol{H}_1^{(1)}(\boldsymbol{s})(\bar{\boldsymbol{\Omega}}_{\text{t}}^{(1)})^{-1}(\boldsymbol{H}_1^{(1)}(\boldsymbol{s}))^{\text{T}}\boldsymbol{W}^{(1)}(\boldsymbol{s})\boldsymbol{T}_2^{(1)}(\boldsymbol{s})\Delta\boldsymbol{g}\\ +2(\Delta\boldsymbol{g})^{\text{T}}(\boldsymbol{T}_2^{(1)}(\boldsymbol{s}))^{\text{T}}(\boldsymbol{W}^{(1)}(\boldsymbol{s}))^{\text{T}}\boldsymbol{H}_1^{(1)}(\boldsymbol{s})(\bar{\boldsymbol{\Omega}}_{\text{t}}^{(1)})^{-1}(\boldsymbol{H}_1^{(1)}(\boldsymbol{s}))^{\text{T}}\boldsymbol{B}_{\text{t}}^{(1)}(\boldsymbol{g},\boldsymbol{s})\boldsymbol{\varepsilon}_{\text{t}}\\ +2(\Delta\boldsymbol{g})^{\text{T}}(\boldsymbol{T}_2^{(1)}(\boldsymbol{s}))^{\text{T}}(\boldsymbol{W}^{(1)}(\boldsymbol{s}))^{\text{T}}\boldsymbol{H}_1^{(1)}(\boldsymbol{s})(\bar{\boldsymbol{\Omega}}_{\text{t}}^{(1)})^{-1}(\boldsymbol{H}_1^{(1)}(\boldsymbol{s}))^{\text{T}}\boldsymbol{B}_{\text{s}}^{(1)}(\boldsymbol{g},\boldsymbol{s})\boldsymbol{\varepsilon}_{\text{s}}\end{Bmatrix}\\ \text{s.t. } \boldsymbol{\psi}_1^{\text{T}}\Delta\boldsymbol{g}+\boldsymbol{\psi}_2^{\text{T}}\boldsymbol{\varepsilon}_{\text{s}}=0\end{cases} \tag{G.2.6}$$

显然，式（G.2.6）与式（10.26）相互等价。

附录 G.3

根据 2.2 节中的讨论可知，式（10.26）对应的拉格朗日函数为

① 式（G.2.6）与式（2.91）稍有不同，其原因在于式（10.25）中的等式约束含有观测误差，这会使得式（G.2.6）中的等式约束包含观测误差的一阶项。

$$L(\Delta\boldsymbol{g},\lambda)=(\boldsymbol{W}^{(1)}(\boldsymbol{s})\boldsymbol{T}_2^{(1)}(\boldsymbol{s})\Delta\boldsymbol{g}+\boldsymbol{B}_{\rm t}^{(1)}(\boldsymbol{g},\boldsymbol{s})\boldsymbol{\varepsilon}_{\rm t}+\boldsymbol{B}_{\rm s}^{(1)}(\boldsymbol{g},\boldsymbol{s})\boldsymbol{\varepsilon}_{\rm s})^{\rm T}\boldsymbol{H}_1^{(1)}(\boldsymbol{s})(\bar{\boldsymbol{\Omega}}_{\rm t}^{(1)})^{-1}(\boldsymbol{H}_1^{(1)}(\boldsymbol{s}))^{\rm T}\times(\boldsymbol{W}^{(1)}(\boldsymbol{s})\boldsymbol{T}_2^{(1)}(\boldsymbol{s})\Delta\boldsymbol{g}+\boldsymbol{B}_{\rm t}^{(1)}(\boldsymbol{g},\boldsymbol{s})\boldsymbol{\varepsilon}_{\rm t}+\boldsymbol{B}_{\rm s}^{(1)}(\boldsymbol{g},\boldsymbol{s})\boldsymbol{\varepsilon}_{\rm s})+\lambda((\Delta\boldsymbol{g})^{\rm T}\boldsymbol{\psi}_1+\boldsymbol{\varepsilon}_{\rm s}^{\rm T}\boldsymbol{\psi}_2) \tag{G.3.1}$$

由式（2.59）可知，式（10.26）的最优解 $\Delta\boldsymbol{g}_{\rm opt}$ 和 $\boldsymbol{\lambda}_{\rm opt}$ 应满足如下等式

$$\left.\frac{\partial L(\Delta\boldsymbol{g},\lambda)}{\partial\Delta\boldsymbol{g}}\right|_{\substack{\Delta\boldsymbol{g}=\Delta\boldsymbol{g}_{\rm opt}\\ \lambda=\lambda_{\rm opt}}}=2(\boldsymbol{T}_2^{(1)}(\boldsymbol{s}))^{\rm T}(\boldsymbol{W}^{(1)}(\boldsymbol{s}))^{\rm T}\boldsymbol{H}_1^{(1)}(\boldsymbol{s})(\bar{\boldsymbol{\Omega}}_{\rm t}^{(1)})^{-1}(\boldsymbol{H}_1^{(1)}(\boldsymbol{s}))^{\rm T}\times(\boldsymbol{W}^{(1)}(\boldsymbol{s})\boldsymbol{T}_2^{(1)}(\boldsymbol{s})\Delta\boldsymbol{g}_{\rm opt}+\boldsymbol{B}_{\rm t}^{(1)}(\boldsymbol{g},\boldsymbol{s})\boldsymbol{\varepsilon}_{\rm t}+\boldsymbol{B}_{\rm s}^{(1)}(\boldsymbol{g},\boldsymbol{s})\boldsymbol{\varepsilon}_{\rm s})+\boldsymbol{\psi}_1\lambda_{\rm opt}=\boldsymbol{O}_{4\times1} \tag{G.3.2}$$

$$\left.\frac{\partial L(\Delta\boldsymbol{g},\lambda)}{\partial\lambda}\right|_{\substack{\Delta\boldsymbol{g}=\Delta\boldsymbol{g}_{\rm opt}\\ \lambda=\lambda_{\rm opt}}}=(\Delta\boldsymbol{g}_{\rm opt})^{\rm T}\boldsymbol{\psi}_1+\boldsymbol{\varepsilon}_{\rm s}^{\rm T}\boldsymbol{\psi}_2=0 \tag{G.3.3}$$

由式（G.3.2）可得

$$\Delta\boldsymbol{g}_{\rm opt}=-(\boldsymbol{\Phi}_{\rm t}^{(1)}(\boldsymbol{s}))^{-1}\left(\boldsymbol{\Psi}_{\rm t}^{(1)}(\boldsymbol{s})(\boldsymbol{B}_{\rm t}^{(1)}(\boldsymbol{g},\boldsymbol{s})\boldsymbol{\varepsilon}_{\rm t}+\boldsymbol{B}_{\rm s}^{(1)}(\boldsymbol{g},\boldsymbol{s})\boldsymbol{\varepsilon}_{\rm s})+\frac{1}{2}\boldsymbol{\psi}_1\lambda_{\rm opt}\right) \tag{G.3.4}$$

将式（G.3.4）代入式（G.3.3）中可得

$$\lambda_{\rm opt}=-\frac{2\boldsymbol{\psi}_1^{\rm T}(\boldsymbol{\Phi}_{\rm t}^{(1)}(\boldsymbol{s}))^{-1}\boldsymbol{\Psi}_{\rm t}^{(1)}(\boldsymbol{s})(\boldsymbol{B}_{\rm t}^{(1)}(\boldsymbol{g},\boldsymbol{s})\boldsymbol{\varepsilon}_{\rm t}+\boldsymbol{B}_{\rm s}^{(1)}(\boldsymbol{g},\boldsymbol{s})\boldsymbol{\varepsilon}_{\rm s})}{\boldsymbol{\psi}_1^{\rm T}(\boldsymbol{\Phi}_{\rm t}^{(1)}(\boldsymbol{s}))^{-1}\boldsymbol{\psi}_1}+\frac{2\boldsymbol{\varepsilon}_{\rm s}^{\rm T}\boldsymbol{\psi}_2}{\boldsymbol{\psi}_1^{\rm T}(\boldsymbol{\Phi}_{\rm t}^{(1)}(\boldsymbol{s}))^{-1}\boldsymbol{\psi}_1} \tag{G.3.5}$$

最后将式（G.3.5）代入式（G.3.4）中可得

$$\Delta\boldsymbol{g}_{\rm opt}=-\left(\boldsymbol{I}_4-\frac{(\boldsymbol{\Phi}_{\rm t}^{(1)}(\boldsymbol{s}))^{-1}\boldsymbol{\psi}_1\boldsymbol{\psi}_1^{\rm T}}{\boldsymbol{\psi}_1^{\rm T}(\boldsymbol{\Phi}_{\rm t}^{(1)}(\boldsymbol{s}))^{-1}\boldsymbol{\psi}_1}\right)(\boldsymbol{\Phi}_{\rm t}^{(1)}(\boldsymbol{s}))^{-1}\boldsymbol{\Psi}_{\rm t}^{(1)}(\boldsymbol{s})(\boldsymbol{B}_{\rm t}^{(1)}(\boldsymbol{g},\boldsymbol{s})\boldsymbol{\varepsilon}_{\rm t}+\boldsymbol{B}_{\rm s}^{(1)}(\boldsymbol{g},\boldsymbol{s})\boldsymbol{\varepsilon}_{\rm s})-\frac{(\boldsymbol{\Phi}_{\rm t}^{(1)}(\boldsymbol{s}))^{-1}\boldsymbol{\psi}_1\boldsymbol{\psi}_2^{\rm T}\boldsymbol{\varepsilon}_{\rm s}}{\boldsymbol{\psi}_1^{\rm T}(\boldsymbol{\Phi}_{\rm t}^{(1)}(\boldsymbol{s}))^{-1}\boldsymbol{\psi}_1} \tag{G.3.6}$$

由式（G.3.6）可知式（10.27）成立。

附录 G.4

首先基于式（10.34）可知

$$\begin{aligned}&\mathbf{CRB}_{\text{tdoa-p}}(\boldsymbol{u})\left(\frac{\partial \boldsymbol{g}}{\partial \boldsymbol{u}^{\mathrm{T}}}\right)^{\mathrm{T}}\\&=[\boldsymbol{I}_3\ \ \boldsymbol{O}_{3\times 1}]\left[(\boldsymbol{\Phi}_{\mathrm{t}}^{(1)}(\boldsymbol{s}))^{-1}-\frac{(\boldsymbol{\Phi}_{\mathrm{t}}^{(1)}(\boldsymbol{s}))^{-1}\boldsymbol{\psi}_1\boldsymbol{\psi}_1^{\mathrm{T}}(\boldsymbol{\Phi}_{\mathrm{t}}^{(1)}(\boldsymbol{s}))^{-1}}{\boldsymbol{\psi}_1^{\mathrm{T}}(\boldsymbol{\Phi}_{\mathrm{t}}^{(1)}(\boldsymbol{s}))^{-1}\boldsymbol{\psi}_1}\right]\begin{bmatrix}\left(\dfrac{\partial \boldsymbol{g}}{\partial \boldsymbol{u}^{\mathrm{T}}}\right)^{\mathrm{T}}\\ \boldsymbol{O}_{1\times 4}\end{bmatrix}\end{aligned} \tag{G.4.1}$$

然后将式（10.30）中的第 1 式代入式（G.4.1）中可得

$$\begin{aligned}&\mathbf{CRB}_{\text{tdoa-p}}(\boldsymbol{u})\left(\frac{\partial \boldsymbol{g}}{\partial \boldsymbol{u}^{\mathrm{T}}}\right)^{\mathrm{T}}\\&=[\boldsymbol{I}_3\ \ \boldsymbol{O}_{3\times 1}]\left[(\boldsymbol{\Phi}_{\mathrm{t}}^{(1)}(\boldsymbol{s}))^{-1}-\frac{(\boldsymbol{\Phi}_{\mathrm{t}}^{(1)}(\boldsymbol{s}))^{-1}\boldsymbol{\psi}_1\boldsymbol{\psi}_1^{\mathrm{T}}(\boldsymbol{\Phi}_{\mathrm{t}}^{(1)}(\boldsymbol{s}))^{-1}}{\boldsymbol{\psi}_1^{\mathrm{T}}(\boldsymbol{\Phi}_{\mathrm{t}}^{(1)}(\boldsymbol{s}))^{-1}\boldsymbol{\psi}_1}\right]\begin{bmatrix}\boldsymbol{I}_3 & \dfrac{\boldsymbol{s}_1-\boldsymbol{u}}{\|\boldsymbol{u}-\boldsymbol{s}_1\|_2}\\ \boldsymbol{O}_{1\times 3} & 0\end{bmatrix}\end{aligned} \tag{G.4.2}$$

此外，利用式（10.30）中的第 1 式可知，$\dfrac{\partial \boldsymbol{g}}{\partial \boldsymbol{u}^{\mathrm{T}}}\in \mathbf{R}^{4\times 3}$ 为列满秩矩阵，并且其满足

$$\left(\frac{\partial \boldsymbol{g}}{\partial \boldsymbol{u}^{\mathrm{T}}}\right)^{\mathrm{T}}\begin{bmatrix}\dfrac{\boldsymbol{s}_1-\boldsymbol{u}}{\|\boldsymbol{u}-\boldsymbol{s}_1\|_2}\\ -1\end{bmatrix}=\frac{\boldsymbol{s}_1-\boldsymbol{u}}{\|\boldsymbol{u}-\boldsymbol{s}_1\|_2}-\frac{\boldsymbol{s}_1-\boldsymbol{u}}{\|\boldsymbol{u}-\boldsymbol{s}_1\|_2}=\boldsymbol{O}_{3\times 1} \tag{G.4.3}$$

结合式（G.4.3）和式（10.29）中的第 1 式可得

$$\text{range}\{\boldsymbol{\psi}_1\}=\text{range}\left\{\begin{bmatrix}\dfrac{\boldsymbol{s}_1-\boldsymbol{u}}{\|\boldsymbol{u}-\boldsymbol{s}_1\|_2}\\ -1\end{bmatrix}\right\} \tag{G.4.4}$$

由式（G.4.4）可知

$$\begin{aligned}\boldsymbol{O}_{4\times 1}&=\left[(\boldsymbol{\Phi}_{\mathrm{t}}^{(1)}(\boldsymbol{s}))^{-1}-\frac{(\boldsymbol{\Phi}_{\mathrm{t}}^{(1)}(\boldsymbol{s}))^{-1}\boldsymbol{\psi}_1\boldsymbol{\psi}_1^{\mathrm{T}}(\boldsymbol{\Phi}_{\mathrm{t}}^{(1)}(\boldsymbol{s}))^{-1}}{\boldsymbol{\psi}_1^{\mathrm{T}}(\boldsymbol{\Phi}_{\mathrm{t}}^{(1)}(\boldsymbol{s}))^{-1}\boldsymbol{\psi}_1}\right]\boldsymbol{\psi}_1\\&=\left[(\boldsymbol{\Phi}_{\mathrm{t}}^{(1)}(\boldsymbol{s}))^{-1}-\frac{(\boldsymbol{\Phi}_{\mathrm{t}}^{(1)}(\boldsymbol{s}))^{-1}\boldsymbol{\psi}_1\boldsymbol{\psi}_1^{\mathrm{T}}(\boldsymbol{\Phi}_{\mathrm{t}}^{(1)}(\boldsymbol{s}))^{-1}}{\boldsymbol{\psi}_1^{\mathrm{T}}(\boldsymbol{\Phi}_{\mathrm{t}}^{(1)}(\boldsymbol{s}))^{-1}\boldsymbol{\psi}_1}\right]\begin{bmatrix}\dfrac{\boldsymbol{s}_1-\boldsymbol{u}}{\|\boldsymbol{u}-\boldsymbol{s}_1\|_2}\\ -1\end{bmatrix}\\\Rightarrow&\left[(\boldsymbol{\Phi}_{\mathrm{t}}^{(1)}(\boldsymbol{s}))^{-1}-\frac{(\boldsymbol{\Phi}_{\mathrm{t}}^{(1)}(\boldsymbol{s}))^{-1}\boldsymbol{\psi}_1\boldsymbol{\psi}_1^{\mathrm{T}}(\boldsymbol{\Phi}_{\mathrm{t}}^{(1)}(\boldsymbol{s}))^{-1}}{\boldsymbol{\psi}_1^{\mathrm{T}}(\boldsymbol{\Phi}_{\mathrm{t}}^{(1)}(\boldsymbol{s}))^{-1}\boldsymbol{\psi}_1}\right]\begin{bmatrix}\dfrac{\boldsymbol{s}_1-\boldsymbol{u}}{\|\boldsymbol{u}-\boldsymbol{s}_1\|_2}\\ 0\end{bmatrix}\\&=\left[(\boldsymbol{\Phi}_{\mathrm{t}}^{(1)}(\boldsymbol{s}))^{-1}-\frac{(\boldsymbol{\Phi}_{\mathrm{t}}^{(1)}(\boldsymbol{s}))^{-1}\boldsymbol{\psi}_1\boldsymbol{\psi}_1^{\mathrm{T}}(\boldsymbol{\Phi}_{\mathrm{t}}^{(1)}(\boldsymbol{s}))^{-1}}{\boldsymbol{\psi}_1^{\mathrm{T}}(\boldsymbol{\Phi}_{\mathrm{t}}^{(1)}(\boldsymbol{s}))^{-1}\boldsymbol{\psi}_1}\right]\begin{bmatrix}\boldsymbol{O}_{3\times 1}\\ 1\end{bmatrix}\end{aligned} \tag{G.4.5}$$

将式（G.4.5）代入式（G.4.2）中可知式（10.36）成立。

附录 G.5

根据式（10.54）和命题 2.3 可知

$$
\begin{aligned}
&(\tilde{\boldsymbol{\Omega}}_{\mathrm{ts}}^{(1)})^{-1}\\
&=\left[\begin{array}{c:c}
[(\boldsymbol{H}_1^{(1)}(\boldsymbol{s}))^{\mathrm{T}}\boldsymbol{B}_{\mathrm{t}}^{(1)}(\boldsymbol{g},\boldsymbol{s})\boldsymbol{E}_{\mathrm{t}}(\boldsymbol{B}_{\mathrm{t}}^{(1)}(\boldsymbol{g},\boldsymbol{s}))^{\mathrm{T}}\boldsymbol{H}_1^{(1)}(\boldsymbol{s})]^{-1} & \begin{pmatrix}(\boldsymbol{H}_1^{(1)}(\boldsymbol{s}))^{\mathrm{T}}\boldsymbol{B}_{\mathrm{t}}^{(1)}(\boldsymbol{g},\boldsymbol{s})\boldsymbol{E}_{\mathrm{t}}\\ \times(\boldsymbol{B}_{\mathrm{t}}^{(1)}(\boldsymbol{g},\boldsymbol{s}))^{\mathrm{T}}\boldsymbol{H}_1^{(1)}(\boldsymbol{s})\end{pmatrix}^{-1}(\boldsymbol{H}_1^{(1)}(\boldsymbol{s}))^{\mathrm{T}}\boldsymbol{B}_{\mathrm{s}}^{(1)}(\boldsymbol{g},\boldsymbol{s})\\ \hdashline
(\boldsymbol{B}_{\mathrm{s}}^{(1)}(\boldsymbol{g},\boldsymbol{s}))^{\mathrm{T}}\boldsymbol{H}_1^{(1)}(\boldsymbol{s})\begin{pmatrix}(\boldsymbol{H}_1^{(1)}(\boldsymbol{s}))^{\mathrm{T}}\boldsymbol{B}_{\mathrm{t}}^{(1)}(\boldsymbol{g},\boldsymbol{s})\boldsymbol{E}_{\mathrm{t}}\\ \times(\boldsymbol{B}_{\mathrm{t}}^{(1)}(\boldsymbol{g},\boldsymbol{s}))^{\mathrm{T}}\boldsymbol{H}_1^{(1)}(\boldsymbol{s})\end{pmatrix}^{-1} & \begin{pmatrix}\boldsymbol{E}_{\mathrm{s}}-\boldsymbol{E}_{\mathrm{s}}(\boldsymbol{B}_{\mathrm{s}}^{(1)}(\boldsymbol{g},\boldsymbol{s}))^{\mathrm{T}}\boldsymbol{H}_1^{(1)}(\boldsymbol{s})\\ \times\left((\boldsymbol{H}_1^{(1)}(\boldsymbol{s}))^{\mathrm{T}}\begin{pmatrix}\boldsymbol{B}_{\mathrm{t}}^{(1)}(\boldsymbol{g},\boldsymbol{s})\boldsymbol{E}_{\mathrm{t}}(\boldsymbol{B}_{\mathrm{t}}^{(1)}(\boldsymbol{g},\boldsymbol{s}))^{\mathrm{T}}\\ +\boldsymbol{B}_{\mathrm{s}}^{(1)}(\boldsymbol{g},\boldsymbol{s})\boldsymbol{E}_{\mathrm{s}}(\boldsymbol{B}_{\mathrm{s}}^{(1)}(\boldsymbol{g},\boldsymbol{s}))^{\mathrm{T}}\end{pmatrix}\boldsymbol{H}_1^{(1)}(\boldsymbol{s})\right)^{-1}\\ \times(\boldsymbol{H}_1^{(1)}(\boldsymbol{s}))^{\mathrm{T}}\boldsymbol{B}_{\mathrm{s}}^{(1)}(\boldsymbol{g},\boldsymbol{s})\boldsymbol{E}_{\mathrm{s}}\end{pmatrix}^{-1}
\end{array}\right]\\
&=\left[\begin{array}{c:c}
((\boldsymbol{B}_{\mathrm{t}}^{(1)}(\boldsymbol{g},\boldsymbol{s}))^{\mathrm{T}}\boldsymbol{H}_1^{(1)}(\boldsymbol{s}))^{-1}\boldsymbol{E}_{\mathrm{t}}^{-1}((\boldsymbol{H}_1^{(1)}(\boldsymbol{s}))^{\mathrm{T}}\boldsymbol{B}_{\mathrm{t}}^{(1)}(\boldsymbol{g},\boldsymbol{s}))^{-1} & \begin{matrix}((\boldsymbol{B}_{\mathrm{t}}^{(1)}(\boldsymbol{g},\boldsymbol{s}))^{\mathrm{T}}\boldsymbol{H}_1^{(1)}(\boldsymbol{s}))^{-1}\boldsymbol{E}_{\mathrm{t}}^{-1}((\boldsymbol{H}_1^{(1)}(\boldsymbol{s}))^{\mathrm{T}}\boldsymbol{B}_{\mathrm{t}}^{(1)}(\boldsymbol{g},\boldsymbol{s}))^{-1}\\ \times(\boldsymbol{H}_1^{(1)}(\boldsymbol{s}))^{\mathrm{T}}\boldsymbol{B}_{\mathrm{s}}^{(1)}(\boldsymbol{g},\boldsymbol{s})\end{matrix}\\ \hdashline
\begin{matrix}(\boldsymbol{B}_{\mathrm{s}}^{(1)}(\boldsymbol{g},\boldsymbol{s}))^{\mathrm{T}}\boldsymbol{H}_1^{(1)}(\boldsymbol{s})((\boldsymbol{B}_{\mathrm{t}}^{(1)}(\boldsymbol{g},\boldsymbol{s}))^{\mathrm{T}}\boldsymbol{H}_1^{(1)}(\boldsymbol{s}))^{-1}\boldsymbol{E}_{\mathrm{t}}^{-1}\\ \times((\boldsymbol{H}_1^{(1)}(\boldsymbol{s}))^{\mathrm{T}}\boldsymbol{B}_{\mathrm{t}}^{(1)}(\boldsymbol{g},\boldsymbol{s}))^{-1}\end{matrix} & \begin{pmatrix}\boldsymbol{E}_{\mathrm{s}}-\boldsymbol{E}_{\mathrm{s}}(\boldsymbol{B}_{\mathrm{s}}^{(1)}(\boldsymbol{g},\boldsymbol{s}))^{\mathrm{T}}\boldsymbol{H}_1^{(1)}(\boldsymbol{s})((\boldsymbol{B}_{\mathrm{t}}^{(1)}(\boldsymbol{g},\boldsymbol{s}))^{\mathrm{T}}\boldsymbol{H}_1^{(1)}(\boldsymbol{s}))^{-1}\\ \times\begin{pmatrix}\boldsymbol{E}_{\mathrm{t}}+((\boldsymbol{H}_1^{(1)}(\boldsymbol{s}))^{\mathrm{T}}\boldsymbol{B}_{\mathrm{t}}^{(1)}(\boldsymbol{g},\boldsymbol{s}))^{-1}(\boldsymbol{H}_1^{(1)}(\boldsymbol{s}))^{\mathrm{T}}\boldsymbol{B}_{\mathrm{s}}^{(1)}(\boldsymbol{g},\boldsymbol{s})\\ \times\boldsymbol{E}_{\mathrm{s}}(\boldsymbol{B}_{\mathrm{s}}^{(1)}(\boldsymbol{g},\boldsymbol{s}))^{\mathrm{T}}\boldsymbol{H}_1^{(1)}(\boldsymbol{s})((\boldsymbol{B}_{\mathrm{t}}^{(1)}(\boldsymbol{g},\boldsymbol{s}))^{\mathrm{T}}\boldsymbol{H}_1^{(1)}(\boldsymbol{s}))^{-1}\end{pmatrix}^{-1}\\ \times((\boldsymbol{H}_1^{(1)}(\boldsymbol{s}))^{\mathrm{T}}\boldsymbol{B}_{\mathrm{t}}^{(1)}(\boldsymbol{g},\boldsymbol{s}))^{-1}(\boldsymbol{H}_1^{(1)}(\boldsymbol{s}))^{\mathrm{T}}\boldsymbol{B}_{\mathrm{s}}^{(1)}(\boldsymbol{g},\boldsymbol{s})\boldsymbol{E}_{\mathrm{s}}\end{pmatrix}^{-1}
\end{array}\right]
\end{aligned}
\tag{G.5.1}
$$

接着利用命题 2.1 可得

$$
\begin{aligned}
&[\boldsymbol{E}_{\mathrm{s}}^{-1}+(\boldsymbol{B}_{\mathrm{s}}^{(1)}(\boldsymbol{g},\boldsymbol{s}))^{\mathrm{T}}\boldsymbol{H}_1^{(1)}(\boldsymbol{s})((\boldsymbol{B}_{\mathrm{t}}^{(1)}(\boldsymbol{g},\boldsymbol{s}))^{\mathrm{T}}\boldsymbol{H}_1^{(1)}(\boldsymbol{s}))^{-1}\boldsymbol{E}_{\mathrm{t}}^{-1}((\boldsymbol{H}_1^{(1)}(\boldsymbol{s}))^{\mathrm{T}}\boldsymbol{B}_{\mathrm{t}}^{(1)}(\boldsymbol{g},\boldsymbol{s}))^{-1}(\boldsymbol{H}_1^{(1)}(\boldsymbol{s}))^{\mathrm{T}}\boldsymbol{B}_{\mathrm{s}}^{(1)}(\boldsymbol{g},\boldsymbol{s})]^{-1}\\
&=\boldsymbol{E}_{\mathrm{s}}-\boldsymbol{E}_{\mathrm{s}}(\boldsymbol{B}_{\mathrm{s}}^{(1)}(\boldsymbol{g},\boldsymbol{s}))^{\mathrm{T}}\boldsymbol{H}_1^{(1)}(\boldsymbol{s})((\boldsymbol{B}_{\mathrm{t}}^{(1)}(\boldsymbol{g},\boldsymbol{s}))^{\mathrm{T}}\boldsymbol{H}_1^{(1)}(\boldsymbol{s}))^{-1}\begin{pmatrix}\boldsymbol{E}_{\mathrm{t}}+((\boldsymbol{H}_1^{(1)}(\boldsymbol{s}))^{\mathrm{T}}\boldsymbol{B}_{\mathrm{t}}^{(1)}(\boldsymbol{g},\boldsymbol{s}))^{-1}(\boldsymbol{H}_1^{(1)}(\boldsymbol{s}))^{\mathrm{T}}\boldsymbol{B}_{\mathrm{s}}^{(1)}(\boldsymbol{g},\boldsymbol{s})\\ \times\boldsymbol{E}_{\mathrm{s}}(\boldsymbol{B}_{\mathrm{s}}^{(1)}(\boldsymbol{g},\boldsymbol{s}))^{\mathrm{T}}\boldsymbol{H}_1^{(1)}(\boldsymbol{s})((\boldsymbol{B}_{\mathrm{t}}^{(1)}(\boldsymbol{g},\boldsymbol{s}))^{\mathrm{T}}\boldsymbol{H}_1^{(1)}(\boldsymbol{s}))^{-1}\end{pmatrix}^{-1}\\
&\quad\times((\boldsymbol{H}_1^{(1)}(\boldsymbol{s}))^{\mathrm{T}}\boldsymbol{B}_{\mathrm{t}}^{(1)}(\boldsymbol{g},\boldsymbol{s}))^{-1}(\boldsymbol{H}_1^{(1)}(\boldsymbol{s}))^{\mathrm{T}}\boldsymbol{B}_{\mathrm{s}}^{(1)}(\boldsymbol{g},\boldsymbol{s})\boldsymbol{E}_{\mathrm{s}}
\end{aligned}
\tag{G.5.2}
$$

将式（G.5.2）代入式（G.5.1）中可知式（10.93）成立。

附录 G.6

首先有

$$
\Delta\boldsymbol{W}_{\mathrm{ts}}^{(2)}\boldsymbol{\beta}^{(2)}(\boldsymbol{g},\boldsymbol{s})=\mathrm{vec}(\Delta\boldsymbol{W}_{\mathrm{ts}}^{(2)}\boldsymbol{\beta}^{(2)}(\boldsymbol{g},\boldsymbol{s}))=((\boldsymbol{\beta}^{(2)}(\boldsymbol{g},\boldsymbol{s}))^{\mathrm{T}}\otimes\boldsymbol{I}_{M+1})\mathrm{vec}(\Delta\boldsymbol{W}_{\mathrm{ts}}^{(2)})
\tag{G.6.1}
$$

式中，第 2 个等号处的运算利用了命题 2.10。根据式（10.99）可知

$$\begin{aligned}&\mathrm{vec}(\Delta \boldsymbol{W}_{\mathrm{ts}}^{(2)})\\&\approx (\boldsymbol{L}_M \otimes \boldsymbol{L}_M)\left(\begin{bmatrix}\boldsymbol{O}_{(M+1)\times M}\\ \mathrm{diag}[\bar{\boldsymbol{\rho}}]\otimes \bar{\boldsymbol{I}}_{M\times 1}+\boldsymbol{1}_{M\times 1}\otimes(\bar{\boldsymbol{I}}_M\mathrm{diag}[\bar{\boldsymbol{\rho}}])-\boldsymbol{I}_M\otimes(\bar{\boldsymbol{I}}_M\bar{\boldsymbol{\rho}})-\bar{\boldsymbol{\rho}}\otimes\bar{\boldsymbol{I}}_M\end{bmatrix}\bar{\boldsymbol{I}}_{M-1}\boldsymbol{\varepsilon}_{\mathrm{t}}-\bar{\boldsymbol{S}}_{\mathrm{blk}}^{(2)}\boldsymbol{\varepsilon}_{\mathrm{s}}\right)\end{aligned} \tag{G.6.2}$$

将式（G.6.2）代入式（G.6.1）中，并利用命题 2.9 可得

$$\begin{aligned}&\Delta \boldsymbol{W}_{\mathrm{ts}}^{(2)}\boldsymbol{\beta}^{(2)}(\boldsymbol{g},\boldsymbol{s})\\&\approx ((\boldsymbol{L}_M\boldsymbol{\beta}^{(2)}(\boldsymbol{g},\boldsymbol{s}))^{\mathrm{T}}\otimes \boldsymbol{L}_M)\\&\quad\times\left(\begin{bmatrix}\boldsymbol{O}_{(M+1)\times M}\\ \mathrm{diag}[\bar{\boldsymbol{\rho}}]\otimes \bar{\boldsymbol{I}}_{M\times 1}+\boldsymbol{1}_{M\times 1}\otimes(\bar{\boldsymbol{I}}_M\mathrm{diag}[\bar{\boldsymbol{\rho}}])-\boldsymbol{I}_M\otimes(\bar{\boldsymbol{I}}_M\bar{\boldsymbol{\rho}})-\bar{\boldsymbol{\rho}}\otimes\bar{\boldsymbol{I}}_M\end{bmatrix}\bar{\boldsymbol{I}}_{M-1}\boldsymbol{\varepsilon}_{\mathrm{t}}-\bar{\boldsymbol{S}}_{\mathrm{blk}}^{(2)}\boldsymbol{\varepsilon}_{\mathrm{s}}\right)\\&=\boldsymbol{B}_{\mathrm{t1}}^{(2)}(\boldsymbol{g},\boldsymbol{s})\boldsymbol{\varepsilon}_{\mathrm{t}}+\boldsymbol{B}_{\mathrm{s1}}^{(2)}(\boldsymbol{g},\boldsymbol{s})\boldsymbol{\varepsilon}_{\mathrm{s}}\end{aligned} \tag{G.6.3}$$

式中，$\boldsymbol{B}_{\mathrm{t1}}^{(2)}(\boldsymbol{g},\boldsymbol{s})$ 和 $\boldsymbol{B}_{\mathrm{s1}}^{(2)}(\boldsymbol{g},\boldsymbol{s})$ 的表达式分别见式（10.104）中的第 1 式和第 2 式。另一方面，根据式（10.100）可知

$$\begin{aligned}&\boldsymbol{W}^{(2)}(\boldsymbol{s})\Delta\boldsymbol{T}_{\mathrm{ts}}^{(2)}\begin{bmatrix}1\\ \boldsymbol{g}\end{bmatrix}\\&\approx \boldsymbol{W}^{(2)}(\boldsymbol{s})\left([\boldsymbol{O}_{(M+1)\times 1}\ \ \Delta\boldsymbol{G}_{\mathrm{ts}}^{(2)}]\begin{bmatrix}\alpha_1^{(2)}(\boldsymbol{g},\boldsymbol{s})\\ \boldsymbol{\alpha}_2^{(2)}(\boldsymbol{g},\boldsymbol{s})\end{bmatrix}-\boldsymbol{T}^{(2)}(\boldsymbol{s})\begin{bmatrix}0 & \boldsymbol{n}_M^{\mathrm{T}}\Delta\boldsymbol{G}_{\mathrm{ts}}^{(2)}\\ (\Delta\boldsymbol{G}_{\mathrm{ts}}^{(2)})^{\mathrm{T}}\boldsymbol{n}_M & (\boldsymbol{G}^{(2)}(\boldsymbol{s}))^{\mathrm{T}}\Delta\boldsymbol{G}_{\mathrm{ts}}^{(2)}+(\Delta\boldsymbol{G}_{\mathrm{ts}}^{(2)})^{\mathrm{T}}\boldsymbol{G}^{(2)}(\boldsymbol{s})\end{bmatrix}\begin{bmatrix}\alpha_1^{(2)}(\boldsymbol{g},\boldsymbol{s})\\ \boldsymbol{\alpha}_2^{(2)}(\boldsymbol{g},\boldsymbol{s})\end{bmatrix}\right)\\&=\boldsymbol{W}^{(2)}(\boldsymbol{s})\left(\Delta\boldsymbol{G}_{\mathrm{ts}}^{(2)}\boldsymbol{\alpha}_2^{(2)}(\boldsymbol{g},\boldsymbol{s})-\boldsymbol{T}^{(2)}(\boldsymbol{s})\begin{bmatrix}\boldsymbol{n}_M^{\mathrm{T}}\Delta\boldsymbol{G}_{\mathrm{ts}}^{(2)}\boldsymbol{\alpha}_2^{(2)}(\boldsymbol{g},\boldsymbol{s})\\ (\boldsymbol{G}^{(2)}(\boldsymbol{s}))^{\mathrm{T}}\Delta\boldsymbol{G}_{\mathrm{ts}}^{(2)}\boldsymbol{\alpha}_2^{(2)}(\boldsymbol{g},\boldsymbol{s})+(\Delta\boldsymbol{G}_{\mathrm{ts}}^{(2)})^{\mathrm{T}}[\boldsymbol{n}_M\ \ \boldsymbol{G}^{(2)}(\boldsymbol{s})]\boldsymbol{\alpha}^{(2)}(\boldsymbol{g},\boldsymbol{s})\end{bmatrix}\right)\end{aligned} \tag{G.6.4}$$

然后由式（10.101）可得

$$\begin{aligned}&\Delta\boldsymbol{G}_{\mathrm{ts}}^{(2)}\boldsymbol{\alpha}_2^{(2)}(\boldsymbol{g},\boldsymbol{s})\\&=<\boldsymbol{\alpha}_2^{(2)}(\boldsymbol{g},\boldsymbol{s})>_4\left(\boldsymbol{I}_{M+1}-\frac{1}{M+1}\boldsymbol{1}_{(M+1)\times(M+1)}\right)\tilde{\boldsymbol{I}}_{M-1}\boldsymbol{\varepsilon}_{\mathrm{t}}\\&\quad+\left(\begin{bmatrix}\boldsymbol{O}_{1\times 3M}\\ \boldsymbol{I}_M\otimes([\boldsymbol{I}_3\ \ \boldsymbol{O}_{3\times 1}]\boldsymbol{\alpha}_2^{(2)}(\boldsymbol{g},\boldsymbol{s}))^{\mathrm{T}}\end{bmatrix}-\frac{1}{M+1}\boldsymbol{1}_{(M+1)\times 1}(\boldsymbol{1}_{M\times 1}\otimes([\boldsymbol{I}_3\ \ \boldsymbol{O}_{3\times 1}]\boldsymbol{\alpha}_2^{(2)}(\boldsymbol{g},\boldsymbol{s})))^{\mathrm{T}}\right)\boldsymbol{\varepsilon}_{\mathrm{s}}\\&=\boldsymbol{J}_{\mathrm{t1}}^{(2)}(\boldsymbol{g},\boldsymbol{s})\boldsymbol{\varepsilon}_{\mathrm{t}}+\boldsymbol{J}_{\mathrm{s1}}^{(2)}(\boldsymbol{g},\boldsymbol{s})\boldsymbol{\varepsilon}_{\mathrm{s}}\end{aligned} \tag{G.6.5}$$

$$\begin{aligned}&(\Delta\boldsymbol{G}_{\mathrm{ts}}^{(2)})^{\mathrm{T}}[\boldsymbol{n}_M\ \ \boldsymbol{G}^{(2)}(\boldsymbol{s})]\boldsymbol{\alpha}^{(2)}(\boldsymbol{g},\boldsymbol{s})\\&=\begin{bmatrix}\boldsymbol{O}_{3\times(M+1)}\\ ([\boldsymbol{n}_M\ \ \boldsymbol{G}^{(2)}(\boldsymbol{s})]\boldsymbol{\alpha}^{(2)}(\boldsymbol{g},\boldsymbol{s}))^{\mathrm{T}}\left(\boldsymbol{I}_{M+1}-\frac{1}{M+1}\boldsymbol{1}_{(M+1)\times(M+1)}\right)\end{bmatrix}\tilde{\boldsymbol{I}}_{M-1}\boldsymbol{\varepsilon}_{\mathrm{t}}\end{aligned}$$

$$+\begin{bmatrix}\left(\left(\left([\boldsymbol{O}_{M\times1}\ \ \boldsymbol{I}_M]-\frac{1}{M+1}\boldsymbol{1}_{M\times(M+1)}\right)[\boldsymbol{n}_M\ \ \boldsymbol{G}^{(2)}(\boldsymbol{s})]\boldsymbol{\alpha}^{(2)}(\boldsymbol{g},\boldsymbol{s})\right)^{\mathrm{T}}\otimes\boldsymbol{I}_3\right)\\ \boldsymbol{O}_{1\times3M}\end{bmatrix}\boldsymbol{\varepsilon}_{\mathrm{s}}$$

$$=\boldsymbol{J}_{\mathrm{t2}}^{(2)}(\boldsymbol{g},\boldsymbol{s})\boldsymbol{\varepsilon}_{\mathrm{t}}+\boldsymbol{J}_{\mathrm{s2}}^{(2)}(\boldsymbol{g},\boldsymbol{s})\boldsymbol{\varepsilon}_{\mathrm{s}} \tag{G.6.6}$$

将式（G.6.5）和式（G.6.6）代入式（G.6.4）中可得

$$\begin{aligned}&\boldsymbol{W}^{(2)}(\boldsymbol{s})\Delta\boldsymbol{T}_{\mathrm{ts}}^{(2)}\begin{bmatrix}1\\ \boldsymbol{g}\end{bmatrix}\\ &\approx\boldsymbol{W}^{(2)}(\boldsymbol{s})\left(\boldsymbol{J}_{\mathrm{t1}}^{(2)}(\boldsymbol{g},\boldsymbol{s})-\boldsymbol{T}^{(2)}(\boldsymbol{s})\begin{bmatrix}\boldsymbol{n}_M^{\mathrm{T}}\boldsymbol{J}_{\mathrm{t1}}^{(2)}(\boldsymbol{g},\boldsymbol{s})\\ (\boldsymbol{G}^{(2)}(\boldsymbol{s}))^{\mathrm{T}}\boldsymbol{J}_{\mathrm{t1}}^{(2)}(\boldsymbol{g},\boldsymbol{s})+\boldsymbol{J}_{\mathrm{t2}}^{(2)}(\boldsymbol{g},\boldsymbol{s})\end{bmatrix}\right)\boldsymbol{\varepsilon}_{\mathrm{t}}\\ &\quad+\boldsymbol{W}^{(2)}(\boldsymbol{s})\left(\boldsymbol{J}_{\mathrm{s1}}^{(2)}(\boldsymbol{g},\boldsymbol{s})-\boldsymbol{T}^{(2)}(\boldsymbol{s})\begin{bmatrix}\boldsymbol{n}_M^{\mathrm{T}}\boldsymbol{J}_{\mathrm{s1}}^{(2)}(\boldsymbol{g},\boldsymbol{s})\\ (\boldsymbol{G}^{(2)}(\boldsymbol{s}))^{\mathrm{T}}\boldsymbol{J}_{\mathrm{s1}}^{(2)}(\boldsymbol{g},\boldsymbol{s})+\boldsymbol{J}_{\mathrm{s2}}^{(2)}(\boldsymbol{g},\boldsymbol{s})\end{bmatrix}\right)\boldsymbol{\varepsilon}_{\mathrm{s}}\\ &=\boldsymbol{B}_{\mathrm{t2}}^{(2)}(\boldsymbol{g},\boldsymbol{s})\boldsymbol{\varepsilon}_{\mathrm{t}}+\boldsymbol{B}_{\mathrm{s2}}^{(2)}(\boldsymbol{g},\boldsymbol{s})\boldsymbol{\varepsilon}_{\mathrm{s}}\end{aligned} \tag{G.6.7}$$

式中，$\boldsymbol{B}_{\mathrm{t2}}^{(2)}(\boldsymbol{g},\boldsymbol{s})$ 和 $\boldsymbol{B}_{\mathrm{s2}}^{(2)}(\boldsymbol{g},\boldsymbol{s})$ 的表达式分别见式（10.105）中的第 1 式和第 2 式。最后将式（G.6.3）和式（G.6.7）代入式（10.98）中可知式（10.102）成立。

附录 H

附录 H.1

首先有

$$
\left[\begin{array}{c:c} \Delta \boldsymbol{W}_{\mathrm{ts}n}^{(1)}\boldsymbol{T}^{(1)}(\boldsymbol{s}_{\mathrm{v}}) & \boldsymbol{O}_{M\times 3} \\ \hdashline \Delta \boldsymbol{W}_{\mathrm{ts}n}^{(1)}\dot{\boldsymbol{T}}^{(1)}(\boldsymbol{s}_{\mathrm{v}}) & \Delta \boldsymbol{W}_{\mathrm{ts}n}^{(1)}\boldsymbol{T}^{(1)}(\boldsymbol{s}_{\mathrm{v}})\bar{\boldsymbol{I}}_3 \end{array}\right]\begin{bmatrix} 1 \\ \boldsymbol{u}_{\mathrm{v}n} \end{bmatrix}
$$
$$
=\begin{bmatrix} \Delta \boldsymbol{W}_{\mathrm{ts}n}^{(1)}\boldsymbol{T}^{(1)}(\boldsymbol{s}_{\mathrm{v}})\begin{bmatrix} 1 \\ \boldsymbol{u}_n \end{bmatrix} \\ \Delta \boldsymbol{W}_{\mathrm{ts}n}^{(1)}\dot{\boldsymbol{T}}^{(1)}(\boldsymbol{s}_{\mathrm{v}})\begin{bmatrix} 1 \\ \boldsymbol{u}_n \end{bmatrix}+\Delta \boldsymbol{W}_{\mathrm{ts}n}^{(1)}\boldsymbol{T}^{(1)}(\boldsymbol{s}_{\mathrm{v}})\begin{bmatrix} 0 \\ \dot{\boldsymbol{u}}_n \end{bmatrix} \end{bmatrix}
$$
$$
=\begin{bmatrix} ([1\ \ \boldsymbol{u}_n^{\mathrm{T}}](\boldsymbol{T}^{(1)}(\boldsymbol{s}_{\mathrm{v}}))^{\mathrm{T}})\otimes \boldsymbol{I}_M \\ ([1\ \ \boldsymbol{u}_n^{\mathrm{T}}](\dot{\boldsymbol{T}}^{(1)}(\boldsymbol{s}_{\mathrm{v}}))^{\mathrm{T}}+[0\ \ \dot{\boldsymbol{u}}_n^{\mathrm{T}}](\boldsymbol{T}^{(1)}(\boldsymbol{s}_{\mathrm{v}}))^{\mathrm{T}})\otimes \boldsymbol{I}_M \end{bmatrix}\mathrm{vec}(\Delta \boldsymbol{W}_{\mathrm{ts}n}^{(1)})
$$

（H.1.1）

式中，第 2 个等号处的运算利用了命题 2.10。根据式（11.26）可得

$$
\mathrm{vec}(\Delta \boldsymbol{W}_{\mathrm{ts}n}^{(1)})\approx(\boldsymbol{1}_{M\times 1}\otimes \mathrm{diag}[\boldsymbol{r}_n]+\mathrm{diag}[\boldsymbol{r}_n]\otimes \boldsymbol{1}_{M\times 1})\boldsymbol{\varepsilon}_{\mathrm{t}n1}+\bar{\boldsymbol{S}}_{\mathrm{blk}}^{(1)}(\boldsymbol{I}_M\otimes[\boldsymbol{I}_3\ \ \boldsymbol{O}_{3\times 3}])\boldsymbol{\varepsilon}_{\mathrm{s}}
$$

（H.1.2）

将式（H.1.2）代入式（H.1.1）中，并利用命题 2.9 可得

$$
\left[\begin{array}{c:c} \Delta \boldsymbol{W}_{\mathrm{ts}n}^{(1)}\boldsymbol{T}^{(1)}(\boldsymbol{s}_{\mathrm{v}}) & \boldsymbol{O}_{M\times 3} \\ \hdashline \Delta \boldsymbol{W}_{\mathrm{ts}n}^{(1)}\dot{\boldsymbol{T}}^{(1)}(\boldsymbol{s}_{\mathrm{v}}) & \Delta \boldsymbol{W}_{\mathrm{ts}n}^{(1)}\boldsymbol{T}^{(1)}(\boldsymbol{s}_{\mathrm{v}})\bar{\boldsymbol{I}}_3 \end{array}\right]\begin{bmatrix} 1 \\ \boldsymbol{u}_{\mathrm{v}n} \end{bmatrix}
$$
$$
\approx\left[\begin{array}{c} ([1\ \ \boldsymbol{u}_n^{\mathrm{T}}](\boldsymbol{T}^{(1)}(\boldsymbol{s}_{\mathrm{v}}))^{\mathrm{T}}\boldsymbol{1}_{M\times 1})\otimes \mathrm{diag}[\boldsymbol{r}_n]+([1\ \ \boldsymbol{u}_n^{\mathrm{T}}](\boldsymbol{T}^{(1)}(\boldsymbol{s}_{\mathrm{v}}))^{\mathrm{T}}\mathrm{diag}[\boldsymbol{r}_n])\otimes \boldsymbol{1}_{M\times 1} \\ \hdashline (([1\ \ \boldsymbol{u}_n^{\mathrm{T}}](\dot{\boldsymbol{T}}^{(1)}(\boldsymbol{s}_{\mathrm{v}}))^{\mathrm{T}}+[0\ \ \dot{\boldsymbol{u}}_n^{\mathrm{T}}](\boldsymbol{T}^{(1)}(\boldsymbol{s}_{\mathrm{v}}))^{\mathrm{T}})\boldsymbol{1}_{M\times 1})\otimes \mathrm{diag}[\boldsymbol{r}_n] \\ +(([1\ \ \boldsymbol{u}_n^{\mathrm{T}}](\dot{\boldsymbol{T}}^{(1)}(\boldsymbol{s}_{\mathrm{v}}))^{\mathrm{T}}+[0\ \ \dot{\boldsymbol{u}}_n^{\mathrm{T}}](\boldsymbol{T}^{(1)}(\boldsymbol{s}_{\mathrm{v}}))^{\mathrm{T}})\mathrm{diag}[\boldsymbol{r}_n])\otimes \boldsymbol{1}_{M\times 1} \end{array}\right]\boldsymbol{\varepsilon}_{\mathrm{t}n1}
$$
$$
+\begin{bmatrix} ([1\ \ \boldsymbol{u}_n^{\mathrm{T}}](\boldsymbol{T}^{(1)}(\boldsymbol{s}_{\mathrm{v}}))^{\mathrm{T}})\otimes \boldsymbol{I}_M \\ ([1\ \ \boldsymbol{u}_n^{\mathrm{T}}](\dot{\boldsymbol{T}}^{(1)}(\boldsymbol{s}_{\mathrm{v}}))^{\mathrm{T}}+[0\ \ \dot{\boldsymbol{u}}_n^{\mathrm{T}}](\boldsymbol{T}^{(1)}(\boldsymbol{s}_{\mathrm{v}}))^{\mathrm{T}})\otimes \boldsymbol{I}_M \end{bmatrix}\bar{\boldsymbol{S}}_{\mathrm{blk}}^{(1)}(\boldsymbol{I}_M\otimes[\boldsymbol{I}_3\ \ \boldsymbol{O}_{3\times 3}])\boldsymbol{\varepsilon}_{\mathrm{s}}
$$

$$
\begin{aligned}
&=\begin{bmatrix} ([1\ \ \boldsymbol{u}_n^{\mathrm{T}}](\boldsymbol{T}^{(1)}(\boldsymbol{s}_{\mathrm{v}}))^{\mathrm{T}}\boldsymbol{I}_{M\times 1})\mathrm{diag}[\boldsymbol{r}_n]+\left(\left(\boldsymbol{T}^{(1)}(\boldsymbol{s}_{\mathrm{v}})\begin{bmatrix}1\\ \boldsymbol{u}_n\end{bmatrix}\right)\odot\boldsymbol{r}_n\right)^{\mathrm{T}}\otimes\boldsymbol{I}_{M\times 1} \\ (([1\ \ \boldsymbol{u}_n^{\mathrm{T}}](\dot{\boldsymbol{T}}^{(1)}(\boldsymbol{s}_{\mathrm{v}}))^{\mathrm{T}}+[0\ \ \dot{\boldsymbol{u}}_n^{\mathrm{T}}](\boldsymbol{T}^{(1)}(\boldsymbol{s}_{\mathrm{v}}))^{\mathrm{T}})\boldsymbol{I}_{M\times 1})\mathrm{diag}[\boldsymbol{r}_n]+\left(\left(\dot{\boldsymbol{T}}^{(1)}(\boldsymbol{s}_{\mathrm{v}})\begin{bmatrix}1\\ \boldsymbol{u}_n\end{bmatrix}+\boldsymbol{T}^{(1)}(\boldsymbol{s}_{\mathrm{v}})\begin{bmatrix}0\\ \dot{\boldsymbol{u}}_n\end{bmatrix}\right)\odot\boldsymbol{r}_n\right)^{\mathrm{T}}\otimes\boldsymbol{I}_{M\times 1} \end{bmatrix}\boldsymbol{\varepsilon}_{\mathrm{t}n1} \\
&\quad+\boldsymbol{B}_{\mathrm{s}n1}^{(1)}(\boldsymbol{u}_{\mathrm{v}n},\boldsymbol{s}_{\mathrm{v}})\boldsymbol{\varepsilon}_{\mathrm{s}} \\
&=\begin{bmatrix} ([1\ \ \boldsymbol{u}_n^{\mathrm{T}}](\boldsymbol{T}^{(1)}(\boldsymbol{s}_{\mathrm{v}}))^{\mathrm{T}}\boldsymbol{I}_{M\times 1})\mathrm{diag}[\boldsymbol{r}_n]+\boldsymbol{I}_{M\times 1}\left(\left(\boldsymbol{T}^{(1)}(\boldsymbol{s}_{\mathrm{v}})\begin{bmatrix}1\\ \boldsymbol{u}_n\end{bmatrix}\right)\odot\boldsymbol{r}_n\right)^{\mathrm{T}} \\ (([1\ \ \boldsymbol{u}_n^{\mathrm{T}}](\dot{\boldsymbol{T}}^{(1)}(\boldsymbol{s}_{\mathrm{v}}))^{\mathrm{T}}+[0\ \ \dot{\boldsymbol{u}}_n^{\mathrm{T}}](\boldsymbol{T}^{(1)}(\boldsymbol{s}_{\mathrm{v}}))^{\mathrm{T}})\boldsymbol{I}_{M\times 1})\mathrm{diag}[\boldsymbol{r}_n]+\boldsymbol{I}_{M\times 1}\left(\left(\dot{\boldsymbol{T}}^{(1)}(\boldsymbol{s}_{\mathrm{v}})\begin{bmatrix}1\\ \boldsymbol{u}_n\end{bmatrix}+\boldsymbol{T}^{(1)}(\boldsymbol{s}_{\mathrm{v}})\begin{bmatrix}0\\ \dot{\boldsymbol{u}}_n\end{bmatrix}\right)\odot\boldsymbol{r}_n\right)^{\mathrm{T}} \end{bmatrix}\boldsymbol{\varepsilon}_{\mathrm{t}n1} \\
&\quad+\boldsymbol{B}_{\mathrm{s}n1}^{(1)}(\boldsymbol{u}_{\mathrm{v}n},\boldsymbol{s}_{\mathrm{v}})\boldsymbol{\varepsilon}_{\mathrm{s}} \\
&=\boldsymbol{B}_{\mathrm{t}n1}^{(1)}(\boldsymbol{u}_{\mathrm{v}n},\boldsymbol{s}_{\mathrm{v}})\boldsymbol{\varepsilon}_{\mathrm{t}n}+\boldsymbol{B}_{\mathrm{s}n1}^{(1)}(\boldsymbol{u}_{\mathrm{v}n},\boldsymbol{s}_{\mathrm{v}})\boldsymbol{\varepsilon}_{\mathrm{s}}
\end{aligned}
\tag{H.1.3}
$$

式中，$\boldsymbol{B}_{\mathrm{t}n1}^{(1)}(\boldsymbol{u}_{\mathrm{v}n},\boldsymbol{s}_{\mathrm{v}})$ 和 $\boldsymbol{B}_{\mathrm{s}n1}^{(1)}(\boldsymbol{u}_{\mathrm{v}n},\boldsymbol{s}_{\mathrm{v}})$ 的表达式分别见式（11.28）和式（11.29）。

附录 H.2

首先有

$$
\begin{aligned}
\left[\begin{array}{c|c} \boldsymbol{O}_{M\times 4} & \boldsymbol{O}_{M\times 3} \\ \hline \Delta\dot{\boldsymbol{W}}_{\mathrm{ts}n}^{(1)}\boldsymbol{T}^{(1)}(\boldsymbol{s}_{\mathrm{v}}) & \boldsymbol{O}_{M\times 3} \end{array}\right]\begin{bmatrix}1\\ \boldsymbol{u}_{\mathrm{v}n}\end{bmatrix}&=\begin{bmatrix} \boldsymbol{O}_{M\times 1} \\ \Delta\dot{\boldsymbol{W}}_{\mathrm{ts}n}^{(1)}\boldsymbol{T}^{(1)}(\boldsymbol{s}_{\mathrm{v}})\begin{bmatrix}1\\ \boldsymbol{u}_n\end{bmatrix} \end{bmatrix} \\
&=\begin{bmatrix} \boldsymbol{O}_{M\times M^2} \\ ([1\ \ \boldsymbol{u}_n^{\mathrm{T}}](\boldsymbol{T}^{(1)}(\boldsymbol{s}_{\mathrm{v}}))^{\mathrm{T}})\otimes\boldsymbol{I}_M \end{bmatrix}\mathrm{vec}(\Delta\dot{\boldsymbol{W}}_{\mathrm{ts}n}^{(1)})
\end{aligned}
\tag{H.2.1}
$$

式中，第 2 个等号处的运算利用了命题 2.10。根据式（11.31）可得

$$
\begin{aligned}
\mathrm{vec}(\Delta\dot{\boldsymbol{W}}_{\mathrm{ts}n}^{(1)})\approx{}&(\boldsymbol{I}_{M\times 1}\otimes\mathrm{diag}[\dot{\boldsymbol{r}}_n]+\mathrm{diag}[\dot{\boldsymbol{r}}_n]\otimes\boldsymbol{I}_{M\times 1})\boldsymbol{\varepsilon}_{\mathrm{t}n1}+(\boldsymbol{I}_{M\times 1}\otimes\mathrm{diag}[\boldsymbol{r}_n] \\
&+\mathrm{diag}[\boldsymbol{r}_n]\otimes\boldsymbol{I}_{M\times 1})\boldsymbol{\varepsilon}_{\mathrm{t}n2}+(\bar{\boldsymbol{S}}_{\mathrm{blk}}^{(1)}(\boldsymbol{I}_M\otimes[\boldsymbol{O}_{3\times 3}\ \ \boldsymbol{I}_3]) \\
&+\dot{\bar{\boldsymbol{S}}}_{\mathrm{blk}}^{(1)}(\boldsymbol{I}_M\otimes[\boldsymbol{I}_3\ \ \boldsymbol{O}_{3\times 3}]))\boldsymbol{\varepsilon}_{\mathrm{s}}
\end{aligned}
\tag{H.2.2}
$$

将式（H.2.2）代入式（H.2.1）中，并利用命题 2.9 可知

$$
\begin{aligned}
&\left[\begin{array}{c|c} \boldsymbol{O}_{M\times 4} & \boldsymbol{O}_{M\times 3} \\ \hline \Delta\dot{\boldsymbol{W}}_{\mathrm{ts}n}^{(1)}\boldsymbol{T}^{(1)}(\boldsymbol{s}_{\mathrm{v}}) & \boldsymbol{O}_{M\times 3} \end{array}\right]\begin{bmatrix}1\\ \boldsymbol{u}_{\mathrm{v}n}\end{bmatrix} \\
&\approx\begin{bmatrix} \boldsymbol{O}_{M\times M} \\ ([1\ \ \boldsymbol{u}_n^{\mathrm{T}}](\boldsymbol{T}^{(1)}(\boldsymbol{s}_{\mathrm{v}}))^{\mathrm{T}}\boldsymbol{I}_{M\times 1})\otimes\mathrm{diag}[\dot{\boldsymbol{r}}_n]+([1\ \ \boldsymbol{u}_n^{\mathrm{T}}](\boldsymbol{T}^{(1)}(\boldsymbol{s}_{\mathrm{v}}))^{\mathrm{T}}\mathrm{diag}[\dot{\boldsymbol{r}}_n])\otimes\boldsymbol{I}_{M\times 1} \end{bmatrix}\boldsymbol{\varepsilon}_{\mathrm{t}n1}
\end{aligned}
$$

$$
\begin{aligned}
&+\begin{bmatrix} \boldsymbol{O}_{M\times M} \\ ([1\ \ \boldsymbol{u}_n^{\mathrm{T}}](\boldsymbol{T}^{(1)}(\boldsymbol{s}_{\mathrm{v}}))^{\mathrm{T}}\boldsymbol{I}_{M\times 1})\otimes \mathrm{diag}[\boldsymbol{r}_n]+([1\ \ \boldsymbol{u}_n^{\mathrm{T}}](\boldsymbol{T}^{(1)}(\boldsymbol{s}_{\mathrm{v}}))^{\mathrm{T}}\mathrm{diag}[\boldsymbol{r}_n])\otimes \boldsymbol{I}_{M\times 1} \end{bmatrix}\boldsymbol{\varepsilon}_{\mathrm{t}n2} \\
&+\begin{bmatrix} \boldsymbol{O}_{M\times M^2} \\ ([1\ \ \boldsymbol{u}_n^{\mathrm{T}}](\boldsymbol{T}^{(1)}(\boldsymbol{s}_{\mathrm{v}}))^{\mathrm{T}})\otimes \boldsymbol{I}_M \end{bmatrix}(\bar{\boldsymbol{S}}_{\mathrm{blk}}^{(1)}(\boldsymbol{I}_M\otimes[\boldsymbol{O}_{3\times 3}\ \ \boldsymbol{I}_3])+\dot{\bar{\boldsymbol{S}}}_{\mathrm{blk}}^{(1)}(\boldsymbol{I}_M\otimes[\boldsymbol{I}_3\ \ \boldsymbol{O}_{3\times 3}]))\boldsymbol{\varepsilon}_{\mathrm{s}} \\
&=\begin{bmatrix} \boldsymbol{O}_{M\times M} \\ ([1\ \ \boldsymbol{u}_n^{\mathrm{T}}](\boldsymbol{T}^{(1)}(\boldsymbol{s}_{\mathrm{v}}))^{\mathrm{T}}\boldsymbol{I}_{M\times 1})\mathrm{diag}[\dot{\boldsymbol{r}}_n]+\left(\left(\boldsymbol{T}^{(1)}(\boldsymbol{s}_{\mathrm{v}})\begin{bmatrix}1\\ \boldsymbol{u}_n\end{bmatrix}\right)\odot\dot{\boldsymbol{r}}_n\right)^{\mathrm{T}}\otimes \boldsymbol{I}_{M\times 1} \end{bmatrix}\boldsymbol{\varepsilon}_{\mathrm{t}n1} \\
&+\begin{bmatrix} \boldsymbol{O}_{M\times M} \\ ([1\ \ \boldsymbol{u}_n^{\mathrm{T}}](\boldsymbol{T}^{(1)}(\boldsymbol{s}_{\mathrm{v}}))^{\mathrm{T}}\boldsymbol{I}_{M\times 1})\mathrm{diag}[\boldsymbol{r}_n]+\left(\left(\boldsymbol{T}^{(1)}(\boldsymbol{s}_{\mathrm{v}})\begin{bmatrix}1\\ \boldsymbol{u}_n\end{bmatrix}\right)\odot\boldsymbol{r}_n\right)^{\mathrm{T}}\otimes \boldsymbol{I}_{M\times 1} \end{bmatrix}\boldsymbol{\varepsilon}_{\mathrm{t}n2}+\boldsymbol{B}_{\mathrm{s}n2}^{(1)}(\boldsymbol{u}_{\mathrm{v}n},\boldsymbol{s}_{\mathrm{v}})\boldsymbol{\varepsilon}_{\mathrm{s}} \\
&=\begin{bmatrix} \boldsymbol{O}_{M\times M} \\ ([1\ \ \boldsymbol{u}_n^{\mathrm{T}}](\boldsymbol{T}^{(1)}(\boldsymbol{s}_{\mathrm{v}}))^{\mathrm{T}}\boldsymbol{I}_{M\times 1})\mathrm{diag}[\dot{\boldsymbol{r}}_n]+\boldsymbol{I}_{M\times 1}\left(\left(\boldsymbol{T}^{(1)}(\boldsymbol{s}_{\mathrm{v}})\begin{bmatrix}1\\ \boldsymbol{u}_n\end{bmatrix}\right)\odot\dot{\boldsymbol{r}}_n\right)^{\mathrm{T}} \end{bmatrix}\boldsymbol{\varepsilon}_{\mathrm{t}n1} \\
&+\begin{bmatrix} \boldsymbol{O}_{M\times M} \\ ([1\ \ \boldsymbol{u}_n^{\mathrm{T}}](\boldsymbol{T}^{(1)}(\boldsymbol{s}_{\mathrm{v}}))^{\mathrm{T}}\boldsymbol{I}_{M\times 1})\mathrm{diag}[\boldsymbol{r}_n]+\boldsymbol{I}_{M\times 1}\left(\left(\boldsymbol{T}^{(1)}(\boldsymbol{s}_{\mathrm{v}})\begin{bmatrix}1\\ \boldsymbol{u}_n\end{bmatrix}\right)\odot\boldsymbol{r}_n\right)^{\mathrm{T}} \end{bmatrix}\boldsymbol{\varepsilon}_{\mathrm{t}n2}+\boldsymbol{B}_{\mathrm{s}n2}^{(1)}(\boldsymbol{u}_{\mathrm{v}n},\boldsymbol{s}_{\mathrm{v}})\boldsymbol{\varepsilon}_{\mathrm{s}} \\
&=\boldsymbol{B}_{\mathrm{t}n2}^{(1)}(\boldsymbol{u}_{\mathrm{v}n},\boldsymbol{s}_{\mathrm{v}})\boldsymbol{\varepsilon}_{\mathrm{t}n}+\boldsymbol{B}_{\mathrm{s}n2}^{(1)}(\boldsymbol{u}_{\mathrm{v}n},\boldsymbol{s}_{\mathrm{v}})\boldsymbol{\varepsilon}_{\mathrm{s}}
\end{aligned}
\tag{H.2.3}
$$

式中，$\boldsymbol{B}_{\mathrm{t}n2}^{(1)}(\boldsymbol{u}_{\mathrm{v}n},\boldsymbol{s}_{\mathrm{v}})$ 和 $\boldsymbol{B}_{\mathrm{s}n2}^{(1)}(\boldsymbol{u}_{\mathrm{v}n},\boldsymbol{s}_{\mathrm{v}})$ 的表达式分别见式（11.33）和式（11.34）。

附录 H.3

首先有

$$
\begin{aligned}
\left[\begin{array}{c|c} \boldsymbol{W}_n^{(1)}(\boldsymbol{s}_{\mathrm{v}})\Delta\boldsymbol{T}_{\mathrm{s}}^{(1)} & \boldsymbol{O}_{M\times 3} \\ \hline \dot{\boldsymbol{W}}_n^{(1)}(\boldsymbol{s}_{\mathrm{v}})\Delta\boldsymbol{T}_{\mathrm{s}}^{(1)} & \boldsymbol{W}_n^{(1)}(\boldsymbol{s}_{\mathrm{v}})\Delta\boldsymbol{T}_{\mathrm{s}}^{(1)}\bar{\boldsymbol{I}}_3 \end{array}\right]\begin{bmatrix}1\\ \boldsymbol{u}_{\mathrm{v}n}\end{bmatrix}
&=\begin{bmatrix} \boldsymbol{W}_n^{(1)}(\boldsymbol{s}_{\mathrm{v}})\Delta\boldsymbol{T}_{\mathrm{s}}^{(1)}\begin{bmatrix}1\\ \boldsymbol{u}_n\end{bmatrix} \\ \dot{\boldsymbol{W}}_n^{(1)}(\boldsymbol{s}_{\mathrm{v}})\Delta\boldsymbol{T}_{\mathrm{s}}^{(1)}\begin{bmatrix}1\\ \boldsymbol{u}_n\end{bmatrix}+\boldsymbol{W}_n^{(1)}(\boldsymbol{s}_{\mathrm{v}})\Delta\boldsymbol{T}_{\mathrm{s}}^{(1)}\begin{bmatrix}0\\ \dot{\boldsymbol{u}}_n\end{bmatrix} \end{bmatrix} \\
&=\begin{bmatrix} [1\ \ \boldsymbol{u}_n^{\mathrm{T}}]\otimes\boldsymbol{W}_n^{(1)}(\boldsymbol{s}_{\mathrm{v}}) \\ [1\ \ \boldsymbol{u}_n^{\mathrm{T}}]\otimes\dot{\boldsymbol{W}}_n^{(1)}(\boldsymbol{s}_{\mathrm{v}})+[0\ \ \dot{\boldsymbol{u}}_n^{\mathrm{T}}]\otimes\boldsymbol{W}_n^{(1)}(\boldsymbol{s}_{\mathrm{v}}) \end{bmatrix}\mathrm{vec}(\Delta\boldsymbol{T}_{\mathrm{s}}^{(1)})
\end{aligned}
\tag{H.3.1}
$$

式中，第 2 个等号处的运算利用了命题 2.10。根据式（11.36）可得

$$\mathrm{vec}(\Delta\boldsymbol{T}_{\mathrm{s}}^{(1)})\approx(\boldsymbol{X}_{\mathrm{s1}}^{(1)\mathrm{T}}\otimes\boldsymbol{I}_M)\boldsymbol{J}_{\mathrm{s0}}^{(1)}(\boldsymbol{I}_M\otimes[\boldsymbol{I}_3\ \ \boldsymbol{O}_{3\times3}])\boldsymbol{\varepsilon}_{\mathrm{s}}-(\boldsymbol{X}_{\mathrm{s1}}^{(1)\mathrm{T}}\otimes\boldsymbol{X}_{\mathrm{s2}}^{(1)})\boldsymbol{J}_{\mathrm{s1}}^{(1)}(\boldsymbol{I}_M\otimes[\boldsymbol{I}_3\ \ \boldsymbol{O}_{3\times3}])\boldsymbol{\varepsilon}_{\mathrm{s}} \tag{H.3.2}$$

将式（H.3.2）代入式（H.3.1）中，并利用命题 2.9 可得

$$\begin{aligned}&\left[\begin{array}{c|c}\boldsymbol{W}_n^{(1)}(\boldsymbol{s}_{\mathrm{v}})\Delta\boldsymbol{T}_{\mathrm{s}}^{(1)} & \boldsymbol{O}_{M\times3}\\ \hline \dot{\boldsymbol{W}}_n^{(1)}(\boldsymbol{s}_{\mathrm{v}})\Delta\boldsymbol{T}_{\mathrm{s}}^{(1)} & \boldsymbol{W}_n^{(1)}(\boldsymbol{s}_{\mathrm{v}})\Delta\boldsymbol{T}_{\mathrm{s}}^{(1)}\bar{\boldsymbol{I}}_3\end{array}\right]\begin{bmatrix}1\\ \boldsymbol{u}_{\mathrm{v}n}\end{bmatrix}\\
&\approx\begin{bmatrix}([1\ \ \boldsymbol{u}_n^{\mathrm{T}}]\boldsymbol{X}_{\mathrm{s1}}^{(1)\mathrm{T}})\otimes\boldsymbol{W}_n^{(1)}(\boldsymbol{s}_{\mathrm{v}})\\ ([1\ \ \boldsymbol{u}_n^{\mathrm{T}}]\boldsymbol{X}_{\mathrm{s1}}^{(1)\mathrm{T}})\otimes\dot{\boldsymbol{W}}_n^{(1)}(\boldsymbol{s}_{\mathrm{v}})+([0\ \ \dot{\boldsymbol{u}}_n^{\mathrm{T}}]\boldsymbol{X}_{\mathrm{s1}}^{(1)\mathrm{T}})\otimes\boldsymbol{W}_n^{(1)}(\boldsymbol{s}_{\mathrm{v}})\end{bmatrix}\boldsymbol{J}_{\mathrm{s0}}^{(1)}(\boldsymbol{I}_M\otimes[\boldsymbol{I}_3\ \ \boldsymbol{O}_{3\times3}])\boldsymbol{\varepsilon}_{\mathrm{s}}\\
&\quad-\begin{bmatrix}([1\ \ \boldsymbol{u}_n^{\mathrm{T}}]\boldsymbol{X}_{\mathrm{s1}}^{(1)\mathrm{T}})\otimes(\boldsymbol{W}_n^{(1)}(\boldsymbol{s}_{\mathrm{v}})\boldsymbol{X}_{\mathrm{s2}}^{(1)})\\ ([1\ \ \boldsymbol{u}_n^{\mathrm{T}}]\boldsymbol{X}_{\mathrm{s1}}^{(1)\mathrm{T}})\otimes(\dot{\boldsymbol{W}}_n^{(1)}(\boldsymbol{s}_{\mathrm{v}})\boldsymbol{X}_{\mathrm{s2}}^{(1)})+([0\ \ \dot{\boldsymbol{u}}_n^{\mathrm{T}}]\boldsymbol{X}_{\mathrm{s1}}^{(1)\mathrm{T}})\otimes(\boldsymbol{W}_n^{(1)}(\boldsymbol{s}_{\mathrm{v}})\boldsymbol{X}_{\mathrm{s2}}^{(1)})\end{bmatrix}\boldsymbol{J}_{\mathrm{s1}}^{(1)}(\boldsymbol{I}_M\otimes[\boldsymbol{I}_3\ \ \boldsymbol{O}_{3\times3}])\boldsymbol{\varepsilon}_{\mathrm{s}}\\
&=\boldsymbol{B}_{\mathrm{s}n3}^{(1)}(\boldsymbol{u}_{\mathrm{v}n},\boldsymbol{s}_{\mathrm{v}})\boldsymbol{\varepsilon}_{\mathrm{s}}\end{aligned} \tag{H.3.3}$$

式中，$\boldsymbol{B}_{\mathrm{s}n3}^{(1)}(\boldsymbol{u}_{\mathrm{v}n},\boldsymbol{s}_{\mathrm{v}})$的表达式见式（11.39）。

附录 H.4

首先有

$$\left[\begin{array}{c|c}\boldsymbol{O}_{M\times4} & \boldsymbol{O}_{M\times3}\\ \hline \boldsymbol{W}_n^{(1)}(\boldsymbol{s}_{\mathrm{v}})\Delta\dot{\boldsymbol{T}}_{\mathrm{s}}^{(1)} & \boldsymbol{O}_{M\times3}\end{array}\right]\begin{bmatrix}1\\ \boldsymbol{u}_{\mathrm{v}n}\end{bmatrix}=\begin{bmatrix}\boldsymbol{O}_{M\times1}\\ \boldsymbol{W}_n^{(1)}(\boldsymbol{s}_{\mathrm{v}})\Delta\dot{\boldsymbol{T}}_{\mathrm{s}}^{(1)}\begin{bmatrix}1\\ \boldsymbol{u}_n\end{bmatrix}\end{bmatrix}=\begin{bmatrix}\boldsymbol{O}_{M\times4M}\\ [1\ \ \boldsymbol{u}_n^{\mathrm{T}}]\otimes\boldsymbol{W}_n^{(1)}(\boldsymbol{s}_{\mathrm{v}})\end{bmatrix}\mathrm{vec}(\Delta\dot{\boldsymbol{T}}_{\mathrm{s}}^{(1)}) \tag{H.4.1}$$

式中，第 2 个等号处的运算利用了命题 2.10。根据式（11.41）可得

$$\begin{aligned}\mathrm{vec}(\Delta\dot{\boldsymbol{T}}_{\mathrm{s}}^{(1)})\approx&(\boldsymbol{X}_{\mathrm{s1}}^{(1)\mathrm{T}}\otimes\boldsymbol{X}_{\mathrm{s5}}^{(1)}+\boldsymbol{X}_{\mathrm{s4}}^{(1)\mathrm{T}}\otimes\boldsymbol{X}_{\mathrm{s2}}^{(1)}-\boldsymbol{X}_{\mathrm{s1}}^{(1)\mathrm{T}}\otimes\boldsymbol{X}_{\mathrm{s3}}^{(1)})\boldsymbol{J}_{\mathrm{s1}}^{(1)}(\boldsymbol{I}_M\otimes[\boldsymbol{I}_3\ \ \boldsymbol{O}_{3\times3}])\boldsymbol{\varepsilon}_{\mathrm{s}}\\
&-(\boldsymbol{X}_{\mathrm{s1}}^{(1)\mathrm{T}}\otimes\boldsymbol{X}_{\mathrm{s2}}^{(1)})\boldsymbol{J}_{\mathrm{s2}}^{(1)}(\boldsymbol{I}_M\otimes[\boldsymbol{I}_3\ \ \boldsymbol{O}_{3\times3}])\boldsymbol{\varepsilon}_{\mathrm{s}}-(\boldsymbol{X}_{\mathrm{s4}}^{(1)\mathrm{T}}\otimes\boldsymbol{I}_M)\boldsymbol{J}_{\mathrm{s0}}^{(1)}(\boldsymbol{I}_M\otimes[\boldsymbol{I}_3\ \ \boldsymbol{O}_{3\times3}])\boldsymbol{\varepsilon}_{\mathrm{s}}\\
&+(\boldsymbol{X}_{\mathrm{s1}}^{(1)\mathrm{T}}\otimes\boldsymbol{I}_M)\boldsymbol{J}_{\mathrm{s0}}^{(1)}(\boldsymbol{I}_M\otimes[\boldsymbol{O}_{3\times3}\ \ \boldsymbol{I}_3])\boldsymbol{\varepsilon}_{\mathrm{s}}-(\boldsymbol{X}_{\mathrm{s1}}^{(1)\mathrm{T}}\otimes\boldsymbol{X}_{\mathrm{s2}}^{(1)})\boldsymbol{J}_{\mathrm{s1}}^{(1)}(\boldsymbol{I}_M\otimes[\boldsymbol{O}_{3\times3}\ \ \boldsymbol{I}_3])\boldsymbol{\varepsilon}_{\mathrm{s}}\end{aligned} \tag{H.4.2}$$

将式（H.4.2）代入式（H.4.1）中，并利用命题 2.9 可得

$$\begin{aligned}&\left[\begin{array}{c|c}\boldsymbol{O}_{M\times4} & \boldsymbol{O}_{M\times3}\\ \hline \boldsymbol{W}_n^{(1)}(\boldsymbol{s}_{\mathrm{v}})\Delta\dot{\boldsymbol{T}}_{\mathrm{s}}^{(1)} & \boldsymbol{O}_{M\times3}\end{array}\right]\begin{bmatrix}1\\ \boldsymbol{u}_{\mathrm{v}n}\end{bmatrix}\\
&\approx\left[\begin{array}{c}\boldsymbol{O}_{M\times16}\\ \hline ([1\ \ \boldsymbol{u}_n^{\mathrm{T}}]\boldsymbol{X}_{\mathrm{s1}}^{(1)\mathrm{T}})\otimes(\boldsymbol{W}_n^{(1)}(\boldsymbol{s}_{\mathrm{v}})\boldsymbol{X}_{\mathrm{s5}}^{(1)})+([1\ \ \boldsymbol{u}_n^{\mathrm{T}}]\boldsymbol{X}_{\mathrm{s4}}^{(1)\mathrm{T}})\otimes(\boldsymbol{W}_n^{(1)}(\boldsymbol{s}_{\mathrm{v}})\boldsymbol{X}_{\mathrm{s2}}^{(1)})\\ -([1\ \ \boldsymbol{u}_n^{\mathrm{T}}]\boldsymbol{X}_{\mathrm{s1}}^{(1)\mathrm{T}})\otimes(\boldsymbol{W}_n^{(1)}(\boldsymbol{s}_{\mathrm{v}})\boldsymbol{X}_{\mathrm{s3}}^{(1)})\end{array}\right]\boldsymbol{J}_{\mathrm{s1}}^{(1)}(\boldsymbol{I}_M\otimes[\boldsymbol{I}_3\ \ \boldsymbol{O}_{3\times3}])\boldsymbol{\varepsilon}_{\mathrm{s}}\end{aligned}$$

$$
\begin{aligned}
&-\begin{bmatrix} \boldsymbol{O}_{M\times 16} \\ ([1\ \ \boldsymbol{u}_n^{\mathrm{T}}]\boldsymbol{X}_{\mathrm{s}1}^{(1)\mathrm{T}})\otimes(\boldsymbol{W}_n^{(1)}(\boldsymbol{s}_{\mathrm{v}})\boldsymbol{X}_{\mathrm{s}2}^{(1)}) \end{bmatrix}\boldsymbol{J}_{\mathrm{s}2}^{(1)}(\boldsymbol{I}_M\otimes[\boldsymbol{I}_3\ \ \boldsymbol{O}_{3\times 3}])\boldsymbol{\varepsilon}_{\mathrm{s}}-\begin{bmatrix} \boldsymbol{O}_{M\times 4M} \\ ([1\ \ \boldsymbol{u}_n^{\mathrm{T}}]\boldsymbol{X}_{\mathrm{s}4}^{(1)\mathrm{T}})\otimes\boldsymbol{W}_n^{(1)}(\boldsymbol{s}_{\mathrm{v}}) \end{bmatrix}\\
&\times\boldsymbol{J}_{\mathrm{s}0}^{(1)}(\boldsymbol{I}_M\otimes[\boldsymbol{I}_3\ \ \boldsymbol{O}_{3\times 3}])\boldsymbol{\varepsilon}_{\mathrm{s}}\\
&+\begin{bmatrix} \boldsymbol{O}_{M\times 4M} \\ ([1\ \ \boldsymbol{u}_n^{\mathrm{T}}]\boldsymbol{X}_{\mathrm{s}1}^{(1)\mathrm{T}})\otimes\boldsymbol{W}_n^{(1)}(\boldsymbol{s}_{\mathrm{v}}) \end{bmatrix}\boldsymbol{J}_{\mathrm{s}0}^{(1)}(\boldsymbol{I}_M\otimes[\boldsymbol{O}_{3\times 3}\ \ \boldsymbol{I}_3])\boldsymbol{\varepsilon}_{\mathrm{s}}-\begin{bmatrix} \boldsymbol{O}_{M\times 16} \\ ([1\ \ \boldsymbol{u}_n^{\mathrm{T}}]\boldsymbol{X}_{\mathrm{s}1}^{(1)\mathrm{T}})\otimes(\boldsymbol{W}_n^{(1)}(\boldsymbol{s}_{\mathrm{v}})\boldsymbol{X}_{\mathrm{s}2}^{(1)}) \end{bmatrix}\\
&\times\boldsymbol{J}_{\mathrm{s}1}^{(1)}(\boldsymbol{I}_M\otimes[\boldsymbol{O}_{3\times 3}\ \ \boldsymbol{I}_3])\boldsymbol{\varepsilon}_{\mathrm{s}}\\
&=\boldsymbol{B}_{\mathrm{s}n4}^{(1)}(\boldsymbol{u}_{\mathrm{v}n},\boldsymbol{s}_{\mathrm{v}})\boldsymbol{\varepsilon}_{\mathrm{s}}
\end{aligned}
\tag{H.4.3}
$$

式中，$\boldsymbol{B}_{\mathrm{s}n4}^{(1)}(\boldsymbol{u}_{\mathrm{v}n},\boldsymbol{s}_{\mathrm{v}})$ 的表达式见式（11.44）。

附录 H.5

首先有

$$
\begin{aligned}
&\left[\begin{array}{c:c} \Delta\boldsymbol{W}_{\mathrm{ts}n}^{(2)}\boldsymbol{T}^{(2)}(\boldsymbol{s}_{\mathrm{v}}) & \boldsymbol{O}_{(M+1)\times 3} \\ \hdashline \Delta\boldsymbol{W}_{\mathrm{ts}n}^{(2)}\dot{\boldsymbol{T}}^{(2)}(\boldsymbol{s}_{\mathrm{v}}) & \Delta\boldsymbol{W}_{\mathrm{ts}n}^{(2)}\boldsymbol{T}^{(2)}(\boldsymbol{s}_{\mathrm{v}})\bar{\boldsymbol{I}}_3 \end{array}\right]\begin{bmatrix} 1 \\ \boldsymbol{u}_{\mathrm{v}n} \end{bmatrix}\\
&=\begin{bmatrix} \Delta\boldsymbol{W}_{\mathrm{ts}n}^{(2)}\boldsymbol{T}^{(2)}(\boldsymbol{s}_{\mathrm{v}})\begin{bmatrix} 1 \\ \boldsymbol{u}_n \end{bmatrix} \\ \Delta\boldsymbol{W}_{\mathrm{ts}n}^{(2)}\dot{\boldsymbol{T}}^{(2)}(\boldsymbol{s}_{\mathrm{v}})\begin{bmatrix} 1 \\ \boldsymbol{u}_n \end{bmatrix}+\Delta\boldsymbol{W}_{\mathrm{ts}n}^{(2)}\boldsymbol{T}^{(2)}(\boldsymbol{s}_{\mathrm{v}})\begin{bmatrix} 0 \\ \dot{\boldsymbol{u}}_n \end{bmatrix} \end{bmatrix}\\
&=\begin{bmatrix} ([1\ \ \boldsymbol{u}_n^{\mathrm{T}}](\boldsymbol{T}^{(2)}(\boldsymbol{s}_{\mathrm{v}}))^{\mathrm{T}})\otimes\boldsymbol{I}_{M+1} \\ ([1\ \ \boldsymbol{u}_n^{\mathrm{T}}](\dot{\boldsymbol{T}}^{(2)}(\boldsymbol{s}_{\mathrm{v}}))^{\mathrm{T}}+[0\ \ \dot{\boldsymbol{u}}_n^{\mathrm{T}}](\boldsymbol{T}^{(2)}(\boldsymbol{s}_{\mathrm{v}}))^{\mathrm{T}})\otimes\boldsymbol{I}_{M+1} \end{bmatrix}\mathrm{vec}(\Delta\boldsymbol{W}_{\mathrm{ts}n}^{(2)})
\end{aligned}
\tag{H.5.1}
$$

式中，第 2 个等号处的运算利用了命题 2.10。根据式（11.92）可得

$$
\mathrm{vec}(\Delta\boldsymbol{W}_{\mathrm{ts}n}^{(2)})\approx-(\boldsymbol{L}_M\otimes\boldsymbol{L}_M)\left(\begin{bmatrix} \boldsymbol{O}_{1\times M} \\ \mathrm{diag}[\boldsymbol{r}_n] \\ \mathrm{diag}[\boldsymbol{r}_n]\otimes\boldsymbol{i}_{M+1}^{(1)} \end{bmatrix}\boldsymbol{\varepsilon}_{\mathrm{t}n1}+\bar{\boldsymbol{S}}_{\mathrm{blk}}^{(2)}(\boldsymbol{I}_M\otimes[\boldsymbol{I}_3\ \ \boldsymbol{O}_{3\times 3}])\boldsymbol{\varepsilon}_{\mathrm{s}}\right)
\tag{H.5.2}
$$

将式（H.5.2）代入式（H.5.1）中，并利用命题 2.9 可得

$$
\begin{aligned}
&\left[\begin{array}{c:c} \Delta\boldsymbol{W}_{\mathrm{ts}n}^{(2)}\boldsymbol{T}^{(2)}(\boldsymbol{s}_{\mathrm{v}}) & \boldsymbol{O}_{(M+1)\times 3} \\ \hdashline \Delta\boldsymbol{W}_{\mathrm{ts}n}^{(2)}\dot{\boldsymbol{T}}^{(2)}(\boldsymbol{s}_{\mathrm{v}}) & \Delta\boldsymbol{W}_{\mathrm{ts}n}^{(2)}\boldsymbol{T}^{(2)}(\boldsymbol{s}_{\mathrm{v}})\bar{\boldsymbol{I}}_3 \end{array}\right]\begin{bmatrix} 1 \\ \boldsymbol{u}_{\mathrm{v}n} \end{bmatrix}\\
&\approx-\begin{bmatrix} ([1\ \ \boldsymbol{u}_n^{\mathrm{T}}](\boldsymbol{T}^{(2)}(\boldsymbol{s}_{\mathrm{v}}))^{\mathrm{T}}\boldsymbol{L}_M)\otimes\boldsymbol{L}_M \\ (([1\ \ \boldsymbol{u}_n^{\mathrm{T}}](\dot{\boldsymbol{T}}^{(2)}(\boldsymbol{s}_{\mathrm{v}}))^{\mathrm{T}}+[0\ \ \dot{\boldsymbol{u}}_n^{\mathrm{T}}](\boldsymbol{T}^{(2)}(\boldsymbol{s}_{\mathrm{v}}))^{\mathrm{T}})\boldsymbol{L}_M)\otimes\boldsymbol{L}_M \end{bmatrix}
\end{aligned}
$$

$$\times\left(\begin{bmatrix} \boldsymbol{O}_{1\times M} \\ \text{diag}[\boldsymbol{r}_n] \\ \text{diag}[\boldsymbol{r}_n]\otimes \boldsymbol{i}_{M+1}^{(1)} \end{bmatrix}\boldsymbol{\varepsilon}_{\text{t}n1}+\overline{\boldsymbol{S}}_{\text{blk}}^{(2)}(\boldsymbol{I}_M\otimes[\boldsymbol{I}_3\ \ \boldsymbol{O}_{3\times 3}])\boldsymbol{\varepsilon}_{\text{s}}\right)$$
$$=\boldsymbol{B}_{\text{t}n1}^{(2)}(\boldsymbol{u}_{\text{v}n},\boldsymbol{s}_{\text{v}})\boldsymbol{\varepsilon}_{\text{t}n}+\boldsymbol{B}_{\text{s}n1}^{(2)}(\boldsymbol{u}_{\text{v}n},\boldsymbol{s}_{\text{v}})\boldsymbol{\varepsilon}_{\text{s}} \tag{H.5.3}$$

式中，$\boldsymbol{B}_{\text{t}n1}^{(2)}(\boldsymbol{u}_{\text{v}n},\boldsymbol{s}_{\text{v}})$和$\boldsymbol{B}_{\text{s}n1}^{(2)}(\boldsymbol{u}_{\text{v}n},\boldsymbol{s}_{\text{v}})$的表达式分别见式（11.94）和式（11.95）。

附录 H.6

首先有

$$\left[\begin{array}{c|c} \boldsymbol{O}_{(M+1)\times 4} & \boldsymbol{O}_{(M+1)\times 3} \\ \hline \Delta\dot{\boldsymbol{W}}_{\text{ts}n}^{(2)}\boldsymbol{T}^{(2)}(\boldsymbol{s}_{\text{v}}) & \boldsymbol{O}_{(M+1)\times 3} \end{array}\right]\begin{bmatrix} 1 \\ \boldsymbol{u}_{\text{v}n} \end{bmatrix}$$
$$=\begin{bmatrix} \boldsymbol{O}_{(M+1)\times 1} \\ \Delta\dot{\boldsymbol{W}}_{\text{ts}n}^{(2)}\boldsymbol{T}^{(2)}(\boldsymbol{s}_{\text{v}})\begin{bmatrix} 1 \\ \boldsymbol{u}_n \end{bmatrix} \end{bmatrix} \tag{H.6.1}$$
$$=\begin{bmatrix} \boldsymbol{O}_{(M+1)\times(M+1)^2} \\ ([1\ \ \boldsymbol{u}_n^{\text{T}}](\boldsymbol{T}^{(2)}(\boldsymbol{s}_{\text{v}}))^{\text{T}})\otimes \boldsymbol{I}_{M+1} \end{bmatrix}\text{vec}(\Delta\dot{\boldsymbol{W}}_{\text{ts}n}^{(2)})$$

式中，第 2 个等号处的运算利用了命题 2.10。根据式（11.97）可得

$$\text{vec}(\Delta\dot{\boldsymbol{W}}_{\text{ts}n}^{(2)})\approx-(\boldsymbol{L}_M\otimes\boldsymbol{L}_M)\left(\begin{bmatrix} \boldsymbol{O}_{1\times M} \\ \text{diag}[\dot{\boldsymbol{r}}_n] \\ \text{diag}[\dot{\boldsymbol{r}}_n]\otimes \boldsymbol{i}_{M+1}^{(1)} \end{bmatrix}\boldsymbol{\varepsilon}_{\text{t}n1}+\begin{bmatrix} \boldsymbol{O}_{1\times M} \\ \text{diag}[\boldsymbol{r}_n] \\ \text{diag}[\boldsymbol{r}_n]\otimes \boldsymbol{i}_{M+1}^{(1)} \end{bmatrix}\boldsymbol{\varepsilon}_{\text{t}n2}\right)$$
$$-(\boldsymbol{L}_M\otimes\boldsymbol{L}_M)(\overline{\boldsymbol{S}}_{\text{blk}}^{(2)}(\boldsymbol{I}_M\otimes[\boldsymbol{O}_{3\times 3}\ \ \boldsymbol{I}_3])+\dot{\overline{\boldsymbol{S}}}_{\text{blk}}^{(2)}(\boldsymbol{I}_M\otimes[\boldsymbol{I}_3\ \ \boldsymbol{O}_{3\times 3}]))\boldsymbol{\varepsilon}_{\text{s}} \tag{H.6.2}$$

将式（H.6.2）代入式（H.6.1）中，并利用命题 2.9 可知

$$\left[\begin{array}{c|c} \boldsymbol{O}_{(M+1)\times 4} & \boldsymbol{O}_{(M+1)\times 3} \\ \hline \Delta\dot{\boldsymbol{W}}_{\text{ts}n}^{(2)}\boldsymbol{T}^{(2)}(\boldsymbol{s}_{\text{v}}) & \boldsymbol{O}_{(M+1)\times 3} \end{array}\right]\begin{bmatrix} 1 \\ \boldsymbol{u}_{\text{v}n} \end{bmatrix}$$
$$\approx-\begin{bmatrix} \boldsymbol{O}_{(M+1)\times(M+1)^2} \\ ([1\ \ \boldsymbol{u}_n^{\text{T}}](\boldsymbol{T}^{(2)}(\boldsymbol{s}_{\text{v}}))^{\text{T}}\boldsymbol{L}_M)\otimes \boldsymbol{L}_M \end{bmatrix}\left(\begin{bmatrix} \boldsymbol{O}_{1\times M} \\ \text{diag}[\dot{\boldsymbol{r}}_n] \\ \text{diag}[\dot{\boldsymbol{r}}_n]\otimes \boldsymbol{i}_{M+1}^{(1)} \end{bmatrix}\boldsymbol{\varepsilon}_{\text{t}n1}+\begin{bmatrix} \boldsymbol{O}_{1\times M} \\ \text{diag}[\boldsymbol{r}_n] \\ \text{diag}[\boldsymbol{r}_n]\otimes \boldsymbol{i}_{M+1}^{(1)} \end{bmatrix}\boldsymbol{\varepsilon}_{\text{t}n2}\right)$$

$$-\begin{bmatrix} \boldsymbol{O}_{(M+1)\times(M+1)^2} \\ ([1\ \ \boldsymbol{u}_n^{\mathrm{T}}](\boldsymbol{T}^{(2)}(\boldsymbol{s}_{\mathrm{v}}))^{\mathrm{T}}\boldsymbol{L}_M)\otimes\boldsymbol{L}_M \end{bmatrix}(\bar{\boldsymbol{S}}_{\mathrm{blk}}^{(2)}(\boldsymbol{I}_M\otimes[\boldsymbol{O}_{3\times3}\ \ \boldsymbol{I}_3])+\dot{\bar{\boldsymbol{S}}}_{\mathrm{blk}}^{(2)}(\boldsymbol{I}_M\otimes[\boldsymbol{I}_3\ \ \boldsymbol{O}_{3\times3}]))\boldsymbol{\varepsilon}_{\mathrm{s}}$$
$$=\boldsymbol{B}_{\mathrm{t}n2}^{(2)}(\boldsymbol{u}_{\mathrm{v}n},\boldsymbol{s}_{\mathrm{v}})\boldsymbol{\varepsilon}_{\mathrm{t}n}+\boldsymbol{B}_{\mathrm{s}n2}^{(2)}(\boldsymbol{u}_{\mathrm{v}n},\boldsymbol{s}_{\mathrm{v}})\boldsymbol{\varepsilon}_{\mathrm{s}} \tag{H.6.3}$$

式中，$\boldsymbol{B}_{\mathrm{t}n2}^{(2)}(\boldsymbol{u}_{\mathrm{v}n},\boldsymbol{s}_{\mathrm{v}})$和$\boldsymbol{B}_{\mathrm{s}n2}^{(2)}(\boldsymbol{u}_{\mathrm{v}n},\boldsymbol{s}_{\mathrm{v}})$的表达式分别见式（11.99）和式（11.100）。

附录 H.7

首先有

$$\left[\begin{array}{c:c} \boldsymbol{W}_n^{(2)}(\boldsymbol{s}_{\mathrm{v}})\Delta\boldsymbol{T}_{\mathrm{s}}^{(2)} & \boldsymbol{O}_{(M+1)\times3} \\ \hdashline \dot{\boldsymbol{W}}_n^{(2)}(\boldsymbol{s}_{\mathrm{v}})\Delta\boldsymbol{T}_{\mathrm{s}}^{(2)} & \boldsymbol{W}_n^{(2)}(\boldsymbol{s}_{\mathrm{v}})\Delta\boldsymbol{T}_{\mathrm{s}}^{(2)}\bar{\boldsymbol{I}}_3 \end{array}\right]\begin{bmatrix} 1 \\ \boldsymbol{u}_{\mathrm{v}n} \end{bmatrix}$$
$$=\begin{bmatrix} \boldsymbol{W}_n^{(2)}(\boldsymbol{s}_{\mathrm{v}})\Delta\boldsymbol{T}_{\mathrm{s}}^{(2)}\begin{bmatrix} 1 \\ \boldsymbol{u}_n \end{bmatrix} \\ \dot{\boldsymbol{W}}_n^{(2)}(\boldsymbol{s}_{\mathrm{v}})\Delta\boldsymbol{T}_{\mathrm{s}}^{(2)}\begin{bmatrix} 1 \\ \boldsymbol{u}_n \end{bmatrix}+\boldsymbol{W}_n^{(2)}(\boldsymbol{s}_{\mathrm{v}})\Delta\boldsymbol{T}_{\mathrm{s}}^{(2)}\begin{bmatrix} 0 \\ \dot{\boldsymbol{u}}_n \end{bmatrix} \end{bmatrix} \tag{H.7.1}$$
$$=\begin{bmatrix} [1\ \ \boldsymbol{u}_n^{\mathrm{T}}]\otimes\boldsymbol{W}_n^{(2)}(\boldsymbol{s}_{\mathrm{v}}) \\ [1\ \ \boldsymbol{u}_n^{\mathrm{T}}]\otimes\dot{\boldsymbol{W}}_n^{(2)}(\boldsymbol{s}_{\mathrm{v}})+[0\ \ \dot{\boldsymbol{u}}_n^{\mathrm{T}}]\otimes\boldsymbol{W}_n^{(2)}(\boldsymbol{s}_{\mathrm{v}}) \end{bmatrix}\mathrm{vec}(\Delta\boldsymbol{T}_{\mathrm{s}}^{(2)})$$

式中，第 2 个等号处的运算利用了命题 2.10。根据式（11.102）可得

$$\mathrm{vec}(\Delta\boldsymbol{T}_{\mathrm{s}}^{(2)})\approx(\boldsymbol{X}_{\mathrm{s}1}^{(2)\mathrm{T}}\otimes\boldsymbol{I}_{M+1})\boldsymbol{J}_{\mathrm{s}0}^{(2)}(\boldsymbol{I}_M\otimes[\boldsymbol{I}_3\ \ \boldsymbol{O}_{3\times3}])\boldsymbol{\varepsilon}_{\mathrm{s}}-(\boldsymbol{X}_{\mathrm{s}1}^{(2)\mathrm{T}}\otimes\boldsymbol{X}_{\mathrm{s}2}^{(2)})\boldsymbol{J}_{\mathrm{s}1}^{(2)}(\boldsymbol{I}_M\otimes[\boldsymbol{I}_3\ \ \boldsymbol{O}_{3\times3}])\boldsymbol{\varepsilon}_{\mathrm{s}} \tag{H.7.2}$$

将式（H.7.2）代入式（H.7.1）中，并利用命题 2.9 可得

$$\left[\begin{array}{c:c} \boldsymbol{W}_n^{(2)}(\boldsymbol{s}_{\mathrm{v}})\Delta\boldsymbol{T}_{\mathrm{s}}^{(2)} & \boldsymbol{O}_{(M+1)\times3} \\ \hdashline \dot{\boldsymbol{W}}_n^{(2)}(\boldsymbol{s}_{\mathrm{v}})\Delta\boldsymbol{T}_{\mathrm{s}}^{(2)} & \boldsymbol{W}_n^{(2)}(\boldsymbol{s}_{\mathrm{v}})\Delta\boldsymbol{T}_{\mathrm{s}}^{(2)}\bar{\boldsymbol{I}}_3 \end{array}\right]\begin{bmatrix} 1 \\ \boldsymbol{u}_{\mathrm{v}n} \end{bmatrix}$$
$$\approx\begin{bmatrix} ([1\ \ \boldsymbol{u}_n^{\mathrm{T}}]\boldsymbol{X}_{\mathrm{s}1}^{(2)\mathrm{T}})\otimes\boldsymbol{W}_n^{(2)}(\boldsymbol{s}_{\mathrm{v}}) \\ ([1\ \ \boldsymbol{u}_n^{\mathrm{T}}]\boldsymbol{X}_{\mathrm{s}1}^{(2)\mathrm{T}})\otimes\dot{\boldsymbol{W}}_n^{(2)}(\boldsymbol{s}_{\mathrm{v}})+([0\ \ \dot{\boldsymbol{u}}_n^{\mathrm{T}}]\boldsymbol{X}_{\mathrm{s}1}^{(2)\mathrm{T}})\otimes\boldsymbol{W}_n^{(2)}(\boldsymbol{s}_{\mathrm{v}}) \end{bmatrix}\boldsymbol{J}_{\mathrm{s}0}^{(2)}(\boldsymbol{I}_M\otimes[\boldsymbol{I}_3\ \ \boldsymbol{O}_{3\times3}])\boldsymbol{\varepsilon}_{\mathrm{s}}$$
$$-\begin{bmatrix} ([1\ \ \boldsymbol{u}_n^{\mathrm{T}}]\boldsymbol{X}_{\mathrm{s}1}^{(2)\mathrm{T}})\otimes(\boldsymbol{W}_n^{(2)}(\boldsymbol{s}_{\mathrm{v}})\boldsymbol{X}_{\mathrm{s}2}^{(2)}) \\ ([1\ \ \boldsymbol{u}_n^{\mathrm{T}}]\boldsymbol{X}_{\mathrm{s}1}^{(2)\mathrm{T}})\otimes(\dot{\boldsymbol{W}}_n^{(2)}(\boldsymbol{s}_{\mathrm{v}})\boldsymbol{X}_{\mathrm{s}2}^{(2)})+([0\ \ \dot{\boldsymbol{u}}_n^{\mathrm{T}}]\boldsymbol{X}_{\mathrm{s}1}^{(2)\mathrm{T}})\otimes(\boldsymbol{W}_n^{(2)}(\boldsymbol{s}_{\mathrm{v}})\boldsymbol{X}_{\mathrm{s}2}^{(2)}) \end{bmatrix}\boldsymbol{J}_{\mathrm{s}1}^{(2)}(\boldsymbol{I}_M\otimes[\boldsymbol{I}_3\ \ \boldsymbol{O}_{3\times3}])\boldsymbol{\varepsilon}_{\mathrm{s}}$$
$$=\boldsymbol{B}_{\mathrm{s}n3}^{(2)}(\boldsymbol{u}_{\mathrm{v}n},\boldsymbol{s}_{\mathrm{v}})\boldsymbol{\varepsilon}_{\mathrm{s}} \tag{H.7.3}$$

式中，$\boldsymbol{B}_{\mathrm{s}n3}^{(2)}(\boldsymbol{u}_{\mathrm{v}n},\boldsymbol{s}_{\mathrm{v}})$的表达式见式（11.105）。

附录 H.8

首先有

$$\left[\begin{array}{c:c}\boldsymbol{O}_{(M+1)\times 4} & \boldsymbol{O}_{(M+1)\times 3} \\ \hdashline \boldsymbol{W}_n^{(2)}(\boldsymbol{s}_\mathrm{v})\Delta\dot{\boldsymbol{T}}_\mathrm{s}^{(2)} & \boldsymbol{O}_{(M+1)\times 3}\end{array}\right]\begin{bmatrix}1 \\ \boldsymbol{u}_{\mathrm{v}n}\end{bmatrix}=\begin{bmatrix}\boldsymbol{O}_{(M+1)\times 1} \\ \boldsymbol{W}_n^{(2)}(\boldsymbol{s}_\mathrm{v})\Delta\dot{\boldsymbol{T}}_\mathrm{s}^{(2)}\begin{bmatrix}1 \\ \boldsymbol{u}_n\end{bmatrix}\end{bmatrix}=\begin{bmatrix}\boldsymbol{O}_{(M+1)\times 4(M+1)} \\ [1\ \ \boldsymbol{u}_n^\mathrm{T}]\otimes\boldsymbol{W}_n^{(2)}(\boldsymbol{s}_\mathrm{v})\end{bmatrix}\mathrm{vec}(\Delta\dot{\boldsymbol{T}}_\mathrm{s}^{(2)}) \tag{H.8.1}$$

式中，第 2 个等号处的运算利用了命题 2.10。根据式（11.107）可得

$$\begin{aligned}&\mathrm{vec}(\Delta\dot{\boldsymbol{T}}_\mathrm{s}^{(2)}) \\ &\approx(\boldsymbol{X}_\mathrm{s1}^{(2)\mathrm{T}}\otimes\boldsymbol{X}_\mathrm{s5}^{(2)}+\boldsymbol{X}_\mathrm{s4}^{(2)\mathrm{T}}\otimes\boldsymbol{X}_\mathrm{s2}^{(2)}-\boldsymbol{X}_\mathrm{s1}^{(2)\mathrm{T}}\otimes\boldsymbol{X}_\mathrm{s3}^{(2)})\boldsymbol{J}_\mathrm{s1}^{(2)}(\boldsymbol{I}_M\otimes[\boldsymbol{I}_3\ \ \boldsymbol{O}_{3\times 3}])\boldsymbol{\varepsilon}_\mathrm{s} \\ &\quad-(\boldsymbol{X}_\mathrm{s1}^{(2)\mathrm{T}}\otimes\boldsymbol{X}_\mathrm{s2}^{(2)})\boldsymbol{J}_\mathrm{s2}^{(2)}(\boldsymbol{I}_M\otimes[\boldsymbol{I}_3\ \ \boldsymbol{O}_{3\times 3}])\boldsymbol{\varepsilon}_\mathrm{s}-(\boldsymbol{X}_\mathrm{s4}^{(2)\mathrm{T}}\otimes\boldsymbol{I}_{M+1})\boldsymbol{J}_\mathrm{s0}^{(2)}(\boldsymbol{I}_M\otimes[\boldsymbol{I}_3\ \ \boldsymbol{O}_{3\times 3}])\boldsymbol{\varepsilon}_\mathrm{s} \\ &\quad+(\boldsymbol{X}_\mathrm{s1}^{(2)\mathrm{T}}\otimes\boldsymbol{I}_{M+1})\boldsymbol{J}_\mathrm{s0}^{(2)}(\boldsymbol{I}_M\otimes[\boldsymbol{O}_{3\times 3}\ \ \boldsymbol{I}_3])\boldsymbol{\varepsilon}_\mathrm{s}-(\boldsymbol{X}_\mathrm{s1}^{(2)\mathrm{T}}\otimes\boldsymbol{X}_\mathrm{s2}^{(2)})\boldsymbol{J}_\mathrm{s1}^{(2)}(\boldsymbol{I}_M\otimes[\boldsymbol{O}_{3\times 3}\ \ \boldsymbol{I}_3])\boldsymbol{\varepsilon}_\mathrm{s}\end{aligned} \tag{H.8.2}$$

将式（H.8.2）代入式（H.8.1）中，并利用命题 2.9 可得

$$\begin{aligned}&\left[\begin{array}{c:c}\boldsymbol{O}_{(M+1)\times 4} & \boldsymbol{O}_{(M+1)\times 3} \\ \hdashline \boldsymbol{W}_n^{(2)}(\boldsymbol{s}_\mathrm{v})\Delta\dot{\boldsymbol{T}}_\mathrm{s}^{(2)} & \boldsymbol{O}_{(M+1)\times 3}\end{array}\right]\begin{bmatrix}1 \\ \boldsymbol{u}_{\mathrm{v}n}\end{bmatrix} \\ &\approx\left[\begin{array}{c}\boldsymbol{O}_{(M+1)\times 16} \\ \hdashline ([1\ \ \boldsymbol{u}_n^\mathrm{T}]\boldsymbol{X}_\mathrm{s1}^{(2)\mathrm{T}})\otimes(\boldsymbol{W}_n^{(2)}(\boldsymbol{s}_\mathrm{v})\boldsymbol{X}_\mathrm{s5}^{(2)})+([1\ \ \boldsymbol{u}_n^\mathrm{T}]\boldsymbol{X}_\mathrm{s4}^{(2)\mathrm{T}})\otimes(\boldsymbol{W}_n^{(2)}(\boldsymbol{s}_\mathrm{v})\boldsymbol{X}_\mathrm{s2}^{(2)}) \\ -([1\ \ \boldsymbol{u}_n^\mathrm{T}]\boldsymbol{X}_\mathrm{s1}^{(2)\mathrm{T}})\otimes(\boldsymbol{W}_n^{(2)}(\boldsymbol{s}_\mathrm{v})\boldsymbol{X}_\mathrm{s3}^{(2)})\end{array}\right]\boldsymbol{J}_\mathrm{s1}^{(2)}(\boldsymbol{I}_M\otimes[\boldsymbol{I}_3\ \ \boldsymbol{O}_{3\times 3}])\boldsymbol{\varepsilon}_\mathrm{s} \\ &\quad-\begin{bmatrix}\boldsymbol{O}_{(M+1)\times 16} \\ ([1\ \ \boldsymbol{u}_n^\mathrm{T}]\boldsymbol{X}_\mathrm{s1}^{(2)\mathrm{T}})\otimes(\boldsymbol{W}_n^{(2)}(\boldsymbol{s}_\mathrm{v})\boldsymbol{X}_\mathrm{s2}^{(2)})\end{bmatrix}\boldsymbol{J}_\mathrm{s2}^{(2)}(\boldsymbol{I}_M\otimes[\boldsymbol{I}_3\ \ \boldsymbol{O}_{3\times 3}])\boldsymbol{\varepsilon}_\mathrm{s}-\begin{bmatrix}\boldsymbol{O}_{(M+1)\times 4(M+1)} \\ ([1\ \ \boldsymbol{u}_n^\mathrm{T}]\boldsymbol{X}_\mathrm{s4}^{(2)\mathrm{T}})\otimes\boldsymbol{W}_n^{(2)}(\boldsymbol{s}_\mathrm{v})\end{bmatrix}\boldsymbol{J}_\mathrm{s0}^{(2)}(\boldsymbol{I}_M\otimes[\boldsymbol{I}_3\ \ \boldsymbol{O}_{3\times 3}])\boldsymbol{\varepsilon}_\mathrm{s} \\ &\quad+\begin{bmatrix}\boldsymbol{O}_{(M+1)\times 4(M+1)} \\ ([1\ \ \boldsymbol{u}_n^\mathrm{T}]\boldsymbol{X}_\mathrm{s1}^{(2)\mathrm{T}})\otimes\boldsymbol{W}_n^{(2)}(\boldsymbol{s}_\mathrm{v})\end{bmatrix}\boldsymbol{J}_\mathrm{s0}^{(2)}(\boldsymbol{I}_M\otimes[\boldsymbol{O}_{3\times 3}\ \ \boldsymbol{I}_3])\boldsymbol{\varepsilon}_\mathrm{s}-\begin{bmatrix}\boldsymbol{O}_{(M+1)\times 16} \\ ([1\ \ \boldsymbol{u}_n^\mathrm{T}]\boldsymbol{X}_\mathrm{s1}^{(2)\mathrm{T}})\otimes(\boldsymbol{W}_n^{(2)}(\boldsymbol{s}_\mathrm{v})\boldsymbol{X}_\mathrm{s2}^{(2)})\end{bmatrix}\boldsymbol{J}_\mathrm{s1}^{(2)}(\boldsymbol{I}_M\otimes[\boldsymbol{O}_{3\times 3}\ \ \boldsymbol{I}_3])\boldsymbol{\varepsilon}_\mathrm{s} \\ &=\boldsymbol{B}_{\mathrm{s}n4}^{(2)}(\boldsymbol{u}_{\mathrm{v}n},\boldsymbol{s}_\mathrm{v})\boldsymbol{\varepsilon}_\mathrm{s}\end{aligned} \tag{H.8.3}$$

式中，$\boldsymbol{B}_{\mathrm{s}n4}^{(2)}(\boldsymbol{u}_{\mathrm{v}n},\boldsymbol{s}_\mathrm{v})$ 的表达式见式（11.110）。

附录 H.9

首先根据式（11.133）可知

$$\boldsymbol{B}_{\mathrm{s}n}^{(2)}(\boldsymbol{u}_{\mathrm{v}n},\boldsymbol{s}_\mathrm{v})=-\boldsymbol{B}_{\mathrm{t}n}^{(2)}(\boldsymbol{u}_{\mathrm{v}n},\boldsymbol{s}_\mathrm{v})\frac{\partial\boldsymbol{f}_\mathrm{tfoa}(\boldsymbol{u}_{\mathrm{v}n},\boldsymbol{s}_\mathrm{v})}{\partial\boldsymbol{s}_\mathrm{v}^\mathrm{T}}\quad(1\leqslant n\leqslant N) \tag{H.9.1}$$

将式（H.9.1）代入式（11.114）中可得

$$\begin{aligned}\boldsymbol{\Omega}_{\mathrm{ts}n}^{(2)} &\approx \boldsymbol{B}_{\mathrm{t}n}^{(2)}(\boldsymbol{u}_{\mathrm{v}n},\boldsymbol{s}_{\mathrm{v}})\boldsymbol{E}_{\mathrm{t}n}(\boldsymbol{B}_{\mathrm{t}n}^{(2)}(\boldsymbol{u}_{\mathrm{v}n},\boldsymbol{s}_{\mathrm{v}}))^{\mathrm{T}} + \boldsymbol{B}_{\mathrm{t}n}^{(2)}(\boldsymbol{u}_{\mathrm{v}n},\boldsymbol{s}_{\mathrm{v}})\frac{\partial \boldsymbol{f}_{\mathrm{tfoa}}(\boldsymbol{u}_{\mathrm{v}n},\boldsymbol{s}_{\mathrm{v}})}{\partial \boldsymbol{s}_{\mathrm{v}}^{\mathrm{T}}}\boldsymbol{E}_{\mathrm{s}}\left(\frac{\partial \boldsymbol{f}_{\mathrm{tfoa}}(\boldsymbol{u}_{\mathrm{v}n},\boldsymbol{s}_{\mathrm{v}})}{\partial \boldsymbol{s}_{\mathrm{v}}^{\mathrm{T}}}\right)^{\mathrm{T}} \\ &\quad \times (\boldsymbol{B}_{\mathrm{t}n}^{(2)}(\boldsymbol{u}_{\mathrm{v}n},\boldsymbol{s}_{\mathrm{v}}))^{\mathrm{T}} \\ &= \boldsymbol{B}_{\mathrm{t}n}^{(2)}(\boldsymbol{u}_{\mathrm{v}n},\boldsymbol{s}_{\mathrm{v}})\left[\boldsymbol{E}_{\mathrm{t}n} + \frac{\partial \boldsymbol{f}_{\mathrm{tfoa}}(\boldsymbol{u}_{\mathrm{v}n},\boldsymbol{s}_{\mathrm{v}})}{\partial \boldsymbol{s}_{\mathrm{v}}^{\mathrm{T}}}\boldsymbol{E}_{\mathrm{s}}\left(\frac{\partial \boldsymbol{f}_{\mathrm{tfoa}}(\boldsymbol{u}_{\mathrm{v}n},\boldsymbol{s}_{\mathrm{v}})}{\partial \boldsymbol{s}_{\mathrm{v}}^{\mathrm{T}}}\right)^{\mathrm{T}}\right](\boldsymbol{B}_{\mathrm{t}n}^{(2)}(\boldsymbol{u}_{\mathrm{v}n},\boldsymbol{s}_{\mathrm{v}}))^{\mathrm{T}}\end{aligned} \tag{H.9.2}$$

由于 $\boldsymbol{E}_{\mathrm{t}n} + \frac{\partial \boldsymbol{f}_{\mathrm{tfoa}}(\boldsymbol{u}_{\mathrm{v}n},\boldsymbol{s}_{\mathrm{v}})}{\partial \boldsymbol{s}_{\mathrm{v}}^{\mathrm{T}}}\boldsymbol{E}_{\mathrm{s}}\left(\frac{\partial \boldsymbol{f}_{\mathrm{tfoa}}(\boldsymbol{u}_{\mathrm{v}n},\boldsymbol{s}_{\mathrm{v}})}{\partial \boldsymbol{s}_{\mathrm{v}}^{\mathrm{T}}}\right)^{\mathrm{T}}$ 是正定矩阵，于是有

$$\mathrm{rank}[\boldsymbol{\Omega}_{\mathrm{ts}n}^{(2)}] = \mathrm{rank}[\boldsymbol{B}_{\mathrm{t}n}^{(2)}(\boldsymbol{u}_{\mathrm{v}n},\boldsymbol{s}_{\mathrm{v}})] \leqslant 2M < 2(M+1) \tag{H.9.3}$$

由式（H.9.3）可知，协方差矩阵 $\boldsymbol{\Omega}_{\mathrm{ts}n}^{(2)}$ 是秩亏损的。

附录 I

附录 I.1

首先根据式（12.26）和式（12.27）中的第 2 式可得

$$\begin{aligned}&\boldsymbol{W}^{(\mathrm{a})}(\boldsymbol{s})[\boldsymbol{I}_{M\times 1}\ \ \boldsymbol{G}^{(\mathrm{a})}(\boldsymbol{s})]\Delta\boldsymbol{\alpha}_{\mathrm{ds}}^{(\mathrm{a})}\\ &\approx \boldsymbol{W}^{(\mathrm{a})}(\boldsymbol{s})\boldsymbol{T}^{(\mathrm{a})}(\boldsymbol{s})\begin{bmatrix}0\\ \Delta\boldsymbol{g}_{\mathrm{d}}\end{bmatrix}-\boldsymbol{W}^{(\mathrm{a})}(\boldsymbol{s})\boldsymbol{T}^{(\mathrm{a})}(\boldsymbol{s})\begin{bmatrix}0 & \boldsymbol{I}_{M\times 1}^{\mathrm{T}}\Delta\boldsymbol{G}_{\mathrm{ds}}^{(\mathrm{a})}\\ (\Delta\boldsymbol{G}_{\mathrm{ds}}^{(\mathrm{a})})^{\mathrm{T}}\boldsymbol{I}_{M\times 1} & (\boldsymbol{G}^{(\mathrm{a})}(\boldsymbol{s}))^{\mathrm{T}}\Delta\boldsymbol{G}_{\mathrm{ds}}^{(\mathrm{a})}+(\Delta\boldsymbol{G}_{\mathrm{ds}}^{(\mathrm{a})})^{\mathrm{T}}\boldsymbol{G}^{(\mathrm{a})}(\boldsymbol{s})\end{bmatrix}\boldsymbol{\alpha}^{(\mathrm{a})}(\boldsymbol{s})\\ &=\boldsymbol{W}^{(\mathrm{a})}(\boldsymbol{s})\boldsymbol{T}^{(\mathrm{a})}(\boldsymbol{s})\begin{bmatrix}\boldsymbol{O}_{4\times 1}\\ \hdashline \dfrac{(\boldsymbol{u}_{\mathrm{d}}-\boldsymbol{s}_1)^{\mathrm{T}}\boldsymbol{\varepsilon}_{\mathrm{s}1}}{\|\boldsymbol{u}_{\mathrm{d}}-\boldsymbol{s}_1\|_2}\end{bmatrix}-\boldsymbol{W}^{(\mathrm{a})}(\boldsymbol{s})\boldsymbol{T}^{(\mathrm{a})}(\boldsymbol{s})\begin{bmatrix}\boldsymbol{I}_{M\times 1}^{\mathrm{T}}\Delta\boldsymbol{G}_{\mathrm{ds}}^{(\mathrm{a})}\begin{bmatrix}\boldsymbol{\alpha}_2^{(\mathrm{a})}(\boldsymbol{s})\\ \alpha_3^{(\mathrm{a})}(\boldsymbol{s})\end{bmatrix}\\ \hdashline (\boldsymbol{G}^{(\mathrm{a})}(\boldsymbol{s}))^{\mathrm{T}}\Delta\boldsymbol{G}_{\mathrm{ds}}^{(\mathrm{a})}\begin{bmatrix}\boldsymbol{\alpha}_2^{(\mathrm{a})}(\boldsymbol{s})\\ \alpha_3^{(\mathrm{a})}(\boldsymbol{s})\end{bmatrix}+(\Delta\boldsymbol{G}_{\mathrm{ds}}^{(\mathrm{a})})^{\mathrm{T}}[\boldsymbol{I}_{M\times 1}\ \ \boldsymbol{G}^{(\mathrm{a})}(\boldsymbol{s})]\boldsymbol{\alpha}^{(\mathrm{a})}(\boldsymbol{s})\end{bmatrix}\end{aligned}\tag{I.1.1}$$

式中

$$\begin{bmatrix}\boldsymbol{O}_{4\times 1}\\ \hdashline \dfrac{(\boldsymbol{u}_{\mathrm{d}}-\boldsymbol{s}_1)^{\mathrm{T}}\boldsymbol{\varepsilon}_{\mathrm{s}1}}{\|\boldsymbol{u}_{\mathrm{d}}-\boldsymbol{s}_1\|_2}\end{bmatrix}=\boldsymbol{J}_{\mathrm{s}0}^{(\mathrm{a})}(\boldsymbol{s})\boldsymbol{\varepsilon}_{\mathrm{s}}\tag{I.1.2}$$

然后利用式（12.27）中的第 1 式可得

$$\Delta\boldsymbol{G}_{\mathrm{ds}}^{(\mathrm{a})}\begin{bmatrix}\boldsymbol{\alpha}_2^{(\mathrm{a})}(\boldsymbol{s})\\ \alpha_3^{(\mathrm{a})}(\boldsymbol{s})\end{bmatrix}=\alpha_3^{(\mathrm{a})}(\boldsymbol{s})\bar{\boldsymbol{I}}_{M-1}\boldsymbol{\varepsilon}_{\mathrm{d}}+(\boldsymbol{I}_M\otimes(\boldsymbol{\alpha}_2^{(\mathrm{a})}(\boldsymbol{s}))^{\mathrm{T}})\boldsymbol{\varepsilon}_{\mathrm{s}}=\boldsymbol{J}_{\mathrm{d}1}^{(\mathrm{a})}(\boldsymbol{s})\boldsymbol{\varepsilon}_{\mathrm{d}}+\boldsymbol{J}_{\mathrm{s}1}^{(\mathrm{a})}(\boldsymbol{s})\boldsymbol{\varepsilon}_{\mathrm{s}}\tag{I.1.3}$$

$$\begin{aligned}(\Delta\boldsymbol{G}_{\mathrm{ds}}^{(\mathrm{a})})^{\mathrm{T}}[\boldsymbol{I}_{M\times 1}\ \ \boldsymbol{G}^{(\mathrm{a})}(\boldsymbol{s})]\boldsymbol{\alpha}^{(\mathrm{a})}(\boldsymbol{s})&=\begin{bmatrix}\boldsymbol{O}_{3\times M}\\ ([\boldsymbol{I}_{M\times 1}\ \ \boldsymbol{G}^{(\mathrm{a})}(\boldsymbol{s})]\boldsymbol{\alpha}^{(\mathrm{a})}(\boldsymbol{s}))^{\mathrm{T}}\end{bmatrix}\bar{\boldsymbol{I}}_{M-1}\boldsymbol{\varepsilon}_{\mathrm{d}}+\begin{bmatrix}([\boldsymbol{I}_{M\times 1}\ \ \boldsymbol{G}^{(\mathrm{a})}(\boldsymbol{s})]\boldsymbol{\alpha}^{(\mathrm{a})}(\boldsymbol{s}))^{\mathrm{T}}\otimes\boldsymbol{I}_3\\ \boldsymbol{O}_{1\times 3M}\end{bmatrix}\boldsymbol{\varepsilon}_{\mathrm{s}}\\ &=\boldsymbol{J}_{\mathrm{d}2}^{(\mathrm{a})}(\boldsymbol{s})\boldsymbol{\varepsilon}_{\mathrm{d}}+\boldsymbol{J}_{\mathrm{s}2}^{(\mathrm{a})}(\boldsymbol{s})\boldsymbol{\varepsilon}_{\mathrm{s}}\end{aligned}\tag{I.1.4}$$

将式（I.1.2）～式（I.1.4）代入式（I.1.1）中可得

$$
\begin{aligned}
&\boldsymbol{W}^{(\mathrm{a})}(\boldsymbol{s})[\boldsymbol{I}_{M\times 1}\ \ \boldsymbol{G}^{(\mathrm{a})}(\boldsymbol{s})]\Delta\boldsymbol{\alpha}_{\mathrm{ds}}^{(\mathrm{a})} \\
&\approx -\boldsymbol{W}^{(\mathrm{a})}(\boldsymbol{s})\boldsymbol{T}^{(\mathrm{a})}(\boldsymbol{s})\begin{bmatrix}\boldsymbol{I}_{M\times 1}^{\mathrm{T}}\boldsymbol{J}_{\mathrm{d1}}^{(\mathrm{a})}(\boldsymbol{s}) \\ (\boldsymbol{G}^{(\mathrm{a})}(\boldsymbol{s}))^{\mathrm{T}}\boldsymbol{J}_{\mathrm{d1}}^{(\mathrm{a})}(\boldsymbol{s})+\boldsymbol{J}_{\mathrm{d2}}^{(\mathrm{a})}(\boldsymbol{s})\end{bmatrix}\boldsymbol{\varepsilon}_{\mathrm{d}}+\boldsymbol{W}^{(\mathrm{a})}(\boldsymbol{s})\boldsymbol{T}^{(\mathrm{a})}(\boldsymbol{s})\left(\boldsymbol{J}_{\mathrm{s0}}^{(\mathrm{a})}(\boldsymbol{s})-\begin{bmatrix}\boldsymbol{I}_{M\times 1}^{\mathrm{T}}\boldsymbol{J}_{\mathrm{s1}}^{(\mathrm{a})}(\boldsymbol{s}) \\ (\boldsymbol{G}^{(\mathrm{a})}(\boldsymbol{s}))^{\mathrm{T}}\boldsymbol{J}_{\mathrm{s1}}^{(\mathrm{a})}(\boldsymbol{s})+\boldsymbol{J}_{\mathrm{s2}}^{(\mathrm{a})}(\boldsymbol{s})\end{bmatrix}\right)\boldsymbol{\varepsilon}_{\mathrm{s}} \\
&= \boldsymbol{B}_{\mathrm{d2}}^{(\mathrm{a})}(\boldsymbol{s})\boldsymbol{\varepsilon}_{\mathrm{d}}+\boldsymbol{B}_{\mathrm{s2}}^{(\mathrm{a})}(\boldsymbol{s})\boldsymbol{\varepsilon}_{\mathrm{s}}
\end{aligned}
\tag{I.1.5}
$$

式中，$\boldsymbol{B}_{\mathrm{d2}}^{(\mathrm{a})}(\boldsymbol{s})$ 和 $\boldsymbol{B}_{\mathrm{s2}}^{(\mathrm{a})}(\boldsymbol{s})$ 的表达式分别见式（12.29）中的第 1 式和第 2 式。

附录 I.2

根据式（12.39）和命题 2.3 可得

$$
\begin{aligned}
(\tilde{\boldsymbol{\Omega}}_{\mathrm{ds}}^{(\mathrm{a})})^{-1} &= \left[\begin{array}{c:c}
[\boldsymbol{\Sigma}_1^{(\mathrm{a})}(\boldsymbol{s})(\boldsymbol{V}^{(\mathrm{a})}(\boldsymbol{s}))^{\mathrm{T}}\boldsymbol{E}_{\mathrm{d}}\boldsymbol{V}^{(\mathrm{a})}(\boldsymbol{s})\boldsymbol{\Sigma}_1^{(\mathrm{a})}(\boldsymbol{s})]^{-1} & \begin{pmatrix}\boldsymbol{\Sigma}_1^{(\mathrm{a})}(\boldsymbol{s})(\boldsymbol{V}^{(\mathrm{a})}(\boldsymbol{s}))^{\mathrm{T}}\boldsymbol{E}_{\mathrm{d}} \\ \times\boldsymbol{V}^{(\mathrm{a})}(\boldsymbol{s})\boldsymbol{\Sigma}_1^{(\mathrm{a})}(\boldsymbol{s})\end{pmatrix}^{-1}(\boldsymbol{H}_1^{(\mathrm{a})}(\boldsymbol{s}))^{\mathrm{T}}\boldsymbol{B}_{\mathrm{s}}^{(\mathrm{a})}(\boldsymbol{s}) \\ \hdashline
(\boldsymbol{B}_{\mathrm{s}}^{(\mathrm{a})}(\boldsymbol{s}))^{\mathrm{T}}\boldsymbol{H}_1^{(\mathrm{a})}(\boldsymbol{s})\begin{pmatrix}\boldsymbol{\Sigma}_1^{(\mathrm{a})}(\boldsymbol{s})(\boldsymbol{V}^{(\mathrm{a})}(\boldsymbol{s}))^{\mathrm{T}}\boldsymbol{E}_{\mathrm{d}} \\ \times\boldsymbol{V}^{(\mathrm{a})}(\boldsymbol{s})\boldsymbol{\Sigma}_1^{(\mathrm{a})}(\boldsymbol{s})\end{pmatrix}^{-1} & \begin{pmatrix}\boldsymbol{E}_{\mathrm{s}}-\boldsymbol{E}_{\mathrm{s}}(\boldsymbol{B}_{\mathrm{s}}^{(\mathrm{a})}(\boldsymbol{s}))^{\mathrm{T}}\boldsymbol{H}_1^{(\mathrm{a})}(\boldsymbol{s}) \\ \times\begin{pmatrix}(\boldsymbol{H}_1^{(\mathrm{a})}(\boldsymbol{s}))^{\mathrm{T}}\boldsymbol{B}_{\mathrm{s}}^{(\mathrm{a})}(\boldsymbol{s})\boldsymbol{E}_{\mathrm{s}}(\boldsymbol{B}_{\mathrm{s}}^{(\mathrm{a})}(\boldsymbol{s}))^{\mathrm{T}}\boldsymbol{H}_1^{(\mathrm{a})}(\boldsymbol{s}) \\ +\boldsymbol{\Sigma}_1^{(\mathrm{a})}(\boldsymbol{s})(\boldsymbol{V}^{(\mathrm{a})}(\boldsymbol{s}))^{\mathrm{T}}\boldsymbol{E}_{\mathrm{d}}\boldsymbol{V}^{(\mathrm{a})}(\boldsymbol{s})\boldsymbol{\Sigma}_1^{(\mathrm{a})}(\boldsymbol{s})\end{pmatrix}^{-1} \\ \times(\boldsymbol{H}_1^{(\mathrm{a})}(\boldsymbol{s}))^{\mathrm{T}}\boldsymbol{B}_{\mathrm{s}}^{(\mathrm{a})}(\boldsymbol{s})\boldsymbol{E}_{\mathrm{s}}\end{pmatrix}^{-1}
\end{array}\right] \\
&= \left[\begin{array}{c:c}
(\boldsymbol{\Sigma}_1^{(\mathrm{a})}(\boldsymbol{s}))^{-1}(\boldsymbol{V}^{(\mathrm{a})}(\boldsymbol{s}))^{-1}\boldsymbol{E}_{\mathrm{d}}^{-1}(\boldsymbol{V}^{(\mathrm{a})}(\boldsymbol{s}))^{-\mathrm{T}}(\boldsymbol{\Sigma}_1^{(\mathrm{a})}(\boldsymbol{s}))^{-1} & \begin{matrix}(\boldsymbol{\Sigma}_1^{(\mathrm{a})}(\boldsymbol{s}))^{-1}(\boldsymbol{V}^{(\mathrm{a})}(\boldsymbol{s}))^{-1}\boldsymbol{E}_{\mathrm{d}}^{-1}(\boldsymbol{V}^{(\mathrm{a})}(\boldsymbol{s}))^{-\mathrm{T}}(\boldsymbol{\Sigma}_1^{(\mathrm{a})}(\boldsymbol{s}))^{-1} \\ \times(\boldsymbol{H}_1^{(\mathrm{a})}(\boldsymbol{s}))^{\mathrm{T}}\boldsymbol{B}_{\mathrm{s}}^{(\mathrm{a})}(\boldsymbol{s})\end{matrix} \\ \hdashline
\begin{matrix}(\boldsymbol{B}_{\mathrm{s}}^{(\mathrm{a})}(\boldsymbol{s}))^{\mathrm{T}}\boldsymbol{H}_1^{(\mathrm{a})}(\boldsymbol{s})(\boldsymbol{\Sigma}_1^{(\mathrm{a})}(\boldsymbol{s}))^{-1}(\boldsymbol{V}^{(\mathrm{a})}(\boldsymbol{s}))^{-1}\boldsymbol{E}_{\mathrm{d}}^{-1} \\ \times(\boldsymbol{V}^{(\mathrm{a})}(\boldsymbol{s}))^{-\mathrm{T}}(\boldsymbol{\Sigma}_1^{(\mathrm{a})}(\boldsymbol{s}))^{-1}\end{matrix} & \begin{pmatrix}\boldsymbol{E}_{\mathrm{s}}-\boldsymbol{E}_{\mathrm{s}}(\boldsymbol{B}_{\mathrm{s}}^{(\mathrm{a})}(\boldsymbol{s}))^{\mathrm{T}}\boldsymbol{H}_1^{(\mathrm{a})}(\boldsymbol{s})(\boldsymbol{\Sigma}_1^{(\mathrm{a})}(\boldsymbol{s}))^{-1}(\boldsymbol{V}^{(\mathrm{a})}(\boldsymbol{s}))^{-1} \\ \times\begin{pmatrix}\boldsymbol{E}_{\mathrm{d}}+(\boldsymbol{V}^{(\mathrm{a})}(\boldsymbol{s}))^{-\mathrm{T}}(\boldsymbol{\Sigma}_1^{(\mathrm{a})}(\boldsymbol{s}))^{-1}(\boldsymbol{H}_1^{(\mathrm{a})}(\boldsymbol{s}))^{\mathrm{T}}\boldsymbol{B}_{\mathrm{s}}^{(\mathrm{a})}(\boldsymbol{s}) \\ \times\boldsymbol{E}_{\mathrm{s}}(\boldsymbol{B}_{\mathrm{s}}^{(\mathrm{a})}(\boldsymbol{s}))^{\mathrm{T}}\boldsymbol{H}_1^{(\mathrm{a})}(\boldsymbol{s})(\boldsymbol{\Sigma}_1^{(\mathrm{a})}(\boldsymbol{s}))^{-1}(\boldsymbol{V}^{(\mathrm{a})}(\boldsymbol{s}))^{-1}\end{pmatrix}^{-1} \\ \times(\boldsymbol{V}^{(\mathrm{a})}(\boldsymbol{s}))^{-\mathrm{T}}(\boldsymbol{\Sigma}_1^{(\mathrm{a})}(\boldsymbol{s}))^{-1}(\boldsymbol{H}_1^{(\mathrm{a})}(\boldsymbol{s}))^{\mathrm{T}}\boldsymbol{B}_{\mathrm{s}}^{(\mathrm{a})}(\boldsymbol{s})\boldsymbol{E}_{\mathrm{s}}\end{pmatrix}^{-1}
\end{array}\right]
\end{aligned}
\tag{I.2.1}
$$

接着利用命题 2.1 可得

$$
\begin{aligned}
&[\boldsymbol{E}_{\mathrm{s}}^{-1}+(\boldsymbol{B}_{\mathrm{s}}^{(\mathrm{a})}(\boldsymbol{s}))^{\mathrm{T}}\boldsymbol{H}_1^{(\mathrm{a})}(\boldsymbol{s})(\boldsymbol{\Sigma}_1^{(\mathrm{a})}(\boldsymbol{s}))^{-1}(\boldsymbol{V}^{(\mathrm{a})}(\boldsymbol{s}))^{-1}\boldsymbol{E}_{\mathrm{d}}^{-1}(\boldsymbol{V}^{(\mathrm{a})}(\boldsymbol{s}))^{-\mathrm{T}}(\boldsymbol{\Sigma}_1^{(\mathrm{a})}(\boldsymbol{s}))^{-1}(\boldsymbol{H}_1^{(\mathrm{a})}(\boldsymbol{s}))^{\mathrm{T}}\boldsymbol{B}_{\mathrm{s}}^{(\mathrm{a})}(\boldsymbol{s})]^{-1} \\
&= \boldsymbol{E}_{\mathrm{s}}-\boldsymbol{E}_{\mathrm{s}}(\boldsymbol{B}_{\mathrm{s}}^{(\mathrm{a})}(\boldsymbol{s}))^{\mathrm{T}}\boldsymbol{H}_1^{(\mathrm{a})}(\boldsymbol{s})(\boldsymbol{\Sigma}_1^{(\mathrm{a})}(\boldsymbol{s}))^{-1}(\boldsymbol{V}^{(\mathrm{a})}(\boldsymbol{s}))^{-1}\begin{pmatrix}\boldsymbol{E}_{\mathrm{d}}+(\boldsymbol{V}^{(\mathrm{a})}(\boldsymbol{s}))^{-\mathrm{T}}(\boldsymbol{\Sigma}_1^{(\mathrm{a})}(\boldsymbol{s}))^{-1}(\boldsymbol{H}_1^{(\mathrm{a})}(\boldsymbol{s}))^{\mathrm{T}}\boldsymbol{B}_{\mathrm{s}}^{(\mathrm{a})}(\boldsymbol{s}) \\ \times\boldsymbol{E}_{\mathrm{s}}(\boldsymbol{B}_{\mathrm{s}}^{(\mathrm{a})}(\boldsymbol{s}))^{\mathrm{T}}\boldsymbol{H}_1^{(\mathrm{a})}(\boldsymbol{s})(\boldsymbol{\Sigma}_1^{(\mathrm{a})}(\boldsymbol{s}))^{-1}(\boldsymbol{V}^{(\mathrm{a})}(\boldsymbol{s}))^{-1}\end{pmatrix}^{-1} \\
&\quad\times(\boldsymbol{V}^{(\mathrm{a})}(\boldsymbol{s}))^{-\mathrm{T}}(\boldsymbol{\Sigma}_1^{(\mathrm{a})}(\boldsymbol{s}))^{-1}(\boldsymbol{H}_1^{(\mathrm{a})}(\boldsymbol{s}))^{\mathrm{T}}\boldsymbol{B}_{\mathrm{s}}^{(\mathrm{a})}(\boldsymbol{s})\boldsymbol{E}_{\mathrm{s}}
\end{aligned}
\tag{I.2.2}
$$

将式（I.2.2）代入式（I.2.1）中可知式（12.44）成立。

附录 I.3

根据式（12.79）和命题 2.3 可得

$$
\begin{aligned}
(\tilde{\boldsymbol{\Omega}}_{\mathrm{ts}}^{(\mathrm{b})})^{-1}&=\left[\begin{array}{c|c}
[\boldsymbol{\Sigma}_1^{(\mathrm{b})}(\boldsymbol{s})(\boldsymbol{V}^{(\mathrm{b})}(\boldsymbol{s}))^{\mathrm{T}}\boldsymbol{E}_{\mathrm{t}}\boldsymbol{V}^{(\mathrm{b})}(\boldsymbol{s})\boldsymbol{\Sigma}_1^{(\mathrm{b})}(\boldsymbol{s})]^{-1} & \begin{pmatrix}\boldsymbol{\Sigma}_1^{(\mathrm{b})}(\boldsymbol{s})(\boldsymbol{V}^{(\mathrm{b})}(\boldsymbol{s}))^{\mathrm{T}}\boldsymbol{E}_{\mathrm{t}}\\ \times\boldsymbol{V}^{(\mathrm{b})}(\boldsymbol{s})\boldsymbol{\Sigma}_1^{(\mathrm{b})}(\boldsymbol{s})\end{pmatrix}^{-1}(\boldsymbol{H}_1^{(\mathrm{b})}(\boldsymbol{s}))^{\mathrm{T}}\boldsymbol{B}_{\mathrm{s}}^{(\mathrm{b})}(\boldsymbol{g},\boldsymbol{s}) \\ \hline
(\boldsymbol{B}_{\mathrm{s}}^{(\mathrm{b})}(\boldsymbol{g},\boldsymbol{s}))^{\mathrm{T}}\boldsymbol{H}_1^{(\mathrm{b})}(\boldsymbol{s})\begin{pmatrix}\boldsymbol{\Sigma}_1^{(\mathrm{b})}(\boldsymbol{s})(\boldsymbol{V}^{(\mathrm{b})}(\boldsymbol{s}))^{\mathrm{T}}\boldsymbol{E}_{\mathrm{t}}\\ \times\boldsymbol{V}^{(\mathrm{b})}(\boldsymbol{s})\boldsymbol{\Sigma}_1^{(\mathrm{b})}(\boldsymbol{s})\end{pmatrix}^{-1} & \begin{pmatrix}\mathbf{MSE}(\hat{\boldsymbol{s}}_{\mathrm{ca}}^{(\mathrm{a})})-\mathbf{MSE}(\hat{\boldsymbol{s}}_{\mathrm{ca}}^{(\mathrm{a})})(\boldsymbol{B}_{\mathrm{s}}^{(\mathrm{b})}(\boldsymbol{g},\boldsymbol{s}))^{\mathrm{T}}\boldsymbol{H}_1^{(\mathrm{b})}(\boldsymbol{s})\\ \times\begin{pmatrix}(\boldsymbol{H}_1^{(\mathrm{b})}(\boldsymbol{s}))^{\mathrm{T}}\boldsymbol{B}_{\mathrm{s}}^{(\mathrm{b})}(\boldsymbol{g},\boldsymbol{s})\mathbf{MSE}(\hat{\boldsymbol{s}}_{\mathrm{ca}}^{(\mathrm{a})})(\boldsymbol{B}_{\mathrm{s}}^{(\mathrm{b})}(\boldsymbol{g},\boldsymbol{s}))^{\mathrm{T}}\boldsymbol{H}_1^{(\mathrm{b})}(\boldsymbol{s})\\ +\boldsymbol{\Sigma}_1^{(\mathrm{b})}(\boldsymbol{s})(\boldsymbol{V}^{(\mathrm{b})}(\boldsymbol{s}))^{\mathrm{T}}\boldsymbol{E}_{\mathrm{t}}\boldsymbol{V}^{(\mathrm{b})}(\boldsymbol{s})\boldsymbol{\Sigma}_1^{(\mathrm{b})}(\boldsymbol{s})\end{pmatrix}^{-1}\\ \times(\boldsymbol{H}_1^{(\mathrm{b})}(\boldsymbol{s}))^{\mathrm{T}}\boldsymbol{B}_{\mathrm{s}}^{(\mathrm{b})}(\boldsymbol{g},\boldsymbol{s})\mathbf{MSE}(\hat{\boldsymbol{s}}_{\mathrm{ca}}^{(\mathrm{a})})\end{pmatrix}^{-1}
\end{array}\right]\\
&=\left[\begin{array}{c|c}
(\boldsymbol{\Sigma}_1^{(\mathrm{b})}(\boldsymbol{s}))^{-1}(\boldsymbol{V}^{(\mathrm{b})}(\boldsymbol{s}))^{-1}\boldsymbol{E}_{\mathrm{t}}^{-1}(\boldsymbol{V}^{(\mathrm{b})}(\boldsymbol{s}))^{-\mathrm{T}}(\boldsymbol{\Sigma}_1^{(\mathrm{b})}(\boldsymbol{s}))^{-1} & (\boldsymbol{\Sigma}_1^{(\mathrm{b})}(\boldsymbol{s}))^{-1}(\boldsymbol{V}^{(\mathrm{b})}(\boldsymbol{s}))^{-1}\boldsymbol{E}_{\mathrm{t}}^{-1}(\boldsymbol{V}^{(\mathrm{b})}(\boldsymbol{s}))^{-\mathrm{T}}(\boldsymbol{\Sigma}_1^{(\mathrm{b})}(\boldsymbol{s}))^{-1}(\boldsymbol{H}_1^{(\mathrm{b})}(\boldsymbol{s}))^{\mathrm{T}}\boldsymbol{B}_{\mathrm{s}}^{(\mathrm{b})}(\boldsymbol{g},\boldsymbol{s}) \\ \hline
\begin{matrix}(\boldsymbol{B}_{\mathrm{s}}^{(\mathrm{b})}(\boldsymbol{g},\boldsymbol{s}))^{\mathrm{T}}\boldsymbol{H}_1^{(\mathrm{b})}(\boldsymbol{s})(\boldsymbol{\Sigma}_1^{(\mathrm{b})}(\boldsymbol{s}))^{-1}(\boldsymbol{V}^{(\mathrm{b})}(\boldsymbol{s}))^{-1}\boldsymbol{E}_{\mathrm{t}}^{-1}\\ \times(\boldsymbol{V}^{(\mathrm{b})}(\boldsymbol{s}))^{-\mathrm{T}}(\boldsymbol{\Sigma}_1^{(\mathrm{b})}(\boldsymbol{s}))^{-1}\end{matrix} & \begin{pmatrix}\mathbf{MSE}(\hat{\boldsymbol{s}}_{\mathrm{ca}}^{(\mathrm{a})})-\mathbf{MSE}(\hat{\boldsymbol{s}}_{\mathrm{ca}}^{(\mathrm{a})})(\boldsymbol{B}_{\mathrm{s}}^{(\mathrm{b})}(\boldsymbol{g},\boldsymbol{s}))^{\mathrm{T}}\boldsymbol{H}_1^{(\mathrm{b})}(\boldsymbol{s})(\boldsymbol{\Sigma}_1^{(\mathrm{b})}(\boldsymbol{s}))^{-1}(\boldsymbol{V}^{(\mathrm{b})}(\boldsymbol{s}))^{-1}\\ \times\begin{pmatrix}\boldsymbol{E}_{\mathrm{t}}+(\boldsymbol{V}^{(\mathrm{b})}(\boldsymbol{s}))^{-\mathrm{T}}(\boldsymbol{\Sigma}_1^{(\mathrm{b})}(\boldsymbol{s}))^{-1}(\boldsymbol{H}_1^{(\mathrm{b})}(\boldsymbol{s}))^{\mathrm{T}}\boldsymbol{B}_{\mathrm{s}}^{(\mathrm{b})}(\boldsymbol{g},\boldsymbol{s})\\ \times\mathbf{MSE}(\hat{\boldsymbol{s}}_{\mathrm{ca}}^{(\mathrm{a})})(\boldsymbol{B}_{\mathrm{s}}^{(\mathrm{b})}(\boldsymbol{g},\boldsymbol{s}))^{\mathrm{T}}\boldsymbol{H}_1^{(\mathrm{b})}(\boldsymbol{s})(\boldsymbol{\Sigma}_1^{(\mathrm{b})}(\boldsymbol{s}))^{-1}(\boldsymbol{V}^{(\mathrm{b})}(\boldsymbol{s}))^{-1}\end{pmatrix}^{-1}\\ \times(\boldsymbol{V}^{(\mathrm{b})}(\boldsymbol{s}))^{-\mathrm{T}}(\boldsymbol{\Sigma}_1^{(\mathrm{b})}(\boldsymbol{s}))^{-1}(\boldsymbol{H}_1^{(\mathrm{b})}(\boldsymbol{s}))^{\mathrm{T}}\boldsymbol{B}_{\mathrm{s}}^{(\mathrm{b})}(\boldsymbol{g},\boldsymbol{s})\mathbf{MSE}(\hat{\boldsymbol{s}}_{\mathrm{ca}}^{(\mathrm{a})})\end{pmatrix}^{-1}
\end{array}\right]
\end{aligned}
\tag{I.3.1}
$$

接着利用命题 2.1 可得

$$
\begin{aligned}
&[(\mathbf{MSE}(\hat{\boldsymbol{s}}_{\mathrm{ca}}^{(\mathrm{a})}))^{-1}+(\boldsymbol{B}_{\mathrm{s}}^{(\mathrm{b})}(\boldsymbol{g},\boldsymbol{s}))^{\mathrm{T}}\boldsymbol{H}_1^{(\mathrm{b})}(\boldsymbol{s})(\boldsymbol{\Sigma}_1^{(\mathrm{b})}(\boldsymbol{s}))^{-1}(\boldsymbol{V}^{(\mathrm{b})}(\boldsymbol{s}))^{-1}\boldsymbol{E}_{\mathrm{t}}^{-1}(\boldsymbol{V}^{(\mathrm{b})}(\boldsymbol{s}))^{-\mathrm{T}}\\
&\times(\boldsymbol{\Sigma}_1^{(\mathrm{b})}(\boldsymbol{s}))^{-1}(\boldsymbol{H}_1^{(\mathrm{b})}(\boldsymbol{s}))^{\mathrm{T}}\boldsymbol{B}_{\mathrm{s}}^{(\mathrm{b})}(\boldsymbol{g},\boldsymbol{s})]^{-1}\\
=&\,\mathbf{MSE}(\hat{\boldsymbol{s}}_{\mathrm{ca}}^{(\mathrm{a})})-\mathbf{MSE}(\hat{\boldsymbol{s}}_{\mathrm{ca}}^{(\mathrm{a})})(\boldsymbol{B}_{\mathrm{s}}^{(\mathrm{b})}(\boldsymbol{g},\boldsymbol{s}))^{\mathrm{T}}\boldsymbol{H}_1^{(\mathrm{b})}(\boldsymbol{s})(\boldsymbol{\Sigma}_1^{(\mathrm{b})}(\boldsymbol{s}))^{-1}(\boldsymbol{V}^{(\mathrm{b})}(\boldsymbol{s}))^{-1}\\
&\times\begin{pmatrix}\boldsymbol{E}_{\mathrm{t}}+(\boldsymbol{V}^{(\mathrm{b})}(\boldsymbol{s}))^{-\mathrm{T}}(\boldsymbol{\Sigma}_1^{(\mathrm{b})}(\boldsymbol{s}))^{-1}(\boldsymbol{H}_1^{(\mathrm{b})}(\boldsymbol{s}))^{\mathrm{T}}\boldsymbol{B}_{\mathrm{s}}^{(\mathrm{b})}(\boldsymbol{g},\boldsymbol{s})\\ \times\mathbf{MSE}(\hat{\boldsymbol{s}}_{\mathrm{ca}}^{(\mathrm{a})})(\boldsymbol{B}_{\mathrm{s}}^{(\mathrm{b})}(\boldsymbol{g},\boldsymbol{s}))^{\mathrm{T}}\boldsymbol{H}_1^{(\mathrm{b})}(\boldsymbol{s})(\boldsymbol{\Sigma}_1^{(\mathrm{b})}(\boldsymbol{s}))^{-1}(\boldsymbol{V}^{(\mathrm{b})}(\boldsymbol{s}))^{-1}\end{pmatrix}^{-1}\\
&\times(\boldsymbol{V}^{(\mathrm{b})}(\boldsymbol{s}))^{-\mathrm{T}}(\boldsymbol{\Sigma}_1^{(\mathrm{b})}(\boldsymbol{s}))^{-1}(\boldsymbol{H}_1^{(\mathrm{b})}(\boldsymbol{s}))^{\mathrm{T}}\boldsymbol{B}_{\mathrm{s}}^{(\mathrm{b})}(\boldsymbol{g},\boldsymbol{s})\mathbf{MSE}(\hat{\boldsymbol{s}}_{\mathrm{ca}}^{(\mathrm{a})})
\end{aligned}
\tag{I.3.2}
$$

将式（I.3.2）代入式（I.3.1）中可知式（12.87）成立。

附录 J

附录 J.1

根据式（13.31）可得

$$\boldsymbol{\delta}_{\mathrm{t}}=\mathrm{vec}(\boldsymbol{\Gamma}_{\mathrm{t}})=\mathrm{vec}(\Delta\boldsymbol{W}_{\mathrm{t}}\boldsymbol{Z}(\boldsymbol{\varphi}^{(\mathrm{u})}))=((\boldsymbol{Z}(\boldsymbol{\varphi}^{(\mathrm{u})}))^{\mathrm{T}}\otimes\boldsymbol{I}_K)\mathrm{vec}(\Delta\boldsymbol{W}_{\mathrm{t}}) \tag{J.1.1}$$

式中，第 3 个等号处的运算利用了命题 2.10。由式（13.32）可知

$$\begin{aligned}
\mathrm{vec}(\Delta\boldsymbol{W}_{\mathrm{t}})&\approx-(\boldsymbol{J}_K\otimes\boldsymbol{J}_K)\left(\begin{bmatrix}\boldsymbol{I}_N\\\boldsymbol{O}_{M\times N}\end{bmatrix}\otimes\begin{bmatrix}\boldsymbol{I}_N\\\boldsymbol{O}_{M\times N}\end{bmatrix}\right)(\boldsymbol{I}_{N^2}+\boldsymbol{\Lambda}_{N-N})\boldsymbol{\Lambda}_0\mathrm{diag}[\boldsymbol{r}^{(\mathrm{uu})}]\boldsymbol{\varepsilon}_{\mathrm{t}}^{(\mathrm{uu})}\\
&\quad-(\boldsymbol{J}_K\otimes\boldsymbol{J}_K)\left(\begin{bmatrix}\boldsymbol{I}_N\\\boldsymbol{O}_{M\times N}\end{bmatrix}\otimes\begin{bmatrix}\boldsymbol{O}_{N\times M}\\\boldsymbol{I}_M\end{bmatrix}\right)\mathrm{diag}[\boldsymbol{r}^{(\mathrm{ua})}]\boldsymbol{\varepsilon}_{\mathrm{t}}^{(\mathrm{ua})}-(\boldsymbol{J}_K\otimes\boldsymbol{J}_K)\left(\begin{bmatrix}\boldsymbol{O}_{N\times M}\\\boldsymbol{I}_M\end{bmatrix}\otimes\begin{bmatrix}\boldsymbol{I}_N\\\boldsymbol{O}_{M\times N}\end{bmatrix}\right)\boldsymbol{\Lambda}_{N-M}\mathrm{diag}[\boldsymbol{r}^{(\mathrm{ua})}]\boldsymbol{\varepsilon}_{\mathrm{t}}^{(\mathrm{ua})}\\
&=-\left(\left(\boldsymbol{J}_K\begin{bmatrix}\boldsymbol{I}_N\\\boldsymbol{O}_{M\times N}\end{bmatrix}\right)\otimes\left(\boldsymbol{J}_K\begin{bmatrix}\boldsymbol{I}_N\\\boldsymbol{O}_{M\times N}\end{bmatrix}\right)\right)(\boldsymbol{I}_{N^2}+\boldsymbol{\Lambda}_{N-N})\boldsymbol{\Lambda}_0\mathrm{diag}[\boldsymbol{r}^{(\mathrm{uu})}]\boldsymbol{\varepsilon}_{\mathrm{t}}^{(\mathrm{uu})}\\
&\quad-\left(\left(\boldsymbol{J}_K\begin{bmatrix}\boldsymbol{I}_N\\\boldsymbol{O}_{M\times N}\end{bmatrix}\right)\otimes\left(\boldsymbol{J}_K\begin{bmatrix}\boldsymbol{O}_{N\times M}\\\boldsymbol{I}_M\end{bmatrix}\right)+\left(\left(\boldsymbol{J}_K\begin{bmatrix}\boldsymbol{O}_{N\times M}\\\boldsymbol{I}_M\end{bmatrix}\right)\otimes\left(\boldsymbol{J}_K\begin{bmatrix}\boldsymbol{I}_N\\\boldsymbol{O}_{M\times N}\end{bmatrix}\right)\right)\boldsymbol{\Lambda}_{N-M}\right)\mathrm{diag}[\boldsymbol{r}^{(\mathrm{ua})}]\boldsymbol{\varepsilon}_{\mathrm{t}}^{(\mathrm{ua})}
\end{aligned} \tag{J.1.2}$$

式中，第 2 个等号处的运算利用了命题 2.9。将式（J.1.2）代入式（J.1.1）中可得

$$\begin{aligned}
\boldsymbol{\delta}_{\mathrm{t}}&\approx-\left(\left((\boldsymbol{Z}(\boldsymbol{\varphi}^{(\mathrm{u})}))^{\mathrm{T}}\boldsymbol{J}_K\begin{bmatrix}\boldsymbol{I}_N\\\boldsymbol{O}_{M\times N}\end{bmatrix}\right)\otimes\left(\boldsymbol{J}_K\begin{bmatrix}\boldsymbol{I}_N\\\boldsymbol{O}_{M\times N}\end{bmatrix}\right)\right)(\boldsymbol{I}_{N^2}+\boldsymbol{\Lambda}_{N-N})\boldsymbol{\Lambda}_0\mathrm{diag}[\boldsymbol{r}^{(\mathrm{uu})}]\boldsymbol{\varepsilon}_{\mathrm{t}}^{(\mathrm{uu})}\\
&\quad-\left(\left((\boldsymbol{Z}(\boldsymbol{\varphi}^{(\mathrm{u})}))^{\mathrm{T}}\boldsymbol{J}_K\begin{bmatrix}\boldsymbol{I}_N\\\boldsymbol{O}_{M\times N}\end{bmatrix}\right)\otimes\left(\boldsymbol{J}_K\begin{bmatrix}\boldsymbol{O}_{N\times M}\\\boldsymbol{I}_M\end{bmatrix}\right)+\left(\left((\boldsymbol{Z}(\boldsymbol{\varphi}^{(\mathrm{u})}))^{\mathrm{T}}\boldsymbol{J}_K\begin{bmatrix}\boldsymbol{O}_{N\times M}\\\boldsymbol{I}_M\end{bmatrix}\right)\otimes\left(\boldsymbol{J}_K\begin{bmatrix}\boldsymbol{I}_N\\\boldsymbol{O}_{M\times N}\end{bmatrix}\right)\right)\boldsymbol{\Lambda}_{N-M}\right)\mathrm{diag}[\boldsymbol{r}^{(\mathrm{ua})}]\boldsymbol{\varepsilon}_{\mathrm{t}}^{(\mathrm{ua})}\\
&=\boldsymbol{B}_{\mathrm{t}}^{(\mathrm{ua})}(\boldsymbol{\varphi}^{(\mathrm{u})})\boldsymbol{\varepsilon}_{\mathrm{t}}^{(\mathrm{ua})}+\boldsymbol{B}_{\mathrm{t}}^{(\mathrm{uu})}(\boldsymbol{\varphi}^{(\mathrm{u})})\boldsymbol{\varepsilon}_{\mathrm{t}}^{(\mathrm{uu})}=\boldsymbol{B}_{\mathrm{t}}(\boldsymbol{\varphi}^{(\mathrm{u})})\boldsymbol{\varepsilon}_{\mathrm{t}}
\end{aligned} \tag{J.1.3}$$

式中，$\boldsymbol{B}_{\mathrm{t}}^{(\mathrm{ua})}(\boldsymbol{\varphi}^{(\mathrm{u})})$、$\boldsymbol{B}_{\mathrm{t}}^{(\mathrm{uu})}(\boldsymbol{\varphi}^{(\mathrm{u})})$ 及 $\boldsymbol{B}_{\mathrm{t}}(\boldsymbol{\varphi}^{(\mathrm{u})})$ 的表达式分别见式（13.34）中的第 1～3 式。

附录 K

附录 K.1

根据式（14.25）可得

$$\boldsymbol{\delta}_{\mathrm{t}}=\mathrm{vec}(\boldsymbol{\Gamma}_{\mathrm{t}})=\mathrm{vec}(\Delta\boldsymbol{W}_{\mathrm{t}}\boldsymbol{Z}(\boldsymbol{\varphi}^{(\mathrm{u})}))=((\boldsymbol{Z}(\boldsymbol{\varphi}^{(\mathrm{u})}))^{\mathrm{T}}\otimes\boldsymbol{I}_K)\mathrm{vec}(\Delta\boldsymbol{W}_{\mathrm{t}}) \tag{K.1.1}$$

式中，第 3 个等号处的运算利用了命题 2.10。由式（14.26）可知

$$\begin{aligned}&\mathrm{vec}(\Delta\boldsymbol{W}_{\mathrm{t}})\\&=-\frac{1}{2}(\boldsymbol{J}_K\otimes\boldsymbol{J}_K)\left(\begin{bmatrix}\boldsymbol{I}_N\\\boldsymbol{O}_{M\times N}\end{bmatrix}\otimes\begin{bmatrix}\boldsymbol{I}_N\\\boldsymbol{O}_{M\times N}\end{bmatrix}\right)(\boldsymbol{I}_{N^2}+\boldsymbol{\Lambda}_{N-N})\boldsymbol{\Lambda}_0\Delta\boldsymbol{\tau}^{(\mathrm{uu})}\\&\quad-\frac{1}{2}(\boldsymbol{J}_K\otimes\boldsymbol{J}_K)\left(\begin{bmatrix}\boldsymbol{I}_N\\\boldsymbol{O}_{M\times N}\end{bmatrix}\otimes\begin{bmatrix}\boldsymbol{O}_{N\times M}\\\boldsymbol{I}_M\end{bmatrix}\right)\Delta\boldsymbol{\tau}^{(\mathrm{ua})}-(\boldsymbol{J}_K\otimes\boldsymbol{J}_K)\left(\begin{bmatrix}\boldsymbol{O}_{N\times M}\\\boldsymbol{I}_M\end{bmatrix}\otimes\begin{bmatrix}\boldsymbol{I}_N\\\boldsymbol{O}_{M\times N}\end{bmatrix}\right)\boldsymbol{\Lambda}_{N-M}\Delta\boldsymbol{\tau}^{(\mathrm{ua})}\\&=-\frac{1}{2}\left(\left(\boldsymbol{J}_K\begin{bmatrix}\boldsymbol{I}_N\\\boldsymbol{O}_{M\times N}\end{bmatrix}\right)\otimes\left(\boldsymbol{J}_K\begin{bmatrix}\boldsymbol{I}_N\\\boldsymbol{O}_{M\times N}\end{bmatrix}\right)\right)(\boldsymbol{I}_{N^2}+\boldsymbol{\Lambda}_{N-N})\boldsymbol{\Lambda}_0\Delta\boldsymbol{\tau}^{(\mathrm{uu})}\\&\quad-\frac{1}{2}\left(\left(\boldsymbol{J}_K\begin{bmatrix}\boldsymbol{I}_N\\\boldsymbol{O}_{M\times N}\end{bmatrix}\right)\otimes\left(\boldsymbol{J}_K\begin{bmatrix}\boldsymbol{O}_{N\times M}\\\boldsymbol{I}_M\end{bmatrix}\right)+\left(\left(\boldsymbol{J}_K\begin{bmatrix}\boldsymbol{O}_{N\times M}\\\boldsymbol{I}_M\end{bmatrix}\right)\otimes\left(\boldsymbol{J}_K\begin{bmatrix}\boldsymbol{I}_N\\\boldsymbol{O}_{M\times N}\end{bmatrix}\right)\right)\boldsymbol{\Lambda}_{N-M}\right)\Delta\boldsymbol{\tau}^{(\mathrm{ua})}\end{aligned} \tag{K.1.2}$$

式中，第 2 个等号处的运算利用了命题 2.9。将式（K.1.2）代入式（K.1.1）中可得

$$\begin{aligned}\boldsymbol{\delta}_{\mathrm{t}}&=-\frac{1}{2}\left(\left((\boldsymbol{Z}(\boldsymbol{\varphi}^{(\mathrm{u})}))^{\mathrm{T}}\boldsymbol{J}_K\begin{bmatrix}\boldsymbol{I}_N\\\boldsymbol{O}_{M\times N}\end{bmatrix}\right)\otimes\left(\boldsymbol{J}_K\begin{bmatrix}\boldsymbol{I}_N\\\boldsymbol{O}_{M\times N}\end{bmatrix}\right)\right)(\boldsymbol{I}_{N^2}+\boldsymbol{\Lambda}_{N-N})\boldsymbol{\Lambda}_0\Delta\boldsymbol{\tau}^{(\mathrm{uu})}\\&\quad-\frac{1}{2}\left(\left((\boldsymbol{Z}(\boldsymbol{\varphi}^{(\mathrm{u})}))^{\mathrm{T}}\boldsymbol{J}_K\begin{bmatrix}\boldsymbol{I}_N\\\boldsymbol{O}_{M\times N}\end{bmatrix}\right)\otimes\left(\boldsymbol{J}_K\begin{bmatrix}\boldsymbol{O}_{N\times M}\\\boldsymbol{I}_M\end{bmatrix}\right)+\left(\left((\boldsymbol{Z}(\boldsymbol{\varphi}^{(\mathrm{u})}))^{\mathrm{T}}\boldsymbol{J}_K\begin{bmatrix}\boldsymbol{O}_{N\times M}\\\boldsymbol{I}_M\end{bmatrix}\right)\otimes\left(\boldsymbol{J}_K\begin{bmatrix}\boldsymbol{I}_N\\\boldsymbol{O}_{M\times N}\end{bmatrix}\right)\right)\boldsymbol{\Lambda}_{N-M}\right)\Delta\boldsymbol{\tau}^{(\mathrm{ua})}\\&=\boldsymbol{B}_{\mathrm{t}}^{(\mathrm{ua})}(\boldsymbol{\varphi}^{(\mathrm{u})})\Delta\boldsymbol{\tau}^{(\mathrm{ua})}+\boldsymbol{B}_{\mathrm{t}}^{(\mathrm{uu})}(\boldsymbol{\varphi}^{(\mathrm{u})})\Delta\boldsymbol{\tau}^{(\mathrm{uu})}=\boldsymbol{B}_{\mathrm{t}}(\boldsymbol{\varphi}^{(\mathrm{u})})\Delta\boldsymbol{\tau}\end{aligned} \tag{K.1.3}$$

式中，$\boldsymbol{B}_{\mathrm{t}}^{(\mathrm{ua})}(\boldsymbol{\varphi}^{(\mathrm{u})})$、$\boldsymbol{B}_{\mathrm{t}}^{(\mathrm{uu})}(\boldsymbol{\varphi}^{(\mathrm{u})})$ 及 $\boldsymbol{B}_{\mathrm{t}}(\boldsymbol{\varphi}^{(\mathrm{u})})$ 的表达式见式（14.28）中的第 1～3 式。

参考文献

[1] Chan Y T, Ho K C. A simple and efficient estimator by hyperbolic location[J]. IEEE Transactions on Signal Processing, 1994, 42(4): 1905-1915.

[2] Cheung K W, So H C, Chan Y T. Least squares algorithms for time-of-arrival-based mobile location[J]. IEEE Transactions on Signal Processing, 2004, 52(4): 1121-1128.

[3] Ho K C, Lu X, Kovavisaruch L. Source localization using TDOA and FDOA measurements in the presence of receiver location errors: analysis and solution[J]. IEEE Transactions on Signal Processing, 2007, 55(2): 684-696.

[4] Yang K, An J P, Bu X Y, Sun G C. Constrained total least-squares location algorithm using time-difference-of-arrival measurements[J]. IEEE Transactions on Vehicular Technology, 2010, 59(3): 1558-1562.

[5] Yu H G, Huang G M, Gao J, Liu B. An efficient constrained weighted least squares algorithm for moving source location using TDOA and FDOA measurements[J]. IEEE Transactions on Wireless Communications, 2012, 11(1): 44-47.

[6] Yang K H, Wang G, Luo Z Q. Efficient convex relaxation methods for robust target localization by a sensor network using time differences of arrivals[J]. IEEE Transactions on Signal Processing, 2009, 57(7): 2775-2784.

[7] Lui K W K, Chan F K W, So H C. Semidefinite programming approach for range-difference based source localization[J]. IEEE Transactions on Signal Processing, 2009, 57(4): 1630-1633.

[8] Wang G, Li Y M, Ansari N. A semidefinite relaxation method for source localization using TDOA and FDOA measurements[J]. IEEE Transactions on Vehicular Technology, 2013, 62(2): 853-862.

[9] Tomic S, Beko M, Dinis R. RSS-based localization in wireless sensor networks using convex relaxation: Noncooperative and cooperative schemes[J]. IEEE Transactions on Vehicular Technology, 2015, 64(5): 2037-2050.

[10] Hu N, Sun B, Wang J J, Dai J S, Chang C Q. Source localization for sparse array using nonnegative sparse Bayesian learning[J]. Signal Processing, 2016, 127(10): 37-43.

[11] Nguyen T L T, Septier F, Rajaona H, Peters G W, Nevat I, Delignon Y. A Bayesian perspective on multiple source localization in wireless sensor networks[J]. IEEE Transactions on Signal Processing, 2016, 64(7): 1684-1699.

[12] Wang G, Chen H Y. An importance sampling method for TDOA-based source localization[J]. IEEE Transactions on Wireless Communications, 2011, 10(5): 1560-1568.

[13] Wang Y L, Wu Y, Wang D, Shen Y. TDOA and FDOA based source localisation via importance sampling[J]. IET Signal Processing, 2018, 12(7): 917-929.

[14] Liu R R, Wang Y L, Yin J X, Wang D, Wu Y. Passive source localization using importance sampling based on TOA and FOA measurements[J]. Frontiers of Information Technology & Electronic Engineering, 2017, 18(9): 1167-1179.

[15] Liang J L, Leung C S, So H C. Lagrange programming neural network approach for target localization in distributed MIMO radar[J]. IEEE Transactions on Signal Processing, 2016, 64(6): 1574-1585.

[16] Han Z F, Leung C S, So H C, Constantinides A G. Augmented Lagrange programming neural network for localization using time-difference-of-arrival measurements[J]. IEEE Transactions on Neural Networks and Learning Systems, 2018, 29(8): 3879-3884.

[17] Leung C S, Sum J, So H C, Constantinides A G, Chan F K W. Lagrange programming neural networks for time-of-arrival-based source localization[J]. Neural Computing and Applications, 2014, 24(1): 109-116.

[18] Steinberg B Z, Beran M J, Chin S H, Howard Jr J H. A neural network approach to source localization[J]. The Journal of the Acoustical Society of America, 1991, 90(4): 2081-2090.

[19] Vaghefi S Y M, Vaghefi R M. A novel multilayer neural network model for TOA-based localization in wireless sensor networks[A]. Proceedings of the International Joint Conference on Neural Networks[C]. San Jose, USA: IEEE Press, July 2011: 3079-3084.

[20] Chen X, Wang D, Yin J X, Wu Y. A direct position determination approach for multiple sources based on neural network computation[J]. Sensors, 2018, 18, 1925.

[21] Cox T F, Cox M A A. Multidimensional scaling[M]. Boca Raton, FL: Chapman Hall/CRC, 2001.

[22] Borg I, Groenen P. Modern multidimensional scaling: Theory and applications[M]. New York: Springer, 1997.

[23] Tinsley H E A, Brown S D. Handbook of applied multivariate statistics and mathematical modeling[M]. San Diego, CA: Academic, 2000.

[24] Torgerson W S. Multidimensional scaling I: Theory and method[J]. Psychometrika, 1952, 17(4): 401-419.

[25] Cheung K W, So H C. A multidimensional scaling framework for mobile location using time-of-arrival measurements[J]. IEEE Transactions on Signal Processing, 2005, 53(4): 460-470.

[26] Wan Qun, Luo Y J, Yang W L, Xu J, Tang J, Peng Y N. Mobile localization method based on multidimensional scaling similarity analysis[A]. Proceedings of the IEEE International Conference on Acoustics, Speech, and Signal Processing[C]. Philadelphia, USA: IEEE Press, March 2005: 1081-1084.

[27] So H C, Chan F K W. A generalized subspace approach for mobile positioning with time-of-arrival measurements[J]. IEEE Transactions on Signal Processing, 2007, 55(10): 5103-5107.

[28] Wei H W, Wan Q, Chen Z X, Ye S F. A novel weighted multidimensional scaling analysis for time-of-arrival-based mobile location[J]. IEEE Transactions on Signal Processing, 2008, 56(7): 3018-3022.

[29] Chen Z X, Wei H W, Wan Q, Ye S F, Yang W L. A supplement to multidimensional scaling framework for mobile location: A unified view[J]. IEEE Transactions on Signal Processing, 2009, 57(5): 2030-2034.

[30] Qin S, Wan Q, Chen Z X, Huang A M. Fast multidimensional scaling analysis for mobile positioning[J]. IET Signal Processing, 2011, 5(1): 81-84.

[31] Qin S, Wan Q, Duan L F. Fast and efficient multidimensional scaling algorithm for mobile positioning[J]. IET Signal Processing, 2012, 6(9): 857-861.

[32] 张瑀琪，万群. 复数多维标度移动定位算法[J]. 数据采集与处理，2014, 29(3): 427-430.

[33] Wang Y L, Wu Y, Yi S C, Wu W, Zhu S L. Complex multidimensional scaling algorithm for time-of-arrival-based mobile location: A unified framework[J]. Circuits, Systems, and Signal Processing, 2017, 36(11): 1754-1768.

[34] Cui W, Wu C D, Meng W, Li B, Zhang Y Z, Xie L H. 3D mobile localization based on data fitting with multidimensional scaling[A]. Proceedings of the 35th Chinese Control Conference[C]. Chengdu, China: IEEE Press, July 2016: 8391-8396.

[35] Cui W, Wu C D, Meng W, Li B, Zhang Y Z, Xie L H. Dynamic multidimensional scaling algorithm for 3-D mobile localization[J]. IEEE Transactions on Instrumentation and Measurement, 2016, 65(12): 2853-2865.

[36] Cao J M, Deng B, Quyang X X, Wan Q, Ahmed H I, Zou Y B. Multidimensional scaling-based passive emitter localization from TOA measurements with sensor position

uncertainties[A]. Proceedings of the IEEE International Conference on Signal Processing[C]. Chengdu, China: IEEE Press, Nov 2016: 1692-1696.

[37] Costa J A, Patwari N, Hero A. Distributed weighted-multidimensional scaling for node localization in sensor networks[J]. ACM Transactions on Sensor Networks, 2006, 2(1): 39-64.

[38] 罗海勇，李锦涛，赵方，林权，朱珍民，袁武. 一种基于加权多尺度分析技术的鲁棒节点定位算法[J]. 自动化学报，2008, 34(3): 288-297.

[39] Kin E C, Lee S H, Kim C S, Kim K. Mobile beacon-based 3D-localization with multidimensional scaling in large sensor networks[J]. IEEE Communications Letters, 2010, 14(7): 647-649.

[40] Chan F K W, So H C. Efficient weighted multidimensional scaling for wireless sensor network localization[J]. IEEE Transactions on Signal Processing, 2009, 57(11): 4548-4553.

[41] Wei H W, Wan Q, Chen Z X, Ye S F. Multidimensional scaling-based passive emitter localisation from range-difference measurements[J]. IET Signal Processing, 2008, 2(4): 415-423.

[42] Jiang W Y, Xu C Q, Pei L, Yu W X. Multidimensional scaling-based TDOA localization scheme using an auxiliary line[J]. IEEE Signal Processing Letters, 2016, 23(4): 546-550.

[43] Cao J M, Wan Q, Quyang X X, Ahmed H I. Multidimensional scaling-based passive emitter localisation from time difference of arrival measurements with sensor position uncertainties[J]. IET Signal Processing, 2017, 11(1): 43-50.

[44] 朱国辉，冯大政，聂卫科. 传感器位置误差情况下基于多维标度分析的时差定位算法[J]. 电子学报，2016, 44(1): 21-26.

[45] 吴魏，于宏毅，张莉. 观测站存在位置误差条件下基于MDS的多站时差定位算法[J]. 信号处理，2015, 31(7): 770-776.

[46] 李万春. 加权多维标量的接收信号强度定位方法[J]. 信号处理，2013, 29(12): 1713-1717.

[47] Lin L X, So H C, Chan F K W. Multidimensional scaling approach for node localization using received signal strength measurements[J]. Digital Signal Processing, 2014, 34(11): 39-47.

[48] Wei H W, Peng R, Wan Q, Chen Z X, Ye S F. Multidimensional scaling analysis for passive moving target localization with TDOA and FDOA measurements[J]. IEEE Transactions on Signal Processing, 2010, 58(3): 1677-1688.

[49] 曹景敏, 万群, 欧阳鑫信, 邹延宾. 观测站有位置误差的多维标度时频差定位算法[J]. 信号处理, 2017, 33(1): 1-9.

[50] 张贤达. 矩阵分析与应用[M]. 北京: 清华大学出版社, 2004.

[51] 程云鹏, 张凯院, 徐仲. 矩阵论[M]. 西安: 西北工业大学出版社, 2006.

[52] Walter Rudin著, 赵慈庚译. 数学分析原理[M]. 北京: 机械工业出版社, 2004.

[53] 袁亚湘, 孙文瑜. 最优化理论与方法[M]. 北京: 科学出版社, 1997.

[54] 赖炎连, 贺国平. 最优化方法[M]. 北京: 清华大学出版社, 2008.

[55] 王鼎, 胡涛. 无源定位技术——二次等式约束最小二乘估计理论与方法[M]. 北京: 电子工业出版社, 2018.

[56] Steven M. Kay著, 罗鹏飞, 张文明, 刘忠译. 统计信号处理基础——估计与检测理论[M]. 北京: 电子工业出版社, 2006.

[57] 王鼎. 无源定位中的广义最小二乘估计理论与方法[M]. 北京: 科学出版社, 2015.

[58] 王鼎, 张莉. 基于Taylor级数迭代的无源定位理论与方法[M]. 北京: 电子工业出版社, 2016.

[59] Imhof J P. Computing the distribution of quadratic forms in normal variables [J]. Biometrika, 1961, 48(12): 419-426.

[60] Torrieri D J. Statistical theory of passive location systems[J]. IEEE Transactions on Aerospace and Electronic Systems, 1984, 20(2): 183-198.

反侵权盗版声明